秦岭生态系统
综合管理研究

陕西省发展和改革委员会
陕 西 省 财 政 厅

图书在版编目（CIP）数据

秦岭生态系统综合管理研究/陕西省发展和改革委员会，陕西省财政厅著.—北京：中国发展出版社，2018.9

ISBN 978-7-5177-0885-8

Ⅰ.①秦… Ⅱ.①陕…②陕… Ⅲ.①秦岭—生态管理—研究 Ⅳ.① X321.2

中国版本图书馆 CIP 数据核字（2018）第 181542 号

书　　　名：秦岭生态系统综合管理研究
著作责任者：陕西省发展和改革委员会
出版发行：中国发展出版社
　　　　　（北京市西城区百万庄大街 16 号 8 层　100037）
标准书号：ISBN 978-7-5177-0885-8
经　销　者：各地新华书店
印　刷　者：河北鑫兆源印刷有限公司
开　　　本：889mm×1194mm　1/16
印　　　张：40
字　　　数：920 千字
版　　　次：2018 年 9 月第 1 版
印　　　次：2018 年 9 月第 1 次印刷
定　　　价：208.00 元

联系电话：（010）68990630　68990692
购书热线：（010）68990682　68990686
网络订购：http://zgfzcbs.tmall.com//
网购电话：（010）88333349　68990639
本社网址：http://www.develpress.com.cn
电子邮件：bianjibu16@vip.sohu.com

审图号：陕 S（2018）018 号
版权所有・翻印必究

本社图书若有缺页、倒页，请向发行部调换

编委会

名誉主任：方玮峰
主　　任：卢建军
委　　员：刘　强　赵新勇　苏新泉　李三原　张秦岭　张百鸣　张江波
　　　　　牛志明

编委会办公室

主　　任：张百鸣
副 主 任：吴进武
成　　员：樊艺文　唐联海　张志军　李　鹏　温　臻　雷应虎　郝艳红
　　　　　郭建蔚　段　锴　樊媛媛

课题组

组　　长：谷树忠
成　　员：雷光春　苏　杨　徐卫华　王建华　霍学喜　游松财　李维明
　　　　　高世楫　黄文清　何　凡　岳　明　王建康　赵　妮

评审组

组　　长：李佩成
副 组 长：冉新权　李振平（项目协调专家）
成　　员：冯家臻　房西文　黄西川　贾志宽　张硕新　刘建军　殷淑燕

Preface [前 言]

秦岭有狭义与广义之分。狭义秦岭是指陕西境内的秦岭部分，展延约7万平方千米，约占陕西省面积的三分之一。广义秦岭又被称为大秦岭，长约1500千米，宽约200千米，面积约为40万平方千米。

秦岭是陕西境内的最大山脉，也是中国乃至世界的著名山脉。秦岭横贯于中国大陆中部，雄伟壮观。它是我国南北自然地理及气候分带的天然界线，造成中国南北气候的明显差异。不仅如此，秦岭气候的垂直分带性也很明显。登临秦岭的太白山峰所见奇花异草，如穿行黄河上下，大江南北。

秦岭是全球生物多样性最具代表性的重点区域之一，生物资源丰富，动植物复杂多样，被誉为"世界生物基因库"，在维护我国动植物种群安全方面起着举足轻重的作用。秦岭水资源丰富，是嘉陵江、汉江、丹江的源头区和渭河的主要补给源区，也是国家南水北调中线工程的优质水源涵养地和陕西关中地区及陕南汉中、安康、商洛等地区生产、生活、生态用水的主要水源区。

千万年来，由于秦岭交通不便，正可谓"蜀道难，难于上青天"，所以人迹稀少。加之其降水丰富（年降水量800~1200毫米）、关山阻隔，秦岭具有着较强的自然自愈能力，因而保持了较好的生态环境。但是，随着人口的增加和人类活动的增强，随着交通的发展，这片沃土已被开发者看重，面临着乱砍滥伐、破坏性开发等威胁。因此，对秦岭进行生态环境保护迫在眉睫，刻不容缓。

党中央高度重视生态文明建设。习近平总书记在十九大报告中指出，"人与自然是生命共同体，人类必须尊重自然、顺应自然、保护自然"，"生态文明建设功在当代、利在千秋"，要求"牢固树立社会主义生态文明观，推动形成人与自然和谐发展现代化建设新格局，为保护生态环境做出我们这代人的努力"。到21世纪中叶，"我国将拥有高度的生态文明，天蓝、地绿、水清的优美生态环境成为普遍常态，开创人与自然和谐共生新境界，建成美丽的社会主义现代化强国"。这是响亮的时代强音，为秦岭科学保护利用和强化系统管理提供了强大的思想、战略和政策支撑。

《秦岭生态系统综合管理研究》项目，就是紧扣国家生态文明战略和十九大画就的宏伟蓝图开展的关于秦岭生态保护利用的系统管理能力研究的国际项目。该项目是亚行贷款"陕西秦岭生态和生物资源保护项目"配套的全球环境基金（GEF）赠款项目之一，由陕西省发展和改革委员会牵头,国务院发展研究中心组织专家进行研究,2015年12月启动,历时1年9个月,先后有30多位国际、国内咨询专家来陕调研考察,在陕西省发展改革委、财政厅、林业厅、环保厅、水利厅、国土厅、农业厅、测绘局,以及西安、宝鸡、汉中、安康、商洛、渭南等地市的大力支持配合下,完成了总报告和8个专题报告的研究撰写。报告从秦岭的地位与作用,秦岭生态系统及其演变特征,秦岭生态系统综合管理的历程与成效、基础与趋势、问题与挑战分析研究入手,探讨了秦岭生态系统管理的理念与方向、目标与原则,策划了秦岭生态系统综合管理的制度体系与管理工具,提出了加强秦岭生态系统综合管理的政策与建议。项目成果现已编印成书,正式出版。

这是一份较完整、针对性较强的关于秦岭生态系统综合管理能力的研究专著,对经济社会规划管理和秦岭保护管理部门具有较好的决策参考价值,对国内外生态管理研究特别是对秦岭生态保护与服务功能研究工作具有指导和借鉴意义。希望此书所贯穿的思想理念、形成的主要观点和提出的决策建议,能够在深入有效地推进秦岭生态环境保护利用管理、在建设中华民族美丽和谐大家园中起到积极促进作用。

2018年8月

Contents　[目　录]

总报告 ………………………………………………………………………………… 1

1. 秦岭及其地位与作用概览 ……………………………………………………… 2
　1.1　秦岭及其区位与区情 ………………………………………………………… 2
　1.2　秦岭的区情与财富 …………………………………………………………… 5
　1.3　秦岭的重要地位 ……………………………………………………………… 6

2. 秦岭生态系统及其基本特征与演进历程 ……………………………………… 7
　2.1　秦岭生态系统的基本特征 …………………………………………………… 7
　2.2　秦岭生态系统的变化特征 …………………………………………………… 11
　2.3　秦岭生态系统的可持续性评价 ……………………………………………… 12
　2.4　秦岭生态系统存在的主要问题 ……………………………………………… 15

3. 秦岭生态系统管理的历程与成效、基础与趋势 ……………………………… 16
　3.1　秦岭生态系统管理的基本历程 ……………………………………………… 16
　3.2　秦岭生态系统管理的主要成效 ……………………………………………… 17
　3.3　秦岭生态系统管理的基本背景 ……………………………………………… 19
　3.4　秦岭生态系统管理的基础条件 ……………………………………………… 20

4. 秦岭生态系统综合管理的内涵与需求、挑战与问题 ………………………… 23
　4.1　生态系统综合管理的科学内涵 ……………………………………………… 23
　4.2　秦岭生态系统呼唤综合管理 ………………………………………………… 24
　4.3　秦岭生态系统综合管理的主要挑战 ………………………………………… 25
　4.4　秦岭生态系统综合管理的问题清单 ………………………………………… 27
　4.5　秦岭生态系统综合管理的制度困境 ………………………………………… 31

5. 秦岭生态系统综合管理的理念与方向、原则与目标 ………………………… 32
　5.1　秦岭生态系统综合管理的理念 ……………………………………………… 32

5.2 秦岭生态系统综合管理的方向 ………………………………………… 33
  5.3 秦岭生态系统综合管理的原则 ………………………………………… 34
  5.4 秦岭生态系统综合管理的目标 ………………………………………… 35
6. 秦岭生态系统综合管理的重点任务与工程项目 ………………………………… 37
  6.1 秦岭生态系统综合管理的重点任务 …………………………………… 37
  6.2 秦岭生态系统综合管理的工程项目 …………………………………… 38
7. 秦岭生态系统综合管理的制度体系与管理工具 ………………………………… 39
  7.1 秦岭生态系统综合管理的制度体系建设 ……………………………… 39
  7.2 秦岭生态系统综合管理的管理工具设计 ……………………………… 41
8. 加强秦岭生态系统综合管理的政策建议 ………………………………………… 46
  8.1 面向秦岭地区的政策建议 ……………………………………………… 46
  8.2 面向陕西省政府的政策建议 …………………………………………… 50
  8.3 面向中央政府的政策建议 ……………………………………………… 54
9. 结论与讨论 …………………………………………………………………………… 55
  9.1 主要结论 ………………………………………………………………… 55
  9.2 若干讨论 ………………………………………………………………… 58

专题报告一 秦岭生态系统可持续性评价与生物多样性保护研究 ……… 59

  摘要 ……………………………………………………………………………… 60
1. 研究区域概况 ……………………………………………………………………… 61
  1.1 关注区域 ………………………………………………………………… 61
  1.2 目标区域 ………………………………………………………………… 62
  1.3 核心区域 ………………………………………………………………… 63
2. 评价方法 …………………………………………………………………………… 64
  2.1 秦岭生态系统的生态组分 ……………………………………………… 64
  2.2 生物多样性保护评价方法 ……………………………………………… 66
  2.3 生态系统服务评估方法 ………………………………………………… 66
  2.4 生态系统可持续性评估指标体系构建 ………………………………… 69
3. 秦岭生态系统评估 ………………………………………………………………… 75
  3.1 生态系统组分特征 ……………………………………………………… 75
  3.2 土地覆被变化 …………………………………………………………… 81
  3.3 秦岭生态系统服务价值现状评估 ……………………………………… 87
  3.4 生态系统可持续性评估 ………………………………………………… 93

4. 秦岭生物多样性保护 ··· 101
4.1 生物多样性评价 ··· 101
4.2 生物多样性保护 ··· 103

5. 秦岭生态系统管理的SWOT分析 ··· 106
5.1 外部机会 ··· 107
5.2 外部挑战 ··· 110
5.3 内部优势 ··· 112
5.4 内部弱势 ··· 113

6. 结论 ··· 114

7. 对策与建议 ··· 117

参考文献 ··· 121

附件1-1 国家一级保护植物 ··· 123

附件1-2 国家二级保护植物 ··· 123

附件1-3 秦岭目标行政区内自然保护区名录 ··· 124

附件1-4 秦岭生态区濒危物种名录 ··· 126

专题报告二 秦岭生态系统监测体系研究 ··· 129

摘要 ··· 130

1. 秦岭地区生态系统现状与变化 ··· 131
1.1 生态系统现状 ··· 131
1.2 生态系统变化 ··· 138

2. 秦岭地区生态系统及管理存在的问题 ··· 140
2.1 生态环境主要问题 ··· 140
2.2 生态系统管理存在的问题 ··· 146
2.3 生态系统管理问题清单 ··· 148

3. 秦岭地区生态功能定位与生态功能区划 ··· 148
3.1 秦岭地区生态功能定位 ··· 148
3.2 生态功能区划现状及问题 ··· 149
3.3 生态功能区划调整 ··· 152
3.4 生态功能区的管理策略 ··· 158

4. 秦岭地区生态系统监测体系构建 ··· 159
4.1 监测体系的演进历程、现状与趋势 ··· 159

4.2 秦岭地区生态监测体系的构建 ·············· 163
　　4.3 生态监测体系的平台与手段 ·············· 169
　　4.4 生态监测体系能力建设 ·············· 172

参考文献 ·············· 175
附件2-1 秦岭地区生态系统服务功能计算方法 ·············· 178
附件2-2 秦岭山系各生态功能区的具体管理对策 ·············· 180
附件2-3 生态系统监测指标 ·············· 181

专题报告三　秦岭国家公园管理体制与建设方案研究 ·············· 187

摘要 ·············· 188

1. 国家公园建设的必要性与紧迫性分析 ·············· 189
　　1.1 背景 ·············· 189
　　1.2 必要性 ·············· 195
　　1.3 紧迫性 ·············· 196
　　1.4 小结 ·············· 197

2. 秦岭国家公园体制试点区建设的基础条件分析 ·············· 198
　　2.1 空间条件 ·············· 199
　　2.2 生物多样性 ·············· 199
　　2.3 保护基本形成体系但缺乏统筹 ·············· 200
　　2.4 其他必要条件 ·············· 202
　　2.5 基础条件分析总结 ·············· 204
　　2.6 国家公园建设对陕西省发展利弊 ·············· 206

3. 秦岭国家公园的管理体制机制设计 ·············· 209
　　3.1 秦岭国家公园管理体制机制的分阶段构建方案及现阶段的主要任务 ·············· 209
　　3.2 管理单位体制——如何构建秦岭国家公园管理体制 ·············· 211
　　3.3 资金机制——如何估算国家公园体制试点区的日常管理成本 ·············· 234
　　3.4 管理体制创新——如何克服钱、权约束 ·············· 246

4. 秦岭国家公园建设的具体方案 ·············· 250
　　4.1 公园选址与内部功能分区 ·············· 251
　　4.2 公园保护对象与公园主题 ·············· 254
　　4.3 公园管理架构与机构职责 ·············· 255
　　4.4 公园建设重点及其空间、时间序列 ·············· 261
　　4.5 公园内部土地等权属关系及其调整 ·············· 264

4.6	公园资金需求及筹措机制	265
4.7	秦岭国家公园与大熊猫国家公园的关系	269

5. 秦岭国家公园体制建设建议 273

附件3-1 资金需求分类测算 277

附件3-2 秦岭国家公园涉及保护地类型及管理部门 278

专题报告四　秦岭水资源与水生态系统综合管理研究 ········· 279

摘要 280

1. 区域基本概况 282
　　1.1　河流水文概况 282
　　1.2　区域水资源概况 294
　　1.3　秦岭区位的重要性 298

2. 现状总体评估 299
　　2.1　水资源评估 299
　　2.2　水环境评估 310
　　2.3　水土保持评估 315
　　2.4　湖泊湿地评估 318
　　2.5　水生生物 320

3. 当前主要问题 321
　　3.1　水资源量衰减 321
　　3.2　水环境保护压力较大 325
　　3.3　水生态补偿体制机制尚不完善 325
　　3.4　水利工程建设带来的生态影响 326
　　3.5　水土保持后续工作需持续推进 329

4. 管理工作现状 330
　　4.1　陕西省水资源管理工作沿革 330
　　4.2　水资源管理工作最新进展 331
　　4.3　管理现状评估 335

5. 机遇以及威胁 337
　　5.1　历史机遇 337
　　5.2　主要威胁 338

6. 综合管理建议 340
　　6.1　六项重点工作 340

  6.2 相关政策建议 ······ 341

 参考文献 ······ 343

 附件4-1 推进秦岭地区水生态补偿的政策建议 ······ 344

专题报告五 秦岭生态系统对气候变化的响应研究 ······ 345

 摘要 ······ 346

 1. 研究区域概况 ······ 348
  1.1 地理范围 ······ 348
  1.2 人口状况 ······ 349

 2. 秦岭地区气候变化研究 ······ 350
  2.1 秦岭地区气候 ······ 350
  2.2 水热资源变化分析 ······ 351
  2.3 灾害风险研究 ······ 354

 3. 秦岭生态系统生产力对气候变化的响应 ······ 357
  3.1 初级生产力时空变化分析 ······ 357
  3.2 农业种植制度变化研究 ······ 358

 4. 气候变化/极端气候对秦岭生态系统的影响与响应 ······ 360
  4.1 气候变化/极端气候对秦岭珍稀动物的影响与响应 ······ 360
  4.2 气候变化/极端气候对生态系统的影响 ······ 366

 5. 秦岭地区应对气候变化的生态系统管理对策与建议 ······ 372
  5.1 气候资源变化有效利用研究 ······ 372
  5.2 气候灾害风险对策研究 ······ 373

 参考文献 ······ 374

专题报告六 农业与农村发展及农民参与生态系统综合管理研究 ······ 377

 摘要 ······ 378

 1. 前言 ······ 379

 2. 秦岭地区农业及农村发展与生态系统综合管理 ······ 380
  2.1 秦岭地区生态系统综合管理结构与原理 ······ 380
  2.2 秦岭地区农民参与生态系统综合管理行为特征 ······ 381

 3. 样本区域及数据来源 ······ 385
  3.1 规划及年鉴类数据资料 ······ 385

3.2　实地调研数据 ……………………………………………………………… 385
　　3.3　样本区域特征 ……………………………………………………………… 387
4. 秦岭地区农业发展与生态系统综合管理 ……………………………………… **388**
　　4.1　秦岭地区农业产业发展状况 ……………………………………………… 388
　　4.2　秦岭地区农业发展中的问题 ……………………………………………… 396
　　4.3　生态系统综合管理视角的农业发展 ……………………………………… 398
5. 秦岭地区农村发展与生态系统综合管理 ……………………………………… **402**
　　5.1　生态系统综合管理与农村人口迁移 ……………………………………… 402
　　5.2　生态系统综合管理与村镇布局变革 ……………………………………… 405
　　5.3　生态系统综合管理与农村公共产品配置 ………………………………… 408
　　5.4　生态系统综合管理与乡村治理 …………………………………………… 410
　　5.5　秦岭地区农村发展中的生态保护问题 …………………………………… 411
6. 秦岭地区农民发展与生态系统综合管理 ……………………………………… **413**
　　6.1　样本农户的特征、收入、生计状况 ……………………………………… 413
　　6.2　农民生产生活对生态系统的影响 ………………………………………… 417
　　6.3　农民认知及其生态系统的影响 …………………………………………… 422
　　6.4　秦岭地区农民参与生态系统保护中的问题 ……………………………… 424
7. 秦岭地区农业及农村发展建议 ………………………………………………… **426**
　　7.1　尊重区域差异，优化山地农业布局 ……………………………………… 426
　　7.2　发展生态产业，助力农村经济转型 ……………………………………… 427
　　7.3　拓宽农民增收渠道，弱化生态资源依赖 ………………………………… 428
　　7.4　加强基础设施建设，改善人居生态环境 ………………………………… 428
　　7.5　构建社区治理机制，激励农民参与生态保护 …………………………… 429
　　7.6　加大扶持力度，完善生态补偿机制 ……………………………………… 430
参考文献 …………………………………………………………………………… **430**

专题报告七　秦岭地区清洁生产与生态补偿研究 …………………… 431

专题报告7-1　秦岭地区产业绿色转型发展研究 ……………………… 432

摘要 ………………………………………………………………………………… **432**
1. 秦岭产业绿色转型发展的必要性和可行性 …………………………………… **433**
　　1.1　产业绿色转型发展与清洁生产和循环经济的关系 ……………………… 433
　　1.2　秦岭地区实施产业绿色转型发展的必要性 ……………………………… 436
　　1.3　秦岭地区实施产业绿色转型发展的可行性 ……………………………… 438

2. 秦岭产业绿色转型发展现状与问题 ································ 439
  2.1 取得的进展 ·· 439
  2.2 面临的挑战 ·· 446

3. 秦岭产业绿色转型发展思路、重点与模式 ························ 452
  3.1 总体思路 ·· 452
  3.2 重点领域 ·· 454
  3.3 典型模式 ·· 460

4. 秦岭产业绿色转型发展评价考核体系设计 ························ 466
  4.1 背景与意义 ·· 466
  4.2 评价考核依据 ·· 467
  4.3 评价考核主体 ·· 468
  4.4 评价考核对象 ·· 469
  4.5 评价考核内容 ·· 469
  4.6 评价考核方式 ·· 470
  4.7 评价考核程序 ·· 470
  4.8 评价考核分级 ·· 472
  4.9 考评结果运用 ·· 472

5. 秦岭产业绿色转型发展的保障对策 ·································· 473
  5.1 加强体制保障和监督管理 ·· 473
  5.2 强化规划引领和标准规范 ·· 474
  5.3 完善相关法规与制度 ·· 475
  5.4 进一步加大政策支持力度 ·· 476
  5.5 大力实施绿色品牌战略和加快龙头企业培育 ················· 478
  5.6 强化科技支撑和人才培养 ·· 480
  5.7 加大宣传教育力度 ·· 481

附件7-1-1 秦岭陕西段38区县市"十二五"重点发展产业 ············ 482

附件7-1-2 秦岭陕西段38区县市"十三五"重点规划产业 ············ 485

附件7-1-3 秦岭地区产业绿色转型发展评价指标 ························ 488

附件7-1-4 秦岭地区各区县（市）产业绿色转型发展评价考核共性指标、
     差异指标 ·· 490

附件7-1-5 秦岭地区各区县（市）产业绿色转型发展评价考核激励指标、
     惩戒指标、否决指标 ·· 492

附件7-1-6 秦岭地区各园区产业绿色转型发展评价考核共性指标、差异指标 ······ 493

附件7-1-7　秦岭地区各园区产业绿色转型发展评价考核激励指标、惩戒指标、
　　　　　　　否决指标 494

专题报告7-2　秦岭生态系统生态补偿机制设计 496

摘要 496
1. 秦岭生态补偿制度存在的合理性 497
　　1.1　秦岭地区生态补偿制度的理论基础 498
　　1.2　秦岭地区生态补偿制度的现实基础 500
2. 秦岭地区生态补偿机制现状及问题 501
　　2.1　历程回顾 501
　　2.2　存在问题 508
3. 国内外生态补偿典型模式与经验 512
　　3.1　国外典型生态补偿模式 512
　　3.2　国内典型生态补偿模式 517
　　3.3　重要启示 522
4. 秦岭生态补偿机制的系统设计 527
　　4.1　总体要求 527
　　4.2　分领域重点任务 529
　　4.3　体制机制创新 532
　　4.4　保障体系建设 537

专题报告八　秦岭生态系统综合管理政策工具及其预期效应研究 541

摘要 542
1. 秦岭生态系统综合管理的性质、地位与作用 544
　　1.1　秦岭生态系统综合管理的性质 545
　　1.2　秦岭生态系统综合管理的地位 552
　　1.3　秦岭生态系统综合管理的作用 554
2. 秦岭生态系统综合管理的方向与目标体系设计 557
　　2.1　秦岭生态系统综合管理的现状与问题 557
　　2.2　秦岭生态系统综合管理的基本方向 563
　　2.3　秦岭生态系统综合管理的目标体系设计 564
3. 秦岭生态系统综合管理政策工具的应用现状与优化选择 565

3.1 生态系统综合管理的政策工具 ·· 565
　　3.2 秦岭生态环境综合管理政策工具的变迁 ··································· 567
　　3.3 秦岭生态系统综合管理政策工具的应用现状 ····························· 568
　　3.4 秦岭生态系统综合管理政策工具的优化选择 ····························· 588
　　3.5 秦岭生态系统综合管理政策工具的预期效应 ····························· 590
4. 秦岭生态系统综合管理体制及其改革 ··· 594
　　4.1 秦岭生态系统管理体制架构 ·· 594
　　4.2 目前秦岭生态系统管理体制存在的问题 ··································· 597
　　4.3 改革秦岭生态系统综合管理体制的基本设想 ····························· 598
5. 完善秦岭生态系统综合管理的对策建议 ··· 603
　　5.1 秦岭生态系统综合管理问题的政策需求清单 ····························· 603
　　5.2 推进秦岭生态系统综合管理的政策建议 ··································· 604
6. 结论与讨论 ··· 608
　　6.1 主要结论 ··· 608
　　6.2 主要讨论 ··· 610
参考文献 ··· 610
附件8-1　陕西省秦岭生态环境保护条例 ··· 611

后记 ··· 622

总 报 告

执笔人：谷树忠
总报告的撰写，吸收了相关专题报告的结论。

1. 秦岭及其地位与作用概览

1.1 秦岭及其区位与区情

1.1.1 秦岭及其范围

本项目研究着眼于整个秦岭。秦岭是"横贯中国中部，东西走向的古老褶皱断层山脉。由花岗岩、片岩、千枚岩、石灰岩组成。渭河、淮河和汉水、嘉陵江水系的分水岭，中国地理上的南北分界线。历史上曾为秦国之地，故称秦山或秦岭。广义的秦岭西起甘、青两省的边境，东到河南省中部，全长1500千米。包括西倾山、岷山、迭山、终南山、华山、崤山、嵩山、伏牛山等"[①]。

本项目研究区域是秦岭陕西段。本报告立足服务于陕西省相关决策，重点研究秦岭陕西段，又称狭义的秦岭。"狭义的秦岭指陕西省境内一段，介于关中平原与汉水谷地之间，东西长400～500千米，南北宽100～150千米。海拔在2000～3000米。主峰太白山（3767米），北侧断层陷落，山势雄伟，分布有冰川槽谷、角峰等。"

狭义的秦岭是整个秦岭的核心部分。包括陕西中南部地区的6市（西安、宝鸡、渭南、汉中、安康和商洛）38县/区，545个乡镇及街道办事处，8580个行政村及社区，总面积约8万平方千米。常住人口约1570万人（见表1、图1）[②]。

---

① 《辞海》，上海辞书出版社1999年版，第1699页。
② 《陕西省秦岭生态环境保护条例》所界定的秦岭生态环境保护范围"是指本省行政区域内东西以省界为界，南北以秦岭山体坡底为界的区域。具体范围由省秦岭生态环境保护总体规划确定"。《陕西省秦岭生态环境保护规划纲要》所确定的生态环境保护范围包括6市39县（增加了安康市的岚皋县），并对全部或部分属于秦岭生态环境保护范围进行了区分。考虑到生态系统的地域性和关联性特征及社会经济和资源环境生态数据的可获得性，本报告所研究范围包括38个县的全部。二者在面积及人口数据方面有所出入。

表1　　　　　　　　　秦岭（陕西段）行政区划及人口密度

市	县/区	乡镇/街道办事处（个）	社区/行政村（个）	行政区域面积（km²）	常住人口（万人）	人口密度（人/km²）
西安市（6县/区）	灞桥区	9	60	332	61.4	1849
	临潼区	23	267	915	67.2	734
	长安区	25	706	1580	111.8	708
	蓝田县	19	346	2006	52.5	262
	周至县	22	376	2974	57.6	194
	鄠邑区	14	539	1282	60.7	473
	小计	112	2294	9089	411.2	452
宝鸡市（6县/区）	渭滨区	5	160	842	44.5	529
	陈仓区	18	332	2580	61	236
	岐山县	9	124	856	48	561
	眉县	8	130	863	33	382
	凤县	9	100	3187	11	35
	太白县*	7	66	2780	5.2	19
	小计	56	912	11108	202.7	182
渭南市（4县/区）	临渭区	20	495	1221	94	770
	华州区	10	149	1140	37	325
	潼关县	5	38	526	16	304
	华阴市	10	208	817	26	318
	小计	45	890	3704	173	467
汉中市（9县/区）	汉台区	14	240	556	54	971
	城固县	17	272	2265	53	234
	洋县*	18	285	3206	44.5	139
	西乡县*	17	215	3240	41	127
	勉县*	18	243	2406	42.9	178
	宁强县*	18	204	3283	34	104
	略阳县*	17	165	2831	20.1	71
	留坝县*	8	99	1970	4.7	24
	佛坪县*	7	45	1279	3.5	27
	小计	134	1768	21036	297.7	142
安康市（6县/区）	汉滨区*	29	495	3648	102	280
	汉阴县*	10	141	1365	31.3	229
	石泉县*	11	211	1525	18.2	119
	宁陕县*	12	107	3678	7.4	20
	紫阳县*	17	175	2204	35	159
	旬阳县*	21	305	3554	45	127
	小计	100	1434	15974	238.9	150

续表

市	县/区	乡镇/街道办事处（个）	社区/行政村（个）	行政区域面积（km²）	常住人口（万人）	人口密度（人/km²）
商洛市（7县/区）	商州区*	18	286	2672	55	206
	洛南县*	16	243	2830	46.1	163
	丹凤县*	12	155	2438	30.2	124
	商南县*	10	124	2307	24.6	107
	山阳县*	18	239	3535	46	130
	镇安县*	15	154	3477	28.4	82
	柞水县*	9	81	2332	16.5	71
	小计	98	1282	19591	246.8	126
合计	38个县/区	545	8580	80502	1570.3	195

注：*为国家扶贫开发重点县，秦岭地区（陕西段）共21个国家扶贫开发重点县。

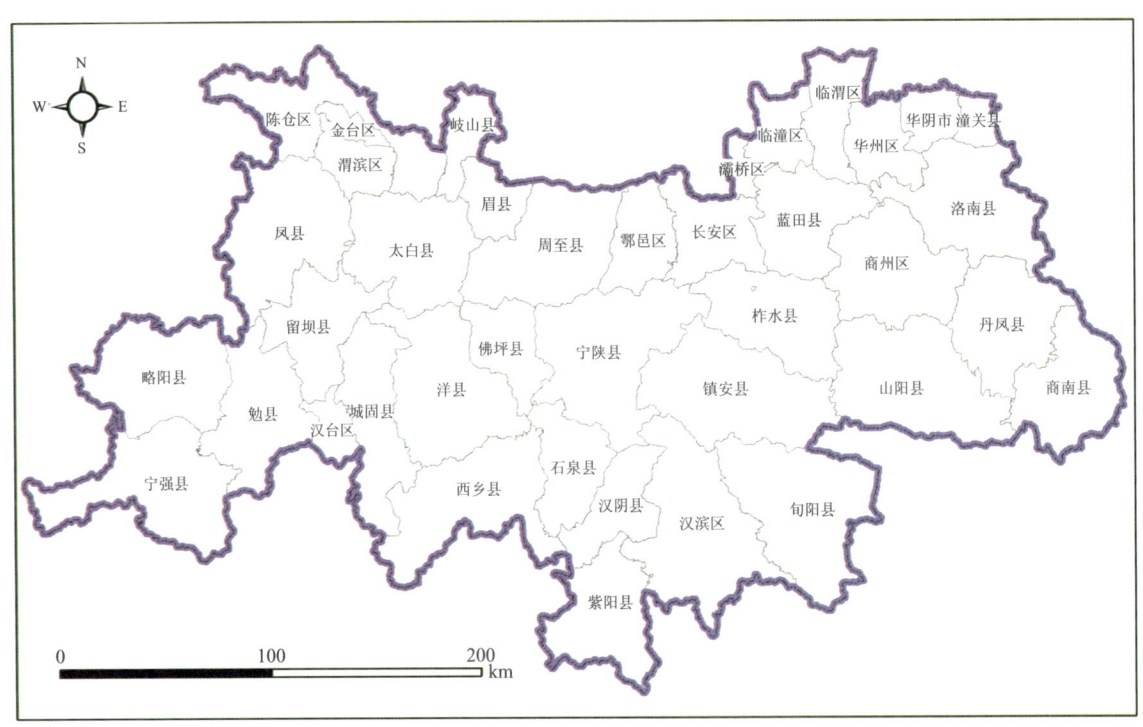

图1　秦岭区划示意图

1.1.2　秦岭的区位

（1）地理坐标：秦岭主体部分（或称秦岭陕西段）的地理坐标为：105°30′E~110°05′E和32°40′N~34°35′N之间，东西长400~500千米，南北宽100~150千米，海拔在2000~3000米。

（2）总体属于陕南地区。秦岭位于陕西（中）南部。陕西共分为三个部分，即陕北、关中和陕南。整个陕南基本都属于秦岭地区（部分地区属于巴山地区，有时也统称为秦巴山区），同时少数关中地区（西安、宝鸡和渭南三市的少部分区县）亦是秦岭（陕西段）的组成部分。

（3）秦岭是我国重要的地理结合部。秦岭连接我国中西部、南北方，北接关中平原、南连大巴山与四川盆地，向东过渡到华北和江汉平原。秦岭的发展，既关系我国东中西部发展的均衡性，也关系我国南北发展的协调性。

1.2 秦岭的区情与财富

1.2.1 秦岭的基本区情

（1）秦岭是矿产资源富集区。已发现各类矿藏82种，以钒、钼、金、银、铜、铁、铅锌、汞、锑等有色金属为主，主要金属矿产的储量均占到陕西省总储量的50%以上。其中，钒、钼、金在全国占有十分重要的地位。

（2）秦岭是重要生态功能区。秦岭地区是国家级生态功能保护区、生物多样性重要生态功能区。目前拥有自然保护区36个、森林公园51个、国家湿地公园11处、水功能区59个。秦岭38个区县中，有16个属于国家重点生态功能县/区。

（3）秦岭生物多样性极丰富。拥有种子植物3436种（其中我国特有的1428种，秦岭特有的192种，国家保护植物44种），苔藓植物440种，微生物337种，昆虫3368种，脊椎动物722种（其中国家Ⅰ级重点保护动物9种，国家Ⅱ级重点保护动物32种）。秦岭是我国东西南北生物种类交汇过渡地带、中国生物基因库、典型垂直生物带谱、典型植被群落、秦岭四宝为代表的濒危珍稀生物集中的地方。

（4）秦岭是重要环境敏感区。水环境尤其敏感，特别是作为南水北调中线重要水源地，其水环境的重要性与敏感性均十分突出。同时，地质灾害较为多发，地质灾害类型主要有滑坡、崩塌、泥石流和地面塌陷等，对人民生命财产和经济建设等有着显著的影响。

（5）秦岭是典型经济滞后区。GDP人均量小，近年来仅为全省平均的70%～75%[①]；自身财政能力有限，近10年来秦岭地区财政入不敷出，且财政赤字日益加剧。产业结构较为单一，严重依赖包括农业、采矿业在内的资源型产业，其发展受农产品及大宗矿产品市场的影响较大。

（6）秦岭具有社会发展特性。近10年来，源于本地就业容量等原因，秦岭地区普遍存在人口净流出的现象，且呈现净流出量增加、常住人口下降的趋势。同时，贫困地区和贫困人口聚集，38个县/区中有21个国家扶贫开发重点县，是国家连片贫困地区和脱贫攻坚重点地区之一。脱贫致富奔小康的压力与难度较大。

（7）秦岭历史文化特质鲜明。秦岭是华夏古历史文明的发源地之一，同时也是红色革命老区和民俗文化资源宝库。秦岭还是道教发源地之一，是著名的隐居修行之地。拥有丰富而独特的历史文化资源。

---

① 如果考虑到其中25个县并非全部属于严格意义上的秦岭地区，严格意义上的秦岭地区的人均GDP水平会进一步拉低，仅相当于全省平均水平的50%～60%。

（8）可开发利用空间较有限。一方面，受多次地质构造运动的影响，秦岭地区山体地质构造和岩层结构复杂，地貌多样，高山绵延、丘陵遍布、沟谷盆地错落，滑坡、泥石流广泛发育，导致秦岭地区地域空间及其容量受到限制。另一方面，秦岭地区多为禁止开发区或限制开发区，其开发、建设的空间极其有限。

1.2.2 秦岭的主要财富

（1）秦岭拥有传统四宝。秦岭拥有传统的四大财富，即秦岭有朱鹮、大熊猫、金丝猴、羚牛四宝。其一，秦岭是全世界最大的朱鹮栖息地，而且实现了从候鸟向留鸟的根本性转变，并因此成为秦岭生态系统和生物多样性改良的重要标志，同时也说明了农田生态系统的多功能性，以及农业的经济、生态和社会效益兼顾的可能性与必要性。其二，秦岭是大熊猫最重要的栖息地，且随着人们生态和生物多样性保护意识的提高，大熊猫野外生存环境不断改善，成为其生活乐园。其三，秦岭是金丝猴的主要聚集地，且人猴关系日益和谐。最后，秦岭是羚牛的重要栖息地，虽然羚牛时有发生与人和树木的矛盾，但这里仍不失为其良好的家园。

（2）秦岭拥有非传统财富。秦岭还有着中国其他地方没有或少有的非传统财富，即绿水青山、蓝天白云、宁静黑暗。绿水青山，已成为稀有资源，国人趋之若鹜，完全可以转化为"金山银山"。蓝天白云，可以开阔视野、洗涤烦恼、陶冶情操、净化心灵。宁静和黑暗，是越来越稀有的资源，可以使人摆脱喧嚣、纷杂，可以为人类探索宇宙提供必要的条件。

总之，"秦岭无闲草""秦岭无闲林""秦岭无闲水""秦岭无闲山"，秦岭的一草一木、一山一水，都有其重要的生态价值。

1.3 秦岭的重要地位

1.3.1 秦岭是陕西的秦岭

秦岭地区6市38县/区，占陕西省国土面积的39%，占全省人口的41.4%。秦岭地区是陕西省贫困人口分布较多的地区，与陕北地区一道是陕西省扶贫攻坚重点地区，其扶贫攻坚成败与否直接关系陕西省全面脱贫致富和建成小康社会的成败与否。秦岭地区是陕西省最重要的水源地和森林资源，直接关系全省水安全保障水平和生态安全水平。秦岭地区是陕西省绿色经济发展潜力最大的地区，其绿色经济转型发展直接关系陕西省经济绿色转型发展的成败。总之，秦岭地区是陕西省水资源安全、生态安全、绿色转型发展和脱贫致富的关键地区。秦岭"父亲山"与黄河"母亲河"，共同呵护、哺育着陕西人民。

1.3.2 秦岭是中国的秦岭

秦岭在国家主体功能区格局中占有重要位置，且多属于禁止开发区和生态类限制开发区。秦岭地区拥有我国特有植物的比例高达50.6%，是东亚植物区系起源的关键地区，其生态系统与服务在中国生态系统中占有重要地位。秦岭是中国南北方地理分界线、南北气候分界线，其生态环境的变化关系全国的气候变化与降水。同时，作为南水北调中线工程主要水源地，关系到包括北京、天津、河北、河南等地的可持续发展。总之，秦岭地区关系国家水资源安全、生态安全和应对气候变化战略的实施。

1.3.3 秦岭是世界的秦岭

秦岭是全世界十分独特而重要的山地，其重要性至少体现在两个方面：一是秦岭的两座名山华山和终南山，是中国特有宗教——道教的圣地，道教"天人合一"的思想与当今世界主流的可持续发展思想可谓异曲同工。二是这里生活着中国独有、世界珍稀的野生大熊猫和朱鹮等，是世界重要的生物多样性宝库。尽管由于种种原因，秦岭的国际知名度并不是很高，但相信随着其文化和生态价值的发掘，随着其生态环境改善，随着其生态系统综合管理不断取得成功，其知名度会不断提高，并争取与阿尔卑斯山齐名。

2. 秦岭生态系统及其基本特征与演进历程

2.1 秦岭生态系统的基本特征

2.1.1 复杂多样的生态系统

秦岭生态系统类型多样，可分为森林（含灌丛）、草地、湿地、城镇、农田等五大类，其中森林生态系统面积最大，其余依次为农田、灌丛、城镇、草地和湿地。森林、灌丛、草地生态系统面积占比超过70%，有利于维持生物多样性、水源涵养、水土保持（表2）。

表2　秦岭地区各类生态系统面积统计（2010年）

序号	生态系统类型	面积（km²）	比例（%）
1	森林	57322.4	71.5
2	草地	1331.6	1.7
3	湿地	505.6	0.6
4	农田	19360.2	24.1
5	城镇	1373.3	1.7
6	其他	277.7	0.3

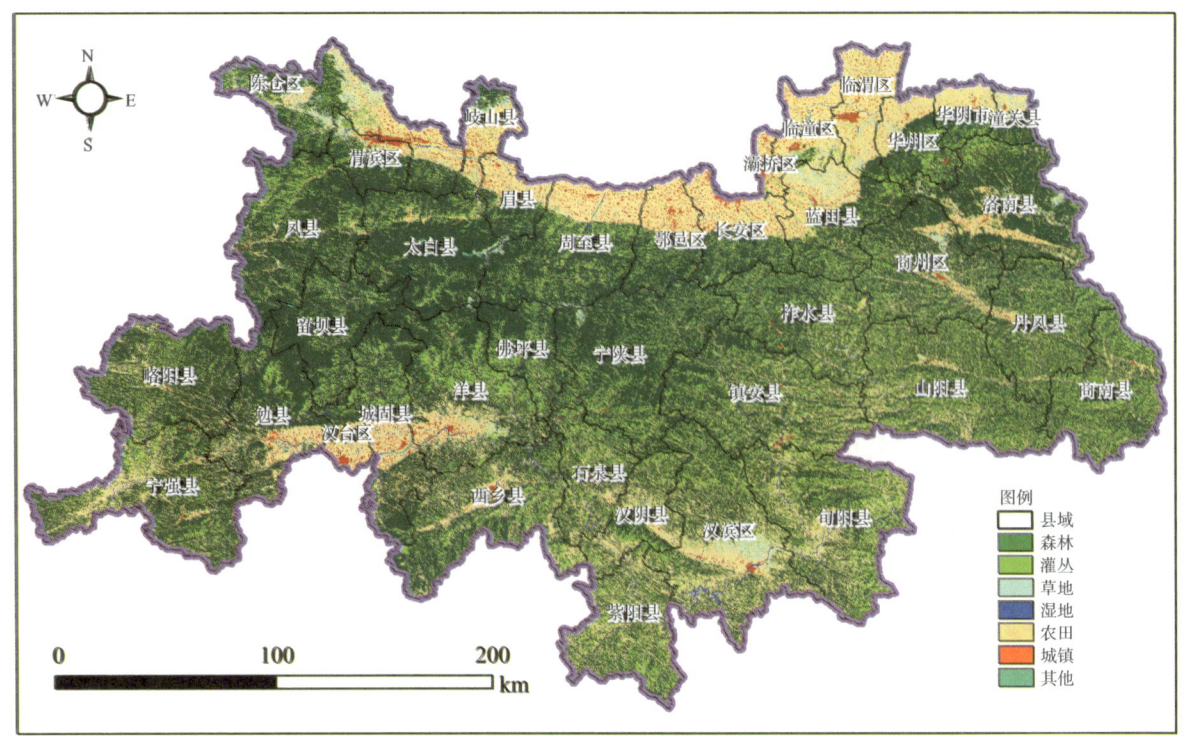

图2　秦岭生态系统类型分布

2.1.2　典型而重要的森林生态系统

森林生态系统占秦岭总面积的71.5%，主要分布在西部的渭滨区、太白县、佛坪县、宁陕县、留坝县、凤县、周至县等县区和东北部的洛南县、商州县、蓝田县、华州区、华阴市、潼关县等县区。按照海拔由低到高依次分布有阔叶林、针阔混交林和针叶林。其中阔叶林主要分布在海拔2200米以下，占森林总面积的60.5%；针阔混交林主要分布在海拔2200～2600米之间，占森林总面积的10.1%；针叶林主要分布在海拔2400米以上，占森林总面积的0.4%。此外，在主峰太白山海拔3000米以上还分布着不足100平方千米的稀疏林，约占森林总面积的0.1%（表3）。

表3　秦岭地区各类森林生态系统面积统计（2010年）

序号	森林生态系统	面积（km²）	比例（%）
1	针叶林	252.6	0.4
2	阔叶林	34666.4	60.5
3	针阔混交林	5800.5	10.1
4	稀疏林	77.3	0.1
5	灌木林	16525.7	28.8
	合计	57322.5	100.0

2.1.3　重要而敏感的水生态系统

秦岭湿地生态系统总面积为505.6平方千米，包括河流湿地、沼泽湿地、湖泊湿地（含库塘）

等。其中河流是秦岭湿地的主要类型,秦岭山系分布的大小河流、山沟接近20万条,主要有渭河、汉江、嘉陵江、丹江等,面积为342.7平方千米,占湿地总面积的67.8%。湖泊湿地主要分布在秦岭南坡的长江流域,其中在汉滨区有较大面积的湖泊存在,湖泊湿地面积为161.9平方千米,占湿地总面积的32.0%。沼泽湿地主要分布在秦岭北麓渭河流域和汉江沿岸,面积为1.0平方千米,占湿地总面积的0.2%(见表4)。

表4　秦岭地区各类湿地生态系统面积(2010年)

类型	面积(km²)	比例(%)
河流	342.7	67.8
湖泊	161.9	32.0
沼泽	1.0	0.2
合计	505.6	100.0

2.1.4　独特的草山草坡生态系统

草地生态系统总面积为1331.6平方千米,仅占秦岭总面积的1.7%,面积相对较少,主要分为草甸与草丛生态系统。其中,草甸生态系统主要在秦岭主峰3400米以上的地区,为原生草地,面积仅占草地总面积的1.7%。草丛生态系统为次生草地,面积较大,为1308.7平方千米,占草地总面积的98.3%,主要分布在中低海拔地区,集中分布在秦岭西北部的陈仓区、岐山县、渭滨区、宁陕县等县(区)域和东北部的洛南县、潼关县、临潼区、蓝田县、商州县等县(区)域,南部的汉滨区也有草地斑块分布。

表5　秦岭地区各类草地生态系统面积统计(2010年)

类型	面积(km²)	比例(%)
草甸	22.9	1.7
草丛	1308.7	98.3
合计	1331.6	100.0

2.1.5　典型的山地农田生态系统

农田为秦岭第二大生态系统,总面积为19360.2平方千米,占秦岭总面积的24.1%。农田主要类型为旱地,2010年秦岭旱地总面积为18578.04平方千米,占农田总面积的96%,水田、园地面积分别为699.0平方千米与83.2平方千米,分别占农田总面积的3.6%和0.4%(见表6)。

表6　秦岭地区各类农田生态系统面积比例(2010年)

类型	面积(km²)	比例(%)
旱地	18578.0	96.0
水田	699.0	3.6
园地	83.2	0.4
合计	19360.2	100.0

表7　基于不同坡度的农田面积分布比例（2010年）

类型	面积（km²）	比例（%）
<5°	8033.9	41.4
5~8°	1766.9	9.1
8~15°	3637.2	18.8
15~25°	4169.4	21.5
>25°	1773.7	9.2

从分布海拔来看，秦岭农田基本都分布在海拔1500米以下，占农田面积的98.9%。其中，海拔1000米以下的农田占到农田总面积的84.5%，海拔1000~1500米的农田占14.4%。海拔1500米以上的农田面积很小，仅占农田总面积的1.1%。

表8　基于不同海拔的农田面积统计（2010年）

类型	面积（km²）	比例（%）
<1000m	16361.8	84.5
1000~1500m	2783.5	14.4
1500~2000m	205.4	1.0
>2000m	9.4	0.1

2.1.6　特殊而重要的城镇生态系统

秦岭城镇生态系统总面积为1373平方千米，占总面积的1.7%。秦岭境内共有38个县/区545个乡镇（街道办），主要分布在秦岭南北两麓低海拔的河谷和平川等地区，其中，海拔在1500米以下的乡镇占98%，仅有2%的乡镇在1500米以上。其中秦岭北麓的宝鸡市的渭滨与陈仓区，西安市长安区与灞桥区，渭南市的临渭区，汉中市的汉台区，安康市汉滨区等市辖区的城镇规模较大。

2.1.7　生物多样性近年不断增加

朱鹮数量已由1981年洋县发现时的世界仅存的7只，发展到2016年全球的2200余只（其中陕西省内1700余只，野生种群分布在汉中、宝鸡和安康3市15县）。陕西省共有大熊猫273只，栖息地面积3479平方千米，成为全国密度分布最高的区域；金丝猴、羚牛的数量亦不断增加。确保了以大熊猫、金丝猴、羚牛、朱鹮为主的野生珍稀濒危动物的生存安全及其野生种群数量持续稳定的增长。

2.1.8　生态环境稳中有所改良

秦岭水质持续保持较高水平，尤其是汉江水质长期稳定为Ⅱ类水质。1990~2015年间，森林覆被面积稳中略增，其中，林地面积1990年、1995年、2000年、2005年、2010年和2015年分别为23962.20、23972.89、23825.36、23928.39、24024.88和24013.17平方千米，2015年较1990年增长0.21%。另外，自然生态系统与人工生态系统耦合效应初步显现，其中尤其以稻田种植与朱鹮生存的和谐关系最为突出。

2.2 秦岭生态系统的变化特征

2.2.1 秦岭生态系统变化的总体特征

秦岭生态系统变化，集中反映在土地覆被的变化上。1980～2015年的35年间，秦岭土地覆被变化总体上呈现如下特点：耕地（农田生态系统）面积降幅较大，林地（森林生态系统）面积稳中有升，草地（草地生态系统）面积逐年递减，水域（水生态系统）面积先降后升，城乡、工矿、居民用地（城镇生态系统）逐年递增，未利用地面积小幅上涨。

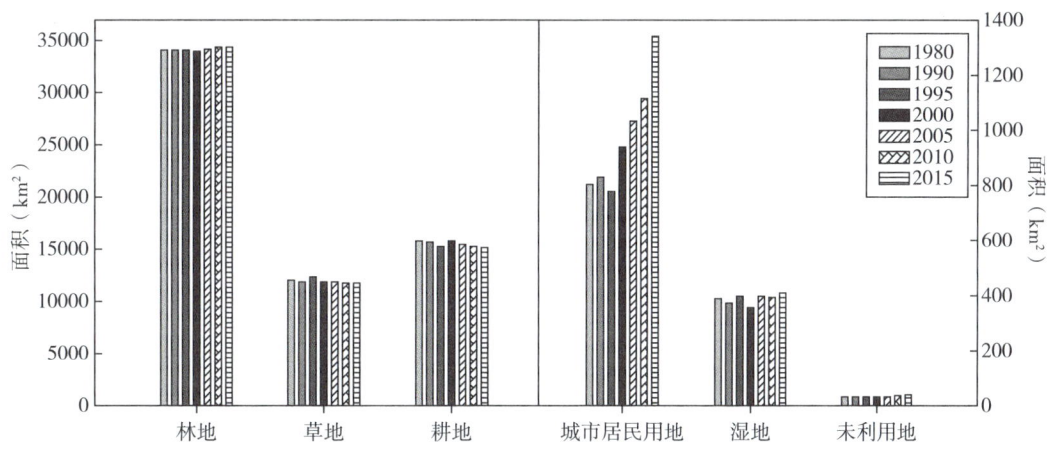

图3　秦岭土地覆被（各类生态系统面积）变化情况（1980～2015年）

2.2.2 秦岭生态系统变化的分类特征

1980～2015年的35年间，林地净增长面积为200.65平方千米，年均增长5.73平方千米。且2000年之后的林地面积增长速度较快，其年均增长面积约15.52平方千米。

1980～2015年的35年间，草地面积变化呈现减少趋势。1995～2015年，近20年的分析数据显示，秦岭生态区内草地面积共减少近734.20平方千米，年均减少36.71平方千米。

2000年是秦岭地区耕地面积变化的拐点。仅2000～2005年，秦岭生态区的耕地面积减少了264.35平方千米。自2000年以来秦岭生态区的耕地面积呈现逐年递减的变化趋势，2000～2015年耕地面积以年均约38平方千米的速度逐年递减。

35年间河流和湖泊面积有变小的趋势，滩地的面积有所增加，沼泽地面积明显减少，水库面积2015与1980相比增加了近1.5倍。

35年间城镇用地面积增加了200多平方千米。农村居民用地面积也有所增加，但总体的增幅没有城镇用地大，农村与城镇居民用地的面积比例也从1980年的9∶1，降到了2015年的3∶1。

秦岭生态区的农村居民用地，大部分是依山而建，对秦岭生态区的整体生态环境有一定的影响。自2011年陕西省实施搬迁移民工程以来，秦岭地区的城镇用地面积大幅增加，农村居民用地增幅逐步减少。

2.3 秦岭生态系统的可持续性评价

2.3.1 对生态系统可持续性的诠释

生态系统的优劣集中体现在"生态特征"上。生态特征是指特定时间和空间内生态系统的组成、变化过程和服务功能等特征,亦即生态系统的三要素:结构、过程、服务。由此,生态系统的可持续性集中体现在三个方面:"生态组分多样性""生态过程稳定性"和"生态服务重要性"。

(1)生物组分及其多样性,可视为生态系统状况的指示性指标。生态组分包括各种动植物、微生物、非生命元素等。组分越多元,生态系统的生物多样性越高,抵御风险和自我恢复的能力也越高。因此,作为生态系统的首要特征,生态组分多样性是生态系统能够健康稳定,并持续提供生态服务的基本保障,在评估生态可持续性时应首先关注生态组分多样性的情况。

(2)生态过程及其稳定性,可视为生态系统演化的关键性指标。从生态过程是生态系统内部驱动力这个概念出发,本研究认为,生态过程可以理解为对生态格局产生影响的因素、生态格局变化的过程和结果等。一个健康可持续的生态系统,其生态过程必然是受干扰少的、稳定的,而各生态组分也依赖生态过程的稳定来发挥生态系统的功能。因此,生态过程的稳定性是对生态组分产生影响的过程量指标,是各生物组分得以健康生存、迁徙、繁衍的基本条件。通过评估这一准则层,可以看出对生态组分存在直接或潜在影响的各类因素的相关情况。

(3)生态服务及其重要性,可视为生态系统相对于人类价值优劣的关键性指标。一个健康可持续的生态系统,除了以上两个特征以外,必然还具备多重功能,可以持续地为人类及其他生态系统要素提供多种必需的、有价值的服务。因此该准则层反映的是评估区内生态系统服务多元化及其价值的情况,也是生态系统可持续性的最终体现。

2.3.2 秦岭生态系统可持续性评价指标体系的构建

根据传统的"目标—准则—指标"层次分析逻辑,将"生态系统可持续性"作为"目标层",将生态系统三大基本特征或三要素,即"生态组分多样性""生态过程稳定性"和"生态系统服务重要性"作为"准则层",进而对作为准则层的"组分多样性""过程稳定性"和"生态系统服务重要性"以具体指标反映之,共10个指标。具体见表9。

表9　　　　　　　　　　　　秦岭生态可持续性指标体系

目标层	准则层	指标层	测度方法	分值
生态系统可持续性	生态组分多样性(40)	植物多样性	区域内植物物种数量占全国同类物种数的比例	10
		动物多样性	区域内动物物种数量占全国同类物种数的比例	10
		典型物种数量	区域内特有物种资源的种类数	10
			区域内顶级捕食者的种类数	
		植被覆盖率	区域内林地和草地面积与总面积比率	10

续表

目标层	准则层	指标层	测度方法	分值
生态系统可持续性	生态过程稳定性（40）	人口密度	区域内人口数与总面积的比率	10
		土地格局变更率	有利于保护变化的面积与不利于保护面积的比率	10
		建设用地密度	区域内单位平方千米的建设用地的面积	10
		生境破碎度	区域内斑块数与研究区总面积的比率	10
	生态服务重要性（20）	服务类型数量	区域内生态系统提供的四大类型服务的数量	10
		调节服务量	区域内所提供的水源涵养量	10
			区域内所提供的固碳量	
			区域内所提供的释氧量	
			区域内所提供的吸收SO_2量	
			区域内所提供的滞尘量	
合计	100分	10个评价指标	15个解释指标	100

2.3.3 秦岭生态系统可持续性评价结果及其分析

运用上述生态系统可持续性评价指标体系，对过去35年间三个关键时点1980年、2000年、2015年的秦岭生态系统可持续性进行了系统评估。其中，1980年可视作基准年份，2015年为现状年份，2000年为区间关键年份。

表10　　　　　　　　　　　　秦岭地区生态可持续性评估结果（1980年）

目标层	准则层	指标层	得分
生态系统可持续性	生态组分多样性（40）	植物多样性	10
		动物多样性	10
		典型物种数量	10
		植被覆盖率	9
		小计	39
	生态过程稳定性（40）	人口密度	10
		土地格局变更率	5
		建设用地密度	10
		生境破碎度	10
		小计	35
	生态服务重要性（20）	服务类型数量	9
		调节服务量	6.8
		小计	15.8
总分	100		89.8

表11　　秦岭地区生态可持续性评估结果（2000年）

目标层	准则层	指标层	得分
生态系统可持续性	生态组分多样性（40）	植物多样性	10
		动物多样性	6
		典型物种数量	10
		植被覆盖率	9
		小计	35
	生态过程稳定性（40）	人口密度	10
		土地格局变更率	0
		建设用地密度	10
		生境破碎度	10
		小计	30
	生态服务重要性（20）	服务类型数量	9
		调节服务量	6.8
		小计	15.8
总分	100		80.8

表12　　秦岭地区生态可持续性评估结果（2015年）

目标层	准则层	指标层	得分
生态系统可持续性	生态组分多样性（40）	植物多样性	9
		动物多样性	10
		典型物种数量	10
		植被覆盖率	9
		小计	38
	生态过程稳定性（40）	人口密度	10
		土地格局变更率	7
		建设用地密度	8
		生境破碎度	10
		小计	35
	生态服务重要性（20）	服务类型数量	9
		调节服务量	6.8
		小计	15.8
总分	100		88.8

通过上述生态系统可持续性评估不难发现：

（1）总体良好。过去35年间，秦岭生态系统可持续性评估总分均维持在80分以上，说明总体状况为良好。

（2）先降后升。秦岭生态系统可持续性评估总分在过去35年间呈现先降后升的变化趋势，这种趋势是良好的，但2015年的总体性状也仅仅是恢复到接近1980年的水平，说明到目前为止生态系统保护与修复的效果总体上看也仅仅是恢复到了接近35年前的基准情况。

（3）生态组分较好。生态组分多样性方面，总体水平较高（得分率接近或者超过90%），是支撑可持续性总体水平的重要方面；其评估得分35年间呈现先降后升趋势，其变化是导致可持续性总体变化特征的主要原因；35年间，生物多样性变化较为显著，先降后升，说明生物多样性得到了恢复性改善。

（4）生态过程稳定性较差。生态过程稳定性方面，总体水平较低（得分率在75%~88%之间），是可持续性总体水平的减分因素；其评估得分35年间先降后升，其变化亦是导致可持续性总体变化特征的主要原因；其中，土地格局变化是影响生态过程稳定性的负面因子。

（5）生态服务变化不大。生态服务重要性方面，35年间基本没有变化，且总体水平较低（得分率不及80%），是可持续性总体水平的减分方面，说明提高生态服务水平，是增进秦岭生态系统可持续性的关键所在。

2.4 秦岭生态系统存在的主要问题

结合上面可持续性分析以及时空比较分析，发现秦岭生态系统存在如下主要问题：气候变化影响显现，土地利用变化剧烈，动物栖息地破碎化，森林生态系统质量不高，河流湿地片段化加剧，水土流失依然较为严重，以及采矿活动破坏。

（1）气候变化影响显现。在全球气候变化的背景下，秦岭地区过去50年气温总体呈升高趋势，北坡气温倾向率为0.24℃/10 a，南坡为0.15℃/10 a，尤其在20世纪90年代后增暖趋势明显。气候变化必然对生态系统的物质能量循环、生物的自然节律、宏观生态格局等产生影响。

（2）土地利用变化较为剧烈。过去30多年来，秦岭地区土地利用结构变化较为剧烈，其中有利于生态系统可持续性和生物多样性保护的变化，包括森林面积增加、耕地面积减少、滩地增加等；不利于生态系统可持续性和生物多样性保护的变化，包括草地面积、湿地面积减少、城镇及建设用地面积增加等。土地利用变化较剧烈，不利于生态系统的适应性和稳定性，加大风险性和不确定性。

（3）动物栖息地破碎化。调查显示，受人工林、道路、居民点、耕地、小水电站、旅游、矿产开发等活动的影响，大熊猫栖息地整体质量并不高，栖息地受损、退化、破碎化问题依然严峻。秦岭大熊猫国家公园范围内大熊猫种群被分成秦岭A（平河梁种群）、秦岭B（天华山—锦鸡梁种群）、秦岭C（兴隆岭种群）、秦岭D（牛尾河—桑园坝种群）和秦岭E（太白河种群）五个局域种群，各种群生存状况不尽相同。隔离种群间基因交流存在困难，导致遗传多样性降低、种群质量下降，个别局域小种群在应对突发的自然灾害面前甚至有消失的危险。

（4）森林生态系统质量不高。据调查分析，秦岭森林面积中优等仅占3.8%，良等占10.7%，优良合计仅占14.5%，远低于全国20.6%的平均水平；而中等占34.2%，低等和差等占51.3%。优等森林主要分布在秦岭中段北部及以东地区，包括周至、太白北部、洋县北部、宁陕东部、镇安北部等地；差等森林主要分布在秦岭中东部与南部的一些区县。另外，林地生产力也不高，林分存在着"过密、过稀、过纯"的三过问题，生态功能不强，严重影响了森林水源涵养、水土保持等功能的发挥。

（5）河流湿地片段化加剧。河流湿地是野生水生生物的重要栖息环境，近年来，随着旅游的快速发展，旅游区的河道大多修建了拦河坝，以满足景观与漂流等的要求，致使鱼类等水生动物洄游受到严重阻碍。

（6）水土流失依然较为严重。虽经长期治理，但秦岭地区水土流失依然面积大、强度大。2010年秦岭地区水土流失（轻度及以上等级）总面积为28177.27平方千米，占该区域总面积的35.17%。其中流失极重度与重度面积分别为4845.93与4419.42平方千米，分别占秦岭地区总面积的6.05%和5.52%，二者占水土流失面积的11.6%。

（7）水源安全受到多方面威胁。作为重要水源地的秦岭地区，其水源安全受到矿山开采、工程建设、生活污水等方面的威胁。秦岭可采矿产种类多（82种）、价值高（金、银、铜等贵金属）、矿点多（1080处）、矿权复杂（采矿权1041处，探矿权529处），且"散、小、弱、差"特点突出，加之开采技术落后、配套设施不全、安全力度较低等，极易造成生态环境破坏。采矿占用、破坏土地面积达52平方千米，造成山体"斑秃"现象。危害更大的是采矿造成的尾矿库，秦岭目前有233座尾矿库，主要分布在水源涵养重点区或附近，如凤县金矿和铅锌矿，太白县金矿、铅锌和铁矿，洋县铁矿，宁陕县钼矿，城固县铜、银矿，旬阳县铅锌矿等尾矿，严重威胁本地及南水北调水源安全。

3. 秦岭生态系统管理的历程与成效、基础与趋势

3.1 秦岭生态系统管理的基本历程

秦岭生态系统管理从无到有、从松到严、从弱到强，大致经历了四个发展阶段：

第一阶段：2000年以前。长期对秦岭生态系统失于重视、失于管理、失于保护，特别由于乱采、乱砍、乱挖、乱占等现象，生态系统可持续性持续下降，导致2000年成为秦岭地区历史上生态系统可持续性最差的年份。

第二阶段：2000～2007年。以2000年编制实施《陕西秦岭生态功能保护区规划》为主要标志，

开始重视秦岭的生态功能，编制了生态功能保护区规划，开始有规划地保护已严重受到破坏的秦岭生态系统。在此阶段，生态系统退化、破坏的趋势得到初步遏制，生态系统可持续性开始得以恢复性增强。

第三阶段：2008~2012年。以2008年3月1日开始实施《陕西省秦岭生态环境保护条例》为主要标志，加之《西安市秦岭生态环境保护条例》的实施等，秦岭生态系统管理进入了有法可依的法治阶段。生态系统的可持续性进一步提升，特别是人类与自然生态系统的关系进一步密切与和谐。

第四阶段：2013年之后。以大力推进生态文明建设为主要标志，系统地推进秦岭生态系统保护与管理。特别是针对近年来国家主席习近平关于秦岭的系列指示，开展一系列重点专项整治行动，使长期困扰秦岭生态系统保护与管理的顽疾得到根治。

3.2 秦岭生态系统管理的主要成效

（1）颁布和实施了专门的法规。2007年11月，陕西省人民代表大会审议通过了《陕西省秦岭生态环境保护条例》，明确了秦岭生态环境保护的指导思想、基本原则、目标任务等。2008年，陕西省政府印发了《关于贯彻落实〈陕西省秦岭生态环境保护条例〉的通知》，明确了各相关部门秦岭生态环境保护工作职责。2013年，西安市人大颁布实施了《西安市秦岭生态环境保护条例》。2017年1月，陕西省十二届人大常委会第三十二次会议，表决通过了《陕西省秦岭生态环境保护条例（修订草案表决稿）》。

（2）初步有了专门的规划。目前，秦岭生态系统管理的专门规划有：《陕西秦岭生态功能保护区规划》《陕西省秦岭生物多样性保护规划》《陕西省大秦岭旅游发展规划》《陕西秦岭北麓生态环境保护规划》《西安市秦岭生态环境保护总体规划》《西安市秦岭环山西安区域保护与利用总体规划》。

秦岭生态系统管理相关规划主要有：《陕西省主体功能区规划》《陕西省生态建设"十二五"专项规划》《陕西省旅游业"十三五"发展规划》《陕西省矿产资源总体规划（2016~2020）》《陕南循环经济产业发展规划（2009~2020）》《陕南地区移民搬迁安置总体规划（2011~2020）》《丹江口库区及上游水污染防治和水土保持"十二五"规划》《秦巴山片区区域发展和扶贫攻坚规划》等。

另外，目前正在编制《秦岭地区国土空间综合规划》，以明确建设用地规模控制线、城镇开发边界、产业开发边界、采矿开发边界、生态保护红线、基本农田保护红线等控制线。

（3）初步成立了协调机构。2008年4月，陕西省政府依据《陕西省秦岭生态环境保护条例》，及时成立了秦岭生态环境保护委员会，作为秦岭生态环境保护的议事协调机构，主任由省长担任；设立了秦岭生态环境保护委员会办公室，作为秦岭生态环境保护的办事机构，挂靠在省发展改革委。秦岭生态环境保护委员会的主要职责是：①组织编制秦岭生态环境保护总体规划；②审查涉及秦岭生态环境保护的有关专项规划；③调研秦岭生态环境状况，提出秦岭生态环境保护政策的建议；④协调秦岭生态环境保护工作；⑤督促检查秦岭生态环境保护工作；⑥省人民政府规定的其他职责。秦岭所在的地市也相应成立了地市秦岭生态环境保护委员会，主任由市长担任。特别是西安市及其所处秦岭几个区县成立的秦岭生态环境保护管理办公室，独立成编，专门负责秦岭生态环境保护工作，并设有执法监察机构。

（4）初步设立了专项资金。依据《秦岭生态环境保护条例》，陕西省财政设立了省级秦岭生态环境保护专项资金，主要用于秦岭地区重大问题研究、重大项目的策划和前期准备、山区县（区）垃圾和污水处理等基础设施建设。同时，省财政还专项支持秦岭植物园和自然保护区建设，安排陕南突破发展专项资金、陕南移民搬迁专项资金等。

（5）开展了专项整治活动。陕西省人大环资委、省政府法制办、省环保厅每年对秦岭地区6市进行定期和不定期大型执法检查，特别针对秦岭北麓乱建、乱采等生态环境破坏问题，开展系列专项整治行动，先后印发了《关于开展秦岭北麓生态环境保护专项整治工作的通知》《关于开展秦岭北麓生态环境保护专项整治工作的通告》《关于深入开展开山采石专项整治切实加强采石场管理的通知》和《关于保护秦岭生态环境进一步加强矿业权管理的意见》等。

（6）持续提升和建设生态功能区。2010年，陕西秦岭作为全国25个重点生态功能保护区之一予以保护，并实施财政转移支付。2012年，陕西秦巴生物多样性重要生态功能区被列为环保部试点，探索限制开发区域政策。目前，秦岭地区共有自然保护区36处，且全部为省级以上级别。其中2012年以来，秦岭地区新建省级自然保护区3个，晋升国家级自然保护区8个。2015年，牛背梁国家自然保护区正式加入了"世界生物圈保护区"网络，长青国家自然保护区入选首批世界自然保护联盟绿色名录。2016年，陕西省林业厅成立了秦岭国家公园筹建办，启动了秦岭国家公园、秦岭大熊猫公园和桥山国家公园3个国家公园建设工作。

（7）提升了生态环境监管能力。自2006以来，积极开发研制秦岭生态环境遥感监测系统，初步建成了秦岭地区生态环境监测体系，完善了技术规程，提高了监测人员技术水平。目前，空气质量自动监测站全部覆盖秦岭地区38个县区，水环境质量的19个国控点位和21个省控点位全部达标。

（8）提升了生态环境治理能力。由陕西省人民政府、国家林业局、中国科学院和西安市人民政府四家联合共建，由植物迁地保护区、动物迁地保护区、生物多样性就地保护区、复合生态功能区和历史文化保护区共同组成的秦岭国家植物园已于近期开园；陕西省各有关单位长期以来一直致力于申请建设秦岭国家公园。同时，乘南水北调、引汉济渭等水源保护之东风，大批污水处理厂和垃圾处理厂建成并投入运行。另外，能源替代、循环经济发展进程也加快。

（9）提高了秦岭国内外知名度。陕西省秦岭生态环境保护委员会办公室先后开发了"秦岭生态环境保护三维空间辅助决策支持系统"，开通了"中国·秦岭"网站，开展秦岭72峪清洁活动和植树节、"爱鸟节"、生物多样性保护纪念日活动。加强与甘肃、河南两省联系，实现大秦岭青年环保区域联动。

同时，加强秦岭地区生物多样性保护的国际合作，包括与全球环境基金（GEF）、亚洲开发银行（ADB）、世界自然基金会（WWF）的合作。通过国际合作，扩大秦岭国际影响，引进国外先进保护理念和模式，促进提升秦岭生态系统保护管理水平。

（10）生态环境持续改善。上述管理方面的重要进展，促使近几年来秦岭生态环境质量稳中有升。其一，2010年以来，每年秦岭地区1/8的县生态环境质量趋好，3/4的生态环境质量保持稳定。其二，珍稀动植物物种增多，如朱鹮数量已由1981年的7只增加到目前的1700余只，濒危状况得到有效缓解；野生金丝猴数量由1998年禁伐前的3000只增长到目前的5000只。其三，河流水质高水平稳定，秦岭以南的汉江、丹江、嘉陵江等河流Ⅰ、Ⅱ类水质河长占评估河长的90%以上。其四，森林覆被率稳定提高，从2009年的60.61%增加到2013年的62.28%，高山、中山区的植被覆盖率达到80%以上。最后，农田生态系统功能彰显，洋县朱鹮稻田栖息地建设模式取得成功。

3.3 秦岭生态系统管理的基本背景

3.3.1 全球气候变化与国家应对

秦岭地区属于南暖温带及北亚热带，在中国气候及其变化，甚至亚洲气候及其变化中占有重要地位，在中国及区域应对全球气候变化方面也占有重要地位。研究表明，气候变化极易对物种分布范围和丰富度产生显著影响，给生物多样性保护带来挑战，同时也对降水、植被产生显著影响。为此，控制温室气体排放、增加碳汇，切实落实中国温室气体减排责任与义务，维护巴黎气候峰会成果，秦岭生态系统综合管理理应为丰富《中国应对气候变化行动方案》做出重要贡献。

3.3.2 中国生态文明建设与绿色发展

（1）中国正在全面推进生态文明建设。所谓生态文明，就是尊重自然、顺应自然、保护自然，旨在实现人类与自然和谐共处、持续发展的现代文明形态。生态文明，是以资源节约、环境友好、生态保育、格局合理为主要目标的发展哲学、发展理念与发展模式集成。包括秦岭在内的生态系统综合管理，理应成为生态文明建设的核心内容之一。

（2）中国正在全面树立绿色发展理念。绿色增长或绿色发展是国际潮流与趋势，同时也是新时期中国新的发展理念的重要组成部分。所谓绿色发展，就是以资源节约、环境友好、生态保育为主要特征的发展（理念、路径和模式），由绿色经济、绿色社会（绿色社区、绿色机关、绿色学校等）、绿色政治（绿色考核、保护自然等）、绿色文化（尊重自然、顺应自然、保护自然的文化）等共同构成。

3.3.3 中央领导高度关注秦岭

国家主席习近平强调指出，秦岭是中国的地理标识，是我国南北气候分界线和重要生态安全屏障，具有调节气候、保持水土、涵养水源、维护生物多样性等诸多功能。他还指出要站在历史的高度，从国家生态安全大局出发，对秦岭要算大账、长远账、整体账和综合账。他还对秦岭地区出现的乱建、乱采等生态环境破坏现象多次批示。

3.3.4 建设美丽陕西和美丽秦岭

秦岭是陕西最美丽的地方，是陕西最亮丽的名片，是陕西最重要的水源地，是陕西森林面积最大、质量最好的地区。秦岭在陕西生态环境保护、生态文明建设中占有极其重要的地位，也理应为陕西生态系统管理提供先进、成功的经验与模式。

3.4 秦岭生态系统管理的基础条件

3.4.1 法律法规基础

秦岭生态系统综合管理，已初步具备了法制基础。特别是国家层面的法律法规，为秦岭生态系统综合管理提供了较好的保障。相关的法律法规主要包括：《森林法》《草原法》《水法》《环境保护法》《水土保持法》《环境影响评价法》《清洁生产促进法》《矿产资源法》《土地管理法》《固体废物污染环境防治法》《大气污染防治法》《水污染防治法》《野生动物保护法》《自然保护区条例》等。此外，还有相关的部门规章等。

陕西省已有一系列相关法规：《陕西省环境保护条例》《陕西省大气污染防治条例》《陕西省水土保持条例》《陕西省矿山地质环境治理恢复保证金管理办法》《陕西省气象灾害监测预警办法》《陕西省开山采石削山建房管理办法》《陕西省尾矿库安全监督管理办法》。更为重要的是2008年正式实施的《陕西省秦岭生态环境保护条例》，并于2017年进行了修订。

3.4.2 生态文明制度体系

国家生态文明制度体系为秦岭生态系统综合管理提供了最新制度保障。自《生态文明体制改革总体方案》出台以来，相继发布了50余项生态文明体制改革专项方案，生态文明制度体系正在快速形成之中。

《生态文明体制改革总体方案》明确了8大制度领域。明确提出要构建起由自然资源资产产权制度、国土空间开发保护制度、空间规划体系、资源总量管理和全面节约制度、资源有偿使用和生态补偿制度、环境治理体系、环境治理和生态保护市场体系、生态文明绩效评价考核和责任追究制度等八项制度构成的产权清晰、多元参与、激励约束并重、系统完整的生态文明制度体系。

截至目前，已经出台多达50余项的生态文明体制改革专项方案。其中与秦岭生态系统综合管理关系较为密切的有：《环境保护督察方案（试行）》《生态环境监测网络建设方案》《关于开展领导干部自然资源资产离任审计的试点方案》《党政领导干部生态环境损害责任追究办法（试行）》《关于省以下环保机构监测监察执法垂直管理制度改革试点工作的指导意见》《重点生态功能区产业准入负面清单编制实施办法》《生态文明建设目标评价考核办法》《关于全面推行河长制的意见》《省级空间规划试点方案》《建立以绿色生态为导向的农业补贴制度改革方案》《关于划定并严守生态保护红线的若干意见》《湿地保护修复制度方案》《关于健全国家自然资源资产管理体制试点方案》《大熊猫国家公园体制试点方案》《矿业权出让制度改革方案》《矿产资源权益金制度改革方案》《按流域设置环境监管和行政执法机构试点方案》《编制自然资源资产负债表试点方案》《关于健全生态保护补偿机制的意见》《国务院关于全民所有自然资源资产有偿使用制度改革的指导意见》《关于建立统一的绿色产品标准、认证、标识体系的意见》《关于完善集体林权制度的意见》《关于加强资源环境生态红线管控的指导意见》《国有林场改革方案》《关于加快发展农业循环经济的指导意见》《碳排放权交易管理暂行办法》等。特别是十九大报告又明确提出要"加快生态文明体制改革，建设美丽中国"，将体制改革和制度建议作为推动生态文明的主要着力点。

专栏1　　　　　　　　　　　生态文明体制改革方案

《生态文明体制改革总体方案》：明确提出要构建起由自然资源资产产权制度、国土空间开发保护制度、空间规划体系、资源总量管理和全面节约制度、资源有偿使用和生态补偿制度、环境治理体系、环境治理和生态保护市场体系、生态文明绩效评价考核和责任追究制度等八项制度构成的产权清晰、多元参与、激励约束并重、系统完整的生态文明制度体系。

生态文明体制改革专项方案主要有（截至2017年10月）：《环境保护督察方案（试行）》《生态环境监测网络建设方案》《关于开展领导干部自然资源资产离任审计的试点方案》《党政领导干部生态环境损害责任追究办法（试行）》《中国三江源国家公园体制试点方案》《探索实行耕地轮作休耕制度试点方案》《关于设立统一规范的国家生态文明试验区的意见》《国家生态文明试验区（福建）实施方案》《贫困地区水电矿产资源开发资产收益扶贫改革试点方案》《关于省以下环保机构监测监察执法垂直管理制度改革试点工作的指导意见》《关于构建绿色金融体系的指导意见》《重点生态功能区产业准入负面清单编制实施办法》《生态文明建设目标评价考核办法》《关于全面推行河长制的意见》《省级空间规划试点方案》《建立以绿色生态为导向的农业补贴制度改革方案》《关于划定并严守生态保护红线的若干意见》《自然资源统一确权登记办法（试行）》《湿地保护修复制度方案》《海岸线保护与利用管理办法》《关于健全国家自然资源资产管理体制试点方案》《关于加强耕地保护和改进占补平衡的意见》《大熊猫国家公园体制试点方案》《东北虎豹国家公园体制试点方案》《围填海管控办法》《矿业权出让制度改革方案》《矿产资源权益金制度改革方案》《按流域设置环境监管和行政执法机构试点方案》《关于进一步推进排污权有偿使用和交易试点工作的指导意见》《编制自然资源资产负债表试点方案》《关于健全生态保护补偿机制的意见》《国务院关于全民所有自然资源资产有偿使用制度改革的指导意见》《关于建立统一的绿色产品标准、认证、标识体系的意见》《关于完善集体林权制度的意见》《控制污染物排放许可制实施方案》《关于促进绿色消费的指导意见》《关于加强资源环境生态红线管控的指导意见》《国有林场改革方案》《关于加快发展农业循环经济的指导意见》《关于培育环境治理和生态保护市场主体的意见》《碳排放权交易管理暂行办法》《关于禁止洋垃圾入境推进固体废物进口管理制度改革实施方案》《关于建立资源环境承载能力监测预警长效机制的若干意见》《关于深化环境监测改革提高环境监测数据质量的意见》《跨地区环保机构试点方案》《海域、无居民海岛有偿使用的意见》《祁连山国家公园体制试点方案》《领导干部自然资源资产离任审计暂行规定》《国家生态文明试验区（江西）实施方案》《国家生态文明试验区（贵州）实施方案》《建立国家公园体制总体方案》《关于完善主体功能区战略和制度的若干意见》《生态环境损害赔偿制度改革方案》。

3.4.3 体制基础

秦岭地区，同陕西省及全国其他地区一样，建立起了以林业、环境保护、水利、国土、农业等管理体系为主体的生态系统综合管理的行政管理架构，这些机构分别致力于森林、草地、农田、湿地等生态系统的保护与治理，以及环境保护与治理、矿山修复、土地整治等。

秦岭地区，还探索成立了专门的秦岭生态环境管理协调机构——秦岭生态环境保护委员会，明确了6项职责；部分地区还成立了专门的秦岭办，负责秦岭生态环境保护日常协调工作。

秦岭地区，同陕西省及全国其他地区一样，已经具备了改革和健全生态系统综合管理体制的制度保障，包括环境保护督察、生态环境监测、省以下环保机构监测监察执法垂直管理、河长制、国家公园体制等在内的生态环境管理体制改革最新进展。十三届全国人大通过的《国务院机构改革方案》明确提出组建自然资源部、生态环境部，将对包括秦岭地区在内的我国资源、环境、生态管理体制带来重大挑战与机遇。

3.4.4 机制基础

秦岭地区，已经初步建立起了生态系统综合管理的市场机制。

（1）初步建立起了相关市场机制。秦岭地区同陕西省及全国其他地区一样，建立起了包括水资源费征收、矿山生态环境恢复治理保证金征收、土地有偿使用、矿权市场化配置等在内的资源环境生态市场机制。尽管这些市场机制还是初步的，但确实是支撑秦岭地区生态系统综合管理的基础性市场机制。

（2）陕西省创造性地设立了省级秦岭生态环境保护专项资金。用于秦岭生态系统保护、修复与补偿，在调动各地生态保护与修复积极性方面发挥了重要作用。

（3）初步建立起了绿色发展市场机制。同全国其他地区一样，秦岭地区已经具备了进一步建立健全市场机制的制度基础，包括水电矿产资源收益分配、绿色农业补贴、矿业权出让、矿产资源权益金、生态保护补偿、全民所有自然资源资产有偿使用、集体林权和碳排放权交易等市场机制。

3.4.5 经济基础

总体上看，秦岭地区生态系统综合管理的经济基础并不理想。

（1）秦岭地区总体上属于经济欠发达地区。秦岭地区38个县中有21个为国家扶贫开发重点县。如何兼顾保护生态与发展经济，过去是、现在是、将来还会是秦岭地区生态系统综合管理必须正视的主要矛盾。没有适当经济基础的生态系统综合管理是难以为继的。

（2）秦岭地区自身财政实力极其薄弱。除去西安、宝鸡、渭南三市市级财政较好之外，汉中、商洛、安康三市及多数县均属于"赤字财政"，甚至党政机构正常运行经费也需要靠财政转移支付。这就决定了秦岭地区的生态系统综合管理需要域外财政支持。

（3）秦岭地区产业结构仍处于传统资源型产业为主阶段。包括农业、采矿业及旅游业等在内的传统资源型产业占有较大比重，"三头经济"（木头经济、石头经济和砖头经济）依然较为普遍，产业转型刚刚起步。但同时另一方面，绿色产业发展虽然起步晚但基础较好，发展势头较好。

3.4.6 其他基础

秦岭生态系统综合管理还有着其他重要基础。一是信息基础不断加强，但差距依然较大。包括土地、矿产、水、生物、能源等资源信息，大气、土壤、水体环境质量信息，以及森林、草地、湿地、农田等生态信息的基础性工作不断加强，信息源在增加，可用信息在增加。然而，与生态系统综合管理需要相比仍有较大差距，主要表现为信息不公开、不真实、不及时、不一致、不规范的问题极其突出。二是初步建立起了秦岭植物园，为秦岭生态系统综合管理提供了可以借鉴的经验与模式。

4. 秦岭生态系统综合管理的内涵与需求、挑战与问题

4.1 生态系统综合管理的科学内涵

4.1.1 生态系统综合管理的基本界定

在此，生态系统综合管理是指为保持生态系统的健康和恢复力，均衡而持续地获得生态系统产品（食物、纤维、淡水、能源等）与服务（氧气、水分、土壤等），而从社会、经济、资源、环境及生态等诸方面对特定区域复合生态系统进行多主体、多目标、多手段管理的系统过程。

4.1.2 生态系统综合管理的多维识别

生态系统综合管理是三个方面的综合。一是管理目标的综合。生态系统综合管理决非仅仅瞄准一个目标，而是瞄准包括资源、环境、生态、经济、社会等多个目标，形成多目标耦合。二是管理

手段的综合。生态系统综合管理决非仅仅依靠一种手段，而是充分运用法律、经济、技术、政治甚至宗教等手段，形成多措并举。三是管理主体的多元。生态系统综合管理决非仅仅依靠政府主体，而是要充分发挥包括企业、事业、家庭、团体等社会各界的积极作用，形成多主体结构。

生态系统综合管理具有多方面的内涵。一是秦岭地区的自然资源治理，包括水、土、能、矿、生等资源的治理，形成资源良治的局面。二是秦岭地区的生态系统管理，包括农、林、草、水、湿及城市生态治理，形成生态良治的局面。三是秦岭地区的环境综合治理，包括大气、水、土壤等环境治理，形成环境良治的局面。四是秦岭地区经济绿色转型发展，发展绿色经济（循环、低碳、绿色、生态等经济形态），形成绿色经济良性发展的局面。

秦岭生态系统综合管理不等于秦岭地区可持续发展。

4.1.3 生态系统综合管理的功能与特征

（1）生态系统综合管理的主要功能。生态系统综合管理，一般均具有广泛而重要的功能。其一是生态保育与治理功能，即促进森林生态系统、草地生态系统、农田生态系统、湿地生态系统、城镇生态系统和复合生态系统的保护、培育、改良和修复。其二是环境保护与治理功能，即促进包括水环境、大气环境、土壤环境和农村生活环境、城镇环境的保护、改良与治理。其三是资源保护与治理功能，即促进包括水、土地、生物、能源、矿产等在内的自然资源的合理开发、有效保护与科学治理。其四是经济转型与升级功能，即促进产业和经济的绿色转型发展，促进发展资源节约、环境友好、生态保育和竞争有力的产业与经济。第五是社会进步功能，即促进建立资源节约、环境友好、生态保育和理性消费的现代文明社会。

（2）生态系统综合管理的基本特征。生态系统综合管理一般具有如下基本特征：①综合系统性特征。强调立足综合视角、统筹综合因素、瞄准综合目标、运用综合手段对生态系统进行综合、系统的管理。②平衡均衡性特征。强调均衡地发挥生态系统的各类功能，均衡地兼顾生态系统管理的各类目标，平衡地兼顾各利益相关者的利益诉求。③问题导向特征。强调对生态系统结构、功能、效率、演化等方面先行评估诊断，以确认问题清单，并针对问题采取有针对性的管理措施。④综合工具特征。强调综合运用包括经济、技术、法律、政策、信息等工具，对生态系统进行综合管理。⑤持续渐进特征。强调持续、渐进地对生态系统进行保护、修复、改良与建设，决不急功近利，而是着眼长远目标、持之以恒地管理。

4.2 秦岭生态系统呼唤综合管理

（1）保护生物多样性呼唤秦岭生态系统综合管理。秦岭是中国生物多样性最为丰富的地区之一，同时也是中国乃至世界珍稀野生动植物资源较为丰富的地区之一。尽管近年来生物多样性保护取得了进展和成效，但生物多样性仍面临来自人类活动及气候变化等多方面的挑战和威胁。另外，开展秦岭生态系统综合管理，不仅有利于中国生态环境改善和生物多样性保护，还将对中国履行《濒危动植物国际贸易公约》《湿地和水禽栖息地公约》《世界文化与自然遗产保护公约》《生物多样性公约》等国际条约，提高全球生态效益具有重大意义。

（2）保护南水北调水源呼唤秦岭生态系统综合管理。包括陕南三市和宝鸡市凤县、太白县在内的秦岭地区，水功能区共59个，为丹江口水库多年平均贡献约70%的入库水量，是中国南水北调中线工程的重要水源地，其水质和水量是保障南水北调水质和水量的关键。尽管已经为保护南水北调水源采取了系列措施并取得了显著成效，但与南水北调工程对水量和水质的持续、高水平要求相比，仍须进一步加强对水资源、水环境和水生态的管理。

（3）应对区域及全球气候变化呼唤秦岭生态系统综合管理。位于亚热带与暖温带之间的秦岭山脉不仅是中国南北气候分界线，同时也是气候变化响应三级敏感区之一，其气候变化对区域及全球气候变化有着不可忽视的重要影响。因此，加强秦岭生态系统综合管理，通过恢复和增强秦岭生态系统服务功能，提高秦岭对气候变化的适应能力，缓解气候变化对秦岭生态系统的负面影响，有利于增进秦岭、中国乃至全球应对全球气候变化的能力。

（4）生态文明建设与绿色发展呼唤秦岭生态系统综合管理。生态文明建设和绿色转型发展，是包括秦岭地区在内的中国各省市区的必然选择。秦岭地区作为具有中国、亚洲乃至世界意义的生物多样性和气候重要区域，大力推进生态文明建设和绿色转型发展更是必然而迫切的方向。秦岭地区的生态文明建设与绿色转型发展，相对于其他地区而言，更加注重集资源、环境、生态及空间治理于一体的生态系统综合管理。

（5）全面建成小康社会呼唤秦岭生态系统综合管理。作为中国贫困地区和贫困人口最为密集的地区之一，其全面建成小康社会的要求是迫切的；同时，作为具有中国、亚洲乃至世界意义的重要生态功能区，其生态环境保护与修复的压力是巨大的。在有效保育生态系统的基础上全面建成小康社会，迫切需要集生态目标和经济目标于一体的生态系统综合管理。

4.3 秦岭生态系统综合管理的主要挑战

4.3.1 主要矛盾

（1）资源开发与生态保护的矛盾。秦岭地区有着丰富的矿产资源，矿产资源开发往往见效快、致富快，但生态环境破坏较为严重。采矿会破坏森林、草地甚至农田生态系统，极易导致山体"斑秃"、滑坡以及地文异常现象。为此，秦岭生态系统综合管理面对的主要矛盾之一，就是如何处理好资源开发与生态保护的矛盾，特别是在二者不可调和时如何抉择。

（2）南水北调与生态保护的矛盾。南水北调无疑会影响本地的水文气象条件，会对当地生态及环境保护提出较高的要求。也就是说，南水北调一方面会对当地提出较高的生态环境保护要求，而另一方面又会由于可用水量的减少而加大当地生态环境保护的难度。如何妥善处理好这一对矛盾，是秦岭生态系统综合管理的核心任务之一。

（3）动物保护与植物保护的矛盾。秦岭地区既是具有重要意义的植物基因库，又是具有国家乃至世界意义的大熊猫、金丝猴、朱鹮、羚牛等珍稀动物的主要栖息地。然而，随着动物种群的扩大，动物保护与植物保护的矛盾日益凸显，特别是羚牛种群的扩大已经造成树木的枯死。如何妥善处理好这一对矛盾，也是秦岭生态系统综合管理所必须认真对待的问题之一。

（4）生态补偿与生态移民的矛盾。生态补偿与生态移民，无疑都是缓和当地生态压力、促进生态保护的重要措施，各自发挥着积极的作用。然而，鉴于相当部分的生态补偿以居民为对象，随着生态补偿标准的提高，恰恰会抑止生态移民的积极性，并因此而导致"生态返乡"现象，对本已得到恢复的生态造成再次破坏。如何科学地选择、组合好这两种生态保护措施，是秦岭生态系统综合管理重要内容之一。

（5）脱贫致富与生态保育的矛盾。秦岭地区显著存在贫困县与重要生态功能县高度重合的现象，38个县中21个为国家扶贫开发重点县，其中同时为重要生态功能县的有14个。如何妥善处理好脱贫致富与生态保育的矛盾关系，能否实现生态保育与脱贫致富的"双赢"，直接关系到秦岭生态系统综合管理的成败。

图4　秦岭地区生态功能区县与国家级贫困县分布及其情况

4.3.2　主要挑战

（1）气候变化及其响应的挑战。气候变化已经并仍将对秦岭地区生态环境产生重要影响，包括对植物生长条件、动物生存条件以及降水、农田等方面的影响。秦岭生态系统综合管理必须积极应对气候变化，特别要为中国碳减排做出应有的重要贡献。

（2）工业化及产业发展的挑战。秦岭地区仍处于工业化及产业转型发展的初期或中期，工业化和产业转型发展的要求仍是迫切的。然而，不可否认，秦岭地区的工业化不可能、也不允许再走传统的道路，必须走产业绿色转型和结构升级基础上的新型工业化道路，无疑会加大工业化的成本或代价，但这种成本或代价是必须付出的。

（3）城镇化及人口聚集的挑战。秦岭地区仍处于城镇化的中期甚至初期阶段。然而，从发达国家和我国发达地区的发展历程来看，城镇化往往是必然的趋势。世界上不少国家和我国不少地区，由于所选择的城镇化道路与模式问题，出现了以拥挤、污染等为主要标志的"城市病"。秦岭地区作为重要的生态功能区和水源涵养区，决不允许重蹈城镇化失败地区的覆辙，必须选择资源节约、环境友好、生态保育、空间合理的城镇化发展道路与模式。

（4）全面建成小康社会的挑战。中国全面建成小康社会是全覆盖的，对于1500多万人的家园的秦岭地区来说，全面建成小康社会是不可回避、不可推卸的责任与目标，是广大人民群众的热切期盼。然而，不可否认，秦岭地区全面小康社会建设，必须以不牺牲生态环境为前提，甚至必须以进一步改良生态环境为前提。这就要求必须兼顾地方利益与国家利益、当地人民群众利益与全国人民利益。秦岭地区全面建成小康社会给生态系统综合管理的挑战是巨大的，但也是必须承受的。

（5）推进生态文明建设的挑战。生态文明建设和绿色发展，在中国决不允许有盲区、有掉队。秦岭地区作为重要的生态环境功能区，其生态文明建设和绿色发展，更是不争的发展方向和重点领域。然而，包括资源基础、环境容量、生态服务监测评估等相关基础性工作滞后，资源开发利益诱惑、环境保护能力欠缺，对于秦岭地区来说，生态文明建设和绿色发展的挑战是巨大的，但同样也是必须承受的。

4.4 秦岭生态系统综合管理的问题清单

从生态系统综合管理的目标和要求来看，秦岭的生态系统管理主要存在6个方面的问题：法制问题、体制问题、机制问题、规制问题、科技问题与投入问题。

4.4.1 法制问题

尽管2007年已出台并于2017年修订了《陕西省秦岭生态环境保护条例》，但因该条例的部分条款规定缺乏严密性，为违法和权力寻租提供了可乘之机。例如该条例仅设置旅游设施建设生态环境保护专章，尚未涉及农村环境保护存在的污水、垃圾处置问题，导致农村污水垃圾处理"无规可依、无人可管、无钱可用"。再如该条例规定"海拔2600米以上区域"为禁止开发区，"山体海拔1500米以上至2600米之间的区域"为限制开发区。实际情况则是秦岭大部分区域都在1500米以下，导致保护优先的原则不能很好落实。另外，针对该条例实施的监督、检查、考核、惩处力度不够，责任不明，执法主体缺乏，地方政府在生态环境保护方面的作用难以得到更大程度上的发挥。

表13　　　　　　　秦岭生态系统综合管理相关法律法规（不完全统计）

法规规章名称	颁布机构
陕西省秦岭生态环境保护条例	陕西省人大常委会
陕西省矿产资源管理条例	陕西省人大常委会
陕西省汉江丹江流域水污染防治条例	陕西省人大常委会
陕西省开山采石削山建房管理办法	陕西省人民政府
陕西省矿山地质环境治理恢复保证金管理办法	陕西省人民政府

4.4.2 体制问题

2008年《陕西省秦岭生态环境保护条例》正式实施后，陕西省政府和秦岭各市县政府先后成立了秦岭生态环境保护委员会及办公室，但绝大多数没有独立的编制人员，机构形同虚设，尤其是2013年因机构改革撤销陕西省秦岭生态环境保护委员会后，除西安市外，其他地市也随之撤销了相应机构，秦岭保护工作由各部门按职责分工各司其职。然而，秦岭分属6个地市38个县区，在分别接受林业、农业、水利、国土、环保、文物、旅游等不同部门管理的同时，还要按属地管理原则接受地方人民政府的管辖。这种属地化、条块化的管理体制导致秦岭地区生态系统管理政出多门、"多头治山"的问题突出，职能重叠与监管盲区并存，缺乏有效协调机制，难以适应秦岭地区综合治理的需要。

4.4.3 机制问题

秦岭地区拥有丰富的矿产资源、生物资源以及人文资源，并对这些资源进行了不同程度的开发与利用。然而，由于市场机制的运用不够，涉及这些资源开发与利用的价格、税收、规费、基金、补偿等相关机制如绿色产品与绿色服务的价格机制、矿产资源开发生态环境综合治理补偿金制度、污染企业政策性退出经济损失补偿制度、南水北调中线水源区生态保护补偿机制等尚未构建或很不健全，从而导致目前涉及秦岭生态系统管理的相关文件或法律规定大多是义务性规定，对违反规定的行为大多采取罚款等行政手段，市场手段的作用未得到有效发挥。由于激励约束机制不够健全，相关部门的工作人员以及当地居民系统管理农、林、草、水、湿、城生态的动力不足。

4.4.4 规制问题

规制是运用规划、标准、规范等对相关主体的行为进行约束，使之与既定目标和要求相符的管理方式。为加强秦岭地区生态系统管理，陕西省、秦岭地区各市县相继出台了系列规划、方案、办法等，对于保护秦岭生态系统发挥了一定作用。然而，这些规制手段存在不系统、不协调、难落实等问题，影响到了生态环境规制的实际效果。

表14　　　　　　　　　　秦岭生态环境规制依据（不完全统计）

生态环境规制依据	依据来源
陕西省主体功能区规划	陕西省人民政府
陕西省矿产资源总体规划（2008~2015）	陕西省人民政府
陕西省矿产资源总体规划（2016~2020）	陕西省人民政府
陕西省矿产资源开发：保发展治粗放保安全治隐患保生态治污染行动计划（2016~2020）	陕西省人民政府
陕南地区移民搬迁安置总体规划（2011~2020）	陕西省人民政府
陕西省汉江丹江流域水质保护行动方案（2014~2017年）	陕西省人民政府
关于深入开展开山采石专项整治切实加强采石场管理的通知	陕西省人民政府办公厅
关于进一步深入开展开山采石专项整治切实加强采石场管理的通知	陕西省人民政府办公厅
关于进一步加强和规范陕南地区移民搬迁工作的意见	陕西省人民政府办公厅
关于陕南突破发展的若干意见	陕西省人民政府办公厅
陕南循环经济产业发展规划（2009~2020）	陕西省发展改革委员会
陕西省森林生态效益补偿基金管理办法	陕西省财政厅、林业厅
陕西省天然林保护工程财政资金管理实施细则	陕西省财政厅、林业厅
陕西省林业精准脱贫实施方案	陕西省林业厅、扶贫办
陕西省矿山复绿行动实施方案	陕西省国土厅
西安市秦岭北麓矿山专项整治工作方案	西安市人民政府
关于加快特色农业发展的决定	商洛市人民政府
商洛市生态农业发展规划（2015~2020）	商洛市人民政府
商洛市丹江等流域污染防治工作三年行动计划	商洛市市委、市政府
宁陕县国家主体功能区建设试点示范实施方案	宁陕县人民政府
安康市江河湖泊采砂（矿）管理暂行办法	安康市人民政府
安康市矿产资源勘查开发秩序专项整治行动实施方案	安康市人民政府办公室
安康市城镇体系规划大纲	安康市人民政府
大敷峪石材综合整治办法	渭南市人民政府
华阴市地质环境综合治理实施方案	华阴市人民政府
华阴市大夫峪石材专项整治实施方案	华阴市人民政府
商洛市丹江等流域污染防治专项资金使用管理暂行办法	商洛市财政局
关于按因素法调整排污费分配方式的通知	商洛市财政局
关于各县区要进一步加大环保资金投入的通知	商洛市财政局、环保局
商洛市生态农业生产技术规范	商洛市农业局、水务局、林业局
森林资源流转管理试行办法	宁陕县林业局

续表

生态环境规制依据	依据来源
林权抵押贷款管理（试行）办法	宁陕县林业局、农村信用联社
林权抵押操作流程	宁陕县林业局、农村信用联社
林权抵押贷款资产评估价值参考标准	宁陕县林业局、农村信用联社
洋县城乡一体化建设规划	洋县人民政府
洋县城市总体规划（2013~2030）	洋县人民政府

资料来源：根据相关资料整理而得。

4.4.5 能力问题

财政能力薄弱。秦岭地区38个县区，大多属于国家或省禁止开发区和限制开发区，其中16个县区为国家生态功能区县，21县区为国家级扶贫开发重点县，经济基础薄弱，地方财政困难。即使省级设立了秦岭生态环境保护专项基金，但每年仅有1000万元，平均到6个市每市也就100余万元；秦岭各市除西安外，均未设立秦岭生态环境保护专项资金。

专业人员缺乏。包括监测、评估、修复等在内的生态系统综合管理，需要大量专业人员，但由于各种原因，人员极度缺乏。

专用设备和信息手段缺乏。地理信息系统、遥感数据等是生态系统综合管理的必要工具和手段，但相关基础和能力较差；专业设备等配置较少，不能满足需求。

表15　　　　　　　　　　　秦岭生态综合管理问题及其影响清单

问题类型	具体问题	问题影响
基础问题	资源环境生态本底情况不清、不准、不及时	导致生态系统综合管理的问题针对性、目标的科学性较差
法制问题	缺乏秦岭综合立法	导致法律效力不高
	陕西省秦岭生态环境保护条例尚不完善	导致该条例的有效性受到损害
	执法主体缺乏	导致执法不力，执法责任不清
体制问题	管理理念与目标偏差	导致管理目标偏离秦岭生态系统保护与修复的主目标
	九龙治水、多头治山，缺乏统一管理机构	导致管理职能重叠或遗漏及责任不清，以及管理效能低下
机制问题	资源有偿使用滞后	导致资源节约和保护的动力缺乏
	税收绿色化滞后	导致绿色转型发展之税收杠杆作用的损失
	规费改革滞后	导致资源节约、环境保护投入能力薄弱等
	基金支持薄弱	导致资源、生态、环境投入能力薄弱
	生态补偿滞后	导致生态保育修复经济动力与能力较弱
规制问题	相关规划不衔接	导致规划实施困难
	管理标准不统一	导致管理目标、标准执行难
	操作规范缺失	导致管理秩序和效能受损
能力问题	专业人员缺乏	导致生态系统综合管理队伍薄弱
	专业技能缺乏	导致生态系统综合管理技能滞后
	专业经费缺乏	导致生态系统综合管理经费保障薄弱
	专业设施设备缺乏	导致生态系统综合管理基础能力较差

4.5 秦岭生态系统综合管理的制度困境

秦岭生态系统综合管理，在现实中遇到了诸多制度困境，涉及自然资源资产产权、生态补偿、国家公园等方面。

4.5.1 自然资源资产产权困境

（1）水权与地权制度困境。同全国其他地区一样，秦岭地区存在"集体土地装着国有水"的制度困境。这源于所有水资源均为全民所有或国家所有，以及集体土地归农民集体所有的法律规定。这无疑会因不能损害国有水资源而影响到集体土地处置权利行使，或因行使集体土地处置权而影响国有水资源可用性。

（2）矿权制度困境。开展采矿专项整治活动，无疑是加强生态环境保护与修复所必需的。然而，采矿专项整治行动所取缔或终止的矿山或矿权，往往多为合法矿山或矿权。由此，专项整治行动对合法矿权非正常终止或取缔，已经带来矿权制度困境。

4.5.2 生态补偿制度的困境

无疑，秦岭生态系统综合管理离不开生态补偿及相关制度保障。然而，由于相关基础性工作较差，特别是对秦岭地区生态系统服务及其价值评估工作的严重滞后，关于生态补偿补多少的问题，始终难以给出清楚、准确、令人信服的答案。另外，关于谁来补、补给谁的问题，也始终未有明确、可信的答案。

4.5.3 申建秦岭国家公园的困境

陕西省一直致力申报建设秦岭国家公园。然而，由于复杂的、不可控的原因，由四川省发起、联合包括陕西省在内相关省份共同提出的《大熊猫国家公园体制试点方案》，已获中央深改领导小组通过并付诸实施。另外，《建立国家公园体制总体方案》业已公布实施，该方案明确指出："国家公园是指由国家批准设立并主导管理，边界清晰，以保护具有国家代表性的大面积自然生态系统为主要目的，实现自然资源科学保护和合理利用的特定陆地或海洋区域。"同时还指出："坚持将山水林田湖草作为一个生命共同体，统筹考虑保护与利用，对相关自然保护地进行功能重组，合理确定国家公园的范围。按照自然生态系统整体性、系统性及其内在规律，对国家公园实行整体保护、系统修复、综合治理。"显然，这无疑会从根本上削弱成立"秦岭国家公园"的可能性。

4.5.4 污水处理制度的困境

污水处理无疑是秦岭生态系统综合管理的主要内容之一。然而，在秦岭地区不同程度存在"污水处理为了谁"的疑问或纠结。由此，在污水处理厂投资主要由中央资金负担的基础上，各相关市县还不同程度地存在对污水处理厂运行费的"等靠要"思想，甚至出现污水处理设施闲置或"假运行"的现象，对包括南水北调水质在内的秦岭地区水质造成严重威胁。

4.5.5 PPP投资模式的困境

PPP模式无疑是适用于包括资源、环境、生态治理领域的投资模式。然而现实中，PPP中的三个"P"均不同程度地存在问题，首先是政府（Public）的问题，主要表现为政府缺乏关于PPP的相关明确规定，或对私企的不理睬、不信任，或对PPP运作过程缺乏有效监管。其次是私企（Private）的问题，主要表现为偏离公共利益目标，专业化能力与水平欠缺，变相套取国家资金，治理任务或目标不能完成。最后是合伙制（Partnership）的问题，主要表现为政府与企业的责任、权利、义务关系不清晰，相关风险管控机制缺乏，项目质量保证机制缺乏等。

5. 秦岭生态系统综合管理的理念与方向、原则与目标

5.1 秦岭生态系统综合管理的理念

科学有效的秦岭生态系统综合管理，须以科学、先进、实用的理念为引领。为此，应牢固树立6个方面的理念。

（1）牢固树立绿色发展的理念。绿色发展就是以资源节约、环境友好、生态保育为主要特征的发展（理念、路径和模式）。绿色发展由绿色经济、绿色社会（绿色社区、绿色机关、绿色学校等）、绿色政治（绿色考核、保护自然等）、绿色文化（尊重自然、顺应自然、保护自然的文化）等共同构成。秦岭生态系统综合管理，必须首先要牢固树立绿色发展的理念，推进资源节约、环境友好、生态保育、产业绿色转型发展。

（2）牢固树立协调共享的理念。协调发展与共享发展同为新时期中国五大发展理念的核心内涵。协调发展，就是要强调部门之间、地区之间、城乡之间、目标之间的协调，而这些问题在秦岭地区普遍存在，特别要基于系统管理、目标耦合的要求，加强部门、地区、城乡之间的协调。共享发展，就是要让秦岭地区的每个公民都能机会均等地享受到改革、创新和发展的红利，特别要享受到秦岭的生态红利。

（3）牢固树立开放包容的理念。秦岭不仅仅是6市38县的秦岭，也不仅仅是陕西的秦岭，还是中国的秦岭、世界的秦岭。为此，要实施开放战略，广泛吸引、引进各地生态系统综合管理成功的经验、模式，有序地开展资源、环境、生态领域及经济、社会领域的地区合作、国际合作，同时为世界了解秦岭提供内容丰富、形式多样的信息服务。树立包容的理念，就是要包容所有想致力于秦岭生态系统管理的个人、组织、机构、团体、企业等，充分发挥其生态系统保护与修复的"正能量"，规范、透明地抑制其可能的"负能量"，共同推动秦岭生态系统综合管理。

（4）牢固树立系统综合的理念。生态系统综合管理必须立足于系统视角、着眼于系统目标，必须调动系统力量、运行系统工具。同时，要努力形成生态管理的综合力量，运用包括技术、经济、法律、社会等措施在内的综合措施。决不能"头疼医头、脚疼医脚"，要牢固树立"生命共同体"的理念，推进"山水林田湖"的系统整治与管理。

（5）牢固树立改革创新的理念。秦岭生态系统综合管理所面对的形势不断变化，所担负的责任不断变化，所满足的要求不断变化，所存在的制度环境也在不断变化。特别是生态文明体制改革和经济体制改革不断深化，无疑会对秦岭生态系统综合管理产生重要影响。另外，作为重要而特殊的生态、经济和社会区域，秦岭必须在生态系统综合管理方面进行独特的体制、机制、规制等方面的探索和创新。

（6）牢固树立生态至上的理念。秦岭地区无疑既要发展经济，又要保护生态和环境，还要推进社会进步与发展。然而，无论如何，鉴于其重要而特殊的生态功能地位与作用，必须坚持生态立区，彻底转变经济效益至上的传统理念，牢固树立生态至上的理念，凡是与生态保育矛盾的行为、活动、项目等一律禁止，凡事有利于生态保育的则予以坚决支持。

5.2 秦岭生态系统综合管理的方向

秦岭生态系统综合管理，必须持之以恒地坚持正确、明确的基本方向。纵观国内外生态系统综合管理动态与趋势，特别结合中国生态文明体制改革和绿色发展机制创新动态与趋势，秦岭生态系统综合管理应该坚持如下重要方向：

（1）资源节约与可持续利用的方向。以自然资源资产的保值增值为主要目标，扎实推进包括土地、水、能源和生物资源等在内的自然资源节约与可持续利用。重点加强自然资源资产的动态监测、系统评估，探索编制秦岭地区自然资源资产（生态资产）负债表，鼓励和支持自然资源资产（生态资产）投资，并通过价格、税收、补偿等形式保障自然资源资产投资取得合理的经济回报。

（2）环境保护与可持续改善的方向。以提高环境质量容量为主要目标，扎实推进包括水环境、大气环境、土壤环境等环境质量持续提高与环境容量持续扩大。重点加强水环境、大气环境和土壤环境及地质环境的动态监测、风险评估、综合治理，实施最严格的环境质量目标责任制，加强秦岭地区环境督察，鼓励和支持环境治理投资，并通过财政、税收等形式以及PPP模式，提升环境治理能力与水平。

（3）生态保育与可持续改良的方向。以增强生态系统的可持续服务功能为主要目标，扎实推进包括森林、草地、湿地、农田、水域生态系统的可持续修复和改良。重点本着"山水林田湖生命共同体"的理念，加强各类生态系统、复合生态系统的动态监测、评估诊断、系统修复。积极争取国家山水林田湖生态系统修复工程项目支持，增强秦岭生态系统服务功能和生物多样性。

（4）空间优化与可持续承载的方向。以优化秦岭地区"三生空间"（生态空间、生活空间、生产空间）结构为主要目标，扎实推进包括生态空间严格划定、生产空间相对聚集、生活空间优化调整为重点的空间优化进程。重点明确划定和严格管控自然生态空间，严格控制生产空间扩张，强化生产空间聚集，推进以生态移民为主的生活空间调整优化。推进秦岭地区空间规划的编制与实施。在即将编制实施的陕西省国土规划中，应对秦岭地区给予特殊的关注，总体上应作为重点生态功能区对待。

（5）经济转型与可持续发展的方向。以经济绿色转型发展为主要目标，扎实推进秦岭地区经济转型，实现经济可持续发展。重点推进从"三头经济"（1998年之前的"木头经济"，2015年之前的"石头经济"及当下的"砖头经济"），向生态经济（生态农业、林下经济）、绿色经济（绿色农产品生产及加工）、循环经济（循环工业园区等）、"飞地经济"等新型经济的转变，实现秦岭地区的经济可持续发展和居民收入可持续增长。

（6）社会转型与可持续进步的方向。以建设资源节约、环境友好和生态保育型社会为主要目标，扎实推进秦岭地区社会转型发展，实现社会可持续进步和文明程度持续提高。重点建立健全节约保护资源、保护治理环境和保育修复生态的社会参与机制，提高社会参与秦岭地区生态系统综合管理的积极性、创造性和贡献度。

5.3 秦岭生态系统综合管理的原则

（1）政府主导与全民参与相结合原则。在现阶段，鉴于认知水平和能力等方面的原因，政府在秦岭生态系统综合管理中无疑担负着主导作用，尤其在执法、规划、投资、科技、设施等方面担负主导作用。然而，生态系统综合管理离不开全社会的参与，且随着社会认知能力和水平的提高，公众和社会应成为生态系统综合管理的主力军。秦岭生态系统综合管理必须坚持政府主导与全民参与相结合的原则。同时，鉴于秦岭地位的特殊性与作用的重要性，以及鉴于陕西省自身发展基础与能力的有限性，应由中央政府和陕西地方共同努力，全面提升秦岭生态系统综合管理的能力与水平。

（2）政府手段与市场机制相结合原则。生态系统综合管理主要靠政府和市场两只手，两只手都有用、都要硬。政府在立法执法、规划计划、标准规范、财政投资、基础设施、科技教育等方面的作用应强化、规范化；同时，应大力发挥市场在资源配置中的决定性作用，重点推进自然资源有偿使用制度的全覆盖，推进林权、水权、矿权市场发育与规范交易，推进生态补偿制度的全域实施。秦岭生态系统综合管理必须坚持政府手段与市场机制相结合原则。

（3）多视角多领域治理相结合的原则。生态系统综合管理不仅仅包括狭义生态的管理，还应包括资源管理和环境管理，其中水、土地、矿产及能源等资源开发利用保护管理是最基础的方面；不仅仅需要林业部门的管理，更需要国土、水利、农业、能源、住建等部门的协同管理，秦岭生态系统综合管理必须坚持资源环境生态管理相结合的原则。同时，生态系统综合管理不仅仅是生态管理，管理好资源、环境和生态等自然要素，更为重要的是要改革和加强经济和社会治理，管理好经济要素和社会要素，其核心是要努力推进经济和社会发展的绿色转型。

（4）"量力而行"及效益均衡的原则。生态系统综合管理不仅仅靠科学先进的理念和原则，更要依靠包括法律法规、行政管理、市场机制、基础设施、人员队伍、科技技能、设备手段等方面的实际能力。为此，须务虚与务实相结合，以务实为原则，切不可只有理念没有行动，只喊口号不见行动。同时，生态系统综合管理的目标是多元、复杂的，甚至是动态、多变的。秦岭生态系统综合管理目标的设定，须充分考虑到国家与地方、政府与社会、企业与居民等方面的利益诉求。总体上看，应坚持生态、经济、社会效益相对均衡的原则，将生态效益置于最重要的位置，同时充分兼顾经济效益和社会效益，寻求生态与经济效益的共同实现，突出生态红利及其经济实现。

5.4 秦岭生态系统综合管理的目标

5.4.1 总体目标

秦岭生态系统综合管理，旨在系统地探索山地生态系统综合管理的道路、理论、制度与模式，使秦岭成为全国生态系统综合管理的样板，为全国生态系统综合管理提供先进适用的经验与方案。全面持续地增强秦岭生态系统可持续服务功能，系统持续地改善秦岭地区环境质量，重点提升经济社会可持续发展能力与水平，努力建成"美丽秦岭"或"大美秦岭"，使之成为中国"国家生态文明建设试验区"，以及能与阿尔卑斯山相媲美的国际"山地典范"。

5.4.2 具体目标

秦岭生态系统综合管理，未来5~10年内的具体目标，可以用8个"统一"来概括。

（1）统一立法。应重点修订和完善《陕西省秦岭生态环境保护条例》。尽管该条例已于2017年初进行了修订，但距离生态系统综合管理的目标和要求还有一定差距，主要表现为管理主体结构还有待于进一步优化，管理手段还有待于进一步强化。还要适时研究制订《秦岭条例》，其涉及内容将更加广泛而系统，其管理主体结构将更加合理而有效，其管理目标将更加系统而强化，其管理手段将更加综合而有效。鉴于新修订的宪法允许设区市有一定的立法权，为加强本地区的生态系统综合管理，秦岭地区部分设区市可考虑结合本地实际情况和需求，研究制定市级生态系统管理条例。

（2）统一机构。为切实保护好秦岭，实现秦岭生态系统综合管理的目标，应适时建立统一的秦岭管理机构。这个机构不仅仅是协调机构（如秦岭生态系统管理领导小组），而是实体机构（如秦岭管理委员会）。统一机构的地位和作用，需是跨地区、跨部门的"超级机构"（Super Administration）。该机构实行委员会制度，委员来自省政府部门、6市政府及代表等。鉴于十三届全国人大通过的《国务院机构改革方案》已经明确设立自然资源部和生态环境部，并组建国家林业草原局（加挂国家公园管理局），建议秦岭地区应率先推进相关机构的重组，组建秦岭地区林草局，并成立秦岭生态环境局和秦岭自然资源局等统一管理机构。

（3）统一执法。为切实提高依法治理秦岭的能力与水平，应建立（地区）统一、（部门）联合的秦岭地区生态环境执法机构和队伍，集目前的森林、水利、矿产、国土、环保等执法力量于一体。或可考虑叫作秦岭生态环境执法大队，实行跨地区的生态环境执法。鉴于十三届全国人大通过的《国务院机构改革方案》已明确提出由自然资源部统一行使水、土、矿、生等资源的统一执法权，以及由拟成立的生态环境部统一行使农、林、草、水、湿等生态领域和大气水及土壤环境领域的执法权，秦岭地区应率先推进整个地区的资源、环境、生态领域的统一执法。

（4）统一规划。秦岭生态系统综合管理必须建立在科学、系统的规划体系之上。应结合生态文明体制改革目标、要求和进展，编制旨在加强秦岭地区生态环境保护、修复和管理的《（陕西省）秦岭生态环境保护规划》；编制旨在统筹秦岭地区社会经济发展，特别是旨在优化人口、产业和基础设施等空间结构的《（陕西省）秦岭地区社会经济发展规划》；编制旨在统筹规划和规范管理秦岭地区旅游产业发展的《秦岭地区旅游总体规划》；编制旨在优化生态空间、生活空间和生产空间结构，重点强化秦岭生态空间管控的《秦岭地区空间规划》。鉴于十三届全国人大通过的《国务院机构改革方案》已经明确空间规划的编制统一由拟成立的"自然资源部"负责，编制秦岭地区统一的空间规划的阻力和难度预期将大大降低，为此应乘势而上，率先在秦岭地区研究编制统一的空间规划，重点对生态保护空间、产业空间和生活空间等进行统一规划。

（5）统一监测。重点针对秦岭地区资源、环境、生态等基础信息不清楚、不真实、不准确、不统一、不及时、不可信等问题，建立健全覆盖秦岭全域的生态环境系统监测体系。该体系应该是跨部门的，涉及林业、水利、农业、环保、国土、气象等部门的监测力量的融合甚至整合。鉴于十三届全国人大通过的《国务院机构改革方案》已明确组建生态环境部负责生态统一监管，并组建国家林业草原局负责生态统一修复，秦岭地区应率先建立统一的生态监测体系——秦岭生态监测系统（网络或平台），根据统一的监测规范（指标、标准、时间、手段等），加强对秦岭整个地区的农、林、草、水、湿城等生态系统的统一监测。

（6）统一评价。秦岭地区发展，无疑应将生态服务和环境质量置于极其重要的地位。为此，对秦岭地区发展水平的评价，应有一套不同于其他地区的、统一的综合发展评价体系，而非以GDP为核心的现行经济发展评价体系。为此，应结合已经公布的《绿色发展指标体系》，建立起秦岭特色、统一的综合发展或绿色发展评价指标体系，突出强调的是秦岭与其他地区比的不再是GDP增长，而是绿色发展。

（7）统一考核。为切实彰显秦岭地区特殊而重要生态功能、价值与地位，确保秦岭地区各级党委政府切实将生态环境保护和治理放在优先位置，应充分体现差异化的目标和要求，以《生态文明建设目标评价考核办法》为依据，率先建立健全内部一致性、外部差异性相结合的秦岭地区综合发展考核体系，突出对生态文明建设目标实现程度的考核，切实将绿色发展的内容充分纳入综合考核体系之中。为此，还要率先编制秦岭地区自然资源资产负债表，系统摸清楚并说清楚秦岭地区的自然资源资产（生态资产）存量及其变化情况。

（8）统一基金。秦岭生态可持续保护与修复需要强有力的资金保障。尽管秦岭部分地区设有秦岭生态环境基金，但与秦岭地区环境保护、生态修复的资金需求相比，与加速秦岭地区全面建成小康社会的目标和要求相比，还存在覆盖面小、资金量小和不可持续、不规范问题。为此，应建立由中央、省、市共同出资，覆盖整个秦岭地区，以生态环境用途为主、用途覆盖广泛，分配科学合理、使用监管有效的秦岭生态环境建设基金。

6. 秦岭生态系统综合管理的重点任务与工程项目

6.1 秦岭生态系统综合管理的重点任务

（1）摸清家底。秦岭生态系统综合管理最基础、最重要的任务就是"摸清家底"，即全面、系统、准确、及时地掌握秦岭地区的资源、环境、生态基础及变化情况，以及社会经济发展状况等。摸清家底，一是建立健全生态环境监测体系、资源调查评价体系，对包括农、林、草、水、湿等生态系统进行监测，对包括大气环境、水环境、土壤环境在内的自然环境进行监测，对包括土地、水、矿产、生物资源等在内的自然资源进行系统调查评价。二是建立健全资源环境生态统计评价体系，为生态系统综合管理提供系统、真实、准确、及时、规范的资源环境生态统计数据支撑。

（2）健全法制。秦岭生态系统综合管理最具挑战性的任务就是"法制建设"，即建立健全以强化生态环境保护为核心目标的秦岭法制（治）体系。如前所述，一要严格执行新近修订的《陕西省秦岭生态环境保护条例》，使之真正发挥应有的效力；二要加强秦岭地区生态环境综合执法能力建设，尽快成立秦岭生态环境执法大队，将最严格的环保法、最严格的水资源管理制度、最严格的生态红线等落到实处；三要适时制订秦岭综合立法如《秦岭条例》，重点突出全方位、全区域、多部门、多领域、多手段地保护秦岭生态环境。

（3）改革体制。目前及今后一个相当长时期内，政府是秦岭生态系统综合管理的倡导者、组织者、推动者和管理者。为切实推进生态系统综合管理，增进部门间工作的协同性和一致性，提高政府管理效能，应结合生态文明体制改革的目标和要求，切实推进秦岭地区生态环境管理体制改革，重点增强森林、草场、湿地、河流、农田等生态系统及环境质量的统一监测、评价、管理。

近期来看，重点可以考虑在秦岭全域实施"河长制"，加强对全域河流的责任管理；加强林区分片管理，探索实行森林"片长制"；提高各类保护区的管理能力和水平，发挥保护区应有的保护职能。

中长期看，可以适时组建秦岭管理委员会。该委员会集目前的林业、水利、环保、农业、国土等资源环境生态管理职能于一体，突出资源环境生态的协同管理、综合管理。

（4）健全机制。针对秦岭地区资源、环境、生态领域市场机制发育较为滞后的现状与问题，应将建立健全市场机制放在秦岭生态系统综合管理极其重要的位置。其一，要切实实施《关于全民所有自然资源资产有偿使用制度改革的指导意见》，全面推进水、土地、矿产等自然资源的有偿使用制度，以此保护资源、节约资源、改良资源，增强秦岭地区的自然资源基础。其二，要切实实施《关于进一步推进排污权有偿使用和交易试点工作的指导意见》，大力推进排污权有偿使用和排污指标交易，以此减少污染物排放、提高污染成本、拓展治污经费来源。其三，要切实实施《关于健全生态保护补偿机制的意见》和《关于加强资源环境生态红线管控的指导意见》，全面推进面向森林、草场、湿地和农田等的生态补偿，增强生态保护与修复的积极性和持续性，在秦岭地区广大干部群众心里真正树立起"生态资产""绿水青山就是金山银山"的理念。其四，探索生态服务和生态产品的市场标识和价格扶持，让生态服务和生态产品在市场上得到应有的经济回报。

（5）能力建设。秦岭生态系统综合管理必须以管理能力建设为根本。秦岭生态系统综合管理能力建设，以队伍为核心、硬件为基础、软件为根本、资金为保障。一是要建立一支专业技能强、爱岗敬业和无时不在、无处不在的生态管理队伍。二是要加强硬件建设，配备先进、实用的生态环境监测仪器、设备、设施等，实现全区域、全要素和准确、及时的生态环境监测。三是要加强软件建设，重点加强秦岭生态环境监测、控制、治理标准体系的建设，以及管理行为准则、规范的建设，增强生态管理的程序化、规范化。四是要增强生态系统管理的经费保障能力，重点建立秦岭生态环境建设基金。

（6）国家公园。根据《国家公园体制改革总体方案》，参照《中国三江源国家公园体制试点方案》和《东北虎豹国家公园体制试点方案》，重点结合《大熊猫国家公园体制试点方案》，进一步研究秦岭地区以朱鹮、金丝猴和羚牛为主要保护对象，以南水北调水源保护为保护重点的国家公园的可能性。当然，不可回避地要研究并妥善处理好与已经获得批准的大熊猫国家公园的关系。

（7）绿色产业。秦岭生态系统综合管理的有效性和可持续性，不仅仅取决于最严格的资源、环境和生态管理，更取决于产业的绿色转型成功与否。为此，要大力推进整个秦岭地区的产业绿色转型发展，重点推进传统农业向现代农业的转变，大力发展绿色农业（生态农业、循环农业、无公害农业、有机农业等）和林下经济；重点推进旅游由传统业态向新型业态的转变，大力发展生态人文旅游；重点推进工业的转型升级，适度、集聚发展现代制造业，适度建设循环经济园区；大力发展以垃圾资源化和污水处理为主业的环保产业，建设若干环保产业园区；严格控制采矿业的矿种、规模、位置与工艺等，停止非建材类采矿活动。

在秦岭地区实施产业负面清单管理，严格禁止污染环境、破坏生态、浪费资源的产业准入，负面清单要比陕西全省的名单更长、更严格；对已有环境污染、生态损害和资源浪费企业，制定包括退出时间表在内的退出机制。面向全域实施清洁生产机制。在自愿、互利的基础上，适当发展"飞地经济"，以增强秦岭地区有关市县的财力。

6.2 秦岭生态系统综合管理的工程项目

（1）生态环境监测类项目。针对秦岭生态环境本底不清的问题，以全区域、全要素和准确、动态监测为目标，以政府投入为主、社会投入为辅，以整合、重组、新建等形式，建立秦岭地区生态环境监测体系。重点参照三江源国家公园生态环境监测模式，努力建设"秦岭生态环境监测网"，配备必要的专业人员、仪器设备。实施一批统一监测项目以及一批重点监测项目；实施一批综合调查与评价项目和一批重点调查与评价项目。

（2）环境治理类项目。针对秦岭环境治理投入少、项目少的问题，以重点治理水体、大气、土壤环境为目标，以争取国家及省专项投入和实施PPP模式为基础，自主部署和争取支持实施一大批环境治理类项目。尤其在南水北调水源地，重点实施一批垃圾无害化和污水处理项目。

（3）生态修复类项目。针对生态系统服务功能弱化、退化的问题，以系统修复农田、森林、草场、水面、湿地生态系统、重建"山水林田湖生命共同体"为目标，实施一大批生态修复项目。重点争取国家山水林田湖生态修复工程资金，实施秦岭生态修复工程项目；积极争取国家和陕西省林业、水利、农业等部门的专项资金，实施森林、水域、湿地、草场生态重点修复项目；继续争取资金实施"坡改梯"项目。

（4）能力建设类项目。针对秦岭地区生态管理能力薄弱的问题，以持续、系统、显著地增强秦岭生态系统综合管理能力为目标，实施一大批能力建设类项目，重点包括成立专门管理机构、配备专业人员、进行专业培训等。同时，在秦岭地区建立环保监督员、护林护鸟员等队伍，切实提升生态环境社会监督、信息收集等能力。

（5）生态经济发展类项目。针对秦岭地区经济发展相对滞后且越来越受制于生态环境保护的问题，以统筹兼顾经济目标和生态目标为原则，实施一批资源节约、环境友好、生态保育类的产业项目，亦即生态经济发展类项目，包括生态农业类项目、林下经济类项目、生态旅游类项目、环保产业类项目等。为此，应积极争取国家及陕西省发改、农业、林业、旅游、工信等部门的有关资金支持，同时也自主部署同类项目。

（6）生态移民类项目。针对秦岭部分地区特别是生态脆弱区人口密度较大、生产活动较频繁、对生态压力过大的问题，以协调秦岭地区"人地关系"、减轻人类活动生态压力为目标，在总结已有工作经验的基础上，结合新型城镇化、新农村建设、国土整治、生态修复、交通设施等工程项目，继续实施生态移民项目。

7. 秦岭生态系统综合管理的制度体系与管理工具

7.1 秦岭生态系统综合管理的制度体系建设

制度是秦岭生态系统综合管理的基础。制度有广义和狭义之分。在此，重点指向狭义制度，即法制和体制的建设。

（1）秦岭生态系统综合管理制度体系的构建，无疑受制于并贡献于国家生态文明体制改革，特别应重点参照《生态文明体制改革总体方案》。该方案明确提出构建起由自然资源资产产权制度、国土空间开发保护制度、空间规划体系、资源总量管理和全面节约制度、资源有偿使用和生态补偿制度、环境治理体系、环境治理和生态保护市场体系、生态文明绩效评价考核和责任追究制度等八项制度构成的产权清晰、多元参与、激励约束并重、系统完整的生态文明制度体系。显然，这八个制度领域或八项基础制度，都或多或少与秦岭生态系统综合管理有关，也决定了秦岭生态系统综合管理制度体系由资源、环境、生态和空间等四方面制度构成。

（2）秦岭生态系统综合管理制度体系的构建，也无疑受制于并贡献于生态文明体制改革专项方案。自2015年以来，国家不断出台生态文明体制改革专项方案，截至2017年5月10日，中央全面深化改革领导小组讨论通过的生态文明体制改革专项方案已30余项（见专栏1）。根据已有的专项方案，结合当地实际情况和目标要求，秦岭生态系统综合管理应重点做好如下制度建设。①空间规划与管控制度建设。重点推进秦岭全域空间规划的编制，划定并严守生态红线（生态空间），保护森林和湿地，适时推进国家公园建设，等等。②自然资源保护与管理制度建设。重点在秦岭全域实行自然资源有偿使用制度，编制自然资源资产负债表，开展领导干部自然资源资产离任审计，改革矿权设置，实施"河长制"，改革完善水电矿产资源开发资产收益办法，等等。③环境保护与治理制度建设。重点在秦岭全域建成生态环境监测网络，加强环境保护督察，实施环保机构监测监察执法垂直管理，按流域设置环境监管和行政执法机构，实施污染物排放许可，等等。④生态保护与修复制度建设。重点编制秦岭地区产业准入负面清单，加强湿地保护修复，健全生态保护补偿机制，等等。⑤绿色转型发展制度建设。重点实施绿色农业补贴制度，建立绿色产品标准、认证、标识体系，发展生态循环农业，等等。⑥改革完善发展评价和干部考核办法。重点根据《绿色发展指标体系》开展秦岭地区绿色发展评价，实施《生态文明建设目标评价考核办法》，实施党政领导干部生态环境损害责任追究，等等。

（3）秦岭生态系统综合管理应努力构建由六大制度领域构成的全新制度体系。秦岭生态系统综合管理制度体系，主要由空间规划与管制制度、资源保护与管理制度、环境保护与治理制度、生态保护与修复制度、绿色转型发展保障制度、综合发展评价考核制度等六大制度领域、数十项具体制度有机地构成（见图5）。

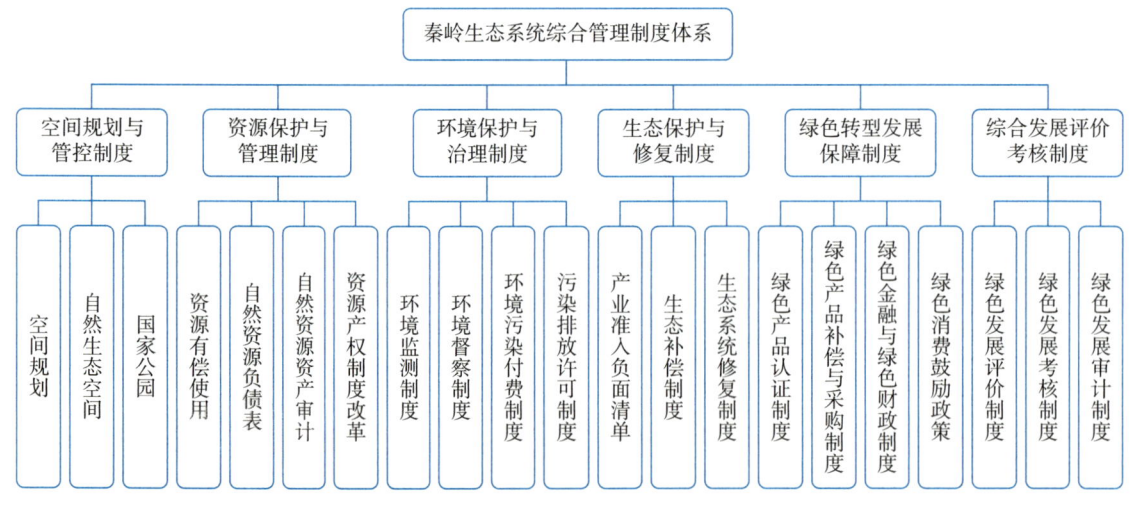

图5　秦岭生态系统综合管理制度框架

7.2 秦岭生态系统综合管理的管理工具设计

7.2.1 秦岭生态系统综合管理的工具箱设计

秦岭生态系统综合管理，必须有能用、管用、好用的工具，并强调工具的针对性、可选择性以及工具间的协同、组合。为此，本着科学、实用的原则，设计出如图6所示的秦岭生态系统综合管理工具系统（工具箱），主要由法律工具、规划工具、经济工具、社会工具及其他工具构成。

7.2.2 秦岭生态系统综合管理的法律工具

法律工具是生态系统综合管理的基础性工具，在生态系统综合管理中发挥着无可替代的重要作用。特别是随着中国依法治国进程的加快，依法管理生态势所必然。

法律工具，既包含已有的法律工具，即已经颁布实施的各类资源环境法律法规（国家及地方层面的）；也包含可预期的法律法规，即建议中或拟议中的相关法律法规（特别是秦岭所特有的）。

（1）已有相关法律法规。与秦岭生态系统综合管理有关的法律法规很多，其中关系较为密切的法律有《环境保护法》《水法》《森林法》《草原法》《土地管理法》《农村土地承包法》《矿产资源法》《水污染防治法》《环境影响评价法》《循环经济促进法》《清洁生产促进法》《节约能源法》《可再生能源法》《固体废物污染环境防治法》《防沙固沙法》《水土保持法》《野生动物保护法》。

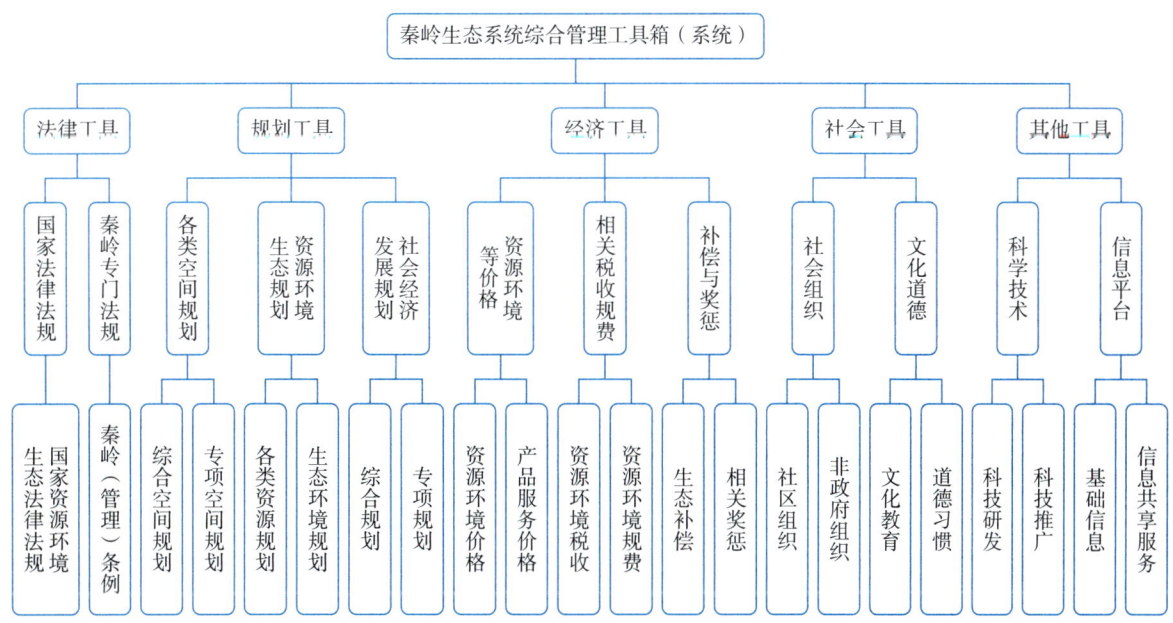

图6　秦岭生态系统综合管理工具图示

其中关系较为密切的法规有：《畜禽规模养殖污染防治条例》《城镇排水与污水处理条例》《规划环境影响评价条例》《全国污染源普查条例》《濒危野生动植物进出口管理条例》《国家突

发环境事件应急预案》《排污费征收使用管理条例》《危险化学品安全管理条例》《排污费征收使用管理条例》《水污染防治法实施细则》《建设项目环境保护管理条例》《野生植物保护条例》，等等。

（2）可预期的法律法规。可能将主要包括：《秦岭条例》及其配套地方性专门法规。《秦岭条例》应该为目标更加广泛、范围更加包容、效力更加强制的地方性法规。其主要内容，可以重点参考《阿尔卑斯协定》（Alpine Convention）。该协定是国际协定，涉及8个国家（德国、法国、意大利、斯洛文尼亚、瑞士、列支敦士登、奥地利、摩纳哥），1995年实施，旨在提出行为准则，促进地区可持续发展。该协定共14章，明确了签约国的责任和义务，突出了科学研究和系统监测的重要性，强调了会议制度、委员会和秘书处的重要性，同时也强调了在此协定下可以制定一系列重要领域的专门协定（见专栏2、专栏3）。到目前为止，条约下的协定主要涉及8个方面，即空间规划与可持续发展、自然保护与景观保护、山地种植、山地森林、旅游、能源、土壤保持、交通运输。显然，制定专门协定的做法与经验，也值得秦岭学习借鉴。

专栏2　　　　　　　　　　《阿尔卑斯协定》主要内容

第一章　范围

第二章　总体责任（缔约各方应寻求综合政策以保护阿尔卑斯山，包括防止污染、污染者付费、成员国间合作以及资源审慎和可持续利用等。）

第三章　研究与系统监测

第四章　法律、科学、经济和技术合作

第五章　签约国会议

第六章　会议功能

第七章　会议内决策

第八章　常设委员会（9项职能）

第九章　秘书处

第一〇章　条约修订

第一一章　协定与修订案

第一二章　签字与批准

第一三章　条约退出

第一四章　公告

专栏3　　　　　　　　　阿尔卑斯山地森林协定主要内容

第一章　总则

第一条　目标

第二条　考虑其他政策中的目标

第三条　区域与地方当局的参与
第四条　国际合作

第二章 专门措施

第五条　制定计划
第六条　山地森林的保护功能
第七条　山地森林的经济功能
第八条　山地森林的社会和生态功能
第九条　森林通道
第一〇条　天然林保护
第一一条　动力与补偿
第一二条　进一步措施

第三章　研究、教育与信息

第一三条　研究与监测
第一四条　教育与信息

第四章　实施、监测与评估

第一五条　实施
第一六条　履责监测
第一七条　有效性评估

第五章 附则

第一八条　与阿尔卑斯公约的关系
第一九条　签字与生效
第二〇条　公告

7.2.3 秦岭生态综合管理的规划工具

生态系统综合管理是长期、系统、复杂而科学的工程或过程，必须以科学、有效的规划为基础。规划工具主要包括：

（1）空间系列规划。主要包括综合空间规划，如《空间规划》《国土规划》《功能区规划》。要重点依据空间规划试点方案，尽快编制秦岭地区空间规划；依据国土规划编制要求，尽快编制秦岭地区国土规划；依据主体功能区规划编制要求等，编制秦岭地区主体功能区规划。还包括专项空间规划，如进一步研究生态红线划定、自然生态空间划定、国家公园规划等。

（2）资源环境生态规划。主要包括：秦岭地区水资源规划、秦岭地区土地利用规划、秦岭地区土地整治规划、秦岭地区能源规划、秦岭森林规划、秦岭生态保护规划、秦岭环境保护规划等。

（3）社会经济发展规划。主要包括：产业发展总体规划，产业发展专项规划（包括农业发展规划、旅游发展规划、现代服务业发展规划），专门的特色经济发展规划（如循环经济发展规划）。

（4）其他相关规划。主要包括城镇发展规划、新农村发展规划、交通发展规划等。

7.2.4 秦岭生态系统综合管理的经济工具

经济工具是秦岭生态系统综合管理的主要工具之一。经济工具的内涵极其广泛，且不断创新和丰富，其中价格、税收、规费、补贴、罚款等价值形式，以及财政投入、产业政策、市场交易等，均可用于秦岭生态系统综合管理。结合秦岭实际情况和经济体制改革与生态文明体制改革进展，未来一个时期应重点关注、运用如下经济工具。

（1）价格税收工具。旨在解决秦岭地区自然资源有偿使用较为滞后、价格税收调节功能弱的问题。重点包括：①水资源费、税。改进水资源费征收，尝试水资源税征收。②矿产资源税、费、金。充分发挥矿产资源税、费、金（权益金及保证金）等工具的作用。③森林及林下空间。明确经济林有偿使用的范围、期限、条件、程序和方式；允许并规范以租赁、特许经营等方式发展森林旅游。

（2）交易市场工具。旨在解决秦岭地区资源交易市场发育滞后、资源市场化配置程度低的问题。重点包括：①水权交易市场。建立水权交易市场，促进水资源合理分配和有偿使用。②矿权交易市场。重点对所有矿业权一律以招标、拍卖、挂牌方式出让。③碳交易市场。建立秦岭碳交易市场，推进碳汇交易；推进碳交易市场与金融市场的融合。

（3）绿色财政工具。主要包括：①基于生态贡献的财政转移支付。重点依据各地区的森林、草地、水源、湿地等方面的生态贡献，确定各地区应得的财政转移支付份额。②绿色导向的财政补贴。重点对绿色农产品、绿色能源、绿色建筑、绿色交通等进行公开、公平、公正、规范、透明的补贴。③政府绿色采购。重点为公共用途采购所必需的绿色产品和绿色服务。④财政绿色引导投资。对社会投资于绿色发展进行适度的财政投资引导。

（4）绿色金融工具。主要包括：①绿色信贷。建立银行绿色评价机制，逐步加大绿色信贷规模。②绿色债券。规范、有序地发行绿色债券，拓展绿色融资渠道。③绿色发展基金。适时建立秦岭地区绿色发展基金。充分运用PPP模式治理环境、修复生态。④绿色保险。加强绿色发展的政策性保险和商业性保险。

（5）产业政策工具。产业政策工具旨在促进绿色产业的发育、发展。主要包括：①产业准入负面清单管理。参照自贸区管理方式，制定并实施秦岭地区产业准入负面清单，强化对资源消耗、环境污染、生态破坏产业的限制和禁止管理。②绿色产业（经济）园区政策。鼓励发展循环、低碳、环保产业（经济）园区建设。③"飞地"及产业转移政策。④产业绿色转型升级政策。对产业绿色转型升级发展，给予必要的支持、扶持或奖励。

（6）生态补偿政策。生态补偿的目的在于保护、调动生态保育和服务的积极性，让绿水青山能不同程度地转化为金山银山。主要包括：①生态林补偿。逐步提高补偿标准，适度扩大补偿范围和对象。②草地补偿。提高补偿或补助标准，促进草场改良。③湿地补偿。加大对国家级、省级湿地的保护与补偿力度。④水源补偿。特别针对南水北调水源地，提高以水量和水质为基础的补偿水平。⑤农田（特别是"水稻—朱鹮"人工自然复合生态系统）补偿。⑥动物保护补偿。对因保护动物破坏所造成的人身和财产损失给予必要的补偿，并相应提高补偿标准。

7.2.5　秦岭生态系统综合管理的社会工具

社会工具是秦岭生态系统综合管理的重要工具类别，随着资源节约、环境友好和生态保育型社会建设的需求增长，社会工具应该也能够发挥越来越大的作用。

（1）"三型社会建设"。旗帜鲜明地在秦岭地区倡导建设"三型社会"，即资源节约型、环境友好型和生态保育型社会，重点提倡全社会保护和修复生态系统。

（2）生态移民。改进和完善已有的生态移民行动，优化人口空间格局，平衡人与自然的空间关系。

（3）社会及社区组织。倡导、组建以建设"三型社会"为宗旨的社会组织（非政府组织），加强行为自律。

（4）社会契约。鼓励、引导企业、团体、机关、家庭等，签订以节约资源、保护环境和保育生态为目的的公约、约定、准则等。

7.2.6　秦岭生态系统综合管理的监督考核工具

监督考核是确保各级党政机构和干部切实致力于秦岭生态系统综合管理的关键手段。随着生态文明体制及政治体制改革的不断深入，监督考核的制度和手段不断增加和健全。

（1）绿色发展评价工具。重点依据《绿色发展指标体系》，进行秦岭不同尺度的绿色发展评价，从中发现问题与短板。

（2）生态文明目标考核工具。重点依据《生态文明建设目标评价考核办法》，加强秦岭地区生态文明建设干部考核，从中发现履职尽责问题。

（3）（领导）干部审计工具。重点依据《领导干部自然资源资产离任审计试点方案》，积极开展秦岭地区（省、市、县三级）党政领导干部自然资源资产离任审计，重点对各类自然资源资产（特别是林草等生物资源资产）的数量、质量等进行审计。适时在整个秦岭地区开展领导干部生态文明建设责任审计。

（4）社会监督工具。重点增加社会监督的平台、渠道、方式，强化社会的信息、监督、诉求等功能。充分发挥社会公益组织在秦岭地区生态环境监测方面的正能量，支持、引导、组建秦岭生态环保组织。

（5）专家咨询工具。鉴于生态系统综合管理的科学性和复杂性，应建立秦岭生态系统综合管理专家咨询机制，成立秦岭生态环境咨询委员会，广泛听取并采纳专家建议。

7.2.7　秦岭生态系统综合管理的信息工具

生态系统是复杂的巨系统，其综合管理必须建立在可靠的信息支撑基础上，然而秦岭生态系统综合管理的信息基础并不可靠。为此，迫切需要为秦岭提供生态系统综合管理的信息工具。

（1）资源基础信息。重点包括水、土地、森林、草场、农田、能源、矿产等自然资源的数量、质量、占用、使用、权属等方面的基础信息。重点建立健全统一的秦岭地区自然资源台账，推进秦岭地区自然资源负债表的编制；加强秦岭地区不动产统一登记，建立健全统一的秦岭地区自然资源资产产权信息系统；建立秦岭地区矿产资源统一权属登记系统。

（2）环境质量信息。重点包括水环境质量、空气质量、土壤污染等环境质量基础信息系统；扎实推进秦岭地区环境信息共享，建立公开的环境信息平台——秦岭环境信息系统；开展秦岭地区环境质量调查、普查与评价；建立秦岭环境污染源动态监测体系；进行秦岭地区环境风险评估。

（3）生态系统信息。重点包括农田生态、森林生态、草地生态及湿地、河流生态系统的动态信息系统。建立秦岭生态监测系统，开展野生生物资源调查、普查，建立重点野生动物监测系统，进行秦岭地区生态脆弱性评估与区划，开展秦岭地区生态服务价值评估，等等。

（4）空间边界信息。重点包括城镇边界、基本农田边界、各类保护地（包括国家公园、森林公园等）边界，以及各类空间规划边界的信息。特别是加强管控边界的动态、实时监控，以及对采矿、取水口、河流断面等的实时监控。

（5）社会经济信息。重点建立秦岭统一的人口、经济等信息系统，加强对人口、经济活动的监测、调控。

7.2.8 秦岭生态系统综合管理的其他工具

秦岭生态系统综合管理还需要其他工具的配合运用，主要包括：①生态文化工具。重点在于生态文化的普及、发扬、传播。②宗教信仰工具。宗教也是可用的工具，特别是道教所提倡的道法自然、天人合一的理念，可以用来引导人们的行为。

8. 加强秦岭生态系统综合管理的政策建议

8.1 面向秦岭地区的政策建议

为切实提高秦岭生态系统综合管理能力、水平与效果，面向秦岭地区（各相关市、县）提出如下建议。

8.1.1 提高对秦岭重要性认识

（1）切实认识到秦岭生态系统综合管理的必要性、重要性和紧迫性。要从保障国家和区域生态安全、资源安全、环境安全的高度，从加快推进生态文明建设、建成美丽中国的高度，从全面建成小康社会、实现人民富裕的高度，以及从应对气候变化、防止极端气候及其不良影响的角度，从保护生物多样性、增强生态系统服务功能的角度，从传承秦岭文化、建立和谐社会的角度，充分认识秦岭的重要性，认识其生态系统保护和管理的必要性和紧迫性。

（2）切实认识到秦岭是秦岭地区的秦岭，更是中国的秦岭甚至是世界的秦岭的理念。真正认识到秦岭是秦岭地区的，是陕西的，也是全中国的，是亚洲的，甚至是世界的。秦岭的生态系统综合管理，既要立足于本地区的基础和需要，也要立足于国家发展的需要，甚至要考虑区域及全球应对气候变化和保护生物多样性的需要。要努力打造具有全国意义的健康山地生态系统，建成可与阿尔卑斯山相媲美的美丽秦岭。

（3）切实认识到秦岭既要为造福当代人福利负责，也要为后代人福祉负责。人们对秦岭的认识是不断深化的。秦岭是人类经久不衰的宝贵自然财富或自然资产，既要造福于当代人，更要永续造福于世世代代。为此，要有世代负责的永续发展的理念，要有风险和不确定性意识，对于风险性或不确定性较大的方面、事件等要持慎重态度。

8.1.2 牢固树立全新发展理念

（1）牢固树立绿色发展的理念。重点推进资源节约、环境友好、生态保育、产业绿色转型发展。彻底转变传统的靠山吃山观念，坚决杜绝"石头经济""木头经济"，控制"砖头经济"，大力发展绿色经济，包括绿色农业、生态旅游、绿色制造等。

（2）牢固树立协调共享的理念。切实注重和加强部门、地区、城乡之间的协调，努力形成生态系统共管共治和共同受益的良好局面。要注重让秦岭地区的每个公民都能有机会均等地享受到改革、创新和发展的红利，特别要享受到秦岭的生态红利，充分调动每个人保护生态环境的积极性、主动性和创造性。

（3）牢固树立开放包容的理念。要注意广泛吸引、引进各地生态系统综合管理成功的经验、模式，有序地开展资源、环境、生态领域及经济、社会领域的地区合作、国际合作，同时为世界了解秦岭提供内容丰富、形式多样的信息服务。要注意包容所有想致力于秦岭生态系统管理的个人、组织、机构、团体、企业等，充分发挥其生态系统保护与修复的"正能量"，规范、透明地抑制其可能的"负能量"，共同推动秦岭生态系统综合管理。

（4）牢固树立生态至上的理念。必须坚持生态立区（生态立市、生态立县）的全新理念，彻底转变经济效益至上的传统理念，牢固树立"生态至上""生态红利"和"自然资本""自然资源资产"的理念，坚决制止一切有损生态的行为、活动、项目和工程，坚决支持一切有利于生态保育的行为、活动、项目和工程，努力实现地区自然资源资产的保值、增值。

8.1.3 实施生态文明体改方案

要及时掌握生态文明体制改革的新动态、新进展。就目前而言，要结合秦岭实际，重点实施如下已经发布的专项方案。

（1）实施生态环境类专项方案。此类方案，目前已有《生态环境监测网络建设方案》《环境保护督察方案（试行）》《党政领导干部生态环境损害责任追究办法（试行）》《按流域设置环境监管和行政执法机构试点方案》《关于省以下环保机构监测监察执法垂直管理制度改革试点工作的指导意见》《关于进一步推进排污权有偿使用和交易试点工作的指导意见》《控制污染物排放许可制实施方案》《关于培育环境治理和生态保护市场主体的意见》《碳排放权交易管理暂行办法》《关于深化环境监测改革提高环境监测数据质量的意见》《跨地区环保机构试点方案》，以及《湿地保护修复制度方案》《关于划定并严守生态保护红线的若干意见》和《关于健全生态保护补偿机制的意见》。根据这些专项方案，秦岭地区各市县应重点做好如下工作：建立健全秦岭生态环境监测网络，切实提高生态环境监测数据的质量；加强秦岭生态环境督察，切实查处生态环境违法违纪事件与主体；建立秦岭生态环境统一监管机构，加强秦岭生态环境垂直监管；开展排污权有偿使用和交易，强化排污权市场化监管手段；注重培育生态环境治理市场主体，积极运用PPP模式治理生态环境；探索碳汇建设及市场化交易和补偿机制，促进碳汇培育；加强湿地保护与修复，开展"山水林田湖"生态系统修复；划定秦岭及各市县生态保护红线，建立健全区域内生态补偿机制。

（2）实施自然资源类专项方案。此类方案，目前已有《关于开展领导干部自然资源资产离任审计的试点方案》《探索实行耕地轮作休耕制度试点方案》《贫困地区水电矿产资源开发资产收益扶贫改革试点方案》《关于全面推行河长制的意见》《自然资源统一确权登记办法（试行）》《关于健全国家自然资源资产管理体制试点方案》《关于加强耕地保护和改进占补平衡的意见》《矿业权出让制度改革方案》《矿产资源权益金制度改革方案》《编制自然资源资产负债表试点方案》《关于全民所有自然资源资产有偿使用制度改革的指导意见》《关于完善集体林权制度的意见》《国有林场改革方案》等。据此，秦岭各市县应重点做好如下工作：改革自然资源资产管理体制，实现统一监管；加强自然资源调查、普查，编制市县自然资源资产负债表，实行领导干部自然资源资产离任审计；加强耕地休耕轮作、质量保护和占补平衡，做到耕地应退尽退；加强矿业权设置与监管，对所有矿业权一律以招标、拍卖、挂牌方式出让，实行矿产资源权益金，做到秦岭全域矿权不断减少，直至全部退出；推进林权改革，提高森林保护和植树造林的积极性，明确经济林有偿使用的范围、期限、条件、程序和方式，允许并规范以租赁、特许经营等方式发展森林旅游等；提高水资源有偿使用水平，改革水电矿产资源分配方式，适度提高水资源费征收标准，使水资源和水电资源更多地惠民。

（3）实施空间管控类专项方案。此类方案，目前已有《湿地保护修复制度方案》《关于划定并严守生态保护红线的若干意见》《省级空间规划试点方案》《大熊猫国家公园体制试点方案》《东北虎豹国家公园体制试点方案》《关于加强资源环境生态红线管控的指导意见》《海域、无居民海岛有偿使用的意见》等，其中秦岭地区各市县应关注并实施与湿地保护、空间规划、生态红线、国家公园等有关的方案，重点在秦岭空间规划体系内探索编制市县空间规划，明确生态空间、生活空间和生态空间的比例、边界等；加强各种类型湿地的保护与修复；积极配合秦岭国家公园的设置、划定与管理等。

（4）实施绿色经济类专项方案。此类方案，目前已有《关于构建绿色金融体系的指导意见》《重点生态功能区产业准入负面清单编制实施办法》《建立以绿色生态为导向的农业补贴制度改革方案》《关于建立统一的绿色产品标准、认证、标识体系的意见》《关于促进绿色消费的指导意见》《关于加快发展农业循环经济的指导意见》等。秦岭地区各市县应重点做好如下工作：加强本市、县产业准入负面清单管理，尽早编制并公布产业负面清单；积极与有关金融机构合作，推进建立绿色金融体系，尽早发放绿色信贷、绿色债券等；加强对绿色农产品的认证、标识和补贴，推进农业绿色转型发展，并积极建设绿色农业产业园；积极推进循环农业、循环经济园区建设。

（5）实施生态文明综合类方案。此类方案，目前已有《关于设立统一规范的国家生态文明试验区的意见》《党政领导干部生态环境损害责任追究办法（试行）》《生态文明建设目标评价考核办法》《关于建立资源环境承载能力监测预警长效机制的若干意见》等。据此方案，秦岭地区各市、县应重点做好如下工作：积极配合省或六市联合申报国家生态文明试验区，以提升生态文明建设水平，贡献秦岭经验与模式；率先实施生态文明建设目标评价考核办法，重点运用《绿色发展指标体系》对本市、县绿色发展水平进行实际测算，并从中发现问题；加强对地区资源环境承载力的评价、监测，坚持"量力而行"，特别坚持"量水而行""量地而行""量容而行"；积极探索领导干部生态环境终身追究。

8.1.4 切实做好基础性工作

秦岭生态系统综合管理必须建立在扎实的基础性工作的基础上。为此，秦岭地区各市县应切实做好与生态系统综合管理相关的一系列基础性工作。

（1）尽快摸清资源环境生态家底。全面、系统、准确、及时地掌握本地区的资源、环境、生态基础及变化情况，重点建立健全生态环境监测体系、资源调查评价体系，对包括农、林、草、水、湿等生态系统进行监测，对包括大气环境、水环境、土壤环境在内的自然环境进行监测，对包括土地、水、矿产、生物资源等在内的自然资源进行系统调查评价；建立健全资源环境生态统计评价体系，为生态系统综合管理提供系统、真实、准确、及时、规范的资源环境生态统计数据支撑。

（2）加强生态环境监管能力建设。要重点建立健全专业技能强、爱岗敬业和无时不在、无处不在的生态管理队伍；加强硬件建设，配备先进、实用的生态环境监测仪器、设备、设施等，实现全区域、全要素和准确、及时的生态环境监测；加强软件建设，重点加强秦岭生态环境监测、控制、治理标准体系的建设，以及管理行为准则、规范的建设，增强生态管理的程序化、规范化。

（3）建立生态系统管理类项目库。要重点建立包括以下类别项目在内的项目库：①包括资源调查评价、生态环境监测等在内的生态环境监测类项目；②包括垃圾无害化、污水处理等在内的环境治理类项目；③包括山水林田湖生态系统综合修复、"坡改梯"和水土流失治理等在内的生态修复类项目；④包括生态农业类项目、林下经济类项目、生态旅游类项目、环保产业类项目等在内的生态经济类项目；⑤包括与新型城镇化、新农村建设、国土整治、生态修复、交通设施等工程项目相衔接的生态移民类项目；⑥以农村改水、改厕、改灶、改电、改街和修路、修桥、修房等为主要内容的美丽乡村建设类项目。

8.1.5 推动经济绿色转型升级

（1）切实推动农村经济绿色转型。制定市县《农业可持续发展规划》《绿色农业发展规划》

《循环农业（经济）发展规划》；推广应用绿色、生态、循环农业技术和设备；推动"一控、两减、三基本"，严格控制农业用水问题，减少农药、化肥施用量，基本解决畜禽污染处理问题、地膜回收问题和秸秆焚烧问题；大力推动"三品一标"（无公害农产品、绿色食品、有机农产品和农产品地理标志）建设；自主或争取支持建立农业可持续发展示范区、现代农业示范区等新型农业发展园区。

（2）切实推动绿色矿业矿山建设。在严格控制并逐步减少采矿权的前提下，以提高矿产权益金标准、征收矿山生态环境恢复保证金和加大关闭矿山生态修复为重点，大力推动以建材类矿产为主要对象的绿色矿山矿业建设；加强矿山企业社会责任的信用体系和监管体系建设，提高企业社会责任水平。

（3）切实推动制造业绿色转型。实施制造业负面清单管理，严格限制、禁止破坏生态、污染环境和浪费资源的产业进入，并对现有产业进行淘汰、改造、转移；制定市县绿色制造业发展规划，有选择地推动包括绿色机械、绿色能源、绿色电子、绿色农产品加工等在内的绿色制造业；自主或争取建立绿色制造业示范园（区），实现绿色制造业的规模化、集团化发展。

（4）切实推动旅游业绿色转型。坚持以资源节约、环境友好、生态保育为前提，积极发展生态旅游或生态人文旅游，实现旅游业绿色转型发展；编制市县绿色（生态）旅游发展规划，实施一批包括专门旅游线路、专门旅游设施等在内的建设项目；发布绿色（生态）旅游（游客行为）指南，引导、规范游客行为；以青山绿水、蓝天白云、静谧黑暗等特殊稀缺资源为依托，创新绿色（生态）旅游产品。

（5）积极发展绿色经济类园（区）。自主或争取建立包括生态工业园区、环保产业园区、循环经济园区、绿色食品生产基地、低碳经济或低碳城市、生态城市、园林城市等在内的各类绿色经济类试验、示范园区，并以此带动本地区绿色经济全面发展。

8.2　面向陕西省政府的政策建议

8.2.1　研究制定《秦岭条例》及其配套规章

（1）研究制定综合性的《秦岭条例》。重点在《陕西省秦岭生态环境保护条例》的基础上，参考《阿尔卑斯协定》，研究制定和颁布实施综合性的《秦岭条例》。该条例应重点明确如下内容：秦岭空间范围与管控；秦岭的地位与作用；秦岭发展目标与基本原则；秦岭规划体系；秦岭管理体制；秦岭生态环境保护；秦岭经济发展；秦岭资源开发与保护；秦岭城镇化与农村；秦岭基础设施；秦岭治理体系等。

（2）研究制定《秦岭条例》配套规章。相应的配套规章主要有：秦岭水资源保护；秦岭土地利用；秦岭生物多样性；秦岭森林；秦岭草地；秦岭矿产资源；秦岭交通运输；秦岭旅游；秦岭农业；秦岭水土保持等。

8.2.2　成立秦岭地区统一生态环境监管机构

（1）认真领会和贯彻落实关于生态环境监管体制的系列方案。到目前为止，已经发布实施的专项方案主要有：《生态环境监测网络建设方案》《环境保护督察方案（试行）》《按流域设置环境监管和行政执法机构试点方案》《关于省以下环保机构监测监察执法垂直管理制度改革试点工作的指导意见》《跨地区环保机构试点方案》等。这些方案的核心思想是要加强生态环境监测，改革生态环境管理体制，提高生态环境监管能力与水平。

（2）恢复设立陕西省秦岭生态环境工作领导小组。为切实加强秦岭地区生态环境监管工作，促进部门间、地区间生态环境相关工作的协调，应恢复设立由省政府主要领导担任组长的陕西省秦岭生态环境工作领导小组。省政府各相关部门（环保、林业、水利、国土、农业、旅游、交通、住建等）、秦岭地区6个地级市（主要领导）作为小组成员（单位）。同时，设立秦岭地区生态环境科学决策咨询委员会，向领导小组提供咨询建议，并指导生态环境相关工作。

（3）研究成立秦岭地区统一的生态环境监管机构。重点突出打破行政区划按流域监管、打破部门界限按系统监管的思路，建立统一的生态环境监管体制，参照即将成立的京津冀环保机构，成立秦岭生态环境委员会。该委员会是一个实体机构，而非协调议事机构，负责监管陕西省秦岭地区所有市县（6市38县）的资源生态环境。委员会接受陕西省秦岭生态环境工作领导小组的领导，接受省环保、林业、国土、水利等部门领导小组成员单位的业务指导。委员会可考虑下设秘书处和分委员会。

8.2.3　开展秦岭地区生态环境系统监测评估

（1）开展秦岭地区自然资源调查评价等基础性工作。重点开展水资源、森林资源、草地资源、能源资源及矿产资源的调查评价。建立秦岭地区自然资源资产台账，编制秦岭地区自然资源资产负债表，建立秦岭地区矿业权统一监管体系，调查评价矿山尾矿及其生态环境影响，开展自然资源统一确权登记工作，建立秦岭地区自然资源信息共享平台。

（2）开展污染源和环境质量调查评价等基础性工作。重点开展各类水体水环境、农田等土壤环境、城镇和乡村环境状况的调查与评价，开展重点污染源及其污染影响的调查与评价，开展农产品产地环境风险调查与评价，开展环境敏感性和风险性评价与区划，建立秦岭环境质量信息共享平台。

（3）开展生态系统及其服务调查评价等基础性工作。重点开展野生植物、动物资源调查，建立秦岭野生生物资源档案（库）；开展森林生态系统与服务调查及评价，建立森林生态信息共享平台；开展草地生态系统与服务调查及评价，建立草地生态信息共享平台；开展湿地生态系统与服务调查及评价，建立湿地生态信息共享平台；开展复合生态系统与服务及评价，提出生态系统修复主导模式；开展以水生态服务价值评估为基础的水生态补偿标准测算等，为南水北调等水源生态补偿提供科学依据。

8.2.4　编制实施秦岭地区一系列专门的规划

为加强规划对秦岭地区生态环境工作的引领、指导和约束作用，应重点编制实施如下规划。

（1）编制实施秦岭空间规划。重点依据空间规划试点方案，尽快编制秦岭地区空间规划；依据国土规划编制要求，尽快编制秦岭地区国土规划；依据主体功能区规划编制要求等，编制秦岭地区主体功能区规划等。

（2）编制实施秦岭生态环境保护规划。重点编制实施生态保护规划、环境保护规划，划定生态红线和自然生态空间，编制国家公园规划或建设方案，编制山水林田湖系统修复（工程项目）规划等。

（3）编制实施秦岭资源保护利用规划。重点编制实施水资源保护利用规划、耕地保护与土地利用规划、土地整治规划、绿色能源发展规划、森林资源保护与永续利用规划、绿色矿山发展规划等。

（4）编制实施秦岭产业发展规划。重点编制实施产业发展总体规划；编制产业发展专项规划，主要包括农业发展规划、旅游发展规划、现代服务业发展规划等；编制特色经济发展规划，如循环经济发展规划等。

（5）编制实施其他相关规划。主要包括城镇发展规划、新农村发展规划、交通发展规划等。

8.2.5 在秦岭地区率先实行新评价考核办法

（1）建立秦岭绿色发展评价体系。率先依照由国家发展改革委和国家统计局联合制定的《绿色发展指标体系》，结合秦岭特殊情况与要求，建立适合本地区的绿色发展评价指标体系，开展秦岭地区绿色发展水平与能力评价工作，切实促进树立绿色发展意识，提高绿色发展决策水平，促进秦岭绿色转型发展。

（2）实施生态文明建设目标考核办法。率先依照《生态文明建设目标评价考核办法》等，结合秦岭特殊情况和更高要求，建立适合本地区的生态文明建设目标考核办法，切实调动各级党委政府领导干部生态文明建设的积极性、主动性和创造性，加快生态文明建设进程。

8.2.6 加大省财政对秦岭地区转移支付力度

（1）改革完善陕西省财政转移支付办法。依据《关于健全生态保护补偿机制的意见》等，参照北京、浙江等地的财政转移支付及生态补偿做法，改革完善陕西省财政转移支付办法，使财政转移支付对象的遴选、转移支付依据的确认、转移支付份额的确定等，充分考虑各地区资源环境生态贡献大小等因素，以资源环境生态贡献份额确定省财政转移支付份额。重点考虑如下因子：耕地保有量份额，森林面积份额，草地面积份额，水资源量份额，各类保护地份额等。建立由省财政、6市财政共同出资，并接受社会捐助的秦岭生态环境基金。

（2）持续加大对秦岭财政转移支付力度。切实根据秦岭资源环境生态贡献及其变化（增长），持续加大省财政对秦岭地区的转移支付力度，包括一般性转移支付和专项转移支付，其中专项转移支付以资源节约、环境保护、生态保育类项目为主，持续强化资源环境生态类项目对秦岭地区的支撑作用。

8.2.7 部署一大批实施生态综合管理类项目

（1）部署实施系统监测类项目。结合国家有关部门的相关工作部署，组织实施包括（水、森林、草地等）资源调查评价，（农田、森林、草地、湿地）生态系统监测与服务评价，（水环境、土壤环境、重要污染源）环境监测评价等在内的生态环境监测类项目。

（2）部署实施环境治理类项目。组织实施包括垃圾无害化、污水处理、尾矿库坝治理等在内的环境治理类项目。

（3）部署实施生态修复类项目。组织实施包括山水林田湖生态系统综合修复、"坡改梯"和水土流失治理等在内生态修复类项目。

（4）部署实施生态经济类项目。组织实施包括生态农业类项目、林下经济类项目、生态旅游类项目、环保产业类项目等在内的生态经济类项目。

（5）部署实施生态移民类项目。组织实施包括与新型城镇化、新农村建设、国土整治、生态修复、交通设施等工程项目相衔接的生态移民类项目。

（6）部署实施美丽乡村类项目。组织实施以农村改水、改厕、改灶、改电、改街和修路、修桥、修房等为主要内容，以及发展民宿为重要增长点的美丽乡村建设类项目。

（7）积极运用项目PPP模式。在充分兼顾公共目标和企业目标的前提下，通过不断优化合伙机制，推动PPP模式在秦岭生态系统综合管理中的应用，重点推进PPP模式在污水处理、垃圾无害化资源化处理、土壤污染治理等方面的应用。尽快发布秦岭地区生态环境PPP项目指导目录。

8.2.8 建立健全生态管理社会参与监督机制

（1）加强生态环境信息公开。建立秦岭生态环境信息共享平台，让社会各界充分了解秦岭地区生态环境基本情况及其变化，增进对生态环境保护、治理和建设之必要性、紧迫性、艰巨性等的认识。重点开展"数字秦岭工程"建设。

（2）鼓励组建生态社团组织。充分发挥秦岭地区尊重自然、保护自然、天人合一传统文化优势，鼓励社会各界成立以秦岭生态环境保护为宗旨的社会团体、组织，增强自觉保护生态环境的意识，加强公民行为自律，尽快建成资源节约、环境友好、生态保育型社会。

（3）健全规划编制参与机制。秦岭生态系统综合管理需要编制实施一系列的规划。为提高规划的包容性、认知度、接受度，减少规划实施中的阻力和羁绊，增进规划的针对性、有效性，应建立健全规划编制及实施的社会参与和监督机制。

（4）建立健全项目监督机制。秦岭生态系统综合管理需要分期分批实施大量项目。为提高项目的覆盖性和公平性、认知度和接受度，确保项目建设效益的百姓"获得感"，增进项目的透明度、廉洁度，必须建立健全项目的社会监督机制。必要时，还需要建立项目专家咨询机制，以增强项目的科学性、可操作性和可持续性。

（5）鼓励支持举报违法事件。为及时发现秦岭整个地区的资源生态环境违法事件，应鼓励、支持、奖励社会各界、个人以各种形式举报违法事件、人员、企业、事业甚至政府机构。

8.2.9　积极开展生态文明建设类试验与示范

（1）争取成为国家生态文明试验区。依据《关于设立统一规范的国家生态文明试验区的意见》要求，积极创造条件和努力争取成为国家生态文明试验区。在争取过程中，应强调秦岭整体地位与作用，加强6市统筹和多部门协调，突出山地（区）生态文明建设的重要性、必要性、紧迫性和特殊性，突出生态系统综合管理和系统修复的目标，突出法制、体制和机制的协同创新。

（2）自主部署或争取开展专项试验示范。依据国家生态文明体制改革总体方案和专项方案，结合秦岭生态系统综合管理特殊需要，自主部署或争取在秦岭地区开展系列生态文明体制改革专项试验，重点开展自然资源资产负债表编制、领导干部自然资源资产离任审计试点，开展林权改革试点和农村土地制度改革试点，开展农业可持续发展试点和现代农业示范，开展绿色金融和绿色财政试点。

（3）推广生态环境综合管理模式与典型。就目前已知的情况，可以考虑重点推广如下模式与典型：①商洛农产品质量监管及生态农业标准化规范化经模式；②洋县朱鹮稻田栖息地建设模式——朱鹮成就了洋县的有机农业，包括有机农产品认证、原产地标识制度等；③"飞地经济"模式，如商洛、安康市的"飞地办"；④绿色发展企业模式，如丹凤县华茂牧业科技发展有限责任公司（绿色牧业）、丹凤县宏岩矿业有限公司（绿色矿业）；⑤西安周至设立"秦岭周至段生态环境保护专项资金"及周至县秦岭生态环境保护执法监察大队；⑥（宁陕）"庭院式污水处理系统"，主要针对乡村污水处理；⑦宁陕县的林权改革及林权抵押贷款，等等。

8.3　面向中央政府的政策建议

（1）将秦岭地区列为国家生态文明建设试验区。建议中央深改办及国家发展改革委等有关部委，从生物多样性保护、应对气候变化、南水北调水源保护等多个视角，充分认识到秦岭在我国生态文明建设中的重要性、特殊性和典型性，本着探索山地生态文明建设道路与模式的目标和要求，将秦岭地区列为国家生态文明建设试验区，重点开展山地特色生态文明体制、机制、规制乃至法制等方面的探索、试验。

（2）在开展专项改革试验时优先考虑秦岭地区。建议中央深改办及国家发展改革委、国土资源部、环境保护部、水利部等中央有关部委，在开展资源、环境、生态、空间等领域专项改革时，优先考虑将秦岭地区作为先行先试地区，并配备指导专家加强指导，特别是优先考虑将秦岭地区作为生态系统综合管理和系统修复的试点。

（3）允许秦岭地区更大的政策创新自主裁量权。建议中央深改办及中央有关部委，允许秦岭地区有较大的政策创新自主裁量权，特别可以考虑重点赋予以下自主裁量权：①允许在秦岭地区（暂时）停止执行耕地占补平衡政策，允许核减因退耕还林还草还湿而导致耕地减少的耕地指标；②允许农民自愿永久放弃承包耕地，并给予一次性补助，或结合生态移民工程异地给予必要的可耕地；③在确保森林面积和林分增加的前提下，允许林农适度采伐林木特别是过熟林木，以有利于森林保护与抚育；④允许并出资支持建立秦岭生态环境（保护）基金，允许发行秦岭绿色债券，以增强秦岭生态环境保护、发展绿色经济的资金能力；⑤允许在绿色、安全、规范的前提下，在规定的地方、以规定的方式适度开采当地建设所必需的矿产资源特别是建材类矿产，而不是对采矿一概禁止。

（4）在安排资源环境生态项目时优先考虑秦岭。建议国家发展改革委、国土资源部、环境保护部、水利部、农业部、住建部、国家林业局等中央政府部门，在安排资源环境生态类项目时优先考虑秦岭地区的迫切需要，重点包括如下项目：①碳交易及碳汇建设项目，以推动秦岭地区碳汇建设；②林权交易与生态林补偿项目，以推动林权改革、促进植树造林和森林抚育的积极性；③水权交易与水源地补偿项目，以保护包括南水北调中线水源地在内的水源涵养和保护的积极性；④山水林田湖生态系统修复工程项目，以增强生态系统修复的能力，加快修复的进程；⑤水土保持和退耕还林还草还湿项目，以进一步涵养水土、使山清水秀；⑥城乡污水处理类项目，以增强秦岭地区污水处理能力，改善水体水质；⑦农业面源污染管控项目，以减少农业面源污染及其对水体的影响；⑧绿色矿山及地质环境治理项目，以治理恢复矿山生态、提高地质环境安全水平；⑨循环经济、绿色经济等项目，以增强秦岭地区经济绿色转型发展的动力和能力；⑩农业可持续发展项目，以增强秦岭地区农业可持续发展能力，支撑农民持续增收。

（5）加大对南水北调中线工程水源地支持力度。秦岭地区为南水北调中线工程贡献了大约70%的水源，其水量、水质直接关系到工程的成败，关系到京津冀地区的可持续发展。为此建议中央有关部门及工程沿线省市，进一步加大对南水北调中线工程水源地的支持力度，主要包括：①确保调水水资源费应收尽收并按输水份额全额返还给水源地（各市、县）；②统筹各受水区加大对水源地的资金和绿色产业项目的帮扶力度；③统筹各受水区进一步加大对水源地的技术和人力资源帮扶力度；④统筹各受水区进一步建设水源地特色产品直销通道，扩展水源地产品销售渠道。

（6）积极协助将秦岭打造成世界名山名地名景。鉴于秦岭的特殊重要地位和光明发展前景，建议中央有关部委积极协助陕西省及秦岭地区，共同努力逐步将秦岭打造成可与阿尔卑斯山相媲美的世界名山、名地、名景，让包括秦岭地区居民在内的广大人民群众真正从秦岭生态综合管理和系统修复中有使命感、获得感和自豪感。人民对大美秦岭的向往，就是秦岭生态综合管理和系统修复的努力方向和奋斗目标！

9. 结论与讨论

9.1 主要结论

结论一：秦岭是陕西、中国乃至全世界特殊而重要的山地区域。其一，秦岭生物多样性极丰富。有野生植物近2000种、微生物337种、昆虫3368种，脊椎动物722种（其中国家Ⅰ级重点保护动物9种、国家Ⅱ级重点保护动物32种），是大熊猫、金丝猴、朱鹮、羚牛等珍稀动物栖息地，是东亚植物区系起源的关键地区。秦岭对于保护和丰富东亚及世界生物多样性至关重要。其二，秦岭是中国重要生态功能区。目前拥有自然保护区36个、森林公园51个、国家湿地公园11处、水功能区59个。秦岭38个区县中，有16个属于国家重点生态功能县区。其三，秦岭是中国重要的自然分界线。秦岭是中国南北方地理分界线，是南北气候分界线，在中国自然地理格局、气候空间格局中占有极其重要的地位。其四，秦岭是中国重要的水资源保障区。特别是南水北调中线工程最重要的水源地，同时也是陕西关中地区的重要水源地，在国家和地区水资源安全保障中占有极其重要的地位。其五，秦岭是陕西三大地理板块之一。秦岭占陕西省39%的国土面积和41.4%的人口，是全省最重要的水源地、生态功能区、扶贫攻坚区、绿色经济发展重点区，秦岭"父亲山"与黄河"母亲河"，共同呵护、哺育着陕西人民。总之，秦岭是陕西的秦岭，是中国的秦岭，也是世界的秦岭。

结论二：秦岭生态系统呈现突出结构特征且可持续性总体增强。秦岭生态系统由森林、灌丛、草地、湿地、城镇、农田等六大类生态系统组成，对生物多样性、水源涵养、水土保持至关重要。可持续性评价表明，1980~2015年间，秦岭生态系统可持续性总体状况为良好，且呈现先降后升的变化趋势；其中，生态组分多样性较好是主要加分因素，生态过程稳定性较差是减分因素，生态服务功能基本没有变化，提高生态服务水平是增进秦岭生态系统可持续性的关键所在。

结论三：秦岭生态系统管理经历了四个发展阶段、成效与问题并存。秦岭生态系统管理取得了初步成效：颁布实施《陕西省秦岭生态环境保护条例》，制定《陕西秦岭生态功能保护区规划》《陕西省秦岭生物多样性保护规划》等专门规划，成立秦岭生态环境保护委员会，设立陕西省秦岭生态环境保护专项资金，开展系列专项整治活动，由此珍稀动植物物种持续增多，河流水质高水平稳定，森林覆被率稳定提高，朱鹮稻田生态系统功能彰显。然而，秦岭生态系统管理仍然在法制、体制、机制、标准、信息、能力等方面存在系列问题。

结论四：要准确地把握秦岭生态系统综合管理的科学内涵与特征。生态系统综合管理是指为保持生态系统的健康和恢复力，均衡而持续地获得生态系统产品（食物、纤维、淡水、能源等）与服务（氧气、水分、土壤等），而从社会、经济、资源、环境及生态等诸方面对特定区域复合生态系统进行多主体、多目标、多手段管理的系统过程，具有综合系统性、平衡均衡性、问题导向性、综合工具性和持续渐进性特征。秦岭生态系统综合管理至少包括自然资源治理、生态系统管理、环境综合治理和绿色转型发展等内容。

结论五：加强生态系统综合管理是秦岭可持续发展的必然选择。加强秦岭生态系统综合管理，是保护生物多样性、履行《生物多样性公约》《湿地和水禽栖息地公约》《世界文化与自然遗产保护公约》等国际条约的必然选择；是保护南水北调中线工程水源、提升国家水资源安全保障能力与水平的必然选择；是缓解气候变化对秦岭生态系统负面影响、增进中国乃至全球应对全球气候变化能力的必然选择；是大力推进生态文明建设、加速实现绿色转型发展的必然选择；是有效保育和充分利用生态红利、全面建成小康社会的必然选择。

结论六：秦岭加强生态系统综合管理机遇与挑战并存。秦岭生态系统综合管理面临着中国积极应对气候变化、大力推进生态文明建设、加速实现绿色转型发展、中央政府高度关注秦岭、全国持续支持秦岭发展、美丽陕西和大美秦岭建设等重要机遇。同时，也面临工业化、城镇化、信息化、脱贫致富等多方面的挑战与压力，需要妥善处理好资源开发与生态保育、南水北调与当地生态保护、动物保护与植物保护、生态补偿与生态移民、脱贫致富与生态保育等一系列主要矛盾，努力破解自然资源资产产权、生态补偿、国家公园、污水处理、PPP投资模式等制度困境。

结论七：秦岭生态系统综合管理须明确方向、目标、理念和原则。秦岭生态系统综合管理，必然牢固树立绿色发展、协调共享、开放包容、生态至上、改革创新、系统综合的理念，坚持资源节约、环境保护、生态保育、空间优化、经济转型、社会进步的方向，坚持政府主导与全民参与、政府手段与市场机制、自然资源与生态环境、生态经济与社会治理、理念原则与基础能力、生态经济与社会效益等相结合的原则，努力建成以立法、机构、执法、规划、监测、评价、考核、基金等"八统一"的综合管理体系，持续增强生态服务功能、改善环境质量、提升综合持续发展能力，努力建成"大美秦岭"，使之成为中国"国家生态文明建设试验区"、可与阿尔卑斯山相媲美的国际"山地典范"。

结论八：秦岭生态系统综合管理须明确重点任务、实施重大工程。秦岭生态系统综合管理，须系统明确和坚定不移地完成摸清家底、健全法制、改革体制、健全机制、能力建设、国家公园、绿色产业等一系列重点任务；须科学规划、分期分批地实施包括生态环境监测、重点环境治理、生态系统修复、基础能力建设、生态经济发展和山区生态移民等在内的一系列重大工程。

结论九：秦岭生态系统综合管理须依靠制度体系和管理工具箱。秦岭生态系统综合管理，应努力构建由空间规划与管控制度、资源保护与管理制度、环境保护与治理制度、生态保护与修复制度、绿色转型发展保障制度、综合发展评价考核制度等六大制度领域共同组成的制度体系；须系统科学设计、聪明选择运用包括法律工具、规划工具、经济工具、社会工具及其他工具在内的生态系统综合管理工具箱。

结论十：秦岭生态系统综合管理需要当地及中央政府共同努力。秦岭地区各市县应重点做好摸清资源环境生态家底、加强生态环境监管能力建设、建立生态系统管理类项目库等基础性工作，并着力推动农村经济、制造业和旅游业绿色转型，发展绿色经济类园（区）和建设绿色矿业矿山。陕西省应重点研究制定《秦岭条例》及其配套规章，成立秦岭地区统一生态环境监管机构，开展秦岭地区生态环境系统监测评估，编制实施秦岭地区一系列专门的规划，在秦岭地区率先实行新评价考核办法，加大省财政对秦岭地区转移支付力度，部署一大批实施生态综合管理类项目，建立健全生态管理社会参与监督机制，以及积极开展生态文明建设类试验与示范。中央政府应重点将秦岭地区列为国家生态文明建设试验区，在开展专项改革试验时优先考虑秦岭地区，允许秦岭地区更大的政策创新自主裁量权，在安排资源环境生态项目时优先考虑秦岭，加大对南水北调中线工程水源地支持力度，积极协助将秦岭打造成世界名山、名地、名景。

9.2 若干讨论

9.2.1 关于多视角审视问题

秦岭生态系统综合管理是一个系统、复杂的问题，对此应从多维视角进行审视。其一，从效应维度看有生态视角、经济视角、社会视角、政治视角。仅仅从生态视角看问题太理想化，仅仅从经济视角看问题则太功利化。其二，从视野维度看有国际视角、国内视角。仅仅从国内看秦岭生态问题过于局限而狭隘，仅仅从国际看秦岭生态问题则过于超脱而不现实。其三，从空间维度看有国家视角、地方视角。仅仅从地方视角看秦岭会弱化、矮化秦岭，仅仅从国家视角看秦岭则会漠视、弱化地方利益。其四，从主体维度看有政府视角、百姓视角、企业视角、智库视角等。仅仅从政府视角看秦岭则事倍功半且有损百姓利益、企业利益，仅仅从百姓、企业视角看秦岭则胸无全局、有损国家利益，仅仅从企业视角看秦岭则不利于保障国家利益和百姓利益。

如下方面尤其需要多视角进行审视：①对水土流失治理的多视角审视，其短期和长期效应如何？生态和经济效应如何？本地和全局效应如何？其问题的核心是减少地表径流是否会减少南水北调可调水量？②对严格禁止采矿的多视角审视，其短期和长期效应如何？生态和经济效应如何？本地和全局效应如何？其问题的核心是完全禁止是否可行？③对陕南移民的多视角审视，其短期和长期效应如何？生态、社会和政治效应如何？其问题的核心是移民的生态、经济、社会、政治效应究竟如何？必要时需要对生态移民进行分类、分区、分时分析。④对退耕的多视角审视，其短期和长期效应如何？生态、经济和社会效应如何？其问题的核心是耕保能否使包括农民在内的多个主体均受益？⑤对发展旅游的多视角审视，其短期和长期效应如何？生态、经济和社会效应如何？其问题的核心是旅游的经济、社会、生态效应究竟如何？⑥对农家乐的多视角审视，其短期和长期效应如何？生态、经济和社会效应如何？其问题的核心是如何从农民及其他主体视角评价农家乐的得失？

9.2.2 关于时间动态观问题

秦岭生态系统综合管理是个长期工程、渐进过程。我们既不能假设历史，更不能否定历史，凡是存在的就有其合理的一面，我们必须在现实基础上，开启秦岭生态系统综合管理的全新局面。同时，我们必须意识到秦岭生态系统综合管理所存在的问题，是发展而非停滞中的问题，是进步而非倒退中的问题，秦岭生态系统综合管理的趋势是良好且持续向好的。

9.2.3 关于风险与不确定性问题

秦岭生态系统综合管理过程中不可避免地存在诸多风险和不确定性，包括自然风险与不确定性、政策风险与不确定性、发展环境风险与不确定性、管理目标摇摆与不确定性等。面对这些风险和不确定性，秦岭生态系统综合管理者，应正确认识、系统分析、不断适应、积极应对，尤其需要与时俱进地发展管理理念、调整管理方向、优化管理目标、更新管理手段，确保生态系统综合管理的持续、顺利、健康、有效。

专题报告一
秦岭生态系统可持续性评价与生物多样性保护研究

专题负责人：雷光春

摘　要

秦岭，作为长江和黄河流域的分水岭及我国重要的自然地理分界线，形成了极为丰富的自然资源，具有全球意义的生物多样性和突出的生态系统服务功能。对其生态系统的有效保护，不仅关乎陕西整体生态环境的健康和安全，更对我国乃至世界的生物多样性、自然与文化遗产等保护具有重要意义。

本研究对陕西秦岭地区的31区县6.3万平方千米范围内生态系统的生态组分、生态过程、生态系统服务和生态可持续性进行了评估，并提出了保护对策。结果表明：秦岭共有种子植物3446种，隶属1007属197科，分别占全国同类总种数的14%，总属数的33.8%，总科数的65.2%。其中裸子植物共有9科23属45种，分别占全国相应同类别的81.8%、67.7%、23.3%；被子植物共有188科984属3401种，占全国相应类别的64.6%、33.4%、13.9%。包括国家Ⅰ级重点保护植物珙桐、独叶草、红豆杉、华山新麦草等9种，国家Ⅱ级重点保护植物秦岭冷杉、太白红杉、大果青扦、水曲柳、水青树等17种。秦岭地区的土地覆被主要以林地、草地和耕地为主，其分布比率分别为54.47%、18.66%和24.05%。共有陆栖脊椎动物500种，其中，兽类94种，占陕西省兽类总种数的63.95%，占全国兽类总种数的18.5%；鸟类338种，占全省鸟类总种数的88.9%，占全国鸟类总种数的28.4%；两栖爬行类68种，占全省两栖爬行类总种数的88.3%，占全国两栖爬行类动物总种数的11.3%。其中国家Ⅰ级重点保护动物有大熊猫、朱鹮、金丝猴、羚牛、虎、豹、云豹、林麝、黑鹳、金雕，共10种。国家Ⅱ级保护动物有小熊猫、斑羚、鬣羚、黑熊、红腹锦鸡、白冠长尾雉、秦岭细鳞鲑、中华虎凤蝶等，共31种。

秦岭生态系统每年提供的生态系统服务价值达到3563.32亿元，其中森林和水资源提供的供给服务价值总量为955.48亿元，为生物多样性提供的支持服务价值为1360亿元，调节服务（固碳释氧、水源涵养、土壤保持、环境净化）等价值分别为650.25亿元，文化服务价值为597.59亿元。生态系统服务价值经历了从20世纪80年代到2000年的下降，然后自2000年到2015年的上升变化，得益于2000年开始实施的退耕还林、天然林保护工程。

对2015年秦岭生态系统可持续性评估结果显示，在10项评估指标中，动物多样性、典型物种数量、植被覆盖率、人口密度、生境破碎化和服务类型数量的得分均在9分以上（满分为10分）。其植物多样性、土地格局变更率和建设用地密度得分为7~8分，服务价值量得分6.8分，总分为88.8分，总体水平为优秀，较20世纪80年代下降1分（89.8），比2000年显著提升了8分（80.8），与秦岭生态系统服务的历史变化趋势一致,反映了自2000年以来的生态建设成效极为显著。

秦岭地区现已建立国家级自然保护区17处,省级自然保护区13处,2000～2015年,仅国家级自然保护区数量增加了12处。秦岭地区自然保护区群的建立,使更多的珍稀濒危野生动植物得到有效保护,为保护和恢复好完整的森林生态系统,保护生态安全,丰富生物多样性资源,为开展科普教育和生态旅游奠定基础。确保了以大熊猫、金丝猴、羚牛、朱鹮为主的野生珍稀濒危动物的生存安全及其野生种群数量持续稳定的增长。秦岭地区在开展自然保护区、森林公园等就地保护的方式建立的同时,陕西省颁布了《陕西省秦岭生态环境保护条例》,并于2008年3月1日起施行,开展了退耕还林、天然林保护、生态搬迁移民工程等一系列保护政策措施。然而,对秦岭珍稀濒危物种保护需求和保护现状分析结果显示:已建立的保护区仅能满足20.88%的物种保护需求,目前的保护体系仍然存在大面积的保护空缺。本研究通过对生态系统管理的SWOT分析,形成了加强秦岭生态系统整体性保护、建立国家公园体制和加强秦岭生态系统管理、提升生态系统服务价值的管理的对策。包括:①建立国家公园体制,切实保护秦岭生态系统原真性和完整性;②创建国家生态文明示范区;③加强秦岭生态系统管理、提升生态系统服务价值。

本研究建议将太白、宁陕、周至、眉县和洋县划分为严格保护区,将略阳县、凤县、佛坪县、鄠邑区、勉县、紫阳县、华阴市和陈仓区划分为优先保护区,将西乡县、宁强县、蓝田县、石泉县、旬阳县、华州区、汉台区、长安区、渭滨区划分为协商保护区。严格保护区和优先保护区域范围将是国家公园建设的关键区域,而协商保护区可以作为国家公园的外围保护区,与周边地方政府及居民开展协商保护。

1. 研究区域概况

1.1 关注区域

秦岭贯穿甘肃、陕西、河南三省,西起甘肃省临潭县北部的白石山,向东经天水南部的麦积山进入陕西,东至鄂豫皖—大别山以及蚌埠附近的张八岭。其范围包括岷山以北,陇南和陕南蜿蜒于洮河与渭河以南、汉江与嘉陵江支流—白龙江以北地区,东到豫西的伏牛山、熊耳山,在方城、南阳一带山脉断陷,形成南襄隘道,在豫、鄂交界处为桐柏山,在豫、鄂、皖交界处为大别山,走向变为西北—东南,到皖南霍山、嘉山一带为丘陵,走向为东北—西南。

秦岭不仅分布的地域广阔,且具有重要的地理意义。秦岭是我国两大河流,长江和黄河流域的分水岭。同时,秦岭是我国重要的气候分界线,秦岭以南属亚热带气候;秦岭以北属暖温带气候。秦岭南北的农业生产特点也有显著的差异。因此,长期以来,人们把秦岭看作是我国"南方"和

"北方"的地理分界线。

秦岭，由于其特殊的地质运动成因及重要的地理位置，形成了其特殊的生态系统结构和生物多样性特征，对秦岭地区的关注与保护，不仅对甘肃、陕西和河南三省的生态环境保护具有重要的作用和意义。同时，作为我国两大母亲河的分水岭，南北的重要地理分界线，对其生态环境保护的关注，对我国的生态安全也具有举足轻重的作用。作为第四纪冰川的重要遗迹，存有大量的孑遗生物及古地质遗迹，对世界的地质年代和生物多样性保护也具有重要研究保护价值和意义，是世界重要的自然与文化遗产。

1.2 目标区域

秦岭陕西段作为秦岭的中部区域，其地质地貌特征明显，生物多样性丰富度较高，生态系统结构完整，矿产资源丰富，文化底蕴厚重，自然风光旖旎，堪称秦岭的精华地段，涉及6市38个县（区）的区域（图1-1），是本研究的目标区域。

截至2014年底，目标区内常住人口总数为1520.13万人，面积约8.02万平方千米，社会经济总产值约为5101.14亿元。在目标区域范围内，先后建立了141个国有林场、55个森林公园、30个自然保护区、6个国家风景名胜区和1个国家地质公园，目标区范围见图1-1。

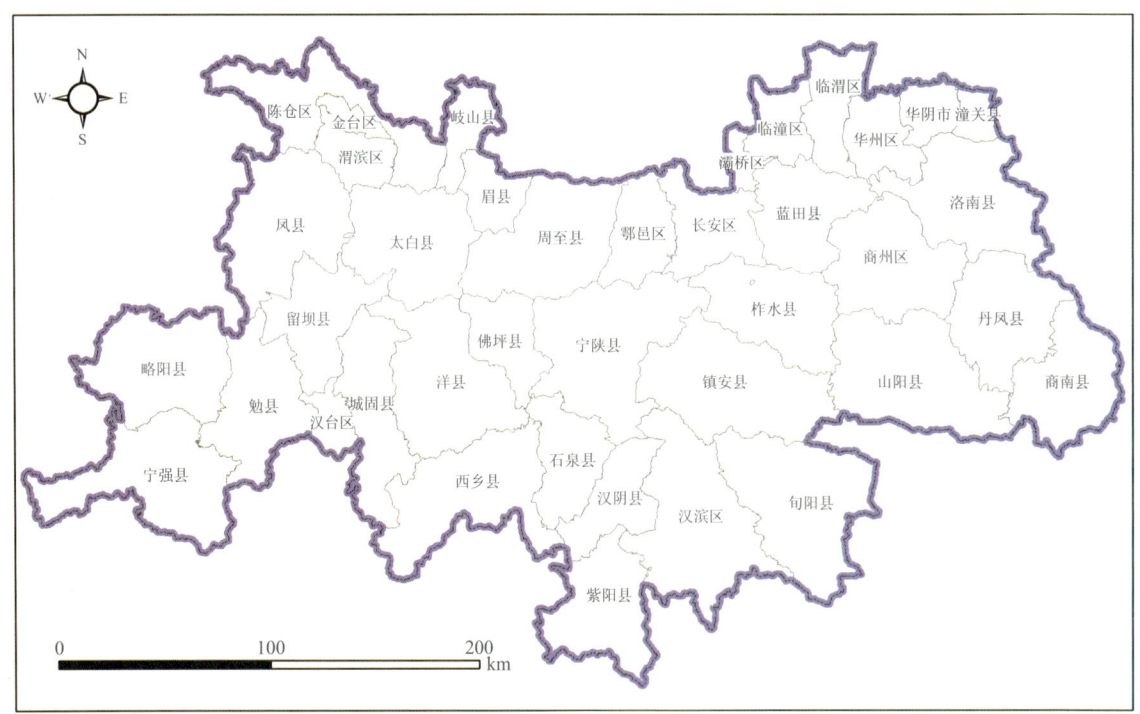

图1-1 陕西秦岭范围边界及行政区划图

区域内气候垂直分带明显，中高山区寒冷湿润，年平均温度6～8℃，低山、河谷和山间盆地温和多雨，年平均气温11～14℃。绝大部分区域年均降水量在700~850毫米间，而岭脊部分的高山、亚高山及部分中山区，年均降水量则超过900毫米。区域内的土壤在南北坡垂直地带谱有明显差异。北坡属于暖温带褐土和山地棕壤谱式，南坡属于从暖温带过渡到北亚热带的黄褐土和山地棕壤谱式。

秦岭主脊是黄河流域和长江流域的分水岭。秦岭北坡河流主要有黑河、石头河、汤峪河、洛河等，河流流程较短、比降大、流速急，下泄大量变质岩和花岗岩为主的粗砾的沙砾石；发源于南坡的河流主要有汉江、丹江、嘉陵江、褒河、胥水河、子午河、牧马河、岚河、金钱河、乾佑河、旬河等河流，属长江水系，其河流较长，比降较小，水量丰富，是嘉陵江、汉江等长江主要支流的水源地。

1.3 核心区域

核心区域是指渭河以南、汉江以北的秦岭山地（图1-2），区域面积约6.3万平方千米，约占陕西省总面积的30%。核心区域以秦岭山地为主，区域主要以森林、草地和耕地为主，包括少部分的城市建设用地。

核心区域作为我国昆仑—秦岭东西向褶皱带的重要组成部分，平均海拔在1000米以上，以2500米以上的中山为主。其主峰为太白山，海拔3767米，常年积雪不化，且保有第四纪古冰川地貌和古生物遗迹（图1-2）。

核心区域，作为物种分布的集中区，生态系统较为完整，生境的破碎化程度较低，物种丰富度较高，区域大部分为限制开发区，社会经济活动干扰较小。作为陕西秦岭保护的核心地段，对其生态系统可持续性评估和生物多样性保护研究，能够更好地实现秦岭的生态系统的生态组分多样性、生态过程的完整性和生态系统服务功能的可持续性。

图1-2 核心区域：陕西秦岭范围（渭河以南及汉江以北区域）

2. 评价方法

生态系统的评估可以参考国际公约倡导的生态特征框架概念。即在特定时间点生态组分、生态过程和生态系统服务三大部分的结合。如图1-3所示：生态组分包括栖息地、物种、基因等生态系统内部的物理、化学和生物部分；生态过程包括水文循环、碳循环、营养循环等连接静态生态组分的动态过程；生态系统服务与千年生态系统评估报告中所使用的定义相同，是指人们从生态系统内部获取的惠益。图1-3是框架性的，每一个评估的区域，可以根据其特定价值，选取关键生态特征。秦岭的关键生态特征包括：植物群落及其分布、动物群落及其分布、土地覆被变化、认为干扰因素对生态过程的影响，以及生态系统服务等。

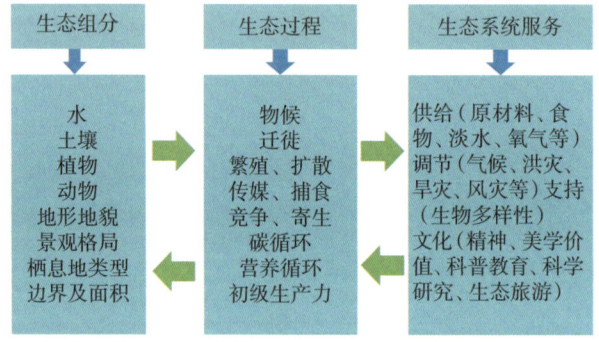

图1-3 生态系统评估的框架体系

2.1 秦岭生态系统的生态组分

2.1.1 关键指标

本研究对关键生态组分指标的选择取决于研究时限及数据的可获取性。由于时间限制，采用快速评估方法，并根据秦岭生态系统综合管理的需求，选取以下指标。

植被类型：包括森林、草地和湿地类型。

动植物资源：重点为珍稀濒危动植物、特有种等。

2.1.2 生态组分评估方法

珍稀濒危植物、特有种评估：根据我国红色物种名录，重点保护Ⅰ、Ⅱ级物种名录和中国特有种遴选出91种植物作为重点保护的研究对象（详见附件1-4），结合我国二类资源调查数据信息、植物分布海拔、坡度、温湿度等条件，通过ArcGIS的叠加统计分析功能及空间数据信息提取的方法，进行秦岭濒危植物的潜在分布范围预测。

珍稀濒危动物评估：选择陆生濒危哺乳动物作为重点评估对象，主要原因是其栖息地相对稳定，且处于生态系统中的较高营养级。作为生态系统中的关键物种，对其保护目标的实现，能够保护其所在生态系统中的更多物种。研究根据既有的调查研究数据，结合已有的研究成果，利用ArcGIS的空间统计分析方法，对关键物种的潜在分布进行预测。

植被类型变化评估：陕西省二类森林资源清查数据，并根据1980~2015年的土地覆被、生态系统及景观格局的变化情况等进行分析，通过ArcGIS的重分类功能，对数据进行空间分析，提取出研究区内的地表覆盖信息，根据数据源信息，将土地覆盖进行解译分类，具体分类如下（表1-1）。

表1-1　　　　　　　　　　　　　LUCC全国土地覆盖分类体系

一级类型名称	二级类型		
	编号	名称	含义
耕地	种植农作物的土地，包括熟耕地、新开荒地、休闲地、轮歇地、草田轮作物地；以种植农作物为主的农果、农桑、农林用地；耕种三年以上的滩地		
	11	水田	有水源保证和灌溉设施，用以种植水稻、莲藕等水生农作物的耕地，包括实行水稻和旱地作物轮种的耕地
	12	旱地	靠天然降水的生长作物耕地；有水源和浇灌设施，在一般年景下能正常灌溉的旱作物耕地；以种菜为主的耕地；正常轮作的休闲地和轮歇地
林地	生长乔木、灌木、竹类以及沿海红树林地等林业用地		
	21	有林地	郁闭度>30%的天然林和人工林。包括用材林、经济林、防护林等成片林地
	22	灌木林	郁闭度>40%、高度在2米以下的矮林地和灌丛林地
	23	疏林地	林木郁闭度为10%~30%的林地
	24	其他	未成林造林地、迹地、苗圃及各类园地（果园、桑园、茶园、热作林园等）
草地	覆盖度在5%以上的各类草地，包括以牧为主的灌丛草地和郁闭度在10%以下的疏林草地		
	31	高覆盖度草地	覆盖度>50%的天然草地、改良草地和割草地
	32	中覆盖度草地	覆盖度>20%~50%的天然草地和改良草地
	33	低覆盖度草地	覆盖度在5%~20%的天然草地
湿地	内陆自然湿地和人工湿地（水利设施用地）		
	41	河流	天然形成或人工开挖的河流及主干常年水位以下的土地
	42	湖泊	天然形成的积水区
	43	水库	人工修建的蓄水区
	44	永久性冰川	常年被冰川和积雪所覆盖的土地
	46	滩地	河、湖水域平水期水位与洪水期水位之间的土地
	47	沼泽地	地势低洼，排水不畅，季节性积水或常年积水，表层生长湿生植物的土地
城乡工矿居民用地	城乡居民点及其以外的工矿、交通等用地		
	51	城镇用地	大、中、小城市及县镇以上建成区用地
	52	农村居民点	独立于城镇以外的农村居民点
	53	其他建设用地	厂矿、工业区、油田、盐场、采石场等用地以及交通道路、机场及特殊用地

续表

一级类型		二级类型	
名称	编号	名称	含义
未利用土地	目前还未利用的土地，包括难利用的土地		
	61	沙地	地表为沙覆盖，植被覆盖度在5%以下的土地，包括沙漠
	62	戈壁	地表以碎砾石为主，植被覆盖度在5%以下的土地
	63	盐碱地	地表盐碱聚集，植被稀少，只能生长强耐盐碱植物的土地
	65	裸土地	地表土质覆盖，植被覆盖度在5%以下的土地
	66	裸岩石质地	地表为岩石或石砾，其覆盖面积>5%的土地
	67	其他	其他未利用土地，包括高寒荒漠、苔原等

综合考虑秦岭生态系统的生态组分、生态过程和生态系统服务功能的基础上，结合部分珍稀濒危哺乳动物以草地作为重要栖息地。在陕西省森林资源二类调查的基础上将森林进行了细化，将森林划分为林地和草地两种类型。结合秦岭地区植被分布特征，在LUCC全国土地覆被分类体系基础上，进行了重新解译分类。

根据1980~2015年研究区内土地覆被变化情况，研究进行了对比分析，结合区域的生态系统状况，对研究区内的生态系统进行评估。

2.2 生物多样性保护评价方法

根据秦岭地区的生物多样性特点，选取了秦岭生态系统重要的91种珍稀濒危植物和18种珍稀濒危动物，通过对其潜在分布的预测（详见附件1-4），利用C-Plan的迭代统计分析功能，计算出规划单元的不可替代性值，划分规划单元的生物多样性优先保护等级。根据不同优先保护等级的规划单元，提出相应的优先保护规划建议。

2.3 生态系统服务评估方法

《联合国千年生态系统评估》将生态系统服务定义为人们从生态系统中获益。生态系统给人类提供多重服务，不仅为人类提供了食物、水源、空气、木材等基本的物质条件，还提供了涵养水源、保持水土、调节气候、净化污染、维持生物多样性等生态环境资源，为人类文化教育、休闲娱乐等提供场所。

2.3.1 生态系统服务评价指标体系

本研究在已有的研究基础上，根据此次课题关注的核心区域以森林生态系统为主，针对水资源丰富的特征，按照联合国千年评估分类体系，将秦岭生态系统服务分为四大类，并列出相应的价值评价方法，表1-2。

表1-2　　　　　　　　　　　　　　秦岭生态系统服务评价指标体系

评价项目	评价指标	评价方法
供给服务	林木产品（用材林年总产值、竹林年总价值）	市场价值法
	林副产品（林下经济价值）	
	水资源供给（供水量）	
支持服务	生物多样性（每年支付生物多样性保护金额、生境为森林生态系统的保护物种占保护物种、存在价值）	机会成本法 支付意愿法
调节服务	涵养水源（水资源）	影子工程法
	土壤保持（森林土壤现实及潜在侵蚀模数、土壤保持量与侵蚀量）	机会成本法
	固碳释氧（森林生态系统净初级生产力（NPP）、固碳造林成本）	造林成本法
	环境净化（吸收SO_2和尘埃的能力、SO_2和尘埃处理成本）	市场价值法
	调节气候（南北气候调节）	
文化服务	休闲游憩（自然保护区、风景区、文化遗产等旅游收入）	旅游费用法 支付意愿法
	科普宣教	—
	科学研究	—
	宗教文化	—

2.3.2　相关服务价值测算方法

（1）涵养水源。秦岭是我国南水北调中线工程最重要的水源涵养区。本研究对森林水源涵养价值核算采用水量平衡法。水量平衡法分为平衡法I和II。平衡法I是降水量减去蒸散量，全部即为森林涵养水源量；平衡法II认为涵养量为林木和土壤层的涵养量，所以应在第一种方法基础上减去径流量。由于秦岭生态区进行供水功能计算时，考虑到了径流量，本研究中对森林生态系统水源涵养量的计算只考虑林木和土壤的水源涵养量，因此采用水量平衡法II来估算秦岭地区2015年水源涵养能力及其间接产生的经济价值。该平衡法以水量的输入和输出为着眼点，将降水视为生态系统水分输入量，植被蓄水、蒸发和地表径流作为水分的输出量，得到的水量平衡方程为：

$$Q=(P-E) \times A - R \quad （公式1-1）$$

式中，Q为水源涵养量（立方米/年），P为年平均降雨量（毫米/年），E为年平均蒸散量（毫米/年），A为研究区面积（平方千米），R为年平均径流量（立方米/年）。

（2）土壤保持。研究主要运用InVEST模型对秦岭山地土壤保持生态效益进行评价。

（3）固碳释氧。以各生态系统净初级生产力（Net Primary Productivity，NPP）数据为基础，根据光合作用方程式估算光合固碳量，固碳生态效益采用中国造林成本进行评价。根据光合作用方程式，生态系统每生产1克植物干物质能固定1.63克CO_2，同时释放1.19克O_2。以此为基础，用净初级生产力数据得到森林植被生产有机物的量分别是乘以1.63和1.19，即为植物固定CO_2和释放O_2的量。

根据《森林生态系统服务功能评估规划》，固碳释氧服务的计算采用以下公式：

$$G_{固碳}=1.63 R_{碳} \times A \times B \quad （公式1-2）$$

其中，$G_{固碳}$为植被年固碳量，1.63为计算系数，$R_{碳}$为CO_2中碳的含量，为27.27%，A为各生态系统面积（平方千米），B年为各生态系统净生产力（吨/公顷/年）。

$$G_{释氧}=1.19 A \times B \qquad （公式1-3）$$

式中G释氧为林分年释氧量（t/a），1.19为计算系数，A为各生态系统面积（平方千米），B年为各生态系统净生产力（吨/公顷/年）。

根据计算出总体的固碳量和释氧量，分别乘以固碳和释氧的价格，计算出陕西秦岭固碳释氧的价格。

（4）环境净化。生态系统的净化环境服务包括吸收污染物质、阴滞粉尘、杀灭病菌和降低噪声等。基于数据情况，本研究选取森林吸收SO_2和滞尘两种服务进行评价，试图在一定程度上反映出森林生态系统对净化环境的重要性。

①SO_2的净化。根据《中国生物多样性国情研究报告》，森林对SO_2的吸收能力：阔叶林88.65千克/公顷/年，针叶林215.6千克/公顷/年，而混交林按取两者均值152.13千克/公顷/年；灌丛吸收SO_2的量为88.99千克/公顷/年，草地和农田吸收SO_2的量按23.85千克/公顷/年，各生态系统吸收SO_2的总量：

$$Q=q_1S_1+q_2S_2+q_3S_3+q_4S_4 \qquad （公式1-4）$$

式中，Q为各生态系统年吸收SO_2的总量，q_1、q_2、q_3和q_4分别为森林、灌丛、草地和农田单位面积吸收SO_2的量，S_1、S_2、S_3和S_4分别为森林、灌丛、草地和农田各生态系统的面积。

②滞尘。森林净化粉尘的价值，同样用消减粉尘的平均单位治理费用来评估。据测定，我国森林生态系统的滞尘能力为：阔叶林10.1吨/公顷/年，针叶林33.2吨/公顷/年，而混交林取两者均值21.65吨/公顷/年。灌丛、草地和农田的滞尘量为10.11吨/公顷/年。秦岭生态系统滞尘土总量：

$$K=q_1S_1+q_2S_2+q_3S_3+q_4S_4 \qquad （公式1-5）$$

式中，K为各生态系统年滞尘的总量，q_1、q_2、q_3和q_4分别为森林、灌丛、草地和农田单位面积滞尘量，S_1、S_2、S_3和S_4分别为森林、灌丛、草地和农田各生态系统的面积。

（5）文化服务。秦岭的文化服务主要体现在提供休闲游憩的价值上。秦岭地区的旅游资源可分为自然和人文资源。秦岭地区是我国重点森林生态旅游区，以综合人文和自然旅游地为主，是自然风景的大观园、天然基因库和自然教科书。

陕西段秦岭先后建立101个国有林场，自然保护区30处，森林公园38家，风景名胜区6处，地质公园1处。除自然风光外，秦岭承载深厚的文化底蕴，具有观光、研究、科教等重要的文化价值。秦岭地区先后有周、秦、汉和唐等13个王朝在此建都，长安政治中心地位长达1000多年，区域内历史遗存十分丰富，是中华文明的发源、成长和成熟地，具有重要的历史研究和考古价值（西安秦岭生态环境保护委员会办公室，2011）。其文化资源包括：

①宗教文化资源。秦岭是道教的发源地，老子的道德经就产生于周至的楼观台，唐代时，终南山楼观台曾一度成为"皇家道观"。秦岭也是中国佛教的摇篮，终南山是中国佛教传播的重要发源地，还是佛教各宗派创立发展的源头。汉传佛教八大宗派中，秦岭及关中就积聚了三论宗、净土宗、律宗、法相唯识宗、华严宗、密宗六大宗祖庭。

②栈道文化资源。秦岭山间多峭壁，古代道路凡遇悬崖绝壁皆傍山架木而行，史称栈道，在古代政治、军事、经济诸方面发挥着重要作用，蕴涵丰富的历史积淀。

③非物质文化遗产。秦岭非遗资源相当丰富,主要有龙灯、剪纸、刺绣等,华阴老腔更是因登上春晚而闻名于国内外。

秦岭休闲游憩服务,以森林生态系统为依托。按照森林游憩价值的定义,其是由森林提供的,集经济、生态和社会效益为一体的综合价值,包括利用价值和非利用价值。森林游憩的利用价值是指森林资源为当代人提供的现实可利用的价值,如美景观赏、漫步、划船、科考等资源,消费者愿意支付旅行费用来获取这种服务;非利用价值是指人们愿意支付费用来保护这些游憩资源,作为遗产为子孙后代享用的价值。由于森林公园的这两个特点,单纯的旅游收入并不能反映真实的森林生态系统的价值。一般采用旅行费用法来计算其使用价值,采用支付意愿法来计算其非使用价值,以这两者之和在一定程度上反映森林生态系统的休闲游憩价值。旅行费用(TC)包括游客的交通费、住宿费、餐饮费、景区内消费支出(包括门票、缆车、停车等)、购买旅游产品消费、旅行的时间机会成本。支付意愿法(CV)是直接调查咨询人们对生态系统服务的支付意愿,并以支付意愿来表达生态系统服务的经济价值,以此来评估生态系统提供游憩资源的非使用价值。

$$TV=TTC+TCV \qquad (公式1-6)$$

2.4 生态系统可持续性评估指标体系构建

2.4.1 概念及总体方法的界定

自"可持续性"的概念提出以来,国内外对于可持续性的评估方法开展了一系列的研究。总体来讲大致可以分为两大类:其一是综合社会、经济、生态等因素,评估人类生存空间或人与自然复合生态系统的可持续性。在这种评估中往往涉及社会学、经济学、生态学等多学科的指标,强调人类对环境影响的作用过程机理及生态环境对人类影响的反馈机制;其二则是在人类发展的背景下,重点聚焦对生态系统自身状态的评估。本研究中的可持续性指标为第二类。

指标体系的构建有多种方法,但其中较为通用的是层次分析法(AHP法)和主成分分析法(PCA法)。层次分析法是定性与定量相结合的评价方法,由美国运筹学家Saaty于20世纪70年代初最先提出(邓雪等,2012),通常包括目标层、准则层、指标层三层,每一层指标的权重依据各因子的重要性构造判断矩阵,进行两两比较之后得出。而主层次分析法是一种基于变量协方差矩阵对信息进行处理、压缩和抽提的方法(王杨等,2014)。主成分分析法主要是利用降维思想,将多个反映研究对象各方面信息、具有相关性的指标,利用数学变换的方法转变成几个不相关的新变量(卢小丽等,2012)。然而,有学者研究发现,在应用这两种方法进行区域可持续性评估时,所得评价结果差异显著。层次分析法得出的评价结果比较稳定,而主成分分析法的评价结果变化较大,表明后者用于可持续发展能力评价的适用性有待商榷(董燕红等,2016)。为此,本研究也主要采用层析分析法的总体思路,将评价指标细化为目标层、准则层和指标层三层。然而,在严格的层次分析法中,各个层次指标的权重需通过专家打分的方式进行两两比对,而考虑到指标直观明了和今后推广使用的需要,本研究在构建三层指标的基础上,将通过相关专家协商探讨的方式,在指标设计之初就相对平行且等地设计相关指标，并给各指标赋予相等的权重。换言之，在本套指标中，指标层的每一个参数都经过专家团队的推敲，以确保在科学反映可持续性的前提下，各个指标之间的权重相对一致，汇总到准则层上，也就相应地反映出了准则层的相互权重。

对于各个指标赋值标准的判读，本研究在文献调研的基础上，同样结合了专家协商法，两者共同支持形成本研究中生态可持续性指标体系及其赋分标准的构建。对于目标层的界定，由于评估的目标就是秦岭生态系统的可持续性，因此毫无争议，目标层为"生态系统可持续性"。下文将对准则层和指标层的设计进行详细阐述。

2.4.2 准则层的选取

准则层的设计，事实上是对目标层逻辑框架的梳理和凝练，换言之，准则层是评估目标的逻辑体现。对于生态可持续性这个概念而言，国内外有多种模型方法对其进行剖析。对于上述第一类可持续性评估而言，较为成熟的是由经济合作与发展组织（OECD）与联合国环境规划署（UNEP）于20世纪80年代末共同提出的"压力—状态—响应"（PSR）模型（彭建等，2012）。但本研究的可持续性指标聚焦于生态系统自身特征来衡量其可持续性，故而需要寻求其他的解决之道。

在本研究中，可持续评估的本质以及根本目的是衡量较长时间尺度下生态系统维持良好的生态状况并持续保障自然—社会—经济复合生态系统健康运行的能力。而事实上，每个生态系统在长期的演变中均不可能完全保持原样，其可持续性的本质在于保持生态系得以健康存在并延续的根本特征。从这个角度来看，2005年《湿地公约》提出的"生态特征"概念可以成为本研究中生态系统可持续性的关键理论支撑。所谓"生态特征"，是指在特定时间点生态系统的组成、生态过程、生态服务功能综合体现的特征。生态组分由物理、化学部分和生物部分构成，可从大尺度到极小尺度（比如栖息地、物种和基因）（湿地公约，2005a）。生态系统过程是生态系统内部的驱动力，包括生物间、生物内部以及种群和群落间的所有过程，以及其与非生物环境的相互作用，形成现有生态系统并随着时间的推移而发生变化（澳大利亚遗产委员会，2002），它们可能是物理的、化学的或生物的过程（湿地公约，1996；决议六第1号，附录A）。而生态系统服务，依据千年生态系统评估的定义，是指人们从生态系统中所获得的益处[①]。在这三者中，生态组成和过程影响决定着栖息地、生物群落和物种分布，反过来又对生态服务功能产生影响。从定义上看，这一概念与本研究中的生态可持续性在本质上是一致的，故而在此引用该理论的三个层次来构建本指标体系的准则层，即"生态组分多样性""生态过程稳定性""生态服务重要性"。

（1）生态组分多样性。如前文所述，生态组分由物理、化学部分和生物部分构成，其中，生物状况在很大程度上取决于其理化组分的健康状态，反过来又影响理化组分的状态。因此，生物组分可视为生态系统状况的指示性指标。本着简明易操作的原则，在本研究中生态组分主要以生态系统的生物组分来反映。从这个角度来看，生态组分包括各种动植物、微生物、非生命元素等。组分越

[①] 以湿地生态系统为例，《联合国千年生态系统评估》综合报告生态系统和人类一节中把湿地和水的生态系统服务功能定义为："人们从生态系统获得的利益。包括供应服务如食物和水；调节服务如调节洪水、干旱、土地退化和疾病；支持服务功能如土壤形成和养分循环；文化服务功能如娱乐、精神、宗教和其他精神上的享受。"

多元，生态系统的生物多样性越高，抵御风险和自我恢复的能力也越高。因此，作为生态系统的首要特征，生态组分多样性是生态系统能够健康稳定，并持续提供生态服务的基本保障，在评估生态可持续性时应首先关注生态组分多样性的情况。

（2）生态过程稳定性。从生态过程是生态系统内部驱动力这个概念出发，本研究认为，生态过程可以理解为对生态格局产生影响的因素、生态格局变化的过程和结果等。一个健康可持续的生态系统，其生态过程必然是受干扰少的、稳定的，而各生态组分也依赖生态过程的稳定来发挥生态系统的功能。因此，生态过程的稳定性是对生态组分产生影响的过程量指标，是各生物组分得以健康生存、迁徙、繁衍的基本条件。通过评估这一准则层，可以看出对生态组分存在直接或潜在影响的各类因素的相关情况。

（3）生态服务重要性。一个健康可持续的生态系统，除了以上两个特征以外，必然还具备多重功能，可以持续地为人类及其他生态系统要素提供多种必需的、有价值的服务。因此该准则层反映的是评估区内生态系统服务多元化及其价值的情况，也是生态系统可持续性的最终体现。

2.4.3 指标层的选取

指标层是对准则层的进一步细化，是可以直接进行测算的具体指标，是本套指标体系的最终量化依据。具体选取结果如下。

（1）生态组分多样性的指标层。生态组分多样性反映的是评估区内动植物组分多度、丰度及典型性的情况。考虑动植物构成是生态系统组分的关键要素，且动物和植物在分类统计中各成体系，故而将"植物多样性"和"动物多样性"作为两个指标层纳入其中。而从宏观格局上看，除了动植物的多样以外，植被的覆盖程度也与生态系统的健康和长期稳定密切相关，与生态系统的初级净生产力在一定程度上呈正相关关系，故而"植被覆盖率"将作为这一层的重要指标。除此以外，作为从生态特征理论出发而建立的可持续性指标，必须看到某一生态系统之所以存在且不断发展的基础，除了上述共性的指标外，还有典型物种在其中所起的作用，故而本研究也纳入了"典型物种种数"这一指标。至此，在生态组分多样性这个指标层中，基于对多样性的立体化理解，共引申出了多度、丰度、典型度这三个角度的四个具体指标，总分为40分。

①植物多样性。该指标反映了评估区内植物类型数量丰富度的情况，属于多度的范畴。对于"植物多样性"的量化，是以区域的生物多样性研究分析为结果，进一步评估其生态系统的可持续性。

②动物多样性。该指标反映了评估区内动物类型数量丰富度的情况，属于多度的范畴。其量化也依据区域内生物多样性研究分析的数据结果进行计算。

③典型物种数量。该指标反映了评估区内的典型组分特征情况，属于典型性的范畴。典型物种包括其特有种的数量和顶级捕食者的数量，两者各占一半比重。与物种多样性不同，特有种往往是一个地区的代表和象征，具有不可替代的作用，反映的是评估区最明显的特征，其数量状况也是这一类型生态系统得以维持的基础。而顶级捕食者的数量情况是维持某一区域生态系统稳定的重要条件。

④植被覆盖率。除了多度以外，组分多样性还包括丰度的内涵，接近于生物量的概念。由于动

物生物量的测度不易进行，且动物的丰度依赖于其食物链中的生产者——植物的数量，故而本研究中用"植被覆盖率"来反映组分丰度的情况。

（2）生态过程稳定性的指标层。生态过程稳定性关注的是过程性的、动态性的指标，即生态系统自身在维持生命过程中的物质循环和能量转换过程。而这一过程的稳定性，除了有其自身节律的因素以外，在经济高速发展的今天，其主要的影响因素是来自该区域内人类社会生产生活的各种干扰，如人口增长产生的对资源利用的刚需、生产作业造成的土地格局的变化和生境破碎化等。这些因素都在不同程度上阻隔了生态系统内部的能量交换和物质循环过程，是影响可持续性的重要方面。

至于如何衡量人类生产生活对于生态过程的影响，如何判别人类影响的具体因素，"人类足迹"的概念提供了一个较好的视角和理论依据。所谓"人类足迹"，是指某一地区所有人口生态足迹的总和，是一个从总体上反映人类对于地表环境影响的概念。一些经典研究提出，人类足迹的测度从人口密度、土地格局变更、可达性、电力设施建设等四个方面展开。鉴于这一思想，本研究中保留了"人口密度""土地格局变更率"这两个指标，而可达性和电力设施建设在一定程度上反映的是人类各种建设活动的影响，包括道路建设、基础设施建设等，故而选择了另外的"建设用地密度"指标，一方面依然隐含着可达性和电力设施建设的影响，另一方面也将对人类活动影响的测度更加全面化。除这三个指标以外，本研究还增加了"生境破碎化"这一指标，以直观表现生态系统在各种影响之下的破碎化格局。

①人口密度。通常情况下，人类的密度越高，人类对自然环境的影响程度就越高，故而评估区域内的人口数量经常被引作生态系统和物种退化的一个主要原因（Cincotta and Engelman，2000）。因而该指标是反映人类足迹、人类影响最为直观、最为简易的一个指标。人口密度的相关数据可以通过查阅社会经济相关统计数据得到。

②土地格局变更率。土地格局的变更通常会导致不同生态系统内物种栖息地的退化和破碎化，因而常常被认为是生物多样性的最大威胁（Vitousek，1997）。同时，土地格局变更的情况也体现了生态系统原真性的情况，本研究也是基于此将该项指标作为人类足迹的另一项直观指标。土地格局变更率可以通过遥感影像解译得出。

③建设用地密度。建设用地密度表示研究区域内单位平方千米的建设用地的面积，反映了人类社会对于自然生态系统的干扰程度。建设用地越密集，生态系统的受干扰程度就越高。

④生境破碎化。生境是景观尺度的概念，破碎化程度越高，生态过程被阻隔或影响的程度也越高，用解译所得的研究区域内斑块数积与研究区总面积的比率表示。

（3）生态服务重要性的指标层。对于生态服务重要性的指标设计较为简单，可以从两个方面来看待，即服务的类型和服务的价值。服务类型表征生态系统所提供的生态服务的多样化，服务价值表征生态系统的价值所在。因此本研究选取"服务类型数量"和"服务价值增加量"作为具体的评估指标，类型越多，价值量越高，则该区域的生态系统服务越重要。

①服务类型数量。该指标为研究区域内生态系统提供的服务类型总数，基于生态系统服务评估的结果进行计算。

②调节服务量。该指标表示研究区域内生态系统所提供的调节服务的总量。尽管生态系统服务包括供给服务、支持服务、调节服务和文化服务四个方面，但是在实际的核算中，供给服务是以特定时间背景下的社会经济产值为参照而计算得出价值量，支持服务和文化服务是通过支付意愿的方法测算得出，计算值都受到各个时期的社会经济状况影响，而调节服务则是在客观的服务量数值的基础上进行核算，且调节服务量的大小和其他服务类型的价值量通常呈正相关关系，即其反映出的不仅是调节服务的价值，也能从侧面反映其其他三类服务的价值量。故而在本套指标体系中选用调节服务量这一指标。

由于调节服务总体上由水源涵养、固碳、释氧、吸收SO_2、滞尘等组成，而各个类型的数量量级差异巨大，尤其是水源涵养的数值较大，若以简单加和的方式，难以客观体现数值的意义。故而在本项指标赋分时分别对每个服务分类进行赋分。

2.4.4 指标的测度方法

研究根据生态系统可持续性评估的需求，对生态系统的组分多样性、过程稳定性和服务重要性进行了评估。

组分多样性，选取了植物多样性、动物多样性、典型物种数量和植被覆盖率作为测度指标。

过程稳定性，选取了人口密度、土地格局变更率、建设用地密度和生境破碎度作为测度指标。

生态系统服务重要性，选取了服务类型数量和服务价值量—国民生产总值比，作为测度指标。

各指标具体测度方法如表1-3所示。其中需要说明的是，在过程量指标中，土地格局变更的指标以1980年为参照，考虑到这个时间点正值我国改革开放伊始的时段，经济社会的发展进入一个全新的阶段，生态格局也自这个时间起产生了根本性的改变。建设用地密度和生境破碎度的指标以2000年的数据为参照值，是考虑土地格局的变更虽然已经在一定程度上包含了改革开放以来建设用地、生态破碎度等情况。但后两者仍然被单独列为两个指标，因为其直接反映了生态过程的相关情况，为避免和上一个指标在内涵上有重复，并反映1999年全国退耕还林政策的成效，故而选择以2000年作为参照值。而人口密度同样以2000年为参照，是因为2000年以来，全国的人口增长相对已经步入常态化、稳定化，在这样一个状况下来审视某一个区域的人口状况，相对比较客观。

表1-3 生态可持续性指标体系

目标层	准则层	指标层	测度方法	分值
生态系统可持续性	组分多样性（40）	植物多样性	区域内植物物种数量占全国同类物种数的比例，15%（含）以上为10分，每减少2%则减1分，以此类推	10
		动物多样性	区域内动物物种数量占全国同类物种数的比例，20%（含）以上为10分，每减少2%则减1分，以此类推	10
		典型物种数量	特有种数量：区域内特有物种资源的种类数，每包含一种得0.5分，如此累计得到该项指标的分值，总分5分以上均以满分5分计	10
			顶级捕食者数量：区域内顶级捕食者的种类数，每包含一种得1分，总分5分以上均以满分5分计	
		植被覆盖率	林地和草地面积与总面积的比率，80%（含）以上为10分，20%~80%之间每减少10%则减1分，10%~20%之间每减少5%减1分，10%以下均为1分①	10

续表

目标层	准则层	指标层	测度方法	分值
生态系统可持续性	过程稳定性（40）	人口密度	研究区域内人口数与总面积的比率，区内人口数量维持稳定在2000年水平或小于2000年水平获得10分，每增加1%，减1分	10
		土地格局变趋势	土地利用格局变化趋势采用有利于保护变化的面积与不利于保护面积的比率，若处于平衡态，即等于1时可获得5分，每增加2%获得1分，直到比率为110%，获10分	10
		建设用地密度	研究区域内单位平方千米的建设用地的面积，维持在2000年水平位满分，每100平方千米增加0.5千米道路减少1分	10
		生境破碎度	研究区域内斑块数与研究区总面积的比率，维持在2000年水平为满分，每减少5%减少1分	10
	生态系统服务重要性（20）	服务类型数量	研究区域内生态系统提供的服务类型总数。计算服务类型的分值分为两个步骤，首先根据其所包含《联合国千年生态系统评估》报告中提出的四大服务类型（供给服务、调节服务、文化服务和支持服务）（赵士洞等，2006）的数量确定分值范围，包含4类服务处于8～10分的范畴，包含3类服务为5～7分，包含2类服务为2～4分，只包含一类服务为1分。第二步根据服务的种类确定具体分值：8～10分的范畴中，10种以上服务得10分，8～9得9分，7种及以下得8分；5～7分的范畴中，8种以上服务得7分，6～7种得6分，5种及以下得5分；2～4分的范畴中，6种以上服务得4分，4～5种得3分，2种得2分	10
		调节服务量	研究区域内所提供的水源涵养量（立方米）。据中国森林调查报告②显示，中国森林面积为208万平方千米。另据中国林科院的《中国森林生态服务功能评估报告》和《中国森林植被生物量和碳储量评估报告》研究显示，中国森林生态系统年涵养水源量为4947.66亿立方米，单位面积平均水源涵养量为237868.2692立方米/平方千米。以此为中值1分，每增加或减少25000立方米/平方千米分别增减0.1分，满分为2分	10
			研究区域内所提供的固碳量（吨）。以上述报告为评分参照依据，中国森林生态系统年固碳量为3.59亿吨，单位面积平均固碳量为172.5961538吨/平方千米。以此为中值，每增加或减少15吨/平方千米分别增减0.1分，满分为2分	
			研究区域内所提供的释氧量（吨）。以上述报告为评分参照依据，中国森林生态系统年释氧量为12.24亿吨，单位面积平均释氧量为588.4615385吨/平方千米。以此为中值，每增加或减少60吨/平方千米分别增减0.1分，满分为2分	
			研究区域内所提供的吸收SO_2量（吨）。以上述报告为评分参照依据，中国森林生态系统年污染物吸收量0.32亿吨。资料显示，一般情况下大气污染物中粉尘与二氧化硫约占40%，一氧化碳占30%，其他占30%③，以此估算中国森林生态系统年SO_2吸收量为0.064亿吨，单位面积平均SO_2吸收量为3.076923077吨/平方千米。以此为中值，每增加或减少0.3吨/平方千米分别增减0.1分，满分为2分	
			研究区域内所提供的滞尘量（吨）。以上述报告为评分参照依据，中国森林生态系统年年滞尘量为50.01亿吨，单位面积平均滞尘量为2404.326923吨/平方千米。以此为中值，每增加或减少250吨/平方千米分别增减0.1分，满分为2分	
总分	100			100

注：①陕西省2014年的森林二类资源清查数据显示，森林覆盖率为43%，根据这一赋分方法，处于6分以上的水平。
②《中国森林资源（2009～2013年）》。
③http://caibaiqiang.baikemy.com/expert/article/2005207830529。

3. 秦岭生态系统评估

3.1 生态系统组分特征

3.1.1 植物群落及分布

秦岭是暖温带落叶阔叶林向亚热带常绿阔叶林的过渡带，是东亚植物区中的中国—日本森林亚区和中国—喜马拉雅森林亚区的交汇带处，是华北区系和华南区系的交汇区（陕西省环境科学研究设计院，2011）。据《秦岭植物志》及近些年新增补的资料统计，秦岭共有种子植物3446种，隶属1007属197科，分别占全国同类总种数的14%，总属数的33.8%，总科数的65.2%。其中裸子植物共有9科23属45种，分别占全国相应同类别的81.8%、67.7%、23.3%；被子植物共有188科984属3401种，占全国相应类别的64.6%、33.4%、13.9%（表1-4）。国家Ⅰ级重点保护植物有珙桐、独叶草、红豆杉、华山新麦草等9种，国家Ⅱ级重点保护植物有秦岭冷杉、太白红杉、大果青杄、水曲柳、水青树等17种，详见附表1和附表2。

根据秦岭生态区的植物群落特征和分布特点，选取了91种珍稀濒危植物作为秦岭生态区生态系统保护的关键种，对秦岭地区的植物群落及分布进行了分析。

表1-4 植物资源基本情况表

	数量			占全国同类的比例（%）		
	科	属	种	科	属	种
裸子植物门	9	23	45	81.8	67.7	23.3
被子植物门	188	984	3041	64.6	33.4	13.9

根据91种植被的潜在分布预测分析数据结果显示，略阳县、勉县、留坝县、城固县、洋县、佛坪县、宁陕县、汉阴县、柞水县、凤县、太白县、周至县、华阴市、眉县、陈仓区、灞桥区和临渭区的濒危植被潜在分布密度较高，均在2以上。汉台区、渭滨区、西乡县、紫阳县、旬阳县、鄠邑区、长安区、蓝田县、临潼区和华州区等区域的分布密度较低。详见图1-4。

根据秦岭地区的关键种多样性分析结果显示，其多样性较高的区域也主要集中在秦岭的中西部地区（图1-5）。其关键物种数量在15种以上的县区有太白县、眉县、周至县、留坝县、略阳县、石泉县、勉县、洋县、佛坪县、镇安县、宁陕县、汉阴县、灞桥区和陈仓区14个县区。关键物种数量在10种以上的区域有西乡县、凤县、旬阳县、柞水县、华阴市、山阳县、城固县、汉台区和汉滨区等9个县区。

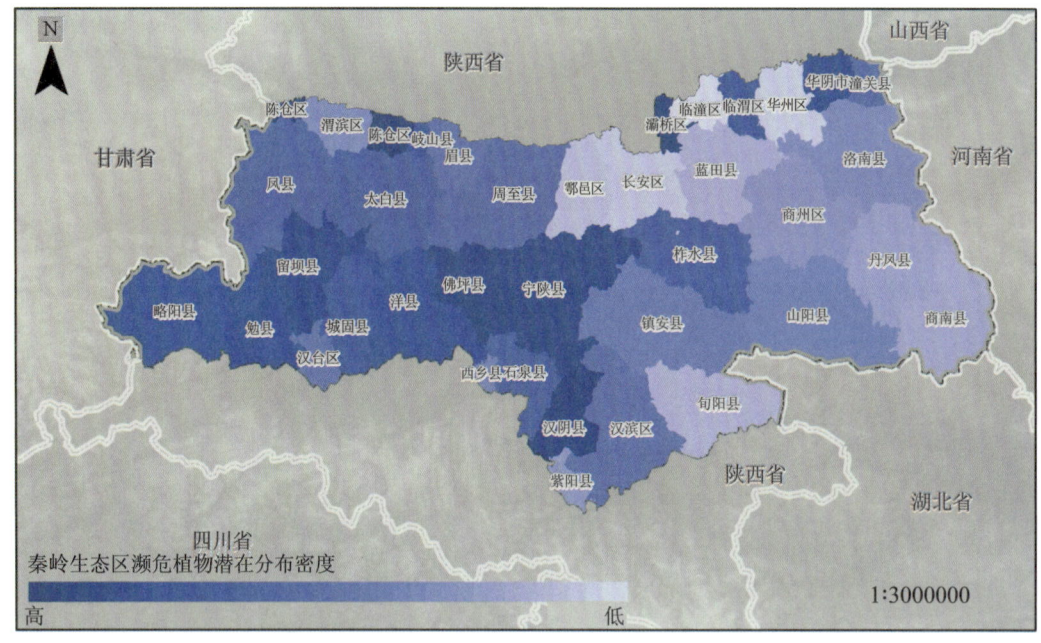

图1-4　秦岭生态区濒危植物潜在分布密度图

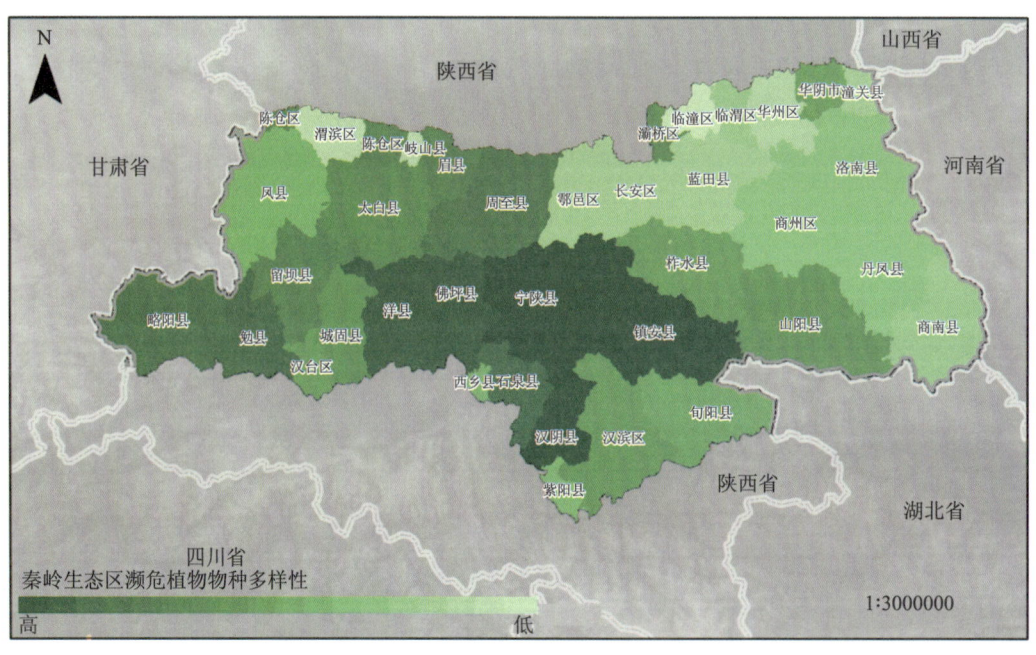

图1-5　秦岭生态区濒危植物物种多样性分布图

秦岭由于山体高大，水热条件随着山势升高呈现有规律的变化，形成明显的梯度气候，受海拔、气候、土壤等综合因子影响，植被景观呈现明显的垂直分布规律。秦岭北坡以太白山自然保护区为代表，在750米以下一般为农耕植被带，森林植被则以落叶栎林为基带，自下而上形成了山麓农耕植被带、低中山落叶栎林带、中山亚高山桦木林带、亚高山针叶林带和高山灌丛草甸带，构成了典型的暖温带山地森林植被景观；秦岭南坡在650米以下一般为农耕植被带，森林植被则以落叶阔叶和常绿阔叶混交林为基带,以渭水流域为例,自下而上包括丘陵农耕植被带、含常绿树的落叶阔叶林带、落叶栎林带、含针叶林的高山桦木林带以及高山灌丛草甸带,构成北亚热带森林植被景观。所以秦岭北坡和南坡的植被垂直分布带谱的性质很不相同,前者为暖温带性质,后者为北亚热带性质。典型的暖温带和亚热带山地森林垂直分带,复杂多层次的森林生态系统,为我国和欧亚大陆所罕见(傅志军,1998;应俊生,1994;岳明,2000;朱志成,1983),见图1-6。

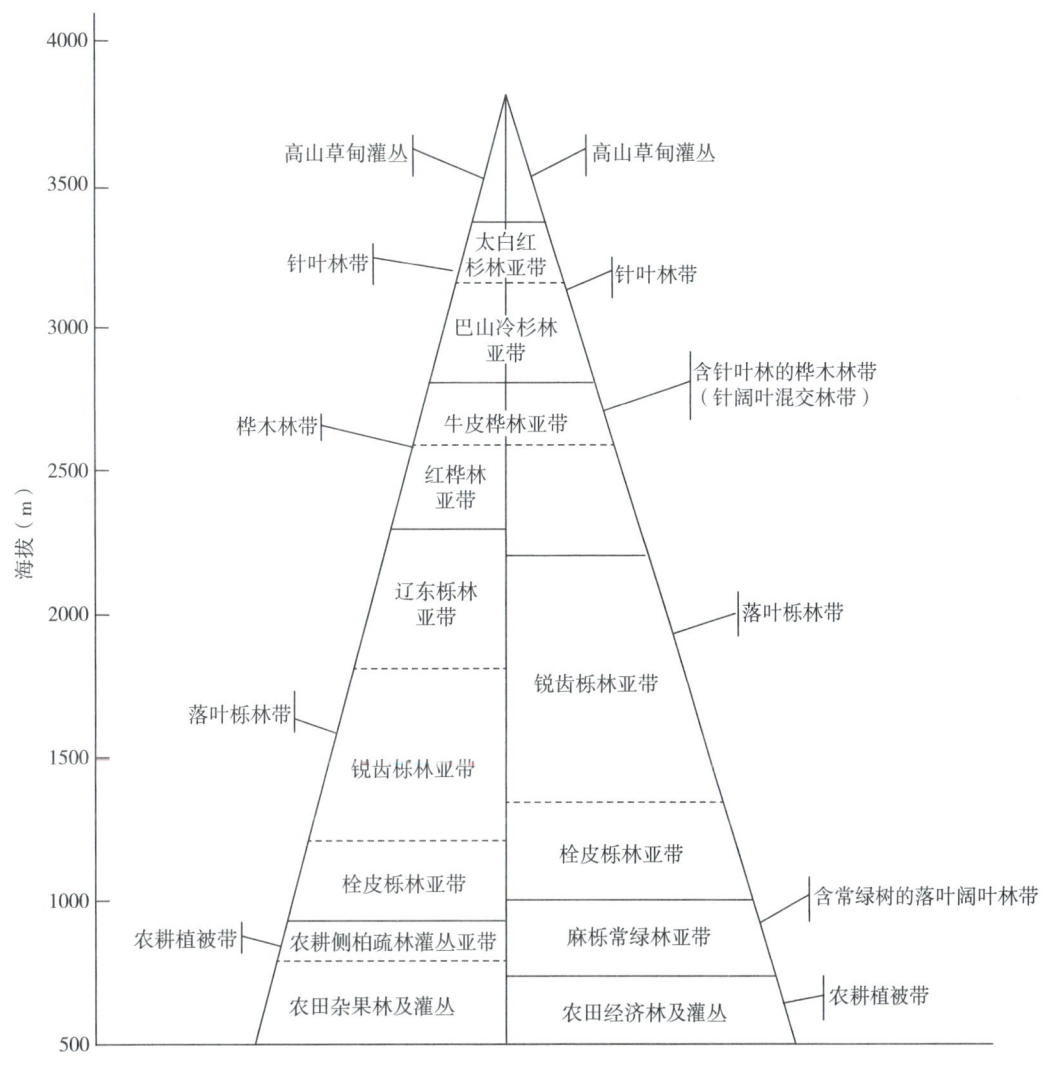

图1-6 秦岭南北坡植被垂直分带比较(左为北坡,右为南坡)

受地区自然环境条件的影响,大面积的山林主要集中在1000～2600米海拔的山区,据调查和植物潜在分布统计数据显示,1000～2600米海拔的秦岭山区植物多样性较为丰富。

3.1.2 关键动物种群数量及分布

秦岭地区共有陆栖脊椎动物500种,其中,兽类94种,占陕西省兽类总种数的63.95%,占全国兽类总种数的18.5%;鸟类338种,占全省鸟类总种数的88.9%,占全国鸟类总种数的28.4%;两栖爬行类68种，占全省两栖爬行类总种数的88.3%，占全国两栖爬行类动物总种数的11.3%。其中国家Ⅰ级重点保护动物有大熊猫、朱鹮、金丝猴、羚牛、虎、豹、云豹、林麝、黑鹳、金雕，共10种。国家Ⅱ级保护动物有小熊猫、斑羚、鬣羚、黑熊、红腹锦鸡、白冠长尾雉、秦岭细鳞鲑、中华虎凤蝶等，共31种（表1-5）。

表1-5　　动物资源基本情况表

种类	种数	全省占比（%）	全国占比（%）
兽类	94	63.95	18.5
鸟类	338	88.9	28.4
两栖爬行类	68	88.3	11.3
国家Ⅰ级	10	62.5	10.3
国家Ⅱ级	31	48.4	13.3

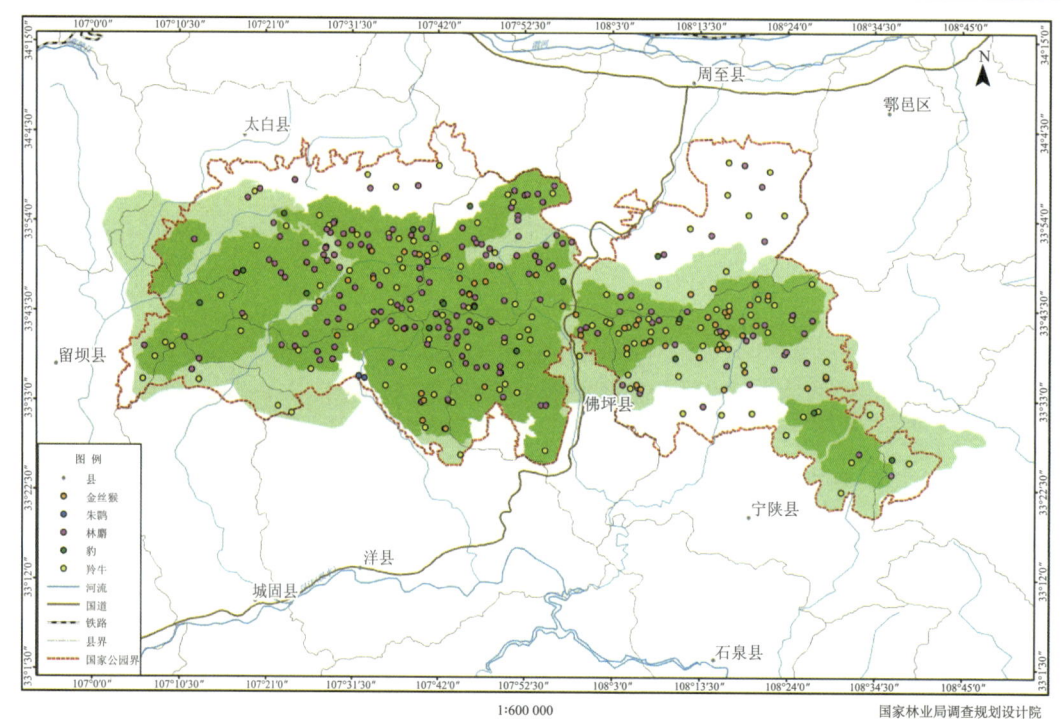

图1-7　秦岭地区其他野生动物分布图

资料来源：图片来源于国家林业局调查规划设计院。

大熊猫秦岭种群与四川、甘肃种群分化特征明显，种群数量不断增加。第四次大熊猫调查显示野外种群为345只，与第三次大熊猫调查结果273只相比增长了26.4%。在大熊猫分布的四川、陕西和甘肃三省中增幅最大，野生大熊猫种群密度最大。

朱鹮种群数量及分布变化情况。朱鹮经过35年的保护与拯救，种群数量已从发现时的7只发展到2600多只（其中野外种群1400余只），分布范围从洋县扩展到汉中、安康、宝鸡、铜川、渭南和西安6个市16个县（区），栖息地面积从5平方千米扩大到14000多平方千米，野外种群扩散到6处，人工种群增加到19处（包括日本和韩国）。

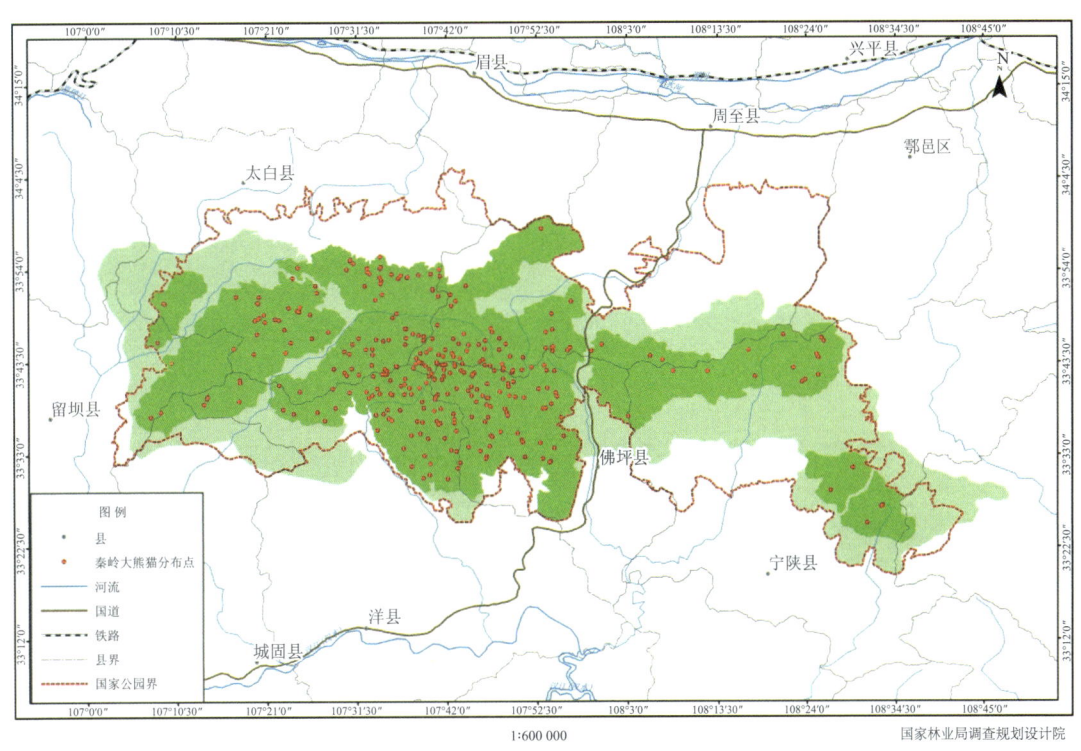

图1-8 秦岭地区大熊猫分布图

资料来源：图片来源于国家林业局调查规划设计院。

陕西省林麝集中分布于宝鸡的凤县、太白、陇县，安康的镇坪、平利、宁陕，汉中的宁强、洋县、佛坪、留坝，商洛的镇安和柞水等地。在20世纪80年代，野生林麝资源存量为90000只左右。其中，宝鸡地区约为12000只，汉中地区约23000只，安康地区约34800只，商洛地区约23000只。《国家野生动物保护法》实施前，由于非法捕猎、非法收购麝香和走私严重，麝类栖息地遭到严重破坏，使陕西野生林麝资源由20世纪80年代的90000只，锐减到现在的4000～4500只左右。

陕西省林麝养殖始于1958年，陕西镇坪养麝实验场响应国务院珍稀中药材"野生变为家养"的号召，从野外收购9只林麝在城关镇文彩村建场进行驯化饲养。目前林麝人工饲养种群达9800多只，占全国人工饲养总数的75%。由国家林业局批准的合法林麝养殖公司22家，居全国首位。

3.1.3 生态系统类型及其分布

秦岭独特的地理位置，复杂的地质地貌，以及巨大的相对海拔高差（480～3767米），造就了其生态系统多样性，为生物提供了多样化的生境，从而形成了多种生态系统。按大的类型可以划分为森林、灌丛、草甸、灌草丛、荒草坡、山地、农田、果园、河溪、水潭、石海等类型，它们还可细分为不同类型。

秦岭地区的主要生态系统类型有森林、灌丛、草地和湿地生态系统，其分布详见（图1-9）。秦岭是我国气候带的重要分界线，反映在植被分布上，秦岭以北属于暖温带落叶阔叶林带，以南则属于北亚热带类型，有较多的常绿阔叶林分布。地势随海拔不同，植被呈现垂直分布带：海拔2600以下，落叶阔叶林带；海拔2600～3350米之间，山地针叶林带；海拔3350～3767米，亚高山、高山灌丛、草甸带。

研究区内森林和草地生态系统是最主要的生态系统，分别占区域总面积的54.47%和18.66%。根据陕西省第八次森林资源清查数据，研究区的森林类型主要以针叶林、阔叶林和针阔混交林为主，乔木层的优势树种主要有冷杉、云杉、铁杉、落叶松、樟子松、油松、华山松、马尾松、其他松类、杉木、水杉、柏木类、栎类、桦类、刺槐、椴树类、杨类和泡桐等类型。总体来看，按行政区划分的目标区森林资源（包括森林和疏林草地生态系统两种类型土地）面积为55242平方千米，森林类型与分布情况见表1-6。

表1-6　　　　　　　　　　　秦岭森林类型与分布

地市	活立木蓄积量（万m³）	有林地面积								竹林（km²）
		总计（km²）	乔木林地（km²、万m³）							
			小计		针叶林		阔叶林		混交林	
			面积	蓄积	面积	蓄积	面积	蓄积	面积	蓄积	面积
西安	2716.23	3701	3700	2467.64	430	259.37	2376	1576.62	894	631.66	0.966
宝鸡	4827.83	7997	7997	4632.96	727	328.09	6635	3917.2	636	387.67	0.00
渭南	1032.7	1780	1780	736.07	356	180.41	1244	471.63	179	84.03	0.63
汉中	8910.01	16133	16079	8701.2	2410	1381.83	12648	6753.81	1021	565.56	53.928
安康	5770.03	13631	13601	5557.48	884	280.81	11228	4620.39	1489	656.29	29.959
商洛	4318.69	12085	12084	4156.02	3057	1143.61	7036	2229.22	1991	783.2	1.164
合计	27575.49	55242	55241	55243	7864	55244	41167	55245	6210	55246	86.651

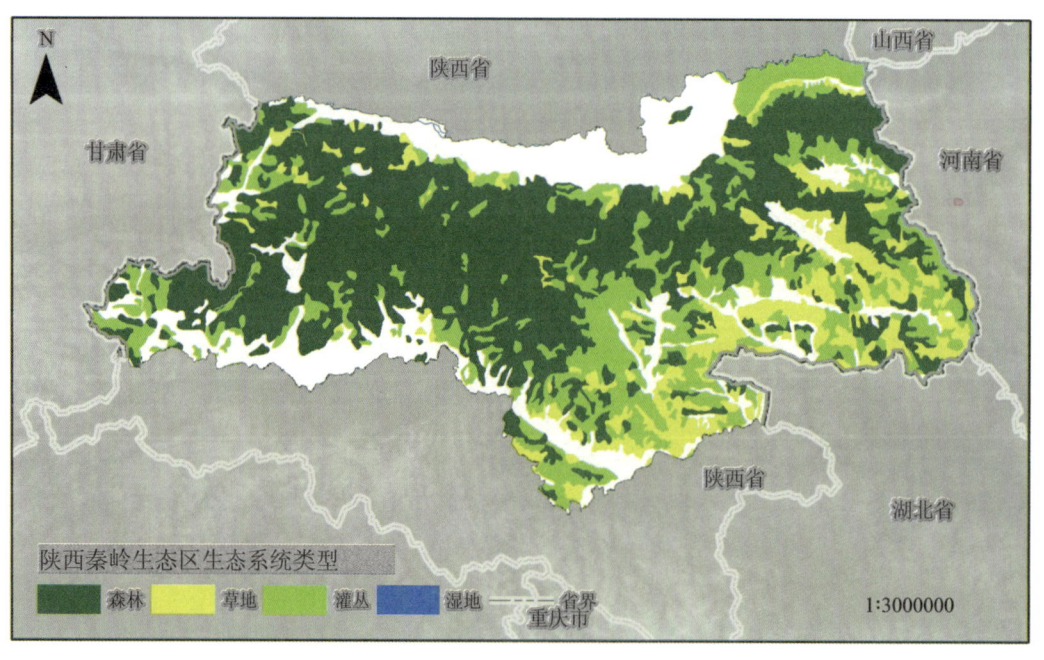

图1-9　秦岭地区生态系统主要类型分布图

森林生态系统为该区的主体生态系统，是物种多样性的主要依托，正是其保存较为完整而相对稳定的生态系统，为旗舰动物（金丝猴、大熊猫、羚牛、朱鹮等）提供了良好的栖息繁衍地和活动区域，也为某些珍稀植物提供了良好的庇护所，如世界上具有特殊分布价值的独叶草（*Kingdonia uniflora*），仅分布在秦岭主峰太白山海拔2600～3100米的局部地段；分布在海拔3000米以上的太白红杉（*Larix chinensis*）林带，成为乔木树种分布的最高界。

根据不同生态系统的生态组分及其所具有的生态功能，可将陕西秦岭地区划分为中条山南麓黄土丘陵水土保持生态功能区、渭河两侧黄土台塬农业生态功能区、关中平原城镇及农业生态功能区、小陇山林区水源涵养与生物多样性保护重要生态功能区等22个生态功能区，详见图1-10。

图1-10 秦岭地区生态功能区划图

3.2 土地覆被变化

通过对秦岭地区近35年的土地覆被变化分析结果显示，秦岭地区的土地覆被类型主要以林地、草地和耕地为主。其中林地和草地的面积最大。据2015年统计分析数据显示，秦岭地区的林地面积占地区总面积的54.47%，草地占18.66%，耕地占24.05%。水域、工矿等用地面积占地区总面积的2.82%。

整体的土地覆被变化有以下特点，耕地面积降幅较大，林地面积稳中有升，草地面积逐年递减，水域面积先降后升，城乡、工矿、居民用地逐年递增，未利用地面积小幅上涨，具体变化详见表1-7和图1-11。各类土地利用变化情况详见图1-12和图1-13。

表1-7　　各类型土地利用及覆被变化情况（1980~2015年）

编号	类型	面积（km²）						
		1980	1990	1995	2000	2005	2010	2015
21	有林地	23966.64	23962.20	23972.89	23825.36	23928.39	24024.88	24013.17
22	灌木林	4311.66	4320.29	4489.27	4407.32	4407.32	4415.28	4408.75
23	疏林地	5741.42	5753.48	5596.90	5746.23	5743.33	5743.84	5737.54
24	其他林地	105.13	107.44	113.44	113.84	156.88	167.86	166.05
	林地（总计）	34124.85	34143.41	34172.50	34092.75	34235.93	34351.86	34325.51
32	中覆盖度草地	10218.68	10234.59	10345.04	10179.83	10180.23	10162.57	10151.58
33	低覆盖度草地	1713.91	1716.26	1970.66	1700.96	1695.78	1629.28	1607.94
	草地（总计）	11932.58	11950.85	12315.70	11880.80	11876.01	11791.85	11759.52
41	河流	146.37	132.39	172.80	0.16	137.68	129.29	115.36
42	湖泊	14.65	15.76	18.92	0.02	15.79	15.78	13.76
43	水库	27.83	38.61	33.34	0.03	44.95	53.90	63.35
46	滩地	186.32	181.45	164.00	0.15	190.16	190.39	211.77
	湿地（总计）	375.17	368.21	389.06	0.35	388.58	389.35	404.23
51	城镇用地	77.11	88.88	91.81	0.08	138.52	182.63	300.58
52	农村居民点	684.75	699.40	648.67	0.58	847.11	869.04	894.08
53	其他建设用地	32.68	35.67	35.70	0.03	40.03	56.37	141.65
	城镇居民用地（总计）	794.54	823.95	776.18	0.70	1025.66	1108.04	1336.30
61	沙地	2.61	2.61	6.25	0.01	2.61	2.61	2.61
63	盐碱地	0.11	0.11	0.11	0.00	0.11	0.11	0.11
64	沼泽地	5.86	0.89	0.83	0.00	0.89	0.90	0.90
65	裸土地	0.07	0.07	0.28	0.00	0.07	0.42	5.98
66	裸岩石质地	26.70	26.70	22.82	0.02	26.70	26.70	26.70
	未利用地（总计）	35.35	30.38	30.29	0.03	30.38	30.74	36.31
111	山地水田	3360.19	3356.89	3373.39	3.04	3359.17	3340.10	3327.12
112	丘陵水田	130.08	130.08	130.74	0.12	129.98	130.20	130.20
113	平原水田	1853.35	1857.78	1893.99	1.70	1827.38	1709.64	1667.02
121	山地旱地	5114.30	5100.91	4993.62	4.49	5075.87	5106.98	5100.99
122	丘陵旱地	1481.71	1479.84	1654.23	1.49	1466.02	1266.06	1157.91
123	平原旱地	3581.39	3542.87	3055.44	2.75	3385.41	3579.17	3569.90
124	>25度坡地旱地	231.51	229.84	229.89	0.21	214.63	211.03	200.02
	耕地（总计）	15752.53	15698.22	15331.29	13.80	15458.46	15343.19	15153.15

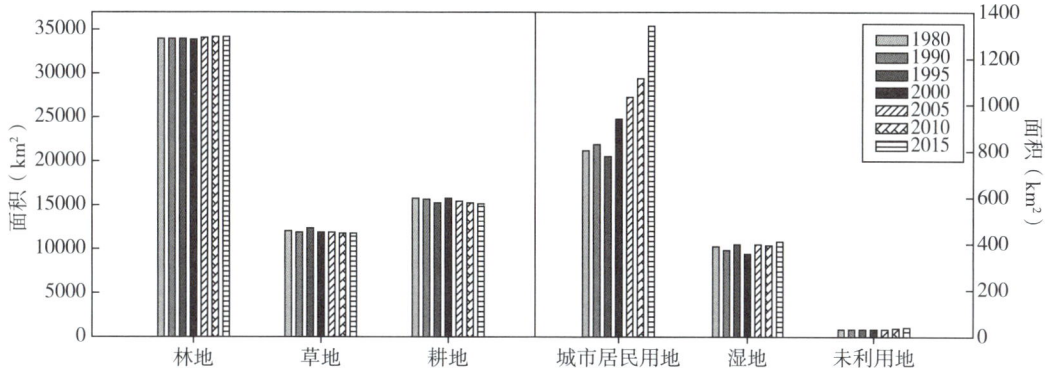

图1-11　1980～2015年土地覆被变化情况

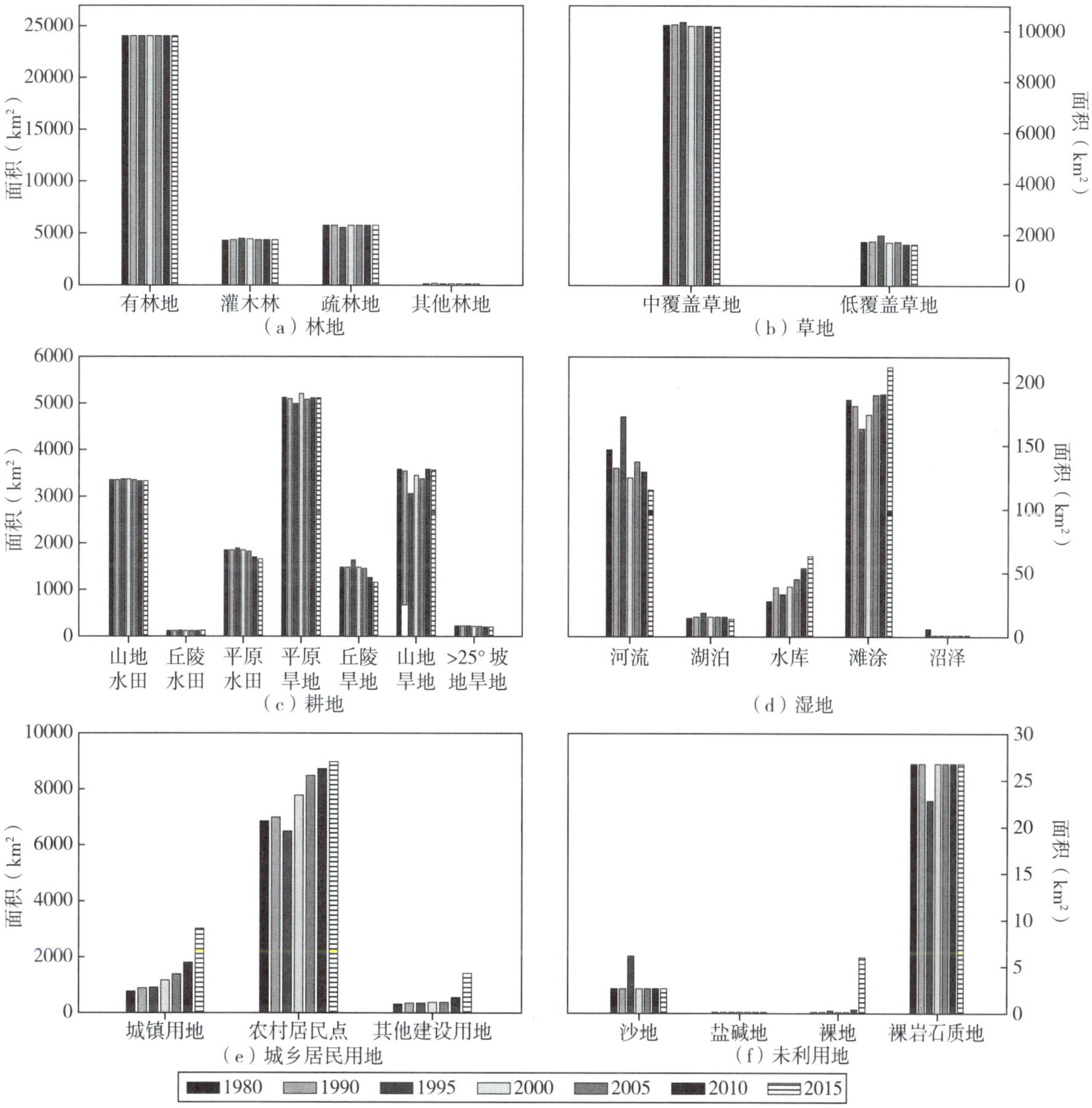

图1-12　秦岭生态区各类土地利用类型近35年的面积变化

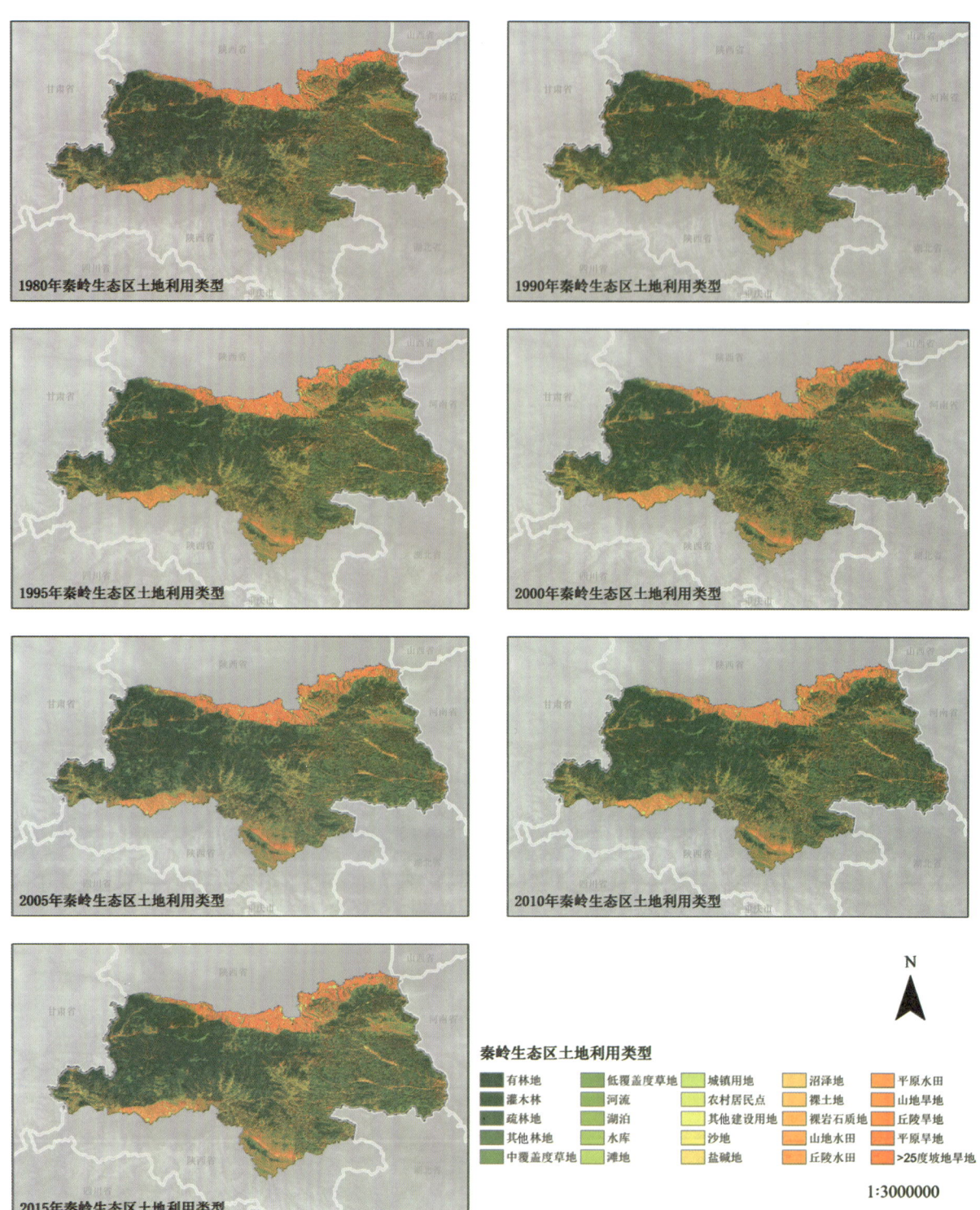

图1-13 1980~2015年秦岭生态区土地利用类型变化

3.2.1 林地分布变化

林地作为秦岭地区主要土地覆被类型，据2015年统计数据显示，其林地总面积为34325.51平方千米，占秦岭生态区总面积的54.47%。据土地覆被变化不完全统计数据显示，35年间的林地净增长面积为200.65平方千米，年均增长5.73平方千米。且2000年之后的林地面积增长速度较快，其年均增长面积约15.52平方千米。

秦岭生态区的林地覆被类型可分为有林地、灌木林、疏林地和其他林地。其中以有林地为主，据2015年的土地覆被分析结果显示，其面积为24013.17平方千米，占林地总面积的69.96%；疏林地次之，其面积为5737.54平方千米，占林地总面积的16.72%；灌木林地面积较小，为4408.75平方千米，占林地总面积的12.84%。各部分的面积及占比详见表1-8。

表1-8　　　　　　　　　　　　各类型林地面积分布情况

类型	面积（km²）	占林地面积百分比（%）
有林地	24013.17	69.96
灌木林	4408.75	12.84
疏林地	5737.54	16.72
其他林地	166.05	0.48

有林地的覆被变化经历了两个阶段：1980~1995年间，其覆被面积有减少趋势；1995~2015年近20年的时间，其覆被面积逐年递增。灌木林地的覆被面积变化，也是以1995年作为分水岭，前15年呈现逐年递增的变化情况，而后20年的覆被面积变化幅度较小，但整体呈现下降趋势。疏林地的面积变化较小，自1980~2015年的面积变化幅度较小。具体的变化趋势，详见图1-12（a）。

3.2.2　草地分布变化

据实地调研分析结果显示，秦岭地区的草地，呈现垂直地带性分布，其高山蒿草草地，为原生草地。中低山的草地均为人为活动出现的次生群落。秦岭海拔3000米以上的高山地带，冰蚀作用强烈，冰蚀裸岩上植物群落经历了5个阶段（朱志诚，1989；朱志诚等，2001），依次为细菌和微观藻类组成的微生群落—地衣群落—苔藓群落—蒿草群落—灌丛，随着这些植物群落对基质的作用，岩面出现初级土层，蒿草群落终将被灌丛演替。3300米以上可以发展为灌丛草甸，以下将被落叶松林代替。

结合2015年的土地覆被分析数据显示，草地总面积11759.52平方千米，占秦岭地区总面积的18.66%。据统计分析数据显示，1980~2015年35年的草地面积变化呈现减少趋势。1995~2015年，近20年的分析数据显示，秦岭生态区内草地面积共减少近734.20平方千米，年均减少36.71平方千米。

秦岭地区分布的草地包括中盖度和低盖度两种类型。其分布面积分别为10151.58平方千米和1607.94平方千米，占草地分布总面积的86.33%和13.67%，详见表1-9。

表1-9　　　　　　　　　　　　各类型草地面积分布情况

类型	面积（km²）	百分比（%）
中覆盖度草地	10151.58	86.33
低覆盖度草地	1607.94	13.67

3.2.3　耕地分布变化

自1999年国家推行实施退耕还林政策以来，陕西省作为退耕还林的试点省份，其退耕还林的成效显著。据统计分析数据显示，2000年作为秦岭地区耕地面积变化的拐点，仅2000~2005年，秦岭生态区的耕地面积减少了264.35平方千米。自2000年以来秦岭生态区的耕地面积呈现逐年递减的变化趋势，2000~2015年耕地面积以年均约38平方千米的速度逐年递减。

根据2015年秦岭地区的LUCC分析数据显示，秦岭地区的耕地类型主要分为水田和旱地两种类型，其中水田包括山地、丘陵和平原水田。旱地包括山地、丘陵、平原和25度以上坡地旱地。其总面积为15153.15平方千米。其主要以山地水田、山地旱地和平原旱地为主，详见表1-7。根据《陕西省秦岭保护条例》中规定，25度以上的陡坡要逐步退耕还林（草）。目前秦岭地区25度以上的陡坡，仅有少面积的旱地存在。

受区域的地形地貌、光照、温湿度等条件的影响，秦岭地区的耕地主要以旱地为主。据不完全统计数据显示，区域内的水田总面积为5124.34平方千米，旱地总面积为10028.82平方千米。根据近35年的LUCC统计分析数据显示，丘陵旱地和25度以上的坡地旱地的面积减少比例较高，分别占各类型用地面积的27.96%和15.74%，详见表1-10和图1-12（c）。

表1-10　　　　　　　　　　各类型耕地面积分布情况

类型	面积（km²）	占耕地面积百分比（%）	面积减少百分比（%）
山地水田	3327.12	21.96	-0.99
丘陵水田	130.20	0.86	0.10
平原水田	1667.02	11.00	-11.18
山地旱地	5100.99	33.66	-0.26
丘陵旱地	1157.91	7.64	-27.96
平原旱地	3569.90	23.56	-0.32
>25度坡地旱地	200.02	1.32	-15.74

3.2.4　湿地分布变化

秦岭作为我国南水北调工程的重要水源地，其功能的特殊性和重要性，将对京津冀的社会经济发展起到重要的影响。根据2015年LUCC分析数据显示，秦岭生态区的湿地面积为405.14平方千米，占区域总面积的0.64%。其中河流和滩地所占面积比例较大，其面积分别为115.36平方千米和211.77平方千米，所占比例分别为28.47%和52.27%。湖泊和沼泽地面积较小。

近35年的LUCC分析数据显示，其河流和湖泊面积有变小的趋势，滩地的面积有所增加，沼泽地面积明显减少，水库面积2015年与1980年相比增加了近1.5倍。其变化趋势详见图1-12（d）。

3.2.5　城乡、居民用地和未利用地分布变化

随着人口的不断增长，城市、居民用地不断扩张，受区域的社会经济发展和自然条件的影响，秦岭地区的居民用地以农村居民用地为主。随着社会经济的发展，城镇居民用地面积大幅增加，35年间城镇用地面积增加了200多平方千米。农村居民用地面积也有所增加，但总体的增幅没有城镇用地大，农村与城镇居民用地的面积比例也从1980年的9∶1，降到了2015年的3∶1。

秦岭生态区的农村居民用地，大部分是依山而建，对秦岭生态区的整体生态环境有一定的影

响。自2011年陕西省实施搬迁移民工程以来,秦岭地区的城镇用地面积大幅增加,农村居民用地的增幅逐步减少,具体的变化情况详见图1-12(e)。

3.3 秦岭生态系统服务价值现状评估

3.3.1 供给服务

(1)林木产品和林副产品。森林生态系统最直接的经济价值为供林木产品价值(商品林)和经济林(包括林下经济)的价值。然而,秦岭是我国重要的生态屏障,为保护秦岭生态系统,《陕西省秦岭生态环境保护条例》于2008年开始实施,并严格规定秦岭开发:海拔2600米以上的秦岭中高山针叶林灌丛草甸生物多样性生态功能区为禁止开发区;海拔1500～2600米之间的秦岭中山针阔叶混交林水源涵养与生物多样性生态功能区为限制开发区;海拔1500米以下的秦岭低山丘陵水源涵养与水土保持功能区为适度开发区。因此,陕西秦岭生态系统的价值更多地体现在对生态环境保护的贡献上。

根据陕西省第八次森林资源清查数据,陕西省森林面积达到79082平方千米,其中商品林面积为32150平方千米,包括用材林、炭薪林和经济林,经济林面积为3094平方千米,主要包括苹果、柑橘、核桃、板栗、石榴、樱桃、枣树、药材、猕猴桃、葡萄、花椒、茶叶、沙棘等。根据《陕西省厅林业基本情况报告》,截至2015年底,林业总产值达到1008.36亿。而秦岭地区的林地总面积为34325.51平方千米,占到陕西省森林面积的43%,若将秦岭森林全部以林木产品和林副产品,即以商品价值计算,则秦岭森林的林木价值至少达到433.6亿元。如前所述,秦岭多处林地为禁止开发或限制开发区,秦岭森林价值更多体现在生态保护上。

(2)水资源供给。

①水资源供给量。秦岭生态区是南水北调中线工程重要的水源区,水资源供给是秦岭生态区的重要生态功能。水资源总量指当地降水形成的地表水和地下水,并扣除二者重复计算量。根据《2013陕西省水资源公报》,秦岭水资源总量分行政区和分流域划分表,见表1-11和表1-12。从统计表中可看到,秦岭地区水资源总量可达约300亿立方米。从流域来看,长江流域水资源量占整体水资源总量的80%,从行政区来看,汉中的水资源量最大,占整体水资源总量的48%;其次为安康,占水资源总量的22%。

表1-11　　　　　　　　　　陕西秦岭分区水资源总量　　　　　　　　　　单位:亿立方米

行政分区	地表水资源	地下水资源量	水资源总量
西安	15.61	10.76	18.87
宝鸡	33	16.63	36.56
渭南	5.0176	8.05	8.34
汉中	141.28	32.14	144.5
安康	66.71	15.43	66.98
商洛	23.68	8.85	24.24
合计	285.30	91.86	299.49

数据来源:《2013陕西省水资源公报》。

表1-12　　　　　　　　　　　　　陕西秦岭流域分区水资源量　　　　　　　　　　　　单位：亿立方米

一级流域	二级流域	地表水资源	地下水资源量	水资源总量
黄河	洛河	7.87	4.48	8.24
	渭河	39.71	31.22	49.96
长江	嘉陵江	60.29	5.87	60.5
	汉江（含丹江）	179.66	52.37	183.59
合计		287.53	93.94	302.29

数据来源：《2013陕西省水资源公报》。

②水资源供给价值。秦岭地区丰富的水资源量和强大的供水能力，除满足本地区的水资源利用外，还是我国南水北调中线工程重要水源地。南水北调中线工程从丹江口水库引汉江水，于渠首陶岔自流到北京、天津。

本研究运用秦岭地区的供水数据，计算其供水价值。根据2014年供水统计，陕西秦岭分行政区的供水工程按类型划分，主要有蓄水工程、提水工程、引水工程、水井工程。按水源划分，分为地表水供水水源和地下水供水水源。详细见表1-13和表1-14。

表1-13　　　　　　　　　　　　　2014年秦岭分行政区供水情况　　　　　　　　　　　　单位：万立方米

行政区	地表水源供水量				地下水供水量	其他水源供水量		总供水量
	蓄水	引水	提水	人工载运水量		污水处理回用	雨水利用	
西安	50301	25180	3384	0	87144	8534	61	174604
宝鸡	25862	6838	3574	17	39406	896	234	76827
渭南	16250	14170	61729	20	56967	231	10	149377
汉中	54156	74004	12011	2	22259	24	207	162663
安康	20761	40439	6030	74	4799	0	77	72180
商洛	7028	13189	592	0	7760	0	90	28659
合计	174358	173820	87320	113	218335	9685	679	664310

由表1-13中统计分析可得，陕西秦岭在六市行政区内的2014年供水总量为66.43亿立方米。除此之外，根据南水北调中线工程统计，中线工程每年的调水量约为95亿立方米，而其中来自陕西秦岭境内供水达到70%，即66.5亿立方米。根据中国水利水电科学研究院统计的分部门用水量：农田灌溉58.85%，工业12.58%，林牧渔畜10.6%，居民生活13%，城镇公共及生态环境4.64%。

运用分部门用水比例来计算各部分供水量，并根据用水途径的不同水价来计算供水价值。根据《陕西省水利工程供水价格管理办法》，水利工程供水价格分为农业用水、工业用水、水力发电用水、自来水厂用水等价格。根据陕西省物价局的统计，居民生活用水平均价格3元/立方米，工业用水均价为5元/立方米，而对农业和其他用水没有详细的规定，这里取全国基本农田灌溉价格0.1元/立方米计算（农业灌溉费用基本来自电费，水费很少），南水北调供水量以北京自来水平均水价6元/立方米来计算。

通过数据整理计算可知，2014年秦岭分行政区的总供水量为66.43亿立方米，南水北调工程调水量为66.5亿立方米。基于平均水价计算，水资源供给价值达到521.88亿元。

表1-14　　　　　　　　　　　　陕西秦岭水资源供给价值

供水部门	用水比例（%）	供水量（万立方米）	水价（元/立方米）	价值量（万元）
农田灌溉	58.85	369356.4	0.1	39094.64
工业	12.58	102303.7	5	417851
林牧渔畜	10.60	63109.45	5	352084.3
居民生活	13	93003.4	3	265657.6
城镇公共及生态环境	4.64	36537.05	5	154119.9
南水北调工程		665000	6	3990000
合计				5218807

3.3.2 支持服务

秦岭作为我国南北气候的分界线，同时也是长江黄河两大水系的分水岭，其独特的地质地貌和自然环境特征，造就了其特殊的生态系统结构，孕育了丰富的生物多样性资源，这里有最具代表性的秦岭四宝大熊猫、金丝猴、朱鹮和羚牛。同时，也有丰富的野生植物资源如冷杉、国家一类保护植物西麦草。秦岭特殊的地理条件和宝贵的生物多样性资源，使该地区在全国乃至全球的生态环境保护中的占有举足轻重的地位。2001年，秦岭被列入国家环保总局规划的全国十大生态功能保护区。

由于秦岭的生物多样性价值的特殊性和不可替代性，本文以机会成本、公众支付意愿及珍稀物种保护成本来评估生物多样性价值，在某种程度上体现人们对生物多样性价值的认可和重视。

（1）机会成本。秦岭生态区物种丰富，具有重要的生态服务功能。截至2015年，秦岭生态区林业用地面积（即林地和草地覆被面积）共46085.02平方千米。根据陕西省林业厅报告和陕西省第八次森林资源调查数据，2015年，陕西省林业总产值为1008.36亿元，林地面积为79082平方千米，则林业用地的单位产值为1275081元/平方千米/年。由此粗略估算出，秦岭生态区因维持生物多样性而丧失的林业开发机会成本约为587.62亿元。

（2）公众支付意愿。据《中国生物多样性国情研究报告》的调查结果显示，全国每人每年愿意为保持生物多样性平均捐赠支付金额为10元。据此估算中国生物多样性保护支付意愿约为130亿元。截至2016年，全国自然保护区面积2740个，总面积147万平方千米，平均折合8800元/平方千米/年。对生物多样性极为重要的地区，人们的支付意愿会更高。

秦岭地区是我国生物多样性热点地区，境内有濒危和珍稀的动植物资源近百种，如秦岭四宝、秦岭冷杉、红豆杉、红豆树等，具有丰富的生物多样性。我们以平均8800元/平方千米/年，按照秦岭核心区域6300平方千米测算，公众愿意支付的秦岭生物多样性价值为5.5亿元。由机会成本和支付意愿两方面构成的秦岭生物多样性价值为593.12亿元。

（3）珍稀物种保护价值。为了更加科学客观地说明秦岭生物多样性价值，我们以秦岭大熊猫为例，进一步说明。

大熊猫作为我国的"国宝"、生物界的"活化石"，其在生态保护研究、政治、经济、外交等领域均发挥着重要的作用（宋雪、崔国发，2008）。秦岭作为大熊猫的主要分布区，据全国第三次大熊猫调查结果显示，秦岭地区分布了约300只大熊猫（WWF，2016）。陕西秦岭已建立各类大熊猫保护区的面积约为35万多公顷，占秦岭大熊猫栖息地总面积的71.7%（WWF，2016），秦岭大熊猫保护区主要有太白山自然保护区、佛坪自然保护区、观音山自然保护区、老县城自然保护区、周至自然保护区等共11个自然保护区（国家林业局，2006），分布数量最多的依次为佛坪、长青、老县城和周至。

从保护资金投入和公众支付意愿等方面评估大熊猫保护价值，可得保护资金投入包括中央与地方财政拨款、保护区门票等经营收入和社会投资等。公众支付意愿包括国家政府、国际组织和民间团体资助。综合以上各部分投入，有学者运用支付意愿法分析得出我国大熊猫总存在价值为367亿元（宋雪、崔国发，2008）。

朱鹮、金丝猴、羚牛、林麝等动物，一些关键中药材植物（尤其是秦岭特有种）的存在价值远远超过大熊猫的存在价值，目前没有科学的评估，但为便于计算，可以参考大熊猫的存在价值，约400亿元。生物多样性的存在价值约为767亿元。

由机会成本、支付意愿和珍稀动物三方面价值估算可知，秦岭地区支持生物多样性的价值约为1360亿元。

3.3.3　调节服务

（1）水源涵养。根据中国气象局资料，2004~2013年，陕西省年平均降水量为900.53毫米，年平均蒸发量为798.46毫米[①]。按照秦岭2015年的森林面积34325.51平方千米，按公式1-1计算出森林蓄水量和地表径流量为35.03亿立方米。根据孙阁的研究，林地具有良好的入渗性能，使林地产生径流的降雨量需要超过5毫米。地表径流一般只占林外降雨的1%~5%，此研究中将地表径流忽略不计，最终得出森林水源涵养量为35.03亿立方米。

对于森林水源涵养价值评估，采用工程替代法，用蓄水成本来计算，即森林涵养水源价值相当于等容量水库的价值，以水库建造成本来表示涵养水源价值。按王家传等人的研究，单位库容造价为5.714元/立方米，秦岭生态区森林水源涵养价值为200.2亿元。

（2）土壤保持。本研究中秦岭土壤保持价值，参考已有的文献研究进行总结整理。2014年，李婷、刘康等学者运用InVEST模型对秦岭山地土壤保持生态效益进行评价。研究得出：2012年，秦岭地区的土壤保持量为43.37吨，InVEST模型评估减轻泥沙淤积和减少水质治理花费的土壤保持服务总价值为41.84亿元（李婷、刘康，2014）

（3）固碳释氧。森林、草地等生态系统是天然氧吧，通过光合作用与大气进行CO_2和O_2的交换，固定大气中的CO_2同时释放O_2，对维持大气中的CO_2和O_2的动态平衡，减缓温室效应具有重要意义。

植被净生产力的量采用任志远的研究结果（任志远，2013），植被分类及面积采用解译数据（表1-15）。根据我国造林成本法的碳价格为250~300元/吨。采用造林成本法，固碳价格取平均275元/吨，释氧按370元/吨计算，根据公式1-2和公式1-3计算得出，秦岭生态系统固碳价值为65.26亿元，释氧价值为235.06亿元，总价值为300.32亿元。

---

① 由蒸发数据的不确定性，本文为说明降水与蒸发间的实测差距，采用中国气象局西安站点的降水与蒸发数据。因此，一些降水数据与陕西统计年鉴中的降水数据有误差。

表1-15　　　　　　　　　　　　　陕西秦岭固碳释氧价值

生态系统类型	面积（km²）	净初级生产力（t/hm²/yr）	固碳量（t）	释氧量（t）
阔叶林	19170.82	10.15	13262466.74	35505736.60
针叶林	45.36	10.21	31168.56	83443.20
混交林	226.23	10.80	150555.60	403061.34
灌丛	4408.75	9.15	1793117.94	4800462.43
草地	111759.52	7.95	4155559.13	11125093.90
农田	15153.15	6.44	4337720.17	11612768.03
合计			23730588.15	63530565.50
价值（亿元）			65.26	235.06
价值总计（亿元）			300.32	

（4）环境净化。

①SO_2量。根据公式1-4计算得出秦岭各生态系统年净化SO_2的量为37万吨，按照SO_2的投资及处理成本600元/吨计算经济价值，结果为每年2.22亿元。详细见表1-16。

表1-16　　　　　　　　　　　　陕西秦岭生态系统年净化SO_2的服务价值

生态系统类型	面积（km²）	单位面积吸收SO_2的量（kg/hm²/yr）	各生态系统吸收SO_2的总量（t）	各生态系统吸收SO_2价值量（亿元）
阔叶林	29395.82	88.65	260593.91	1.56
针叶林	68.68	215.60	1480.70	0.01
混交林	313.62	152.13	4771.06	0.02
灌丛	4408.75	88.99	39233.43	0.24
草地	11759.52	23.85	28046.46	0.17
农田	15153.15	23.85	36140.26	0.22
合计			370265.82	2.22

②滞尘。根据公式1-5，得出秦岭森林生态系统年滞尘量为每年1058.47万吨，除尘运行成本按170元/吨来计算，其滞尘价值为每年105.85亿元，详见表1-17。

表1-17　　　　　　　　　　　　　陕西秦岭生态系统滞尘价值

生态系统类型	面积（km²）	单位面积滞尘量（t/hm²/yr）	各生态系统年滞尘量（t）	各生态系统年滞尘价值（亿元）
阔叶林	29395.82	10.10	29689774.36	50.47
针叶林	68.68	33.20	228011.29	0.39
混交林	313.62	21.65	678982.10	1.15
灌丛	4408.75	10.11	4457241.60	7.58
草地	11759.52	10.11	11888874.72	20.21
农田	15153.15	10.11	15319834.65	26.04
合计			10584662183.66	105.85

③环境净化价值。根据表1-16和表1-17得出的秦岭生态系统净化SO_2和滞尘的价值，计算该地区总计的环境净化价值为两者之和，即108.07亿元。

3.3.4 文化服务

旅行费用受到旅游者交通方式、路途远近、物价水平等诸多因素的影响，而支付意愿也受到受访者的年龄、教育程度、生态环保观念等主观因素的影响。据已有太白山的研究结果显示，游客的旅行费用为人均761.5元，游客愿意为太白山国家森林公园永续存在而支付的生态保护费用为人均39元（彭文静，2013）。旅行费用按照年均CPI上涨指数1.4%来计算，2015年人均旅行费用约为783元。2009年底，秦岭地区旅游接待人数达到2364万人次，根据《陕西省旅游业"十三五"发展规划》，"十二五"期间，陕西省国内游客量年均增长率为20.59%，按此增长比例，2015年秦岭游客人数约为7270万人次。

基于旅行成本法和支付意愿法，依据公式1-6计算得出，2015年秦岭游憩资源的总价值（TV）为：

$$TV=TTC+TCV =783 \times 7270+39 \times 7270=597.594（亿元）$$

3.3.5 秦岭生态系统调节服务量变化分析（1980～2015年）

根据解译数据，秦岭地区1980～2000年和2000～2015年土地利用覆被类型变化见表1-18。

表1-18　　　　　　　　　　　秦岭土地利用覆被变化

土地利用类型	面积（km^2）				
	1980年	2000年	2015年	1980～2000年变化	2000～2015年变化
林地总面积	34124.85	34092.75	34325.51	-32.10	232.76
阔叶林	29283.08	29167.11	29395.82	-115.97	228.71
针阔混交林	314.25	311.23	313.62	-3.03	2.39
针叶林	76.13	68.21	68.68	-7.93	0.47
灌丛	4311.66	4407.32	4408.75	95.66	1.43
草地	11932.58	11880.80	11759.52	-51.78	-121.28
耕地	15752.53	15722.81	15153.15	-29.72	-569.65

从表1-18中可以看出，1980～2000年，除灌丛面积略有增加外，其他覆被土地都有所减少；2000～2015年，农田和草地面积分别减少569.65平方千米和121.28平方千米，其他土地利用类型均呈增长趋势，林地总面积增加232.76平方千米，阔叶林增加了228.71平方千米，其他覆被类型变化很小。这在一定程度上反映了2000年以来的退耕还林政策的效果。以1980年、2010年与2015年土地利用类型数据作为变量，分别运用于上述章节所述的生态系统服务评价方法，进行秦岭生态系统调节服务物理量的计算，得出因土地利用覆被变化而导致的生态系统调节服务量的变化结果，见表1-19。

表3-16　　　　　　　　　　　　1980～2015年调节服务变化量

生态系统服务类型	1980年	2000年	2015年	1980～2000年变化	2000～2015年变化
水源涵养量（亿m^3）	34.83	34.80	35.03	−0.03	0.23
固碳量（t）	23876662.54	23831389.55	23730588.15	−45272.98	−100801.41
释氧量（t）	63921629.92	63800426.92	63530565.50	−121202.99	−269861.42
吸收SO_2量（t）	370415.18	369827.05	370265.82	−588.13	438.77
滞尘量（t）	62857774.06	62722089.23	62262718.73	−135684.83	−459370.50

与1980年相比，2000年土地覆被除灌丛外，林地、草地和耕地面积都下降，直接导致调节服务量的减少；相对于2000年，2015年由于林地面积有所增加，在调节服务量上，水源涵养量、SO_2吸收量都有所增加，这说明森林生态系统的调节服务发挥有重要作用，其面积的增加可直接有利于调节服务量的增加。而农田生态系统在固碳释氧、滞尘方面有重要的作用，因此耕地面积的减少，使得这两方面服务量相应减少。

由总体分析可知，土地利用和土地覆被类型对于生态系统服务功能的发挥有重要影响，尤其是森林覆被对于调节生态系统具有重要的功能。需要加强天然林地、草地生态系统的保护，同时发挥农田生态调节作用，发展可持续农业，减少人为因素如化肥、农药使用等对生态系统的破坏。

3.4　生态系统可持续性评估

3.4.1　生态系统可持续评估现值

基于秦岭生物多样性保护分析得出的评估数据，生态可持续性指标体系进行进一步测算分析，结果如下。

（1）植物多样性。数据显示，秦岭共有种子植物3446种，占全国同类总种数的14.0%，得9分。

（2）动物多样性。秦岭地区共有陆栖脊椎动物500种，占全国的20.12%（《中国履行生物多样性公约第三次国情报告》报道我国有2485种陆生脊椎动物），得10分。

（3）典型物种数量。

①特有种数量。根据生物多样性保护研究选取的濒危物种分析，仅以秦岭地区为分布区域的特有物种有矮牡丹、巴山榧树、巴山冷杉、白及、白皮松、柏木、叉唇无喙兰、城口卷瓣兰、齿翅岩黄耆、翅果油树、刺藋参、大果青扦、兜被兰、独花兰、独蒜兰、独叶草、杜仲、短柄南星、多花木兰、甘肃槭（亚种）、光籽木樨、褐花杓兰、红豆树、厚朴、弧距虾脊兰（原变种）、华北卷耳、华山马鞍树、华山石头花、华山新麦草、华榛、黄花白及、黄连、黄毛槭、黄杉、卷叶杜鹃、绿花杓兰、麦吊云杉、毛杓兰、庙台槭、贫花三毛草、破血丹、羌活、秦岭附地菜、秦岭红杉、秦岭火绒草、秦岭冷杉、秦岭鹭鸶兰、秦岭槭、秦岭石蝴蝶、秦岭无心菜、秦岭岩白菜、山白树、山柳、山毛柳、陕甘金腰、陕西紫茎、莳萝叶紫堇、瘦房兰、四川杜鹃、太白杜鹃、太白金腰、太白龙胆、太白山五加、太白山紫斑牡丹、太白山紫穗报春、太白雪灵芝、太白野豌豆、筒距兰、望春玉兰、武当木兰、细叶石斛、血皮槭、一花无柱兰、羽叶丁香、玉兰、长柄槭、长萼木通等77种，

得分5分。

②顶级捕食者。根据本报告的秦岭生态系统组分特征评估,不完全数据显示,评估区内有云豹、金钱豹、金雕、白肩雕等4种,得5分。

综合这两项,典型物种数量指标得分共10分。

(4)植被覆盖率。秦岭地区内的土地利用类型主要有五类,参考2015年的土地覆被分析数据,以其中的草地和林地综合作为其植被覆盖率。2015年草地面积(以中覆盖度和低覆盖度的草地计算)为11759.52平方千米,林地面积(以有林地、灌木林、疏林地和其他林地计算)为34325.51平方千米,植被覆盖总面积为46085.03平方千米,研究区总面积为63015.03平方千米,故而植被覆盖率为73.13%,得分9分。

(5)人口密度。数据显示,2014年38县市中去除金台区后的总人口数为1480.29万人,在63015.03平方千米的研究区中,计算得出研究区内的人口密度为234.91人/平方千米。而2000年同一区域的密度为237.04人/平方千米,呈下降趋势,减少0.90%,故而得10分。

(6)土地格局变更率。土地格局变更率是研究区域内变更的面积与研究区总面积的比率。为此,必须明确一个基准年,作为变更比率计算的依据。从已经掌握的数据来看,1980年为相关数据的起始年,同时也处于中国改革开放的前端,生态系统尚保持着较为自然的状态,故而选择以1980年为基准年。

土地变更可分为面积增加和减少两种。有多种方法可以计算土地变更的总面积,可以从总体的遥感影像数据中进行分析,也可以对不同的土地利用情况进行分别分析。现实情况下,由于各生态要素部门化管理,按土地类型进行划分更易于获得统计数据,本研究就是这样一种情况。在同一生态系统中,由于总面积一定,一种土地类型面积的增加,必然意味着另一种土地类型的减少。为避免重复计算,可以在各种土地类型中仅以增加或减少的总面积作为总土地格局变更值。在1980~2015这35年间,该地区的土地格局发生了以下变化。

表1-20　　　　　　　　　　1980~2015年研究区域土地格局变化

土地类型	1980年(km^2)	2015年(km^2)	变更面积(km^2)	变化利弊*
有林地	23966.64	24013.17	46.53	+
灌木林	4311.66	4408.75	97.08	+
疏林地	5741.42	5737.54	−3.88	0
其他林地	105.13	166.05	60.92	+
中覆盖度草地	10218.68	10151.58	−67.10	−
低覆盖度草地	1713.91	1607.94	−105.97	−
河渠	146.37	115.36	−31.01	−
湖泊	14.65	13.76	−0.88	−
水库坑塘	27.83	63.35	35.52	−
滩地	186.32	211.77	25.45	+
城镇用地	77.11	300.58	223.47	−
农村居民点	684.75	894.08	209.33	−

续表

土地类型	1980年（km²）	2015年（km²）	变更面积（km²）	变化利弊*
其他建设用地	32.68	141.65	108.97	-
沙地	2.61	2.61	0.00	0
盐碱地	0.11	0.11	0.00	0
沼泽地	5.86	0.90	-4.95	-
裸土地	0.07	5.98	5.91	-
裸岩石质地	26.70	26.70	0.00	0
山地水田	3360.19	3327.12	-33.07	+
丘陵水田	130.08	130.20	0.12	0
平原水田	1853.35	1667.02	-186.34	+
山地旱地	5114.30	5100.99	-13.31	+
丘陵旱地	1481.71	1157.91	-323.80	+
平原旱地	3581.39	3569.90	-11.49	+
>25度坡地旱地	231.51	200.02	-31.49	+

注：* 利弊分析中，+为有利变化，-为不利变化。

从表1-20中的数据可以得出，过去35年间，各种土地类型变化趋势中，向有利于生物多样性保护的有10种土地类型，包括森林面积增加、各类耕地面积减少、滩地增加等，涉及面积829.48平方千米。向不利于生物多样性保护的有10种土地类型，包括草地面积、湿地面积减少，城镇及建设用地面积增加等，涉及面积792.23平方千米。有利变化与不利变化的比率为104.7%，可获得7分。

（7）建设用地密度。生态系统评估数据显示，2015年评估区内建设用地（以城镇用地、农村居民点、其他建设用地计算）为1336.30平方千米，在63015.03平方千米的研究区中，密度为2.12平方千米/100平方千米，2000年为933.89平方千米，密度为1.48平方千米/100平方千米。2015年较2000年增长了0.64平方千米/100平方千米，得分8分。

（8）生境破碎化。数据显示，在上述不同的土地利用类型中，2015年研究区内的斑块数共有58731个，故而斑块密度指数（斑块总数与总面积之比）为0.93个/平方千米，而2000年研究区内的斑块数为58682个，斑块密度为0.93个/平方千米，15年间基本持平，得分为10分。

（9）服务类型数量。数据显示，研究区内的生态系统服务类型包括：供给服务2项（林木产品和林副产品、水资源供给），支持服务1项（生物多样性），调节服务4项（水源涵养、土壤保持、固碳释氧、环境净化），文化服务1项（休闲旅游），共8项，得9分。

（10）调节服务量。评估结果显示，森林水源涵养量：如本报告3.3.5所示，2015年水源涵养量共3503000000.00立方米，单位面积量102052.38立方米，得分0.4分。

固碳量：如本报告3.3.5所示，2015年固碳量23730588.15吨，单位面积量467.47吨，得分2分。

释氧量：如本报告3.3.5所示，2015年释氧量63530565.50吨，单位面积量1251.49吨，得分2分。

SO_2吸收量：如本报告3.3.5所示，2015年吸收SO_2量370265.82吨，单位面积量6.06吨，得分2分。

滞尘量：如本报告3.3.5所示，2015年滞尘量62262718.73吨，单位面积量1019.04吨，得分0.4分。

上述服务量如表1-21所示。

表1-21　　2015年秦岭生态系统调节服务量

调节服务类型	2015年服务总量	单位面积服务量
水源涵养量	3503000000 m³	102052.38 m³/km²（以该项评估时的森林面积34325.51平方千米计）
固碳量	23730588.15 t	467.47 t/km²（以该项评估时的面积50763.83平方千米计）
释氧量	63530565.50 t	1251.49 t/km²（以该项评估时的面积50763.83平方千米计）
吸收SO₂量	370265.82 t	6.06 t/km²（以该项评估时的面积61099.54平方千米计）
滞尘量	62262718.73 t	1019.04 t/km²（以该项评估时的面积61099.54平方千米计）

以上评估数据分析转为生态可持续性的分值，如表1-22所示。

表1-22　　2015年秦岭地区生态可持续性评估结果

目标层	准则层	指标层		测算结果	得分
生态系统可持续性	组分多样性（40）	植物多样性		14.0%	9
		动物多样性		20.12%	10
		典型物种数量	特有种数量	77	10
			顶级捕食者数量	5	
	过程稳定性（40）	植被覆盖率		73.13%	9
		人口密度		−0.90%	10
		土地格局变趋势		104.7%	7
		建设用地密度		0.64km²/100km²	8
		生境破碎度		100%	10
	生态系统服务重要性（20）	服务类型数量		4类8种	9
生态系统可持续性	生态系统服务重要性（20）	调节服务量		0.4	6.8
				2	
				2	
				2	
				0.4	
总分	100				88.8

注：①陕西省2014年的森林二类资源清查数据显示，森林覆盖率为43%。根据这一赋分方法，处于6分以上的水平。
②《中国森林资源（2009～2013年）》。
③http://caibaiqiang.baikemy.com/expert/article/2005207830529。
④具体测试方法参照表1-3。

3.4.2　生态系统可持续性评估过程值

在本研究中，为了体现可持续性评估的历史状态，选择1980年、2000年两个时段作为过程参照值。

以1980年作为起始点，一方面受到有系统记录的数据的影响，研究组所掌握绝大部分数据，尤其是土地格局相关数据均以1980年为起点；另一方面也考虑到1980年正值我国改革开放伊始的时段,经济社会的发展进入一个全新的阶段,对生态环境的冲击也自这个时间起产生了根本性的改变,故而选择1980年为起始点。

而选择2000年作为中间过程点,主要考虑的是1999年全国开始推行退耕还林政策,对过去多年经济高速发展对环境的冲击开始有了反思和行动。以2000年为中间过程点,对于中国森林生态系统的评估来说,可以反映相关生态政策实施前后的成效,具有特殊的意义。

（1）1980年秦岭生态系统可持续性参考值。根据生态系统可持续评估的指标体系,对1980年的秦岭生态系统可持续性估测结果如下。

①植物多样性。未能完整查阅1980年的植物种类占全国同类物种的比例,但是从以下相关指标查阅的类型来看,1980年前后的物种与现在相比更加丰富,因此以10分计算。

②动物多样性。未能完整查阅1980年的植物种类占全国同类物种的比例,但是从以下相关指标查阅的类型来看,1980年前后的物种与现在相比更加丰富,因此以10分计算。

③典型物种数量。特有种数量方面：1982年的资料显示,秦岭的特产植物种有太白翠雀、太白紫茧、太白花揪、陕西花揪、秦岭蚤缀、毛铁才哥子、秦岭械、孔氏忍冬、陕西忍冬、冬瓜杨、药批把、青数杨、赤雹、陕西抱桐、秦岭蔷薇等①。此外,1981年②的资料显示,秦岭还有鸟类特有种7种。其余特有种未能查阅,但仅从以上类型来看,也已经达到了该指标的满分分值,即5分。

顶级捕食者数量方面：1981年的不完全资料显示,陕西大巴山地区分布有苍鹰、红隼、夜鹰、长耳鸮、金雕、豺、华南虎等顶级捕食者③,得分5分。

④植被覆盖率。1980年草地面积（以中覆盖度和低覆盖度的草地计算）为11932.58平方千米,林地面积（以有林地、灌木林、疏林地和其他林地计算）为34124.85平方千米,植被覆盖总面积为46057.43平方千米,研究区总面积为63015.03平方千米,故而植被覆盖率为73.09%,得分9分。

⑤人口密度。因该指标以2000年数值为基准,而研究区域人口在2000年前呈增长趋势,故而1980年的人口密度以10分计。

⑥土地格局变更率。1980年作为该项指标的基准年,故而以中间分值5分计算。

⑦建设用地密度。因该指标以2000年数值为基准,而研究区域的建设用地面积呈增长趋势,故而1980年的人口密度以10分计。

⑧生境破碎度。因该指标以2000年数值为基准,故而1980年的人口密度以10分计。

⑨服务类型数量。生态系统提供的服务类型在短时期内不发生根本性的变化,1980年的生态服务类型也为4类8种,得分9分。

⑩调节服务量。森林水源涵养量：如本报告3.3.5所示,1980年水源涵养量共34.83亿立方米,单位面积量101469.72立方米,得分0.4分。

---

① 崔友文："秦岭植物区系成分的研究",《西北植物研究》,1982年第1期。
② 王廷正,方荣盛,王德兴："陕西大巴山的鸟兽调查研究（一）——鸟类区系的研究",《陕西师范大学学报（自然科学版）》,1981年21期。
③ 王廷正,方荣盛,王德兴："陕西大巴山的鸟兽调查研究（一）——鸟类区系的研究","陕西大巴山的鸟兽调查研究（二）——兽类区系的研究",《陕西师范大学学报（自然科学版）》,1981年21期。

固碳量：如本报告3.3.5所示，1980年固碳量23876662.54吨，单位面积量470.35吨，得分2分。

释氧量：如本报告3.3.5所示，1980年释氧量63921629.92吨，单位面积量1259.20吨，得分2分。

SO_2吸收量：如本报告3.3.5所示，1980年吸收SO_2量370415.18吨，单位面积量6.06吨，得分2分。

滞尘量：如本报告3.3.5所示，1980年滞尘量62857774.06吨，单位面积量1028.78吨，得分0.4分。

上述服务量如表1-23所示。

表1-23　　　　　　　　　　1980年秦岭生态系统调节服务量

调节服务类型	1980年服务总量	单位面积服务量
水源涵养量	3483000000m^3	101469.72m^3/km^2（以该项评估时的森林面积34325.51平方千米计）
固碳量	23876662.54t	470.35 t/km^2（以该项评估时的面积50763.83平方千米计）
释氧量	63921629.92t	1259.20t/km^2（以该项评估时的面积50763.83平方千米计）
吸收SO_2量	370415.18t	6.06t/km^2（以该项评估时的面积61099.54平方千米计）
滞尘量	62857774.06t	1028.78t/km^2（以该项评估时的面积61099.54平方千米计）

上述分值见表1-24所示。

表1-24　　　　　　　　　　1980年秦岭生态系统可持续性状况

目标层	准则层	指标层		测算结果	得分
生态系统可持续性	组分多样性（40）	植物多样性		N/A	10
		动物多样性		N/A	10
		典型物种数量	特有种数量	5	10
			顶级捕食者数量	5	
		植被覆盖率		73.09%	9
	过程稳定性（40）	人口密度		N/A	10
		土地格局变更率		N/A	5
		建设用地密度		N/A	10
		生境破碎度		N/A	10
	生态系统服务重要性（20）	服务类型数量		4类8种	9
		调节服务量		0.4	6.8
				2	
				2	
				2	
				0.4	
总分	100				89.8

注：①《中国森林资源（2009～2013年）》。

②http://caibaiqiang.baikemy.com/expert/article/2005207830529。

③具体测度方法参照表1-3。

（2）2000年秦岭生态系统可持续性参考值。

①植物多样性。2000年的资料显示，秦岭保护区群内维管束植物有162科838属，占全国和秦岭

植物总属的26.1%[①]。

②动物多样性。2000年的资料显示,秦岭保护区群内陆栖脊椎动物有27目70科274种,其中哺乳动物7目24科70种,占全国哺乳动物的13.8%[②]。因缺乏完整的秦岭动物种类占全国的比例,故而以哺乳动物的比例近似计算。

③典型物种数量。特有种数量方面:2000年的资料显示,秦岭保护区群内有特有种子植物95种[③],得分5分。

顶级捕食者数量方面:2001年不完全资料显示,秦岭地区的顶级捕食者仅鸟类就有鸢、鹰、鹞、雕、隼等多种[④],得分5分。

④植被覆盖率。2000年草地面积(以中覆盖度和低覆盖度的草地计算)为11880.80平方千米,林地面积(以有林地、灌木林、疏林地和其他林地计算)为34092.75平方千米,植被覆盖总面积为45973.55平方千米,研究区总面积为63015.03平方千米,故而植被覆盖率为72.96%,得分9分。

⑤人口密度。因该指标以2000年数值为基准,故而2000年的分值以满分计。

⑥土地格局变更率。1980~2015年土地格局变更情况如表1-25所示。

表1-25　　　　　　　　　1980~2015年研究区域土地格局变化

土地类型	1980年(km²)	2000年(km²)	变更面积(km²)	变化利弊*
有林地	23966.64	23825.36	−141.28	−
灌木林	4311.66	4407.32	95.65	+
疏林地	5741.42	5746.23	4.81	0
其他林地	105.13	113.84	8.71	+
中覆盖度草地	10218.68	10179.83	−38.84	−
低覆盖度草地	1713.91	1700.96	−12.94	−
河渠	146.37	124.63	−21.74	−
湖泊	14.65	15.87	1.22	+
水库坑塘	27.83	39.18	11.35	−
滩地	186.32	174.72	−11.60	−
城镇用地	77.11	117.26	40.15	−
农村居民点	684.75	778.27	93.52	−
其他建设用地	32.68	38.36	5.68	−
沙地	2.61	2.61	0.00	0
盐碱地	0.11	0.11	0.00	0
沼泽地	5.86	0.89	−4.97	−
裸土地	0.07	0.07	0.00	0
裸岩石质地	26.70	26.70	0.00	0
山地水出	3360.19	3369.83	9.63	−

---

①②③　张民侠:"秦岭保护区群生物多样性及其保护与发展研究",《农村生态环境》,2000年第4期。
④　周涛:"浅谈秦岭地区在创建生态示范省中的地位和作用",《陕西环境》,2001年第2期。

续表

土地类型	1980年（km²）	2000年（km²）	变更面积（km²）	变化利弊*
丘陵水田	130.08	130.75	0.67	0
平原水田	1853.35	1849.74	−3.61	+
山地旱地	5114.30	5204.45	90.15	−
丘陵旱地	1481.71	1479.05	−2.66	+
平原旱地	3581.39	3459.31	−122.08	+
>25度坡地旱地	231.51	229.68	−1.83	+

注：* 利弊分析中，+为有利变化；− 为不利变化。

从表1-25中的数据可以得出，从1980年到2000年，各种土地类型变化趋势中，向有利于生物多样性保护的有7种土地类型，包括灌木林和其他林地增加、湖泊增加、平原水田减少等，涉及面积235.76平方千米。向不利于生物多样性保护的有12种土地类型，包括有林地、各类草地、河渠面积减少、城镇及建设用地面积增加等，涉及面积481.85平方千米。有利变化与不利变化的比率为48.9%，为0分。

⑦建设用地密度。因该指标以2000年数值为基准，故而2000年的分值以满分计。

⑧生境破碎度。因该指标以2000年数值为基准，故而2000年的分值以满分计。

⑨服务类型数量。生态系统提供的服务类型在短时期内不发生根本性的变化，1980年的生态服务类型也为4类8种。

⑩调节服务量。森林水源涵养量：如本报告3.3.5所示，2000年水源涵养量共34.80亿立方米，单位面积量101382.32立方米，得分0.4分。

固碳量：如本报告3.3.5所示，2000年固碳量23831389.55吨，单位面积量469.46吨，得分2分。

释氧量：如本报告3.3.5所示，2000年释氧量63800426.92吨，单位面积量1256.81吨，得分2分。

SO_2吸收量：如本报告3.3.5所示，2000年吸收SO_2量369827.05吨，单位面积量6.05吨，得分2分。

滞尘量：如本报告3.3.5所示，2000年滞尘量62722089.23吨，单位面积量1026.56吨，得分0.4分。

上述服务量如表1-26所示。

表1-26　　　　　　　　　　2000年秦岭生态系统调节服务量

调节服务类型	2000年服务总量	单位面积服务量
水源涵养量	3480000000m³	101382.32 m³/km²（以该项评估时的森林面积34325.51平方千米计）
固碳量	23831389.55t	469.46 t/km²（以该项评估时的面积50763.83平方千米计）
释氧量	63800426.92t	1256.81 t/km²（以该项评估时的面积50763.83平方千米计）
吸收SO_2量	369827.05t	6.05 7t/km²（以该项评估时的面积61099.54平方千米计）
滞尘量	62722089.23t	1026.56 t/km²（以该项评估时的面积61099.54平方千米计）

上述分值见表1-27所示。

表1-27　　2000年秦岭生态系统可持续性状况

目标层	准则层	指标层		测算结果	得分
生态系统可持续性	组分多样性（40）	植物多样性		26.1%	10
		动物多样性		13.8%	6
		典型物种数量	特有种数量	5	10
			顶级捕食者数量	5	
生态系统可持续性	过程稳定性（40）	植被覆盖率		72.96%	9
		人口密度		N/A	10
		土地格局变更率		48.9%	0
		建设用地密度		N/A	10
		生境破碎度		N/A	10
	生态系统服务重要性（20）	服务类型数量		4类8种	9
		调节服务量		0.4	6.8
				2	
				2	
				2	
				0.4	
总分	100				80.8

注：①《中国森林资源（2009～2013年）》。
②http://caibaiqiang.baikemy.com/expert/article/2005207830529。
③具体测度方法参照表1-3。

4. 秦岭生物多样性保护

4.1 生物多样性评价

4.1.1 植物多样性

（1）植物种类丰富，区系成分复杂。秦岭横跨我国暖温带与亚热带的过渡地带，从中国植被分布区系看，秦岭位于中国华北、华中、唐古特及横断山脉等植被地区交汇渗透处，使得该区植被区系同时兼有各种成分，加之秦岭山体高大，秦岭生态区总面积为6.3万平方千米，自然条件复杂，地质演变历史久远，植物生长分布的环境多样，客观上为许多在分类学上比较古老、原始的科属提供了优越的条件。所以秦岭区系组成不仅丰富，而且种属科在全国植物区系中所占的比例依次升高，尤其是科级和属级的分类学单位所占比例相当高。

（2）珍稀濒危、特有植物丰富，具古老孑遗性。秦岭生态区是我国生物多样性关键地区之一，受到第四纪冰川的影响较小，保存了丰富的原始古植物区系成分及其后裔，是珍稀、濒危植物最为集中的区域，蕴含了很多特有的植物（狄维忠等，1989；张态英等，1986；国家环保局，1987；孙志浩等，2001）。

裸子植物银杏，起源于石炭纪末，是我国举世著称的古老残遗种、活化石。秦岭区虽然没有天然分布，但应是它原生分布区之一。红豆杉科是松柏类中最为原始的类群之一，在该区也有较为广泛的分布，略阳、宁陕、岚皋（杨建兴等，2004）、周至、鄠邑区、佛坪、洛南（谢恩魁等，2003）、山阳（苏陕民等，1989）等地均有红豆杉分布。松科也是一个相当古老的科，冷杉属又是该科最为原始的类型（张志英等，1984；傅志军等，2001）。

根据中国种子植物红皮书以及研究资料（樊璐等，1996；狄维忠等，1989；吴小巧等，2004），其中秦岭种子植物区系中共有国家保护植物30种，隶属于22科29属，占陕西省国家濒危保护植物种数的69.76%，占全国国家保护植物的9.09%。

其中属于国家Ⅱ类保护植物11种，如太白红杉为秦岭特有种，仅分布在陕西省境内秦岭山地海拔2800～3500米的少数山头或绝顶部位，是现今秦岭林区主要森林植物区系中的优势种之一。太白红杉对研究第四纪冰川地貌气候历史等方面具有重要意义。独叶草和星叶草目前在秦岭仅分布在主峰太白山及邻近亚高山海拔1600～3200米的冷凉湿润、土壤腐殖质丰厚的环境中，独叶草以其独特的叶脉特征及特有的分布区域引起国际学术界的极大兴趣，其科研价值远超过其药用经济价值；山白树属于古老的金缕梅科，是特产于中国的单型属植物，为新生代第三纪初期遗留下来的古老种类，经过第四纪冰川残存下来。属于国家Ⅲ类保护植物19种，如秦岭冷杉、领春木、桃七儿、天麻等，其中桃儿七有多种药用功能，在陕西被誉为"中药之首"，有极其重要的药用经济价值。上述珍稀濒危类，属于第三纪或更古老的孑遗单型、少型科属的代表，数量稀少，分布狭窄，是珍贵的种质资源。

（3）经济植物种类丰富，类型多样。秦岭除了具有珍稀濒危的重点保护植物外，还有许多药用植物资源、营养野果及野菜、野茶资源、观赏植物资源。

秦岭的药用植物资源非常丰富，陕西是我国药用植物生产的主基地之一，秦岭又是陕西药用植物的主产区。该区药用植物，大宗的和重要价值的有五味子、地黄、九节菖蒲、党参等。药用植物中以主峰太白山和第二主峰首阳山所产质量最好，如五加、大黄等。

营养野果共有28科54属130种。种类最多的有蔷薇科13属60种，醋栗科1属9种，葡萄科1属7种。根据营养野果果实类型，可分为以下几种类型：浆果资源、核果资源、梨果资源、坚果资源、聚合果资源。野茶资源主要有圆叶鹿蹄草、大叶三七、金银花等。观赏植物资源也极具多样性，种类较多的科依次为蔷薇科、忍冬科、豆科、百合科、菊科等。

4.1.2 动物物种多样性

秦岭是中国动物地理古北界和东洋界的分界线，所以秦岭在动物地理学中既有分界作用，又有相互渗透过渡地带作用，动物是秦岭生物多样性的重要指标。

秦岭生态区的鱼类中Ⅱ级国家重点保护鱼类为秦岭细鳞鲑和贝氏哲罗鲑；两栖类中Ⅱ级国家重点野生保护动物为大鲵；爬行类Ⅱ级国家重点野生保护动物为山瑞鳖；鸟类中Ⅰ级国家重点野生保护鸟类有朱鹮、白肩雕、金雕、白鹳、黑鹳5种；Ⅱ级国家重点野生保护鸟类有小天鹅、鸳鸯、鸢、赤腹鹰、雀鹰、苍鹰、松雀鹰等；兽类I级国家重点野生保护动物有大熊猫，金丝猴、羚牛、林麝、豹等。

其中根据陕西省组织的第三次大熊猫调查工作（1999年6月~2003年6月），调查结果显示，秦岭大熊猫分布区主要在佛坪、洋县、太白、周至、宁陕、留坝、宁强、城固8个县，佛坪、长青、老县城、太白山、周至、摩天岭、观音山、天华山、青木川、宁陕、桑园等11个自然保护区，以及太白、龙草坪、宁西、宁东、汉西等5个省属林业局，栖息地和潜在栖息地总面积为6065平方千米。栖息地内平均每平方千米有大熊猫7.8只，密度居全国各陕西之首。秦岭动物物种的多样性，不仅使秦岭成为生物种质资源的宝库，而且更具有生物多样性的完整性。

4.2 生物多样性保护

4.2.1 秦岭生态区生物多样性保护现状

秦岭生态区物种高度丰富，特有属、种多，区系起源古老，生态系统类型丰富、植被垂直层谱独特典型。生物多样性功能巨大，具有提供食物、资源，提供精神和科学研究的源泉等社会经济意义，特别是在保证区域的生态安全稳定方面具有重要的环境功能。

近年来，为保护秦岭的生物多样性，自然保护区暨就地保护设施建设成效显著。秦岭地区现已建立国家级自然保护区18处，省级自然保护区12处，详见附件1-3。2000~2015年，仅国家级自然保护区数量增加了12处。

秦岭地区自然保护区群的建立，使更多的珍稀濒危野生动植物得到有效保护，为保护和恢复好完整的森林生态系统，保护生态安全，丰富生物多样性资源，为开展科普教育和生态旅游奠定基础。到目前为止，朱鹮数量已由1981年发现时的7只发展到2600余只，其中野生种群存活500只左右，人工种群已增加到573只（洋县救护中心161只，野外放归23只，楼观台262只，北京动物园约50只，日本100只），濒危状况得到有效缓解。据陕西省第三次大熊猫调查统计，陕西省共有大熊猫273只，栖息地面积3478.64平方千米，成为全国密度分布最高的区域。金丝猴、羚牛的数量亦不断增加。确保了以大熊猫、金丝猴、羚牛、朱鹮为主的野生珍稀濒危动物的生存安全及其野生种群数量持续稳定的增长。

自十八大国家提出生态文明建设以来，为更好地保护秦岭地区的生态环境，整合地区的自然资源，陕西省提出了秦岭国家公园的建设要求，并开展了大熊猫国家公园（秦岭园区）的建设规划。此外，2007年开始筹备建设秦岭国家植物园，预计投资358.9亿元，总面积639平方千米，为世界第一大植物园。其功能定位为生物多样性科学研究、生物多样性科学普及、生物多样性保护、生物多样性旅游。秦岭国家植物园规划为四个区进行建设，即植物迁地保护区、动物迁地保护区、生物多样性就地保护区以及农业观光和生态度假等4个区。秦岭国家植物园的建立，为生物多样性保护提供理论和实践经验，同时也为秦岭地区的生态系统恢复、生态功能的提高、生物多样性和生态功能区保护做出巨大的贡献。

秦岭地区在自然保护区、森林公园等就地保护方式建立的同时，2007年11月24日经陕西省第十届人民代表大会常务委员会第三十四次会议通过《陕西省秦岭生态环境保护条例》，并于2008年3月1日起施行。陕西省还加强了秦岭地区的退耕还林、天然林保护等措施，开展生态搬迁移民工程等一系列保护政策措施，使得秦岭地区的生物多样性得到保护，物种丰富度有所增加，同时，降低了人为活动干扰造成的生态脆弱和敏感性。

4.2.2 生物多样性保护的重点区域

根据秦岭地区的生态系统、物种多样性特征，选取了秦岭地区生态系统保护，最具代表性的107种濒危动植物作为保护目标，以行政区作为规划单元，对秦岭地区的生态系统保护进行了不可替代性分析，计算出了38个区县生物多样性保护的不可替代性值。

通过不可替代性值的计算分析，得到各区县的加和不可替代性值SIR>1的有太白县、宁陕县、周至县、眉县、洋县、略阳县、凤县、华阴市、佛坪县、鄠邑区、陈仓县、勉县和紫阳县，共13县市。其中太白、宁陕、周至、眉县和洋县的SIR值较高，均在2以上。0<SIR<1的有留坝县、城固县、山阳县、汉滨区、西乡县、宁强县、蓝田县、金台区、石泉县、汉台区、旬阳县、华州区、长安区、渭滨区和柞水县等15县区，详见图1-14。

根据加和不可替代性值的特点，SIR>0的区域由于其物种的丰富度较高，实现物种保护目标所需的保护面积较大，且可替代性的单元较少，在开展相关规划的过程中，应重点考虑秦岭这部分区域的保护优先性。

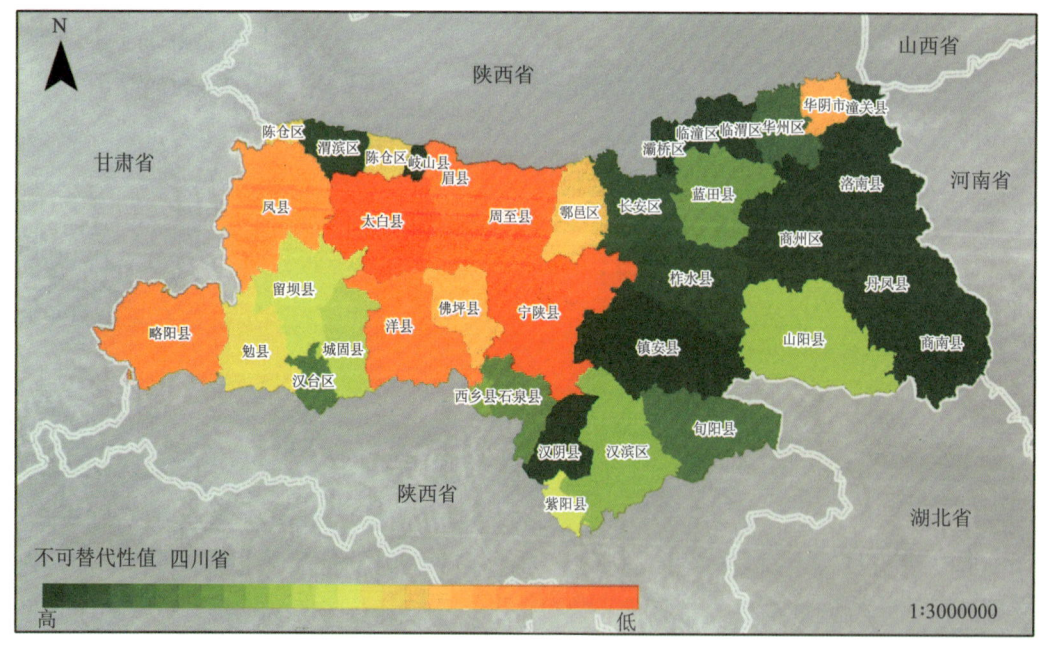

图1-14　各区县的生物多样性保护不可替代性值

4.2.3 生物多样性优先保护规划区

结合秦岭地区的加和不可替代性值、地形地貌特征及各区县的生物多样性保护贡献率，按照区域生态系统保护的重要程度，将38区县划分成了必须保护区域、协商保护区域、部分保护区域和非优先保护区域。规划结果详见图1-15。

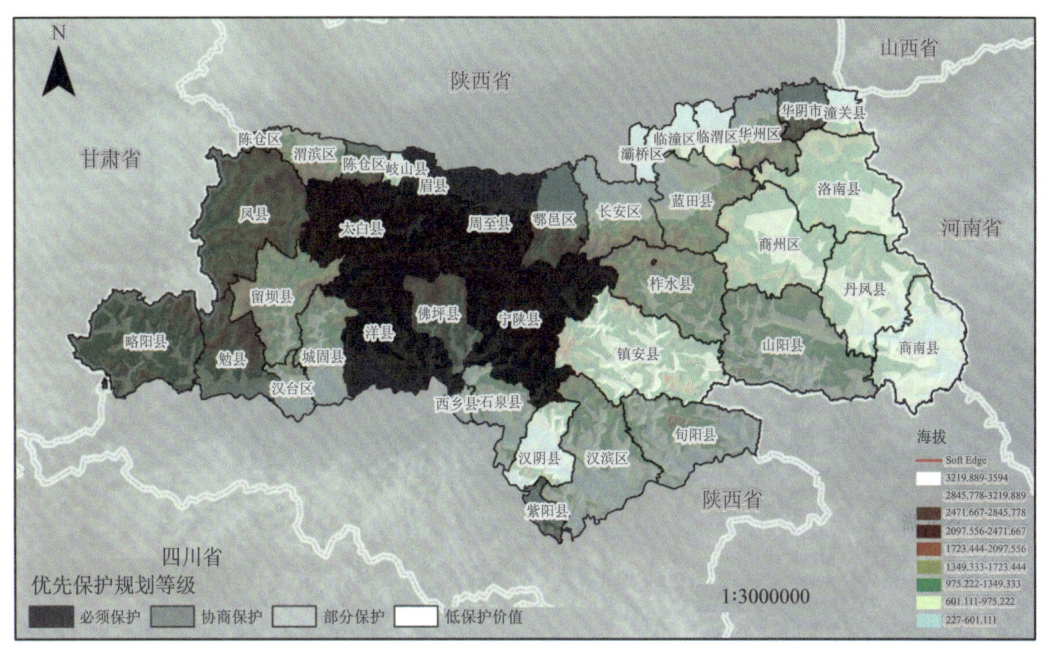

图1-15 秦岭生态区生物多样性优先保护规划

（1）严格保护区。由于区域的自然资源丰富，生态系统和生物多样性丰富度高，且对于全部生态区生态环境保护的不可替代性较高。因此，要对区域采取严格的生态环境保护措施，全区以自然生态环境保护为主，禁止一切对自然生态环境产生影响的社会经济开发活动。

由于太白县、眉县、周至县、宁陕县、佛坪县和洋县6县具有高不可替代性值，且生物多样性程度较高，建议将其划分为严格保护区。佛坪县虽为协商保护规划单元，但由于佛坪作为大熊猫的重要栖息地之一，同时作为秦岭地区弧距虾脊兰的唯一生境，故建议将其也规划为严格保护区。

严格保护区，将以保护为主，秦岭山区2600米以上的地区内尽量减少无序的旅游开发和人为活动干扰。在不影响生态环境保护的基础上，在海拔1500~2600米地区，可适当开展与生态保护相关的活动，1500米至山脚区域可以从事与生活生产相关的生态产业，整体区域将实行严格的保护措施和规划，严格禁止区域内开展对生态环境有破坏性影响的社会经济活动。

（2）优先保护区。优先保护区内有部分区域属于高保护价值区，其对个别物种或生态系统保护的不可替代性价值较高。因此，区域在制定各项发展战略规划的过程中，要以自然生态环境保护为基本的衡量标准，优先考虑。可在适当的区域开展适度的生态环境友好型产业活动。

由于鄠邑区有翅果油树、凤县作为麦吊云杉和卷叶杜鹃、勉县作为秦岭石蝴蝶、宁强县作为城口卷瓣兰在秦岭地区的唯一生境，因此建议将鄠邑区、凤县、勉县和宁强县作为优先保护区。此外，由于略阳县的不可替代性值较高，且作为长萼木通、金毛、金丝猴等的重要栖息地，建议将其也规划为优先保护区。由于留坝和城固县作为林麝、金猫、大熊猫和川金丝猴等的潜在栖息地，且在地理分布上接近严格保护区，因此建议将留坝和城固县也作为优先保护区。

优先保护区，由于其区域所具有的不可替代性值较严格保护区低，因此对于区域的保护与开发活动，建议在满足必须保护的物种、生境和生态系统保护需求的基础上，可在适当区域开展与区域生态环境保护相关的生活生产活动。在社会经济发展与生态环境保护相冲突的情况下，以生态环境保护为优先行动。

（3）协调发展保护区。处于高保护价值区的边缘地带，作为社会经济活动与生态环境保护区的缓冲地带。在满足高保护价值区的保护需求的同时，协调区域的社会经济发展需求，开展适度的环境友好型社会经济活动。

由于汉台区、陈仓区、汉滨区、渭滨区和长安区，其不可替代性值较低，且属于城市人口的聚集区，因此，建议将其规划为协调发展保护区，西乡县、石泉县、紫阳县、旬阳县、山阳县、柞水县、蓝田县、华州区和华阴市，虽部分县市的不可替代性值较高，但由于其地理位置分布特点，故将其划分为协调发展保护区。

协调发展保护区的保护规划灵活性较强，对于秦岭生态区的协调发展保护区，建议在华阴市和紫阳县以保护为主，主要因为华阴市为华山新麦草和华山马鞍树的唯一分布区，而紫阳县为鹅掌楸的唯一分布区。其他区域可以在满足部分关键物种保护需求的基础上，以社会经济发展为主，开展与生态环境保护相关的社会经济活动。

其余区县，由于其区县的生物多样性丰富度较低，珍稀濒危物种的分布面积较小，且不可替代性值趋近0，因此，在优先保护规划过程中可不予考虑。

5. 秦岭生态系统管理的SWOT分析

对秦岭生态系统特征（生态组分、生态过程、生态系统服务）及可持续性状况进行评估的目的，是为了实施针对性更强、效率更高的管理措施，以期更有效地保护生态系统，实现长期的稳定和健康。高效的管理，不仅是对生态系统自身的认识，更是对其作为一个有序的整体，在宏观外界环境下所处局势的一种深度认知。而SWOT分析就是帮助梳理系统的内外条件，助力有效管理的一个工具，是战略管理中一种常见的分析方法（黄晓斌等，2009）。

所谓SWOT分析，是指对系统的内部优势（Strengths）、弱势（Weaknesses）和外部机会（Opportunities）、威胁（Threats）的全面分析。本章基于对秦岭生态系统的生态特征及可持续性的评估，着重从管理的角度对其进行SWOT分析，从而为后续的生物多样性保护管理提供依据。需要说明的是，本报告将"外部威胁"因素的分析改成了"外部挑战"，从而能更加全面客观地反映秦岭生态系统所面临的负面的威胁以及发展过程中不可避免的一些现实与目标的差距及挑战。

5.1 外部机会

将秦岭生态系统视作一个有机整体,则其外部环境包括快速发展的社会经济环境、依赖生态系统为生的社区,以及该生态系统范围之外的其他的广域的自然环境等。从当前来看,随着我国生态文明建设步伐的不断加快,秦岭生态系统的外部发展机会也逐渐增多,择其重要的几点说明如下。

5.1.1 国家层面的发展机遇

自党的十八大,生态文明建设被纳入中国特色社会主义事业"五位一体"总体布局,同时,党中央首次把"美丽中国"作为生态文明建设的宏伟目标。在这样的大背景下,国家层面出台了一系列政策制度,对于推动秦岭生态系统保护,在新时期谋求新的发展均是良好的机遇。

(1)国家生态文明试验区建设。2016年8月,中共中央办公厅、国务院办公厅印发了《关于设立统一规范的国家生态文明试验区的意见》,其目标是"设立若干试验区,形成生态文明体制改革的国家级综合试验平台"。其中有两个重要时间节点:"到2017年,推动生态文明体制改革总体方案中的重点改革任务取得重要进展,形成若干可操作、有效管用的生态文明制度成果;到2020年,试验区率先建成较为完善的生态文明制度体系,形成一批可在全国复制推广的重大制度成果,资源利用水平大幅提高,生态环境质量持续改善,发展质量和效益明显提升,实现经济社会发展和生态环境保护双赢,形成人与自然和谐发展的现代化建设新格局,为加快生态文明建设、实现绿色发展、建设美丽中国提供有力制度保障。"

陕西并未进入首批实验省份,但该意见中也明确了"今后根据改革举措落实情况和试验任务需要,适时选择不同类型、具有代表性的地区开展试验区建设。试验区数量要从严控制,务求改革实效",并且强调了地方的首创精神和统一的管理平台。

(2)国家公园体制建设及国家公园试点建设。自2015年发展改革委等十三部委颁布《建立国家公园体制试点方案》以来,国家公园体制试点建设已经成为新常态下从中央到地方均高度重视的保护与发展事业。2016年,《国家十三五规划纲要》颁布,在"建立国家公园体制"的基础上,又提出"整合设立一批国家公园"。

秦岭地区虽未进入首批国家公园体制试点区,但若能紧扣国家公园保护与发展的核心内涵和国家公园建设的根本要义,十三五期间可以成为秦岭以国家公园为抓手实现保护与发展重大突破的契机。

(3)生态补偿制度的推进。生态补偿是实施重点区域保护和平衡社区群众利益的重要措施。20多年的生态补偿理论研究与实践,为中国积累了诸多相关的经验,但在运行机制和实施成效方面依然存在诸多挑战。2016年5月,国务院办公厅发布《关于健全生态保护补偿机制的意见》,其中提出要在2020年前"实现重点领域和禁止开发区域、重点生态功能区等重要区域生态保护补偿全覆盖",要初步建立"多元化补偿机制",要"将重要生态屏障作为开展生态保护补偿的重点区域。将生态保护补偿作为建立国家公园体制试点的重要内容",要"通过提高均衡性转移支付系数等方式,逐步增加对重点生态功能区的转移支付"等。所有这些信息都在传达这样的信息:①重点生态功能区和生态屏障要增加生态补偿覆盖面;②若要建立国家公园体制,必须强化生态补偿机制;③生态补偿机制需要多元化。

秦岭作为我国南北区域的自然分界线,是关中地区的重要生态屏障,可以借助这一新补偿制度出台的契机,加强相关研究投入,明确秦岭地区的保护需求,走出有特色、有成效的精细化补偿之路。

(4)生物多样性保护优先区域的战略决策。在生物多样性保护方面,近年来我国已经取得了显著进展,但生物多样性下降的总体趋势还没有得到有效遏制。为应对这些新问题,在1994年发布的《中国生物多样性保护行动计划》基础上,环保部与20多个部门和单位历时3年,于2010年编制完成了《中国生物多样性保护战略与行动计划(2011~2030年)》(简称《战略与行动计划》),提出我国未来20年生物多样性保护的总体目标、战略任务和优先行动。力争到2030年,各类保护区域数量和面积达到合理水平,生态系统、物种和遗传多样性得到有效保护。同时形成完善的生物多样性保护政策法律体系和生物资源可持续利用机制,让保护生物多样性成为公众的自觉行动。

为了响应联合国"生物多样性十年"号召,2010年,国家专门成立了由时任国务院副总理李克强担任主席的"中国生物多样性保护国家委员会",发布了《联合国生物多样性十年中国行动方案》,以实际行动表明中国开展生物多样性保护的决心。《战略与行动计划》从生态系统类型的代表性、特有程度、特殊生态功能,以及物种的珍稀濒危程度、受威胁因素、科学研究价值等因素综合考虑,划定了35个生物多样性保护优先区域,包括大兴安岭区、三江平原区、祁连山区、秦岭区等32个内陆陆地及水域生物多样性保护优先区域,以及黄渤海保护区域、东海及台湾海峡保护区域和南海保护区域等3个海洋与海岸生物多样性保护优先区域。作为35个生物多样性优先区域之一,秦岭需要在生态系统和生物多样性保护上做出表率。以《战略与行动计划》为准绳,以生态系统评估为基础,以生态可持续发展、生态系统服务的持续供给为目的,合理规划、科学管理,可以让秦岭以此阶段为机遇,实现生态保护与社会发展双赢,树立国内和国际化的典型样板。

(5)环保机构监测检查执法垂直管理制度的而推行。2016年7月,中共中央办公厅、国务院办公厅通过并印发了《关于省以下环保机构监测监察执法垂直管理制度改革试点工作的指导意见》,旨在"解决现行以块为主的地方环保管理体制存在的突出问题",并要求"强化地方党委和政府及其相关部门的环境保护责任""把生态环境质量状况作为党政领导班子考核评价的重要内容""规范和加强地方环保机构和队伍建设"等。

尽管陕西并非这一制度的首批试点省,但是从长远来看,垂直管理制度的建立,有利于秦岭地区地方环保行政部门履行更强的职责,有利于对秦岭生态系统的动态情况(信息管理、环境应急以及违法处置等)进行更为及时的处置,有利于采取和本地社会经济发展阶段和社区居民需求更加兼容的管理方式。

(6)环境治理和生态保护市场主体的培育。2016年9月,国家发展改革委和环境保护部发布《关于培育环境治理和生态保护市场主体的意见》,提出"加快培育环境治理和生态保护市场主体,形成统一、公平、透明、规范的市场环境,推进供给侧结构性改革,提供更多优质生态环境产品"的目标，并指出要"以改善生态环境质量为核心，以壮大绿色环保产业为目标，以激发市场主体活力为重点，以培育规范市场为手段，推动体制机制改革创新，塑造政府、企业、社会三元共治新格局"。这一政策的出台，无疑是给激活秦岭地区的生态发展活力、构建多元化的环境治理格局，更加灵活、高效地推动生态环境保护和社会健康发展提供了积极的动力和政策的支持。

5.1.2　地方层面的发展机遇

在中央大力推进生态文明建设的背景下，陕西省也出台了一系列的政策，推动生态保护。仅以《陕西省十三五规划纲要》来看，在未来几年，陕西省与生态保护相关的工作有以下几个方面。

（1）生态文明制度将在未来五年基本建立。陕西省十三五规划中，生态环境保护被列为五大目标之一，其中阐述为："生态环境质量显著提升，生态文明制度基本建立，节能降耗指标明显下降。"秦岭作为"世界生物基因库"、城市群天然生态屏障、国家生态安全保障的主体区域之一，理当处于全省生态环境保护的领头位置，紧抓政策机遇，以秦岭的生态特征为主要管理依据，探索秦岭特色的生态文明制度，确保秦岭生态特征的稳定和环境质量的逐步提升。

（2）陕西省着力推进"美丽陕西"建设。《陕西省十三五规划纲要》中明确提出了"构建美丽陕西"的思想，强调要"筑牢'两屏三带'生态安全屏障，争取建设秦岭、黄河、桥山国家公园，建设山青、水净、坡绿的美丽陕西"。然而，"美丽陕西"的建设，不仅要有"山青、水净、坡绿"的普适性美丽因素，更要有陕西特色的美丽象征。秦岭作为'两屏三带'生态安全屏障的重要组成部分，正是美丽陕西的重要载体。为此，在生态系统管理中，需要重点维持秦岭的生态特征，尤其关注其旗舰物种（如秦岭四宝朱鹮、大熊猫、金丝猴、羚牛）、特有物种（太白红杉、独叶草、星叶草、秦岭冷杉等）的栖息地保护，以秦岭特色的生态环境塑造美丽陕西。

（3）陕西林业事业的全方位发展。此外，《陕西林业发展"十三五"规划》提出到2020年陕西省的林业发展主要目标为：建立完备的林业生态安全体系，建立发达的现代林业产业体系，建设繁荣的林业生态文化体系，建立高效的现代林业服务体系。秦岭作为突出中的森林生态系统，应紧抓这四个方面的工作，起到示范性的表率作用。

5.1.3　社会层面的支持

一直以来，秦岭的生态系统保护并非孤军作战，世界自然基金会（WWF）和全球环境基金（GEF）等国际组织在秦岭地区进行了十余年的保护工作，在降低基础设施带来的威胁、应对地震和气候变化威胁、提升自然保护区管理能力和探索森林管理有效途径等方面取得了关键进展，有序发展了社区经济，促进了自然保护区工作的稳步进行，为保护以大熊猫为代表的野生动物及其栖息地做出贡献。新时期下，不仅国际环保组织的覆盖面在逐步扩大，国内环保组织也不断成长，无论是理念技术还是人才队伍，均日益成熟。未来的发展中，秦岭依托其国内外的盛名以及"一带一路"等政策的推动，可以与更多的社会组织形成合力，获取其对秦岭生态系统保护的支持与参与，在合作共赢上寻求新的突破。

5.2 外部挑战

秦岭是一个完整的生态系统，气候、环境、人类社会（包括评估区域以外的人类社会以及评估区内的社区群众）等均是其外部的环境。本节将从宏观尺度、区域尺度、社区尺度、个体尺度等角度对其主要的外部威胁与挑战做一梳理。

5.2.1 宏观格局变化产生的负面影响

我国当前正处于社会经济的快速发展时期。在这个时期内，包括秦岭地区在内的诸多地区正在面临着宏观环境格局的变化、经济结构的转型、经济新常态的适应等问题。在此背景下，包括全球气候变化、经济发展压力等在内的多重因素都对秦岭生态系统的长远发展带来了挑战。

（1）全球气候变化的影响。研究表明，全球气候变化的背景下，秦岭地区在过去50年气温总体上呈增加趋势，北坡气温倾向率为0.24摄氏度/10年，南坡为0.15摄氏度/10年，尤其在20世纪90年代后增暖趋势明显（高翔等，2012）。气候变化必然对生态系统的物质能量循环、生物的自然节律、宏观生态格局等产生影响。如何在此背景下制定有效的气候变化的减缓和适应策略，是秦岭生态系统管理中需要予以充分研究和论证的一个课题。

（2）经济发展对环境造成破坏性影响。旅游业是秦岭地区经济发展的主要驱动力，区内的32个县区均有旅游开发项目持续建设。目前，除了森林公园、风景名胜区等大型景区外，还有不可胜数的农家乐接待点，大部分的沟道和山头被旅游占领。在管理不及时跟上的情况下，旅游业的大量发展，在带动经济增长的同时，也会造成资源过度开发、生境破碎化，以及环境破坏等问题。而目前由于旅游覆盖面较广，要依据国家公园的建设宗旨对这些旅游开发现象进行整合清理具有一定的难度。为此，当务之急是要自上而下充分研究论证秦岭地区的生态环境承载力，以及生态旅游的真正内涵，有部署、有限度地推动生态旅游的良性发展。

（3）社区发展与保护之间存在冲突。受交通、土地等方面的影响，秦岭区域是陕西省经济最为不发达的区域。长期以来，山区群众已经形成了靠山吃山的习惯，其经济来源主要以种植、养殖和矿产开发为主，对森林资源及其环境的依赖性比较强。与此同时，与周边地区相比，秦岭地区目前的GDP人均量仍小，地区自身财政有限，产业结构单一，群众就业机会少。在其相关的38个县中，分布有21个国家贫困县，贫困和资源依赖导致了社区发展和保护工作之间的矛盾冲突。如何精准地识别冲突的来源以及保护的需求，并采取创新、有效的方式缓解社区发展和保护之间的冲突，是秦岭地区在生态和社区管理中需要重点考虑的问题。

（4）外来物种的入侵。中国复杂的气候和生态系统，使得外来物种极易找到适宜的生态环境。国际自然保护联盟公布的100种恶性外来入侵物种中已有一半以上入侵中国。外来入侵物种造成的经济和环境损失每年高达1198.76亿元。其中十大入侵外来生物在秦岭地区及附近常见有松材线虫、美国白蛾、巴西龟、水葫芦、小龙虾、食人鲳等。

有资料显示，秦岭地区也面临着一些物种入侵的问题。如：日本落叶松人工林入侵秦岭大熊猫栖息地，对野生动物的觅食、隐蔽、迁移、逃逸造成一定影响，致使生境破碎化①。此外，调查发现秦岭南坡的宁陕县、秦岭北坡的西安市长安区有粗毛牛膝菊的入侵，且有爆发生长的趋势，已经成为严重的外来入侵植物之一，对入侵地的农业生产和生物多样性造成了很大的威胁。

入侵种往往通过与本地种争夺养料、阳光、空间、水或食物，影响本地种的生存，威胁到了当地的生物多样性。秦岭地区需对其外来物种进行科学防范和治理，以确保其生态系统的健康和完整。

5.2.2 新型上位政策的新目标和严要求

自中央提出生态文明制度建设的构想以来，国家层面出台了一系列生态环境相关的新政策、新规定，给各级政府和机构推行生态环境保护工作提出了更加严格的要求和更加明确的惩治办法。这些政策制度的出台是一把双刃剑，若相关部门能够把握其要领、严格落实、积极推动，必然可以保障生态环境的长期稳定和健康，实现生态保护和社会发展的双赢；而若"上有政策下有对策"，对上位政策的予以歪曲理解，甚至钻政策的"漏洞"，以生态保护之名，行片面发展之实，则不但不能取得政策的预期效果，反而有损生态系统的健康和持续。从这个角度来看，如何有效地把握各种政策时机，准确、高效地落实各项上位政策，是当前生态文明制度推行阶段摆在各级政府和机构面前的重大挑战。

（1）资源生态红线的管控。2016年5月，国家发展改革委等9部委印发《关于加强资源环境生态红线管控的指导意见》的通知，指出为了"保障国家能源资源和生态环境安全，倒逼发展质量和效益提升，构建人与自然和谐发展的现代化建设新格局"，要求"设定资源消耗上限""严守环境质量底线""划定生态保护红线"，"建立体现资源环境生态红线管控要求的政策机制，形成源头严防、过程严管、责任追究的红线管控制度体系"。这一制度的出台，意味着以往生态承载力没有得到足够重视，资源过度开采的情况将要得到显著的遏制。社会发展必须要在生态承载力的前提下，在生态安全的红线内予以进行。为此，如何在追求金山银山的同时保住绿水青山，如何科学合理地把绿水青山转变为金山银山，这些新的命题要求各级政府与时俱进，深入学习，以自然规律和生态特征为准绳，科学制定区域生态红线，同时采取创新、灵活、高效的机制在红线内实现多重发展目标。

（2）党政领导干部生态环境损害责任追究。2015年8月，中共中央办公厅、国务院办公厅联合印发《党政领导干部生态环境损害责任追究办法（试行）》，其中提出"致使本地区生态环境和资源问题突出或者任期内生态环境状况明显恶化的"、开发"不顾资源环境承载能力盲目决策造成严重后果的"等情况下应追究相关地方党委和政府主要领导成员的责任。这无疑给地方党政领导干部的生态环境管理能力和成效提出了更高的要求，而紧扣生态系统特征以避免其超出可接受变幅、契合环境承载力进行管理，是满足这一考核条件的基础。

（3）自然资源资产负债表的编制。2015年11月国务院发布《编制自然资源资产负债表试点方

---

① http://www.people.com.cn/GB/huanbao/2022387.html.

案》，要求"通过探索编制自然资源资产负债表，推动建立健全科学规范的自然资源统计调查制度，努力摸清自然资源资产的家底及其变动情况，为推进生态文明建设、有效保护和永续利用自然资源提供信息基础、监测预警和决策支持"。这一政策的出台，一方面，从秦岭生态系统的整体性保护而言，是维持其生态系统特征、保障生态安全和持续稳定的有效途径，另一方面也给地方责任部门和相关职能部门提出了更为严格、更为具体的的生态保护要求。如何全面、准确、实施地做好自然资源的科学检测，如何将社会经济活动有效管控在资源生态红线之内，如何做好资源资产的确权登记以及用途管制，如何将资源资产评估与领导干部离任审计真正紧密结合等，都是摆在管理者面前的现实挑战。

（4）生态环境监测网络的建设要求。国务院2015年7月发布的《生态环境监测网络建设方案》要求"坚持全面设点、全国联网、自动预警、依法追责，形成政府主导、部门协同、社会参与、公众监督的生态环境监测新格局，为加快推进生态文明建设提供有力保障"。这为秦岭地区全面布设生态系统监测网络，实时掌握生态特征的变化情况提供了更加有利的条件。但与此同时，由于监测网络覆盖面的拓宽、监测力度的强化、执法强度的增加，相关职能部门的责任和义务也相应增加。

5.3 内部优势

与前文的外部环境概念相对应，内部环境即秦岭生态系统内的各种组成及其相互间的关系。换言之，内部环境的状况即生态系统本底的情况。秦岭作为举世闻名的名山，其内部的优势非常突出，本报告择其几个关键方面阐述如下。

5.3.1 生态系统重要性突出

如前文所述，秦岭是"世界生物基因库"，朱鹮、大熊猫、金丝猴、羚牛等珍稀濒危物种的天然栖息地，城市群天然生态屏障，国家生态安全保障的主体区域之一。在《全国生态功能区划》中，该区域被定位为秦巴生物多样性生态功能区，处于秦岭落叶阔叶、针阔混交林水源涵养三级功能区及秦巴山地水源涵养重要区；在《陕西省生态功能区划》中处于重要生态服务功能区，即秦岭山地水源涵养与生物多样性保育生态功能区；在《陕西省秦岭国家级生态功能保护区规划》中处于秦岭山地常绿阔叶—落叶林水源涵养和生物多样性保护生态功能区，因而生态系统重要性极为突出。此外，从第五章的生态可持续性评估来看，秦岭生态系统的可持续性也处于较高水平。

5.3.2 资源类型丰富多样

除了独特的自然资源以外，秦岭地区还具有丰富的文化资源和景观资源，资源类型众多，呈现出了以下特点。

（1）生态系统特点。受地处中纬度的地理位置、独有的山地地貌及暖温带与北亚热带气候等自然因素综合作用的影响，秦岭尤其是秦岭陕西段生物多样性极其丰富，形成了特有的生态系统。

秦岭是中国乃至世界上的重要山脉，是我国南、北方的分界线，是我国中部重要的水源涵养区，是生态、物种和基因多样性最为丰富的地区，是中国天然的地质博物馆。

（2）文化资源特点。秦岭陕西段是中华文化的发祥地，具有厚重的文化底蕴，历史遗址遗迹众多，民俗风情绚丽多姿。

（3）景观资源特点。秦岭资源的特点可概括为全、稀、美、蕴，其中分布着以国宝大熊猫为代表的珍稀动物；奇峰雄浑，峡谷幽险，沟壑深邃，森林苍劲，溪流灵秀，天朗气清，风光旖旎，环境清幽，具有极高的美学价值。

5.3.3 地理区位和生态功能重要

秦岭横贯我国中部，是我国的南北方分界线、1月份我国0℃等温线、湿润与半湿润地区分界线、800毫米等降水线，以及南方水田与北方旱地分界线，具有极其重要的地理区位意义。而复杂的地理环境和丰富的生物多样性，也造就了秦岭地区突出的生态功能。从前文的分析中可以得出，秦岭地区包括四大类共8种生态体系服务类型，服务全面而重要。习近平总书记在陕西视察时也曾指出，秦岭是中国的地理标识，是我国南北气候分界线和重要生态安全屏障，具有调节气候、保持水土、涵养水源、维护生物多样性等诸多功能。

5.3.4 生态系统可持续性强

从上文的生态系统可持续性评估中可以看出，秦岭生态可持续性得分为82分，处于较高水平，可持续性较强，能够在较长时期内维持较稳定的状态，有助于为人类持续地提供生态系统服务。

所有以上这些优势，即资源类型多样、重要性高、区位重要、生态功能突出、可持续性强等，正是秦岭获得各级政府政策上的倾斜、国内外社会多方面支持的重要内部条件，也是将来抢占发展机遇、申报国家公园和生态文明试验区等授牌、真正获取有利外部资源实现可持续发展的重要依据。

5.4 内部弱势

尽管秦岭的资源、区位、服务等重要性都极为突出，但从数据掌握的情况来看，也存在着比较突出的问题，成为秦岭跨越式发展的障碍。

5.4.1 生态系统监测网络有待完善

秦岭资源丰富，但由于各类在线监测系统和统一调查技术尚未完善，缺乏确切系统的监测数据，该地区对其本底资源的情况及其动态的演变规律依然掌握不够充分，导致秦岭地区各类资源的组成、分布等数据未能及时、完善地掌握。时值国务院于2015年发布《生态环境监测网络建设方案》，秦岭相关管理部门需尽快构建全面、系统、准确的监测网络和共享平台，为推进秦岭生态系统的精细化的管理提供支持。

5.4.2 生态系统存在退化、破碎化等现象

尽管秦岭生态系统存在着资源类型多样、重要性高、可持续性强等优势，但在近几十年中也在一定程度上受到了经济社会发展的冲击。"大熊猫四调"结果显示，受人工林、道路、居民点、耕地、小水电站、旅游、矿产开发等活动的影响，大熊猫栖息地整体质量并不高，栖息地受损、退化、破碎化问题依然严峻。和全国第三次大熊猫调查相比，秦岭山系的大熊猫栖息地面积虽有显著增长（增长105.1%），但现有栖息地中适宜栖息地比重偏低（国家公园范围内75.7%的栖息地和41.7%的潜在栖息地适宜大熊猫生存）。由于秦岭地区自然地理隔离、道路建设以及人类活动等因素的干扰，导致秦岭地区大熊猫栖息地破碎化严重。秦岭大熊猫国家公园范围内大熊猫种群被分成秦岭A（平河梁种群）、秦岭B（天华山—锦鸡梁种群）、秦岭C（兴隆岭种群）、秦岭D（牛尾河-桑园坝种群）和秦岭E（太白河种群）5个局域种群，各种群生存状况不尽相同。隔离种群间基因交流存在困难，导致遗传多样性降低、种群质量下降，个别局域小种群（低于30只）在应对突发的自然灾害面前甚至有消失的危险，其中以秦岭E种群（3只）、秦岭A种群（7只）和秦岭B种群（20只）生存风险最高。这些问题若不能得到有效的解决，则秦岭在未来几年将无法达到保护的目标，能难以实现发展的突破，在声誉和发展机遇上将面临被动局面。

5.4.3 管理机构协调度不足，管理体制不顺

秦岭地区，现有的保护地不仅数量多，且类型也多，涉及自然保护区、森林公园、国有林场、天然林经营区、国家植物园等20多处保护地，分属不同层级的不同部门进行管理。这些保护地的建立在促进秦岭生态系统保护的同事，也存在着一些问题：①功能区划分过于模式化，难以真正发挥其功能，相邻保护区的功能区划分缺乏系统性和整体性考虑，各保护地之间的严格保护区域缺乏连通性，传统利用区设置较为零散，各保护单位在工作开展、工程设置方面缺乏统一性和协调性；②一些省属天然林经营区由于自身沉重的人员负担以及缺乏相应的资金和政策支持，保护工作困难重重；③保护地建设发展不平衡，表现在管理机构不健全、管理体系不顺畅、运行资金不足或根本没有保障，部分自然保护区虽然已经在形式上成立，但在管理上仍停留在林场时代，建而不管现象不同程度的存在。而"建立统一、规范、高效的管理体制"是国家公园体制建设的根本要求，要使秦岭生态系统保护和发展工作更上一个台阶，就必须下加大改革创新力度，整合或统一协调各管理机构，理顺管理体制。

6. 结 论

（1）生态可持续性指标表现良好，原真性保持较好，生态建设成效显著。

本研究在进行组分多样性、过程稳定性和生态系统服务重要性评估的基础上，获得秦岭地区生

态可持续评估结果。总体上看，秦岭生态系统的可持续性在过去的35年中总体状况表现良好，2015年分值为88.8分，体现出了秦岭较高的可持续性，尤其是组分多样性部分分值较高。

组分多样性的评估结果显示，其平均分为9.5，方差为0.25，整体得分较高，且各部分的多样性较为均衡。

过程稳定性评估结果显示，其平均分为8.75分，方差为1.6875，整体得分也较高，相对于组分多样性而言，均衡度略显弱，但总体发展依然较好。在过程稳定性的四项指标中，土地格局的分值已经高于5分，说明已经在过去的多年中土地格局总体上向有利于生态保护的方向变更。但该分值相对其他指标而言较低，反映出在未来还有较大的提升空间。

生态系统的服务重要性评估结果显示，其平均分为7.9分，方差为1.21。总体上秦岭地区提供的生态系统服务类型较多，服务量状况也较好，但水源涵养和滞尘两项服务还有较大提升空间。

通过生态可持续性指标的历史对比可以看出，2015年的可持续性比1980年仅降低1分，反映出了较好的原真性。但在2000年的时间点上，其可持续性出现了下滑，跌至80.8分。2000年与1985年相比可以看出，其动物多样性和土地格局变更的分值下降明显，折射出这一阶段人为干扰、土地扩张的影响较大，对生态系统保护不力，导致在2000年其生态可持续性降低到了80.8分。

尽管相比1980年，2000年的秦岭生态系统可持续性下降了，但在其后的15年中仍然发生了较为可喜的变化。受到1999年国家实施退耕还林等政策、2007年秦岭人大通过秦岭保护条例等事件的影响，2015年秦岭生态系统可持续性从2000年的80.8分提高到了88.8。其中最显著的变化体现在两个方面：动物多样性显著提高，土地格局朝着更有利于生态保护的方向演变。这也反映了秦岭地区相关管理部门对于生态系统保护工作的高度重视以及取得的积极成效。

从目前的情况来看，秦岭生态系统在土地格局和建筑用地面积上依然可以有提升的空间，应继续做好生态修复等工作，慎重开展工程建设。此外，对于秦岭森林调节服务中水源含氧量和滞尘量这两个指标相对于全国平均值较低的情况，相关部门也需要引起注意。

（2）生物多样性保护空缺明显，亟待构建秦岭的生物多样性保护体系。

秦岭地区共有国有林场114处，森林公园55处（其中国家级森林公园24处，省级森林公园31处）。自然保护区共30处，其中国家级自然保护区17处，省级自然保护区13处。针对不同类型保护地，由于其不同的保护管理效率，对生态系统保护贡献率的差别，结合现有空间统计数据。依据现有国家级自然保护区分布的区位、面积等基本信息进行了评估。结合秦岭地区生态系统的组分特征，根据必须保护规划单元、协商保护规划单元和部分保护规划单元内珍稀濒危植物分布特点，选取40种珍稀濒危植物其分布具有单一性的特点（即每一个物种仅分布其中一个规划单元，其栖息地不具有可替代性单元的存在）。将此类型的40种珍稀濒危植物，作为不可替代性的旗舰物种，开展空缺分析。其结果如图1-16所示。

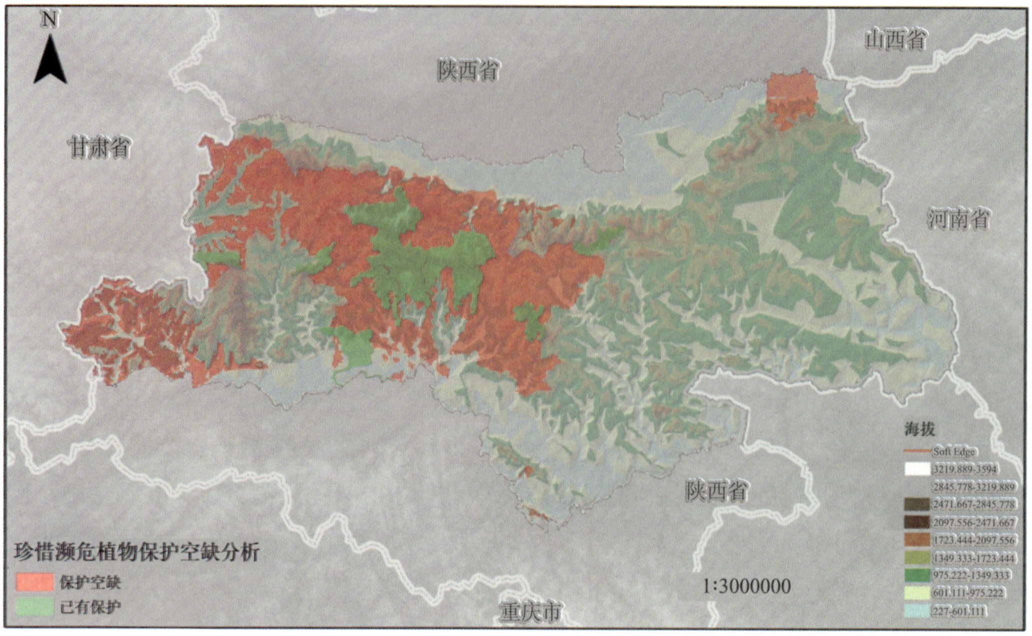

图1-16 珍稀濒危植物保护空缺

分析结果显示，目前区域内已建的国家级自然保护区，仅能满足上述物种20.88%的保护需求，其中仅洋县、佛坪、柞水、宁陕、周至、留坝、城固、凤县、太白、眉县有国家级自然保护区分布，其余县区依旧存在保护空缺，空缺区分布详见图1-16。

依据目前我国自然保护区的建设和管理现状，对秦岭地区的保护区进行了管护能力的初步评估。研究认为，秦岭地区的现有保护区建设，受行政区划的影响，存在管护资源禀赋，导致管护能力水平差异较大，使得区域的生物多样性保护出现，相同的生态系统中，种群的健康状况和生态景观存在差异。行政地域划分对秦岭生态系统的生物多样性保护产生影响，是目前秦岭地区生物多样性保护面临的主要问题。

（3）生物多样性服务功能巨大，是国家战略的重要组成。

秦岭生态系统评估的价值为3563.32亿元（2015年数据），其中供给、支持、调节、文化服务价值比例分别为26.81%、38.16%、18.27%和15.77%。

秦岭最重要的生态系统服务功能在于生物多样性（38.16%）、涵养水源及供水（20.26%）、林业产品供给（12.17%）、休闲旅游（16.77%），以及固碳释氧（8.43%）。其中，生物多样性保护的存在价值可能有较大的低估，但总体反映其极其重要的作用；而水资源供给因南水北调而服务价值显著上升，其间接价值（包括应对全球气候变化）亦可能显著低估；休闲旅游价值仅仅是文化价值的一个评价指标，由于可得数据限制，在精神、科普教育与科学研究等方面的文化价值还没有充分反映出来，随着国家公园的建设，这一部分的生态系统服务价值将显著提升。秦岭的总体评估可以看出，秦岭对于生态的支持和调节服务上具有较高的价值，对于维持当地及相关地区的生态系统的健康、可持续发展具有重要的意义。

秦岭以森林为主的生态系统，在支持生物多样性尤其是珍稀物种的生存和发展方面起着重要作用，同时，在水源涵养、调节气候等方面发挥着重要的调节功能，正是森林天然具有的功能，为人类的生存和生产提供良好的环境。然而，秦岭生态所具有的天然服务功能，并不直接体现为经济利益，因而常被忽略。因此，加强秦岭生态系统服务宣传，强化人们对生态服务的认识，自觉保护秦岭生态系统和生物多样性，是维持人与生态共同可持续发展的关键。

表1-28　　　　　　　　　　陕西秦岭生态系统服务价值现状评估结果

评价项目	评价指标	价值量（亿元）	比例（%）
供给服务	林木产品	433.6	12.17
	林副产品		
	水资源供给	521.88	14.64
支持服务	生物多样性	1360	38.16
调节服务	固碳释氧	300.32	8.43
	水源涵养	200.2	5.62
	土壤保持	41.84	1.17
	环境净化	108.7	3.05
文化服务	休闲游憩	597.594	16.77
合计		3564.13	100

7. 对策与建议

秦岭的自然生态条件优越，可持续性较强，但在管理上依然存在一些薄弱环节。在国家推进生态文明建设的大趋势下，从中央到地方都形成了秦岭长远发展的有利条件，同时也对秦岭生态系统的有效管理提出了更大的挑战。为充分把握这一战略机遇期，实现秦岭的大保护和大发展，本研究就秦岭地区的生物多样性有效保护与长期可持续发展、生态系统管理等提出以下对策和建议。

（1）建立国家公园体制，切实保护秦岭生态系统原真性和完整性。本着实现秦岭生态系统整体性保护，同时推动秦岭地区社会经济健康发展、提升秦岭国内和国际影响力、强化人民凝聚力的目标，应尽快按照"统一、规范、高效"的总体要求、以"保护为主、全民公益性优先"的原则构建秦岭国家公园体制。这不仅是当前发展的必要路径，也具备现实的可行性。

秦岭地区保护地交叉重叠、管理协调度不足的问题迫切需要通过国家公园体制的构建予以理顺，用统一的体制实现秦岭生态系统的统一管理；因各类开发活动导致的部分区域生态系统退化和破碎化的问题，需要利用国家公园保护与发展共赢的方法体系予以应对；社区发展与生态保护的矛盾体需要借助以细化保护需求为基础的国家公园生态补偿机制等创新政策予以破解。唯有构建国家公园体制，才是以全面综合高效地解决三对矛盾体的有力举措。

从可行性上看，秦岭生态系统的各项评估结果显示秦岭的各项生态特征总体上保持完整，且从1980年到2015年可持续性维持较为稳定，体现了较好的原真性。而原真性和完整性的保护正是国家公园生态保护的核心要义。与此同时，秦岭生态系统因其特殊的地理位置和历史文化积淀，也承载了中国人民长期以来的特殊文化和民族情感。因此，在我国推进国家公园建设的浪潮中抓住机遇树立秦岭国家公园品牌，是具备天时、地利、人和的重要决策。

秦岭保护地体系中，有国家公园、地质公园、自然保护区、森林公园、湿地公园、国有林场、天然林经营区、国家植物园等多种类型，各自保护的重点不同，直属管理部门也不同。建立保护区网络平台和协商机制，将凝聚多方力量，通力合作，有助于整合保护资源，提高保护的效率。

充分利用国家公园体制建设的机遇，由省政府牵头协调，突破部门、地县级行政划分的局限，从大秦岭的视角，结合秦岭的生态特征和发展需求，明确整个生态系统视角下的保护地体系管理目标。

在此基础上，考虑到整个生态系统范围广、资源多、区域性差异大的特点，需要根据内部不同区域的不可替代性值大小及生物多样性优先保护等级，针对区域现有行政等规划的特点，结合区域社会经济发展现状，秦岭生态系统及生物多样性保护采取分级分区保护战略，实现不同保护地的整合。本研究建议不同区块可以划分为严格保护区、优先保护区和协调发展区，详见图1-17，以国家级自然保护区、国家公园覆盖严格保护区和优先保护区范围，以森岭公园、湿地公园、地质公园、林管局等管理机制覆盖协调发展区域。

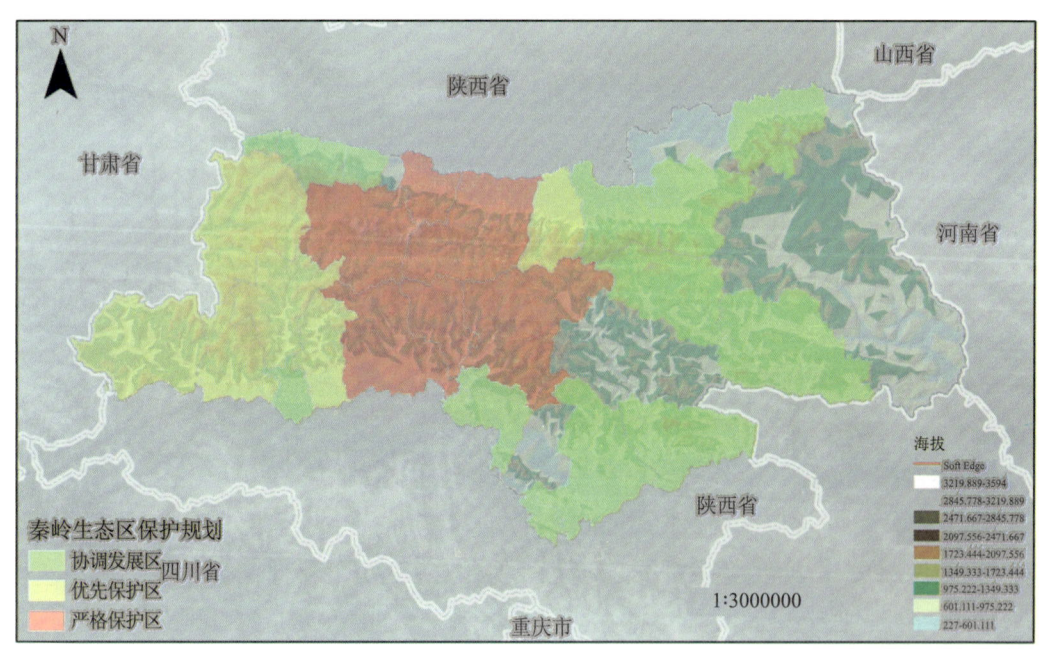

图1-17 秦岭生态区生态系统可持续性及生物多样性保护规划

总之，建立"统一、规范、高效"的国家公园管理体制是秦岭这一保护地类型众多、权责交叉重叠、管理状况复杂的生态体系寻求新常态下跨越式发展的必经之路。

（2）争创国家生态文明试验区。《关于设立统一规范的国家生态文明试验区的意见》（下称

《意见》)的出台,给秦岭的平台建设带来了另一重机遇。在建立国家公园体制的基础上,在条件允许的情况下,建议秦岭相关部门积极申报国家生态文明试验区(下称试验区)的建设。试验区的建设和国家公园体制的建设不是重复、矛盾的工作,而是互为支持、互为补充的关系。所谓生态文明试验区,是要把中央关于生态文明体制改革八项制度[①]予以落地,探索可复制、可推广的制度成果和有效模式,引领带动全国生态文明建设和体制改革;而国家公园体制建设是落实生态文明八项制度的重要内容,也是试验区建设的重要物质载体。通过试验区的建设,可以从整个区域发展的高度引领秦岭生态系统的大保护和大发展,而国家公园体制的建设又可以反向推动试验区的政策落地。在实际的工作中,必须从两者相辅相成的角度把握并推进这两项工作。

《意见》中指出,国家生态文明试验区的试验重点为:"有利于落实生态文明体制改革要求,目前缺乏具体案例和经验借鉴,难度较大、需要试点试验的制度;有利于解决关系人民群众切身利益的大气、水、土壤污染等突出资源环境问题的制度;有利于推动供给侧结构性改革,为企业、群众提供更多更好的生态产品、绿色产品的制度;有利于实现生态文明领域国家治理体系和治理能力现代化的制度;有利于体现地方首创精神的制度。"总结起来说,具备有效性、先进性、创新性的制度设计是试验区建设的重点,因而也必须是秦岭生态保护管理的重点,是开展可行性研究需重点考虑的问题。

在建立国家公园的基础上,推动"一园一法"和多规合一。陕西省已经于2007年出台了《陕西省秦岭生态环境保护条例》,该条例无论从法律效力上讲,还是从其着眼的整个秦岭的系统保护来看,都给未来秦岭国家公园出台"一园一法"机制奠定了良好的基础。但需要注意的是,该条例着眼点为生态环境的保护,因而未来"一园一法"中生态系统原真性和完整性保护的相关内容应与该条例的要求相一致,形成相互呼应的格局。

实行多规合一,将不再针对秦岭生态系统的某个区块或某项职能由某一业务部门单独编制相关规划,而是实现已有规划(国民经济发展规划和专项规划——保障"多规合一")的整合完善,包括统一规划的原则、指导性方针、指南等。

建立秦岭生态补偿机制。在实现有效保护的基础上兼顾居民的基本权利和福利,开展生态补偿。可以助力国家公园建立高效的资金机制、化解社区冲突、实现保护目标的合理统筹与部署,同时也是落实国务院颁布的《关于健全生态保护补偿机制的意见》的有效体现。

梳理秦岭自然资产清单,推行领导干部自然资源资产离任审计机制。紧密结合中央要求,编制秦岭地区自然资源资产负债表,对地方政府及部门党政负责人开展自然资源、环境审计和责任追溯。

(3)加强秦岭生态系统管理、提升生态系统服务价值。陕西秦岭生态系统总价值为3564亿元,其中生物多样性占38.16%,涵养水源及供水占20.26%,休闲旅游占16.77%,林业产品供给占12.17%,固碳释氧占8.43%;秦岭地区在支持生物多样性发展、提供水资源、调节气候等方面发挥着

---

① 中共中央政治局2015年9月11日召开会议审议通过《生态文明体制改革总体方案》,其中提出建立健全八项制度,分别为健全自然资源资产产权制度、建立国土空间开发保护制度、建立空间规划体系、完善资源总量管理和全面节约制度、健全资源有偿使用和生态补偿制度、建立健全环境治理体系、健全环境治理和生态保护市场体系、完善生态文明绩效评价考核和责任追溯制度。

重要的作用，其生态价值远高于其所提供的直接经济利益。从1980年到2015年秦岭生态系统服务的评估可看出，秦岭所提供的生态系统服务总体"V"型变化格局，生态系统管理的有效性得到了确认。今后需要在以下几个方面开展秦岭生态系统管理，提升生态系统服务。

①加大技术投入，开展生态修复，提升秦岭生态系统质量。在明确秦岭生态特征的基础上，通过对其生态组分和过程的薄弱环节实施有针对性的修复，实现生态系统服务的提升，并以此增强其对外界风险的抵抗力和恢复力。

针对现有的外来物种入侵、林地退化等生态问题，能够建立长效的合作机制，加强科研监测，通过科学的管控手段，控制外来入侵种群的增大和扩散。通过合理的用地规划和管理手段，降低林地退化风险。根据生态系统的特征，有针对性地开展人工培育工作，并采取适当的人为干预，增强生态系统的生物多样性丰度，同时增强系统的抵抗力和健康度。

为提高生态系统的保护管理效率，同时加强生态系统的保护管理有效性，研究建议，加强科学管理秦岭生态系统的技术方法，利用现代的信息技术平台，提高科研监测效率，加强对秦岭生态系统的了解，能够适时地对生态系统状况做出积极响应。

运用现代化的巡护监测技术手段，增加巡护监测的频率，增强对珍稀濒危物种的巡护手段，实时监测区域内的生态系统动态，对生态系统的过程有较好的管控，实时进行人为干预，减少物种灭绝、外来种入侵和生态系统退化等风险。

②划分生态功能区，重点发挥区域生态服务优势。根据秦岭山地生态环境垂直分布特征，可以将秦岭生态功能分区管理，发挥生态系统服务区域优势。如图1-10所示，根据不同生态系统的生态组分及其所具有的生态功能，可将陕西秦岭地区划分为中条山南麓黄土丘陵水土保持生态功能区、渭河两侧黄土台塬农业生态功能区、关中平原城镇及农业生态功能区、小陇山林区水源涵养与生物多样性保护重要生态功能区等22个生态功能区，对不同功能区进行重点生态服务的管理。

③基于森林扩展和跨区域合作，增加水源涵养功能。水源涵养、支持生物多样性、气候调节是秦岭生态系统最主要的生态服务功能，因此，秦岭生态系统保护也以更好地发挥这些功能为目标，加强扩展林地面积，即通过植树造林、退耕退矿还林等措施提高生态系统功能。秦岭南坡东部水源涵养区、丹江上游、南洛河上中游的水源区以及秦岭北坡中西部的宝鸡、眉县、周至、长安区等水源区，水源涵养功能非常重要，要加强保护与扩大该地区的林地面积，以增强其水源涵养功能。

秦岭地区，作为南水北调的重要水源地，将严格执行水源地的保护管理条例，在一定程度上限制了区域经济的发展，而其对京津冀的水资源供给，所创造的社会经济价值，远超出了其水资源供给的基本价值。秦岭保护不应局限在本地区，要通过建立生态补偿、多方合作机制等措施，加强区域合作，共同致力于秦岭的保护。

秦岭生态系统保护与管理对策的总体方案为：以国家公园、国家生态文明试验区、美丽陕西建设等为载体构建秦岭保护与发展战略平台，从软硬件两个方面完善体制机制、加大技术投入，努力提升秦岭生态系统服务价值，全面破解秦岭地区面临的三大根本矛盾，实现秦岭生态系统保护和社会经济发展的双赢。

以上逻辑梳理如图1-18所示。

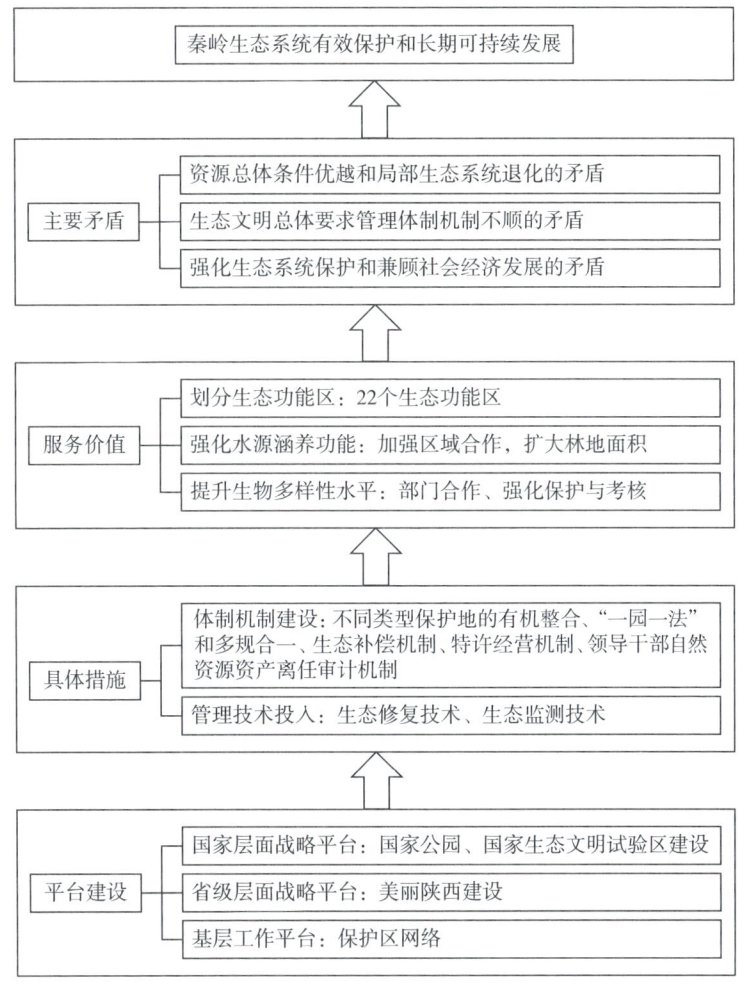

图1-18 秦岭生态系统保护与管理对策的逻辑架构图

参考文献

[1] 刘晓清，张振文等.秦岭生态功能区森林水源涵养功能的经济价值估算.水土保持通报，2012（1）

[2] 李文华.生态系统服务功能价值评估的理论、方法与应用.北京：中国人民大学出版社，2008

[3] 靳芳、鲁绍伟等.中国森林生态系统服务功能及其价值评价.应用生态学报，2005（8）

[4] 赵同谦、欧阳志云等.中国森林生态系统服务功能及其价值评价.自然资源学报，2004（4）

[5] 王得军.陕西森林功能分区研究.林业调查规划，2014（2）

[6] 马长欣，刘建军等.1999~2003年陕西省森林生态系统固碳释氧服务功能价值评估.生态学报，2010（6）

[7] 蒋冲，王飞等.气候变化对秦岭南北植被净初级生产力的影响（Ⅱ）.中国水土保持科学，2012（6）

[8] 李婷，刘康等.基于InVEST模型的秦岭山地土壤流失及土壤保持生态效益评价.长江流域资源与环境，2014（9）

[9] 西安秦岭生态环境保护委员会办公室.大秦岭西安段生态环境保护规划，2011

[10] 陕西省环保厅.秦岭国家公园建设研究成果报告，2015

[11] 彭文静，姚顺波等.基于TCIA与CVM的游憩资源价值评估——以太白山国家森林公园为例.经济地理，2014（9）

[12] 司今，韩鹏，赵春龙.森林水源涵养价值核算方法评述与实例研究.自然资源学报，2011（12）

[13] 卓静，何慧娟，王娟.秦岭地区水源涵养能力评估.陕西气象，2015（3）

[14] 马克平，钱迎倩.生物多样性保护及其研究进展.应用与环境生物学报，1998（1）

[15] 世界自然基金会.WWF大熊猫保护研究报告，2016

[16] 杨金凤，王玉宽.生物多样性价值评估研究进展.安徽农业科学，2008（26）

[17] 宗雪，崔国发，袁婧.基于条件价值法的大熊猫存在价值评估.生态学报，2008（5）

[18] 马琪，刘康，张慧.陕西省森林植被碳储量及其空间分布.资源科学，2012（9）

[19] 孙阁.林地地表径流的研究.水土保持通报，1989（2）

[20] 陈晓燕，张娜，吴芳芳.降雨和土地利用对地表径流的影响.自然资源学报，2014（8）

[21] 任志远，刘焱序.西北地区植被净初级生产力估算模型对比与其生态价值评价.中国生态农业学报，2013（4）

[22] 彭建，吴健生，潘雅婧等.基于PSR模型的区域生态持续性评价概念框架.地理科学进展，2012（7）

[23] 关于特别是作为水禽栖息地的国际重要湿地公约，2005a.决议IX.1，附录A，1971

[24] Cincotta RP, Engelman R. 2000. Nature's Place: Human Population Density and the Future of Biological Diversity. Washington（DC）: Population Action International

[25] Vitousek PM. 1997. Human domination of Earth's ecosystems. Science 277: 494–499

[26] 赵士洞，张永民.生态系统与人类福祉——千年生态系统评估的成就、贡献和展望.地球科学进展，2006（9）

[27] 谢高地，张彩霞，张昌顺等.中国生态系统服务的价值.资源科学，2015（9）

[28] 国家环境保护总局.中国履行《生物多样性公约》第三次国家报告.北京：中国环境科学出版社，2005

[29] 黄晓斌，江秀佳.SWOT战略分析模型的动态改进.实践研究，2009（07）

[30] 高翔，白红英，张善红等.1959~2009年秦岭山地气候变化趋势研究.水土保持通报，2012（2）

[31] 2001~2010年陕西秦岭国家级生态功能保护区生态功能变化研究.陕西省环境科学研究设计院，2011

[32] 郭晓思，徐养鹏等.秦岭植物志.北京：科学出版社，2013

[33] 傅志军.秦岭地区植物区系和植被.西安：西安地图出版社，1998

[34] 应俊生.秦岭植物区系的性质、特点和起源.植物分类学报，1994（32）

[35] 岳明，党高弟，辛天琪.佛坪国家级自然保护区植被垂直带谱及其与邻近地区的比较.武汉植物学研究，2000（18）

[36] 朱志诚.关于秦岭北坡森林的基带.西北植物研究，1983（3）

[37] 狄维忠，于兆英.陕西省第一批国家珍稀濒危保护植物.西安：西北大学出版社，1989

[38] 张态英，袁永明.陕西特有木本植物及特性.陕西林业科技，1986（4）

[39] 国家环保局.中国科学院植物研究所中国珍稀濒危保护植物名录.生物学通讯，1987（7）

[40] 孙志浩，王友安，畅军庆等.秦巴山区在生态环境保护中的战略地位.环境科学与技术，2001（增刊）

[41] 杨建兴，王锐，田建年等.陕西省红豆杉种质资源的调查与选优.陕西林业科技，2004（1）

[42] 谢恩魁，李龙山，李德全等.山阳县红豆杉资源及其保护利用.陕西林业科技，2003（2）

[43] 苏陕民，张志英.太白山自然保护区植物区系及地理分布.太白山自然保护区综合考察论文集.西安：陕西师范大学出版社，1989

[44] 张志英，苏陕民.太白山植物区系特征.西北植物研究，1984（1）

[45] 傅志军，葛永刚，张萍.太白山特有珍稀植物优先保护顺序的定量分析.宝鸡文理学院学报（自然科学版），2001（01）

[46] 樊璐，刘西俊，周丕振.陕西省第一批国家稀有濒危植物的地理分布、区特征及保护.西北植物学报，1996（05）

[47] 狄维忠，仲铭锦.陕西省国家珍稀、濒危保护植物的分布规律.西北大学学报（自然科学版），1989（01）

[48] 吴小巧，黄宝龙，丁雨龙.中国珍稀濒危植物保护研究现状与进展.南京林业大学学报（自然科学版），2004（02）

[49] 朱志诚.秦岭的草甸——Ⅰ.高山原生草甸.中国草地，1992（5）

[50] 朱志诚，岳明.秦岭及其以北黄土区草地群落地带性特征.中国草地，2001（3）

[51] 田陌，张峰，王璐等.入侵物种粗毛牛膝菊（Galinsoga quadriradiate）在秦岭地区的生态适应性.陕西师范大学学报（自然科学版），2011（5）

附件1-1　国家一级保护植物

序号	中文名	学　名	科名	分　布
1	苏铁	*Cycas revoluta*	Cycas	秦岭
2	银杏	*Ginkgo biloba*	Ginkgo	秦岭
3	水杉	*Metasequoia glyptostroboides*	Taxodiaceae	秦岭
4	红豆杉	*Taxus chinensis*	Taxaceae	秦岭、巴山
5	南方红豆杉	*Taxus chinensis* var. *mairei*	Taxaceae	秦岭、巴山
6	华山新麦草	*Psathyrostachys huashania*	Gramineae	秦岭
7	独叶草	*Kingdonia uniflora*	Ranunculaceae	秦岭
8	珙桐	*Davidia involucrata*	Nyssaceae	平利、镇坪
9	光叶珙桐	*Davidia involucrata* var. *vilmoriniana*	Nyssaceae	平利、镇坪、岚皋

附件1-2　国家二级保护植物

序号	中文名	学　名	科名	分　布
1	秦岭冷杉	*Abies chensinensis*	Pinaceae	秦巴山区
2	太白红杉	*Larix chinensis*	Pinaceae	秦岭
3	大果青扦	*Picea rieoveitchii*	Pinaceae	秦巴山区

续表

序号	中文名	学名	科名	分布
4	黄杉	*Pseudotsuga sinensis*	Pinaceae	镇坪
5	巴山榧树	*Torreya fargesii*	Taxaceae	秦巴山区
6	沙芦草	*Agropyron mongolicum*	Gramineae	陕北北部
7	长序榆	*Ulmus elongata*	Ulmaceae	镇坪
8	榉树	*Zlcova schneideriana*	Ulmaceae	秦巴山区
9	金荞麦	*Fagopyrum dibotrys*	Polygonaceae	平利岚皋
10	连香树	*Cercidiphyllum japonicum*	Cercidiphyllaceae	秦巴山区
11	水青树	*Tetracentron sinensis*	Tetracentraceae	秦巴山区
12	野大豆	*Glycine soja*	Leguminosae	全省
13	川黄檗	*Phellodendron chinensis*	Rutaceae	秦巴山区
14	翅果油树	*Elaeagnus mollis*	Elaeagnaceae	鄠邑区涝峪
15	水曲柳	*Fraxinus mandschurica*	Oleaceae	秦岭
16	秦岭石蝴蝶	*Petrocosmea qinlingensis*	Gesneriaceae	勉县
17	香果树	*Emmenopterys henryi*	Oleaceae	秦巴山区

附件1-3 秦岭目标行政区内自然保护区名录

序号	名称	面积（km²）	级别	位置	主要保护对象	主管部门
1	陕西佛坪国家级自然保护区	292.4	国家级	佛坪县	大熊猫、金丝猴、羚牛等野生动物及其森林生态系统	国家林业局省林业厅
2	陕西太白山国家级自然保护区	563.25	国家级	太白县、眉县、周至县	森林生态系统及大熊猫、金丝猴、羚牛等野生动植物	省林业厅
3	陕西周至国家级自然保护区	563.93	国家级	周至县	金丝猴、大熊猫等野生动植物及其生境	西安市林业局
4	陕西牛背梁国家级自然保护区	164.18	国家级	西安市长安区、宁陕县、柞水县	羚牛及其生境	省林业厅
5	陕西长青国家级自然保护区	299.06	国家级	洋县	大熊猫、羚牛、林麝等野生动植物及其生境	省林业厅
6	陕西汉中朱鹮国家级自然保护区	375.49	国家级	洋县、城固县、西乡县、南郑县、勉县	朱鹮及其生境	省林业厅
7	陕西天华山国家级自然保护区	254.85	国家级	宁陕县	大熊猫、金丝猴、羚牛等野生动物及其森林生态系统	省森林资源管理局
8	陕西桑园国家级自然保护区	138.06	国家级	留坝县	大熊猫、羚羊、金雕等	留坝县林业局
9	陕西青木川国家级自然保护区	102	国家级	宁强县	金丝猴、大熊猫、羚牛等珍稀野生动植物及其生境	宁强县林业局
10	陕西紫柏山国家级自然保护区	174.72	国家级	凤县	林麝及其生境	凤县林业局

续表

序号	名称	面积（km²）	级别	位置	主要保护对象	主管部门
11	陕西太白湑水河珍稀水生生物国家级自然保护区	53.43	国家级	太白县	大鲵、秦岭细鳞鲑及其生境	太白县水务局
12	陕西略阳珍稀水生动物国家级自然保护区	34.15	国家级	略阳县	大鲵	略阳县水务局
13	陕西黄柏塬国家级自然保护区	218.65	国家级	太白县	大熊猫及其栖息地	省森林资源管理局
14	陕西丹江武关河珍稀水生动物国家级自然保护区	90.29	国家级	丹凤县	大鲵、水獭等珍稀野生动物及其生境	丹凤县水务局
15	陕西平河梁国家级自然保护区	211.52	国家级	宁陕县	大熊猫、羚牛、金丝猴、林麝等国家重点保护野生动物及其栖息地	省森林资源管理局
16	陕西黑河珍稀水生野生动物国家级自然保护区	46.19	国家级	周至县	秦岭细鳞鲑、大鲵、水獭等珍稀野生动物及栖息地	周至县水务局
17	陕西周至老县城国家级自然保护区	126.11	国家级	周至县	大熊猫及其生境	西安市林业局
18	陕西观音山国家级自然保护区	135.34	国家级	佛坪县	大熊猫、金丝猴、羚牛等	省森林资源管理局
19	洛南黄龙铺—石门《小秦岭元古界剖面》省级自然保护点	1	省级	洛南县	远古界岩相地质剖面	省地质矿产局
20	东秦岭泥盆系岩相剖面省级自然保护点	0.25	省级	柞水县、镇安县	泥盆系地质剖面	省地质矿产局
21	陕西摩天岭省级自然保护区	85.2	省级	留坝县	大熊猫、羚牛、林麝等	省森林资源管理局
22	陕西洛南大鲵省级自然保护区	57.15	省级	洛南县	大鲵及其生境	洛南县水务局
23	陕西大竺山省级自然保护区	216.85	省级	山阳县	金钱豹、金雕、白肩雕等	山阳县林业局
24	陕西新开岭省级自然保护区	149.63	省级	商南县	豹、云豹、黑鹳、林麝等	商南县林业局
22	陕西牛尾河省级自然保护区	134.92	省级	太白县	大熊猫、金丝猴等	太白县林业局
25	陕西鹰咀石省级自然保护区	114.62	省级	镇安县	羚牛、云豹、金雕、林麝等	镇安县林业局
26	陕西皇冠山省级自然保护区	123.72	省级	宁陕县	大熊猫及栖息地	宁陕县林业局
27	陕西宝峰山省级自然保护区	294.85	省级	略阳县	羚牛、林麝、豹等	略阳县林业局
28	陕西神沙河省级自然保护区	167.68	省级	渭滨区、陈仓区、凤县、太白	森林生态系统	宝鸡市环保局
29	陕西华州区大鲵水生野生动物自然保护区	89.12	省级	华州区	大鲵、水獭、多鳞铲颌鱼等珍稀水生野生动物及其生境	华州区水利局
30	陕西黑河湿地省级自然保护区	131.25	省级	周至县	以黑河水库为主的湿地及区域森林生态系统	西安市林业局

附件1-4 秦岭生态区濒危物种名录

中文种名	IUCN名录					中国物种红			CITES附录			特有种
	极危 CR	濒危 EN	易危 VU	近危 NT	无危 LC	极危 CR	濒危 EN	易危 VU	附录1	附录2	附录3	
矮牡丹								√				√
巴山榧树							√					√
巴山冷杉							√					√
白及							√			√		√
白皮松							√					√
柏木							√					
叉唇无喙兰		√					√			√		√
城口卷瓣兰							√					
齿翅岩黄耆							√					√
翅果油树			√				√					√
川赤芍							√					
春兰（原变种）							√					
刺萼参						√						√
大果青扦		√					√					√
兜被兰							√					√
独花兰		√					√			√		√
独蒜兰							√					√
独叶草							√					√
杜仲				√			√					√
短柄南星							√					√
多花木兰						√						√
鹅掌楸				√			√					√
甘肃槭（亚种）							√					√
光籽木槿							√					√
褐花杓兰	√						√			√		√
红豆杉							√					√
红豆树				√			√					√
厚朴				√			√					√
弧距虾脊兰（原变种）							√					√
华北卷耳						√						√
华山马鞍树							√					√
华山石头花							√					√
华山新麦草						√						√
华榛		√					√					√
黄花白及							√			√		√

续表

中文种名	IUCN名录					中国物种红			CITES附录			特有种
	极危CR	濒危EN	易危VU	近危NT	无危LC	极危CR	濒危EN	易危VU	附录1	附录2	附录3	
黄连								√				√
黄毛槭								√				√
黄杉			√					√				√
惠兰								√		√		
卷叶杜鹃												√
绿花杓兰	√							√		√		√
麦吊云杉								√				
毛杓兰		√						√		√		√
庙台槭			√									√
木通马兜铃								√				
贫花三毛草								√				√
破血丹								√				√
旗唇兰								√		√		
羌活								√				√
秦岭附地菜								√				√
秦岭红杉							√					√
秦岭火绒草								√				√
秦岭冷杉								√				√
秦岭鹭鸶兰								√				√
秦岭槭												√
秦岭石蝴蝶						√						√
秦岭无心菜								√				√
秦岭岩白菜								√				√
青皮槭								√				
山白树						√		√				√
山柳								√				
山毛柳						√						√
陕甘金腰							√					√
陕西紫茎							√					√
扇脉杓兰								√		√		√
苕萝叶紫堇								√				√
瘦房兰								√				√
四川杜鹃								√				√
太白杜鹃								√				√
太白金腰						√						√
太白龙胆								√				√
太白山五加	√							√				√

续表

中文种名	IUCN名录					中国物种红			CITES附录			特有种
	极危 CR	濒危 EN	易危 VU	近危 NT	无危 LC	极危 CR	濒危 EN	易危 VU	附录1	附录2	附录3	
太白山紫斑牡丹							√					√
太白山紫穗报春								√				√
太白雪灵芝								√				√
太白野豌豆								√				√
桃儿七								√				
天麻			√					√		√		
筒距兰								√		√		√
望春玉兰								√				√
武当木兰								√				√
西南手参								√		√		
细茎石斛						√						
细叶石斛						√				√		√
小白及						√						
血皮槭						√						√
一花无柱兰							√					√
羽叶丁香							√					√
玉兰							√					√
长柄槭							√					√
长萼木通							√					√
川金丝猴			√				√		√			
滇攀鼠	√											
川西斑羚				√					√			
甘南鬣羚			√					√	√			
羚牛			√				√			√		
林麝		√								√		
马麝		√										
大灵猫											√	
豹			√						√			
虎	√						√		√			
金猫			√									
云豹		√					√		√			
豺	√								√			
大熊猫	√						√		√			
黑熊		√							√			
水獭			√									
白鼬				√								
朱鹮		√					√		√			

专题报告二
秦岭生态系统监测体系研究

专题负责人：徐卫华

摘　要

　　秦岭位于我国中部，是我国生物多样性保护优先保护地区和南水北调中线工程重要水源区，也是我国中部地区生态安全的重要屏障。随着区域经济的快速发展，秦岭地区生态环境问题日渐突出，生态系统胁迫加剧，区域生态安全受到威胁。近年来，国家和地区已相继实施了多项重大生态保护措施，对秦岭生态环境进行保护与恢复。但是，由于秦岭地理环境复杂、人类活动对秦岭生态环境造成的影响深远，要确保区域的生态安全，需要全面分析秦岭地区的生态环境问题，明确区域的生态功能定位，在此基础上构建完整的监测体系以了解生态环境变化动态，从而提出相应的生态保护对策。本课题以长期研究工作为基础，通过实地调查、部门数据资料收集和文献查阅，分析秦岭地区生态系统现状、生态问题与功能定位，评估现有生态评估与监测体系现状及存在的问题，建立秦岭生态评估与生态监测体系，提出加强秦岭地区生态系统监测能力建设的建议。主要研究结论如下。

　　（1）秦岭地区以森林生态系统为主，近10年来森林、灌丛等自然生态系统面积增幅较大，城镇面积增加较多，农田面积下降幅度较大，生态恢复与城镇化是生态系统变化的主要原因。

　　（2）秦岭生态环境问题主要表现在，自然生态系统整体质量低，生态功能不强；野生动物栖息地破碎化严重，生物多样性受到威胁；水土流失涉及面广，强度较重；矿山开采、工程建设、生活污水等威胁水源安全等。

　　（3）生态系统管理问题主要包括生态系统综合管理的顶层设计不完善、责任未落实；秦岭生态保护观念落后、重人工建设、轻自然恢复；秦岭生态保护规划不尽合理，缺乏"落地"机制；缺乏全方位、全过程的生态环境监管体系，监管力度不够；缺乏合理的生态保护评估和绩效考核机制等。

　　（4）秦岭地区的生态功能定位为水源涵养、生物多样性保护与土壤保持。尽管在国家与省级尺度对秦岭及周边区域开展了生态功能区划工作，但仍然存在一定的问题，包括已有的功能区划没有将秦岭作为一个整体来进行系统的区划，不同规划中重点与重要生态功能区规划范围与边界互不衔接，主体功能区划中的重点生态功能区与我国生态功能重要性分布格局不完全相符，现有的生态功能区边界不细致等问题。在水源涵养、生物多样性保护、土壤保持等生态服务功能重要性评估的基础上，构建了包括4个生态亚区，13个生态功能区的生态功能区划方案，并提出了针对不同生态功能区的差异化的生态保护与管理策略。

　　（5）目前秦岭生态监测存在一定的问题，包括没有形成满足主导生态功能保护要求的监测网络体系，监测范围覆盖不完整，监测内容不全面，缺乏统一的监测标准与方法，监测部门设立不完善，人员编制不合理，监测能力不够，监测结果对秦岭生态系统综合管理支撑力度不够。由于监测体系的不完善，对秦岭生态系统的关键问题的认识不尽全面和合理。针对秦岭地区的生态环境特征和保护需求，从生态要素、生态系统、生物多样性、生态系统质量、生态系统服务功能、生态问题与生态胁迫等方面构建了全面的生态监测指标体系。在空间布局上，将监测区域划分为生物多样性监测区、水源涵养监测区、土壤保持监测区、农业产品提供及城镇监测区。监测手段上，涵盖观察站点监测、样线监测和遥感卫星和无人机监测，实现对秦岭地区大范围、全天候的监测。并提出秦岭生态监测体系大数据等技术支撑平台、人才队伍、制度保障建设等建议。

本研究以2015年或者尽可能新的数据为基础开展相关研究，但有关生态系统的最新空间数据年限为2010年。

1. 秦岭地区生态系统现状与变化

1.1 生态系统现状

1.1.1 生态系统整体特征

秦岭生态系统类型多样，可分为森林（含灌木林）、草地、湿地、城镇、农田五大类。根据全国生态环境十年（2000~2010年）变化研究成果，森林生态系统面积最大，占秦岭总面积的71.5%；其次是农田，占总面积的24.1%；草地和城镇面积较小，都占总面积的1.7%；湿地面积最小，仅占秦岭总面积的0.6%（见表2-1）。森林、草地生态系统面积总和为58654.0平方千米，超过总面积的73%。以森林为代表的自然生态系统对维持生物多样性、水源涵养、水土保持等起着关键作用。

表2-1　　秦岭地区各类生态系统面积统计（2010）

序号	生态系统类型	面积（km²）	比例（%）
1	森林	57322.4	71.5
2	草地	1331.6	1.7
3	湿地	505.6	0.6
4	农田	19360.2	24.1
5	城镇	1373.3	1.7
6	其他	277.7	0.3

从空间上来看，森林分布在主峰的太白县、周至县、凤县、洋县、留坝等县市区，其中宁陕、太白和凤县的森林面积均超过2000平方千米。灌丛分布在山阳县、旬阳县、镇安县、宁陕县、商南县、柞水县、西乡县、丹凤县、汉滨区等县市，其中分布在山阳县和旬阳县的灌丛面积都大于1000

平方千米。草地主要分布在陈仓县、汉滨区、蓝天县、洛南县等县区，其中分布在陈仓县的草地最多，面积为304.4平方千米，超过草地总面积的20%。农田分布在旬阳县、汉滨区、陈仓县、临渭区、长安区、蓝田县、周至县等县区，其中在汉滨区、旬阳县的农田面积都超过1000平方千米（图2-1，表2-2）。

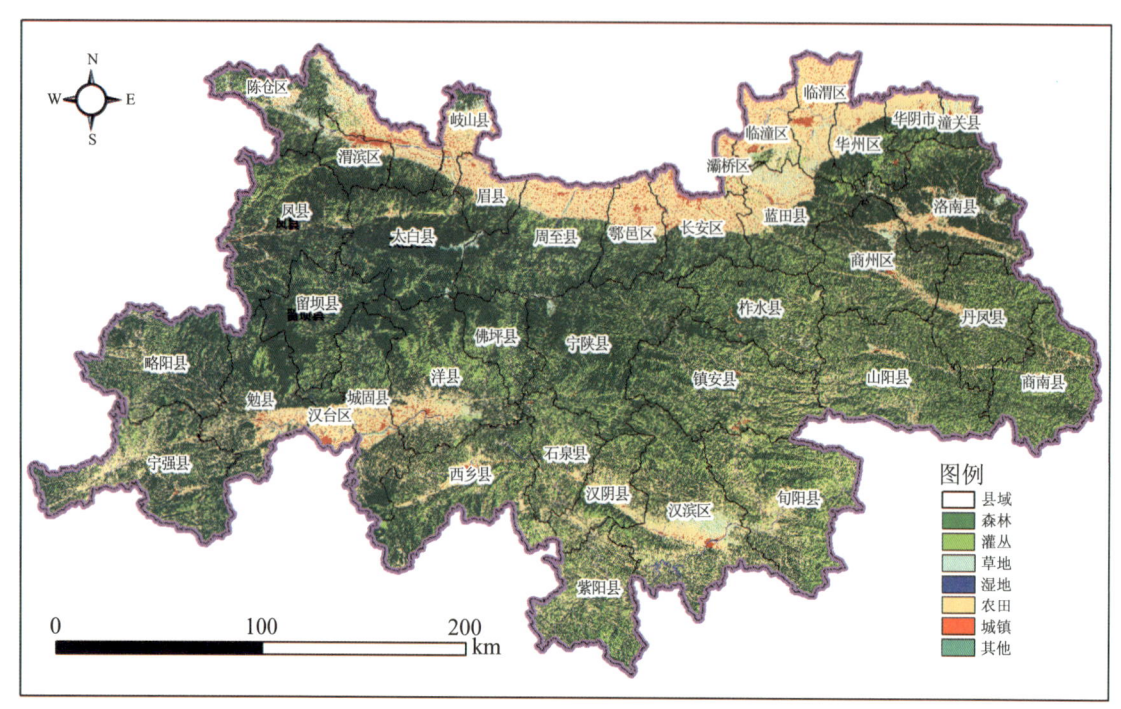

图2-1　2010年秦岭生态系统分布图

表2-2　　　　　　　　秦岭地区2010年不同县域各类生态系统面积统计　　　　　　　　单位：平方千米

序号	县名	森林	草地	湿地	农田	城镇	其他
1	灞桥区	20.5	13.7	6.7	219.7	64.9	0.4
2	临潼区	61.3	45.8	10.8	716.6	76.5	2.3
3	长安区	748.2	11.9	5.6	685.4	130.4	8.0
4	蓝天县	1148.4	112.2	5.8	688.1	45.2	4.2
5	周至县	2124.5	47.1	10.7	670.2	71.2	22.3
6	鄠邑区	706.7	7.4	1.7	479.1	75.7	9.8
7	渭滨区	620.3	50.7	5.4	116.7	49.6	0.4
8	陈仓县	1470.4	304.4	25.9	860.4	121.1	0.7
9	岐山县	221.4	78.2	4.0	484.2	64.3	3.5
10	眉县	394.8	11.7	3.6	400.9	40.5	4.6
11	凤县	2889.3	10.4	3.0	223.2	15.8	8.9
12	太白县	2516.6	33.7	5.2	104.8	9.5	47.7
13	临渭区	107.3	43.1	7.2	996.0	106.9	0.4
14	华州区	678.5	22.3	8.4	387.4	32.3	1.2
15	潼关县	168.0	51.8	3.6	174.8	12.7	0.0

续表

序号	县名	森林	草地	湿地	农田	城镇	其他
16	华阴市	314.0	14.0	4.9	312.7	22.7	5.3
17	汉台区	176.7	6.2	12.2	290.2	56.5	3.7
18	城固县	1491.7	14.6	16.7	615.6	61.6	17.5
19	洋县	2273.2	56.3	30.3	772.4	51.2	9.8
20	西乡县	2374.8	1.9	25.9	781.3	25.3	14.3
21	勉县	1729.2	16.8	13.2	579.5	44.2	9.3
22	宁强县	2336.9	2.0	17.3	883.3	12.0	0.7
23	略阳县	2300.9	0.7	21.2	492.9	7.7	0.9
24	留坝县	1858.9	1.4	8.0	77.2	3.7	4.9
25	佛坪县	1194.3	0.6	5.9	55.3	1.1	10.2
26	汉滨区	2108.9	139.7	58.5	1304.6	29.3	1.9
27	汉阴县	838.8	0.5	6.1	510.2	8.9	1.7
28	石泉县	1093.1	0.1	19.0	389.7	9.3	5.9
29	宁陕县	3492.1	21.7	3.7	115.8	3.3	33.7
30	紫阳县	1531.2	1.2	33.7	666.4	4.8	4.1
31	旬阳县	2488.5	5.4	42.1	1001.8	2.7	1.5
32	商州区	2004.7	42.0	10.4	559.6	29.2	0.8
33	洛南县	2095.0	113.4	9.8	583.6	31.2	1.0
34	丹凤县	2033.7	5.5	10.0	347.5	10.0	0.0
35	商南县	2006.0	6.0	9.5	280.8	6.5	0.2
36	山阳县	2857.4	16.2	13.9	636.3	9.4	0.0
37	镇安县	2803.4	3.7	15.7	625.8	16.1	19.7
38	柞水县	2050.7	17.0	7.3	267.1	10.2	16.4

数据来源：全国生态环境十年（2000～2010年）变化研究成果。

下面将对秦岭地区不同生态系统类型的面积、空间分布等特征进行具体分析。

1.1.2 自然生态系统

（1）森林生态系统。森林生态系统总面积为57322.4平方千米，主要分布在西部的渭滨区、太白县、佛坪县、宁陕县、留坝县、凤县、周至等县区和东北部的洛南县、商州县、蓝田县、华州区、华阴市、潼关等县区。按照海拔由低到高依次分布有阔叶林、针阔混交林和针叶林。其中阔叶林主要分布在海拔2200米以下，面积为34666.4平方千米，占森林总面积的60.5%；针阔混交林主要分布在海拔2200～2600米之间，占森林总面积的10.1%；针叶林主要分布在海拔2400米以上，占森林总面积的0.4%。此外，在主峰太白山海拔3000米以上还分布着不足100平方千米的稀疏林，约占森林总面积的0.1%。

此外，灌木林也是森林的重要组成部分，总面积为16525.7平方千米，占森林总面积的28.8%，在境内各县域都有分布，其中面积较大的灌木林主要分布在秦岭西南部的佛坪、洋县、城固、留坝等县（区）和东部的华州区等地区，主要由沙棘、柳灌、杜鹃等优势种构成。灌木林基本属于落叶阔叶灌木林，总面积为16521.4平方千米，占灌木林总面积的99.97%，而常绿阔叶灌木林与稀疏林灌木林面积之和仅占到灌木林总面积的0.02%。

表2-3　　　　　　　　秦岭地区2010年各类森林生态系统面积统计

序号	森林生态系统	面积（km²）	比例（%）
1	针叶林	252.6	0.4
2	阔叶林	34666.4	60.5
3	针阔混交林	5800.5	10.1
4	稀疏林	77.3	0.1
5	灌木林	16525.7	28.8
6	合计	57322.4	100.0

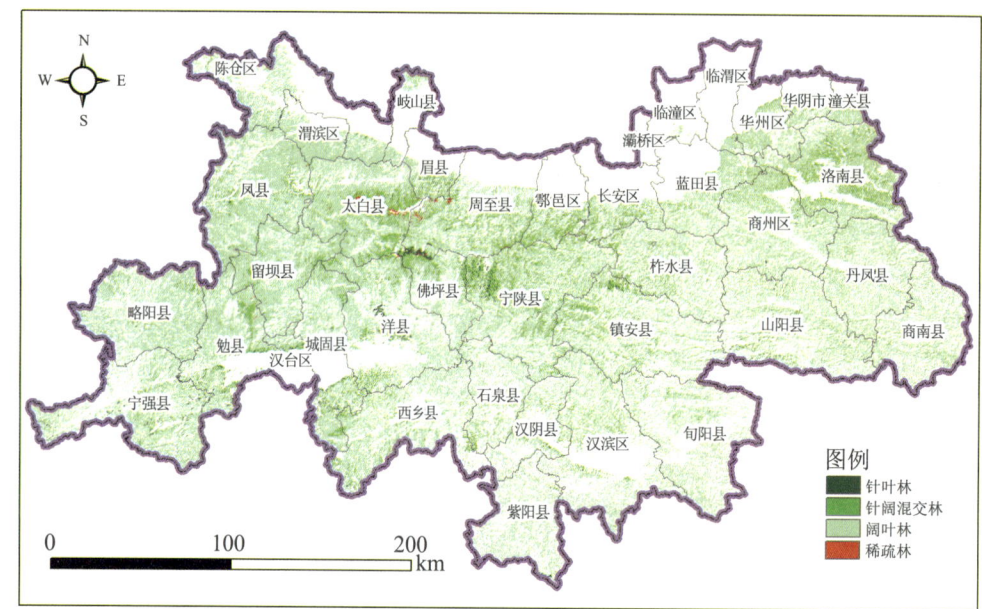

图2-2　秦岭地区2010年各类森林生态系统空间分布

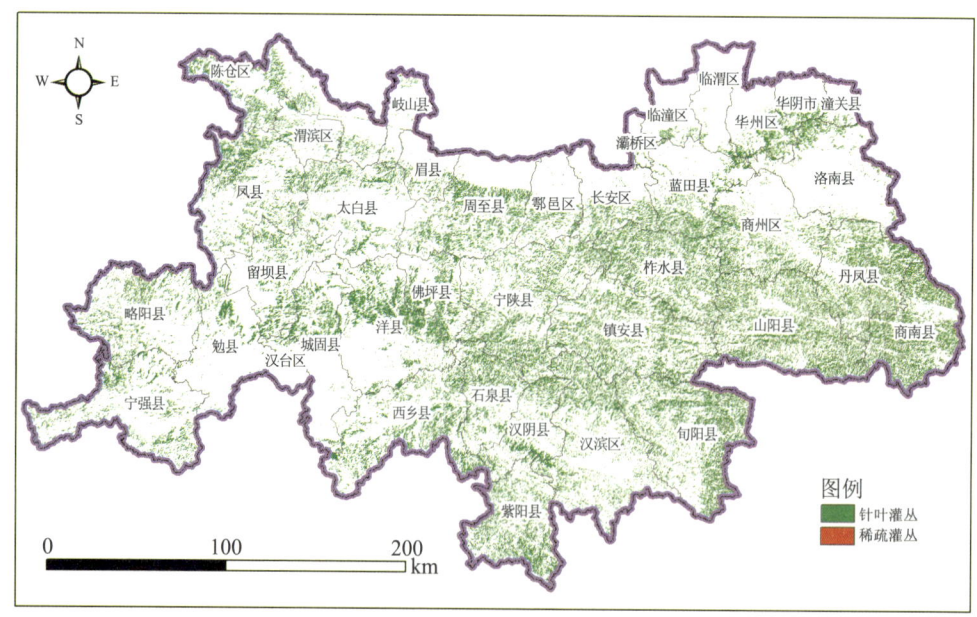

图2-3　秦岭地区2010年灌木林生态系统空间分布

（2）草地生态系统。草地生态系统总面积为1331.6平方千米，仅占秦岭总面积的1.7%，面积相对较少，主要分为草甸与草丛生态系统。其中，草甸生态系统主要在秦岭主峰3400米以上的地区，为原生草地，面积仅占草地总面积的1.7%。草丛生态系统为次生草地，面积较大，为1308.7平方千米，占草地总面积的98.3%，主要分布在中低海拔地区，集中分布在秦岭西北部的陈仓、岐山、渭滨、宁陕等县域和东北部的洛南、潼关、临潼、蓝田、商州等县域，南部的汉滨区也有草地斑块分布。

表2-4　　　　　　　　　　秦岭地区2010年各类草地生态系统面积统计

类型	面积（km²）	比例（%）
草甸	22.9	1.7
草丛	1308.7	98.3
合计	1331.6	100.0

（3）湿地生态系统。秦岭湿地生态系统总面积为505.6平方千米，包括河流湿地、沼泽湿地、湖泊湿地（含库塘）等。其中河流是秦岭湿地的主要类型，秦岭山系分布的大小河流、山沟接近20万条，主要有渭河、汉江、嘉陵江、丹江等，面积为342.7平方千米，占湿地总面积的67.8%。湖泊湿地主要分布在秦岭南坡的长江流域，其中在汉滨区有较大面积的湖泊存在，湖泊湿地面积为161.9平方千米，占湿地总面积的32.0%。沼泽湿地主要分布在秦岭北麓渭河流域和汉江沿岸，面积为1.0平方千米，占湿地总面积的0.2%。

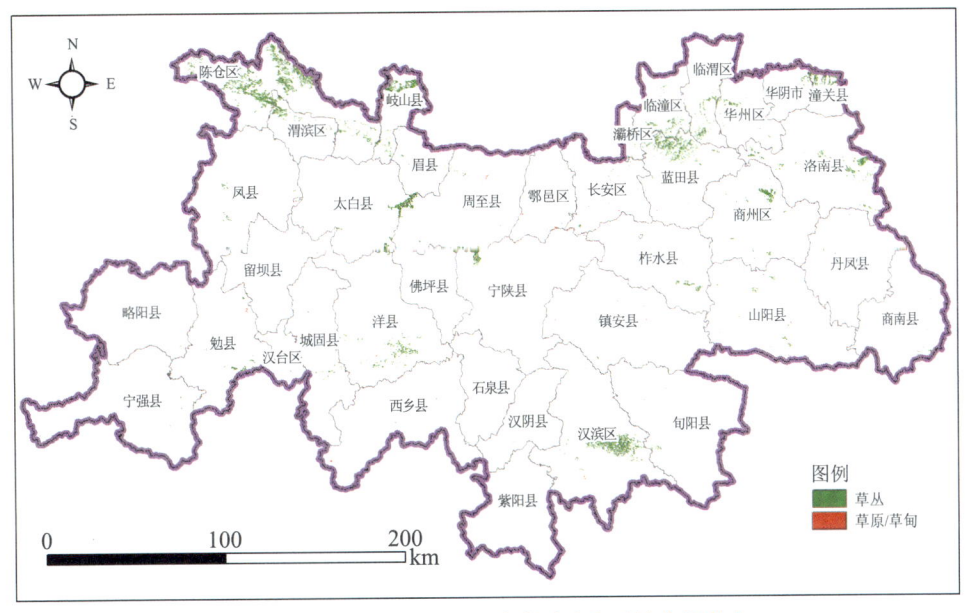

图2-4　秦岭地区2010年各类草地生态系统空间分布

表2-5　　　　　　　　　　秦岭地区2010年各类草湿地生态系统面积

类型	面积（km²）	比例（%）
河流	342.7	67.8
湖泊	161.9	32.0
沼泽	1.0	0.2
合计	505.6	100.0

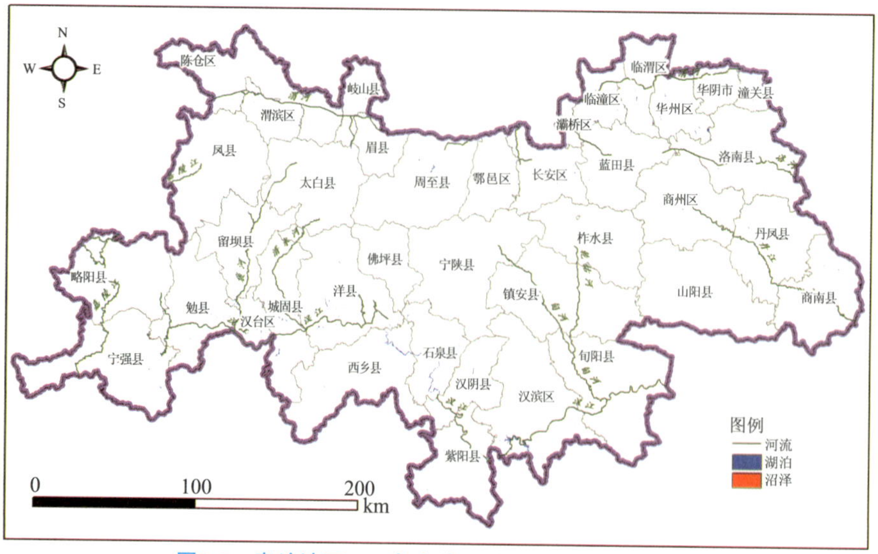

图2-5 秦岭地区2010年各类湿地生态系统空间分布

（4）其他类型。秦岭其他类型包括裸岩等，主要分布在太白县、华阴市等北部地区，总面积为277.7平方千米，仅占总面积的0.3%。

1.1.3 人工生态系统

（1）农田生态系统。农田为秦岭第二大生态系统，总面积为19360.2平方千米，占秦岭总面积的24.1%。农田主要类型为旱地，2010年秦岭旱地总面积为18578.0平方千米，占农田总面积的96%；水田、园地面积分别为699.0与83.2平方千米，分别占农田总面积的3.6%和0.4%。空间上，农田主要分布在秦岭北部，从西到东连续跨越岐山县、眉县、周至县、鄠邑区、长安区、灞桥区、临潼区、临渭区、华阴市等多个县区。由于海拔都在1000米以下，坡度小于5度，属于平川地带，土壤肥沃，较为适合发展农业，是关中农业经济重要发展区。除此之外，秦岭南部的汉台、城固等县区所在的盆地地区和汉滨、汉阴县以及东部的洛南、商周等县区也有大面积的农田分布。

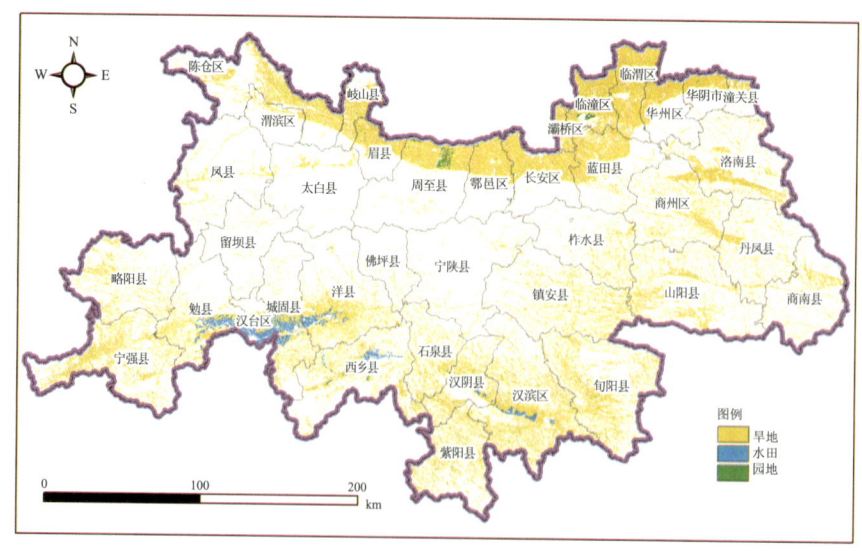

图2-6 秦岭地区2010年各类农田生态系统空间分布

表2-6　　　　　　　　　　秦岭地区各类农田生态系统面积比例（2010年）

类型	面积（km²）	比例（%）
旱地	18578.0	96.0
水田	699.0	3.6
园地	83.2	0.4
合计	19360.2	100.0

整体上，秦岭农田以坡耕地面积为主。2010年秦岭地区坡度在5度以下的地区占农田总面积的41.4%，5度以上农田占到农田总面积的58.6%。其中，坡度在25度以上的农田占到总面积的9.2%。

表2-7　　　　　　　　　　基于不同坡度的农田面积分布比例（2010年）

类型	面积（km²）	比例（%）
<5°	8012.9	41.4
5~8°	1766.9	9.1
8~15°	3637.2	18.8
15~25°	4169.4	21.5
>25°	1773.7	9.2

从分布海拔来看，秦岭农田基本都分布在海拔1500米以下，占农田面积的98.9%。其中，海拔1000米以下的农田占到农田总面积的84.5%，海拔1000~1500米的农田占14.4%。海拔1500米以上的农田面积很小，仅占农田总面积的1.1%。

表2-8　　　　　　　　　　基于不同海拔的农田面积统计（2010年）

类型	面积（km²）	比例（%）
<1000m	16361.8	84.5
1000~1500m	2783.5	14.4
1500~2000m	205.4	1.0
>2000m	9.4	0.1

（2）城镇生态系统。秦岭城镇生态系统总面积为1373.3平方千米，占总面积的1.7%。目前，秦岭境内共有38个县（区），452个乡（镇）和街道办，6935个行政村，主要分布在秦岭南北两麓低海拔的河谷和平川等地，其中，海拔在1500米以下的乡镇共有442个，在1500米以上乡镇仅有10个。其中秦岭北麓的宝鸡市的渭滨区与陈仓区，西安市长安区与灞桥区，渭南市的临渭区，汉中市的汉台区，安康市汉滨区等市辖区的城镇规模较大。

秦岭地区38个区县，2014年总人口约1500万，人口分布基本跟城镇分布一致。平原地区人口密度大，西安、宝鸡、汉中等市辖区的人口密度分布较高，城区人口都在每平方千米500人以上。山区人口密度小，大部分地区人口密度都在每平方千米10人以下（图2-8）。

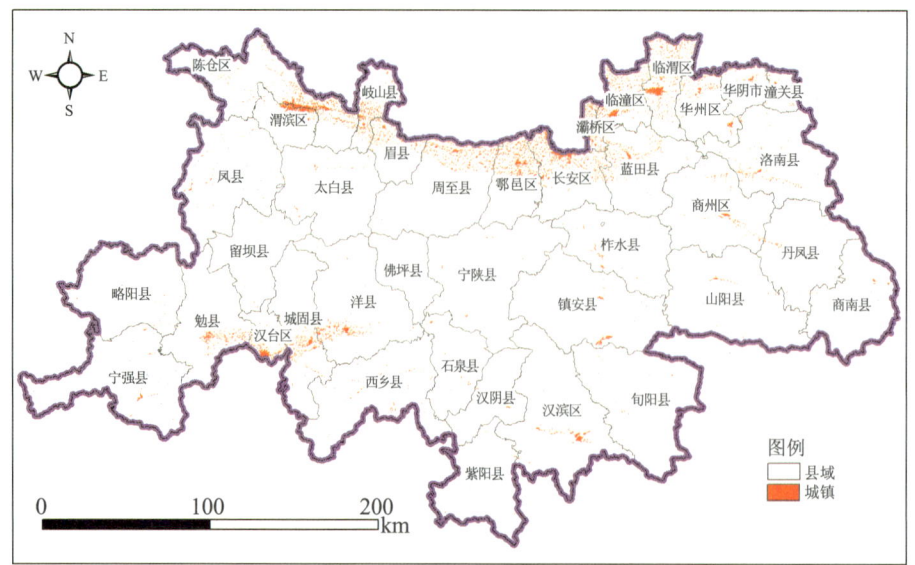

图2-7　秦岭2010年城镇生态系统分布

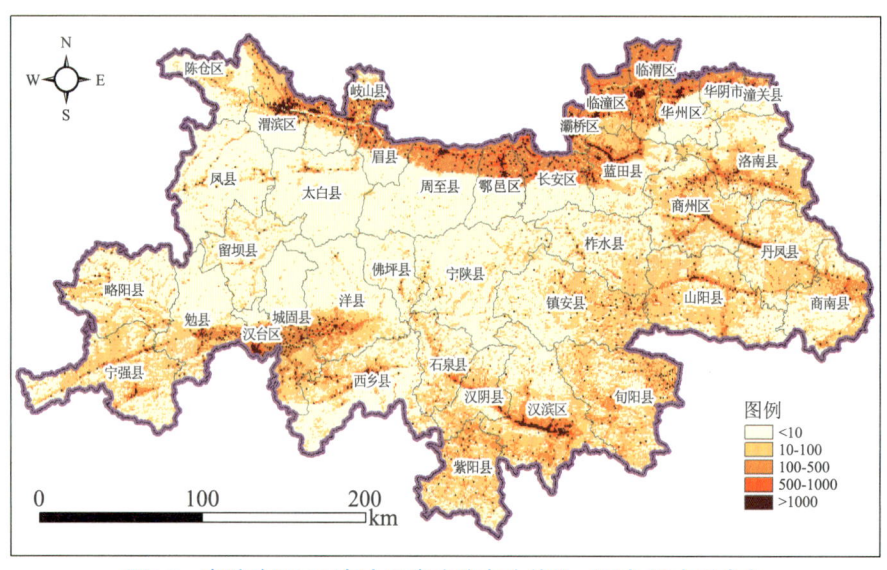

图2-8　秦岭地区2014年人口密度分布（单位：万人/平方千米）

1.2　生态系统变化

历史上，秦岭地区由于砍伐，森林面积大幅度降低。近年来，特别是国家实施天然林保护和退耕还林工程以来，秦岭地区自然生态系统得到恢复。从2000年至2010年，森林、灌丛、城镇、草地和湿地生态系统面积都有不同程度的增加。其中森林面积增加幅度较大，草地和湿地生态系统面积增加相对较少。与此相反，农田生态系统面积明显减少。

秦岭生态系统格局变化主要表现为以下几方面。

（1）自然生态系统面积增加。各类自然生态系统中，森林面积增加最明显，由2000年的56835.7

平方千米上升到2010年的57322.4平方千米，净增加486.7平方千米，增加了0.86%。草地与湿地面积增加较少。森林、草地等自然植被覆盖率的增加与2000年来退耕还林、天然林保护等生态保护工程的实施有密切关系。

表2-9　　　　　　　秦岭地区2000年和2010年各类型生态系统面积变化统计

类型	2000年		2010年		变化量（km²）
	面积（km²）	比例（%）	面积（km²）	比例（%）	
森林	56835.7	70.9	57322.4	71.5	486.7
草地	1293.8	1.61	1331.6	1.7	37.8
湿地	454.6	0.57	505.6	0.6	51.0
农田	20118.2	25.09	19360.2	24.1	−758.0
城镇	1139.3	1.42	1373.3	1.7	234.0
其他	329.2	0.41	277.7	0.3	−51.5

（2）农田面积下降幅度大。从2000年到2010年，农田面积由20118.2平方千米减少到19360.2平方千米，净减少758.0平方千米。农田面积大幅减少主要是与国家实施的退耕还林（草）工程有关，减少的农田大部分转变为灌丛和林地，占全部减少面积的63.9%。另外，城镇化的快速扩张也是原因之一，减少的农田部分变为建设用地，占28.0%。

（3）城镇面积增加幅度大。2000年到2010年，城镇面积净增加234.0平方千米。城镇面积增加主要是由乡村住房改造、城市扩张、工厂扩建等因素引起的，使大面积的农田转变为城市用地。

（4）生态恢复与城镇化是生态系统变化的主要原因。从2000年到2010年，秦岭山系共有1035.6平方千米的生态系统类型发生了变化，占总面积的1.3%，其中生态恢复与城镇化是生态系统变化的主要驱动因素。

①生态恢复。主要包括退耕还林（草、湿），以及草地与灌丛恢复成森林等。生态恢复总面积为687.0平方千米，占总变化面积的66.3%，主要分布在秦岭西部、东部的区县，包括凤县、略阳、宁强、镇安、柞水、商洛等区县。

②城镇化。从2000年至2010年，城镇面积增加了228.7平方千米，占总变化面积的22.1%。增加的城镇面积中，96.8%来自于农田。城镇化面积增加较快的区县主要是西安、宝鸡、汉中市辖区的几个区县，例如长安、灞桥、陈仓、汉台等区。

③农田开垦。从2000年至2010年，新开垦农田33.3平方千米，仅占生态系统总变化面积的3.2%。新开垦的农田中，66.0%来自于湿地。

表2-10　　　　　秦岭地区生态系统格局变化主要驱动因素（2000～2010年）

驱动因素	森林（km²）	草地（km²）	湿地（km²）	农田（km²）	城市（km²）	其他（km²）	合计	
							面积（km²）	比例（%）
城市扩张	5.5	0.7	0.5	221.4	—	0.5	228.7	22.1
农田开垦	1.9	1.7	21.9	—	—	7.7	33.3	3.2
退耕还林（草、湖）	505.1	39.3	24.8	—	—	—	569.1	55.0
森林恢复	114.6	1.7	0.8	—	—	0.8	117.9	11.4
合计	628.2	43.4	48.0	221.4	0.0	9.0	948.9	91.7

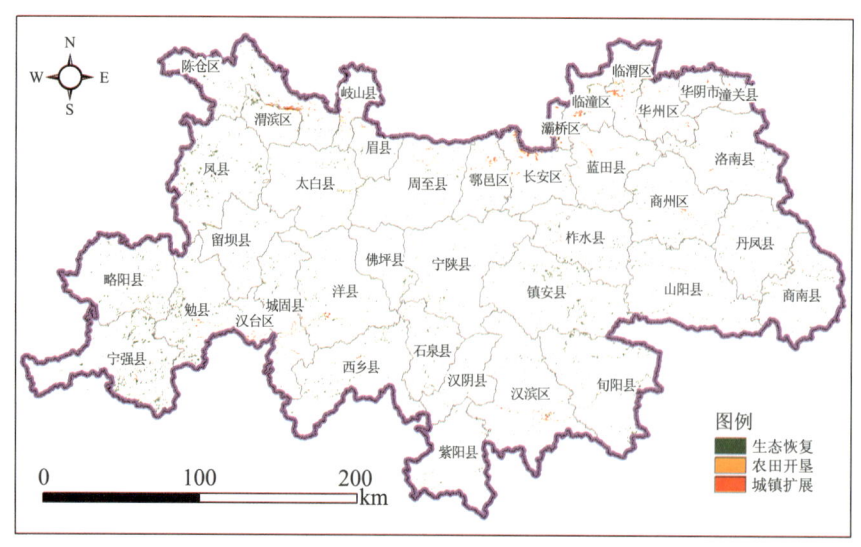

图2-9 秦岭地区生态系统格局变化图（2000~2010年）

2. 秦岭地区生态系统及管理存在的问题

2.1 生态环境主要问题

从2000年至2010年，秦岭地区森林、灌丛等自然生态系统面积有所增加，质量得到提升，生态功能得到一定恢复，但生态系统仍然存在较大问题与威胁，主要表现在，自然生态系统整体质量不高，野生动物栖息地破碎化严重，水土流失面积较大，水源安全仍然面临较大威胁。

2.1.1 自然生态系统整体质量低，生态功能不强

森林生态系统质量整体低。全国生态环境十年变化研究结果表明，2010年秦岭优等级的森林生态系统面积仅占森林总面积的3.8%，良等级占总面积的10.3%。优良等级的森林仅占14.1%，低于全国20.6%的优良比例。另外，中等级的森林占总面积的36.1%，低等级和差等级占总面积的49.8%。空间上，优等级的森林主要分布在秦岭中段北部及以东地区，包括周至、太白北部、洋县北部、宁陕东部、镇安北部等地。而差等级的森林主要分布在秦岭中东部与南部的一些区县。陕西省林业调查数据也表明，全省健康的森林仅占到45.6%，低于全国的74.5%，有一半以上的森林处于亚健康、中健康和不健康等级。

林地的生产力也不高，林分存在着"过密、过稀、过纯"三过问题，生态功能不强，严重影响

了森林涵养、水土保持等功能的发挥。

表2-11　　　　　　　　　　秦岭森林生态系统质量等级（2010年）

质量等级	面积（km²）	百分比（%）
优	2185.4	3.8
良	5926.1	10.3
中	20676.1	36.1
低	18526.2	32.3
差	10008.5	17.5
合计	57322.4	100.0

秦岭地区森林质量较低与长期的森林砍伐与森林恢复政策相关。在天然林保护工程实施以前，秦岭森林遭到过度采伐。19世纪60年代开始，陕西省的森工企业全面上马，1963~1998年，有宁东、宁西、长青、龙草坪、太白、汉西6个国有森工林业局2万多名职工在秦岭地区进行森林采伐，伐区面积达6000多平方千米。特别是1987年后，县辖国有林场及集体林实施剃光头式的皆伐，使森林植被遭受毁灭性破坏。在森林抚育上，营造华北落叶松、日本落叶松等速生树种。致使目前秦岭大部分森林为次生林，或者飞播成长的人工纯林，森林质量不高。此外，自然基础较差也是导致秦岭地区森林和灌丛质量仍然不高的主要原因。

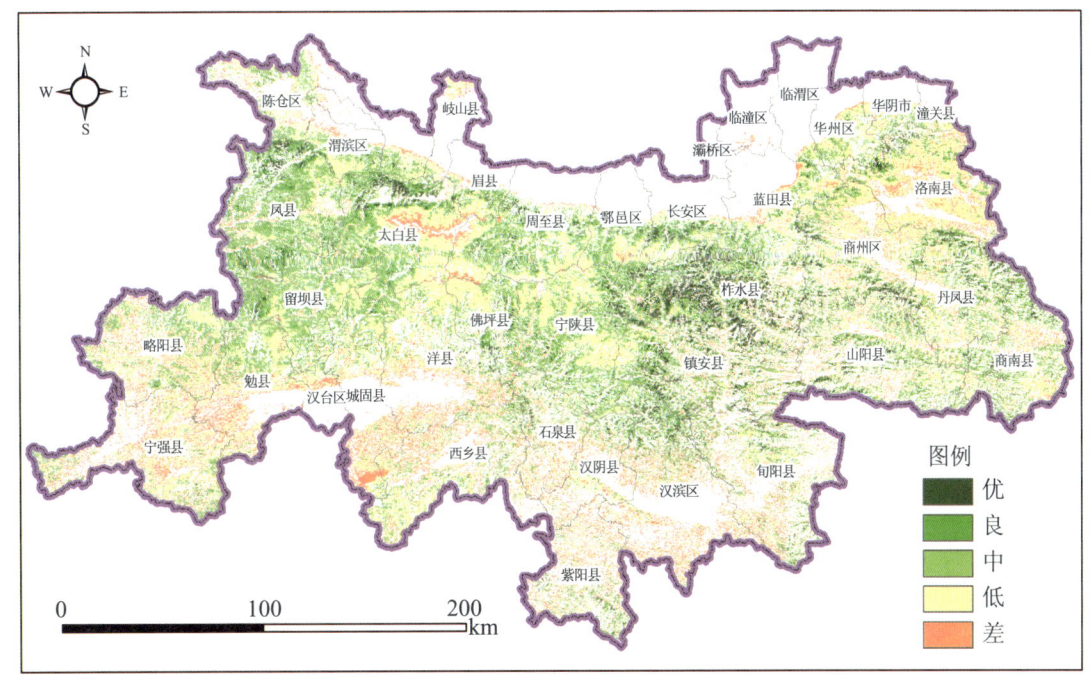

图2-10　秦岭地区森林生态系统质量格局图

2.1.2　野生动物栖息地破碎化严重，生物多样性受到威胁

公路等基础设施发展迅速，野生动物栖息地破碎化加剧。秦岭地区野生动植物物种十分丰富，是我国生物多样性保护的关键地区。但近年来，城镇化和公路等基础建设的加速，从1988~2013

年，秦岭核心区域的大熊猫栖息地，公路密度增加了1.1倍。秦岭地区野生动物栖息地破碎化加剧，种群间交流遭到阻碍。

其他人类活动干扰也威胁野生动植物生存。除了公路交通建设以外，秦岭地区其他资源利用与开发活动也较为强烈，大型的干扰包括铁路建设（西成高铁）、水电开发、引汉济渭等跨流域调水工程、旅游开发、矿山开采等，小型的干扰包括放牧、采药、耕种等。这些干扰对于大熊猫及其他野外动物栖息地的利用产生不利影响，威胁野生动物的长期生存。

秦岭地区大熊猫种群隔离较严重，存在局部灭绝风险。2012年开展的全国第四次大熊猫调查结果表明，秦岭地区野生大熊猫种群数为345只，但由于公路、城镇、农田等的隔离，秦岭山系的大熊猫至少分为牛尾河、兴隆岭+太白山、天华山、锦鸡梁、平河梁等居群，并且在牛尾河与平河梁的居群内部，又隔离为大小不等的种群单元，有的单元种群数量不足5只。由于交通等人类活动的影响，被隔离的大熊猫小种群面临局部灭绝的风险。

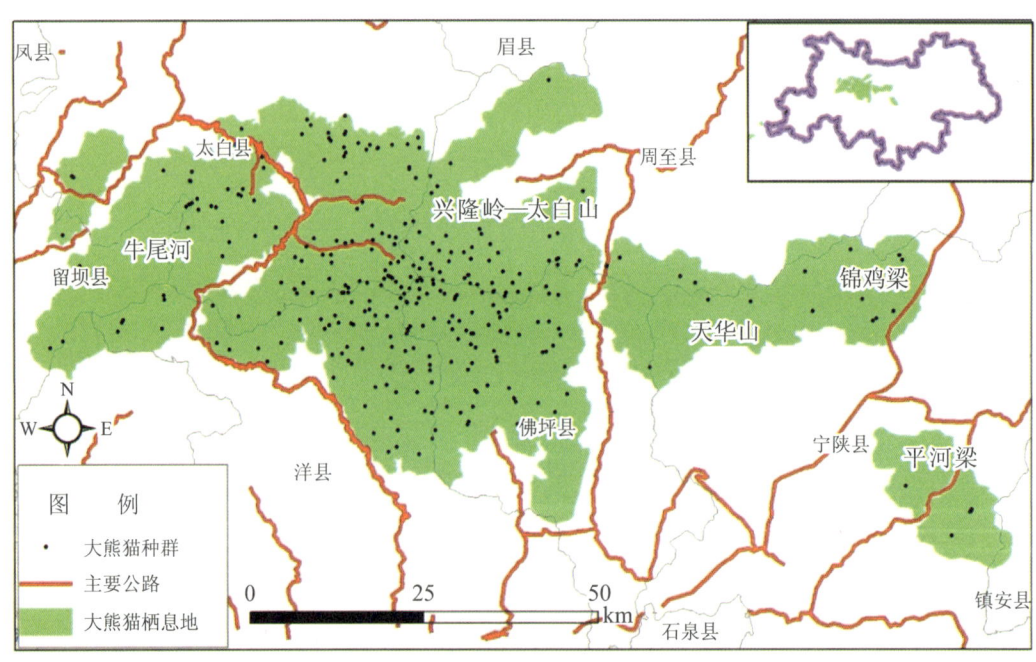

图2-11　人类对大熊猫栖息地的干扰

河流湿地的片段化加剧。河流湿地是野生水生生物的重要栖息环境。近年来，随着旅游的快速发展，旅游区的河道大多修建了拦河坝，以满足景观与漂流等的要求，致使鱼类等水生动物洄游受到严重阻碍。

2.1.3　水土流失涉及面广，强度较重

秦岭地区水土流失面积较大，强度较重。2010年秦岭地区水土流失（轻度及以上等级）总面积为28177.27平方千米，占该区域总面积的35.17%。其中流失极重度与重度面积分别为4845.93与4419.42平方千米，分别占秦岭地区总面积的6.05%和5.52%，二者占水土流失面积的11.57%。

表2-12　　　　　　　　　　　　　秦岭2010年水土流失程度

类型	面积（km²）	比例（%）
微度	51941.28	64.83
轻度	15679.75	19.57
中度	3232.17	4.03
重度	4419.42	5.52
极重度	4845.93	6.05
总计	80118.54	100.00

秦岭地区38个区县都存在不同程度的水土流失。秦岭38个区县中，都存在水土流失问题，其中水土流失面积在500平方千米以上的县域有23个，占县域总数的60.5%。水土流失以东南、西南地区的县域为重，尤其是位于东南地区的旬阳、汉滨、紫阳、山阳和镇安，以及西南部的宁强、略阳等区县，水土流失甚为严重，上述7县重度以上的水土流失面积占全部水土流失面积的52%。

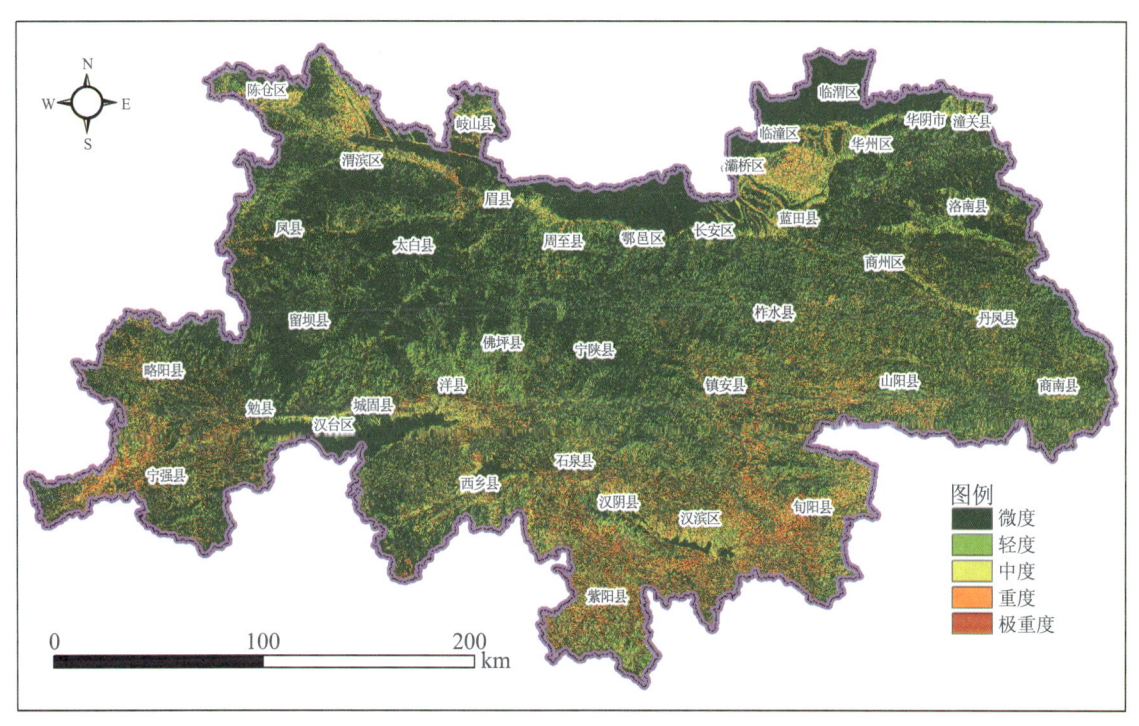

图2-12　水土流失程度空间分布格局（2010年）

表2-13　　　　　　　　　　　秦岭地区不同区县水土流失面积及比例

序号	县名	轻度及以上水土流失		重度及以上水土流失	
		面积（km²）	比例（%）	面积（km²）	比例（%）
1	汉滨区	2057.63	7.30	1024.07	11.05
2	汉阴县	764.29	2.71	353.74	3.82
3	宁陕县	882.97	3.13	97.65	1.05
4	石泉县	758.52	2.69	312.84	3.38
5	旬阳县	2152.29	7.64	1013.63	10.94

续表

序号	县名	轻度及以上水土流失 面积（km²）	比例（%）	重度及以上水土流失 面积（km²）	比例（%）
6	紫阳县	1393.43	4.95	664.80	7.18
7	陈仓县	1037.89	3.68	342.35	3.70
8	凤县	643.11	2.28	125.27	1.35
9	眉县	207.64	0.74	35.96	0.39
10	太白县	439.14	1.56	51.33	0.55
11	渭滨区	218.68	0.78	56.02	0.60
12	岐山县	230.29	0.82	88.06	0.95
13	城固县	597.76	2.12	127.58	1.38
14	佛坪县	377.60	1.34	44.10	0.48
15	汉台区	103.74	0.37	14.31	0.15
16	留坝县	328.42	1.17	34.81	0.38
17	略阳县	882.03	3.13	382.64	4.13
18	勉县	601.83	2.14	244.76	2.64
19	宁强县	1355.01	4.81	688.91	7.44
20	西乡县	1334.34	4.74	440.87	4.76
21	洋县	1275.74	4.53	401.60	4.33
22	丹凤县	847.38	3.01	192.46	2.08
23	洛南县	679.86	2.41	151.44	1.63
24	山阳县	1599.58	5.68	489.21	5.28
25	商南县	874.71	3.10	142.56	1.54
26	商州县	819.44	2.91	254.67	2.75
27	镇安县	1511.43	5.36	555.97	6.00
28	柞水县	894.79	3.18	217.08	2.34
29	华州区	297.87	1.06	38.73	0.42
30	华阴市	141.13	0.50	12.50	0.13
31	临渭区	218.28	0.77	77.65	0.84
32	潼关县	166.54	0.59	34.78	0.38
33	长安区	351.82	1.25	51.18	0.55
34	鄠邑区	213.03	0.76	19.35	0.21
35	蓝田县	875.11	3.11	274.37	2.96
36	临潼区	240.42	0.85	99.28	1.07
37	周至县	721.82	2.56	81.93	0.88
38	灞桥区	81.71	0.29	26.90	0.29

秦岭地区农田以坡耕地为主，中东部地区植被覆盖度低，是水土流失的重要原因之一。2010年数据表明，坡度大于25度的极陡坡地中农田分布的面积仍然较大，占农田总面积的20.93%。并且，秦岭山地土薄石厚，降水量大，频发的暴雨容易引发泥石流等地质灾害，在较陡的山地开垦农田是导致水土流失的重要原因。

近年来水土流失面积与程度有所降低。随着退耕还林等生态工程的实施，秦岭地区水土流失综合治理取得了一定成效，全区水土流失总面积减少，流失总面积由2000年的31599.01平方千米下降到2010年的28177.26平方千米，净减少3421.75平方千米，其中，极重度水土流失面积减少了690.63平方千米，重度减少了1050.03平方千米。

表2-14　　　　　　　　　　秦岭水土流失动态变化（2000~2010年）

类型	2000年面积（km²）	2010年面积（km²）	面积变化
微度	48519.53	51941.28	3421.75
轻度	15980.04	15679.75	-300.29
中度	4612.95	3232.17	-1380.78
重度	5469.45	4419.42	-1050.03
极重度	5536.56	4845.93	-690.63

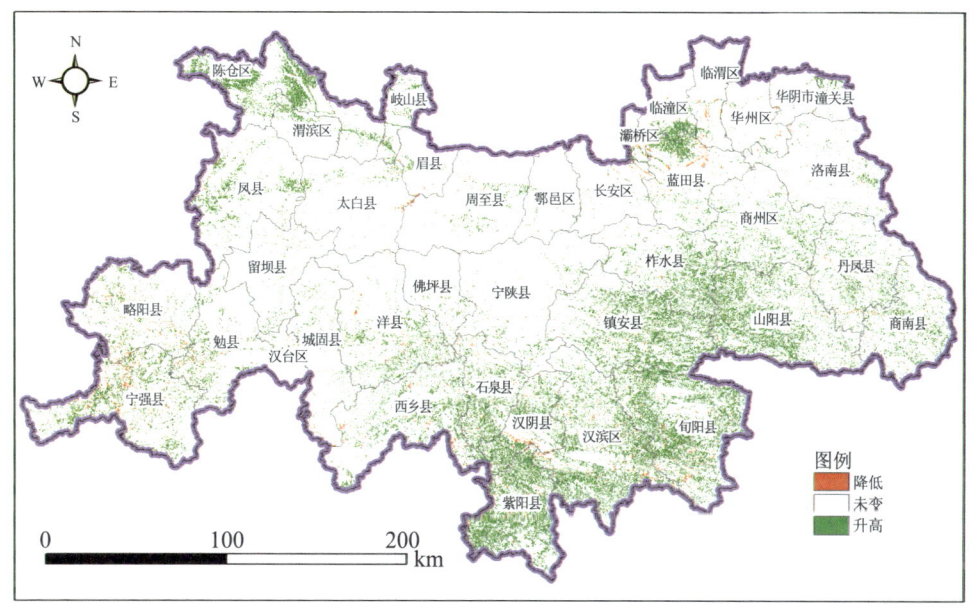

图2-13　秦岭水土流失格局变化（2000~2010年）

从空间变化上看，仍有局部地区加剧。水土流失较重的区域，如东南部的山阳、旬阳、紫阳等县区，水土流失强度在改善，但秦岭北部的蓝田县和临潼区以及南部的紫阳县、汉滨区、汉阴县等县区，仍然有局部地区水土流失在加剧。

2.1.4　矿山开采、工程建设、生活污水等威胁水源安全

秦岭山区矿产资源丰富，但开发技术不高，集约化程度低，存在过度、无序开发的现象，造成地面植被严重破坏。秦岭各类矿产达82种，矿点1080处，矿产以金属为主，主要包括铜、银、金、铁、锌、汞、锑等重金属，重点分布在西部，非金属主要包括煤矿、磷矿等，在全部县区都有分布。2014年国土资源厅的数据显示，秦岭矿权共1045处，采矿权1041处，探矿权529处。无序、松散的矿权发放削弱了矿权的执行力，使矿产企业出现"散、小、弱、差"局面。技术利用落后、配套设施不全、安全力度低等不仅造成大量资源的浪费和消耗，而且会造成重大的经济损失，更重要的

是造成生态环境的破坏。数据显示，秦岭山区矿山开发、占用、破坏土地面积达51.76平方千米，其中塌陷面积为3.32平方千米，开发占地面积为48.44平方千米，占地类型主要包括采场、中转站、矿山建筑和固体废弃物，分别占地面积17.68、4.90、1.29、24.58平方千米。

部分尾矿库位于重点生态功能区内，威胁水源安全。秦岭山区有233座尾矿库，较多的尾矿点分布在水源涵养重点区或附近。中西部的太白、眉县、周至、鄠邑区、城固、洋县、佛坪、宁陕等区县，西南部的勉县和留坝，南部的西乡、汉阴、紫阳与旬阳的部分地区都是国家或者省级重点生态功能区，具有重要的水源涵养功能，但在这些地区都有数量不等的尾矿分布，其中在凤县分布有大量金矿和铅锌矿，太白县分布有金矿、铅锌矿和铁矿，在洋县分布有多处铁矿，宁陕县分布有多处钼矿，城固县有铜、银等矿点的分布，在旬阳县有大量的铅锌矿分布等。如果尾矿库得不到严格的管理，会造成严重的环境问题，威胁水源安全。

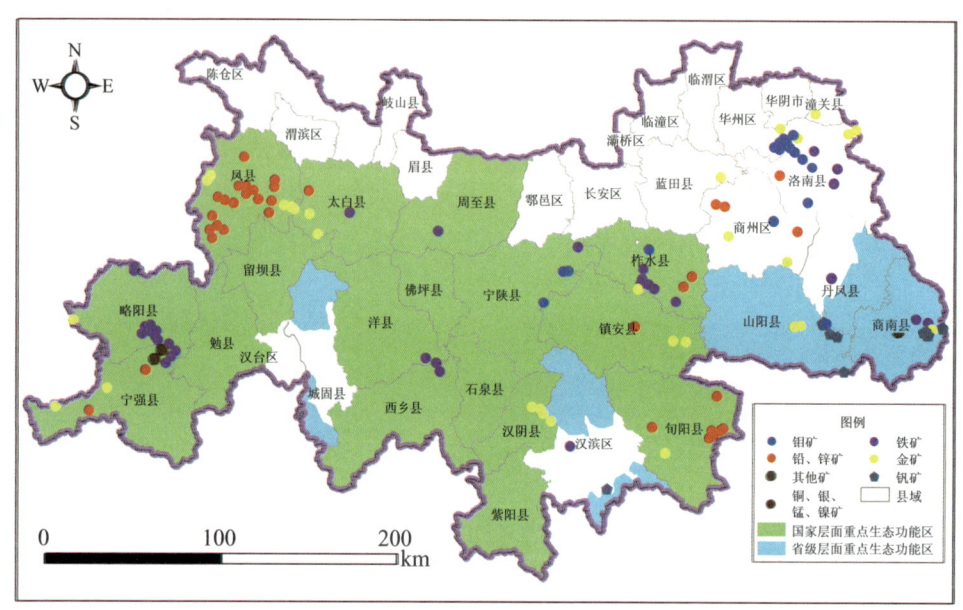

图2-14　秦岭山系尾矿分布图

基础设施建设，旅游开发对周边地区的水环境容易造成不利影响。目前秦岭地区较大规模的基础设施建设，包括西城高铁、引汉济渭等重大工程，造成施工区域的植被破坏，地表裸露，由于工程监管不到位，容易引起水土流失，同时也威胁施工沿线地区的水环境。此外，旅游业的开发带动了农家乐等餐饮店的兴起，但这些地区大都离远城镇，污水处理等设施跟不上，餐饮店餐厨垃圾、废水得不到有效处理，也对周边地区的水环境造成不利影响。

2.2　生态系统管理存在的问题

秦岭生态系统的存在的问题，既有自然的、历史的原因，也有由于管理不足造成的问题。目前生态系统管理中存在的问题如下。

（1）生态系统综合管理的顶层设计不完善、责任未落实。秦岭生态系统是一个有机整体，森林、草地、湿地、农田等各个组分密不可分，需要作为一个整体进行综合管理。秦岭地区尽管早在2007年就制定了统一的生态环境保护条例，有统一管理的思路，但在管理顶层设计中，仍按生态类型与生态要素分部门管理的思路建立的，既分森林、草地、湖泊与河流等生态类型进行管理，又按气象、土地、水资源等生态要素管理。尽管西安市设立了秦岭生态环境保护管理委员会办公室，但省级层面和其他地市缺乏统一的生态系统保护与监管机构。目前将秦岭生态系统作为一个整体进行管理思路的执行不够，责任未落实，秦岭地区尚未建立统一的生态系统监测体系，难以对生态系统实施有效保护。

（2）秦岭生态保护观念落后，自然恢复力度不够。在秦岭的生态保护与建设中，生态建设工程的前期评价与规划不够，生态恢复没有完全遵循生态规律，过分强调人工措施，自然恢复力度不够，不重视生态系统服务功能的恢复，大面积种植日本落叶松、华北落叶松等人工用材林和经济林，导致生态保护与建设成本高、生态系统质量低、自然栖息地丧失、生态系统服务功能退化等一系列生态问题。在大熊猫分布区，人工种植的日本落叶松难以成为栖息地，同时土壤保持、水源涵养能力低下。单一树种的人工纯林容易造成松材线虫病等生物灾害大面积发生。

（3）秦岭生态保护规划不尽合理，缺乏"落地"机制。目前秦岭地区的生态保护规划较多，有国家与省级层面的主体功能区规划、生态功能区划，但这些规划都属于宏观战略规划，不能将生态保护的要求落实到具体地块上。而土地利用规划分类体系中，没有考虑土地提供生态产品和服务功能的属性，缺少"生态用地"类型，导致在土地利用规划与管理中，提供生态系统服务功能的土地得不到保障，重要生态服务功能的土地被开发利用。

另外，《秦岭生态环境保护条例》中划定的生态功能区划，对生态保护的要求不尽合理，规定秦岭2600米以上禁止开发，1500～2600米限制开发，1500米以下适度开发，这些规划对生物多样性的保护要求考虑不够。例如，全国大熊猫调查发现，秦岭地区大熊猫的活动区域，82%位于1500～2600米的范围内，14%位于1500米以下，而2600米以上的活动区仅占3%。而且，许多野生动物的迁徙通道也位于低海拔地区。由于生态保护要求不尽合理，致使许多本应严格保护的区域被开发利用或者缺少管制措施，加剧了野生动植物栖息地的隔离与破碎化。

（4）缺乏全方位、全过程的生态环境监管体系，监管力度不够。区域开发与建设仍然是目前秦岭地区的生态环境状况的主要影响因素，需要建立全方位、全过程的生态环境监管体系。但目前的秦岭监测体系内容不全面，缺乏全过程的监管。乱挖乱采矿产资源，乱建别墅与旅游设施（如农家乐、拦河坝），农村面源污染，农家乐与工业企业胡乱排污、垃圾乱倒等现象比较严重，致使生态与环境问题不能及时发现，威胁区域生态安全。

（5）缺乏合理的生态保护评估和绩效考核机制。目前秦岭地区没有建立科学、独立的生态环境评估机制和绩效考核机制，缺乏统一的调查评估平台与队伍。资源开发、生态保护、监管与评估考核等职能没有完全分开，评估指标单一、生态建设工程与实施成效自我评估的现象普遍，这些也会影响生态系统质量的提升和生态功能的恢复。

（6）生态环境管理缺乏群众参与。由于生态环境监测群众参与机制不够健全，缺乏应用媒体介质等宣传途径，群众参与环境监测、保护和治理的积极性和主动性不高，也在一定程度上削弱了生态环境治理和管理能力。

2.3 生态系统管理问题清单

综合秦岭生态系统及管理方面的问题,将问题清单总结如下。

(1)生态系统综合管理的顶层设计不完善、责任未落实。多部门、多层次交叉管理,秦岭地区整体管理的思路未得到有效落实。

(2)秦岭生态保护与管理观念落后,生态恢复没有完全遵循生态规律,自然恢复力度不够,不重视生态系统服务功能的恢复。

(3)秦岭生态保护规划较多,但不尽合理,缺乏"落地"机制,生态保护重要区域落实不到具体地块,无法得到严格保护。

(4)秦岭地区生态环境监管力度差,没有建立全方位、全过程的生态环境监管体系,乱占、乱采、乱排、乱倒等现象严重,没有得到及时有效治理。

(5)缺乏合理的生态保护评估和绩效考核评估机制,评估指标单一、生态建设工程与实施成效自我评估的现象普遍。

(6)生态补偿资金来源多,项目类型多,管理部门多,资金分散,重复立项,资金使用效率不高,生态恢复效果不明显。

(7)家底仍然不尽清楚与准确。尽管不同部门对秦岭自然资源、生态系统状况及其问题有一定的了解,但缺乏对秦岭全域生态系统深入、统一调查,缺乏系统、长期的监测,家底仍然不太清楚,不能给生态环境管理政策的制定提供强有力的支撑。

(8)管理关系混乱,职责不清。秦岭地跨多个市县区,管理分属多块区多部门,各部门都按各自流程进行管理,且相互间缺乏沟通和协调,导致管理较为混乱。

(9)生态环境监管能力薄弱,管理者专业知识储备和经验不足,对管理目标认识不清;部分地区监管设备与资金不足,难以实施有效的监管。

3. 秦岭地区生态功能定位与生态功能区划

3.1 秦岭地区生态功能定位

目前国家与地方有关主体功能区规划与生态功能区划,以及其他规划,都对秦岭山系的主体生态功能进行了明确的界定,即水源涵养、生物多样性保护与土壤保持功能。

陕西省与全国生态功能区划中,将秦岭地区划定为"秦岭—大巴山生物多样性保护与水源涵养重要生态功能区",明确提出其主要生态功能为水源涵养、生物多样性保护与土壤保持三项功能。

在全国与陕西省主体功能区规划中,也将秦岭山系划定为"秦巴生物多样性生态功能区",该区的主体功能是"维护生物多样性、水源涵养、水土保持,提供生态产品"。

3.1.1 水源涵养

秦岭水资源丰富,河流众多,是汉江、丹江、嘉陵江和黑河、石头河等重要河流的发源地,是关中城镇主要的水源供给区,南水北调中线工程汉江、丹江口水库重要的水源区,秦岭是我国中部地区生态安全的屏障。近年来,国家退耕还林工程、天然林保护工程、水源涵养等工程的实施使秦岭森林覆盖率有了大幅的上升,但是森林质量不高,水源涵养功能发挥受到限制。因此,为保证水源的长久充足和安全,在生态功能区划中必须将秦岭作为重要的水源涵养区,加强生态建设和保护,增强水源涵养功能。

3.1.2 生物多样性保护

秦岭是我国物种最为丰富地区之一,是世界生物多样性代表区之一,是重要的生物物种资源库和基因库,动植物区系的过渡带,有"生物多样性宝库""动物王国"之称。

秦岭是我国生物多样性保护的关键地区之一,其中有珙桐、独叶草、红豆杉、华山新麦草等9种国家Ⅰ级重点保护植物,有大熊猫、朱鹮、金丝猴、羚牛等10种国家Ⅰ级重点保护动物。秦岭也是目前朱鹮最主要的分布区,是大熊猫分布的最东界和最北界。把生物多样性保护定位为秦岭主导功能之一对我国经济社会可持续性发展具有重大意义。

3.1.3 土壤保持

秦岭水土侵蚀严重,面积分布广,是我国水土流失敏感区之一。秦岭山区坡耕地较多,东部区域植被覆盖度低,采矿活动剧烈,土壤层较薄,岩层厚。集中的强降雨、频繁的暴雨易引发滑坡、泥石流等地质灾害,使大量的泥沙冲入河底,堵塞河道和抬升河底面,增加灾害发生的概率。除此之外,许多重金属元素被冲入河流,易导致水体污染,严重威胁到水源安全,影响到沿线人们的生活用水质量和南水北调中线工程的实施。并且,水土流失严重削弱了土壤的肥力,导致农业减产。水土流失还会更加加剧生态环境的退化,危及生态安全。秦岭是我国中部地区生态、水体、社会、经济安全的保障,因此,必须将秦岭土壤保持定位为主导功能,开展小流域综合治理,有计划地推进退耕还林工程、天保工程等工程的实施,进一步提高森林、草地等自然植被覆盖度,增强土壤保持能力。

3.2 生态功能区划现状及问题

3.2.1 生态功能区划现状

目前全国生态功能区划、全国及陕西省主体功能区规划等对秦岭地区生态功能区有明确的划定。

(1)生态功能区划。根据2008年环境保护部与中国科学院联合发布的《全国生态功能区划》,秦岭山系分属2个农产品提供三级功能区、关中重点城镇群、2个土壤保持三级功能区、4个水源涵养三级功能区，其中大部分地区属于秦岭山地落叶阔叶—针阔混交林水源涵养三级区。此外，区划也明确提出秦岭属于"秦巴山地水源涵养与生物多样性保护重要功能区"，该重要生态功能区主导功能为水源涵养和生物多样性保护，辅助功能为土壤保持，包括秦岭中西部地区的高海拔地区和南部的部分地区，涉及多个县域，主要包括太白县、佛坪县、柞水县、略阳县、周至县、勉县、留坝县、城固县、洋县、西乡县、商周区、洛南县等区县，覆盖面积超过30000平方千米。

2015年国家发布的《全国生态功能区划（修编）》在秦岭划分了3个水源涵养三级功能区和1个生物多样性保护三级功能区。而关系到秦岭的国家秦巴山地生物多样性保护与水源涵养重要功能区，分布范围在秦岭得到进一步扩大。在秦岭的东部和西部，重要功能区边界已经与秦岭边界重合，面积上，除了位于北部和南部几个县域的部分面积之外，秦岭山系的多数县域都在区化的重要功能区范围，其中略阳县、凤县、留坝县、太白县等12个县区的全部面积位于重要功能区范围，覆盖面积由修订前的30000平方千米增加到56000平方千米。

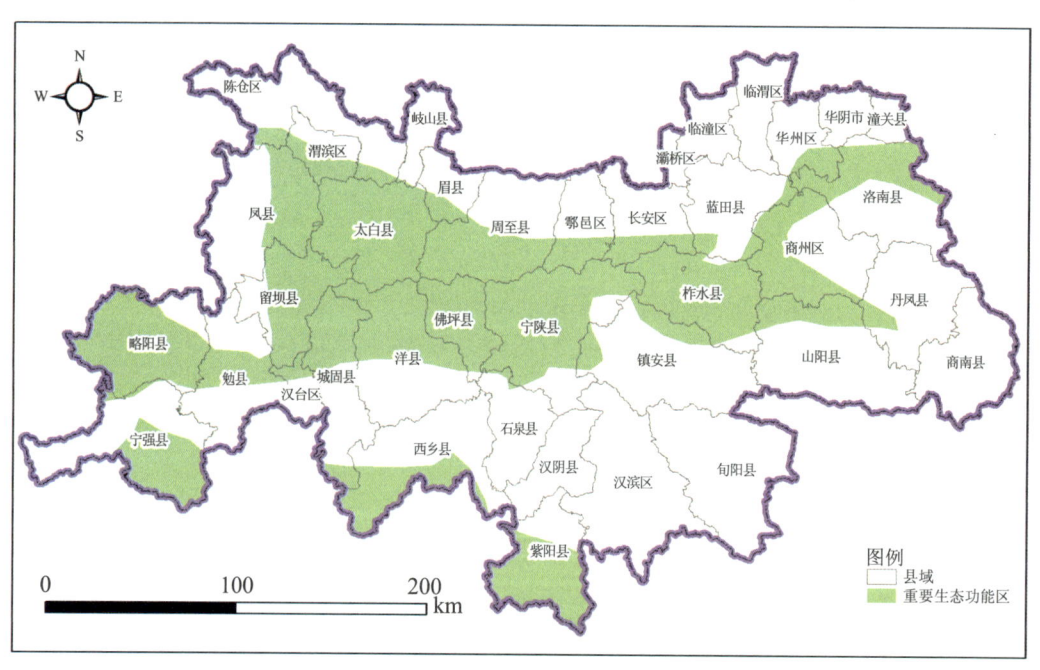

图2-15　2008年全国生态功能区划中的重要生态功能区

此外，陕西省生态功能区划中，秦岭地区涉及3个一级生态区，6个二级生态亚区和22个生态功能区。其中，10个功能区的主导功能为水源涵养，6个为土壤保持，2个为生物多样性保护，4个为其他类型。

在2007年颁布实施的《陕西省秦岭生态环境保护条例》中，对秦岭地区生态功能有整体规定，海拔2600米以上的秦岭中高山针叶林灌丛草甸生物多样性生态功能区为禁止开发区；海拔1500米以上至2600米之间的秦岭中山针阔叶混交林水源涵养与生物多样性生态功能区为限制开发区；海拔1500米以下的秦岭低山丘陵水源涵养与水土保持功能区为适度开发区。

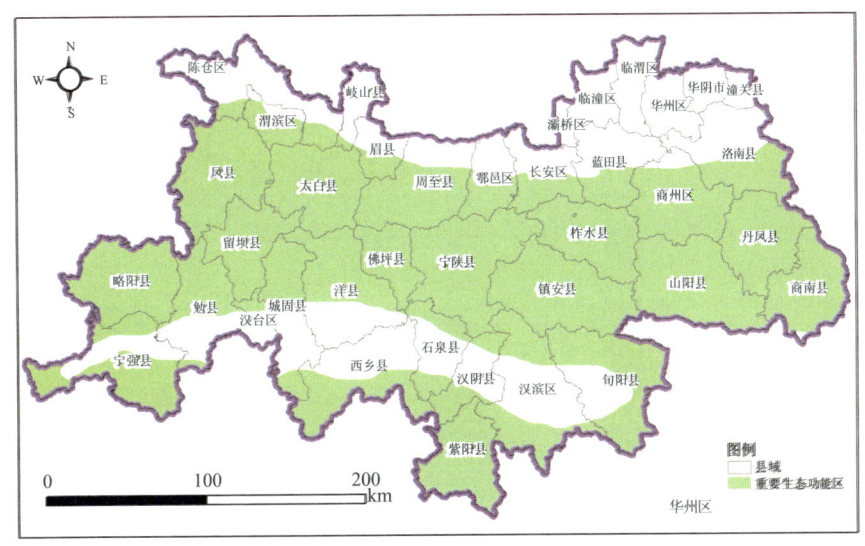

图2-16 2015年全国生态功能区划中的重要生态功能区

（2）主体功能区划。根据2010年国家发布的《全国主体功能区划》，秦岭山系属于秦巴生物多样性保护重点生态功能区，主体功能是"维护生物多样性、水源涵养、水土保持，提供生态产品"，发展方向为减少林木采伐，恢复山地植被、保护野生动物，秦岭范围包括凤县、太白县、略阳县、留坝县、佛坪县、宁陕县、紫阳县、镇安县、柞水县、旬阳县、周至县、西乡县、石泉县和汉阴县。而在2013年《陕西省主体功能区划》中，秦岭划为国家层面的秦巴山地生物多样性功能区，范围包括周至县、凤县、太白县、洋县、宁强县、略阳县、佛坪县、留坝县、勉县、西乡县、宁陕县、紫阳县、旬阳县、汉阴县、石泉县、镇安县和柞水县。在秦岭也划分了省级层面的中低山水土保持片区（省级层面重点功能区），范围包括商南县、山阳县、城固县、汉滨区、丹凤县。禁止开发区包括了秦岭已建立的自然保护区和森林公园、风景名胜区、地质公园、文化遗产、水产种质资源保护区重要湿地、资源水源地。

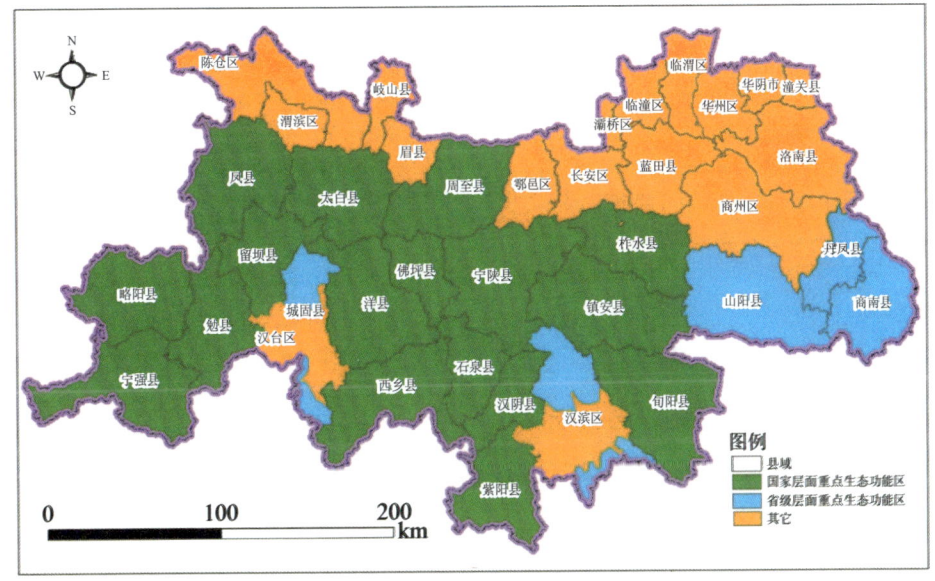

图2-17 全国与陕西省级主体功能区划中对秦岭重点生态功能区界定

2011年11月《大秦岭西安段生态环境保护规划（2011～2030年）》将秦岭西安段规划为生态保护区和生态协调区。2013年，《周至县秦岭北麓生态环境保护和利用规划（2013～2030）》，根据《陕西秦岭北麓生态环境保护规划》将秦岭周至段划分为生态保护区和协调区，生态保护区包括绝对保护区、一般保护区、控制保护区三个区域，并对各个功能区制定了具体的要求。

3.2.2 生态功能区划的主要问题

通过主体功能区与生态功能区划，秦岭山系开展了生态功能区相关的研究，但目前的生态功能区划存在如下问题。

（1）已有的功能区划没有将秦岭作为一个整体来进行系统的功能区划。现有的生态功能区划都是从全国、省域或者市域尺度开展的，没有将秦岭地区作为一个独立的区域来开展。而《陕西省秦岭生态环境保护条例》中，尽管也对秦岭地区的功能区划分，但仅仅根据海拔进行了划分，没有反映不同区域生态功能的差异性，尚不能完全满足生态系统管理的需求。

（2）不同规划中重点与重要生态功能区规划范围与边界互不衔接。全国主体功能区规划中的重点生态功能区是以县域为基本单元，涉及30个县域，总面积为53182.10平方千米。而全国生态功能区划修编中，秦岭重要生态功能边界为自然边界，涉及33个县域，总面积为56379.95平方千米。

（3）主体功能区划中的重点生态功能区与秦岭生态功能重要性分布格局不完全相符。现有的国家重点生态功能区，与水源涵养、生物多样性保护和土壤保持的重要性格局比较一致，但没有覆盖东南部的土壤保持重要区。省域尺度的重点生态功能区，增加了对东南部土壤保持重要区的覆盖，但秦岭东北部华州区、华阴等地区，是生物多样性保护、水源涵养与土壤保持的重要区域，都位于重点生态功能区以外。

（4）现有的生态功能区边界不细致。现有的生态功能区划与主体功能区规划方案，都是国家与省域尺度的宏观规划，不能完全满足秦岭山系生态保护的具体要求。国家与省域尺度的重点生态功能区，二者面积达55573.89平方千米，占区域总面积的69.25%，区内包含了部分农田、城镇建设用地等生态保护重要性不高的区域。为了提高生态保护效率，需要对边界进行细化，明确保护的关键区域。

3.3 生态功能区划调整

为了满足秦岭山系生态保护的要求，需要明确水源涵养、生物多样性保护、土壤保持功能的重要性格局，明确生态功能保护的关键区域，在此基础上，完善生态功能区划边界，以及重点生态功能区的边界。

3.3.1 调整原则

（1）可持续发展原则。生态功能区划的目的是促进生态环境的保护，以及资源的合理利用和开发，避免盲目资源开发和生态环境的破坏，增强区域社会经济发展的生态支撑能力，促进内区域的可持续发展。

（2）区域生态安全的原则。由于秦岭地区是国家重点生态功能区，因此在生态功能区划中要明确主导生态功能的空间分布特征，确保主导生态功能区域边界的完整性，为构建科学合理的生态安全格局奠定基础。

（3）相似性原则。由于自然因素的差别和人类活动的影响，使得区域内的生态系统结构、过程、服务功能存在某些相似性和差异性。生态功能区划是根据区划指标的一致性与差异性进行分区。

（4）区域共轭性原则。区划对象必须是具有独特性，空间上完整的自然区域。即任何一个功能区必须是完整、不存在彼此分离的部分。

3.3.1 调整思路与方法

根据秦岭地区地形、生态系统类型的空间分异特征，以及三种主导生态系统服务功能的空间分布规律，综合现有的生态功能区划与主体功能区规划研究成果，完成生态功能区与重点生态功能区的调整。

（1）生态系统空间特征。如前所述，秦岭地区分布有森林、草地、湿地、城镇、农田等主要生态系统类型。其中森林面积最大，占秦岭总面积的71.5%；其次是农田，占总面积的24.1%；草地和城镇面积较小，分别为面积的1.7%和1.7%；湿地面积最小，仅占秦岭总面积的0.6%。

（2）生态系统服务功能特征。

①水源涵养重要性。采用降水贮存量法，计算秦岭地区水源涵养量，并根据水源涵养量的大小分为极重要、重要、中等重要、一般地区（详细评价方法见附件1）。结果显示，秦岭水源涵养极重要与重要区域主要分布在秦岭主峰及周边区域。其中，极重要区主要分布在佛坪县、太白县和宁陕县以及南部的城固县、西乡县、紫阳县、汉阴县等几个县区，占总面积的21.31%。重要区主要分布在秦岭的中西部地区，包括留坝县、太白县、城固县、洋县、佛坪县、周至县、宁陕县、石泉县等区县，分布面积较大，占总面积的16.88%。中等重要区主要分布在秦岭中东部的柞水县、旬阳县、商周区、洛南县、山阳县和西部的凤县、略阳县等县区，占总面积的14.88%，一般区主要分布在秦岭的北部和东部。

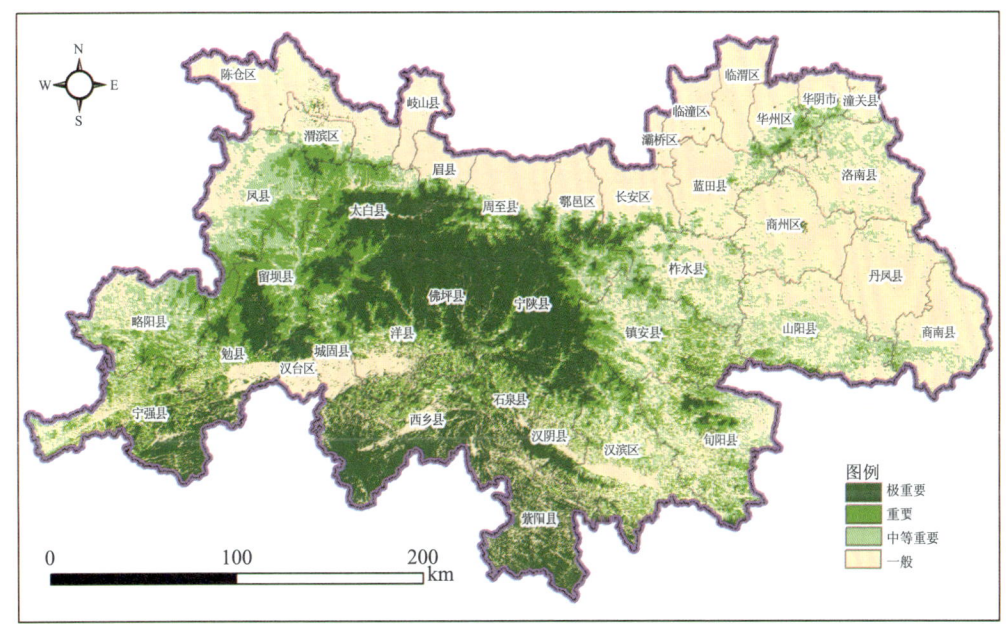

图2-18 秦岭地区水源涵养重要性分布

表2-15　　秦岭地区水源涵养重要性面积与比例

重要性等级	面积（km²）	比例（%）
极重要	17085.78	21.31
重要	13535.05	16.88
中等	11928.09	14.88
一般	37621.86	46.93

②生物多样性重要性。通过选择50种珍稀濒危动植物物种作为生物多样性评价指标，通过物种的筛选、栖息地的评估和重要区的识别来明确生物多样性保护的重要区域（详细评价方法见附件1）。生物多样性保护极重要区主要分布在秦岭的中西部的太白县、洋县、佛坪县、周至县、宁陕县、眉县、鄠邑区等地区，面积7120.88平方千米，占总面积的8.88%。重要区主要分布在秦岭的西南部，包括略阳县、宁强县、勉县、凤县、城固区、留坝等县区，面积11717.20平方千米，占总面积的14.62%。中等重要区主要分布在秦岭的中东部和南部等县区以及东北部的蓝田县、华州区、华阴市等县区，占总面积的26.63%。其余为一般地区，主要分布在秦岭地区的东部，以及北部平原区。

表2-16　　秦岭生物多样性保护重要性面积及比例

类型	面积（km²）	比例（%）
极重要	7120.88	8.88
重要	11717.20	14.62
中等重要	21353.34	26.63
一般	39979.38	49.87

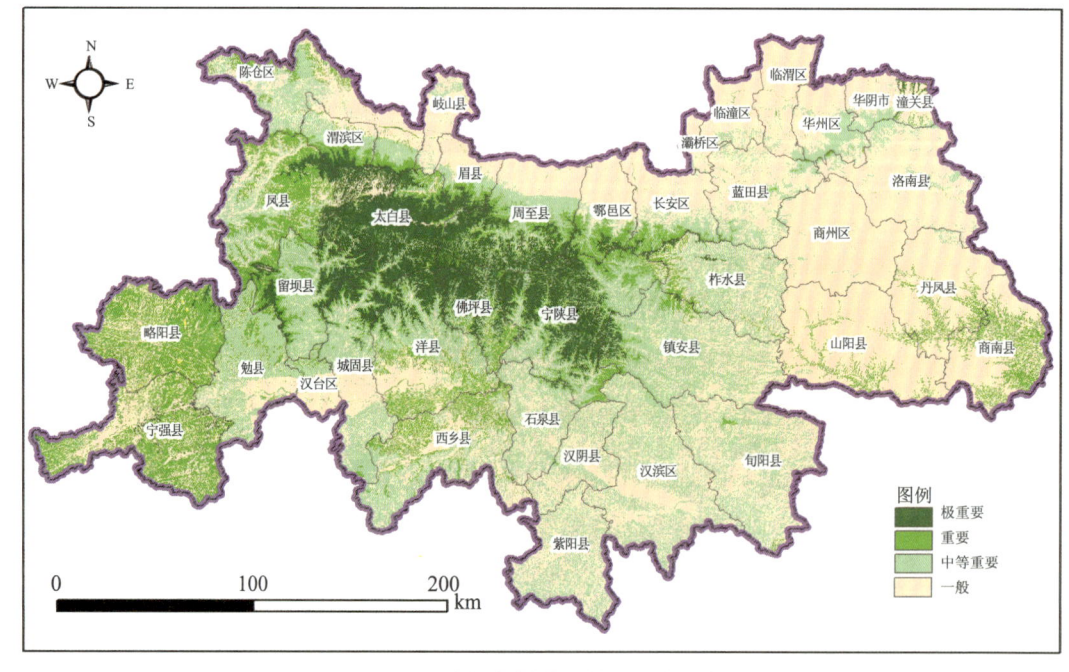

图2-19　生物多样性保护重要性分布

③土壤保持重要性。采用通用水土流失方程USLE进行评价，通过降雨、坡度坡长、植被、土

壤和土地管理等因素评价生态系统土壤保持功能的强弱，进而确定保护重要性（详细评价方法见附件1）。结果显示，土壤保持极重要区主要分布在秦岭南部的紫阳县、汉阴县、西乡县等地区，占总面积的21.19%；重要区主要分布在南部的紫阳县、城固县、汉阴县、石泉县、西乡县、汉台区、城固县等县区，占总面积的19.63%；中等重要区分布广泛，基本在每个县域都有分布，总面积为14266.67平方千米，占总面积的17.80%。

表2-17　　　　　　　　　　　　秦岭土壤保持重要性面积及比例

类型	面积（km²）	比例（%）
极重要	16988.49	21.19
重要	15739.44	19.63
中等重要	14266.68	17.80
一般	33176.18	41.38

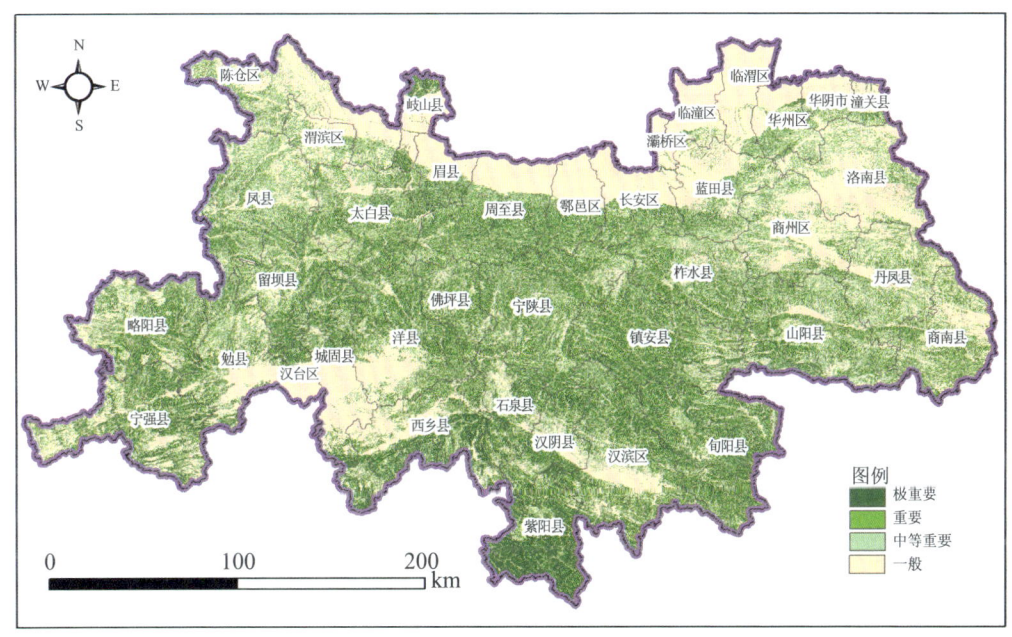

图2-20　秦岭地区土壤保持重要性分布

④生态保护重要性特征。对水源涵养、生物多样性保护、土壤保持重要性评估的基础上，明确生态保护重要区域。极重要与重要区域主要分布在秦岭中段，东秦岭北部，以及米仓山—大巴山北部，二者占研究区域的56.17%。生态保护中等重要区主要分布在秦岭东部，而一般地区主要分布在秦岭北部、南部的盆地。

表2-18　　　　　　　　　　　　秦岭地区生态保护重要性面积及比例

类型	面积（km²）	比例（%）
极重要	27688.89	34.54
重要	17344.51	21.63
中等重要	9604.38	11.98
一般	25533.26	31.85

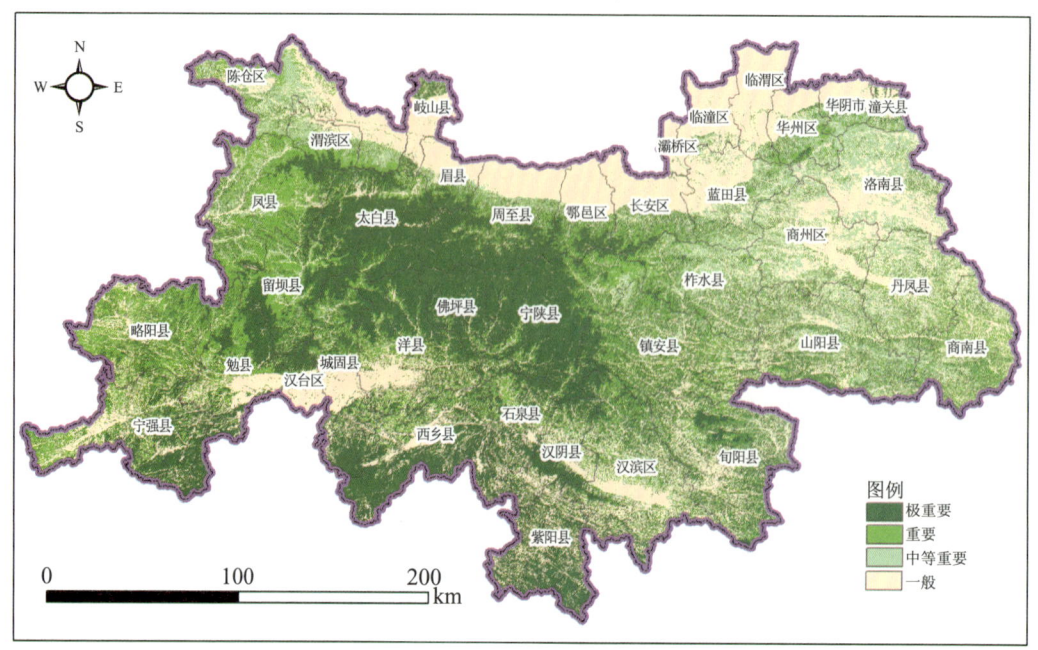

图2-21 秦岭地区生态保持综合重要性分布

（3）分区方法。

①按照生态系统的自然属性和所具有的主导服务功能类型，将生态系统服务功能分为生态调节、农产品提供与人居保障三大类。其中，生态调节又可分为水源涵养、生物多样性保护和土壤保持三个类型。

②分区原则。将秦岭地区分为生态亚区和生态功能区两个层级。生态亚区以地形与生态系统为基础进行划分，生态功能区以生态系统服务功能类型及其重要性为基础进行划分。

3.3.2 生态功能区划调整

调整后，秦岭地区生态功能区划分为两个层级。

（1）生态亚区。共分为四个亚区，分别是渭河盆地农业生态亚区、秦岭山区落叶阔叶—针阔混交生态亚区、汉江上游丘陵盆地农业生态亚区和米仓山—大巴山落叶阔叶—针阔混交林生态亚区。

（2）生态功能区。共包括13个生态功能区，具体如下。

①渭河盆地农业生态亚区：包括两个生态功能区，即关中平原城镇及农产品提供生态功能区与渭河盆地农产品提供生态功能区。

②秦岭山区落叶阔叶—针阔混交生态亚区：包括9个生态功能区，即秦岭北坡中低山土壤保持生态功能区，秦岭中高山生物多样性保护与水源涵养生态功能区，凤县宽谷盆地土壤保持生态功能区，紫柏山—宝峰山生物多样性保护与水源涵养生态功能区，秦岭南坡中低山水源涵养与土壤保持生态功能区，秦岭南坡东段水源涵养与土壤保持生态功能区，青木川生物多样性保护与水源涵养生态功能区，秦岭北坡东段土壤保持生态功能区和秦岭东段土壤保持生态功能区。

③汉江上游丘陵盆地农业生态亚区：包括1个生态功能区，即汉中盆地农产品提供功能区。

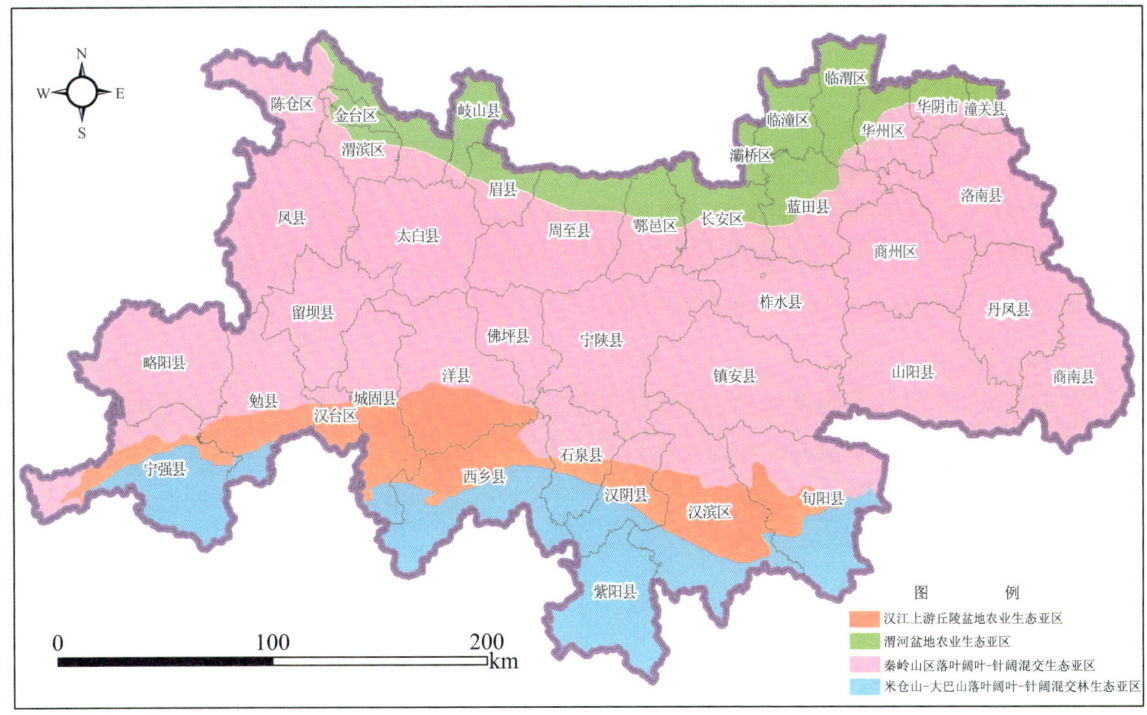

图2-22 秦岭地区生态功能亚区图

④米仓山—大巴山落叶阔叶—针阔混交林生态亚区：包括1个生态功能区，即米仓山—大巴山北部水源涵养与土壤保持生态功能区。

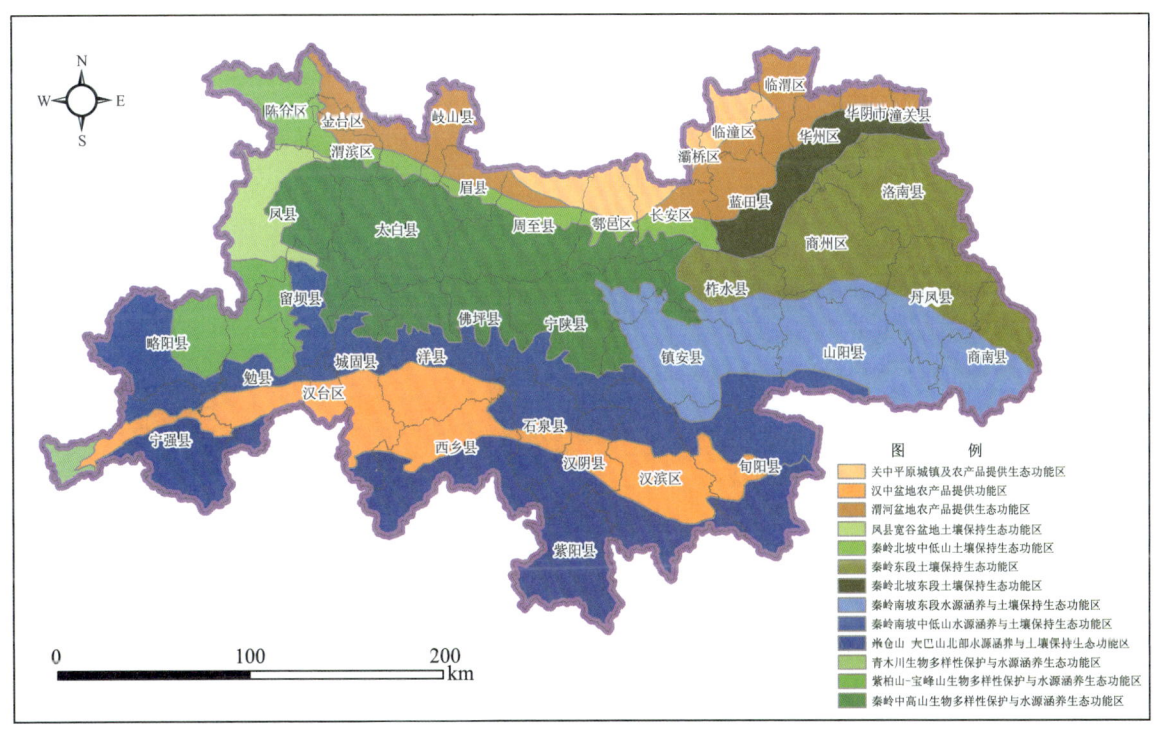

图2-23 秦岭地区生态功能区划图

3.4 生态功能区的管理策略

为了保障秦岭地区的生态安全，在生态服务功能评估和生态功能区划的基础上，提出如下管理策略。

（1）针对不同生态功能区主体功能的保护需求采取差异化的管理策略。对于生物多样性保护为主导功能的区域，应该完善自然保护区体系，严格禁止或控制威胁生物多样性的开发活动，禁止在这种类型区引进外来物种。在水源涵养区，坚持自然恢复为主，严格限制在水源涵养区大规模人工造林；通过退耕还林还草、生态恢复提高水源涵养能力，保障西安等大城市的对水资源的需求。在土壤保持区，采取退耕还林还草等生态工程，开展小流域综合治理，增加区域植被覆盖，降低区域水土流失。严格资源开发和建设项目的生态监管，控制新的人为水土流失。在农业产品提供区域，减少农药化肥的使用，降低农业活动对水质的影响。秦岭山系各生态功能区的具体管理对策见附件2。

（2）以生态保护重要性为基础，确定生态保护红线。以本研究提出的水源涵养、生物多样性保护和土壤保持重要性格局为基础，将生态保护极重要与重要的地区划定为生态保护红线。建议生态保护红线的面积比例大于55%，并结合土地利用规划，将生态保护红线落实到具体地块。采取严格保护措施，确保生态保护红线区的生态功能不降低、面积不减少、性质不改变。

（3）以生态功能为导向，完善自然地保护体系。建议在如下区域加强保护地体系建设。

①秦岭中段自然保护区群。秦岭中段主峰太白山及周边区域包括太白、周至、城固、洋县、佛坪、宁陕等县，是大熊猫、金丝猴、扭角羚等珍稀濒危物种的集中分布区，目前已经建立了14个自然保护区，包括太白山、佛坪、长青等国家级自然保护区，但仍有部分重要栖息地位于自然保护区以外。建议以现有的自然保护区为基础，通过在娘娘山、板桥等地新建与扩建自然保护区，建立秦岭中段自然保护区群，使珍稀濒危物种及其生境能得到有效保护。同时建议在物种隔离的关键地段建设生态廊道，恢复自然栖息地，促进物种之间的交流。由于该区域也是水源涵养重要区，自然保护区群的建设也能促进水源涵养功能的保护与恢复。

②西秦岭南部保护区。西秦岭南部区域包括留坝、勉县、略阳等县，具有水源涵养、土壤保持等生态系统服务，同时也分布有扭角羚、大鲵等珍稀物种。目前该区域已建立了紫柏山、宝峰山与略阳大鲵三个省级自然保护区，使物种的主要栖息地得到了保护，但大部分的水源涵养与土壤保持的重要区域仍位于保护区外。建议在该区域的勉县北部、留坝南部等地新建生态功能保护区，使主要的生态系统服务功能得到有效保护与恢复。

③东秦岭南部生态功能保护区。东秦岭区域包括镇安、旬阳、山阳等县，是主要的水源涵养区，同时土壤保持功能也十分重要，珍稀濒危动物分布较少。建议在该区域新建生态功能保护区，使水源涵养和土壤保持极重要的区域得到保护。

④米仓山—大巴山北部生态功能保护区。主要包括西乡、紫阳等区县，是主要的水源涵养和土壤保持区，珍稀濒危动物分布较少，建议在该区域新建生态功能保护区，使水源涵养和土壤保持极重要的区域得到保护。

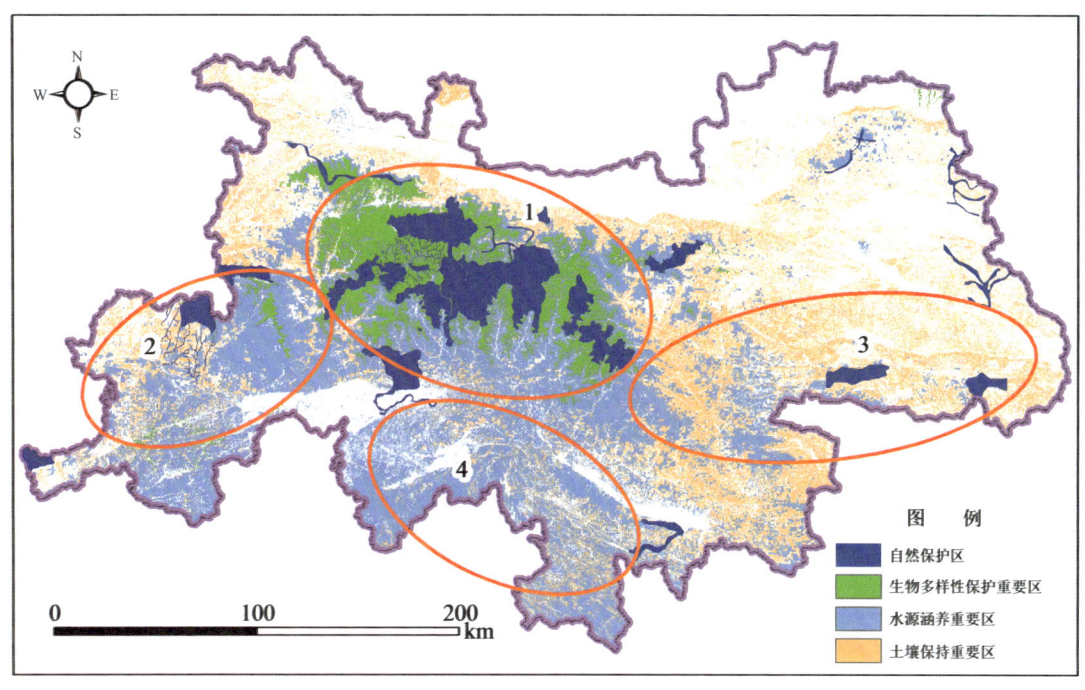

图2-24　秦岭地区保护地体系示意图

4. 秦岭地区生态系统监测体系构建

4.1 监测体系的演进历程、现状与趋势

4.1.1 演进历程

从20世纪70年代开始，秦岭地区开始了生态监测工作，秦岭地区的生态监测大约可分为以下几个阶段。

（1）20世纪80年代以前。生态监测工作处于起步阶段，主要针对全国关注的问题开始调查与监测，秦岭地区作为调查的区域之一，也参与其中，主要有1977年开始的野外大熊猫及其栖息地调查，以及同期开展的森林资源清查工作。另外，还包括20世纪50年代开始的有关气象、水文站点的常规监测。

（2）20世纪80年代至2000年。生态监测工作处于发展阶段，监测内容除了气象、水文、森林资源清查等以外，还有水质、大气、土壤等方面的监测。科研机构也开始在秦岭设置长期定位观察站点，研究森林生态系统的结构、生物量等动态变化规律。

（3）2000年到现在。生态监测内容丰富，包括气象、水文等生态要素，还包括生态系统类型、质量，生态环境问题、野生动植物等多个方面。监测手段多样，包括野外调查、航空遥感、无人飞机等，初步形成点—面结合的监测体系。

秦岭地区有代表性的监测工作见表2-19。

表2-19　　　　　　　　　　　　　秦岭地区有代表性的监测工作

序号	监测工作名称	主要内容
1	水文监测	秦岭地区水文监测始于20世纪50年代，主要监测内容有水位、流量、流速、降雨、蒸发、泥沙含量等
2	气象监测	主要监测温度、湿度、降雨等气象因子
3	森林资源调查	森林资源清查始于20世纪70年代，采用连续监测的方法，目前正在进行第9次清查。主要采用卫星遥感和样地调查测量等现代科技手段，调查内容涉及森林资源数量、质量、结构、分布的现状和动态，以及森林生态状况和功能效益等方面
4	地质灾害监测	国土资源部门从20世纪50年代开始开展地质灾害和地质环境调查监测、地下水调查等方面的工作
5	秦岭大熊猫调查与监测工作	从20世纪70年代开始开展全国大熊猫的调查工作，每10年一次，以了解全国大熊猫种群及栖息地的变化。秦岭作为大熊猫的主要分布区，也开展了相应的调查，于1976年、1987~1988年、1999年和2012年开展了秦岭大熊猫的野外调查工作，了解秦岭大熊猫种群的变化趋势。此外，第三次大熊猫调查结束后，陕西省林业厅在WWF的支持下，在秦岭地区开展大熊猫巡护与监测活动，每年开展两次，以了解大熊猫的活动规律，栖息地的变化状况，特别是大熊猫主食竹的开花状况。目前，秦岭地区开展了大规模的红外相机监测，以了解大熊猫及其他野生动植物的活动规律与保护状况
6	水质与大气监测	水质与大气监测始于20世纪70年代，主要监测二氧化硫、氮氧化物等大气污染物，以及化学需氧量、总磷、总氮等。
7	森林长期野外台站	陕西秦岭森林生态系统国家野外科学观测研究站，始建于20世纪80年代初，位于陕西省宁陕县内，后来在太白自然保护区增设台站，主要以华山松、油松、锐齿栎林等为对象，监测森林群落结构、生物量与生产力、水源涵养功能等，了解森林的动态规律
8	土地利用监测	国土资源部门以遥感数据和地面调查为基础，开展了耕地、建设用地等变化监测工作
9	国家重点生态功能区县域生态环境质量监测	2009年，环保部和财政部启动了国家重点生态功能区县域生态环境质量监测工作，秦岭作为我国重点生态功能区，也启动了相应的监测考核工作
10	国家级自然保护区人类活动监测	从2013年开始，环境保护部卫星应用中心开始针对保护区的人类活动开始监测

4.1.2　现状

经过多年的发展，秦岭地区已经初步建立起生态监测网络体系，秦岭地区的生态监测有如下特征。

（1）政府部门根据各自职责，承担不同的监测任务。生态环境监测由环境保护、林业、水利、国土、农业等部门承担。

①环保部门。直接负责秦岭重点功能区县域生态环境质量监测、评价与考核工作的实施，还负责大气、水环境、生态、固定废弃物、土壤等的监测，定期发布环境质量监测报告。

②林业部门。主要负责对秦岭森林资源、湿地进行调查，开展森林火灾预警和动态监测，对野

生动物进行监测评估，构建了野生动物疫病监测体系；支持国家和地方重点高校建设野外科学观测研究站，目前已建立了陕西秦岭森林生态系统国家野外科学观测研究站，监测森林结构动态。

③水利部门。主要开展水文、水质等方面的监测，在秦岭部分区域已开展自动监测站的建设，构建省、市、区一体化的水环境监测体系，实现污染源实时、全面监测。另外，通过应用航天遥感技术，结合地面观测与实地调查方法实现对全区水土保持的监测。

④农业部门。已在秦岭建立众多农业面源污染监测站点，并制定了农田监测指标体系以及规范要求，并借助3S技术，使农田监测逐步在向广尺度、信息化、智能化转变。

⑤国土部门。主要负责地下水、地质灾害、矿山环境、土地开发等方面的监测。通过3S技术可对山系中的分布矿山、尾矿点的位置进行定位、观测，并且监督矿企业开发，防止私挖乱采等活动。此外，也可实时了解土地利用动态。

⑥其他部门。包括气象、交通、建设等部门也参与某些生态环境监测工作。

（2）初步建立了点面结合的监测体系。秦岭地区初步建立了由监测站点、样线和区域尺度的监测体系。监测站点主要包括气象站点，大气、水质、土壤、噪音、生物等生态环境要素站点，以及森林等生态系统长期定位监测站点。样线主要是野生动物的巡护与监测样线。区域尺度的监测主要是基于遥感手段的土地覆盖及生态参量的监测。

（3）监测内容较丰富。秦岭监测内容涉及生态系统的多个方面，主要包括自然气象与水文要素，大气、水质、土壤、噪音、生物等生态环境要素，森林、草地等各种生态系统的构成与类型，生态系统质量与服务功能，野生动植物物种及其活动状况，森林火灾、病虫害等自然灾害，以及人类活动的各种干扰等。

（4）监测手段多样。秦岭地区的监测手段多样，包括物理、化学和生物等多种手段。对于野生动植物监测，多采用直接野外数目调查，红外相机，以及基于基因手段的个体识别技术；对于环境要素的监测，多采用多种仪器设备，并辅以化学药品以测定大气、水、土壤中各污染物质的类型与浓度；对于大尺度的生态监测，多采用遥感技术、无人飞机等手段。

（5）监测结果为管理部门决策提供了许多关键信息。秦岭地区的生态监测结果为区域生态保护与管理政策的制定提供了重要依据。例如，秦岭地区的大熊猫及栖息地的调查结果为自然保护区的建设提供了基础；有关重点生态功能区县域生态环境质量监测结果为财政转移支付额度提供决策依据；有关森林火灾、病虫害的监测信息为病虫害的预防与治理提供了重要信息。

4.1.3 存在的问题

尽管秦岭地区已经开展了大量的生态监测工作，但仍存在不少问题与不足。

（1）没有形成满足主导生态功能保护要求的监测网络体系。秦岭地区是我国重点生态功能区，生物多样性保护、水源涵养与土壤保持是区域主导生态功能，但秦岭的生态监测网络尚未针对这些生态功能的保护要求开展监测工作。目前生物多样性方面的监测，仅针对大熊猫、金丝猴、朱鹮与羚牛等少数明星物种，对于该区域的其他珍稀濒危物种尚未开展深入研究与监测，不了解它们种群数量及变化趋势。对于水源涵养功能与土壤保持功能，目前仅针对水质、水量相关指标的监测，了解土壤侵蚀量与水量的变化趋势，尚不真正了解生态系统类型、质量的变化对水源涵养与土壤保持能力的影响。如何通过生态系统的恢复来提高生态系统的水源涵养与土壤保持能力，缺少针对性的监测指标。此外，还存在对重点河流监测断面设置不合理、手工监测较少以及饮用水源监测覆盖不全面，自动监测站点的利用较少等问题。

（2）监测范围覆盖不完整，监测内容不全面，缺乏统一的监测标准与方法。目前的生态环境监测范围仍以城市及周边区域为重点，秦岭山系自然生态系统中自然保护区的监测较多，其余地区监测不够。从监测内容来看，城市与工业污染相关内容较多，对于秦岭山区的相关开发活动、污染状况的监测较少，对水环境监测因子较少。另外，对于监测技术、手段、评估方法尚未形成统一的标准，监测不规范，数据不完整，妨碍最后的生态评估和预测，难以真正服务于秦岭地区生态系统管理。

（3）监测部门设立不完善，人员编制不合理，监测能力不够。目前的秦岭监测部门主要依托于相关管理部门，由于各部门职能存在交叉重叠，致使监测内容也存在缺失和重复的现象。多个管理部门没有设立专门的监测岗位，监测仪器设备不先进，总体监测能力不足。另外，由于管理体制不健全，部门间存在利益竞争，监测数据难以达到共享，对监测评估预测不利。

（4）监测结果对秦岭生态系统综合管理支撑力度不够。现有的生态环境监测体系，主要依托于各个独立部门，尚未针对秦岭的生态功能的保护要求建立相应的监测体系，因而顶层设计不够，致使监测范围不全，监测内容不全面，监测不尽规范，监测频次参差不齐，数据不完整，因而难以真正服务整个秦岭生态系统的保护与管理。

（5）生态监测制度不完善。秦岭地区没有针对生态环境监测制定专门的法律法规，使环境监测无法做到有法可依。另外，尽管部分生态环境要素已经建立了专门成熟的监测标准，例如大气环境和水环境监测，但有部分要素和评价内容缺乏相应的标准，有关土壤环境、生态系统质量与功能等都缺乏监测标准，这些都大大影响监测工作的成效。当前还未建立统一的生态环境监测数据应用在干部政绩考核的机制，生态监测数据在指导区域经济结构和产业升级、服务社会健康运行中发挥的作用较小。

（6）没有建立统一的数据管理系统。当前秦岭还未建立生态监测大数据平台，缺乏有效的数据集成和共享机制，各监测站点、部门监测数据和结果无法通过统一的传输渠道上传，监测数据得不到集中、存储和管理，严重影响到后期数据资源开发和应用、大数据关联分析、预测预报预警、生态监测信息统一发布共享等。

4.1.4 发展趋势

"十三五"已经将"生态文明建设"列入国家重大战略规划，随着国家在生态保护投入力度的加大，对生态管理的要求将会更严格，监测制度更完善，促使生态监测能力大幅提升。2015年国家发布的《生态环境监测网络建设方案》，为秦岭地区生态监测指明了发展方向，未来的生态监测发展趋势主要表现为如下几个方面。

（1）参与主体更多。为了统一的监测目标，政府、企业、社会多方参与，各方分工合作，并明确各自的责任和权利。

（2）制度更健全，标准更统一。生态环境监测法律法规更健全，标准和技术体系会更统一规范。

（3）监测技术、装备与手段更先进。依靠科技创新与技术进步，加强监测科研和综合分析，强化卫星遥感等高新技术、先进装备与系统的应用，提高生态环境监测立体化、自动化、智能化水平。

（4）数据集成与共享。全国生态环境监测数据联网和共享，开展监测大数据分析，能实现生态环境监测与监管有效联动。

4.2 秦岭地区生态监测体系的构建

4.2.1 整体思路

监测体系的不完善已经对秦岭生态系统评价的全面性、科学性、合理性带来严重影响。针对秦岭地区生物多样性保护、水源涵养与土壤保持等生态功能保护的要求，从自然环境要素，生态系统类型、质量、功能，自然与人类活动干扰等方面构建全面的生态环境监测体系，监测体系空间布局合理，监测手段先进，以满足秦岭地区生态系统保护与综合管理的需求，确保区域的生态安全。

秦岭山系生态系统监测体系基本构架如表2-20所示，主要明确"监测什么、谁监测、怎么监测等"内容，明确监测的关键对象、监测地点和时间节点。

表2-20　　　　　　　　　　　秦岭山系生态系统监测体系基本构架

监测体系要素	描述
监测对象	生态环境要素、生态系统及生态功能、珍稀濒危物种、自然与人类活动干扰与灾害
监测时间与频率	实时监测、季度、年度监测相结合，生态环境要素及部分人类与自然干扰及灾害需要进行实时监测，珍稀濒危物种及干扰可按季度进行监测，生态系统及主要生态功能需要实时、季度和年度监测相结合
监测区域	重点监测重点生态功能区、生物多样性保护关键区域、生态保护红线区域等生态保护重要区域中人类活动干扰较大、最容易发生生态环境问题的地区
监测部门	由一个部门或新建机构牵头建立统一的监测方案，其他相关部门负责具体指标的监测
监测手段与平台	采用点、线、面相结合的天地一体化监测手段，打造秦岭大数据平台和数字秦岭，实现数据的共享和信息发布

4.2.2 生态监测内容及指标体系

秦岭是我国南北气候的分界线，是全国生物多样性保护的优先地区之一，也是我国重要水源涵养功能区，由于受人类活动的长期影响，呈现和隐蔽而未发的生态环境问题依然较多。基于秦岭地区的生态特征和保护需求，全面考虑生态环境问题类型、主要监测内容空间分布和发生程度、生态功能区保护要求、建立生态保护红线综合监测网络体系要求和区域社会经济发展水平等现状，将秦岭地区监测的内容确定为生态环境要素、生态系统、生物多样性、生态系统质量、生态系统功能、生态问题与胁迫等几个方面，具体监测指标见附件3。

（1）生态环境要素。基于生态环境监测站点和自动监测方法等，对区域内空气、水、土壤、生物等生态系统重要构成要素的变化过程进行观测、记录和分析等，了解生态要素变化的影响因素，为生态系统质量与功能变化的分析评价提供基础指标。主要监测指标如下。

①气象因子：风速、风向、温度、湿度、降水量、蒸发量、酸雨、总辐射、日照等。

②空气：二氧化硫、二氧化氮、可吸入颗粒物（PM10、PM2.5）和臭氧等主要污染物浓度。

③水体：水量、pH值、化学需氧量、总磷、总氮等主要污染物浓度和泥沙含量等。

④土壤：湿度、温度、土壤容重、有机物含量、重金属含量、pH值等。

⑤生物要素：动植物种类、数量、分布和繁殖状况，微生物种类、构成等。

（2）生态系统类型。充分利用遥感、地理信息系统和地面定位系统技术与地面调查相结合的方式对森林、灌丛、草地、湿地等自然生态系统类型进行跟踪监测，分析描述在自然或人类活动干扰下各类生态系统的组成、结构、空间分布变化等内容，尤其对生态系统面积变化强度以及增加或减少等变化趋势进行评价和预测。主要监测指标如下。

①森林与灌丛：物种构成、郁闭度、覆盖度、面积、空间分布、生物量。

②草地：植物群落结构、物种构成、覆盖度、面积、空间分布、生物量。

③湿地：地表水、饮用水水质状况、主要污染物浓度、物种构成、水面积、空间分布，水文、水质变化。

④农田：作物类型、产量、种植面积、土壤肥力、重金属含量、农药和化肥使用情况、农村人口、农户人均收入等。

⑤城镇：城镇化程度、交通网络密度、矿产资源开发状况等。

（3）生物多样性的监测。应用样方法、样线法等常规野外调查手段对珍稀濒危动植物进行周期性调查和记录，应用无人机等低空遥感和红外相机等技术对大熊猫、金丝猴、羚牛、朱鹮等野生动物种类、分布及其栖息地生境进行跟踪调查，明确它们的空间分布、种群数量、活动状况、栖息地现状及其变化等。此外，通过野外调查、红外相机等方式对保护区内物种及栖息地受人为和自然威胁状况进行认真研究，了解人类活动对自然保护区及生物多样性关键区域胁迫状况等。主要监测指标如下。

①植物：国家重点保护物种、中国红色名录植物物种等的种类、数量、空间分布、繁殖、种群、保护状况。

②动物：国家重点保护物种、中国红色名录物种中有关哺乳动物、鸟类、两栖、爬行动物、鱼类等关键物种的空间分布、种群数量、栖息地状况、繁殖状况等。

③自然保护区：保护效果，受旅游开发影响等。

④人类活动干扰：物种保护关键区域内的旅游、放牧、盗伐、盗猎、矿山开采等状况。

（4）生态系统质量。通过应用遥感反演等模型、植被指数算法等可提取不同生态系统生物量、覆盖度等要素值，对生态系统、栖息地质量现状及变化趋势进行评价，同时也可利用社会经济调查等方法了解人类活动、生态保护与恢复措施、气候变化等对森林、灌丛质量的影响。主要监测指标如下。

①森林与灌丛：基于相关生态要素的监测指标，如生物量、覆盖度等计算相对生物量密度，进而评估与监测森林与灌丛质量。

②湿地：基于相关生态要素监测指标的水体富营养状况指数，三级水质水体河段比例等来评估与监测湿地质量。

（5）生态系统服务功能。通过自然要素及生态系统的监测，评估水源涵养、土壤保持、生物多样性维持功能等主要生态系统服务功能状况及其变化趋势，分析人类活动、生态保护政策对生态系统服务功能的影响，模拟预测生态系统服务功能变化规律。主要监测指标如下。

①水源涵养：基于林冠降雨截留量、枯落物持水量、土壤蓄水量、地表径流量、降雨量、蒸发量、植被覆盖类型等要素的综合指标。

②土壤保持：基于降雨侵蚀力、土壤侵蚀量、植被覆盖度等要素的综合指标。

（6）生态问题与生态胁迫。监测病虫害、森林火灾等自然灾害的发生范围、程度，评估管控成效，建立智能、高效、全方位的生态安全预警体系，监测泥石流、滑坡等地质灾害的发生状况。

对工业污染、农田面源污染、旅游开发导致的生活污染，土壤污染状况等进行监测，特别是对重点污染源、重点排污企业、生态脆弱带等进行严密监控。对道路交通建设、矿山开采等人类活动对生态环境的影响进行监测和评价。通过监测泥沙含量等生态要素的变化来评估土壤侵蚀等生态环境问题的程度及其变化趋势。主要监测指标如下。

①自然灾害：虫害、病害的发生面积、空间分布、成灾面积、危害程度、经济损失、防治面积；生物入侵种的种类、种群、分布范围、入侵频率、危害程度；森林火灾空间分布、火点、受害森林面积；塌方、泥石流等自然灾害的发生频度、空间分布、危害程度等。

②人类活动胁迫：有关矿山资源开采、旅游、水电开发、交通网络建设等的地理位置、范围、规模或强度；生活垃圾、污水等废弃物产生量、排放量、处理量等，工业污水产生量、排放量、处理量等。

4.2.2 监测体系空间布局

根据秦岭地生态系统类型、主导生态服务功能、主要生态环境问题的空间分布规律，结合生态功能区划的结果，将全区域划分为生物多样性监测区、水源涵养监测区、土壤保持监测区、农业产品提供及城镇区监测区，再将监测区进一步划分为重点监测区和一般监测区。以生态功能保护要求为主线，针对监测区内主导生态系统服务功能，较为突出的环境问题、人类干扰活动、自然灾害等胁迫类型，来确定监测内容。

（1）生物多样性监测区。生物多样性监测区分为重点监测区和一般监测区，重点监测区包括自然保护区以及其他珍稀濒危物种分布较为集中的区域，主要位于秦岭西部的太白县、周至县、佛坪县、宁陕县、洋县、凤县等县域。一般监测区主要位于西南部的略阳县、留坝县、勉县和宁强县等县区。生物多样重点监测区是秦岭生物多样性重点保护地区，有大面积的天然林分布，是大熊猫等许多重点保护野生动植物的重要栖息地，这些地区对人类干扰活动较敏感。因此，针对生物多样性保护的要求，主要开展对野生动植物空间分布、种群数量及活动规律监测、野生动物的胁迫因子监测（如狩猎、放牧、交通、旅游、矿产资源开发）、自然保护区人类活动、外来物种入侵等方面的监测。

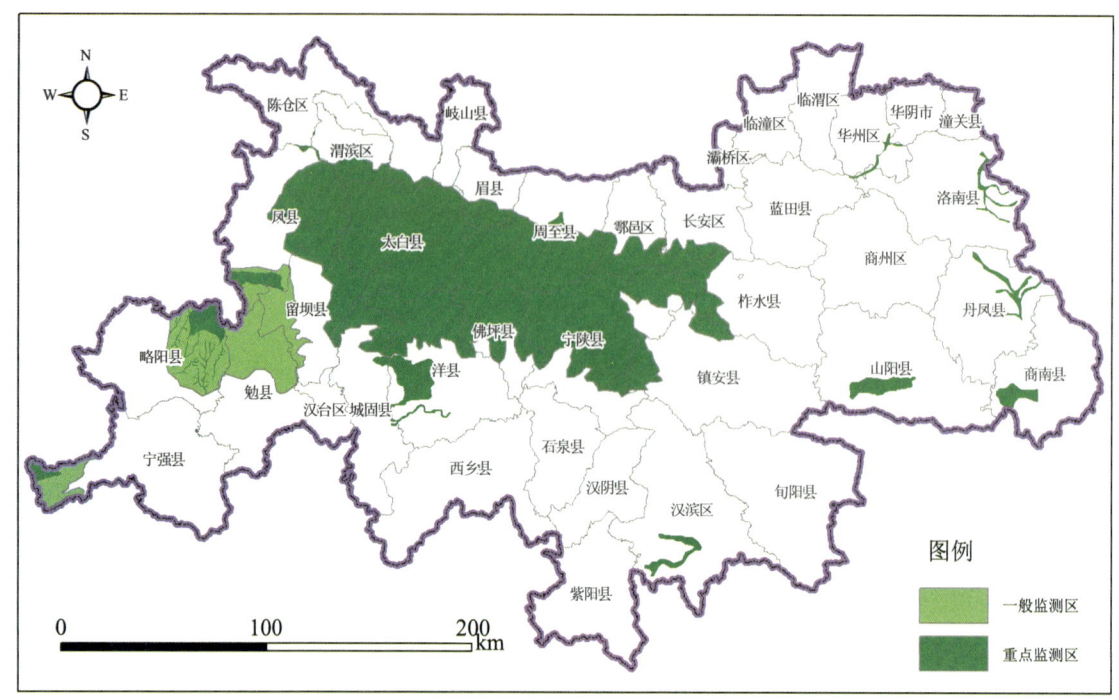

图2-25 生物多样性类型重点监测区示意图

（2）水源涵养监测区。水源涵养重点监测区主要位于秦岭主峰和丹江流域，包括太白县、洋县、佛坪县、宁陕县、周至县、鄠邑区，以及西南部的勉县、留坝县，位于丹江流域的西乡县、紫阳县、汉阴县、汉滨区等区县。一般监测区主要包括西南部的镇安县、山阳、商南等区县。秦岭水源涵养功能重要保护地区，是众多河流的发源地，是国家南水北调中线工程的重要水源区和关中水源重要补给区，这些地区河流众多，水资源较丰富。矿山开采等导致的植被破坏和矿物污染、农村面源污染，旅游开发农家乐生活污水排放等是当前水源涵养区面临的重要问题，因此需不断加强对监测区水质、水量相关指标以及植被覆盖度的监测；加强对重点污染物排放企业、重点污染源的测控，重视农业面源污染、旅游区生活污水排放等项目的监测，矿产资源开发等。

（3）土壤保持监测区。整体上，土壤重点监测区主要分布在秦岭南部的汉丹江流域，主要分布在西南部的汉阴县、紫阳县、旬阳县、洋县、略阳县、宁强县、镇安县、山阳县等县区。一般监测区包括秦岭北麓森林生态系统与农田过渡带地区，秦岭东南部的商州、洛南等县区。土壤保持重点监测区是水土流失较敏感地带，植被覆盖度偏低，森林类型主要为人工林，类型较单一。主要开展水质、水量相关指标的监测；植被类型、覆盖度、生物量等的监测；水土流失量、流失面积与强度的监测；评估退耕还林、流域治理等生态工程的效果监测。

（4）农业与城镇区。监测区域主要包括关中城镇群等城镇区以及秦岭北麓农田分布带和南部的盆地等地区，这些地区是农业生产重要区域，人类活动较为密集。监测内容主要包括农业面源污染、城镇生活污水排放、大气状况、土壤污染状况、水土流失、城镇化建设、耕地面积变化、农户收入变化、交通网络建设和矿产资源开发等。

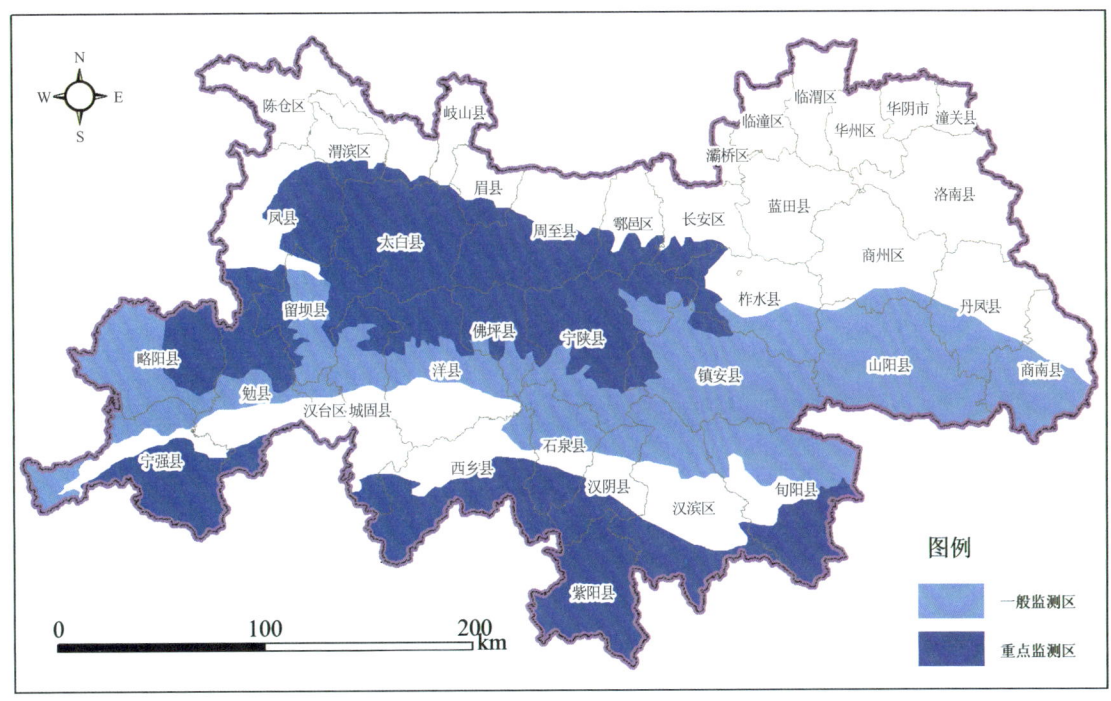

图2-26 水源涵养类型重点监测区示意图

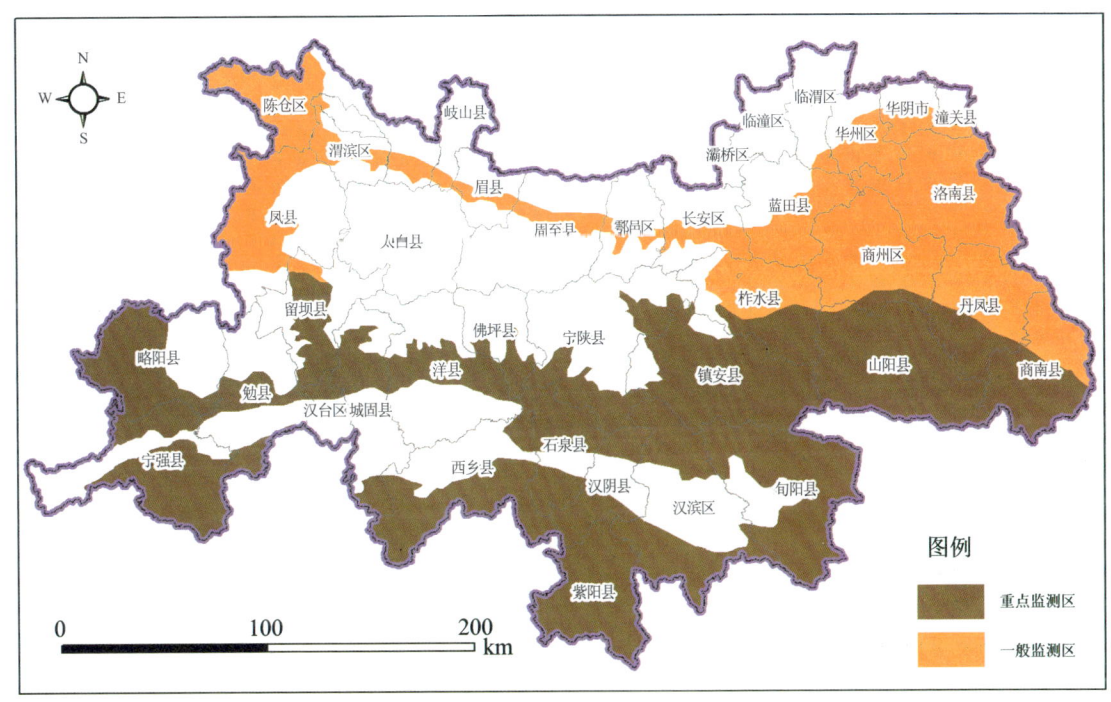

图2-27 土壤保持类型重点监测区示意图

（5）重点监测区。由于不同功能的重点监测区存在重叠，因此同一重点区域监测内容存在多个方面。根据秦岭地区水源涵养、土壤保持、生物多样性保护的重要性，明确了生态监测的五个关键区域，有关监测内容详述如下。

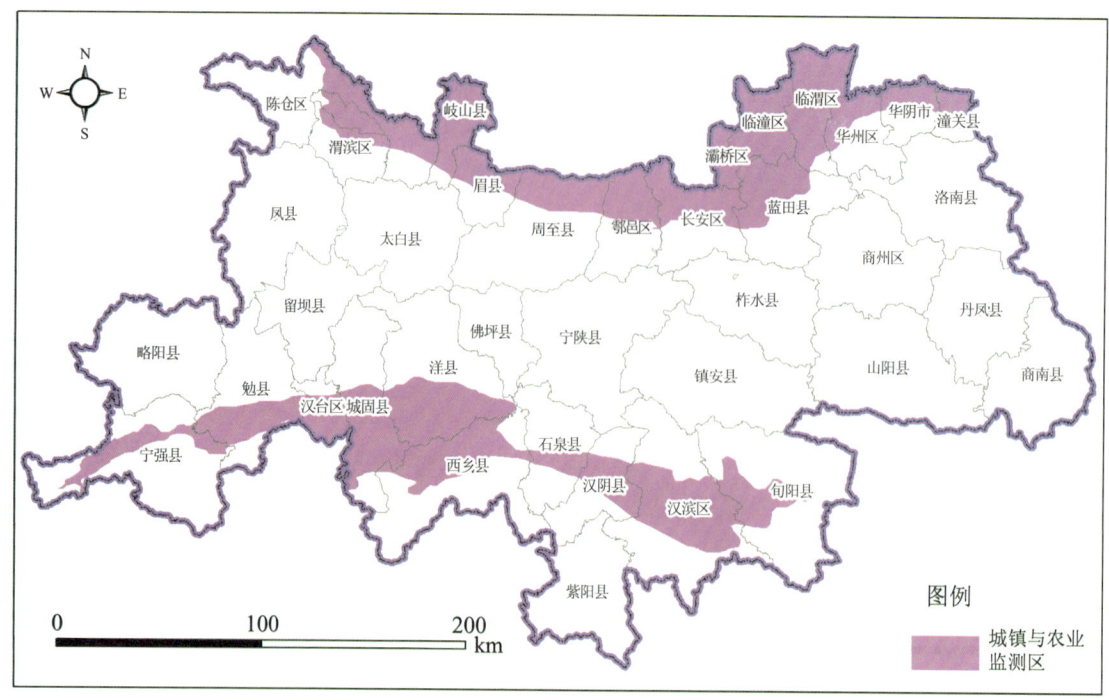

图2-28　农业与城镇监测区示意图

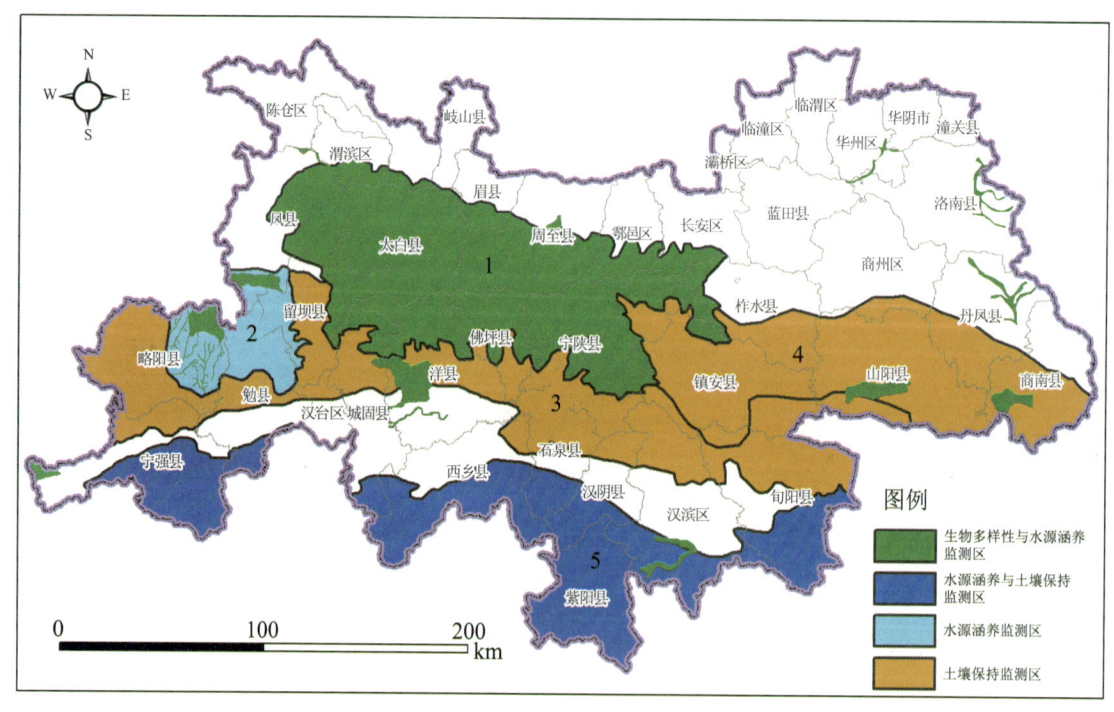

图2-29　重点生态监测区示意图

注：①秦岭中高山生态系统重点监测区；②紫柏山—宝峰山重点监测区；③秦岭南坡中低山区重点监测区；④秦岭南坡东段重点监测区；⑤米仓山—大巴山北部重点监测区。

①秦岭中高山生态系统重点监测区。该区是秦岭天然林的主要分布区，是大熊猫、金丝猴、羚

牛等许多重要保护物种的集中分布区，同时也是众多河流源头，生物多样性保护与水源涵养功能十分重要，目前已经建立了较为完善的自然保护区网络。该区主要的生态问题与胁迫是人类活动对生物多样性影响较大，旅游发展快，中草药采集、盗伐、偷猎等也常有发生。该区域的监测重点是：大熊猫、金丝猴、羚牛、秦岭细鳞鲑、独叶草、红豆杉、太白红杉等重点保护物种的分布、种群状况、动物活动规律、物种栖息地；森林生态系统演替过程，以及水源涵养、水质净化等功能；区域内旅游、盗伐、偷猎、挖药、水电、公路铁路修建等人类活动状况，特别是自然保护区的人类活动状况，农家乐等生活污水排放，以及物种入侵、森林病虫害、森林防火等。

②紫柏山—宝峰山重点监测区。该区也是天然林分布的主要区域，水源涵养功能十分重要，同时也是羚牛、云豹、大鲵等国家重要保护物种的主要分布区，建立有紫柏山、略阳大鲵等多个国家级与省级自然保护区。目前面临土地开垦，植被破坏等问题。该区域的监测重点是：森林生态系统演替过程，以及水源涵养、水质净化等功能；羚牛、云豹、大鲵等陆生水生生物分布、种群数量、活动规律、物种栖息地；区域内旅游、公路铁路修建等人类活动状况，特别是自然保护区的人类活动状况，农家乐等生活污水排放，以及物种入侵、森林病虫害、森林防火等。

③秦岭南坡中低山区重点监测区。该区域水源涵养与土壤保持功能十分重要，但面临坡地开垦，矿产资源开发导致的水土流失、滑坡、泥石流等问题。同时该区还是朱鹮的主要分布区，建立了朱鹮自然保护区。该区域的监测重点是：森林灌丛等植被状况，生态系统水源涵养、土壤保持功能；滑坡、泥石流等地质灾害，矿产资源开发活动，水土流失等生态问题；朱鹮分布、种群、活动规律，以及农田农药、化肥使用情况的监测。

④秦岭南坡东段重点监测区。该区域生态系统以灌丛为主，植被覆盖度较为稀疏，土壤保持功能十分重要。同时该区域也是丹江支流的源头区，水源涵养功能较为重要。但森林破坏，陡坡开垦，矿产开发等导致的水土流失问题突出。该区域的监测重点是：森林灌丛等植被恢复状况，生态系统土壤保持功能；矿产资源开发活动，水土流失、工业排污等生态环境问题。

⑤米仓山—大巴山北部重点监测区。该区域以森林灌丛为主，是汉江诸多支流的源头区，水源涵养与土壤保持功能十分重要，但森林破坏严重，水土流失较重，应该重点加强植被恢复、水质、水量、水土流失等的监测。该区域的监测重点是：森林灌丛等植被恢复状况，生态系统水源涵养和土壤保持功能；水土流失、工业排污、农业面源污染等生态问题。

4.3　生态监测体系的平台与手段

秦岭是陕西省重要林业区，是南水北调中线工程和关中地区水源涵养地，具有重要保护价值。习近平总书记在视察陕西时对秦岭保护做出了重要批示，指出要按照"山青、水净、坡绿"的目标，不断推进生态环境建设，这也充分体现了秦岭生态环境监测的必要性和重要性。根据《陕西省生态监测网络建设工作方案》要求、国家生态保护红线生态监测网络建设要求、《陕西省秦岭生态环境保护条例》内容和秦岭地区生态监测要求，在明确秦岭生态环境监测网络建设不足之上，初步建立天地一体化、测管协同的秦岭生态监测网络系统，将定位观察站点监测、样线监测和遥感卫星、无人机监测、物联网等方法有机结合，实现对秦岭地区全区大范围、全天候的监测。秦岭生态环境监测系统对监测数据统一收集、存储、管理和开发应用的需要，建立秦岭地区生态监测大数据平台和数据发布共享机制，加强秦岭生态环境监测预报预警能力。

4.3.1 定位站点监测

将环保、农业、林业、水利、国土、气象等部门和生态监测站点现有的生态环境监测能力和资源整合，按照"统一规划建设、能力填平补齐，各司其职、同步监测、联合评估"的原则，将长短期定位观测和基础定位观测站点相结合，使森林、草地、湿地、农田、气象等监测站点网络连接，形成全面的地面监测网络体系。定位站点监测主要分为两类：一是长期定位观察站点，二是短期定位观察点。

（1）长期定位观察。主要加强森林生态系统以及水文站点的长期监测。①森林生态系统，以现有的长期定位站点为基础，考虑不同的海拔梯度，区域生态系统类型的代表性，适当增设站点，完善长期定位观察站点的布局；建议在现有的宁陕、太白森林生态站的基础上，在秦岭西段增设森林生态站，监测森林生态系统物种组成、群落结构、质量、功能及演替的规律。②以现有的水利和环保部门的水文水质监测站为基础，在水源涵养和土壤保持重要监测区域范围内加密水质监测站点，了解地表与地下水文水质变化过程与规律。

（2）短期定位观察点。主要监测生物多样性与水文过程。①生物多样性监测，在秦岭中段和西段的生物多样性重点监测区，南部朱鹮分布区，东段的局部地区中野生动物集中分布区、自然保护区等地布设红外相机点、植物样方监测点，了解野生动物的活动规律，植物群落构成及变化规律。②水文监测，在秦岭水源涵养与土壤保持功能重要监测区建设径流小区，监测生态系统水文过程。短期定位观察站点的布局主要考虑生态系统服务功能的类型及重要程度，布设观测点较多，并可根据生态系统及功能的变化增加或减少点位的设立。

4.3.2 样线监测

在秦岭中段和西段的中高海拔山区生物多样性重点监测区，以及其他野生动物集中分布区、自然保护区等，布设样线，开展定期巡护与监测（可以每个季度开展一次），了解区域野生动植物种群数量、活动规律，以及人类活动的干扰状况等信息。

4.3.3 航空遥感监测

建立秦岭地区卫星遥感和无人机相结合的，多分辨率、全天候的航空遥感监测体系，从整个秦岭山系和重点监测区域同时开展监测活动。①获取包括MODIS、美国陆地卫星、环境卫星、资源卫星和高分卫星等多分辨率的数据，通过遥感解译和植被指数的计算，获取不同生态系统类型、植被覆盖度、生物量等方面的信息，每年评估生态系统现状及变化规律。大力挖掘红外、雷达、光学多元协同遥感反演能力在秦岭生态监测体系中的应用；将数据成果整合和综合集成，标准和规范化处理，建立秦岭长时间序列生态遥感监测数据库。②定期监测矿山开采、道路修建等造成的植被破坏，自然保护区以及将来生态保护红线区的人类活动干扰等。③开展无人机监测，利用无人机监测速度快、数据精度高、地形干扰小、监测范围广、成本低等特征，使其与航空遥感相结合对山系内乱占、乱采、乱排、乱倒等生态环境破坏活动全天候监测。

4.3.4 生态监测大数据平台

整合区域内生态、社会经济和遥感等多源监测数据、历史资料数据以及区域外有关秦岭生态监测研究数据和信息等，统一规范数据采集、存储、生态评估模型与方法，建立秦岭生态环境监测大数据中心，搭建数据信息传输、分析、共享和发布平台，实现数据的规范化采集、分析、共享和成果发布，打造数字秦岭。

（1）目的。建设秦岭地区生态环境监测信息传输网络与大数据平台建设，加强监测数据资源开发与应用，开展大数据关联分析，实现数据准确获取、快速安全传输、科学计算、集成共享、成果发布，为生态保护决策、管理和执法提供数据支持，建设一个集数据采集、储存、管理和综合应用于一体的数据信息管理系统，为区域、国家等部门保护秦岭和决策制定提供全面信息服务。

①规范数据采集方法。通过建设生态环境监测大数据平台，统一规范数据采集的方法、频次、储存格式和传输渠道，实现数据的准确获取，提高监测结果的精度。

②提高生态系统综合管理能力。通过建设生态环境监测大数据平台，应用物联网等通信技术联动各部门、各级生态监测站点之间以及与数据管理中心之间的信息交换、数据共享渠道，提高生态系统监测、评估、预报与预警结果的可靠性，为科学决策与管理提供支撑，提高生态系统综合管理能力。

③形成完善的科普教育与宣传平台。通过建设生态环境监测大数据和数字秦岭平台，能形成秦岭地区生态环境保护的对外宣传的门户网站，以扩大秦岭地区的影响力与知名度，宣传陕西在生态环境保护工作取得的成绩。

（2）主要内容。

①方法体系建设。在现有监测指标与方法的基础上，建立科学、统一的有关生态环境监测技术、方法和手段的标准，以及生态系统格局与功能、生态预警等方面的评估标准，统一数据收集方法，规范评估流程、步骤与方法，确保监测数据收集、数据管理、数据处理、结果发布等的科学性与准确性。

②数据平台建设。秦岭生态环境监测数据库可分为总数据库和子数据库。

总数据库由生态环境监测的主管部门与机构负责建立，包括数据采集、数据存储与管理、数据分析、成果发布、数据库管理等模块。按照数据主题可分为基础背景数据和动态监测数据，基础背景数据主要包括秦岭地区的地形、地貌、气候、土壤、植被、动植物等基础数据，动态监测数据主要包括通过监测获取的各类信息与数据，如生态环境要素、生态系统类型、生物多样性、生态系统质量、生态系统功能、生态问题与胁迫等。数据格式可分为栅格和矢量格式的空间数据以及有关数据描述的文档等。数据表创建不同的字段类型，对数据来源等属性进行描述，包括监测对象的编码、次序、监测日期、录入数据时间、录入主要负责人员、备注项等。

子数据库主要是各职能部门负责建立的数据库，如林业部门、环保、水利等建立的各类专题数据库。子数据库的格式标准及功能与总数据库保持一致，方便各部门获取的有关生物多样性、生态系统状况、环境质量、污染源等方面的生态环境监测数据统一集成到生态环境总数据库平台上，实现有效集成、互联共享。

③配套硬件的建设。包括生态环境监测所需的采集、传输、储存、发布等设备与设施。

数据采集设备。配置基于移动设备的野外调查数据采集系统，在样线调查等野外调查中能提高野外调查数据质量，提高数据获得的实时性，从而实现野外调查数据的自动采集、存储、管理。

数据采集与传输设备。长期的定位观察站点需要建设房屋，购置监测所需的各种仪器设备，以开展监测工作；可以在现有的长期定位站点的基础上，适当补充野外站点。短期的定位监测需要配置定点监测系统，主要包括监控系统、供电系统、信号传输系统三大部分。其中，监控系统可以分为视频监控系统和红外监控系统，可监测珍稀濒危动物活动情况，获得野生动植物活动的视频材料，还可以监控偷猎、采药等人为活动情况，了解人类活动的干扰与破坏。对于没有电力供应的监测地区，需要配置太阳能供电系统为设备供电。监控数据需要通过信号传输系统传送到保护站，在光缆能够到达的地区可以考虑采用光缆传输，光缆无法到达的地区可以考虑采用无线传输方式。

储存、分析与发布所需的设备。为满足海量数据存储、分析、发布的需求，秦岭生态环境大数据平台的建设需购置高性能的服务器、大容量存储设备和网络平台。

④能力建设。主要包括生态监测站点或部门，以及数据库运行管理部门的相关人员的能力建设，这部分内容在生态环境监测系统能力建设部分详细阐述。

4.4 生态监测体系能力建设

生态监测体系能力建设包括监测部门与人员建设，基础设施与运行能力建设，以及监测体系制度保障等。

4.4.1 机构与队伍建设

（1）监测机构。建议建立秦岭地区专门的生态保护与监测的管理与协调机构。主要职责是根据秦岭地区生态保护目标和主要生态环境问题，完善区域内生态监测站点布局建设，优化所有监测站点和专项监测部门；统筹建立与生态环境相适应的生态监测网络体系，制定统一的监测方案；指导各部门、各生态环境监测站点对生态环境要素、生态系统类型、结构、功能、重点污染源等对象进行监测；统筹建立生态监测数据库和共享机制，建立大数据分析平台，进行大数据模拟和评价，分析发布综合的监测预警报告，保障生态监测网络的正常运行。

秦岭地区范围内各职能部门参与生态环境的监测工作。根据专门的管理与协调机构的统一要求，承担与各自职能相适应的监测任务；建立子数据库平台，进行专题监测结果的评估与预警结果的发布，保障子数据库平台的正常运行，并加强与总数据库平台数据的共享。

构架覆盖秦岭所在县域的长期定位观测站—生态环境监测基础站—重点地带跟踪监测点相结

合,以森林、草地、湿地、农田、气象、水文和气象等为主要监测内容的密度适宜、功能完善的长期地面监测网络体系。陕西省已建立了环境监测中心站,包括在西安、渭南、安康和商洛等市已建立了市级和县级环境监测体系,具备了对空气质量、水环境质量、声环境质量、辐射环境质量等要素的监测能力。监测站点包括市级空气自动监测站、农村区域空气质量监测点、酸雨监测点、地表水监测断面、地表水自动监测点位、南水北调中线工程常规监测断面和应急监测断面、重点区域站点金属监测断面、饮用水水源地监测断面、区域环境噪声点位、道路交通噪声监测点位、功能区环境噪声点位。

①林业部门监测站主要承担森林、湿地生态系统及生物多样性的监测。为加强对森林生态系统长期监测,在已建立的宁陕、太白森林生态站基础上,还需在秦岭西段以及秦岭东南部的防护林区增设森林生态监测站点,重点监测森林生态系统物种组成、群落结构、质量、功能及演替的规律;应用3S等技术建立森林火灾、病虫害等自动化监测预警体系。另外,为能够及时了解秦岭生物多样性动态,需在秦岭中段和西段的生物多样性重点监测区,南部朱鹮分布区,东段的局部地区中野生动物集中分布区、自然保护区等地布设红外相机点、植物样方监测点,同时布设样线,开展定期巡护与监测(可以每个季度开展一次),了解区域野生动植物种群数量、活动规律,以及人类活动的干扰状况等信息;完善退耕还林生态定位站监测体系;建立森林繁育、病虫害防治和保护等航空巡航渠道,跟踪森林发展趋势,研究分析监测数据,加强林业检疫卸灾和防治减灾能力建设。

②水利部门主要承担水文及水质监测。以现有的水文水质监测站为基础,结合环保部门的相关站点,在水源涵养和土壤保持重要监测区域范围内加密水质监测站点;对重要河流主干和支流监测断面进行优化,适当增加人工监测断面;实现对县级以上城市及重点城镇集中式饮用水源地饮用水水源监测的全覆盖。对污染较严重的区域,适当增加水环境监测因子和自动化监测站点;监测了解地表与地下水文水质变化过程与规律,主要污染物的空间排放特征。

③农业部门的监测站点。主要承担农业面源污染监测等工作,在现有的农田生态监测站基础上,考虑在秦岭北麓低海拔农田区域和秦岭南部的盆地等地区进一步完善农田生态监测站点建设,长期严密监控农业氮磷面源污染发展动向及其对水质的影响,对规模化养殖场周围、污水灌溉区、重金属污染风险区域进行普查,设立风险监测点,严密监控污染溢出、污染程度等状况。

④国土部门的监测站点。主要负责地下水、地质灾害、矿山环境、土地开发等方面的监测;特别是加强对重点生态功能区、生态红线范围内的矿山开采及其他开发建设活动;完善地下水质量监测网络的建设,应用无人机、航空等低空遥感监测和视频监控等技术对山体破坏活动进行严密监控。

⑤其他部门。包括气象、交通、建设等部门也可以参与某些生态环境监测工作。

秦岭地区应逐步建立起"政府+科研机构+企业"的运行模式,除了上述部门以外,应该加强科研机构、企业等参与生态环境监测的强度,根据各自优势,不同主体承担不同的责任,确保生态系统监测的效率。

(2)生态监测队伍。生态监测队伍是生态监测体系的核心,是完成监测任务的直接承担者和执行者。秦岭生态监测管理与协调机构要聘请具有长期从事与生态监测相关研究经历的人员担任领导职务,负责对区域生态监测统一监管和长期规划;同时聘请具有数据库建设、网络建设等方面的专业人员，负责数据库的建设与维护、对外信息发布等。各级职能部门及监测站点也需配备专门的主管人员以及监测人员。

由于目前秦岭地区生态环境监测人才的不足，需要采取如下措施以加强监测队伍的建设。①重视监测技术人才的培养，建立专门的培训基地；做好人才后备队伍的建设，大量培养具创新能力的高技术人才。②生态监测站应积极与高等院校、研究院所合作，双方积极达成互惠协议，通过建立研究基地等模式鼓励高等院校、研究院的专家及大学生到基层监测站开展相关监测与研究。③加强国际交流与合作，及时借鉴和学习国际先进的监测技术，以调研和邀请专家座谈等方式相互学习，促进生态监测技术的发展，提高秦岭地区综合生态监测能力。

（3）生态监测评估预警体系。整合区域内各单位机构监测能力，集中涉及生态、社会和经济方面、包含气象、森林、农田、生态保护、重点污染等监测要素的多源数据，基于现有的动态评估模型或框架模型，综合评价秦岭生态环境发展趋势和预警预报，基于现有模型框架开发新的模型系统，建立秦岭生态监测评估预警体系。

4.4.2 基础设施建设

目前秦岭地区监测网络不完善，重点生态功能区的监测站点布局存在较大的空缺，同时，监测仪器设备不先进，总体监测能力不足。国家和地方应逐渐加大对生态系统监测方面资金的投入，加大基础设施建设。

（1）监测站点的建设。特别是加大对重点生态功能区，以及将来生态保护红线区域内定位生态站点基础设施的建设力度，建设监测用房，购置监测设备设施。

（2）数据采集与传输设备的建设。配置基于移动设备的野外调查数据采集系统，购置高性能的服务器、大容量存储设备和网络平台，推动生态监测向自动化、信息化发展。

（3）强化监测科技创新能力。加强生态系统监测新技术、新方法、新仪器设备的研发，促进和鼓励高科技产品与技术手段在生态系统监测领域的推广应用，有效地提高监测效率和数据准确性。开放服务性监测市场，鼓励社会环境监测机构参与排污单位污染源自行监测、污染源自动监测设施运行维护等环境监测活动。

4.4.3 制度建设

针对秦岭地区的特点和生态环境问题，健全监测法律体系、完善生态监测制度、实施省级生态监测垂直管理、规范生态监测方法，加强社会监督，为生态环境监测的顺利实施提供制度保障。

（1）健全监测法律体系。针对秦岭地区的特点，研究制定专门的生态环境监测法规，确保生态环境监测的法律地位。

（2）完善生态监测制度。建立健全生态监测法律法规，研究制定秦岭地区生态系统监测条例、生态系统监测网络管理办法、生态系统监测数据管理办法、生态系统监测信息发布管理规定等规章制度，严格制定相关的法律条例，严厉防范弄虚作假等行为的发生，实现生态监测与执法同步。研究建立地方政府考核问责体制，使生态监测数据与干部任职、绩效和升迁挂钩，督促各部门、机构积极参与生态环境监测，按时按量完成生态监测相关任务。

（3）建立省级生态监测垂直管理制度。借鉴国家关于省以下环保机构监测监察执法垂直管理制度的做法，对秦岭地区所辖市县的环境保护部门，以及其他参与生态环境监测的相关职能部门，逐步开展省级监察执法垂直管理制度，以增强生态环境监测监察执法的独立性、统一性、权威性和有效性，规范和加强地方环保等相关机构队伍建设，满足秦岭地区生态系统统一管理的新要求。

（4）规范生态监测标准与方法。从生态环境要素、生态系统质量和功能、自然灾害胁迫、人类活动干扰等方面制定生态监测技术应用规范和监测指标体系规范，统一数据采集、储存、分析处理、结果发布等方面的流程与标准，使生态监测体系化，并根据工作需要及时修订完善，保证监测数据的完整性、精准性，以及监测结果的科学性与客观性；编制《秦岭生态监测技术规范》和《秦岭生态监测法律规范》在网站公布，编制《秦岭生态监测公报》，定期向国内外生态保护相关网站发布。

（5）社会监督。生态环境监测要主动接受社会监督，发挥媒体、公益组织等的作用，鼓励公众参与生态环境监测，保障公众的参与权、知情权和监督权，为秦岭地区生态环境监测创造良好的社会监督环境。

参考文献

[1] Feng, G., X. Mi, H. Yan, F. Y. Li, J. -C. Svenning, and K. Ma. CForBio: a network monitoring Chinese forest biodiversity. Science Bulletin, 2016, 61: 1163–1170.

[2] Hodgson, J. C., et al. (2016). "Precision wildlife monitoring using unmanned aerial vehicles." Scientific Reports 6: 7.

[3] Jeong, S., et al. (2016). "Construction of an unmanned aerial vehicle remote sensing system for crop monitoring." Journal of Applied Remote Sensing 10: 14.

[4] Liu, X. H., et al. (2013). "Monitoring wildlife abundance and diversity with infra-red camera traps in Guanyinshan Nature Reserve of Shaanxi Province, China." Ecological Indicators 33: 121–128

[5] Wang, C., et al. (2015). "Research on behavior and abundance of wild boar (Sus scrofa) via infrared camera in Guanyinshan Nature Reserve in Qinling Mountains, China." Acta Theriologica Sinica 35（2）: 147–156.

[6] Wang, Y., et al. "Using Infra-Red Camera Trapping Technology to Monitor Mammals along Karakorum Highway in Khunjerab National Park, Pakistan." Pakistan Journal of Zoology, 2014, 46（3）: 725–731.

[7] 大秦岭西安段保护利用规划（2011-2030）.西安：西安市规划局，西安市秦岭生态环境保护管理委员会办公室，2011.

[8] 龚明昊，刘刚，官天培，李惠鑫，岳建兵，周天元.秦岭大熊猫种群扩散格局及研究方法.生态学报，2016（18）

[9] 国家林业局.全国第四次大熊猫调查报告（内部资料），2014

[10] 何百锁，孙瑞谦，陈鹏，董伟，王军，王大军，李晟.基于红外相机技术调查长青国家级自然保护区兽类和鸟类多样性 兽类学报，2016（03）

[11] 胡俊，沈强，陈明秀，池仕运，胡菊香.生态监测指标选择的探讨.中国环境监测，2014（04）

[12] 黄清芳. 林业生态体系建设的监测指标体系研究. 林业勘察设计, 2002 (02)

[13] 黄韶华, 周华荣. 新疆生态环境监测指标体系与评价方法探讨. 干旱环境监测, 2001 (01)

[14] 贾晓东, 刘雪华, 杨兴中, 武鹏峰, Melissa Songer, 蔡琼, 何祥博, 朱云. 利用红外相机技术分析秦岭有蹄类动物活动节律的季节性差异. 生物多样性, 2014 (06)

[15] 江波, Christina P. WONG, 陈媛媛, 欧阳志云. 湖泊湿地生态服务监测指标与监测方法. 生态学杂志, 2015 (10)

[16] 姜必亮. 生态监测. 福建环境, 2003 (01)

[17] 焦俊, 张水明, 杜玉林, 范国华, 陈祎琼, 姜贵飞. 物联网技术在农田环境监测中的应用. 中国农学通报, 2014 (20)

[18] 李文峻. 浅谈生态环境监测. 农业环境与发展, 2011 (01)

[19] 李泽君, 王利繁, 王巧燕, 车志勇, 董忠, 杨鸿培. 西双版纳国家级自然保护区尚勇子保护区样线建设与鸟类多样性. 玉溪师范学院学报, 2014 (08)

[20] 林柳, 冯利民, 赵建伟, 郭贤明, 刀剑红, 张立. 在西双版纳国家级自然保护区用3S技术规划亚洲象生态走廊带初探. 北京师范大学学报（自然科学版）, 2006 (04)

[21] 刘芳, 李迪强, 吴记贵. 利用红外相机调查北京松山国家级自然保护区的野生动物物种. 生态学报, 2012 (03)

[22] 刘辉, 姜广顺, 李惠. 北方冬季有蹄类动物4种数量调查方法的比较. 生态学报, 2015 (09)

[23] 刘晓强, 申田, 连兵. 生态环境监测的关键问题研究. 环境保护, 2000 (12)

[24] 刘新玉, 张泽钧, 郑晓燕, 赵纳勋, 梁虎成, 阮英琴. 佛坪自然保护区6种有蹄动物的活动痕迹监测. 生态学报, 2008 (09)

[25] 罗泽娇, 程胜高. 我国生态监测的研究进展. 环境保护, 2003 (03)

[26] 马天, 王玉杰, 郝电, 关胜, 但德忠, 王斌. 生态环境监测及其在我国的发展. 四川环境, 2003 (02)

[27] 蒙海涛, 张骥, 易晓娟, 薛娇娆. 物联网技术在环境监测中的应用. 环境科学与管理, 2013 (01)

[28] 欧阳志云, 徐卫华, 肖燚等. 中国生态系统格局、质量、服务于演变. 北京: 科学出版社, 2016

[29] 欧阳志云, 王桥, 郑华, 张峰, 侯鹏. 全国生态环境十年变化（2000—2010年）遥感调查评估. 中国科学院院刊, 2014 (04)

[30] 陕西省环境保护厅. 秦岭国家公园建设研究报告, 2015

[31] 陕西省环境保护厅. 秦岭国家公园建设研究成果报告, 2015

[32] 中华人民共和国国务院. 全国主体功能区化——构建高效、协调、可持续的国土空间开发格局, 2010

[33] 陕西省气象局. 陕西2000~2014年生态环境监测评估报告, 2015

[34] 陕西省环境保护局. 陕西秦岭北麓生态环境保护规划, 2007

[35] 陕西省环境科学研究设计院. 2001~2010年陕西秦岭国家级生态功能保护区生态功能变化研究, 2011

[36] 陕西省气候中心. 2010年陕西省温室气体清单总报告, 2015

[37] 北京中林资产评估有限公司. 陕西省森林资源价值评估报告（简本）, 2013

[38] 陕西省人民政府. 陕西省主体功能区规划, 2013

[39] 孙承骞.陕西省第三次大熊猫综合调查报告.西安：西安地图出版社，2007
[40] 孙巧明.试论生态环境监测指标体系.生物学杂志，2004（04）
[41] 孙天华，刘晓茹，傅桦.浅评我国生态环境监测现状.首都师范大学学报（自然科学版），2006（03）
[42] 推进陕西绿色化——森林提质增效十年规划及三年行动方案.西安：陕西省林业厅，2015
[43] 万宏伟，潘庆民，白永飞.中国草地生物多样性监测网络的指标体系及实施方案.生物多样性，2013（06）
[44] 王兵，崔向慧，杨锋伟.中国森林生态系统定位研究网络的建设与发展.生态学杂志，2004（04）
[45] 王娟敏，杨联安，高雪玲，姜英.陕西省生态遥感监测与评价研究.水土保持通报，2006（06）
[46] 王丽萍，马林.基层环境监测站质量管理现状及发展对策初探.2015年中国环境科学学会学术年会论文集（第一卷）.中国环境科学学会，2015（3）
[47] 王文杰，蒋卫国，王维等.环境遥感监测与应用.北京：中国环境科学出版社，2010
[48] 吴丹娜，江洪，张金梦，陈云飞，袁建.环境监测中物联网技术的应用.安徽农业科学，2014（10）
[49] 奚旦立，孙裕生.生态监测.北京：高等教育出版社，2010
[50] 徐卫华，罗翀，欧阳志云等.区域自然保护区群规划——以秦岭山系为例.生态学报，2010（06）
[51] 徐卫华，欧阳志云，蒋泽银等.大相岭山系大熊猫生境评价与保护对策研究.生物多样性，2006（03）
[52] 张晓蕾，董世魁，郭贤达，韩雨晖，李灏漫，冯憬，王琛，刘全儒.青藏高原高寒草地植物多样性调查方法的比较.生态学杂志，2015（12）
[53] 张跃，雷开明，张语克，肖长林，杨玉花，孙鸿鸥，李淑君.植被、海拔、人为干扰对大中型野生动物分布的影响——以九寨沟自然保护区为例.生态学报，2012（13）
[54] 中国大熊猫国家公园陕西园区总体规划（初稿）（2016-202），2016
[55] 周至县人民政府.周至县秦岭北麓生态环境保护和利用规划（2013—2030）
[56] 朱志诚，岳明.秦岭及其以北黄土区草地群落地带性特征.中国草地，2001（03）
[57] 朱志诚.秦岭及其以北黄土区植被地带性特征.地理科学，1991（02）
[58] 吴润.森林资源综合监测指标体系与评价方法研究.北京林业大学，2009
[59] 吴磊.陕西秦岭山地生态脆弱性评价.西北大学，2011
[60] 李明.上海市崇明县农田生态风险评价.华东师范大学，2006
[61] 陈圣宾，蒋高明，高吉喜，李永庚，苏德.生物多样性监测指标体系构建研究进展.生态学报，2008（10）
[62] 李昊民.生物多样性评价动态指标体系与替代性评价方法研究.中国林业科学研究院，2011
[63] 牟瑞强.天（水）宝（鸡）高速森林群落生态监测体系的建立与应用研究.西北师范大学，2015
[64] 陈宣庆，陈常松.我国资源、环境、生态监测与评估体系建设思路与对策.宏观经济管理，2004（11）
[65] 李江荣，任毅华，卢杰.西藏生态监测网络建设现状与对策.北京农业，2014（12）
[66] 欧阳志云，张路，吴炳方，李晓松，徐卫华，肖燚，郑华.基于遥感技术的全国生态系统分类体系.生态学报，2015（02）
[67] 李丽.小城镇生态环境质量评价指标体系及其评价方法的研究.华中农业大学，2008
[68] 汤杰.崇明岛生态环境监测与预警系统开发研究.华东师范大学，2015
[69] 陆强国.洞庭湖湿地生态监测指标体系初探.重庆环境科学，1995（04）

[70] 张焱, 吴畏, 甘世超. 对建设中国生态与环境动态监测系统的建议. 仪器仪表学报, 2001（S2）

[71] 左羽. 分布式生态环境动态监测系统的架构. 安徽农业科学, 2008（12）

[72] 廖克, 郑达贤, 陈文惠, 沙晋明. 福建省生态环境动态监测与管理信息系统的设计. 地球信息科学, 2003（01）

[73] 余振荣. 河流生态系统及其监测指标体系. 黑龙江环境通报, 2015（04）

[74] 王静戢. 基于3S的区域土地生态景观格局动态监测系统研究. 西北农林科技大学, 2004

[75] 段彩莲, 李钢铁, 吴连喜. 基于3S的生态环境动态监测系统的设计. 内蒙古林业科技, 2004（02）

[76] 刘玉梅, 刘芳, 孙贯益. 基于3S技术的湿地生态系统动态监测. 沈阳建筑大学学报（自然科学版）, 2016（02）

[77] 王瑞. 基于GPRS的草原生态远程监测系统监测中心的设计与实现. 内蒙古大学, 2009

[78] 王红霞. 基于GPRS的草原生态远程监测系统的研究. 内蒙古大学, 2009

[79] 张秋根, 魏立安, 郭英荣. 江西省湿地生态监测体系的构建. 南昌航空工业学院学报（社会科学版）, 2003（03）

[80] 姜文兵, 万承永, 郭英荣. 江西省湿地生态监测体系的构建. 江西林业科技, 2003（06）

[81] 殷青军, 徐维新. 利用"3S"技术建立"三江源"地区生态环境动态监测系统. 高原地震, 2001（03）

[82] 关佳佳. 辽河保护区水生态监测指标体系构建的研究. 东北大学, 2013

[83] 杨健, 杨倩倩, 王炜郎. 略谈整合资源构建现代化的森林生态资源动态监测预警管理决策支持系统. 浙江林业科技, 2007（06）

[84] 李海红, 许正旭, 张海珍. 青海省生态环境监测业务系统. 气象, 2005（12）

[85] 曾文英. 森林防火监测预警系统的设计与实现. 江西师范大学, 2004

[86] 谭克龙. 塔里木河流域生态环境动态监测系统研究与开发. 陕西师范大学, 2007

[87] 邓晓宇. 中国世界自然遗产监测指标体系构建与应用研究. 西南交通大学, 2007

[88] 张强, 姚玉璧, 李耀辉, 罗哲贤, 张存杰, 李栋梁, 王润元, 王劲松, 陈添宇, 肖国举, 张书余, 王式功, 郭铌, 白虎志, 谢金南, 杨兴国, 董安祥, 邓振镛, 柯晓新, 徐国昌. 中国西北地区干旱气象灾害监测预警与减灾技术研究进展及其展望. 地球科学进展, 2015（02）

[89] 王亚斌, 师宝忠, 管景峰. 白洋淀湿地生态环境监测体系的构建. 环境工程, 2013（S1）

[90] 李果, 吴晓莆, 罗遵兰, 李俊生. 构建我国生物多样性评价的指标体系. 生物多样性, 2011（05）

[91] 余振荣. 河流生态系统及其监测指标体系. 黑龙江环境通报, 2015（04）

[92] 彭涛, 高旺盛, 隋鹏. 农田生态系统健康评价指标体系的探讨. 中国农业大学学报, 2004（01）

附件2-1 秦岭地区生态系统服务功能计算方法

1. 水源涵养功能

采用降水贮存量法，即用生态系统的蓄水效应来衡量其涵养水分的功能（公式1~公式3），参见全国生态环境遥感十年评估的方法。

$$Q = A \cdot J \cdot R \qquad \text{（公式1）}$$

$$J = J_0 \cdot K \quad \text{（公式2）}$$
$$R = R_0 - R_g \quad \text{（公式3）}$$

式中：Q为与裸地相比较，森林、草地、湿地、耕地等生态系统涵养水分的增加量（mm/（hm²·a^{-1}））；A为生态系统面积（hm²）；J为计算区多年均产流降雨量（$P>20$mm）（mm）；J_0为计算区多年均降雨总量（mm）；K为计算区产流降雨量占降雨总量的比例；R为与裸地（或皆伐迹地）比较，生态系统减少径流的效益系数；R_0为产流降雨条件下裸地降雨径流率；R_g为产流降雨条件下生态系统降雨径流率。

2. 土壤保持功能

采用通用水土流失方程USLE进行评价，通过降雨、坡度坡长、植被、土壤和土地管理等因素评价生态系统土壤保持功能的强弱。在具体计算的时候，需要利用已有实测的土壤保持数据对模型模拟结果进行验证，并且修正参数，详见全国生态环境遥感十年评估的方法。

$$USLE_x = R_x \cdot K_x \cdot LS_x \cdot C_x \cdot P_x \quad \text{（公式4）}$$

式中：$USLE_x$表示栅格x的土壤侵蚀量；R_x为降雨侵蚀力；K_x为土壤可蚀性；LS_x为坡度—坡长因子；C_x为植被覆盖因子；P_x为管理因子。

根据泥沙输移路径，每一栅格将持留部分泥沙，$SEDR_x$为栅格x土壤持留量；SE_x为栅格x的持留效率；$USLE_y$为上坡栅格y产生的泥沙量；SE_z为上坡栅格的泥沙持留量。

3. 生态系统服务重要性评估

生态系统服务重要性指示不同生态单元的生态保护意义。首先以秦岭地区水源涵养和土壤保持量为基础，分别计算其重要性。根据重要性大小分为4级，将功能量最高的50%的区域划分为极重要区，50%~75%的区域划分为重要区，75%~90%的区域为较重要地区，其余为一般地区。

4. 生物多样性评估

本研究选择珍稀濒危的动植物物种作为生物多样性评价指标，通过物种的筛选、栖息地的评估和重要区的识别来明确生物多样性保护的重要区域。

首先，确定物种的筛选准则。主要包括：①国家重点保护物种；②《中国生物多样性红色名录》确定的受威胁物种；③数据的可获得性。参照《国家重点保护野生植物名录》和《国家重点保护野生动物名录》来选择国家一、二级保护动物；根据《中国生物多样性红色名录》，筛选极危、濒危和易危三个等级的动植物物种。根据数据的可获得性，共选择50种指示物种进行评价，其中包括植物12种，动物38种。

其次，进行潜在栖息地的评估。采取机理模型对所选取的物种来进行栖息地评价，主要考虑物种分布区、分布海拔和植被类型三个因子，通过叠加分析，明确每个物种的潜在栖息地。物种分布区和栖息地的需求信息主要来自国内外权威的数据库，以及有关物种的论文与专著。海拔分布图来自于美国NASA的DEM，分辨率为90米，植被分布图来自于2010年全国生态系统评估数据，分辨率为30米。

最后，重要区域的确定。对所有物种的潜在栖息地进行叠加，根据叠加数值的大小划分为四个等级，将50%以上物种的集中分布区确定为极重要区，25%~50%的物种集中分布区为重要区，其余的物种栖息地为较重要区，非栖息地分布区为一般地区。

5. 综合重要性评估

将生物多样性保护、水源涵养和土壤保持的重要性结果进行叠加，取三者的最高等级作为生态保护的最终重要性等级。

附件2-2　秦岭山系各生态功能区的具体管理对策

序号	功能区名称	主体功能	主要生态问题	生态保护与管理对策
1	关中平原城镇及农产品提供生态功能区	农产品提供与人居保障	农业和城镇生态系统为主，对周边依赖强烈，人口多，水资源问题突出，耕地锐减，土壤和水污染严重，耕地锐减	合理利用水资源，保证生态用水，城市加强污水处理和回用，加强城区绿化，提高植被覆盖率。保护耕地，发展现代农业和城郊型农业，加强河道整治与污染治理
2	渭河盆地农产品提供生态功能区	农产品提供	农业生态系统为主，水资源问题突出，土壤和水污染严重，中东部土地次生盐渍化危害	合理利用水资源，保证生态用水，城市加强污水处理和回用，保护耕地，发展现代农业和城郊型农业，加强河道整治与污染治理
3	秦岭北坡中低山土壤保持生态功能区	土壤保持	资源短缺，塬边滑坡、崩塌和泥流问题突出	农业区，发展以节水灌溉为中心的农业和果业，建设绿色粮油和果品生产基地，发展生态旅游与观光农业。加强绿化和塬边沟谷的治理，治理水土流失
4	秦岭北坡东段土壤保持生态功能区	土壤保持	矿产资源开发引发土壤侵蚀，景观破坏	保护植被，严格控制矿产开发对景观的破坏，矿区实施生态恢复和重建。保护华山及周边的自然景观
5	凤县宽谷盆地土壤保持生态功能区	土壤保持	土地开垦，植被破坏，滑坡、泥石流灾害频繁	保护和恢复盆地周边植被，减少人为影响，盆地内发展农作与经济林，治理水土流失
6	秦岭中高山生物多样性保护与水源涵养生态功能区	多样性保护与水源涵养	人类活动对生物多样性影响较大，旅游发展快，挖掘中草药，盗伐，偷猎	该区是生物多样性集中分布区，也是众多河流源头，完善自然保护区网络建设与管理，保护天然植被及生物多样性
7	秦岭东段土壤保持生态功能区	土壤保持	自然植被破坏严重，土地垦殖率高，水土流失严重，滑坡和泥石流灾害较多	位于丹江上游地区，坡地退耕还林，发展经济林木，提高植被覆盖率，涵养水源，控制水土流失
8	秦岭南坡东段水源涵养与土壤保持生态功能区	水源涵养与土壤保持	森林破坏，陡坡开垦，水土流失问题突出	退耕还林还草，营造水土保持林，适度发展旅游
9	秦岭中高山生物多样性保护与水源涵养生态功能区	生物多样性保护与水源涵养	土地开垦，植被破坏，破坏水生态环境	该区生物多样性较为集中，完善自然保护区网络建设与管理，改善水质，保护天然植被及生物多样性

续表

序号	功能区名称	主体功能	主要生态问题	生态保护与管理对策
10	秦岭南坡中低山水源涵养与土壤保持生态功能区	水源涵养与土壤保持	坡地开垦，矿产资源开发等引发水土流失、滑坡、泥石流等问题严重	汉江北岸众多河流的上中游，水源涵养功能极重要，水土流失较严重。保护天然次生林，退耕还林，做好矿山生态恢复工作，控制水土流失。保护朱鹮等珍稀动物
11	青木川生物多样性保护与水源涵养生态功能区	生物多样性保护与水源涵养	容易发生土石滑坡和水土流失	该区生物多样性较为集中，完善自然保护区网络建设与管理
12	汉中盆地农产品提供功能区	农产品提供	地形破碎，土地开发利用过度，水土流失严重，滑坡与泥石流等灾害明显	属于农业区，在保证河谷坝地基本农田的前提下，加强坡地水土保持措施，提高林木覆盖率，控制水土流失
13	米仓山—大巴山北部水源涵养与土壤保持生态功能区	水源涵养与土壤保持	森林破坏严重，水土流失较重	水源涵养功能重要，保护和恢复天然次生林

附件2-3 生态系统监测指标

附表2-1　　森林生态系统监测指标

内容		指标	方法或途径	监测频率
森林生态监测站	土壤要素	土壤腐殖质厚度、有机质、PH、全氮、硝氮、氨氮、速效氮、速效磷、速效钾、全磷、全钾、表层土壤阳离子交换量和交换性阳离子、土壤容重、孔隙度、土壤田间持水量、土壤饱和持水量、硼、钼、锌、锰、铜、铁、铬、铅、镍、镉、硒、砷、汞、矿质全量等	野外观测、实验分析	实时监测
	气象要素	气压、气温、湿度、降水、风、积雪、霜、0厘米地温、5厘米地温、10厘米地温、15厘米地温、20厘米地温、日照时数、蒸发量、干沉降、能见度、湿沉降、二氧化碳、甲烷、氧化氮等温室气体排放量、灾害天气记录	气象监测站	实时监测
	生物要素	群落起源、林龄、群落类型、群落结构、外貌、物种组成、群落层次、群落总盖度、郁闭度、群落优势种、乔木层盖度、灌木层盖度、草本层盖度、群落生物量、群落凋落物回收量季节动态、群落树种更新状况、叶面积指数、物候期、群落各层优势植物和凋落物的元素含量与能值、地带性群落现存面积、分布状况、植株高度、盖度、冠幅、生活型、乔木和灌木林分布面积、经济林面积、生态公益林面积、用材林面积、天然林和人工林面积、各类林木蓄积量、属于不同林权面积	样方调查、遥感监测	每5年1次
	站区水环境监测	雨水水质：pH值，矿化度，硫酸根，非溶性物质总含量	监测站	降雨时观测
		森林溪流水质：pH值、钙离子、镁离子、钾离子、钠离子、硫酸根离子、磷酸根离子、硝酸根离子、矿化度、化学需氧量（COD）、总氮、总磷		每年1次

续表

内容		指标	方法或途径	监测频率
森林生态监测站	站区水环境监测	地下水水质：pH值、钙离子、镁离子、钾离子、钠离子、硫酸根离子、磷酸根离子、硝酸根离子、矿化度、化学需氧量（COD）、总氮、总磷		每年1次
		水物理环境要素：土壤水		土壤水分含量1天15次，土壤水分曲线5年1次，地表径流量连续观测，穿透降雨量和树干径流量在每次降雨时观测，枯枝落叶最大持水量本本底调查
		分特征曲线、地表径流、土壤水分含量、穿透降水量、树干径流量、枯枝落叶最大持水量		
	地理特征	坡度、坡向、坡位、小地形、基岩、土壤类型、经纬度、海拔分布	遥感模型	5年1次
	空间格局	植被类型、分布格局、面积、森林覆盖度、土地利用方式和强度、与其他类型转化强度	遥感监测、实地调查	每年1次
	水源涵养功能	降水量、蒸发量、地表径流量、植被覆盖度	实地观测、模型模拟	每年1次
	土壤保持监测	地表径流量、土壤侵蚀量、植被覆盖度	水文水质监测、模型模拟	每年1次
	碳固定功能	生态系统初级生产力、土壤呼吸碳排放量	野外观测、实验分析	
	活力指标	群落生物量、森林蓄积量及年增量、初级生产力	遥感反演、野外调查、模型估测	每年1次
	野生动物	哺乳类、鸟类、爬行类、两栖类、淡水鱼类、蝶类种类、数量、分布、生境状况，国家一级保护动物朱鹮、大熊猫、金丝猴和羚牛数量、分布和栖息地生境状况、自然繁殖状况，国家二级保护动物鬣羚、金鸡、红腹角雉、大鲵、川陕哲罗鲑、秦岭细鳞鲑等29种动物数量、分布和栖息地生境状况、自然繁殖状况，以及受省级保护的多种动物数量、分布和栖息地生境状况、自然繁殖状况	样线法、红外相机、访问、网捕法	每年1次
	野生维管束植物	蕨类植物、裸子植物、被子植物种类，受国家一级重点保护的珙桐、毒叶草、红豆杉等9种植物的分布和生境状况，受国家二级重点保护的秦岭冷杉、太白红杉、大果青扦、水曲柳、水青树等17种植物的分布和生境状况，受国家三级保护和省级保护的多种植物数量、分布和生境状况，古树名木数量、种类、分布和生境状况	野外调查	每年1次
	受威胁物种丰富度	极危、濒危、易危物种数量、红色名录指数	野外调查	每年1次
	外来物种入侵调查	外来入侵种种类、空间分布状况	野外调查	每年1次
	生态灾害监测	森林火灾、滑坡、泥石流、地震、山体塌陷、地面沉降发生面积，造成经济损失，对区域产生的影响、评价区域灾害预警防范能力	地面调查与遥感监测相结合	实时监测
	生物胁迫	红脂大小蠹、美国白蛾等森林病虫害发生面积、成灾面积、防治面积、造成经济损失	野外调查	每月1次

续表

内容		指标	方法或途径	监测频率
森林生态监测站	人类干扰活动	污染物排放、铁路公路建设、矿产资源开发、旅游业开发、放牧强度、非法砍伐、植物资源采集、盗猎	社会调查、红外相机、3S技术、社会调查、县域资料	实时/不定期监测
	退耕还林	造林面积、分布	遥感结合野外调查	5年1次
	天然林保护	天然林受保护面积，森林恢复状况	野外调查结合遥感监测	
	保护区	保护区数量、面积、保护区保护效果	野外调查接遥感监测、指标评价	
	管理制度	政策执行力、宣传力度、法律规范制定、灾害预警建设及防范能力、生态补偿、技术规范	社会调查评价	

附表2-2　　湿地生态系统监测指标

内容		指标	方法或途径	监测频率
湿地生态监测站	气象要素	气温、地温、降水量、蒸发量、风速、风、雪	站区自动监测、人工观测	实时监测
	湿地格局	类型、面积、空间分布图、土地利用方式、面积和强度、转化为其他类型面积	遥感结合地面调查	5年1次
	江河水文	汉丹江、渭河等河流断面水位、水温、流量、平均流速、水位、径流量、汛期、含沙量、结冰期、河流补给类型、河流深度、宽度变化、河流基流量、江河干流泥沙量、江河干流年径流量	水文监测站点	实时监测
	地表水质	溶解氧、大肠杆菌群、高锰酸盐指数、氨氮、总磷、总氮、透明度、pH值、总碱度、总硬度、浊度、氯化物、硝氮、矿化度、钙离子、镁离子、钾离子、钠离子、碳酸根离子、重碳酸根离子、硫酸根离子、磷酸根离子、硝酸根离子、挥发酚、汞、砷、镉、铜、铅、石油类	常规监测	实时监测
	底质监测	pH值、容重、全磷、全钾、总汞、总砷、总铜、总铅、总锰、总钾、总磷、有机质、有机氯农药残留量多组分、有机磷农药残留多组分	常规检测	每年1次
	水生植物	浮游植物、水生维管束植物	样方调查	每年1次
	动物	鸟类、哺乳动物、两栖爬行类、鱼类、贝类、虾类、浮游动物种类和数量	实地调查、观测	每年1次
	渔业资源	鱼获物种类、鱼货量	实地调查	每季度1次
	洪水调蓄功能	防洪库容（水库）、可调蓄水量（湖泊）、洪水期地表滞水量（沼泽）	观测，模型模拟	每季度1次
	重点污染源	城市江岸、排污口污染源水质	定位监测站	实时监测
	干扰活动	交通、旅游业开发强度	实地调查	实时/不定期监测
	藻类	固着藻类	实地调查	每年1次
	湿地恢复	恢复面积	实地调查、遥感调查	5年1次
	自然保护区	保护区数量、面积、保护区保护效果	野外调查、遥感监测、指标评价	5年1次
	地下水监测	地下水水位、地下水温、承压水位、潜水水位、pH值、矿化度、化学需氧量（COD）、水中溶解氧（DO）、总氮、总磷	地下水监测站	5天1次
	饮用水源监测	地表水基本监测项目、集中生活饮用水地表水源补充和特定监测项目、供水工程蓄水量		

附表2-3　　　　　　　　　　　　农田生态系统监测指标

内容		指标	方法或途径	监测频率
农业生态环境监测站	土壤质量	有机质、全氮、全磷、全钾、全盐量、碳酸根和重碳酸根、硫酸根、氯根、钙、镁离子、钾、钠离子、硼钼、锌、铜、锰、铁、镍、铅、镉、铬、硒、砷、汞、甲胺磷、水胺硫磷、敌敌畏、乐果	常规监测	5年1次
	生物要素	耕作制度、种植结构、灌溉制度、秸秆管理、种植面积、产量、轮作制度、作物物候、农业经济作物种类、分布、种植面积、年产量、药材种植分布	调查记录	每季作物1次
	农业灌溉用水监测	pH值、矿化度、化学需氧量（COD）、水中溶解氧（DO）、总氮、总磷	调查	一个生长季1次
	农田空间分布及资源量	类型、面积、空间分布图、转化为其他类型的面积、农业用地后备资源量	遥感解译分类结合地面调查	每年1次
	农药、化肥等农业化学品使用情况调查	农业、化肥使用时间、使用总量、使用方式、单位面积使用量、使用面积、使用种类、名称	调查记录	每季作物1次
	农田生态灾害	水土流失、冻害、干旱、病虫害、鼠害等发生面积、防治面积、成灾面积、造成的产量及经济损失	遥感监测结合实地调查	每年1次
	旱坡耕地水土保持	降雨量、产流量、产沙量	实地观测	每年雨季3次
	农村能源结构	沼气数量、薪炭林面积和数量	县统计资料	每年1次
	社会及经济调查	农村人口、农村分布及户平均占有面积、移民、各业产值、家庭经济收入、人均收入、农户劳动力结构、教育程度、灌溉水平、用电水平、土地利用现状、信息化普及率、耕地面积变化	县统计资料	每年1次
	其他重点污染状况及干扰活动调查	农村生活垃圾及粪便污染物种类、排放量、处理量和对水体污染范围，农田麦秸产生量、处理量、回收利用率，农田氮磷面源污染面积和分布、对水体污染范围，建筑开发侵占耕地面积，调查污染治理状况	社会调查、县统计资料	每年1次

附表2-4　　　　　　　　　　　　城镇生态系统监测指标

内容		指标	方法或途径	监测频率
城镇生态监测站	空气	二氧化硫、PM2.5、PM10、臭氧等空气重要污染物浓度	城市生态监测站	实时监测
	城镇水域质量	pH值、矿化度、悬浮物、化学需氧量（COD）、水中溶解氧（DO）、总氮、总磷、氨氮、总大肠杆菌、硝酸盐、六价铬、镉、铅、铜	城市生态监测站	实时监测
	生物要素	城市绿地面积、城市湿地面积、城市鸟类种群、绿化植物种类、城市外来植物种种群、外来动物种、本地植物种类、生物入侵度状况	样方调查、遥感解译分类	每年1次
	气象灾害	洪涝、高温、酸雨发生时间和范围、社会影响程度	气象监测站、遥感监测	

续表

	内容	指标	方法或途径	监测频率
城镇生态监测站	城镇重点问题监测	城市热岛效应、区域环境噪声、交通干线噪声等、地表不透水面积	—	实时监测
	城市基础建设调查	城市建筑面积、城市排水建设、城市污水处理建设、生活垃圾处理建设、废气处理状况记录	社会调查、县域资料	每年1次
	社会经济状况	GDP、城镇人口密度、城镇面积、城镇化程度、交通网络密度	社会调查、县域资料	每年1次
	城镇污水、固体废弃物排放调查与监测	调查各城镇排污量、总磷、氨氮、挥发性酚、石油类、BOD5、CODCr等污染物年排放量，各城镇生活垃圾年产量、排放量	调查、监测	每月1次
	城镇人群健康调查	城镇居住人口、年初总人口、出生率、死亡率、迁入、迁出人口，性别比例、不同年龄组人口数目、出生率、死亡率状况，各县级、乡级、村级医疗机构建设状况，发生流行性疾病、传染病类型	调查、县域资料	每年1次

专题报告三

秦岭国家公园管理体制与建设方案研究

国务院发展研究中心管理世界杂志社

摘 要

国家公园是我国生态文明建设的重要物质基础、生态文明制度建设的先行先试区、生态文明基础制度因地制宜的创新实践区。国家公园体制是我国推进国家公园事业的重要制度保障,是国家公园全面发挥各项功能的基础。2013年《中共中央关于全面深化改革若干重大问题的决定》首次提出要"建立国家公园体制",标志着中国国家公园体制建设开始起步。2015~2016年是中国国家公园体制建设快速发展的黄金时期。2015年1月,国家发改委等十三部委发布了《建立国家公园体制试点方案》,确定了国家公园体制建设的9个试点区,明确了"统一、规范、高效"的制度建设方向和"保护为主,全民公益性优先"的国家公园本质特征。2016年3月发布的《"十三五"规划纲要》明确了"十三五"期间我国要"建立国家公园体制,整合设立一批国家公园",这使第一批国家公园的建设有了明确的时间表。2017年7月中央全面深化改革领导小组第三十七次会议通过了《建立国家公园体制总体方案》,进一步明确了今后的国家公园体制改革的方向。十九大明确了国家公园体制今后将引领自然保护地体系的发展,因此,对其体制机制的探索意义重大。

现阶段的国家公园建设以保护自然遗产的原真性和完整性为主要目标,而在中国的自然生态系统中,秦岭具有不可替代的重要性:秦岭是中国乃至世界的重要山脉,是中国的南北分界线,具有极高的生态服务和历史文化价值。秦岭陕西段目前已经具备基本成型的保护地管理体系,但是仍然存在资金投入不足、管理碎片化、跨区域行政管理关系复杂、土地权属分布零散、社区发展与生态保护不兼容等方面的问题。现行管理体制的保护能力较低,保护效果并不理想,功能发挥也不全面。为加强对秦岭生态环境的保护,全面发挥秦岭的生态、经济和发展等各项功能,需要启动秦岭国家公园体制试点,借助独立的管理机构设置和科学的体制机制安排对秦岭地区的各种资源进行跨区域的统一规划和管理,通过在空间和体制上的统筹整合来解决管理问题。

本专题研究在分析了秦岭国家公园体制试点区建设的基础条件后,设计了秦岭国家公园的管理机制方案以及具体的建设方案:①考虑了保护生态系统的完整性与连通性、资源独特性与代表性、体制试点区域与问题的典型性、试点具有可操作性和社区居民人口等因素后,比对了不同的试点区划分方案后,确定秦岭国家公园体制试点区的划定范围为秦岭陕西段价值较高的核心区域,总体面积为2.66万平方千米,并且将其划分成了严格保护区、生态保育区、传统利用区和自然体验区,展开分区管理。②对比了前置审批事业单位与地方政府共同治理模式、统一管理事业单位模式和行政特区模式三种不同类型的管理体制方案,基于保护目标、体制试点目标和现实约束等多方面的比选,研究认为秦岭国家公园适合对不同类型的保护地分类、分步和分阶段进行改革方案的设计。试点期，为保障现有的资金来源等要素，秦岭国家公园可以探索前置审批事业单位与地方政府共同治理模式，逐步向"统一、规范、高效"的管理模式过度。建成后的陕西秦岭国家公园管理体制，应该根据中央对国家公园管理机构的设定再行调整。③资金机制是国家公园建设和运行的重要保障，研究认为试点区资金需建立收支两条线，以中央政府投入为主、地方政府投入为辅、社会资金筹措并存的方式，体现国家公园"保护为主"和"全民公益性优先"核心内涵，避免过度经营；建立多渠道的资金投入机制和多样化的合理的生态补偿机制。④土地权属地役权制度、国家公园品牌增值体系、社会力量参与渠道机制和对法国国家公园管理经验中加盟区管理模式的借鉴等是秦岭国家公园体制试点管理的改革创新方案。

另外，秦岭国家公园体制试点区的建设需妥善处理与正在制定方案的大熊猫国家公园陕西片区的关系。目前后者的试点方案从本研究提出的秦岭国家公园在空间范围上存在重合，其中包括比较重要的佛坪国家级自然保护区。秦岭国家公园体制试点区强调的是整个生态系统的统一保护和原真性，包含多种珍稀物种；而大熊猫国家公园，则只强调对单一旗舰物种的保护，其科学性有待继续讨论。现在秦岭国家公园刚启动方案准备，而大熊猫国家公园也是刚被中央批复，依然有待完善。试点后期，考虑空间的重合性和管理体制的差异以及新的大部制改革方案，方案的具体内容依然有待调整。

最后，秦岭国家公园体制试点区的建设必须在生态文明体制建设的指导下进行，既要深入研究和借鉴国外经验，又要结合秦岭地区生态保护和利用的实际情况，最终形成"统一、规范、高效"的国家公园体制，全面提升秦岭地区的自然保护能力。秦岭国家公园体制机制建立的探索，是现阶段整合完善秦岭现有保护区管理的重要解决方案，也是探索秦岭地区经济发展的尝试，有利于当地自然文化资源的保护与管理。结合《建立国家公园体制总体方案》和《大熊猫国家公园体制试点方案》，报告从操作层面给予不同层级的政府相应的政策建议，秦岭国家公园体制试点可以建立在陕西省自身特色基础上并和《总体方案》一致的体制机制创新，最终促进秦岭国家公园形成可复制、可推广的国家公园体制建设经验，成为真正的第一批国家公园。

1. 国家公园建设的必要性与紧迫性分析

1.1 背景[①]

建立国家公园是指建立一个能够显示本国自然及文化特质的自然保护地体系，从而更好地保

---

① 本报告主体部分成稿于2017年10月，后期仅对相关政策进行更新。

护自然资源及文化资源。2013年11月《中共中央关于全面深化改革若干重大问题的决定》中明确提出"严格按照主体功能区定位推动发展，建立国家公园体制"。2015年1月，国家发改委等十三部委联合通过了《建立国家公园体制试点方案》，标志着我国国家公园体制的创建进入实质性推进阶段。2015年9月21日，中共中央、国务院印发了《生态文明体制改革总体方案》（以下简称《方案》），其中第22条明确要求对自然保护区、风景名胜区、文化自然遗产、地质公园、森林公园等的体制进行改革，提出要建立国家公园体制。《中共中央关于制定国民经济和社会发展第十三个五年规划的建议》也明确提出，要在"十三五"时期"整合设立一批国家公园"。这是党中央在国土空间分功能使用以及文化与自然遗产地管理的重大创新，对建设生态文明、美丽中国的实现，人民群众文化需求的满足、遗产地的保护与利用和主体功能区的分类保护等有重要的意义。

从管理学角度来说，体制指的是国家机关、企事业单位的机构设置和管理权限划分及其相应关系的制度。国家公园，是指国家为了保护一个或多个典型生态系统的完整性，为生态旅游、科学研究和环境教育提供场所，而划定的需要特殊保护、管理和利用的自然区域。参考中央十三五规划纲要，"整合设立一批国家公园"的目的是为了加快和完善主体功能区建设，从而促进绿色发展和改善生态环境。为实现这一目标，有必要建立起成龙配套的国家公园体制，理顺管理、资金、运行等体制机制，才能确保建立起的国家公园能够充分发挥出其应有的生态功能和促进发展的功能。

在国家公园体制提出以前，自然保护区是最为重要的自然资源保护方式。截至2014年底，全国共建立自然保护区2729个，总面积147万平方千米，占国土面积的15.31%。然而，自然保护区的管理工作存在一些问题，比如法律法规不健全，多部门交叉管理，运行经费不足等，因此建立更加完善的保护地管理体制迫在眉睫。2008年10月8日，我国第一个国家公园试点单位——黑龙江汤旺河国家公园批准建设，标志着我国开始探索国家公园体制。但是，体制的建设和完善不是一蹴而就的，需要分阶段进行。国家公园体制建设需要改革现有的保护地管理体系，解决其中的土地权属、管理的责权划分和社区发展等各种问题，涉及中央与地方政府之间、不同管理部门之间、管理单位与社区居民之间等多方面利益关系的调整，改革难度较大，需要循序渐进、分阶段分步骤地进行。尽管此前我国在少数地方进行了一些国家公园体制的初步探索，但创新不足、实践不够，缺少大量可复制可推广的经验的积累。为此，2015年1月，国家发改委等十三部委通过了《建立国家公园体制试点方案》，确定了国家公园体制建设的初级试点阶段。至今，国家发改委已选定北京、吉林、黑龙江、浙江、福建、湖北、湖南、云南、青海九省市开展为期3年的国家公园体制试点，国家公园将是我国未来保护地的一种重要形式。截至2016年9月为止，青海三江源、湖北神农架、福建武夷山、浙江钱江源和湖南南山5处国家公园体制试点区的实施方案得到了国家批复。而大熊猫国家公园和东北虎豹国家公园的实施方案正在制定。这样一系列的过程不断推动了国家公园体制机制的建立（图3-1），中央相应出台了系列的文件（表3-1）。

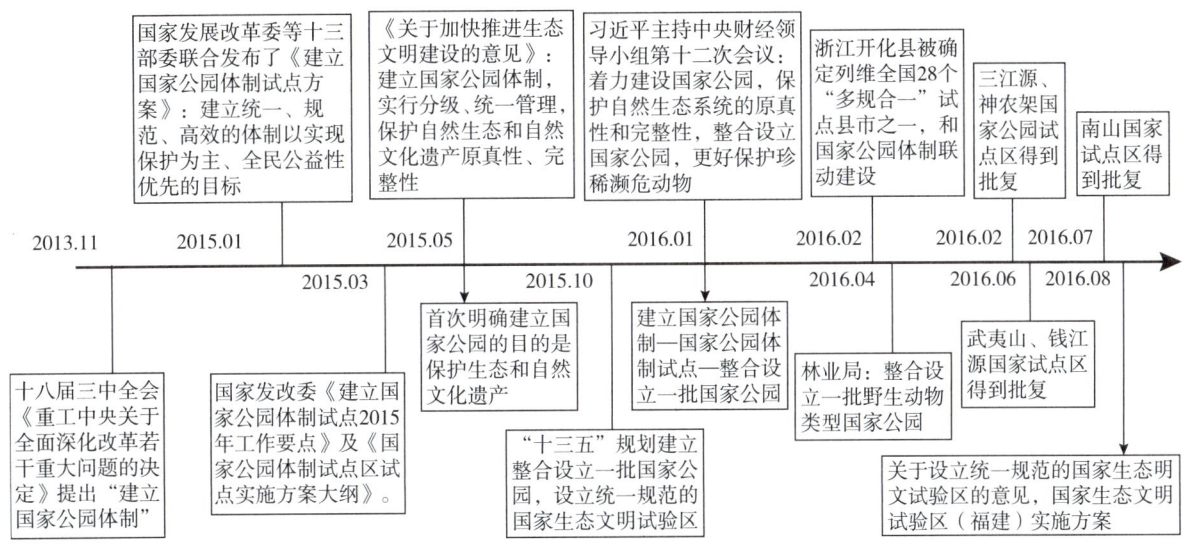

图3-1　国家公园体制机制相关改革的时间序

表3-1　国家公园体制建设相关中央文件的要求解读及国家相关工作动态

文件名称	文件中的相关内容	文件初衷和主要内容解读
十八届三中全会《中共中央关于全面深化改革若干重大问题的决定》（2013年11月）	建立国家公园体制	严格按照主体功能区定位推动发展
《关于开展生态文明先行示范区建设的通知》（2014年6月）	安徽省黄山市等7个首批先行示范区"探索建立国家公园体制"	将国家公园体制作为生态文明先行示范区改革的重要制度建设工作
国家发改委等十三个部委《建立国家公园体制试点方案》（2015年1月）	明确九个试点区；试点目标：保护为主、全民公益性优先；体制改革方向：统一、规范、高效。规定了体制机制的具体内容：管理体制建构方案（包括管理单位体制、资源管理体制、资金机制和规划机制）、运行机制构建方案（包括日常管理机制、社会发展机制、经营机制和社会参与机制）	国家公园体制试点的总体指导文件，详尽说明了各项试点工作
国家发改委办公厅《国家公园体制试点区试点实施方案大纲》（2015年3月）		
《中共中央国务院关于加快推进生态文明建设的意见》（2015年4月）	建立国家公园体制，实行分级、统一管理，保护自然生态和自然文化遗产原真性、完整性	建立国家公园体制的目的是保护自然生态和自然文化遗产
国务院批转国家发展改革委关于2015年深化经济体制改革重点工作意见的通知	在9个省市开展国家公园体制试点	作为生态文明制度改革的重要内容，也与经济体制改革有关
生态文明体制改革总体方案（2015年9月）	建立国家公园体制。加强对重要生态系统的保护和永续利用……国家公园实行更严格保护，除不损害生态系统的原住民生活生产设施改造和自然观光科研教育旅游外，禁止其他开发建设……加强对国家公园试点的指导，在试点基础上研究制定建立国家公园体制总体方案	从制度角度对生态文明建设的顶层设计，包括八项基础制度，三处提及国家公园

续表

文件名称	文件中的相关内容	文件初衷和主要内容解读
国家发改委与美国国家公园管理局签订《关于开展国家公园体制建设合作的谅解备忘录》（2015年9月）	双方在国家公园的立法、资金保障、商业设施、生态保护，以及文化和自然遗产的保护、促进地方社区的发展和公园管理的创新等方面开展共同研究；双方在国家公园管理体制的角色定位、国家公园与其他类型的保护地的关系、各类保护地的设立标准以及分类体系的建立等方面开展深入探讨	作为习近平主席访问美国期间的外交成果，旨在深化中美双方国家公园体制建设合作
中央十三五规划建议（2015年10月）	整合设立一批国家公园……设立统一规范的国家生态文明试验区	"十三五"期间正式设立国家公园
中央深改组第十九次会议（2015年12月）	在青海三江源地区选择典型和代表区域开展国家公园体制试点，实现三江源地区重要自然资源国家所有、全民共享、世代传承……要坚持保护优先、自然修复为主，突出保护修复生态，创新生态保护管理体制机制，建立资金保障长效机制，有序扩大社会参与	《中国三江源国家公园体制试点方案》被直接通过中央深改办评审
中央财经领导小组第十二次会议（2016年1月）	要着力建设国家公园，保护自然生态系统的原真性和完整性，给子孙后代留下一些自然遗产。要整合设立国家公园，更好保护珍稀濒危动物。至此，形成了这个阶段中央发展国家公园的路径：建立国家公园体制—国家公园体制试点—整合设立一批国家公园（十三五）—着力建设国家公园	国家公园相关工作进入"着力建设"期
中央深改组第二十一次会议（2016年2月）	开化被国家发改委、国土资源部、环境保护部、住房城乡建设部四部委确定列为全国28个"多规合一"①试点县市之一，开化作为代表向中央汇报"多规合一"改革工作	联动开展国家公园体制、国家主体功能区建设、多规合一等5项国家试点
《"十三五"规划纲要》（2016年3月）	建立国家公园体制，整合设立一批国家公园	
国务院批转国家发展改革委关于2016年深化经济体制改革重点工作意见的通知（2016年3月）	抓紧推进三江源等9个国家公园体制试点	
中共中央办公厅、国务院办公厅印发了《关于设立统一规范的国家生态文明试验区的意见》及《国家生态文明试验区（福建）实施方案》（2016年8月）	设立由福建省政府垂直管理的武夷山国家公园管理局，对区内自然生态空间进行统一确权登记、保护和管理。到2017年形成突出生态保护、统一规范管理、明晰资源权属、创新经营方式的国家公园保护管理模式。建立归属清晰、权责明确、监管有效的自然资源资产产权制度，健全自然资源资产管理体制，建立统一高效、联防联控、终身追责的生态环境监管机制；建立健全体现生态环境价值、让保护者受益的资源有偿使用和生态保护补偿机制等。为企业、群众提供生态产品、绿色产品的制度，探索建立生态保护与修复投入和科技支撑保障机制，建立先进科学技术研究应用和推广机制等	整合试点示范。将已经部署开展的福建省生态文明先行示范区……武夷山国家公园体制试点……等各类专项生态文明试点示范，统一纳入国家生态文明试验区平台集中推进，各部门按照职责分工继续指导推动

---

① "多规合一"是指将国民经济和社会发展规划、城乡规划、土地利用规划、生态环境保护规划等多个规划融合到一个区域上，实现一个市县一本规划、一张蓝图。

续表

文件名称	文件中的相关内容	文件初衷和主要内容解读
中央全面深化改革领导小组第三十次会议审议通过《大熊猫国家公园体制试点方案》《东北虎豹国家公园体制试点方案》（2016年12月5日）	有利于增强大熊猫、东北虎豹栖息地的连通性、协调性、完整性，推动整体保护、系统修复，实现种群稳定繁衍。要统筹生态保护和经济社会发展、国家公园建设和保护地体系完善，在统一规范管理、建立财政保障、明确产权归属、完善法律制度等方面取得实质性突破	完整保护旗舰物种的栖息地，实现空间整合和体制整合
全国发展和改革工作会议(2016年12月17日)	加快提升绿色循环低碳发展水平。深化生态文明体制改革，发布省级地区绿色发展指数；推进落实主体功能区规划，制定《建立国家公园体制总体方案》	明确2017年工作的重点是《建立国家公园体制总体方案》
中央深改组第三十六次会议（2017年6月26日）审议通过《祁连山国家公园体制试点方案》	开展祁连山国家公园体制试点……突出生态系统整体保护和系统修复，以探索解决跨地区、跨部门体制性问题为着力点，按照山水林田湖是一个生命共同体的理念，在系统保护和综合治理、生态保护和民生改善协调发展、健全资源开发管控和有序退出等方面积极作为，依法实行更加严格的保护。要抓紧清理关停违法违规项目，强化对开发利用活动的监管	最严格保护
中央深改组第三十七次会议（2017年7月19日）审议通过《建立国家公园体制总体方案》，9月19日印发	建立国家公园体制，要在总结试点经验基础上，坚持生态保护第一、国家代表性、全民公益性的国家公园理念，坚持山水林田湖草是一个生命共同体，对相关自然保护地进行功能重组，理顺管理体制，创新运营机制，健全法律保障，强化监督管理，构建以国家公园为代表的自然保护地体系	部署未来的国家公园工作，从试点期正式进入第一批国家公园创建期，提出国家公园建设总体框架
2017年10月18日的十九大报告	国家公园体制试点积极推进；建立以国家公园为主体的自然保护地体系	中央表达了主动性，并明确了国家公园在自然保护地体系中的地位

本研究是在上述背景下展开，因此，除去秦岭国家公园方案自身的管理等问题外，也需要考虑其和大熊猫国家公园陕西片区的分工合作。秦岭是我国南北天然分界线，也是我国极其重要的生物资源库和水源涵养区。为加强对秦岭生态环境的保护，全面发挥秦岭的生态、经济和发展等各项功能，陕西省将启动秦岭国家公园体制试点的建设工作，对秦岭地区的各类资源进行空间和体制上的整合。按照国家公园的国际定义（IUCN）和国家公园设置的国际惯例，为最大限度保持生态系统的完整性，秦岭国家公园应当包括完整的秦岭生态系统，涉及范围2.66万平方千米，但在如此大面积的区域内，存在约350万原住民，也就使得集体所有的土地权属的问题难以忽视。单就处理人地关系这一任务而言，已是困难重重，国家公园体制的整体建设更是难以一蹴而就。所以在体制试点阶段，需要将研究的重点放在价值较高、问题较多的区域上。综合考虑生态系统完整性、体制试点阶段性和大熊猫国家公园的划定范围这三方面的因素，确定秦岭国家公园体制试点区的具体范围为秦岭陕西段的部分区域，面积2.66万平方千米，约占陕西省总面积的13%，涉及6市32县（区），包括21个森林公园、22个自然保护区、4个湿地公园和6个省属国有天然林经营区。各类保护地相互之间交叉重叠、一地多牌、权责不清，导致保护地得不到有效的保护，因此管理体制的改革势在必行，秦岭国家公园体制试点区的建立是改革迈出的第一步。

目前，我国自然保护存在许多问题。我国缺乏国家公园这一自然保护体系，现有的保护区类型又较为复杂，不成体系。大多保护区过多地强调生态保护，一定程度上限制了对资源的开发利用，制约了当地经济的发展，致使保护与开发矛盾日益突出。同时存在多种保护地，多种资源管理重叠交叉、机构设置重复、责任不清等弊端。由于部门和地方利益侧重点不一样，加上一些法律存在冲突，部门间扩权争利推责现象严重，缺乏协调。

秦岭目前的生态保护体系也存在如下诸多弊端：

① 法律法规、制度建设不健全，且缺乏生态补偿机制。

② 管理混乱，落实不到位，权责不明。

③ 秦岭生态区科研工作开展还缺乏系统性、完整性，科技支撑能力有待加强。

④ 生态保护资金保障不足，特别是中央投入与实际需求差距较大。秦岭生态区为南水北调中线工程重要的水源区，秦岭水源区进行产业结构调整，以牺牲经济发展机会换取供水保障；而水源区经济发展落后，贫困现状仍十分严峻。地方财政困难、资金不足不利于秦岭生态保护工作的开展。

⑤ 经济发展与生态保护之间存在矛盾。秦岭区经济落后，社会经济发展还必须进行。公路建设、旅游业发展、矿产资源开发等，这些开发活动势必带来生态破坏和污染影响，会对局部生态环境产生不利影响。

⑥ 人类活动带来污染。秦岭区是南水北调中线重要水源区，也是中线水源最主要的水土流失区，土壤中的氮、磷等进入水体，造成水质污染。秦岭区涉及的县区污水处理厂、垃圾填埋场建设滞后；广大农村地区农业面源污染、畜禽养殖污染、农村生活污染等现象比较严重。

总体而言，秦岭地区现有保护地体系主要存在资金投入不足、管理碎片化、跨区域行政管理关系复杂、土地权属分布零散、社区发展与生态保护不兼容这五方面的问题。这些问题的存在极大地限制了秦岭各类保护地对生态环境的保护能力和效果，要想进一步加强保护，必须分阶段改革现有保护地管理体制，逐步解决上述问题：一方面，政府要加大投入，为生态保护和社区发展提供稳定的资金保障和生态补偿；另一方面，需要以国家公园体制试点为契机，借助独立的管理机构设置和科学的体制机制安排对秦岭地区的各种资源进行跨区域的统一规划和管理，通过在空间和体制上的统筹整合来解决管理碎片化和土地权属分布零散化等问题，全面提升生态保护能力。此外，国家公园体制试点区的主要功能虽是生态保育，但也兼具文化和经济功能，因此秦岭国家公园体制的建立能够很好地平衡当地保护和发展。具体的设计方案将在本专题报告第三部分展开。

建立国家公园体制必须在生态文明体制建设的指导下进行探索，既要深入研究和借鉴国外经验，又要结合我国生态保护建设体系的实际情况，寻找一条具有中国特色的国家公园体制建设之路，完善我国的自然保护体制。以国家公园体制建设为契机，完善我国的自然保护区体系。秦岭国家公园体制机制建立的探索，是现阶段整合完善秦岭现有保护区管理的最佳解决方案，也是探索秦岭地区经济发展的重要尝试，并且建设期对自然文化资源"统一、规范、高效"保护与管理的总结，也便于形成可复制、可推广的国家公园体制建设经验。

1.2 必要性

建立秦岭国家公园的必要性主要体现在以下六个方面。

（1）贯彻落实国家战略的重大举措。自2013年11月十八届三中全会《中共中央关于全面深化改革若干重大问题的决定》中明确提出建立国家公园体制以来，国务院、国家发改委、国家林业局及各省市地积极研究部署落实这一国家战略，强调"建立国家公园体制。加强对重要生态系统的保护和永续利用，改革各部门分头设置自然保护区、风景名胜区、文化自然遗产、地质公园、森林公园等的体制，对上述保护地进行功能重组，合理界定国家公园范围。国家公园实行更加严格保护，除不损害生态系统的原住民生活生产设施改造和自然观光科研教育旅游外，禁止其他开发建设，保护自然生态和自然文化遗产原真性、完整性"。2016年1月，中央财经领导小组第十二次会议上习近平总书记在讲话中强调"要着力建设国家公园，保护自然生态系统的原真性和完整性，给子孙后代留下一些自然遗产。要整合设立国家公园，更好保护珍稀濒危动物"。建设秦岭国家公园无疑对保护自然生态系统和珍稀濒危动物具有重要意义。

（2）展示秦岭五大生态价值的最佳选择。秦岭生态系统具有地理学、生物学、生态学、文化和旅游五大生态价值。其主体在陕西境内，是最靠近中国大地原点的大山，同时也是地脉、地气、水源、生灵的集中地，极其重要的生物资源宝库和水源涵养区。地理上，它是南方、北方的分界线，是长江、黄河的分水岭；生物上，它是我国暖温带—北亚热带物种最丰富的生物基因库之一，是动物古北界和东洋界的划分带；气候上，它是北亚热带和暖温带的过渡地带；生态上，它是中国中部最为重要的生态屏障，是汉江、渭河经济发展带的重要水源地和汉江、渭河经济发展带生态环境的调控器；文化上，它孕育了汉文化、楚文化、巴文化、佛儒道文化等等。整体保护秦岭的生态资源，对于水源涵养、生物多样性维护及水土保持的生态服务功能具有重要意义。秦岭国家公园典型的森林生态系统为野生动物的生存及栖息地的保护奠定了良好的环境基础。

（3）保护秦岭生态系统完整性的必要之举。秦岭生态系统独特，以森林生态系统为主，分布着阔叶林、针叶—阔叶混交林、亚高山针叶林、高山灌丛草甸等森林植被带，形成南北坡不同的生态景观及生态系统。植物资源丰富，从亚热带到寒带植物应有尽有，珍稀濒危植物种类繁多。动物资源在南北坡过渡特征明显，在我国动物区系组成中占据着重要的地位，国家级保护动物种类较多，比如大熊猫、川金丝猴、羚牛、朱鹮等。通过建设秦岭国家公园，可以系统地整合保护体系，畅通保护途径，保护生态系统的完整性。

（4）实现秦岭统一管理的必由之路。保护地管理体系涉及国家、省、地、县，管理机构的设置比较复杂。此外，由于现有保护地体系中各保护单位合作较少、缺乏沟通等问题，该区域统一管护存在很多困难。整合各类保护地、重组管理机构、建立统一的保护地体系，可促进秦岭地区野生动物更有力的保护，以及秦岭地区的可持续发展。

（5）缓解资源保护与社区发展矛盾的有效途径。自然保护区等保护地的分区管理，在一定程度上限制了自然资源的利用方式，社区经济来源途径减少。秦岭国家公园建设之后，将会建立更加科学的社区发展机制，开展各种新型经济项目并提供资助和技术支持，比如鱼类养殖、中草药种植、中蜂养殖等。另外，国家公园的建设会需要大量的工作人员，为社区居民提供大量的工作岗位。社区还可以参与到国家公园开展的各种游憩项目中，担任向导、销售特色农产品等并获得经济收入。

（6）加强公众环境意识的迫切需要。秦岭国家公园的建立可以增强公众对秦岭陕西段生态保护重要性的认知。环境教育活动可以培养公众保护和合理利用自然资源的观念，学习资源可持续利用的知识和技能，促进秦岭地区人与自然的和谐发展。

总体而言，为了实现有效的保护，秦岭国家公园体制试点需要在明确保护对象和目标、细化保护需求的基础上，对现有保护地的管理体制机制进行整合，通过明确管理机构、整合管理资源等方式对试点区的生态资源进行统一保护和管理，并在空间上进行合理的功能分区，建立与保护需求相匹配的土地利用方式，并借助诸如地役权、生态补偿等各项先进的制度安排来解决其中涉及的土地权属、经营管理、社区发展和资金筹措等问题。相比现有的自然保护地体系，秦岭国家公园体制试点通过更加科学的体制机制设计实现了空间和体制的整合，为解决前者所留下的管理碎片化等问题提供了宝贵的经验，对于保持生态系统的完整性、体现秦岭生态价值、协调社区发展等均具有不可替代的意义。

1.3　紧迫性

近年来，随着经济的高速发展、资源的过度开发，秦岭的生态环境面临着严重威胁。新中国成立60年以来，秦岭林地范围缩小达12万公顷，森林覆盖率由原来的64%降到现在的不足46%，林区森林资源存量不足原来的30%。森林覆盖率下降导致了水源涵养功能的下降。

一方面，随着社会经济的发展，人类对自然资源的过度开采和利用，导致自然资源急剧减少。秦岭地区经济发展水平相对落后，由此带来的是自然资源依赖型的产业结构，使得经济发展与生态保护矛盾突出。当地居民对资源保护的意识薄弱，以及对森林等资源的粗放型利用也给生物多样性保护带来严峻挑战；另一方面，当地居民在发展的过程中，由于对自然资源的开采和利用，如矿产开发、房产开发和旅游开发等，对秦岭的生态系统产生了严重的影响。其中，旅游资源的无序和过度开发对野生动物栖息地造成巨大威胁。此外，人类活动带来的水污染、大气污染等也严重破坏了秦岭的生态环境。

秦岭滥采滥挖、乱占乱建、乱排乱放等现象严重，其中乱采滥挖问题最为突出。秦岭矿产资源富集，采石和采矿企业数量众多。据统计，秦岭地区共有采石企业1194个，采矿企业946个，采石严重威胁着秦岭生态环境。而项凤县、旬阳县的铅锌矿，洛南县的钼矿、山阳县的钒矿和柞水县的铁矿都存在乱挖乱采，这些是影响秦岭生态环境的重点。资料显示，到2010年，所属县域中有55%仍然为国家级贫困县，客观上导致了各市（县）希望通过发展旅游实现快速脱贫致富，极易陷入追求"速度"而忽视"环境"，进而导致系统的脆弱性加强。

目前秦岭生态保护面临着非常严峻的形势和挑战，概括起来可以包括以下几个方面。

一是生物物种呈现减少。受人类活动加剧、物种保护能力欠缺等因素影响，生物物种数量或规模呈下降之势。

二是环境污染依然严重。特别是农村面源污染加剧、城镇污染治理不力,已经威胁到水域生态系统,并影响到南水北调水质。

三是水土流失较为严重。特别是坡耕地退耕进展缓慢、不当耕作及林草植被破坏等,造成水土流失依然严重。秦岭地区以山地为主,约占总面积的88%。全区目前的土地利用情况如下:耕地占12.1%,其中60%为坡地;林地约占70.73%,其中国有林地约占46%;草地约占16.6%;水域占0.18%;城镇工矿约占0.04%;未利用土地占0.35%。由于长期的毁林开荒,不仅使森林面积和林木蓄积量大为减少,而且使涵养水源、保持水土、蓄水滞洪、保护农田等功能大为降低。目前,秦岭地区水土流失面积约占总面积的50%左右。以2009年为例,汉江、嘉陵江流域年平均输沙量约5000万吨,输沙模数979吨/平方千米·年。

四是生态系统服务弱化。生态系统服务功能下降,生态赤字开始出现。

五是生态本底情况不清。特别是区域内动植物物种资源数量、质量、分布及开发利用保护等基础情况并不清楚。

综上,秦岭生态系统所面临的威胁主要来自于人类活动的干扰,包括自然和旅游资源的过度开发、社区生产生活行为所造成的污染等,其生境状况亟待改善。然而如前所述,现有的保护地体系存在着诸多问题,难以对秦岭生态环境提供有效的保护,因此必须改革现状、探索新的更有效的保护方法。秦岭国家公园体制试点可以通过科学的体制机制设计有效地整合秦岭生态系统资源,通过对不同生态系统的管理和保护,逐步解决现存保护地体系所遗留的问题,降低人类活动的干扰,恢复或保育生态系统服务功能,同时促进经济社会可持续发展,对于保护秦岭生物多样性、解决当地水资源水环境水生态问题以及改善人类的无序和高强度活动对生态系统造成的影响、带动当地产业转型发展均具有积极的意义。在秦岭生态环境问题日益严重和现有保护地体系保护能力不足的双重背景下,建立秦岭国家公园体制试点区、全面提升对秦岭生态系统的保护能力刻不容缓。

1.4 小结

本章首先介绍了秦岭国家公园体制试点的国际国内背景,指出秦岭国家公园体制试点是响应我国生态文明体制改革、贯彻落实国家绿色发展战略的重大举措。其次,通过考察秦岭生态环境保护的现状,发现由于存在资金投入不足、管理碎片化、跨区域行政管理关系复杂、土地权属分布零散、社区发展与生态保护不兼容这五方面的问题,继续依靠现有的保护管理体制难以实现对秦岭生态系统的有效保护。不仅如此,随着经济社会发展和资源开发活动日益频繁,秦岭生态环境还面临着继续恶化的风险。本章进一步分析指出相比现有保护管理体系而言,国家公园体制试点通过空间和体制的整合,能够为秦岭生态环境提供更加全面有效的保护。因此,改革现有保护地体系、建立秦岭国家公园体制试点不仅十分必要,而且刻不容缓。最后,本章结合秦岭地区的实际情况,指出国家公园体制的建设涉及到多方面利益关系的调整,改革难度较大,因此需要循序渐进、分阶段地进行,具体在体制试点阶段,需综合考虑生态系统完整性、改革初期的困难度和大熊猫国家公园的划定范围这三方面的因素,确定秦岭国家公园体制试点的阶段性范围和目标。

第1章已经阐明了建立秦岭国家公园体制试点区的必要性，即解决了为何建立的问题，接下来则需要着重分析如何建立的问题，其本质是探索相关体制机制设计的问题。在第1章，已经明确建立秦岭国家公园体制试点区的主要目的是为了加强对秦岭生态资源的保护，改善生态环境，协调社区发展。这也是试点区建设的最终目标，也决定了制度设计的方法，决定了其具体的保护对象和保护需求。只有通过目标导向的制度安排才能提高管理效率，优化资源配置，从而以最小的成本实现保护与利用兼顾。换言之，体制机制的设计需要以明确保护对象、确定保护目标和细化保护需求为基础，而要实现这一目的，必须先对秦岭地区的自然资源、社会、经济、文化等条件进行梳理和总结，如此才能确定秦岭地区的核心保护对象，接着需要进一步摸清其保护利用现状及存在的问题，从而确定具体的保护需求，为制度设计提供现实依据。这部分内容构成了第2章的核心。第3章将针对上述问题参照国内外经验提出可供选择的解决思路，并从管理成本、管理效率和运行效果等方面对这些方案进行比较和选择，并以此为依据对具体的管理单位、资金筹措和功能规划等进行合理的体制机制安排，最终设计出可操作的最具效率的秦岭国家公园体制试点方案。

2. 秦岭国家公园体制试点区建设的基础条件分析

秦岭是中国南北地质、气候、生物、水系、土壤、生物多样性等自然地理要素的天然分界线，是世界生物多样性最为丰富的地区之一，是中国南水北调的重要水源涵养地。秦岭在中国生态系统及其管理中的重要作用，主要体现在生物多样性和生态服务两个方面：①秦岭是中国生物多样性保护的重点区域；②秦岭是中国南水北调中线的重要水源地。

建设秦岭国家公园体制试点区，能够对秦岭地区各类保护地资源进行高效整合，对秦岭充分、可持续地发挥生物多样性保护、水源涵养、生态屏障等功能均具有积极的意义，是促进该地区绿色经济发展、人文历史传承的有效手段。根据2015年国家发改委等十三部委通过的《建立国家公园体制试点方案》（以下简称《方案》），目前我国国家公园体制建设尚处于试点阶段。试点区的空间整合则是现有阶段的主要任务之一。《方案》提出，要"结合试点地区的实际情况，对试点区内各类保护地的交叉重叠和碎片化区域进行清理规范和归并整合，使每个保护地范围适宜、边界四至清楚，实现一个保护地一块牌子、一个管理机构，由省级政府垂直管理"。因此，为了实现国家公园体制与秦岭区域的有机结合，除了要充分理解国家公园体制建设的内涵、要求和思路以外，还需要对秦岭地区的地理、资源等基础条件和现有各类保护地的基本情况进行分析，在此基础上形成一套合理的空间规划和功能分区，并通过因地制宜的体制机制设计，最大限度地发挥秦岭国家公园体制试点区的经济、社会效益，并实现其"保护优先、全民公益性为主"的制度理念。

2.1 空间条件

2.1.1 地理条件

秦岭为横贯中国中部的东西走向的山脉，陕西省境内的秦岭俗称中秦岭，包括嘉陵江上游（阳平关以上）和南洛河上游（洛南县境内）在内的陕西南部的广袤山地，是中国秦岭山系的骨干部分。秦岭在我国气候和地理区划中具有重要位置，它是我国南北两大水系——长江和黄河的分水岭，在地形上成为我国南北之间的屏障，是我国亚热带和暖温带的分界线，在植物和动物分布上表现出明显的分带性。

秦岭国家公园体制试点区位于东经105°28′48″~110°28′06″、北纬32°43′27″~34°31′12″之间。西北至宝鸡凤县和陈仓区，西南至汉中略阳县，东北连渭南华阴市，东南接商洛商南县，北靠西安鄠邑区和长安区，南达汉中洋县。东西长约480千米，南北宽约180千米，东西长占秦岭总长度的87.3%，南北宽占秦岭总宽度的90%，规划范围面积2.66万平方千米，占陕西省国土面积的12.91%，占秦岭总面积的46.61%。试点区范围涉及西安、宝鸡、渭南、商洛、汉中、安康6市，包括太白县、眉县、周至县、鄠邑区、长安区、柞水县、宁陕县、佛坪县、洋县等32个县（区），涉及21个森林公园、22个自然保护区、4个湿地公园和6个省属国有天然林经营区。

2.1.2 生态区位条件

秦岭国家公园体制试点区地处陕西省境内的秦岭段关键地带，生态系统典型、完整，自然和人文资源丰富，是我国重点保护的生态价值极高的区域。本区域在《全国主体功能区规划》中处于秦巴生物多样性生态功能区，为国家层面限制开发的生物多样性维护型重点生态功能区，承担着保护生态环境、保障国家生态安全、保护自然生态系统与重要物种栖息地的功能。范围内部分区域如国家级自然保护区、国家级风景名胜区、国家森林公园等为国家层面的禁止开发区，应严格控制人为因素对自然生态和文化自然遗产原真性、完整性的干扰，严禁不符合主体功能定位的各类开发活动。

2.1.3 地质条件

秦岭山地是古老的褶皱断层山地，具有各类多样的地层、岩石、地质构造遗迹等，其中最具特色的地质遗迹为造山带地质与裂谷盆地地质遗迹和第四纪地质遗迹。截至目前，秦岭共设立7处世界级、国家级、省级地质公园和矿山公园。终南山世界地质公园是陕西省级别最高、范围最大的地质公园，也是我国西北地区首个世界地质公园，以秦岭造山带地质遗迹、第四纪地质遗迹、地貌遗迹和古人类遗迹为特色。

2.2 生物多样性

2.2.1 生态系统

秦岭国家公园体制试点区地处中纬度，受北亚热带气候影响，具有独特的山地地貌和生态系统，以森林生态系统为主，分布着阔叶林、针叶-阔叶混交林、亚高山针叶林、高山灌丛草甸等森林植被，形成南北坡不同的生态景观及生态系统。

2.2.2 野生植物资源

秦岭地区生态系统的多样性孕育了丰富多样的植物资源,试点区内种子植物179科1006属3436种,分别占全国同类总科数的65.23%、总属数的33.79%、总种数的14.04%。秦岭裸子植物9科23属45种,分别占全国相应同类别的81.81%、67.65%、23.32%。秦岭被子植物188科983属3391种,分别占全国各相应类别的64.60%、33.37%、13.92%。试点区内有珍稀濒危植物2种,稀有植物17种,渐危植物15种。由于长时间的林业采伐、采挖等,这些植物的自然分布区不断缩小,植株数量越来越少。

2.2.3 野生动物资源

除了丰富的植物资源,秦岭地区也分布着众多野生动物。秦岭是动物东洋界和古北界的分界线,南北动物成分过渡特征明显,在我国动物区系组成中占据着重要的地位。秦岭国家公园体制试点区内野生动物分布具有较为明显的垂直地带性特征,可分为低山带、亚高山带、高山带与山顶带4个垂直分带。试点区内的国家Ⅰ、Ⅱ级重点保护野生动物有5纲15目25科80种,包括被称为秦岭四宝的大熊猫、朱鹮、羚牛、川金丝猴和豹、云豹、林麝、鹰雕等珍稀濒危动物。

2.3 保护基本形成体系但缺乏统筹

2.3.1 保护地设置较多但零散

1965年秦岭建立了第一个自然保护区——太白山国家级自然保护区。截至2015年底,陕西省秦岭地区共建立31处自然保护区,其中有18个国家级自然保护区和13个省级自然保护区,自然保护区总面积共计5409.86平方千米,占陕西秦岭总面积的9.3%。

除了自然保护区,秦岭地区还有诸如森林公园、湿地公园等其他保护地类型。据统计,截至2013年秦岭地区共有46座森林公园、11处湿地公园(国家级湿地公园10个;陕西省重要湿地1个)、1处世界地质公园、1处国家级特大型综合植物园、6个省属国有天然林经营区(简称天然林经营区,归属陕西省林业厅森林资源管理局直属林业局管理)。具体保护地类型和名称如表3-2所示:

表3-2　　　　　　　　　　秦岭地区保护地类型及管理部门

管理部门	保护地类型	保护地名称	保护对象
国家、省、市、县的林业和农业部门	自然保护区	国家级:太白山、牛脊梁、紫柏山、青木川、桑园、黄柏塬、湑水河、老县城、周至、黑河、长青、佛坪、观音山、天华山、平河梁	珍稀物种及其栖息地
		省级:牛尾河、宝峰山、摩天岭、黄冠山、鹰嘴石、天竺山、新开岭等	
	森林公园	国家级:通天河、牛脊梁、太白山、楼观台、终南山、黑河、朱雀、天华山、五龙洞、木王、金丝峡谷等	森林生态系统
		省级:少华山、天竺山、华山、桥峪、石鼓山、红河谷、翠峰山、太兴山、宁东、紫柏山等	
	湿地公园	国家湿地公园:旬河源、凤县嘉陵江、石头河等	湿地生态系统
		陕西省重要湿地:嘉陵江	
	天然林经营区	汉西、太白、龙草坪、宁西、宁东和长青	森林生态系统

这些保护地，有的由国家林业局、陕西林业厅进行垂直管理，如陕西佛坪国家级自然保护区；也有的由国家林业局、陕西省林业厅进行业务指导，由保护地所在市、县的林业管理部门进行管理。秦岭地区内的自然保护区、水利风景区、风景名胜区、地质公园等都由相关负责单位主管，具有较为完备的管理机构和较为成熟的管理模式。例如，自然保护区有自然保护区管理局，实行管理局—管理站—管护点三级管理体系，实施包片、分区、承包责任制，确保资源保护落到实处。

在资源保护方面，各自然保护区有较为完备的动植物监测、巡护日常工作管理办法，并积极与周边单位、社区开展联合保护工作。定期巡山、森林防火、天然林保护工程等都实现了良好的资源保护。此外，世界自然基金会（WWF）和全球环境基金（GEF）在秦岭地区已经进行了十余年的保护工作，在降低基础设施带来的威胁、应对地震和气候变化威胁、提升自然保护区管理能力和探索森林管理有效途径等方面取得了关键进展。秦岭地区也与诸多科研机构展开合作，积累了大量基础研究资料，主要包括自然保护区的总体规划、部分保护地科学综合考察报告、科学研究调查报告或生物多样性调查报告等，这些资料为秦岭地区自然资源保护、发展和利用提供了基础。

2.3.2 自然保护工作基础较好

（1）在生态保护方面，秦岭区域就开展了一系列工作。1998年秦岭区域全面实施天然林禁伐，接着2001年3月陕西秦岭被批准列为全国首批10个国家级生态功能保护区试点之一，自此陕西秦岭生态功能区的生态保护和建设工作进入了新的阶段，相继出台了秦岭生态保护方面的规划、纲要、条例等，开展了多项生态创建工程，规范秦岭开发利用活动。例如先后建设了一批自然保护区、森林公园、地质公园和植物园等多种类型的保护地。这些保护地的建设和发展以就地保护的方式扩大了生物多样性保护的范围。随着林政执法和管护制度逐渐健全，保护区人为干扰逐渐减少，森林火灾得到控制，有效保护和恢复了完整的天然植被和森林生态系统，退耕还林、生态移民、天然林保护等措施，确保了野生珍稀濒危动物的栖息地、食物等的生存安全，其野生种群数量稳定增长。

（2）在水源保护方面，近年来秦岭地区建立了水源保护区，并且退耕还林还草、生态移民、林权改革、天然林保护工程（包括封育保护、天然林更新和飞播造林）等活动对于水源保护也具有积极的作用，例如陕西省在秦巴江河源头飞播形成了5000多平方千米的水源涵养林。这些措施降低了对森林资源的消耗，森林覆盖率得到提高，并且林地面积和林地质量的提高使得区域内植被的保水能力和净水能力也得到了提高，增强了秦岭地区的水源涵养能力。

（3）秦岭地区开展了一系列水土保持工作，包括天然保护林、生态移民、退耕还林、修建基本农田、加强基本建设管理等措施，尤其是以"长治"和"丹治"等国家水土保持重点项目建设为支撑的小流域治理等一系列工程建设，使得秦岭区域水土流失综合治理较大成就。截至目前，陕南累计治理小流域470条，治理水土流失13000平方千米，新建基本农田208平方千米，营造水土流失保持林1995平方千米，营造经济林718平方千米，退耕还林逾万平方千米，完成总投资近20亿元。目前，秦岭南麓陕西水源区每年治理水土流失面积1200平方千米，拦截流失土壤5000多万吨，拦截地表径流4.3亿立方米。

（4）在野生动物保护方面，秦岭地区成立了专门的保护机构，并开展了一系列救护行动。以大熊猫为例，陕西省市县3级都设有大熊猫保护管理的专门机构，并且建立了太白山、佛坪、长青和周至老县城等16个以保护大熊猫为主的自然保护区，使86.6%的大熊猫得到了自然保护区的庇护。1998年陕西省启动了天然林保护工程，对保护大熊猫的栖息地起到了很大的促进作用。2005年以来，陕西省林业厅与WWF联合在秦岭开展了大熊猫野外监测、大熊猫走廊等建设工作，进一步加强了对大熊猫的野外保护。为抢救大熊猫等珍稀动物，陕西省自1986年开展了大熊猫野外救护工作，1987年在楼观台建立了"陕西省珍稀野生动物抢救饲养研究中心"。该中心先后收容救治过37只（次）大熊猫，其中救护成活后收容的有14只。从1996年开始，该中心与卧龙保护大熊猫研究中心、成都大熊猫繁育基地等单位合作开展大熊猫繁育研究，先后繁育成功3胎5只大熊猫，其中成活3只，有2只是中心独立繁育成功并成活的。截至目前，秦岭地区先后在野外救护病、饿、伤、残大熊猫65只，其中救活34只，放归野外18只。

（5）在减少人类活动干扰方面，秦岭地区各市、县也给予了较大努力。从2002年至今秦岭北麓通过生态环境保护专项整治工作，基本遏制了秦岭北麓违法采石开矿和房地产及旅游项目开发过热破坏生态环境的势头。例如，西安市政府颁布并实施了《西安市秦岭生态环境保护条例》，重点改造提升浅山区生态环境，同时积极整治违法占地、违规建筑、非法采石、违法排污、侵占河道水库水域、破坏林地等各类违法行为。近年来秦岭北麓和南麓均积极推行清洁生产和发展循环经济，严把建设项目准入关口，通过产业结构调整，工艺技术改造等削减区域工业污染负荷。根据环境统计数据，2008～2012年秦岭南麓汉、丹江流域工业大多数行业在企业数量和污染源排放量上明显减少，污染排放逐渐集中于少数优势行业，流域内工业废水排放量和COD排放量逐年减少，NH_3-N排放量基本保持稳定。与此同时，各市县也积极实施城镇污水处理厂建设、城镇生活垃圾填埋场建设、完善建制镇、移民集中居住区环保设施，减缓了城镇生活污染对秦岭地区的影响。截至目前，秦岭生态功能区所有市县均有污水处理厂，大部分市县垃圾填埋场也相继投运；秦岭南麓城市污水处理率达到77%，生活垃圾无害化处理率达到82%。

2.4 其他必要条件

2.4.1 社会经济条件

（1）行政区划与人口。秦岭国家公园体制试点区位于陕西省中部，范围涉及商洛、汉中、安康、宝鸡、渭南和西安6市，包括太白县、眉县、周至县、鄠邑区、长安区、柞水县、宁陕县、佛坪县、洋县等32个县（区），总面积2.66万平方千米。

截至2015年末，全部在试点区范围内的13个县（区），人口约80.3万人，人口分布密度为30.2人/平方千米。试点区内人口分布不均，主要集中在城镇和河谷盆地，以及主要交通道路沿线，山区人口稀少且分散。社区居民多为汉族。人口城乡构成方面，表现出以农业人口为主的特点。秦岭地区农业人口占到总人口的78.48%，非农人口仅占21.52%，农业人口所占比例高于全省平均水平。然而，随着社会经济文化事业的不断发展，大量农业人口向非农业人口转变，经济收入不断提高，人口向城镇集中的趋势进一步凸显，中小城镇建设与发展增速，数量日渐增多。

（2）县域综合发展水平。2013年县域实现生产总值4226.45亿元，人均GDP为29075.18元。GDP超过200亿元的只有五个，分别是灞桥区、临潼区、长安区、渭滨区和临渭区，都是秦岭北麓的西安市、宝鸡市和渭南市市区。就人均GDP而言，除了灞桥区和凤县，其他各县均低于全省平均水平，说明秦岭地区整体的经济规模比较小，经济发展水平落后。

就经济结构而言，三个产业的结构为14.76：51.14：34.05。秦岭自古以农耕为主，大多数县主导产业为农业。近年来伴随着社会经济的快速发展及资源开发，第二、第三产业发展迅速，大部分县区已经有了一定的工业基础，第二产业已经成为地区主导产业，且所占比重逐年上升。特别是以生态休闲旅游为主的第三产业已成为各县区新的经济增长点，是当前最具优势和开发潜力的产业。

综合来看，秦岭地区经济发展十分不均衡，南北差异大。无论是在经济总量还是经济结构上，秦岭北麓的县市发展都较南麓好。秦岭南麓发展较慢受很多因素影响，首先交通欠发达，虽然旅游资源丰富，但是旅游业发展受到制约；其次，受地形地势影响，经济发展以第一产业为主，城镇化水平低，直接制约当地经济发展。秦岭北麓的经济发展水平存在显著的城乡差距，北麓几个核心市区的经济规模和结构要显著优于其他县域，是秦岭北麓经济发展的龙头。

2.4.2 文化资源条件

（1）历史文化。秦岭古称"南山"，在《诗经》《禹贡》和《山海经》中均有记载，后来司马迁在《史记》中提出"秦岭"这个名字，称其"天下之大阻也"。秦汉而后，在许多诗词古籍中均能见到对秦岭的描写，表明秦岭自古就是中国的名山。秦岭的广阔与博大，其历史的悠久，从客观上决定了秦岭文化的复杂性与多元特征。

秦岭生态系统和秦岭的大山沉淀了很多丰富的人文和历史景观，从而使秦岭的生态环境拥有很厚重的文化和历史底蕴，包括距今160万年前的猿人遗址、距今115万年完整的蓝田猿人头颅骨化石等。此外，秦岭在陕西境内的仰韶文化、龙山文化遗址也具有非常丰富的文化价值。从公元前11世纪开始，先后有13个王朝和国家在陕西建都，为其留下了丰富的文物古迹，包括气势恢宏的帝王陵墓、规模宏大的古城垣和宫殿遗址、保存完整的古建筑和有香火旺盛的名刹古寺等。

随着历史的发展，秦岭地区也形成了丰富的民俗文化，包括剪纸、木偶戏、社火、秦腔等，其中秦腔和商洛花鼓已经国务院批准被列入第一批国家级非物质文化遗产名录。

（2）宗教文化。陕西是中国道教文化的发祥地，终南山已形成了成规模的道教文化区，该区以说经台为中心，以道家思想中的"经一至九，九九道成"为文化内容，总体布局形成"一条轴线，九进院落，十大殿堂"，空间序列层次丰富，结合了道教的核心文化概念。道教文化区是一个集文物博览、旅游观光、信奉朝拜、老子文化节、道文化交流等为一体，同时以自然生态保护为主的著名旅游胜地，它不仅是道教祖庭——西安楼观中国道文化展示区的门户，也是中国第一个大规模供奉道教神仙体系的道文化主题展示园区。

2.4.3 基础设施条件

（1）交通。在航空方面，秦岭地区周围的县市中分布有4个机场，包括西安咸阳国际机场（秦岭北面)、宝鸡机场(秦岭主要景区太白山附近)、汉中城固机场(秦岭南面)和安康富强机场(2014年底开工建设)。根据最新的《全国民用机场布局规划》,西北机场群布局50个,其中新增26个,陕西省新增3个,分别为宝鸡、壶口和商洛机场。商洛机场位于秦岭地区东侧,将为其带来更为方便的旅游生活便利。除此之外,秦岭内部多个景区已经开通了大秦岭空中观光环线,将实现大秦岭的航空旅游,坐直升机看大秦岭将成为当地独具特色的旅游新体验。

在铁路方面,秦岭地区共有铁路4条,高速铁路1条,包括宝成铁路、西康铁路、兰渝铁路、宁西铁路和西城高铁。

在公路方面,目前秦岭地区内部及其周边共有高速公路6条,包括G30连霍高速陕西段、G7011十天高速、G40沪陕高速陕西段、G70福银高速陕西段、G65包茂高速秦岭段和G5京昆高速秦岭段;国道四条,包括G108国道秦岭段、G120国道秦岭段、G316国道秦岭段和G312国道,均横穿秦岭山脉;省道7条,包括S107西安环线、S108关中环线、S101西小路、S202清渭路、S307洛柞路、S203商山路和S102镇旬。

(2)通信。秦岭地区多为山区,在主要交通干线和旅游风景区,中国移动、中国联通、中国电信等通信运营商实现了移动信号基本覆盖,但是其余山区基本无信号。秦岭地区还存在许多通信盲区,像人口比较少的山区以及没开发过的山区,基本没有移动基站。

在建设秦岭国家公园体制试点区的过程中,为了方便试点区内的管理,游客的游览以及当地居民生活,通信设施必须要加快建设,提高秦岭地区的通信便捷程度,才能更好地促进山区经济发展。

2.5 基础条件分析总结

2.5.1 资源特点

根据上述分析,秦岭地区资源特点如下。

(1)生态系统。受地处中纬度的地理位置、独有的山地地貌及暖温带与北亚热带气候等自然因素综合作用与影响,秦岭尤其是秦岭陕西段生物多样性极其丰富,形成了特有的生态系统。秦岭是中国乃至世界上的重要山脉,它不仅是我国南北方的分界线,而且具有重要的水源涵养和水土保持等生态服务功能,也是我国天然的地质博物馆。

(2)文化历史资源。纵观中国历史发展过程,秦岭不仅为中华的文明进程提供了生态屏障,而且对中华文化的形成和发展发挥了重要作用,是中华文化发展当中重要的自然生态因素之一。陕西秦岭是历史上秦文化、汉文化的生成源地,又是秦文化与楚文化、蜀文化和巴文化的交融区域,融合了多元文化,极大丰富了中华传统文化的内容。秦岭以它的壮丽景观吸引历代文人墨客写下了大量脍炙人口的诗词歌赋,赋予秦岭掘之不尽、观之不胜的文化遗产,使其成为天然的历史博物馆。秦岭也是早期道教和佛教文化重要的孕育地和传布地,是老子著讲道德经以及老子逝葬地、张骞的出生地和归葬地。陕西秦岭具有丰富的历史遗迹和古建筑,包括大秦寺塔、隋代砖塔、清代厅城遗址和傥骆古道等。秦岭地区民俗风情绚丽多姿,文化艺术原始独特。

2.5.2 存在的问题

尽管秦岭地区资源条件丰富，自然保护能力也初步形成，但综观目前保护地的管理现状，仍然存在以下几个问题。

（1）现有保护地类型多样，存在交叉重叠和多头管理的碎片化问题。秦岭国家公园体制试点区内现有自然保护区、森林公园、国有林场、风景名胜区、水利风景区等多种类型的保护地，分属不同级别、不同部门管理。单就自然保护区来说，分别属于国家林业局直管、陕西省林业厅管理、市林业局管理、县政府管理等。从单个自然保护区来看，有利于秦岭生态系统及物种的保护，但从整体上仍存在交叉重叠和多头管理的碎片化问题，使得保护工作开展和保护工程设置缺乏统一性和协调性，以及保护强度、管理设施设备分配和管理力量不均衡。此外，由于一区一法的滞后，普遍存在执法主体身份不明确现象，严重制约了对违法案件的查处力度。

以楼观台景区为例，风景区位于周至县楼观乡，县上在此设立了楼观台景区管理委员会，山体和森林公园部分归省林业厅管理，楼观台道观又属于道教协会管理，同时又有西安旅游集团投资3000万元建设的宗圣宫项目，景区内的一些文物又归周至县文物管理所管理。本来完整的景区在开发和经营中就会出现风景名胜区与森林公园之间的矛盾，文物保护与文物旅游资源开发的矛盾，旅游企业（部门）与地方政府的矛盾，最终旅游景区资源无法整合，生态和文物保护的目标也无法有效地达成。又例如，秦岭国家植物园在建设过程中存在"一省多园"和"一园多管"的问题，不仅在西安周边区域，秦岭国家植物园、西安植物园、楼观台林场职能交叉、功能重叠、布局有重合，而且省政府赋予秦岭国家植物园639平方千米区域的规划权，但林权归楼观台林场及当地乡镇，建设管理权归属相关市县政府，这种多头管理的问题使得秦岭国家植物园协调能力较弱，园区建设推进缓慢。因此，秦岭国家公园体制试点区在建设过程中需要在空间规划和管理体制上进行突破，空间上实行统一规划、合理分区，并整合现有各类管理资源，实现统一规范管理。

（2）行政管理关系复杂。秦岭东西向横亘于陕西省中部，其范围涉及32个县，分属商洛、汉中、安康、宝鸡、渭南和西安6市，行政管理关系比较复杂，给国家公园体制试点区的建设和管理带来了一定困难。

（3）集体林地分布较多且零散。试点区涉及县区较多，集体林地分布较多，但是非常零散，造成了国有林地和集体林地混杂分布的状况，尤其是低海拔地区，集体林所占的比例比较大。在国家公园体制试点区的建设和管理中要妥善处理人地关系，在明晰自然资源权属的基础上，对于集体所有的土地及其附属资源，探索合适的产权流转方式和经济补偿方案。

（4）社区发展与保护之间存在冲突。受交通、土地等方面的影响，秦岭区域是陕西省经济最为不发达的区域。长期以来，山区群众已经形成了靠山吃山的习惯，其经济来源主要以种植、养殖和矿产开发为主，对森林资源及其环境的依赖性比较强。目前已建立的大部分自然保护区正处于从抢救性保护向规范化、科学化管理过渡的阶段，在一些保护措施上过多强调生态保护，一定程度上限制了资源的利用，制约了经济社会的发展，群众脱贫致富困难重重。秦岭国家公园体制试点区的建设，一方面将对种植、养殖和矿产开发进行限制与规范，必然会引起试点区和社区利益之间的冲突；另一方面，社区群众割竹、打笋、采药、放牧，甚至偷猎、盗伐等事件时有发生，区社矛盾有进一步激化的风险。应当建立合适的社区发展机制，妥善处理好试点区与当地居民生产生活的关系。在控制和规范社区活动的同时，促进居民生活质量和收入的提高。要建立合适的生态补偿机制和社区参与机制，优先安排社区居民和企业提供试点区的经营性服务项目，鼓励他们积极参与试点区的保护和管理工作，对因保护而使用受限的自然资源提供合理的经济补偿，并帮助社区实现产业结构升级和优化。

（5）旅游开发对环境造成破坏性影响。在旅游可带来的经济利益驱动下，秦岭的旅游发展也如火如荼，试点区内的32个县区均有旅游开发项目持续建设。目前，除了森林公园、风景名胜区等大型景区外，还有不可胜数的农家乐接待点，大部分的沟道和山头被旅游占领。依据国家公园体制试点区的建设宗旨，必然需要对这些旅游开发现象进行整合清理。但是就现有情况看，具有一定的难度。

2.6 国家公园建设对陕西省发展利弊

秦岭国家公园的主要功能涵盖生态保育、科研监测、环境教育、生态旅游和社区发展五大方面，这些功能的实现将能为秦岭地区和陕西省带来巨大的社会效益、经济效益和生态效益。与此同时，秦岭国家公园的建设也可能会产生一些弊端，比如建设和运行过程中会冲击当地的生态环境承载力，过度的旅游开发会侵占生态资源等，但是这些弊端一般可以通过完善和优化国家公园建设管理体系来避免。总之，创建秦岭国家公园对保护秦岭地区的生态环境可持续发展、维护生境完整性与稳定性具有重要意义。

2.6.1 社会效益

（1）提供休闲游憩场所。秦岭国家公园建立后将成为陕西省居民及全国游客游憩目的地，凭借其独特的生态系统，生态旅游服务的开展为游客观赏珍贵动植物、开展探险与科研活动提供新的目的地。借助资源、区位及文化等优势，向公众展示了我国的俊秀河山，且有助于提升民众生活幸福指数。

（2）促进环境教育发展。国家公园的建设能够为各年龄层人群提供环境教育新场所，是普及国民环境教育的新举措。通过对园区的生态系统进行解说，使游客了解到秦岭自然资源与地域文化相关知识，认识到自然资源的资产价值，学会如何保护公园自然资源，并能够加深相关部门及生态经济相关管理人员对于人与自然关系的全面理解。系统的环境教育可以培养公众保护野生动物与自然环境的意识，促进秦岭地区人与自然的和谐发展，有助于改善秦岭地区人地关系。

（3）改善秦岭地区基础设施状况。秦岭国家公园建设必须要为游客提供相关配套旅游服务设施，提升园区可进入性。此举将大幅度地改善当地基础设施条件，既服务于未来前往秦岭国家公园开展游憩活动的大众游客，更造福于当地的居民，当地的道路系统、电力通信系统、给排水系统、供暖供热系统等诸多方面都将有所改善。

（4）创造区域就业机会。秦岭国家公园的建设促进当地产业结构调整和优化，尤其是带动第三产业的发展，提供更多的劳动岗位，为当地居民创造大量的就业机会。鼓励当地农民参与国家公园建设，投资或自主经营、国家公园和相关企业内部管理运行等工作，逐步改善当地居民的生产方式和生活方式。

（5）推进生态文明建设。国家公园是生态文明体制机制建设的先行示范区。对于秦岭地区来说，秦岭国家公园的建设与发展能够最大限度地保护该区域并推进当地的生态文明建设。生态文明关系到生态旅游、生态补偿、产业调整、低碳生活等多个方面，是社会—经济—资源可持续发展的必要社会形态。在秦岭建设国家公园，需要从资源的有效保护和综合利用的角度出发，通过建设规划和治理规划等措施，在国家公园内部率先实现自然保护与经济发展齐头并进的局面，进一步提升周边社区的和谐发展水平，从而对整个秦岭地区的生态文明建设的具体实施提供有力支撑。

2.6.2 经济效益

（1）促进区域产业发展及产业链完善。随着国家公园五大功能的实现，当地的环境保护事业、科研监测事业、教育事业、生态旅游业及其相关产业等都将得到发展，促进当地产业结构的调整和优化，完善相关产业链，利于不同产业之间的衔接，也为当地绿色产业发展奠定基础。与国家公园相伴而生的国家公园产品品牌体系，通过推广有机种植业、搭建完整的质量认证与品牌传播平台等手段完成区域产品增值，带动相关产品产业发展。"授之以鱼不如授之以渔"，国家公园推动下的区域产业发展不仅会缓解该地区生态补偿制度实施压力，也会给当地带来巨大的潜在经济效益。

（2）繁荣地方经济，提高居民收入。秦岭国家公园的建立会显著提高秦岭地区在国家范围内的知名度，借助品牌效益，以生态旅游带动秦岭地区及陕西省相关产业经济发展，这不仅能够调整和优化区域产业结构，更重要的是能够深化生态经济理念，为当地经济可持续发展注入新活力。当地居民通过参与服务经营、社区共同管理项目等方法，收入水平将逐步提高，进一步使社区生活质量得到提高，使当地经济得到可持续发展。

2.6.3 生态效益

（1）维持区域景观可持续性。秦岭地区景观资源丰富，秦岭国家公园的建设可以有效地保护具有当地生态系统特色的自然景观资源和具有历史文化意义的人文景观资源，既能维持景观资源单体数量又能维护整个区域的景观结构布局，避免大范围的景观破碎化现象，为进一步确保当地生态过程的稳定性和景观生态健康的可持续性提供基本条件。

（2）保障区域生态安全格局。作为中国地理的南北分界线，暖温带落叶阔叶林带和北亚热带常绿阔叶林带交汇区，以及古北界和东洋界的交汇区，秦岭地区是我国北方生物多样性最丰富的地区。该区域具有涵养水源、提供碳汇、维护生物多样性、保持水土等多种重要的生态服务功能，从而也成为我国中部最重要的生态安全屏障。秦岭国家公园的建立不仅会起到示范作用，促进秦岭地区生态系统的保护和管理工作的全面开展，还能够维持秦岭地区生物多样性（生态系统多样性、物种多样性和遗传基因多样性）以及区域生态连接功能的稳定。

2.6.4 发展弊端

然而，在实现众多效益的同时，秦岭国家公园的建设与运营也需面对一些问题，带来一些弊端，需要引起注意。

（1）生态环境的冲突与协调。在国家公园前期建设过程中，一系列基础设施的施工会对当地生态环境产生影响，如土地整理、建材运输等过程中产生的粉尘、扬尘对局地大气的影响；噪声对野生动物（尤其是鸟类）及周边居民生活的影响等等。在国家公园运营发展过程中，也存在潜在的生态环境冲突，如固体垃圾处理负荷、生活废水处理负荷、生态稳定性负荷等问题，这要求生态旅游项目以及相关产业生产开发项目必须受制于当地的生态环境承载力。因此，在国家公园建设期间要"防患于未然"，提前部署相应的协调工作以降低这些潜在冲突的影响；在国家公园运营期间，要严格按照规章制度进行生态环境保护，提供相关行政法规的可操作性以及项目部门的事权明确性，这对保护国家公园范围内的生态环境质量起到至关重要的作用。

（2）基础设施建设要求。不论是自然环境教育项目的开展还是生态旅游的经营，都对相关基础设施的建设具有一定要求，这不仅需要足够的资金支持，还需要有明确职责的单位进行负责管理。但现阶段，秦岭地区社会经济发展水平较低，当地居民生活水平较低，基础设施基本条件较差，且管理关系复杂，容易陷入基础设施使用和管理无序的状态。这就需要协调国土、林业、水利等部门工作以及各行政区相关政府部门的管理工作。国家公园的建设与管理对秦岭地区政府机关及相关部门提出新的挑战。

（3）保护地的管理难以协调。秦岭国家公园现有自然保护区、森林公园、湿地公园、国有林场、风景名胜区等多种类型的保护地，分属不同级别不同部门管理，保护工作开展和相关保护工程设置缺乏统一性和协调性。同时，国家公园涉及陕西省32个县（区），分属商洛、汉中、西安、安康、宝鸡和渭南6市，行政管理关系较为复杂，为国家公园建设和管理带来一定困难。然而，国家公园内部的生态功能规划、基础设施建设维护、生态环境保护、旅游开发规划等工作均需要清晰的事权划分和统筹安排，管理体制要进一步整合创新。

（4）生态景观规划问题。国家公园规划区范围内的集体林地分布较多且零散，造成了国有林地与集体林地混杂分布的状况；同时，秦岭国家公园跨越多市县，城镇的零散分布以及社区活动对珍稀动植物分布也产生一定的影响，这些不仅不利于生态资源的合理分配和景观资源的协调整合，也给国家公园的建设和管理造成不便。此外，应严格遵守生态保护红线及全国主体功能区定位的要求，在进行保护地内部功能分区时，考虑不同保护地的保护程度，从而划入不同的分区。科学的分区以及后续的具有针对性的管理对国家公园的良好运营具有重要意义。

（5）生态旅游发展管理问题。生态旅游带来的利益驱动容易使当地居民或企业部门片面化地追求经济发展，而不顾生态环境保护，倘若疏于管理，则会伴随出现无营业执照经营、无序经营等现象，侵占生态资源。因此，特许经营机制的完善与社区发展培训尤为重要，管理部门需要对旅游开发进行整合清理，并加强相应的监督管理制度。

（6）经济发展相关问题。秦岭国家公园对种植、养殖和矿产开发进行限制和规范，必然会引起国家公园和社区利益之间的冲突；社区群众的割竹、放牧，甚至盗伐、偷猎等行为也时有发生。国家公园隶属于公共事业，其具有明显的公益性特征，不合适的经济或管理行为容易引发民众之间或民众与政府机关之间的冲突，因此，应注重利益分配过程中的公正公平性，宣传绿色经济发展，鼓励公众参与国家公园建设与管理，并重视社区反馈。相应的劳动制度保障体系和税收制度体系也要进行不断地调整，以满足国家公园的发展需要。

（7）法规及执法队伍建设。面对众多的经营管理问题，可操作性强、切合实际的国家公园法律法规体系及相关执法队伍亟须建立，以保证生态保育、环境治理、旅游经营等工作有法可依、有章可循，以维护国家公园的可持续发展。在公园内建立执法机构，并强化相关人员管理，是有效保护秦岭国家公园野生动植物资源的有效措施。现阶段，相关法律法规尚不健全，这对国家公园的建设管理提出了又一高要求。

（8）生态移民和生态补偿相关冲突。国家公园建设必然涉及生态移民和生态补偿，但是一方面需要大量的资金，一方面需要合理的安排，考虑社区群众的利益。一旦分配不均，必然造成国家公园建设和社区民众利益之间的矛盾，造成不利的社会影响。上述问题有必要通过合理的国家公园体制机制设计解决和完善，需要陕西包括周边的行政区划做出协商等，甚至更高层政府对各方利益的平衡。

3. 秦岭国家公园的管理体制机制设计

3.1 秦岭国家公园管理体制机制的分阶段构建方案及现阶段的主要任务

按照《建立国家公园体制试点方案》和《国家公园体制试点区试点实施方案大纲》的要求，结合国内外国家公园体制建设的建设与实践经验，在国家公园体制试点期内，秦岭国家公园要积极进行体制机制的改革创新，形成"统一、规范、高效"的管理体制和资金保障机制。"统一"，即要有效整合现有的各类保护地，以"统一"的目标、原则、方针实行"统一"的管理，基本解决交叉重叠、多头管理的碎片化问题；"规范"，即形成完善的国家公园法律法规和管理制度，以此为保障，形成国家公园自然及文化资源所有权归国家所有，统一的管理机构代表国家对其进行管理，地方政府、支持型机构（科研单位、专业协会、非政府组织等）、相关机构（如住建、环保、旅游、林业、国土资源、农业）、社区居民共同参与的管理模式；"高效"，即保障国家公园的公共物品和准公共物品两方面的高效供给，既保护好文化和自然遗产，又全面发挥国家公园科研、教育、旅游、社区发展等多重功能，充分体现其保护为主、全民公益性优先的原则。

一般而言，构建一套完善的管理体制（包括机制）需要三个主要手段：建立组织体系、立法

（本质是确定组织体系的政治地位、进行权利划分和明确组织体系运行规则）、进行行政资源调配（包括资金、队伍安排等）。对应上述"统一、规范、高效"三大要求，可以用成员—规则—机制这样的框架来探索秦岭国家公园体制试点区的管理体制。管理体制和机制的建立是一个复杂的过程，并非短期内就能达到较为完善的地步，因此需要基于试点方案的方向性要求，分阶段、分步骤地构建。

考虑到秦岭国家公园体制试点的建立是为了有效整合现有的各类保护地、保护遗产的完整性和原真性，故而其涉及的保护地类型通常较多、管理难度较大，基于这一实际情况，可以按照以下步骤来分阶段实施（表3-3）。

表 3-3　　　　　　　　　　秦岭国家公园体制试点区分阶段构建方案

	主要解决问题	主要措施	时间安排
第一阶段	统一管理	成立统筹管理试点区范围内所有保护地的国家公园管理委员会，明确界定其权责利范围，以实现以统一的规划、统一的制度对试点区内各保护地实施统筹管理。同时明确原保护地管理机构在国家公园体制下的权责利范围及与原资金渠道的衔接方法	2016年后期以前
第二阶段	规范管理	制定与国家公园管理委员会及相关保护地的权责利相配套的、与国家公园的愿景、目标和原则相一致的法律法规和政策制度，使后续各项工作有法可依	2016后期至2017年初
第三阶段	高效管理	制定并启动与国家公园体制相配套的一系列管理机制，包括资金机制（筹资和用资）、协调机制、监督机制、社会参与机制、经营机制、日常管理机制、社会发展机制等	2017年以后

从秦岭国家公园体制试点建立的三个阶段可知：第一阶段是统一管理阶段，即当前秦岭国家公园体制试点建设期，其首要任务是空间的整合和体制的整合，针对土地权属不清、管理的责权划分不明确（包括管理机构和地方政府的责权划分）和保护地内存在大量原住民等多方面障碍，提出不同的空间整合方案和体制整合方案并进行比较，最终选择出最适合秦岭国家公园体制试点建设期的改革方案。在此之后要进行分阶段、分类别、分步骤的国家公园体制试点改革，就要明确每个阶段的主要任务与目标。

那么现阶段，要实现统一管理，必须首先分析秦岭国家公园内保护地的主要类别及其管理体制特征，结合不同保护地在管理关系、管理单位体制和资金机制等方面的差异性，合理预期整合的障碍和困难，最终提出恰当的管理体制整合方案。

此外，现阶段管理体制的建立还需要遵循一个原则，即保持既得利益结构的情况下选择性调整体制机制。落实到具体的管理体制构成上，需要从管理单位体制、资金机制和经营机制三个方面提供保障。

（1）管理单位体制。要依据不同区域之间的资源价值差异和土地权属差异来设置其管理目标，明确其中央和地方、政府和市场的边界。将秦岭国家公园定位在落实中央生态文明制度的先行示范区的高度，配置相关管理单位体制；建成后，从工作有效性的角度，由中央政府承担事权实施直接管理。如有必要，提出特区政府型的管理单位体制。

（2）资金机制。基于秦岭国家公园内资源价值高、土地权属复杂、统筹难度大的实情，需要在细化国家公园保护需求的基础上，制定落实到各项事权的筹资和用资机制，并在部分地区建立有针对性的地役权制度试点，从而实现以有限的资金达到高效保护的目的。

（3）经营机制。第一，对于最基本的公益服务，不能按照保护和管理成本来定价，经营权也不能转让，必须要由国家公园管理委员会来管理。如门票收取、科普宣传、环境教育等，该类业务具有较强公共物品性质和正外部性，不能市场化，否则将直接影响文化遗产的公益性目标。第二，有较强外部性的混合产品，要进行市场化经营，财政也要给予一定支持。该类产品接近于私人产品，但是有较强的正外部性。如生态旅游服务，其资源属性更接近私人物品。该类物品的供给，应采用特许经营的方式，让营利性主体进入，利于提高物品和产品的质量，降低成本。同时该类产品拥有正外部性，使社会收益高于购买者的边际效用曲线，社会有效供给量高于私人理性供给量。因此为达到物品的有效供给量，政府或相关单位应给予该类业务经营主体相应补贴。第三，对于资源属性为私人物品的业务，应通过委托—代理模式交由营利性主体经营。如国家公园内的餐饮和住宿等，交由营利性主体市场化经营，可提高经济效应。

管理单位体制和资金机制是国家公园体制机制建设的重点和难点，也是下面章节的重要组成部分。

3.2　管理单位体制——如何构建秦岭国家公园管理体制

体制主要包括管理单位体制和资源管理体制，考虑秦岭国家公园的管理的重点，这里我们主要讨论管理单位体制的确定。主要包括以下几个方面。

3.2.1　权责的划分以及权利的明确

国家公园管理单位体制关系到了不同部门之间、不同层级的政府之间的既得利益结构的调整和权责的重新划分。管理单位体制权责的划分，需要结合《生态文明体制改革总体方案》细化[①]，并且要明确试点期和建成期权责划分的差别。

首先，建成期的"愿景模式"：借助"大部制"[②]改革契机，中央设置国家公管管理局（基层国家公园暂时隶属地方政府但由中央的国家公园管理局进行业务指导、行业监管并给予专项资金补助），享有对基层国家公园管理局和对自然资源统一管理权，并享有对基层国家公园政策执行的监

---

①　《生态文明体制改革总体方案》明确："按照所有者和监管者分开和一件事情由一个部门负责的原则，整合分散的全民所有自然资源资产所有者职责，组建对全民所有的矿藏、水流、森林、山岭、草原、荒地、海域、滩涂等各类自然资源统一行使所有权的机构。完善自然资源监管体制。将分散在各部门的有关用途管制职责，逐步统一到一个部门，统一行使所有国土空间的用途管制职责……分清全民所有中央政府直接行使所有权、全民所有地方政府行使所有权的资源清单和空间范围。中央政府主要对部分国家公园直接行使所有权。"

②　中央层面若有了"统一行使所有国土空间的用途管制职责"的大部，上行下效，各省级政府也就会有这样的厅局。以大部为依托，将价值较高、适合作为国家公园的保护地由一个机构（通常表现形式为大部下设的副部级国家局）来统一管理。类似地，各省也能将具有省级层面重要价值的保护地由一个机构来管理，这样就可能形成国家公园和保护地体系自上而下的以资源产权管理为权责依据的统一管理局面。

督和考核权[①]。在机构改革中通过部门职能的划分和国有自然资源产权权属的划分来设计其对差异化的基层国家公园的管理模式。

基层的国家公园管理机构是对国家公园范围内的所有自然资源进行统一规划、统一管理的事业单位，享有自然资源空间管理权、规划权、人事权、资金权、经营监管权和执法权，与相应层级地方政府形成明确的权责分工，即地方政府主要负责市场监管、公共服务、社会稳定等业务。其中各加盟区享有各自独立的有规划权、人事权、资金权和执法权，但必须符合与核心区所签订的协议的要求和原则。

国家公园的不同权利需要在《秦岭国家公园管理办法》中明确。

①统一的规划权。规划是国家公园空间发展的指南、可持续发展的空间蓝图，是各类开发建设活动的基本依据。体制机制建立的同时要整合目前各部门分头编制的各类空间性规划，编制统一的空间规划，即"多规合一"。首先从规划层面解决保护地管理破碎化问题。为保障管理的高效性，国家公园规划和地方政府规划也应该一致。因此在规划的制定和执行的过程中，有必要对土地利用、资源环境管理、城乡建设等活动建立协调机制。其中国家公园的规划可以借鉴法国国家公园经验，将具体的项目也呈现在一张蓝图上。

②完整的人事权。人事权主要指人力资源管理的一种形式，国家公园管理机构的人事权一定要完整，不受地方政府制约，这样才可能正确处理保护与发展的关系。国家公园范围内的人力资源管理，必须要在户籍制度、激励机制及人才管理方式、升迁渠道等方面创新，为人才与高层级国家公园科研管理职位间构建通道，形成一定程度的"人才特区"。

③作为一级预算单位的独立资金权。有一定（最好是法定）的财政资金渠道保障，统一规范地使用并公开全部收支情况[②]，形成相对完善的筹资和用资机制。

④经营监管权。即国家公园管理机构统一对国家公园范围内及范围外使用国家公园品牌（含加盟区）的经营活动进行准入管理和服务质量、价格等方面的监管。

⑤执法权。这里指的是综合执法权，即在国家公园范围内，由国家公园管理机构统一行使与资源管理相关的综合执法权。

3.2.2 分类和比选基础上国家公园管理机构运行方式的确定

管理机构运行方式是管理单位体制的重要内容，结合当前国家公园和保护地管理的实际情况，需要对不同的管理模式进行分类，通过比选后确定具体的管理单位体制。

（1）分类基础上国家公园管理单位体制未来在全国不同类保护地的可能实现方式。

在国家公园的管理机构设置中，涉及两个问题：①中央的机构如何设置，基层的国家公园具体

---

① 具体结合生态文明体制改革方案和地方政府干部考核机制。中央国家公园对基层考核更多侧重政策执行效果横向对比。
② 从筹资而言，有三条渠道：财政渠道、社会渠道和市场渠道（包括经营渠道和收费渠道）。从用资而言，可将相关支出分成"人头费"（员工工资）、"建管费"（建设管理费）和"补偿费"（生态补偿和野生动物损害补偿等）三块。其中的建设管理费，涉及的事务繁多，为便于事权划分，可从财政学的相关标准将其再细分为四类：资源保护和环境修复活动、保护性基础设施建设、公益性利用基础设施和公共服务、经营性利用基础设施建设和相关服务。

管理机构如何设置？②两个层级的管理机构的权责范围分别是什么？如何体现到"三定"方案中？本报告认为应先确定机构设置的总体原则，再制定相关的具体方案。

总体原则主要有三个方面（可概括为"三个有利于"）。

①有利于与中央的大部制、统一专业管理的机构改革方向衔接。这主要针对中央的机构设置，应对同类型资源实行集中统一的管理，类似美国的体制——国家公园管理局这样的资源管理专业部门，接受其他行业监督部门（如美国环保署）依法监管，避免行业监督部门直接管理资源（既当裁判员又当运动员）。

②有利于推进生态文明基础制度系统落地。这对中央和基层的机构都适用：《生态文明体制改革总体方案》中提出了生态文明八项基础制度①，但迄今这些制度很难成龙配套地落地。一个统筹的资源管理部门，易于将国家保护价值最高的区域建设成为生态文明基础制度的先行先试区，并通过自然资源资产确权、多规合一等方面的制度建设使国家公园"保护为主、全民公益性优先"的宗旨获得全方位的制度保障。

③有利于处理与地方政府的关系。这主要针对基层管理机构：国家公园体制试点区所在区域，大多数是经济较不发达区域，地方政府（或地方政府主要领导）若同时身兼国家公园管委会职责（这在中国较多，如黄山等），则会陷入经济学所说的激励不相容境地，难以体现保护为主、全民公益性优先，这也要求基层国家公园管理机构单独设置，而地方政府通过生态文明制度建设形成有利于国家公园的周边环境。

基于此，可以大致明确机构设置的具体方案②，其主要的权责在3.2.1中有介绍。

①中央层面的国家公园管理机构设置的建议。与中央的机构改革大方向一致，利用党的十九大后机构改革的机遇，在中央未来设立的自然资源统一管理的大部下（类似美国的内政部），设置对全国的国家公园及保护地进行统一行业管理（国家公园暂时隶属地方政府但由中央的国家公园管理局进行业务指导、行业监管并给予专项资金补助）的国家公园管理局。

②基层的国家公园管理机构。独立设置的对国家公园范围内所有自然资源进行统一规划、统一管理的机构，在国家公园建设期可先由省级地方政府垂直管，条件成熟时逐渐上交国家，由国家直接行使所有权。这样，国家公园基层管理机构与地方政府的事权不交叉，各司其职，整合后的国家公园管理机构暂时可保留多块牌子（如自然保护区管理局、风景名胜区管理局），以在中央机构改革完成前衔接既有资金渠道和优惠政策。

---

① 《生态文明体制改革总体方案》提出，"到2020年，构建起由自然资源资产产权制度、国土空间开发保护制度、空间规划体系、资源总量管理和全面节约制度、资源有偿使用和生态补偿制度、环境治理体系、环境治理和生态保护市场体系、生态文明绩效评价考核和责任追究制度等八项制度构成的产权清晰、多元参与、激励约束并重、系统完整的生态文明制度体系"。

② 这样的建议并非空中楼阁，其现实可行性可参考2016年3月5日印发的《三江源国家公园体制试点方案》，其中明确：垂直管理、中央事权：所有权由中央政府直接行使，试点期间由中央政府委托青海省政府代行。省级层面，将依托三江源国家级自然保护区管理局，组建由省政府直接管理的三江源国家公园管理局，对公园内的自然资源资产进行保护、管理和运营（合并多个管理机构）。将园区涉及县级政府有关自然资源资产管理的部分队伍和人员整合到管理局，具体统一履行对各园区的管理职责。同时在园区探索开展资源环境综合执法，解决"九龙治水"问题。管理局还将农牧、国土、林业、水利等部门全部整合起来，在草原监理、综合执法以管理局为主、地方政府管理为辅。地方政府只管市场监管、公共服务、社会稳定（与地方政府大部制改革结合起来）。三江源区的12个乡镇设保护站，村设立保护组。

（2）秦岭国家公园体制试点空间整合方案比选。

①三种空间整合方案。依据《建设国家公园体制试点方案》和《国家公园体制试点区试点实施方案大纲》要求，秦岭国家公园体制试点区的区域划定满足保护生态系统的完整性与连通性、资源独特性与代表性、体制试点区域的典型性与问题的典型性（生态系统孤岛化、碎片化现象严重；资源保护利用率较低）、试点具有可操作性等要求。因此，秦岭国家公园体制试点提出三种空间整合方案，分析不同方案的利弊与主要障碍。三种空间整合方案包括：大秦岭方案、目标区域方案、核心区域方案。

②空间整合方案比选。通过三种空间整合方案比选，依据中央相关文件和秦岭的实际情况选定具体的空间整合，体制试点空间整合的具体落地方案详见3-4。

表3-4　　　　　　　　秦岭国家公园体制试点三种空间整合方案利弊比选

评价指标	大秦岭	目标区域陕西秦岭2.66万平方千米	核心区域6351平方千米
生态系统的完整性（星级数）	★★★★★	★★★★	★★
范围内资源异质性	★★★★★	★★★★	★★★
土地权属等造成的统一管理度	★★	★★★	★★★★
现有管理机构及职责统筹程度	★★	★★★	★★★★
原住民数量	★★★★	★★★☆	★
道路状况（隔断生境）	★★	★★★	★★★★
城镇分布、数量等利于统筹的程度	★★	★★★☆	★★★★
主要障碍	①土地权属复杂，类型多样，条块分割，多头管理；②道路工程建设造成生境破碎化严重，隔断物种的生态廊道，基础设施建设（如十年来公路建设快速增多，高速公路和旅游公路很多）和产业开发（主要是矿业开发、挖沙以及不当的人工林种植等）；③大量原住民，难以搬迁；④资金投入不足	①大量原住民，难以搬迁，也没有转化成保护力量；②保护地类型多样，土地权属较复杂，管理权限划分复杂，统筹整合的代价高昂	①资金投入不足，存在保护与开发的矛盾，社区矛盾，生态补偿机制不完善
优点	①最大程度保护秦岭生态系统完整性和资源独特性，符合《建设国家公园体制试点方案》和《国家公园体制试点区试点实施方案大纲》的要求；②能够体现秦岭生物多样性和生态资源丰富的优势；③试点区域位置相连、相对集中、边界较清晰	①在一定程度能有效保护生态系统的完整性和资源地特性，具有典型性；②相较于大秦岭的方案而言，也能在有效体现秦岭的生态优势；③较大秦岭方案而言，其原住民、城镇、道路等数量分布相对较少，统一管理难度较低；④区域内国有土地、林地占有一定比例，能够保证试点的可操作性；⑤区域内主要的行政主管部门是环保、林业部门，此外，水利、住建、交通、国土、农业等部门按照各自职责对相关业务进行管理与指导，部门协调难度较低	①土地权属较单一，保护地统一管理的难度系数低；②有良好的管理基础，统一管理难度系数低；③范围内大部分属于同一个行政区域，自然与文化资源高度融合；④原住民数量较少

续表

评价指标	大秦岭	目标区域陕西秦岭2.66万平方千米	核心区域6351平方千米
缺点	①大部分土地属集体所有，政府所掌握的土地治权有限，不利于政府主导统筹管理，国有土地占有比例较低；②范围内有大量的原住民、城镇分布，分布在重要生态功能区且由于各种经济、文化、社会稳定等原因难以迁移或很难阻止居民或其他流民在核心区内活动；③管理与投入成本极高，缺乏专项资金，地方政府难以负担；④涉及的管理机构与主管部门较复杂，权责划分不清，可操作性不强	①保护地管理系统较复杂，重叠交叉，管理体制尚待理顺；②资金投入不够，居民长期依靠国家公园内自然资源维持生活，要改变产业结构，协调成本较高	①不能保护生态系统的完整性，不能有效体现秦岭生物多样性和自然遗产优势；②这样的划定范围会造成新的碎片化现象，也偏离了中央提出的通过国家公园建设保护自然遗产完整性的要求；③资源类别较少，不具有代表性和典型性

注：星号表示星级数，代表每一行所列评价指标的高低程度，例如生态系统的完整度高低、范围内资源异质性高低、统一管理度高低、现有管理机构及职责统筹程度高低、原住民数量多少、道路状况对生境的隔断程度高低、城镇分布数量等利于统筹的程度高低。星号越多，表示程度越高、数量越多。

3.2.3 秦岭国家公园的管理单位体制整合多方案比选

（1）现有保护地管理体制类别及差异。目前，秦岭国家公园范围内涉及的保护地类型包括自然保护区、森林公园、湿地公园和省属国有天然林经营区这四种。在管理部门上，这些保护地有的由国家林业局、陕西林业厅进行直属管理，如陕西佛坪国家级自然保护区，太白、宁东等六大天然林经营区；有的由国家林业局、陕西省林业厅进行业务指导，由保护地所在市、县的林业管理部门进行管理。

根据秦岭国家公园各保护地机构设置的历史特点及相关政策规定，从管理主体与管理方式来看，目前秦岭国家公园内保护地的管理单位体制主要有以下三种：从中央或省级专业职能部门垂直管理型、属地化地方政府横向管理型、混合管理型。

①从中央或省级专业职能部门垂直管理型。秦岭国家公园内的部分保护地，由中央政府的有关职能部门出资举办并直接领导的政府或事业单位机构出资举办与管理，即中央或省级职能部门政府机构或事业单位统筹管理保护地内一切事物的运行，如陕西佛坪保护区。

②属地化地方政府横向管理型。即由保护地的地方政府派出管理局或管委会，代表国家资源所有者，负责保护地内部各项业务工作。一方面，地方政府会授权其对保护地在林业、治安、农业、文物、土地等方面的管理权限；另一方面，管理局和管委会在保护地工作上接受上级主管部门领导，如秦岭的陕西少华山国家森林公园，设立华州区少华山景区管理局，为县政府直属事业机构，在行业上接受国家林业局、陕西林业厅的指导，其管理局在区内行使人事、保护、规划建设、治安和科研等各项职能。

③混合管理型。在保护地内部，以管理局或者管委会为主，保护地外部的事物由政府领导及政府下属某一部门进行处理，内部事宜由管委会负责。如大鲵水生野生动物自然保护区，保护区外部事物由华州区水利局管理，内部事务由大鲵水生野生动物自然保护区管理处负责处理。

从保护地类别角度来看，秦岭国家公园涉及的保护地管理体制共有三种，包括自然保护区管理体制、国家森林公园管理体制、国家湿地公园管理体制；从管理主体与方式的角度来看，秦岭现有不同类别保护地的管理体制类型有三种，包括中央垂直管理型、地方政府管理型和混合管理型。

接下来将从两个角度，对这六种体制类型进行差异性分析。首先从保护地类别角度分析（如表3-5）。

表3-5　　　　　　　　　　　　秦岭目前不同类别保护地管理体制基础

保护地类别	管理体制			资金机制
自然保护区	垂直监管下的属地化横向管理、属地化地方政府横向管理	综合管理与分部门管理相结合，环保部实施综合管理	实行综合管理与分部门管理相结合的管理体制。环保部负责全国自然保护区的综合管理。林业、农业、地质矿产、水利、海洋等有关行政主管部门在各自的职责范围内，主管有关的自然保护区。县级以上地方人民政府负责自然保护区管理部门的设置和职责，由省级政府根据当地具体情况确定	地方政府出资为主，有较大规模的中央专项资金（每年约2亿元）
国家森林公园	属地化横向管理：地方政府管理单位体制或事业单位管理单位体制	国家林业局	建立国家级森林公园，由省级林业主管部门提出书面申请，报林业部审批。在国有林业局、国有林场、国有苗圃、集体林场等单位经营范围内建立森林公园的，应当依法设立经营管理机构；经营管理机构是森林公园的经营管理机构，仍属事业单位	地方政府出资为主，有一定的中央专项资金
国家湿地公园	属地化横向管理：地方政府管理单位体制或事业单位管理单位体制	国家林业局	国务院林业主管部门负责国家湿地公园的审批，省级以上林业主管部门负责国家湿地公园建设管理的指导和监督工作	地方政府出资，国家基本无支持
秦岭的天然林经营区	林场企业	陕西省林业厅森林资源管理局直属林业局管理	国有林场的经营利用与建设，由省级林业主管部门提出书面申请，报林业部审批。国有林场主要包括林业部门所属的以营林为主事业性质的国有林场和以采伐为主企业性质的国有林场	有一定中央专项资金，地方政府与林场企业共同出资

从管理主体和管理方式角度分析中央垂直管理型、地方政府管理型与混合管理型体制的差异性，主要从管理单位体制、资金机制和经营机制三方面进行对比（如表3-6所示）。

表3-6　　　　　　　中央垂直管理型、地方政府管理型、混合管理型体制的差异性分析

管理体制类别	管理单位体制	资金机制	经营机制
中央垂直管理型	资源价值高，且易于统筹，属于公益一类的事业单位体制，通过政府全额拨款的形式，实施最严格的保护，不允许市场行为的介入，保障地区性的、全国性的生态安全。在某些面积相对较大、敏感性较高、资源价值突出的特殊地区，还可配置政府管理型体制（实施特区型管理）与地方人、财、物关系分离的非营利机构，承担具体公益事务。如陕西佛坪保护区	实施政府差额拨款的资金机制，即财政资金和其他资金共同构成资金来源，财政资金包括政府转移支付、政府购买服务等方式，财政支持19%以上，其余自筹（例如陕西太白山国家级自然保护区财政拨款占32%，自筹68%；陕西佛坪国家级自然保护区财政拨款占72%，自筹28%等）。其他资金渠道包括生态旅游及经营收入、社会捐赠、环境友好型的产业开发等。财政资金必须用于公益一类区域的正常业务开支纯公益性支出，其他资金（如经营等）收入主要可用于财政预算以外的项目，并反哺保护	只允许在外围区开展一些环境影响极低的经营活动，且受到保护地管理机构的严格审批和管理

续表

管理体制类别	管理单位体制	资金机制	经营机制
地方政府管理型	属于公益一类事业单位体制，实施差额拨款，其基本公共服务由政府负责提供，但也允许一些市场力量介入，承担部分服务功能	实施政府差额拨款的资金机制，即财政资金和其他资金共同构成资金来源，财政资金主要是地方政府拨款，一般财政拨款低于18%以下，大部分靠自筹	在划定经营的空间范围和业务范围的基础上，可以特许经营的方式开展旅游等活动（包括相关的住宿、餐饮、交通等）
混合管理型	保护地运行的监测、监督部门等优先纳入中央或省级业务部门垂直领导，但是其他事物由地方政府管理	两大主要的资金来源：①国家政府和地方政府的拨款；②自筹、贷款、引资等形式的筹措，尤其是地方财团的投资。有财政实力的地区可配置公益一类体制，实施政府差额拨款的资金机制，根据财务收支状况实施财政补助和政府购买服务，其他支出自筹；对于完全实施企业化运营的保护地，则全部自筹管理经费，政府仅提供一些优惠性政策予以扶持	允许开展经营活动的空间范围和业务范围较广，但各具体经营项目仍需实行特许经营

通过比较各类保护地管理体制的特点和差异，发现由于保护地的管理单位体制不同、资金机制不同、经营机制不同、监督机制不同，空间整合和管理体制整合将面临很多障碍，不仅要解决人、地、钱、权的约束，还要解决秦岭特有的现实约束，因此需要分类、分步构建体制，对不同类型的保护地用不同的方式调整体制，最终实现整合。

（2）秦岭国家公园体制试点管理体制整合的基本思路。秦岭国家公园管理机制中，目前的突出问题是管理体制、管理单位体制与资源性质不相匹配，并存在严格管理的保护地过大、名义目标过高以及"一地多牌"等现象，以致管理目标混乱。因此，秦岭国家公园管理单位体制改革的基本思路主要有以下四点。

一是明确公益目标、健全服务体系。根据秦岭国家公园内保护区的公益性质进行分类，具体根据各自的事业目标来重新划定保护区，同时在保护区中根据其公益性质进行分类，实现分类、分资金、分体制管理，在体制试点建设期，体制整合需要大量的资金投入，为了保证体制试点的顺利运行，就必须维持原有的资金渠道和审批关系，同时拓宽保护资金的来源和提高保护资金的利用效率，健全公共物品供给体系。

二是改善投入机制、规范治理结构。建立与分类相适应的分权化和市场化体制，首先是指处理好中央和地方事权和财权划分的关系以及财政资金对保护区的经常性投入与项目投入的关系；其次是指采取与资金投入机制相适应的治理结构，保证管理目标的实现；最后是指确定合适的社会力量参与机制。

三是要与保护目标和当地各种约束（包括财政资金供给约束和保护区的土地权属约束等）相适应，以解决保护区的生态地位与经济、行政地位的不统一带来的问题。

四是尽量获得现有资金渠道下的扶贫控制权，以解决未来相当长的时期内生态补偿资金不足的问题，保证秦岭国家公园内保护与社区发展的协调。

目前，我国的所有保护区管理机构都归入公益类事业单位，大多数西部保护区管理机构包括秦岭国家公园将被归入公益二类事业单位中。根据国家对此类事业单位的基本政策倾向，这类单位应根据其公益性获得相应的财政保障经费，另外可以通过严格规范下的产业经营筹资补足经费，并可以接受国内外组织和个人的捐赠，用于公益事业发展。但这种改革方向并没有明确与资金机制相适应的保护区治理结构，即：应当垂直管理还是横向管理？管理机构应当代行地方政府职能还是维持事业单位性质只负责某些公益事务？

①垂直管理与属地化横向管理之间的利弊比较。一般而言，实施垂直管理或者横向管理，选择的基础是合理划分中央和各级地方政府的事权，在经济调节、市场监管、社会管理、公共服务等方面让中央和各级地方政府各司其职。属于全国性和跨省的事务，由中央管理，以保证国家法制统一、政令统一和市场统一。属于面向本行政区域的地方性事务，由地方管理，以提高工作效率、降低管理成本，增强行政活力。属于中央和地方共同管理的事务，要区别不同情况，明确各自的管理范围，分清主次责任。根据经济社会事务管理责权的划分，逐步理顺中央和地方在出资等方面的分工和职责。

具体到保护区管理，目前最普遍的呼声是首先由国家主管部门对国家级自然保护区的管理实行垂直领导，即不管保护区管理局自身的性质如何，对其的控制权由保护区属地的上级政府的专业部门掌握。这种模式的确是美国等发达国家管理体制的核心内容之一。但美国在实施这一管理体制的同时，也有属地化的管理体制并存，同时是在满足了诸多前置条件的基础上才实施局部的垂直管理的。而就我国的国情而言，垂直管理与属地化横向管理这两种管理体制之间是利弊互现的。对二者的比较参见表3-7。

表3-7　　　　　　　　　　　　　垂直管理与属地化横向管理之间的利弊

	中央或省级专业职能部门垂直管理	属地化地方政府横向管理
优点	①上传下达高效。工作环节减少，便于提高行业管理的效率。管理工作的任务与要求可以沿从上到下的专业部门业务线进行布置和传达，简化环节，节省时间，有利于提高工作效率。②管理干扰小，有利于提高管理水平。由于人、财、物权均由业务部门直接掌握，有利于形成资源价值认识统一、管理目标统一的管理体系，可以有效地防止地方政府因为对资源价值认识不统一带来的行政干预。同时，行业内部管理有利于加强工作力度，提高管理水平	①降低管理成本。如果利益取向相同，能够把政府有关部门和社区居民的积极性很好地调动起来。这样一方面可以解决管理人员不足、管护工作量较大的矛盾，另一方面也可以借助县乡政府的行政力量，从一定程度上缓解保护区运行费用严重不足的矛盾。②兼顾多种目标。可以较好地发挥保护区的资源功能，为属地创造更多的经济效益，也有利于在保护的同时兼顾扶贫、民族文化保护等多种目标
缺点	①运行成本高。保护区管理机构不属于属地政府的组成部门，自成体系，难以获得地方资源的配合，运行成本高，且不利于形成主动与地方配合、协调的工作作风；②在保护区的基本建设尚未完成的初级阶段，自我发展能力差，且难以与地方政府配合实现社会发展的全面目标；③带来大量缺少横向制约的权力空间，可能因为"放权过度、约束不足"造成保护区管理机构自身对资源的"监守自盗"	①保护区的生态目标容易屈从于地方的经济目标或其他发展目标；②作为国家利益委托代理人的国家有关行业行政主管部门对保护区只有针对特定资源管理的业务指导权，没有对人、财的支配权，在工作安排和行动落实上必须经过与保护区管理局主要发展目标不同的地方政府。不仅容易控制不力，也增添了工作环节，影响了工作效率
实际情况	仅应用于海关、质检、审计等事关国计民生且市场不能、不宜、不愿干的行业	大多数行业

从表3-7的对比中可以看出垂直管理是需要前置条件的，同时运行成本较高。应该注意到，在保护区的管理上还存在以下现象，使得在投入产出比上横向管理相对垂直管理优势明显：保护区产生的间接经济价值，尽管在总体上而言其外部性是明显的，即区外受益量远大于区内受益量，但就人均水平而言，则是周边社区内远大于保护区范围外，因此地方政府本身对保护也有直接的积极性。

具体到改善秦岭国家公园管理，从协调与社区的矛盾来看，只要满足了以下三个条件，现有的横向管理体制还是有明显的投入产出比优势的：一是解决了土地权属和林权等问题从而能够保证基本的管理权；二是有了稳定的生态效益补助渠道；三是在扶贫资金的使用上有控制权，可以在发展生产时兼顾生态目标。所以，如果已经具备了这三个条件，采用属地化横向管理就应该更好。

另外，我国保护区的规范化和法制化建设滞后，不仅达不到美国国家公园那样的"一区一法"水平，而且秦岭国家公园保护区中超过40%没有发展规划，没有建立特许经营制度。这种情况下普遍实行垂直管理，不仅力不能及，而且可能由于对保护区管理机构"放权过度、约束不足"造成保护区管理机构的"监守自盗"，反而降低管理质量。

总结起来，垂直管理的适用条件锡：财力强，能够根据保护区业务活动需要拨付主要经费；对保护区资源的经济效益要求不高；法规和规划完善，能够确保保护区管理局不直接参与经营活动和从中分利。

根据我国质检、审计等地方由于自身利益原因难以承担监督权的部门和海关这样因为承担涉及地方重大利益的职能因而容易乱权的部门的改革经验，对垂直管理有一种成本较低的实现方案：垂直管理只用于解决中央和地方信息不对称或者土地规划、审批等技术性较强可以集中进行的关键问题，其他的管理仍在传统体制框架下解决。即行政执行上的垂直领导与信息管理、宏观调控上的垂直领导应该分别看待。集中规划权是美国国家公园管理的经验，其将所有国家公园的全部土地规划权集中到美国丹佛规划设计中心，统筹规划，确保规划依法进行。只要秦岭国家公园的自然保护区解决了土地权属问题，土地规划权的垂直管理就是可行的。而在保护区的信息管理上，目前就有条件垂直管理：按现行保护区管理体制，中央管理部门在获取保护与开发的矛盾原因和程度上的确有被蒙蔽的可能，而如同质检部门只是给货物一个技术合格身份一样，将保护区运行的监测、监督部门优先纳入中央或省级业务部门垂直领导，既便于借助中央有关部门的专门力量解决矛盾，也由于这个部门不直接参与行政管理，所需人员较少，垂直管理成本较低。

②事业单位管理体制与地方政府管理体制之间的利弊比较。事业单位只是承担某一方面具体公益事务的组织，而地方政府则是具有面面俱到的职能的权力机关。在大多数地方，不可能以主要职能为负责某一方面具体公益事务的组织代行地方政府职能。但在我国，许多资源型城市就曾以某个产业的主管部门代行地方政府职能，如在东北的林区，林业局就等同于地方政府；在大庆的初建期，油田管理局也等同于地方政府。对于保护区这样的生态特殊功能区，由于这一区域生态功能显著强于其他功能，同时人口密度相对较低，因此保护区管理机构代行地方政府职能是有可能的。四川卧龙特别行政区就是一例。但必须认识到这两种管理模式的利弊，才可能了解其适用范围。

表3-8　　　　　　　　　事业单位组织形式和地方政府组织形式的特点对比

	事业单位	地方政府
一般功能	从事社会公益事业，面向社会或政府提供公益（产品）服务、技术支持等	依法行政管理、依法监督审查和宏观规划、制定政策
特点	服务目标是公益目标最大化，即不仅以辖区和周边社区的居民福利为目标，而要服务于国家层面的福利最大化	服务目标应该是辖区内的社会全面发展，兼顾公益目标最大化和资源利用效率最大化。但在我国现阶段主要看重短期经济指标，因此容易过度追求对直接经济价值的开发和将间接经济价值快速廉价兑现
	主要职能是开展具体的公益事务，没有明确的行政执法权力，缺少必要的执法地位和手段，管理权限主要是一种防范权，对社区居民的行为支配能力较小。如果没有全面掌握辖区内的土地权（包括林权），则这种防范权很弱	具有对辖区内人、财、物资源尤其是土地资源全面的调配权力，包括规划权、开发权和规范权等，可以全权组织地方资源利用，调控产业结构、居民行为方式和收入方式
	机构相对精简，工作重点突出，专业技术特色相对突出	社会职能过多，必须设置诸多与完成生态目标无关但是作为一级政权必设的机构，造成运行成本高昂，且专业化管理功能易被削弱
资金来源	各级政府财政根据其公益性的不同拨付不同数额的资金，差额部分通过以项目投入方式表现的生态转移支付和出售产品（服务）解决	一般情况下要求通过税收自收自支（即经济上要求能自我维持），不足部分由省级和中央级转移支付资金解决
总结	①广域服务；②管事不管人；③经费外来为主	①就地服务；②管人、管事；③经费自筹为主
适用范围	绝大多数承担需要执法操作以外的具体公益事务的组织	各种行政区域的综合管理部门

在一段时间内，由于相当数量以事业单位形式进行管理的自然保护区的土地权属问题难以解决和管理机构力量薄弱，这两种管理方式的管理效果差别是明显的。随着保护区管理机构的土地权属逐渐解决和管理机构日臻完善，地方政府组织形式的缺点日益显现：管理成本高昂，普适性较差，效率也较低。

具体到秦岭国家公园保护区，在确定组织体制时必须考虑如何调度一种重要资源——扶贫资金。扶贫资金体系是西部多数地方已成规模、较有保障的转移支付资金，其来源、组织体系远比生态补偿资金体系完善。但传统上的扶贫是依托地方政府来进行的，因此目标是唯一的：提高社区人均收入水平。对于周边社区来说，由于现阶段的生态效益补助资金必须借用扶贫资金，而补助资金的目标是减小社区干扰而非提高社区人均收入水平，因此扶贫选择的技术路线就有别于传统的扶贫。如果采用地方政府式管理，保护区管理局自然就拥有了三方面权力：能够掌握扶贫资金；能够主导社区共管共利体系；能够调控社区的生产生活方式。这样，现阶段就可以在现有财源下致力于改善保护区管理。

然而，采用地方政府式管理，按现有体制必须考虑以下问题：由于其管理目标是包括地方经济增长、财政收入增长在内的社会发展全面目标，因此，本质上地方政府也是一种营利单位，以秦岭国家公园管理机构代行地方政府职能，在国家尚无财力实施对周边社区整体移民的情况下，会产生以下矛盾：作为一级地方政府的国家公园管理机构如何追求财政开支预算平衡？

国家公园规划范围内及周边社区居民与其他地域的居民一样，也要承担为国家机器的运转提供财源的任务。如果国家公园管理机构为优先考虑国家生态利益的一级政府，就会在建设财源、兴区富民的地方政府普遍任务和国家公园保护区以国家生态利益为第一目标的特殊任务之间陷入两难境地。同时，在地方政府的执行过程中，由于开发与保护两种活动的激励程度不同，容易产生激励不相容，导致交叉补贴，使得扶贫资金难以保证环境效益。

目前，以地方政府式管理的保护区管理机构解决前述矛盾比较成功的做法是建立将垂直管理和地方政府式管理结合起来的所谓"占领军政府"，即建立机构简单、主要目标突出的政府；政府不再追求财政自理目标，而是以外援经费支持基础上的保护目标兼顾供给制式的居民发展目标为服务目标。例如1983年经国务院批准成立的四川省汶川卧龙特别行政区暨卧龙自然保护区管理局，经费由林业部拨付，业务由林业部指导，行政上由省政府直管，居民的人均收入增长指标直接与保护经费挂钩。保护区管理机构直接负责扶贫等事务和退耕还林等国家级重点工程，统筹安排所有的补助资金，较好地解决了发展与保护的矛盾。总结起来，这种方式相当于用经济和行政力量限制社区居民和地方政府的各种活动，同时只以生态目标为政府目标，从而高效率地减少了社区对保护区的干扰。但应该看到，"占领军政府"式的管理相当于在辖区内对本来可以形成保护力量的居民进行了基本以外援为财源的计划经济式管理，不仅会造成较重的财政负担，也忽视了保护区直接经济价值和间接经济价值可合理利用的部分，忽视了通过资源合理利用使社区居民也成为保护力量。

秦岭国家公园内的一些事实说明，即便是重点物种的保护也并非只有这样管理才见效，其他模式也有成功典范。如属于秦岭国家公园保护区群的陕西洋县保护区为地区级政府管理的省级保护区，但在朱鹮保护上成效巨大。总结朱鹮保护区的经验，主要就是在当地政府的配合下，同样拥有了地方政府在扶贫和促进社区共管共利上的三方面权力。这样，尽管保护区自身权力有限，但达到了发动而非限制当地群众的目的，使朱鹮在半人工的生态系统中获得了最适生存条件。

所以，这种体制的应用范围有其特殊性。特殊性不仅指的是保护意义特别重大，也指辖区内的居民活动有特殊性或者地方政府的不当开发倾向显著。例如居民已经分布在核心区且由于各种经济、文化、社会稳定等原因难以迁移或很难阻止居民或其他流民在核心区内活动，或者保护区内已经形成了地方政府不当开发的现状。国家必须对居民乃至地方政府的行为方式和收入方式有较大的支配能力。只能以较高的经济成本建立"占领军政府"。从我国西部保护区的普遍情况来看，通过建立"占领军政府"这种大包大揽方式，既不经济也不利于提高效率，只能是在一些可以划为公益一类的且长期来看既无法移民也难以对核心区实现封闭隔离管理的民族地区的保护区试行，如青海三江源保护区等。

总结起来，"占领军政府"行政管理体制的适用条件如下：公益一类保护区；无法移民且无法实现封闭隔离管理；地方政府的不当开发倾向显著或已经形成事实。

（3）秦岭国家公园试点管理体制整合的可选目标及方案。

如果将上述两条改革方向组合起来，会产生4种保护区管理单位体制改革的目标变量（如表3-9所示）。其中第Ⅳ类是目前我国多数保护区采用的管理单位体制。

表3-9　　　　　　　　　　　目前形势下保护区管理单位体制的改革目标

行政单位	中央或省级职能部门作为产权方（或出资方）垂直管理	属地化地方政府横向管理
生态特殊功能区地方政府	Ⅰ、由中央政府的有关职能部门出资举办并直接领导的生态特殊功能区政府，如四川卧龙保护区管理机构——卧龙特别行政区	Ⅲ、等同于以某个产业为支柱产业的县级地方政府，如湖北神农架林区
事业单位	Ⅱ、与地方人、财、物关系分离的非营利机构承担具体公益事务，如陕西佛坪保护区	Ⅳ、地方政府（多数是省市级地方政府）在特定区域行使特定权力、承担具体事务的一个事业单位，如少数国家级和大多数省市级自然保护区管理局

按照上述四种改革目标，分别形成四种可行的管理单位体制改革方案，这些方案所构建的管理单位体制在功能和运行效率方面均存在显著区别，所以要结合国内外国家公园体制试点建设的经验和秦岭实际情况，进行方案比选、利弊比较。

在此，主要选择上述Ⅰ、Ⅱ、Ⅳ类管理单位体制进行秦岭国家公园体制整合，具体整合方案如图3-2、图3-3、图3-4。

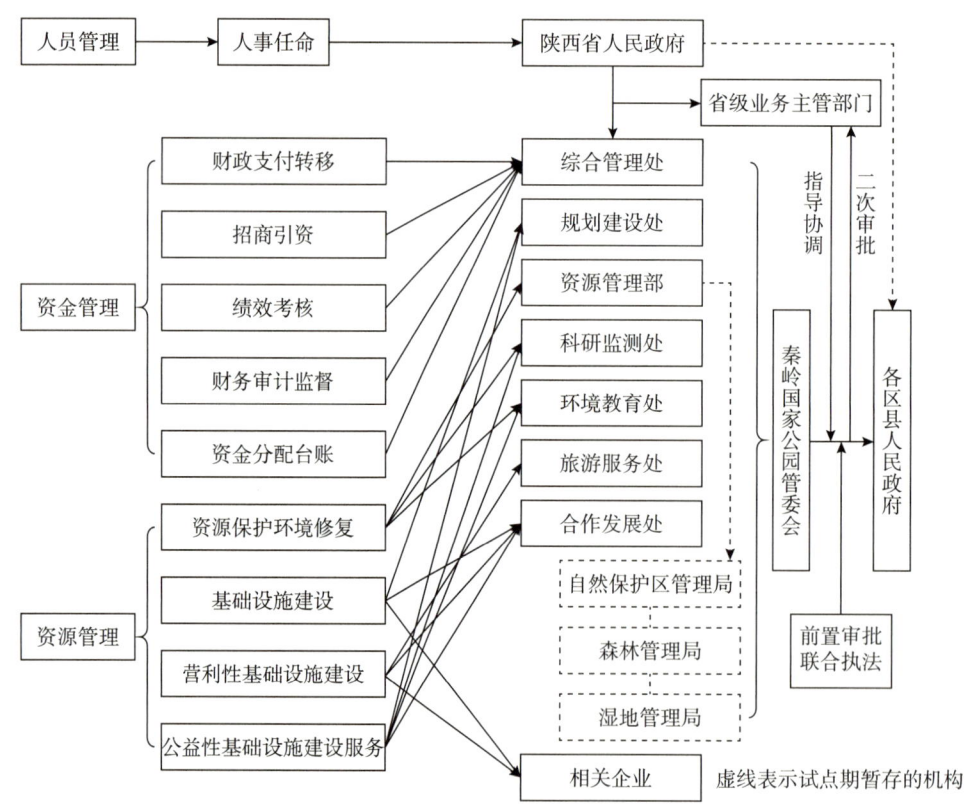

图3-2　秦岭国家公园试点体制整合方案之前置审批方案

注：虚线表示试点期暂存的机构，下同。

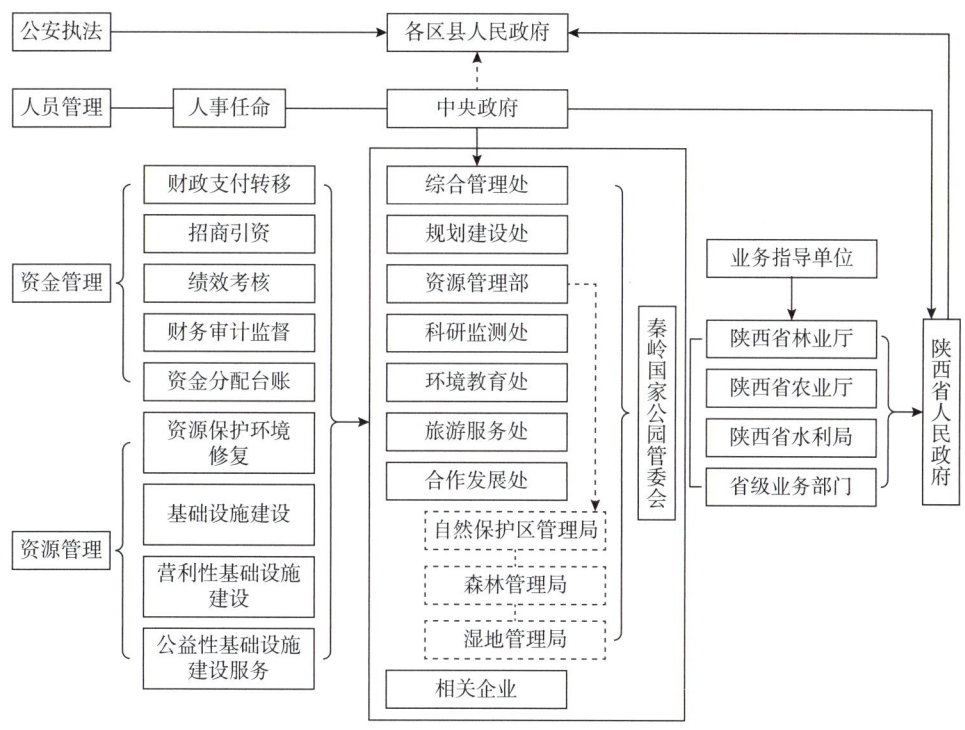

图3-3 秦岭国家公园试点体制整合方案之统一管理事业单位模式

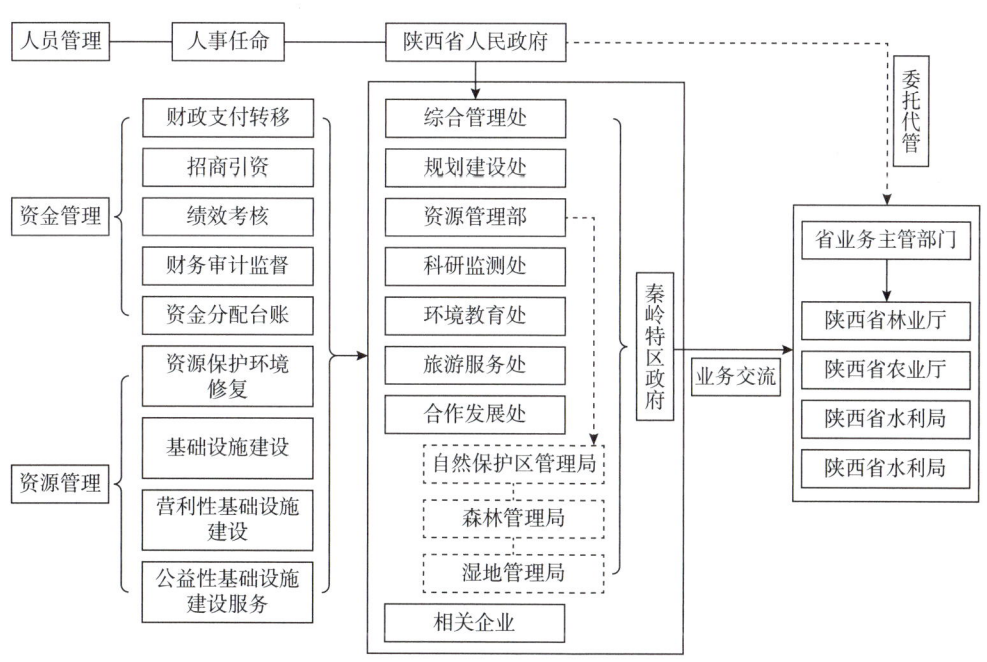

图3-4 秦岭国家公园试点体制整合方案之行政特区方案

①前置审批模式下秦岭国家公园体制整合方案。指县级政府的派出机构（副县级事业单位）管理的如少数国家级和大多数省市级自然保护区管理局，对自然保护区或风景区进行统一规划和运营，但相关审批权（如土地、林权和产业项目等）还在省市级地方政府职能部门。但在风景区范围

内的项目，涉及这些权力，均要先报批保护区的管委会，保护区管委会进行前置审批（即若不符合管理规定，管委会就先否决了）。这就是在没有移交行政管理权的情况下的前置审批模式，属于属地化管理的事业单位模式，是最易于实现也最常见的模式。秦岭可以在试点建设期采用这种整合方案，可以维持原有的资金渠道和审批关系。

②统一管理事业单位模式下秦岭国家公园体制整合方案。基层的国家公园管理机构，独立设置的对国家公园范围内所有自然资源进行统一规划、统一管理的机构，在国家公园建设期可先由省级地方政府垂直管理，条件成熟时逐渐上交国家，由国家直接行使所有权。这样，国家公园基层管理机构与地方政府的事权不交叉，各司其职，整合后的国家公园管理机构暂时可保留多块牌子（如自然保护区管理局、风景名胜区管理局），以在中央机构改革完成前衔接既有资金渠道和优惠政策。这种思路在三江源国家级自然保护区采用。根据2016年3月5日印发的《三江源国家公园体制试点方案》，其中明确：所有权由中央政府直接行使，试点期间由中央政府委托青海省政府代行。省级层面，将依托三江源国家级自然保护区管理局，组建由省政府直接管理的三江源国家公园管理局，对公园内的自然资源资产进行保护、管理和运营（合并多个管理机构）。将园区涉及县级政府有关自然资源资产管理的部分队伍和人员整合到管理局，具体统一履行对各园区的管理职责。而秦岭国家公园和三江源的差异较大，内部存在大量的原住民，因此在试点期不适合采取这种形式。

③行政特区模式下秦岭国家公园体制整合方案。由中央政府的有关职能部门出资举办并直接领导的生态特殊功能区政府（如四川卧龙保护区管理机构——卧龙特别行政区，上海临港地区的"特别机制和特殊政策"——生态文明体制特区）。生态文明体制特区，在制度设计、考核指标、奖惩措施、资源调配（土地等）等方面均体现出特殊性，以彻底转变这个区域的发展方式。如，专项补助、生态补偿、转移支付、取消GDP考核模式等。其中配套的体制机制包含四方面。

一是创新管理和考核机制。争取将秦岭地区作为国家生态文明建设代表案例，以自然资源资产负债表和产权确定制度为基础，建立以生态和文化为指标的考核体系。

二是构建生态补偿机制。在执行生态补偿机制基础上，构建完善的生态补偿机制。补偿由中央财政承担重要事权。

三是构建多规合一试点。建立多规合一试点，优化县域土地利用规划，形成更加科学合理的国家公园融合规划布局。

四是构建优势互补、多元开发的机制。大力吸引资金充裕、经验丰富的开发主体依照相关法律和规定参与土地开发、遗产保护等。

上述三种管理体制整合方案分别采取了不同的管理模式，前置审批模式（Ⅳ类）是属地化地方政府横向管理模式和事业单位管理体制的结合，统一管理事业单位模式（Ⅱ类）是垂直管理模式和事业单位管理体制的结合，而行政特区模式（Ⅰ类）则是垂直管理模式和地方政府管理单位体制的结合。根据前文的分析，不同方案具有不同的适用条件和范围，并且在上令下达有效性、管理力度、运行成本（包括经费和机构人员等）、功能多样性（包括对社区的带动功能等）和监督有效性等方面也存在显著区别，具体情况如表3-10所示。

表3-10　　　　　　　　　　秦岭国家公园体制试点三种体制整合方案利弊比选

	统一管理事业单位模式	行政特区模式	前置审批模式
管理体制整合方案	设置对全国的国家公园进行统一行业管理（国家公园暂时隶属地方政府但由中央的国家公园管理局进行业务指导、行业监管并给予专项资金补助）的国家公园管理局，所有权由中央政府直接行使，试点期间由中央政府委托陕西省代行，组建由省政府直接管理的秦岭国家公园管理局，对公园内的自然资源资产进行保护、管理和运营（合并多个管理机构）	由中央政府的生态特殊功能部门出资举办并直接领导的国家公园——生态文明体制特区，给予"特别机制和特殊政策"，在秦岭设置国家公园特别行政区即秦岭国家公园管理局，经费由中央拨付，业务由林业部等相关部门指导，行政上由省政府直管。生态文明体制特区，在制度设计、考核指标、奖惩措施、资源调配（土地）等方面均体现出特殊性，以彻底转变这个区域的发展方式。如，专项补助、生态补偿、转移支付、取消GDP考核模式等	指县级政府的派出机构管理的如少数国家级和大多数省市级自然保护区管理局，对自然保护区或风景区进行统一规划和运营，但相关审批权（如土地、林权和产业项目等）还在省市级地方政府职能部门。但在风景区范围内的项目，涉及这些权利，均要先报批保护区的管委会，保护区管委会进行前置审批（即若不符合管理规定，管委会就先否决）
优点	①上传下达高效；②管理干扰小，有利于提高管理水平。由于人、财、物权均由业务部门直接掌握，有利于形成资源价值认识统一、管理目标统一的管理体系，可以有效地防止地方政府因为对资源价值认识不统一带来的行政干预。同时，行业内部管理有利于加强工作力度，提高管理水平	①具有对辖区内人、财、物资源尤其是土地资源全面的调配权力，包括规划权、开发权和规范权等，可以全权组织地方资源利用，调控产业结构、居民行为方式和收入方式；②管理干扰小，有利于提高管理水平；③政府不再追求财政自理目标，而是以外援经费支持基础上的保护目标兼顾供给制式的居民发展目标为服务目标；④高效减少社区对保护区的干扰，有效缓解保护与发展的矛盾	①保护区地方政府的积极性较高；②机构相对精简，工作重点突出，专业技术特色相对突出；③公益性较强；④降低管理成本，兼顾多种目标
缺点	①运行成本高。保护区管理机构不属于属地政府的组成部门，自成体系，难以获得地方资源的配合，运行成本高，且不利于形成主动与地方配合、协调的工作作风。②在保护区的基本建设尚未完成的初级阶段，自我发展能力差，且难以与地方政府配合实现社会发展的全面目标。③带来大量缺少横向制约的权力空间，可能因为"放权过度、约束不足"造成保护区管理机构自身对资源的"监守自盗"	①财政负担较大。对本来可以形成保护力量的居民进行了基本以外援为财源的计划经济式管理，也忽视了保护区直接经济价值和间接经济价值可合理利用的部分，忽视了通过资源合理利用使社区居民也成为保护力量。②社会职能过多，必须设置诸多与完成生态目标无关但是作为一级政权必设的机构，造成运行成本高昂，且专业化管理功能易被削弱。③管理成本高昂，普适性较差	①这种模式获得上级政府的支持不够，也难以实现跨行政区的管理。②许多保护区管理机构只有部分甚至根本没有其辖区范围内的土地权，缺乏行政执法权，防范权很弱，不能将生态效益作为首要目标。③保护与开发的矛盾，保护区的生态目标容易屈从于地方的经济目标或其他发展目标。④作为国家利益委托代理人的国家有关行业行政主管部门对保护区只有针对特定资源管理的业务指导权，没有对人、财的支配权，不仅容易控制不力，也增添了工作环节，影响了工作效率
实际情况	国家公园体制试点建设期可以将保护区运行的监测、监督部门优先纳入中央或省级业务部门垂直领导，其他管理维持在传统体制框架下，实现"垂直监管下的属地化横向管理"或者"局部垂直管理"	生态文明体制特区管理机构代行地方政府职能	大多数行业都使用这种模式

续表

	统一管理事业单位模式	行政特区模式	前置审批模式
适用范围	这种垂直管理只用于解决中央和地方信息不对称或者土地规划、审批等技术性较强可以集中进行的关键问题，其他的管理仍在传统体制框架下解决	适用于辖区内的居民活动有特殊性或者地方政府的不当开发倾向显著	这种模式只能在少数矛盾突出的地方过渡期采用。已经批复的5个试点区都没有采用这种模式，都有更高的统一管理要求
适用条件	①公益一类保护区；②无法移民且无法实现封闭隔离管理；③地方政府的不当开发倾向显著或已经形成事实；④土地权属问题解决，土地规划权的垂直管理就是可行的	①财力强，能够根据保护区业务活动需要支付主要经费；②对保护区资源的经济效益要求不高；③法规和规划完善，能够确保保护区管理局不直接参与经营活动和从中分利；④无法移民且无法实现封闭隔离管理	①解决了土地权属和林权等问题从而能够保证基本的管理权；②有了稳定的生态效益补助渠道；③在扶贫资金的使用上有控制权，可以在发展生产时兼顾生态目标
体制试点建设期的主要障碍	中央事权与地方事权的划分；土地权属问题；原有资金渠道和审批关系如何维持	中央事权与地方事权的划分；土地权属问题；原有资金渠道和审批关系如何维持	专项资金支持；中央事权与地方事权的划分

由于三种管理体制整合方案各有利弊，且具有不同的适用范围与前置条件，因此在进行体制整合时，需要因地制宜，结合秦岭地区的实际情况，考虑到现有各类保护地改革基础与改革起点不同的情况，分类、分步、分阶段地进行整合，即在改革的不同阶段对不同类型的保护地选取最恰当的整合方案，减少改革阻力，在体制试点阶段先进行各类保护地优先整合，缩小各类保护地的体制差异性，再统一进一步整合，最终实现统一规划与管理。

秦岭国家公园体制试点的最终整合方案和落地途径详见3.4节。

3.2.4 管理单位体制中人员编制的确定

无论何种形式，国家公园管理机构都是政府下属的机构，其必然需要通过编制来规范。从保护、全民公益性、社区发展等国家公园的功能出发，结合以上小节中给出的基层国家公园管理机构的内部机构设置，确定管理机构人员编制数量①（未考虑兼职、志愿者以及合同制人员的情况）（图3-6）。

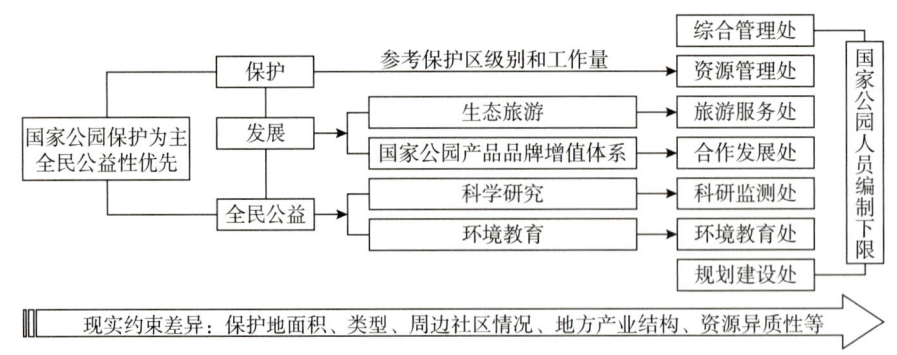

图3-6 国家公园人员编制确定思路

---

① 三定方案的重要内容：三定方案是由各级机构编制委员会发布的政府所属职能部门（或机构）的权责依据，实际上是政府各职能部门日常工作的直接依据。三定指定机构、定编制、定职能。定机构，就是确定行使职责的部门，包括名称、性质（行政或事业）、级别、经费（财政全额拨款、差额拨款、自收自支）等；定编制，实质就是定人员数额，这其中包含部门领导职数和内设机构的领导职数；定职能，就是明确这个部门的权责范围，以及部门内设的二级机构的具体职责。

表3-11 秦岭国家公园体制试点管理体制整合思路梳理

管理单位体制	现有的管理体制基础			体制试点阶段(受体制改革方案)及管理单位体制	体制改革方向			体制试点阶段的主要举措
	保护地案例	管理机构	资金机制		资金机制	改革的主要障碍		
半垂直管理：垂直管理单位下事业监管下事业单位管理体制	如佛坪自然保护区，太白、宁东等六大天然林经营区等	国家林业局、陕西省林业厅进行直属管理或者进行业务指导，由保护地所在市、县的非营利机构，承担具体公益事务，如秦岭大多数国家级和省市级自然保护区管理局	地方政府出资为主，有较大规模的中央专项资金(每年约2亿元)	①政事分开、事企分离的要求，充分发挥政府主导、社会力量参与和市场机制的作用，实现公益服务提供主体多元化和提供方式多样化；管理体制改革，理清政府与事业单位的关系，行政主管部门减少对其微观管理和直接管理，取消行政级别，强化制定政策法规、行业规划、标准规范和监督指导等职责，进一步落实事业单位法人自主权，推动这类事业单位转为公益一类，需要继续保留其保留事业单位序列，进一步强化公益属性。②在国家公园建设初期可先由省级地方政府直接行使所有权，条件成熟时逐渐上交国家，由国家直接行使所有权，体制试点阶段可在基层设置国家公园管理处	①加快建立健全公共财政体系，加大投入力度，调整支出结构，加大财政支持公益事业发展长效机制；②制定和完善支持社会力量兴办公益事业的财政政策，形成多渠道筹措资金发展公益事业的投入机制；③公益一类财政政策，根据正常事业需要，财政给予经费保障。④研究建立事业单位资产配置管理与预算编制资产管理相结合，强化事业单位政府采购预算管理与执行，规范政府采购操作执行行为	①资金不足；国家尚未给予专项资金支持，资金渠道较单一，容易造成短期经济利益部门为追求过度开发资源，而造成自然文化遗产的破坏；②土地权属问题；体制试点内大部分的土地属于集体所有，政府所掌握的土地治权有限，不利于政府主导统筹管理；③明确中央与地方政府的事权划分，事权划分不明，会造成中央政府缺位，资金数量不足，难以开展公益性强的保护地管理，特别是风景名胜区现有的国有资产国企经营；④缺少横向制约的权力空间，可能因为"放权过度、约束不足"造成保护区管理机构自身对资源的"监守自盗"		①整合后的国家公园管理机构暂时可保留多块牌子（如自然保护区管理局、风景名胜区管理局），以在中央直接上交国家改革完成前逐渐行使既有资金渠道和优惠；②在国家公园建设期可先由省级地方政府垂直管理，条件成熟时逐渐上交国家，由国家直接行使所有权政策；③在国家公园试点阶段内必须应用特许经营等方式将与保护项没有直接关联的经营项目规范化

续表

管理单位体制	现有的管理体制基础			体制试点区阶段体制改革方案（备选）及管理单位体制	体制改革方向		
	保护地案例	管理机构	资金机制		资金机制	改革的主要障碍	体制试点阶段的主要举措
属地化横向管理：地方政府管理单位体制	大多数国家公园、湿地	国家林业局：国务院林业主管部门负责国家公园、国家湿地公园建设管理的指导和监督工作，由当地政府对应的行政主管部门进行管理	地方政府出资，国家基本无支持	本来就属于参公管理单位，所以发展到垂直监管模式阻碍就会比较小。行政特区模式：由中央政府有关职能部门出资举办并直接领导的生态特区政府	①财政渠道：体制试点阶段中央设立国家公园专项基金，争取将国家公园管理经费列入中央年度财政预算，并形成经费年适度增长机制；中央给予财政转移支付的补偿资金；在中央和省级财政投入基础上，也要依靠地方政府财政投入，合理利用国家公园有形和无形资源、社会捐助等多元化资金渠道；建设合理的生态补偿机制，实现最大程度"公益性"。②市场渠道：门票收入和其他收入（如特许经营等）。③社会渠道：企业通过基金会对保护地捐资托管、组织机构或个人的直接捐赠	①现实障碍：无法实现封闭隔离管理，无法移民且没有通过资源化成合理利用的力量；②明确中央与地方政府的事权划分，会造成中央与地方政府事权划分不明，资金数量不足，难以开展公益性强的保护地管理，特别是风景名胜区有的国有资产企业经营	①整合后的国家公园管理机构暂时可保留多块牌子（如自然保护区管理局、风景名胜区管理局），以在中央机构改革完成前直接保留既有资金渠道和优惠政策，维持原有的审批关系；②国家公园建设初期可先由省级地方政府垂直管理，条件成熟时逐渐上交国家，由国家直接行使所有权；③国家公园暂时隶属地方政府但由中央的国家公园管理局进行业务指导、行业监管并给予专项资金补助；④在国家公园内必须应用特许经营等方式将有关联的经营项目规范化

管理单位体制	现有的管理体制基础			体制改革方向			
	保护地案例	管理机构	资金机制	体制试点区阶段体制改革方案（备选）及管理单位体制	资金机制	改革的主要障碍	体制试点阶段的主要举措
属地化横向管理：事业单位管理体制	大多数国家级森林公园	国家林业局：建立国家级森林公园，由省级林业主管部门提出书面申请，报林业部审批。在国有林业局、国有林场、集体林场、国有林苗圃等单位经营范围内建立的森林公园的管理机构，应当依法设立经营管理机构；经营管理机构是国家公园的经营机构，仍属事业单位	地方政府出资为主，有一定的中央专项资金	政事分开、事企分开和管办分离的要求，社会力量参与和市场机制的作用，实现公益服务提供主体多元化和提供方式多样化；着力推进政事分开，理清行政主管部门与事业单位的关系，减少对其微观管理和直接管理，取消行政级别，强化规划、政策法规、行业指导、监督等职责，落实事业单位法人自主权。这类事业管理单位可以选择统一管理事业单位模式：在国家公园建设期可先由省级地方政府垂直管理，条件成熟时逐渐上交国家，由国家行使所有权，体制试点阶段在基层设置国家公园管理处	①加快建立健全公共财政体系，调整支出结构，加大投入力度，着力构建财政支持公益事业发展长效机制；②制定和完善社会力量兴办公益事业的财政政策，形成多渠道筹措公益事业发展资金的政策措施，加大财政投入力度；③公益一类财政给予经费保障；④研究配置资产标准体系，促进资产配置有机结合，强化事业单位政府采购预算编制政策，规范政府采购操作执行行为	①资金不足；范围内社区较多，产值较高，权属复杂，政府管理的财力和统筹能力均有限；②土地权属极为复杂，且国有土地权数据类型多样，国家公园一样要比例小，要像美国一样主导国家公园的统筹管理，首先需要破解地治权所有权较低的难题；③明确中央与地方政府的事权划分，事权缺位，资金数量不足，难以开展公益性强的保护地管理，特别是风景名胜区现有的国有资产企业经营	①所有权由中央政府直接行使，试点期间可以由中央政府委托陕西省政府代行，在省级国家公园建设期可先由省级地方政府垂直管理，条件成熟时逐渐上交国家，各司其职，最终实现央地管理体制的整合。②国家公园管理局暂由中央国家公园管理局进行业务指导、行业监管并给予专项资金补助。③整合后的国家公园管理机构暂时可保留多块牌子（如自然保护区管理局、风景名胜区管理局），以在完成中央机构改革前衔接既有政策，维持原有的审批和优惠渠道等关系。④在国家公园试点经营许可方式必须与保护项目直接关联的特许经营项目规范化

续表

管理单位体制	现有的管理体制基础			体制改革方向			
	保护地案例	管理机构	资金机制	体制试点区阶段体制改革方案（备选）及管理单位体制	资金机制	改革的主要障碍	体制试点阶段的主要举措
企业管理事业（自收自支、自主经营、企业化管理的事业单位）	秦岭的大部分国有林场	陕西省林业厅森林资源管理局直属林场管理：国有林场的经营利用与建设，由省级主管部门提出申请，报林业部审批。国有林场主要包括林业主管部门所属的以营林为主和以林木培育和林性质和以采伐性质为主的国有林场，属于企业管理单位体制	有一定中央专项资金，地方政府与林场企业共同出资	按照《中共中央、国务院关于分类推进事业单位改革的指导意见》改革方向，政事分开、事企分开和管办分离的要求，充分发挥政府主导、社会力量参与和市场机制的作用，实现管理体制多元化；提供服务方式多样化；理清政府与事业单位的关系，行政主管部门减少对其的微观管理和直接管理，取消行政级别，强化制定政策法规、行业规划、标准化制定和监督指导职责，进一步落实事业单位法人自主权。从事公益服务的，继续保留在事业单位序列，强化其公益属性。前置审批模式：由于林场企业原有的管理体制基础属于林场企业横向转变直接管理的中央事权，如果直接转变会非常大。分步、分阶段实现途径，在体制试点阶段必须采取管理模式（统一管理模式）后续再进行改革，最终实现属性。这种模式指县级事业级和大多数市级自然保护区、国家级和大多数省市级自然保护区风景区进行统一规划和运营，但相关事业单位权（如土地、林权和产业项目等）还在省市级地方政府职能部门。涉及这些权利，均要先报批保护区的管理委会，保护区管委会进行前置审批	①按照公益二类改革方向，根据财务收支补助，财政给予经费补助，并通过政府购买服务方式给予以支持；②加快建立健全公共财政体系，调整支出结构，加大投入力度，建财政支持社会力量兴办公益事业的投入机制；③制定完善财政支持公益事业发展政策，形成多渠道筹资金投入机制，促进公益事业发展；④研究建立事业单位资产配置标准化，促进资产管理与预算管理有机结合，强化事业单位政府采购预算管理与执行，规范政府采购操作执行行为	①避免保护与开发的矛盾：中央放权到地方进行保护地管理，给予地方一定的财权、事权空间，是为了在权责对等的原则下充分发挥地方政府对本地情况熟悉，促进社区发展等作用，对保护地资源进行合理利用和初期保护地经济退化成地方政府最大利益发展和管理需求。然而，管理范围内多、权属复杂、值较高，管理的财权和统筹能力均有限；②范围内产业多、产权属复杂，权属复杂；③最大的障碍是中央与地方事权、财权划分	①在体制试点建设期，原有的林场企业部分保留，可以通过特许经营机制继续参与经营与管理；②试点部分建设资金支持原有的林场承担特许经营权，实现试点与经营等方式保护园试点长期内必须应用特许经营与保护直接关联的经营项目没有规范化

首先，管理的工作量在相当程度上是建立在土地权属基础上的，这属于资源保护类工作，属于保护角度的人员配置。人员的数量反映其保护的工作量及其重要程度，其计算与参照国外流行的通过对单位土地面积的投资来核算[①]。作为重要的保护区，从管理角度看，国家公园所需工作人员不仅与保护区的面积有关，也与保护区的类型、功能（保护级别）、周边社区状况（包括人口和生产方式等，这是决定其管理工作量的重要因素）和其他国家有特殊政策的因素（例如民族自治区等）有关，这使仅从满足管理需要的角度确定所需人员非常困难。参考以全职工作人员管理为主的有关国家的相关研究[②]并基于国内的数据情况，在对国家公园分类的基础上，可以根据其面积、类型和周边社区状况，测算从"保护需求角度"的工作人员编制。这部分主要对应管理单位体制设立中的资源管理处、综合管理处、规划建设处的编制数量，各试点可结合自身工作量协调具体名额。

（1）保护相关人员编制的确定。作为重要的自然保护区，资源保护类工作的开展需要从"保护"的角度进行人员配置，这部分主要对应秦岭国家公园管理单位体制设立中的综合管理处、规划建设处、资源管理处的编制数量。一方面，管理的工作量在很大程度上受土地权属影响；另一方面，人员编制反映其参与保护的工作量及其重要程度。从管理角度看，国家公园所需工作人员不仅与保护区的面积有关，还受保护区的类型（森林、湿地等）、功能（省级、国家级等保护级别）、周边社区状况（决定管理工作量的重要因素，包括受影响人口和生产方式等）和其他国家有特殊政策的因素（例如少数民族地区等）等影响，这在很大程度上增加了仅从满足管理需要的角度确定所需工作人员的复杂性（表3-12）。参考《关于广东省自然保护区管理体制和机构编制等问题的意见》中的"自然保护区人员编制计算公式"，综合考虑秦岭国家公园的具体情况，及上述影响因素的共同作用，得到保护部分的人员编制计算公式：

国家公园范围内单个保护地所需要配备的从事保护工作的人员数量：

$$B_i = \left(5X_i + N_i/2 + S1_i/40 + S2_i/60\right) \times T_i \times K_i \times L_i + a_i \times P_i/1000 \quad （公式3-1）$$

其中：B_i表示第i个自然保护地所需的人员编制总数；X_i表示第i个自然保护地的等级（国家级为3，省级为2，市县级为1）；N_i表示第i个自然保护地所包含的保护点个数，本研究按1个保护点／25平方千米计算；$S1_i$表示第i个自然保护地的陆地面积（含森林及内河湖水面，以平方千米计）；$S2_i$表示第i个自然保护地的海域面积（以平方千米计），本研究未涉及；L_i表示第i个自然保护地的类型（其中自然保护区：森林和野生动植物及湿地类为1.15，海洋生态水产资源珍稀水生动物类为0.7，地质遗迹类为0.6，风景名胜区为1.1；其他：森林公园为1.15，水产种质资源保护区为0.7，公益林、茶山和基本农田等为0.8），据此，本研究中自然保护区、森林公园、湿地均取值1.15，天然林取值0.8；T_i表示第i个自然保护地所在地区的类别（发达地区为1.3，一般地区为1，落后地区为0.3），秦岭属落后地区取值0.3；K_i表示第i个自然保护地的主要保护对象（亚热带常绿阔叶林及珍稀动植

---

① 国外国家公园和自然保护区的管理体制千差万别，其中对工作人员的定义也存在诸多差别，与中国的基本没有可比性。
② 例如，印度尼西亚自然保护区的核算标准（不考虑保护区的类型、级别以及周边社区状况等）是：①所有保护区都至少需要20名工作人员；②大于200平方千米但小于2000平方千米的保护区，每增大10平方千米就需要多增1名工作人员；③超过2000平方千米的保护区，每增大400平方千米需要多增1名工作人员。

物为1.1~1.2，高山森林湿地及珍稀动植物为1~1.1，红树林、森林及野生动物、珍稀水生动物为0.9~1，生态林、海水资源、地质地貌为0.8~0.9，无特定保护对象为1），根据秦岭国家公园涉及保护地类型及管理部门中对保护对象的界定（依次为珍稀物种、森林、湿地、森林），本案例中自然保护区取值1.1，为亚热带落叶阔叶—常绿混交林植被景观，所有保护地类型的k值均取阈值内最小值；P_i表示是各个保护地周边社区的人口数量。

然后，将各个保护地所需要的保护人员数量加总，得到国家公园范围内所需要的从事保护工作的全部人员数额：

$$B = \sum_i B_i \qquad \text{（公式3-2）}$$

表3-12　　　　　　　　　　保护区编制人员核算方法

	保护				发展		全民公益性	
面积因素（基准因素）	级别因素	周边社区状况	自然条件等因素	生态旅游	地方发展	科研监测	环境教育
森林	100平方千米以下20人；超过100平方千米后，每增大10平方千米多配1人	省级保护区为国家级编制的70%，市县级为50%	周边社区每有4000人，在基准因素上递增1人	少数民族地区和国家级贫困县，在基准因素上递增10%	参照省内旅游管理编制的数量，公式3-3计算	主要服务于国家公园产品品牌增值体系以及信息化平台的搭建等，主要影响因素取决于地方资源异质性：产业结构和国家公园品牌产品的复杂程度，公式3-4计算	和资源价值相关，但服务于全民公益，适宜事业单位编制确定，公式3-5计算	与资源价值、文化价值、游客人数、保护地面积直接相关，但是服务于全民公益，适宜事业单位编制确定，公式3-6计算
湿地	50平方千米以下20人；超过50平方千米后，每增大10平方千米多配1人		周边社区每有2000人，在基准因素上递增1人					
野生动植物	100平方千米以下20人；超过100平方千米后，每增大10平方千米多配2人		周边社区每有4000人，在基准因素上递增1人					
草原	500平方千米以下20人；超过500平方千米以后，每增大100平方千米多配1人		周边社区每有4000人，在基准因素上递增1人					
荒漠	10000平方千米以下20人；超过10000平方千米后，每增大10000平方千米多配1人		周边社区每有4000人，在基准因素上递增1人					

基于保护部分人员编制标准公式，综合表3-12中其他影响因素，结合国家公园实际情况调整影响因素取值，可得到其保护部分实际人员编制数。秦岭情况比较特殊，由于土地权属较为简单，对社区对应的编制的人数配比较低①。

秦岭国家公园规划区共包括21个森林公园、22个自然保护区、4个湿地公园和6个省属国有天然林经营区，根据公式3-1、公式3-2可得到从事保护工作的人员编制为525人。

---

① 由于缺乏数据支持的保护地所涉及的人口数量，规划区内人口均匀分布，按各保护地面积与规划区总面积比估算各保护地内受影响人口数。也就是说，实际人员核算的时候，需要各个保护区给出社区内的人口比例。

此外，国家公园不仅以保护为主，更注重社区发展和实现全民公益性，因此除保护人员外，还需要配备从事发展和公益工作的人员。保护部分的人员编制已经体现了社区现状和经济发展水平等重要因素，因此在"发展"和"全民公益"中不再作额外分析，仅根据国家公园所在地的产业结构、自然和文化资源特点、交通情况等确定这两方面的人员编制。

（2）发展部分的人员编制。从发展的角度看，国家公园的生态旅游不同于以营利为目的的大众观光旅游，更多地体现为一种国民接触自然、体验自然并与自然和谐相处的方式，因此旅游服务处的人员编制也属于公益性岗位。合作发展处最重要的职能是协调国家公园与地方政府、周边社区的衔接关系，并进行旅游以外的特许经营管理（包括国家公园产品品牌增值体系的建设和管理）。

①旅游服务处。

生态旅游处的编制数＝α×该省旅游系统的编制数×国家公园范围内总人口/该省的总人数

（公式3-3）

式中：α和该国家公园试点的知名度、地理位置有关，0<α<1（试点区知名度越高、地理位置越优，则α值越大），如武夷山国家公园作为世界自然、文化双遗产取值1。尽管秦岭地区为我国重点保护的生态价值极高的区域，但是由于地理位置偏远，因此α取值较小，为0.5。

②合作发展处。

合作发展处的编制数＝该省不同行业的平均编制数×国家公园范围内总人口×β/该省的总人数

（公式3-4）

式中：β指合作发展工作难度系数，0<β<1，协调难度越高、国家公园品牌的产业结构和产品种类越丰富，则β值越大。如武夷山国家公园，产业较多、管理也较复杂（还包括印象大红袍这样的演出），因此β值较高。本研究中由于秦岭国家公园的产业类型相对简单，β取值为0.1。

（3）全民公益性部分的人员编制。从全民公益性的角度看，科研监测处的主要职能是发掘资源环境的科学研究价值，而环境教育处对应的是资源价值、文化价值等教育意义。因此我们认为，科研监测处和环境教育处的编制计算方法类似。

①科研监测处。

科研监测处编制数＝α×该省科学研究技术服务和地质勘查业领域的编制数×
国家公园范围内总人口/该省的总人数　　　　（公式3-5）

式中：α与该国家公园试点的科研价值、地理位置和当地经济发展水平有关，0<α<1。尽管秦岭地区属于我国重点保护区域，具有较高的科研价值，但是由于地理位置偏远，当地经济发展水平较低，因此α取值较小，为0.3。

②环境教育处。

环境教育处编制数＝该省水利、环境和公共设施管理业系统的编制数×
国家公园范围内总人口/该省的总人数　　　　（公式3-6）

旅游系统的编制数、不同行业的平均编制数、科学研究技术服务和地质勘查业领域的编制数，水利、环境和公共设施管理业系统行业人员编制等数据可查阅省统计年鉴。

须指出的是，基于以上公式计算得到的是编制的下限。受保护强度、管理办法、管理力度、政策制度的基础、市场情况等的影响，实际编制数可结合国家公园的现实约束或自身工作量作具体调整。考虑到中央《生态文明体制改革总体方案》中对国家公园实行更严格的管理的要求，也就意味着要通过增加保护部分的人员编制加强管理强度。另外，更大的带动社区发展和体现全民公益的要求，即意味着增加发展部分和全民公益性部分的编制人数。国家公园建成后，考虑管理机构的层级或编制数量的限制，可在各级政府间协调搭配编制人数。另外，管理机构的管理单位体制的具体形式也对管理强度有影响，管理越强则需要的编制人员越多。

由于试点期阶段中央和各省对国家公园管理机构有较多约束，大多数情况下难以满足编制需求，因此本部分的计算方法主要针对建成后的人员编制。加总公式3-1至公式3-6计算的保护部分、发展部分和全民公益性部分人员编制，可知要实现"保护优先、全民公益性为主"的国家公园体制机制建设总体目标，秦岭国家公园理论上所需配备的人员编制数下限：保护方面的事务需要编制525人，发展和全民公益方面的事务需要编制121人（其中旅游服务处22人，合作发展处19人，科研监测处52人，环境教育处17人），共计646人。

3.3 资金机制——如何估算国家公园体制试点区的日常管理成本

国家公园体制试点区首先要实现保护优先，有效的保护必须建立在明确保护对象、设定保护目标并细化保护需求的基础上。保护需求的细化是建立适当的土地利用方式的前提，也是设计相应的制度保障的科学依据。具体土地利用在空间上的实施，需要借助诸如地役权这样的制度落实，而涉及具体空间和管控方式的地役权，又需要借助政府事权，在不同的空间上，根据不同的保护需求和现实约束，使得保护需求和合理利用等事务成为高级别的明确的政府事权，以推动地役权制度的实现。因此，在管理体制上，必须明确国家公园体制试点区管理机构的事务范围并进行中央和地方政府的事权划分，在管理机制上意识到资金机制的核心地位并进行测算，在管理目标上明确空间上的保护需求和相应管理方式，最终将资金用到实处。而在保护需求上，则要在空间上明确保护需求和利用方式的强度，避免封闭式保护的不合理性，并将不同的保护和利用需求与政府事权对应，以明确包括生态补偿等在内的资金需求和保障渠道。

3.3.1 秦岭国家公园的事权构成

国家公园是一项公益事业，政府需要承担足够的职能保证其在生态资源保护和利用方面的公益性。世界自然保护联盟（IUCN）在其保护地管理分类导引里对国家公园的管理目标做了明确的说明，其首要管理目标是实现物种和基因多样性的保存、维护环境服务以及实现旅游和休闲目标；其次，需要提供科学研究和教育机会，并进行荒野和特殊自然及文化属性的保护；最后还可以对自然生态系统内的资源进行可持续利用。因此，政府必须基于这些管理目标明确事权划分，以统筹现有保护地的用资机制进行国家公园筹资的规划和测算，满足国家公园功能的实现和周边社区的协同发展。综上所述，国家公园的政府（中央和地方）对国家公园的事权可以分为四种类型：资源保护和环境修复、保护性基础设施建设、公益性/公共性基础设施建设和服务、经营性利用基础设施和相关服务，这四个方面也分别可以大致归纳为保护需求、服务需求和发展需求。

在此基础上，还需要考虑秦岭国家公园试点区的实际情况。

秦岭地区矿产资源丰富，过去十几年存在着大量无节制的过度开采活动，矿区环境已受到较为严重的破坏。据2013年统计数据，神府煤田采空区面积已超过500平方千米，其中塌陷区面积超过100平方千米，且每年新增30~40平方千米。以华阴市大敷峪、方山峪为代表，采石场进驻后，大面积山体遭到毁坏，大多数采石企业没有制订相应的植被恢复方案，山体环境治理任务艰巨。尽管从2014年开始，陕西省开展了"落后矿山"清理工作，在环境破坏较为严重的地区设置了禁止开采区，但是管治效果并不理想，在部分禁采区仍然时有私自挖沙的情况。例如，在周至县楼观镇田峪河附近，尽管周围的石料厂已经被要求停工整改，但是石料厂工人却利用晚上的时间偷偷挖石采料，导致沿田峪河西河岸出现了越来越多的深坑，严重破坏了河道。矿山开采破坏山体地质结构，造成山体滑坡，选矿产生的尾矿无序堆放和废水、渗液直排，不仅严重破坏生态环境，产生的废石弃渣阻塞河道行洪，极易引发泥石流等自然灾害，对当地群众生产生活安全和野生动植物保护也构成了严重威胁。

除了过度的矿业开发以外，不当的人工林种植也是秦岭地区较为严重的问题，长期以来由于人们对人工植被类型选择的不当、群落密度过大、群落生产力过高等原因，造成人工植被土壤水分的严重亏缺，特别是随着林木密度和林龄的增加，深层土壤水分严重亏缺，直接影响到秦岭地区森林植被水源涵养作用的发挥，限制了林木生长的产量和质量，导致土地生产力退化，严重的甚至使大面积人工植被死亡。

另外，乱排乱放和乱砍滥伐问题也不容忽视。有些县城污水处理厂运行不正常，垃圾填埋场产生的渗滤液处理不规范，许多乡镇没有污水和垃圾处理设施，一些人口集中区域、农家乐、旅游景点污水直排、垃圾乱倒现象还比较普遍。同时一些大型工程和基础设施在建设过程中砍伐林木、毁坏植被的现象比较突出。过去十年，秦岭地区开展了很多基础设施建设活动，例如修了很多高速公路和旅游公路，其中有一些是不必要的工作，这个过程不仅加重了对砂石、木材等自然资源的消耗，而且对沿途植被和其他自然环境也造成了破坏，不利于维护生态系统的完整性。

综上所述，在考虑秦岭国家公园试点区的事权构成时，不仅要按照IUCN的定义从资源保护和环境修复、保护性基础设施建设、公益性/公共性基础设施建设和服务、经营性利用基础设施和相关服务这四个大类分别考虑，还应当在具体内容设计上针对上述秦岭特有的问题纳入矿山修复、人工林植被修复、基础设施管理等保护性事务。同时也要结合国家《生态文明体制改革总体方案》，在事权构成上体现出"节约优先、保护优先、自然恢复"的建设理念。该方案提出要建立健全八项基础制度，其中之一是要"健全资源有偿使用和生态补偿制度"，随后国务院办公厅于2016年4月在《关于健全生态保护补偿机制的意见》中指出"将生态保护补偿作为建立国家公园体制试点的重要内容"，因此国家公园生态补偿相关事务也是一项重要的政府事权。总结起来，具体的事权包括以下内容（表3-13）。

表3-13　　秦岭国家公园试点区政府事权的具体构成

事项	内容
一、资源保护和环境修复活动	编制国家公园总体规划及专项规划
	界桩
	对生态、环境监测设备和保护地的日常巡查、维护（包括巡护公路、森林公安公务用房、保护站管理用房、消防库房、瞭望塔、哨卡、围栏、野外巡护设备装备、环境监测站设备设施、物种保护站设备设施、生态定位站设备设施、公安监控系统、数字化监测平台、信息网络服务等）
	灾害防治（包括病虫害防治、松材线虫防治、森林火灾防治、极端天气如低温冻害、强对流和暴雨洪涝防治，长期气候变化应对）
	符合规划的资源修复（如丘陵陡坡水土流失治理、包括人工林在内的植被恢复、湿地恢复、农田恢复、文物古迹局部保护性维修、矿山环境修复）
	有害生物防治（包括诸如松褐天牛等有害物种）
	重点物种的原地和迁地保护（包括落叶阔叶林、常绿阔叶林等的生境维护和改善、残存性常绿阔叶林孤立树种的抚育和再引种、生态廊道建设、促进顺向演替的定向培育和封育、珍贵种的人工繁育、动物救助等）
	地质地貌和水体保护（如田峪河河岸带防护、特殊地貌维护、标准剖面保护、出露性矿脉保护）
	传统农业景观和历史文化遗迹保护（包括传统土地利用方式、建筑遗址遗迹、民族文化景观等）
	环境监测：大气、水体（地表水、地下水）、噪声
	管理能力建设（管理机构办公、人员培训等）
	涉及保护地功能实现的征地、居民迁移、设施撤离和基础设施建设管理
二、保护性基础设施建设	各类标识（包括大门、界桩、标识、道路指示牌、功能区指示牌等含有公共信息的标志和标记）
	资源保护相关基础设施（包括巡护公路、公务用房、管理用房、消防库房、生态定位站、环境监测站、物种救护站、数字化信息化平台或系统）
	国家公园管理机构基础设施（保护基地综合楼、下属办事处、各种公务用房、职工生活用房、教学实习用房）
	公共卫生设施（包括污水处理、厕所、垃圾箱等）
	供电设施
	供水设施
三、公益性利用基础设施和公共服务	科普相关基础设施和宣传材料（包括访客中心、导览讲解体系、科技馆、博物馆和宣教馆等及其相关设备；解说词编写、宣传书籍和影像等）
	国家公园科普相关工作人员的招聘、培训和项目设计
	数据化系统（包括基于资源巡查和环境监测的科研数据分析、人员培训、数据采集和处理、成果发布等）
	游客安全防护
	基本展览展示设施（包括道路、观景设施、标识等）
	周边环境整治（如村镇风貌整治）
	社区管理能力建设和产业扶持（包括生态旅游、环保教育、有机生态产业、国家公园品牌增值体系等以及专业人才培训）
	其他区域性社会事务管理（包括对原住民提供的治安、基础教育、医疗卫生、社会保障等）
	国家公园生态补偿（既包括对生态系统的补偿，也包括对社区的补偿）
四、经营性利用基础设施建设和相关服务	房地产项目（包括核心区域拆迁居民的安置房）
	旅游基础设施建设（包括观光游道、实体和网络宣传平台等）
	配套服务设施建设（停车场、索道、运营车辆、民宿等餐饮食宿等）
	游憩体验设施（包括观景平台、休憩场所等）

3.3.2 秦岭国家公园的事权划分结果

根据我国国情，决定国家公园中央和地方事权划分的主要原则有三个。

①外部性范围原则。经济学的外部性是指一个经济主体的行为直接影响到另一个相应的经济主体，却没有给予相应支付或得到相应的补偿，外部性可分为正外部性和负外部性。应用到事权划分上，外部性指的是如果一个事务的主要影响范围超越了地方管辖的范围，则该事务就应当由高于该地方的上级机构进行管理；反之，一个事务的主要影响如果仅限于地方，则应当由地方管辖。具体到财权上，则意味着对于国家公园的相应事务中央财政应支付一定比例的成本。

②信息对称原则。所谓信息对称，是指在市场条件下交易双方掌握的信息必须对称，以实现公平交易和资源分配效率最大化。应用到事权划分上，如果一项事务涉及的信息越多样、具体、不易识别或时效性强，越可能造成沟通双方的信息不对称，则该事务应当尽量由地方负责，发挥其熟悉基层事务、能够迅速掌握信息的特点；反之，则可以由上级机构进行管理。

③激励相容原则。这一原则主要指一种制度安排，如果可以使理性行为人追求个人利益的行为与实现其所在集体价值最大化的目标吻合，则该制度安排就是"激励相容"。具体到财政制度，则意味着需要让地方政府管辖的事务能够满足其自身利益并达到国家利益的最大化；如果事务不符合这样的利益诉求，比如地方政府无法得到利益甚至需要做出牺牲来满足国家利益，就必须由中央政府介入。

据此，可以界定中央政府和地方政府的事权划分，把公共产品的供给职责在中央和地方间进行分配，从而确定公共产品的供给主体，保证公共产品的供给效率。

国家公园属于国家公益事业，承担惠及全民及子孙后代的生态保护和面向全体公民的科研、教育和游憩功能，是非营利性事业，因此中央财政应当对国家公园以上公益功能的实现提供财政支持，具体事项包括：国家公园总体规划编制、资源保护和环境整治、基础设施和公共服务设施建设。而地方政府则应该承担与地区发展息息相关，与国家公园的本地运行紧密联系的规划、监督和管理职责。

根据事权划分的外部性、信息对称和激励相容原理，对每项中央和地方应承担的事权进行细分，得到以下可以参考的中央与地方事权划分依据和结果（表3-14）。其中外部性分为具有明显外部性（3分），具有一定外部性（2分），没有明显外部性（1分）；信息对称原则分为信息对称（3分），信息较为对称（2分）和信息不对称（1分）；激励相容原则分为激励相容（2分）和不相容（4分）。基于总得分，某项事务得分4~6分，划为地方事权；8~10分，划为中央事权；7分则划为共同事权。结合对秦岭地区各市政府主要职能部门的调查与专家打分的结果，表3-14给出了秦岭国家公园试点区的中央和地方政府事权划分结果，其中：

中央事权涉及规划编制、重要资源的修复和保护，相关内容包括：资源修复，重点物种的原地和迁地保护，地质地貌和水体保护，国家公园的总体规划，标识和功能区划设立，基本的公共卫生、供水、供电和游客安全防护。

地方事权涉及区域性的公共产品和服务，包括：保护地的日常巡护，文化遗址保护，环境监测，国家公园基础设施，科普人员、社区人员和产业能力建设等相关工作，旅游基础设施和配套设施建设，以及科教文卫等区域社会发展和产业发展相关事务。

中央与地方共同事权涉及跨区域的公共产品和项目，需要中央政府和地方政府共同参与建设，包括：灾害防治、外来物种防治、资源保护相关的基础设施建设和科普宣教建设，数据化系统建设、生态补偿以及涉及保护地居民搬迁和设施撤离等事务。

表3-14　　　　　　　　　　　　　　中央与地方事权划分依据和结果

事项	内容	外部性原则	信息对称原则	激励相容原则	得分	事权划分
一、资源保护和环境修复活动	编制国家公园总体规划及专项规划	具有明显外部性	信息对称	不相容	10	中央事权
	界桩	具有明显外部性	信息对称	不相容	10	中央事权
	对生态、环境监测设备和保护地的日常巡查、维护（包括巡护公路、森林公安公务用房、保护站管理用房、消防库房、瞭望塔、哨卡、围栏、野外巡护设备装备、环境监测站设备设施、物种保护站设备设施、生态定位站设备设施、公安监控系统、数字化监测平台、信息网络服务等）	没有明显外部性	信息不对称	相容	4	地方事权
	灾害防治（包括病虫害防治、松材线虫防治、森林火灾防治、极端天气如低温冻害、强对流和暴雨洪涝防治，长期气候变化应对）	具有一定外部性	信息对称	相容	7	中央和地方共同事权
	符合规划的资源修复（如丘陵陡坡水土流失治理、包括人工林在内的植被恢复、湿地恢复、农田恢复、文物古迹局部保护性维修、矿山环境修复）	具有一定外部性	信息较为对称	不相容	8	中央事权
	有害生物防治（包括诸如松褐天牛等有害物种）	具有一定外部性	信息不对称	不相容	7	中央和地方共同事权
	重点物种的原地和迁地保护（包括落叶阔叶林、常绿阔叶林等的生境维护和改善、残存性常绿阔叶林孤立树种的抚育和再引种、生态廊道建设、促进顺向演替的定向培育和封育、珍贵种的人工繁育、动物救助等）	具有明显外部性	信息较为对称	不相容	9	中央事权
	地质地貌和水体保护（如田峪河河岸带防护、特殊地貌维护、标准剖面保护、出露性矿脉保护）	具有明显外部性	信息较为对称	不相容	9	中央事权
	传统农业景观和历史文化遗迹保护（包括传统土地利用方式、建筑遗址遗迹、民族文化景观等）	具有明显外部性	信息不对称	不相容	8	中央事权
	环境监测：大气、水体（地表水、地下水）、噪声	具有明显外部性	信息不对称	不相容	8	中央事权
	管理能力建设（管理机构办公、人员培训等）	没有明显外部性	信息对称	相容	4	地方事权
	涉及保护地功能实现的征地、居民迁移、设施撤离和基础设施建设管理	具有一定外部性	信息不对称	不相容	7	中央和地方共同事权

续表

事项	内容	外部性原则	信息对称原则	激励相容原则	得分	事权划分
二、保护性基础设施建设	各类标识（包括大门、界桩、标识、道路指示牌、功能区指示牌等含有公共信息的标志和标记）	没有明显外部性	信息较为对称	不相容	7	中央和地方共同事权
	资源保护相关基础设施（包括巡护公路、公务用房、管理用房、消防库房、生态定位站、环境监测站、物种救护站、数字化信息化平台或系统）	具有一定的外部性	信息不对称	不相容	7	中央和地方共同事权
	国家公园管理机构基础设施（保护基地综合楼、下属办事处、各种公务用房、职工生活用房、教学实习用房）	没有明显外部性	信息不对称	相容	4	地方事权
	公共卫生设施（包括污水处理、厕所、垃圾箱等）	具有明显外部性	信息对称	相容	8	中央事权
	供电设施	具有明显外部性	信息对称	相容	8	中央事权
	供水设施	具有明显外部性	信息对称	相容	8	中央事权
三、公益性利用基础设施和公共服务	科普相关基础设施和宣传材料（包括访客中心、导览讲解体系、科技馆、博物馆和宣教馆等及其相关设备；解说词编写、宣传书籍和影像等）	具有一定外部性	信息不对称	不相容	7	中央和地方共同事权
	国家公园科普相关工作人员的招聘、培训和项目设计	具有一定外部性	信息对称	相容	7	中央和地方共同事权
	数据化系统（包括基于资源巡查和环境监测的科研数据分析、人员培训、数据采集和处理、成果发布等）	具有一定外部性	信息不对称	不相容	7	中央和地方共同事权
	游客安全防护	具有明显外部性	信息对称	不相容	10	中央事权
	基本展览展示设施（包括道路、观景设施、标识等）	具有明显外部性	信息较为对称	相容	7	中央和地方共同事权
	周边环境整治（如村镇风貌整治）	具有一定外部性	信息对称	不相容	9	中央事权
	社区管理能力建设和产业扶持（包括生态旅游、环保教育、有机生态产业、国家公园品牌增值体系等以及专业人才培训）	没有明显外部性	信息不对称	相容	4	地方事权
	其他区域性社会事务管理（包括对原住民提供的治安、基础教育、医疗卫生、社会保障等）	没有明显外部性	信息不对称	不相容	6	地方事权
	国家公园生态补偿（既包括对生态系统的补偿，也包括对社区的补偿）	具有一定外部性	信息不对称	不相容	7	中央和地方共同事权
四、经营性利用基础设施建设和相关服务	房地产项目（包括核心区域拆迁居民的安置房）	没有明显外部性	信息对称	相容	4	地方事权
	旅游基础设施建设（包括观光游道、实体和网络宣传平台等）	没有明显外部性	信息不对称	相容	4	地方事权
	配套服务设施建设（停车场、索道、运营车辆、民宿等餐饮食宿等）	没有明显外部性	信息不对称	相容	4	地方事权
	游憩体验设施（包括观景平台、休憩场所等）	没有明显外部性	信息不对称	相容	4	地方事权

根据上述详细的事权划分,需要对相应的资金需求进行调查统计,从而得到每项事务单位面积的资金需求,进而根据国家公园试点区规划的面积得到秦岭国家公园试点区建立和运行的财政资金需求。应该注意,试点区的建立伊始对基础设施建设的初始投入应不同于其后期运行维护费用,因此,三年试点期的年度财政资金需求有一定差异。

根据表3-14中央与地方事权划分结果、各项事务单位面积资金成本和具体的中央与地方财政支出分配比例可以测算出中央和地方各自应承担的财政投入。其中,中央承担的财政资金用于覆盖中央事权和中央与地方共同事权里中央应承担的部分,中央与地方共同事权里中央应承担的部分应当按照一定的规则进行比例划分。目前主要有三种划分依据:①按照现有的秦岭地区各市以及所辖县财政收入中中央财政和地方财政比例进行测算;②按照现有的自然保护区中央财政与地方财政1∶1比例进行测算;③按照其他比例——例如进行专家讨论和可行性评估后所得的比例——进行测算。

3.3.3 既有资金来源与使用结构分析

(1)秦岭国家公园试点区的既有资金来源。秦岭国家公园试点规划区域内主要涉及太白山国家级自然保护区、牛脊梁国家森林公园、终南山世界地质公园、嘉陵江国家湿地公园和宁东天然林经营区等不同类型的保护地。这些保护地的筹资机制较为复杂且不规范,具体筹资渠道如表3-15所示。

表3-15　　　　　　　秦岭国家公园试点区内现有保护地类型和筹资渠道构成

筹资渠道		具体内容
财政渠道	中央财政	中央政府财政投资,如国家林业局的补助资金
	地方财政	地方政府财政投资,如陕西省林业厅专项补助金
市场渠道	门票收入	收取游客的游览费用,如秦岭野生动物园景点门票
	其他经营(不包括门票)	营利性社会力量通过特许或承包经营等方式直接或与自然保护地共同开展经营创收活动,如西安旅游集团在秦岭终南山世界地质公园等景区内的专营权
	融资	银行贷款等,如2010年亚洲开发银行对秦岭生态和生物资源保护项目提供4000万美元的贷款
	自然资源有偿使用费	管理机构自身开展经营创收活动和有关服务收费,如风景名胜区内集体土地有偿使用费
社会渠道		企业通过基金会对保护地捐资共管、组织机构或个人的直接捐赠,如GEF(全球环境基金)和WWF(世界自然基金会)对佛坪保护区的捐赠

①财政渠道。中央财政、省级财政的专项补助资金是秦岭国家公园试点区内各类保护地的一项主要资金来源,用于园区内基础设施建设、资源管护、科学研究、执法与监督等。按照《陕西省秦岭生态环境保护条例》的要求,陕西省人民政府以及秦岭所在地设区的市、县(市、区)人民政府不仅将秦岭生态环境保护资金纳入财政预算,而且设立了生态建设、生态保护、生态环境治理等方面的专项资金(如循环发展专项资金、一县一产业专项资金、产业发展引导资金、环境保护资金和基本建设资金等),用于秦岭山区基础设施建设,支持秦岭山区因地制宜地发展对生态环境有益的各类产业,改善当地人民群众的生产生活条件。在中央层面,从2008年开始,中央财政采取转移支付的方式对秦岭南水北调中线水源地给予生态补偿93.61亿元,其中2011~2014年发生的生态转移支付资金达到55.17亿元,同时也以发行国债的方式为秦岭地区省、市、县(区)政府的生态保护工作

提供资金补助。但是，对于秦岭地区生态环境改善和经济发展等工作而言，中央及地方的财政补助总体上仍然杯水车薪。以国家风景名胜区为例，从1984年开始中央财政每年划拨1000万元用于国家风景名胜区中的资源保护与建设，近三十年来国家风景名胜区的数量已增加至原来的四倍多，但是中央财政补助金却一直保持在几十年前的水平，分到秦岭的部分则越来越少。

②门票收入。目前，秦岭国家公园试点区内各景点的门票价格主要存在政府定价、政府指导价和市场调节价三种定价方式。在执行政府定价或政府指导价的景区中，大部分省管景点的门票价格由陕西省物价局核定，定价范围包括门票价格、索道客运票价、漂流门票价格、各类车票价格、邮资门票价格和停车收费等。2014年陕西省物价局下放了一批秦岭地区省管旅游景区（点）门票价格的管理权限，此后这些景区可根据市场情况，自行制定门票及交通工具的收费。

秦岭国家公园试点区内各景点的门票收入主要由景区管委会收取，是景区经营收入的主要来源，景区对门票收入的依赖度较高。就门票收入的管理模式而言，以华山景区为例，在华山景区，华山管委会的级别最高，与华阴市政府（县级市）同属于渭南市政府直接管辖。华山景区的门票收入由管委会收取，作为财政非税收入，这笔钱按照"收支两条线"的方式，交由渭南市政府财政局管理，并主要用于华山景区的资源保护和管理。

③其他经营收入。经营渠道包括内部、外部两方面：内部是指自然保护地管理机构以自有资金开展经营活动并将收入用于区域管理，外部是指营利性社会力量以投资方式在自然保护地范围内开展或参与开展经营活动并将部分收入交给管理机构反哺保护。

秦岭各景区内的旅游公司以税费（包括资源保护费和专营权费）的形式将部分收入上缴所属省市财政，并自留剩下的收入用于游览区内所有旅游设施的维护以及相关人员的管理费用和营业费用。省市政府再以专项资金的形式拨回部分款项用于景区内的行政事业、遗产保护、社区发展等公益事业，以支持景区管委会和旅游公司在景区内的资源管理保护和适度经营开发等活动。

④自然资源有偿使用费。其征收渠道是中央或地方政府向受益于自然保护地的单位、个人征缴一定量的税费，然后再根据具体情况补助有关利益方。自然资源有偿使用费的征收是保护资源和合理配置资源，支持景区可持续发展的客观需要，也是解决景区保护资金不足、化解当前政府和景区收取宣传促销费等合理不合法问题的有效途径。但是，现阶段秦岭风景名胜区对旅游资源的有偿使用还没有达成统一的收费标准，目前主要参照国家标准，结合社区协商和面议的结果，收取一定费用。因此，这种资金渠道相对分散零落，管理混乱，缺乏统一标准，未必反映了自然资源的市场价值，也难以保证征收费用用于自然资源保护。

⑤社会渠道。社会渠道一般指用于自然保护区的直接捐助或间接捐助（如环境彩票）资金来源，也包括非营利社会力量（NGO）在人力物力上的投入。目前，我国还没有形成较为完善的社会捐助制度，大众传媒和环境NGO的势力也比较弱小且没有受到充分重视，因此，相对于其他筹资渠道，社会渠道的筹资方式在我国还不是主流，志愿者组织相对落后，社会捐赠尚没有形成常态机制。目前，社会渠道的主要来源是国际援助，例如2010年秦岭生态和生物资源保护项目获得了GEF（全球环境基金）500万美元的赠款，用于支持秦岭国家植物园建设。这些经费常常为一次性或非常规的经费，只能不定期地支持秦岭地区一些大型和较高级别的自然保护区，其数量在所有资金渠道

中所占比例较低。作为资源条件丰富、保护需求多样、国际声誉较大的秦岭，在社会渠道筹资方面应当有所突破。

从以上对秦岭国家公园试点区现有保护地的筹资渠道分析可见，秦岭当前筹资机制有两个特点。

一是除佛坪自然保护区以外，针对其他保护地的中央和地方财政投入资金比例较少。根据2002年的数据[①]，陕西佛坪国家级自然保护区受国家级管理单位管理，中央和地方财政投入资金的比例达到72%，而同样作为国家级自然保护区，陕西太白山自然保护区、牛脊梁自然保护区和长青自然保护区的财政投入比例只有30%左右，其余省、市、县级自然保护区的财政投入比例则更少，有的不过20%，有的则完全没有财政资金介入，全靠自筹。财政资金投入的不足会影响中央和地方政府履行其自然保护区建设和区内资源保护的职能，从而造成生物资源保护工作滞后，对灾害抵御和恢复能力低，现代化预报和监测能力不足等问题。

二是除了景区的山林有偿使用费、市林业部门对主景区的拨款及上游生态公益林补助外，风景名胜区的资源保护效果很大程度上取决于具有经营权的股份有限公司的经营收益，特别是门票收入。我国国家公园的特许经营大多采取垄断性的、整体承包的方式，特许经营时间较长，短则40~50年，长则70年。这不仅给拥有经营权的公司创造了巨大的盈利空间，而且使得特许经营者在时间上难以引进竞争机制。一方面，公司为了增加盈利总量，使旅游经营成为景区管理的重点，而倾向于忽略自然资源保护；另一方面，由于公司的实际收入受制于市场大小年的波动，因此投入到资源保护和社区发展的资金规模具有不确定性。不仅如此，尽管在协议中一般规定景区管理机构对企业的经营行为按照总体规划进行监督，但是由于景区管理机构参与企业的收益分成，也是景区开发经营的既得利益者，因此管理机构对企业的监管相对较松，在企业面前也缺乏权威，从而存在监管乏力的问题，不利于景区内自然资源的保护。

（2）秦岭国家公园试点区的资金使用结构。鉴于秦岭国家公园试点区目前的保护地多样性，我们需要依次梳理单一保护地不同用资构成、特点及筹资机制与用资机制的对应关系。

通过对秦岭各类保护地管理机构的财政支出进行统计，发现普遍而言这些保护地的用资构成相对简单，主要分为事业性支出和项目性支出（主要是基本建设支出）。按照支出的经济用途，事业性支出可以划分为工资支出、商品和服务支出、对个人家庭补助支出、对企事业单位的补助、其他资本性支出等，按照开支对象则可以划分为"人员经费"和"运行经费"等；项目支出则包括用于保护地生态管理和建设、扶持社区发展等项目的专项资金。

总体而言，按照资金用途，保护地的资金支出主要可以分为人员工资、建设管理费、补偿费和上缴财税四个部分。

人员工资主要包括对保护地管理机构编制内员工和临时聘用人员的工资、津贴、补贴、奖金以及社保等福利开支，但不包括秦岭地方旅游公司内的人员工资。

国家公园体制的用资渠道中，人员工资是重要的支出项目，也是资金机制的重点。由于国家公园是公益事业单位，因此其在管理单位体制确定的时候（"三定"方案中），会明确具体的人员编

---

① 苏杨：《中国西部自然保护区管理机制研究》，北京师范大学硕士学位论文，2004。

制数目、机构性质（确定管理国家公园的政府级别、单位类型等），而结合国家/本省人员工资标准（岗位工资和其他相关福利），即可得到人员工资[①]。其中，中央直管的国家公园，人员工资由中央财政拨款，而各省直管的编制下，则省级财政拨款。

建设管理费包括自然和文化资源核心保护、保护地运行维护管理、基础设施建设以及保护地展览、活动规划和宣传四个方面。具体而言，各类保护地应当按照相关保护规定完成基础设施建设，配备相应的管理设备并开展基本管护活动，并在相应功能区根据法定区划进行相应保护和利用。具体而言，产生的费用主要包括：资源调查和巡护、资源状况和游客容量监测、环境修复和物种繁育、基础设施建立和维护、基本游览服务设施的修缮和维护、科普宣教项目和设施的规划实现等。

补偿费主要是依据土地所有权和自然资源经营情况对保护地内和周边受到管理需求影响的居民进行补偿。对秦岭国家公园试点区内现有各类保护地而言，目前这部分费用主要包括山林有偿使用费和生态公益林补助，但未来在土地利用方式上可能会出现新的调整，例如采取租赁或赎买的方式，也有可能引入地役权制度。

以佛坪自然保护区为例，2002年保护区管理机构财务支出总额为480.1万元，其中行政事业支出为220.68万元，专项事业经费126.79万元，开发建设费用122.03万元，上缴省级财政10.6万元。具体支出事项如表3-16所示。

表 3-16　　　　　　　　佛坪保护区管理局财务支出明细（2002年）

项目	金额（万元）	备注
支出合计	480.10	
一、行政事业支出	220.68	其中人头费（编制内人员工资）209.9万元
二、专项事业经费	126.79	
1. 森林防火防病等	34.18	
2. 卫生设施及山道维修	21.57	尚欠工程款240万元
3. 社区共管补助费	47.10	扶持社区居民的生产生活
4. 其他	23.94	社区救灾、保护野生动物的宣传教育等
三、开发建设	122.03	
1. 林区开发建设	58.45	
2. 归还贷款本息	60.08	
3. 其他小型建设	3.5	
四、上缴省级财政	10.60	

[①] 中国的保护区是公立事业，保护区管理机构是受机构人员编制约束的事业单位。在报批保护区管理机构时，各地机构编制办公室都会在考虑保护区所属系统人员编制总量约束的情况下，根据各保护区管理机构递交的报告从保护区的重要性、管护工作量以及这一领域财政资金状况确定其单位性质（全额拨款、差额拨款、自收自支）、级别和人员编制，而相关财政投资一般情况下（只有少量与林业重大工程建设或国家级扶贫项目有关的例外）均与编制挂钩（人头费由人员编制决定，其他经费由机构级别和职能决定）。另外，中国的保护区建设和管理是纯粹的公立事业，而许多国家不仅存在大量私立性质（即保护区建立在私人所有的土地上）的保护区，且保护区的工作量有相当程度是由兼职人员和志愿者完成。

结合图3-6，发现佛坪自然保护区的用资结构较为简单，行政事业支出占据主要部分，该项主要用于编制内人员工资发放，而专项事业经费和开发建设费用分别只达到总支出的26%，说明保护区管理机构在自然资源与环境保护、林区开发建设方面投入较少，重视程度不够。

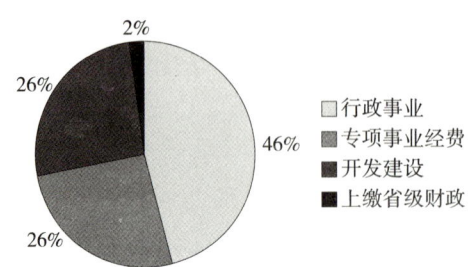

图3-6　佛坪保护区管理局2002年财务支出结构

除了佛坪自然保护区，秦岭国家公园试点区还涵盖了其他多种类型的保护地，不同类型的保护地用资结构大致相同，即行政事业支出所占比例较高，而用于生态保护和建设管理的资金占比则较少。从用资顺序来看，保护机构通常是先人员工资、次建设、后办公，即在资金安排的优先顺序上先保证员工工资，再安排基础设施建设，然后才考虑日常管理需要，最后才是保护。这种"轻保护"的用资结构通常会造成以下两种问题：一是因保护资金投入不足而造成日常巡护设备难以更新、防灾救灾能力不足、社区发展项目难以为继等问题；二是存在人才断层、仪器缺乏、科研方法落后等部分间接由保护资金不足所造成的问题。

用资结构的问题主要还在于筹资机制上：在秦岭各类自然保护地，人员和公务运行经费完全依赖所属的省、市级财政，中央财政转移支付则要求专款专用。秦岭国家级自然保护区群的面积辽阔，区内工作地点偏远，有限的地方财政难以提供吸引人才、更新设备的资金，导致目前保护区内存在由设备老化所导致的火灾等森林安全隐患。从目前数据来看，尽管省级财政自2011年以来每年提供金额不等的资源管护资金和科学研究专项资金，但数额波动巨大。此外，风景名胜区还存在世界遗产地内居民迁出安置问题、出于保护需求的经济作物赎买以及生态补偿等问题；当前的资产经营形式还涉及进入企业工作的当地居民的未来发展问题。筹资渠道的不通畅导致这些问题迟迟得不到有效解决。

根据现有的资料，可以将秦岭国家公园试点区筹资机制与用资机制对应起来，如表3-17所示。目前，对于秦岭各类自然保护地而言，中央财政专项补助金仅覆盖区域内的建设管理费用，包括资源核心保护、保护地运行维护管理和基础设施建设，而地方财政除了需要覆盖这部分费用，还需要负责部分编制内的人员工资和保护地展览、规划与宣传等活动经费，这就给地方财政带来较大的压力。如果保护地的市场经营状况较好，则能获得可观的门票收入、其他经营收入、银行贷款和自然资源有偿使用收入等，这部分收入不仅能用于支付保护区人员工资和建设管理费用，而且其中的门票收入和其他经营收入能够为地方政府创造非税收和税收收入，从而减轻地方财政在保护区管理上的压力。以华山景区为例，景区门票收入主要由景区管委会收取，全额上缴景区财政。景区管委会作为渭南市财政的预算单位，实行收支二条线的管理，收入直接上缴金库，扣除当期应上缴数后剩余金额作为景区经费并及时拨付，用于支付景区的行政事业支出，遗产资源的保护、规划、绿化和宣传费用，扶持景区周边乡（镇）、村，归还贷款等。景区内的旅游公司则以税费（包括资源保护费和专营权费）的形式将部分收入上缴华阴市财政，并自留剩下的收入用于游览区内所有旅游设施的维护以及相关人员的管理费用和营业费用。但是，就目前情况而言，这种对应机制使得景区经营企业和管理机构过度依赖门票收入和其他经营收入，容易产生景区内旅游资源过度开发、无序经营等问题，忽视对保护地内生态资源的监管和保护，从而导致以经营反哺保护的力度不够、效果不好。

表3-17　　秦岭国家公园试点区内现有各类保护地筹资机制和用资机制的对应关系

筹资渠道	用资渠道	人员工资资源核心保护	建设管理费			上交财税	生态补偿费
			保护地运行维护管理	基础设施建设	保护地展览、活动规划和宣传		
财政渠道	中央财政		√	√	√		√
	地方财政	√	√	√	√		√
市场经营渠道	门票收入	√	√	√	√	√	
	其他经营（不包括门票）	√	√	√	√		
	融资①						
	自然资源有偿使用费②		√	√	√	√	
社会渠道		√	√	√	√		

注：①景区借贷资金用于世界遗产范围内居民迁出，不算在此处用资渠道里。②山林有偿使用中没有具体说明用资渠道。

（3）小结：国家公园资金机制设计总体原则。

①资金筹措和使用。秦岭国家公园的资金机制应采取中央政府投入为主、地方政府投入为辅、社会资金筹措并存的方式，体现国家公园保护为主和全民公益性优先这两个核心内涵，避免过度经营；同时，建立多渠道的资金投入机制和多样化的、合理的生态补偿机制。这里，多渠道的资金投入机制主要包括财政渠道、市场渠道和社会渠道三种，一方面，要结合国家公园的事权划分结果确定中央与地方的具体事权及相应的支出责任，另一方面，要积极拓宽国家公园资金投入的市场和社会渠道，具体方式将在后文展开详细阐述。就生态补偿机制而言，不仅要进一步提高中央与地方的财政转移支付比例，以使其匹配国家公园的生态保护需求，还应规范秦岭地区各项资源有偿使用的收费标准，使其能够准确反映自然资源的市场价值，提高机制运行效率。此外，还需要积极探索实物补偿、智力补偿等其他生态补偿途径，创新补偿方式，使国家公园在加强保护、体现全民公益性上再上台阶。

在资金使用方面，一方面，要调整现有的资金使用结构，提高保护性支出在全部支出中的比例，加强秦岭国家公园内的资源管护和基础设施建设，并解决园区内的土地权属问题；另一方面，应该探索更为有效的资金使用方式，在充分挖掘秦岭地区的资源比较优势的基础上，提高当地社区的组织化程度，优化和升级周边社区的产业结构，提高产品附加值，帮助周边社区居民提高收入，从而控制周边社区对国家公园的干扰性活动，并激励周边社区共同参与园区内的生态、环境与资源的保护工作中来，形成一种互利共赢的组织体系。

②资金管理。在资金管理方面，秦岭国家公园的资金应由综合管理部统一管理，建立收支两条线。财政拨款、经营所得收入及社会投资收入存入秦岭国家公园资金账户。资金需用于国家公园的维护管理、生态保护、生态补偿、科学研究、环境教育、游客管理、社区扶贫等专项，使用时需要提前提交申请，并由监督机构全面监管，具体管理办法亦将在后文展开详细阐述。

3.4 管理体制创新——如何克服钱、权约束

建立符合中央要求和秦岭国家公园实际情况的管理体制机制能否落地，有赖于基础制度。与中央《生态文明体制改革总体方案》中的生态文明八项基础制度对应，由四部分构成：前端规划（"多规合一"）、自然资源资产产权制度构建和制度创新、中端补偿制度、后端干部政绩考核和离任审计制度，这也是秦岭国家公园管理体制机制改革的制度保障框架，因此秦岭国家公园管理体制机制创新必须在这个保障框架下进行。

秦岭国家公园的管理要想克服钱、权约束，必须进行体制机制创新，依靠创新生态保护管理体制机制，建立资金保障长效机制，有序扩大社会参与，从而满足生态保护管理体制建设新要求："归属清晰、责权明确、监管有效"。其相关配套制度主要包括：生态文明特区制度构建；管理单位体制；符合现实情况的土地权属制度；财政保障较强的资金机制；绿色产业发展及其配套制度建设；社会力量参与机制等。以下重点探讨符合现实情况的土地权属制度创新、绿色产业发展及其配套制度建设及社会力量参与机制。

3.4.1 符合现实情况的土地权属制度创新：引入地役权制度

明确秦岭国家公园管理体制机制创新的核心问题之后，下文将从细化空间保护需求的视角提出降低保护成本、兼顾各方需求的土地权属制度创新——地役权制度。基于细化空间保护需求的地役权制度，可以对生态和景观上连续的土地资源因为权属不一、人口密集及基础设施过多造成的破碎化进行再统筹；实现从重要保护目标而言的原真性、完整性保护；有利于资源的可持续性全面利用。

从秦岭进行国家公园试点的具体困难和生物多样性保护的需求出发，对秦岭相关事务的事权划分要和空间（包括边界）结合起来。这是因为：细化保护需求的行为靠地役权落实，地役权本身就是生态补偿的一种高效且开源的形式。但地役权在中国，需要借助政府的事权，在不同的空间上，根据不同的保护需求和现实约束，让部分地役权成为高级别政府的事权，能相当程度上推动地役权及其配套制度的构建。

从技术角度而言，这样降低保护成本、兼顾各方需求的制度创新，需要基于细化保护需求。如前所述，一套合理的空间规划需要针对具体特定的保护对象，明确为保有其现有状态或对其进行改良或避免其恶化需要采取哪些保护方式以达到保护目标，即梳理具体的保护需求，形成一套在空间上可以示范的行为准则，并将其与现有的土地权属和利用方式进行比较，提出对土地利用的空间管制程度和方法，并针对保护需求划定管理功能区域，从而推动地役权制度的顺利实施。

（1）地役权制度的设计思路。秦岭国家公园试点区在保护和发展上存在的主要矛盾是森林生态

系统服务中的供给服务与支持和调节服务功能的矛盾，即对森林资源的物质获取和开发旅游的使用与维持森林生态系统并发挥其生态公益性功能的矛盾。这种长期存在的保护和利用的矛盾主要体现在土地权属问题上，特别是在山权和林权经历了多次变化、征地政策和保护政策存在历史遗留问题时显得格外突出。

保护需求空间细化的重要目的是为了在土地权属破碎化的情况下实现保护行为和限制行为在具体的地块上实现，即对土地所有权人的具体使用活动类型、方式和强度进行规范，并予以制度化的奖励或补偿。针对我国保护地普遍存在的土地权属问题，制度的发展方向应立足以下四个方面：①土地所有权不应有根本性的变更；②对土地承担的保护行为应当予以补偿；③补偿的形式可以直接补给，也可以建立资源可持续利用的社区共管；④上述内容可以以契约方式加以固定。

国际上其实已经有环境地役权来实现类似功能，即通过限制土地所有者或使用者的某些土地经营权或收益权从而达到保护目标，并给予利益受损者相应补偿，即为了达成保护目标而有针对性地限制具体的活动并尽量避免对其他利用活动的干扰。

目前，我国林权和土地权属的矛盾主要集中在：①对土地所有权变动的敏感性；②对土地利用收益丧失的补偿。地役权的提出，既是针对这两个矛盾焦点，也符合国家公园公益功能和社区发展并举的要求。目前，在文化遗产保护方面，调查中地方提出以股份制、合作社、私人买断经营权等不影响房屋所有权的方法，让民居所有人得到安置、提供社会保障，以贷款形式让政府作为中介建立投资商和居民的联系，修缮开发并以未来收益偿还债款等。在风景名胜区管理方面，武夷山风景名胜区自2002年以来，借着《物权法》和全国集体林林权制度改革的全面推进，提出了山林"两权分离"的管理模式，秦岭国家公园可以借鉴此经验。上述建议和实践其本质都是在不碰触土地所有权的情况下，将使用权、经营权和收益权分离出来。特别是"两权分离"，可以认为是对地役权制度设计的一个开端。

总体而言，地役权制度在设计上将会把握三个方面：①使用权或收益权的细分；②保护行为和限制行为的权责明晰；③资金补偿和非资金补偿并重。这样，才能够在"两权分离"的基础上更明确利益相关者的得失，将保护和发展目标细化，在前述事权明确的基础上，让财政资金来源明确，也提出扩大资金来源的可能性。

（2）与地役权配套的制度。不仅秦岭国家公园，我国其他入选国家公园的保护地并非无人区，即使核心保护区域也是如此。《自然保护区条例》中核心区严格禁止人进入的规定，既缺乏科学性也缺乏可行性。保护需求是可以细化的，对相当数量的物种和生态系统，其并不需要太大面积的严格禁止任何人类活动的区域，甚至有的与原住民的生产生活形成了近似"共生"关系，严格禁止人类活动反而会有损保护效果。例如，依赖人工稻作系统才能生存的朱鹮，如果禁止了传统农耕生产，反而可能灭绝。这样，对这种区域的保护，只需要对原住民进行满足保护需要的权利限制即可，而不用改变土地所有权，这就是地役权的科学基础。尽管出于保护目标的需要而不得不对土地的利用范围、方式、强度、时间进行限制（如对朱鹮的栖息地需要禁止的仅是在农业生产中滥用化肥、农药和随意调整种植结构），但这种局部限制远比土地赎买和整体移民成本低，且在某些情况下比封闭管理更合理，这种对土地利用的局部限制权就可以称为保护地役权。

与地役权配套的制度主要包括两个方面：①地役权评估和中介制度，即由专门的政府机构评估地役权并撮合受役方和供役方的交易；②地役权配套资金制度，即提供资金使地役权拥有者获得与其受限制权利相应的补偿资金或优惠措施。这种补偿一是根据因使用限制而导致的产出受损的部分进行的补偿，二是对地方政府、原住民、保护机构等付出的劳务成本进行的补偿；优惠措施则包括相关税收优惠或其他生产资源的优惠供给等。

地役权这样的制度创新，也是国家公园体制试点区、生态文明制度建设的先行先试区和生态文明基础制度因地制宜的创新实践区的具体体现。可以用图3-7来说明这项制度创新与生态文明八项基础制度之间的关系（中央的《生态文明体制改革总体方案》第一次系统提出了生态文明八项基础制度）。只有在这样的生态特区做好这样的制度创新，才可能率先将生态文明制度完整系统地呈现出来。

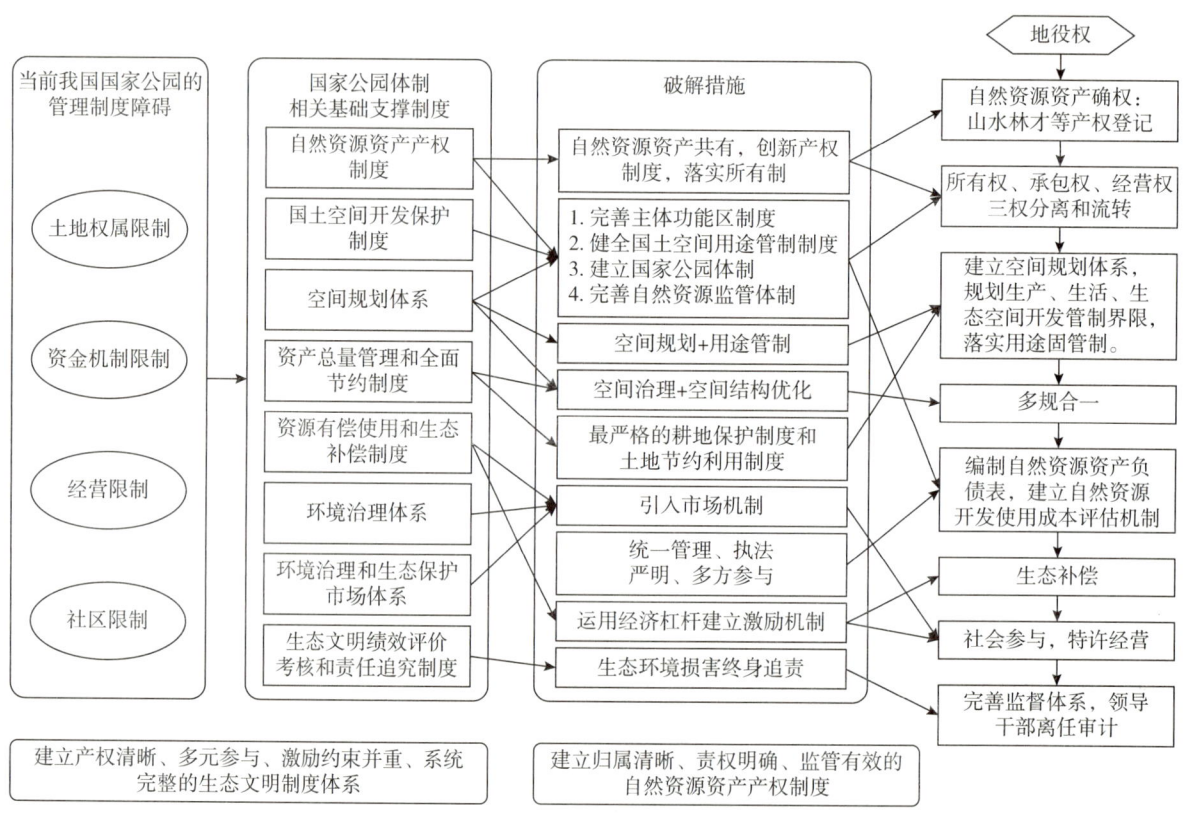

图3-7　地役权制度创新与生态文明八项基础制度之间的关系

3.4.2　借助国家公园品牌增值体系发展绿色产业

秦岭国家公园的保护要和形成特色产业结合起来，即保护成果要体现为区域发展和民生改善，这样才能保证保护工作的广泛参与和可持续。通俗来说，就是：保护好了，要见效益。同时为了破解秦岭国家公园保护与发展的矛盾，实现"保护为主，全民公益性优先"，构建国家公园品牌增值体系是绿色产业发展的重要途径，是一种新经济发展模式，一方面有利于保护自然资源，另一方面考虑了当地原住民的诉求，提高其经济收入，改善其生活环境，实现国家公园范围内绿色发展。

构建国家公园品牌增值体系是绿色产业发展的重要途径。"绿水青山就是金山银山"的绿色发展目标实现，必须配套相关的制度保障，中央提出了一系列的生态文明体制改革意见和方案，其核心就是通过生态文明制度建立来保障"绿色发展"。而生态文明制度的落地突破点是中央提出的"建立国家公园体制"，其作为保护地管理体系的龙头建设推动着整个保护地体系的改革，从而使得国土空间分功能使用和生态文明制度建设优先落地。由此，生态文明制度是绿色发展的制度保障，而国家公园有最好的条件成为生态文明制度的先行先试区与落地抓手，其中国家公园品牌增值体系构建是促进绿色发展的重要途径，所以以生态文明制度为基础和以国家公园体制建设为背景的国家公园品牌增值体系建立，是保证绿色产业发展实现的重要举措与途径（图3-8）。

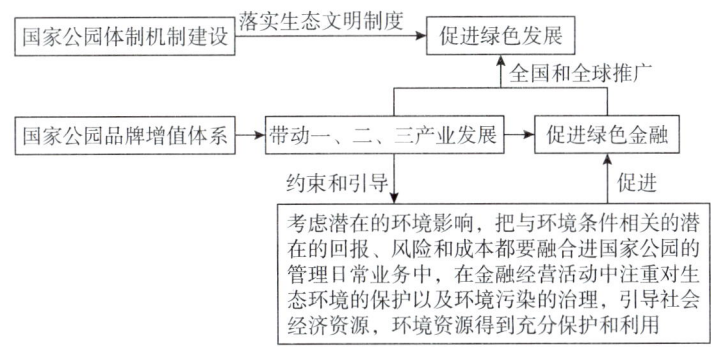

图3-8　国家公园品牌增值体系构建与国家公园体制、生态文明制度及绿色发展的关系

国家公园品牌产品增值体系的要点有三：品牌、体系、增值，即所有一、二、三次产业的产品的共性特征是品牌，而该品牌的管理和推广是由多部门参与的一套管理体系所支撑，最后实现品质和市场认可度提高所带来的单位产品的增值。该体系主要包括：产品发展指导体系、产品质量标准体系、产品认证体系、品牌管理推广体系和品牌增值检测和保护情况评估体系。从一产看，它是发展高效生态农业的必然选择，推进农业结构调整，转变农业增长方式，引领农业发展，提高农产品竞争力，并且能够培育农业文化，强化自主创新。从二、三产业看，国家公园品牌推动"中国制造"加快走向"精品制造"。它可以促进和引领国内消费品和国际标准的对标，引导企业加强从原料采购到生产销售的全流程质量管理、产品认证和第三方质量检验检测，建立严格实施缺陷产品追溯召回制度，增强大众对国产消费品的品质信任度和品牌认可度。国家公园品牌系列产品有利于培育地方一、二、三产业，形成产业链，创造地域品牌效应，实现从资源—产品—商品的升级，使产品增值，成为现阶段农民增收和区域绿色发展的重要形式。

3.4.3　社会力量参与机制

坚持国家所有、全民共享原则，建立社会广泛参与保护管理、科研监测、特许经营、志愿者服务、社会监督等方面的机制。

一是建立健全社会投资与捐赠制度。以园区作为平台和载体，制定社会投资与捐赠制度和相关配套政策，广泛吸收企业、公益组织和个人参与国家公园生态保护、园区建设与发展，给予投资捐赠方荣誉和信誉保障，鼓励支持社会资本领办生态恢复治理区块和项目，开展特许经营。

二是推行志愿者服务机制。建立志愿者招募、管理、培训、参与、保障、奖励制度，广泛吸引社会各界志愿者，特别是青少年志愿者参与国家公园志愿服务工作，通过志愿参与活动提升社会各界的生态环保意识，扩大国家公园影响力。

三是建立林区群众、社会公众参与特许经营的机制。推动社会组织和个人参与到国家公园生态保护、社区共建、特许经营、授权管理、宣传教育、科学研究等合作领域。保持草原承包经营权不变，通过发展生态畜牧业合作社，积极探索特许经营方式对园区草原进行经营利用。生态体验、游憩服务和环境教育等实行特许经营的领域重点向当地牧民群众倾斜，并逐步向社会开放。鼓励支持牧民群众以投资入股、合作、劳务等多种形式开展家庭旅馆、牧家乐、民族文化演艺、交通保障、旅行社等经营项目，促进当地第三产业发展。加强县城及周边重点乡镇公共设施建设，引导牧民向城镇转移就业，让牧民群众更多地享受国家公园建设发展带来的实惠，协同推进生态良好、牧民富裕、社会和谐，实现共同迈入全面小康社会。

四是建立大专院校和科研机构合作参与机制。搭建合作发展平台，鼓励支持大专院校和科研机构参与国家公园的规划设计、生态保护、科研监测、社区共建等，为国家公园建设与发展提供科技支撑和技术服务。

五是建立健全社会监督机制。建立国家公园信息公开制度，搭建公众参与平台，建立举报制度和权利保障机制，保障社会公众的知情权、监督权，接受各种形式的监督。不断扩大影响力和受众面，提升国家公园的社会化管理水平。

六是建立健全当地牧民参与国家公园的共建机制，鼓励支持牧民从事公园生态体验、环境教育服务，从事生态保护工程劳务、生态监测等工作，优先安排园区内牧民群众和周边的无畜户、少畜户和贫困户，使牧民在参与生态保护、公园管理和运营中获得稳定收益。同时建立牧民群众生态保护业绩与收入挂钩的机制。

4. 秦岭国家公园建设的具体方案

秦岭国家公园建设的实施方案中要体现国家对国家公园体制机制建设的要求，充分体现"统一、规范、高效"的要求，充分体现国家公园的共性并且反映秦岭国家公园自身的特点。国家公园的共性表现在：①从保护价值角度看，较大范围、较高等级的生态系统的独特性与完整性可以得到较好的保护；②从保护需求角度看，原住民和动植物已经成为不可分割的一体；③从利用需求的角度看，要求资源的可持续利用的价值得到充分而且全面的利用。

而秦岭自身特点体现在：①秦岭具有建立国家公园的地理因素，内部大部分地域是限制开发和禁止开发的主体功能区；②秦岭地区保护地和保护区群落现况（本底不清晰）、当前生态环境威胁、关键保护物种的保护需求和管理方式有较大差异，如大熊猫（避人）、羚牛、朱鹮（伴人）。

2007年11月24日，省人大常委会审议通过《陕西省秦岭生态环境保护条例》。2009年，时任陕西旅游局副局长、全国人大代表徐明正，在全国"两会"上提交提案——《把秦岭生态功能保护区建成国家中央公园》。2016年8月四川、陕西和甘肃三省启动了大熊猫国家公园体制试点方案的编制工作，并于12月获得中央批复。

在这样的背景下，秦岭国家公园体制机制的建立目的是：要坚持"保护为主，全民公益性优先"，并满足以下几个方面的原则：①借助秦岭国家公园的建立，落实主体功能区划，借助多规合一，创新生态保护管理体制机制，建立资金保障长效机制，有序扩大社会参与。生态保护管理体制建设新要求："归属清晰、责权明确、监管有效"。②国家统一行使重要自然资源资产管理与国土空间用途管制，着力对自然保护区进行优化重组、增强联通性、协调性、完整性；③坚持生态保护与民生改善协调，推动形成绿色发展方式和生活方式。

因此秦岭国家公园建设的最终目的是：①从"保护好"的角度探索国家公园建设，在管理体制上创新，成为国家的生态文明体制改革特区；②从"见效益"的角度，发挥文化和生态优势发展特色产业，开展特色活动；③从功能升级的角度，争取中央的生态补偿等相关政策，依托国家公园打造具有丰富资源优势的生态城市群，成为新的西部增长极。

基于上述观点，本章主要从具体操作角度探讨秦岭国家公园的具体方案。

4.1 公园选址与内部功能分区

4.1.1 公园选址

深入分析目前陕西秦岭的保护与开发利用现状，综合考虑其生态系统的完整性、生态保护红线的制度要求、资源的传统利用方式等因素，在确定国家公园边界时，既要依托符合国家公园管理目标的现有自然保护区，也要充分考虑生态系统的完整性，拟建的秦岭国家公园主体位于陕西省境内秦岭的关键地带，总体面积2.66万平方千米，地理坐标位于东经105°28′48″~110°28′06″，北纬32°43′27″~34°31′12″之间。西北至宝鸡凤县和陈仓区，西南至汉中略阳县，东北连渭南华阴区，东南接商洛商南县，北靠西安鄠邑区和长安区，南达汉中洋县。

4.1.2 内部功能分区

参考秦岭国家公园总体规划（国家林业局调查规划设计院、陕西省林业调查规划院、北京林业大学提供，2016），按照人为的参与程度将秦岭国家公园分为四类：严格保护区、生态保育区、自然体验区和传统利用区。

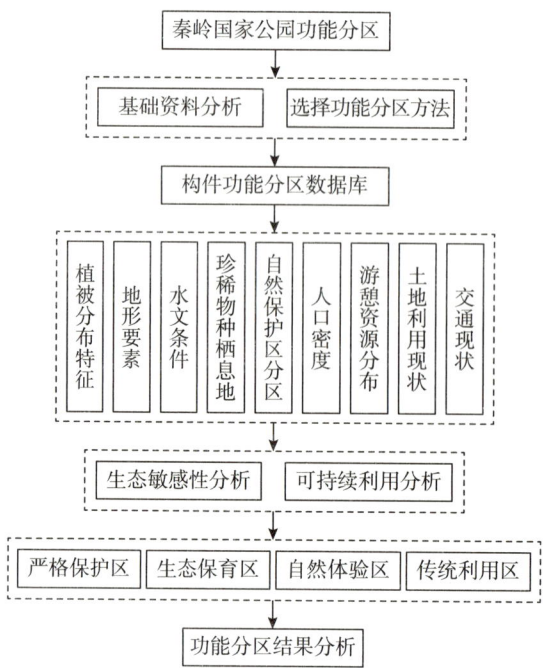

图3-9 秦岭国家公园功能分区分析过程图

（1）功能分区原则。

①生态系统的完整性。管理应考虑到不同类型动物栖息地或植物群落的地理位置。原则上同一类型动物栖息地或植物群落不应该被割裂。结合法国国家公园改革经验，对没有划分在国家公园范围内，但是对生态系统完整性有重要意义的区域，采取加盟区形式统筹和管理。

②自然度。自然度是指区域植被状况与原始顶级群落的距离，人为干扰越弱的地方自然度越高。秦岭国家公园的功能分区要以自然度为参考，对于人为干扰弱、维持原始自然状态的高自然度区域，划为严格保护区和生态保育区，并遵守区域内的管理政策。反之，自然度低的人为活动频繁的区域划为传统利用区或自然体验区。

③地形状况。由于秦岭山脉是以高山、低山丘陵为主的山地地貌，秦岭国家公园的功能分区需要借助自然地形（河流、山脊、山沟等）作为区划界限，尊重自然区划。

④现有保护地特点。秦岭国家公园内现有大部分的保护地类型，主要包括自然保护区、森林公园、国有林场、省属国有天然林经营区（简称天然林经营区，归属陕西省林业厅森林资源管理局直属林业局管理）等。在进行功能分区时应考虑现有不同保护地的保护程度，而划入不同的分区。

⑤遵循生态红线。生态红线，是确保国家生态环境安全的生命线。在划定国家公园的范围时，应严格遵循生态红线制度及全国主体功能区定位的要求。根据《陕西秦岭生态环境保护纲要》，禁止开发区和限制开发区要划入严格保护区和生态保育区，将适度开发区列入传统利用区和自然体验区。

⑥基础设施现状。规划区内现有保护体系中已建立部分基础设施，包括道路、保护站、巡护

监测点、游客中心等,并已投入使用。秦岭国家公园的功能分区应根据基础设施的存在情况进行划分。

⑦社区分布现状。秦岭国家公园跨越多市县,城镇零散分布在整个规划区内。社区活动会对珍稀动物、植物的生存产生一定的影响,尤其是在较为脆弱的生态环境。在划分功能分区时应考虑社区分布现状,尽量减少社区对生态环境的影响,将社区分布较为密集的地方划为传统利用区和自然体验区。

(2)功能分区结果。秦岭国家公园总体面积2.66万平方千米,地理坐标位于东经105°28′48″~110°28′06″,北纬32°43′27″~34°31′12″之间。西北至宝鸡凤县和陈仓区,西南至汉中略阳县,东北连渭南华阴市,东南接商洛商南县,北靠西安鄠邑区和长安区,南达汉中洋县。涉及了西安、宝鸡、渭南、商洛、汉中、安康6市,包括了太白县、眉县、周至县、鄠邑区、长安区、佛坪县等32个县区。东西长480千米,南北宽约180千米,东西长度占秦岭总长度的87%,南北长度占秦岭总长度的90%。国家公园范围占陕西国土面积的12.91%,占秦岭山脉总面积的46.6%。

表3-18　　　　　　　　　　秦岭国家公园功能区划分结果统计表

功能区名称	功能区面积(平方千米)	比例(%)	保护强度	可利用程度
严格保护区	4077	15.35	严格保护	严格禁止
生态保育区	7698	28.97	保护培育	几乎禁止
传统利用区	12808	48.21	定向保护	局部利用
自然体验区	1986	7.47	定向保护	合理利用
合计	26567	100	—	—

(3)分区管理。在上述分区方法、依据和结果的前提下,分区管理是有必要的。

①严格保护区。严格保护区是国家公园范围内自然度最高、生态系统保存最完整、自然环境也较脆弱的区域。无极特殊情况,需要禁止机动交通设备进入,只配置必要的安全防护和保护措施。对于严格保护区内的生态系统和动植物资源要实行严格保护。保持本区域内资源的原始状态,通过保育与修复措施加强对物种和资源的保护,维持生态系统的原真性和完整性。

②生态保育区。生态保育区是指国家公园范围内面积较大的原生生境或者已遭到轻微破坏而需要自然修复的区域。作为严格保护区的屏障,在保护级别上仅次于严格保护区。生态保育区的主要功能是恢复区域内受到破坏的资源,可以适当开展科学研究工作。

③传统利用区。传统利用区是指国家公园范围内资源保护良好、有社区分布、人类活动较多的区域。传统利用区应保存陕西秦岭特有的地域文化、生活习俗、民俗民风,展示秦岭特色。传统利用区应合理利用资源,可开展一定规模、一定类别的生产经营活动,保障社区生活水平。

④自然体验区。自然体验区是指国家公园范围内景观资源丰富、便于公众进入、易于管理、可开展与国家公园保护目标相协调的游憩活动的区域。自然体验区可借助现有的交通体系,将规划区内的可游览区域连接起来,安排不影响保护工作的观赏、环境教育和体验性游憩活动。自然体验区

应控制游客数量的进入。

4.2 公园保护对象与公园主题

4.2.1 保护对象

根据国家公园内的生态系统特征，以陆地生态系统为主，公园保护对象类型包括但不限于：①物种和种群，包括珍稀濒危物种、关键种、土著种、建群种和特有种等。②群落及生态系统，包括典型生态系统（原生、次生和人工）、独特生态系统、植被区系过渡带等。③地质地貌等环境本底，包括地质剖面、地质遗迹、河流水系等。

具体而言，根据秦岭国家公园的生态系统多样性，园区内主要有以下四种保护对象。

①以陕西太白山国家级自然保护区为核心的第四纪冰川遗迹。秦岭国家公园范围内保存拔仙台角峰、大爷海冰斗湖、三爷海冰蚀湖、三官殿冰窖、三清池冰碛湖、跑马梁、石河、石海、大石环等第四纪冰川遗迹。另外，奇石与林海的结合属于该地区特有的自然景观资源，具有观赏性和科学价值。

②秦岭南、北坡生态景观和森林生态系统。受森林生态系统自身特性与外部地带性、海拔高度、山地坡向等因素影响，秦岭分布着阔叶林、针叶—阔叶混交林、亚高山针叶林、高山灌丛草甸等森林植被带，形成南北坡不同的生态景观及森林生态系统。

③湿地生态系统及重要水源涵养地。秦岭水资源量222亿立方米，约占陕西省水资源总量的50%，是陕西省的主要水源涵养区。其中，秦岭南坡水资源量182亿立方米，约占陕南水资源量的58%，是嘉陵江、汉江、丹江的源头区，是南水北调中线工程的重要水源涵养区。

④珍稀物种及其栖息地。秦岭野生动物资源有属于国家I级保护野生动物大熊猫、金丝猴等13种，占陕西省分布国家I级重点保护动物的76%；秦岭的植物资源具有华北、华中、华南、西南山地及西北内陆高原植物区系交汇处的特征，是我国最大的"基因库"之一。

4.2.2 公园主题

秦岭国家公园的建设同样需要遵守"保护为主，全民公益性优先"的原则，才能和国家公园体制的建立初衷相一致。

从保护角度看，秦岭国家公园重点在于保护以下内容。

①生态系统。秦岭地处中纬的地理位置，具有特殊的山地地貌，受到暖温带和北亚热带气候等自然因素的综合作用和影响，秦岭，特别是秦岭陕西段生物多样性极其丰富，形成了特有的生态系统。秦岭是世界上的重要山脉，是我国南北方的分界线和重要的水源涵养区，是生态、物种和基因多样性最为丰富的地区，是中国天然的地质博物馆。

②文化资源。秦岭陕西段是中华文化的发祥地，具有厚重的文化底蕴，历史遗址遗迹较多，民俗风情多样。

③景观资源。秦岭国家公园资源类型丰富，分布着以国宝大熊猫为代表的珍稀动物，奇峰雄浑，峡谷幽险，沟壑深邃，森林苍劲，溪流灵秀，具有极高的美学价值。

秦岭国家公园的建设需要时刻将保护的思想贯彻，在规划范围内的建设活动都需要以最大限度保护国家公园的原真性、自然性、完整性和丰富性为核心，充分保障陕西秦岭生态系统的完整性。

公益性是国家公园的最根本属性，因此秦岭国家公园的建设也需要坚持公益性特点。这里的公益性代表的是国家对自然资源、文化资源和环境的有效保护，主要体现在为公众提供环境教育和生态旅游的机会，提高人民对祖国河山的热爱和对生物多样性、生态系统、自然环境保护的重视。从全民公益性角度来看，秦岭国家公园需要突出和平衡以下几个方面。

①保障国家公园范围内的原住民的基本利益，借助本地的资源环境探索促进其经济和生活水平提高，探索绿色的发展方式。

②借助中央财政投入的增加，建立长期稳定的资金保障机制，重点编制不同类型的规划，提高环境治理、资源保护、基础设施和公共服务设施建设等方面的投入。

③展开生态补偿，建立相关制度，根据生态系统服务价值、生态保护成本、发展机会成本等，以经济手段调节相关利益之间的关系。主要包括：以森林生态系服务为核心的生态服务补偿，农业相关的生态补偿，流域生态服务环境生态服务以及资源开发有关的生态补偿等。

④国家公园的建设和管理过程中，需要充分调动公民的责任，需要社会力量的积极参与，发挥志愿者力量，构建志愿者平台，全民参与环保和生态保护。要求在保持既得利益结构的情况下，选择性地调整体制机制，要借助"统一、规范、高效"的国家公园体制建设，体现秦岭国家公园的全面价值，最终对公众的生活带来积极的影响。

4.3 公园管理架构与机构职责

4.3.1 国家公园管理构架和机构职责

秦岭国家公园的管理需要遵循"政府主导、分级保护、经管分离、特许经营"的模式，整合分散的保护地管理体系（森林公园、自然保护区、湿地公园和国有林场），建立秦岭国家公园管理局，探索跨县级行政区管理的有效途径。秦岭国家公园管理架构和机构职责，分为试点期（即建设期2017～2020年）和建成期讨论（2020年后）。试点期，国家公园需要得到陕西省政府的支持，尽管难以避免碎片化的管理模式，但是在现有管理体系和模式下，却可以借助现有不同部门的管理模式，争取到尽可能多的中央政府和陕西省政府的财政支持。建成后的秦岭国家公园，其管理框架，要求与国家的统一规划和安排一致，要符合国家公园体制建设总体方案和生态文明制度改革总体方案中的相关要求（比如自然资源资产管理制度等）。

组建国家公园管理局这一管理实体需要遵循：坚持整合优化、统一规范，不做行政区划调整，不新增行政事业编制并使得其行使主体管理职能。试点期的国家公园由陕西省政府垂直管理。机构性质和规格等，按照机构编制管理的有关规定，按照程序报批，国家公园范围内全民所有的自然资源资产委托管委会负责保护、管理和运营,行使自然资源管理和国土空间用途管制职责,依法实行更严格的保护,有关部门继续依法行使自然资源监督权,地方行使国家公园范围内的经济社会发展综合协调、公共服务、社会管理和市场监督等职能。国家公园管委会负责规划区内国家公园具体事务的执行,包括国家公园规划建设、资源管理、运营管理等,具有统一的土地资源规划编制权以及执行权和行政执法权。以省林业厅直属的森工局、国家级自然保护区和国有林场为核心初步构建秦岭国家公园管理骨架,在此基础上,依照国家公园建设要求按实际情况联合和吸纳其他自然保护区、森林公园、风景名胜区、地质公园和水利风景区等管理单元,将面积重叠、行政管理交叉的管理单元进行合并。

现有的改革设置是有一定的基础的。陕西省林业厅多个下属厅级单位可以做改革的基础。比如隶属副厅级的用于统筹全省森林资源的陕西省森林资源管理局和正厅级的秦岭国家植物园。以这些机构为基础建立秦岭国家公园管理局,就不会突破现有的编制。而陕西森林资源管理局原有的一些职能也容易实现移交。

秦岭国家公园管理委员会承担着自然资源资产运营管理、生态保护、特许经营、社会参与和宣传推广等工作,主要包括:制定各项管理制度,负责试点区的自然、人文资源和自然环境的保护和运营管理,组织开展有关资源调查并且建立档案,组成生态环境监测,引导社区居民合理利用自然资源,组织游憩、科普宣教、科研合作和科研工作,组织实施试点的特许经营,提出试点区门票价格制定的政策建议,管理试点区保护、建设、科研、生态补偿、社会捐赠等各项经费,落实手指项目的信息公开工作;负责试点区的人事管理制度和人才队伍建设,管理护林员、解说员、志愿者队伍、组织开展和试点区相关的公益宣传、网络建设、业务培训、资源信息统计以及国际合作等。

秦岭国家公园管理局下设7个处3个局。综合管理处为国家公园的综合管理科室。规划建设处保障国家公园独立的资源管理权和公益性,是国家公园的基础职能部门。资源管理处、科研监测处、环境教育处、旅游服务处4部门分别行使国家公园资源保护、科学研究、环境教育和户外游憩的功能,是国家公园的核心职能部门。合作发展处在行使国家公园社区发展功能的同时,也负责国家公园其他利益主体的协同参与和合作工作,既是国家公园的核心职能部门,也是对国家公园发展起支撑作用的职能部门。改革不是一蹴而就的,试点期也是过渡期。自然保护区管理局、森林管理局和湿地管理局是在国家公园试点期为了衔接原有行政管理模式的临时机构,保障原有资金渠道。而建成后人员编制归入其他部门,统一协调。

(1)综合管理处。综合管理部为国家公园的综合管理部门,主要负责办公事务和计划财务两块内容。办公事务包括:负责管委会党务、政务工作,组织拟定工作计划;负责国家公园日常行政工作;拟订规章制度,负责文件和档案管理;负责人员的招聘、考核、晋级和工作岗位的调整工作;协助有关科室做好专业技术人员的培养工作;负责职工的劳动考勤工作,维护劳动纪律。计划财务主要包括:负责规划、财务和基础设施建设工作,严格执行国家现行法律法规,制订预算计划和用款方案等财务管理制度;承担国家公园年度计划的编制、申报、统计工作;准确及时地处理来往账目,监督管理固定资产的使用;负责基本建设和资金财产的统计、报告等工作,负责国家公园基建工程的招标、监督与管理以及资金筹措、立项、施工监督、竣工验收。国家公园的数据管理和监测系统也由该处室负责，有必要设立专门的科室，负责所有和数据信息有关的工作，比如信息化管理等。

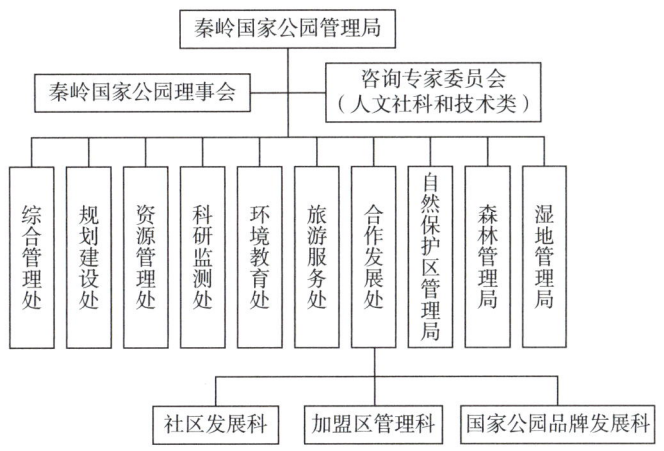

图3-10　国家公园管理局组织机构图

（2）规划建设处。规划建设处保障国家公园独立的资源管理权和公益性，是国家公园的基础职能部门。依据建设规划的近期、中期和远期建设目标及任务，及时组织有关人员编制国家公园的各专项规划和年度管理计划，负责国家公园的相关政策制定和调整等。

（3）资源管理处。负责国家公园自然资源和物种等的保护管理工作；负责监督、检查、指导各下设巡护站点工作，建立管委会—管护站—管护点三级管理模式；按照保护管理面积、资源状况、管护难易程度、保护成效等制定任务和奖惩制度。

（4）科研监测处。根据管护工作的需要，负责开展国家公园常规监测，对国家公园的资源消长变化及野生动植物资源的分布与变化趋势，以及经营管理的生态环境影响等开展实时动态监测；负责开展同国内外高校、科研院所的合作；负责加强国家公园科研监测能力培训，培养自身科研队伍。

（5）环境教育处。承担国家公园宣传教育，编写宣教方案，开展科普宣传教育，广泛宣传有关国家公园的法律法规和政策，通过实物、标语、模型、多媒体等灵活多样的宣教形式，广泛宣传国家公园的建设与管理及科普教育，提高公众的自然保护意识；负责管理图书、音像资料等工作。国家公园的志愿者工作等由该部门负责。

（6）旅游服务处。设计生态旅游项目和线路等，负责国家公园范围内的生态旅游、特许经营等资源可持续利用项目管理；负责在资源保护的前提下，引导、监管当地社区居民开展多种经营；负责实施、监督、管理旅游设施的建设和环境质量控制，拟定经营路线和模式；负责下设游客中心、服务点、旅游管理部门和管理点等监督管理。

（7）合作发展处。合作发展处在行使国家公园社区发展功能的同时，也负责国家公园其他利益主体的协同参与和合作工作，既是国家公园的核心职能部门，也是对国家公园发展起支撑作用的职能部门。这里包括了三个科室，分别是社区发展科、国家公园品牌管理科和加盟区管理科。社区发展主要负责社区居民的培训、项目等，国家公园品牌管理科主要负责品牌体系的正常运转和维护，而加盟区管理科主要负责加盟区内的各项日常管理。

另外，设公益性的国家公园理事会作为咨询机构，国家公园各利益相关者针对国家公园的相关事宜进行协商、讨论问题、征求意见。理事会主要由本地人士组成。效仿法国国家公园的管理经验，设立咨询专家委员会，包括人文社科类和专业技术专家。人文社科类专家主要以讨论协商等为主，而技术专家提供科学的建议，享受国家公园范围内项目申请优先权。

4.3.2 部门合作与监督

（1）管理机构相关业务主管部门的关系。试点期，秦岭国家公园管委会与相关部门之间的关系、监督范围和权限如下。

①与国家、省级业务主管部门的关系。秦岭国家公园体制试点区管理机构由陕西省政府垂直管理。在试点期，由秦岭国家公园体制试点领导小组协调省内相关业务主管部门，秦岭国家公园管委会负责具体管理运行，同时接受省级相关主管部门业务指导和监督。

②与各县政府的关系。为避免多头管理，秦岭国家公园直接接受陕西政府管理，不再接受各县市政府的行政指令，在周边社区参与、区内生态移民等社区关系处理问题上，应与各县和市人民政府协调处理。这里涉及前置审批事业单位和地方政府共同治理模式等问题，需要巧妙划分国家公园管委会和当地县政府之间的关系，明确事权和财权。

（2）相关业务主管部门的监管范围和权限。在试点期，仍然接受各相关行业主管部门的指导，由国家公园管委会管理机构具体执行。

①省机构编制委员会办公室负责指导建设期的行政管理体制改革工作。对管理机构内设机构、工作职能、人员编制、领导职数等事项进行核定批复。

②省财政厅负责其财政管理体制改革工作。包括实行收支两条线的管理，将各项支出纳入财政预算，由省财政统筹安排，并对各项资金使用进行管理和审计监督。

③省法制办公室负责审核由国家公园范围管理机构牵头组织起草的试点区相关法规和规章，并报请省人大常委会或者政府审议。

④省林业厅对国家公园范围的森林生态环境建设、森林和湿地资源保护、生物多样性资源保护等工作进行监督与业务指导。

⑤省国土资源厅对国家公园范围的地理信息系统的建立、土地确权、流转等工作进行监督与业务指导。

⑥省环境保护厅对试点区内的建设项目环境影响评价、环境保护、污染治理等工作进行监督与业务指导。

⑦省住房和城乡建设厅对国家公园范围内居民点社区建设、风景资源规划、建设管理等工作进行监督与业务指导。

⑧省水利厅对国家公园范围内水资源管理、河道管理、水利设施管理、水土保持等工作进行监督与业务指导。

⑨省农业委员会对国家公园范围畜牧业等工作进行监督与业务指导。

⑩省旅游局负责监督和指导国家公园范围管理机构在其辖区内开展的涉及旅游经营、旅游特许经营及旅游资源保护与开发、旅游行业管理及执法等活动。

⑪省文物局对国家公园范围的文物、文化遗产等的保护和发展工作进行监督与业务指导。

4.3.3 部门合作机制

国家公园管理机构和相关部门可通过下列方式，开展业务合作。

（1）协调管理。由国家公园管委会牵头组织省内相关主管部门，定期组织召开国家公园体制试点协调会议，推进各项工作顺利进行。推进秦岭国家公园与省法制办的合作，出台试点区相关法律规范；推进与省林业厅的合作，科学保护试点区内生态系统和自然资源；推进与省住房城乡建设厅合作，对试点区进行科学规划，对资源利用项目的体量、色彩、建筑风格进行合理管控。推进与省旅游局的合作，合理适度开发试点区的生态旅游，实施全民科普教育等；推进与省财政厅的合作，合理制定试点区的资金台账，维持建设期的收支平衡，保障顺利进行等。

（2）实行联合执法制度。目前我国尚未出台国家公园相关法律法规，国家公园范围管理机构没有执法权，因此在建设期由省人民政府赋予国家公园管理机构在自然和文化资源综合管理、游憩开发管理等方面的综合执法权。在涉及较为复杂的执法问题上，实行联合执法制度，由国家公园管委会牵头，省相关主管部门和各县市相关部门配合，进行联合执法。国家公园总体方案中已经明确执法权（可根据实际需要，授予国家公园管理机构履行国家公园范围内必要的资源环境综合执法职责），将由国家公园管委会统一执法，实现执法有法可依。

本报告撰写过程中《建立国家公园总体方案》刚获审批，立法可以预期将会提上议程。本部分仅提出今后可操作性的方向。

研究认为：执法权是国家公园管理机构权力范围内的重要方面。

理念上，国家公园体制设计中，日常管理层面的综合执法需要体现"统一、规范和高效"。即将国家公园所在地方政府的自然生态环境和自然文化遗产相关的执法权力、执法机构、人员编制等分阶段进行整合，由国家公园管理局统一实行自然资源环境综合执法。综合执法权的设计也是在管理单位体制的基础上进行的，与之对应的也应该是差异化的执法体系。①从执法范围和内容角度看，在试点阶段，前置审批的模式中并不适合将规划、国土资源、环境保护、文物的执法权纳入。而到统一管理阶段，则有必要将城管、文化、国土、环保、农业、畜牧等多个领域的行政执法权进行整合林业、农业、国土、环保、水利、矿管、文物等部门相关行政处罚权和公安机关破坏环境资源保护案件指定的刑事管辖权。②从人员编制角度，要组建综合执法队伍，即国家公园管理范围下的多支执法队伍，归为一支。一旦出现违法，执法部门统一执法（包括环境保护、林业、农牧业、水行政、交通运输、旅游、国土资源、住房和城乡建设、工商行政管理、价格监督管理、消费和权益、道路交通安全、动物检验检疫、文化市场行政管理、旅游行政管理、公安等方面），落实国家公园范围内的山水林田湖等自然生态空间的系统保护。

问题导向下，保护地管理中很多不文明、不规范现象都是同执法权相关的，比如类似保护区无权对矿业开采执法，以至于省国土资源厅违法批的采矿企业违法、越权开采；拥有森林资源的林场并无实际的执法权,以至于对林场范围内的乱砍滥伐行为难以制止;景区管理处并无对游客违规行为做出行政处罚的权力等。国家公园范围内存在管理漏洞和管理权冲突以及管理(尤其是执法)不力的情况,其制度成因可用以下三方面总结:①所有权和执法权不匹配、日常管理权和执法权不匹配(即所有者没有配齐相关权力甚至不能日常管理,实际承担日常管理的单位也往往没有执法权);②多头、交叉管理与管理缺位并存(有利大家上,无利大家让);③体制改革不配套,局部改不能起到作用(地方各级环保部门对本行政区内各类自然保护区管理进行监督检查,由于隶属关系和职务层级等差别,县级和市级的环保部门对保护区管理有心无力)。

因此,综合执法是非常有必要的。它的最终目标是在机构编制、法定职能等不变的前提下,实现国家公园范围内的权责统一,形成执法合力。它有两个基本原则:①要获得这一专业领域与产权所有者匹配的执法权(这个完整是有界限的,是与前面的制度成因分析挂钩的,不能前后脱节,也不能违背现实,如抓卖淫嫖娼的执法权肯定不能给国家公园管理局),防止对国家公园范围内的某一违法事件没有管理权。②要保障对复杂执法问题的多部门联动,即充分体现综合执法的特点。对于面积广大、地貌复杂并且跨多个行政区的地区,有必要整合先进的管理手段(卫星遥感等监测平台联动、与群众举报衔接的公众参与平台联动)。

具体操作上,秦岭目前的管理非常分散并且管理水平较低。改革的重点首先是将缺少管理机构的保护地纳入国家公园范围,然后赋予统一执法权。

为更好地处理上述问题,国家公园范围内有必要按照执法的专业类别或者执法所依据的法律法规分类、分阶段处理。分类主要指在一个统一的综合执法处(隶属于国家公园管理局)下设置不同类型的科室,如治安管理、林业管理、土地管理、旅游行业管理等,从而获得完整的执法权。同时为了和地方政府相协调,一个科室两块牌子,即比如负责治安管理的也是公安派出所,负责林业管理的也是森林公安科等。经过地方政府综合执法权授权后,再借助立法制定地方性法规给予明确,最后在国家公园建成期后全部将职能划转到国家公园管理机构(主要指基层),实现综合执法。分阶段主要指试点期间,没有转化的行政执法职能,由相关的行政主管部门行使,国家公园机构不得越权。而一旦执法权统一后,相关的行政执法部门(也包括法律法规授权单位)等,除去立案尚未结案的外,则不具有行使已经划转的行政执法职能却依然行使的,做出的行政决定无效。

空间导向下,国家公园范围内的执法同样也需要分区管理。比如整个国家公园范围内要禁止采矿、探矿、房地产、水(风)电开发、开垦、挖沙采石等行为。而缓冲区内的旅游开发建设等其他破坏资源和环境的活动是要禁止的,要有相应的管理办法和行政执法权力。对于有原住民的区域,原住民的自用房建设等则需要符合土地管理相关法律和分区管理办法,即新建住房等要沿用当地传统民居风格,不应该对自然景观造成破坏。对于面积大、执法任务重、流动人口多的地区,需要增加执法力量,提高执法人员的配置。

最后,体制机制设计的时候要确定国家公园执法权相关的权力清单和责任清单,梳理行政执法权、执法依据和法律依据,优化执法权的运行流程,并且向社会公开部门职责、执法依据、处罚标准、运行程序,对权力清单和责任清单实行动态管理。建立健全执法制度,规范行政执法行为,使得流程清楚、要求具体、期限明确。建立行政执法公示制度，依法公开执法人员、执法依据、执法程序等。规范行政执法办案制度，细化行政处罚自由裁量权的基准，同一区域内（核心区或者缓冲区），特别是类似跨省的管理，对于违法事实、情节基本一致的，行政处罚决定的种类和幅度要基本一致，避免执法的随意性。构建和建立完善的听证制度、告知制度、规范取证活动，依法保障执法对象的参与权、知情权、陈述权、申辩权等。对于重大执法决定要建立法制审核制度、对重大复杂案件建立集体讨论制度。建立健全执法监督制度。跨地区跨部门综合执法试点单位和行政执法人员自觉接受法律监督、行政监察和社会监督。强化内部流程控制，建立健全公开、公平、公正的评议考核机制、奖惩机制和行政执法错案责任追究制。

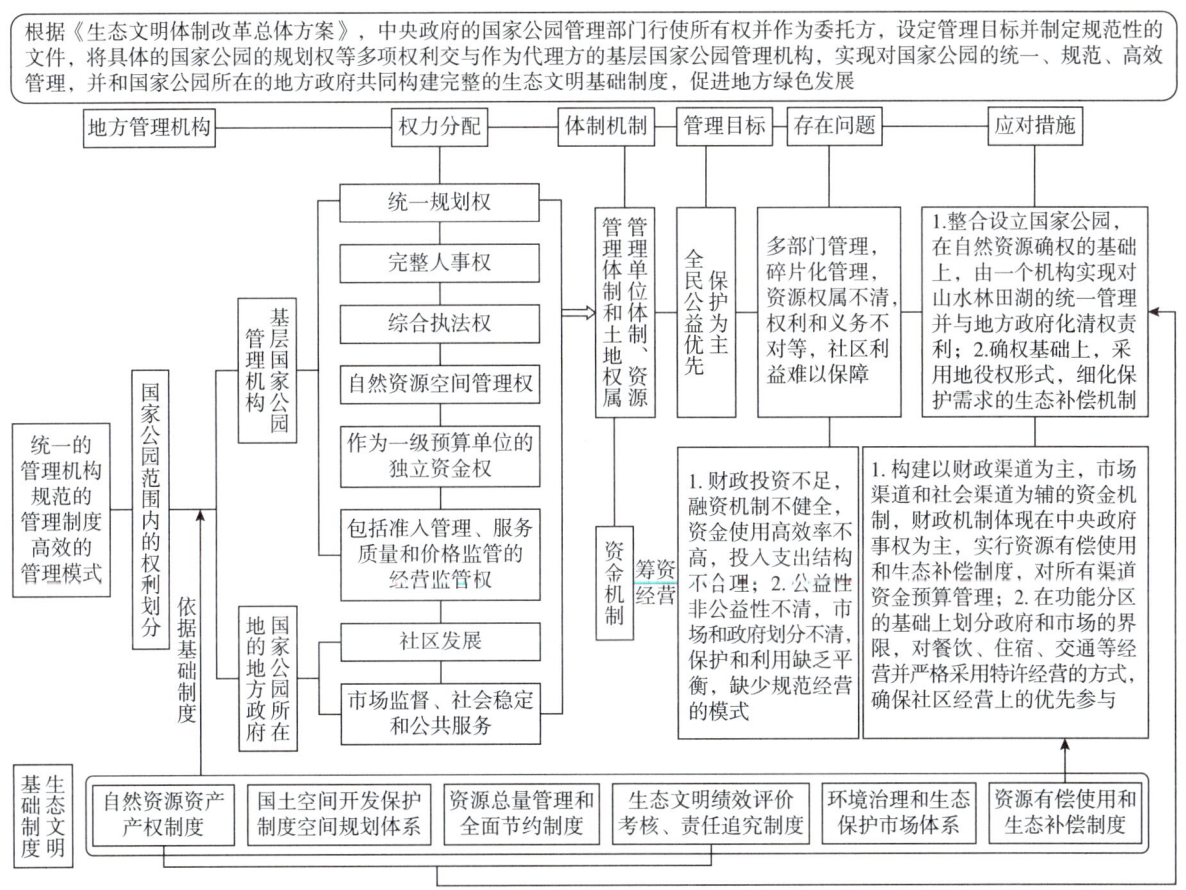

图3-11　国家公园管理机构重点领域的权力划分情况

4.4　公园建设重点及其空间、时间序列

秦岭国家公园建设的重点是通过整合一系列的保护地，解决空间范围内的统一管理的问题，形成统一的管理机构，有统一的管理目标和有效的管理手段，破解多头管理的体制性问题，最终达到"保护为主，全民公益性优先"的目标。

秦岭国家公园体制建设的总体目标是：创新国家公园管理、运营体制和资金使用机制，破解自然保护地碎片化管理问题，探索有效保护和适度开发的发展方式，探索国家公园内建设过程中资源权属调整的技术方法，研究特许经营和社区建设结合的发展机制，形成管理部门职能清晰、自然资源产权明晰、特许经营项目明确、社区发展目标明确、自然资源保护利用、社会公益服务稳步推进、国家公园品牌增值体系构建相互统一的格局。秦岭国家公园建设的重点主要包括七个方面，分别是保护和修复、科研监测、环境教育、生态旅游、基础设施建设、社区发展和能力建设。有必要通过设定项目的目标，明确相关部门的任务书和路线图，明确其具体的空间和时间序列，才可能保证国家公园按期建成。国家公园建设的重点是管理机制的建成，因此秦岭国家公园建设中的能力建设非常重要，是其他项目的保障。通过探索体制机制，最终形成可复制、可推广的国家公园体制建设经验，并为周边地区的生态文明建设提供创新示范作用。

秦岭国家公园的建设期以3年为计划（2017~2020年）。

2017~2018年试点实施计划目标：①完成秦岭国家公园管理机构建设，落实管理人员和编制，制定管理条例和相关办法；②制定国家公园资源权属登记和管理办法，完成自然资源登记发证工作；③划定国家公园功能分区，完成自然资源管理设施建设，制定特许经营准入标准和管理办法；④制定和实施游憩，管理好科研宣传教育，落实社区居民分类控制；⑤制定类似特许经营、志愿者服务等制度和机制；⑥探索多规合一、生态文明制度特区方案。

2018~2020年实施计划目标如下：①强化国家公园体制机制管理，形成统一、规范、高效的管理机制；②落实自然资源和生态系统数据库建设与动态监督，搭建服务于不同利益相关方的国家公园信息化平台；③实现特许经营和科教宣传工作顺利进行；④形成社区参与和发展的良好习惯，原住民形成自发的保护国家公园的意识；⑤完成国家公园品牌增值体系的构建，形成品牌效应；⑥完成志愿者平台的搭建，形成一定的志愿者参与规模；⑦核心区和加盟区形成合力，共同参与国家公园建设；⑧探索"多规合一"、生态文明制度特区的落实

表3-19　　　　　　　　　　　秦岭国家公园体制试点工作实施进度表

序号	试点项目	年度		
		2017~2018	2018~2019	2019~2020
1	成立国家公园管委会	√		
2	编制秦岭国家公园体制试点实施方案	√		
3	试点区管理机构完善	√		
（1）	管理机构整合	√		
（2）	落实人员编制	√		
4	资源管理体制构建		√	
（1）	完善保护体系网络	√	√	√
（2）	开展试点区内的自然资源确权、登记和发证工作	√	√	
5	资金机制构建	√	√	

续表

序号	试点项目	年度		
		2017~2018	2018~2019	2019~2020
（1）	争取建设期间经费投入	√	√	
（2）	建立资金管理制度	√		
6	规范规划拟定	√	√	√
（1）	出台《秦岭国家公园管理条例》	√	√	
（2）	开展政策研究	√	√	√
（3）	推进政策的出台		√	√
（4）	编制试点区各项规划、计划	√	√	√
7	日常管理机制构建	√		
（1）	完善资源保护体系	√		
（2）	完善资源保护制度	√		
8	探索"多规合一"、生态文明制度特区方案和落实	√	√	√
（1）	探索"多规合一"方案和落实	√	√	√
（2）	探索生态文明制度特区方案和落实	√	√	√
9	保育和修复项目	√		
（1）	采取相应的生物措施和工程措施恢复受损、退化的栖息地	√		
（2）	野外种群保护工程、濒危珍稀野生动物栖息地保育修复工程	√		
10	社区发展机制构建	√	√	
（1）	完善现有社区参与模式	√	√	
（2）	建立社区参与保障机制	√	√	
（3）	建立社区产业引导机制	√	√	
（4）	建立社区就业与培训机制	√	√	
11	特许经营机制构建	√	√	
（1）	明确特许经营范围	√	√	
（2）	编制特许经营权出让方案，采用招标等方式确定被特许者，签订特许经营合同	√	√	
（3）	特许经营项目的成效和特许经营合同的履行情况进行评估	√	√	
（4）	建立特许经营资金管理体制	√	√	
12	健全科研、教育、游憩功能，彰显公益属性	√	√	√
（1）	硬件基础设施建设和研究规划	√		
（2）	形成完善的科研、教育和游憩功能，科研监测项目、环境教育项目和生态旅游项目	√	√	√
13	建立国家公园品牌增值体系	√	√	√

续表

序号	试点项目	年度		
		2017~2018	2018~2019	2019~2020
（1）	系列标准制定	√		
（2）	认证等体系化后的产品增值	√	√	√
14	社会参与机制构建		√	
（1）	社会投资与捐赠机制		√	
（2）	志愿者服务机制		√	
（3）	社会参与合作管理机制		√	
15	落实自然资源和生态系统数据库建设和动态监督、搭建服务于不同利益相关方的国家公园信息化平台	√	√	√
（1）	落实自然资源和生态系统数据库建设和动态监督	√	√	√
（2）	构建服务于不同利益相关方的国家公园信息化平台	√		
16	基础设施建设主要包括保护管理站点、巡护路网及相关配套设施	√		
17	展开第三方评估			√
18	核心区和加盟区形成合力，共同参与国家公园建设	√	√	√
（1）	明确加盟原则，做好协调沟通，签订协议	√	√	√
（2）	核心区和加盟区形成利益机制，合力促进国家公园建设	√	√	√
19	总结经验、为推广国家公园体制试点改革工作做准备			√

4.5 公园内部土地等权属关系及其调整

秦岭国家公园范围内土地权属分两类：国有土地和集体土地。国有土地占总面积的38.2%，为1.01万平方千米，包括了水域、林地、公路用地等。而集体土地为1.64万平方千米，占国家公园总面积的61.8%，主要为林地和耕地等。综合考虑试点区资源管理保护、社区发展等情况和当前工作的衔接，在试点期，国有土地收归国家公园管委会统一管理。可以按照法定程序征收后，降低集体所有自然资源的比例。初步确定国家公园建设期国有和集体土地的目标比例：截至2020年，国有土地占地总面积提高到39%，而集体土地下降到61%。

集体所有的土地和土地以上的各类自然资源，通过以下三种方式实现产权流转：通过征收获得集体土地所有权，通过租赁获得集体土地经营权，与集体土地所有者、承包商或者经营者签订地役权合同。其中，如上文论述，地役权是生态补偿和统一管理的一种方式，它和生态补偿等制度一起，是加盟区构建的基础。

严格控制区中的集体土地，资源价值较高，已经实行了较为严格的保护管理措施，通过地役权，将管理权流转到国家公园管理局，进行统一规划和管理。

生态保育区中的集体土地，长期被政府管制，政府拥有土地经营权，可以通过征收，把部分变为国有，其他集体土地通过地役权实施管理。

而对传统利用区的集体土地，保持现有所有权、经营权等不变，通过地役权对传统利用区的土地和部分商品林所有自然资源进行管理。自然体验区，按照规划用途进行操作，比如用于生态旅游等大众进入的区域，在需要情况下征收为国家所有。

另外，秦岭国家公园生态系统保护中强调整个生态系统的完整性和原真性。但是多县域、跨省的空间范围，并不利于整个生态系统的保护。特别是对于陕西省外的，有重要保护价值的生态空间。为此，可以借鉴法国国家公园管理的经验。法国国家公园的管理，采用了核心区和加盟区的理念。对重要的生态廊道、重要的动植物栖息地，即使不在一个省、一个县市等，也可以以加盟区的形式加入国家公园的建设和管理。核心区[①]和加盟区[②]的划定是法国国家公园的重要创新，两区分别由国家和地方主导，即以核心区为主，由国家确定，加盟区是围绕核心区的重要地带，可以采用自愿签订协议的方式，也成为国家公园的一部分。核心区考虑了生态系统的连贯性，比如鸟的觅食、栖息、迁徙、产卵地，规避生态保护碎片化的问题。核心区可能会跨越不同的市镇，需严格保护，核心区范围内必须遵守相应的法律条规。外围的加盟区，需自愿遵守宪章后才能加盟。两者的最大差别是：核心区由国家选择，加盟区自愿加入[③]。在这期间，加盟区涉及的土地权属政策参照上述方法展开。该部分的主要内容可以体现在国家公园管理办法的制定和实施过程中。

4.6 公园资金需求及筹措机制

4.6.1 资金需求

国家公园建设的主要事项可以分为资源保护和环境修复、保护性基础设施建设、公益性/公共性基础设施建设和服务、经营性利用基础设施和相关服务这四个大类，各类所包含的具体内容及其资金需求如表3-20所示。

---

① 每个国家公园包含一个或多个核心区，受法律严格保护的陆地及海洋区域。在城镇区域之外不许进行任何大型工程和建设（除了维护类工程），除科学专家委员会给出意见并经国家公园管委会批准的工程。禁止一切工业和矿业活动。打猎、捕鱼、商业活动、资源开发、水资源利用、低空飞翔及一切可能破坏野生动植物资源和国家公园形态功能的活动都原则上禁止。规定农业、牧业、林业活动的开展方式。对在核心区内从事农牧林业的常住居民（自然人或是法人，常年居住或季节性居住），经国家公园管委会批准，可以享受一定的特殊待遇，以保证他们能够继续生活并充分享受权利。国家公园可以在核心区内开展退化生态系统的恢复工程，如工程涉及私人领地，个人无权反对，也不需出钱参与。

② 2006年前国家公园设定了缓冲区，因没有明确规定缓冲区是否属于国家公园，从而导致管理的混乱。加盟区，即Membership，一些自愿加入国家公园作为其组成部分的乡镇的全部或部分区域，鉴于其地理连续性或是生态连续性，决定加入国家公园宪章，并自愿采取保护措施。由省委令确定其边界，无法律条文的特殊约束，主要在国家公园宪章里规定发展方向。承诺在其领土内开展的一切活动与宪章的规定保持一致，充分考虑这些活动可能对核心区产生的影响；享受国家公园的品牌和声誉；享受国家公园给予的技术和资金支持（以具体项目形式开展）；享受国家的相关财政补贴；其辖域内的个人和企业因对环境保护做出贡献可以享受相应的税收减免。加盟区需履行有关承诺：城市发展规划要和国家公园宪章吻合，严格规定机动车的行驶，乡镇设有国家公园联络人、核心协调人作为大使，负责国家公园在乡镇中的推广工作，不使用农药，保护黑暗资源，防止光污染，能源以可再生能源为主等。

③ 一旦国家公园成立之后再决定以加盟区身份加入的乡镇，需要经国家公园管委会批准，报省长备案（确认国家公园边界发生了变化）。国家公园宪章生效后，每三年会有一次加盟机会。截至2015年底，各国家公园内乡镇的平均加盟率达75%。

表3-20　　　　　　　　　　秦岭国家公园事权的具体构成及资金需求

事项	内容	资金需求（万元/平方千米·年）
一、资源保护和环境修复活动	编制国家公园总体规划及专项规划	0.6（600万元/年）
	界桩	0.0（50元/个，估50个）
	对生态、环境监测设备和保护地的日常巡查、维护（包括巡护公路、森林公安公务用房、保护站管理用房、消防库房、瞭望塔、哨卡、围栏、野外巡护设备装备、环境监测站设备设施、物种保护站设备设施、生态定位站设备设施、公安监控系统、数字化监测平台、信息网络服务等）	15.0
	灾害防治（包括病虫害防治、松材线虫防治、森林火灾防治、极端天气如低温冻害、强对流和暴雨洪涝防治，长期气候变化应对）	0.5
	符合规划的资源修复（如丘陵陡坡水土流失治理、包括人工林在内的植被恢复、湿地恢复、农田恢复、文物古迹局部保护性维修、矿山环境修复）	1.0
	有害生物防治（包括诸如松褐天牛等有害物种）	1.0
	重点物种的原地和迁地保护（包括落叶阔叶林、常绿阔叶林等的生境维护和改善、残存性常绿阔叶林孤立树种的抚育和再引种、生态廊道建设、促进顺向演替的定向培育和封育、珍贵种的人工繁育、动物救助等）	10.0
	地质地貌和水体保护（如田峪河河岸带防护、特殊地貌维护、标准剖面保护、出露性矿脉保护）	10.0
	传统农业景观和历史文化遗迹保护（包括传统土地利用方式、建筑遗址遗迹、民族文化景观等）	50.0
	环境监测：大气、水体（地表水、地下水）、噪声	20.0
	管理能力建设（管理机构办公、人员培训等）	0.0（1000元/人次，预估100人次）
	涉及保护地功能实现的征地、居民迁移、设施撤离和基础设施建设管理	2.1
二、保护性基础设施建设	各类标识（包括大门、界桩、标识、道路指示牌、功能区指示牌等含有公共信息的标志和标记）	0.3
	资源保护相关基础设施（包括巡护公路、公务用房、管理用房、消防库房、生态定位站、环境监测站、物种救护站、数字化信息化平台或系统）	15.2
	国家公园管理机构基础设施（保护基地综合楼、下属办事处、各种公务用房、职工生活用房、教学实习用房）	15.2
	公共卫生设施（包括手纸、污水处理、厕所、垃圾箱等）	1.0
	供电设施	3.0
	供水设施	2.0
三、公益性利用基础设施和公共服务	科普相关基础设施和宣传材料（包括访客中心、导览讲解体系、科技馆、博物馆和宣教馆等及其相关设备；解说词编写、宣传书籍和影像等）	15.2
	国家公园科普相关工作人员的招聘、培训和项目设计	0.1
	数据化系统（包括基于资源巡查和环境监测的科研数据分析、人员培训、数据采集和处理、成果发布等）	1.16
	游客安全防护	0.1
	基本展览展示设施（包括道路、观景设施、标识等）	0.3
	周边环境整治（如村镇风貌整治）	15.0

续表

事项	内容	资金需求（万元/平方千米·年）
三、公益性利用基础设施和公共服务	社区管理能力建设和产业扶持（包括生态旅游、环保教育、有机生态产业、国家公园品牌增值体系等以及专业人才培训）	6.16
	其他区域性社会事务管理（包括对原住民提供的治安、基础教育、医疗卫生、社会保障等）	15.2
	国家公园生态补偿（既包括对生态系统的补偿，也包括对社区的补偿）	0.32
四、经营性利用基础设施建设和相关服务	房地产项目（包括核心区域拆迁居民的安置房）	1
	旅游基础设施建设（包括观光游道、实体和网络宣传平台等）	1
	配套服务设施建设（停车场、索道、运营车辆、民宿等餐饮食宿等）	1
	游憩体验设施（包括观景平台、休憩场所等）	1

根据现有资料的初步估算，可以得到秦岭国家公园试点区相关事务的单位管理面积资金成本（如表3-20第3列所示）。该初步估计是由秦岭风景名胜区管委会根据风景名胜区的管理经验得出，并将涉及的人次和个数等非面积数据进行了单位面积换算。通过将各项事务的资金需求进行加总，再乘以秦岭国家公园试点区的面积2.66万平方千米，可以得到秦岭国家公园试点区的资金总需求约567.18亿元，其中中央财政需提供347.50亿元，包括人员工资2400万元。

4.6.2 资金机制

（1）资金的来源和使用。秦岭国家公园的资金机制应该符合国家公园要求的资金机制，采取中央政府投入为主、地方政府投入为辅、社会资金筹措并存的方式，体现国家公园"保护为主"和"全民公益性优先"这两个核心内涵，避免过度经营；建立多渠道的资金投入机制；建立多样化的、合理的生态补偿机制。

①财政拨款。作为国家公园建设最主要的资金来源，以中央财政拨款为主，陕西省财政拨款适量补充。在明确国家公园建设的事权构成与划分的基础上，估算各项事务所需的资金总额，确定中央和地方财政在各项事务上应承担的比例，并对国家公园建设和管理中的具体用资结构进行合理规划。对中央和地方的财政拨款，设置专门款项，专款专用。财政拨款用于重要建设项目及运行管理经费，包括生态保护、生态补偿、社区发展专项（包括国家公园品牌增值体系和数字化信息平台）、基础工程以及公共基础服务设施（医疗设施、教育设施等）的建设。建设期和运营期有所差别，建设期要保障所有原有的资金渠道通畅，而运营期资金主要来源于中央政府统一协调，地方政府配合。

结合秦岭国家公园试点区内现有保护地的财政资金状况，未来需要在以下两个方面做出努力：中央拨款方面，需逐步增加对秦岭国家公园的转移支付，对其基础设施和基本公共服务设施建设予以倾斜。积极争取中央对保护利用设施建设和运行管理经费等的支持，如国家公园的人员经费、专项经费、生态补偿、国家公园内原住民的扶持等经费申请并建立适当的增长机制；地方拨款方面，陕西省人民政府要完善转移支付制度，建立省级生态保护补偿资金投入机制，加大对秦岭国家公园

②直接经营收入。该部分主要包括门票收入、停车费收入、旅游产品收入等。直接经营收入应全部投入于国家公园的维护与管理中。

③社会投资收入。国家公园建立社会投资渠道，包括国内外企业对国家公园基础设施和公共服务项目的投资，以及与国家公园理念一致的个人、企业、其他社会组织及国外非政府组织、联合国相关组织的捐助。

在国家公园内，诸如餐饮、住宿等与国家公园核心资源无关且在园外设置无法满足园内所需的服务项目可以通过特许经营的方式吸引国内外企业的投资。通过招标方式，国家公园管委会允许特许经营者在遵守合同约定的前提下，利用国家公园的品牌、资源、设施等从事商业活动或基础设施建设。在这种模式下，企业不仅能得到一定的资金和税收优惠，还能通过特许经营的方式获得投资收益，而国家公园管委会不仅能定期收取一定的特许经营费，还能促进园区内基础设施建设和服务水平的提高。

此外，银行贷款也是国家公园获取社会投资的一种主要方式。国家公园管委会需要积极主动地谋求银行贷款，通过协商谈判，争取到优惠的贷款条件，从而降低国家公园建设的资金使用成本。比如仙居国家公园争取到了法国开发署的低息贷款。

就社会捐赠而言，国家公园应为其设置多个渠道，包括私人捐款、企业捐款、NGO组织的筹资和国际组织的帮助等。所得捐赠应在与捐赠人协商的基础上设立专门的项目组，专款专用，主要应用于秦岭国家公园的生态保护、社区发展、科研教育等公益性项目中。

（2）资金管理。秦岭国家公园资金由综合管理部统一管理，建立收支两条线。财政拨款、经营所得收入及社会投资收入存入秦岭国家公园资金账户。资金需用于国家公园的维护管理、生态保护、生态补偿、科学研究、环境教育、游客管理、社区扶贫等专项，使用时需要提前提交申请，并由监督机构全面监管。

具体而言，针对国家公园内直接经营、特许经营和社区自主经营这三种主要的经营机制，需要分别制定不同的资金管理办法。

一是针对直接经营办法。直接经营项目涉及门票经营、停车场经营、服务中心经营等，收入主要来源于国家拨款、社会捐款、门票与广告收入，收入全部用于国家公园的维护管理及生态保护工作。

二是针对特许经营的资金管理办法。国家公园管委会对园区内的特许经营企业收取相对固定的特许经营费，为特许经营收入的2%～3%。特许经营费需全部用于与国家公园相关的保护工作，其使用需公开透明，接受公众、媒体和非政府组织的监督。

三是针对社区自主经营的资金管理办法。社区自主经营项目包括工艺品售卖、绿色食品售卖、艺术文化展示体验等。社区自主经营月销售额大于或等于5000元时，每年需缴纳销售额的2%～3%作为管理费。国家公园管委会需为这些费用创办专项基金，将其用于国家公园的维护与游客使用的优先与紧急项目的运行。

试点区资金的使用应符合国家和地方资金使用规定，专款专用，任何单位和个人不得以任何形式、任何理由进行挤占、挪用、截留，各项收支都应有明细账。

①资金报账制度。统一采用资金报账制度，对资金的来源、使用、节余及使用效率、成本控制、利益分配等作出详细计划，如实提供完整的财务账目、凭证、报表和相关资料。有关领导和财务人员要严格把关，杜绝不合理的支出入账，保障资金充分合理的使用。在工程建设过程中采取先施工、后验收、再付款的方法，促使承建单位以质量换效益，形成共同管理的良好局面。

②建立资金台账。建立试点区资金台账，明细记录试点区资金收入、支出情况。收入主要包括财政拨款（事业经费、天然林保护工程资金、退耕还林还草工程资金等）、资源保护经费（森林防火和病虫害防治等）、科研等专项经费等。

③资金审计和监督。建立健全外部财务监督和内部财务约束相结合的监督机制，把试点区各项财务活动纳入法制化轨道。设立资金使用管理监督部门，负责对资金使用情况的核查、审计和监督工作。通过对预算编制和执行过程中财政法规、政策贯彻情况以及资金运用和管理过程的监督，认真分析考核财务状况、建设成果以及资金变动情况，发现问题要及时提出解决办法，从而切实提高资金审计和监督的有效性，保证各项资金使用的合法、合理，杜绝产生挪用、滥用资金状况，提高资金的安全利用率。

④开展绩效考核。试点区要制定符合管理机构实际的绩效考核制度，建立考核组织、设计考核体系、确定绩效考核的标准，开展绩效考核。绩效考核基本项目包括:工作任务内容、工作任务完成情况、工作目标实现情况、考核评分原则和分值计算等内容。绩效考核最终成绩作为职务变迁、制订员工培训和发展计划的依据。

4.7 秦岭国家公园与大熊猫国家公园的关系

4.7.1 秦岭国家公园与大熊猫国家公园陕西片区的关系

四川、陕西和甘肃是我国主要的大熊猫栖息地。国家林业局公布的全国第四次大熊猫调查结果显示，截至2013年底，全国野生大熊猫种群数量达1864只，圈养大熊猫种群数量达到375只，分布在四川、陕西、甘肃三省的17个市(州)、49个县(市、区)、196个乡镇。其中四川省内分布野生大熊猫1387只，占全国野生大熊猫总数的74.4%，其次是陕西省的野生大熊猫约345只，甘肃省境内132只。自2002年以来，在秦岭大熊猫栖息范围内先后新建了桑园、牛尾河、黄柏塬、天华山、平河梁等11个保护区，陕西省大熊猫保护区总数量达到了16个，总面积为0.354万平方千米，16个保护区中有13个保护区有大熊猫分布，共264只，占全省野生大熊猫种群数量的76.52%。其中最重要的保护区是佛坪自然保护区，位于秦岭中段南坡。

2014年由四川省林业负责人提出，为了突出大熊猫的国际性、唯一性，在盆地西缘和川西高原结合区域，依托现有自然保护区、森林公园、湿地公园，率先探索建设中国大熊猫国家公园。2015年8月，国家林业局在云南昆明召开建设野生动物保护类型国家公园工作会议，要求相关省份要以大熊猫、东北虎(豹)、亚洲象、藏羚羊为主题，不等不靠，先行先试，先行建立一批国家公园。2016年

3月18日，国家林业局组织专家论证会，会审大熊猫国家公园规划。2016年7月，中共四川省委十届八次全体会议上明确，四川将加快建设大熊猫国家公园。参与大熊猫国家公园建设的还有陕西、甘肃两省。川陕甘三省已协同编制完成《大熊猫国家公园体制试点方案》，待国家相关部门评审。国家公园将横跨三省现有的大熊猫栖息地，优先整合现有自然保护区、森林公园、风景名胜区、地质公园、自然文化遗产地、国有林场等6类保护地。

其中拟建中的大熊猫陕西园区位于秦岭地区中西段，地跨陕西汉中、宝鸡、西安、商洛和安康，秦岭山系横亘其中，包括了秦岭地区的最高峰太白山。地理坐标为东经107°4′32″~108°30′47″，北纬33°26′6″~34°5′28″之间，东西跨度134千米，南北跨度72千米，总面积为0.43万平方千米。园区现有的保护地类型包括11个自然保护区（桑园、太白山、黄柏塬、长青、老县城、佛坪、观音山、周至、天华山9个国家级自然保护区，牛尾河、皇冠山两个省级自然保护区）；3个省级国有天然林经营区（陕西省林业厅森林资源管理局直属林业局管理，包括了太白、龙草坪和宁西）。根据申报方案，大熊猫国家公园陕西园区分成了四个功能区，分别是核心保护区、生态修复区、传统利用区和休憩教育区。其中核心保护区的面积分别是0.229万平方千米，占总面积的52.9%，包括了11个自然保护区的全部核心区以及部分缓冲区。生态修复区面积0.171万平方千米，占总面积的39.5%，传统利用区和休憩教育区占到的面积为3.9%和3.7%。各个功能区以自然保护区分界边界、森林公园边界、大熊猫栖息地边界，山脊、河流、山谷等自然地形和道路等为边界进行内部功能分区的划分：秦岭国家公园总体面积为2.66万平方千米，地理坐标位于东经105°28′48″~110°8′06″，北纬32°43′27″~34°31′12″之间。西北至宝鸡凤县和陈仓区，西南至汉中略阳县，东北连渭南华阴区，东南接商洛商南县，北靠西安鄠邑区和长安区，南达汉中洋县，涉及西安、宝鸡、渭南、商洛、汉中、安康6市，包括了太白县、眉县、周至县、鄠邑区、长安区、佛坪县等32个县区。

大熊猫国家公园体制试点方案已经上报并获得中央批准，从其中的内容细节来看，大熊猫国家公园体制试点区的规划范围没有囊括完整的秦岭生态系统，主要只考虑了大熊猫的适宜栖息地中已经被纳入现有林业系统自然保护区的部分。而在秦岭国家公园体制试点区的范围划定上，要根据目前陕西秦岭的保护与开发利用现状，综合考虑其生态系统的完整性、生态保护红线的制度要求、资源的传统利用方式等因素。因此，在确定国家公园体制试点区的边界时，秦岭国家公园管理委员会要充分保持生态系统完整性的要求，既要依托符合国家公园管理目标的现有自然保护区，还要包括部分没有被自然保护区覆盖的区域。

对比看，大熊猫国家公园陕西片区和秦岭国家公园空间范围上是有重合的，包括比较重要的佛坪。这和两个国家公园设立的初衷不无关系。拟议中的大熊猫国家公园的出发点是物种保护，而秦岭国家公园的出发点是生态系统的保护。从全球角度看，尽管各国国家公园存在差别，但基本存在两点共性：①国家公园是以保护大范围的生态系统和生态过程的完整性、原真性为目的的，在保护好的同时还要作为公共设施提供环境教育服务和公众的精神享受，做好自然资源可持续利用的展示和范例，功能较全面，也更易于与当地构建绿色发展关系；②自然保护区的主要目的是物种栖息地和生物多样性保护，特别是开展好本国/本地区特有的野生种质资源的保护和保育，基本没有带动地方发展的功能。在命名上，国际上更通行的做法是国家公园以地理单元（地区/典型地貌/人名）命名，而自然保护区多以其最有代表性的保护对象（动物/植物）命名。必须要指出的是单一物种并不足以概括某一区域的生物多样性，反而有可能在"旗舰物种"的光环下，忽略了整个生态系统和某些珍稀濒危的小型重要物种（生物多样性保护领域并不认为保护价值能够按照物种体型大小划分，甚至一些特有的微生物群落我们当前人类还对其意义和作用仍然未知）。如果贸然用我们当前理解的"标志物种"或者"旗舰物种"对国家公园命名，违背了国家公园是要保护大范围生态系统或生态过程这一初衷和共识。实际上，我国的自然保护区按照保护对象分为四个主要类型：野生动物类型、野生植物类型、生态系统类型和自然遗迹类型，这是符合我国当时对自然保护的理解和需求的。但是伴随着生态文明制度建设和改革进程，如果继续以前对自然保护区的命名方法和方式来命名国家公园，有可能会对国家公园这一新事物和创新制度带来本可以避免的困扰。

最后，有必要说明：①秦岭国家公园强调的是整个生态系统的统一保护和原真性，包含多种珍稀物种；而大熊猫国家公园，则只是单一的强调旗舰物种。②两者在空间地理位置上不应该重合，否则不符合国家公园体制建立的初衷，和中央精神违背。③两者的管理体制要基本一样，才能保证三省和国家对两个国家公园管理的一致，防止因为体制机制的差异导致管理复杂化。

4.7.2 对大熊猫国家公园试点方案的分析和改进建议

2016年《大熊猫国家公园体制试点方案》在中央全面深化改革领导小组第三十次会议审核通过，方案希望着重解决大熊猫栖息地破碎化问题，第三方评估所暴露出来的很多问题也存在于秦岭国家公园中。主要问题包括以下几个方面：一是完整性评估里认为缺乏统一的功能区划，无法形成具体的空间规划管理体系；二是保护地管理机构缺乏资源信息和管理信息的交流统筹机制；三是从管理单位体制到支持运行的资金机制都没有涉及。

除此之外，其他方面也存在很多问题。

第一，空间整合方面。大熊猫国家公园试点区在管理目标上突出生态系统空间整合，确定生态廊道积极作用，在物种保护的国际合作和国际资源交流利用上经验较为丰富，并且提出了将市场机制引入公共产品和服务供给的新思路。但是同中央文件要求进行对标后发现，大熊猫国家公园试点区上述方面仅仅是对管理目标的明确，缺乏实质对策。

大熊猫国家公园在空间规划时"多规合一"导向不明显，在体制方案中没有充分体现；生态监测和保护绩效评估体系不完整。生态监测指标的选取、保护绩效的评估体系建立对大熊猫国家公园尤为重要，但目前试点方案相对不完善。

第二，体制机制改革方面。该试点方案里尚未突出大熊猫在"荒野"等严酷自然条件下游憩机会的实现方式和保障手段。目前，大熊猫国家公园试点区均涉及跨行政区域栖息地的整合，面临较为复杂的人地关系。在游憩管理方面尚未形成具体思路，整体公益性方向上体制机制改革不甚明朗。

第三，社会参与方面。从试点实施方案编制过程本身来说，其信息透明度和公众参与度相对较低；就试点区管理体制如何引入社会参与和实施社会监督，建立全面可行的志愿者、社会参与合作、社会投资和捐赠机制方面，尚未形成系统的方案；大熊猫试点区属于社区人口组成复杂、保护需求强的地区，但现有试点方案对解决长期以来的人地矛盾和人兽冲突问题缺乏具体方案，对地方政府如何形成合力尚不明确，对如何引入政府外的监督、经营和社区力量更缺乏明确答案。

第四，特许经营方面。试点区对特许经营机制的设计和实施尚在概念提出阶段，具体实施方案有待从法律上完善和规范，包括特许经营合同的签订，特许经营经费管理，特许经营服务规范，鼓励社区参与等，必须保证特许经营活动在符合国家公园对资源保护和环境标准的基础上，有助于公众享用国家公园的自然和人文资源。

第五，在社区发展方面。大熊猫国家公园建设的相关产业转移、生态移民政策尚不明确。促进社区发展是当代保护地管理中的新动向。国家公园管理目标始终是生态系统的保护，社区发展是对保护目标的支持和促进，并不是保护地最终的管理目标，也不应当简单地用经济发展来绑架国家公园的保护主体作用。因此，从这一保护地管理的国际共识出发来评估，大熊猫国家公园试点区，社区发展的重点和难点本质上也都在于管控园区内原有产业，包括农业、林业、矿业、风电、水电等和其他工业，和依赖于这些产业的居民。这涉及产业关停、迁移和生态移民。试点区生态移民涉及多个多级地方政府。但是这些的具体方案不清，有待进一步明确。

结合以上问题，主要通过以下几个方面来解决。

第一，对现有保护地的空间关系和生态作用进行评估以明确空间整合能否形成有效的保护网络，促进大尺度、全要素的生态进程而不是限于物种栖息地保护。

第二，有必要说明物种栖息地保护所需的持续、积极的干预手段，需要明确如何与国家公园管理目标中大尺度生态系统维持和恢复过程的最低限度干预和协调的方式。

第三，需要提供明确的功能区划以突出重要景观要素在生态系统类型保护中的价值和作用。

第四，对于栖息地破碎、保护地类型复杂、管理机构多头管理的问题，要统一功能区划、整合建立跨行政区域的管理单位。

第五，对于社区自然资源依赖强的问题，要尝试开展建立自然资源确权和有偿使用、生态修复和生态补偿机制、社区与国家公园联动机制的探索。

第六，对松散多样的居民地分布和产业发展对生态系统的整体影响进行连省评估；必须提出省际联席管理的具体方式，尽快明确国家公园管理机构和地方政府的事责和财权；确定生态移民的必要性、移民规模、资金来源、安置地点和后续生计方式，进行自下而上的考察，以评估移民的可行性。

上述问题，不只是专门针对大熊猫国家公园，也针对秦岭陕西片区,或者秦岭国家公园范围。需要说明的是，但是当前情况下，大熊猫国家公园仅仅是试点阶段，而秦岭国家公园也处于方案的制定阶段。即使现在不符合"一地一牌，一地一主"的情况，也是可以在试点结束后作出相应的科学的调整。以佛坪来说，虽然现在是大熊猫国家公园陕西片区的重要部分，但是如果将它从秦岭国家公园中划走，一方面严重地损害了秦岭国家公园生态系统的完整性，另一方面也关系到当前规划区从统一管理角度向国家公园方向的转化。因为从目前秦岭国家公园范围内的保护地看，它已经有了一定的系统化的管理基础和固定的资金来源。从科学角度看，更适合从生态系统完整性角度去探索国家公园体制的建立，陕西省发改委牵头，陕西省林业厅具体负责工作的落实，推动秦岭国家公园体制机制的建立，进而做好大熊猫国家公园的跨省合作和协调。

秦岭国家公园体制试点区的建设必须在生态文明体制建设的指导下进行，既要深入研究和借鉴国外经验，又要结合秦岭地区生态保护和利用的实际情况，最终形成"统一、规范、高效"的国家公园体制，全面提升秦岭地区的自然保护能力。秦岭国家公园体制机制建立的探索，是现阶段整合完善秦岭现有保护区管理的重要解决方案，也是探索秦岭地区经济发展的尝试，有利于当地自然文化资源的保护与管理，并促进秦岭国家公园形成可复制、可推广的国家公园体制建设经验，成为真正的第一批国家公园。

5. 秦岭国家公园体制建设建议

2016年12月，中央深改组第三十次会议审议通过了《大熊猫国家公园体制试点方案》。根据该方案，大熊猫国家公园主要以川陕甘三省的大熊猫野生种群和栖息地保护为核心，目标建成全球生物多样性热点地区保护典范，其中陕西省部分主要涉及秦岭山系的大熊猫生境片区。2017年7月，为加快构建国家公园体制，在总结试点经验基础上，借鉴国际有益做法，立足中国国情，中央深改组第三十七次会议审议通过了《建立国家公园体制总体方案》（以下简称《总体方案》）。该方案指出此次改革的主要目标是要"建成统一规范高效的中国特色国家公园体制"，有效解决"交叉重叠、多头管理的碎片化问题"和保护"国家重要自然生态系统原真性、完整性"，"从而形成自然生态系统保护的新体制新模式，促进生态环境治理体系和治理能力现代化，保障国家生态安全，实现人与自然和谐共生"。国家公园是国家为了保护一个或多个具有无法替代的、不可缺少的、有价值的典型生态系统，为生态旅游、可续研究和环境教育提供场所而划定的需要特殊保护、管理和利用的自然区域。国内外实践证明，建设国家公园体制对于推进自然资源科学保护和合理利用，促进人与自然和谐共生，践行生态文明具有极其重要的意义。它要求坚持生态保护第一，保护自然生态系统的原真性和完整性，始终突出自然生态系统的严格保护、整体保护、系统保护，把最应该保护的地方保护起来。

对于陕西秦岭而言，整个山系呈东西向条带延伸，横贯陕西省6市38县，主体面积2.66万平方千米，其中核心区域被纳入大熊猫国家公园体制试点区4386平方千米。从生态系统完整性和大熊猫物种的保护性而言，秦岭国家公园体制的构建都是非常必需的。就生态系统完整性而言，除去大熊猫国家公园陕西片区外，其他区域的生态屏障、水源涵养、生物多样性维持等重要生态服务功能的发挥依然可以持续，并不因大熊猫片区的划去而受到影响。具体来说，这部分区域包括了大范围完整的水源涵养地片区、第四纪冰川遗迹片区和秦岭南北坡典型植被及生态系统片区。在该区域，东西走向山脉的连续性得到较好的保持，是促成秦岭—淮河一线气候分界的主要因素；以秦岭西部的水源地为源头，沿着汉江、渭河、嘉陵江和南洛河四大水系，以沿途至秦岭东部的典型森林生态系统为支撑，形成了东西贯通、持水性能较好的复合型水源涵养功能空间格局；在自然文化资源方面，除大熊猫外，当地还具有红豆杉、朱鹮、川金丝猴、羚牛等国家重点保护动植物，有秦岭南北坡截然不同的植被景观、观之不胜的文化遗产以及丰富独特的地质遗迹。总体而言，剔除大熊猫国家公园秦岭片区后，剩余区域虽然不能保持秦岭生态系统的完整性和典型性，但是其基本生态功能对物种多样性等的生态学意义、对于人类水源涵养、气候维系都非常重要。正因为其对生态系统完整性的意义，因此在大熊猫国家公园陕西片区建设的同时，其他区域也有必要进行同步的管理水平的提高。这样的益处：①整个生态系统完整性的维护是有助于大熊猫的保护的，生态系统的维系并不是以单一的物种为基础或者聚焦于此，而是多个物种和生态群落之间的相互关系才形成了现在秦岭地区独特的环境。如果不配套建设秦岭国家公园，而一味提升大熊猫国家公园的建设，保护力度差异过大的不同区域会造成人为的生态系统的割裂，即国家公园体制下的新的碎片化问题。试想在整个秦岭生态系统中，仅有大熊猫国家公园的管理水平和保护水平较高，仅仅有助于人类公认的、有人类价值取向的珍惜国宝，容易使得保护的人力、物力等向该区域过度倾斜，这种做法并不利于其他物种的保护，有悖于自然生态系统完整性、系统性和其内在规律。②同步提升其他保护区的管理水平，为今后试点期结束后的在《总体方案》基础上的区域和边界的调整做准备。《总体方案》提出，"2020年，建立国家公园体制试点基本完成，整合设立一批国家公园，分级统一的管理体制基本建立，国家公园总体布局初步形成"。国家公园设立的标准有待根据自然生态系统代表性、面积适宜性和管理可行性进一步明确：一方面，要考虑自然生态系统和自然遗产具有国家代表性和典型性，确保面积可以维持生态系统结构、过程和功能的完整性，确保全民所有的自然资源资产占主体地位，管理上具有可行性；另一方面要统筹考虑自然生态系统的完整性和周边经济社会发展的需要，合理划定单个国家公园范围（对现有的符合国家公园标准的自然保护地直接转为国家公园，或者对一个区域内符合国家公园标准的多个自然保护地进行整合组建国家公园，或者在符合国家公园标准的区域新建国家公园）。《总体方案》在总结10个试点实践的基础上，结合保护地体系的实际情况，对科学保护做了进一步的完善和调整。结合秦岭范围内的自然保护地管理体系，管理效能差别过大的保护地，是不利于科学的保护的，也不利于当前规划的区域向统一管理的国家公园方向的转化。因此，有必要系统、整体推进秦岭生态系统内的管理和保护水平。即2020年，提出依托生态系统完整性的更科学的保护原则和方向，重新以此为标准整合现有保护地体系，提出更有利于保护和发展的、有利于区域管理的国家公园的四至边界的同时，秦岭生态系统空间生态完整性的保护是不适合差异太大的。现阶段的跨省管理，既要对多种类型的保护地进行整合，又要考虑不同省份的协调和沟通，特别是要满足不同的管理主体权责明晰。这种情况下，考虑实际情况和各地管理水平，短期内找到合理的解决方案是比较困难的。

为此，秦岭国家公园体制试点的建立需要结合《总体方案》的要求展开，建立与之对应的管理制度，为2020年参加国家公园评比做好准备。要在《总体方案》延长试点期限的情况下（第二十三条），考虑生态保护第一、国家代表性，应多方争取纳入试点，并体现出以保护完整生态系统为主的特点。这就要求：

首先，《总体方案》中明确要"建立统一事权、分级管理体制"，具体操作上，要建立统一管理机构、分级行使所有权。秦岭国家公园在明确四至边界的基础上，首先应该划分建议主体。即要明确管理机构、不同类型的职能部门（省发改委、林业厅、国土厅、编办）、省政府和中央政府在体制运行中的作用。在充分考虑生态保护第一、国家代表性的前提下，与之相关的保护地应该纳入试点，即"把该保护的保护起来"，并体现出以保护完整生态系统为主的特点。当然也有必要注意和大熊猫国家公园陕西片区之间管理体制机制的结合。要整合秦岭地区（除去大熊猫国家公园范围外）的自然保护地的管理职能，结合生态环境保护管理体制、自然资源资产管理体制和自然资源监管体制改革，成立秦岭国家公园管理局，统一行使国家公园自然保护地管理职责。并且在国家公园设立后整合组建统一的管理机构，履行国家公国范围内的生态保护、自然资源资产管理、特许经营管理、社会参与管理和宣传推介等职责，负责协调与当地政府及周边社区关系。可根据实际需要，授权国家公园管理机构履行国家公园范围内必要的资源环境综合执法职责。另外，按照自然资源统一确权登记办法，依法对秦岭国家公园试点区域内水流、森林、山岭、草原、荒地、滩涂等所有自然生态空间统一进行确权登记。统筹考虑生态系统功能重要程度、生态系统效应外溢性、是否跨省级行政区和管理效率等因素，秦岭国家公园体制试点内全民所有的自然资源资产所有权可委托省级政府代理行使。划清全民所有和集体所有之间的边界，划清不同集体所有者的边界，实现归属清晰、权责明确。构建协同管理机制，地方政府根据需要配合国家公园管理机构做好生态保护工作。国家公园所在地方政府行使辖区（包括国家公园）经济社会发展综合协调、公共服务、社会管理和市场监管等职责。各主体应在其权责范围内，各司其职，协调配合，做好秦岭国家公园体制试点的准备工作。建立健全监管机制，陕西省相关部门要依法对秦岭国家公园体制试点进行指导和管理。健全国家公园监管制度，加强秦岭生态系统的空间用途管制，强化对其生态保护等工作情况的监管。完善监测指标体系和技术体系，定期开展监测。构建自然资源基础数据库及统计分析平台。加强对区域内的生态系统状况、环境质量变化、生态文明制度执行情况等方面的评价，建立第三方评估制度，对秦岭国家公园体制试点建设和管理进行科学评估。建立健全社会监督机制，建立举报制度和权益保障机制，保障社会公众的知情权、监督权，接受各种形式的监督。

其次，以此为基础，建立资金保障制度：①建立财政投入为主的多元化资金保障机制。立足国家公园的公益属性，确定陕西省和国家公园管理机构权责划分基础上秦岭国家公园的保护、运行和管理。秦岭国家公园体制试点在试点期间，适合陕西省政府加大政府投入，在确保国家公园生态保护和公益属性的前提下，探索多渠道多元化的投融资模式。②构建高效的资金使用管理机制。国家公园实行收支两条线管理，各项收入上缴省财政，国家公园管理机构负责统一接受企业、非政府组织、个人等社会捐赠资金，进行有效管理。建立财务公开制度，确保国家公园各类资金使用公开透明。

最后，完善自然生态系统保护制度：①加强自然生态系统原真性、完整性保护，做好自然资源本底情况调查和生态系统监测，统筹制定各类资源的保护管理目标，着力维持生态服务功能，提高生态产品供给能力。生态系统修复坚持以自然恢复为主，生物措施和其他措施相结合。严格规划建设管控，除不损害生态系统的原住民生活生产设施改造和自然观光、科研、教育、旅游外，禁止其他开发建设活动。区域内不符合保护和规划要求的各类设施、工矿企业等逐步搬离，建立已设矿业权逐步退出机制。②实施差别化保护管理方式。编制国家公园总体规划及专项规划，合理确定国家公园的四至边界，明确发展目标和任务，做好与省以及各市相关规划的衔接。按照自然资源特征和管理目标，合理划定功能分区，实行差别化保护管理。重点保护区域内居民要逐步实施生态移民搬迁，集体土地在充分征求其所有权人、承包权人意见的基础上，优先通过租赁、置换等方式规范流转，由国家公园管理机构统一管理。其他区域内居民根据实际情况，实施生态移民搬迁或实行相对集中居住，集体土地可通过合作协议等方式实现统一有效管理。探索协议保护等多元化保护模式。③完善责任追究制度。强化国家公园管理机构的自然生态系统保护主体责任，明确当地政府和相关部门的相应责任。严厉打击违法违规开发矿产资源或其他项目、偷排偷放污染物、偷捕盗猎野生动物等各类环境违法犯罪行为。严格落实考核问责制度，建立国家公园管理机构自然生态系统保护成效考核评估制度，全面实行环境保护"党政同责、一岗双责"，对领导干部实行自然资源资产离任审计和生态环境损害责任追究制。对违背国家公园保护管理要求、造成生态系统和资源环境严重破坏的要记录在案，依法依规严肃问责、终身追责。

中央政府主要考虑重点地区、不同体制解决方案。秦岭从保护完整生态系统、体现生态屏障作用方面在陕西省和全国来说都有着独一无二的作用，与大熊猫这样保护旗舰物种栖息地在功能上有差别。《总体方案》也进一步明确了要科学定位、整体保护，坚持将山水林田湖草作为一个生命共同体，统筹考虑保护与利用，对相关自然保护地进行功能重组，合理确定国家公园的范围。中央政府强调要将创新体制和完善机制放在优先位置，有步骤、分阶段推进国家公园建设。大熊猫以林业系统为主行使自然资源资产管理和国土空间用途管制，和秦岭国家公园以地方政府为主来统一行使管制有较大差别。试点期间，两种方案都可以展开尝试。

与此同时，秦岭国家公园体制试点由陕西省林业厅主导，而陕西省内不同政府职能部门对此都有不同的建议和利益诉求。对各方建议，在具体的操作和执行上，需要分别突出重点。

①省政府希望像其他试点省那样，形成明确的省直各厅局和涉及范围内的地方政府的时间表、任务书并给予资金支持。在中央并没有正式的国家公园前，省政府承担着生态补偿的相关工作。即要建立健全森林、草原、湿地、荒漠、海洋、水流、耕地等领域生态保护补偿机制，加大重点生态功能区转移支付力度，健全国家公园生态保护补偿政策。鼓励受益地区与国家公园所在地区通过资金补偿等方式建立横向补偿关系。加强生态保护补偿效益评估，完善生态保护成效与资金分配挂钩的激励约束机制，加强对生态保护补偿资金使用的监督管理。而至于哪个部门牵头，则可以参照各个试点区和大熊猫陕西片区中的相应要求。秦岭国家公园体制试点并不是中央直接规定的，所以从体制机制方面，可以有更大胆的创新。省内不同部门之间的分工则参照《总体方案》中的分工要求，可结合部门职责具体调整。而市一级的地方政府需要注意在秦岭国家公园体制试点中的一些关键环节，比如洋县朱鹮保护区范围的划定等方面。

②陕西省发展和改革委员会，作为牵头单位，应首先负责将建立秦岭国家公园体制试点相关工作纳入全省国民经济和社会发展战略、中长期规划和年度计划，明确其在陕西省社会经济发展，尤其是生态环境建设领域中的重要地位，突出其对全省社会经济绿色转型的促进作用。组织协调陕

③秦岭国家公园的森林覆盖率高,以森林等生态系统为主要保护对象。作为重要的参与部门,陕西省林业厅的主要责任包括研究编制《秦岭国家公园总体规划》等,并充分考虑对于集体所有的林地和国有林地的差异化管理和保护措施。

④国土部门的主要责任在于出台相关管理办法,并以此为基础,将秦岭国家公园体制试点作为独立自然资源登记单元,依法对区域内水流、森林、山岭、草原、荒地、滩涂等所有自然生态空间统一进行确权登记。划清全民所有和集体所有之间的边界,划清不同集体所有者的边界,实现归属清晰、权责明确。

⑤编办的责任在于对不同类型保护地的管理机构进行职能整合,从省级层面首先给统一管理的机构以"户口"并享受待遇,配合管理机构的统一,进一步落实管理机构的人员编制、编制管理办法和条例等,并将这些工作预算列入相应省政府的计划中,加快推进秦岭国家公园建设。

⑥国家公园周边涉及的地方政府,从权责划分角度看,其承担的更多的是地方的经济发展等相关职能,负责社区发展。在明确国家公园区域内居民的生产生活边界的基础上,在符合国家公园总体规划和管理要求,并征得国家公园管理机构同意的前提下,地方政府可动员社区参与国家公园保护和建设,鼓励通过签订合作保护协议等方式,共同保护国家公园周边自然资源,鼓励在国家公园周边合理规划建设入口社区和特色小镇,在生态保护、自然教育、科学研究等各领域,借助不同的社会参与机制,引导当地居民、专家学者、企业、社会组织等积极参与,鼓励当地居民或其举办的企业参与国家公园内特许经营项目,最终促进地方经济发展。

附件3-1 资金需求分类测算

根据秦岭地区的地方财政状况,在事权划分的基础上对过渡期的中央财政需求提出建议:经济较发达区域国家公园中央财政投入与地方财政投入比例为1:3,国家级贫困县为3:1,经济中等地区2:2(或介于1:3到3:1之间)。

根据上述详细的事权划分,需要对相应的资金需求进行调查统计,从而得到每项事务单位面积的资金需求,进而根据国家公园试点区规划的面积得到秦岭国家公园试点区建立和运行的财政资金需求。这里应该注意,试点区的建立伊始对基础设施建设的初始投入应不同于其后期运行维护费用,因此,三年试点期的年度财政资金需求有差异,这里测算的是第一年初始资金需求。

具体匡算技术路线如下:对于正文表3-4中列出的具体事务,根据现有保护地运行的资金机制、财物状况、实地访谈和调查,对每项事务的单位成本进行估算,并根据秦岭国家公园试点区规划面积进行总成本核算。

首先,根据公式(1),进行各项事务单位面积运行资金成本测算:

$$A_i = \sum_{j=1}^{n_i} a_{ij} / \sum_{j=1}^{n_i} b_{ij} \qquad 公式(1)$$

其中：A_i为第i项事权的平均资金需求量，单位是万元/平方千米；a_{ij}为第j个保护地在第i项事权上的资金需求，单位是万元；b_{ij}为第j个保护地在第i项事权上所受影响的面积，单位是平方千米；ni为国家公园试点区中第i项事权所涉及的现有保护地个数。

根据现有资料的初步估算，可以得到秦岭国家公园试点区相关事务的单位管理面积资金成本（表3-20）。该初步估计是由秦岭风景名胜区管委会根据风景名胜区的管理经验而得出，并将涉及的人次和个数等非面积数据进行了单位面积换算。

其次，将公式（1）计算出的各项事权的资金需求进行加总，如公式（2）所示，估算出秦岭国家公园试点区的财政资金总需求，约为543.18亿元。

$$C = \sum_{i}^{m} A_i \times S \qquad 公式（2）$$

其中：C为秦岭国家公园财政资金需求量，单位是万元；A_i为第i项事权的单位管理面积资金需求量，单位是万元/平方千米；S为秦岭国家公园核心区域规划面积26569，单位是平方千米；m为事权类型总数。

根据正文表3-5中央与地方事权划分结果、表3-20各项事务单位面积资金成本和具体的中央与地方财政支出分配比例可以测算出中央和地方各自应承担的财政投入。其中，中央承担的财政资金用于覆盖中央事权和中央与地方共同事权里中央应承担的部分，中央与地方共同事权里中央应承担的部分应当按照一定的规则进行比例划分。目前主要有三种划分依据：①按照现有的秦岭地区各市以及所辖县财政收入中中央财政和地方财政比例进行测算；②按照现有的自然保护区中央财政与地方财政1∶1比例进行测算；③按照其他比例——例如进行专家讨论和可行性评估后所得的比例——进行测算。其中按照1∶1测算，中央财政需提供347.50亿元。

附件3-2 秦岭国家公园涉及保护地类型及管理部门

管理部门	保护地类型	保护地名称	保护对象	设立依据
国家、省、地、县林业、农业部门（国家林业局、陕西林业厅）	自然保护区	国家级：太白山、湑水河、牛背梁、紫柏山、青木川、桑园、黄柏塬、老县城、周至、黑河、长青、佛坪、观音山、天华山、平河梁	珍稀物种及其栖息地	《中华人民共和国自然保护区条例》
		省级：牛尾河、宝峰山、摩天岭、皇冠山、鹰嘴石、天竺山、新开岭		
	森林公园	国家级：通天河、牛背梁、太白山、楼观台、终南山、黑河、朱雀、天华山、五龙洞、木王、金丝峡谷	森林生态系统	《森林公园管理办法》
		省级：少华山、天竺山、华山、桥峪、石鼓山、红河谷、翠峰山、太兴山、宁东、紫柏山		
	湿地公园	国家湿地公园：旬河源、凤县嘉陵江、石头河	湿地生态系统	《国家湿地公园评估标准》
		陕西省重要湿地：嘉陵江		
	天然林经营区	汉西、太白、龙草坪、宁西、宁东、长青	森林生态系统	

专题报告四
秦岭水资源与水生态系统综合管理研究

专题负责人：王建华

摘　要

秦岭是中国中部最重要的生态安全屏障，丰富的水资源是秦岭生态系统的核心要素和显著特征。发端于秦岭而流域面积在100平方千米以上的河流约195条。其中，秦岭南麓地表水资源量159亿立方米，滋养了"嘉、沮、褒、湑、酉、子、旬、南洛河"等河流。秦岭北坡水资源量35亿立方米，共有63条河流汇入渭河。南水北调中线工程的枢纽——丹江口水库库区集水面积的66%分布在汉江左岸的秦岭南坡和右岸的陕南巴山，其中汉江水量约占丹江口水库入库水量的50%，这将有力地保障京津地区的可持续发展。黄河的第一大支流——渭河是秦岭北坡诸县及西安、咸阳、宝鸡、渭南等大中城市群的主要水源地，荫护了"八水绕长安"的盛景。

随着南水北调中线和引汉济渭等一批战略性水资源配置工程的建设和运行，秦岭水资源在陕西、京津乃至全国社会经济发展中，具有日益重要的地位和作用。与此同时，秦岭地区尤其是南部地区社会经济落后，当地发展和保护相协调的问题较为突出。党的十八大以来，中央在新的历史条件下治国理政方略全面推进，尤其是在资源管控和生态文明建设方面的一系列重大决策部署，秦岭地区水资源和水生态保护工作正面临着难得的历史机遇。因此，我们有必要站在全国水资源安全的高度，评估秦岭水资源与水生态系统现状，展望未来面临的历史机遇和主要威胁，重新审视秦岭水资源与水生态系统综合管理的进展与存在的差距，以便基于秦岭现实情况，面向未来、抓住机遇，制定有效战略，为秦岭水资源与水生态系统及当地经济社会可持续发展提供科学支撑。

（1）秦岭地区区位极为特殊和重要，是我国重要的水文分界线、供水水源地及生态保育区。

秦岭山脊线一带大体与我国800毫米等雨量线、1月零摄氏度等温线、2000小时日照时数等值线一致，成为我国标志性的南北水文分区界线，从自然地理方面确定了我国气候、水文要素的时空和地域分布特征。在水文上，秦岭是长江水系与黄河水系、亚热带与暖温带、湿润区与半湿润区、河流有无结冰期的分界。

国家南水北调中线工程的枢纽——丹江口水库库区集水面积的66%分布在汉江左岸的秦岭南坡和右岸的陕南巴山，秦岭南坡地表水资源量159亿立方米，其中汉江（丹江）水量约占丹江口水库入库水量的50%，连同陕南巴山的地表水量，占丹江口水库入库水量的70%以上。秦岭北麓有63条河流汇入渭河，占关中水资源总量的61%。秦岭地区的水资源和水生态系统开发、利用和保护不仅直接关系到陕西的水资源与水生态安全，而且会影响南水北调中线工程涉及的中国北方河南、河北、北京、天津四省市水安全。

秦岭地区河流众多，蕴藏着丰富的水生动物资源，受自然地理地貌的影响，其河流结构及水生生物组成独具特色。秦岭水域有7目16科85属共161种（亚种）鱼类，同时还栖息着大量珍贵的两栖类生物资源，如中国林蛙、秦岭雨蛙等。

（2）秦岭地区水资源丰富，基本满足当地需求，水资源保护、水土保持和水生生物保护取得良好成效。

秦岭水资源丰富，从整体上看无论是水资源数量还是用水总量控制指标基本满足当地需求，但南北麓社会经济及水资源条件差异较大，水资源调配需求强烈，跨流域调水存在"效益搬家"问题。

秦岭地区水环境良好，水体水质基本保持在Ⅱ、Ⅲ类水，满足南水北调和关中地区水质要求。十多年来，汉江出省断面水质保持在国家地表水环境质量Ⅱ类标准，丹江出省断面水质保持在Ⅲ类标准。

在坡耕地整治、退耕还林、退耕还草、能源建筑用材转变、城镇化及生态移民等多重因素驱动下，秦岭地区水土流失总体情况趋于良好，局部地区存在恶化问题。

以大鲵、秦岭细鳞鲑为代表的秦岭珍稀水生动物保护取得一定成效，尤其是对大鲵的保护形成了一套保护中开发的成功模式。但水生生物保护仍面临来自不合理捕捞、水工程建设、环境污染等多方面的压力。

（3）秦岭地区面临的主要问题包括水量衰减、水质保护压力大、生态补偿体制机制不完善及众多水利工程建设带来的生态影响。

对秦岭南北麓三个所选择的代表站径流资料分析结果表明，秦岭南北麓径流量都呈下降趋势，秦岭北麓流域的下降趋势更为明显。降雨减少是径流减少的主要原因，但除此之外，人为因素以及下垫面的变化都对径流量有不同程度的影响。

当前秦岭地区水污染压力主要来自于生活污水和面源污染。分散农户及农家乐等污水处理工作还很薄弱。面源污染治理尚未广泛开展，后续资金缺乏保障。当地城镇污水处理厂基本建成，目前主要存在三个问题：一是配套管网还不完善；二是日常运行费用对地方财政构成较大压力，部分污水处理厂未能正常运行；三是雨污分流设施不完善。

秦岭地区水生态保护补偿机制尚不完善，主要表现在水生态保护的意识与文化亟待进一步增强，水生态保护与修复的标准、规划、方案目前还缺失，以及生态补偿资金不足，中央转移支付资金主要用于工资及日常办公运行费用。

秦岭地区建设包括南水北调中线工程、"引汉济渭"调水工程等数量较多的引调水工程，在缓解中线工程沿线受水区以陕西关中地区经济社会发展与水资源供需矛盾的同时，也加剧了汉江流域河道内用水的供需矛盾，对流域内生态环境状况造成一定的不利影响，存在着复杂且具有不确定性的生态风险。

（4）秦岭地区水资源与水生态系统管理存在"三多三少、缺合力难考核"的问题，未来既面临巨大的历史机遇，也面临严峻挑战。

总体上，自党的十八大以来，随着国家在资源环境管控、生态文明建设方面整体工作的不断推进，包括秦岭地区在内的全省范围内，在水资源和水生态开发利用和保护方面已基本形成一套完整有效的管理体系，但仍然存在普适性政策多、针对性规定少，规定目标任务多、基层专业人员少，政府财政投入多、社会市场参与少，以及缺乏管理合力，责任考核难落实等问题。

在历史机遇方面，南水北调水源地保护已成为政治任务，生态环境保护的高压态势不会改变，国家重视程度会不断提高，投入会逐步增大。随着引汉济渭等水资源配置工程的通水，该地区对关中地区水安全的重要性会极大增强，省内地位将不断提高，国家生态文明建设深入开展，对水生态补偿体制机制建立将起到极大推动作用。水权制度、水资源承载力监测预警机制、水资源督查制度、水资源资产核算、水效领跑者、合同节水等一系列管理改革将带来积极影响。

在未来较长的一段时期，秦岭水资源与水生态系统管理需要应对气候变化带来的水资源量衰减、发展需求导致的水污染源加大，多个南水北调工程的分头规划与实施，大规模引调水带来对水生态环境的潜在影响、责利对应的水生态保护补偿机制尚未有效建立等诸多问题。

（5）秦岭地区需要构建具有区位特色的秦岭水生态文明发展模式，在确保一江清水供京津的基础上，实现当地经济社会的持续发展。

秦岭水生态文明建设的主要目标包括最严格水资源管理制度、水污染防治行动计划全面落实，节水社会深入推进，水生态补偿体制机制逐步完善，形成与当地水资源条件相匹配的节约循环型产业结构和布局；汉江、嘉陵江、洛河保持优良水质，渭河水质持续改善，中小河流生态水平不断提升，富有地域人文特色的亲水景观和滨水空间有序分布；推动秦岭山水文化创新，形成秦岭山水文化品牌，水生态文明建设理念深入人心，融入经济社会发展全过程。

基于上述目标，本研究提出了监测评估体系及管理能力建设、水源地保护区划及配套政策措施完善、受水区节水工程改造及技术升级、水污染治理基础设施及运行保障、中小型沟道生态保护与修复、产业升级与绿色产业发展等六项重点工作建议，并从水资源、水环境、水生态等方面提出了建立水资源衰减评估与适应机制、建立跨区域调水科学评估与实施机制等13项政策建议。

1. 区域基本概况

广义的秦岭指横贯中国中部的东西走向山脉，经甘陕豫三省，长约1600千米，其主体位于陕西境内。本研究的目标区域，是秦岭陕西段的全部，东西绵延400～500千米，南北宽达100～150千米，面积约5万平方千米，约占陕西省总面积的25%。

1.1 河流水文概况

1.1.1 河流水系分布

秦岭地区长度在40千米以上的河流共86条，流域面积在100平方千米以上的河流共195条。秦岭作为长江和黄河两大流域的分水岭，南坡河流分属长江流域的汉江和嘉陵江水系，北坡河流分属黄河流域的渭河和洛河水系。

（1）秦岭北麓。陕西省秦岭北麓诸河源短、坡陡，水清流急，数量众多，泥沙以推移质为主，河长一般10~100千米，流域面积10~500平方千米，水力资源较为丰富。流域面积500平方千米以上的一、二级支流有石头、黑、涝、沣、灞河等5条；流域面积100~500平方千米的一、二级支流有清姜、清水、伐鱼、霸王、汤峪、东沙、新、皂、戏、零、尤、赤水、遇仙、石堤、罗纹、罗夫、柳叶、长涧、白龙涧、潼洛、双桥河等21条；流域面积10~100平方千米的一、二级支流有大冷滩沟、马宗山沟、七里沟、魏家沟、安坪沟、焦鹠沟、晁峪沟、小牛沟、太寅沟、塔稍沟、陈家滩沟、高家河沟、庙沟、马尾、磻溪、屹塔沟、雍峪沟、同峪沟、麦李沟、西沙、耿峪、沙、玉川、构峪、方山、葱峪、列斜沟等沟河27条。流域内水系多呈羽毛状，近乎正交注入渭河，多数为单支水系。

渭河：黄河的第一大支流，发源于甘肃省鸟鼠山，经宁夏、甘肃流入关中平原。秦岭境内渭河的流域面积67100平方千米，河长512千米，代表站多年平均降雨量为601毫米，多年平均径流量为92.50亿立方米。黑河、涝河、沣河、浐灞河是秦岭地区渭河的一级支流，其全河多年平均径流量分别为6.88亿立方米、1.50亿立方米、4.08亿立方米和5.86亿立方米。

黑河：发源于秦岭北麓太白山二爷海，于周至县尚村镇梁家滩入渭，河长125.8千米，平均比降1.93%，流域面积2258平方千米。其中峪口以上91.2千米为山区段，流域面积1506平方千米，山大沟深，河槽狭窄，河谷稳定，沿途汇入花耳坪、太坪、大蟒、板房子、清水、虎豹、王家、柳叶、陈河等9条支流；峪口以下34.6千米为平原段，比降变缓，常有推移质呈扇形堆积，主流摆动多变，沿途汇入沙、就峪、田峪、赤峪、黄赤河等5条支流。平均年径流量7.33亿立方米，年输沙量21万吨，含沙量0.286千克/立方米，输沙模数93吨/（年·平方千米）。

灞河：发源于秦岭北麓箭峪岭南麓九道沟，于西安市未央区兰家庄入渭，河长104.1千米，平均比降6%，流域面积2581平方千米。自源头南偏西流，经灞源折西北流为道沟峪，在蓝田九间房乡纳流峪、峒峪、清峪等支流后始称灞河，再偏西南流穿行于灞河川地上，至新寨附近纳入清河，至蓝田县城南关与辋川河相汇后沿白鹿塬脚下西北流，沿河右岸又陆续纳入白马、白牛、余家沟、红河等支流，于毛西附近进入平原，在西安市东郊广太庙附近纳浐河。平均年径流量5.61亿立方米，年输沙量278万吨，含沙量4.96千克/立方米，输沙模数1077吨/（年·平方千米）。

石头河：发源于秦岭鳌山，于岐山县安乐镇新庄村入渭，河长68.6千米，平均比降1.94%，流域面积778平方千米。主要由五里峡、大箭峡、沙沟峡、白云峡、三岔峡、吉利沟、箭沟等支流在眉县斜峪关峪口以上汇流而成。平均年径流量3.97亿立方米，年输沙量84万吨，含沙量2.12千克/立方米，输沙模数1080吨/（年·平方千米）。

沣河：发源于秦岭北麓沣峪鸡窝子以南，于咸阳市秦都区鱼王村入渭，河长78千米，平均比降0.82%，流域面积1386平方千米。源头至峪口段长26千米，流域面积165.8平方千米，沿途右岸有东富尔沟、拐扒沟、大坝沟、小坝沟、南石槽、红草河、石峡沟等沟水流入，左岸有左龙沟、西富尔沟、蒿沟、西湾沟、四岔沟、太平沟等沟水流入，河谷为V型，河槽基本为矩形砾石河床；出峪口后流向西北，左岸有石老沟、牛犄沟、直肠沟、马家沟、高冠、太平等沟河汇入，于鄠邑区秦渡镇南距峪口11.8千米处纳入潏河。平均年径流量2.91亿立方米,年输沙量9万吨,含沙量0.310千克/立方米,输沙模数65吨/(年·平方千米)。

涝河:源出秦岭北坡,有两个源头,东涝河源起静峪垴,西涝河源起秦岭东梁,于鄠邑区渭丰乡保安滩入渭,河长86千米,平均比降1.02‰,流域面积665平方千米。其中塔庙以上山区段河长43.3千米,流域面积占全流域的50%;出山后至罗什堡先后纳入栗峪、皂峪,该段河宽多石,枯水季可以踩石过河,人称天桥;罗什堡以下先后纳入漤陂水、甘峪河。平均年径流量1.35亿立方米,年输沙量8.75万吨,含沙量0.648千克/立方米,输沙模数131吨/(年·平方千米)。

(2)秦岭南麓。陕西省秦岭南麓的陕南水系具有明显的格子状特征。主干汉江和较小的主干河流丹江皆流动于纵向峡谷之中,汉江的褒水、湑水等皆下切成横向峡谷,而上述这些河流的小支流却又在较小的纵向峡谷中流动,还有一些更小的支流下切成一系列纵横交替的小峡谷。

汉江:源于秦岭南麓陕西省西南部汉中市宁强县大安镇的嶓冢山,干流全长1577千米,流经陕西、湖北两省,其中陕西境内干流长657千米,在陕西省境内,基本上自西向东流,汉江干流发源于陕西宁强县的嶓冢山,自西而东流经勉县、汉中市、城固县、洋县、石泉县、汉阴县、紫阳县、安康市汉滨区、旬阳县,于白河县进入湖北省。湖北境内长920千米,在武汉市汉口龙王庙汇入长江。河长1577千米,流域面积17.43万平方千米,位居长江水系各流域之首。

嘉陵江:嘉陵江干流,发源于秦岭,起凤县,经陕西省、甘肃省、四川省、重庆市,注入长江。嘉陵江干流全长1345千米,干流流域面积3.92万平方千米,干流流经陕西省、甘肃省、四川省、重庆市,在重庆市朝天门汇入长江。主要支流有八渡河、西汉水、白龙江、渠江、涪江等。总流域面积16万平方千米,是长江支流中流域面积最大,长度仅次于汉江,流量仅次于岷江的大河。

陕西省境内,嘉陵江流经凤县,入甘肃再回陕西,经略阳县和宁强县出陕。它在陕西境内属于河流上游段,长244千米,约占总河长的30%左右;在陕西境内的流域面积为9930平方千米,多年平均径流量为56.6亿立方米。

秦岭地区水系概况详见表4-1,水系及主要的水文站点详见图4-1。

表4-1　　　　　　　　　　　　　秦岭地区水系概况

流域	水系	流域面积(km²)	占总面积的百分比(%)	长度在40km以上的河流	流域面积在100km²以上的河流(条)
长江	汉江(左岸支流)	33491	61.6	53	117
	嘉陵江	4908	8.7	9	15
	小计	38399	70.3	62	132
黄河	渭河(右岸支流)	13096	23.9	19	48
	洛河	2947	5.8	5	15
	小计	16043	29.7	24	63
总计		54442	100	86	195

资料来源:刘胤汉,《秦岭水文地理》,陕西人民出版社1983年版。

从表4-1可以看出,长江流域占秦岭地区总面积的70.3%,黄河流域占29.7%,其中以汉江水系分布范围最大,超过总面积的60%。

1.1.2 主要河流年径流量

陕西省秦岭北麓属黄河流域，流域面积在500平方千米以上的一、二级支流有石头河、黑、涝、沣、浐灞河等5条河流；秦岭北麓属长江流域，流域面积在500平方千米以上的一、二级支流主要有汉江、嘉陵江、玉带河、褒河、湑水河、子午河、池河、月河、旬河、金钱河和丹江共11条河流。各河流的基本特征详见表4-2。

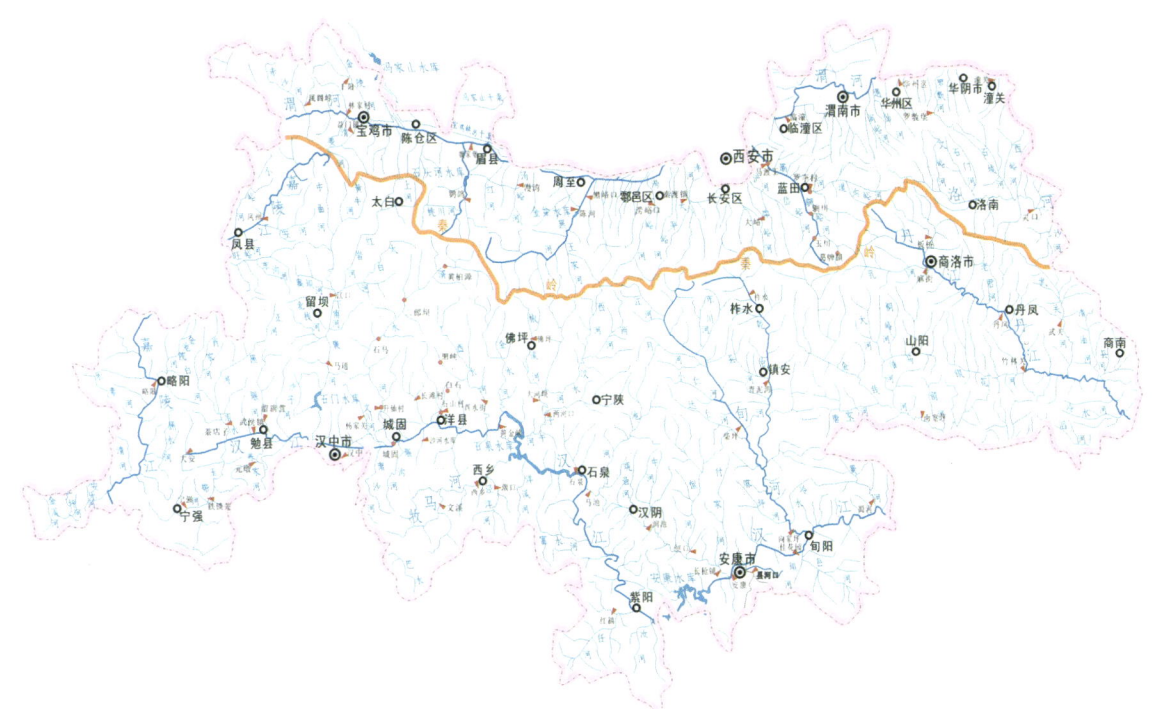

图4-1 秦岭地区水系图

表4-2 秦岭地区主要河流特征表

	河流名称		流域面积（km²）		河长（千米）		全河多年平均径流量（亿m³）
			全河	秦岭地区	全河	秦岭地区	
黄河	渭河	渭河	135000	67100	818	512	92.50
		黑河	2258	2258	126	126	6.88
		涝河	663	663	82	82	1.50
		沣河	1386	1386	78	78	4.08
		石头河	778	778	68.6	68.6	3.97
		浐灞河	2581	2581	171	171	5.86
长江	嘉陵江		159800	10039	1120	224	52.01
	汉江	汉江	151000	54711	1577	652	273.60
		玉带河	1200	1200	110	110	
		褒河	4000	4000	195	195	13.45
		湑水河	2340	2340	168	168	11.65
		子午河	3000	3000	160	160	94.03
		池河	1000	1000	112	112	4.09

续表

河流名称		流域面积（km²）		河长（千米）		全河多年平均径流量（亿m³）
		全河	秦岭地区	全河	秦岭地区	
长江	汉江 月河	2800	2800	114	114	9.03
	旬河	6685	6685	218	218	20.71
	金钱河	5610	4661.2	261	169	13.2
	丹江	16800	7563	443	264	16.46

资料来源：《陕西省水资源手册》，陕西省水资源管理办公室2014年编。

1.1.3 分区降水量

秦岭年降水量大部分地区在700~1000毫米之间①。秦岭北坡、山间盆地和河谷，年降水量在600-800毫米；南坡和山地的中上部年降水量都在800毫米以上，并随高度增加而增多。以太白山为主的高大山区，年降水量在1000毫米以上，是秦岭降水量最多的地区。

（1）降水量空间分布。按照陕西境内秦岭共39个气象站点近50年的月均降水观测资料，并对部分站所缺部分观测资料根据邻近观测站点的实际资料进行插补延长，以保证降水序列的完整性。统一以1960~2009年逐月降水量作为基本资料。通过各站点的年降水量平均值进行空间插值，得到1960~2009年秦岭山地年平均降水的空间分布图，并提取了年降水量的等值线如图4-2所示。从图4-2可以看出年降水量从南向北逐渐减少，降水较高的地方出现在宁强县、紫阳县和商南县，年降水量在800~1080毫米；秦岭北坡降水较少，基本在750毫米以下。

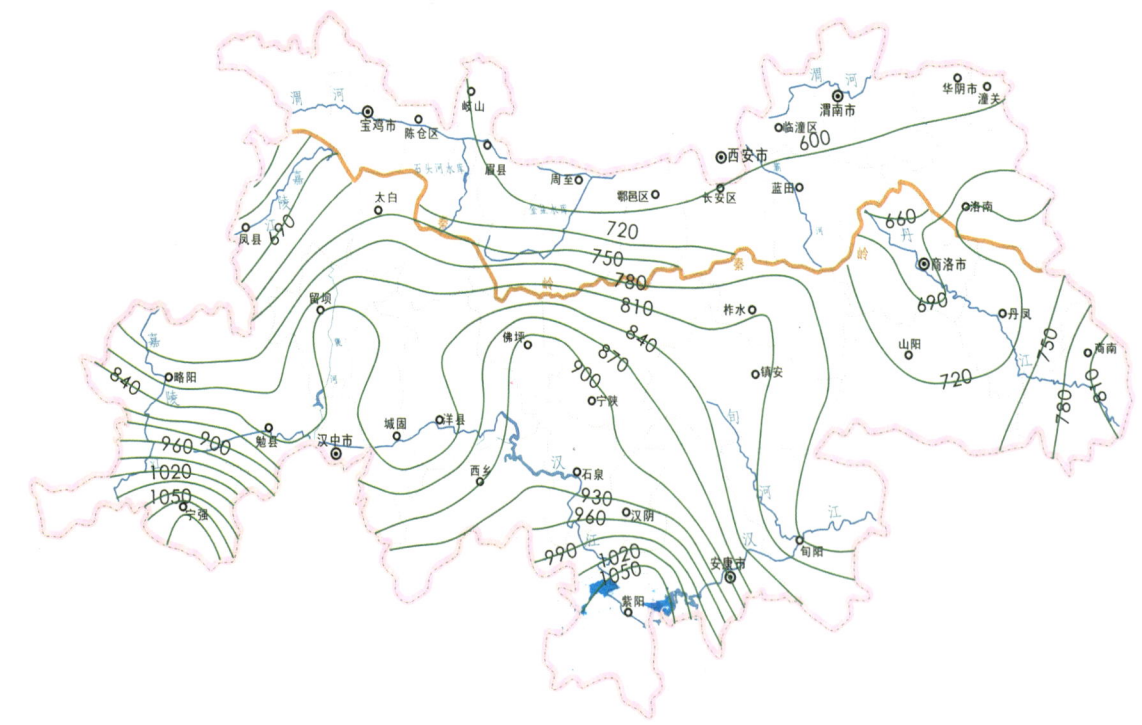

图4-2 秦岭地区年降雨量空间分布

---

① 秦岭四库全书编写组：《秦岭四库全书·水库：山水清音》，西安出版社2015年版。

（2）秦岭降水量南北坡变化。采用秦岭南坡、北坡的典型雨量站的1979～2001年共23年降雨资料进一步分析秦岭地区南北坡降雨分布差异。秦岭南坡沙河村站和秦岭北坡马渡王站的海拔高度大致相同，分别为470米和460米，实测年降雨量序列比较见图4-3。

通过两雨量站1979～2001年实测年降雨量序列比较，秦岭南坡沙河村站比秦岭北坡马渡王站降雨量更为丰富。

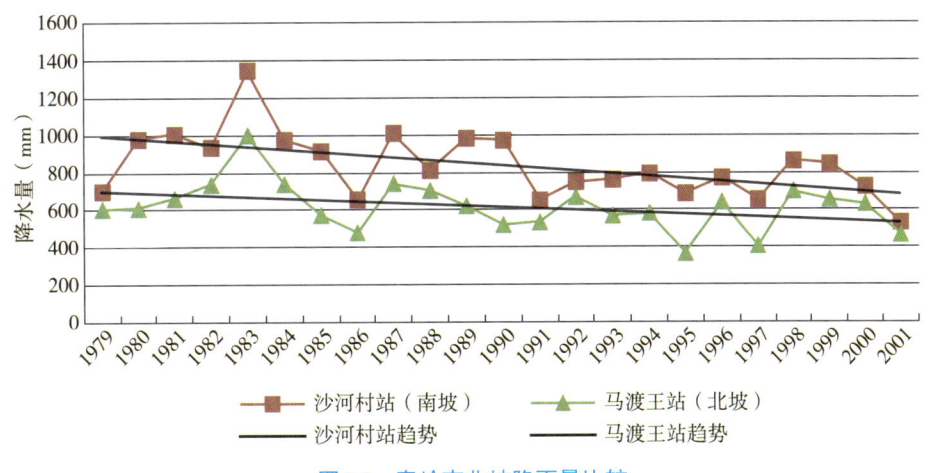

图4-3　秦岭南北坡降雨量比较

同样选择海拔高程相近的秦岭南、北坡典型雨量站升仙村站和罗李村站，其海拔高度分别为521米和540米，比较两雨量站1979～2001年降雨量差异，结果如图4-4所示。

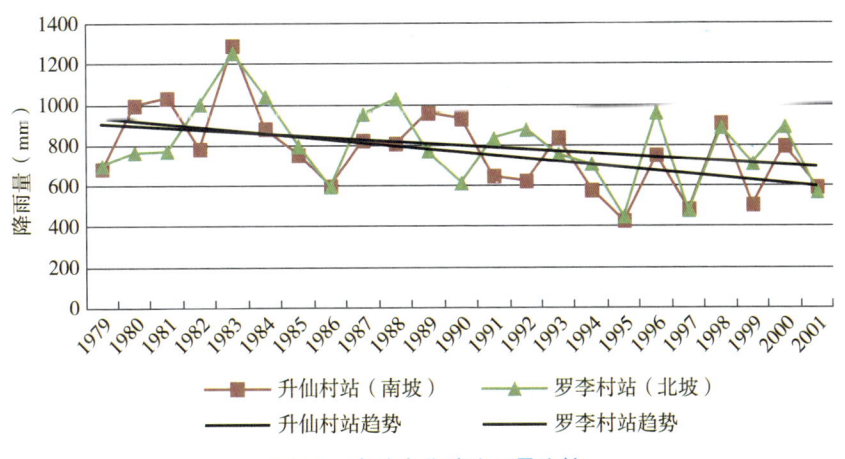

图4-4　秦岭南北坡降雨量比较

由图4-4可以看出，秦岭南坡升仙村站和秦岭北坡罗李村站1979～2001年多年平均年降雨量分别为878.8毫米、858.7毫米，并结合两雨量站1979～2001年实测年降雨量序列比较，表明秦岭南坡升仙村站与秦岭北坡罗李村站相比，降雨量稍大。综上分析结果表明，秦岭地区降雨量空间分布呈现一定的规律，即南坡多，北坡少。

（3）秦岭南北坡降水量垂直分布。为分析秦岭地区降水量在垂直方向的分布特点，分别在秦岭南坡、北坡选择五个垂直方向上的雨量站。秦岭北坡选择的雨量站由高到低依次为葛牌站、玉川站、辋川站、罗李村站以及马渡王站。这里采用上述五个雨量站1990～2001年共12年的降雨量实测资料进行比较分析，结果如图4-5所示。

由图4-5可以看出，由葛牌站、玉川站、辋川站、罗李村站，到马渡王站，随着海拔高程的降低年降雨量有降低的趋势。

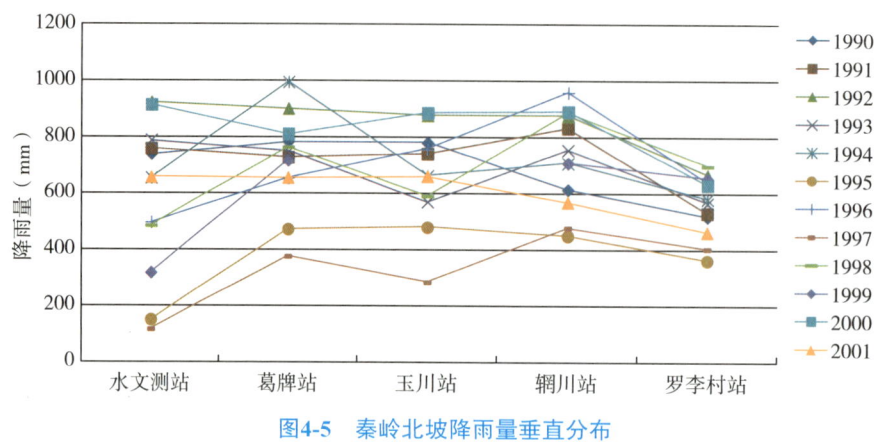

图4-5　秦岭北坡降雨量垂直分布

秦岭南坡依次选择海拔由高至低的小河口站、黑峡站、白石站、洋县站和沙河村站1990～2001共12年实测降雨资料分析秦岭南坡的降雨量在垂直方向上的分布，详见图4-6。

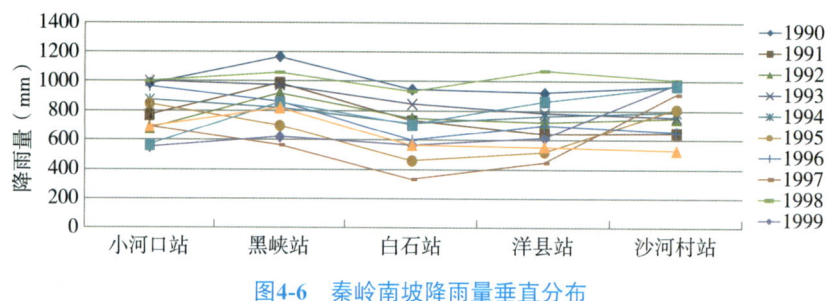

图4-6　秦岭南坡降雨量垂直分布

由图4-6可以看出，秦岭南坡垂直方向降雨量分布规律与北坡大致相同，即随着海拔高程的降低，降雨量有减少的趋势。如以2001年五个典型雨量站的年降雨量为例，小河口站、黑峡站、白石站、洋县站、沙河村站的年降雨量分别为691.0毫米、819.8毫米、567.9毫米、553.9毫米、529.7毫米，逐渐减少。

上述分析可以看出秦岭地区降雨量在垂直方向上的差异较大，且呈一定的分布规律，即随着海拔高程的增加，降雨量有降低的趋势。

（4）降雨年内分布不均、年际变化大。秦岭地区的降水主要集中在夏、秋两季，占年降水量的70%～80%，冬春两季仅占20%～30%。其中，夏季最多，占35%～52%；秋季占26～32%；春季占20%～29%；冬季仅占0.5%～5%。选择秦岭北坡典型雨量站马渡王站1953～2001年实测降雨资料进行频率分析，并绘制频率曲线（见图4-7），取25%、50%、75%对应的降雨量值作为设计值，从而在实测序列中选择出典型代表年，分别分析三个代表年降雨量的年内分布，表4-3为该水文站不同频率下年降雨量。

表4-3　　　　　　　　　　秦岭北坡马渡王雨量站不同频率年降雨量　　　　　　　　　　单位：毫米

水文站	统计参数			最大	最小	不同频率特征下年降雨量		
	均值	C_V	C_S/C_V			25%	50%	75%
马渡王	627.0	0.22	2.5	999	363	711.9	614.4	528.4

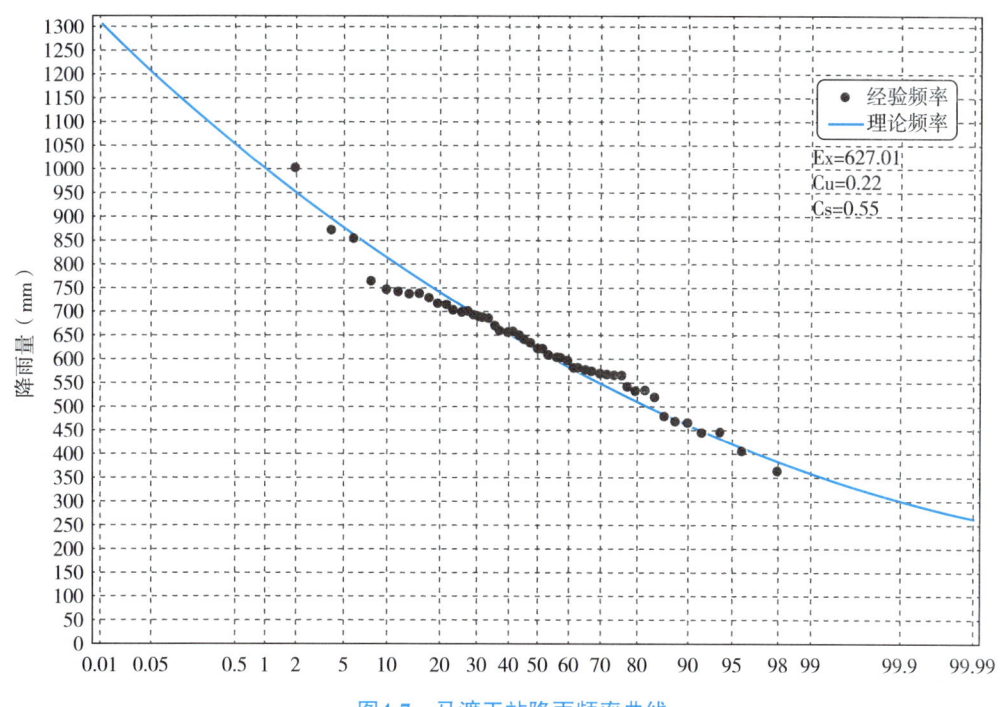

图4-7　马渡王站降雨频率曲线

在秦岭北坡马渡王雨量站1953～2001年共49年的实测资料系列中，多年平均年降雨量为627.0毫米，最大年降雨量达999.0毫米（1983年），比多年平均年降雨量多59.3%；最小年降雨量为363毫米（1995年），为多年平均年降雨量的57.9%；而最大年降雨量与最小年降雨量的比值为2.75，说明秦岭北坡降雨量的年际变化非常明显。

秦岭北坡马渡王雨量站典型年降雨量年内分配情况见图4-8。由图4-8可以看出，代表年降雨量年内分配不均。1954年最大降雨发生在7月，降雨量达140.5毫米；而12月至次年3月连续四个月降雨量最少，为91.5毫米，仅占年降雨量的12.8%；1989年7～9月连续三个月降雨量最大，达327.0毫米，占年降雨量的52.8%，而10～12月连续三个月降雨量最小，为57毫米，仅占年降雨量的9.2%；1991年最大降雨量发生在9月，为98.1%，12月至次年2月连续三个月降雨量最少，为21.4毫米，仅占年降雨量的4.0%。

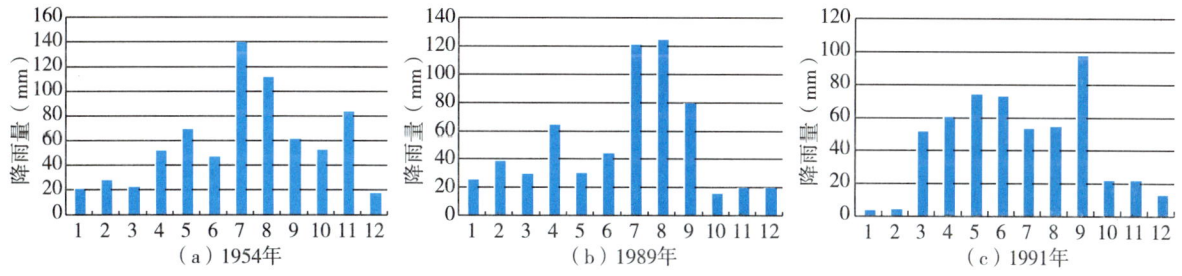

图4-8　马渡王雨量站典型年降雨量月分配图

选择秦岭南坡典型雨量站武关站1959～2001年实测降雨资料进行频率分析，并绘制频率曲线，取25%、50%、75%对应的降雨量值作为设计值，从而在实测序列中选择出典型代表年，分别分析三个代表年降雨量的年内分布。表4-4为该雨量站不同频率下的年降雨量。

表4-4　　　　　　　　　　秦岭南坡武关雨量站不同频率年降雨量　　　　　　　　　　单位：毫米

水文站	统计参数			最大	最小	不同频率特征下年降雨量		
	均值	C_V	C_S/C_V			25%	50%	75%
武关	769.1	0.24	2.5	1216.7	510.6	881.6	750.7	636.6

在武关雨量站1959～2001年共42年的实测资料系列中，多年平均年降雨量为769.1毫米，最大年降雨量达1216.7毫米（1983年），比多年平均年降雨量多58.2%；最小年降雨量为510.6毫米（1966年），为多年平均年降雨量的66.4%；而最大年降雨量是最小年降雨量的2.38倍，说明秦岭南坡降雨量的年际变化非常明显。

由频率分析结果可以看出，25%、50%和75%的典型年分别为1989年、1994年和1959年，相应的年降雨量分别为747.9毫米、698.4毫米和621.3毫米。武关站降雨量年内分配情况见图4-9。

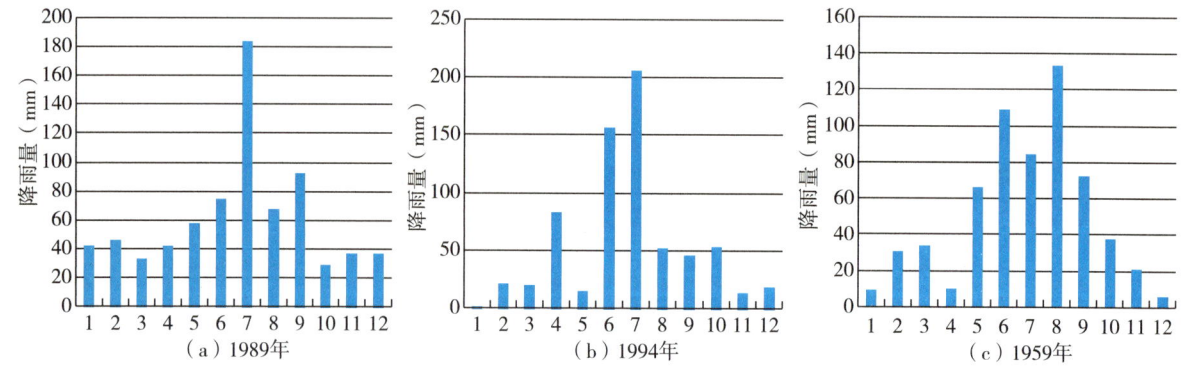

图4-9　武关雨量站典型年降雨量各月分配图

由图4-9可以看出，代表年降雨量年内分布不均。1989年6～9月连续四月降雨量最大，共计420.0毫米，占年降雨量的56.3%；1994年最大降雨发生在7月，降雨量为207.5毫米，11月至次年3月降雨量连续最小，为79.1毫米，占年降雨量的11.3%；1959年6～9月连续四个月有最大降雨，降雨量达402毫米，占年降雨量的64.7%，而11月至次年1月降雨量最少，为37.8毫米，仅占年降雨量的6.1%。

1.1.4　河流水文特征

秦岭地区作为长江和黄河两大流域的分水岭，河流水文特征具有明显的过渡性和独特性，且径流量丰富，河流动态以夏秋水和秋水型为主。

（1）径流量丰富、地区差异明显。秦岭以南属长江流域，主要河流有长江一级支流江陵江及汉江；秦岭以北属黄河流域，分布有黄河一级支流渭河、伊洛河和若干支流。秦岭地区河流径流量较为丰富，渭河、伊洛河、江陵江和汉江的多年平均径流量分别为92.50亿立方米、7.20、52.01亿立方米和273.60亿立方米。但由于天然降水是河流的主要补给来源，不同气候条件下的秦岭各个不同地区河流径流量的差异较大。

（2）年内、年际变化大。以秦岭北坡灞河干流马渡王水文站实测资料为依据，对秦岭北坡河流径流年内和年际变化情况进行分析。马渡王水文站的天然径流量特征指标如表4-5所示。

表4-5　　马渡王水文站径流量特征指标表（1956~2010年）

水文站	多年平均年径流量（万m³）	Cv	Cs/Cv	不同频率天然径流量（万m³）			
				20%	50%	75%	95%
马渡王	47487	0.46	2.0	64233	44184	31532	18089

马渡王水文站多年平均径流量为4.75亿立方米，且不同频率20%、50%、75%和95%下对应的天然径流量分别为6.42亿立方米、4.42亿立方米、3.15亿立方米和1.81亿立方米。马渡王水文站径流年内分配情况见图4-10。

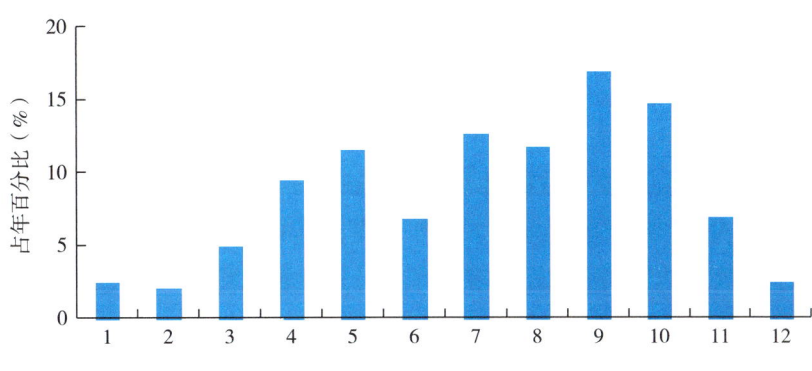

图4-10　秦岭北坡马渡王水文站多年平均月径流柱状图

河流以降水补给为主，径流的年内分配与降水的年内分配关系十分密切。上述分析可以看出，年径流量的55%左右集中于7~10月，最大月径流量出现在9月份，占年径流量18.1%左右；最小出现在2月份，占年径流量0.9%~1.1%，说明秦岭北坡河流径流年内差异非常大。

秦岭南坡选择武关河武关水文站1959~2014年共56年实测资料，分析秦岭南坡河流径流年内和年际变化情况。武关水文站的天然径流量特征指标如表4-6所示。

表4-6　　武关水文站径流量特征指标表（1959~2014年）

流量站点	多年平均径流量（万m³）	Cv	Cs/Cv	不同频率天然径流量（万m³）			
				20%	50%	75%	95%
武关站	15711.6	0.64	2.5	22502.2	13155.3	8363.9	4717.2

在秦岭南坡武关水文站1959~2014年共54年的实测资料系列中，武关水文站多年平均径流量为1.57亿立方米，且不同频率20%、50%、75%和95%下对应的天然径流量分别为2.25亿立方米、1.32亿立方米、0.84亿立方米和0.47亿立方米；最大年径流量达5.98亿立方米（1964年），比多年平均年径流量多4.41万立方米；最小年径流量量为0.34亿立方米（1978年），仅为多年平均年径流量的21.4%；最大年径流量是最小年径流量的17.8倍，说明秦岭南坡河流径流年际变化非常明显。武关水

文站径流年内分配情况见图4-11。

上述分析可以看出，年径流量的66.0%左右集中于7~10月，最大月径流量出现在9月份，径流量达3097.7万立方米，占年径流量19.9%左右；最小出现在1~2月份，占年径流量1.3%左右，说明秦岭南坡河流径流年内变化差异也非常大。

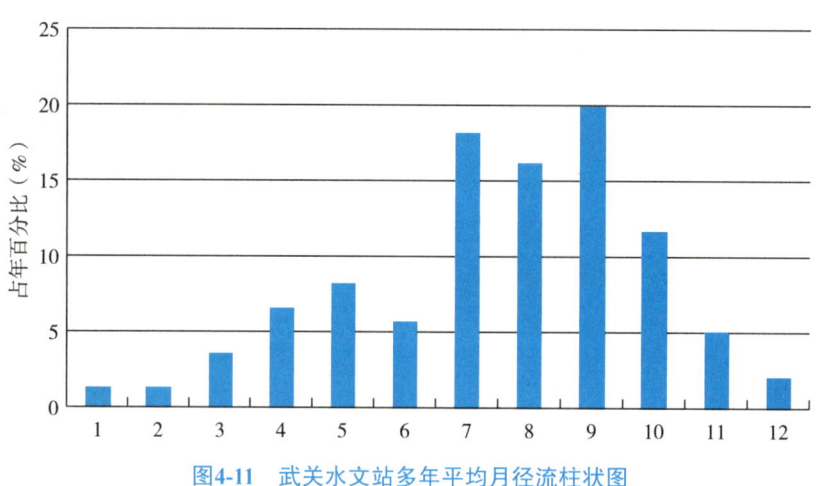

图4-11　武关水文站多年平均月径流柱状图

（3）泥沙含量总体较小。选择秦岭南坡岚河流域的岚河水文站、旬河流域的柴坪水文站、嘉陵江流域的略阳水文站、武关河流域的武关水文站和秦岭北坡渭河流域的华州区水文站、涝河流域的涝峪口水文站、石头河流域的鹦鸽水文站连续多年的月含沙量资料系列，分析说明境内河流含沙量情况。含沙量分析情况见表4-7。

表4-7　代表站实测多年含沙量成果表

	站名	统计年数	月均含沙量（kg/m³）												年平均含沙量（kg/m³）
			1月	2月	3月	4月	5月	6月	7月	8月	9月	10月	11月	12月	
秦岭以南	岚河	21	0.0008	0.0003	0.0217	0.0657	0.1210	0.1545	0.3840	0.2069	0.1368	0.0588	0.0092	0.0000	0.0974
	柴坪	30	0.0006	0.0008	0.0018	0.0355	0.1063	0.1624	0.5250	0.4381	0.1469	0.0636	0.0042	0.0003	0.1257
	略阳	43	0.0527	0.0669	0.2223	0.9975	3.7517	5.0573	10.2889	7.8140	3.5980	1.2209	0.2170	0.1005	2.8762
	武关	40	0.0174	0.1078	0.0174	0.0611	0.0669	0.2644	0.7040	0.4683	0.2616	0.0790	0.0193	0.0017	0.1730
秦岭以北	鹦鸽	28	0.0011	0.0011	0.0018	0.0098	0.0258	0.0266	0.2248	0.0612	0.0334	0.0098	0.0008	0.0007	0.0335
	华州区	42	0.6936	1.0115	2.0877	4.9670	11.271	32.975	145.97	134.73	39.067	8.5668	3.3426	1.1136	19.816
	涝峪口	41	0.000	0.000	0.0023	0.0203	0.1676	0.0793	0.4836	0.3926	0.0949	0.0296	0.0005	0.0000	0.1073

河流含沙量的大小受降雨、径流及下垫面条件影响，因此秦岭南北坡不同河流含沙量差异较大，但总的来说秦岭地区河流含沙量较小。秦岭以南岚河流域的岚河水文站、旬河流域的柴坪水文站、嘉陵江流域的略阳水文站、武关河流域的武关水文站的多年平均含沙量分别为0.0974千克/立方米、0.1257千克/立方米、2.8762千克/立方米和0.1730千克/立方米，其中嘉陵江是长江水系含沙量最大的河流，该流域的略阳站含沙量相对最大，这与该流域分布有深厚的黄土有关。秦岭以北秦岭北

坡渭河流域的华州区水文站、涝河流域的涝峪口水文站、石头河流域的鹦鸽水文站多年平均含沙量分别为0.0335千克/立方米、19.816千克/立方米和0.1073千克/立方米，以渭河流域华州区站的含沙量最大，且明显多于嘉陵江流域略阳站的含沙量，这是由于渭河流经黄土高原，土质疏松，且植被覆盖率相对较低，夏季暴雨较多，水土流失严重。代表站多年含沙量变化趋势见图4-12所示。

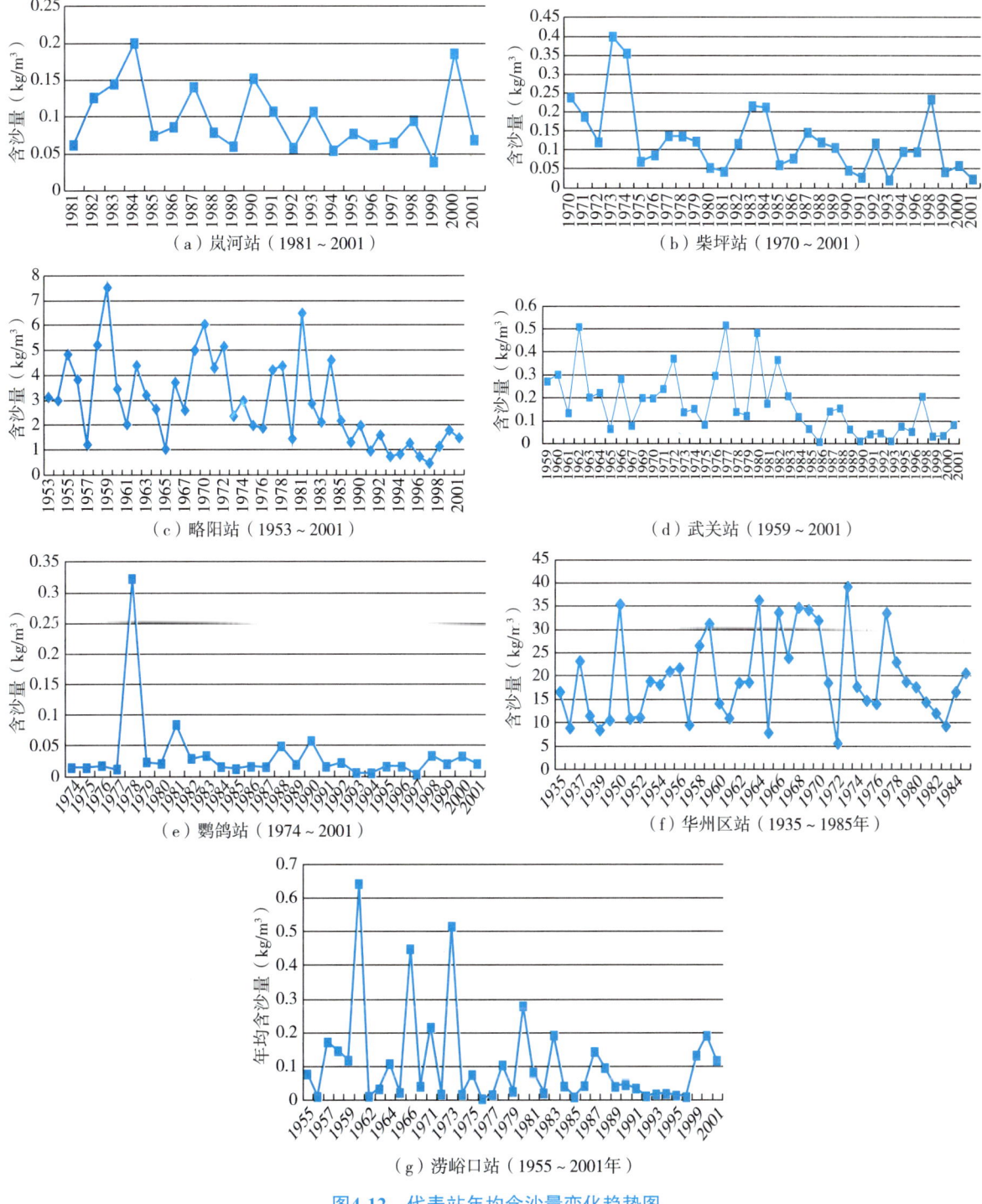

图4-12 代表站年均含沙量变化趋势图

由图4-12可以看出，秦岭地区河流含沙量年际变化也比较大，各站年均最大与最小含沙量的比值相差较大，一般为5～60倍，而鹦鸽站、涝峪口站分别高达124倍和137倍；各代表站的含沙量总体呈减少趋势。

1.2 区域水资源概况

1.2.1 区域水资源量

（1）地表水资源量。秦岭地区各行政市及其区县地表水资源量见表4-8。秦岭地区多年平均地表水资源量为262.31亿立方米，其中涉及西安市的三县三区多年平均地表水资源量为19.48亿立方米，宝鸡市的三区四县多年平均地表水资源量为27.02亿立方米，商洛市的一区六县多年平均地表水资源量为50.14亿立方米，渭南市的一区二县一县级市多年平均地表水资源量为4.23亿立方米，汉中市的一区八县多年平均地表水资源量为96.73亿立方米，安康市的一区五县多年平均地表水资源量为64.71亿立方米。

表4-8　　　　　　　　　　秦岭地区各行政分区地表水资源量

行政分区		分区面积（km²）	多年平均地表水资源量（万m³）
西安市	灞桥区	322	1384
	临潼区	898	2776
	长安区	1583	35319
	蓝田县	1977	52345
	周至县	2956	76565
	鄠邑区	1213	26452
	小计	8949	194841
宝鸡市	渭滨区	739	28154
	金台区	228	1717
	陈仓区	2607	42182
	岐山县	855	7148
	眉县	863	24736
	凤县	3187	72975
	太白县	2780	93246
	小计	11259	270158

续表

行政分区		分区面积（km²）	多年平均地表水资源量（万m³）
商洛市	商州区	2672	61468
	洛南县	2562	59231
	丹凤县	2438	52311
	商南县	2307	52659
	山阳县	3514	89029
	镇安县	3477	113192
	柞水县	2322	73545
	小计	19292	501435
渭南市	临渭区	1221	6180
	华州区	1140	19650
	潼关县	526	6424
	华阴市	817	10065
	小计	3704	42319
汉中市	汉台区	556	12300
	城固县	2265	108400
	洋县	3206	139700
	西乡县	3240	206900
	勉县	2406	101900
	宁强县	3246	173600
	略阳县	2831	97200
	留坝县	1958	67800
	佛坪县	1279	59500
	小计	20987	967300
安康市	汉滨区	3652	125989
	汉阴县	1347	44247
	石泉县	1525	53831
	宁陕县	3678	144825
	紫阳县	2204	162355
	旬阳县	3554	115829
	小计	15960	647076
总计		80151	2623129

（2）地下水资源。秦岭地区各行政市及其区县地下水资源量见表4-9。可以看出，秦岭地区多年平均地下水资源量为96.72亿立方米，其中涉及西安市的三县三区多年平均地下水资源量为15.09亿立方米，宝鸡市的三区四县多年平均地下水资源量为25.12亿立方米，商洛市的一区六县多年平均地下水资源量为

15.98亿立方米，渭南市的一区二县一县级市多年平均地下水资源量为4.37亿立方米，汉中市的一区八县多年平均地下水资源量为19.83亿立方米，安康市的一区五县多年平均地下水资源量为16.33亿立方米。

（3）水资源总量。秦岭地区多年平均水资源总量为274.39亿立方米，其中地表水资源量262.31亿立方米，地下水资源量96.72亿立方米，两者重复量84.64亿立方米。各行政区的多年平均水资源总量分别为西安市包括三县三区为22.95亿立方米，宝鸡市包括三区四县为29.29亿立方米，商洛市包括一区六县为50.14亿立方米，渭南市包括一区二县一县级市为5.88亿立方米，汉中市包括一区八县为99.06亿立方米，安康市包括一区五县为65.2亿立方米。秦岭地区各行政分区多年平均水资源总量见表4-10。

表4-9　　　　　　　　　　　秦岭地区各行政分区地下水资源量

行政分区		分区面积（km²）	多年平均地下水资源量（万m³）
西安市	灞桥区	322	8979
	临潼区	898	14103
	长安区	1583	26658
	蓝田县	1977	24542
	周至县	2956	53978
	鄠邑区	1213	22679
	小计	8949	150939
宝鸡市	渭滨区	739	9203
	金台区	228	1717
	陈仓区	2607	42182
	岐山县	855	7148
	眉县	863	24736
	凤县	3187	72975
	太白县	2780	93246
	小计	11259	251207
商洛市	商州区	2672	20528
	洛南县	2562	25117
	丹凤县	2438	17825
	商南县	2307	16024
	山阳县	3514	27633
	镇安县	3477	33931
	柞水县	2322	18698
	小计	19292	159756
渭南市	临渭区	1221	16450
	华州区	1139	15694
	潼关县	526	2533
	华阴市	817	9026
	小计	3703	43703

续表

行政分区		分区面积 （km²）	多年平均地下水资源量 （万m³）
汉中市	汉台区	556	18300
	城固县	2265	22300
	洋县	3206	8500
	西乡县	3240	48100
	勉县	2406	35000
	宁强县	3246	29200
	略阳县	2831	21600
	留坝县	1958	8200
	佛坪县	1279	7100
	小计	20987	198300
安康市	汉滨区	3652	26797
	汉阴县	1365	10240
	石泉县	1525	19458
	宁陕县	3678	34803
	紫阳县	2204	33430
	旬阳县	3554	38576
	小计	15978	163303
总计		80168	967208

表4-10 秦岭地区各行政分区水资源总量

行政分区	分区面积 （km²）	多年平均水资源总量 （万m³）
西安市	8949	229490
宝鸡市	11259	292928
商洛市	19292	501435
渭南市	3703	58832
汉中市	20987	990600
安康市	15978	652005
总计	80168	2743898

1.2.2 水资源可利用量[①]

秦岭地区各行政区水资源可利用量见表4-11所示。可以看出，秦岭境内地表水可利用量为80.49亿立方米，平均可利用率为30.7%；地下水可开采量为11.13亿立方米，平均可利用率为11.5%；水资源可利用总量为67.77亿立方米，平均可利用率为24.7%。

---

① 涉及各市水资源开发利用规划。

表4-11　　秦岭地区各行政区水资源可利用量

行政区	地表水			地下水			重复量（万m³）	水资源总量		
	水资源量（万m³）	可利用量（万m³）	可利用率（%）	水资源量（万m³）	可开采量（万m³）	可利用率（%）		水资源量（万m³）	可利用量（万m³）	可利用率（%）
西安市	194841	67232	34.5	150939	83467	55.3	116290	229490	65864	28.7
宝鸡市	270158	90763	33.6	251207	38582	15.4	228437	292928	65616	22.4
商洛市	501435	91167	18.2	159756	67098	42.0	159756	501435	69699	13.9
渭南市	42319	13669	32.3	43703	65600	27.6	27190	58832	9531	16.2
汉中市	967300	340463	35.2	198300	29348	14.8	175000	990600	309067	31.2
安康市	647076	201580	31.2	163303	8631	5.3	158374	652005	164305	25.2
总计	2623129	804874	30.7	967208	111339	11.5	846439	2743898	677743	24.7

1.3　秦岭区位的重要性

（1）最重要的水文分区界线。秦岭山脊线一带大体与我国800毫米等雨量线、1月零摄氏度等温线、2000小时日照时数等值线一致，成为我国标志性的南北水文分区界线，从自然地理方面确定了我国气候、水文要素的时空和地域分布特征。

黄土高原的南界，长江水系与黄河水系、亚热带与暖温带、湿润区与半湿润区、亚热带常绿阔叶林和温带落叶阔叶林、动物地理区划上的古北界和东洋界，河流有无结冰期的分界，农业水田与旱地、两年三熟与一年两熟、水稻和小麦杂粮种植的分界等。

秦岭对水汽也起到重要的阻滞作用，南坡年均降水量在800毫米以上，北坡降水量多在800毫米以下。

（2）最核心的南水北调中线水源地。秦岭南麓是南北水调中线水源地。秦岭山地降雨充沛、水量丰富，地表水资源量201亿立方米，约占陕西省地表水资源总量的50%。国家南水北调中线工程的枢纽——丹江口水库库区集水面积的66%分布在汉江左岸的秦岭南坡和右岸的陕南巴山，秦岭南坡地表水资源量159亿立方米，其中汉江（丹江）水量约占丹江口水库入库水量的50%，连同陕南巴山的地表水量，占丹江口水库入库水量的70%以上。

秦岭地区的水资源和水生态系统开发、利用和保护不仅直接关系到秦岭地区的水资源与水生态安全，而且会影响南水北调中线工程涉及的中国北方河南、河北、北京、天津四省市水安全。

（3）最主要的关中地区水源区。秦岭北麓有63条河流汇入渭河，占关中水资源总量61%，是西安、咸阳、宝鸡、渭南等城市水源地，形成了"八水绕长安"盛景。

（4）最独特的水生态保育区。秦岭地区河流众多，蕴藏着丰富的水生动物资源，受自然地理地貌的影响，其河流结构及水生生物组成独具特色。秦岭水域有7目16科85属共161种（亚种）鱼类，同时还栖息着大量珍贵的两栖类生物资源，如中国林蛙、秦岭雨蛙等。

2. 现状总体评估

2.1 水资源评估

2.1.1 供水情况分析

（1）现状供水量。2014年，陕西省秦岭地区总供水量40.06亿立方米，其中地表水供水量25.60亿立方米，占总供水量的63.90%；地下水供水量14.00亿立方米，占总供水量的34.95%；其他水源供水量0.46亿立方米，占总供水量的1.15%。可见，现状年以地表供水为主，详见表4-12及图4-13。

地表水中引水工程和蓄水工程供水量分别为11.85亿立方米和10.38亿立方米，分别占地表水供水量的46.29%和40.57%，是主要的供水方式；其次是提水工程，供水量3.36亿立方米，占地表水供水量的13.14%；此外还有非常少量的人工载运水量。地下水中浅层淡水供水量12.99亿立方米，占地下水供水量的92.81%；深层承压水供水量0.99亿立方米、微咸水供水量0.02亿立方米，分别占地下水供水量的7.08%和0.12%。微咸水全部集中在西安，说明该区严重缺水，对水质不好的微咸水也不得不利用。其他水源中污水处理再利用及集雨工程0.04亿立方米，分别占其他水源供水量的91.70%和8.30%。

表4-12　　　　　　　　　陕西省秦岭地区2014年各类水源供水情况　　　　　　　　　单位：万m³

行政区	区县	蓄水	引水	提水	地下水	其他	总供水量
西安	灞桥区	2973	60	51	8039	3557	14680
	长安区	6543	3234	0	15900	100	25777
	蓝田	2151	1401	114	2861	20	6547
	临潼	724	2731	1135	10523	0	15113
	鄠邑区	969	1311	0	11671	0	13951
	周至县	3560	2424	0	11274	0	17258
	小计	16920	11161	1300	60268	3677	93326
渭南	临渭区	2509	83	15622	15165	24	33403
	华阴市	272	1015	81	7781	0	9149
	华州区	2140	46	5	4657	0	6848
	潼关县	78	22	1114	1369	1	2584
	小计	4999	1166	16822	28972	25	51984

续表

行政区	区县	蓄水	引水	提水	地下水	其他	总供水量
商洛	商州区	1245	1525	58	3354	0	6182
	洛南县	2342	1812	0	1726	31	5911
	丹凤县	1678	1892	0	869	0	4439
	商南县	527	755	332	386	0	2000
	山阳县	1210	2568	0	680	0	4458
	镇安县	5	2584	127	92	24	2832
	柞水县	21	2053	75	653	35	2837
	小计	7028	13189	592	7760	90	28659
汉中	汉台区	16916	767	57	4299	0	22039
	城固县	13659	15012	368	3323	0	32362
	洋县	4898	9350	2283	3089	0	19620
	西乡县	2815	9663	3414	2902	0	18794
	勉县	3128	18622	582	2649	0	24981
	宁强县	568	4862	865	595	0	6890
	略阳县	78	1172	1147	442	0	2839
	留坝县	0	832	48	18	0	898
	佛坪县	107	1053	39	100	0	1299
	小计	42169	61333	8803	17417	0	129722
宝鸡	渭滨区	2501	763	81	1263	120	4728
	金台区	1584	433	109	790	136	3052
	陈仓区	2061	1763	0	5309	514	9647
	岐山县	4641	0	1745	6572	0	12958
	眉县	3901	611	40	6793	0	11345
	凤县	54	700	158	857	3	1772
	太白县	0	1263	0	70	0	1333
	小计	14742	5533	2133	21654	773	44835
安康	汉滨区	8322	4559	1555	1987	21	16444
	汉阴县	6477	3428	648	893	0	11446
	石泉县	1053	3287	1052	408	0	5800
	紫阳县	846	5638	209	0	0	6693
	旬阳县	1231	5613	502	646	10	8002
	宁陕县	60	3574	10	0	0	3644
	小计	17989	26099	3976	3934	31	52029
总计		103847	118481	33626	140005	4596	400555

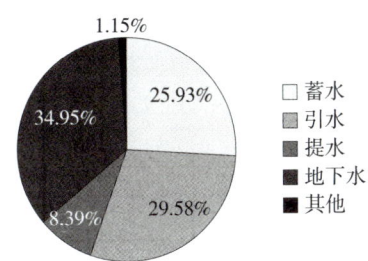

图4-13　陕西省秦岭地区2014年各类水源供水情况

（2）供水量变化趋势分析。2000年以来陕西省秦岭地区供水量变化情况见表4-13。自2000年以来，陕西省秦岭地区供水量增长较为缓慢，2000年总供水量为37.3亿立方米，2014年为40.06亿立方米，年平均递增率仅为0.51%。

地表水供水量在历年总供水量中呈总体增长的趋势，而地下水供水量在总供水量中的比重则呈反向变化。其他水源供水量占总供水量的比重基本呈先增后减后增的趋势，特别是2013年以后增长明显，较2012年翻了一番。可以看出，陕西省秦岭地区供水构成中仍以地表水源为主。

表4-13　　陕西省秦岭地区不同时期供水量调查统计

年份	地表水		地下水		其他水源		总供水量（亿m³）
	供水量（亿m³）	占总水量比重（%）	供水量（亿m³）	占总水量比重（%）	供水量（亿m³）	占总水量比重（%）	
2000	20.14	54.00	16.80	45.03	0.36	0.97	37.30
2005	20.71	56.50	15.53	42.37	0.42	1.14	36.66
2010	22.59	60.58	14.53	38.97	0.17	0.45	37.29
2011	25.54	64.26	14.03	35.31	0.17	0.43	39.74
2012	25.02	63.03	14.52	36.57	0.16	0.40	39.70
2013	25.59	63.99	14.05	35.14	0.35	0.88	39.99
2014	25.60	63.90	14.00	34.95	0.46	1.15	40.06

2.1.2　用水情况分析

（1）现状用水量。2014年陕西省秦岭地区总用水量为40.05亿立方米，其中农田灌溉、林牧渔业、工业、城镇公共、居民生活和生态环境的用水量分别为223.57亿立方米、4.24亿立方米、5.04亿立方米、1.07亿立方米、5.34亿立方米和0.79亿立方米，分别占总用水量的58.9%、10.6%、12.6%、2.7%、13.3%和2.0%，详见表4-14。由图4-14可知，农田灌溉是主要的用水行业。行政分区中，西安和汉中的用水量较大，分别为9.33亿立方米和12.97亿立方米，分别占总用水量的23.3%和32.39%。商洛市的用水量最小，为2.87亿立方米，仅占总用水量的7.15%。

表4-14　　　　　　　　　　陕西省秦岭地区现状年各行业用水量　　　　　　　　　　单位：万m³

行政区	区县	农田灌溉	林牧渔业	工业	城镇公共	居民生活	生态环境	总用水量
西安	灞桥区	2204	409	4127	1488	2945	3507	14680
	长安区	8820	1555	7502	2223	5547	130	25777
	蓝田	1594	1553	1008	514	1847	31	6547
	临潼	10164	1118	1220	268	2002	341	15113
	鄠邑区	6832	1121	3525	313	2118	42	13951
	周至县	11634	2468	1219	168	1755	14	17258
	小计	41248	8224	18601	4974	16214	4065	93326
渭南	临渭区	18903	6241	2801	1373	3322	763	33403
	华阴市	5970	963	1090	157	789	180	9149
	华州区	3556	581	1732	104	871	4	6848
	潼关县	1689	69	405	28	390	3	2584
	小计	30118	7854	6028	1662	5372	950	51984
商洛	商州区	2350	460	1391	287	1624	70	6182
	洛南县	2476	925	1050	63	1331	66	5911
	丹凤县	1844	806	541	107	891	250	4439
	商南县	288	216	719	79	598	100	2000
	山阳县	1210	488	980	98	1420	262	4458
	镇安县	1210	278	575	52	707	10	2832
	柞水县	711	410	1010	157	443	106	2837
	小计	10089	3583	6266	843	7014	864	28659
汉中	汉台区	15529	2244	1064	534	2292	376	22039
	城固县	26901	2903	1284	147	1070	57	32362
	洋县	16445	888	1185	25	1067	10	19620
	西乡县	15904	746	670	160	1209	105	18794
	勉县	19872	1549	2485	135	913	27	24981
	宁强县	4244	496	810	126	1083	131	6890
	略阳县	1361	184	625	73	511	85	2839
	留坝县	582	65	48	14	185	4	898
	佛坪县	860	48	158	81	134	18	1299
	小计	101698	9123	8329	1295	8464	813	129722
宝鸡	渭滨区	947	279	542	451	2158	351	4728
	金台区	257	199	414	327	1613	242	3052
	陈仓区	4715	836	1601	236	2103	156	9647
	岐山县	9044	1039	1215	102	1520	38	12958
	眉县	6835	2070	980	138	1237	85	11345
	凤县	534	371	530	7	265	65	1772
	太白县	735	158	136	8	283	13	1333
	小计	23067	4952	5418	1269	9179	950	44835

续表

行政区	区县	农田灌溉	林牧渔业	工业	城镇公共	居民生活	生态环境	总用水量
安康	汉滨区	9918	2017	1536	247	2693	33	16444
	汉阴县	8262	1218	993	58	843	72	11446
	石泉县	3463	593	985	84	620	55	5800
	紫阳县	3741	1109	530	131	1160	22	6693
	旬阳县	2356	2513	1376	152	1586	19	8002
	宁陕县	1771	1259	313	30	263	8	3644
	小计	29511	8709	5733	702	7165	209	52029
总计		235731	42445	50375	10745	53408	7851	400555

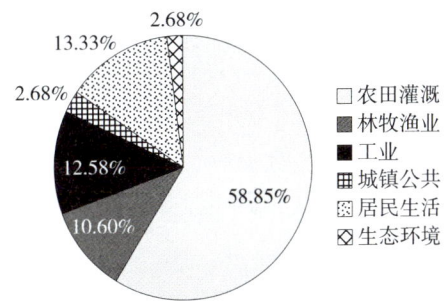

图4-14　陕西省秦岭地区现状年各行业用水情况

（2）用水量变化趋势分析。2000年以来陕西省秦岭地区各行业用水量变化统计见表4-15。从表4-15中可以看出，陕西省秦岭地区2000～2014年的用水总量是增加的，净增用水量3.26亿立方米，增幅8.9%，年用水量年递增率0.61%。

2000～2005年流域内用水为负增长，年用水量年递减率0.17%，主要是这一时期农业用水减幅明显。2005～2010年流域用水为正增长，年平均增长率为0.50%，特别是农业用水增长显著。2010～2014年流域用水量增长显著，年用水量年递增率1.72%，主要是这一时期工业、居民生活和生态环境用水增幅明显。

表4-15　　　　　陕西省秦岭地区不同时期各行业用水情况分析　　　　　单位：亿m³

年份	项目	农田灌溉	林牧渔业	工业	城镇公共	居民生活	生态环境	总用水量
2000	用水总量	24.45	3.06	5.80	0.44	2.90	0.15	36.80
	占比（%）	66.4	8.3	15.8	1.2	7.9	0.4	100.0
2005	用水总量	22.54	3.22	5.68	0.88	3.94	0.22	36.48
	占比（%）	61.8	8.8	15.6	2.4	10.8	0.6	100.0
2010	用水总量	23.46	3.83	4.45	0.88	4.49	0.29	37.41
	占比（%）	62.7	10.2	11.9	2.4	12.0	0.8	100.0
2011	用水总量	24.00	4.09	4.72	0.99	5.05	0.69	39.55
	占比（%）	60.7	10.3	11.9	2.5	12.8	1.7	100.0

续表

年份	项目	农田灌溉	林牧渔业	工业	城镇公共	居民生活	生态环境	总用水量
2012	用水总量	23.46	4.29	4.64	1.01	5.17	0.54	39.10
	占比（%）	60.0	11.0	11.9	2.6	13.2	1.4	100.0
2013	用水总量	23.38	4.22	4.83	1.09	5.26	0.72	39.50
	占比（%）	57.0	9.3	13.1	3.1	14.6	3.0	100.0
2014	用水总量	23.57	4.24	5.04	1.07	5.34	0.79	40.06
	占比（%）	58.9	10.6	12.6	2.7	13.3	2.0	100.0
2008~2014年均变化率（%）		−0.26	2.36	−1.01	6.65	4.47	12.56	0.61

虽然用水量增加不多，但用水结构变化显著。农田灌溉用水量逐年减少，从2000年的24.5亿立方米减到2014年的23.5亿立方米，农田灌溉用水占总用水的比例从2000年的66.4%降低到2014年的58.9%，净减水量0.88亿立方米，而灌溉面积变化不大，这与陕西省重视灌区节水改造关系密切。工业用水量也逐年减少，从2000年的5.8亿立方米减到2014年的5.0亿立方米，工业用水占总用水的比例从2000年的15.8%降低到2014年的12.6%，净减水量0.8亿立方米，这与流域内工业用水水平提高有关。然而，随着流域内城镇化进程加快，城镇公共、居民生活、生态环境用水逐年增加，相应的各行业用水占总用水量的比例也越来越大。

2.1.3 耗水情况现状

2014年陕西省秦岭地区总耗水量30.56亿立方米。农业、工业、居民生活、城镇公共、生态环境耗水量分别为17.08亿立方米、3.70亿立方米、1.9亿立方米、3.40亿立方米、4.50亿立方米，分别占总耗水量的55.9%、12.1%、6.1%、11.1%和14.7%。可见，农田灌溉是主要的耗水行业。行政分区中，与用水量对应，西安和汉中的耗水量较大，分别为5.47亿立方米和8.88亿立方米，分别占总耗水量的17.90%和29.07%。商洛市的耗水量最小，为2.87亿立方米，仅占总耗水水量的9.38%。

2.1.4 节水水平分析

2014年陕西省人均用水量237.1立方米，万元国内生产总值（当年价）用水量为50.6立方米，农田灌溉亩均用水量325.2立方米。2014年全国人均用水量447立方米，万元国内生产总值（当年价）用水量为96立方米，农田灌溉亩均用水量402立方米。2014年陕西省秦岭地区人均用水量261.8立方米，比全省人均用水量高了24.7立方米，比全国人均用水量低了185.2立方米；万元国内生产总值（当年价）用水量为87.6立方米，比全省万元国内生产总值用水量高了37.0立方米，比全国万元国内生产总值用水量低了8.4立方米；农田灌溉亩均用水量485.5立方米，比全省农田灌溉亩均用水量高了160.3立方米，比全国农田灌溉亩均用水量高了83.5立方米，陕西省各行政区现状年用水水平见表4-16。

表4-16　　　　　　　　　　陕西省各行政区现状年用水水平横向比较表

区域＼项目	人均用水量（m³/人）	万元GDP用水量（m³/万元）	农田灌溉亩均用水量（m³/亩）
西安	202.4	31.9	256.7
渭南	294.4	129.0	252.1
商洛	121.9	49.7	503.8
汉中	474.0	164.1	870.7
宝鸡	204.7	46.3	240.9
安康	273.2	104.7	788.9
陕西秦岭	261.8	87.6	485.5
全省	237.1	50.6	325.2
全国	447.0	96.0	402.0

2.1.5 重要水利工程

（1）已建重要水利工程。依据《2014年陕西省水利统计年鉴》，截至2014年底，陕西省秦岭地区已建成水库841座，总库容62.47亿立方米，兴利库容36.06亿立方米，防洪库容12.08亿立方米，年设计供水能力为52.78亿立方米，年实际供水能力39.57亿立方米。陕西省秦岭地区已建重要水库工程基本情况如表4-17所示。

表4-17　　　　　　　　　　秦岭地区各行政区水资源可利用量

水库工程规模	市/县	水库座数	库容（亿m³）			年设计供水能力	年实际供水能力
			总库容	兴利库容	防洪库容		
大型	西安	1	2.00	1.77	1.90	4.05	3.90
	宝鸡	2	5.47	4.06	1.58	1.11	4.38
	渭南	0	0.00	0.00	0.00	0.00	0.00
	汉中	1	1.10	0.61	0.09	3.20	2.39
	安康	5	37.55	20.52	4.92	0.00	0.00
	商洛	0	0.00	0.00	0.00	0.00	0.00
	小计	9	46.11	26.95	8.49	8.36	10.68
中型	西安	2	0.68	0.31	0.19	0.50	0.47
	宝鸡	5	1.80	0.97	0.41	1.16	0.72
	渭南	4	0.88	0.57	0.25	0.74	0.51
	汉中	7	2.61	1.55	0.54	9.27	1.94
	安康	8	2.06	0.63	0.32	22.33	16.83
	商洛	2	0.91	0.46	0.29	0.95	1.36
	小计	28	8.94	4.48	2.00	34.95	21.83

续表

水库工程规模	市/县	水库座数	库容（亿m³）			年设计供水能力	年实际供水能力
			总库容	兴利库容	防洪库容		
小（Ⅰ）型	西安	30	0.93	0.57	0.33	0.83	0.50
	宝鸡	36	0.93	0.57	0.25	0.15	0.13
	渭南	31	1.02	0.55	0.40	0.70	0.48
	汉中	48	1.41	0.88	0.12	1.55	1.32
	安康	24	0.68	0.38	0.10	4.62	2.90
	商洛	14	0.41	0.26	0.12	0.13	0.15
小计		183	5.37	3.21	1.32	7.98	5.48
小（Ⅱ）型	西安	60	0.20	0.13	0.04	0.16	0.04
	宝鸡	61	0.21	0.12	0.06	0.05	0.03
	渭南	66	0.27	0.17	0.07	0.12	0.05
	汉中	286	0.95	0.73	0.00	0.69	0.58
	安康	112	0.30	0.22	0.07	0.42	0.85
	商洛	36	0.11	0.06	0.03	0.06	0.03
小计		621	2.04	1.41	0.26	1.49	1.58
合计		841	62.47	36.06	12.08	52.78	39.57

（2）在建重要水利工程。依据《2014年陕西省水利统计年鉴》，截至2014年底，陕西省秦岭地区在建重点水利工程包括9项，如表4-18所示。

表4-18　　　　　　　　陕西省秦岭地区在建重要水库工程基本情况表　　　　　　　单位：万元

项目名称	项目类别	前期工作进展情况	工程建设年限	总投资
渭河全线整治	续建	前期工作已经完成	2011～2015	2480000
汉江综合整治（汉中）	续建	已上报37个单项工程初设，批复12个	2012～2017	671173
引汉济渭调水工程	续建	初设待批	2007～2030	1817000
引红济石调水工程	续建	可研、初设待批	2007～2016	71400
西安市李家河水库	续建	工程施工各类手续已按国家有关规定办理完成	2009～2016	227750
宝鸡市石头河水库供水工程	续建	可研和初设完成审批	2010～2014	55000
洛南张坪水库	续建	初设已批	2013～2015	17000
南郑云河水库	新建	前期工程已完成	2012～2017	16700
汉阴洞河水库	续建	前期工程已完成	2012～2018	21600

（3）拟建重要水利工程。陕西省秦岭地区拟建重要水库工程如表4-19所示。

表4-19　　　　　　　　秦岭地区拟建重要水利工程基本情况

水库名称	所在县区乡镇	总库容（万m³）	兴利库容（万m³）	设计供水能力（万m³）	总投资（亿元）	建设年限
库峪水库	长安区	1080	1000	1460	1.2	2011～2020
高冠峪水库	鄠邑区	2300	2000	2920	3.5	2011～2020

续表

水库名称	所在县区乡镇	总库容（万m³）	兴利库容（万m³）	设计供水能力（万m³）	总投资（亿元）	建设年限
太平峪水库	鄠邑区	1880	1000	2920	1.5	2011～2020
蓝桥河水库	蓝田县	2778	1970	2920	3.3	2011～2020
万军回水库	蓝田县	2322	1784	2555	3.0	2011～2020
黑龙湾水库	丹凤县	2700		5952	1.5	2013～2020
磨沟水库	山阳县	1218		2810	1.2	2011～2020
川河口水库	镇安县	2870		5538	1.4	2013～2020
抽黄供水二期工程	渭南市			20000		2018～2021

（4）主要的调水工程。

①引汉济渭。引汉济渭工程是陕西省有史以来供水量最大、受益范围最广、效益功能最多的水资源配置战略工程。主体工程由黄金峡水利枢纽、秦岭输水隧洞和三河口水利枢纽等三大部分组成。拟采取"一次立项，分期配水"的建设方案，逐步实现2020年配水5亿立方米，2025年配水10亿立方米，2030年配水15亿立方米。其建设目标是解决关中地区大中城市生活和工业缺水，替代关中目前超采的地下水、挤占的部分农业水和侵占的生态水量。

工程规划在汉江干流和支流子午河分别修建水源工程黄金峡水利枢纽和三河口水利枢纽蓄水，通过输水隧洞穿越秦岭山脉调水至关中。工程设计引水流量70立方米/秒，扣除沿途水量损失，进入关中各城市配水系统的水量为13.5亿立方米。引汉济渭受水区输配水工程是指由秦岭输水隧道出口黄池沟分水池输水至关中各供水对象之间的供水干线。引汉济渭二期工程由黄池沟配水枢纽、渭河南干线、渭河北干线三部分组成；输配水干线总长度334.39千米，其中渭河南干线长175.72千米，渭河北干线158.67千米。南、北两条干线，沿线共设16个分水口，其中南干线5个，北干线11个。

二期工程输水起点为引汉济渭秦岭隧洞出口黄池沟，调入水量经过黄池沟分别进入渭河南干线和渭河北干线。渭河南干线自秦岭隧洞出口黄池沟至华州区，沿途向鄠邑区、西安市、沣东新城、沣西新城、长安区、临潼区、渭南市和华州区供水；渭河北干线自秦岭隧洞出口黄池沟至阎良，中途设分水点分别向东、西延伸供水，西至杨凌、东至阎良，沿途向周至县、武功县、杨凌区、兴平市、咸阳市、秦汉新城、空港新城、泾河新城、三原县、高陵区、阎良区、富平县、西安渭北工业园的三个组团供水。

②引湑济黑。引湑济黑调水工程位于秦岭腹地的西安市周至县厚畛子镇境内，工程通过全长6252米的输水隧洞，将秦岭南麓长江流域汉江水系湑水河之水调入北麓黑河上游并汇入黑河金盆水库，设计年调水能力4248万立方米。调水工程总投资1.76亿元，主要建设内容由引水枢纽、引水隧洞、洞后电站、管理设施、交通工程五大部分组成。引水枢纽位于周至县老县城湑水河吊沟口下游100米处，最大坝高11.75米，坝长28米；引水隧洞全长6252米，设计成洞断面2.9×3.1米，设计最大引水流量15立方米/秒；洞后电站装机2×320千瓦。2005年西安市水务局启动了引湑济黑调水工程，并于当年8月委托西安市水利规划勘测设计院编制工程可行性研究报告和初步设计方案；2006年7月、9月工程可行性研究报告和初步设计方案分别通过西安市发展和改革委员会审查；2006年10月引

渭济黑调水工程面向全国公开招标。2007年1月工程全面建设开工2009年8月20日全长6252米的输水隧洞贯通，2010年9月18日输水隧洞试通水成功，10月主体工程全面竣工。

③引乾济石。陕西省引乾（佑河）济石（砭峪）调水工程是利用西康公路秦岭终南山特长隧道作为施工和检修通道，将商洛市柞水县境内乾佑河上游部分水量穿秦岭调入西安市长安区境内石砭峪河，是陕西省南水北调规划推荐实施的调水工程之一。引乾济石调水工程被陕西省政府及西安、商洛两市列为重点工程，是西安城区规划的六大供水水源之一，工程主要包括引水枢纽、引水明渠、沉沙池、引水隧洞、压力管道、倒虹、汇流池及秦岭输水隧洞等，全程为无压自流输水。工程总投资2.01亿元，最大引水流量为8立方米/秒，在流量小于0.3立方米/秒时不引水，每年可向西安城区调水4943万立方米。

工程从2003年11月30日开工建设，建设施工单位和广大建设者日夜奋战，2004年12月26日打通秦岭输水隧洞，2005年7月主体工程完工并试通水成功。近日，后续工程相继完工，各种设备安装到位，完全具备通水条件，陕南水可随时进入西安。

引乾济石调水工程是陕西省第一个南水北调工程，它将长江水系和黄河水系连通，秦岭输水隧道是陕西省内最长的水利隧道。工程通水后，还将促进西安的社会经济发展，并给陕西省水利建设带来深远影响。

④引红济石。引红济石调水工程是继南水北调、引汉济渭工程之后，总投资7.14亿元的陕西省目前最大水利工程，工程于2008年10月8日全面开工建设。"红"指的是秦岭南麓汉江水系褒河支流红岩河，"石"指的是秦岭北麓渭河支流石头河。引红济石调水工程是国务院批准的《渭河流域近期重点治理规划》和《陕西省水资源开发利用规划》确定的"十一五"重点水源项目。

该工程位于宝鸡市太白县，自秦岭南麓汉江水系褒河支流红岩河上游取水，通过穿越长19.76千米的秦岭长隧洞自流调入秦岭北麓渭河支流石头河，经石头河水库调节后向西安、咸阳、宝鸡、杨凌等城市供水，并向渭河干流补充一定的生态水量。工程设计最大引水流量13.5立方米/秒，设计年调水量9210万立方米，经石头河水库结合自产水量进行调蓄后，水库年均供水量2.66亿立方米，除保持向西安城市供水0.95亿立方米，新增向杨凌、咸阳等城市供水1.26亿立方米。工程设计水平年为2015年，供水设计保证率不低于90%。其中向渭河生态补水4696万立方米，计划总工期66个月。主体工程由水源工程（包括低坝引水枢纽和输水隧洞）、输水渠道、输水管道三大部分组成，输水总长度约140千米，设计引水流量13.5立方米/秒。

⑤引嘉济汉。引嘉入汉工程从嘉陵江上游引水到汉江上游，是实现陕西省内嘉陵江、汉江、渭河水系连通，加强水资源统筹配置能力的重要思路。

嘉陵江流域人均水资源量9016立方米，在保障嘉陵江上游"三生"用水，并留有合理的发展用水空间前提下，从嘉陵江调水到汉江、渭河，对于促进水资源空间分布的均衡，降低水资源分布与社会经济要素空间分布的不协调性，优化国土开发空间，提高水资源的环境、经济、社会综合效益，可发挥积极作用。为保障引汉济渭工程2030年15亿立方米可调水量，特别是关中经济社会的可持续发展，引嘉入汉济渭，给引汉济渭工程补水。可优化引汉济渭可调水量过程线，使供水过程相对稳定，便于引汉济渭工程系统稳定良性运行。经初步研究，实施引嘉入汉工程，可以增加汉江黄金峡断面的下泄水量，可以对汉江下游及国家南水北调中线工程补充水量。经初步分析，引嘉入汉调水40立方米/秒进入汉江流域，尽管陕西省嘉陵江干流规划的梯级电站年发电量减少约0.7亿度（约占14%），但可以提高汉江梯级电站的发电量和保证出力，可增加发电量约为1.6亿度。

2.1.6 水资源开发利用程度分析

（1）区域控制指标及执行情况

陕西省秦岭地区各行政区2014年用水总量与2015年的用水总量控制指标对比如表4-20所示，可以看出，2014年用水总量均未超过控制指标。与2015年用水总量控制指标对比尚存在3.30亿立方米的增量空间。从行政分区来看，商洛市的增量空间最大，为1.02亿立方米；安康市的增量空间最小，为0.06亿立方米。对于安康市而言，应该调整区域产业结构，严格控制高耗水项目，通过改进工艺、加强管理等手段，提高各产业部门的用水效率和节水能力，以实现各产业部门的用水总量最小化。与2030年用水总量控制指标对比，秦岭地区尚存在10.76亿立方米的增量空间，还有一定的增量空间。

表4-20　　　　　　各行政区用水总量与控制指标对比　　　　　　单位：亿m³

行政区	2015年	2020年	2030年	2014年实际用水量	与2015年对比尚存增量空间	与2030年对比尚存增量空间
西安	10.00	11.29	12.57	9.33	0.66	3.24
宝鸡	5.14	5.94	6.45	4.48	0.65	1.97
渭南	5.58	5.88	6.24	5.20	0.39	1.04
汉中	13.49	14.09	14.59	12.97	0.52	1.62
安康	5.26	5.79	6.06	5.20	0.06	0.86
商洛	3.88	4.51	4.91	2.87	1.02	2.04
合计	43.35	47.51	50.82	40.06	3.30	10.76

（2）水资源开发利用程度。陕西省秦岭地区地表水资源量264.17亿立方米，地下水资源量96.72亿立方米，扣除两者重复量86.50亿立方米后，陕西省秦岭地区水资源总量为274.39亿立方米。2014年陕西省秦岭地区实际用水量40.05亿立方米，开发利用程度达到14.60%，总体低于国际公认40%的最高开发利用率限额。各行政区地表水和地下水开发利用程度见表4-21。

表4-21　　　　　陕西省秦岭地区水资源开发利用程度分析

行政区	面积	地表水开发利用程度（%）	地下水开发利用程度（%）
西安市	8949	15.09	62.53
渭南市	3703	54.37	42.14
商洛市	19292	4.15	11.60
汉中市	20987	11.61	59.44
宝鸡市	11259	8.29	54.45
安康市	15978	7.43	45.74
总计	80168	9.76	44.41

如表4-21，陕西省秦岭地区地表水资源量264.17亿立方米，2014年地表水供水量25.60亿立方米，地表水资源开发利用程度为9.69%，各行政区地表水资源开发利用程度如表4-21所示。可以看

出,各行政区地表水开发利用程度差异很大,除渭南市开发利用程度超过了40%,其余行政区开发利用程度相对较低。秦岭地区地下水资源量96.72亿立方米,地下水可开采量为29.25亿立方米,2014年流域浅层地下水开采量12.99亿立方米,流域浅层地下水开发利用程度为44.41%。各行政区地下水资源开发利用程度如表4-21所示,可以看出,由于开采条件不同,各行政区地下水开发利用程度差异很大,其中,西安市浅层地下水开发利用程度超过了60%,商洛市浅层地下水开发利用程度相对较低。

总体来看,秦岭水资源数量基本满足当地需求,但南北麓社会经济及水资源条件差异较大,水资源调配需求强烈,跨流域调水存在"效益搬家"问题。

2.2 水环境评估

2.2.1 废污水排放情况

(1)现状排放量。根据《2014年陕西省水资源公报》,2014年陕西省秦岭地区废污水排放总量为9.504亿吨,其中:城镇居民生活废污水排放量3.805亿吨,占废污水排放总量的40.04%;第二产业废污水排放量4.798亿吨,占废污水排放总量的50.48%;第三产业废污水排放量0.901亿吨,占废污水排放总量的9.48%。从地域分布来看,居民生活废污水主要分布在西安、渭南、宝鸡三个市区,三个市区排放量为3.001亿吨,占总排放量的78.87%;第二产业废污水主要分布在西安、渭南、汉中三个市区,三个市区排放量为3.459亿吨,占总排放量的72.09%;第三产业废污水主要分布在西安、渭南、汉中三个市区,三个市区排放量为0.754亿吨,占总排放量的83.68%。2014陕西省秦岭地区废污水排放量情况如表4-22所示。从污染物的类型来看,西安、渭南、宝鸡三个市区的主要污染物为氨氮和化学需氧量。

(2)废污水排放变化趋势分析。2008年以来陕西省秦岭地区各行业废污水排放量变化统计见表4-22。由表可知,自2008年以来,陕西省秦岭地区废污水排放量增长较为缓慢,2008年总排放量为8.421亿立方米,2014年为9.504亿立方米,年平均递增率仅为2.04%。其中,城镇居民生活废污水排放量的年平均递增率仅为5.51%。第二产业废污水排放量在历年废污水排放量的年平均递减率为1.23%。第三产业废污水排放量年平均递增率为10.50%。

表4-22　　　　　　　　秦岭地区不同时期各行业废污水排放情况分析　　　　　　　　单位:亿吨

年份	项目	城镇居民生活	第二产业	第三产业	合计
2008	排放量	2.758	5.168	0.495	8.421
	占比(%)	32.75	61.37	5.88	100.00
2009	排放量	3.771	4.029	0.332	8.132
	占比(%)	46.37	49.55	4.08	100.00
2010	排放量	3.334	4.126	0.733	8.193
	占比(%)	40.69	50.36	8.95	100.00
2012	排放量	3.478	4.003	0.88	8.361
	占比(%)	41.60	47.88	10.53	100.00

续表

年份	项目	城镇居民生活	第二产业	第三产业	合计
2013	排放量	3.557	4.025	0.875	8.457
	占比（%）	42.06	47.59	10.35	100.00
2014	排放量	3.805	4.798	0.901	9.504
	占比（%）	40.04	50.48	9.48	100.00
2008~2014年均变化率（%）		5.51	-1.23	10.50	2.04

2.2.2 水功能区划分及达标情况

（1）水功能区划分。

①嘉陵江水系。嘉陵江干流一级功能区划有6个，总河长243千米。其中保护区1个，河长60千米，占干流总河长24.7%；保留区3个，河长155.7千米，占总河长64.1%；开发利用区1个，河长18.5千米，占总河长7.6%。缓冲区1个，河长8.8千米，占总河长3.6%。

嘉陵江支流一级功能区划河流有24条，总河长694.1千米。划分功能区24段，其中保护区17段，河长615.5千米，占总河长88.7%；保留区4段，河长56.5千米，占总河长8.1%；开发利用区2段，河长16.5千米，占总河长2.4%。缓冲区1段，河长5.6千米，占总河长0.8%。

嘉陵江干流涉及二级功能区划共2段，功能区4个。支流二级功能涉及2条河流、区划2段，功能段4个。

②汉江水系。汉江干流一级功能区划有15个，其中保护区1个，河长34千米，占干流区划总河长652千米的5.2%；保留区7个，河长473千米，占总河长的72.5%；开发利用区6个，河长103.0千米，占总河长的15.8%；缓冲区1个，河长42.0千米，占干流区划总河长的6.4%。

汉江支流区划河流39条，总河长3582.3千米，划分功能区67个。其中保护区25个，河长1869.6千米，占总河长的52.2%；保留区26个，河长1429.7千米，占总河长的39.9%；开发利用区16个，河长283.0千米，占总河长的7.9%。

汉江干流涉及二级功能区划共7段，功能区20个。支流二级功能涉及15条河流，共计17个功能河段，功能区36个。

③丹江水系。丹干流一级功能区划有7段，其中保护区1段，河长12千米，占干流区划总河长243.5千米的4.9%；保留区3个，河长178.0千米，占总河长的73.1%；开发利用区2个，河长28.5千米，占总河长的11.7%；缓冲区1个，河长25.0千米，占干流区划总河长的10.3%。

丹江支流一级功能区划河流9条，总河长511.5千米，区划河段13个。其中保护区5个，河长225.5千米，占总河长的44.1%；保留区6个，河长260.0千米，占总河长的50.8%；开发利用区2个，河长26.0千米，占总河长的5.1%。

丹江干流二级功能区划共有2个河段，功能区6个。支流二级功能涉及2条河流、共计2个功能河段，功能区6个。

④渭河水系。渭河干流一级功能区划有3段，分别是甘陕缓冲区，河长72.4千米，水质目标为

Ⅱ类；宝鸡至渭南开发利用区，河长402.3千米，水质目标为Ⅳ类；华阴市入黄缓冲区，河长29.7千米，水质目标为Ⅳ类。渭河支流24条，一级功能区共划分为41段。其中保护区17个，保留区3个，开发利用区20个，缓冲区1个。

渭河水系涉及二级功能区77处，干流14处，支流63处。其中饮用水源区为支流的13处；工业用水区15处，干流2处，支流13处；农业用水区31处，干流5处，支流26处；渔业用水区为支流的1处；景观娱乐区4处，干流3处，支流1处；过渡区4处，干流2处，支流2处；排污控制区9处，干流2处，支流7处。

表4-23　　2014年陕西省全年平均水功能区水质达标情况表

水功能区		个数评价（个）			河长评价（km）		
		评价数	达标数	达标率（%）	评价河长	达标河长	达标率（%）
一级水功能区	保护区	23	13	56.5	1471.9	795.1	54.0
	保留区	24	17	70.8	1689.2	1390.7	82.3
	缓冲区	36	13	36.1	1202.8	537.9	44.7
	其中省界缓冲区	36	13	36.1	1202.8	537.9	44.7
	合计	83	43	51.8	4363.9	2723.7	62.4
二级水功能区	饮用水源区	10	9	90	325.7	277.1	85.1
	工业用水区	19	14	73.7	558.3	348.3	62.4
	农业用水区	18	9	50	1396.6	743.3	53.2
	渔业用水区	3	1	33.3	216.8	10	4.6
	景观娱乐用水区	4	1	25	53.4	15.1	28.3
	过渡区	7	3	42.9	128.5	46.3	36.0
	排污控制区	4	1	25	34.4	9.7	28.2
	合计	65	38	58.5	2713.7	1449.8	53.4
水功能区合计		148	81	54.7	7077.6	4173.5	59.0

（2）达标情况。通过对陕西省、陕西省黄河流域、陕西省长江流域2008～2014年全年平均水功能区水质达标情况进行分析，陕西省全年平均水功能区水质达标率由42.2%增长到59%；陕西省黄河流域全年平均水功能区水质达标率由19.5%增长到44.3%；陕西省长江流域全年平均水功能区水质达标率由84.6%降低到67.3%。表明秦岭地区水质总体向好，但长江流域水质达标率总体有所下降。

2.2.3　河流水质

根据2008～2014年《陕西省水资源公报》，对渭河、嘉陵江、汉江、丹江进行了水质评价。

渭河评价河长为895.6千米，主要超标污染物为氨氮、化学需氧量、生化需氧量等。Ⅰ～Ⅲ类水质中，2008～2009年、2011～2014年，全年平均Ⅰ～Ⅲ类水质河长占总评价河长的百分比超过了50%，只有2010年低于50%，仅为45.1%；Ⅳ类水质中，2012～2013年百分比超过了20%，2008～2011年百分比在10%～15%之间，只有2014年低于10%，仅为7.39%；Ⅴ类水质中，除了2014

年百分比高于10%，其余均小于10%。劣五类水质中，2008年、2010年百分比高于30%，2009年、2011年、2014年介于20%～30%之间，2012～2013年介于10%～20%之间。总之，2008～2014年渭河全年期水质持续改善，主要污染物浓度明显持续下降。

嘉陵江水质评价河长为881.5千米，主要超标污染物为氨氮等。Ⅰ～Ⅲ类水质中，除了2010年全年平均Ⅰ～Ⅲ类水质河长占总评价河长的百分比为83.2%，其余年份均为100%。总之，2008～2014年嘉陵江全年期水质良好。

汉江水质评价河长为1418.7千米，主要超标污染物为氨氮、高锰酸钾指数等。Ⅰ～Ⅲ类水质中，除了2008年全年平均Ⅰ～Ⅲ类水质河长占总评价河长的百分比为93%，其余年份均大于98%。总之，2008～2014年汉江全年期水质良好。

丹江水质评价河长为331.7千米，主要超标污染物为氨氮等。Ⅰ～Ⅲ类水质中，除了2009年、2010年、2013年全年平均Ⅰ～Ⅲ类水质河长占总评价河长的百分比为90%～94%之间，其余年份均为100%。总之，2008～2014年丹江全年期水质良好。

2.2.4 水库水质

依据《2014年陕西省水资源公报》，2014年对陕西省秦岭地区主要水库进行了监测并依据《地表水环境质量标准》（GB3828-2002）进行了水质类别评价和营养状况评价。

（1）水库水质类别评价。同河流水质类别评价，即采用单指标评价法，最差的项目赋全权，又称一票否决权，确定地表水水质类别，并以Ⅲ类地表水标准值作为水体是否超标的判定值。2014年陕西省秦岭地区主要水库水质状况见表4-24所示。可以看出，除了石泉水库汛期为Ⅰ类水质以外，其他水库不同时期均为Ⅱ类水质。

表4-24　　秦岭地区主要水库水质现状

水库名称	水库类型	所在河流名称	年末蓄水量（亿m³）	全年水质类别	汛期水质类别	非汛期水质类别	4～9月营养评价	
							评分值	营养化程度
薛峰	中型	洭水河	0.24	Ⅱ	Ⅱ	Ⅱ	40.1	中营养
冯家山	大（Ⅱ）型	千河	2.21	Ⅱ	Ⅱ	Ⅱ	43	中营养
石头河	大（Ⅱ）型	石头河	0.77	Ⅱ	Ⅱ	Ⅱ	41.2	中营养
黑河金盆	大（Ⅱ）型	黑河	1.37	Ⅱ	Ⅱ	Ⅱ	40.8	中营养
尤河	中型	尤河	0.06	Ⅱ	Ⅱ	Ⅱ	46.5	中营养
石泉	大（Ⅱ）型	汉江	2.18	Ⅱ	Ⅰ	Ⅱ	47.9	中营养
安康	大（Ⅱ）型	汉江	25.67	Ⅱ	Ⅱ	Ⅱ	51.3	轻度富营养
二龙山	中型	丹江	0.31	Ⅱ	Ⅱ	Ⅱ	25.3	中营养

（2）水库营养状况评价。针对上述主要水库进行营养状况评价，结果如图4-15所示，评价项目为总磷、总氮、叶绿素（a）、高锰酸盐指数和透明度共5项。可以看出，除了安康水库为轻度富营养以外，其他水库全部为中营养。

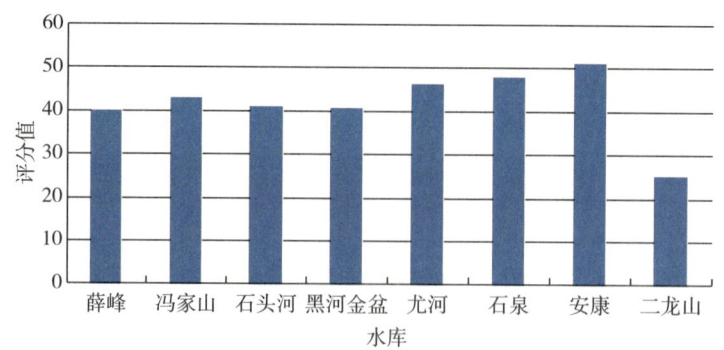

图4-15　2014年陕西省秦岭地区主要水库营养状态评价结果

2.2.5　地下水水质

总体上，陕西省秦岭地区涉及行政区地下水污染主要在大中城市、重点镇（区）及工矿区，秦岭地区（出山口以内）地下水水质良好。依据《陕西省水资源及其开发利用调查评价》，秦岭地区所在行政区的主要城市和地区污染情况如下。

西安市：地下水污染区主要分布在东郊、西郊的工业区及北郊的污灌区。大部分工业废水和城区居民生活污水未经任何处理，排放至沪、皂、灞、渭河，造成河流局部地段的污染，地下水也受到不同程度污染。挥发酚、六价铬、硝酸盐等超标，超标倍数达到2.5，近郊地下水污染面积超过470平方千米，污灌区水源地附近均发生矿化度、总硬度、氟含量逐年增大趋势。

宝鸡市：地下水污染范围主要集中在姜潭地区的电厂、氮肥厂、造纸厂附近及群众路塬边一带，硝酸盐、氮、挥发性酚超标，超标倍数达0.5，不宜或不能饮用，其他地区基本正常。

渭南市：地下水污染范围主要分布在工矿企业和城郊周围，一些工业废水任意排放，使城郊一带的地下水含酚超过国家《生活饮用水卫生标准》（GB14848/93）规定达1.6倍，污染了地下水。饮用水方面，临渭区一些地方硝酸盐超标，超标倍数达0.65。

汉中市：汉中城区大部分地段地下水属微硬—硬低矿化淡水，水质优良或良好，仅城区南部及东郊水源地小范围水质较差。城区南部硝酸盐含量较高，含氮有机物污染较为严重。东郊水源地南部氟含量超标，高氟水的形成与承压水含水层岩性有关。

安康市：安康市属于山丘区，大部分地下水以河川基流的形式补充到地表水。因此，安康市地下水资源开发主要集中在月河流域和汉江安康川道地区。安康市地下水水质一般较好，矿化度低，一般小于1克/升，多属于软水或微硬水，适应于工农业生产及生活饮用，但城镇附近和居民集中地区有轻度污染情况，主要是大肠菌群等超标。

商洛市：2014年对商州区地下水源地监测12次，各项指标均达到了《地下水质量标准》（GB/T 14848-93）。对洛南县洛河上游水源地、丹凤县龙潭水库水源地、商南县县河水库水源地、山阳县薛家沟水库水源地、镇安县云镇河水源地、柞水县乾佑河水源地监测4次，各项指标均达到三类水质标准。全市水源保护区水质达标率为100%。

总体来看，秦岭地区水环境良好，水体水质基本保持在Ⅱ、Ⅲ类水，满足南水北调和关中地区水质要求。十多年来，汉江出省断面水质保持在国家地表水环境质量Ⅱ类标准，丹江出省断面水质保持在Ⅲ类标准。秦岭北麓出山口水质良好，主要是出山以后，渭河干流水污染问题较严重。

2.3 水土保持评估

2.3.1 水土流失现状

秦岭地区山高坡陡、土薄石厚，降雨量大且集中，加之坡耕地量大面广，分布零散，群众耕作粗放，水土流失十分严重。尤其是坡耕地是水土流失重要的策源地，也是河流泥沙的主要来源。秦岭北部具有丘陵沟壑区水土流失的典型特征，以水力和重力侵蚀为主。秦岭南部属于秦巴山区，人类活动频繁，自然植被破坏严重，滑坡、泥石流广泛发育，年平均侵蚀模数3460吨/平方千米，侵蚀类型主要是水力侵蚀，此外在中山及中山以上地区分布有冻融侵蚀。

研究区中，西安市的长安、临潼区、灞桥区、周至县、鄠邑区属于微度侵蚀区，蓝田县属于中度土壤侵蚀区；宝鸡市的渭滨区、金台区、陈仓区属于中度侵蚀区，岐山县、眉县、凤县、太白县属于微度侵蚀区；渭南市中，临渭区、华州区、华阴市、潼关县既包含有中度侵蚀区也包括有微度侵蚀区；汉中市的汉台区属于微度侵蚀区，城固县以及洋县的南北两侧地区属于微度侵蚀区，中部地区属于轻度侵蚀区，西乡县的西北部地区属于微度侵蚀区，其余地区为轻度侵蚀区，勉县既有中度侵蚀区，也有轻度和微度侵蚀区，宁强县属于中度侵蚀区，略阳县则包括了中度侵蚀区和微度侵蚀区，留坝县县南部地区属于轻度侵蚀区，其余地区属于微度侵蚀区，佛坪县的绝大部分地区属于微度侵蚀区；安康市中汉阴县大部地区属于轻度侵蚀区，东南部属于微度侵蚀区，石泉县的北部和宁陕县的大部分地区属于微度侵蚀区，其余为轻度侵蚀区，紫阳县和旬阳县则都属于轻度侵蚀区；商洛市洛南县的北部、镇安县的西北部，柞水县的西北部属于微度侵蚀区，其余属于轻度侵蚀区，商州区、山阳县、丹凤县、商南县则基本属于轻度土壤侵蚀区。详见图4-16。

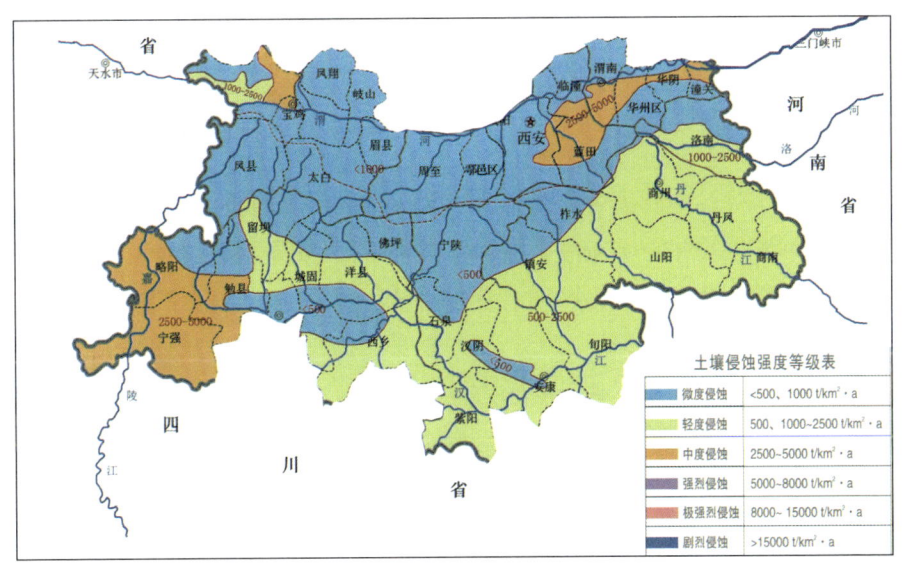

图4-16 研究区土壤侵蚀分区图

截至2014年，研究区水土流失面积达到4.15万平方千米。其中西安市水土流失面积达到0.38万平方千米，占西安市总面积的41.96%，西安市中水土流失最严重的地区为蓝田县，水土流失面积占比达69.79%。宝鸡市水土流失面积为0.63万平方千米，水土流失面积占比达56.14%，其中金台区水土流失面积高达88.77%。渭南市水土流失面积为0.19万平方千米，占比为54.24%。其中潼关县水土流失面积占比达到84.23%。汉中市水土流失面积为0.97万平方千米，水土流失面积占总面积的46.25%。其中洋县水土流失面积占比达到59.08%。安康市水土流失面积为0.73万平方千米，占总面积的45.61%。其中紫阳县的水土流失情况较为严重，水土流失面积占比为68.62%。商洛市水土流失面积为0.13万平方千米，占比为63.94%，水土流失情况较为严重。其中镇安县水土流失面积占比高达78.84%。研究区内各地级市水土流失情况详见图4-17。

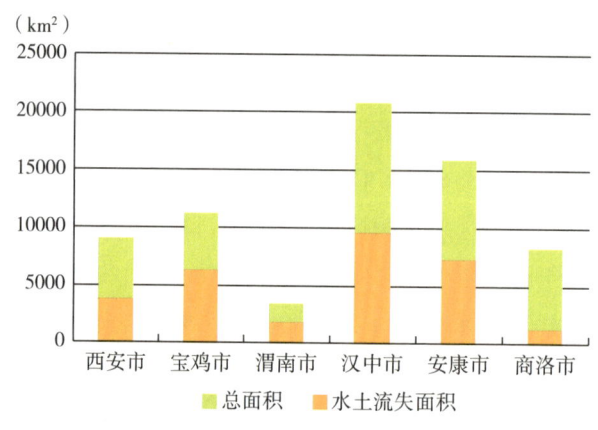

图4-17 各行政区水土流失情况

秦岭地区水土流失带来的危害主要表现在以下几个方面：一是导致水源涵养能力降低，区域内年均土壤侵蚀量1.89亿吨，加大了河流泥沙含量。二是造成水利工程损坏和淤积报废，使当地农业和经济社会发展的水利基础日显薄弱。例如，2002年前西安市在秦岭地区的水库淤积量已超过总库容的30%。三是水土流失产生的大量泥沙吸附和携带化肥、农药、土壤养分等直接进入河道、水库，污染水质。四是造成耕地面积减少，土壤肥力下降，农作物产量降低，导致群众生活困难。

2.3.2 水土流失成因

秦岭地区影响水土流失的内外力主要表现以下几个方面：①山地地质地貌影响：秦岭地区地质构造复杂，地层组之间相互交错，甚至同一座山由多种不同性质的岩石构成，断层广布，山体表面松散破碎且坡度大。在多雨季节某些山区极易发生滑坡、泥石流、崩塌等地质灾害；②气候与降水影响：山地小气候对局部生态环境影响较大，加之夏季受东南季风影响明显，降水强度往往过大，常导致山洪的发生；③工程及采矿影响：秦岭山区开矿和大型工程建设施工及生态恢复的过程中产生局部水土流失影响；④其他人类活动影响：人类活动层面广，不合理的工程开发建设和陡坡耕种对环境造成巨大压力，从而减弱了环境自我调节和自我修复的能力，为该地区水土流失的发生提供了有利条件。

尤其需要注意的是，秦岭是我国东西部、南北方的重要交通通道，陕西是我国西部大开发的桥头堡，目前有多条国家级高速公路、铁路穿越秦岭。秦岭也是我国矿产资源丰富的地区，矿产开发项目众多。随着基本建设规模的逐步扩大，秦岭山区公路、铁路、矿山开采等生产建设规模的逐步扩大，大面积原生地貌破坏和大量弃土弃渣导致水土流失现象较为普遍。

2.3.3 水土保持措施

自2006年2月国务院批复《丹江口库区及上游水污染防治和水土保持规划》以来，陕西省先后开展了两期治理工作。一期工程2007～2010年，共实施小流域综合治理348条，治理水土流失面积7681平方千米，完成总投资19.16亿元。二期工程2012～2015年，共实施小流域综合治理214条，治理水土流失面积4893平方千米，完成总投资19.76亿元。得益于多年的水土保持措施的良好实施，研究区内水土流失面积从2006年的7.1万平方千米减少到2014年的4.15万平方千米，水土流失面积减少了41.6%。其中四田整治面积及新栽水保林面积变化趋势详见图4-18和图4-19。

图4-18　四田整治面积趋势

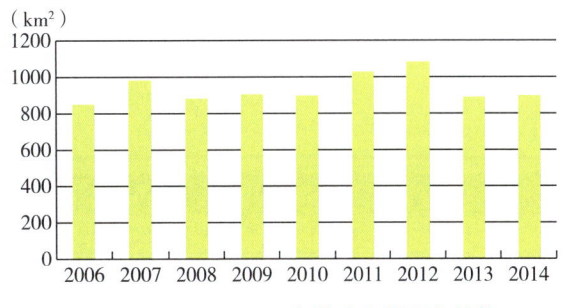

图4-19　四田新栽水保林面积趋势

通过对2006～2014年秦岭地区水土流失情况与水土保持工作调查分析，可以看到各年累计治理的水土流失面积显现明显上升趋势，详见图4-20，水土流失面积在多种水保工程及非工程措施的治理下，逐年呈现明显下降趋势，详见图4-21。由图4-21可知，数年来水土流失总体情况趋于好转，分析其原因，主要有以下四个驱动因素：一是水土保持措施及坡耕地整治工程的持续推进；二是退耕还林、还草工程发挥了效益；三是农村能源、建筑用材发生转变；四是因城镇化及生态移民使秦岭山区人口数量有一定的减少。

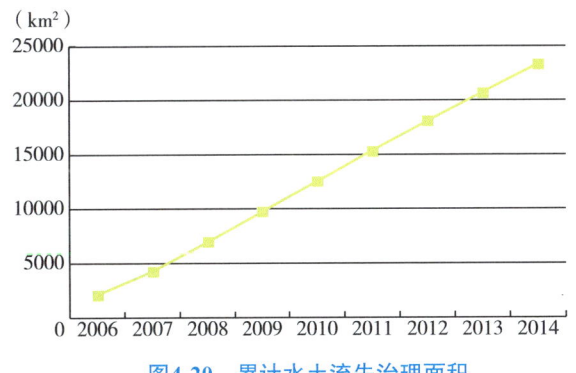

图4-20　累计水土流失治理面积

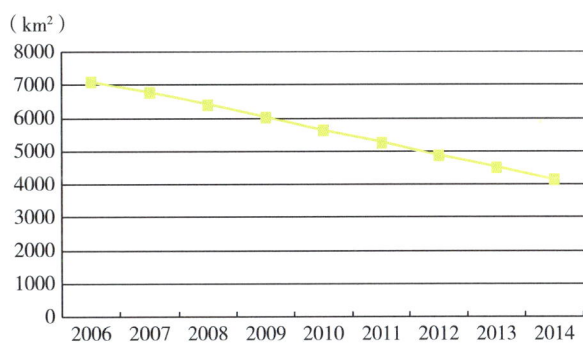

图4-21　历年水土流失面积

总体来看，在多种因素作用下，秦岭地区水土流失总体情况趋于良好，局部地区存在恶化问题，尤其是公路、铁路、矿山开采等开发建设项目导致的人为水土流失问题较为严重。

2.4 湖泊湿地评估

湿地是介于陆地生态和水生生态的一种过渡型生态系统，主要分为河流、水库、坑塘、滩涂、荒草地、沼泽、水工构筑、苇地、沟渠、湖池等几种类型。秦岭地区以山区为主，主要的湿地类型为河流型、水库型和水田型湿地三类。秦岭地区共有湿地面积12.96万公顷。其中河流型湿地11.57万公顷，占秦岭湿地面积的89.3%；沼泽和草甸0.63万公顷，占秦岭湿地面积的4.9%；库塘湿地面积0.63万公顷，占秦岭湿地面积的5.8%。其中黄河流域占总湿地面积的61.7%，长江流域占总面积的38.3%。

2.4.1 河流湿地

河流湿地即河流泛滥洪水淹没的湿地。由于各种水利工程修建和控洪级别的提高，堤外的泛洪面积逐渐变小，但堤内泛洪湿地一般比较发育。近年来，随着河流生态治理和修复，秦岭区域内的河流型湿地在逐步增加，现状年河流湿地总面积为12.95万公顷。主要河流型湿地见表4-25。

表4-25　　　　　　　　　　　　　　　　河流湿地情况表

区域	河流	名称	长度/流域面积	类型
西安	浐灞河口	西安浐灞国家湿地公园	5.81km^2	河口
	黑河	陕西黑河湿地	—	河道
	涝峪河	鄠邑区涝峪河湿地	1km	河道
	沣河	长安沣河湿地	1km	河道及河口
	灞河	长安灞河湿地	1km	河道及河口
	浐河	长安浐河湿地	1km	河道及河口
宝鸡	嘉陵江	凤县嘉陵江国家湿地公园	25.564km^2	河道
	千河	千湖国家湿地公园	6.537km^2	河道
	石头河	宝鸡石头河湿地	—	河道
渭南			—	—
汉中	玉带河	宁强汉水源国家湿地公园	42.9km	河道、湖泊、水库
	汉江	汉江湿地省级自然保护区	97.85km^2	河道、农耕
安康	千层河	千层河湿地	—	草甸、河道、湖泊、沼泽
商洛	丹江	丹凤丹江国家湿地公园	14.53km^2	河道、库塘
	洛河	洛南洛河源国家湿地公园	15.34km^2	河道为主
	丹江	丹江源国家湿地公园	20.104km^2	河道、湖泊
	金钱河	商洛金钱河湿地	1km	河道

资料来源：刘宏斌，《西安湿地》，三秦出版社2010年版。

2.4.2 库塘型湿地

由于缺乏水库水面面积统计资料，而库容也可反映湿地的实际变化情况，故采用历年水库库容变化来对水库湿地的变化情况进行分析，见表4-26。由表4-26中数据可得，除渭南市以外，各市水库型湿地面积基本呈现逐年增加的态势，表明各地水利工程建设也带动了湿地的发展，在水生态环境的改善方面获得了相应的成效。

表4-26　　　　　　　　　　　　　　　历年水库库容变化情况表　　　　　　　　　　　　　　　单位：万m³

年份	西安	宝鸡	渭南	汉中	安康	商洛
2006	16260.4	50929.9	27692.6	32731	61134.9	13307.5
2007	21347	54601.3	28031.5	43976	6758	14265.5
2008	37822.06	54671.9	28332.4	43958	6758	14355
2009	37728	58526	29030	44623	12487	14374
2010	38394	58633	31124	44646	7233	14447
2011	38514	58663	32238	44678	321529	14293
2012	38467.97	58690.38	26078.2	44679	322399.7	14292.92
2013	38086.4	86685.43	20771.81	60741.06	405865.2	14315.01
2014	38626	87623	21324	61416	415602	14392

2.4.3　沼泽湿地

秦岭地区沼泽型湿地以水田为主，受人为因素影响变化较大，其变化情况可由历年水田面积变化情况反映，见表4-27。水田耗水量较大，用水效率较低，目前一般情况下各地域水田耕作面积是逐渐减少的。由4-27表可以看出，秦岭地区因水资源丰富，耕作受地型限制明显，可耕作的土地面积小。在秦岭地区中，汉中、安康两市包含水田总面积较大且降幅较小，说明该方面水生态保持较好。西安、宝鸡两市水田面积有大幅度减小，但因其总面积本身不大，所以影响较小，渭南、商洛均变化不大。总体来讲，秦岭地区的水田保持较好，水田的耕作也为水生态环境保护和生物多样性保护作出了贡献。

表4-27　　　　　　　　　　　　　　　历年水田面积变化情况表　　　　　　　　　　　　　　　单位：千hm²

年份	西安	宝鸡	渭南	汉中	安康	商洛
1999	7.57	2.24	0.61	107.17	41.39	3.13
2000	6.84	2.25	0.72	105.52	40.20	3.14
2001	6.00	2.24	0.42	104.30	39.74	3.12
2002	5.32	2.39	0.55	102.46	38.84	2.65
2003	4.43	2.31	0.59	101.89	34.83	2.72
2004	4.39	2.80	0.60	100.44	35.66	2.59
2005	3.90	2.66	0.59	100.48	35.50	2.55
2006	3.55	2.57	0.57	100.52	35.34	2.50
2007	3.20	2.59	0.57	100.51	34.95	2.43
2008	3.09	2.58	0.33	100.35	35.11	2.49
2009	2.93	2.58	0.33	97.76	34.97	2.46
2010	2.68	1.93	0.33	97.81	34.71	2.42
2011	2.54	0.55	0.30	97.45	34.72	2.16
2012	2.22	0.46	0.30	97.45	34.57	2.09
2013	1.64	0.45	0.31	97.00	34.32	2.04
2014	1.61	0.45	0.45	98.20	33.98	1.91

随着秦岭地区地表水资源的进一步开发利用，水利工程不断建设与老工程除险加固建设的进行，从2006年至2014年，库塘型湿地面积逐年增加。另外，一大批湿地保护区，如陕西朱鹮国家级自然保护区、陕西黑河湿地省级自然保护区、陕西汉江湿地省级自然保护区等的建成和渭河、汉江沿岸生态治理形成的人工湿地的落成，彰显出近年来湿地保护工作卓有成效。

综上，秦岭地区主要的湿地类型为河流型、水库型和水田型湿地三类。从各个变量可以看出历年湿地面积在逐步增长，进一步表明秦岭区域的水生态环境在逐步改善，但是水库和水田地等均属人工型湿地，其生态功能存在一定局限。

2.5 水生生物

秦岭是我国的南北分水岭，植被种类多样，野生动物资料丰富，其典型湿地在面积、水量、水质等方面都相对稳定，不同地段水生植物种属与分布情况有所差异，是各类野生动物特别是鸟类重要的栖息地。其完备的原始生态特性具有极高的科考价值和生态价值。

2.5.1 水生植物

水生植物主要生长在沼泽地、湿原、泥炭地或者水深不超过6m的水域中。秦岭地区的水生植物从生长环境看，可以分为水生、沼生、湿生三类；从植物生活类型看，可以分为挺水型、浮叶型、沉水型和漂浮型；从植物生长类型看，可以分为草本类、灌木类、乔木类。

秦岭北麓的水生植物以藻类和种子植物为主。藻类包括绿藻门、硅藻门、蓝藻门、裸藻门这几大类别，其中绿藻门及硅藻门植物在种类和数量上均占优势。以太白县为例，共有水生生植物28科51属84种，其中沼生植物42种，水生植物42种（包括挺水植物33种，浮叶植物2种，沉水植物6种，漂浮植物1种）。种子植物属的地理成分可划为10个分布区类型，占第一位的是世界分布类型，有21属，占43%，反映了亚高山地区河流水域较严酷的生境特点；各类温带分布类型共有18属，各类热带、亚热带分布类型共有13属。秦岭南麓由于水量充沛，水源较为丰富，以及众多的河流、湖泊、水渠、池塘和水库等水域，为水生植物的生长提供了更加广泛的场所，其数量、种类更加丰富。

由于秦岭区域水生植物种类繁多，较难完全统计，按照生活类型列出主要水生生物，见表4-28。

表4-28　　主要水生生物名称表

挺水植物	荷花、碗莲、芦苇、香蒲、茭、水葱、芦竹、水竹、菖蒲、蒲苇、黑三棱等
浮叶植物	萍蓬草、荇菜、菱角、芡实等
湿生植物	美人蕉、梭鱼草、千屈菜、再力花、水生鸢尾、红蓼、狼尾草、蒲草、泽泻等
沉水植物	丝叶眼子菜、水菜花、苦草、金鱼藻、水车前、穗花狐尾藻、黑藻等
漂浮植物	浮萍、紫背浮萍、凤眼蓝、大藻等

2.5.2 水生动物

秦岭区域湿地野生动物以珍稀鸟类、鱼类为主，兼有两栖爬行类动物和哺乳类动物。区域内两栖类爬行动物有77种，最具代表性的为大鲵。鱼类以鲤科、鲴鱼科、狗鱼科、江鳕科等鱼类为主，此外还有一些鲤科、鳅科和刺鱼科的种类，最具代表性的是秦岭细鳞鲑。全省已建成水生生物自然保护区10处，其中国家级5处、省级2处、市县级3处，以濒危物种、国家二级保护动物大鲵为主要保护对象的自然保护区占8处，以秦岭细鳞鲑为主要保护对象的自然保护区占2处；已建成国家级水产种质资源保护区18处，保护对象以省重点保护水生动物为主。

秦岭细鳞鲑属鱼纲鲑形目鲑科细鳞鲑属。为中国所特有，中国国家Ⅱ级保护野生动物，列入《中国濒危动物红皮书》，属濒危物种。由于生存环境受到破坏，致使在海拔高度1200米以下人口较多的地区，资源量急剧减少，所能见到的也多为2～3龄的未成熟个体，在海拔1200米以上人口稀少地区尚有一定数量。

近年来，陕西省在秦岭细鳞鲑亲本驯化、人工繁殖和苗种培育方面取得了突破性进展，并持续推进增殖放流工作。2015年9月，华州区大鲵水生野生动物省级自然保护区管理局管理人员在保护区例行巡查时，发现秦岭细鳞鲑野生种群。该种群达20余条，最大个体达0.7kg。根据相关资料，秦岭细鳞鲑仅分布于渭河上游及其支流和汉水北侧支流湑水河、子午河的上游的溪流中。这次在华州区大鲵保护区发现秦岭细鳞鲑属首次在渭河下游及其支流发现秦岭细鳞鲑[①]。

过去，野生大鲵因为肉质鲜美、价格昂贵而被大肆盗捕，保护工作很艰难。但是，秦岭地区围绕大鲵的仿生态繁殖开展后，取得了很好的成效。如今，每年人工繁殖的幼鲵达到600万尾，而且成活率很高。这些人工繁殖的大鲵进入餐饮市场后，迅速拉低了大鲵的市场价格，野生大鲵反而得到了很好的保护。

从调研情况看，以大鲵、秦岭细鳞鲑为代表的秦岭珍稀水生动物保护取得一定成效，尤其是对大鲵的保护形成了一套保护中开发的成功模式。但同时，秦岭水生动物的物种多样性仍面临来自不合理捕捞、水工程建设、环境污染以及生态破坏等多方面的压力。

3. 当前主要问题

本研究主要从水资源、水环境、水生态等几个方面分析秦岭水资源与水生态系统存在的主要问题。

3.1 水资源量衰减

本次研究选取秦岭北麓的灞河马渡王水文站以上流域，秦岭南麓的武关河武关水文站以上流域和旬河柴坪水文站以上流域（详见图4-22）作为典型流域分析径流量演变趋势，并对径流变化的驱

---

① 陕西渭南华州区发现野生秦岭细鳞鲑，http://mt.sohu.com/20150929/n422374046.shtml。

动因素作一定分析。采用Mann-kendall非参数突变检验方法及趋势检验法对长系列年径流量与年降雨量进行趋势分析与突变点检测。

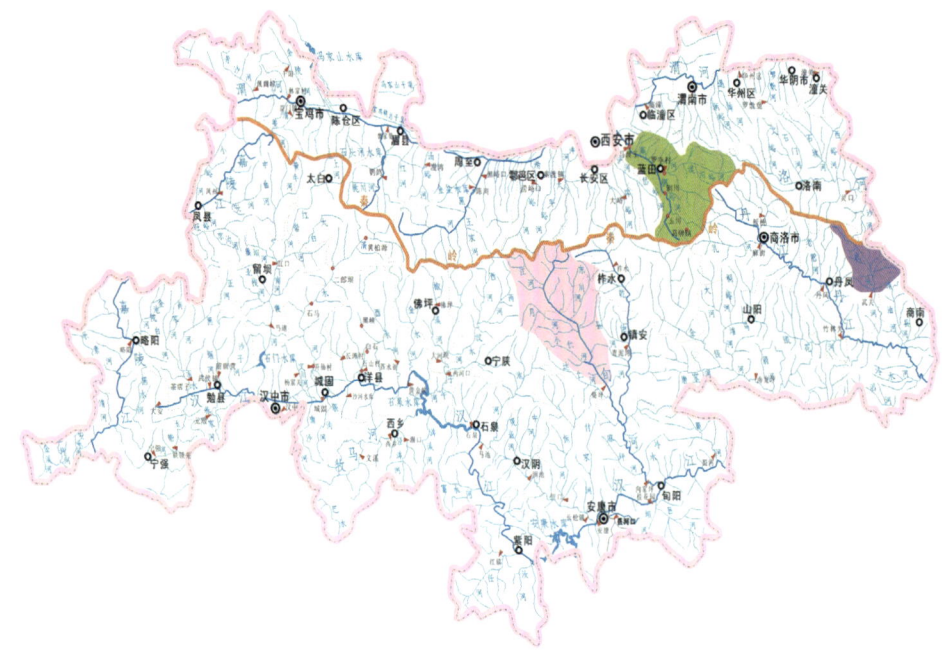

图4-22　典型流域分布图

3.1.1　灞河马渡王以上流域

灞河是黄河支流渭河的支流，全长109千米，流域面积2581平方千米，发源于秦岭北坡蓝田县灞源镇麻家坡以北，流经灞桥区、未央区，在高陵县汇入渭河。马渡王水文站设立于1952年6月，是关中中部地区渭河南岸大面积区域代表站，也是灞河下游干流控制站，系国家基本站点，至渭河口的距离为30千米，该站位于西安市灞陵乡马渡王村，东经109°09′，北纬34°14′，集水面积1601平方千米。由于该站水文观测资料时间序列较长且系统全面，位于浐河与灞河的汇入口附近，因此选择该站1959~2012年实测年降雨量、年径流量数据作为分析数据，采用Mann-kendall非参数突变检验方法进行趋势分析，结果如图4-23、图4-24所示。

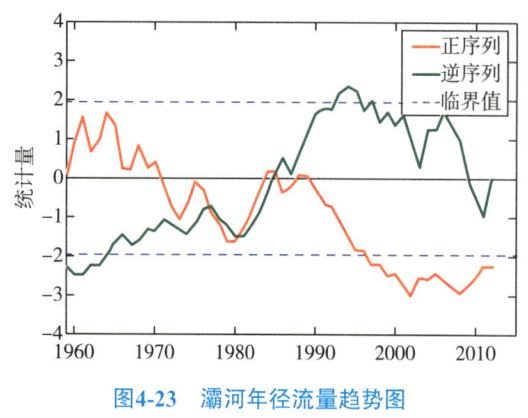

图4-23　灞河年径流量趋势图

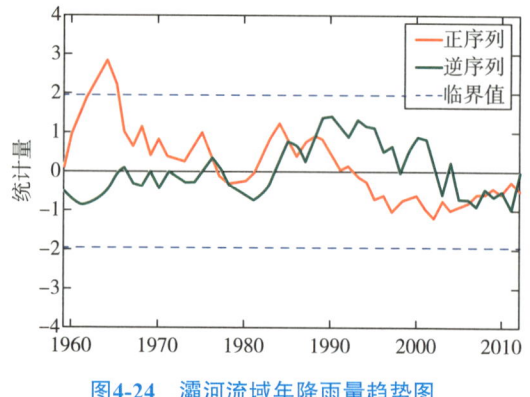

图4-24　灞河流域年降雨量趋势图

（1）径流趋势。根据Mann-kendall趋势检验法计算，从长系列来看，灞河年径流量Z值为-2.25，$|Z|>Z_{1-\alpha/2}$（$\alpha=0.01$），说明年径流量随时间呈下降趋势变化，显著性检验结果表明：年径流量呈明显下降趋势，并通过了信度99%的显著性检验。从图4-23中同样可以看出1970年以后，灞河年径流量呈下降趋势，且在1995年以后呈明显下降趋势，1985年左右为径流突变开始的时间。如果只选取2003~2012年近十年年径流量资料进行趋势检验，计算得Z值为0.716，$|Z|<Z_{1-\alpha/2}$（$\alpha=0.01$），表明近十年来年径流量有不显著的增长趋势，这与相关文献的结论相印证[①]。

（2）降雨趋势。同样从长系列来看，灞河流域年降水量Z值为-0.49，$|Z|<Z_{1-\alpha/2}$（$\alpha=0.1$），说明年降水量随时间呈下降趋势变化，但是下降趋势并不明显。从图4-24中可以看出，年降水量从1990年开始并一直呈下降趋势，且突变点也同样在1985年前后。如果只选取2003~2012近十年年降雨量资料进行趋势检验，计算得Z值为1.07，$|Z|<Z_{1-\alpha/2}$（$\alpha=0.01$），表明近十年来年径流量有不显著的增长趋势。

由此得出，从长系列来看，灞河流域年降雨量和年径流量都在减少。降雨量减少是灞河流域年径流量减少的主要因素，由于年径流量的下降趋势比年降雨量下降趋势更为明显，可见除降雨量减少外，人为因素等其他因素同时影响着年径流的减少。

3.1.2 武关河武关以上流域

武关河是丹江上游较大的一条支流，发源于陕西省丹凤县蟒岭南麓庚家河乡土地沟，北南流向，全长116.7公里。武关水文站在武关河中下游丹凤县武关乡西河村，位于东经110°37′，北纬33°35′，1959年1月设立。测站以上控制流域面积724平方千米，占武关河全流域面积的80.4%。本次研究选择该站1959~2014年年径流量和1959~2001年实测年降雨量数据作为分析数据，采用Mann-kendall非参数突变检验方法进行趋势分析，结果如图4-25、图4-26所示。

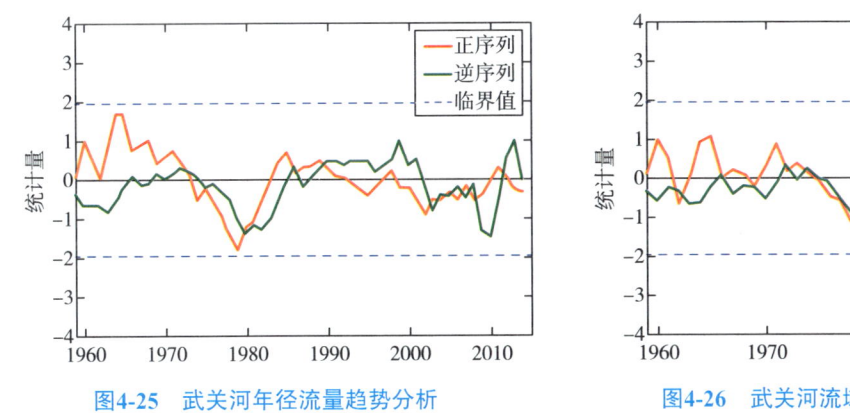

图4-25　武关河年径流量趋势分析　　　　图4-26　武关河流域年降雨量趋势分析

（1）径流趋势。根据Mann-kendall趋势检验法计算，武关河年径流量Z值为-0.343，$|Z|<Z_{1-\alpha/2}$（$\alpha=0.1$），说明年径流量随时间呈下降趋势变化，但是下降趋势并不明显。由图4-25可得，1975年以后，武关河年径流量呈下降趋势，但下降趋势并不明显，年径流量突变点较多。

[①] 马瑞婷："秦岭北麓典型流域年径流序列的突变分析"，《水资源与水工程学报》，2016年第2期。

（2）降雨趋势。武关河流域年降水量Z值为-0.325，|Z|<$Z_{1-\alpha/2}$（α=0.1），说明武关河流域年降水量呈下降趋势变化，但下降趋势并不明显。对比图4-25与图4-26，年径流量与年降水量突变点基本重合，且计算得两者相关系数为0.855，相关程度较高。由以上计算可见武关河流域降水量是影响径流量的最主要因素，其余因素的影响不大。

3.1.3 旬河柴坪站以上流域

旬河是长江支流汉江的左岸支流，位于陕西省商洛市西南部和安康市东北部，源出西安市长安区西南角麦秸磊东南侧的甘沟脑，西南流经宁陕县、镇安县、旬阳县，在县城东南面注入汉江。柴坪水文站属于国家级水文站，位于旬河流域，控制流域面积2364平方千米，距河口距离101.3千米，设站时间1967年1月。由于该站水文观测资料时间序列较长且系统全面，因此选择该站1967~2001年实测年径流量数据和1964~2001年实测年降雨量数据作为分析数据，采用Mann-kendall非参数突变检验方法进行趋势分析，结果如图4-27、图4-28所示。

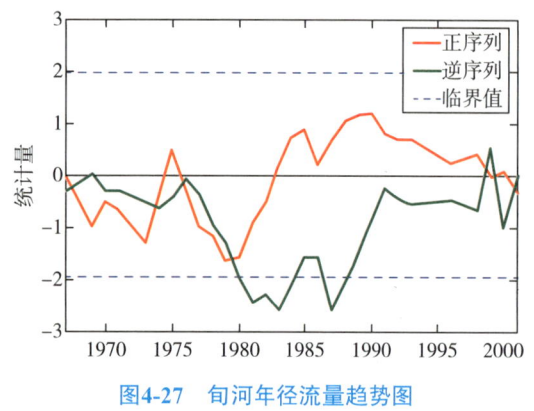

图4-27　旬河年径流量趋势图

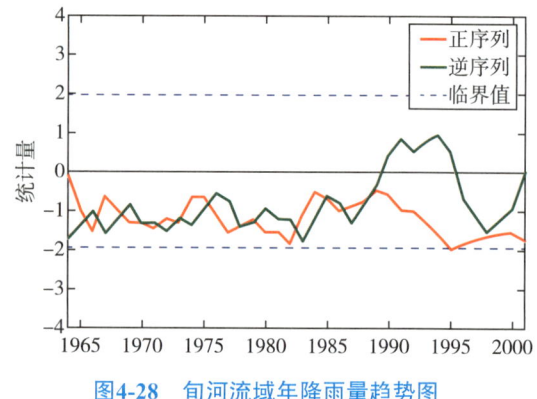

图4-28　旬河流域年降雨量趋势图

（1）径流趋势。根据Mann-kendall趋势检验法计算，旬河年径流量Z值为-0.31，|Z|<$Z_{1-\alpha/2}$（α=0.1），说明年径流量随时间呈下降趋势变化，但是下降趋势并不明显。由图4-27可以看出，1983年之前，旬河流域年径流量呈下降趋势，1983年之后，年径流量呈上升趋势，但不论是上升还是下降，趋势都不明显。

（2）降雨趋势。旬河流域年降水量Z值为-1.757，|Z|>$Z_{1-\alpha/2}$（α=0.05），说明年降水量呈下降趋势，显著性检验结果表明：年降雨量呈明显下降趋势，并通过了信度95%的显著性检验。由图4-28可以看出，1959年以来，旬河流域降雨量基本呈下降趋势，系列内突变点较多。

由此可得，旬河年径流量除与降水量有关外，还受其他因素的较大影响。在年降水量呈明显下降趋势的情况下，年径流量下降趋势并不明显，这应该与流域内的植被恢复与下垫面条件改善有关。

综上分析可得，秦岭南北麓共三个所选择的代表站所控制流域的径流量都呈下降趋势，秦岭北麓流域的下降趋势更为明显。降雨减少是径流减少的主要原因，但除此之外，人为因素以及下垫面的变化都对径流量有不同程度的影响。

3.2 水环境保护压力较大

（1）农村生活污水与面源污染。水污染压力主要来自于生活污水和面源污染。分散农户及农家乐等污水处理工作还很薄弱。面源污染治理尚未广泛开展，后续资金缺乏保障。

（2）污水收集与处理存在困难。城镇污水处理厂基本建成，目前主要存在三个问题：一是配套管网还不完善；二是日常运行费用对地方财政构成较大压力，部分污水处理厂未能正常运行；三是雨污分流设施不完善。

（3）水源地水污染应急机制不完善。秦岭地区水质较好，是陕西关中、陕南，也是南水北调工程重要的水源地，近年来虽然生态环境质量总体有所改善，但随着地区经济发展带来的排污压力，水污染防治仍存在着较大的压力。近年来，水污染事件突发、频发对区域经济发展造成不必要的损失的事件屡见报道。

在增强水污染防治的基础上，突发性水污染事件应急机制的建立已成为相关部门应对水污染新问题的重要工作内容之一。突发性水污染事件不仅制约社会的发展，并且因为其偶然性的特点极为容易影响社会的安定并造成人民恐慌。针对突发性水污染事件的治理不能仅仅停留在加强事后的污染处理能力，而更应该着重于应急机制的建立与完善。

3.3 水生态补偿体制机制尚不完善

我国的生态补偿工作才刚刚起步，已实践多年且取得了较大成绩的退耕还林，在实施过程中仍存在着贯彻"生态目标不到位"和"给农民的补偿不到位"等问题。近年来，秦岭地区南水北调中线工程、引汉济渭等大规模调水工程的实施使得生态补偿问题拓宽至水生态领域。2009年就开展了国家南水北调中线工程陕西水源区水土保持生态补偿研究；2016年中央分成水资源费项目安排了"黄河流域水源地生态补偿试点建设"，黄河水利委员会将石头河水源地列为生态补偿建设试点单位；以上研究大力促进了流域水源地生态补偿试点建设工作的开展，但由于生态补偿涉及利益关系较为复杂，在生态补偿体制机制的建设和实践过程中仍存在不少矛盾和问题，有待进一步完善与发展。

（1）水生态保护的意识与文化亟待进一步增强。由于目前大部分群众的生态意识水平较低，生态保护与生态补偿建设的实施存在一定阻力。主要表现在以下几个方面：一是部分群众认为生态保护与经济发展相矛盾，生态保护建设制约着经济的发展；二是群众生态价值意识存在误区，部分群众仍固守"人类中心主义"生态价值观念，往往以人类独尊的心态对待生态环境，浪费自然资源；三是生态责任意识欠缺，目前国家对生态责任缺乏明确要求和必要的调控机制，使得部分群众认为生态环境保护事不关己；四是生态忧患意识教育缺失，导致部分群众对生态环境恶化现象熟视无睹。

（2）对水生态补偿的认识不够统一。目前，生态补偿工作往往与补偿区的扶贫工作紧密结合，使得地方政府和群众将脱贫的愿望寄托在生态补偿资金上，错误地将生态补偿与扶贫支持等同。而生态补偿机制是调整水源地相关利益方生态及其经济利益的分配关系，促进地区间公平和协调发展的一种制度，在大多数情况下是发达地区对欠发达地区的一种经济补偿，不能与扶贫支持简单等同，更不能完全依靠生态补偿解决补偿区贫困问题。

（3）生态补偿资金来源单一。目前秦岭地区水生态补偿资金基本以政府拨款为主，未建立起市场化补偿。在生态补偿主体以政府为主的情况下，权利义务相关者、社会公众、水源地自我补偿的比例太小，导致水生态补偿资金来源单一，难以长期保持水源地的生态补偿。同时由于我国正处于经济高速发展阶段，中央、各级地方政府以及相关部门，多把补偿重点放在环境严重破坏的地区，往往忽略对污染源头的治理，政府财政拨款为主的生态补偿机制显然不能满足长期生态补偿的需要。

（4）生态补偿资金不足。补偿标准偏低，与应得补偿数额不符。对水源地补偿来说，以周至县为例，是西安市用水重要的水源涵养地，中央转移支付资金主要用于工资及日常办公运行费用，而周至县为了保障水质，关闭了多家规模以上企业，且大多数企业未进行招商引资，水源地保护水质所做的工作和牺牲是一连串的，现有的资金补偿不能解决当地"人水和谐"发展问题，对于水质长期达标保证优质状态，是极大的挑战。

（5）缺乏有效的监督机制。现行的财政拨款制度缺乏有效的监督机制，大量资金处于灰色地带，资金被挪用和浪费的情况得不到公开。长期以来某些企业可能与当地相关部门之间形成依附关系使其优先得到补偿。此外各级政府也存在克扣动机。这些问题的产生都是由于缺乏有效的监督和审计机制，致使生态资金合理分配统筹难以进行，资金去向不能掌握必然降低资金使用效率。

3.4 水利工程建设带来的生态影响

3.4.1 大规模调水带来的生态影响

一般而言，调水对生态环境存在有利和不利两个方面的影响。一方面，调水使缺水地区的生态环境大为改善，呈现积极的自然生态环境效益，输水时一般调水线路沿线地区的供水增加，在很大程度上促进了沿线地区社会经济的发展。另一方面，在调水工程的施工期和运行期间，渠道、水库的水量损失大，破坏了自然景观以及地表水和地下水的平衡。

国家南水北调中线工程和引汉济渭调水工程是秦岭地区典型的大规模调水工程，在缓解中线工程沿线受水区以及陕西关中地区经济社会发展与水资源供需矛盾的同时，也加剧了汉江流域河道内用水的供需矛盾，对流域内生态环境状况造成一定的不利影响。

（1）引汉济渭工程。为区域经济社会可持续发展提供水资源保障。据有关预测，到2030年水平，渭河流域总缺水量为29.84亿立方米。其中：河道外缺水22.25亿立方米，河道内缺水7.59亿立方米；关中地区缺水量为26.22亿立方米（河道外缺水18.63亿立方米），占流域总缺水量的87.9%。引汉济渭工程年调水量15亿立方米，可在很大程度上满足关中地区2030年水平的用水要求，届时关中地区"一线两带"沿线的重要城市、县城及工业园区的缺水矛盾将得到极大的缓解。

遏制生态环境恶化趋势。实施引汉济渭工程有利于渭河流域河道内、外生态环境的改善。一方面可向直接渭河河道内补充3.3亿立方米生态环境水量，有效增加渭河等河流的生态环境用水量，提高河道内的水环境承载能力。另一方面通过退还过去长期过量挤占的生态用水，进一步改善城市的水环境状况，通过水量置换减缓农业用水压力，初步测算可退还挤占生态用水量达1.01亿立方米。同时，工程输水沿线的渗漏水可直接补给周边生态，有利于周边区域生态环境的恢复和改善。

有利于促进关中地区的农业生产。引汉济渭工程实施后，通过关中地区当地水与调入水量的联合配置，在供水范围内逐步恢复原来承担灌溉任务的水源工程（如石头河水库、黑河水库、石砭峪水库等）的农业供水功能，退还挤占农业水量1.46亿立方米，对促进关中地区的农业生产，保障关中地区的粮食安全具有重要意义。

遏制相关地区地下水严重超采的局面。引汉济渭工程通水后，通过在关中地区实施地下水压采，可压采地下水水量4.59亿立方米，其中渭河沿线城市群可压采地下水2.73亿立方米，并通过关停一部分自备井，有效地遏制由于过量开采地下水引发的一系列环境地质问题。

为陕北能源基地用水提供保障。受黄河用水指标的限制，在国家南水北调西线工程实施以前，陕北能源基地用水矛盾十分突出。实施引汉济渭工程后，在不突破陕西全省黄河用水总量指标的前提下，将关中地区的用水指标向陕北调整、优化和转移，可在一定程度上满足陕北地区能源基地的用水需求[①]。

（2）南水北调中线工程。防洪形势发生变化。调水后汉江中下游出现800~1000立方米/秒流量的天数减少20天，出现1000~3000立方米/秒流量的天数减少100天，河道冲淤情况将发生变化，对防洪会造成不利影响。但是，由于丹江口水库大坝加高，防洪库容扩大，使中下游流域的防洪标准由10~20年一遇提高到100年一遇，沿江14个分蓄洪民垸基本可以不分洪，为区域经济社会发展提供一个长治久安的水利环境。库容增大，可以增加丹江口水库枯水期的下泄流量，加上引江济汉工程，能够增加汉江中下游在枯水季节的水环境容量。

干流区域生态环境将发生重大变化。中线工程实施后，汉江中下游径流量将减少约16%，水环境的容量将有所降低，水污染防治和生态保护工作的难度将加大。由于襄樊以下江段流量减少，水流变缓，水位稳定，使汉江中下游沿岸城镇与工业排放污染物的稀释自净能力下降，对渔业和水环境带来不利影响，给生产部门造成损失。与调水前相比，调水使汉江中下游河道多年平均水位下降0.29~0.51米，加大生产生活用水成本。由于库区水位大幅提高，下泄水的水温将降低，对汉江中下游水生植物和鱼类资源产生不利影响，如果水质得不到有效改善，水生生物种群将会大大减少。汉江中下游是南方沙化较严重的区域，已形成沙化土地1300平方千米，随着水位下降，将形成新的沙滩、沙洲、沙地1200平方千米。引江济汉工程实施后，潜江高石碑以下江段，水体中长江水占一半左右，由于长江水质劣于汉江水质，因此，在改善汉江下游江段水文情势的同时，汉江水质也发生了变化。

农业灌溉受到较大影响，工业生产、城市发展和航运受到制约。汉江中下游地区干旱季节缺水灌溉，成为制约农业发展的重要因素。随着社会的发展，工业用水增加，灌区复灌面积扩大，对用水的需求量将逐步增长；同时，由于水库、湖泊的萎缩，原来灌溉范围灌溉用水不足或根本无水可用，需用汉江水补充，也加重了汉江用水的负担。南水北调中线工程实施后，由于丹江口水库下

---

① 景来红："引汉济渭工程对解决渭河流域缺水及生态环境问题的作用"，《中国水利》，2015年第14期。

泄流量大幅度减少，导致汉江中下游干流水位下降，引起沿江引、提水闸站灌溉供水量减少，农业灌溉受到较大影响。汉江中下游沿江城镇密集，城镇人口集中，工业密布，工业用水量大，沿岸货物、客运由汉江进出所占比重大，汉江缺水无疑将影响工业生产，沿江城市发展也将面临水资源短缺的矛盾。航道水深减小，航道宽度和弯曲半径发生变化，河漫滩增大，对沿江港口和航运设施有不利影响，航道维护的困难加大[①]。

综上，虽然调水工程在结合调水区和受水区整体和长远利益上存在着一定的优势，但应正确处理调水工程整体和局部、近期和长远、发展和保护间的利益关系，使调水工程尽可能发挥其作用。

3.4.2 水利工程的生态影响

近年来，国家水利资源的开发力度不断加大，秦岭地区已建和在建水利工程较多，其在实现防洪、灌溉、发电等兴利除害目标的同时，对于生态环境的影响也不容小觑。

（1）对河流水文特性的影响。水利工程蓄水对河流流量的调节，使河道流量的流动模式发生变化。工程使沿水流方向的河流非连续化，水面线由天然的连续状态变成为阶梯状，使河流片段化。河流片段化的形成或加剧，使流动的河流变成了相对静止的人工湖泊，流速、水深、水温结构及水流边界条件等都发生了重大的变化。

（2）对河流化学特性的影响。水利工程建成以后，也改变了原来河流营养盐输移转化的规律。由于水库截留河流的营养物质，气温较高时，促使藻类在水体表层大量繁殖，严重的会产生水华现象。藻类蔓延阻碍大植物的生长并使之萎缩，而死亡的藻类沉入水底，腐烂的同时还消耗氧气，溶解氧含量低的水体会使水生生物"窒息而死"。由于水利工程的水深高于河流，在深水处阳光微弱，光合作用也较弱，导致水利工程的生态系统比河流的生物生产量低，相对脆弱，自我恢复能力弱。

（3）对河岸带生态功能的影响。水量的多少直接影响河岸带的生态，而且在对应不同保护目标的情况下，河道水体本身的生态系统将对应不同的河道流量。筑坝蓄水后，改变了河流消长周期和规律，破坏了原河岸带生态系统和其原来的功能。

（4）对地表地质的破坏。一方面，水利工程建设不可避免要对地表进行挖掘，因此地表植被破坏使得蓄水能力降低，甚至在风沙较大地区可能会导致水土流失，并且地表植被破坏，土壤碎石裸露于外，在雨量充沛的季节存在泥石流等灾害隐患；另一方面，大坝的修建直接破坏和改变当地的地质环境。

3.4.3 旅游业发展的生态影响

近年来，秦岭地区与日俱增的旅游人数促使了旅游业的飞速发展，其中峪口一直是秦岭地区旅游业的发展重点，但由于入河垃圾和污废水排放日益增多，导致河道淤积、水质恶化，使得流域生态环境遭受严重威胁。除此之外，拦水坝的建设实现了峪口截流，其蓄水作用使得峪口旅游质量提高，但一定程度上改变了水流流态，影响了河流生态环境。

---

① 杜耘等："南水北调中线工程对汉江中下游生态环境的影响与对策"，《科技与社会》，2005年第6期。

(1）对地表和土壤的影响。随着秦岭地区各项旅游活动的开展，旅游设施的开发建设与日俱增，很多完整的生态地区被逐渐分割，形成岛屿化，使环境生态面临前所未有的人工化改造，如地表铺面、植物更新、外来物种引入等，要承受不同类型的旅游活动冲击。尤其是地表植物所赖以生存的土壤有机层往往受到最严重的冲击。如露营、野餐、步行等都会对土壤造成严重的人为干扰。土壤一旦受到破坏，其物理结构、化学成分、生物因子等都会随之发生变化，并最终影响土壤上植物的种类与生长，昆虫、动物也会随之迁徙或减少。

（2）对植物的影响。人类对植物最直接的伤害，比如为兴建宾馆、停车场或其他旅游设施，大面积的地表植物被剔除，甚至还从外地搬来其他土壤进行客土，以符合工程上的要求，这无异是一种对植物族群抄家灭族的行为。在旅游活动对植物的影响中，游客践踏是最普遍的形式，虽然游客在旅游活动过程中一般不会有蓄意破坏植物的行为，但对植物的践踏往往会引起相关反应。如影响到植物种子发芽，对于已成长的植物则可能因践踏而导致其生理、形态等产生变化。步行道规划设计不合理，也会影响濒危植物物种的生长。

（3）对动物的影响。自然保护区开发旅游可能会破坏许多野生动物的栖息地或庇护所。游客造访旅游区后，不论是旅游活动本身或者是游客所制造的噪音都会干扰野生动物的生活和繁衍，而且有的游客总喜欢"有吃又有拿"，嗜吃各种山珍海味，又偏爱收集各类野生动物制品，这样野生动物的生命就受到了威胁。游客从事户外旅游活动时其实很难不对生存其中的动物尤其是较为敏感的鸟类和哺乳动物造成干扰。

（4）对水体环境的影响。随着度假旅游活动的日益兴盛，溪流、河滩、水库等水上游乐项目，极大地丰富了人们的度假生活内容，同时也给水体环境带来了巨大的冲击，这种冲击往往是综合性的。很多旅游区以在水边区域修建宾馆、度假村、休闲中心、水上乐园、水上游乐中心等旅游服务设施，其餐厅、宾馆等每天产出的大量废水、污水和垃圾成为水体的主要污染源。

（5）对空气品质的影响。从表面上看旅游业似乎不会对空气品质造成多大的影响，但自然保护区开放旅游后，旅游活动确实会影响这些保护区空气的品质。伴随着游人进入森林公园以及供游客乘坐的交通工具蜂拥而至，汽车排放的大量有毒尾气、扬起尘埃和众多游人呼出的二氧化碳，以及森林旅游区内的宾馆、饭店等生活锅炉排放的废气，都对森林旅游区的空气造成严重污染。

（6）对环境卫生的影响。主要表现为固体废弃物垃圾污染。游客造访旅游点时会产出所谓的"民生污染"，尤其是过夜型的旅游方式，所产出的"民生污染"会直接留在当地环境里，若处理不善将会严重影响当地的环境卫生，影响当地居民的健康与生活[①]。

3.5 水土保持后续工作需持续推进

针对目前仍将长期存在的水土流失影响因素，现状情况下面临的主要问题如下。

（1）水土流失治理任务依然艰巨。根据陕西省水利年鉴数据统计，研究区内水土流失面积为

---

① 杨永德等："西部地区发展旅游业对生态环境影响的思考"，《经济与社会发展》，2003年第8期。

4.15万平方千米,占研究区总面积的51.69%,即研究区内一半以上的土地都属于水土流失地区。其中部分地区属于中度土壤侵蚀区,且水土流失仍有扩大的趋势。秦巴山区的许多地方的土层只有20~30cm,抗蚀年限大都在几十年之内,属于"危险型"和"极危型";部分地方的裸露石山、鸡窝土石山、乱石窖、荒沙地面积逐年扩大,土壤侵蚀潜在危险程度逐步升级,普遍出现土壤危机、耕地危机和川道城镇危机。

(2)水土流失治理投资严重不足的矛盾突出。研究区内多个地市属于贫困市、贫困县,水土流失治理资金有限,不足部分主要依靠群众投工投劳。投资不足致使治理工程总体建设标准低、规模小、综合配套差、速度慢,相当一部分工程在低水平上重复,治理建设效果不够理想。

(3)洪旱灾害频繁发生,进一步增加治理难度。据有关史料记载,陕西省新中国成立前的320年中共发生旱灾131次,平均三年一次。新中国成立后也是三年一大旱、两年一小旱。近年来,由于全球性气候变暖的影响,陕西省季节性干旱和洪灾频繁发生,造成植被稀少,水土流失加剧,生态环境不断恶化,水土流失防治难度加大。

4. 管理工作现状

4.1 陕西省水资源管理工作沿革

改革开放以后,随着陕西省经济社会的快速发展,水资源供需矛盾日渐突出。1985年,陕西省政府批准成立了省级水资源专管机构。从1985年到2012年,陕西省水资源管理工作大体经历了三个阶段[①]。

第一阶段(1985~1993年)为建章立制、组建机构和队伍阶段。其间,《中华人民共和国水法》和《陕西省水资源管理条例》先后颁布实施,为实现水资源的统一管理打下基础。

第二阶段(1994~2000年)为理顺关系阶段,以取水许可制度的实施与2000年机构改革为标志,基本实现地表水与地下水,城镇与乡村水资源的统一管理。这一时期水资源管理的基本特征是将开发利用与水资源管理职能相分离,强调开发利用服从于水资源的统一管理,以"五统一、一加强"(统一规划、统一调配、统一发放取水许可证、统一征收水资源费、统一管理水量水质,加强全面服务)为主要内容的水资源统一管理职能和地位得到普遍确认。

第三阶段(2001~2012年)为深化管理阶段。其间,省人大审议通过了《陕西省实施<中华人民共和国水法>办法》。省政府先后颁布和修订完善了节约用水、取水许可、水资源费征收管理办法,

---

① 丁东华:"陕西水资源管理的实践与思考",《陕西水利》,2009年第6期。

批准了水资源开发利用规划、水功能区规划、用水定额、节水型社会发展纲要、城市地下水超采区划定与保护方案等规划、标准和方案。对水资源开发利用、节约保护和治理配置进行了全面规范。2007年，为了保护秦岭生态环境，维护秦岭水源涵养、水土保持功能，保护生物多样性，专门出台《陕西省秦岭生态环境保护条例》。

表4-29　　　　　　　　　　　　　　国家和陕西省水资源相关法律法规

国家法律	水法		水土保持法	水污染防治法	总数（部）
详细分类	水资源开发利用	水生态保护	水土保持	水污染防治	24
国家级行政法规	《中华人民共和国招标投标法实施条例》等8部	《太湖流域管理条例》等3部	《中华人民共和国水土保持法实施条例》等2部	《国务院关于加强城市供水节水和水污染防治工作的通知》等3部	52
国家级有效规章	《河道采砂收费管理办法》等35部	《黄河下游引黄灌溉管理规定》等3部	《开发建设项目水土保持方案管理办法》等4部	《入河排污口监督管理办法》等2部	127
国家级总数（部）	128	8	25	6	203
陕西省地方性法规	《陕西省水工程管理条例》等3部	《陕西省城市饮用水水源保护区环境保护条例》等3部	《陕西省实施<中华人民共和国水土保持法>办法》等2部	《陕西省渭河流域水污染防治条例》等2部	12
陕西省政府规章	《陕西省水资源费征收办法》等6部	《陕西省水产种苗管理办法》1部	《陕西省淤地坝建设管理办法》等3部	—	13
陕西省规范性文件	《陕西省水资源费征收管理实施细则》等12部	《陕西省渔业船舶监督管理暂行办法》1部	—	《国务院关于加强城市供水节水和水污染防治工作的通知》等1部	14
陕西省总数（部）	21	5	5	3	39

资料来源：引自刘伦芳，罗建华，《.陕西省水资源管理法规政策研究》，数据截至2012年。

4.2　水资源管理工作最新进展

4.2.1　国家层面

自2012年党的十八大以来，以习近平同志为总书记的党中央高度重视水资源问题，明确提出"节水优先、空间均衡、系统治理、两手发力"的水治理新思路，推动水资源管理工作取得新的明显成效，在制度建设方面，出台最严格水资源管理制度和水污染防治行动计划。《中共中央关于制定国民经济和社会发展第十三个五年规划的建议》明确提出："实行最严格的水资源管理制度，以水定产、以水定城，建设节水型社会。"这是党中央在深刻把握我国基本国情水情和经济发展新常态，准确判断"十三五"时期水资源严峻形势的基础上，按照创新、协调、绿色、开放、共享的发展理念，针对水资源管理工作提出的指导方针和总体要求。

当前，水资源管理正加快实现从供水管理向需水管理转变，从粗放用水方式向高效用水方式转变，从过度开发水资源向主动保护水资源转变，切实把绿色发展理念融入水资源开发、利用、治理、配置、节约、保护各个领域。新时期水资源管理的发展趋势呈现出以下几个特征。

（1）树立底线思维，着力强化约束性指标管理。实行水资源消耗总量和强度双控行动，强化水资源管理"三条红线"刚性约束。一是严控用水总量。加快推进江河水量分配，把相关控制指标落实到相应河段、湖泊、水库和地下水源，到2020年，全国年用水总量控制在6700亿立方米以内。建立水资源承载能力监测预警机制，切实把水资源承载能力作为区域发展、城市建设和产业布局的重要条件，对超出红线指标的地区实行区域限批。二是严管用水强度。加强用水定额和计划管理，明确各行业节水要求，健全取水计量、水质监测和供用耗排监控体系，到2020年，万元国内生产总值用水量、万元工业增加值用水量较2015年分别降低25%、20%，农田灌溉水有效利用系数提高到0.55以上。三是严格节水标准。健全节水技术标准体系，制定用水产品、重点用水行业、城市节水等方面的领跑者指标，开展水效领跑者行动，带动全社会向领跑者学习。

（2）落实节水优先，着力推进节水型社会建设。在观念、意识、措施等各方面都把节水放在优先位置，切实把节约用水贯穿于经济社会发展和生活生产全过程。一是突出节水强农，积极发展东北节水增粮、西北节水增效、华北节水压采、南方节水减排等区域规模化高效节水灌溉，加快大中型灌区续建配套和节水改造。二是突出节水降耗，大力推广工业水循环利用，普及节水工艺和技术，重点实施高耗水工业行业节水技术改造。三是突出节水控需，加强城镇公共供水管网改造，加快淘汰不符合节水标准的生活用水器具，大力发展低耗水、低排放现代服务业，推进高耗水服务业节水技术改造，全面开展节水型单位和居民小区建设。四是突出节流补源，把非常规水源纳入区域水资源统一配置，加大雨洪资源以及海水、中水、矿井水、微咸水等非常规水源开发利用力度。五是突出节奖超罚，统筹考虑市场供求关系、资源稀缺程度、环境保护要求、社会可承受能力等因素，加快推进农业水价综合改革，全面实行非居民用水超计划、超定额累进加价制度，全面推行城镇居民用水阶梯水价制度，充分发挥水价杠杆作用。

（3）坚持人水和谐，着力加强水生态保护。牢固树立尊重自然、顺应自然、保护自然的生态文明理念，统筹好水资源开发与保护关系，更加注重水生态保护。一是加强重要生态保护区、水源涵养区、江河源头区保护，推进生态脆弱河流生态修复，加强水土流失防治，建设生态清洁小流域。二是开展退耕还湿、退养还滩，严格禁止擅自围垦占用湖泊湿地、在河口和滨海湿地开展人工养殖，限期恢复已经侵占的自然湿地等水源涵养空间，维护湿地生物多样性。三是落实水域岸线用途管制制度，编制水域岸线利用与保护规划，按照岸线功能属性实行分区管理，严格限制建设项目占用自然岸线，构建合理的自然岸线格局。四是实施水污染防治行动计划，全面落实全国重要江河湖泊水功能区划，建立联合防污控污治污机制，强化从水源地到水龙头的全过程监管。五是严格地下水开发利用总量和水位双控制，加强华北等地下水严重超采区综合治理，逐步实现采补平衡，建设国家地下水监测系统。六是综合运用"渗、滞、蓄、净、用、排"等工程措施和非工程措施，建设自然积存、自然渗透、自然净化的"海绵城市"；通过清淤疏浚、河塘整治等措施，打造河畅水清、岸绿景美的"美丽乡村"。七是按照确有需要、生态安全、可以持续的原则，集中力量加快建设一批全局性、战略性节水供水重大水利工程，为经济社会持续健康发展提供坚实水利支撑。

（4）科学谋划布局，着力连通江河湖库水系。实施江河湖库水系连通，是优化国土空间格局、增加水环境容量、改善水安全状况的战略举措。一是在国家层面，系统整治江河流域，同时以重要江河湖泊为基础，重要控制性水库为中枢，南水北调等重大跨流域调水工程为依托，逐步形成"四横三纵、南北调配、东西互济"的河湖水系连通总体格局。二是在区域层面，因地制宜建设必要的引调水工程和区域水网工程，加快构建布局合理、生态良好，引排得当、循环通畅，蓄泄兼筹、丰枯调剂，多源互补、调控自如的江河湖库水系连通体系。三是在工程层面，深化河湖水系连通运行管理和优化调度研究，协调好上下游、左右岸、干支流关系，科学实施调度，充分发挥江河湖库水系连通工程的综合效益。

（5）注重改革创新，着力构建水权制度体系。实行最严格的水资源管理制度，必须坚持政府和市场两手发力，发挥市场在资源配置中的决定性作用和政府的引导、监管作用，加快建立水权制度体系。一是搞好用水权初始分配。开展水域、岸线等水生态空间确权试点，分清水资源所有权、使用权及使用量，探索建立分级行使所有权的体制。推进水资源使用权确权登记，将水资源占有、使用、收益的权利落实到取用水户。二是培育水权交易市场。鼓励和引导地区间、流域间、流域上下游间、行业间、用水户间开展水权交易，探索多种形式的水权流转方式。研究制定水权交易管理办法，明确可交易水权的范围和类型、交易主体和期限、交易价格形成机制、交易平台运作规则等。逐步建立健全国家、流域、区域层面水权交易平台体系，以及水权利益诉求、纠纷调处和损害赔偿机制，维护水市场良好秩序。三是推行合同节水管理。培育一批专业化节水管理服务企业，推动企业与用户以契约形式约定节水、治污、非常规水源利用等目标，并向用户提供节水技术改造、节水产品和项目融资、运营管理维护等专业化服务，实现利益共享，促进节水减排，提高水资源利用效率和效益。

4.2.2 陕西省层面

自2012年党的十八大以来，以实施最严格水资源管理制度为标志，我国水资源管理工作迈入新的历史阶段。陕西省水资源管理工作也取得迅速发展。2013年，先后出台《陕西省人民政府关于实行最严格水资源管理制度的实施意见》《陕西省实行最严格水资源管理制度考核办法》《节水型社会建设"十二五"规划》《陕西省水土保持条例》。2014年，印发《汉江丹江流域水质保护行动方案（2014～2017年）》。2015年，出台《陕西省地下水条例》。

一是落实水功能区划，加强饮用水水源地保护。在充分考虑区域社会经济发展和水资源开发利用及保护整体要求的前提下，组织对主要河流划定水功能区，规定了各河段的使用功能和目标水质。加大对河流水质状况的监测力度，定期发布水质状况通报。将入河排污口设置审批权限下放各市区和渭河流域管理机构，健全入河排污口档案，落实属地监管责任，管理体制更加顺畅。发布重要饮用水水源地名录，开展重要水源地安全保障达标建设，加强饮用水水源地水质监测，实现了饮用水水源地水质和富营养化双达标，确保了供水安全。制定应对突发水污染事件应急预案，有效处置突发水污染事件。区域内主要河流水质进一步提升，2015年汉江、丹江、嘉陵江河流水功能区水质100%达标。

二是划红线强考核，落实最严格水资源管理。根据省政府实行最严格水资源管理制度实施意见，系统建立了省、市、县三级用水总量、用水效率和水功能区限制纳污控制指标体系，在国家4项指标的基础上增加了饮用水水源地水质达标和重点区域地下水水位达标率2项考核指标。明确了各个县区的用水总量、用水效率和退水纳污"三条红线"，将实行最严格水资源管理制度各项任务落实到各级政府，并从2013年起对各市区政府落实最严格水资源管理制度情况进行考核。严格管理以来，近1/3的项目取水方案进行了合理调整，火力发电采用空冷后节水3/4。区域内工、农业用水效率不断提高，略阳县被授予第一批"陕西省节水型社会建设示范区"称号，西安思源学院、汉江机床厂、安康汉滨区健民农业生态科技示范基地被推选为全省十大大节水示范单位，略阳钢铁厂和汉中钢铁厂在全省率先开展高耗水行业节水型企业创建。西安、宝鸡建成国家级节水型社会示范区。汉江、丹江、嘉陵江监测河长水质基本在Ⅱ类以上，陕西出境水质常年保持Ⅱ类以上的优良水质，确保了生产、生活和下游丹江口水库水质安全。

三是加快水生态治理，推进水生态文明建设。从源头防治水污染，"十二五"期间，陕南三市累计关闭污染企业240余家，停建和整顿不符合环保要求的建设项目30余个，主导产业黄姜皂素加工企业由109家减到目前的20余家。西安浐灞生态区建成西北首个"国家级水生态系统保护与修复示范区"，新增绿化面积7200亩，形成林地近29000亩，人均公共绿地面积达18.9平方米。西安市在此基础上试点建设全国水生态文明城市，从落实最严格水资源管理制度、优化配置水资源、实现水系联通、深化节水型社会建设、开展水生态保护与修复、弘扬水文化等方面实施建设。2015年初又启动眉县、柞水、西乡等5个县（区）省级水生态文明试点建设。以点带面，不断探索符合区域水资源条件和经济发展方式的水生态文明建设模式。探索建立水生态补偿机制，西安市编制完成了《黑河水源地生态补偿机制研究》报告，2015年，西安市财政向黑河饮用水源所在地周至县政府转移支付资金2.56亿元，初步建立了以财政转移支付为主的水生态补偿机制。实施渭河综合整治，打造绿色景观长廊；实施汉江综合整治，确保一江清水供北京。

秦岭水资源与水生态保护是一项综合性工作，除水利部门外，还涉及发展和改革、环境保护、国土资源、林业、农业、建设、旅游等多个主管部门。近年来，发展和改革、环境保护、国土资源等部门牵头出台多项法规、政策和规划，对秦岭水资源与水生态保护产生积极影响，经梳理主要有如下几项。

1999年，陕西省开始实施退耕还林工程，已经累计完成退耕还林任务243.7万公顷（其中退耕地还林105.5万公顷）。从2007年开始，陕西退耕还林工程重点由扩大规模转到成果巩固上。

2000年，国务院批准《陕西省天然林资源保护工程规划方案》，工程覆盖全省除西安市城三区以外的104个县（市、区），省政府下发《关于切实加强天然林保护管理工作的紧急通知》，全面停止了天然林商品性采伐。

2006年，国务院批复实施《丹江口库区及上游水污染防治和水土保持规划》。2012年，国务院批复实施《丹江口库区及上游水污染防治和水土保持"十二五"规划》，确保"十二五"期间，丹江口库区及上游地区水环境质量得到进一步改善，满足南水北调中线工程丹江口水库调水水质要求。

2007年，为保护秦岭生态环境，维护秦岭水源涵养、水土保持功能，保护生物多样性，出台《陕西省秦岭生态环境保护条例》，对在秦岭生态环境保护范围内从事植被、水资源、生物多样性保护以及开发建设等活动做了明确规定。

2011年，面对陕西南部山区频发的自然灾害，以及长期困扰地区发展的贫困问题，陕西省政府印发《陕南地区移民搬迁安置总体规划（2011~2020年）》，启动陕南地区移民搬迁安置，为期10年，投资逾千亿元，涵盖陕南三市28县240万人。

2012年，制定《陕西省2012~2015年金属非金属矿山整顿关闭工作方案》，取缔和关闭无证开采或证照不全、不具备安全生产条件和破坏生态、污染环境等各类金属非金属矿山，尤其是小矿山。

2014年，陕西省人民政府印发《汉江丹江流域水质保护行动方案（2014~2017年）》，计划到2017年底，汉江出省断面水质保持Ⅱ类，丹江出省断面水质达到Ⅱ类。两江干流各市、县（区）界断面和主要支流入干流水质稳定达到水功能区划标准。

2014年，出台《陕西省土壤环境保护和综合治理工作实施意见》，严格控制新增土壤污染，确定土壤环境保护优先区域，强化被污染土壤的环境风险管控，提升土壤环境监管能力。

2016年，根据国务院《水污染防治行动计划》，结合陕西省实际，制订并印发《陕西省水污染防治工作方案》，对控制污染物排放、推动经济社会绿色发展、加强水资源综合利用、保障水环境生态安全等方面做了具体部署。

2016年，出台《陕西省矿产资源开发"三保三治"行动计划（2016~2020年）》《关于保护秦岭生态环境进一步加强矿业权管理的意见》，明确到2020年，全省矿山总量减少35%，秦岭北麓原则上不再新立矿业权，秦岭其他地区，除优、急、稀、特矿种外，原则上不再新批探矿权。

加强自然保护区和湿地保护建设。全省林业自然保护区目前已达到48个，其中国家级19个，自然保护区总面积达到106.4万公顷，占全省面积的5.2%。位于秦岭的牛背梁国家级自然保护区加入"世界生物圈保护区"网络，长青国家级自然保护区入选首批世界自然保护联盟绿色名录。全省森林公园总数达到85处，其中国家级35处，森林公园总面积达到33.3万公顷。全省各级各类湿地类型保护区9个，国家级湿地公园达到31处，保护和恢复湿地15.24万公顷。

4.3 管理现状评估

4.3.1 总体情况

总体上，自党的十八大以来，随着国家在资源环境管控、生态文明建设方面整体工作的不断推进，包括秦岭地区在内的全省范围内，在水资源和水生态开发利用和保护方面已基本形成一套完整有效的管理体系，在这套管理体系建设过程中，水利部门发挥了主导作用，发展和改革、环境保护、国土资源、林业等部门起到了重要支撑作用，尤其是水污染防治、退耕还林等工作对水环境改善和水生态保护起到了显著效果。

在全省水资源和水生态保护工作整体推进的基础上，作为南水北调中线和关中地区重要水源地，秦岭地区相关工作也得到重点加强，包括出台《陕西省秦岭生态环境保护条例》、开展丹江口库区及上游水污染防治和水土保持、部署汉江丹江流域水质保护行动，对秦岭地区水资源和水生态保护起到重要作用。

4.3.2 存在问题

通过对相关法律法规及政策的梳理，结合实地调研情况，项目组认为秦岭地区水资源和水生态管理制度建设和具体管理工作中还存在如下问题，总结起来可以概括为"三多三少、缺合力难考核"。

（1）普适性政策多，针对性规定少。目前，专门针对秦岭地区的法律法规和政策主要就是2007年出台的《陕西省秦岭生态环境保护条例》，该条例相关条款更多还是对当时已有规定的进一步强调，较少提出基于秦岭地区特殊需求的保护目标、任务和要求等针对性规定。例如该条例"第四章水资源保护"共七项条款，除第一条（即该条例第三十一条）提出要"编制秦岭水资源保护和开发利用的专项规划"，其余各条内容如"保障江河的合理流量和湖泊、水库以及地下水的合理水位；保证饮用水水源安全；严格控制秦岭所在地重点水污染物排放总量"等基本是相关法律法规已明确规定事项。再如，陕西省在实施最严格水资源管理制度及水污染防治行动过程中，也较少针对秦岭地区进行专门的制度设计。

（2）规定目标任务多，基层专业人员少。水资源和水生态保护基层队伍建设不足应该说是一个全国性的普遍问题。随着最严格水资源管理制度和水污染防治行动等工作的推进，加上秦岭作为南水北调中线和关中地区重要水源地，水资源和水生态保护任务十分繁重，从用水总量控制、用水效率提升、水功能区保护到水源地建设、截污减排、流域综合整治均规定了诸多目标和任务，但与之对应的监测、执法等管理能力尤其是基层队伍建设明显不足。即使在县级行政区层面，"上面千条线，下面一根针"现象已十分明显。例如，县级水利（水务）局水资源管理职能往往和其他职能合并在一个科室（如水政水资源科），实际工作人员大多只有1~3人，往往需要应对供水保障、水资源监测、监督执法、宣传教育等几方面任务，加之缺乏专业知识和技能、配套资金和设备，往往造成各项制度落实不到位，部分工作容易沦为纸面管理。

（3）政府财政投入多，社会市场参与少。从目前情况看，水资源和水生态保护工作主要是政府主导。例如《丹江口库区及上游水污染防治和水土保持"十二五"规划》所包含的城镇污水处理、城镇垃圾处理、水土保持、工业点源污染防治、入河排污口整治、水环境监测能力建设、尾矿库治理等七大类项目，建设和运营基本全部依靠国家和地方财政投入，尤其是城镇污水处理厂后期运营费用给地方财政带来沉重的负担。与此同时，社会资本参与度较低，社会资本参与基础设施和公共服务仍然存在制度建设滞后、运作不规范、规模不大、覆盖面小等方面的问题，尤其在陕南三市中，污水处理领域的PPP模式还处在探索阶段。引导社会资本参与污水处理项目是缓解地方财政压力的重要途径。

（4）缺乏管理合力，责任考核难落实。陕西省政府曾于2008年成立了以省长为主任的秦岭生态环境保护委员会，其办公室设在省发展改革委，作为秦岭生态环境保护的议事协调机构和办事机构。2013年底，因机构改革，陕西省撤销了这个机构，秦岭保护工作由各部门按职责分工各司其职，各市也撤销了相应的机构，目前仅有西安市、周至县等少数几个市县保留了专门机构。从实际效果来看，《秦岭生态环境保护条例》执行主体较为分散，各职能部门没有形成管理和执法的合力，特别是在遇到一些需要有部门牵头、综合协调、齐抓共管的棘手问题时，执法主体责任难以落实。此外，地方政府及领导干部的考核办法尚需转变。目前对地方政府及领导干部的考核仍然是以经济发展为主要指标，生态环境保护所占权重较小，不利于地方政府及领导干部充分发挥工作积极性、主动性。

5. 机遇以及威胁

5.1 历史机遇

党的十八来以来，中央在新的历史条件下治国理政方略全面推进，尤其是在资源管控和生态文明建设方面的一系列重大决策部署，秦岭地区水资源和水生态保护工作正面临着难得的历史机遇。

（1）南水北调水源地保护已成为政治任务，生态环境保护的高压态势不会改变，国家重视程度会不断提高，相关投入会逐步增大。秦岭地区是南水北调中线主要水源地，秦岭南坡连同陕南巴山的地表水量，占丹江口水库入库水量的70%以上。秦岭地区的水资源和水生态系统开发、利用和保护不仅直接关系到秦岭地区的水资源与水生态安全，而且会影响南水北调中线工程涉及的中国北方河南、河北、北京、天津四省市水安全。可以预见，随着南水北调中线工程不断发挥，中国北方对南水北调中线水源的依赖程度将不断提高。习近平总书记专门作出重要指示："南水北调工程功在当代，利在千秋。希望继续坚持先节水后调水、先治污后通水、先环保后用水的原则，加强运行管理，深化水质保护，强抓节约用水，保障移民发展。"因此，基于我国北方水安全保障的需要，国家对秦岭地区保护的力度会不断加大。

（2）随着引汉济渭等水资源配置工程的通水，该地区对关中地区水安全的重要性会极大增强，省内地位将不断提高。秦岭北麓有63条河流汇入渭河，占关中水资源总量的61%，是西安、咸阳、宝鸡、渭南等城市水源地，形成了"八水绕长安"盛景。随着陕西省内秦岭南水北调工程如引渭济黑、引乾济石、引红济石、引汉济渭等陆续建成，至2030年，秦岭南坡向关中地区年调水量可达32亿立方米，仅秦岭提供水资源量将达到关中地区水资源总量（含引调水量）的68%，对改善陕西全省水资源配置格局，支撑关中地区社会经济可持续发展将起到极为重要的作用。因此，秦岭地区水资源涵养和保护工作也将在陕西省议事日程中占据极为重要的地位。

（3）国家生态文明建设深入开展，对水生态补偿体制机制建立将起到极大推动作用。目前，水生态补偿问题是秦岭地区水源保护工作持续推进的一个焦点性问题。构建责权利相协调的水生态补偿体制机制仍将是一个需要长期持续推进的工作。较为有利的是，完善生态补偿机制已成为国家生态文明建设的一项核心任务。2015年9月，中共中央、国务院印发的《生态文明体制改革总体方案》明确提出，到2020年，要构建反映市场供求和资源稀缺程度、体现自然价值和代际补偿的资源有偿使用和生态补偿制度，着力解决自然资源及其产品价格偏低、生产开发成本低于社会成本、保护生态得不到合理回报等问题。同时，《生态文明体制改革总体方案》对完善生态补偿机制做出了制定横向生态补偿机制办法，鼓励各地区开展生态补偿试点等具体部署。国家对生态补偿制度的顶层设计和整体部署对于秦岭地区的水生态补偿工作将起到极为积极的推进作用。

（4）水权制度、水资源承载力监测预警机制、水资源督查制度、水资源资产核算、水效领跑者、合同节水等一系列涉水改革将带来积极影响。党的十八届三中全会作出全面深化改革的重大战略部署，涉及党和国家事业发展的各个领域，涉水改革同样正处于全面深化阶段。水资源管理方面，除了实施最严格水资源管理制度，还要实行水资源督查制度、水资源资产核算制度、责任追究制度，健全水资源节约集约使用制度，推进水效领跑者、合同节水，强化节水市场准入标准。水环境保护方面，要划定水生态保护红线，建立水资源承载能力监测预警机制，对水源超载区域实行限制性措施。水生态修复方面，要调整地下水严重超采区耕地用途，实现河湖休养生息。水价改革方面，要加快水资源及其产品价格改革，全面反映市场供求、资源稀缺程度、生态环境损害成本和修复效益。水权交易方面，要健全水资源资产产权制度和用途管制制度，对水流等自然生态空间进行统一确权登记，形成水资源资产产权制度，推行排污权、水权交易制度。

5.2 主要威胁

秦岭地区水资源和水生态系统所面临的威胁既有气候变化等自然因素，也有污染源源强加大等人为因素。归结起来，主要是以下几个方面。

5.2.1 水资源方面

（1）气候及下垫面变化导致的降雨径流变化，伴生的水资源量衰减问题。如前所述，从现有研究结果看，秦岭南北麓流域径流量都呈下降趋势，秦岭北麓流域的下降趋势更为明显。降雨减少是径流减少的主要原因，人为因素以及下垫面的变化都对径流量有不同程度的影响。由于水资源衰减的不可控性，必须要主动控制经济社会需水规模，适应水资源条件的变化。

（2）秦岭地区多个引调水工程的分头规划与实施的问题。目前，秦岭地区引调水工程众多，包括引汉济渭、引渭济黑、引乾济石、引红济石等秦岭南水北调工程以及黑河引水、引嘉济汉等引调水工程。诸多引调水工程的分头规划与实施将带来水源区与受水区用水矛盾加剧的风险，需要加强水资源统一调度。

5.2.2 水环境方面

（1）区内经济相对落后，发展需求将导致水污染源源强加大，高治理成本可能制约环境改善。秦岭区内经济相对落后，尤其是秦岭南部地区是全国集中连片的贫困地区之一，例如商洛市7县区均为国定贫困县。经济发展仍是当地现阶段的首要任务和现实需求。但综合来看，当地除旅游资源、矿产资源和劳动力成本尚具一定比较优势外，地理位置、基础设施、人才资源、技术装备、政策环境均处在相对劣势地位，发展高端产业几乎没有机会。在此背景下，地方发展高污染高消耗的低端产业的需求始终存在，随着产业规模扩大，水污染源源强将加大，同时高治理成本很可能是地方经济难以承受的，水环境改善将面临较大制约。

（2）随着旅游等产业发展，水污染源将呈现出面大、点散的趋势，加大治理难度。秦岭地区是我国自然生态旅游资源最丰富、特色最突出的地区之一，旅游资源丰富，旅游业已成为近年来秦岭地区国民经济的重要支柱产业。以汉中市为例，2015年，全市接待游客2915万人次，实现旅游总收入152.8亿元，分别是2010年的2.4倍和3.1倍，旅游业总收入相当于全市GDP比重达到14.3%。旅游业作为循环经济产业，是秦岭地区最有条件、最有可能率先突破发展的产业之一，未来仍将保持高速增长态势。从旅游特点看，秦岭地区主要是山水风光休闲度假游，旅游点相对分散，位于远离中心城市的山区，农家乐、民俗村、古村镇等旅游形式发展迅速。水污染源将呈现出面大、点散的趋势，无论是污水处理设施建设运营及监督管理难度均会增大。

（3）受多种因素影响，突发水污染事件的威胁难以完全消除。我国突发性水污染事故主要是由水、陆交通事故，企业排放和生产事故等造成的，其特点表现为不确定性、扩散性、长期性和危害性。我国水污染事故已进入高发期。据国家环保总局调查，全国总投资近1.02万亿元的7555个化工石化建设项目中，81%布设在江河水域、人口密集区等环境敏感区域，45%为重大风险源。值得注意的是，随着陕西秦岭地区大量高污染企业的关停，当地的致险因素在不断减少，但由于水的流动性，来自于秦岭地区之外的威胁也不容忽视。例如，2015年12月，甘肃省陇南市西和县陇星锑业有限责任公司尾矿库发生尾砂泄漏，造成嘉陵江一级支流西汉水陕西段锑浓度超标。总体上，突发水污染事件的发生往往是难以预料和预测的，是必须学会与之共存的环境风险事件。

5.2.3　水生态方面

（1）大规模引调水带来对水生态环境的潜在影响。从已有研究成果来看，大型跨流域调水工程存在着复杂且具有不确定性的生态风险。秦岭地区大规模的引调水工程，在缓解中线工程沿线受水区以陕西关中地区经济社会发展与水资源供需矛盾的同时，也加剧了取水流域河道内用水的供需矛盾，对流域内生态环境状况造成一定的不利影响。20世纪90年代以来，汉江中下游已经发生了几次大范围比较严重的"水华"事件。引汉济渭工程调水后，将导致汉江中下游水环境容量减少4%，加上中线工程调水后水环境容量减少26%，大大增加了汉江"水华"发生的概率，同时对整个生态系统也将造成一定影响。因此，秦岭地区大规模引调水对水生态环境的潜在影响是一个需要长期监测的过程。

（2）以水体和水面为载体的产业发展对沟道生态系统的影响。秦岭地区旅游业发展迅速，山水风光是秦岭的主要旅游资源，其中河流水系出山峪口一直是秦岭地区旅游业的发展重点，但由于入河垃圾和污废水排放日益增多，导致部分河道淤积、水质恶化，使流域生态环境遭受严重威胁。同时，峪口拦水坝建设较为普遍，其蓄水作用使得峪口旅游质量提高，但一定程度上改变了水流流态，影响了河流生态系统。此外，为提升景观水平，秦岭地区城镇蓄水截留现象也较为普遍，对相关河流生态系统造成不利影响。

（3）城镇化与产业发展增加取水与耗水对生态系统的影响。2010年以来，秦岭地区用水量增长显著，年用水量年递增率1.72%，工业、居民生活和生态环境用水增幅明显。根据《陕西省新型城镇化规划（2014~2020年）》，陕西2013年城镇化率为51.31%，未来要保持高于全国平均水平的城镇化增长速度，2020年达到65%以上，尤其是秦岭地区当前城镇化水平较低，未来将保持较高增长速度。随着当地城镇化、产业发展及生态环境建设，在较长时期，秦岭地区取耗水总量仍将保持增长态势，可能会对生态系统造成不利影响。

6. 综合管理建议

秦岭地区尤其是南部地区社会经济落后，当地发展和保护相协调的问题较为突出。从长期来看，秦岭地区仍属于低社会经济发展水平的限制型生态环境保护。秦岭地区综合管理的根本出发点还是处理好发展和保护的关系。基于此出发点，秦岭地区需要构建具有区位特色的秦岭水生态文明发展模式，在确保一江清水供京津的基础上，实现当地经济社会的持续发展。主要目标包括：最严格水资源管理制度、水污染防治行动计划全面落实，节水社会深入推进，水生态补偿体制机制逐步完善，形成与当地水资源条件相匹配的节约循环型产业结构和布局；汉江、嘉陵江、洛河保持优良水质，渭河水质持续改善，中小河流生态水平不断提升，富有地域人文特色的亲水景观和滨水空间有序分布；推动秦岭山水文化创新，形成秦岭山水文化品牌，水生态文明建设理念深入人心，融入经济社会发展全过程。

围绕秦岭水生态文明建设的总体目标，结合当前水资源与水生态系统管理现状，提出今后一段时期秦岭水资源与水生态系统综合管理建议。

6.1 六项重点工作

（1）监测评估体系及管理能力建设。健全水资源、水环境、水生态的监测、监控和分析评估体系，完善中小河流水文监测系统，建设陕西省水资源质量分析评价系统。开展重要江河水功能区监测和城市供水饮用水水源地监测评价，构建典型排污口及支流口水量水质同步监测评估体系，推进重点水功能区确界立碑工作。健全应急监测预警体系，提升突发水污染事件应急处置能力。加强基层管理队伍建设，加大资金保障力度。

（2）水源地保护区划及配套政策措施完善。推进水源地保护区划定工作，组织制定秦岭水资源保护规划和饮用水源地（含应急、备用水源地）建设规划，实施重点水源地保护工程，加大南水北调中线工程水源涵养地、城乡水源地保护力度。完善配套政策，包括针对秦岭地区无序采矿问题，划定禁止采矿区，组织研究和实施有利于水源地环境保护的财政政策；指导督促各级水源地建立（省内）生态补偿机制，通过财政转移支付、受益者承担、社会捐助等方式方法筹措资金，设立饮用水源保护生态补偿资金。

（3）受水区节水工程改造及技术升级。落实节水优先治水方针，以关中地区为重点推进节水工程改造及技术升级，包括关中大型灌区续建配套与节水改造、节水型社会重点县和节水示范园区建设等，努力建成一批技术新、规模大、节水效果明显和综合效益显著的节水示范园区。以西安、宝鸡、咸阳等大、中型城市为重点，加大再生水利用力度，完善再生水利用设施，工业聚集区要铺设再生水利用管网，工业生产、城市杂用以及生态景观等须优先使用再生水。

（4）水污染治理基础设施及运行保障。秦岭地区水污染治理基础设施的重点主要是三方面：一是要加强配套污水收集管网建设，全面提升污水管网收集率；二是推进雨污分流建设，不断扩大雨污分流管网范围；三是以农家乐为重点，推广庭院式污水处理设备、人工湿地等投资少、运行管理方便、费用低的小型分散式处理设施。加强污水处理厂运行保障，探索引入服务外包、运营维护外包或租赁等多种PPP模式，让社会资本和专业公司参与污水处理。

（5）中小型沟道生态保护与修复。在对中小型沟道进行梳理时依照尊重自然、保护为主的原则。试点建设要充分尊重区域水资源和水系的自然分布及其演化规律，坚持走保护为主的建设路子，强化对自然水生态系统完整性和健康状况的维护，切实发挥水生态系统的自我平衡和修复功能，科学论证水循环调控行为和工程建设的生态环境影响，努力降低水事活动对水生态系统的扰动。

（6）产业升级与绿色产业发展。调整现有的不利于生态保护的经济结构，发展特色农业和其他绿色产业，如观光农业、林业、果业、畜牧业及特色养殖种植业和特色手工业、农林产品加工业、园艺绿化业等；限制和改造工业、矿业及采石业，使第二、第三产业由高污染、高耗水型向环境友好型转化；大力推广循环经济发展模式，在当地构架以绿色产业为主要内容，各产业在资源上依次或循环利用，产业相互补充、配套的生态经济模式。

6.2 相关政策建议

6.2.1 水资源方面

（1）建立水资源衰减评估与适应机制，科学认知和顺应规律。对秦岭地区水资源衰减规律及影响开展长期性的系统评估，在此基础上，科学确定水资源承载能力及变化趋势，强化用水需求管理，以水定产、以水定城。建立水资源衰减适应机制，包括加强城市备用水源地和应急供水设施建设，提高城市应对高温、干旱缺水的能力；建立城市水循环利用体系，充分利用河道、湖泊和绿地等生态系统对水资源的调蓄能力；强化地下水涵养与保护；积极发展再生水、雨水等非常规水源利用。

（2）落实最严格水资源管理制度，全面建设节水型社会。牢固树立底线思维，实行水资源消耗总量和强度双控行动，强化水资源管理"三条红线"刚性约束。建立水资源承载能力监测预警机制，把水资源承载能力作为区域发展、城市建设和产业布局的重要条件，对超出红线指标的地区实行区域限批。把节约用水贯穿于经济社会发展和生活生产全过程，健全节水技术标准体系，制定用水产品、重点用水行业、城市节水等方面的领跑者指标，开展水效领跑者行动，带动全社会向领跑者学习。

（3）实现水资源优化配置，跨区域调水科学评估与实施机制。对秦岭南北坡地表水、地下水、外调水、非常规水等水资源进行统筹配置，充分发挥政府的宏观调控和市场机制的优化配置作用，提高水资源利用的效率与效益。从经济效益、社会效益和生态效益等多方面进行跨区域调水科学评估，统筹兼顾调出和调入流域的用水需要，建立秦岭南水北调工程统一调度机制。

6.2.2　水环境方面

（1）落实"水十条"，明确细化指标和方案。根据国务院《水污染防治行动计划》，结合秦岭地区水资源、水环境和水生态保护需求，明确细化相关指标和方案，包括明确汉江、丹江、嘉陵江、洛河干流和支流所有断面水质控制指标及分阶段目标，分解水污染物总量减排任务，建立以行政区域为单元的水资源承载能力监测评价体系。

（2）废污水处理设施技术标准与良性运行机制建设。合理确定包括小型分散式处理设施在内的污水处理设施建设标准，并制定污水处理设施建设和改造年度计划。研究建立城市污水处理设施良性运行机制，鼓励采取特许经营、政府购买服务等多种形式，吸引社会资金参与投资、建设和运营污水处理设施。研究建立村镇小型分散式处理设施良性运行机制，可按照集中捆绑、连片治理的理念，将新建项目采用同一处理技术，建立区域化运营控制平台，发挥集约化项目群的优势，解决运营资金、人才短缺的难题。

（3）强化源头减排，绿色产业扶持发展政策。严格环境准入政策。根据流域水质目标和主体功能区规划要求，制定区域环境准入条件，细化秦岭功能分区，实施差别化环境准入政策。关中地区需严格控制新建、扩建化学制浆造纸、化工、印染、果汁和淀粉加工等高耗水、高污染项目；陕南地区需严格控制新建、扩建黄姜皂素生产、化学制浆造纸、果汁加工、电镀、印染等高耗水、高污染行业。在充分发挥市场配置资源的基础性作用的同时，进一步加大政策支持力度，制定相应的财税、金融、投资、价格、资源等扶持政策，推进绿色产业发展。

6.2.3　水生态方面

（1）制定水生态健康评价技术规范及标准。秦岭地区南北坡河流水系生态特征和主导生态功能具有显著区别，需参考国家相关标准和指南，基于秦岭不同河流水系生境、生物、水环境及其服务功能和人类活动影响等要素，提出能充分体现其生态特征和主导生态功能的水生态健康评价内容和指标，制定秦岭水生态健康评价技术规范。结合秦岭地区水生态保护目标和社会经济发展状况，选择合理阈值，提出水生态健康评价标准。

（2）构建与国家公园相适应的河湖管理机制。国家公园建设及管理制度构建在我国尚属于探索阶段。对于秦岭国家公园，河流水系是其核心自然资源之一，如何将现行河湖管理机制与秦岭国家公园整体管理制度对接是一个需要深入研究的课题。但有几方面要求可以明确：一是要按照分级管理原则，层层落实河湖管护主体、责任和经费，特别是明确县级以下的基层河湖管理责任主体，实现河湖管理的全覆盖；二是鼓励各地推行政府行政首长负责的"河长制"，对河湖的生命健康负总责；三是积极引入市场机制，凡是适合市场、社会组织承担的管护任务，可通过合同、委托等方式向社会购买公共服务。

（3）义务与利益统一的长效水生态补偿机制建设。构建长效水生态补偿机制是处理好秦岭地区发展和保护的关系的核心环节。要按照《生态文明体制改革总体方案》的总体要求，探索建立多元化补偿机制，逐步增加对重点生态功能区转移支付，完善生态保护成效与资金分配挂钩的激励约束机制。推动国家制定南水北调中线横向生态补偿机制办法，以地方补偿为主，中央财政给予支持。可以将引汉济渭等工程覆盖范围作为试点，开展陕西省内跨地区生态补偿试点。结合南水北调中线水源地整体水生态补偿需求，本报告提出了推进秦岭地区水生态补偿的建议（见附件）。

6.2.4 综合性建议

（1）开展主体功能区划框架下的水生态环境综合区划。水生态环境是以河流、湖泊、水库水域及滨河滨湖湿地等组成的生态系统为核心，包括周边一定辐射范围陆域的综合生态环境系统。我国现有的水环境功能区划和水功能区划缺乏陆域生态系统物质循环对水域环境质量影响的综合考虑，很难对陆域生态系统的非点源污染等进行有效管理与控制。开展水生态环境综合区划可以对具有同样生态特征和资源属性的水体进行统一管理，并制定相应的管理标准，确定监测的参考条件及恢复目标，采取切实可行的管理对策和恢复措施。

（2）清洁、生态、海绵型流域建设。以流域水循环多过程为主线，充分发挥流域对水循环的天然调节作用，规范人类水土资源开发活动，减少对自然水循环的扰动，系统布局地表灰色基础设施与绿色基础设施，建设土壤水库和地下水库，融合现代信息技术的新进展，实现地表—土壤—地下多过程，水量—泥沙—水生态的联合调控，最大限度地实现"去极值化"。

（3）以设立国家公园为契机，逐步强化综合协调机制。以设立秦岭国家公园为契机，强化综合协调机制。从水资源管理情况来看，秦岭地区作为水源区的任务极为重要，综合管理体制以稳妥推进为宜。现阶段仍建议在现有管理体制的基础上，成立省、市、县三级秦岭生态环境保护委员会，作为秦岭生态环境保护的议事协调机构和办事机构。未来可在秦岭国家公园的整体管理体制建设过程中，综合统筹管理秦岭地区河流水系、森林、地质和人文资源，突破原有部门的职能分割。

（4）引导社会广泛参与，凝聚各方力量。多层次、多形式、全方位地宣传秦岭地区生态环境保护，引导社会各界献计出力、广泛参与。建立社会和媒体监督制度，积极完善公众参与机制，凝聚各方力量，形成全社会人人关心、支持、参与、推进秦岭地区生态环境保护的良好氛围，共同创建美丽秦岭。

参考文献

[1] 刘胤汉. 秦岭水文地理. 西安：陕西人民出版社，1983
[2] 陕西省水资源手册. 陕西省水资源管理办公室，2014
[3] 刘宏斌. 西安湿地. 西安：三秦出版社，2010
[4] 陕西渭南华州区发现野生秦岭细鳞鲑. http: //mmt.sohu.com/20150929/n422374046.shtml

[5] 马瑞婷.秦岭北麓典型流域年径流序列的突变分析.水资源与水工程学报，2016（2）
[6] 景来红.引汉济渭工程对解决渭河流域缺水及生态环境问题的作用[J].中国水利，2015（14）
[7] 杜耘等.南水北调中线工程对汉江中下游生态环境的影响与对策.科技与社会，2005（6）
[8] 杨永德等.西部地区发展旅游业对生态环境影响的思考.经济与社会发展，2003（8）
[9] 丁东华.陕西水资源管理的实践与思考.陕西水利，2009（6）
[10] 刘伦芳，罗建华.陕西省水资源管理法规政策研究.陕西水利，2015（4）

附件4-1　推进秦岭地区水生态补偿的政策建议

完善生态补偿机制已成为国家生态文明建设的一项核心任务。2015年9月，中共中央、国务院印发的《生态文明体制改革总体方案》明确提出，到2020年，要构建反映市场供求和资源稀缺程度、体现自然价值和代际补偿的资源有偿使用和生态补偿制度。但总体来说，我国水生态补偿工作仍处于探索阶段，还存在大江大河流域水生态补偿的主体与对象界定模糊、水生态补偿理念有待明确和进一步提升等问题。在国家水生态补偿工作整体推进的基础上，对秦岭地区水生态补偿提出如下政策建议。

（1）将秦岭地区列为国家水生态补偿试点地区。将秦岭地区或南水北调中线水源区列为国家水生态补偿试点区或实验区，先行先试，探索调水工程水源源头区水生态持续保护的新路子，一方面可以进一步完善秦岭地区生态补偿体系，还可为调水工程水生态补偿摸索经验。

（2）将水生态补偿作为秦岭地区生态补偿的重要内容。鉴于秦岭地区水生态系统的重要地位、水生态系统和陆面生态系统保护路径上的差别，以及缺乏基于水生态系统保护与修复的整体设计，急需构建水生态补偿机制，完善秦岭地区生态补偿体系，更好地保护秦岭地区。

（3）按照人地补偿与人际补偿相结合的原则构建两级水生态补偿体系。秦岭地区是水生态补偿的第一对象和核心区域，是秦岭地区水生态保护人地补偿的靶区；但陕西省作为秦岭地区水生态保护的组织实施主体，全面支撑秦岭地区的水生态保护，承接秦岭地区水生态保护带来的发展压力，是秦岭地区生态保护的影响区，理应考虑其付出和机会损失，作为人际补偿的对象，构建"秦岭地区+陕西省"两级补偿口径。

（4）在中央层面设立"秦岭地区水生态补偿"专项。国家在中央层面设立"秦岭地区（或南水北调水源区）水生态补偿"专项，专门用于秦岭地区及其保护实施主体地区的水资源节约、保护和管理等相关工作。明确受益者和保护者的权责，建立目标任务年度考核机制，切实保障水生态补偿的实施效果。

（5）大力推进以水基本公共服务均等化为目标的国家补偿机制。十八大报告指出到2020年"基本公共服务均等化总体实现"。水基本公共服务是基本公共服务的重要组成，将水基本公共服务均等化融入水生态补偿制度建设中，弥补秦岭地区水生态保护损失的机会收益。

（6）建设秦岭国家公园。把秦岭地区水生态保护提升到更高层次，建设秦岭国家公园，由地方政府负责建设保护，中央政府成立专门的机构进行考核、监督国家公园的保护情况。

专题报告五
秦岭生态系统对气候变化的响应研究

专题负责人：游松财

摘 要

IPCC第四次评估报告指出,过去100年来全球地表温度升高0.74℃,未来100年全球气温将升高1.1~6.4℃。近百年来,特别是近50多年来,中国气候变化极为明显:20世纪80年代中期以后,气温增加了1.1℃,其中秋季和冬季升温幅度最大。

(1)秦岭地区气候。秦岭地区年均降水量600~1200毫米,降水变率大,季节分配不均匀,汛期6~9月的降雨量占全年降雨量的60%左右。1959~2009年50年间,年降水量呈不明显的减少趋势;北坡地区年降水量呈微弱的增加趋势,导致南北降水量差值减少;年平均气温总体趋势为逐步上升,秦岭以北变暖程度超过秦岭以南。

(2)生态系统的变化。

① 林地面积。1980~1995年间,秦岭有林地覆被面积有减少趋势,自1995~2015年近20年的时间,其覆被面积逐年递增。灌木林地的覆被面积变化,也是以1995年作为分水岭,前15年呈现逐年递增的变化情况,而后20年的覆被面积变化幅度较小,但整体呈现下降趋势。疏林地的面积变化较小,自1980~2015年的面积变化幅度较小。

② 森林生态系统服务价值。1984~2014年,秦岭生态系统总服务价值逐年增长,森林生态系统服务价值的贡献率为93.8%,水域和草地的贡献率分别为1.6%和1.3%;调节服务价值对生态系统总服务价值的贡献最大(62.7%~65.8%),而气候调节服务价值变化最大。

③ 湿地生态系统。根据近35年的LUCC分析数据显示,秦岭地区河流和湖泊面积有变小的趋势,滩地的面积有所增加,沼泽地面积明显减少,水库面积2015年与1980年相比增加了近1.5倍。

(3)秦岭生态系统生产力对气候变化的响应。

① 对GPP及WUE的影响。在RCP2.6、RCP4.5、RCP6.0和RCP8.5四种未来典型气候变化情景下,秦岭地区2006~2100年间秦岭南北多年平均植被净初级生产力(GPP)由北向南逐步上升,植被水分利用效率(WUE)由南向北递减。由于受气温升高等气候环境因素影响,森林火灾发生频率增高。

② 农业种植制度变化研究。由于秦岭的存在,位于秦岭南坡的两熟制边界将不会北扩,但热量资源的增加,将使得秦岭地区可选择晚熟的农作品种,无论南坡还是北坡。

（4）气候变化/极端气候对秦岭生态系统的影响与响应。

① 对大熊猫生境的影响。气候变化将使大熊猫目前适宜分布范围减小。在垂直方向上，由于气温上升，大熊猫的分布区将向高海拔地区拓展，在水平变化上，目前适宜分布区的东部、东北和南部一些适宜范围将不再适宜，新适宜分布区将主要向目前适宜分布区西部一些区域扩展。气候变化将导致栖息地碎裂的程度增加近四倍，11.4%的现有栖息地的面积将小于灭绝阈值面积。

② 对朱鹮生境的影响。气候变化对朱鹮在秦岭的分布区域可能会有所影响，但不至于有重大影响乃至造成朱鹮的灭绝。劳动力外出以及移民、化肥及农药使用量减少、薪柴采集量的减少，有利于秦岭地区朱鹮种群的恢复，但移民导致山区中的稻田消失将对朱鹮有潜在的不利影响。

③ 对金丝猴生境的影响。金丝猴具有广泛的温度与降水适应范围。虽然存在栖息地破碎化的威胁，气候变化对秦岭地区金丝猴的分布影响较轻，但金丝猴对极端性天气条件的适应能力较低，极端天气事件将导致食物供应匮乏。

④ 对羚牛生境的影响。羚牛的地理分布区域表明羚牛具有广泛的气候适应性，气候变化对秦岭地区羚牛的分布影响程度低。但极端性天气事件增加是气候变化的特征之一，高温将限制秦岭羚牛的活动区域。

（5）气候变化/极端气候与灾害。

① 干旱灾害。秦岭南北干旱成片出现，按照干旱出现的频数看，渭北、关中东部和关中西北较多，安康、商洛、汉中盆地相对较少；从季节分布看，夏旱出现频数最多，占全年干旱频数的38%，其次是春旱，占32%，冬旱占17%，秋旱占13%。持续时间较长的干旱以冬春连旱最多，其次是春夏连旱，夏秋连旱较少。秦岭南北年极端干旱频数有略微上升趋势，且陕南地区的年极端干旱频数的上升幅度相对关中地区略大。

② 洪涝、暴雨灾害。秦岭南北每年都不同程度地发生因暴雨、连阴雨形成的洪涝灾害。汉江上游、渭河处于华西秋雨核心区，极易形成严重的洪涝灾害。暴雨相对集中区在陕南大巴山、米仓山区、汉江河谷、秦岭山区及渭北旱源地区。

③ 霜冻灾害。关中地区霜冻灾害主要是春季晚霜冻和秋季早霜冻。春霜冻主要危害水稻育秧和越冬油菜等，秋霜冻主要危害秋粮作物的正常成熟和产量品质。

④ 冰雹灾害。陕南除秦岭高山区外，冰雹较少。

（6）秦岭地区应对气候变化的生态系统管理对策与建议。开展秦岭地区气候资源普查、评估气候资源的承载能力，在此基础上根据社会发展和需求进行气候资源综合区划工作；建立秦岭地区气候资源监测评估体系，研究气候资源未来演化趋势及其对环境、生态和社会经济系统的影响；推广气候资源的开发利用技术，特别是对太阳能和风能等气候能源的利用。加强气候灾害风险对策研究。

1. 研究区域概况

1.1 地理范围

广义上的秦岭是横贯中国中部的东西走向山脉。西起甘肃省临潭县北部的白石山，向东经天水南部的麦积山进入陕西。在陕西与河南交界处分为三支：北支为崤山，余脉沿黄河南岸向东延伸，通称邙山；中支为熊耳山；南支为伏牛山。长约1600多公里，为黄河支流渭河与长江支流嘉陵江、汉水的分水岭。由于秦岭南北的温度、气候、地形均呈现差异性变化，因而秦岭—淮河一线成为中国地理上最重要的南北分界线。

狭义的秦岭位于陕西省南部、渭河与汉江之间的山地，东以灞河与丹江河谷为界，西止于嘉陵江。本研究的秦岭地区，其地理范围包括狭义的秦岭、渭河为界至秦岭北坡山前的平原以及南部的巴山山地，图5-1为研究区域的行政范围，图5-2的海拔高程三维图清晰地显示了秦岭北坡至渭河之间的山前平原、汉中盆地以及秦岭高海拔山地。

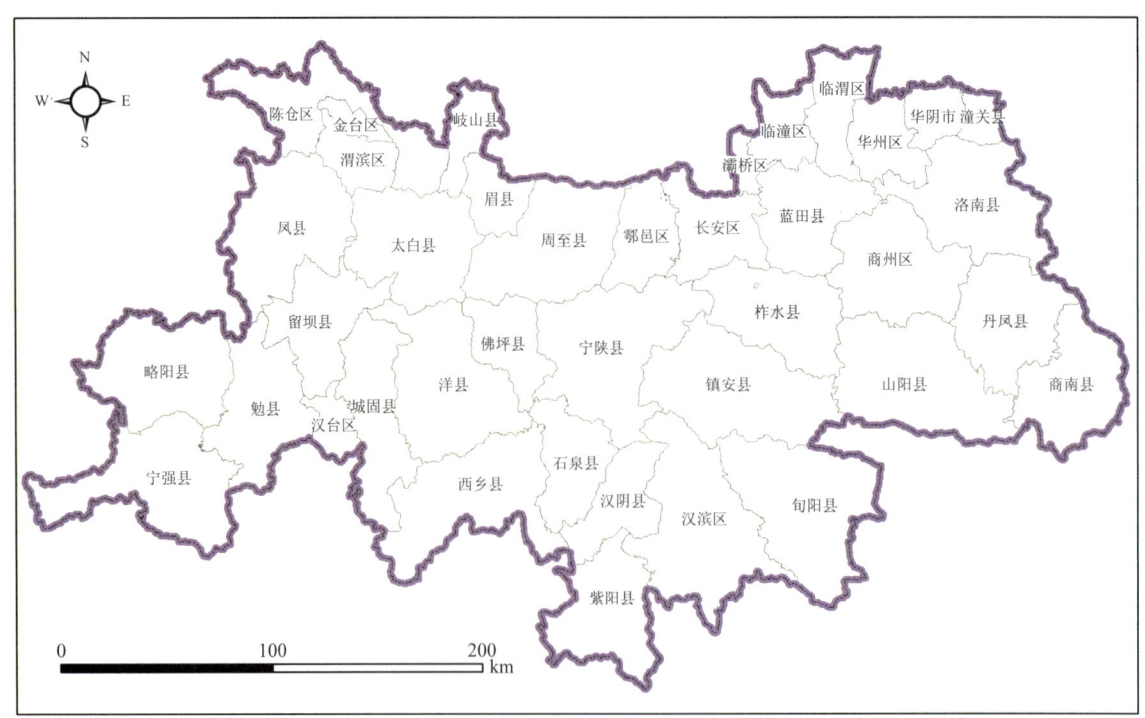

图5-1 秦岭地区行政边界范围

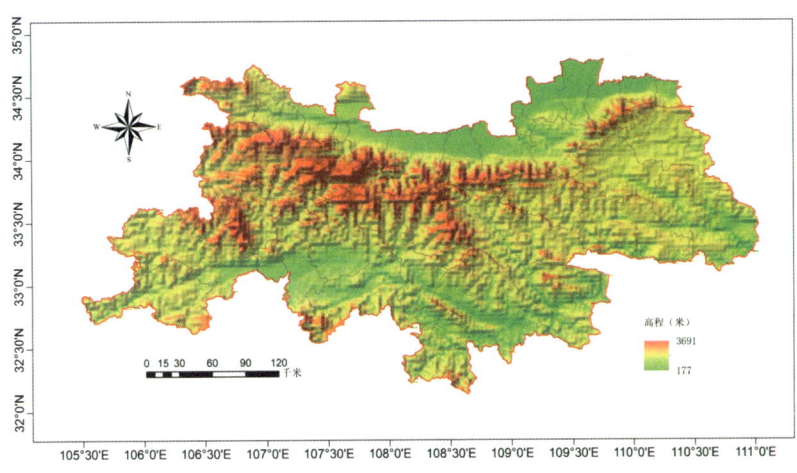

图5-2 秦岭地区地势地貌图

1.2 人口状况

由于人类进行的各种生产活动对生态环境所产生的胁迫因子通过一系列错综复杂的交互作用，共同影响区域生态系统的健康。人口是生态系统评估的一个重要因素，尤其在气候变化情境下。而陕西省以异地搬迁定居为主的扶贫方式对秦岭地区人口的空间分布格局产生重大影响，进而影响秦岭不同地区的环境负荷。秦岭地区共38个县（市），面积80195.9平方千米，人口1511.86万。平均每平方千米189人，其中周至县、汉阴县、勉县、洛南县、紫阳县、丹凤县、旬阳县、洋县、山阳县、石泉县、西乡县等11个县人口密度为100～200人/平方千米。商南县、宁强县、镇安县、略阳县、柞水县等5个县为50～100人/平方千米，凤县、佛坪县、留坝县、宁陕县、太白县等5县低于50人/平方千米。大部分低人口密度县位于秦岭地区中部的山地及巴山山地。

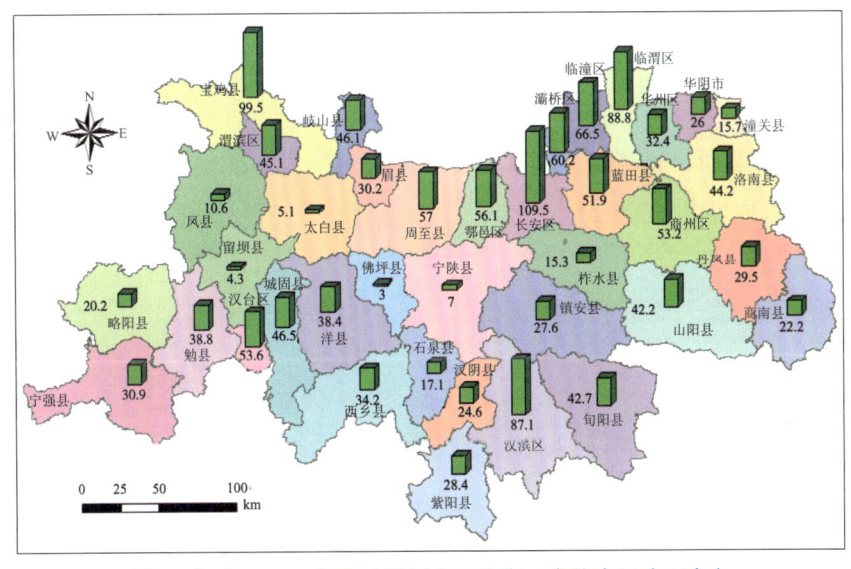

图5-3（a） 2013年秦岭地区人口分布：常住人口（万人）

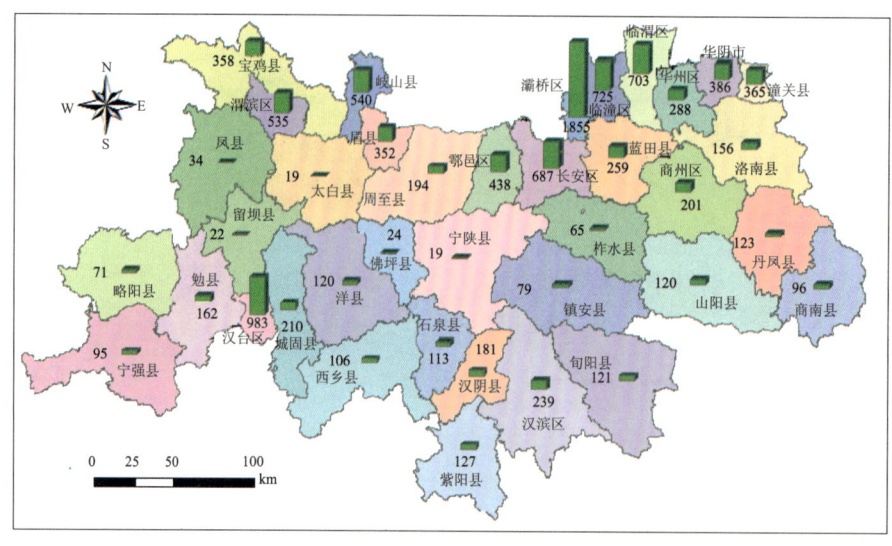

图5-3（b） 2013年秦岭地区人口分布：密度（万人/平方千米）

2. 秦岭地区气候变化研究

作为人类赖以生存的自然环境和自然资源的一个重要组成部分，气候的任何变化都会对生态系统、社会经济以及人们的日常生活产生重大的影响，而其负面影响越来越受到社会的关注。全球变化是由千差万别的区域变化构成的，在全球气候变化研究中，脆弱生态区和自然地理区域过渡地带的区域响应是研究重点之一。这些地区由于抵抗外部干扰的能力差，对环境的改变更为敏感。秦岭作为中国气候的分界线，是典型的自然地理区域过渡地带，生态环境脆弱，对气候变化敏感。

秦岭是我国东西走向的山脉，其中段主干在陕西境内，横亘于渭河与汉江之间，东西长400～500千米，南北宽120～280千米。海拔高度一般在1500～3000米之间，太白山是秦岭的主峰，海拔达3767.2米。该区地处暖温带与北亚热带过渡区，是中国气候上的南北分界线，以北属暖温带湿润、半湿润气候，以南属北亚热带湿润气候。2000米以上中高山地区，冬长寒冷，春夏秋三季不分明；中山以下地区春夏秋冬四季的气候具有干湿冷暖分明、干冷和湿暖同季的特征。

2.1 秦岭地区气候

2.1.1 降水

据郭兆夏等（2010）年分析，1971～2000年30年间，秦岭地区年均降水量600～1200毫米，降水变率大,季节分配不均匀,汛期6～9月的降雨量占全年降雨量的60%左右。从南往北呈明显的逐步减少趋势。陕南的米苍山、大巴山区海拔1300～2500米的地区,年降水为1100～1700毫米,为陕西省年降水最多的区域,其中大巴山高山地区年降水超过1400毫米;汉江河谷地区海拔多为300～600米,年降水为800～1000毫米;秦岭南坡海拔1300～3500米,年降水大多为850～1050毫米,而秦岭的太白山区年降水仅次于大巴山区为950～1100毫米,为陕西第二个降水高值区。秦岭以北的关中地区年降水为550毫米左右。高翔(2012)用1959～2009年50年的数据分析,呈现出同样的趋势,按大小排序为巴巫谷地(1080.24毫米)>汉水流域(897.41毫米)>秦岭南坡(764.94毫米)>秦岭以北(590.43毫米)。

2.1.2 温度

近50年来,≥10℃的年积温3700～4900℃,无霜期200～250天。秦岭北麓平均气温为13.76℃,年温差为25℃,冬季均温为-0.15℃;南麓平均气温为14.48℃,年温差为21.98℃,冬季均温为3.11℃,明显高于北麓。

2.1.3 气候区划

按陕西气候区划,陕西共划分为四个气候带。秦岭地区分布于南暖温带(Ⅲ)及北亚热带(Ⅳ)。

南暖温带(Ⅲ):北接北暖温带的南界,南到秦岭以南,从商南北部向西经山阳县南部,汉阳县北部,宁陕、佛坪、留坝、略阳等县南部到省界。包括渭河平原和秦岭山地。根据干湿状况再划分为:①秦岭山地湿润气候区(Ⅲa),本区北界在秦岭山地北麓,并包括陇山。②关中渭河平原半湿润气候区(Ⅲb1),本区属森林草原地带,为落叶阔叶林和农田。③商洛丹江河谷盆地半湿润气候区(Ⅲb2),本区位于秦岭南坡东段的丹江流域,是秦岭森林区的部分。

北亚热带(Ⅳ):北亚热带北界与南暖温带连接,南界到陕西四川两省省界,包括秦岭山地南坡海拔800米以下的地区,汉江河谷和大巴山地的全部。根据干湿状况再划分为两个区:汉中—安康汉江河谷盆地湿润气候区(Ⅳa)和米仓山—大巴山地过湿润气候区(Ⅳb)。

2.2 水热资源变化分析

IPCC第四次评估报告指出,过去100年来全球地表温度升高0.74℃,变暖幅度自20世纪90年代以来明显加速,未来100年全球气温将升高1.1～6.4℃。近百年来,特别是近50多年来,中国气候变化极为明显:20世纪80年代中期以后,气温增加了1.1℃,其中秋季和冬季升温幅度最大;总体上全国的降水量呈现减少趋势,但西部降水量增加趋势明显,特别是西北地区。

2.2.1 自然降水时空变化分析

据研究,1959～2009年50年间,秦岭南坡地区的年降水量呈不明显的减少趋势,年降水量变化的倾向率是-14.7毫米/10年，秦岭北坡地区的年降水量呈微弱的增加趋势，导致南北降水量差值减少；1995年以前，两地区年均降水量均呈下降趋势，降水下降的站点占本区站点总数的比例分别为秦岭以北88%（14个站）、秦岭南坡89%（8个站）、汉水流域71%（14个站）、巴巫谷地40%（6个站）。但1995年以后秦岭南北坡年均降水量均有所增加，降水增多，占站点总数的70%以上，且北坡降水量增加速度更快，其降水量变化趋向率高达262.3毫米/10年（图5-4）。年降水变化除60年代秦岭南北变化不一致外，其他时间规律趋同。50年代降水偏多，60年代北部增多而南部偏少，70年代均偏少，80年代降水量最大，90年代以后又减少。总体呈现减少趋势，其中南部减少大于北部。季节变化与年变化基本一致，其中秋季降水量减少最多。蒋冲等（2012）根据秦岭南北54个气象站1960~2011年逐日数据进行的研究，得出了相似的结论。多年平均降水量由南向北递减，1995年以前各区降水量均表现出下降趋势，秦岭以北地区降水量下降更明显，1995年以后70%以上站点降水量增多。

总的说来，基于实测的气象数据分析表明，秦岭地区北坡降水在1995年前趋于减少，1995年后降水增加。而秦岭南坡的降水总体趋势为减少，但降幅小，1995年后的变化趋势与北坡的变化相似，降水增加。

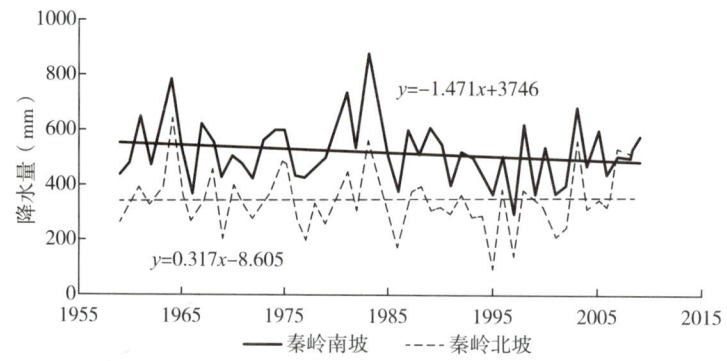

图5-4　秦岭地区多年平均降水变化趋势（高翔等，2012）

2.2.2　热量资源时空变化分析

根据秦岭南北54个气象站1960~2011年逐日数据，结果表明，秦岭南北多年平均气温总体趋势为逐步上升。1993年是气温变化的转折点，1993年以前秦岭以南地区降温更明显，1994年起绝大部分站点气温显著（$P<0.01$）上升，秦岭南北无明显差异；高翔等（2012）等的研究得出类似结论，1950年代以来秦岭南北地区气温同步波动，秦岭以北变暖程度超过秦岭以南，北坡气温倾向率为0.24℃/10年，南坡为0.15℃/10年；两地区的气候存在趋同性。秦岭北麓和南麓分别在20世纪80年代末和90年代初出现明显的升温趋势，特别是北坡地区气温倾向率高达0.74℃/10年。春秋季在90年代平均气温略有上升，而冬季在80年代中期以后明显变暖，升温幅度最大，夏季未表现出升温现象，平均气温呈略下降趋势。

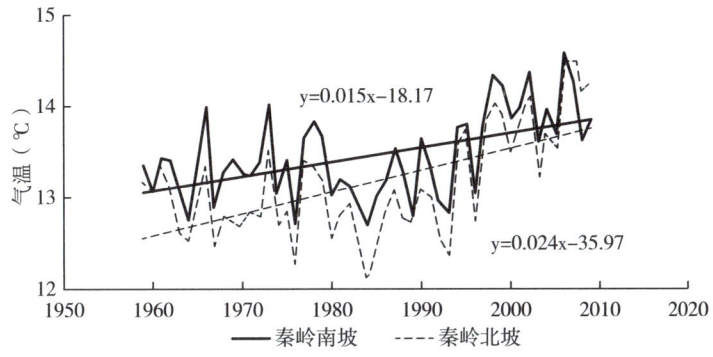

图5-5 秦岭地区多年平均气温变化趋势（高翔等，2012）

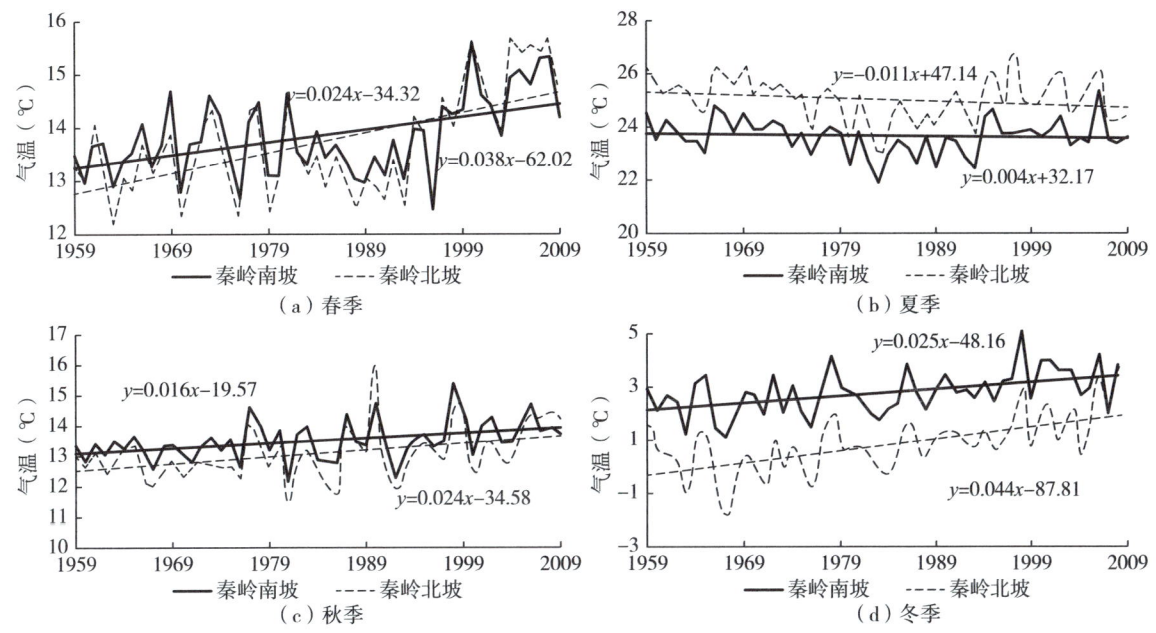

图5-6 1959~2009年秦岭南北坡地区四季平均气温变化曲线（高翔等，2012）

2.2.3 气候湿润度时空变化分析

湿润指数是指降水与潜在蒸散的比值，而潜在蒸散又同时受到气温、风速、相对湿度等诸多气象要素的共同影响。近年来，众多学者基于降水资料和不同干旱指数揭示了区域尺度或全国尺度的干湿变化，取得了很多有意义的结论；但这些方法仅仅是根据降水资料而并没有考虑到地表蒸发对干旱事件造成的影响。

据蒋冲等（2012）研究，秦岭南北降水量与湿润指数以及温度与潜在蒸散量之间存在明显的一致性的变化趋势。从计算结果看，秦岭南北潜在蒸散量大小排序为秦岭以北（982.95毫米）＞秦岭南坡（968.12毫米）＞汉水流域（973.27毫米）＞巴巫谷地（933.45毫米）。时间变化上，各个子区蒸散量变化趋势较为一致，但并没有发现类似于降水和气温的较为一致的转折点。近52年来，76%的站点蒸散量呈下降趋势，且绝大部分达到0.05以上的显著水平，下降的站点占本区站点总数的比例分别为秦岭以北56%（9个站）、秦岭南坡89%（8个站）、汉水流域93%（13个站）、巴巫谷地73%（11个站）。秦岭南北湿润指数空间分布格局与降水较为一致，都是由南向北递减，大小排序为巴巫谷地（1.16）＞汉水流域（0.94）＞秦岭南坡（0.80）＞秦岭以北（0.61）。各区湿润指数减小的站点所占比例分别为秦岭以北70%（11个站）、秦岭南坡22%（2个站）、汉水流域21%（3个站）和巴巫谷地40%（6个站）。秦岭以北湿润指数下降的站点所占比例明显高于秦岭以南，说明在此期间秦岭以北地区以暖干化趋势为主，而秦岭以南地区以暖湿化趋势为主。季节尺度上，4个子区表现出的变化规律较为一致，春季和秋季绝大部分站点的湿润指数呈下降趋势，而夏季和冬季则以上升为主。春季湿润指数在1960~1990年均为正距平，进入2000年后变为负距平，表明前40年该区春季气候相对湿润，特别是20世纪60年代是50年来最湿润的10年。2000年来的12年为负值，而且其绝对值较大，表明近12年来春季气候异常干旱，夏季气候在60和70年代较为干旱。进入80年代后转为湿润状况，随后又变干，但其绝对值较小，相对于60和70年代干旱现象并不严重。秋季的干湿状况经历了"湿—干—湿—干—湿"交替变化的过程，其中以60年代最为湿润，90年代最为干旱；冬季的干湿变化规律与夏季一致，也经历了"干—干—湿—干—湿"的变化过程，但变化幅度远不如夏季剧烈。全年尺度上变化规律与秋季一致，但变化幅度不如秋季剧烈。蒋冲关于潜在蒸散量和湿润指数方面的结论与秦岭南北局部地区（高翔等，2012；张善红等，2011；白晶，2011；左德鹏等，2011；申双和，2009）和全国尺度（申双和等，2009；马柱国，2007；赵俊芳等，2010）近些年的相关研究结论趋势上基本一致。

基于实测气象数据为准的秦岭地区气候湿润度分析表明，秦岭南北湿润指数空间分布格局与降水较为一致，都是由南向北递减，秦岭以北地区以暖干化趋势为主，而秦岭以南地区以暖湿化趋势为主。季节尺度上，春季和秋季绝大部分站点的湿润指数呈下降趋势，而夏季和冬季则以上升为主。

2.3 灾害风险研究

2.3.1 极端最高气温及极端最低气温时空演变分析

王钊等（2016）利用中国气象局提供的地面气象站基本气象要素日值数据集中均一化温度数据，分析了1961~2012年陕西境内秦岭山脉南北两侧4个地貌单元平均最高温度和最低温度的趋势分布特征，同时计算了5种极端温度指数，并分析其变化特征及其与区域增暖的关系。结果表明：不同季节秦岭地区极端温度变化存在较大的差异，平均最高温度春季增暖信号最明显，而平均最低温度冬季升温明显，不同的增暖趋势导致了秦岭地区春季、秋季气温日较差变大，冬季、夏季气温日较差变小。关中盆地、秦岭南坡和汉水流域平均最高、最低温度变化趋势基本一致，但变化幅度存在一定差异，其中秦岭北部黄土高原和关中盆地平均最低、最高温度的变化幅度均大于南部的秦岭南坡和汉水流域，尤其平均最低温度关中盆地增幅更明显。秦岭北部两区域极端最低温度相关指数的变化幅度大于极端最高温度指数，而南部两区域前者的变化幅度小于后者。秦岭山脉区域增暖与平均最高、最低温度变化密切相关，还受极端温度变化的影响，其北部地区增暖主要是暖夜增加的贡献，而南部地区增暖主要与暖昼增加有关。

2.3.2 秦岭地区洪水分析

在全球气候不断地变化之下，极端洪水事件频繁发生，严重威胁人类安全和社会经济发展。为有效预防和防治洪水带来的危害，借助更长时间尺度洪水数据序列，准确揭示超长尺度的洪水发生规律显得十分必要。秦岭作为我国主要的气候分界线，秦岭以北的关中地区水资源短缺，地表水资源的年际变化大；秦岭以南地区水资源相对丰富，但年内分布集中，均为洪涝灾害的频发之地。

我国是季风区，大部分降水主要集中在夏季，但也有局部地区的降水曲线峰值偏向秋季，使得我国是华西秋雨典型地区。华西秋雨是季风的直观反映，对华西秋雨发生规律的研究能更好地了解季风与洪水的响应机制。华西秋雨是我国西部地区秋季多雨的特殊天气现象，主要发生在渭水流域、汉水流域、川东、川南东部等地区。从巴尔喀什湖低压槽分裂出的短波槽携带冷空气从高原东移，与强大的西北太平洋副热带高压西南侧的东南暖湿气流和来自孟加拉湾沿高原东南北上的西南暖湿气流交汇于四川盆地、陇南、陕南、关中一带，造成这些区域秋季持续的阴雨天气。秦岭南北两侧的渭河和汉江上游处于华西秋雨核心区，极易形成严重的洪涝灾害，例如2003年和2005年秋雨异常偏强，流域发生严重洪涝灾害，特别是渭河下游的洪水灾害，造成巨大损失。2011年9月，华西秋雨为近36年来之最，渭河、汉江上游发生罕见秋汛，汉江上游出现自1983年以来最大洪水，渭河临潼站出现建站以来最高水位，成为1981年以来最大洪水。2011年秋汛暴雨洪涝及次生地质灾害造成上百人死亡，直接经济损失达300多亿元。可见，在华西秋雨的影响下，秦岭南北两侧的汉江上游和渭河极易同时出现洪水。然而秦岭南北洪水与华西秋雨发生的时间并不都是完全吻合，而是错前错后的发生，如1983年7月汉江特大洪水发生在华西秋雨到来之前的夏季。这一方面是由于影响两地的天气系统的种类较多，此外大江大河还因洪水汇流与传播时间间隔而滞后；另一方面由于汉江与渭河的流域面积广，并不是所有形式的暴雨均产生大洪水，洪水的形成与多种因素相关。降雨前土壤的含水量状况、暴雨在区域内的强度和范围、暴雨的持续时间、暴雨中心是否与洪水移动方向一致都是影响大洪水发生的因素。然而，任炳潭通过对近两千年来（公元后）华西秋雨变化特征的研究发现，华西秋雨发生的年份具有一定的周期性，而近两千年在汉江上游与渭河流域调查发现的古洪水事件均发生在华西秋雨多雨周期内，因此可以断定虽然短时间尺度内华西秋雨与洪水事件的发生不完全吻合，但是在长时间尺度范围内华西秋雨和特大洪水事件有密切联系。这也间接反映了对于大范围的气候突变事件，秦岭南北地区河流发生洪水的规律具有一致性。

从华西秋雨角度分析表明，秦岭南北的汉江上游、渭河处于华西秋雨核心区，极易形成严重的洪涝灾害，洪水有同时发生的可能性，但因地形、土壤前期含水量、暴雨的强度和范围等多种因素的影响，在多数年份下秦岭南北洪水发生的时间并不完全相同。说明近两千年来秦岭南北的特大洪水事件与华西秋雨之间有密切联系，对于季风突变带来的大尺度极端气候事件，秦岭南北河流洪水的响应几乎一致；而对于短时间尺度的季风气候变化，秦岭南北河流洪水的响应并不完全相同。此研究成果将有助于从水文学角度在长时间尺度上深化对季风气候与洪水事件的关系的认识，更好地把握秦岭南北主要河流的洪水事件的发生规律和机理，在实践中对秦岭南北两地因地制宜的经行防洪减灾和水资源合理有效的开发利用具有重要的意义。

2.3.3 农业干旱分析分析研究

在气温升高的背景下，干旱化作为全球变化的一个重要方面引起了众多学者的关注。干旱作为我国主要自然灾害之一具有发生频率高、持续时间长、波及范围广的特点，也一直是困扰农业生产的一大难题。干旱不仅造成水资源短缺，还会对敏感地区的生态安全造成严重威胁。干旱是陕西的主要农业气象灾害，常对农业生产产生不利影响，造成减产或品质降低。秦岭南北大部分地区，农业仍依靠自然降水，极端干旱与自然降水量的关系密切，尤其是在农作物需水关键期内，对农作物的影响更为严重。极端干旱由于超过了自然环境的短期调节能力，也超过了人工干预强度的极限，造成农业上程度不一的损失。

通过近50年关中、陕南地区月降水量资料进行定量计算、分析，发现关中陕南降水量受厄尔尼诺因素影响较大。1957~2006年的50年中，发生厄尔尼诺事件为15次，在事件当年和次年陕南地区发生旱涝灾害概率分别为50%。在厄尔尼诺较强或较弱的年份前后，关中、陕南地区发生旱灾或涝灾概率较高，1957年、1963年、1983年以及1997年都是厄尔尼诺强度比较强或弱的年份，这些年份前后都发生了大的旱涝灾害。

蒋聪等（2012）利用1960~2011年秦岭南北54个气象站的观测资料对这一地区的气温、降水、蒸发和干湿状况的演变进行深入细致的分析。近50年来，秦岭南北年极端干旱频数有略微上升趋势，关中、陕南地区变化情况较同步，且陕南地区的年极端干旱频数的上升幅度相对关中地区略大。单从频数角度来看，关中地区年极端干旱频数大于陕南地区，但在21世纪后陕南地区极端干旱发生频数略高于关中地区。这表明，21世纪后陕南地区的干旱化趋势大于关中地区。1961~1979年秦岭南北年极端干旱频数在波动中增加，1979~1987年极端干旱频数有所下降，1987年以后秦岭南北极端干旱频数增多，特别是在20世纪90年代增加明显。关中地区1979年、1995年极端干旱频数分别达到8次、8次，极端干旱较为严重，说明这些年份关中地区有明显的干旱化过程；而在陕南地区明显干旱化过程发生在1978年、1995年、2002年，这三年极端干旱频数分别达到7次、7次、8次。陕南地区极端干旱总频数的波动和关中地区总体一致，但有其独特性。与关中地区相比，陕南地区极端干旱频数波动较大。陕南地区极端干旱频数发生最多的是汉中市。1961~1966年陕南地区极端干旱频数较多，1967~1995年极端干旱频数下降，1995年以后极端干旱频数在波动中呈现增长。

表5-1　关中地区小麦生长期极端干旱频数

	1962~1970	1971~1980	1981~1990	1991~2000	2001~2010	1962~2010
西安	0	1	3	5	6	15
宝鸡	1	3	3	5	5	17
渭南	1	3	2	3	5	14
咸阳	1	2	3	4	6	16
关中	1	2	3	4	6	16

表5-2　陕南水稻生长期极端干旱频数

	1962~1970	1971~1980	1981~1990	1991~2000	2001~2010	1962~2010
汉中	2	4	1	6	4	17
安康	5	3	1	3	3	15
商洛	4	5	2	4	2	17
陕南	3	3	1	4	3	14

2.3.4 自然生态系统干旱风险分析研究

根据现有文献，全国气候变化的总特征是气温升高，降水量变化存在较高的时空分布差异。无论是寒温带针叶林、温带针阔混交林，还是青藏高原林、蒙新林都已经受到影响，并发生了可观测的变化；秦岭地区的亚热带常绿阔叶林北界北移。从树木物候来看，树木春季物候期提前，秋季物候期推迟，导致树木生长季节延长。

由于受CO_2浓度升高、气温升高等气候环境因素影响，森林植被类型的净初级生产力均在不同程度上增加。从森林火灾来看，火灾发生频率增高。

3. 秦岭生态系统生产力对气候变化的响应

3.1 初级生产力时空变化分析

李明旭等（2016）应用CCSM4、GISS-E-R、GISS-E-H、IPSL-CM5 R-L R-CM、NorESM1-1-ME等5个模型相关模拟结果，预测和分析秦岭地区2006～2100年在RCP2.6、RCP4.5、RCP6.0和RCP8.5四种未来典型气候变化情景下其水分利用率的变化趋势及其与降雨、气温、CO_2浓度等关键气候变化因子之间的关系。研究结果表明：4种未来情景下预测的秦岭地区生态系统WUE几乎全为正距平，各情景下WUE倾向率为0.0136～0.13$gCkg^{-1}H_2O10a^{-1}$，均达到极显著水平，且随辐射强迫增加，WUE距平值与倾向率也相应增加。各情景下GPP的增长趋势强于ET，使得两者的比值（即WUE）呈现增长趋势，并随辐射强迫的增加，两者的差异愈发显著，即WUE增长随辐射强迫的增强而更显著。同时，各模型预测的年均气温倾向率为0.21～0.498摄氏度/10年，降雨量倾向率为7.78～17.66毫米/10年。由于气温、降雨量、CO_2等关键气候变化因子调控GPP正增长速率大于ET，以及生态系统LAI值和自身的植被演替过程直接影响生态系统WUE，最终使得生态系统WUE呈正增长趋势。其中GPP的显著增加是未来秦岭地区生态系统WUE增长的直接因素，而气温的显著增加与大气CO_2浓度的升高则是WUE变化的主要环境因素，降雨量的影响相对较弱。蒋冲等（2012）根据秦岭南北54个气象站1960～2011年逐日数据，采用周广胜—张新时模型、Penman-Monteith模型、气候倾向率、相关分析和Spline插值等方法分析近52年气象要素的时空变化特征及其对植被净初级生产力的影响。结果表明：①秦岭南北多年平均植被净初级生产力由北向南逐步上升，排序为巴巫谷地＞汉水流域＞秦岭南坡＞秦岭以北，各子区植被净初级生产力变化趋势不一，植被净初级生产力上升的站点占本区站点总数的比例顺序为汉水流域＞秦岭南坡＞巴巫谷地＞秦岭以北，秦岭以南地区增加更为明显，生态区23个站点中植被净初级生产力年际波动并不大，介于1.34～1.89之间；②植被净初级生产力与湿润指数、降水量和相对湿度呈显著水平（P＜0.01）的正相关关系，相关系数排序为降水量＞湿润指数＞相对湿度，降水的增多会促进植被净初级生产力的累积，水分是主要制约因素；③植被水分利用效率由南向北递减，排序为巴巫谷地＞汉水流域＞秦岭南坡＞秦岭北坡，绝大部分地区呈现不显著的上升趋势，近52年来，水分利用效率普遍呈上升趋势，但并不显著，整体上维持相对稳定水平。关于秦岭南北近52年植被净初级生产力空间分布特征和时空变化趋势的描述与李登科等（2011a，2011b）、任志远等（2004）和李晶等（2002）在相近区域的研究结论基本一致。整体趋势与何勇等（2005）、侯英雨等（2007）、刘世荣等（1998）和方精云（2000）关于全国尺度的研究结论也非常接近。

3.2 农业种植制度变化研究

3.2.1 秦岭地区农业特征

秦岭地区的农业主要分布于秦岭北坡以北的关中平原，以及秦岭与巴山间的西部汉中盆地和东部为安康盆地。

关中灌区小麦、玉米、棉花、油菜、杂果、蔬菜蚕区。本区位于陕西中部，是泾、洛、渭河的冲积平原。海拔340～600米。北与渭北旱原毗邻，南靠秦岭，渭水横贯其中。关中灌区包括关中平原有水利设施的水浇地及水田地区，是农业生产水平较高的地区，地势平坦，土壤肥沃。光热水资源及社会经济条件优越，水利设施较好，农业主要靠灌溉，一年两熟，也是小麦、棉花等作物的主要商品生产基地。

秦岭中山春玉米、小麦、药材、猕猴桃区。本区属秦岭中山，位于南、北海拔800米等高线以上地带，北临关中灌区，南接秦岭浅山丘陵区。秦岭沿主脊山峰海拔多在1500～3000米，山间断陷盆地海拔600～800米，最低处212米，高差3521米。土地面积4.51万平方千米，占全省土地面积的21.9%。秦岭北坡为暖温带半湿润气候，南坡为北亚热带湿润气候。秦岭属于日照低值区，是本省南、北日照2000小时的分界线。农耕地呈垂直地域分布，多数耕地海拔高、坡度大。由于地貌复杂，立体农业特点明显。种植制度一年两熟、两熟间套、一年一熟及撂荒制兼而有之。秦岭的生物资源丰富，农作物品种多样，为本省山林特产和中药材的主要生产基地之一。

秦巴低山丘陵水稻、小麦、春玉米、桑蚕、茶叶、柑橘区。本区位于秦岭、巴山山脉低山丘陵地带，跨有亚热带和暖温带两个气候带。境内地形复杂，土壤种类多，质地差异大。光热条件较好，水资源丰富。耕作制度多为两年三熟，为水稻、油菜的最适宜区，增产潜力大，是本省第二个粮食生产重点开发地区，又是全省茶叶、柑橘的唯一主产区，也是桑蚕、柞蚕的集中产地。

汉江、月河盆地川道水稻、小麦、油菜区。本区地处汉江、月河盆地川道，海拔600米以下。水田面积占耕地面积的60%以上。南、北分别与巴山、秦岭低山丘陵区相邻，地势较平坦，大部分地区海拔410～550米，是本省水稻和油菜的集中产区。本区地处亚热带北缘，冬无严寒，夏无酷暑，雨热同季，种植业气候条件优越。

巴山中山药材、马铃薯、春玉米、小麦、杂豆区。本区位于陕西最南部，与四川省毗邻，位于大巴山和米仓山海拔900米以上的广大中山地带。山大林深，沟壑纵横，山沟相间，坡陡，耕地零散，土质差。本区气候温和，雨量充沛，植物资源特别是草药资源十分丰富，适宜种植黄连、党参、天麻、杜仲、当归、茜草、枝子、元胡、贝母、魔芋、茯苓、细辛等药材，是本省重要的药材生产基地。秦岭地区属于大陆季风气候区，自南向北分属北亚热带、暖温带，地形复杂，南北差异显著，农业气候资源较丰富，类型多样。关中是一年二熟，陕南盆地、川道是一年两熟，丘陵浅山是二年三熟，秦巴山区为一年一熟。

表5-3 　　　　　　　　　　　秦岭地区种植制度（朱琳，颜胜安，1986）

区域	地形与地貌	主要作物	气候资源分析与评述
洛南县、柞水县、佛坪县、宁陕县、太白县、留坝县、凤县、镇安县	为本省地势最高地区，境内主要为秦岭高山	玉米、洋芋、豆类、冬小麦、荞麦	气候垂直差异明显，热量条件较差，降水丰富，高山主要为林，多是一年一熟的秋粮作物，海拔1000米以下多为两年三熟
蓝田县、潼关县、华阴市、华州区、临渭区、灞桥区、临潼区、长安区、鄠邑区、周至县、渭滨区、宝鸡市（陈仓区、金台区）、眉县、岐山县	八百里秦川以及川道两岸，地势平坦	冬小麦、玉米、棉花	地形高差不大，气候垂直差异较小，资源较丰富，有良好的灌溉条件，以冬麦—玉米二熟为主，水利发达地区可以麦—稻二熟，旱塬为两年三熟
商州区、丹凤县、商南县、山阳县、旬阳县、汉滨区、汉阴县	绝大部分为山地丘陵，小部分为丹江汉江川道	冬小麦、玉米、薯类	降水较丰富，地形垂直差异大，高山地区热量条件较差，丘陵川道热量条件较好、伏旱严重，塬地麦—玉两熟、川道麦—稻两熟，山地丘陵一年一熟及两年三熟
勉县、宁强县、汉台区、城固县、略阳县、洋县、西乡县、石泉县、紫阳县	南部为巴山山区，北部为汉江河谷	水稻、冬小麦、油菜、玉米	水分条件较充沛，气候湿润，热量条件好，是水稻、油菜主要产区，汉中盆地麦—稻、油—稻一年两熟，丘陵区麦—玉两熟和两年三熟，高山地区一年一熟

3.2.2　气候变化对秦岭地区种植制度的影响

热量资源决定了一个地区的种植制度。以增温为主的全球气候变化将导致种植制度的北界北移与熟制的变化。

杨晓光等（2011）依据全国种植制度气候区划指标、冬小麦种植北界指标、雨养冬小麦—夏玉米稳产种植北界指标以及热带作物种植北界指标，采用经典的农业气候指标计算方法，分析与20世纪50年代～1980年相比，未来30年（2011～2040年）及21世纪中叶（2041～2050年）全国种植制度界限北界、冬小麦种植北界、雨养冬小麦—夏玉米稳产的种植北界以及热带作物的种植北界的变化。①与20世纪50年代～1980年相比，2011～2040年和2041～2050年的一年两熟带和一年三熟带种植北界都不同程度向北移动，其中一年一熟区和一年二熟区分界线，空间位移最大的省（市）为陕西省和辽宁省，且2041～2050年种植北界北移情况更为明显。②与20世纪50年代～1980年相比，2011～2040年和2041～2050年的冬小麦的种植北界在辽宁省、甘肃省和宁夏回族自治区都不同程度向北移动，在青海省冬小麦种植界限为西扩明显。而未来降水量的增加将使得大部分地区雨养冬小麦—夏玉米稳产种植北界向西北方向移动。到2011～2040年和2041～2050年，气候变化将会造成全国种植制度界限不同程度北移、冬小麦种植北界北移西扩、热带作物种植北界北移。而未来降水量的增加将使得大部分地区雨养冬小麦—夏玉米稳产种植北界向西北方向移动。

研究结果表明，以增温为主要特征的全球气候变化将不会导致秦岭地区熟制的变化，而由于秦岭的存在，位于秦岭南坡的两熟制边界将不会北扩。但热量资源的增加，将使得秦岭地区可选择晚熟的农作品种，无论南坡还是北坡。

表5-4　零级带的划分指标

种植制度	≥0℃积温	年级段最低气温℃	20℃终止日
一年一熟	<4000~4200	<-20	上旬/8月至上旬/9月
一年二熟	>4000~4200	>-20	上旬/9月至下旬初/9月
一年三熟	>5900~6100	>-20	下旬初/9月至上旬/11月

4. 气候变化/极端气候对秦岭生态系统的影响与响应

4.1 气候变化/极端气候对秦岭珍稀动物的影响与响应

过去几十年的气候变化已对物种分布范围和丰富度产生了极大的影响，未来气候变化将对物种分布和丰富度产生更大的影响，这些影响将对未来生物多样性保护带来一定挑战。为了在气候变化下有效保护生物多样性，科学认识气候变化对物种分布影响将是关键。另外，未来气候变化影响下，为了有效规划自然保护区而科学保护物种，准确确定气候变化对物种分布影响也是关键。因此，系统分析气候变化对物种分布的影响，将对未来生物多样性保护具有重要的理论和现实意义。依照陕西省第十三个五年规划，陕西省至2020年将有330万农村贫困人口脱贫，贫困县全部摘帽，这些贫困县大部分位于秦岭地区。采取的主要脱贫攻坚措施是易地搬迁，按照"靠近城镇、靠近园区、靠近中心村"和"集中安置为主、统规统建为主、楼房化安置为主"的要求，将分散在山区的农村人口迁居到水土条件较好的地方，这将极大缓解山区的环境压力，包括水土流失减低、林地与植被恢复等将有利于珍稀物种的恢复。

秦岭地区是陕西主要珍稀物种分布地，共有陆栖脊椎动物500种，其中属于国家Ⅰ级重点保护动物有大熊猫、朱鹮、金丝猴、羚牛、虎、豹、云豹、林麝、黑鹳、金雕10种，约占陕西省分布国家Ⅰ级重点保护动物的62.5%；属于国家Ⅱ级保护动物有小熊猫、斑羚、鬣羚、黑熊、红腹锦鸡、白冠长尾雉、秦岭细鳞鲑、中华虎凤蝶等31种，约占陕西省分布的国家Ⅱ级重点保护动物的48.4%。本项目对最具代表性的大熊猫、朱鹮、金丝猴、羚牛四个物种进行气候变化影响的评估。

4.1.1 对大熊猫生境的影响

大熊猫（Ailuropoda melanoleuca），属于食肉目、熊科、熊猫亚科的一种哺乳动物，是我国重要的珍稀濒危动物，属于食肉目的熊科动物门。化石记录它过去曾经分布在东南黄河、长江和珠江流域，北及北京周口店，南达越南、泰国和缅甸北部，是我国南方大熊猫—剑齿象动物群中主要成员。由于地质、气候变迁和人类活动的影响，目前分布仅限在四川、甘肃和陕西的崇山峻岭（从长江上游到青藏高原边沿，包括秦岭、岷山、邛崃山、大小相岭和大小凉山等山系）。大熊猫在秦岭主要分布在其南坡山麓，包括陕西的佛坪、洋县、太白、宁陕、周至等。大熊猫适宜分布要有竹林分布和充足水源条件。

（1）影响评估。本研究从栖息地破碎化、适宜分布区及食物供给三个维度评估气候变化对秦岭大熊猫的影响。据吕佳佳和吴建国利用CART（classification and regression tree）分类和回归树模型，采用A1、A2、B1和B2气候变化情景，模拟分析了气候变化对大熊猫分布范围及空间格局的影响。结果显示：气候变化下，大熊猫目前适宜分布范围将缩小，新适宜和总适宜分布范围在1991～2020年时段较大，从1991～2020年到2081～2100年时段呈现缩小趋势，其中A1情景下变化最大，B1情景下变化最小。

图5-7 大熊猫

气候变化下，大熊猫目前适宜分布区的东部、东北和南部一些适宜范围将不再适宜，新适宜分布区将主要向目前适宜分布区西部一些区域扩展，并且适宜分布区破碎化，在2051～2080年时段程度最高。另外，气候变化下，大熊猫目前适宜、新适宜和总适宜分布区范围与我国年均气温和年降水量变化呈负相关性。多元回归分析表明，大熊猫目前适宜、新适宜和总适宜分布范围随我国年均气温和年降水量增加而减少，其中气温变化影响比降水量变化影响要大。结果说明，气候变化后，近期将使大熊猫目前适宜分布范围减小，新适宜分布范围增加，随气候变化程度增加，新适宜和总适宜分布范围又将减小。Guozhen Shen等模拟了2011～2100年间气候变化情境下的四川及甘肃的大熊猫环境适宜性，研究得出了类似的结论。该研究使用了两个气候情景（表5-5）。情景I描述一个人口不断增加的多样的世界，到2080年大气中的CO_2浓度达到20.72毫克/克；情景II描述的是人口增长放缓的可持续发展社会，2080年大气中CO_2浓度达到0.56毫克/克（The Committee of China's National Assessment Report on Climate Change，2011）。结果表明，气候变化将导致大熊猫栖息地缩小16.3±1.4（%）。令人担忧的是，随着碎裂的程度增加了近4倍，11.4%的现有栖息地的面积将小于灭绝阈值面积。

表5-5　　　　　　　　　气候变化情景I和II下的温度降水变化

	情景I			情景II		
	2011～2040	2041～2070	2071～2100	2011～2040	2041～2070	2071～2100
温度变化（℃）	1.2	2.6	4.4	1.2	2.3	3.3
降水变化（%）	1	6	10	3	4	7

从大熊猫食物供应的角度研究表明，气候变暖对竹子生长有利，温度高竹子生长快，竹子生长范围也会向更高海拔发展，有利于大熊猫活动范围的拓宽。同时气候变暖对防止竹子开花的影响是有利，由于气温升高，竹笋和幼竹生长快，对竹子的更新有益。但竹子向高海拔山地发展的同时，意味着低海拔地区的消减。

（2）评估结论。气温与降水是影响大熊猫栖息地的关键因素，气候变化将使大熊猫目前适宜分布范围减小，新适宜分布范围增加，随气候变化程度增加，新适宜和总适宜分布范围总体上将减小。在垂直方向上，由于气温上升，大熊猫的分布区将向高海拔地区拓展；在水平变化上，目前适宜分布区的东部、东北和南部一些适宜范围将不再适宜，新适宜分布区将主要向目前适宜分布区西部一些区域扩展。气候变化将导致栖息地碎裂的程度增加近4倍，11.4%的现有栖息地的面积将小于灭绝阈值面积。

4.1.2 对朱鹮生境的影响

朱鹮（Nipponia nippon），别名朱鹭，属于鹮科。中国朱鹮产于陕西省洋县秦岭南麓。朱鹮是稀世珍禽，过去在中国东部、日本、俄罗斯、朝鲜等地曾有较广泛的分布，由于环境恶化等因素导致种群数量急剧下降，至20世纪70年代野外已无踪影。我国鸟类学家经多年考察，于1981年5月在陕西省洋县重新发现朱鹭种群，这也是世界上仅存的野生种群。

（1）影响评估。影响朱鹮分布的主要气候环境要素为温度条件以及水环境。本项目采用历史记载朱鹮分布区的气候特征与未来气候变化对比的方法。历史典籍记录表明，朱鹮曾分布于西伯利亚东南部、日本、朝鲜和中国。在中国的分布区域有黑龙江、吉林、辽宁、陕西、山西、甘肃、江苏、湖北、江西、台湾（表5-6）。气候从寒带到亚热带，最高气温南部可达40摄氏度，最低气温可达–40摄氏度，朱鹮具有强大的温度适应性。朱鹮在世界范围的几近灭绝与人类活动紧密相关。对日本朱鹮灭绝原因的研究表明，狩猎、乱捕滥杀以及森林砍伐是三大主因。尤其是伐树垦荒，破坏了朱鹮的栖息地环境。中国学者认为，不断增加农药和化肥的使用量，使得朱鹮赖以生存的饵食——泥鳅、蛤蟆和田螺等急剧减少。据1990～1991年在洋县进行的朱鹮栖息地环境状况调查表明，朱鹮栖息地的水、底泥（土壤）及朱鹮食物中都有农药检出，朱鹮栖息地环境普遍受到污染。且巢区与游荡区相比，游荡区农药含量高于巢区。游荡区由于受到人为活动影响更大，污染更严重。DDT在朱鹮食物及其粪便中都有存在。DDT已通过食物链进入朱鹮体内。朱鹮粪便中DDT含量明显低于主要食物泥鳅体内的DDT含量，DDT在朱鹮体内有一定程度的吸收与富集。调查发现部分地方泥鳅中DDT含量已高达0.13毫克/升。如果长期食用这种受DDT污染的泥鳅，则按生物浓缩系数100倍估算，朱鹮体内DDT累计可能达到每升几毫克甚至几十毫克。这将导致朱鹮蛋壳变薄变软，不能正常孵化。段伟等采用三个对环境危害最主要的生产经营活动指标——农药、化肥和薪柴的利用，通过建立Tobit模型，证明了劳动力转移对区域环境的影响确实存在，劳动力转移一定程度上导致对环境的负面影响减缓。本结论对于朱鹮保护区环境保护具有借鉴意义，然而由于样本数据并不代表中国所有保护区周边农户，同时样本量不足够大，因此应谨慎看待本研究结论的一般性。

表5-6 朱鹮的古籍记载

国家	省	县	古籍（文献）出处
中国	陕西	延安	弘治延安府志（1504）
		延安	延安府志（1802）
		延安	陕西通志（一）
		府谷县	府谷县志（1783）
		合阳县	合阳县全志（1779）
		陇县	陇州志（1713）
		凤翔县	凤翔县志（1694）、凤翔县志（1767）、重修凤翔府志（1766）
		略阳	嘉靖略阳县志（1522~1566）
		洋县	洋县县志（1694）
		西乡县	西乡县志（一）
		汉阴县	汉阴县志（1687）、汉阴县志（1828）
		岚皋县	兴安府志（1789）
		西安	西安府志（1789）
		汉中	汉南续修府志（1814）
		蓝田	蓝田县志（1766）
	山西		山西通志（1734）
	江苏		江南通志（1736）
	湖北		襄阳府志（1760）
	甘肃	天水	直隶秦州新志（1764）
	江西		袁州府志（一）
	台湾		续修台湾府志（1774）
	辽宁		盛京通志（1783）
	吉林		宁安县志（1924）
	湖北		黄安县志（1822）
	黑龙江		呼伦贝尔志略（1923）
日本	北海道		松前志（1781）
			北海道志（1884）
	陆奥国		本草纲目启蒙（1803~1806）
	青森县		八户藩日记（1737）
		南津轻	黑田长久（1954）
	岩手县	盛冈	南部领诸产物（1735）
	秋田县	角馆	武藤铁城（1935）
		男鹿半岛	北条忠雄（一）春山阳一（1986）
	宫城县	仙台	观文禽谱（~1810）
	山形县	庄内、米泽	庄内领产物帐（1735）
	福岛县	三春	三春诸色集书（~1735）
	茨城县	水户	御领内产物帐（1736）
	栃木县	河内	产物书上帐（1736）
	东京	伊豆七岛	伊豆海岛风土记（~1780）

续表

国家	省	县	古籍（文献）出处
日本	新潟县	佐渡	佐渡矿山役人文书（1608）、天然纪念物探秘（1936）、天然纪念物探秘（1936）、村本義雄（1959）、春山陽一（1986）
		古志	石沢健夫（1934）
		蒲原	滝谷村产物帐（~1735）
	富山县		产物帐（1738）
	石川县	能登	产物帐（1738）
		加贺	产物帐（1738）、内田清之助（1933）
	福井县		产物帐（~1735）
	静冈县		悬河领产物帐（~1735）
	滋贺县		本草纲目启蒙（1803~1806）
		滋贺县（今津、中村）	产物帐（1736）
	和歌山		纪伊续风土纪（1893）
	广岛		芸藩通志（1825）
		廿日市	观文禽谱（~1800）
	山口县	周防	产物帐（1736）
		长门	门长风土记（1831）
	德岛		藩法集·德岛藩（1768，1817）
	长崎	对马	产物帐（1735）
	冲绳		尚景（1918）

（2）评估结论。IPPC（政府间气候变化专门委员会）在全球气候变化第四次评估报告中指出：由于人类活动和自然因素的共同驱动，全球气候将在21世纪继续变暖。这一评估报告认为，21世纪末全球平均气温可能升高1.1~6.4℃。其中的6.4℃代表了最为极端的温室气体排放情境下，所有大气环流模式给出的气候变化极端增温。秦岭地区的温度条件最平均高气温不超过40℃，平均最低气温不低于-40℃，朱鹮在秦岭的分布区域可能会有所影响，但不至于有重大影响乃至造成朱鹮的灭绝。中国古籍资料在不同省份的丰富度表明，陕西是朱鹮最适宜的栖息地。但气候变化对秦岭地区朱鹮的影响不可忽视，尤其是降水及人类活动的变化，如农耕方式的改变以及水资源的开发利用等。中国西部包括秦岭地区在近20年有暖湿化趋势，植被生产力提高，有利于朱鹮栖息环境的改善。但朱鹮的生存极度依赖湿地环境，特别是稻田耕作，植被类型和湿地的适宜度在很大程度上反映了食物的丰富度。随着农村社会人口的变化，农村生产发展与环境的关系不断调整，家庭外出劳动力个数的增加，单位面积农田化肥使用量、农药使用量以及薪柴采集量的减少，将有利于秦岭地区朱鹮种群的恢复。但人口流动将导致秦岭地区农业种植结构尤其是种植制度变化，将对朱鹮的生境有重要影响，移民导致山区中的稻田消失，将对朱鹮有潜在的影响。目前中国的城镇化水平刚刚超过40%。据测算中国农村劳动力向城镇转移的过程还将持续20~30年的时间，因此农村劳动力向城镇地区转移将是今后相当长一段时间内中国发展的主旋律。广泛分布于秦岭山地的贫困人口被列入搬迁安居，通过发展非农产业吸纳农村剩余劳动力，拉动当地经济增长，减轻农村生态环境负荷，这一方面有利于朱鹮栖息地的保护，另一方面，农耕区域、种植业结构以及种植制度的改变，将潜在

影响稻田耕作的分布与数量，影响依赖水生环境的朱鹮采食。

4.1.3 对金丝猴生境的影响

仰鼻猴属（Rhinopithecus）有5种，川金丝猴、滇金丝猴、黔金丝猴、越南金丝猴、缅甸金丝猴。体型中等，51～83厘米不等，尾长与体长等长。毛色以金黄或黑灰色为主。鼻孔与面部几乎平行，俗称"朝天鼻"，是对高原缺氧环境的适应，鼻梁骨的退化有利于减少在稀薄空气中呼吸的阻力。由于世界上最早发现的仰鼻猴是生活在中国的四川、陕西、甘肃的川金丝猴，这一属的动物通常被称为金丝猴。金丝猴栖息于2000～3000米高海拔地区，以植物为食，主要吃嫩枝、幼芽、鲜叶、竹叶和各种水果，营树而居，主要活动在高大乔木树冠的顶层。

图5-8 金丝猴

它们爬树灵活敏捷，跳跃能力特别强，常几十只结群活动，雌雄老幼一起，由雄中的长者带队，在树上觅食，以植物的叶、芽、树皮和果实等素食为主。

（1）影响评估。从金丝猴的地理分布看，具有广泛的温度与降水适应范围，从雨水丰沛的热带地区越南到温带地区的川陕地区。但金丝猴对极端性的气候适应能力较低，而气候变化的主要特征之一是极端气候事件发生频率可能上升。据研究，冬春季的长时间降雨或雪导致灾害性气象——雾凇和雨凇出现的可能性大大增加，对猴群的危害非常严重。观察发现，金丝猴的死亡主要发生在冬春季。冬季金丝猴的食物主要是树上的地衣和华山松果实，春季主要是树芽、幼叶和地衣等，这时候的雾凇和雪凇能使整个树枝和树干覆盖上厚厚的冰，金丝猴难以取食到足够的食物，这可能导致猴群遭受饥荒。另外，金丝猴在覆盖有雾凇和雪凇的树上运动，因树滑从树上跌落的可能性也大大增加。而春季降水，特别是5月的降雪对金丝猴的影响可能更大。大降雪不但能严重影响母子的身体健康，而且可能冻死许多树的花蕾，从而降低夏秋季的主要食物之一——果实的产量，影响到夏秋季的食物供应，这对来年猴群个体的生长和繁殖是不利的。

（2）评估结论。金丝猴的分布区域从雨水丰沛的热带地区越南到温带地区的川陕地区，具有广泛的温度与降水适应范围。气候变化对秦岭地区金丝猴的分布影响较轻，但金丝猴对极端性天气条件的适应能力较低，而极端性天气事件发生频度增加与强度加大是气候变化的主要特征之一，极端天气事件将导致食物供应匮乏。此外，对川金丝猴的研究表明，在A1B、A2和B1三种气候情景模式下，A2模式下气候变化对川金丝猴影响最大，适宜栖息地面积减少最多，而B1模式下气候变化对川金丝猴的栖息地影响最小。气候变化后，川金丝猴的适宜栖息地表现为向更高海拔地区迁移，适宜栖息地斑块更加破碎化，由于川金丝猴分布区与秦岭金丝猴分布区的气候相似性，栖息地破碎化的威胁也将存在于秦岭地区。

4.1.4 对羚牛生境的影响

羚牛（Budorcas taxicolor）体形粗大，肩高110～120厘米，雄性体重可达400千克，最大者肩高可达2米，重达1吨。雌雄均具短角，是一种分布在喜马拉雅山东麓密林地区的大型牛科食草动物。由

图5-9 羚牛

于产地不同,毛色由南向北逐渐变浅。分为4个亚种:高黎贡羚牛、不丹羚牛、四川羚牛、秦岭羚牛,中国均产。羚牛是一种高寒种类,常栖息于2500米以上的高山森林、草甸地带,冬季又迁移至2500米以下的针叶林中的多岩区。它们身上长有一身厚密的被毛,能抵御严寒,不怕寒冷。羚牛秦岭亚种分布于秦岭主山脉海拔1500~3600米之间,现有种群约为2000头羚牛。各亚种栖息地的共同点是植物和水源丰富,气温凉爽湿润、有盐碱地。但是羚牛不同亚种栖息地海拔高度及植被类型有所不同。不同学者在陕西太白山、牛背梁及甘肃陇南山、白水江自然保护区等不同地区对羚牛秦岭亚种的栖息地调查后得出的结果基本相同,羚牛秦岭亚种的垂直活动范围在海拔1300~3500米之间,主要栖息地范围在海拔2200~3600米之间的针阔混交林及针叶林中。它的食料至少包括100多种植物,甚至可达300种。

(1)影响评估。羚牛的食性一直为所有羚牛生态研究者所关注。食性研究通常采用直接观察羚牛取食及取食痕迹的方法,以此确定羚牛取食的食物种类。食性研究结果表明,羚牛取食广泛,以各种新幼枝芽、树皮、青草、籽实和竹叶等为食。对陕西佛坪自然保护区羚牛秦岭亚种的研究,共记录到该亚种野外采食的植物是58科161种,其中草本植物占33.9%,木本植物占61.7%,苔藓和蕨类植物占4.4%。研究还表明秦岭羚牛食物呈季节性变化,春夏季采食的植物种类较秋冬季多,而且它对采食植物的部位也有一定的选择性,以采食植物的嫩叶为主,同时还有啃食树皮的习性。艾怀森研究了羚牛在中国的地理分布与生态研究现状。现代羚牛的4个亚种在中国均有分布记录,其中四川亚种和秦岭亚种是中国特有亚种。现存的羚牛主要分布在中国的陕、甘、川、滇、藏等省区,与中国毗邻的印度、缅甸、不丹也有少量分布,实际上是沿秦岭、岷山、邛崃山、凉山、高黎贡山、喜马拉雅山山系分布,说明了羚牛具有广泛的气候适应性。但羚牛怕热,夏季气温接近30℃时,每分钟气喘即达100次以上,因此秦岭地区气温的升高压缩羚牛的活动区域。

(2)评估结论。羚牛的地理分布区域表明羚牛具有广泛的气候适应性,气候变化对秦岭地区羚牛的分布影响程度低。但极端性天气事件增加是气候变化的特征之一,高温将限制秦岭羚牛的活动区域。

4.2 气候变化/极端气候对生态系统的影响

李明旭等(2016)为探究未来气候变化背景下秦岭地区陆地生态系统水分利用率(WUE)的变化规律及其对气候变化的响应,结合IPCC第五次报告资料中心的CCSM4、GISS-E-R、GISS-E-H、IPSL-CM5 R-L R-CM、NorESM1-1-ME等5个模型相关模拟结果,预测和分析秦岭地区2006~2100年在RCP2.6、RCP4.5、RCP6.0和RCP8.5四种未来典型气候变化情景下其水分利用率的变化趋势及其与降雨、气温、CO_2浓度等关键气候变化因子之间的关系。研究结果表明:4种未来情景下预测的秦岭地区生态系统WUE几乎全为正距平,各情景下WUE倾向率为0.0136~0.13$gCkg^{-1}$

H_2O10a^{-1},均达到极显著水平,且随辐射强迫增加,WUE距平值与倾向率也相应增加。各情景下GPP的增长趋势强于ET,使得两者的比值(即WUE)呈现增长趋势,并随辐射强迫的增加,两者的差异愈发显著,即WUE增长随辐射强迫的增强而更显著。同时,各模型预测的年均气温倾向率为0.21~0.498摄氏度/10年,降雨量倾向率为7.78~17.66毫米/10年。由于气温、降雨量、CO_2等关键气候变化因子调控GPP正增长速率大于ET,以及生态系统LAI值和自身的植被演替过程直接影响生态系统WUE,最终使得生态系统WUE呈正增长趋势。其中GPP的显著增加是未来秦岭地区生态系统WUE增长的直接因素,而气温的显著增加与大气CO_2浓度的升高则是WUE变化的主要环境因素,降雨量的影响相对较弱。

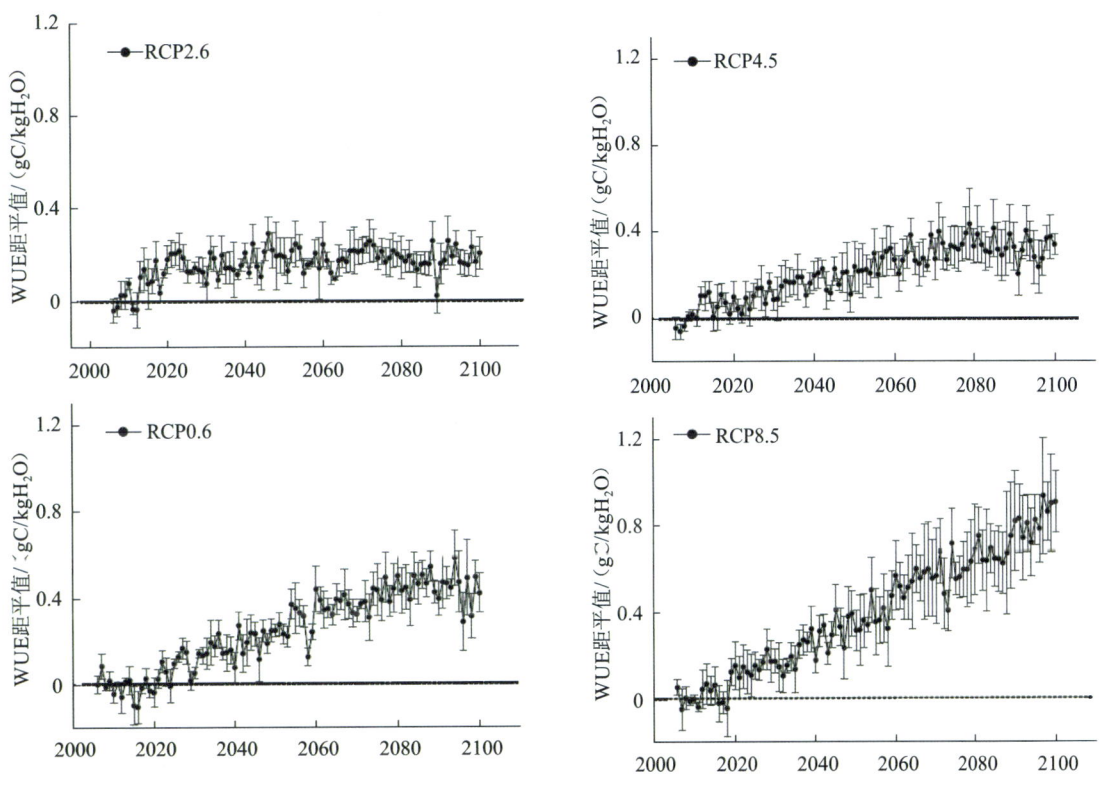

图5-10 不同情境下各模型WUE均值距平比较分析

表5-7 四种情境下WUE、GPP、ET与MAT、MAP倾向率比较分析

未来情景	WUE ($gCkg^{-1}H_2Oa^{-1}$)	GPP ($gCm^{-2}a^{-1}$)	ET ($kgH_2Om^{-2}a^{-1}$)	MAT (°Ca^{-1})	MAP (gH_2Oa^{-1})
RCP2.6	0.00136**	1.970**	0.338*	0.0212**	0.778*
RCP4.5	0.00569**	4.739**	0.501**	0.0187**	1.076
RCP6.0	0.00788**	6.003**	0.294*	0.0257**	0.493
RCP8.5	0.01300**	10.434**	0.738**	0.0498**	1.766**

注:*在0.05水平上显著增长;**在0.01水平上显著增长。WUE:水分利用率;GPP:总初级生产力;ET:蒸发散;MAT:年均气温;MAP:年均降水量。

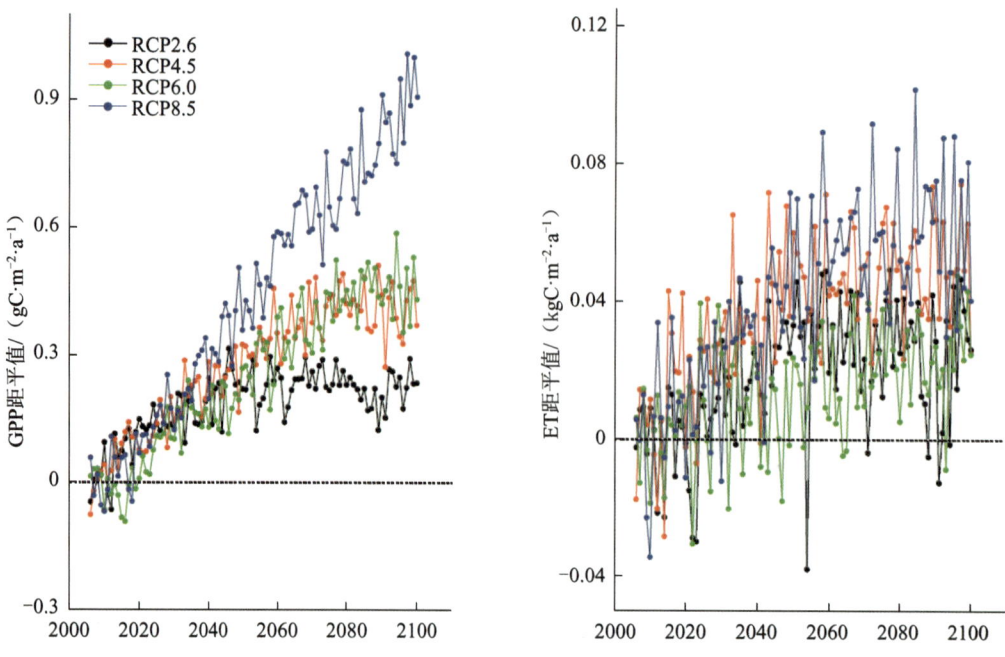

图5-11　四种情境下各模型GPP与ET均值距平比较分析

注：GPP：总初级生产力；ET：蒸发散。

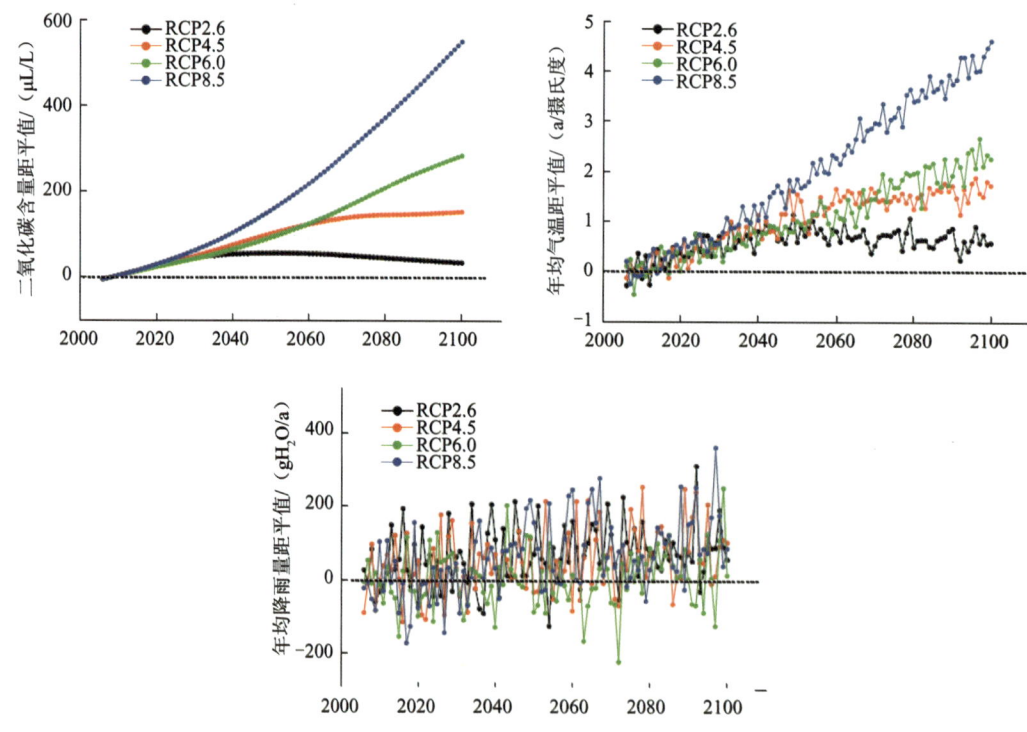

图5-12　四种情境下各模型CO_2浓度、MAT和MAP均值距平比较分析（二）

注：MAT：年均气温；MAP：年均降水量。

4.2.1 对农田生态系统的影响

以秦岭为界分为关中平原和秦巴山地两种各具特色的地貌单元。由汉江河谷到关中平原，跨北亚热带和暖温带，形成水田和旱地不同农业类型区。气候因南北而异，随地形有别，气温南高北低，降水南多北少。局地水热分布受地形影响，随海拔高度的增加，温度降低，降水增多。秦岭南北气候差异较大，形成了两大主要农业自然区域。从种植布局来看，关中平原以种植小麦、玉米、棉花为主，一年夏秋两作。陕南地区以种植小麦、玉米和水稻为主，两熟轮作。其中关中平原和陕南汉中盆地，水利灌溉条件较好，是粮食生产的主产区。农作物生长发育除了受品种、技术影响外，还受自然环境影响，尤其是气候条件的制约。不同气候使农作物具有强烈的地域性、季节性、产量不稳定性。农作物生长发育所必需的光、热、水资源的时空分布及其相互组合匹配情况，最终体现为对农作物的产量、品质的影响。降水量的季节分配对农作物影响较大，夏季降水量占全年50%左右，降水量变化大，多暴雨；在雨季，特别是盛夏期间常发生干旱，这是春播、夏播农作物产量不稳定的主要原因。由于夏、冬季风强弱和进退时间的迟早变化，易造成陕西干旱、洪涝、暴雨、低温、霜冻、冰雹等气象灾害，以及气象次生灾害如滑坡、泥石流、崩塌等（雷治平，2005）。

（1）干旱灾害。由于降水量时空分布不均，山、源旱地面积大，在月平均降水量比蒸发量大的情况下，干旱频繁发生。秦岭南北干旱成片出现，按照干旱出现的频数看，渭北、关中东部和关中西北较多，接着是安康、商洛，汉中盆地相对较少；从季节分布看，夏旱出现频数最多，占全年干旱频数的38%，其次是春旱，占32%，冬旱占17%，秋旱占13%。持续时间较长的干旱以冬春连旱最多，其次是春夏连旱，夏秋连旱较少。

（2）洪涝、暴雨灾害。关中和陕南暴雨出现在夏、秋季。秦岭南北暴雨相对集中区在陕南大巴山、米仓山区，汉江河谷、秦岭山区及渭北旱源地区。秦岭南北每年都不同程度地发生因暴雨、连阴雨形成的洪涝灾害。汉中、安康、商洛、宝鸡的秦岭山谷地区、渭北高原沟壑区及"二华"（华阴、华州区）夹槽地带是山洪水灾多发区。关中、陕南西部及秦岭中高山地区多发连阴雨灾害。

（3）霜冻灾害。关中地区霜冻灾害主要是春季终（晚）霜冻和秋季初（早）霜冻。春霜冻主要危害关中地区的棉花、春播作物幼苗和苹果、梨花期的正常授粉以及"拔节"前后的冬小麦、油菜等，陕南地区主要危害水稻育秧和越冬油菜等。秋霜冻主要危害秋粮作物的正常成熟和产量品质。

（4）冰雹灾害。多雹时段，关中大部分地区为5～6月，秦岭山区为4～6月。平均约3～5年出现一次多雹年。关中西北部的陇县及渭北旱源，冰雹较多；陕南除秦岭高山区外，冰雹较少。

4.2.2 对森林生态系统的影响

（1）林地面积变化。林地作为秦岭地区主要土地覆被类型，据2015年统计数据显示，其林地总面积为3425.51平方千米，占秦岭生态区总面积的54.47%。据土地覆被变化不完全统计数据显示，35年间的林地净增长面积为200.65平方千米，年均增长5.73平方千米。且2000年之后的林地面积增长速度较快，其年均增长面积约15.52平方千米。秦岭生态区的林地覆被类型可分为有林地、灌木林、疏林地和其他林地，其中以有林地为主。据2015年的土地覆被分析结果显示，其面积为24013.17平方千米，占林地总面积的69.96%；疏林地次之，其面积为5737.54平方千米，占林地总面积的16.72%；灌木林地面积较小，为4408.75平方千米，占林地总面积的12.84%。

表5-8　　　　　　　　　　　各类型林地面积分布情况

类型	面积（km²）	占林地面积百分比（%）
有林地	24013.17	69.96
灌木林	4408.75	12.84
疏林地	5737.54	16.72
其他林地	166.05	0.48

有林地的覆被变化经历了两个阶段：1980~1995年间，其覆被面积有减少趋势；1995~2015年近20年的时间，其覆被面积逐年递增。灌木林地的覆被面积变化，也是以1995年作为分水岭，前15年呈现逐年递增的变化情况，而后20年的覆被面积变化幅度较小，但整体呈现下降趋势。疏林地的面积变化较小，1980~2015年的面积变化幅度较小。

（2）森林生态系统服务价值。秦岭地区的森林种类多样。生态系统服务价值高。以1984年、2000年、2005年和2014年的Landsat TM影像为数据源，经监督分类方法获得秦岭土地利用类型分布图；从时间和空间角度对单位面积生态系统服务价值当量因子进行区域修正，并利用植被覆盖度进行逐像元二次修正后，计算1984~2014年秦岭森林生态系统服务价值。结果表明：1984~2014年，研究区森林面积约占总面积的77%，耕地和建设用地面积变化最明显；秦岭生态系统总服务价值逐年增长，研究期间共增长1.68×10^{17}元，增长速率最快的森林生态系统服务价值的贡献率为93.8%，水域和草地的贡献率分别为1.6%和1.3%；调节服务价值对生态系统总服务价值的贡献最大（62.7%~65.8%），而气候调节服务价值变化最大，增加4.91×10^{16}元。秦岭森林生态系统服务价值巨大，加强森林生态系统的保护是维持秦岭生态系统稳定的有效措施。

4.2.3　生态系统的脆弱性

赵东升等（2013）分析了气候变化情景下中国自然生态系统脆弱性。认为气候变化将严重影响我国自然生态系统的脆弱程度。随着气候变化，西北干旱区脆弱程度有所下降，许多重度脆弱生态系统向中度脆弱转化；温带湿润/半湿润区脆弱形势严峻，中度脆弱区有北移趋势，B2和A1B情景下表现得尤为明显；暖温带湿润/半湿润区脆弱程度不断变高，脆弱区明显向西扩展；亚热带区脆弱程度未有太大的变化，但脆弱区面积不断增大。北方地区的自然生态系统对极端气候事件反应最为敏感，特别是温带湿润/半湿润区、暖温带湿润/半湿润区和北方干旱/半干旱区的中西部，脆弱区面积大且脆弱程度高，部分区域的生态系统呈现出较大面积的极度脆弱。综合A2、B2和A1B情景评估结果表明，未来气候变化情景下中国东部地区脆弱程度呈上升趋势，西部地区呈下降趋势，但总体上，中国自然生态系统的脆弱性格局没有大的变化，仍呈现西高东低、北高南低的特点。气候变化情景下的近期气候变化对我国生态系统的影响不大，部分地区朝着有利的方向发展，但中、远期气候变化对生态系统的负面影响较大。

4.2.4　对湿地生态系统的影响

秦岭作为我国南水北调工程的重要水源地，其功能的特殊性和重要性，将对京津冀的社会经济发展起到重要的影响。根据2015年LUCC分析数据显示，秦岭生态区的湿地面积为405.14平方千米，占区域总面积的0.64%。其中河流和滩地所占面积比例较大，其面积分别为115.36平方千米和211.77平方千米，所占比例分别为28.47%和52.27%。湖泊和沼泽地面积较小。近35年的LUCC分析数据显示，其河流和湖泊面积有变小的趋势，滩地的面积有所增加，沼泽地面积明显减少，水库面积2015年与1980年相比增加了近1.5倍。

陕西省湿地类型分为4大类8小类。4大类分别为河流湿地、湖泊湿地、沼泽湿地、人工湿地。陕西省面积大于1平方千米的河流湿地面积2520.56平方千米，占全省湿地总面积的86%。全省流域面积在10平方千米以上的河流湿地有22条，主要有黄河、渭河、汉江、无定河、嘉陵江、丹江等。流域面积在100平方千米以上的河流有552条，其中黄河流域341条，长江流域211条。流域面积在5000平方千米以上的大河有13条。陕西省面积大于1平方千米的沼泽和沼泽化草甸湿地面积178.29平方千米，占全省湿地总面积的6.1%，是分布范围最广的一个类型。①沼泽湿地。湿地依据生境和群落建群种生活型可分为灌木沼泽、草本沼泽和盐沼。灌木沼泽分布在嘉陵江沿岸上游和汉江；草本沼泽分布在各河流、湖泊沿岸和水库周围；盐沼分布在神木、定边等县长城以北的地区。②草甸湿地。湿地依据生境可分为河岸湿草甸、河漫滩草甸、山地湿草甸和淡水泉。河岸湿草甸以汉江、嘉陵江、渭河、北洛河、南洛河等的中上游沿岸较常见；河漫滩草甸分布极为广泛；山地湿草甸分布在海拔2400米以上的亚高山和高山，以秦岭太白山、大巴山等较典型；淡水泉主要分布在秦岭北坡山脚和渭北塬边，如华清池、西汤峪、润德泉、粪泉等。陕西省人工湿地以水库湿地为主要类型，面积157.1平方千米，全省各河流流域均有分布。截至1997年，全省已建成水库1068座，总库容量425185万立方米，蓄水能力470337万立方米。库容在1000万立方米以上的水库共69座，其中大型水库5座，分别为王瑶水库、冯家山水库、石头河水库、安康水库和南湖水库。水面面积在1平方千米以上的有40座，总面积164平方千米，其中黄河流域35座，面积占58.6%；长江流域5座，面积占41.4%。截至2008年，陕西省国家级自然保护区有1个，为汉中朱鹮保护区；省级自然保护区有5个，分别为泾渭湿地保护区、瀛湖湿地保护区、陕西黄河湿地自然保护区、千湖湿地自然保护区、黑河湿地自然保护区。中国重要湿地有2个，分别为洋县朱鹮栖息地、红碱淖湿地。陕西的湿地大部分分布在半湿润、半干旱和干旱地区，降水量少，蒸发量大，加之上游地区无计划截流灌溉，造成下游河流水量减少，湿地水源补给不足，水面面积锐减。陕西一些地方在河道中建起水库后，大坝以上河道湿地面积有所增加，而大坝以下的河流湿地却明显萎缩。由于过度开垦，陕西大部分沼泽湿地变为农田，失去调洪功能，仅黄河湿地就萎缩近100平方千米。气候变化是一项全球性的环境问题，不仅会引起水资源在时空上的分配变化，而且可能加剧洪涝、干旱灾害的发生频率，影响到区域生态乃至人类的生存环境。气候变化对湿地水文水资源的影响具体表现在以下两个方面：一方面，气候变化将加速大气环流和水文循环过程，通过降水变化以及更频繁和更高强度的扰动事件（如干旱、暴风雨、洪水）对湿地能量和水分收支平衡产生影响，进而影响湿地水循环过程和水文条件。另一方面，气候变化将会增加经济社会用水和农业用水，可能更多挤占湿地生态用水，使湿地水资源短缺状况更加严重。湿地水文状况与降雨、气温等气候要素之间是一种非线性的关系，相对较小的降雨和气温变化也会导致水文状况的较大变化。湿地蒸散发作为湿地水文过程的重要组成要素，是联系植被与水文过程的重要纽带，对气候变化的响应极为显著。

5. 秦岭地区应对气候变化的生态系统管理对策与建议

5.1 气候资源变化有效利用研究

气候资源是人类生产和生活不可缺少的自然资源，它的开发利用对于经济社会的可持续发展具有十分重要的意义。开展秦岭地区气候资源普查、评估气候资源的承载能力，在此基础上根据社会发展和需求进行气候资源综合区划工作；建立秦岭地区气候资源监测评估体系，研究气候资源未来演化趋势及其对环境、生态和社会经济系统的影响；推广气候资源的开发利用技术，特别是对太阳能和风能等气候能源的利用。

（1）开展秦岭区域气候资源普查。秦岭地区地形复杂，各类气候资源都较为丰富，但是时空分布极不均匀，气候资源具有强烈的地域差异。

（2）开展气候资源承载能力评估。气候资源作为自然资源，是无偿提供给任何人的，但它具有资源数量无限性和有限性并存的特点，不能简单看作永不枯竭的可再生资源。秦岭地区是中国地理的分界线，也是气候的分界线，秦岭南坡与北坡气候条件各异，山地地区海拔高，只有开发得当，才是永无止境的。综合评估资源承载能力将有利于各级政府的科学决策。研究在多大程度内开发利用资源，可以兼顾社会经济发展和生态环境保护以及提高当地人民生活水平，也是资源承载能力评估和综合管理的重要问题。

（3）开展气候资源综合区划工作。在气候资源综合区划的基础上，在不同区内因地制宜，趋利避害，发展特色农林经济作物。

（4）气候资源变化监测评估。加强温室气体本底监测及相关研究。建立长序列、高精度的历史数据库和综合性、多源式的观测平台，重点推进气候变化事实、驱动机制、关键反馈过程及其不确定性等研究，提高对气候变化敏感性、脆弱性和预报性的研究水平。

（5）加强气候变化影响及适应研究。围绕水资源、农业、林业、生态系统、重大工程、防灾减灾等重点领域，加强气候变化影响的机理与评估方法研究，建立秦岭地区各部门、行业、区域适应气候变化理论和方法学。

（6）加强防灾减灾体系建设。加强基础信息收集，建立气候变化基础数据库，加强气候变化风险及极端气候事件预测预报。开展关键部门和领域气候变化风险分析，建立极端气候事件预警指数和等级标准，实现各类极端气候事件预测预警信息的共享共用和有效传递。建立多灾种早期预警机制，健全应急联动和社会响应体系。健全防灾减灾管理体系，改进应急响应机制。完善气候相关灾害风险区划和减灾预案。开发政策性与商业性气候灾害保险，建立巨灾风险转移分担机制。针对气候灾害新特征调整防灾减灾对策，科学编制极端气候事件和灾害应急处置方案。

5.2 气候灾害风险对策研究

干旱是秦岭地区主要灾种之一，干旱灾害是涉及气象、农业、水文及社会经济等学科的跨学科问题，因此需要采用综合性的措施应对。

（1）坚持开发与保护并重。全面加强资源综合利用和生态环境保护，推动农业发展与生态建设互动。依据水资源的承载能力，转变农业用水方式，落实最严格的水资源管理制度，以水定需、量水而行，做到适度开发、有序利用。划清开发、保护的底线，根据陕西省主体功能区划分和资源环境特点进行适度开发，宜粮则粮、宜牧则牧、宜林则林、宜草则草。坚决禁止无序开荒，生态脆弱、水土流失严重的地区必须坚决禁牧，不能再开采地下水的地区必须坚决禁采，保护农业生产力和生态产品生产力。

（2）当前与长远结合。立足资源禀赋，发展农业经济，多做打基础、管长远的事情。加强农田水利基础设施建设，建设稳固的现代粮食生产基地，有效改善农业生产条件，克服自然灾害影响和资源环境约束，增强农业抵御风险能力和可持续发展能力。不断完善强农惠农富农政策，加强农业支持保护，持续调动和保护农民务农种粮的积极性。完善现代农业产业体系，超前部署农业前沿技术和基础研究，着力突破农业重大关键技术和共性技术。适度开发、有限开发，节约集约利用资源，为子孙后代留下青山绿水良田。

（3）局部与全局统筹。树立系统化思维，推动秦岭地区现代农业发展，打破部门、区域界限，发挥各方面积极性。加大城乡统筹力度，在工业化、城镇化、信息化深入发展中同步推进农业现代化，构建以工促农、以城带乡、工农互惠、城乡一体的发展新格局，促进资源开发与城乡发展的良性互动，实现生产、生活、生态互利共赢。在此三原则的基础上，大力发展雨养农业，综合运用生物、农艺、农机、田间工程等措施，充分集蓄降水，最大限度提高降水保蓄率和利用率，从而实现农业高产高效。集成推广旱作农业技术。完善、开发、推广雨养农业集成配套技术，开展旱作节水技术模式攻关，积极推进耕作技术变革，突出田间农艺节水创新与普及，注重农机农艺配套，集成推广地膜覆盖保墒、垄沟聚雨保墒、深松蓄水保墒、设施节水补灌技术模式，留住地表水，保住土中墒。调整优化种植业结构，顺应天时，因地制宜，根据作物生育阶段需水与降水季节分配相吻合的原则，稳步扩大抗旱耐旱、高产高效的优势作物面积，提高天然降水利用率。在陕南丘陵区压麦扩薯，发展地膜马铃薯间套春玉米；在陕南利用退耕地、坡耕地发展林果业。

（4）发展现代农业。结合移民搬迁，优化农业资源开发格局，逐步建成与资源环境承载力相适应的现代农业发展体系，依托自然资源禀赋，扶持区域优势特色产业发展，建设现代农业。

（5）发展休闲观光农业。把休闲农业作为集生产、生活与生态三位一体的农村经济发展新业态，鼓励农民依托优美的自然环境、丰富的农业资源，发展休闲农业和乡村旅游，打造休闲农业品牌，拓宽农民增收空间。

参考文献

[1] IPCC. Climate Change 2001：the Science of Climate Change[M]. Cambridge：Cambridge University Press，2001：12IPCC. Climate Change 2007：the Science of Climate Change[M]. Cambridge：Cambridge University Press，2007：15

[2] 任国玉，郭军，徐铭志等.近50年来中国地面气候变化的基本特征.气象学报，2005（6）

[3] 赵燕宁，时兴和，王式功等.青海河湟谷地气候及干旱变化研究.中国沙漠，2006（1）

[4] 李茜，李栋梁.河套及邻近地区50年旱涝基本气候特征与演变.高原气象，26（4）

[5] 李栋梁，魏丽，蔡英等.中国西北现代气候变化事实与未来趋势展望.冰川冻土，2003（2）

[6] 王劲松，黄玉霞，冯建英等.径流量Z指数与Palmer指数对河西干旱的监测.应用气象学报，2009（4）

[7] 王志伟，翟盘茂，武永利.2007，近55年来中国10大水文区域干旱化分析.高原气象，2007（4）

[8] 周俊菊，石培基，师玮.2012，1960～2009年石羊河流域气候变化及极端干湿事件演变特征.自然资源学报，27（1）

[9] 马柱国，符淙斌.中国干旱和半干旱带的10年际演变特征.地球物理学报，2005（3）

[10] 袁云，李栋梁，安迪等.2010，基于标准化降水指数的中国冬季干旱分区及气候特征.中国沙漠，30（4）

[11] 马柱国，黄刚，甘文强等.近代中国北方干湿变化趋势的多时段特征.大气科学，2005（5）

[12] 傅伯杰，刘国华，陈利顶等.中国生态区划方案.生态学报，2001（1）

[13] 任志远，李晶.秦巴山区植被固定CO_2释放O_2生态价值测评.地理研究，2004（6）

[14] 李晶，孙根年，任志远.陕西秦巴山区植被第一性生产物质量与价值量测评研究.生态学报，2001（12）

[15] 高翔，白红英，张善红等.1959～2009年秦岭山地气候变化趋势研究.水土保持通报，2012（1）

[16] 张善红，白红英，高翔等.太白山植被指数时空变化及其对区域温度的响应.自然资源学报，2011（8）

[17] 白晶.秦岭南北气候变化特征及人为驱动力差异分析.陕西师范大学，2011

[18] 刘敏，沈彦俊，曾燕等.近50年中国蒸发皿蒸发量变化趋势及原因.地理学报，2009（3）

[19] Allen R G，Pereira L S，Raes D，et al. 1998. Crop evapotranspiration guidelines for computing crop water requiremenrs FAO Irrigation and Drainage Paper 56. Rome，Italy：Food and Agriculture organization of the United，35-45

[20] 魏凤英.现代气候统计诊断与预测技术.北京：气象出版社，1999

[21] 施雅风，沈永平，李栋梁等.中国西北气候由暖干向暖湿转型的特征和趋势探讨.第四纪研究，2003（2）

[22] 施雅风.中国西北气候由暖干向暖湿转型问题评估.北京：气象出版社，2003

[23] 和宛琳，徐宗学.渭河流域气温与蒸发量时空分布及其变化趋势分析.北京师范大学学报：自然科学版，2006（1）

[24] 左德鹏，徐宗学，程磊等.渭河流域潜在蒸散量时空变化及其突变特征.资源科学，2011（5）

[25] 申双和，张方敏，盛琼.1975～2004年中国湿润指数时空变化特征.农业工程学报，2009（1）

[26] 马柱国.华北干旱化趋势及转折性变化与太平洋年代际振荡的关系.科学通报，2007（10）

[27] 杨超伦.日本，朱鹮为何灭绝？.生态经济，2004（1）

[28] 杨晓光，刘志娟，陈阜.全球气候变暖对中国种植制度可能影响：VI.未来气候变化对中国种植制度北界的可能影响.中国农业科学，2011（8）

[29] 赵俊芳,郭建平,徐精文等.基于湿润指数的中国干湿状况变化趋势.农业工程学报,2010(8)

[30] 段伟,温亚利,王昌海.劳动力转移对朱鹮保护区周边环境的影响分析.资源科学,2013(6)

[31] 李欣海,李典谟,丁长青,曹永汉,卢西荣,傅文凯.朱鹮(Nipponia nippon)栖息地质量的初步评价.生物多样性,1999(3)

[32] 常秀云,韩崇选.朱鹮(Nipponia nippon)的古籍记载与地方名考释.西北林学院学报,2009(3)

[33] 李敬喜.农药污染与朱鹮.干旱环境监测,1993(1)

[34] 白晶,延军平,苏坤慧.1958~2007年秦岭南北气候变化的差异性分析.陕西师范大学学报(自然科学版),2010(6)

[35] 高翔,白红英,张善红,贺映娜.1959~2009年秦岭山地气候变化趋势研究.水土保持通报,2012(1)

[36] 延军平,郑宇.秦岭南北地区环境变化响应比较研究.地理研究,2001(5)

[37] 孙华,白红英.基于spot vegetation的秦岭南坡近10年来植被覆盖变化及其对温度的响应.环境科学学报,2010(3)

[38] 王锐婷,范雄,刘庆,陈文秀.气候变化对四川大熊猫栖息地的影响.高原山地气象研究,2010(4)

[39] 彭红兰.气候变化对川金丝猴栖息地的影响.中国林业科学院硕士论文,2010

[40] 吕佳佳,吴建国.气候变化对植物及植被分布的影响研究进展.环境科学与技术,2009(6)

[41] 宋佃星,延军平,马莉.近50年来秦岭南北气候分异研究.干旱区研究,2011(3)

[42] 施雅风,沈永平,李栋梁等.中国西北气候由暖干向暖湿转型的特征和趋势探讨.第四纪研究,2003(2)

[43] 靳立亚,符娇兰,陈发虎.近44年来中国西北降水量变化的区域差异以及对全球变暖的响应.地理科学,2005(5)

[44] 叶柏生,李翀,杨大庆等.我国过去50a来降水变化趋势及其对水资源的影响(I)年系列.冰川冻土,2004(5)

[45] 2010年陕西省温室气体清单总报告

[46] 丁一汇,戴晓苏.中国近百年来的温度变化.气象,1994(12)

[47] 孙娴,林振山.经验模态分解下中国气温变化趋势的区域特征.地理学报,2007(11)

[48] 王遵娅,丁一汇,何金梅等.近50年来中国气候变化特征的再分析.气象学报,2004(2)

[49] 陈隆勋,朱文琴,王文等.中国近45年来气候变化的研究.气象学报,1998(3)

[50] 刘登伟,延军平.秦岭南北径流变化特征对比分析.干旱区资源与环境,2008(11)

[51] 宋佃星,延军平,马莉.近50年来秦岭南北气候分异研究干旱区研究,2011(3)

[52] 艾怀森.羚牛在中国的地理分布与生态研究现状.四川动物,2003(1)

[53] 李义明,廖明尧,喻杰杨,敬元.社群大小的年变化、气候和人类活动对神农架自然保护区川金丝猴日移动距离的影响.生物多样性,2005(5)

[54] 李明旭,杨延征,朱求安,陈槐,彭长辉.气候变化背景下秦岭地区陆地生态系统水分利用率变化趋势.生态学报,2016(4)

[55] 张金良,李焕芳,张民侠,侯凌宇.秦岭保护区群存在的主要问题和管理对策.生物多样性,1998(4)

[56] 王钊,彭艳,魏娜.近52年秦岭南北极端温度变化及其与区域增暖的关系.干旱气象,2016(2)

[57] 李明旭,杨延征,朱求安,陈槐,彭长辉.气候变化背景下秦岭地区陆地生态系统水分利用率变化趋势.生

态学报，2016（4）

[58] 李明旭，杨延征，朱求安，陈槐，彭长辉.气候变化背景下秦岭地区陆地生态系统水分利用率变化趋势.生态学报，2016（4）

[59] 温敏，张人禾，杨振斌.气候资源的合理开发利用.地球科学进，2014（6）

[60] 蒋冲，王飞，穆兴民，李锐.气候变化对秦岭南北植被净初级生产力的影响（Ⅰ）：近52年秦岭南北气候时空变化特征分析.中国水土保持科学，2012（5）

[61] 雷治平.陕西农业干旱灾害评估及影响因子分析研究.西北农林科技大学，2005

[62] 陕西省环境科学研究设计院.2001~2010年陕西秦岭国家级生态功能保护区生态功能变化研究，2011

[63] 郭兆夏，李星敏，朱琳，梁轶.基于GIS的陕西省年降水量空间分布特征分析，中国农业气象，2010（增1）

[64] 高翔，白红英，张善红等.1959~2009年秦岭山地气候变化趋势研究.水土保持通报，2012（1）

[65] 张善红，白红英，高翔等.太白山植被指数时空变化及其对区域温度的响应.自然资源学报，2012（8）

[66] 白晶.秦岭南北气候变化特征及人为驱动力差异分析.陕西师范大学，2011

[67] 左德鹏，徐宗学，程磊等.渭河流域潜在蒸散量时空变化及其突变特征.资源科学，2011（5）

[68] 申双和，张方敏，盛琼.1975~2004年中国湿润指数时空变化特征.农业工程学报，2009（1）

[69] 马柱国.华北干旱化趋势及转折性变化与太平洋年代际振荡的关系.科学通报，2007（10）

[70] 赵俊芳，郭建平，徐精文等.基于湿润指数的中国干湿状况变化趋势.农业工程学报，2010（8）

[71] 李登科，范建忠，王娟.基于MOD17A3的陕西省植被NPP变化特征.生态学杂志，2011（12）

[72] 任志远，李晶.秦巴山区植被固定CO_2释放O_2生态价值测评.地理研究，2004（6）

[73] 李晶，孙根年，任志远.陕西秦巴山区植被第一性生产物质量与价值量测评研究.生态学报，2002（12）

[74] 李登科，范建忠，董金芳.1981~2000年陕西省植被净初级生产力时空变化.西北植物学报，2011（9）

[75] 何勇，董文杰，季劲松等.基于AVM的中国陆地生态系统净初级生产力模拟.地球科学进展，2005（3）

[76] 侯英雨，柳钦火，延昊等.我国陆地植被净初级生产力变化规律及其对气候的响应.应用生态学报，2007（9）

[77] 刘世荣，郭泉水，王兵.中国森林生产力对气候变化响应的预测研究.生态学报，1998（5）

[78] 方精云.中国森林生产力及其对全球气候变化的响应.植物生态学报，2005（5）

[79] 陕西省人民政府.陕西省国民经济和社会发展第十三个五年规划纲要.西安：陕西新华出版传媒集团，陕西人民出版社，2016

[80] 朱琳，颜胜安.陕西省种植制度气候分析与区划.耕作与栽培，1986（21）

[81] Guozhen Shen, Stuart L. Pimm, Chaoyang Feng, et al. Climate change challenges the current conservation strategy for the giant panda. Biological Conservation 190（2015），43-50

[82] the Committee of China's National Assessment Report on Climate Change, 2011. China's National Assessment Report on Climate Change, second ed. China Science Press, Beijing, China.

[83] Juntao Fan, Junsheng Li, Rui Xia, Lile Hu, Xiaopu Wu, Guo Li. Assessing the impact of climate change on the habitat distribution of the giant panda in the Qinling Mountains of China. Ecological Modelling, Volume 274, 2014, 12-20

[84] 殷莎，赵永华，韩磊王，耀斌，蔡健.秦岭森林生态系统服务价值的时空演变.《应用生态学报》，2016（12）

专题报告六

农业与农村发展及农民参与生态系统综合管理研究

专题负责人：霍学喜

摘 要

秦岭地区被定义为"世界生物基因库"和"中国的中央国家公园",是中国生态安全保障的主体功能区。秦岭地区植被资源种类繁多,野生动植物资源丰富,植物地理组成成分复杂多样,热带、温带和中国特有区系成分在此汇集,是区域经济社会发展重要的生态基础。随着区域经济发展及城镇化进程加快,伴随着严重的资源过度开发、消耗及不同程度的资源环境破坏,导致区域生态系统功能脆弱化风险,秦岭地区生态保护与经济社会发展间的矛盾凸显。因此,如何有效保护和利用秦岭生态环境资源,协调农业及农村经济发展与生态系统保护间的关系,加强和完善生态系统综合管理,成为秦岭地区发展的重要战略目标。

本专题在系统梳理秦岭地区农业及农村发展与生态系统管理间的内在机理基础上,剖析秦岭地区农业及农村发展状况及突出问题,综合评估农民参与生态系统综合管理的行为特征、体制机制壁垒和经济环境约束。以政府及相关机构披露的各类发展规划及报告、统计年鉴及文献数据为基础,采用描述统计分析、对比分析等方法,分析秦岭南、北麓地区农业产业发展状况及农业发展中的问题,从优化生态系统综合管理视角,提出农业发展的路径与模式。以秦岭地区西安、宝鸡、渭南、汉中、安康、商洛5个市6个县29个行政村的实地调研数据为基础,从秦岭地区人口迁移、村镇布局变革、公共产品配置、综合管理与乡村配置方面,分析秦岭地区农村社区治理保护机制,从优化生态系统综合管理视角,提出健全农村社区治理保护机制的路径与模式;测度和评价秦岭地区农民生产生活、农民认知对生态环境的影响,从优化生态系统综合管理视角,提出秦岭地区农民发展的路径与模式。

研究发现,秦岭地区农业及农村发展存在三方面的关键问题:一是农业种养殖结构单一,生产及管理方式落后,装备落后及技术含量低,耕地等农业资源可开发空间受限;二是农村基础设施建设滞后,乡村治理主体单一,缺乏利益相关者广泛、深度参与的社区共治机制和生态系统共管机制;三是农民家庭收入来源及渠道单一、缺乏稳定性,生态环境保护意识不强;四是政府行政主导、过度强调生态保护和环境治理,但生态资源权属关系不清晰,忽略农户的资源产权及生存权、发展权,忽视生态系统综合管理过程中农民的参与权。

基于上述结论及问题,从优化秦岭地区生态系统综合管理视角,围绕以促进形成秦岭地区农业及农村发展与生态系统服务功能提升相协调的体制、机制目标,提出六方面的建议:一是尊重区域内部差异,优化布局山地农业;二是重视发展生态产业,助力农村经济转型发展;三是拓宽农民就业增收渠道，减少生态资源依赖；四是加强基础设施建设，改善农村人居生态环境；五是构建社区共治共管机制，鼓励农民参与生态环境保护；六是加大政府扶持力度，完善生态补偿机制与政策。

1. 前言

秦岭是横贯中国中部、东西走向的褶皱断层山脉，是黄河水系与长江水系的分水岭，是中国地理的南北分界线。秦岭地区属于亚热带气候向温带气候的过渡区，其中秦岭以南属于亚热带气候，秦岭以北属于暖温带气候。秦岭具有"世界生物基因库"之美称和"中国的中央国家公园"之美誉，是关中城市群的天然生态屏障，也是中国生态安全保障的主体区域，承担着中国南水北调中线工程水源地保护。秦岭地区植被资源种类繁多，野生动植物资源丰富，植物地理组成成分复杂多样，热带、温带和中国特有区系成分在此汇集，是区域经济社会发展重要的生态基础。

随着区域经济发展及城镇化进程加快，伴随着严重的资源过度开发与消耗、不同程度的资源环境破坏，导致区域生态系统功能脆弱化，秦岭地区生态保护与经济社会发展间的矛盾凸显。秦岭地区是中国重要的集中连片特困区，区域人口结构中农村人口比重大，但中青年高素质农村劳动力大量向非农产业领域、城镇地区转移，农业从业者的综合素质相对下降；农业在国民经济结构中居重要地位，但农业小规模、分散型经营，组织化程度低，支撑农民生计持续发展的能力相对下降。农村区域产业聚集低，产业转型升级缓慢，综合竞争力不高，农村社区治理结构转型及经济社会发展总体滞后。

从发展角度判断，重视秦岭地区生态环境保护，加强秦岭地区生态系统综合管理的制度设计与政策调整，对生态资源开发及农业、农村发展形成诸多刚性约束，从而影响农民脱贫致富和农村区域经济社会发展。主要表现为：一是生态友好型的职业农民培养，需要采取激励与约束并重的政策措施，以便促进转变农民的生产方式、经营理念，提高农民的职业技能和生态关爱素养，但这需要经历较长的过程，是地方政府和农民必须面临的巨大挑战之一。二是形成生态友好型的农业生产管理系统，涉及以土地流转、农地调整整治为基础的适度规模家庭农场培育及农业产业组织改造，以农业产业结构调整为基础及各类农产品储藏、加工运销为主的产业链纵向延伸和横向拓展，以农业资源和生态环境保护为基础的农业产业布局优化及区域产业生态适宜性配制，以田间道路、农地整理、土壤改良、农田水利、防灾减灾能力等为主的农业基础设施建设，以及良种培育、耕作栽培模式变革、农业机械配套等技术装备升级问题，既需要持续提高农民的适应性能力，又需要不断推进农业体制改革、机制创新和政策优化，是地方政府和农民必须面临的巨大挑战之二。三是形成生态友好型的农村发展治理体系，涉及以村庄整治为主的新农村建设，以农村区域特色村落、自然景观、文化遗产等为依托的旅游、观光、餐饮产业转型升级，以村镇为依托的传统手工业升级、新型工业培育、现代服务业成长，以精准扶贫过程为契机的移民搬迁及相应的生态环境整治，以农民城镇化为动力和压力的居民点建设及相应的生态环境整治，以及农村社区生产生活垃圾、污水无害化处理为目的的资源循环开发利用系统建设，既需要统筹农村一、二、三产业融合发展机制，又需要统筹新型城乡关系机制，是地方政府和农民必须面临的巨大挑战之三。

这意味着，着眼构建秦岭生态系统综合管理体系，必须尊重自然生态环境，即农业发展及农村社会发展必须遵从生态环境规律，注重保持农业经济系统、农村社会系统与生态系统间的统筹、和谐。因此，如何有效保护和利用秦岭生态环境资源，协调农业及农村经济发展与生态系统保护之间的关系，成为秦岭地区发展的重要战略目标。

本专题以梳理秦岭地区农业及农村发展与生态系统管理间的内在关系为基础，分析秦岭地区农业及农村发展状况和突出问题，综合评估农民参与生态系统综合管理的行为特征、体制机制壁垒和经济环境约束。基于完善和改进秦岭生态系统综合管理视角，以促进形成秦岭地区农业及农村发展与生态系统服务功能相协调的体制、机制为目标，探索形成秦岭地区农业及农村发展的战略方向、实现路径与治理模式，以及增强秦岭生态系统综合管理的体制机制，并提出相应的对策与建议。

2. 秦岭地区农业及农村发展与生态系统综合管理

在国家重视秦岭地区自然保护区生态系统综合管理的背景下，秦岭地区传统的农业资源开发模式受到限制，传统的农业发展模式受到制约，现行的农村治理模式需要创新和转型升级。因此，基于有效保护生态资源和加强生态系统综合管理视角，探索秦岭地区农业及农村可持续发展的路径与模式，促进农民增收和脱贫致富的途径与政策，必须以厘清农业及农村发展与生态系统综合管理间的内在关系机理为基础。即必须客观评价农业及农村经济社会发展面临的资源约束、生态系统综合管理导致的发展壁垒，探索形成农业及农村经济社会发展与生态系统间相互依存、互相促进的一体化治理机制、协同管理模式，以及基于生态系统综合管理的农业发展技术支持、农村发展物质保障、农民参与综合管理的政策供给设计。

2.1 秦岭地区生态系统综合管理结构与原理

从农业及农村发展的价值取向判断，秦岭地区生态系统综合管理的实质是以人为主体的生命与其栖息劳作环境、物质生产环境、社会文化环境间的协调与治理。从秦岭地区农民—农业及农村发展—生态系统综合管理间的关系原理判断，农民是秦岭生态系统综合管理的主体；农民的栖息劳作环境（即地理环境、生物环境、设施环境）、区域生态环境（即农业及农村发展过程中原材料资源供给、产品服务生产、废弃物消纳及缓冲调节的环境）、社会文化环境（即文化与习俗、体制与机制、组织与结构、技术与措施构成的软环境）构成秦岭生态系统综合管理的环境部分。其中，环境部分具有生产与生活、供给与接纳、抑制与缓冲功能，因而是农民生计、农业及农村发展的基础与支撑保障系统。

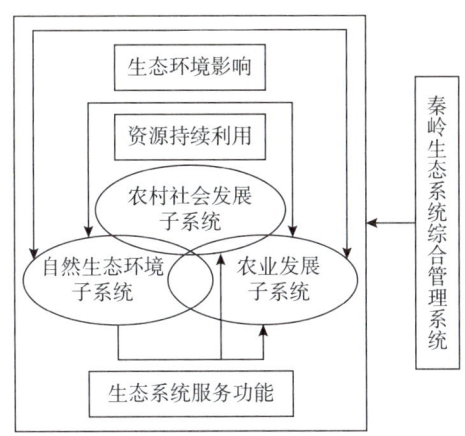

图6-1 农民—农业—农村发展与生态系统综合管理结构

就农业及农村发展与生态治理关系而言，秦岭地区生态系统综合管理包括既相互作用又相互制衡的三个子系统，即农业发展子系统、农村社会发展子系统、自然生态环境子系统（见图6-1）。其中自然生态环境子系统对农业及农村社会发展过程及演进，发挥着基础和支撑保障作用；农业及农村社会发展又反作用于自然生态环境子系统，对有效保护自然生态环境产生正向或负向作用。因此，农村社会可持续发展取决于农业及农村经济和自然生态环境的可持续性，而农业及农村经济的可持续发展，最终依赖于农村自然资源和整个生态系统保护的有效性和质量。

值得关注的是，秦岭地区生态系统综合管理是以加强生态保护为目的，提高生态系统的服务功能。秦岭地区农民生存与发展则以农业及农村经济发展为基础，提高农村地区的经济支撑功能和社会服务保障功能。彼此间以物质流、信息流、能量流、物种流传输和交换为纽带，相互作用、相互影响，形成生态系统综合管理体系，但必须遵循生态经济协调发展原理。

2.2 秦岭地区农民参与生态系统综合管理行为特征

秦岭地区的农民行为、行为关系与相关制度间存在复杂的演进逻辑。除了现行的体制、机制、政策等正式制度约束与激励外，在农村长期演进过程中，形成不同的行为人和行为群体间相互作用、相互影响的关系类型。基于这些不同的关系类型，形成内生于生态系统综合管理，且在农村居民生产、生活中持续发挥激励和约束功能的"乡规民约""行为规范"，即非正式制度。这些非正式制度对维持农民在农村社区中的地位与作用，协调农民的农业生产经营行为和生活习俗，以及保障农村社区经济社会正常运转方面,具有正式制度难以替代的作用。在秦岭地区生态系统综合管理中,也发挥着潜移默化但不可忽视的重要作用(见图6-2)。

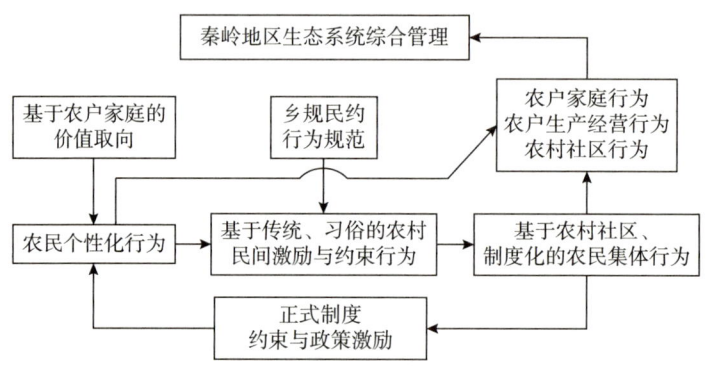

图6-2 农民参与生态系统管理过程

长期以来,秦岭山区农民的生计活动主要围绕开荒种地、伐木采集、狩猎放牧以及土特产品加工、运销贸易等经营活动展开,是典型的靠山吃山模式,形成依托生态系统的生产生活体系。农民食物体系中一半来源于耕种与家庭养殖,另一半则储藏于生态系统。因此,秦岭地区的农民与生态系统之间形成和谐、互惠关系,即以山林为生,重视保持赖以生存的生态系统,重视保护水源涵养和生态系统功能的持续性。可见,农民是生态系统的天然盟友(见图6-3)。

但随着人口增加及生活水平提高,特别是市场化改革及商品经济发展对农民生产方式、生活理念的强烈冲击,农业及农村发展行为对秦岭地区生态系统的影响具有明显的负外部性,自然资源及生态环境的综合承载能力相对下降(见图6-3)。

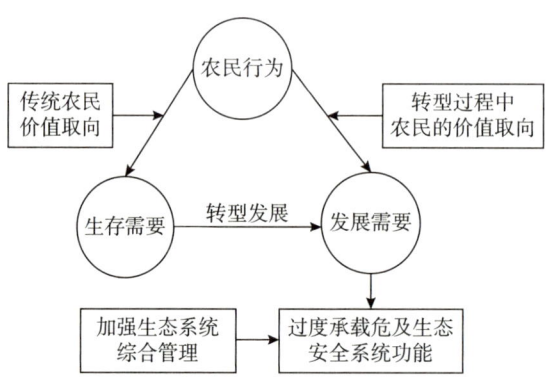

图6-3 秦岭地区农民发展价值取向及行为倾向

第一,农民生活方式处于生存型向发展型转变阶段,但农民的职业技能和生态素质培养滞后。马斯洛的需求层次理论表明,人的需求是从低级到高级逐渐演进,并得到满足。实际上,农民生活方式转变过程导致的负面生态环境行为,总是围绕满足农民自身需要和解决发展问题而发生的。改革开放前期阶段,秦岭地区多数农民属于传统农民,生产方式和生活方式均具有自给自足特征,农民生活相对贫困。从事生产活动的主要目的是解决家庭温饱问题、维持生存,与低水平的生产能力和生活水平相对应,农民生产生活对生态环境的破坏也不明显。

20世纪90年代以来，市场经济发展、城乡交融发展对农民的生活方式、生产方式产生强烈出击，高素质的中青年农民持续向城镇及非农产业领域转移；农民的需求层次逐步提高，由生存需求转向发展需求，生活方式转型较快；注重货币化财富积累及扩大经营性产业项目，关注职业技能提升及子女教育等人力资本投资。但注重关注和保护生态环境因素，并未成为调节和约束农民经济活动的主要因素，即农民的经济决策聚焦追求自身收益和效用的最大化，而忽略生态环境保护问题。

第二，农业经营方式处于传统型向现代型转变阶段，但农民的经营管理能力提升和生态素质培养滞后。农村改革以来，秦岭地区确立了以家庭经营为主的农业经营方式，农户获得经营自主权，种植业、林果业、畜牧业、采集狩猎等发展较快。但乱垦乱伐、乱牧乱放、过度采集问题凸显。主要表现是水土流失、草场退化、植被破坏及农业灾害较为严重。例如，陕西汉中、安康、商洛三市年均有1.20亿吨泥沙流入长江，占到长江流域总输入沙量的12.00%。1999年秦岭地区进入国家退耕还林还草工程试点序列，中央和省政府持续实施飞播造林工程，也启动了各类人工造林工程等措施，植被恢复较快，生态环境恶化得到抑制。

2008年10月以来，中央明确土地承包关系保持稳定，要求赋予农民更加充分且有保障的土地承包经营权；允许农民以多种形式流转土地承包经营权，发展适度规模经营。2013年11月以来，中央按照加快构建新型农业经营体系目标，要求赋予农民更多财产权利。在此背景下，陕西省政府及秦岭地区相关地方政府均出台政策，支持农业新型经营主体发展，农户土地流转需求增加，农地调整和农地整理受到农户重视，种植业、养殖业领域的规模化经营户呈较快增长趋势。据调查，2013年安康市耕地流转面积占到农户家庭承包耕地面积的22.10%。安康市平利县依托农地流转的"平利模式"，促进耕地快速流转，2013年该县长安镇已流转耕地达到1100.67公顷，占到全镇耕地的48.00%，居全省前列；培育经营规模在6.67公顷以上的农户达到87户。

与耕地流转的趋势相类似，秦巴山区的草地承包权、林地承包权流转速度也明显加快，并助力规模养殖户、规模林下经济经营户成长。据调查，2015年安康市支持形成274个经营规模在6.67公顷以上的林下经济示范户。2015年安康市白河县年饲养量在50只以上的养羊大户达到84户，其中该县牧源白山羊养殖合作社依托流入的52公顷土地和24个规模化养羊社员，年羊饲养量达到3700多只。此外，秦巴地区围绕森林生态旅游、野生动植物养殖、绿色食品、中药材等发展林下经济，已经形成岚皋、太白、佛坪、略阳、山阳、洛南6个"国家林下经济示范基地"。

值得关注的是，秦岭地区农业经营方式转型过程，也伴随着快速的农户分化和正在经历复杂的农村人口整合过程，该过程暴露了农民的职业素质较低，经营管理能力不高，以及生态关爱素质培养滞后等重要问题。同时，基于市场经济制度的农民合作组织、涉农行业协会组织的自律机制缺失、自律功能偏弱，政府公共环境管理制度不健全，相关生态环境保护法律、政策落实不够彻底等，农业经营方式转型过程带来明显的生态环境问题。主要包括：一是退耕还林还草工程工作实施的难度加大，其中大于25度的坡耕地比例较高、面积较大，水土流失依然严重；二是为获得较高的产量和收益，农民在有限的农业用地上超量使用化肥、农药、农膜等化学投入品，种植模式变革及耕作模式与技术创新滞后，有机肥推广及化学投入品替代技术进步缓慢，造成明显的农业面源污染；三是畜牧业发展加快，特别是规模化养殖户（场）快速增长，但动物粪便及养殖废弃物无害化处理比例很低，导致较为严重的点源污染；四是林下经济发展较快，狩猎和采集无序化扩张，导致经营性开发过度，而有效培育、依法管护滞后，影响林下经济可持续发展；五是促进农业发展、增加农民收入作为产业精准扶贫的基本举措，已经上升为各级决策层的重要战略，但以田间道路、农地整理、土壤改良、农田水利、防灾减灾体系等为主的农业基础设施建设，导致严重的工程性生态环境问题。

第三，农村处于传统村落治理向现代社区治理转变阶段，但社区治理能力和生态素质培养滞后。进入21世纪以来，中央及地方高度重视农村发展与建设，其中集中连片贫困区和生态功能区又是重中之重。2002年中央做出全面建设小康社会的总体部署，2005年中央将建设社会主义新农村作为农村现代化进程中的重大历史任务加以推进。2007年国家环境保护总局出台《国家重点生态功能保护区规划纲要》；2014年国家出台《建立精准扶贫工作机制实施方案》。2002年陕西省出台《陕西省农村扶贫开发规划（2011~2010）》，2006年陕西省出台《陕西省推进社会主义新农村建设规划纲要》，2011年陕西省出台《陕南地区移民搬迁安置总体规划（2011~2020）》。在此背景下，依托覆盖面较宽的新农村建设工程，精准扶贫及大规模移民搬迁工程，重点生态功能保护区建设工程，以及各类配套的乡村产业支撑项目，秦岭地区农村经济社会发展进入新阶段，农村人口流动及农村社会分化加快，农村社区治理环境也发生重大转变。主要包括：一是以高密度的城乡道路、通信系统、网络体系为标志的基础设施建设加快，城乡交通环境、信息网络环境、商品集散及物流环境、市场交易环境得到明显改善；二是以三产融合发展为标志的农村经济资源整合、产业集聚加快，农村旅游、观光、餐饮产业及手工业、新型加工业、服务业发展环境得到明显改善；三是以新农村建设、九个重要的移民搬迁集中安置点建设为标志，农村社区生产环境、生活环境及发展环境得到明显改善；四是以突破制约城乡间人流、物流、信息流等体制壁垒、政策障碍为标志，农民城镇化环境、城乡产业整合与要素配置环境得到明显改善。

但在农村运行及发展环境转变过程中，农村社区治理结构改进相对滞后。主要表现在两方面：一是受市场经济、商品经济的强烈冲击，农村居民的发展理念、价值观及发展机会、财富占有能力、社会地位及影响等差异显著扩大，导致以传统的"乡规民约""行为规范"为基础的非正式治理制度的调节和约束功能基本失灵；二是农村行政体制、产权制度改革滞后，农村经济政策、社会治理政策调整频度高且具有易变性，导致以法律制度为基础的正式治理制度建设相对缓慢，正式治理制度的调节和约束功能明显偏弱。

非正式制度功能失灵与正式制度功能偏弱产生的叠加效应，导致农村社区治理转变过程严重的生态环境问题。主要包括：一是水资源总体丰裕条件下，由于城镇用水、非农产业发展用水增长较快，农村饮水又普遍缺乏必要的质量监管，以及村庄生产及生活垃圾、污水无害化处理程度低等，严重影响秦岭地区的农村生态环境质量。二是农村地区环境基础设施建设相当落后，大部分村镇缺乏专门的、高效率的环境基础设施，生活垃圾、人畜粪便、养殖废物、农业废弃物和生活污水任意排放、堆放较为普遍。特别是农村垃圾结构中的工业废弃物和无机物增加，导致农村环境卫生状况恶化，影响秦岭地区的生态环境质量。三是浅山丘陵地区、平坝地区的农业集约化发展，打破了传统且有效的种养、农牧紧密结合模式，种植养殖废物数量增加，但大量种植养殖废物得不到有效利用，农村随意丢弃、堆放或无控焚烧，既造成资源浪费、地力损伤，又严重污染、危害生态环境。四是重要农产品集中产区的农村地区水系和土壤面临城镇污染、农村污染的双重压力，水系淤塞、耕地退化、水土流失、生态系统退化，污染和生态问题相互交织，呈现出空间、地表和地下的立体型污染特征。

3. 样本区域及数据来源

本专题研究中采用的数据资料，主要来源于两方面：一是各类相关发展规划及报告、统计年鉴及文献数据；二是研究团队赴秦巴山区获得的实地调研数据。

3.1 规划及年鉴类数据资料

本项目研究中采用的有关秦岭地区的面上数据资料主要来源于《中国统计年鉴（2015）》《陕西省统计年鉴（2015）》《陕西区域统计年鉴（2015）》《商洛统计年鉴（2015）》《安康统计年鉴（2015）》《汉中统计年鉴（2015）》《宝鸡统计年鉴（2015）》《渭南统计年鉴（2015）》等公开出版物。

3.2 实地调研数据

关于秦岭地区农民生计及农业、农村发展的微观数据，以及农民行为、农业及农村发展与生态系统管理关系的微观数据和相关案例材料，主要来自项目组2015年9月、12月期间对秦岭地区西安、宝鸡、汉中、安康、商洛5个市6个县29个村的实地调研数据资料。

秦岭地区陕西板块涉及西安、宝鸡、渭南、汉中、安康、商洛6个地级市，为确保样本的代表性，本研究采用分层抽样（PPS）方法进行抽样。抽样阶段一：采用概率与规模成比例抽样方法（PPS抽样方法），根据区域产业发展、区域生态状况、农村区域发展、农民收入、经济水平、地理区位标准，在秦岭地区5个市中选取秦岭北麓地区的太白、蓝田2县和秦岭南麓地区的洋县、佛坪、旬阳、柞水4县为样本县；抽样阶段二：按照PPS抽样方法在每个样本县抽取2~4个乡镇作为二级抽样单位；抽样阶段三：在每个样本乡镇抽取1~3个村作为三级抽样单位；抽样阶段四：在每个样本村按照简单随机抽样方法选择8~31个农户为样本农户（见表6-1、图6-4）。实地调研中入户面对面访谈480农户，其中获得有效样本469个农户，样本有效率为97.71%。

表6-1　　抽样方案及样本结构与分布

样本市	样本县	样本镇	样本村	样本量
宝鸡市	太白县	王家堎镇	中明村	13
			板桥村	12
		咀头镇	方才关村	15
			拐里村	12
		鹦鸽镇	柴胡山村	13
			马耳山村	10
西安市	蓝田县	蓝关镇	黄沟村	11
			薛家村	15
		普化镇	岱底村	16
			陈家滩	8
		九间房镇	桐花沟村	13
			朝峰村	11
汉中市	洋县	槐树关镇	石门村	23
		关帝镇	马坪村	20
		磨子桥镇	张山下村	20
		华阳镇	县坝村	21
			红石窑村	23
	佛坪县	岳坝镇	岳坝村	31
		袁家庄镇	塘湾村	21
		长角坝镇	教场坝村	10
商洛市	柞水县	营盘镇	朱家湾村	17
			龙潭村	21
		小岭镇	李砭村	23
			岭丰村	15
安康市	旬阳县	吕河镇	险滩村	19
			梨河村	9
			冬青树村	5
		城关镇	乱滩村	20
			李家台村	22
合计	5	6	17	29	469

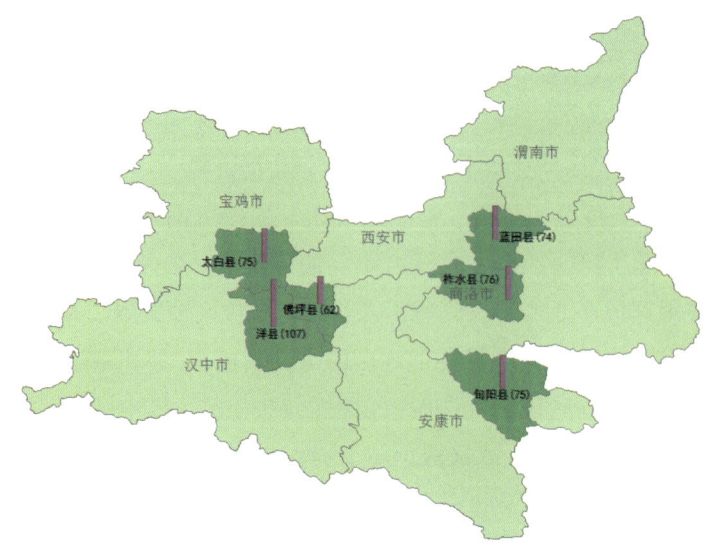

图6-4　样本县区位与分布图

3.3 样本区域特征

3.3.1 样本区域地理状况

样本区域涉及西安、宝鸡、汉中、安康、商洛5个市的6个县。其中，秦岭北麓地区为太白县、蓝田县，可以反映秦岭北麓地区的农业经济及农村社会、生态系统综合管理状况。太白县位于陕西省宝鸡市东南部，地处秦岭腹地，因其境内的秦岭主峰太白山而得名，县域海拔最高为3767米，最低为740米，平均海拔为1000米左右，可以反映秦岭中高山区的农业经济及农村社会、生态系统综合管理状况。蓝田县位于关中平原东南部，自古为秦楚大道，也是关中通往东南诸省的要道，东南以秦岭为界，与渭南市华州区及商洛市洛南县、商州区、柞水县相接，西以库峪河为界，与西安市长安区、灞桥区毗邻，北以骊山为界，与西安市临潼区、渭南市接壤，可以反映关中经济区及西安都市圈对秦岭地区农业经济及农村社会、生态系统综合管理的辐射、影响状况。

秦岭南麓地区为洋县、佛坪、柞水、旬阳，可以反映秦岭南麓地区的农业经济及农村社会、生态系统综合管理状况。其中，洋县北依秦岭，南靠巴山，汉江横贯其中；佛坪县位于汉中市东北部，地处秦岭山脉中段南坡山峦腹地；柞水县地处商洛西部，属于亚热带半湿润气候区，年平均气温15.9℃，年均降水量760毫米，河流总径流量6.54亿立方米，植被覆盖率88.00%，是南水北调中线重要水源涵养地；旬阳县安康市东北、秦巴山区东段，汉江横贯其中，被誉为"中华天然太极城"。

3.3.2 样本区域社会经济状况

太白县国土面积2716.30平方千米，全县总人口5.14万人，人口密度为19人/平方千米，森林覆盖率达到92.00%。县城距离西安180公里，距离宝鸡市64公里，距离汉中市170公里。下辖咀头、靖口、太白河、桃川、鹦鸽、黄柏塬、王家堎7个镇，66个行政村和2个居民社区。2014年，全县生产总值为17.11亿元，农村居民人均收入8463元，地方财政收入9043万元。

蓝田县国土面积2005.90平方千米，山地和岭地占全县土地面积的80.40%，2014年全县总人口52.30万人，人口密度为261人/平方千米。全县辖1个街道办事处、18个镇及9个社区居民委员会、337个村民委员会。海拔最高2449米，县城海拔469米。全县耕地面积4.04万公顷，其中有效灌溉面积1.15万公顷。蓝田自然景观秀美，是西安东南秦岭北麓旅游带的重点区域，森林覆盖率达到54.50%。2014年全县生产总值109.57亿元，地方财政收入3.84亿元，农村居民人均收入9911元。

洋县国土面积3206.00平方千米，全县人口38.54万人，人口密度为120人/平方千米，森林覆盖率达到66.00%。全县辖15个镇、3个街道办事处，271个行政村及14个社区。2014年全县生产总值达94.4亿元，地方财政收入1.99亿元，农村居民人均收入7419元。

佛坪县国土面积1279.00平方千米，森林覆盖率达90.30%，是"大熊猫的家园"和"中国山茱萸之乡"，总人口3.50万人，人口密度为27人/平方千米。下辖6个镇、1个办事处，共45个行政村（居委会）。2014年全县生产总值6.65亿元，地方财政收入0.31亿元，农村居民人均收入7050元。

柞水县地处秦岭南麓地区，属于西安近邻，位于商洛西部，国土面积2332.00平方千米，植被覆盖率为78.00%。总人口15.43万人，人口密度为66人/平方千米。下辖10个镇和1个街道办、81个村。2014年实现生产总值64.18亿元，地方财政收入2.75亿元，农村居民人均收入7168元。

旬阳县国土面积3554.00平方千米，总人口42.87万人，人口密度为121人/平方千米，森林覆盖率达到55.18%。下辖21个镇、305个村（社区）。拥有29类农作物、496种中药材，是国际型优质烤烟基地，全国著名的优质蚕茧之乡，全国人工栽培黄姜第一大县，狮头柑、樱桃、核桃、柿子、拐枣、花椒、油桐等特色农产品久负盛名。2014年全县生产总值112.37亿元，地方财政收入4.65亿元，农村居民人均收入7655元（见表6-2）。

表6-2　　　　　　　　　　样本县社会经济基本情况

	行政区划面积（平方公里）	人口（万人）	生产总值（亿元）	地方财政收入（万元）	农村居民人均收入（元）
太白县	2716.3	5.14	17.11	9043	8463
蓝田县	2005.9	52.3	109.57	38387	9911
洋县	3206	38.54	94.4	19942	7419
佛坪县	1279	3.02	6.65	3117	7050
柞水县	2332	15.43	64.18	27519	7168
旬阳县	3554	42.87	112.37	46460	7655

数据来源：根据《陕西区域统计年鉴（2015）》及各市2015年统计年鉴等整理获得。

4. 秦岭地区农业发展与生态系统综合管理

4.1 秦岭地区农业产业发展状况

4.1.1 秦岭地区农业产业结构

农业结构是指农业内部的生产经营结构及价值形态所表现的经济结构，包括种植业、林果业、畜牧业、渔业构成与比例关系，也包括农业产业内部各类产品间的结构状态。受制于秦岭地区的生态环境条件、农业发展市场环境和农业管理体制与政策，秦岭地区的农业产业结构以种植业为主，其次为畜牧业。例如，灞桥区、眉县、太白县的种植业产值占到农业总产值比重超过70%，华州区则超过80%；渭滨区、太白县和宁陕县林业经济相对发达，其林业产值占到农业总产值的10%以上，其中渭滨区林业产值比重最高，达到16%。畜牧业是秦岭地区的重要传统产业，除灞桥区、周至县、眉县、太白县、留坝县和华州区外，其余县（区）畜牧业产值占农业总产值的比重均在20%以上，陈仓区、金台区、丹凤县、商南县、山阳县、柞水县和西乡县的畜牧业产值比重超过40%，其中陈仓区因毗邻宝鸡市场，畜牧业产值在农业中的比重达到48%。秦岭地区水资源丰富，但渔业产值占的比重较小，除宁陕县、石泉县渔业产值比重达到9.32%、5.09%之外，其他县区都在5%以下。农业服务业产值在农业总产值中的比重最高的是鄠邑区，达到10.96%，其他县区均在10%以下（图6-5、图6-6）。

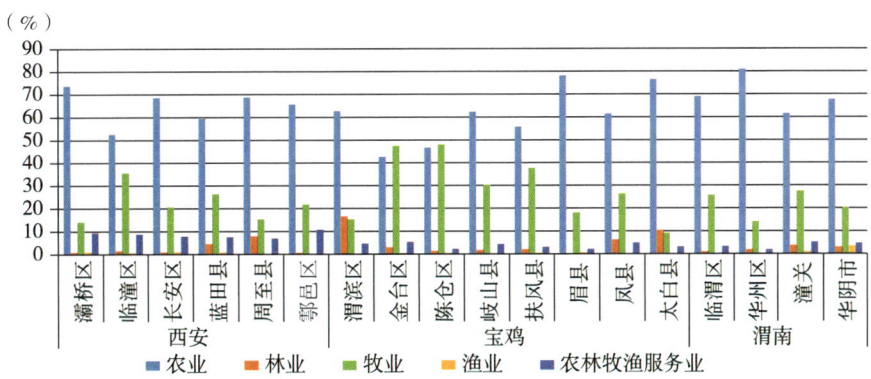

图6-5　2014年秦岭北麓地区农林牧渔业及服务业产值结构

数据来源：根据各市2015年统计年鉴整理获得。

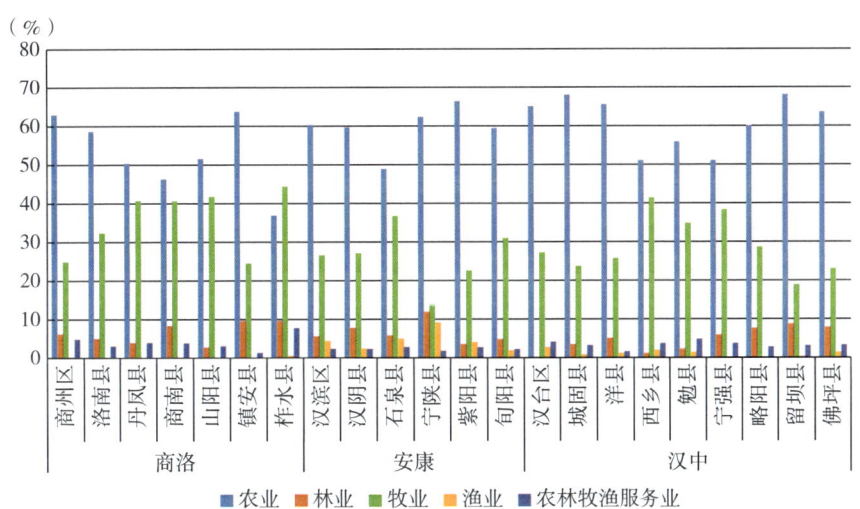

图6-6　2014年秦岭南麓地区农林牧渔业及服务业产值结构

数据来源：根据各市2015年统计年鉴整理获得。

总之，秦岭地区的农业以种植业为主，畜牧业的比重呈上升趋势，在农业中的地位凸显。秦岭北麓地区的渭滨区、太白县和秦岭南麓地区的宁陕县、柞水县、镇安县的林业产业产值比重较高，即达到10%左右，其他地区的林业比重均较低。表明秦岭地区的农业产业还处于转型升级的前期阶段，产业结构单一，产业综合竞争力不强。同时，丰富、多样化的优势林业资源未得到合理、持续、有效的开发，但林下经济发展潜力较大。此外，秦岭地区的渔业和农村服务业也具有较大的发展潜力。

4.1.2　秦岭地区种植业结构

按照秦岭南麓地区和秦岭北麓地区，本专题采用粮食作物播种面积占农作物播种面积的比重变化指标，测度和评价种植业结构特征。其中秦岭北麓地区位于秦岭分水岭至关中平原南缘之间，区域总面积10375平方千米，按照行政区划包括西安市、宝鸡市、渭南市，涉及潼关、华阴、华州区、临渭、临潼、蓝田、灞桥、长安、鄠邑区、周至、眉县、太白、岐山、宝鸡（金台区、陈仓区）、渭滨15个县（区），是关中地区的生态屏障和水源涵养地，是极其重要的生态功能区。

秦岭北麓地区毗邻西安都市圈及关中—天水经济区，市场区位和自然条件优越，农业发展基础良好，在粮食、蔬菜、果品及特色农业等方面具有发展优势，是重要的特色农产品基地。近年来，随着长安国家级现代农业示范区建设，依托区域优越的自然生态环境和丰富的人文景观，带动秦岭北麓地区生态旅游、观光休闲农业兴起，传统农业转型与升级加快。根据区域农业发展趋势与特征判断，秦岭北麓地区可建设成为重要的"大城市郊区多功能农业区"，具备率先实现农业现代化的发展环境和优势资源。为此，2013年西安市出台《秦岭北麓西安都市农业示范区规划（2012~2020）》，并按照"一轴四区、六廊八心"布局模式和"山、水、田、园、林、城"区域生态格局，在秦岭北麓环山路沿线地带建设西安都市现代农业示范区。

秦岭北麓地区的农作物主要为粮食、蔬菜、油料、瓜果、棉花等作物，其中粮食、蔬菜尤为重要。例如，太白县、华州区、凤县、灞桥区的蔬菜面积占到农作物播种面积的比重分别为63.34%、38.09%、33.56%、27.78%，临渭区、长安区、岐山县、临潼区、陈仓区、周至县的蔬菜面积占农作物播种面积的比重也在10%以上，即蔬菜及其相关产业成为当地农民收入的重要来源。潼关县和渭滨区的油料播种面积比重较大，分别占到其农作物总播种面积的11.39%、7.28%（图6-7）。

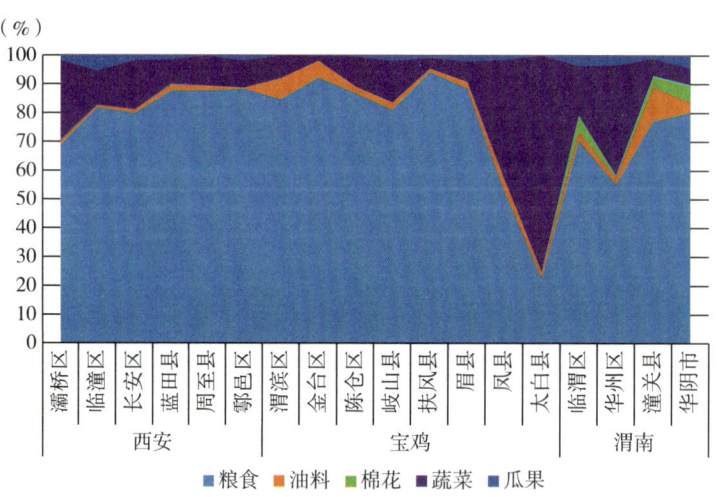

图6-7　2014年秦岭北麓地区农作物播种面积结构

数据来源：根据各市2015年统计年鉴整理获得。

秦岭南麓地区的农作物种类多样、品种丰富，主要有粮食、烟叶、油料、蔬菜、瓜果、药材、豆类和薯类等8种作物。本地区种植业结构的显著特征为：一是农业具有多功能性。依托农业生产过程、农民生活情景和农村生态景观，拓展农业的边界和多种功能，为消费者提供旅游、观光、休闲、体验服务，休闲观光农业得到较快发展，成为秦岭地区重要的新型高效益产业。特别是多功能性农业发展，促进农业与非农产业间、城乡间的人流、物流、信息流交融，既带动农村一、二、三产业融合发展，助力农业产业转型升级和农民增收，又成为推动城乡融合发展的重要微观基础。二是汉中油菜产业是秦岭南麓地区发展休闲观光农业的成功范例。2016年汉中市9个县（区）油菜播种面积达到110.00万亩，其中汉阴、石泉、汉滨、旬阳县以油菜为主的油料作物播种面积在种植业中的比重较大，分别为24.16%、20.12%、19.62%、15.16%（图6-8）。每年春天的百万亩油菜花成为汉中独具特色的农业生态旅游景观，特别是借助市政府的年度"中国最美油菜花海汉中旅游文化节"，农业旅游得到长足发展。据汉台区旅游局数据，2015年汉中油菜花节开幕仅四天，汉台区接待游客就达到28万人次，实现旅游收入14.40亿元。三是独特的气候条件和资源环境孕育了秦岭南麓地区丰富的中药材资源。例如商洛市就是著名的"天然药库"，境内植物资源5000余种，野生中药材资源丰富。《全国中草药资源汇编》收录的2002种中草药中，商洛分布1192种，有265种被列入新版《药典》（2015），丹参、桔梗、连翘、南五味子、黄芩、山茱萸、天麻、柴胡、金银花等56种大宗中药材质量居全省前列，畅销全国、出口国际市场。安康市也是中国重要的中药材基地，全国中药资源普查认定的安康市中药材品种就达到1299种，其中药用植物1215种、药用动物57种、药用矿物27种。《药典》（2015）收录的药材就有282种，其中纳入全国统一管理的四种中药材中，安康拥有三种，即杜仲、麝香、厚朴。

丰富的药材资源为秦岭地区绿色中药产业发展奠定基础。据统计，2014年商洛市中草药材种植面积达到2.63万公顷，占到农作物播种总面积的9.36%；全市中药材种植收入达到36.30亿元，农民人均纯收入中来自种植、采集中药材的收入达到2570元。秦岭南麓地区的镇安县中药材种植面积达到6393.33公顷，占到其农作物播种总面积的12.68%。其次为洛南县，中药材种植面积达到5520.00公顷，占其农作物总播种面积的8.14%。紫阳县和宁陕县的中草药材种植面积不大，分别为1300.00公顷和126.67公顷，但占到其农作物播种面积的24.25%和20.15%。

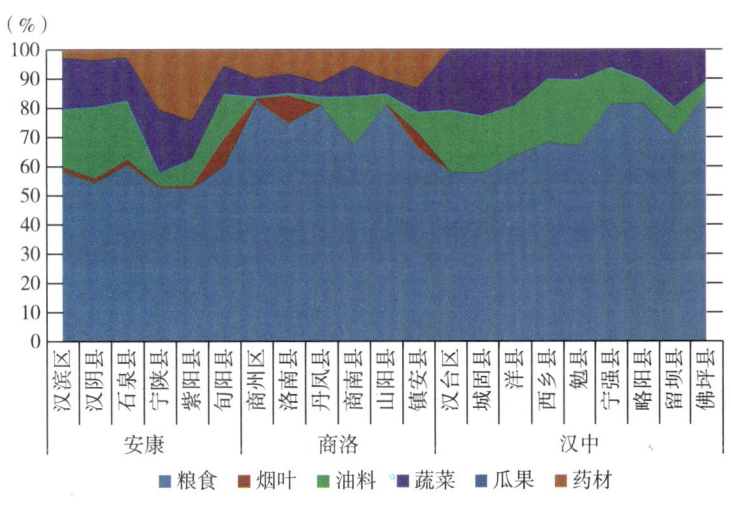

图6-8　2014年秦岭南麓地区各类农作物播种面积占比

数据来源：根据各市2015年统计年鉴整理获得。

总体而言，秦岭北麓地区的种植业以粮食作物、蔬菜作物为主，两者的播种面积占到90%以上，油料、瓜果等作物比重小。秦岭南麓地区主要以粮食、烟叶、油料、蔬菜、瓜果、药材6种农作物为主，其中汉中地区以粮食、油料和蔬菜三种农作物为主，油料作物种植与旅游观光一体化发展，是汉中地区的特色产业；安康、商洛地区主要以粮食、蔬菜、油料、烟叶、药材5种作物为主，中药材规模化种植及产业化经营、市场化运作是安康地区、商洛地区特色产业。

4.1.3 耕地面积及人均耕地面积

围绕强化秦岭地区的生态屏障功能，有效改善和保护生态系统，1999年国家在该地区实施退耕还林工程，将水土流失严重和存在水土流失风险的坡耕地有计划、有步骤地退耕，按照因地制宜、适地适树原则，恢复森林植被。同时，政府通过控制耕地面积来控制农业用水量，控制农业生产、经营活动对生态系统的干扰和破坏。2014年底，秦岭地区各县（区）的年末常用耕地面积大多控制在4.67万公顷以下，其中商洛市、汉中市的16个区县中15个区县的年末常用耕地面积在2.67万公顷以下。

根据全国农业区划委员会颁布的《土地利用现状调查技术规程》（1984）确定的标准及分类办法，秦岭地区的耕地坡度划分为五个等级，即坡度≤2度的耕地、坡度在2～6度的耕地、坡度在6～15度的耕地、坡度在15～25度的耕地、坡度>25度的耕地。耕地的坡度等级差异，显著影响耕地利用的用途与方式。但从控制水土流失、恢复生态系统功能视角判断，25度是控制秦岭地区耕地土壤侵蚀的临界值。即25度以上陡坡耕地的土壤流失量高出其他等级坡地的2～3倍，主要原因是，农作物生产过程中的整地、翻耕、杂草控制活动会对地表土壤造成持续的扰动，并引发严重的水土流失。因此，25度以上的坡耕地是中国《中华人民共和国水土保持法》（2010）规定的开荒限制坡度，即不准开荒种植农作物，已经开垦为耕地的，要逐步退耕还林还草。2016年，陕西省要求对秦岭地区25度以上的坡耕地、生态用地进行调整，要求这些坡耕地退出基本农田控制范围。按照该要求，秦岭地区退耕还林还草的任务还非常艰巨。例如商洛市所属的7个县（区）25以上的陡坡地占到其耕地面积的19.87%，其中丹凤县25度以上的陡坡地比例仍然高达39.53%。

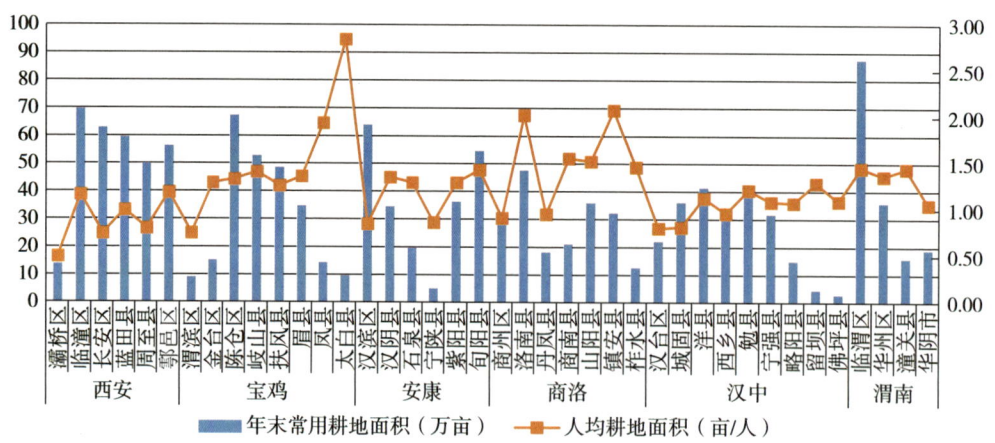

图6-9　2014年秦岭地区常用耕地面积及人均耕地面积

数据来源：根据各市2015年统计年鉴整理获得。

据统计，秦岭地区陕西板块的38个县（区）中，岐山、旬阳、潼关、临渭、柞水、山阳、商南、凤县、洛南、镇安、太白11个县（区）的人均耕地面积大于0.10公顷，其他27个县（区）的人均耕地面积均在0.10公顷以下。可见，地方政府及农户面临两难选择：一方面秦岭地区25度以上的陡坡地占比高，这意味着退耕还林还草的潜力大，而且退耕还林还草是改进秦岭地区生态系统综合管理效能的基础；另一方面，退耕还林还草将导致人均耕地面积进一步减少，在非农就业市场波动频繁、农民城镇化速度较慢的环境中，既影响当地农民的生计又成为制约改进秦岭地区生态系统综合管理的障碍（图6-9）。

4.1.4 秦岭地区农业化学物投入状况

（1）农用化肥施用折纯量。化肥是现阶段重要的农业投入要素。研究表明，化肥投入对中国粮食产量增长的贡献率达到57%。但过量施用化肥对环境产生严重的面源污染，也成为秦岭地区改进生态系统综合管理过程中必须解决的重要问题。秦岭地区是中国黄河支流渭河与长江支流嘉陵江、汉水的分水岭，既是中国南水北调中线工程的水源涵养地，又是陕西"引汉济渭"工程的水源涵养地，减少化肥施用量、降低化肥施用强度，对保护秦岭地区生态环境具有特殊意义。

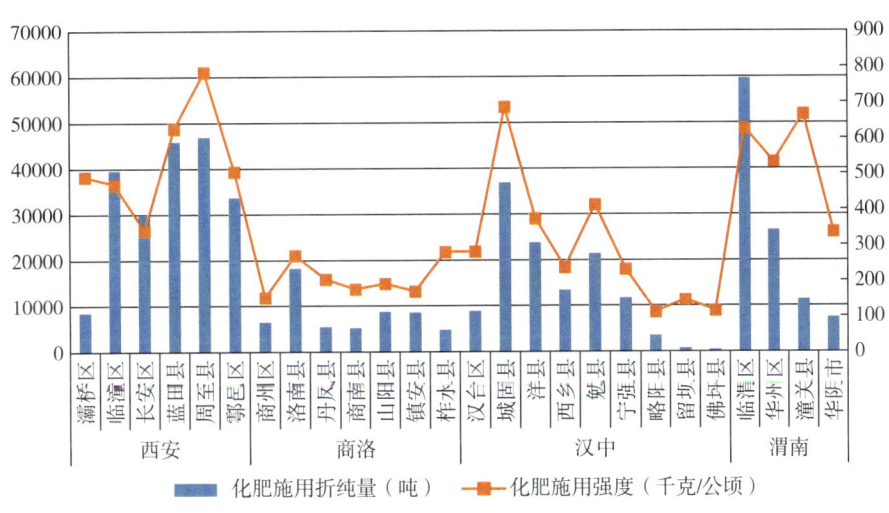

图6-10　2014年秦岭地区化肥施用折纯量及化肥施用强度

注：①施用强度=施用量/农作物播种面积；②根据各市2015年统计年鉴整理而得；③宝鸡市、安康市各县数据缺失。下同。

根据统计数据分析，2014年秦岭地区的灞桥区、商州区、丹凤县、商南县、山阳县、镇安县、柞水县、汉台区、略阳县、潼关县、华阴区的化肥量（施用折纯量，下同）均在10000吨以下。但地处秦岭南麓地区腹地和"引汉济渭"工程水源地的佛坪县，2014年肥施用量最低，为561吨（见图6-10）。

根据化肥施用强度标准，可以将秦岭地区的县（区）划分为四个层级：一是化肥使用强度高于中国平均水平357千克/公顷的县（区），主要包括周至县、城固县、临渭区；二是化肥使用强度高于国际公认最低限225千克/公顷，但低于中国平均水平357千克/公顷的县（区），主要包括长安区、华阴区、汉台区、柞水县、洛南县、西乡县、宁强县；三是化肥使用强度低于国际公认最低限225千克/公顷的县（区），主要包括丹凤县、山阳县、商南县、镇安县、商州区、略阳县、佛坪县、留坝县；四是化肥使用强度低于150千克/公顷的县，包括略阳县、佛坪县、留坝县。

（2）农药使用量及农药使用强度。围绕有效控制病害、虫害、杂草污染等目的而使用农药，是农户规避农产品生产中病虫害风险、稳定农户家庭收入的基本措施。但过量使用农药及施药方法不够科学，不仅导致生产成本上升，而且导致动植物药害、农产品残留超标、农业环境污染等问题，严重影响农产品质量安全和生态系统安全。20世纪90年代以来，中国农药使用量和使用强度总体呈上升趋势，导致严重的农业面源污染。为此，中国农业部颁布《到2020年农药使用量零增长行动方案》(2015)，实施农药减量控害，降低农药使用量。

秦岭地区作为国家生态安全保障的主体区域，拥有著名的"秦岭四宝"级野生动物大熊猫、金丝猴、羚牛、朱鹮和具有重要生态价值、经济价值的多种类型野生动物资源；拥有生物多样性价值、经济价值及研发价值巨大的野生植物资源、人工培育资源。为此，中央及陕西省政府、秦巴山区各级地方政府均出台系列规划、配套政策，启动配套的建设性支持项目和生态修复、环境保护项目。如国家层面出台《秦巴山片区区域发展与扶贫攻坚规划（2011~2020）》《秦巴生物多样性生态功能区生态保护与建设规划（2013~2020）》《全国生态旅游发展规划（2016~2025）》等重要的保护、建设、发展规划；启动国家级太白山自然保护区、陕西佛坪国家级自然保护区、陕西牛背梁国家森林公园、汉中朱鹮国家级自然保护区等重大保护项目。围绕有效实施这些规划和项目，优化野生动植物保护的人文环境，市县政府也针对农业领域污染物防控，启动常态化的宣传教育、培训教化工作，推进农业产业布局调整，促进农业产业结构优化，推广轮作制度与生态友好型耕作模式，以及引导农户合理施用化肥、控制农药使用结构和数量。以汉中市洋县为例，保护朱鹮已成为农民的自觉意识，基本实现确保野生朱鹮栖息地农作环节不施用化肥、不使用农药等目的，野生朱鹮栖息环境得到显著改善。据统计，1981年洋县发现野生朱鹮以来，朱鹮种群由当年的7只发展到2000多只，其中朱鹮野生种群近1000只，活动面积也由当初的20平方千米扩至1.3万平方千米。

围绕有效保护秦岭地区的生态环境，维护生物多样性，当地政府非常重视农药、化肥施用技术培训与指导。根据实地调查结果，样本农户中了解政府的化肥、农药使用管理政策和政府主办的农药技术培训情况的农户分别为157户、120户，占样本总量的33.48%、25.59%。由于秦岭地区（特别是山区）的农业生产效率和产量不高，出于降低生产成本、保护生态环境等目的，传统上农户对农药的需求较低，农业生产中农药、化肥等化学品使用的频率也不高。调查发现，样本农户在农产品生产环节的农药使用频率平均每年为1.71次，林产品管护环节的农药使用频率平均每年为0.78次。因此，农户参加农药技术培训的积极性也不高。调查发现，仅有75位农民参加过政府主办的农药使用技术培训，占到样本农户的15.99%（见表6-3）。

表6-3　　秦岭地区农户化学品投入及培训情况

化学品使用密度	均值	方差	频数	比率（%）
农产品生产环节农药使用频率（次/年）	1.71	1.82	—	—
林产品管护环节农药使用频率（次/年）	0.78	2.24	—	—
是否参与农药使用技术培训（是=1；否=0）	—	—	75	15.99
乡政府是否组织农药技术培训（是=1；否=0）	—	—	120	25.59
化肥农药使用政策规制（是=1；否=0）	—	—	157	33.48

数据来源：根据西北农林科技大学西部发展研究院调研结果整理获得。

总体上看，秦岭地区的农药使用水平低于全国平均水平。据统计，除毗邻关中平原的临渭区、临潼区、周至县和汉中盆地的城固县农药使用量较大、使用强度较高之外，秦岭地区其他县（区）的农药使用量均在100吨以下。其中，商南县农药使用量最低，为0.68吨；佛坪县也仅为3.53吨。略阳县和丹凤县的农药使用量也较低，分别为9.61吨、9.24吨（图6-11）。

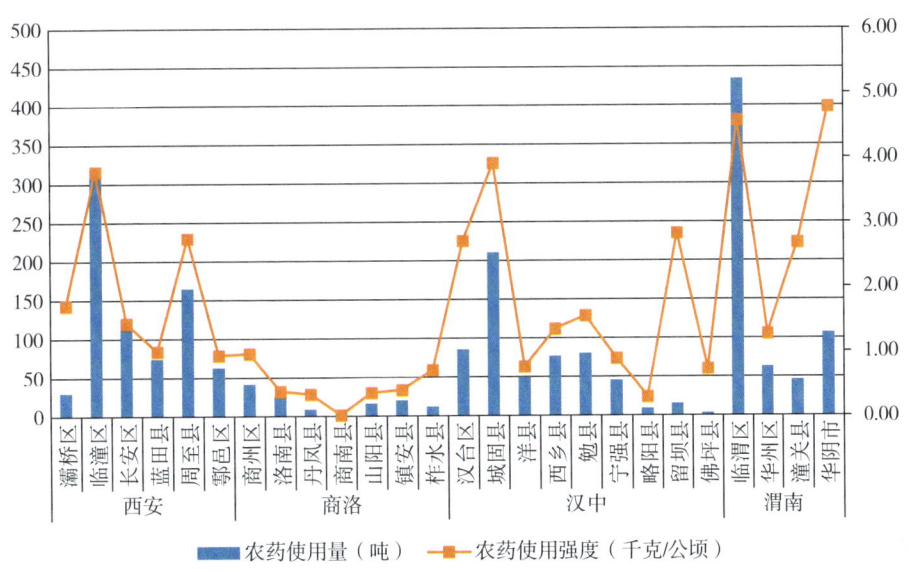

图6-11 2014年秦岭地区农药使用量及使用强度

数据来源：根据各市2015年统计年鉴整理获得。

（3）农用塑料薄膜使用量及使用强度。农用薄膜是继种子、化肥、农药之后，得到普遍推广的重要生产资料。秦岭地区海拔差异大，气候类型多样，自然灾害频繁，棚膜、地膜、饲草用膜、遮阳网、防虫网、防雹网等农用塑料薄膜得到快速推广与应用，在提高土壤温度、节水保墒、拓展农作物种植区域方面发挥着重要作用，提高了土地利用潜力。但长期过量使用塑料农膜破坏耕作层的土壤结构，导致土壤板结、地力下降；限制微生物和土壤动物活力，破坏自然生态系统。同时，废弃农用塑料薄膜回收体系不健全，成为秦岭地区农业环境及生态环境的重要污染源。据统计，2014年秦岭地区以县（区）为单元的农膜使用量大多在600吨以下，只有临渭区的农膜使用量达到1369吨。农业发达的长安区、周至县农膜使用量低于200吨，佛坪县、潼关县、留坝县的农膜使用量最低，分别为14.54吨、45.00吨、49.50吨（图6-12）。

本专题从化肥、农药、农膜方面，分析了秦岭地区农业化学物投入状况。研究发现，围绕保护生态、优化环境，地方政府在化肥、农药、农膜使用安全方面做了大量的宣传、服务、引导工作，也加强了农药使用管理制度建设和过程监管工作。以宝鸡市太白县为例，该县是重要的商品型蔬菜基地，2016年"太白高山蔬菜（甘蓝、花菜、白菜、萝卜）"被批准为生态原产地保护产品，并准予使用"中华人民共和国生态原产地产品"标志。为优化农业生态环境，保障蔬菜安全，维护太白高山蔬菜的国家农产品地理标志产品的质量标准和品牌信用，近10年政府采取了三方面的措施：一

是出台相关规章、管理条例和配套的生态环境监管政策，将农药、化肥使用监管纳入法制化，明令

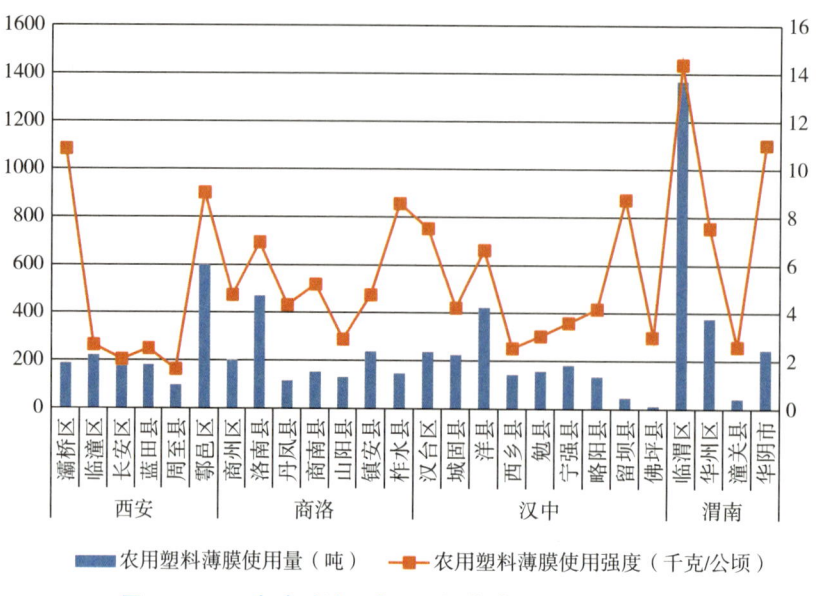

图6-12　2014年秦岭地区农用塑料薄膜使用量、使用强度

数据来源：根据各市2015年统计年鉴整理获得。

禁止使用高毒、剧毒农药，严格控制产地污染和农药残留。二是以农资领域的自律性行业组织为平台，建立规范的农药市场监管机制和产地环境污染监控制度，与当地及周边地区的农药经销商联合采取措施，严格控制剧毒农药、高残留农药输入、经销和使用。三是以农民专业合作社为载体，采取激励措施，鼓励当地农药、化肥经销商经营有机肥和生态友好型农药。同时，帮助农户制定绿色环保的病虫害防控技术方案，推广安全、高效、适用农药品种，指导农户规范安全用药行为。

上述配套措施，促进宝鸡市太白县成为秦岭地区保持农业高效发展与生态系统综合管理之间保持和谐的典范。调查中发现，秦岭地区的留坝县、洋县、西乡县、紫阳县等均出台类似的管理制度和实施了类似的措施，农户的生态保护意识明显增强，农业生态环境保护得到好转。

4.2　秦岭地区农业发展中的问题

4.2.1　耕地后备资源不足，可开发空间有限

耕地是农业发展的自然基础，保持一定比例、数量和质量的耕地既是农村居民生存发展的需要，也是合理开发生态资源的通行做法。秦岭地区的实际状况是，人均耕地面积为0.08公顷，低于陕西省人均0.11公顷的平均水平，不到世界人均耕地面积的三分之一。秦岭地区38个县（区）中，人均耕地面积不足0.10公顷的县（区）占到28.94%，人均耕地面积低于全国平均水平的县（区）占到71.05%。有限的耕地资源及人地矛盾日益突出，成为限制秦岭地区农业发展的瓶颈。

更为重要的是，秦岭地区的后备资源不足，耕地开发的空间受到三方面的制约：一是以山地为主，平坝地和缓坡地比重小，土地资源密集型的种植业发展空间狭小；二是耕地的空间分布及类型

差异悬殊，优质耕地复垦指数高，基于现有耕地的播种面积难以扩大；三是随着城镇化发展，交通及城镇等设施建设，以及非农产业聚集与扩大，将持续挤占耕地和农业发展的资源与生态空间。

4.2.2 产业结构单一，综合竞争力弱

自然资源、地形地貌、生态环境是制约秦岭地区农业发展的基础性因素。但与其他地区相比，秦岭地区农业面临的主要是发展差距和发展中的问题，即农业基础设施建设滞后，农地整理及保障设施建设滞后，科技支撑及服务保障设施滞后，从业者的素质及职业农民培养滞后，以及区域农业市场培育滞后及功能薄弱。这意味着，秦岭地区农业发展缺乏系统的、相对发达的、高效的基础设施和发展环境支撑，导致农业产业结构不合理、产业综合竞争力低。主要表现为以下几个方面。

一是秦岭地区农业产前环节非常滞后，动植物品种及技术、市场化的生产要素及服务主要是输入型的，严重依赖外部市场。相关产业组织分散、经营规模不经济，要素市场缺乏有效性，交易成本高，难以有效支撑农业发展。

二是秦岭地区的农业产中环节以种植业为主，种植业以粮食生产为主，产业结构单一。畜牧业、中草药业、果蔬业、花卉业、林下产业等特色、高价值产业尚处于发展的初期阶段，产业组织整合能力和创新发展能力弱、产业聚集度低，总体发展滞后。以太白县为例，2015年蔬菜面积达到7133.33万公顷，蔬菜用地占到全县耕地的86.00%，同年蔬菜产量达到45万吨，产值达到4.50亿元。全县85.00%的农民从事蔬菜生产，因而蔬菜成为当地农村居民脱贫致富的重要产业。但蔬菜合作组织、运销行业组织发展滞后，农户经营决策具有很强的盲目性，导致蔬菜种植规模过度波动。如2015年蔬菜价格偏高，诱导菜农在缺乏创新及品种雷同条件下大面积发展蔬菜，造成4000吨高山蔬菜滞销，2016年包菜收购价较上年同期下降91.67%。

三是秦岭地区农业产后环节的加工、贮藏、运销组织发展滞后，主要初级农产品通过异地完成加工，形成异地产业关联，但当地的农业产业链及价值链短，初级农产品的附加值低、品牌影响力弱，对农业产中环节的带动能力严重不足。以商洛市的中草药行业为例，该市优质中药材资源丰富，中药材基地初具规模，中药材企业发展不断壮大。但中药产业处于中药材种植型的初级形态，加工规模较小，加工转化率不足20%，中药商业企业规模更小，中药农业、中药工业、中药商业产值比重是6∶3∶1。中药材精深加工和新产品研制开发力弱，未形成具有竞争力的产业链整合能力，家传秘方、经典名方等中药产品品牌保护乏力、扩大生产受限；具有市场优势的丹参茶、连翘茶、桔梗酱菜等产品的生产经营规模小。此外，中药企业尾料循环利用研发滞后，无害化处理程度低。

农业产业结构单一及产业综合竞争力弱，带来的问题值得特别关注：农业产业结构不符合秦岭地区资源禀赋差异化和农业生态环境多样化的实际状况，不利于协调农业发展与生态系统综合管理关系；农业产前产业、产后产业发展滞后，不利于形成具有稳定竞争力的现代农业产业体系，影响农民收入增长及脱贫致富，也难以矫正农民形成生态环境友好型的生产经营行为。

4.2.3 生产方式落后，科技含量低

农业生产经营方式创新滞后，技术装备水平低、产业和产品技术含量低，是秦岭地区农业落后

的主要标志。

农户经营规模、分散经营，农业技术推广过程普遍存在严重的规模不经济问题。当前除品种技术和针对平坝地区粮食作物生产的省力化技术推广较为容易之外，其他技术，尤其是栽培类技术、经营管理类技术，受制于小规模、细碎化经营环境，面临创新难度大、组合集成难度大、推广难度更大等困境。

农村青壮年大量外出，主要劳动力为留守老人和妇女，文化程度偏低，科技意识不强，接受、掌握和应用新技术的能力较差，大部分农户仍然沿用传统经营理念和管理方式，尝试新技术、新方法遇到的困难多。例如，太白县的菜农对甘蓝、白菜根肿等病虫害缺乏有效监控及防治，蔬菜产量和质量难以提高；蔬菜种植户对生产要素合理投入缺乏基本认识，在蔬菜生产技术知识学习方面的投入更少。

近年来，政府高度重视基层农技推广体系建设，通过落实编制、优化人员结构、保障经费等措施，增强科技推广服务功能，但县乡两级机构的综合服务功能太弱，难以满足农户技术需要日趋多样化要求。对秦岭地区29个县的520个农户的调查发现，农户生产经营过程的服务需求中居第一位的是综合信息服务，87.65%的农户对农业政策、农资供应、信贷及保险、生产技术、农产品价格等信息服务，具有强烈的需求偏好；居第二位的是各种中介服务，79.47%的农户对纠纷仲裁、金融担保、代理交易、订单处理、交易结算等中介服务表现出较强烈的需求偏好，其中规模较大的农户和经营果品、蔬菜、茶叶、蚕茧、中药材、畜产品等高价值农产品的农户需求更为强烈；居第三位的是适用技术及技能培训服务，55.48%的农户对专业化、职业化的农业经营技能培训、技术及技术产品供给、技术指导服务具有需求。但现实状况是，县乡农技机构的基本服务功能仍然定位在技术环节，主要包括品种推荐、种植养殖、病虫害防控，以及产后储藏、保鲜、包装等技术服务，其他需求的服务功能缺位，严重背离农户需求。

4.3 生态系统综合管理视角的农业发展

4.3.1 短期内影响农业效益

全国的经验表明，化肥、农药、农膜技术对中国农产品产量增长的贡献显著。与农业发达地区相比，秦岭地区农业发展中还存在要素投入水平低、要素配置结构不合理问题，持续推广与应用化肥、农药、农用塑料薄膜等高效投入要素，有助于提高农业效率，对稳定和提高农业产量、增加农民收入具有意义。但会对秦岭地区生态系统产生负面影响，制约生态系统综合管理。因此，为有效保护秦岭地区生态系统，保护生物多样性及野生动植物资源，为珍稀动物营造良好的栖息环境，市县政府注重控制化肥、农药、农用塑料薄膜的使用。2014年秦岭地区化肥、农药及农用塑料薄膜施用强度分别为331.18千克/公顷、1.44千克/公顷、4.43千克/公顷，分别比陕西省平均水平低208.90千克/公顷、1.41千克/公顷、5.30千克/公顷，比全国平均水平低31.23千克/公顷、9.48千克/公顷、11.17千克/公顷（表6-4）。

表6-4　　2014年秦岭地区及全国、陕西化肥农药农膜使用强度　　　单位：千克/公顷

	全国	陕西	秦岭地区
化肥施用强度	362.41	540.08	331.18
农药使用强度	10.92	2.85	1.44
农用塑料薄膜	15.60	9.73	4.43

数据来源：《中国统计年鉴（2015）》《陕西统计年鉴（2015）》及秦岭地区各市2015年统计年鉴。

秦岭地区农作物单产水平总体上偏低。据统计，2014年秦岭地区粮食、油料、棉花、蔬菜等主要农作物单产分别为5333.77千克/公顷、3668.75千克/公顷、1190.24千克/公顷、26432.13千克/公顷，除油料作物单产高于全国及陕西省以外，粮食、蔬菜分别比全国单产水平低51.33千克/公顷、9076.47千克/公顷，其中棉花、蔬菜单产比陕西省平均单产水平分别低167.76千克/公顷、7881.87千克/公顷（表6-5）。但在农业技术进步相对滞后环境中，特别是受制于种植业布局调整、栽培模式变革、品种技术创新的能力制约，单纯增加化肥、农药、农用塑料薄膜等要素投入，会受到边际报酬递减规律的约束，既对秦岭地区农业产出产生负面影响，又会导致农业面源污染加大风险。

表6-5　　　　　　　　　　2014年主要农作物单产　　　　　　　　　单位：千克/公顷

主要农作物单产	粮食	油料	棉花	蔬菜
全国	5385.10	2497.70	1463.25	35508.60
陕西	3893.00	2071.00	1358.00	34314.00
秦岭地区	5333.77	3668.75	1190.24	26432.13

数据来源：根据《中国统计年鉴（2015）》《陕西统计年鉴（2015）》及秦岭地区各市2015年统计年鉴整理获得。

可见，问题的关键是政府在控制高污染、高残留要素投入的同时，替代性解决方案特别是替代性技术解决方案创新滞后。如抗逆性强的品种技术创新及推广需要较长的周期；生态有机肥技术及解决方案创新尚未纳入政府工作计划；高效、低残留病虫害管理技术及方案创新缓慢；抗寒、抗低温、防雹等农业工程技术及方案创新低效率；休耕、轮作、间作及农牧结合、草畜结合等技术方案，既成熟又有效，但劳动强度大，且与省力化技术结合的难度大，新型农民难以接受；污染物、残留物控制及循环利用、无害化处理的工程技术方案较为成熟，但需要较多的资金投入，尤其需要较多的公共资源投入，要受到政府财政能力制约。因此，在短期内加强秦岭地区生态系统综合管理将影响农业发展。

4.3.2　长期内有利于农业发展

"绿水青山就是金山银山"，是新时期指导中国经济社会实现绿色发展的基本理念，构建生态文明制度是中国社会文明发展的内在要求。秦岭地区生态资源丰富，环境资源类型多样，地形地貌差异大，具备构建多种类型生态友好型现代农业的良好生态环境。因此，着眼长期趋势判断，以加强秦岭地区生态系统综合管理为契机，按照绿色、环保、可循环、可持续理念，遵从生态友好型的治理结构、管理模式和技术路线，构建生态友好型农业产业体系，可为生态农业、有机农业、休闲观光农业拓展巨大的发展空间。

秦岭地区生态友好型农业应该是综合农业体系，在农业布局规划及工程技术设计过程中应该突出以下特征和基本要求。

一是因地制宜，合理布局农业产业。按照生态适宜性标准与要求，将有碍生态系统综合管理、不适宜发展农业的种植业用地、经济林用地、畜牧业用地、渔业用地，坚决实行退耕、退林（经济林）、退牧、退渔，不折不扣地实现还林、还草、还水。

二是以农业为基础，促进综合发展。构建以农业、林业、牧业、渔业生产经营系统为基础，以农产品加工、贮藏、运销为重点的综合农业体系。

三是拓展功能，创新发展农业服务业。构建以特色农业、生态环境、自然景观、历史文化景点为载体，以农业旅游、观光、休闲、餐饮为重点的服务业体系。

四是注重整合，控制排放与污染。构建集生产、流通、消费、回收、无害化处理、环境保护能力建设纵向整合系统，促进基于相关产业的技术规程与工艺标准间的横向耦合，形成农产品生产、加工基地与周边生态环境间一体化管理系统，实现资源循环高效利用和废弃物零排放。

五是制度规制，促进经济社会融合发展。以秦岭地区生态文明制度建设为抓手，深化农业生态管理体制改革，优化农业生态治理结构，构建生态与农业良性循环系统，实现农业经济、农业生态、农村社会效益间的协调与统一。

2000年以来，秦巴山区市县政府在退耕还林还草和改善生态系统管理方面，也探索形成具有生态友好型农业特征的模式。例如，商洛市是国家南水北调工程水源涵养区、水质安全保障区，是"关中—天水经济区"发展绿色食品业的重点区，也是陕西做优生态农业的主体功能区。商洛市制定生态立市的发展战略，出台《商洛市建设秦岭生态农业示范市的意见》（2014）和《商洛市生态农业发展规划（2015~2020）》，为发展生态农业奠定制度基础、规划路线图。商洛市针对其具有"两带"气候多样性特征、"两域"地形复杂性特征，围绕市场需求变化规律，因地制宜优化农业布局，发展特色新产品，形成五个特色农产品基地。即以马铃薯、高山菜、食用菌为主的生态种植基地，以生猪、土鸡、肉羊为主的生态养殖基地，以茶叶、核桃、板栗为主的生态茶果基地，以丹参、黄姜、桔梗为主的生态中药材基地，以冷水鱼为主的生态水产养殖基地。在促进特色产业发展中，注重培育适度规模经营的新型经营主体。全市创建556个畜禽养殖标准化示范场，规模养殖场的畜禽饲养量占全市总饲养量的比例超过60%；建成95个特色农业园区，实现产值13.30亿元，利润1.90亿元。需要特别强调的是，商洛市依托特色农产品基地、特色农业园区，在"基地"和"园区"辐射范围内初步形成农业生态—农业生产—农民生活协调发展治理格局。

案例1　佛坪县多措并举保护秦岭生态环境

佛坪县地处秦岭南麓腹地，是引汉济渭的水源地。佛坪县坚持生态环境保护优先原则，制定保护中发展、发展中保护方针，确立"保护秦岭碧绿、建美丽佛坪"目标，制定秦岭佛坪段生态保护长远规划，按照统筹规划、综合整治、建设提升思路，实施小流域治理工程，中小河流治理工程，以及以水绿、天蓝、山青、宁静四项工程为主的汉江流域污染防治三年行动计划，全面提升生态环境质量。

以创建国家级生态文明示范县活动为抓手，促进经济社会发展和生态文明建设紧密结合，严格引汉济渭、西成高铁、金水河梯级水电站等重大项目审查、监管力度，严格执行环境影响评价、水资源评价和环境保护设施配套建设"三同时"制度，从源头防止水源污染、生态破坏。近三年累计投资3500万元，实施山、水、林、草、田、园、路综合治理工程，完成立方沟、故峪沟等4处水土流失重点区域综合整治，共治理水土流失面积93平方千米，全县森林覆盖率达到90.30%，形成"十里长沟茱萸香，小桥流水美山庄"的新农村景象。

推进城乡供水一体化建设，全县7个镇（办）实现集中式供水；修建200多处村级饮水工程，解决了2.40万人饮水问题，全县水质合格率达到100%。

佛坪县持续开展秦岭生态保护工作治理行动，查处乱建乱倒、乱垦滥伐、乱捕乱渔等秦岭南麓辖区破坏生态环境的不法行为60多起；关闭或搬迁厂矿、砸石场、生猪屠宰场等影响生态环境的企业10余家。同时，组织志愿者开展"捡拾垃圾我先行""我为秦岭植棵树"等保护秦岭、美化家园系列活动，形成人人保护秦岭、关爱自然、美化家园的生态系统综合管理氛围。

根据本案例可以得到四点重要启示：一是注重创新绿色发展理念引领及立足实际的顶层设计先行，是实现秦岭地区现代农业发展与强化生态系统综合管理协调的前提；二是强化工程措施及技术措施支撑，是实现秦岭地区现代农业发展与强化生态系统综合管理协调的基础；三是推进城乡统筹发展及一二三产融合发展，是实现秦岭地区现代农业发展与强化生态系统综合管理协调的关键；四是健全生态文明制度及依法依规规制生态系统管理，是实现秦岭地区现代农业发展与强化生态系统综合管理协调的保障。

资料来源：佛坪县多措并举保护秦岭生态环境[EB/OL]，汉中日报，2015年11月3日，http://www.hanzhongnews.net/foping/2015/1103/26372.html。

案例2　　"太白高山蔬菜"获得生态原产地产品保护

2016年12月24～25日，中国国家质检总局组织由科学家、管理专家、产业界领袖组成的专家组，对太白高山蔬菜生态原产地产品保护认证进行评审。

专家组通过听取县农业局"全县蔬菜产业发展及太白高山蔬菜生态原产地产品保护"工作汇报，查阅"太白高山蔬菜生产管理及保护档案材料"，以及深入绿圃、绿农、秦西、黄菜花等基地。按照生态原产地产品保护技术规范，实地检查园区的生产记录档案，蔬菜生长过程中种子、农药、化肥等投入品使用状况。结果认定为：太白高山蔬菜符合生态原产地产品保护评定通则等相关规定，获得中国国家生态原产地产品保护认证。

资料来源：王伟."太白高山蔬菜"顺利通过生态原产地产品保护评审[EB/OL]，陕西农业网，2016年1月7日，http://www.sxdaily.com.cn/n/2016/0107/c751-5786319.html。

根据本案例可以得到三点重要启示：一是中国政府主导的"三品一标"管理体系趋于成熟，市场影响力和品牌价值持续提升。在秦岭地区特色农产品、优势农产品开发及品牌建设过程中，政府

及产业界应该重视借鉴相关技术规程、产品质量标准、质量管理体系。二是只要发展理念先进，发展思路清晰，发展定位与规划明确，发展措施得当，秦岭地区具备发展效率高、竞争力强、效益显著的生态友好型农业的环境，能够建成既具有可持续性又能够替代现行农业的现代农业产业体系。三是秦岭地区发展生态友好型农业积累了成功经验及技术体系、管理体系，特色农业、优势农业开发过程中需要更加开放的思维、开阔的思路，重视优化农业环境，为借助外部资源和经验创造良好条件。

5. 秦岭地区农村发展与生态系统综合管理

5.1 生态系统综合管理与农村人口迁移

5.1.1 秦岭地区农村劳动力转移

秦岭地区农村经济发展总体滞后，农户收入普遍不高，加之区域经济处于加速转型过程中，农村劳动力大量流失，青年劳动力流向城镇及非农产业领域，农户兼业化、村庄空心化、人口老龄化趋势明显。根据表6-6数据显示，2015年秦岭地区24县（区）中除了灞桥区、长安区和凤县等8个县（区），其余各县（区）均有不同程度的劳动力流失，其中蓝田县净流出率最高，达到19.43%。商洛全市为人口净流出状态。农业劳动力特别是青壮年劳动力不足成为秦岭地区农村发展的瓶颈。

表6-6　　　　　　　　　　　2015年秦岭地区劳动力流动情况

市	县	2015年常住人口（万人）	2015年户籍人口（万人）	人口流动（万人）	人口净流动率（%）
西安市	灞桥区	61.39	53.89	7.5	13.92
	长安区	111.83	106.53	5.3	4.98
	蓝田县	52.53	65.20	−12.67	−19.43
	周至县	58.09	68.33	−10.24	−14.99
	鄠邑区	57.03	60.75	−3.72	−6.12
宝鸡市	眉县	30.37	32.72	−2.35	−7.18
	凤县	10.68	9.59	1.09	11.37
	太白县	5.16	4.93	0.23	4.67
渭南市	华州区	32.66	34.25	−1.59	−4.64
	潼关县	15.84	15.48	0.36	2.33
	华阴市	26.26	25.46	0.8	3.14

续表

市	县	2015年常住人口（万人）	2015年户籍人口（万人）	人口流动（万人）	人口净流动率（%）
汉中市	汉台区	54.01	57.52	−3.51	−6.10
	宁强县	30.94	32.72	−1.78	−5.44
	略阳县	20.22	18.65	1.57	8.42
	留坝县	4.35	4.26	0.09	2.11
	佛坪县	3.03	3.30	−0.27	−8.18
安康市	宁陕县	7.10	7.40	−0.3	−4.05
商洛市	商州区	53.52	55.95	−2.43	−4.34
	洛南县	44.45	46.18	−1.73	−3.75
	丹凤县	29.71	31.17	−1.46	−4.68
	商南县	22.34	24.59	−2.25	−9.15
	山阳县	42.47	46.55	−4.08	−8.76
	镇安县	27.78	30.30	−2.52	−8.32
	柞水县	15.47	16.27	−0.8	−4.92

数据来源：《陕西统计年鉴（2015）》。

5.1.2 秦岭地区生态移民

秦岭地区自然环境恶劣，以山地为主，平原较少，很多地区不适合人类的居住。环境对人口的承载能力有限，人口增长及生活水平提高超出了环境和生物资源的负载能力。为维持生计，农村居民必然违背自然发展规律，过度甚至违规开发自然生态资源，掠夺式采伐树木等生物资源，导致自然资源破坏，水土流失严重，生态环境不断恶化。因此，解决秦岭地区农村发展与生态系统综合管理之间的矛盾，应立足长远，实施包括生态移民搬迁在内的空间人口分布结构优化，有效减轻农村人口对生态环境的压力，实现农村经济社会与生态环境可持续发展。

（1）秦岭地区生态移民状况。2010年，陕西省政府颁布《陕南地区移民搬迁安置总体规划2011~2020》。2011年启动试行陕南移民搬迁工程，计划用10年时间，把居住在灾害易发区、生态脆弱区、贫困聚集区、偏远深山区的240万农村居民搬迁转移到安全、宜居、宜业的浅山丘陵区、川道地区，其中生态移民搬迁12万户46万人。政府移民搬迁的政策目标是通过移民搬迁实现农民脱贫致富，并实现有效保护陕南生态环境。

据陕西省国土资源厅数据，截至2015年末陕南地区共投入资金651.60亿元，累计完成移民搬迁35.80万户126万人，其中生态搬迁3.75万户13万人。汉中市完成投资217.00亿元，实施移民搬迁11.63万户38.74万人，建设集中安置点764个，实施配套项目1386项。商洛市完成投资161.50亿元，实施移民搬迁8.90万户33.70万人，共建集中安置点730个，安置7.80万户29.20万人，集中安置率88.50%，其中城镇安置6.40万户22.30万人，城镇安置率71.00%。安康市完成投资273.10亿元，累计搬迁安置群众13.20万户50.10万人，建设集中安置小区928个，集中安置搬迁群众10.57万户36万人，其中争取中省直接投资123亿元，拉动投资超过600亿元，五年累计向城镇搬迁安置6.90万户23.30万人，城镇安置率达56.60%（表6-7）。

表6-7　　　　　　　　　　陕南三市"十二五"期间移民搬迁情况

地区	搬迁户数（万户）	搬迁人口（万人）	建集中安置点（个）	投资（亿元）
汉中	11.63	38.74	764	217.00
商洛	8.90	33.70	730	161.50
安康	13.20	50.10	928	294.23

数据来源：中国移民大搬迁网。

陕西省实施秦岭地区移民搬迁计划，长远效益体现在促进优化农村居民点布局、农村人口布局、农村产业布局，但综合效益体现在减灾扶贫、改善民生、经济发展、生态保护方面。主要表现为以下几个方面。

一是依托移民搬迁工程有效促动了生态系统得到恢复。"十二五"期间年均植树造林8.45万公顷，治理水土流失面积2400平方千米，植被覆盖率五年提高4.5个百分点，森林覆盖率达57.80%，生物多样性快速恢复和生态系统功能得到改善。

二是依托移民搬迁工程有效促动了水源地保护。在移民搬迁过程中，政府启动配套的生态保护工程和环境治理工程，特别是实施生活垃圾、污水集中处理工程，显著优化农村面源污染状况，汉江出境水质常年保持在二类以上，有效保障了国家南水北调中线工程的水源安全。

三是依托移民搬迁工程有效促动农村居民脱贫致富。在移民搬迁过程中，政府启动配套的复垦、还林工程，累计完成宅基地腾退面积2266.67公顷，其中完成复垦面积1400公顷，还林面积866.67公顷。即实施移民搬迁工程既增加了林地面积，有助于改善生态环境，又增加了优质耕地，有助于改善搬迁农民的生产生活条件，促进脱贫致富。

（2）调研区域生态移民。在调查的29个样本村中，18个村有移民搬迁户，占到样本村总量的62.07%。其中，移民搬迁户比例超过本村农户总数50%以上的村有2个，移民搬迁户比例低于本村农户总数10%以下的村达16个。在调查的29个样本村中，佛坪县岳坝村移民搬迁户数占的比例最高，达到84.51%。这些农户都生活在佛坪国家自然保护区，出于有效改进保护区生态环境，需要向保护区之外搬迁农户。

按照安置类型划分，调查的29个样本村中55.17%的村采用的是集中安置方式，即政府协调重新选址、统一规划与设计，形成居民新村和社区，集中安置移民。24.14%的村采用的是分散安置方式，即政府依托搬迁移民迁入目的地，协调选择若干居民点，统一规划与设计，将搬迁移民融入当地已有的农村居民点和社区，分散安置移民。10.34%的村采用的是外迁安置方式，针对搬迁移民的新建居民点和社区距离原来居住的居民点和社区的距离较远，通常突破了乡镇界域甚至县（区）界域。

以上分析可以看出，由于受到安置条件和安置环境的制约，秦岭地区移民搬迁主要以县域为单元进行规划、设计和建设，主要采用的是集中安置方式和分散安置方式。

调查中发现，秦岭地区移民搬迁过程中存在"搬富不搬穷"、后续产业支撑能力不足、新建安置点基础设施配套不够完善等问题。调查结果显示，45.00%的搬迁户进入新建居民点和社区之后，面临缺少就业机会和谋生手段、后续生活无保障问题，这是阻碍移民搬迁项目实施效果的主要问题；24.00%的搬迁户进入新建居民点和社区之后，不能获得稳定的土地经营权，而进入城镇地区和非农产业领域就业，又面临个人人际关系能力和职业技能转变困难等方面的制约，难以得到发展，这是阻碍移民搬迁项目实施效果的重要问题；14.00%的搬迁户由于缺少搬迁自筹资金（即移民搬迁总费用中需要农户自筹、配套投入的资金），虽然被纳入政府的移民搬迁计划，但面对过高的搬迁费用和成本，而不愿搬迁。此外，搬迁户难舍故土，且担心进入新建居民点之后可能面临难以融入新社区、生活不习惯、社会成本过高等问题，也是阻碍移民搬迁的另一原因。

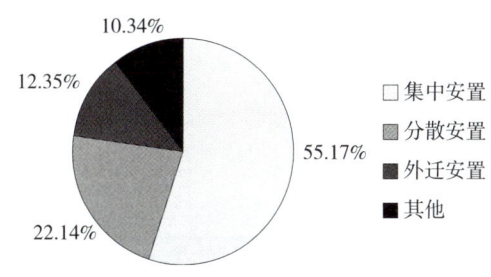

图6-13　样本区移民安置方式

数据来源：根据西北农林科技大学西部发展研究院调研结果整理获得。

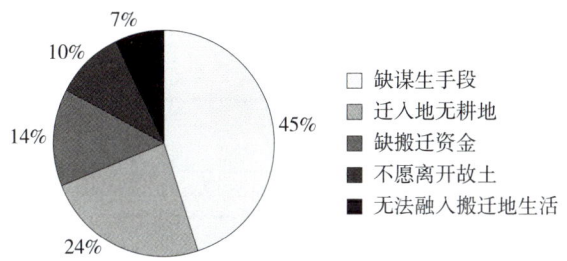

图6-14　样本区移民搬迁问题类型及结构

数据来源：根据西北农林科技大学西部发展研究院调研结果整理获得。

5.2　生态系统综合管理与村镇布局变革

5.2.1　秦岭地区村庄布局状况

秦岭地区的村庄（即农村社区）结构与布局是在漫长的历史变迁过程中演化形成的。其中农业生产条件、自然生态景观、生活环境的便捷性，是影响村庄选址的主要因素，资源禀赋是村庄发展的关键，选址的突出特征在于因地制宜、就地取材、自给自足。1949年以来，除了因国家重大项目建设需要而对部分村庄布局进行了局部调整外，秦岭地区村庄的布局与结构保持相对稳定，主要由村委会或农户根据生产发展、生活需要决定，因而缺乏现代意义的村庄布局规划，治理及管理难度大、成本高。

秦岭地区具有北陡南缓的自然特征，北坡溪峪湍急，南坡诸水源远流长，断切东西走向山岭，形成许多峡谷。洛河、丹江等穿流盆地，形成冲积小平原和平坝地，间有商丹、洛南、山阳、漫川和富水等红色盆地。这些峡谷、盆地和河谷地带成为秦岭地区村庄成长的摇篮，居住人口占到总人口的

80%。因此，特殊的地理结构和生存环境决定秦岭地区的村庄分布具有三个明显特征：一是村庄建设只能依山就势，整体村庄分布沿峡谷成带状；二是建筑密度较小，无法形成类似平原地区的高密度聚居区；三是村庄规划必须考虑坡地基础沉降问题，因而大多与山体走向一致（胡冗冗等，2009）。

在中高山区和浅山丘陵区，大部分村庄依托道路、河谷或农业资源丰富的地区分布。村庄规模较小，空间分布分散，集中度不高，而且住宅及村庄占地面积总量较大，但效率较低。调查的29个村庄中，有14个村庄分布在中高山区，14个分布在浅山丘陵区，只有1个村庄分布在平坝区。调查的469个样本农户中，263个农户位于中高山区，占到56.08%；192个农户位于浅山丘陵区，占到43.92%。农户平均宅基地面积0.36亩，高于《陕西省实施〈中华人民共和国土地管理法〉办法》中对山地、丘陵地区每户不超过267平方米（0.3亩）的规定。（见表6-8）

表6-8　　　　　　　　　　调研区域农户所处区域及宅基地面积

市	区/县	中高山区（户）	浅山丘陵区（户）	平坝区（户）	户均宅基地（亩）
宝鸡	太白	41	31	1	0.35
西安	蓝田	20	46	8	0.27
汉中	洋县	63	43	2	0.37
汉中	佛坪	39	20	3	0.38
商洛	柞水	52	24	0	0.31
安康	旬阳	48	28	0	0.48
样本农户		263	192	14	0.36

数据来源：根据西北农林科技大学西部发展研究院调研结果整理获得。

5.2.2 秦岭地区村庄布局变革

影响秦岭地区村庄发展的因素主要有自然环境、行政区划、交通区位、人口规模、资源条件、设施建设、空间形态及经济社会发展状况。根据调研数据分析，29个样本村庄中的21个村庄在过去5年发生过布局调整；13个村庄由于移民搬迁，村庄布局调整幅度较大；3个村庄由于城镇化、3个村庄政府行政性撤并，发生重大调整；2个村庄由于本地区经济发展而导致村庄布局调整。以蓝田县九间房乡朝峰村为例，该村因发展乡村旅游产业，新建旅游景点、升级道路和配套服务设施，必须重新规划村庄布局、调整村庄结构、升级村庄功能。

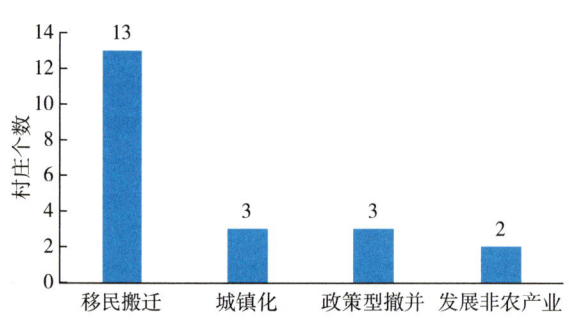

图6-15　样本区村庄布局变化原因

数据来源：根据西北农林科技大学西部发展研究院调研结果整理获得。

根据秦岭地区发展规划及农村经济发展趋势分析，村庄变革方向具有五个特征。

一是限制发展型村庄。限制发展型的村庄主要包括分布在存在安全隐患区域的村庄，分布在高山地区及自然条件太差区域的村庄，分布在退耕还林区域的村庄，远离中心镇、交通极不便利的村庄，以耕作及采集为生、居民收入太低、村庄人口少、居住分散、规模小（如一个村庄不足10个农户的村庄），以及基础设施差且重建规模不经济的村庄。按照政府规划，限制发展型村庄最终将被撤并、搬迁、取消。例如汉中市宁强县广平镇的部分村庄分布在中高山区，且存在安全隐患，汉中市佛坪陈家坝镇的部分村庄分布在河谷地带，且存在安全隐患，以及商洛市柞水县的两河乡部分村庄因为纳入退耕还林计划，且规模小、农业用地太少、基础设施配备差且建设难度大原因，均纳入限制发展型村庄管理体系。

限制发展类村庄还包括位于已规划的重大建设项目区域（如基础设施建设区域、各种类型的保护区建设等）需要拆迁改造或异地安置的村庄。由于外部环境将发生重大变化，这类村庄难以继续建设发展，需要整体撤除搬迁。

二是控制发展型村庄。控制发展型村庄主要包括两种类型：第一种类型是分布在中高山区，且受自然灾害影响严重的村庄，即这类村庄所处的区位环境不适宜人类居住和生活。这类村庄具有一定规模，但缺乏进一步发展的潜力和前景。如位于旬阳县赵湾镇的高山村庄、镇安县云盖寺镇的部分村庄，均以自然村为主，人口规模小，社区基本服务功能缺位，自然灾害影响严重，交通非常落后。因此，基本不具备继续发展的环境条件。第二种类型是远离中心集镇，基础设施及公共服务设施落后，村民人均收入较低，且不具备持续开发资源及生态环境条件的村庄。第二种类型的控制发展型村庄主要分布在国家级、省级自然保护区周边地区，以及国家"南水北调"工程、省级"引汉济渭"工程、"引乾济石"工程核心区域。这类村庄所处的区位经济环境艰苦，而且是重要的水源保护区和生态功能区。如位于佛坪国家大熊猫自然保护区的佛坪县岳坝乡，村庄具有一定的规模，但受政策限制而无法继续发展。

按照秦岭地区发展规划，政府着眼平衡保障农户收入增长及福利改进与促进生态恢复及环境改善之间的关系，从三方面对控制发展型村庄进行控制和管理，即控制村庄布局范围与结构，控制村庄规模及人口，控制村庄产业发展类型。

三是合并组建型村庄。合并组建型村庄主要分布在低山丘陵地区、河谷川源地区及与城镇相连成片地区。这类村庄距离中心城镇较近，基础设施及公共服务体系比较健全，人口比较密集，交通便利，村民人均收入比较高，且村庄均具有一定规模和发展潜力。如旬阳县小河庙乡的部分村庄，分布在高速公路沿线和河流沿岸；西乡县沙河镇的部分村庄，分布在国道（G316）沿线；商南县试马镇的部分村庄，分布在陕豫边界地区、国道（G312）沿线、西南铁路沿线。

合并组建型村庄具有发展潜力和前景，但存在村庄布局与结构不合理，过度占用耕地等稀缺资源，垃圾和污水处理等基础设施及公共服务体系升级与配套建设规模不经济，以及社区治理难度大、管理成本高等问题。因此，以相邻的村庄合并为基础，以基础设施及公共服务体系的空间整合为重点，组建形成农村新型社区，具有更广阔的发展前景。

四是积极发展型村庄。积极发展型村庄分布在中心城镇或大型厂矿企业周边地区，经济发达，交通便利，村民人均收入较高；中心城镇的带动发展功能较强，村庄及产业发展具有明显特色，且拥有丰富的自然资源或人文资源。

这类村庄区位优越，自然资源丰富和经济资源丰富，具有较大发展潜力。如柞水县凤凰镇的部分村庄历史悠久，人文资源丰富，集贸市场及物流发达；略阳县何家岩镇的部分村庄毗邻周边大型厂矿，产业聚集环境良好，生态旅游资源丰富；岚皋县溢河乡的部分村庄毗邻南宫山国家级森林公园，生物产业及旅游观光产业发展潜力较大。

积极发展型村庄的经济环境优越，农村产业基础较好，但农村基础设施及社区公共服务功能偏弱。因此，拟通过经济体制改革、治理机制创新，改善公共服务质量，优化发展环境。

五是社区发展型村庄。社区发展型村庄分布在市及县城周边郊区和中心城镇所辖村庄，略阳县的何家岩村，汉阴县涧池镇的军坝村，以及镇安县永乐镇的新城社区属于这类村庄中的典型。这类村庄交通便利，基础设施齐全，非农就业市场相对发达，村民主要就业于非农产业领域，农业属于兼业型产业，人均收入很高。这类村庄发展的特征是城乡融合发展的速度快，非农人口增加较快，住宅形式由独立、分散式向集约式发展。因此，这类村庄发展的趋势是经过改造升级为具有城镇社区属性的农村社区，并纳入城镇社区治理体系。

5.3 生态系统综合管理与农村公共产品配置

5.3.1 秦岭地区农村基础设施状况

（1）道路基础设施。城乡道路布局、结构、质量及保障水平，是支撑秦岭地区农村经济社会发展最重要的基础设施。秦岭地区以山区和丘陵区为主，村庄布局及农户居住分散，农村道路建设难度大、投资大、成本高，因而秦岭地区的农村道路设施建设滞后。具体表现为道路宽度普遍不够，部分农村地区的路面是砂石路面或土路，道路基本没有设置排水设施，因而很多道路经常积水。据调查，商洛市、安康市、汉中市的农村道路状况基本类似，县城与乡镇政府之间、乡镇之间的农村主干道路以水泥混凝土路面为主，宽度一般为4~6m，路面厚度为20cm。村村通道路宽度为3~5m，以水泥混凝土路面为主。但在中高山区、部分丘陵地区和贫困村庄集中的地区，村村通道路以土路、砂石路为主，而且存在宽度不够、坡度过大、弯道过急等问题，运输效率低、物流成本高。村庄内部的街巷道路宽度为3~4m，以水泥混凝土路面和土路为主，难以有效保障村庄生产发展，村民生活极不方便。

（2）给排水设施。秦岭地区农村水资源丰富，主要包括河流、湖泊、泉水、地下水。资源普查及调研显示，农村给水设施覆盖率较高，农村基本上实现了集中供水设施。但农村地区基本没有完备、有效的排水系统，农村社区生活垃圾、污水直接排放比较普遍，生产垃圾、污水排放问题也比较突出。根据本专题实地调查结果，样本县（区）、乡镇、村庄的排水设施覆盖率平均达到79.00%，其中洋县排水设施覆盖率最低，仅为40.00%。现有排水设施主要分布在街巷、道路两侧，通常是明渠排水沟，县镇及村庄基本没有排水管网系统。因此，居民生活污水随意排放、自然蒸发,雨水、污水沿巷道随处漫流;天然降水量较大时,道路泥泞,交通、物流及老百姓出行不便,既造成严重的生态环境污染,又影响村容村貌、人居环境及农村发展。

(3)垃圾集中处理设施。秦岭地区城镇及村庄普遍存在垃圾乱丢、乱放问题,主要是大多数农村地区没有垃圾收集站点,设置垃圾收集站和垃圾池的农村地区也存在数量偏少、间隔较远问题。更为重要的是,政府生态环境管理部门管理职能缺位,村镇村民环境保护意识淡薄,导致垃圾随意丢弃、堆放,社区及居民点周边及道路、沟渠、河道两侧散落的垃圾,成为秦岭地区生态系统综合管理中治理的难点。调查数据显示,除太白县的6个村庄设有集中垃圾收集、处理站点外,其他各市县农村地区垃圾收集站点覆盖率都很低,其中安康柞水县农村地区垃圾收集站点覆盖率最低,仅为40.00%。在农村地区建设沼气处理设施,可有效处理生产、生活垃圾,优化农村能源结构,减少薪柴施用量,为优化生态系统综合管理创造条件。但调查中发现,秦岭地区农村沼气设施覆盖率仅为5.10%。其中安康市旬阳县覆盖率最高,达到12.50%,柞水县最低覆盖率最低,仅为2.63%。

总体而言,秦岭地区电力设施及服务、农田水利设施及服务覆盖率较高。其他基础设施及服务体系,如农村排水工程、网络及通信设施、有线电视设施等,有待继续加强。此外,秦岭山区属于地质灾害、洪水灾害、森林火险等易发区域,生态环境风险较大。在汶川地震以来,抗震防灾受到重视,但其他防灾减灾工程建设及灾害治理体系建设处于起步阶段。因此,在强化生态系统综合管理过程中,政府应高度重视防洪、防火、防震等防灾工程建设。

表6-9　　　　　　　　　　　样本区域基础设施覆盖情况(%)

		排水管道/沟渠	通讯/有线电视	垃圾站	沼气池
宝鸡	太白县	92	100	100	1.08
西安	蓝田	83	83	67	3.68
汉中	洋县	40	60	80	6.20
	佛坪	85	100	67	5.00
商洛	柞水	75	100	40	2.63
安康	旬阳	80	20	80	12.50
	样本总体情况	79	76	76	5.10

数据来源:根据西北农林科技大学西部发展研究院调研结果整理获得。

5.3.2　秦岭地区农村公共服务设施状况

农村公共服务设施主要包括村委会工作场所、卫生室、救助保障站、阅览室、文化娱乐室、室外文体活动场所、农业综合服务站等。秦岭地区除个别村庄的公共服务设施配套基本齐全外,大部分农村普遍缺少文化、教育、卫生、休闲、服务设施。有的农村社区缺少最基本公共服务功能,特别是小学、幼儿园等数量不足、标准太低,农村自我公共服务功能低,成为制约农村社区发展的瓶颈。表6-10数据显示,样本县农村公共服务设施中覆盖率最高的是卫生室和室外活动场所,达到93.00%;最低的是救助站,29个样本村中仅4个村设有救助保障站。幼儿园、小学、农业生产综合服务站等公共设施覆盖率均低于50%，不能满足农村居民发展需要。

表6-10　　　　　　　　　　样本区农村公共服务设施覆盖率（%）

市	区/县	卫生室	幼儿园	小学	农业综合服务站	救助保障站	阅览室	文化娱乐室	室外活动场所
宝鸡	太白县	83	33	17	17	17	100	67	100
西安	蓝田	83	33	33	17	0	83	83	100
汉中	洋县	100	0	17	40	0	80	80	80
	佛坪	100	67	67	33	33	100	100	100
商洛	柞水	100	75	50	75	50	50	50	75
安康	旬阳	100	0	60	0	0	100	60	80
样本总体情况		93	31	37	28	14	83	72	93

数据来源：根据西北农林科技大学西部发展研究院调研结果整理获得。

调查发现，村庄及居民点布局分散、人口规模小，导致公共服务设施配置难度大、服务成本高。因此，有效整合村庄及居民点布局，配套规划农村公共服务设施建设，系统解决农村公共服务体系水平低、功能不配套问题，在秦岭地区完善生态系统综合管理过程中必须上升到政府决策的优先序列。

5.4　生态系统综合管理与乡村治理

乡村治理是指以公共权威管理村庄的共同事务，乡村治理的目的是构建乡村秩序，推动乡村和谐发展，实现农村集体目标和维护乡村公共利益。乡村治理强调利益相关者共同参与、协同管理，即参与主体并不限于政府及管理部门，也包括基层权威组织、村委会、村民以及公共机构、私营机构。因此，乡村治理方式既包括正式制度安排也包括非正式的制度安排。持续、高效保护生态环境，必须以有效的乡村治理为基础，即乡村治理的缺位、错位、越位都可能影响生态系统综合管理效果。因此，优化生态系统综合管理就必须理清各级管理机构与秦岭地区农村间的权责利关系，即通过构建社区治理机制，以农村社区为治理平台，引导、激励农户有效参与生态系统综合管理过程，在促进农村经济社会发展的同时，提高生态系统综合管理工作效能。

5.4.1　生态环境保护过程中的村规民约

村规民约是村民根据相关法律法规及政策，以本土文化及传统、习俗为基础，结合本村实际情况共同商议制定，全体村民共同遵守的行为规范。村规民约主要涉及社会公德、家庭美德、治安公约、村风民俗、邻里关系等方面，是治理乡村社会、规范村民行为，以及构建社会主义新农村的重要制度。本专题调研数据显示，近10年来秦岭地区县乡政府、相关利益主体、农户的生态保护意识、环境参与意识得到强化，在生态系统管理方面形成具有重要影响的非正式制度。在29个样本村中的23个村庄形成关于生态系统保护的村规民约，占调样本村的79.31%。村规民约主要包括禁止乱砍滥伐，积极植树造林，护林防火，保护野生动物，按规定堆放粪便、垃圾，禁止乱扔垃圾，保护生态环境，以及禁止焚烧秸秆，禁止无行为能力的人带火进山、野外用火等条款。

在29个样本村中，25个村开展过生态环境保护知识宣传活动，25个村设有生态保护政策实施监督机构，其中23个村对违反生态保护的农户进行过处罚，14个村对乱砍滥伐等违反生态保护的行为处以50~500元罚款，23个村对违反村规民约的农户及相关利益者进行过批评教育。可见，以村规民约为基础的非正式制度安排，在秦岭地区生态环境治理中发挥着重要正能量。

5.4.2 社区治理生态保护机制

秦岭地区生态系统综合管理强调保护自然生态环境。但保护珍稀濒危物种，维护物种多样性和生态平衡，必然伴随自然保护区域面积增加，涉及村镇布局、农村人口空间结构、社区经济结构及产业结构调整，农村发展面临诸多挑战。同时，农村社区发展对自然资源、生态环境的压力也日益加重，导致农村社区发展与生态系统管理间的矛盾凸显。在这种背景下，继续沿用以法律政策为依据，以政府及管理部门为主导，对农户生产生活行为进行管理的制度安排，将农村社区及农户排除在制度之外，必然影响农村发展机会，甚至剥夺农村及农户发展权利。因此，优化农村社区治理结构，创新生态管理机制，将农村社区及农户等利益相关者纳入治理结构，构建社区共管制度，形成促进农村发展与生态系统保护之间的长效机制。

以佛坪自然保护区社区共管生态保护机制为例，区内及周边分布着佛坪县3个乡镇9个村18个村民小组1800多人，其中区内5个村民小组70个农户，共300余人。村民收入主要来源包括中药材种植（如山茱萸）、养殖业（如养蜂）、外出务工等。2006年保护区成立社区共管领导小组和教育科，协调保护与发展事宜，推动实施社区共管项目和社区经济社会可持续发展。主要包括：一是举办各种类型的技术、知识培训班，提高村民的职业技能，包括中蜂改良、医疗、资源可持续利用等培训班40余次；通过张贴标语、送法上门、联席会议、林政执法等形式，提高社区居民知法、懂法、守法能力，促进农户自觉融入保护生态自然环境。二是保护区协调社区形成共识，帮助大古坪村修通岳坝乡到大古坪村的道路，解决了社区村民世代徒步进出大山、肩挑背扛的局面。三是扶持社区发展地膜玉米，彻底解决了社区村民吃饭问题；引导社区发展新型林下经济，较好地解决了农户增收问题。四是资助社区村民改建节柴灶，既减轻农户生活负担又减少薪柴消耗。

在本专题调查的39个样本村中，11个村位于自然保护区，其中3个村位于自然保护区的核心区，2个村位于自然保护区缓冲区，6个村位于自然保护区实验区。仅有4个村与保护区建立了社区型生态保护治理机制。在其他35个没有参与社区治理的样本村中，仅有5个样本村表示非常希望能够建立社区共管生态保护机制。这意味着，社区共管生态保护机制还相当滞后，值得中省政府及利益相关者高度关注。

5.5 秦岭地区农村发展中的生态保护问题

5.5.1 生态移民效应有待放大，环境压力区位转移

秦岭地区生态移民具有农村人口空间布局调整效应和生态扰动地理结构转移效应。即移民搬迁过程意味着农户赖以生存的自然资源条件、生态环境发生系列变化，对迁出地和迁入地的生态环境

产生逆向影响。就迁出地而言，移民搬迁意味着部分农村人口离开生态脆弱地区，缓解了迁出地的人地矛盾问题，减小过垦、过伐、过牧等生态环境影响。但实地调查发现，部分迁出地的耕地、房屋、宅基地处于荒废状态，没有开展有效治理。"搬房不搬地"的政策导向，激励部分移民仍然经营迁出地的农业产业项目，结果导致移民搬迁对秦岭地区生态恢复的政策效应有限，通过移民搬迁改善生态环境的政策目标未实现。

就迁入地而言，移民搬迁意味着迁入地的人口数量增加，人均耕地等资源减少，人地矛盾加剧。特别是移民搬迁以集中安置方式为主，以及移民搬迁过程与移民迁入地的人口城镇化相结合，导致较大规模的基础设施及公共服务体系建设和人居环境建设，迁入地的生态环境破坏加重。更为重要的是，迁入地的生产生活垃圾、污水处理设施建设滞后或不配套，加之移民环境保护素质整体偏低，缺乏相应的生态环境保护意识和治理结构，对集中安置点及其周边生态环境污染加重。

由此可见，移民搬迁缓解了秦岭地区的整体生态环境压力。但移民搬迁政策的生态治理溢出效应尚有较大的改进空间：一是政府应该重视对移民迁出地的生态修复工作，包括农地还林还草、宅基地生态化治理；二是政府应该重视迁入地的配套工程建设，包括迁入地基础设施建设和人居环境建设的生态化，生产生活垃圾循环利用及污水处理设施建设的配套化；三是注重培育迁入地居民赖以生存的、可持续的产业体系，确保移民能够稳定生活和发展。

5.5.2 基础设施落后，人居环境亟待改善

受地形、地貌及地理因素制约，秦岭地区总体发展滞后于发达地区，城镇化水平不高，交通及信息不便，农村发展型基础设施落后。许多村庄与外界联系只能依赖一条低等级公路，发生自然灾害的风险大，损失很严重。支撑农村经济建设、社会发展的基础设施落后，截至目前秦岭地区仍有部分村庄未通路和电。因此，农村基础设施建设滞后、缺乏有效配套，成为制约秦巴山区中高山区、丘陵地区与其他地区间发展差距的主要原因。

秦岭地区农村庭院具有养殖传统和种植习惯，但缺乏合理的规划和有效的垃圾、污水处理等基础设施，生产生活废水直接排放、垃圾等废弃物随意堆放，类似点源污染型的村庄生态环境污染严重，导致农村发展环境恶化。农业生产中畜禽粪便、生活有机物未经处理直接排放，加之持续的化学物投入，导致农村面源污染也很严重。

5.5.3 乡村治理主体单一，社区共管机制缺位

1999年中国政府启动退耕还林还草工程以来，政府高度重视秦岭地区生态系统管理，但依然沿用的是计划经济、计划社会管理模式。主要表现为：一是政府权力独大，权力边界缺乏明晰界定，大包大揽；二是政府领导和主导色彩十分浓厚，农户、农村社区及其他利益相关者参与深度不够，严重损害其权力和利益；三是缺少农户、农村社区及其他利益相关者的有效参与，未形成内生性的和持续性的生态系统管理机制和动力。

值得关注的是，秦岭地区经济发展落后，基层民主制度发育程度低，村民参与农村社区发展治理的意识不强、能力有限。加之，农村地区人力资本和社会资本流失严重，具有影响和号召力的

农村精英已进入城镇及非农产业领域，在强势政府主导的乡村治理结构中村民参与治理的积极性不高、能力不足，同时村民的权利和利益缺乏有效保护，导致农村发展与生态环境保护冲突严重。

6. 秦岭地区农民发展与生态系统综合管理

1999年以来，政府实施西部大开发战略及退耕还林还草工程，对秦岭地区生态恢复、经济发展产生正向效应。在完善秦岭地区生态系统综合管理过程中，政府启动系列项目、投入大量资金，支持农村经济社会发展，改进农户生计。但本专题实地调研发现，政府的政策支持缺乏持续性和稳定性，难以解决农村及农民持续发展问题，农民的生产、生活行为与优化生态系统综合管理政策要求间的差距较大。

6.1 样本农户的特征、收入、生计状况

6.1.1 样本农户基本特征

在调查的469样本农户中，53.30%的农户生活在海拔较高的中高山地区，40.72%农户生活在浅山丘陵区，生活在平坝区的农户只有2.77%。秦岭地区农户受教育水平可分为四个层次，即43.07%的户主具有初中文化程度，所占比例最大；30.06%的户主具有小学文化程度；15.78%的户主具有高中文化程度；10.45%的户主为文盲。这表明秦岭地区农户的受教育程度、文化程度普遍偏低。

表6-11　　　　　　　　　　　样本农户基本特征

		频数	比率（%）
农户居住位置所处海拔	平坝区	13	2.77
	浅山丘陵区	191	40.72
	中高山区	250	53.30
农户受教育水平	不识字	49	10.45
	小学	141	30.06
	初中	202	43.07
	高中	74	15.78
	大专及以上	3	0.64
务农情况	没有劳动力	13	2.78
	完全务农	220	47.11
	农忙时参与务农	125	26.77
	完全不务农	28	5.60
	外出打工	81	17.34

续表

	均值	标准差
户主年龄	53.06	10.76
户均土地面积（亩）	24.50	140.81
户均耕地面积（亩）	3.46	3.82
户均林地面积（亩）	24.63	152.56

数据来源：根据西北农林科技大学西部发展研究院调研结果整理获得。

农户家庭主要劳动力及职业状况为：纯农户比例为47.11%，兼业农户的比例为26.77%，以务工为主的比例为17.34%。表明农户非农就业机会少，经营农业是农户重要的收入来源，土地是农户安身立命的根本。但农户平均土地面积，特别是耕地面积小，户均土地1.63公顷，其中耕地为0.23公顷，林地为1.64公顷。政府实施退耕还林还草政策以来，农户依托林地发展传统式林下经济的机会受到限制，仍然以种植业、养殖业项目为主要收入来源，贫困现象比较普遍。同时，受访农户户主的平均年龄为53.06岁，方差为10.76，说明秦岭地区留守农民的年龄普遍偏大，青壮年外出就业比例高，严重影响农户的创新发展能力和拓展新型产业经营项目的能力。

6.1.2 农户家庭收入结构

根据表6-12、图6-16中数据分析，秦岭地区农户收入结构主要由务农收入、务工收入与经商收入构成，其中务工收入为主要来源。2014年务工收入占农户家庭平均收入的68.11%，2015年和2016年分别为65.11%和66.05%。值得关注的是，近三年农户务工收入、经商收入缺乏稳定性，而且呈现下降趋势，务农收入也呈波动状态。调查发现，农户的养殖收入、经营农家乐收入趋于上升，但养殖业依然是传统的粗放放养方式。随着政府实施生态工程项目及封山育林政策、禁牧措施，农户放牧面积及养殖收入缩减，农户种植与养殖收入来源受到限制。

表6-12　　秦岭地区农户收入结构　　单位：元

年份 收入来源	2014年			2015年			2016年		
	均值	百分比（%）	标准差	均值	百分比（%）	标准差	均值	百分比（%）	标准差
家庭总收入	31977.42		44109.77	32407.05		45799.59	31055.97		37913.26
务农	4920.69	15.39	13484.64	5319.07	16.41	19734.83	4998.97	16.10	20721.43
采集	580.53	1.82	6605.16	579.18	1.79	6589.21	417.00	1.34	3634.63
养殖	736.47	2.30	4305.44	1060.94	3.27	5397.44	1166.63	3.76	6040.65
打工	21780.95	68.11	27973.13	21101.72	65.11	26281.64	20511.57	66.05	25602.64
经商	3297.14	10.31	33158.51	3385.96	10.45	33075.21	2574.86	8.29	17767.79
农家乐	1471.43	4.60	11983.18	1741.48	5.37	12629.89	1957.87	6.30	12939.99
子女资助	736.62	2.30	2470.86	734.93	2.27	2461.03	985.71	3.17	4481.22
政府补贴	901.33	2.82	3306.96	923.75	2.85	3866.80	842.56	2.71	2035.93

数据来源：根据西北农林科技大学西部发展研究院调研结果整理获得。

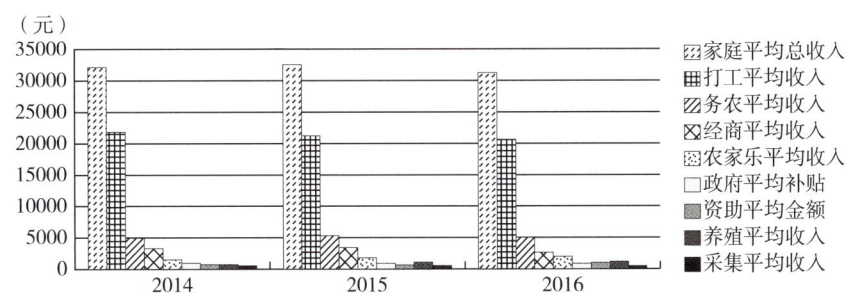

图6-16　2014～2016秦岭地区农户家庭收入结构

数据来源：根据西北农林科技大学西部发展研究院调研结果整理获得。

从收入结构方面分析，秦岭地区农户收入主要包括工资性收入和家庭经营性收入。其中工资性收入包括外出务工收入、从事本地生产获得的工资收入。家庭经营性收入主要包括经营农业收入，即经营种植业、林业（林下经济为主）、畜牧业（畜禽养殖业为主）；转移性收入，包括亲友赠送、救济金、扶贫款、救灾款、抚恤金；政府补贴性收入，包括粮食直补、农资综合补贴、农机具购置补贴、退耕还林补贴等。从农户家庭经营性收入来源结构角度看，务工收入排第一位，但经济环境影响较大，收入不稳定；种植业收入排第二位，相对稳定但增速最慢。近三年秦岭地区农户收入出现波动，主要原因是农业在农村经济中占重要地位，但又处于生态环境依赖型的初级阶段。

表6-13　2016年不同区域农户平均收入及结构　　　　　　　　　　　　　　　　　单位：元

	南麓		北麓	
	收入	占比（%）	收入	占比（%）
家庭总收入	28849.78		35779.29	
务农	4827.18	16.72	5303.10	14.82
采集	620.27	2.15	72.52	0.20
养殖	903.78	3.13	1595.49	4.46
打工	20491.30	70.03	20553.08	57.44
经商	2822.58	9.78	2170.68	6.07
农家乐	2013.45	6.98	1864.66	5.21
子女资助	706.36	2.45	1431.04	3.40
政府补贴	674.75	2.34	1120.31	3.13

注：①依据秦岭地区地域分布特征，本项目将调研农户分为秦岭南麓与秦岭北麓两个生产、生活区域。秦岭南麓包括柞水县、旬阳县、佛坪县与洋县；秦岭北麓地区包括蓝田县与太白县。下文中在数据分析与说明中，均依此分类标准进行分类。②本表中所有收入均为2016年平均收入。

数据来源：根据西北农林科技大学西部发展研究院调研结果整理获得。

秦岭地区农民除经营农业项目外，外出务工和本地务工为主要就业方式。随着耕地资源减少，秦岭地区农户外出务工的比例逐渐提高，男性和女性农民都有过外出务工的经历。根据表6-13调查数据可知，分布在秦岭南麓地区和北麓地区的农民收入来源与结构差异较大。在秦岭南麓地区，农户收入中务工、务农、经商、经营农家乐等收入比重较大，分别为70.03%、16.72%、9.78%、6.98%；在秦岭北麓地区，农户收入中务工、务农、经商、经营农家乐、养殖等收入比重较小，分别为57.44%、14.82%、6.07%、5.21%、4.46%。但秦岭北麓区农户的年均收入明显高于秦岭南麓区农户的年均收入，差异主要表现在北麓农户收入来源渠道更多，除采集外，其他每项收入均比秦岭南麓区农户收入要高。这表明秦岭南麓区农户增加收入更为困难，且缺乏创新渠道，因而对自然资源的依赖性更强。

表6-14　　2016年不同海拔区域农户平均收入及结构　　单位：元

	平坝区		浅山丘陵区		中高山区	
	收入	占比（%）	收入	占比（%）	收入	占比（%）
家庭总收入	35550.71		32813.03		29126.63	
务农	2711.54	7.63	6109.57	18.62	4110.34	14.11
采集	—	—	87.34	0.27	728.96	2.50
养殖	3727.27	10.48	1726.25	5.26	497.85	1.71
打工	24055.71	67.67	19277.35	58.75	20976.68	72.02
经商	—	—	3640.99	11.10	1779.66	6.11
农家乐	—	—	1037.74	3.16	2875.68	9.87
子女资助	2153.85	6.06	968.10	2.95	928.24	3.19
政府补贴	2593.85	7.30	703.72	2.14	856.06	2.94

说明：本表中所有收入均为2016年平均收入。
数据来源：根据西北农林科技大学西部发展研究院调研结果整理获得。

调查发现，海拔及地形、地貌对农户家庭收入结构影响明显，其中平坝区的农户家庭收入明显高于浅山丘陵区的农户，浅山丘陵区的农户家庭收入又高于中高山区的农户家庭收入，表明交通通信、基础设施、资源环境差异对农户收入具有正向影响。分布在秦岭地区不同海拔地区的农户收入以务工收入为主，占到农户家庭收入比重均超过50%。其中，中高山区农户的收入来源具有多样性，但务工收入占到72.02%；来自种植业项目、农家乐、子女资助、政府补贴、林下经济的收入占到26.27%；养殖业项目收入只占到1.71%，说明生态环境保护政策，对农户饲养牲畜及饲料来源具有抑制效果。

平坝区农户的收入结构较为单一，主要包括务工收入、务农收入、子女资助、政府补贴，来自采集及林下经济、农家乐、经商收入比重较小，而务工收入占到67.67%。主要原因是分布平坝区的农户毗邻城镇，交通便利，务工机会多，工资性报酬高。分布在浅山丘陵区的农户收入来源更加多样，但主要由务工收入、务农收入、经商收入构成。

6.1.3　移民搬迁农户生计质量

政府启动移民搬迁过程的主要目的是规避自然灾害，促进极贫地区农民脱贫奔小康，以及当地有效保护生态环境。但项目的实施对秦巴山区集中连片特困区、地质灾害高发区、生态脆弱区的农民生存、农村发展具有重大影响。主要是移民搬迁导致的农村人口分布的地理结构、人文社会环境变化，要求农户提高其适应能力，包括重新组合农户生产要素配置、重新构建生计模式、重新适应发展情景。在经济转型背景下，拥有"移民"和"农民"双重身份的搬迁户面临"二元"体制和发展环境变化。

表6-15 秦岭地区搬迁农户生计质量满意度统计

统计指标	非常不满意		不太满意		一般		满意		非常满意	
	频数	比重（%）	频数	比重（%）	频数	比重（%）	频数	比重（%）	频数	比重（%）
住房条件	4	6.45	3	4.84	11	17.74	23	37.10	21	33.87
水、电、暖条件	4	6.45	11	17.74	9	14.52	18	29.03	20	32.26
生态环境	2	3.23	8	12.90	8	12.90	24	38.71	20	32.26
经济条件	2	3.23	17	27.42	14	22.58	17	27.42	12	19.35
人际关系	1	1.61	2	3.23	8	12.90	32	51.61	29	46.77

数据来源：根据西北农林科技大学西部发展研究院调研结果整理获得。

根据调查数据分析，被调查的移民搬迁农户中，对迁入地的居住条件、供水、供电、供暖条件，以及生态环境、人际关系等方面，大多都达到非常满意或满意的程度，但对经济条件、就业状况表示一般和不太满意。其中主要原因是移民搬迁政策重在改善当地基础设施，提高农户获取外部资源的能力和改进生计的机会，这些支持性措施主要包括提供公共服务、农户基础性生活补助、职业培训及就业支持。但在迁入地及新居民点，农户面临职业风险和发展风险，包括当地经济基础薄弱，适宜的产业项目偏少，吸纳就业能力较低，难以为移民提供充足的就业岗位。此外，多数移民存在文化程度低、职业能力差、适应新环境的能力弱等问题，面临新的生计和发展困难。

6.2 农民生产生活对生态系统的影响

农户行为是指在既定发展阶段和社会经济环境中，为实现自身经济利益而对外部经济信息的反应，主要体现在生产、交换、分配、消费、投资等经济活动中的行为特征及行为倾向。理论研究及实践发展均已表明，农户行为对农业发展及生态环境具有重要影响。本项目将聚焦农民生产行为和农民生活行为，分析农民行为对生态系统管理的影响。

6.2.1 农民生产方式对生态系统的影响

（1）化学品投入密度与废弃物处置。表6-16数据表明，在秦岭地区农产品生产环节，农药、化肥使用频率并不高，即农业生产方式仍然具有传统农业耕作特征。秦岭地区生态环境脆弱性，决定农业生产效率不高，农民从农业经营中获得的收入有限，因而农药、化肥等投入方面的欲望不高。调查发现，为数不少的农户在农业生产中并不存在过量使用农药、化肥的情况。在农药废弃物（包括废旧包装袋、废旧药瓶等）处理方面，大多数农户采用深埋和统一回收，即通过垃圾回收系统，将废旧包装袋、包装瓶卖至废品回收站。地方政府对农业技术培训及农药使用技术培训比较重视，均组织相关技术培训。农民参加培训的积极性不高，但清楚政府对农药使用的管理规范，可能是政府在农药使用管理和安全方面的宣传工作，对增强农民的环保意识具有正向影响。

表6-16　　　　　　秦岭地区农户化学品投入密度及化学品废弃物处理方式统计

化学品使用密度		均值	方差	频数	比率（%）
农产品生产环节农药使用频率（次／年）		1.71	1.82	—	—
林产品管护环节农药使用频率（次／年）		0.78	2.24	—	—
农药废弃物处理方式	随手丢弃（是＝1；否＝0）	—	—	63	13.43
	掩埋（是＝1；否＝0）	—	—	80	17.06
	焚烧（是＝1；否＝0）	—	—	59	12.58
	其他（是＝1；否＝0）	—	—	267	56.93
农药技术培训参与（是＝1；否＝0）		—	—	75	15.99
乡政府农药技术培训供给（是＝1；否＝0）		—	—	120	25.59
农药使用政策规制（是＝1；否＝0）		—	—	157	33.48

数据来源：根据西北农林科技大学西部发展研究院调研结果整理获得。

（2）生活垃圾及家畜养殖管理。在传统经济环境中，秦岭地区农村生活垃圾量比较少，垃圾成分也相对简单，以厨余、炉灰、有机物等成分为主，采用直接填埋或还田处理，不会显著危害生态环境。随着农村经济发展和农民消费结构转型，农村生活垃圾数量逐年增加，生活垃圾的成分越来越复杂，其中回收物中的无机物及有毒物质、有害物质增加，如果仍然随意露天堆放或填埋，就会严重危害生态环境。调查发现，农村生活垃圾对生态环境的危害主要表现为：一是侵占土地、污染土壤。农村生活垃圾未经过任何处理随意堆放在田间地头，侵占大量土地；生活垃圾未经过任何防渗处理随意堆放，有害物质容易渗入土壤，危害土壤微生物，妨碍土壤中气、水和肥循环，降低土壤物理性能，影响植物生长发育，导致减产。二是影响农民居住生态环境。农村生活垃圾随意堆放，产生恶臭，滋生苍蝇蚊虫，繁殖病菌，严重影响农民居住环境和卫生状况，对农民健康构成潜在威胁。垃圾随意堆放，遇到大风天气，纸片、塑料袋等漫天飞，增加疾病、疫情风险。三是污染水源和大气环境。农村生活垃圾直接倾倒河流、池塘等岸边，经雨水冲刷流入湖泊、河流，导致有害物质严重污染水环境。许多农村地区缺少自来水供水系统，以河流和地下水为人畜饮用水源，生活垃圾中的寄生虫、病毒、病菌等污染物通过水体危害农民健康。特别是有机成分含量高的生活垃圾，在适宜的温度和湿度环境中会发生生物降解，释放的沼气将消耗上层空间的氧气；一些有害有毒废留物可能发生化学反应产生有毒气体，扩散到大气中危害空气质量。

表6-17数据表明，35.82%的农户采用固定地点堆积方式，处理生活垃圾，即在村头或村中某约定俗成的地点堆积生活垃圾，基本未采取特殊及专业处理程序。采用"统一回收"方式处理的生活垃圾占到44.78%，其中距离城镇较近的农村，生活垃圾处理被纳入市政管理系统，由市政部门集中回收处理生活垃圾；距离城市较远的村庄，生活垃圾主要采用固定地点露天堆放处理方式。另外，6.40%的生活垃圾处理方式采用焚烧或简单填埋；7.25%的生活垃圾被农民随意堆放，即无固定堆放点，也无统一回收体系及保护技术设备，甚至采用焚烧方式，造成二次污染。

表6-17　　秦岭地区农户生活垃圾、家畜养殖管理方式统计

		频数	比率（%）
从事家畜养殖的农户		134	28.57
饲养方式	放牧（是=1；否=0）	7	5.22
	散养（是=1；否=0）	26	19.40
	圈养（是=1；否=0）	101	75.37
	养殖小区（是=1；否=0）	0	0.00
饲料来源	商品饲料（是=1；否=0）	15	11.19
	田野采集（是=1；否=0）	25	18.66
	秸秆利用（是=1；否=0）	14	10.45
	其他（是=1；否=0）	76	56.72
生活垃圾处理	集中填埋（是=1；否=0）	26	5.54
	固定地点堆积（是=1；否=0）	168	35.82
	随意堆放（是=1；否=0）	34	7.25
	统一回收（是=1；否=0）	210	44.78
	其他（是=1；否=0）	30	6.40
人畜排泄物处理	堆积沤肥（是=1；否=0）	354	75.48
	出售（是=1；否=0）	4	0.85
	不处理（是=1；否=0）	49	10.45
	其他（是=1；否=0）	61	13.22

数据来源：根据西北农林科技大学西部发展研究院调研结果整理获得。

调查发现，农户牲畜饲养方式以圈养为主，饲料主要为粮食（包括玉米、麸皮）、秸秆、少部分商品饲料和采集的饲料。但其中24.62%的农户采用散养和放牧方式，对秦岭地区植被资源及生态环境的破坏明显。在人畜排泄物处理方面，75.48%的农民采用堆积沤肥方式，作为农业施肥而还田。采用堆积沤肥方式处理人畜排泄物，有助于培肥土壤。但堆肥处理中存在值得关注的问题，主要是垃圾中的有机物发酵及无法分解的石块、金属、塑料等不可腐烂的无机物。因此，在垃圾堆肥处理前必须进行分拣，但现实中几乎未进行分拣。堆肥处理需要的周期长，占地面积大，容易污染周边生态环境。此外，与化肥使用效率相比，堆肥处理的效率低、成本高，效益不高，因而农民缺乏积极性。

6.2.2　农民生活方式对生态系统的影响

（1）家庭生活能源消耗。薪柴是秦岭地区历史悠久、适用范围最广的农村生活能源。随着经济社会发展，煤炭、电力、液化气、成品油等能源在生活能源中的比重越来越大。但发展滞后的农村地区，薪柴依然是主要生活能源。根据中国国家能源局年度监测报告（2011），中国约50%的农户还以作物秸秆和薪柴为生活能源。在秦岭地区，薪柴还广泛应用于处理饲料、烧木炭、烘干物品、酿酒、驱赶野生动物等方面，导致污染生态环境，主要是薪柴消费需要砍伐大量的乔灌木，既影响

乔灌木植被分布也影响野生动物栖息地环境。

表6-18　　　　　　　　　　秦岭地区农户能源消耗结构统计

燃料	薪柴	秸秆	割竹	煤炭	煤气	沼气	太阳能	电力
使用天数（天）	290.39	114.39	3.33	40.54	158.85	66.67	20.53	178.46
用量（千克/千瓦时）	3041.11	1003.29	2.00	668.15	115.83	25.00	—	559.66
总费用（元）	113.82	—	220.00	685.77	569.36	—	—	282.97

数据来源：根据西北农林科技大学西部发展研究院调研结果整理获得。

表6-18表明，调查地区农户的主要生活能源以薪柴为主，其次为秸秆、煤气与电力。薪柴主要来自农户承包的林地（即经政府审批获准的柴山）和采集森林中的枯枝落叶，主要用于日常烧火做饭，农户冬天取暖则以煤炭与电为主。调查中还发现，随着电饭锅、电磁炉等家用电器普及，农户在使用薪柴为主的能源基础上，重视增加使用电和其他辅助能源，有的农户也非常关注清洁能源的使用。

表6-19　　　　　　　　　　　　　生活能源消耗

		南麓	北麓	平坝区	浅山丘陵区	中高山区
薪柴	使用天数（天）	312.67	238.41	291.00	290.13	291.36
	用量（千克/千瓦时）	3376.50	2309.34	1972.73	3185.67	3073.85
	总费用（元）	227.52	38.83	—	101.22	139.63
秸秆	使用天数（天）	194.00	103.33	100.00	130.78	79.92
	用量（千克/千瓦时）	713.75	1051.54	1000.00	1121.39	738.38
	总费用（元）	—	—	—	0.00	0.00
煤炭	使用天数（天）	118.57	14.52	—	16.07	65.00
	用量（千克/千瓦时）	902.86	394.33	—	319.33	967.14
	总费用（元）	941.43	387.50	—	347.50	975.71
煤气	使用天数（天）	210.06	97.40	80.00	153.23	161.50
	用量（千克/千瓦时）	96.97	154.33	12.70	80.76	157.62
	总费用（元）	544.94	617.24	198.00	527.92	659.26
沼气	使用天数（天）	153.85	—	150.00	72.78	49.09
	用量（千克/千瓦时）	25.00	—	—	—	25.00
	总费用（元）	—	—	—	—	—
太阳能	使用天数（天）	195.00	—	—	—	43.33
	用量（千克/千瓦时）	—	—	—	—	—
	总费用（元）	—	—	—	—	—
电力	使用天数（天）	183.26	170.47	144.23	180.60	178.00
	用量（千克/千瓦时）	528.61	610.68	698.46	523.30	568.25
	总费用（元）	262.75	316.74	349.23	276.25	279.40

数据来源：根据西北农林科技大学西部发展研究院调研结果整理获得。

按照秦岭南麓地区与北麓地区分析，秦岭南麓地区的农户在薪柴、秸秆、煤炭、煤气、沼气、电力、太阳能等能源使用方面，均多于秦岭北麓地区的农户。按照中高山区、浅山丘陵区、平坝区分析，薪柴仍然是三类地区农户生活能源的主要来源，其次是秸秆、煤气、电力（见表6-19）。其中的原因可能是，秦岭地区农民长期生活在山区，生产、生活能源高度依赖森林资源，农户称之为"以森林为本"。此外，农户家庭成员的年龄结构，也是决定农户是否接受使用新能源的重要因素，包括高效、清洁的电力、太阳能、煤炭等商品能源。

（2）农户家庭生活水源及废水处理。水资源是影响农村生活及生产的重要因素，也是维持和改进生态系统服务功能的关键生态因素。秦岭地区农民居住分散，农户家庭生活水源主要有三种类型：一是引山泉水入户形式，样本中36.03%农户的饮用水源为引山泉水入户。主要模式是，农户自发成立用水联盟，自筹资金，建设引水管道及配套设施，分摊建设及运行成本，将山泉水引入农户。如有其他农户申请加入用水联盟，则需要缴纳固定费用，并自建引水管道及接入山泉水的其他配套设施。用水联盟成员在日常饮用水过程中，不需要再缴纳其他费用。二是自来水形式，样本中54.37%的农户饮用水为自来水，主要适宜于平坝区和浅山丘陵区。三是井水及河水形式，但引用井水或天然河水、湖水的农户比例非常小，主要适宜于分布在河流、湖泊周边地区的农村社区及农户。

表6-20、表6-21数据表明，秦岭北麓地区、南麓地区农户的生活水源以自来水、引山泉水入户形式为主。平坝区农户采用自来水的比例远高于浅山丘陵区、中高山区的农户，原因是平坝区农村的经济状况较好、基础设施较为完善，自来水入户既方便且成本低，普及率较高。在引山泉水入户方面，秦岭南麓地区的农户比北麓地区农户采用的比例高出将近2倍，分别为40.94%和24.16%，主要原因是秦岭南麓山区自然水资源丰富。

表6-20　　　　　　　　秦岭地区农户家庭水源供给与生活废水处理统计

	指标	频数	比率（%）
生活用水水源	井水（是=1；否=0）	37	7.89
	自来水（是=1；否=0）	255	54.37
	天然河道（是=1；否=0）	8	1.71
	引山泉入户（是=1；否=0）	169	36.03
生活废水处理	直接排放（是=1；否=0）	249	53.09
	流入河道（是=1；否=0）	81	17.27
	集中处理（是=1；否=0）	94	20.04
	其他（是=1；否=0）	43	9.17

数据来源：根据西北农林科技大学西部发展研究院调研结果整理获得。

秦岭地区农户生活废水处理方式主要有四种：一是直接排放，样本中53.09%的农户采用直接排放方式；二是集中处理及资源化利用，样本中20.04%的农户将生活废水排入化粪池或沼气池发酵，转换为清洁能源和无害化有机肥；三是未经无害化处理，直接排入河流及湖泊，样本中17.27%的农户采用类似方法；四是少数农户通过自建废水池，收集废水并用于灌溉。可见，采用直接排放生活废水的农户占到73.14%，既不利于废水资源循环利用又造成生态环境污染，值得政府及管理部门高度关注。

表6-21　　　　　　　　　秦岭南北麓农民生活用水与废水处理情况（%）

		南麓	北麓	平坝区	浅山丘陵区	中高山区
生活用水水源	井水	8.13	7.38	—	9.42	6.40
	自来水	48.75	60.40	76.92	53.40	51.60
	天然河道	2.19	0.67	—	0.52	2.80
	引山泉入户	40.94	24.16	7.69	35.08	36.80
生活废水处理	直接排放	49.06	61.74	61.54	61.78	46.80
	流入河道	23.44	4.03	15.38	10.99	22.40
	集中处理	15.31	30.20	15.38	16.23	22.40
	其他	11.56	3.36	7.69	10.47	7.60

数据来源：根据西北农林科技大学西部发展研究院调研结果整理获得。

按照秦岭南麓地区、北麓地区分析，农户生活废水处理方式差异较大。但呈现出趋同趋势，普遍存在生活污水随意排放，人畜粪便、垃圾处理不彻底，农村面源污染严重，造成土壤、水系和生态环境污染，并通过食物链直接或间接危害人类健康。

6.3 农民认知及其生态系统的影响

6.3.1 珍稀动物识别程度及处置方式

秦岭地区动植物资源丰富，主要包括国家一级保护动物大熊猫、金丝猴、羚牛、朱鹮、云豹、金钱豹、林麝、褐马鸡；国家二级保护动物猕猴、豺、小熊猫、黄羊、大鲵、细鳞鲑、罗蛙、黑熊。表6-22调查数据表明，农户对珍稀动物的识别程度低、保护生态系统的综合意识低。在国家一级保护动物中，农民对大熊猫、金丝猴、羚牛、朱鹮的认知程度最高；在国家二级保护动物中，农民对黑熊、大鲵的认知程度最高。说明政府的野生动物保护宣传效果良好，农户对珍稀动物资源的保护意识非常强。相反，对植物资源，尤其是红豆杉、鸽子树等珍稀植物品种，农户普遍缺乏基本认知，不能明确辨认、区分周边地区的植物品种。在饲养家畜的农户中，采集野生植物资源作为重要的饲料来源，是近一半农户的日常行为，但植物品种繁多，农户不易辨认，因为珍稀植物品种需要专业技能才能增强辨识能力，这是有效保护秦岭地区植物资源的主要障碍。

表6-22　　　　　　　　　　　　　珍稀动物识别程度

I级保护动物	大熊猫	金丝猴	羚牛	朱鹮	云豹	金钱豹	林麝	褐马鸡
认知比例（%）	27.29	26.23	27.72	30.49	1.49	3.84	9.59	7.25
II级保护动物	猕猴	豺	小熊猫	黄羊	大鲵	秦岭细鳞鲑	川陕哲罗鲑	黑熊
认知比例（%）	10.23	3.41	6.18	10.87	39.02	13.22	0.43	21.54

数据来源：根据西北农林科技大学西部发展研究院调研结果整理获得。

在关于农户家庭财产状况调查中发现，农户家养动物及庄稼常常遭受野生动物破坏，但63.32%的农户会采取方法，驱赶野生动物，17.27%农户选择不予理会，而选择报警的农户只占到13.43%（表6-23）。其中野猪体形较大且凶猛，也是对农户家养动物及庄稼破坏力较强的野生动物，多数农户采取赶走或不予理会的处理方式。农户之所以不选择报警方式，是因为选择报警并不能获得政府补偿或其他救助，即农户认为报警无价值。但也说明，秦岭地区农户具有较强烈的野生动物保护意识。

表6-23　　家庭资产受国家保护动物侵害后处置方式

猎杀		赶走		报警		不理会	
频数	比率（%）	频数	比重（%）	频数	比重（%）	频数	比重（%）
1	0.2	297	63.32	63	13.43	81	17.27

数据来源：根据西北农林科技大学西部发展研究院调研结果整理获得。

6.3.2 生态保护参与及监督

农民是参与秦岭地区生态系统综合管理的特殊主体，即农户是生态建设主体，也是生态建设中的管理对象。因此，强化农民自主参与式的生态系统综合管理，在管理理念、管理方法和管理目标上，都与传统生态系统管理存在显著差异（表6-24）。

表6-24　　参与式生态资源管理与传统生态资源管理的差异

参与式生态资源管理	传统生态资源管理
以人为中心	以树木为中心
当地农户是森林的伙伴，他们和森林资源的管理和保护有着密切的关系	当地农户是森林破坏者，应将二者隔离开来
重视当地农户作为森林资源传统使用者的权利，将他们看作森林资源管理的主体	政府是森林资源管理的主体
采用参与式的管理方法	采用隔离式管理方法
目标是在满足当地人需求的基础上，促进当地森林资源的可持续性增长和社会经济的可持续发展	获得林产品，保护森林资源

农民参与式的生态系统管理强调以农民为管理中心，重视保护当地农民作为森林资源、植被资源使用者的权利，在农户稳定发展、满足需求基础上，促进生态系统综合管理，实现生态资源可持续利用与经济社会效益可持续发展。这种方式与传统生态系统管理的主要区别是：强调农民作为生态系统利益相关者的主体地位，最大程度发挥农民的主观能动性，形成有效保护生态系统综合管理的内生动力和可持续机制。

表6-25　　农民生态保护参与及监督

项目	频数	比率（%）
生态保护组织参与	72	15.35
自然资源利用审批	142	30.28
受处罚经历	9	1.92

数据来源：根据西北农林科技大学西部发展研究院调研结果整理获得。

本项目调查发现，只有15.35%的农户参与了相关生态保护组织，但基本上没有参与具有生态系统保护、管理功能的农民合作组织、世界自然基金项目、环境基金保护项目。在参与生态保护组织的15.35%的样本农户中，多数农户认为参加农民合作社、农产品销售合作社，就是参与生态系统管理的方式，即农户认知方面存在巨大误解。在农户开发利用自然资源方面，只有30.28%的农户表示需要获得相关部门的审批。审批事项主要涉及建筑用木材和其他薪柴，审批主管部门均为当地林业局，农户需要按照标准缴纳相应的费用。只有1.92%的农户表示因为乱砍滥伐林木，接受过林业部门的处罚，即按照砍树伐木的数量缴纳罚款，而且认为处罚具有惩戒效果。

在参与生态系统综合管理的乡规民约制定、生态资源保护的地方政策制定方面，秦岭南麓地区的农民参与程度高于秦岭北麓地区的农民，分别为19.81%与6.04%。其中平坝区的农民参与程度最高，而中高山区的农民参与程度最低，只有14.52%。这种状况与秦岭地区生态资源分布的规律、不同类型区域生态功能的相对重要性恰好相反，原因是中高山区农户的收入来源于生态资源，其生计高度依赖生态系统，因而强化生态系统综合管理对农户发展具有抑制效应。但问题是，农户更关注其生存权和发展权，而并不在意生态系统综合管理的参与权（表6-26）。

表6-26　　　　　　　　　　　　生态保护农民参与情况（%）

	南麓	北麓	平坝区	浅山丘陵区	中高山区
生态保护组织参与	19.81	6.04	30.77	15.71	14.52
自然资源利用审批	29.43	35.51	25.00	22.28	40.33
受处罚经历	1.56	3.64	—	1.09	3.07

数据来源：根据西北农林科技大学西部发展研究院调研结果整理获得。

6.4　秦岭地区农民参与生态系统保护中的问题

综合以上分析，秦岭地区农民参与生态系统综合管理中存在四方面的问题。

6.4.1　农民生态保护意识不强

主要表现在三个方面。

（1）农民生态意识薄弱。生态保护意识与农民受教育程度密切相关，但秦岭地区农民的受教育程度普遍较低，缺乏对生态系统综合管理重要性的基本认知与理解，生态环境保护观念淡薄。因此，在日常生活、生产中，普遍缺乏生态环境保护意识。例如，农户随意丢弃农药包装、堆放生活垃圾、随意排放生活废水及家畜排泄物等，都证明秦岭地区农民缺乏对生态资源保护的深刻理解与认识。

（2）环境忧患意识不强。秦岭地区农民的生态意识，与农村生态环境保护宣传、教育、引导的低效性之间存在较大关系。农民获得生态环境保护知识的途径单一，接触外界信息的机会少，只知晓禁发、禁牧等刚性约束政策，几乎不了解政府更为广泛的生态环境保护政策，也很少关注生态系统综合管理事宜。农民也难以理解生态环境破坏对其持续生存环境的影响和长期发展的危害。农民为维持生存发展而奔波劳碌，也没有时间顾及生态环境问题，更不会顾及毁林开荒及水土流失等严重后果。这种现实情境，导致农民生态观念薄弱，很少关注生态环境，缺乏有效参与生态系统保护的实际行动。因此，农民群体很难形成内生性的生态系统综合管理组织。

（3）公共环保意识薄弱。农民依附于自然而生存发展，对从大自然中索取生存资料的"免费性"心安理得。面对免费索取自然资源的机会与环境，农户很少会考虑如何保护生态资源。受传统生活习惯影响、生活方式改进等困难约束，以及邻里间相互效仿，农民难以养成自觉保护生态资源与生态系统的良好习惯。

6.4.2 家庭收入来源渠道单一

秦岭地区农民的收入基本来源于务工和经营农业。大部分的青壮年都选择务工，农业生产管理主要由留守妇女和老人承担。分析农户收入结构发现，大多数农户务工的工资性收入比务农收入高出很多。但收入渠道依然单一，导致农民对生态资源的依赖程度居高不下，"靠山吃山"的情况比较普遍。农户生活能源来源严重依靠薪柴，且薪柴消耗量较大；农户（主要是散养户）为控制养殖成本，主要依赖放牧和采集饲料来发展畜牧业，均导致破坏生态环境。与此同时，由于政府生态系统保护方面的限制，农户拓展收入来源的其他渠道受到更多限制。距离城镇较近的农民可以选择就近务工或经营小本生意，增加收入，改进生计。生活在中高山区、浅山丘陵区的农民，则更多选择依赖生态资源维系生存，青壮年则选择更远的城镇及发达地区务工，形成恶性循环系统。因此，在强化改进秦岭地区生态系统综合管理过程中，政府必须重视和关注农民的根本利益和农户的长期发展。

6.4.3 生态资源权属不清晰

秦岭地区生态资源既具有公共属性又具有经济功能，在农村居民生产、生活、环境等方面具有不可替代的作用，但公共资源属性导致这种资源的开发利用具有非排他性。这种非排他性意味着秦岭地区生态资源开发的边界、权界并不清晰，导致对边界和权界的监督和执法界限模糊，执法难度太大，因而各级政府与农户在资源保护与合理使用方面存在冲突。农户出于生计需求，需要从秦岭地区生态环境中获取生产、生活资料，特别是通过政府划分的柴山砍伐薪柴，获取生活能源。但绝大多数农户除了从政府划分的柴山中获取有限的薪柴，还需通过其他渠道获取生活能源，主要渠道是盗伐林木等方式。同时，政府出于保护生态环境的目的，对土地权属及其他资源权属进行限制，导致农户发展与生态环境保护方面突出的矛盾。例如柴山权属不够清楚，农户放牧和采集饲料并无特别授权和权属管理制度，权属不清晰极易引起突出问题，农户违规破坏资源缺少有效的惩罚依据和机制，结果是秦岭地区的生态资源遭到破坏。

在秦岭地区生态系统综合管理过程中，出现的权利和权力矛盾体现在多方面，如农户增加经济收入与生态公益事业发展间的矛盾。权利和权力关系失衡，可能导致农户持续盗伐、偷猎和开采，以解决生存、发展需要。农户不会对政府提出的任何生态环境保护措施产生合作兴趣，从而诱发社会矛盾，包括农户与政府间的矛盾，这些矛盾甚至会冲击社会安全。可见，农户生存与发展所面临的关键问题，并不在于因政府实施生态环境保护工程而减少其收入和限制其发展机会，而在于政府未能帮助农户制定持续有效的替代解决方案。

6.4.4 生态系统保护与农民行为冲突

生态系统保护与农民行为冲突，集中表现为在生态资源保护与农村社区发展关系方面。在划定自然资源保护区过程中，既有农民的生活生产与保护区间就存在紧密联系，特别是限制了农村居民的传统生活方式。而且政府有关保护法规和政策，主要针对的是生态环境保护管理，很少关注自然资源保护区相关资源的合理开发、持续利用及周边社区的经济发展，即政府对农户的利益和农村社区发展的权益关注不够。这些因素导致生态资源保护与社区持续发展关系不协调，对农村社区居民的生存与发展机会形成抑制。

政府单纯强调生态环境保护，却不够重视农民生存与发展需要，严重挑战农户的生存权和发展权。国内外实践均已表明，忽略甚至蔑视农户生存权、发展权以及农户在生态系统综合管理中的角色和作用，都难以保障实现政府的政策目标。事实上，农民生存与发展并非必然是生态环境有效保护的障碍。关键是农民作为生态环境有效保护的主体，如何重新准确定位农户在生态系统管理中的地位、角色、作用和权利。随着工业化和城镇化发展，经济社会对自然资源的巨大需求和过度消耗导致生态系统基础削弱、退化，特别是导致秦岭生态脆弱地区农民贫困的加剧。因此，持续利用和保护秦岭地区生态系统，促进农村社区的发展和改进农民的福利，一直是中国政府面临的严峻挑战。因此，政府应该重视探索农民有效参与秦岭地区生态系统综合管理的体制、机制和激励政策，重点是逐步弱化政府的主导地位和过度的行政干预，构建以农村社区为载体和主体的秦岭地区生态系统综合管理方式，形成农村社区发展与生态系统管理的内生性制度、机制与模式。

7. 秦岭地区农业及农村发展建议

基于上述分析结论，本专题借鉴相关文献研究成果，从改进和完善生态系统综合管理视角，提出六方面的对策与建议。

7.1 尊重区域差异，优化山地农业布局

山地是具有海拔高度、坡度和不同类型地貌特征的特殊生态系统。山地农业布局起伏较大，农地坡度陡峻、沟谷幽深，一般为脉状分布的农业布局与区域结构模式。秦岭地区地理环境、气候条件得天独厚，生态环境复杂多样，山地空间丰富多变，其农业是典型的山地农业模式。但秦岭地区山地农业发展面临耕地后备资源不足，可开发耕地的空间、类型受限，以及农业基础设施建设及技术装备落后、农业发展方式转变缓慢问题，导致农业发展过度依赖自然资源开发及物质要素投入，且经济效益不高。因此，聚焦强化生态系统综合管理需要，按照生态环境适宜性原则，重新布局秦岭地区农业、优化农业产业结构，并重新配置农业发展政策，提高农业布局政策的针对性和有效性，成为强化生态系统综合管理的重要基础性工程。

表6-27　　　　　　　　　　　　　　　秦岭地区山地农业布局

垂直带格局	宏观模式（全局尺度）	中观模式（带层尺度）	微观模式（单元尺度）
亚高山地 （3250~3767m）	产业—利用型土地生态系统	以林业为主，发展木材生产与加工业，辅以中草药和高山牧草利用	冷杉、落叶松、药材、高山灌丛草甸
中山地 （2500~3250m）	防护—开发型土地生态系统	以林业为主，林特产专业化开发、加工与发展涵养水源林相协调	油松、华山松、桦木、板栗、食用菌
低山地 （1600~2500m）	产业—防护型土地生态系统	重视水土保持育林，经果业和薯杂旱作种植以生态环境防护为前提	栎类、马尾松、猕猴桃、核桃、薯类
丘陵台地 （1000~1600m）	防护—产业型土地生态系统	以陡坡生态防护林牧业为重点，在缓坡台地适当发展农作物种植业	侧柏林、竹林洋地、玉米小麦、油料、玉米
河川沟谷地 （600~1000m）	开发—防护型土地生态系统	河川地以集约农业为主，沟谷地适度发展畜牧业与经济林果业	稻+麦、稻+油、麦+玉米、沟坡草灌、苹果、板栗、柿子、橘子

参考资料：刘彦随，"山地农业资源分异规律与优化利用模式研究——以陕西秦巴山地为例"，《资源科学》，2000年第5期。

根据农业生态环境垂直地带性分异规律，以现行土地生态类型为基础，以稳定提高土地系统的生物生产能力和保持良好的生态环境效益为目标，需要明确优化秦岭地区山地农业布局定位、优化农业产业结构。根据本专题研究及借鉴相关文献成果，秦岭地区山地农业布局调整与优化，可按照微观、中观、宏观三个层次推进（表6-27）。

（1）采用信息工程技术、生态工程技术、环境工程技术相结合的思路与方法，着眼强化生态系统综合管理全局，对秦岭地区的生态资源、农业资源进行再次普查，制定秦岭地区农业资源利用区划，为宏观层次上调整与优化山地农业布局奠定基础。并依次按照"生态有效防护—资源持续利用—土地合理开发—产业创新发展"四个土地开发利用的强度梯次，调整秦岭地区土地利用结构，优化山地农业布局。

（2）中观层次的农业布局调整与优化，必须着眼林草系统保护、水源涵养功能保护，强化生态系统综合管理，根据海拔类型、山地类型、土地类型，依次按照"林下经济、林业及林木生产加工业、中药材及高山畜牧业路径与模式，林业、林下经济及林特产品开发、水源涵养林保护路径与模式，水土保持林草生态防护林、经济林果业及薯类杂粮旱作路径与模式，陡坡地生态防护林、畜牧业、种植业路径与模式，以及畜牧业、农牧结合型农业、集约农业发展路径与模式"五个土地开发利用的强度梯次，明确中观层次农业资源开发利用的主导方向，调整秦岭地区农业产业内部结构，优化山地农业布局。

（3）微观层次的山地农业布局调整与优化，应该着眼具体的不同土地类型的适宜利用方式，以农林牧副渔产业结构调整为基础，以品种结构配置为抓手，以耕作制度、饲养放牧制度、综合管护制度改革为重点，促进生态环境友好型的农林牧副渔经营管理模式的制度化（表6-27）。

7.2　发展生态产业，助力农村经济转型

秦岭地区农村发展必须走生态—绿色—环保—循环—可持续发展道路，围绕生产、流通、消费、生活、回收、环境保护及治理能力建设，按照产业升级—经济发展—社区综合治理一体化理念

和模式，促进农村产业纵向整合和产业技术规程及标准横向整合，将农村经济发展深度融入生态系统综合管理，探索农村产业转型升级的路径，生态资源高效利用的模式，以及农村废弃物零排放治理的机制。

秦岭地区农村经济发展应该以绿色农业为基础，以特色加工业为根本，依托丰富的生态环境资源及农村区域的特色村落、自然景观、文化遗产等资源，促进旅游、观光、餐饮产业转型升级。以促进农村社区为依托的农产品加工业及传统手工业升级、新型加工业培育、现代服务业成长为抓手，做大农产品加工业，做强各类加工业。注重优先发展农产品加工业，促进农村产业结构调整，带动现代农业发展；发挥传统产业优势，培育新的经济生长点，凸显区域产业特色和经济效益；以开辟新型生态工业经济园区为载体，完善人才、技术、资本汇聚机制与平台，多渠道招商引资，促进创新创业及企业孵化，加快产业结构转型和产品结构升级。

7.3 拓宽农民增收渠道，弱化生态资源依赖

秦岭地区四季分明，但冬无严寒、夏无酷暑，自然资源、景观资源丰富，生态环境优美，农产品独具特色，习俗、文化及服务类型多样，农业旅游、生态旅游、环境旅游、人文旅游优势明显，以农业、农村为基础的旅游业发展潜力较大。按照集生产、生活与生态三位一体模式，催生农村经济发展的新业态，鼓励农民依托优美的自然生态环境、丰富的农业及农村资源，发展休闲农业和乡村旅游业，打造休闲农业和乡村旅游业品牌，对拓宽农民增收空间和渠道具有重要意义和广阔前景。

秦岭地区农民家庭收入结构中，务工收入是重要的经济来源。2000年以来，依托务工收入，显著改善了农民的发展理念和农户生计资产结构，明显提高了农户分散风险的能力，降低了农民陷入贫困的概率及其对生态资源的依赖。因此，围绕秦岭地区农民收入结构改变与生态环境可持续改进，政策制定应该聚焦优化秦岭地区的农村就业市场环境、生态旅游资源可持续开发与保护，注重拓展农村就业及农民增收渠道，降低生态资源的依赖程度。

7.4 加强基础设施建设，改善人居生态环境

秦岭地区农村亟待加强建设的重点基础设施包括给水排水设施、垃圾分类及处理设施、防灾减灾设施、公共服务设施。从强化生态系统综合管理需要的角度看，农村给排水设施建设的重点应该是排水设施，支撑生活、生产污水收集和处理，实现循环利用和无害化排放；农村传统旱厕标准化改造，特别是采取三格化方法对生活污水、排泄物进行无害化处理；农村畜禽养殖场标准化废水收集、处理系统，特别是支撑"农—蓄—沼"一体化、生态循环技术支撑设施建设，促进种养结合、农畜结合循环农业发展，全面推进畜禽养殖废弃物无害化处理和资源化利用。

秦岭地区农村社区垃圾集中处理系统建设应做到：一是公共垃圾收集点建设应该规划在便于垃圾收集、存放、运输、处理、清理的公共场所；二是公共垃圾收集点与周边建筑物、农田及生产、生活系统间的安全距离不得小于5米，与农村社区间的安全距离不得超过70米；三是公共垃圾集中

收集系统的容量设计和设置，应该以服务农村社区的人口数量、预期垃圾产生量、便于村民使用为标准；四是建设以政府为主导，企业为主体、全民参与的垃圾分类体系，彻底改变农村社区垃圾混装、混运、混埋处理模式，实现垃圾分类储存、分类投放和分类运输，积极培育绿色垃圾处理产业，完善末端综合处理能力。

秦岭地区农村社区的防灾减灾系统建设应该得到重视：一是对规模较小、达不到设置消防站的社区，应该重视改造社区周边的池塘、蓄水池等体系，增加防范火灾功能。二是重视消防共享系统建设，提升乡镇、县城消防站（点）服务功能的覆盖范围。三是针对秦岭地区农村社区沿河流两岸、湖泊周边布局的特征，应该重视防洪系统规划与设施建设。要特别重视河岸、湖泊周边的防护林带建设，有效发挥河流、湖泊及防护林带的生态功能、景观功能及社会文化旅游功能。

秦岭山区山体滑坡、崩塌滑落等地质灾害严重，对分布在山体陡坡地段的农村社区应该实施相应的加固工程和生物措施。对存在严重地质灾害风险，但防灾设施建设工程量大、运行成本高的农村社区，建议实施整体搬迁。同时，注重利用自然排水系统，规划和完善建筑物、工程设施及其他场地的排水功能，构建地质灾害综合防治系统。

根据农村社区的布局与基本结构、功能与发展定位、规模与产业发展，以增强农村社区的生态保护与服务功能为重点，系统升级社区的主要公共服务设施。根据农村社区发展需要，特别应重视幼儿园、小学等公共服务设施建设。同时。要注意控制公园、广场等面子工程，有效节省生态资源，注重保护自然生态环境的原有风貌，促进农村社区发展与生态系统综合管理相和谐。

7.5 构建社区治理机制，激励农民参与生态保护

秦岭地区现行的农村治理机制是按照自然保护区要求构建的，农村社区功能不够健全、农民参与度不高。在强化生态系统综合管理过程中，需要完善社区治理机制，构建促进生态保护利益、社区公共利益与农民发展利益相互统一、有效制衡的治理机制，特别是确保生态环境保护多主体治理的资源利用规则、执行监督机制。同时，注重完善相关激励机制，鼓励农户深度参与生态系统综合管理。

完善社区治理机制，应该聚焦三方面：一是完善制度体系建设。建立健全法律法规，鼓励农村社区制定生态系统保护的乡规民约，明确农民参与保护的职责，为社区治理创造良好政策环境；按照市场规律配置资源，确保农民平等享受资源持续开发利用的增量利益；加强组织建设，形成多层级治理组织体系。在生态环境保护过程中，注重保护农民的权力，合理配置参与社区权力，促进行政主导的单向制约结构向多元权力相互制衡的权力结构转变，从政府治理型主导逐渐向社会治理型主导转变，形成以社区组织公共权力主导的内生性生态环境组织与综合管理系统。二是完善农民参与生态环境利用的规则。形成重要生态资源开发、管理决策制定等集体商议、民主决策机制，构建社区农民民主选举产生理事会、日常生态资源利用的理事会决策机制，确保生态资源开发利用的时间与地点、类型与方式、工程技术与保障措施，实现与生态环境相协调。三是强化监督与制裁。构建针对生态资源利用过程中相关利益主体间的冲突、违规行为调节与仲裁机制，特别是依托社区治

理结构，建立速度较快、成本低廉、具有人文化特征的冲突及违规行为裁决机制。同时，以秦岭地区生态旅游、教育与科普等活动为平台，重视提高社区及农民参与秦岭地区生态系统综合管理的意识和热情。

7.6 加大扶持力度，完善生态补偿机制

实施生态保护补偿是调动各方积极性、保护生态环境的重要手段，也是生态文明制度建设的重要内容。秦岭地区农业及农村发展过程具有明显的外部性特征，围绕提升生态系统综合管理效能，有效保护生态环境，必须全面推行清洁生产治理模式，限制化学品及有害品投入，构建生态环境友好型经济治理体系。但前提是必须构建有效的生态保护补偿机制，确保利益相关主体的权益，为形成和推广更为有效的生态友好型技术替代方案和治理解决方案提供支持。

完善秦岭地区生态补偿机制需要明确补偿主体和对象，确定合理的补偿标准，构建恰当的补偿方式、途径及网络体系。其中补偿范围和标准设计必须包括生态保护、生态修复、生态发展的直接成本，以及推广和采用生态友好型的技术替代方案和治理解决方案的机会成本，激励转变高消耗、高排放、高污染的生产经营管理方式，形成有效的生态系统综合管理体系，确保秦岭地区农村经济发展、农村社会进步与生态系统功能改进。

参考文献

[1] 佛坪县多措并举保护秦岭生态环境[EB/OL]. 汉中日报，2015-11-03

[2] 刘彦随. 山地农业资源分异规律与优化利用模式研究——以陕西秦巴山地为例. 资源科学，2000（5）

[3] 商洛市决咨委. 生态农业 商洛突破发展的重大选择. 商洛日报，2016-02-23

[4] 王伟. "太白高山蔬菜"顺利通过生态原产地产品保护评审[EB/OL]. 陕西农业网，2016-01-07

[5] 胡冗冗，石峰，何文芳. 陕南山地民居的演变与发展. 西安建筑科技大学学报，2009（12）

[6] 曹庆. 佛坪保护区社区共管的现状、问题与对策研究. 陕西林业科技，2006（2）

[7] 杨丽萍，陈晶，周伟. 陕西佛坪国家级自然保护区管理现状调查与评价. 林业经济问题，2010（10）

专题报告七
秦岭地区清洁生产与生态补偿研究

专题负责人：李维明

专题报告7-1　秦岭地区产业绿色转型发展研究

摘　要

推动秦岭产业绿色转型发展，是顺应全球绿色发展趋势之必然需求，是保护秦岭生态系统完整性之必要举措，是缓解资源环境保护与地区发展矛盾之有效途径，是提升秦岭资源环境治理能力之客观要求。从外部看，目前国家宏观环境有利，各级政府高度重视；从内部看，秦岭地区自然优势突出，自然资源赋存丰富、人文和生态旅游资源独特、区位优势明显，这些都为秦岭地区实现产业绿色转型发展提供了有利条件。

近年来，秦岭地区产业绿色转型取得积极进展，突出表现在：经济总量稳步攀升，财政收入持续增加；以园区化为主要特征的二产占据主导，增加值逐年增长；现代循环产业体系初步形成，县域经济规模不断壮大；以种植业为主的第一产业总值持续增长，生态农业发展取得积极进展；以生态休闲旅游为主的第三产业也已成为新的经济增长点；绿色食品加工业和生态旅游业已初具特色与影响。与此同时，仍然面临着转型发展基础薄弱、要素制约依然突出、自身发展能力薄弱、整体统筹协调力度仍显不够、发展环境有待进一步优化等一系列问题，亟待进一步明确秦岭产业绿色转型发展的思路、重点与模式。

本研究认为，推动秦岭地区产业绿色转型，必须要深入贯彻落实中国政府关于生态文明与绿色发展的重要精神，牢固树立"绿水青山就是金山银山"发展理念，紧抓国家实施"一带一路"、西部大开发、扶贫攻坚、老区振兴和国内外绿色发展所带来的有利机遇，从秦岭地区经济和产业发展实际出发，坚持以可持续发展战略和生态经济理论为指导，充分发挥后发优势和积极借鉴国外绿色产业发展经验，继续按照"大企业引领、大项目支撑、集群化发展、园区化承载"的发展思路，深入推进山林经济、飞地经济、循环经济园区、现代农业园区等发展模式，重点突破发展现代农业、生态旅游休闲、生物医药、绿色工业与制造业等产业，打造秦岭绿色生态产业集群，努力构建起产业化程度高、规模效益大、产业链条丰富、产品质量过硬、配套体系完善、地域特色显著的绿色产业体系，形成一批具有"拳头"产品和知名商标、带动作用明显的绿色产业基地和龙头企业，推动绿色产业产品立足国内市场、跻身国际市场，成为经济发展重要的增长极，从而实现秦岭地区经济发展、生态良好、人民富裕、社会和谐。

本研究还认为，探索建立秦岭地区产业绿色转型发展评价考核体系十分重要、必要、紧要，这是落实国家生态文明战略部署的迫切需要，也是更好发挥政府作用、提升秦岭地区发展质量的现实所需。本研究从考评依据、考评主体、考评对象、考评内容、考评方式、考评程序、考评分级、结果运用八大方面，对秦岭产业绿色转型发展评价考核体系进行了系统设计。其中秦岭38区县与园区评价考核指标体系的构建，是在充分借鉴国内外经验基础上，结合《生态文明建设目标评价考核管理办法》，从经济绿色转型、资源绿色转型、环境绿色转型、生态（空间）绿色转型、社会绿色转型、制度绿色转型六大方面进行设计的。考核重在约束、评价重在引导，两者各有侧重地推动地方党委和政府落实产业绿色转型发展重点目标任务。

为进一步确保秦岭地区产业绿色转型发展顺利推进，建议：一要加强体制保障和监督管理，尤其做好顶层设计和监督考核工作；二要强化规划引领和标准规范，重点完善绿色产品标准和认证，并以严格绿色标准倒逼产业转型升级；三要完善区域相关法规与制度，深化林权、排污权、资源有偿使用和生态补偿制度改革，加快推行产业准入负面清单管理制度；四要进一步加大财政、税收、金融、产业等政策支持力度，并积极争取更多的国家政策支持；五要大力实施绿色品牌战略和加快龙头企业培育，以竞争合作、延伸产业链、完善营销系统等方式提升绿色产业竞争力，并进一步推动特色产业发展以促农民增收；六要强化科技支撑，重点搭建技术平台，注重科技人才培养，加快构建科技服务体系；七要加大宣传教育力度，积极开展宣传动员活动，建设教育宣传基地，培养公众绿色意识。

1. 秦岭产业绿色转型发展的必要性和可行性

1.1 产业绿色转型发展与清洁生产和循环经济的关系

产业绿色转型发展是指通过积极采用清洁生产技术，采用无害或低害的新工艺、新技术，大力降低原材料和能源消耗，实现产业少投入、高产出、低污染，尽可能把对环境污染物的排放排除在生产过程中的发展模式。其主要特征为：突出以环保为前提，实现低碳节能减排；突出增进身心健康，人与自然依存共赢；突出以经济效益为基础，综合实现多种效益。产业绿色转型发展重点强调：一是对传统产业进行绿色化改造，大力发展循环经济，推行清洁生产，发展绿色企业，切实提高资源利用效率，保证资源经济利用；二是大力发展新兴绿色产业，重点培育和发展节能环保、新一代信息技术、生物、高端装备制造、新能源、新材料、新能源汽车等产业，包括发展生态农业、生态旅游业、绿色生产性服务业和生活服务业等。绿色标志、绿色产品、绿色服务是绿色产业体系的重要内涵。

专栏7-1-1　　　　　　　　　　　相关概念

绿色发展。传统产业是以传统技术进行生产和服务的产业，在工业化过程中起到基础的作用，主要是工业，也包括传统农业和部分第三产业。工业经济时代的支柱产业是纺织、钢铁、机电、汽车、化工、建筑等物质生产工业。产业绿色发展主要因为传统的工业发展难以为继，其源于可持续发展思想，始于绿色经济的提出，是对中国"天人合一"传统理念的扬弃。从内涵看，绿色发展是在传统发展基础上的一种模式创新，建立在生态环境容量和资源承载力的约束条件下，是将环境保护作为实现可持续发展重要支柱的一种新型发展模式。简言之，绿色发展就是以资源节约、环境友好、生态保育为主要特征的发展（理念、路径和模式）。

绿色产业。关于绿色产业的定义，IGIU（国际绿色产业联合会）认为："如果产业在生产过程中，基于环保考虑，借助科技，以绿色生产机制力求在资源使用上节约以及污染减少（节能减排）的产业，我们即可称其为绿色产业。"

清洁生产。这一概念最早产生于1976年——欧共体在巴黎举行"无废工艺和无废生产国际研讨会"，并提出消除造成污染的根源。UNEP（联合国环境规划署）将清洁生产定义为一种新的创造性思想，该思想将整体预防的战略应用于生产过程、产品生产和服务中，以增加生态效率和减少人类及环境的风险。从本质上来说，清洁生产就是对生产过程与产品采取整体预防的环境策略，减少或者消除它们对人类及环境的可能危害，同时充分满足人类需要，使社会经济效益最大化的一种生产模式。其强调：对生产过程，要求节约原材料与能源，淘汰有毒原材料，减降所有废弃物的数量与毒性；对产品，要求减少从原材料提炼到最终产品整个周期的不利影响；对服务，要求将环境要素纳入到所提供的服务中去。清洁生产是一项系统工程，重在预防和有效性，并具有很好的经济性，可与企业的发展相适应。

循环经济。它是一种生态经济，要求运用生态学规律指导人类社会的经济活动。循环经济不同于传统经济，它将经济活动组织成一个"资源—产品—再生资源"的反馈式流程，以低开采、高利用和低排放为特征，让所有的物质和能得到合理和持久的利用，将经济活动对自然环境的影响降到最小。而传统经济是"资源—产品—污染排放"单向流动的线性经济，其特征是投入高、产出高、污染高。与之相比，循环经济可使经济与环境和谐发展。循环经济的发展理念使工业经济以来的传统经济转向可持续发展经济成为可能，并为其提供了战略性的理论范式，可以从根本上缓解甚至消除长期以来环境与发展之间的尖锐冲突。

（1）实现产业绿色转型发展是实施清洁生产与发展循环经济的重要目标。产业绿色转型发展在其本质上是一种生态经济，倡导的是一种经济与生态环境和谐发展的模式，遵循"减量化、再使

用、再循环"原则，达到减少进入生产流程的物质量、以不同方式多次反复使用某种物品和废弃物的资源化的目的。清洁生产以节能、降耗、减污、增效为目的，循环经济以在经济过程中系统地避免和减少废物、资源再用、再生、循环使用为原则。实施清洁生产和发展循环经济的最终目标是实现"资源—产品—再生资源"的闭环反馈式循环，最终可实现以"最佳生产、最适消费、最少废弃"为特征的产业绿色转型发展。

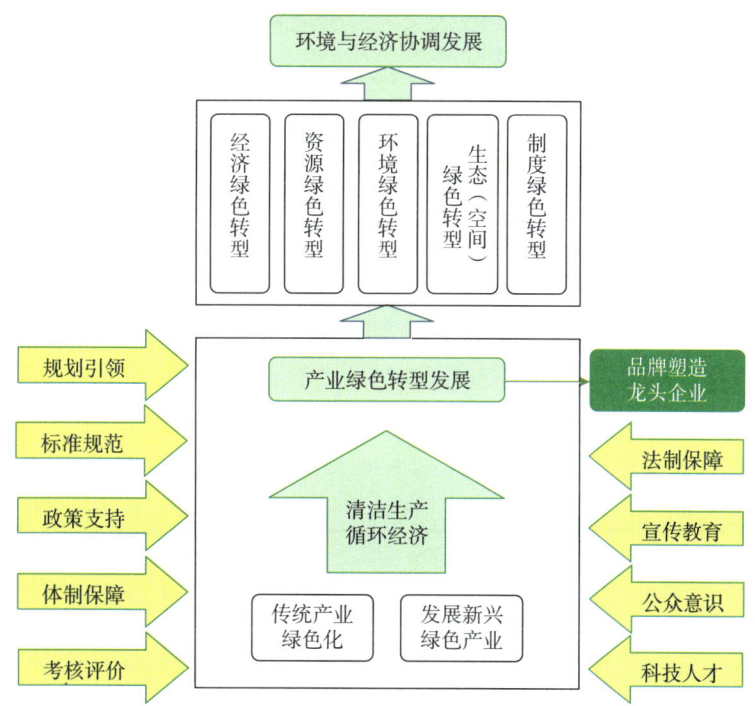

图7-1-1　产业绿色转型发展与清洁生产和循环经济关系

（2）推进清洁生产与发展循环经济是实现产业绿色转型发展的重要途径。生态文明建设和绿色发展的提出，要求创新发展模式，破解发展难题。发展绿色产业主要通过大力推进清洁生产和循环经济发展来实现，要求尽量避免使用有害原料，减少生产过程中的材料和能源浪费，提高资源利用率，减少废弃物排放量，加强废弃物处理，促进从产品设计、生产开发到产品包装、产品分销的整个产业链绿色化，以实现生态系统和经济系统良性循环，实现经济效益、生态效益、社会效益有机统一。通过发展清洁生产和循环经济，促使企业不断采取改进设计、使用清洁的能源和原料、采用先进的工艺技术与设备、综合利用等措施，力求向大自然少取少排，推动产业绿色转型，达到物质文明与生态文明的共赢，进而实现人与自然、社会和谐发展。

（3）推动产业绿色转型发展是实现环境与经济协调发展的必然选择。实施产业绿色转型发展关键在于加快推动环境保护"历史性转变"。环境保护"历史性转变"的核心内容是以环境保护优化经济增长，将环境保护贯穿于生产、流通、分配、消费的各个环节；将保护环境的要求体现在工业、农业、交通运输、建筑、服务等各个领域；不断创新生产理念，推进清洁生产，发展循环经济，从生产源头和全过程减轻环境污染。从绿色产业的内容和作用方式看，不仅要加快建立更为清洁的、新的产业部门和经济增长点，以及使用更为清洁的技术和生产更为绿色的产品，同时，要把发展绿色经济理念融入经济决策和经济发展规划之中，贯穿于生产、消费、贸易和投资等经济再生产的全过程。通过发展绿色产业和绿色经济在客观和源头上有助于促进解决环境问题。可以说，推进产业绿色转型发展是以环境保护优化经济增长、实现环境与经济协调发展的必然选择。

1.2 秦岭地区实施产业绿色转型发展的必要性

1.2.1 顺应全球绿色发展趋势之必然需求

绿色发展已成为全球共识。绿色发展的概念是在可持续发展框架下提出的。近年来，伴随人类大规模工业化、城市化的进程，世界经济发展和环境形势发生了深刻变化，全球气候变暖、环境污染、生态退化、战略性资源和能源日益减少等问题凸显，各国面临着来自资源环境方面的严峻挑战。与此同时，世界经济尚未从国际金融危机中彻底走出，要真正实现复苏，需要有新的技术，尤其是新能源和节能环保技术的突破，也需要有新型产业的成长或新增长点的形成。在此背景下，加快转型升级，推进绿色发展，成为全球的共识和大势所趋，也是各国培育新的经济增长点、提升国际竞争力的战略选择。各国纷纷提出经济转型发展的目标和路线图，绿色产业和技术发展日新月异，合作与竞争更加广泛。可以预见，绿色发展将成为未来国际合作与谈判获得新筹码、国家经济竞争赢得新优势、各国政党赢得执政基础的重要支柱。

中国也不例外，绿色发展成为中国政府基于对能源、资源、环境瓶颈约束、气候变化、经济社会发展不可持续等问题科学分析后提出的一项伟大战略，是中国的五大发展理念之一。在此背景下，中国各级政府普遍高度重视绿色产业的开发和发展，并且在法律和政策上给其优先发展提供了有力的保障。秦岭地区各区县也纷纷把发展绿色产业作为未来重点突破的产业之一，并确立了一系列绿色发展战略。绿色产业广阔的市场前景，无疑为绿色产业的开发和发展提供了难得的机遇和良好的政策环境。目前秦岭地区正处于工业化中期，加快工业化进程、促进经济结构优化升级的空间巨大。大力发展绿色产业，有利于实现区域提出的经济增长方式由粗放型向集约型、循环型转变的目标。

1.2.2 保护秦岭生态系统完整性之必要举措

秦岭是位于中国中部最重要的生态安全屏障，具有涵养水源、维护生物多样性及水土保持的重要生态服务功能，是中国南北地质、气候、生物、水系、土壤等五大自然地理要素的天然分界线。秦岭还是中国暖温带北亚热带物种最丰富的生物基因库之一。秦岭以南为亚热带湿润季风气候，分布着北亚热带落叶阔叶、常绿阔叶混交林和东洋界动物；以北为暖温带半湿润、半干旱季风气候，广泛分布着暖温带落叶阔叶林和古北界动物。秦岭水资源量丰富，对南水北调中线工程水质水量和关中地区生产生活用水至关重要。

在如此敏感的生态区域，要使得"青山绿水"转化为"金山银山"，继续沿袭传统粗放型工业文明发展的老路，必然造成生态环境破坏，遭遇难以为继之问题，比如采矿业破坏土地植被、农业化肥农药的过度使用污染地下水、传统工业企业的高排放高污染等。因此，在秦岭地区实行产业绿色转型发展，将现有产业升级改造，实现绿色发展，是保护秦岭地区生态系统完整性的必要举措。秦岭地区经济发展与生态环境保护是辩证的统一体。可以说，生态环境保护是为了经济发展，但科学地发展经济在一定程度上也是为了更好地去实现生态环境保护。通过实施产业绿色转型发展，以生态系统中物质循环、能量转化与生物生长的规律为依据推进绿色产业发展，可形成"生态农业—生态工业—生态信息业—生态服务业"的新型经济结构，进而达到保护生态系统完整性的作用。

1.2.3 缓解资源环境保护与地区发展矛盾之有效途径

秦岭地区山地面积大，土地供给不足，县乡交通条件差，产业配套体系不健全，高层次人才缺乏，开放程度低，总体经济实力薄弱，脱贫攻坚压力大，农民增收、脱贫致富意愿强烈，这些都是秦岭绿色产业发展面临的挑战。加之，自然保护区等保护地的分区管理，在一定程度上限制了自然资源的利用方式，减少了地区经济来源途径——产业发展所依托的生物和矿产资源，大多数分布在重点生态保护区和水源涵养区，资源开发与环境保护的矛盾大。

与此同时，随着经济社会的发展和进步，人们的环境意识和自我保护意识不断提高，以洁净、安全、优质、营养为主要特征的绿色产品消费，正在成为社会消费需求的潮流。秦岭以其气候分界线、江河分水岭、植物的多样性及文化深厚和环境优美，被尊为华夏文明的龙脉，具有得天独厚的休闲、健身、观光、养老的区域优势，这些将成为秦岭重要的绿色经济板块。习近平总书记指出："绿水青山就是金山银山。"绿色产品市场前景广阔，为秦岭发展绿色产业、实现突破发展创造了难得的机遇。通过实施产业绿色转型战略，大力推进以低碳、环保为特征的绿色产业发展，比如中草药养殖、中蜂养殖、生态旅游、现代农业等，可为秦岭地区增加新的经济增长点。此外，这些绿色产业的发展同样会需要大量的工作人员，必然会为地区居民提供大量的工作岗位，地区还可以参与到农产品种植、民俗旅游等产业项目中，从而获得经济收入。可以说，依托秦岭独特丰富、深厚多样的自然和人文资源优势，秦岭绿色产业的科学发展对于扩大秦岭生态文化品牌，积极推动区域经济增长，建立人与自然间的良性互动至关重要。

1.2.4 提升秦岭资源环境治理能力之客观要求

党的十八届三中全会提出："全面深化改革的总目标是完善和发展中国特色社会主义制度，推进国家治理体系和治理能力现代化。"作为国家治理体系与能力现代化建设的重要组成部分，国家资源环境治理体系与能力的建设，也是十分必要而迫切的。建立健全资源环境治理体系，提升资源环境治理能力，是生态文明建设和绿色发展的内在要求，也是破解资源约束、扭转生态环境恶化趋势的关键，是当前中国中央政府和地方政府的重要任务。

秦岭地区亦是如此。绿色是秦岭地区的底色，良好的生态环境为秦岭地区提升了知名度和美誉度，也为秦岭地区经济社会发展奠定了优越基础。近年来，秦岭地区先后出台了一系列资源环境方面的政策措施，并取得积极成效，但由于治理能力尚显不足，资源浪费、环境污染、生态退化等问题并未得到有效遏制。提升秦岭资源环境治理能力，推进秦岭绿色发展，事关民生、事关全局、事关长远，具有极端的重要性。通过实施绿色转型发展战略，建设绿色生态，发展绿色生产，倡导绿色消费，创建绿色文明，有助于不断增强可持续发展能力和资源环境治理能力，是推进秦岭地区生态文明建设，实现地区经济社会又好又快发展的客观要求。

1.3 秦岭地区实施产业绿色转型发展的可行性

（1）宏观环境有利。2012年以来，中国把生态文明建设放在"五位一体"总体布局的突出地位，标志着国家对资源环境问题的重视程度上了更高台阶。《国民经济和社会发展第十三个五年规划纲要》提出了创新、协调、绿色、开放、共享五大发展理念，绿色发展是其一；强调坚持绿色发展，协同推进人民富裕、国家富强、中国美丽。这些都体现了中国政府全面推进绿色转型发展和全面推进生态文明建设的决心，也彰显了绿色发展在国家改革发展进程中的极端重要性。与此同时，伴随中国社会主义市场经济体制的不断改革和完善，政府职能改革不断推进，法律环境不断健全，市场监管不断加强，资源市场化程度和对外开放程度不断提高，政府逐步以市场化手段来配置和管理资源要素，土地、水、电、环境容量等资源逐步形成反映资源稀缺程度的价格调节机制，市场对资源要素配置的基础性作用得到有效发挥，要素集约利用水平明显提高，较好适应经济增长方式逐步转型。此外，原来高度集中的计划价格体制发生了根本性转变，市场机制在商品和服务价格形成中已经占据主导作用，资源价格形成机制改革逐步深化。这些都为秦岭地区乃至全中国推动产业绿色转型发展提供了良好的市场环境。

（2）政府高度重视。伴随西部大开发及区域经济开发区建设，陕西省政府积极鼓励和支持所在区域利用秦岭地域资源优势，积极发展凸现地域特色的秦岭绿色产业。近年来出台制定了一系列政策措施，如《陕南循环经济产业发展规划（2009～2020年）》《陕西省大秦岭旅游发展总体规划（2009～2025年）》《陕西省人民政府关于进一步加快旅游产业发展的决定》（陕政发〔2009〕48号）、《陕西省人民政府关于加快推进陕南循环发展的若干意见》（陕政发〔2011〕54号）、《陕西省"十三五"现代农业发展规划（2016～2020）》等，实施了《陕西省秦岭生态环境保护条例》等，这些都为该区域产业绿色转型发展提供了制度规范和保证。

（3）自然优势突出。当地拥有良好的生态环境和丰富的生物、水力和旅游资源，具有得天独厚的发展优势。一是自然资源赋存丰富。秦岭被誉为世界上最大的生物基因库，地域植被茂盛，多种珍稀动植物生长繁衍。拥有黄姜、杜仲、绞股蓝等各类中药材资源3000余种，是中国重要的"天然药库""中药材之乡"，是西北地区最大的茶叶生产基地。养蚕种桑传统悠久，是中国东桑西移的主要接续地。金、银、煤、钒等多种优质矿产资源储量富集，已发现矿产83种，为发展高端有色、钢铁、黄金、化工、建材及非金属矿产加工奠定了基础。二是人文和生态旅游资源独特。秦岭南部历史文化悠久，特别是两汉、三国古迹遗存多，是文化旅游的胜地。长期以来作为中华文明的重要发祥地，儒家文化的兴盛之地。同时，秦岭地区水资源占陕西水资源总量的50%，其作为陕西重要的水源涵养区，是中国自然生态旅游资源最丰富、特色最突出的地区，"千里秦岭、千里汉江"，峰峦叠翠，山青水美。旅游产业是秦岭最有条件、最有可能率先突破发展的产业之一。秦岭生态环境保护水平及力度直接关系到区域及周边生态环境和可持续发展。为进行自然生态和珍稀物种保护，满足游客休闲度假需求，秦岭已建立多处国家级、省级自然保护区、保护点以及森林公园和风景名胜区。成为游客开展观光游览、休闲疗养、探险健身活动的理想目的地。此外，秦岭地区工业起步较晚，农业生产主要以传统的生产方式为主，对土地投入较少，化肥、农药等施用量明显低于发达地区，环境污染相对较轻；由于地形独特，除了城镇有部分污染外，广大的农村几乎无污染，为旅游产业发展提供了良好的环境优势。三是区位优势明显。秦岭南部位于"西三角"腹地，处于关中—天水经济区、成渝经济区和江汉经济区的交汇地带，具有承接三大经济区辐射的优越条件。铁路、高速公路、国道主干线纵横交错，特别是多条高速公路的建成和高速铁路的建设，使该地区融入西安一、二小时经济圈，与周边中心城市的交通也大为改善，未来将成为新的区域性交通枢纽中心和物流中心。西安、武汉、重庆、成都四大中心城市雄厚的制造业、服务业和科技实力，在区域经济合作中将进一步推动秦岭潜在的资源优势转化为现实的经济优势，实现优势互补、产业互动和互利共赢，促进大开放和大发展。

2. 秦岭产业绿色转型发展现状与问题

2.1 取得的进展

长期以来，秦岭周边区域依赖秦岭丰富的矿产资源、生物资源和水文资源等条件，形成了完整的农业产业体系和传统工业基础，并依托2009年以来率先实践的"循环经济"，较早推动了秦岭产业新常态思维的发展，为当下秦岭地区赢得了更多的发展时间和机遇。

2.1.1 经济总量稳步攀升，财政收入持续增加

改革开放以来，特别是西部大开发以来，秦岭地区经济社会发展取得了明显进步。尤其是21世纪以来，秦岭地区经济增长逐年加快，2000年地区生产总值为560.25亿元，到2014达到5101.14亿元，年均增速17.09%。地区财政收入192.16亿元，是2000年的9倍以上。城镇居民人均可支配收入增长11倍多，农民人均纯收入增长6倍多。地区人均GDP增长较快，从2000年的0.37万元增加到2014年的3.35万元（见图7-1-2至图7-1-4）。

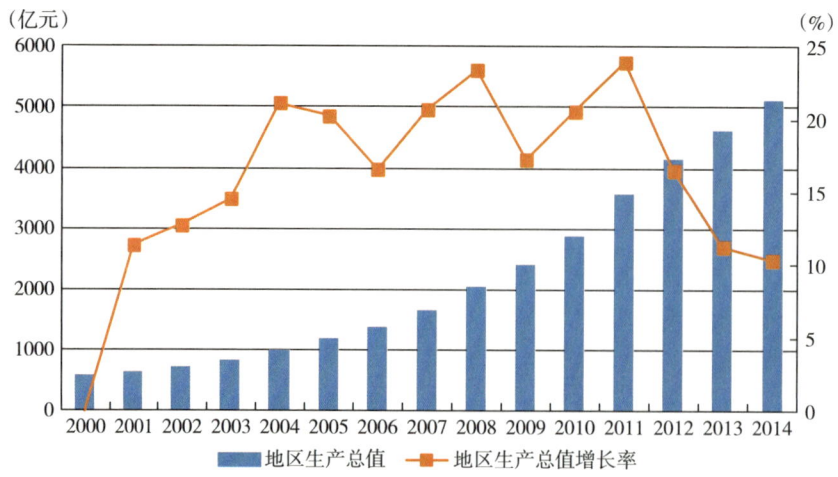

图7-1-2 近年来秦岭地区生产总值及增长率

资料来源：根据秦岭六市统计年鉴中38区县数据计算。

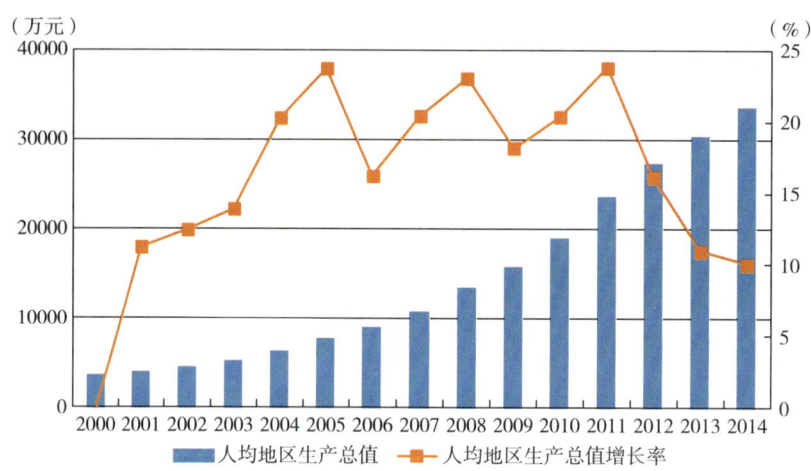

图7-1-3 近年来秦岭地区人均地区生产总值及增长率

资料来源：根据秦岭六市统计年鉴中38区县数据计算。

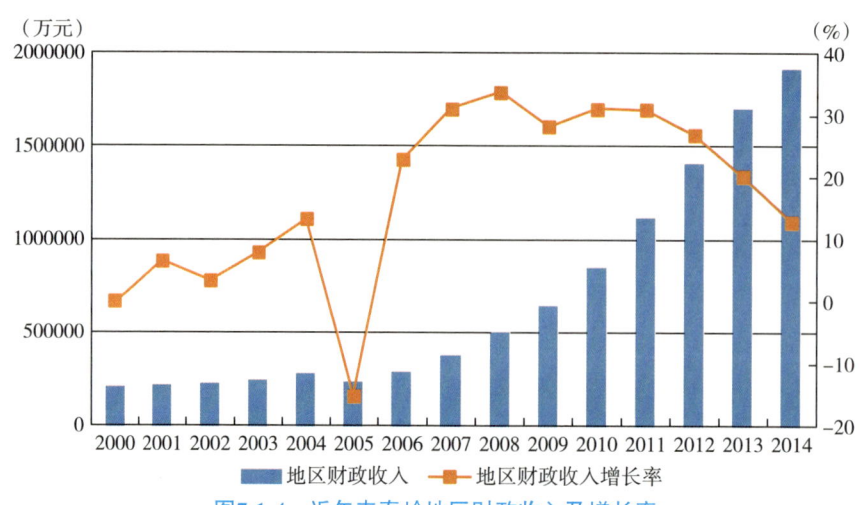

图7-1-4 近年来秦岭地区财政收入及增长率

资料来源：根据秦岭六市统计年鉴中38区县数据计算。

2.1.2 以园区化为主要特征的二产占据主导，增加值逐年增长

目前，秦岭38个区县中，有16个属于国家重点生态功能县区，将近占到总县数的一半，多地为限制开发和禁止开发区域。受此地域空间及环境容量限制，只有建经济园区，工业集中布局、循环发展，才能实现资源利用最大化和污染排放最小化。近年来，秦岭县域工业园区已经走过了从无到有，从分散化、无序化发展到规范化、园区化建设的"一次转变"，正在进入从单一项目建设、核心企业培育向产业聚集区提质发展的"二次突破"。工业园区承载能力增强在一定程度上起到了"稳定器"的作用，发展的潜力和内生动力进一步得到发挥。循环工业聚集区建设和循环主导产业发展，已成为秦岭经济增速连续超过全省平均增速的关键所在。

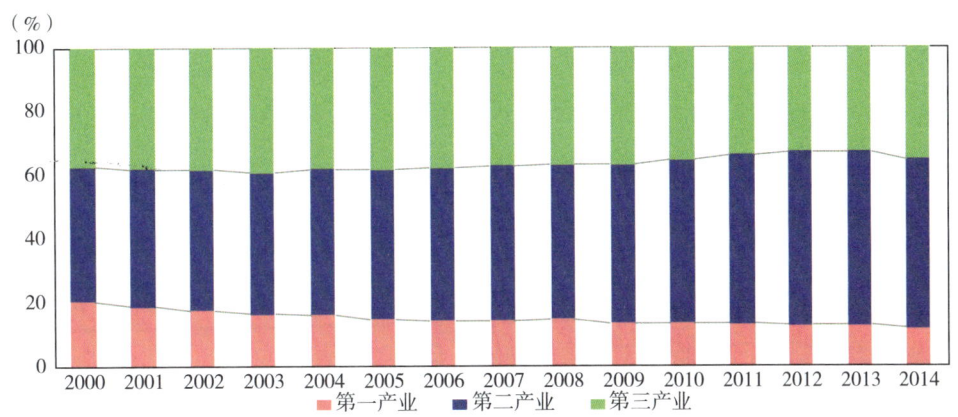

图7-1-5　近年来秦岭地区产业结构情况

资料来源：秦岭六市统计年鉴中38区县数据计算。

从产业结构来看，伴随近午来经济社会的快速发展，基础设施和公共服务设施的不断完善以及资源的勘探开发，秦岭地区第二产业发展迅速并逐步替代农业成为主导产业（见图7-1-5）。工业增加值从2000年的179亿元增长到2014年的2069亿元，比重也由2000年的32%提高到40.5%。图7-1-6亦显示大部分县区第二产业已经成为地区主导产业。

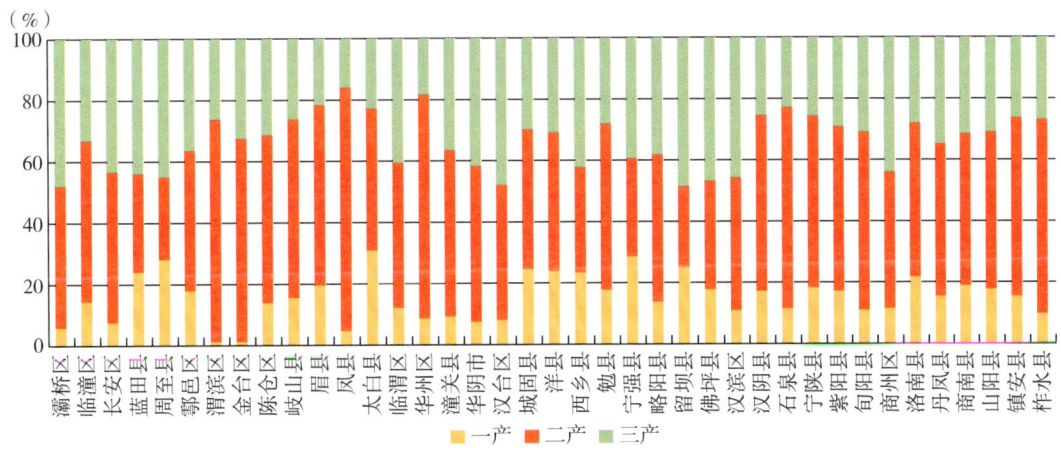

图7-1-6　2014年秦岭38区县产业结构情况

资料来源：秦岭六市统计年鉴。

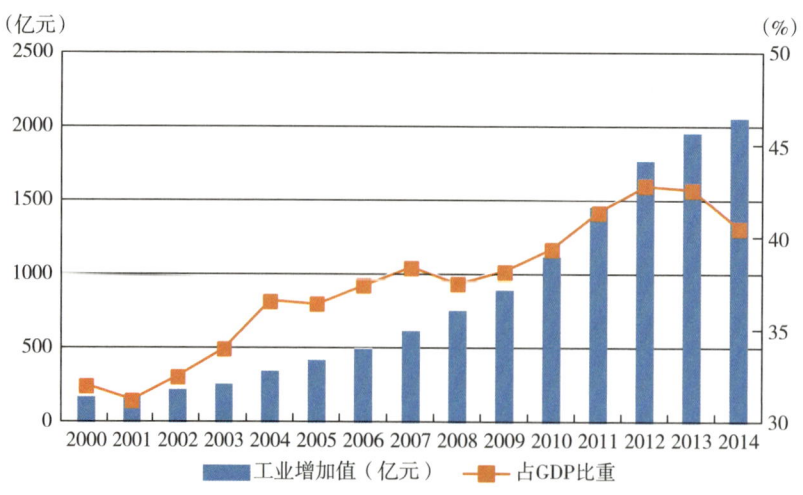

图7-1-7　近年来秦岭地区工业增加值变化情况

资料来源：根据秦岭六市统计年鉴中38区县数据计算。

2.1.3　现代循环产业体系初步形成，县域经济规模不断壮大

近年来，尤其是"十二五"期间，秦岭地区大力实施循环发展战略，省级财政每年安排6亿元，培育和壮大现代循环产业体系，推动工业项目向园区集中（见表7-1-1）。循环产业核心区和县城工业园区基础设施、公共服务设施日趋完善，省级现代农业园区和工业园区个数不断增加，县级工业园区基本实现全覆盖。产业结构不断优化。绿色食品、中药材、旅游等产业快速壮大，航空装备制造、生物制药和太阳能光伏等战略性新兴产业发展迅猛，现代循环产业体系初步形成。汉中经济开发区、安康高新区先后升级为国家级，商洛金丝峡成功跻身国家5A级景区。

表7-1-1　秦岭地区重点循环经济产业集聚区

重点聚集区	重点产业	重点循环产业链
汉中循环经济产业核心聚集区	打造装备制造、有色冶金、新型材料、油气石化、生物医药和绿色农业产业基地	钢铁冶炼废气，废渣，废水—电力（热力）；建材中水回用循环经济产业链
安康循环经济产业核心聚集区	重点建设新型材料、清洁能源、富硒食品、生物制药、丝绸纺织五大基地	有色金属采选尾矿库渣建材循环经济产业链
商洛循环经济产业核心聚集区	以新型材料产业为重点，以绿色产业、生态旅游为补充，建设10个循环产业链	现代材料锌、钒、铅、钾长石等尾矿库渣建材；冶炼废气-硫酸循环经济产业链

与此同时，依托矿产能源、蔬果茶果、畜禽水产等特色资源优势，充分发挥陕南循环发展专项资金杠杆，大力发展县域优势产业，生物加工、生态旅游、新型材料等板块不断壮大，成为县域经济发展的重要支撑，2014年秦岭有多县进入全省县域经济社会发展争先进位奖前十名和工业增速前十名，县域经济实力快速提升。

2.1.4 以种植业为主的第一产业总值持续增长，生态农业取得积极进展

农林牧渔业作为第一产业生产总值持续增长，从2000年的195亿元增长到2014年的1070亿元，年均增长12.9%（见图7-1-8）。

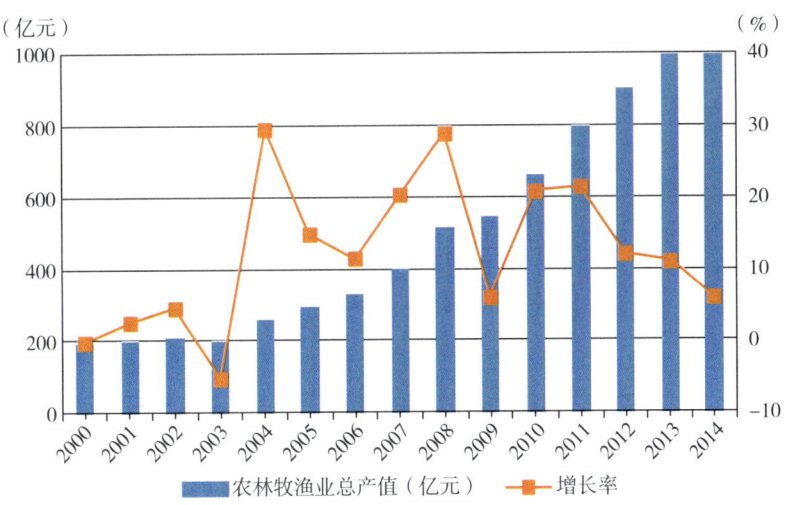

图7-1-8 近年来秦岭地区农林牧渔业总产值变化情况

资料来源：根据秦岭六市统计年鉴中38区县数据计算。

受制于秦岭地区的生态环境条件、农业发展环境和农业管理体制与政策，秦岭地区的农业产业结构以种植业为主，其次为畜牧业。例如，灞桥区、眉县、太白县的种植业产值占到农业总产值比重超过70%，华州区则超过80%；渭滨区、太白县和宁陕县林业相对发达，其林业产值占到农业总产值的10%以上，其中渭滨区林业产值比重最高，达到16%。秦岭北麓地区的种植业以粮食作物、蔬菜作物为主，两者的播种面积占到90%以上。秦岭南麓地区主要以粮食、烟叶、油料、蔬菜、瓜果、药材6种农作物为主；安康、商洛地区主要以粮食、蔬菜、油料、烟叶、药材5种作物为主。

畜牧业是秦岭地区的重要传统产业，除灞桥区、周至县、眉县、太白县、留坝县和华州区外，其余县（区）畜牧业产值占农业总产值的比重均在20%以上，陈仓区、金台区、丹凤县、商南县、山阳县、柞水县和西乡县畜牧业产值比重超过40%。秦岭地区水资源丰富，但渔业产值所占比重较小，除宁陕县、石泉县渔业产值比重达到9.32%、5.09%之外，其他县区都在5%以下。农业服务业产值在农业总产值中的比重最高的是鄠邑区，达到10.96%，其他县区均在10%以下。

为有效保护秦岭地区生态系统，保护生物多样性及野生动植物资源，为珍稀动物营造良好的栖息环境，秦岭县（区）注重控制化肥、农药、农用塑料薄膜的使用。2014年秦岭地区化肥、农药及农用塑料薄膜施用强度分别为331.18千克/公顷、1.44千克/公顷、4.43千克/公顷，分别比陕西省平均水平低209.62千克/公顷、1.46千克/公顷、5.3千克/公顷，比全国平均水平低31.23千克/公顷、9.48千克/公顷、11.17千克/公顷（见图7-1-10）。

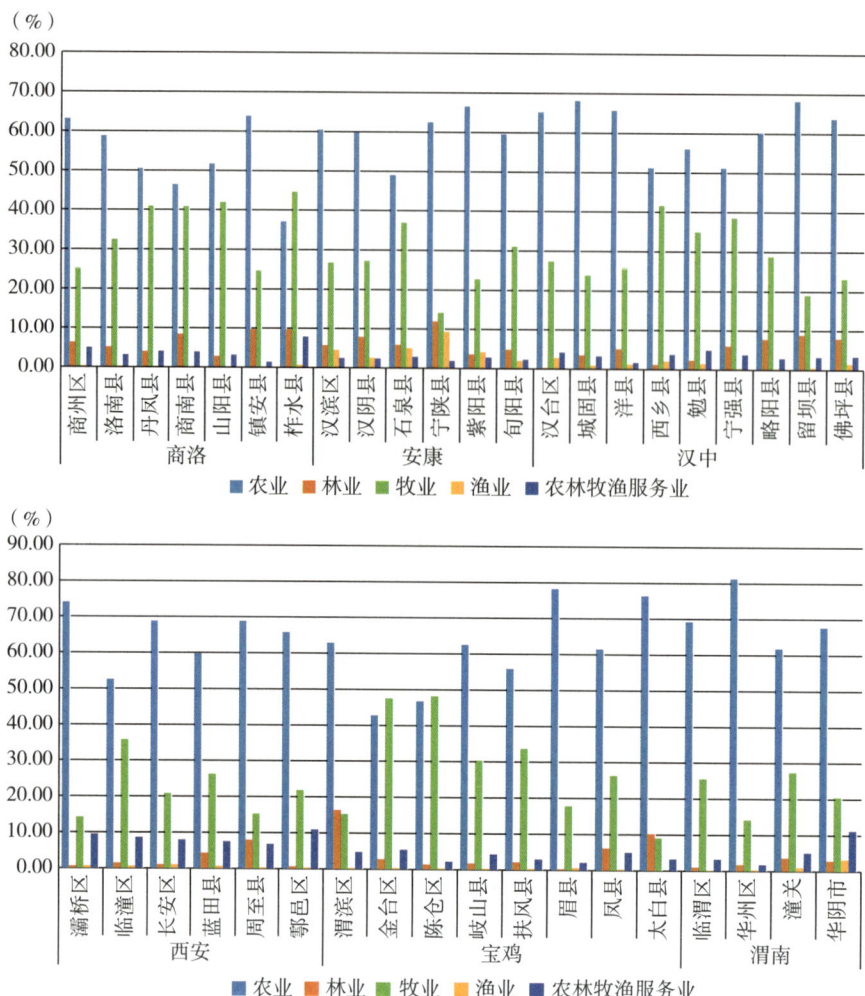

图7-1-9　2014年秦岭地区农林牧渔业及服务业产值结构

资料来源：根据秦岭六市统计年鉴中38区县数据计算。

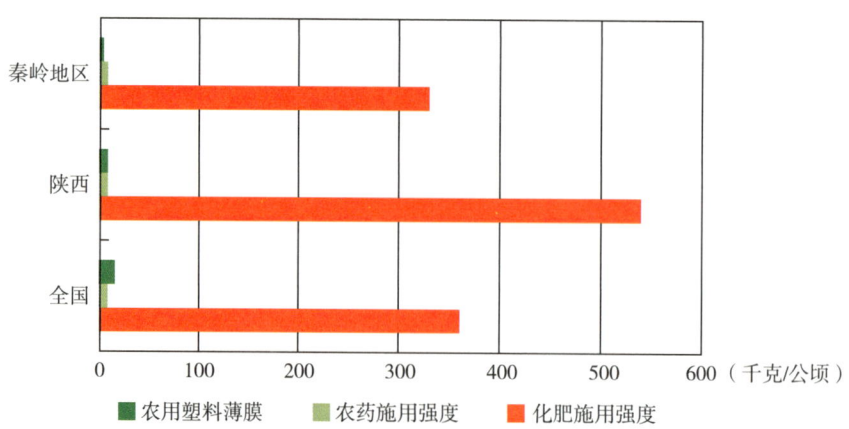

图7-1-10　2014年秦岭地区化肥施用折纯量及化肥施用强度

资料来源：根据秦岭六市统计年鉴中38区县数据计算。

2.1.5 以生态休闲旅游为主的第三产业也已成为新的经济增长点

秦岭旅游产业起始于20世纪80年代初期，经过了30年多的发展，一大批旅游景区的开发建设初具规模并形成了市场品牌，同时区域旅游接待人数逐年增多，旅游基础设施与旅游服务设施伴随旅游业的发展得到较快发展，目前已经具有一定规模。陕西秦岭不仅形成了华山风景名胜区、骊山风景名胜区、太白山国家森林公园、长青—佛坪生态旅游景区、南宫山国家森林公园、瀛湖风景名胜区、楼观台国家森林公园、朱雀国家森林公园、太平国家森林公园及翠华山国家地质公园等一批知名旅游景区及许多中小景区景点，而且通过旅游政策倾斜，逐年加大投资扩建，旅游基础设施与旅游服务设施不断完善，旅游企业数量不断增多，规模不断扩大，旅游供给能力不断增强，产业整体发展水平不断攀升。2014年秦岭地区旅游接待人数达到17306万人次，约占陕西全省旅游接待人数的52.1%，旅游收入达到849.9亿元，约占陕西省旅游总收入的33.7%（见图7-1-11），在陕西省旅游发展中占据重要地位。

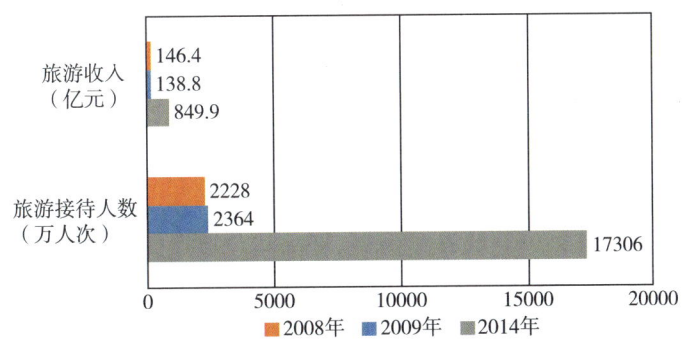

图7-1-11　秦岭地区旅游业发展状况

资料来源：根据秦岭38区县政府工作报告和"十三五"规划数据计算。

与此同时，与农产品种植相结合的休闲观光旅游业初具规模：安康汉阴县着力发展森林生态旅游、油菜花旅游、乡村旅游等，将农业和观光业有机融合，形成了初具规模的绿色产业；汉中西乡县积极发展果园休闲农业和全域旅游产业，承办"2015年中国最美油菜花海"汉中旅游文化活动；鄠邑区、灞桥等则形成了具有一定规模的葡萄产业与休闲观光游结合的农业观光产业。2015年，洋县旅游接待人数达到创纪录的900万人次；实现旅游综合收入45亿元，是5年前的20倍。

2.1.6 绿色食品加工业和生态旅游业已初具特色与影响

秦岭地区不同地域结合自身资源优势，在绿色食品加工业和生态旅游业方面颇具特色（见图7-1-12）。近年来，秦岭地区畜牧、茶叶、魔芋、烤烟等特色高效农业快速发展，太白县绿色基地的干鲜蔬果系列产品迅速推向市场，并取得了较好效益；城固的柑橘、略阳的天麻、杜仲，留坝的西洋参、黄姜，汉台区的观光农业，勉县的蚕桑，佛坪的山茱萸，宁强的食用菌和芸豆、荞麦等产业基地，紫阳的富硒茶等初具规模和影响。凤县除盛产大红袍花椒、党参、苹果、蜂蜜等绿色产品外，还以嘉陵江源头、通天河森林公园、紫柏山等自然景区吸引着省内外游客观光体验；眉县以太白山生态探险旅游和汤峪温泉疗养久负盛名；商洛、安康等地也利用优良的秦岭山水资源积极发展生态旅游业等。与此同时，地方政府为了扩大影响力，提高区域内外知名度，开始重视宣传推广，借助多种媒体渠道宣传推广产品及服务。包括商洛金丝峡国家森林公园、太白山国家森林公园，太白县提出"雪域太白、秦岭夏都"，凤县提出"大秦岭深处的会客厅"等宣传口号。通过宣传推广可以极大提高绿色产品知名度和美誉度，有助于树立鲜明的品牌形象。

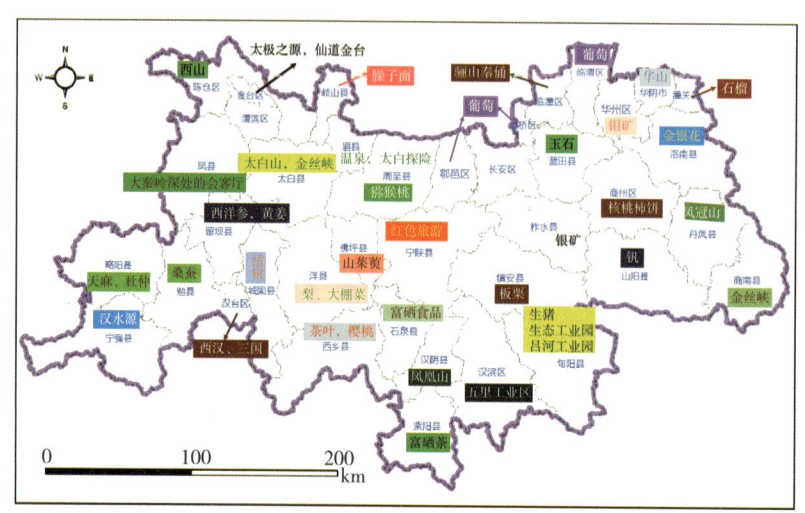

图7-1-12　秦岭地区各区县特色农产品与旅游品牌

较为典型的是洋县朱鹮稻田栖息地建设模式。为了给朱鹮提供良好的生境条件，洋县早在1981年就在朱鹮保护区内全面禁止使用农药、化肥。1990年，禁令推广到全县3000多平方千米。到目前，洋县已成为西北地区知名的有机产品聚集区。洋县的有机大米亩产虽只有普通大米的一半，但市价却是后者的6倍以上，仅有机大米这一项，就让签约农户每家增收4000多元。宝鸡市眉县于2015年被命名为"中国猕猴桃之乡""国家级农产品地理标志示范样板区"，"眉县猕猴桃"荣获"2015年最具投资价值的中国农产品区域公用品牌""2015年中国果品区域公用品牌50强"等荣誉。西安市周至县的"周至山茱萸"获得国家地理标志产品保护认证；汉中市洋县的"洋县黑米"被命名为农产品地理标志产品。

2.2　面临的挑战

尽管秦岭产业绿色转型发展已经取得积极进展，但与发达国家和中国国内先进地区相比，发展规模还有待扩大、发展水平有待提高。加快培育和壮大秦岭绿色产业、促进经济社会和环境相协调，已成为新形势下秦岭实现突破发展的必然选择。

2.2.1　转型发展基础薄弱

（1）总体经济实力薄弱。长期以来，由于山区面积大、交通不便等原因，秦岭地区经济发展长期滞后。数据显示，秦岭地区面积占陕西省的38.9%，人口占40.7%，但经济发展与陕西省平均水平差距明显。2014年GDP总量仅占全省的28.8%。尽管近年来秦岭地区发展增速较快，但因基数小，仍面临经济实力薄弱困境。

（2）脱贫攻坚任务繁重。秦岭所辖县多为国家扶贫开发重点县，主要依靠财政"吃饭"，贫困人口量大面广，全面建成小康社会任务艰巨。2014年秦岭地区地方财政收入仅占全省的10%，城镇居民可支配收入比全省平均水平低2600多元，农村居民人均纯收入比全省平均水平低700多元。21世纪以来，秦岭地区人均GDP虽增长较快，但一直低于陕西省平均水平，且随着经济社会不断发展，两者的差距越拉越大。2014年，陕西省人均GDP为4.69万元，秦岭地区人均GDP为3.35万元，仅为陕西省平均水平的71.51%（见图7-1-13）。

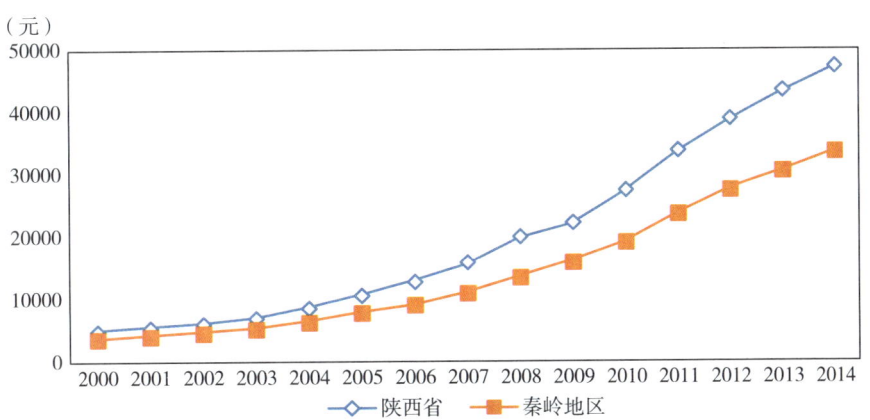

图7-1-13　近年来秦岭地区人均GDP变化趋势与对比

资料来源：根据秦岭六市统计年鉴中38区县数据计算。

（3）财政赤字日益加剧。伴随地方财政收入的增加，地区财政支出上升很快，2014年地方财政支出高达770.34亿元，是2000年的20倍，远远超出当年的地方财政收入（见图7-1-14）。2000~2014年，秦岭地区财政连续十几年入不敷出，且财政赤字日益加剧。由于财政赤字的长期存在，人均科技、教育卫生文化就业和社会保障投入不足，明显低于陕西省平均水平，公共服务设施建设滞后，城乡基本公共服务水平差距大。

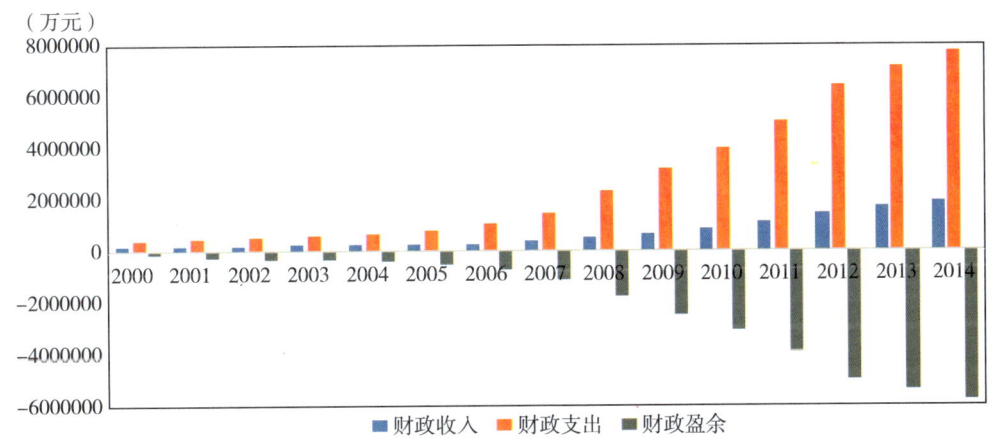

图7-1-14　近年来秦岭地区财政收支状况

资料来源：根据秦岭六市统计年鉴中38区县数据计算。

2.2.2 要素制约仍然突出

（1）基础设施建设仍滞后。秦岭属多山地区，县乡交通条件差，交通线路密度低，运输通达性差，多个县还未通高速，高铁、航空等现代化立体交通设施尚处于起步阶段；循环经济产业园区基础设施还不够完善，园区共享平台和资源集约高效利用的基础设施，废气、余热、废水循环使用等设施建设力度有待加大；旅游住宿业、游客服务中心等旅游服务设施建设滞后；农田水利设施薄弱，能源电力保障不足，信息化差距大，气化秦岭任务重。

（2）耕地资源与生态环境制约。秦岭地处秦巴山区，平地和缓坡地比重小，加之城镇化挤占，导致耕地后备资源不足，可开发空间有限。秦岭地区人均耕地面积为0.08公顷，低于陕西人均0.11公顷的平均水平，不到世界人均耕地面积的三分之一。秦岭地区38个县（区）中，人均耕地面积不足0.10公顷的县（区）占到28.94%，人均耕地面积低于全国平均水平的县（区）占到71.05%。有限的耕地资源及人地矛盾日益突出，成为限制秦岭地区农业发展的瓶颈，也在一定程度上导致了诸如绿色农产品基地规模小，难以形成规模效应和品牌优势等问题。与此同时，秦岭地处南水北调中线水源地，大多是限制开发、禁止开发区域，产业发展所依托的生物和矿产资源，大多数分布在重点生态保护区和水源涵养区，导致秦岭地区传统产业发展受限，资源开发与环境保护的矛盾日益突出。

（3）人才、技术、资金等要素短缺。产业绿色转型发展需要强有力的科技人才作为支撑，其各个环节中的技术难题均需要强大的科技力量进行科技研发。秦岭地区地处偏远，对高素质劳动力吸引不够，尽管目前产业集聚与吸纳人口能力有所增强，但整体仍处于净流出状态（见图7-1-15），导致科技管理人才十分匮乏，科技创新乏力，企业新技术、新工艺和新设备明显不足，在诸多领域面临技术瓶颈。同时，发展绿色产业的投资强度大，在发展过程中往往因资金短缺而导致基础设施配套不足，影响到产业发展。如开发建设资金投入严重不足已成为制约秦岭旅游产业发展的主要因素之一。此外，目前许多尾矿、废渣和共生、伴生资源还没有得到综合利用，没有实现无污染、零排放，能耗、物耗、水耗也存在不少问题，人才、科技和资金缺口不可小视。

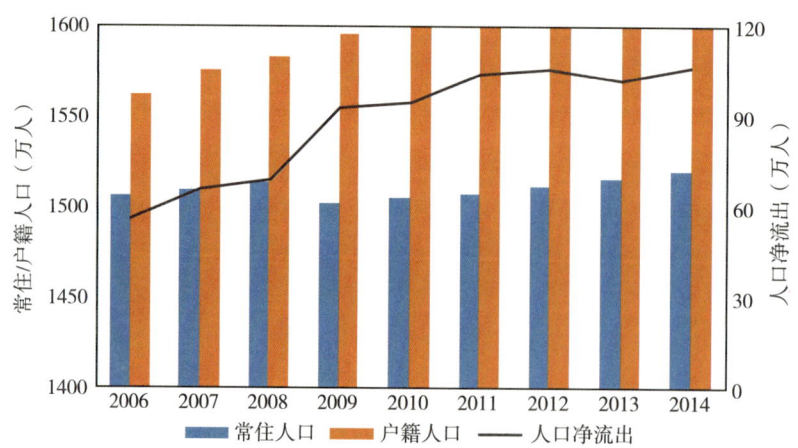

图7-1-15　2006~2014年秦岭地区人口变化情况

资料来源：根据秦岭六市统计年鉴中38区县数据计算。

2.2.3 自身发展能力薄弱

（1）部分产业低端化问题仍较为突出。尽管秦岭地区不同地域都在不同程度上积极发展绿色产业，但是绿色产业的发展范围主要集中于"低投入、高产出、周期短"的相关行业，且产业链缺失，如特色干杂果业发展仅停留在农户种养，而进一步的产品加工、品牌推广等完整的产业链尚未形成。由此造成产品结构层次较低，深度加工不足，高附加值产品较少，资源初级产品、价值链中低端产品占比较大，经济效益不高，处于产品链条的底端，资源优势难以充分转化为经济优势。以农业为例，秦岭地区的农业以种植业为主，种植业以粮食生产为主，丰富的、多样化的优势林业资源并未得到合理、持续、有效的开发，畜牧业、中草药业、果蔬业、花卉业、林下产业等特色、高价值产业尚处于发展的初期阶段。这表明秦岭地区的农业产业还处于转型升级的前期阶段，产业结构单一，产业综合竞争力不强。

再如近年来，秦岭循环经济产业园区的发展虽取得积极进展，但总体来看并未取得重大突破，钢铁、铅锌等四大主导产业循环链范围小、链条短，结构性产能过剩问题突出。同时，对"投资大、回收慢、周期长"的绿色环保业、绿色能源业、绿色建筑业更是少有人问津，建立的绿色产业结构体系的科学性与合理性不足。截至2016年6月底，陕西省绿色建筑标识项目累计达215个，累计建筑面积2659万平方千米，但其中165个项目（建筑面积2290.76万平方千米）集中在西安市，宝鸡、汉中、安康、渭南、商洛分别仅有9、8、5、4、3个绿色建筑标识项目。如果仅以地区自身经济利益的获得与满足为考量，而忽视有益于秦岭环境保护与低碳节能的绿色产业建设，有悖于绿色产业环保生态、低碳节能、持续共赢的发展理念，也就不能称之为真正意义上的秦岭绿色产业。产业结构低端化状况不改变，经济整体素质、效益、竞争力、可持续性就难以提高。

（2）产业集群化程度仍不高，绿色竞争力偏弱。秦岭绿色产业总体起步较晚，龙头企业少，辐射带动力不强。优势产业规模不大，支撑经济发展的大中型企业少，产业集中度低。据统计，规模以上工业企业增加值占全省的比重不到10%，服务于经济社会发展的能力严重不足。农业产业化程度低，农村专业合作组织覆盖面小、作用有限。同时，秦岭地域范围广阔，陕西10个地市有6个地市全部或部分区县位于秦岭地区。由于不同地域空间距离跨度较大，绿色产业经营企业"小、弱、散、差"，不能合理处理污染物，造成资源消耗大、产出效率低，经营成本增加、环境治理难等问题。一些产业项目的建设虽然实现了园区化、规模化，基本完成了产业升级、技术更新的目标，但其生产技术、工艺水平和污染防治水平仍然较为落后，污染减排形势依然严峻，资源利用率仍有待进一步提高，部分建设项目环评和"三同时"制度执行情况还不尽如人意，绿色产业尚不发达，对经济发展的贡献率低等问题都是下一步工作中亟待解决的问题。

（3）创新能力亟待提高。企业产品开发思路保守，绿色产品开发层次浅，缺乏开发新产品的资金后盾和自主创新能力。多数企业研发投入比例不高，自主创新能力较弱；主导产品仍以引进消化为主，自主创新和集成创新水平较低，且现有研究成果转化及推广步伐缓慢，导致产品科技含量较低、竞争力不强。以推进循环产业发展为例，其技术创新体系和先进适用技术推广机制不健全，技术创新能力亟须加强。再以旅游产业为例，秦岭旅游企业经营管理模式和营销方式普遍单一，理念创新不够，导致主动性和积极性较差，对市场需求触觉不敏锐，投入产出效益较低。

（4）品牌塑造力度欠缺。秦岭地区缺乏统一品牌的塑造推广，导致数量多而拳头产品极为有限，相互间恶性竞争时有发生，势必大大降低较其他绿色产品的竞争力。以旅游产业为例，"秦岭国家公园"大品牌市场认可度不够，能够推向全国、走向世界的品牌形象有限，加之诸多品牌弱化问题严重，品牌依托基础不够牢靠等，使得秦岭旅游品牌吸引价值和产业潜在价值受损。再以茶叶为例，就秦岭区域内的产茶县来讲，茶叶年产量均较低，与此形成鲜明对比的是，茶叶品牌却已达200多种。各产茶县区几乎县县都在开发自己的品牌茶，甚至不少乡镇也竞相开发自己的品牌茶。如紫阳县的几十个茶厂，每个茶厂都在生产自己品牌的茶叶，诸如"毛尖""银针""翠峰""翠芽"等，从而形成了茶叶产品中品牌泛滥的局面。时至今日，一些种茶县仍在热衷于开发自己的品牌茶，而少有在品牌统一、品牌整合、"分厂注册"、"借壳上市"、扩大生产规模、提高市场占有率上下功夫。此外，在产品品名的文化萃取、资源构成特征与地域特色显现方面的精雕细刻不够，多有"似曾相识"之感。像湖南的"竹溪柴火腊肉"、四川通江的"巴山"牌"野"细木耳等这样有鲜明特质，又易被叫响的品名太少。这种局面也在一定程度上制约了区域内绿色产品认知度的扩张和产品市场占有率的提高。

2.2.4　整体统筹协调力度仍显不够

（1）区域整体统筹力度仍显不够。尽管陕西省陆续出台《陕南循环经济产业发展规划（2009～2020年）》《关于加快推进陕南循环发展的若干意见》，为秦岭南部地区产业绿色转型发展做出整体规划布局，但仍存在区域统筹协调不够问题，加之秦岭地区绿色产业地域分散、自主经营，导致一方面各地在绿色产业发展目标上差异很大，难以形成合力，另一方面在绿色产业的选择和布局上出现高度重合、重复建设、统筹不够等问题，对提升绿色产业竞争力极为不利。如秦岭地区6市38区县中，岐山臊子面、城固柑橘、汉台褒河蜜橘、洋县朱鹮牌稻米、洛南金银花、潼关石榴等产业已有一定知名度，鄠邑区、灞桥的葡萄产业，周至、眉县的猕猴桃产业等也已初具规模，但产业发展整体仍不明朗。"十三五"期间，拟发展猕猴桃种养的区县超过15个，发展核桃种养产业的区县则更多。再以旅游产业为例，受制于秦岭北坡整体经济发展水平显著高于南坡影响，旅游产业发展地域空间差异显著，也明显呈现北坡快于南坡的态势。北坡以西安市（包括临潼、长安、周至、鄠邑区、蓝田）旅游产业发展水平最高，宝鸡、渭南次之，南坡汉中最高，安康次之，商洛较低。

（2）区域保护与恶性竞争时有发生。不同行政区域考虑自身利益，都会对地域内绿色产业产品进行保护，加之地域市场空间狭窄（大多数产品仅局限于当地市场消化），区域外乃至国际市场的开发急需加强等等，导致无形中降低了绿色产品的竞争力。通过行政干预代替市场机制，短期来看似乎可以帮扶当地企业发展，但是长远来看会造成绿色产业经营企业体制僵化、市场适应性差，对企业长期持续发展极为不利，还可能造成秦岭地区不同地域间竞争内耗过大。

（3）产业融合与协调联动不够。总体而言，绿色产业内部不同行业间的融合带动作用非常有限，产业共生互动、互为补充、互相利用的能力不强，不利于行业之间的资源信息共享及联动发展，制约了绿色产业规模经济的实现。比较突出的是旅游产业部门发展协调水平差异明显。依托丰富的旅游资源，目前秦岭旅游景区建设已经取得一定成绩，形成了一批具有一定规模与影响力的旅游景区。其中国家5A级旅游景区2个，4A级旅游景区6个，3A级旅游景区8个。但与景区开发建设相比较，旅游交通设施、给排水设施、电讯设施、环卫设施、能源供给等基础设施，旅游住宿业、旅游餐饮业、游客服务中心等旅游服务设施的建设，以及旅游商品的开发、制作、销售等产业发展仍显得较为滞后，无法全方位满足旅客的消费需求。

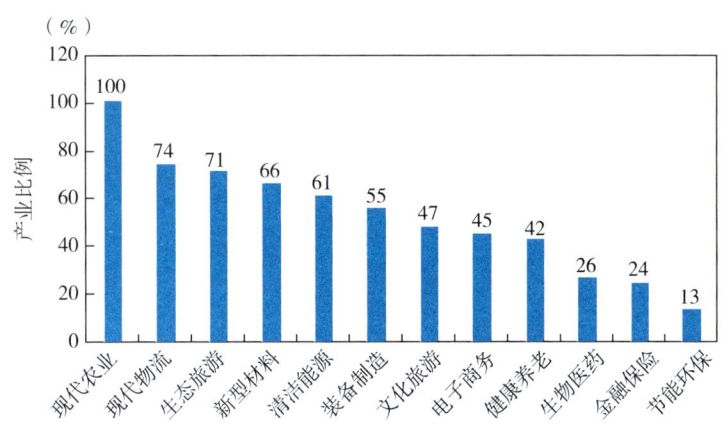

图7-1-16 "十三五"期间秦岭陕西段6市38区县产业规划状况

资料来源：根据各区县国民经济和社会发展第十三个五年规划纲要及2016年政府工作报告绘制。

2.2.5 发展环境有待进一步优化

（1）市场开放程度仍然偏低。受区位、资源等条件制约，秦岭地区市场作用发挥仍不充分，吸引社会投资的比较优势不够突出，投资环境有待优化，参与大范围区域经济合作和承接产业转移不够，导致招商引资力度不大，新引进企业投资数量有减少趋势，缺乏大企业引领和大项目带动。

（2）政策支撑力度仍不够。虽然出台了一些优惠政策，但吸引和激励作用不够，产业、投资、财税、金融等配套政策不完善，加之一些部门服务意识不强，导致传统产业转型升级进展不快。如招商引资能力弱，项目落地率低。尤其招大商、引大资相对困难，导致大产业项目储备不足、动力有限，一大批循环产业链重大招商项目亟待落地生根，这些都严重困扰着山区县域经济的发展，这一制约因素普遍传导在了现代农业、生物医药、现代材料等各个方面。再如发展循环经济需要相应的保障激励机制，但目前与《循环经济促进法》匹配的政策法规、实施细则等还未完全到位，循环经济发展的考评机制尚未建立，资源与生态环境评价指标体系和标准体系还需进一步完善。在循环经济产业园区建设、延长产业链条等方面还缺乏鼓励扶持政策，企业面临技术、资金、人才等方面的障碍，循环利用水平不高。

（3）绿色标准和规范尚不健全。"绿色不绿色，标准说了算。"目前秦岭地区绿色产业缺乏一系列系统而清晰的标准，使得在绿色企业准入机制、绿色产品质量控制、企业经营规范及环境质量监测体系等方面缺乏必要的监督管理和科学引导，由此出现虽有绿色企业之名，但产品仍未达到绿色产品要求的现象。目前市场上推出的绿色产品、有机产品种类繁多、良莠不齐，缺乏质量优良、品牌优势突出的绿色产品。

（4）理念认识薄弱。循环经济作为一种先进理念，已经在国内外广泛实践，但在秦岭地区实施时间不长；再加上各层次循环经济观念宣传和引导力度不够，使公众对发展循环经济的重要性缺乏充分认识。思想观念、工作习惯和管理体制等方面还存在一些与循环经济发展不相适应的问题，亟待改善和提高。循环经济理念尚未在全社会得到普及，一些地方和企业对发展循环经济的认识还不到位。绿色意识薄弱，对绿色产业的认识不到位，缺乏系统的、操作性强的配套政策支撑，协调发展的机制不健全，环保设施的建设和运行与市场化不相适应，也严重阻碍了绿色产业的发展。

此外，统计基础工作比较薄弱，评价制度不健全，相关能力建设、服务体系、宣传教育等有待加强。

3. 秦岭产业绿色转型发展思路、重点与模式

3.1 总体思路

3.1.1 指导思想

深入贯彻落实中国政府关于生态文明与绿色发展的重要精神，牢固树立"绿水青山就是金山银山"发展理念，紧抓国家实施"一带一路"、西部大开发、扶贫攻坚、老区振兴和国内外绿色发展所带来的有利机遇，从秦岭地区经济和产业发展实际出发，坚持以可持续发展战略和生态经济理论为指导，充分发挥后发优势和积极借鉴国外绿色产业发展经验，紧紧围绕引导市场需求、促进有效供给、营造公平竞争环境，以生物和矿产资源为依托，以市场为导向，以企业为主体，以项目为载体，以园区为平台，以技术为支撑，以制度为保障，以创新为动力，加快秦岭地区传统产业绿色升级和新兴绿色产业发展；继续按照"大企业引领、大项目支撑、集群化发展、园区化承载"的发展思路，重点突破发展现代农业、生态旅游休闲、生物医药、绿色工业与制造业等产业，打造秦岭绿色生态产业集群，努力构建起产业化程度高、规模效益大、产业链条丰富、产品质量过硬、配套体系完善、地域特色显著的绿色产业体系，形成一批具有"拳头"产品和知名商标、带动作用明显的绿色产业基地和龙头企业，推动绿色产业产品立足国内市场，跻身国际市场，成为经济发展重要的增长极，从而实现秦岭地区经济发展、生态良好、人民富裕、社会和谐。

3.1.2 基本原则

（1）坚持绿色引领、保护优先。秦岭地区产业发展要牢固树立生态文明理念，坚持生态优先，

要以保护生态环境、提高水源涵养能力、保护野生动植物生存环境为主,建立健全严格的生态环境保护制度,同时兼顾当地的经济社会发展,坚持把经济活动过程和结果的"绿色化""生态化"作为发展的主要内容和途径,把实现经济社会和环境的可持续发展作为目标,把环境资源作为经济社会发展内在要素,实现绿色发展。

(2)坚持精准脱贫、以人文本。坚持发挥市场在资源配置中的决定性作用,培育绿色富民产业,为脱贫攻坚奠定坚实基础;注重发挥政府引导作用,瞄准最困难地区最困难群体,强化脱贫攻坚,增强发展内在动力,实现和谐发展。同时,坚持把改善民生作为一切工作的出发点和落脚点,把富民惠民放在更加优先的位置。让发展成果更多惠及秦岭人民,实现更好发展。

(3)坚持科技创新、制度创新。充分发挥科技创新对产业绿色转型发展的支撑作用,坚持构建企业为主体、官产学研相结合的技术创新与科技成果转化体系,加快科技成果的转化应用,同时发挥科技示范作用,以绿色新技术为纽带,更新产业观念,创新经营体制,延长产业链条,提高产业化程度;充分发挥制度创新对产业绿色转型发展的促进作用,坚持加快完善促进清洁生产和循环经济发展的法律法规和政策体系,强化标准管理,形成富有活力的创新体系和创新环境。

(4)坚持产业集聚、循环支撑。受制于有限的土地空间和脆弱的生态环境,秦岭产业发展集聚化、园区化、规模化是必然趋势。坚持鼓励大企业依托品牌、技术、资源等优势,整合上、下游产业链,逐步形成集聚发展、群体竞争的产业体系。同时,坚持走内涵集约发展之路,以资源高效利用和循环利用为核心,以减量化再利用资源化为原则,以低消耗、低排放、高效率为基本特征,大力发展循环经济,构建资源节约、环境友好的生产方式及消费模式,实现循环发展。

(5)坚持示范带动、循序推进。坚持充分发挥试点企业、试点园区和试点城市的示范带动作用,加快实施一批重点工程,在资源消耗大、污染排放多、减量化、再利用资源化效果明显的重点领域进行重点突破,推动秦岭地区绿色经济规模化、产业化发展。还要坚持循序推进"四个结合":大循环与小循环相结合,专业科研平台与群众创新相结合,关键技术与整体技术水平提升相结合,经济效益和社会效益、生态效益相结合。

(6)坚持政府引导、市场主导。充分发挥市场配置资源的决定性作用,突出企业的主体作用,倡导企业自主研发和集成创新相结合,加强与国内外研发机构和大型企业集团的密切合作,推进商业模式创新,培育具有自主知识产权的核心技术和自主品牌,着力提升产业自主发展能力;强化政府宏观调控作用,积极运用法律法规、产业政策、价格政策、财税金融政策和必要的行政手段,建立和完善促进产业绿色转型发展的激励机制和约束机制,加大技术研发资金扶持力度,实施重大项目应用示范工程,促进企业节约资源,进行清洁生产,鼓励社会公众转变生活方式与消费方式。

(7)坚持开放合作、互利共赢。充分利用区内区外两种资源、国际国内两个市场,以市场为导向,合理科学配置资源,适时调整产业、产品结构,争创精品名牌,大力拓展市场。要举全力开展对外招商,引进资金、技术、管理和人才,推进秦岭生态、生物和矿产资源的合作开发,创新合作方式,拓宽合作领域,实现互利共赢。还要积极打破行政区域壁垒,促进区域开放协同发展,借力"一带一路"和长江经济带战略,主动融入周边经济圈,强化区域联动协作,在扩大开放中拓展经济发展空间。要积极尝试在政府合作、资源共享、经验推广等方面建立通畅高效的沟通渠道,通过借助他人优势弥补自身不足，借助自身优势开展区域内外协作，打造"大秦岭品牌"，不断探索实现合作共赢的发展模式，优化提升秦岭绿色产业发展层次。

3.2 重点领域

3.2.1 现代农业

（1）生产基地与现代园区建设。科学制定规划，推进生猪、蚕桑、中华鲵等种养基地建设，加强水稻、油菜等主要农产品生产，发展茶叶、核桃、板栗、魔芋、食用菌、生猪、蚕桑等规模化种植、养殖，开发富硒水、果酒和以中药材为原料的功能食品，实施品牌战略，建设有机、绿色、无公害农产品基地，提高产业化水平，推动农业结构调整优化和传统农业改造提升。同时，加快现代园区建设。按照规划先行、产业配套、龙头引领、政策支持、服务跟进的要求，落实扶持政策，加大招商引资力度，引进和培育龙头企业、专业大户、家庭林场、合作经济组织等市场主体，推进规模经营，实施绿色标准，加快功能聚合，建设山林经济园区。

（2）特色农业。依托现代农业园区，发挥农业的生态涵养作用，大力发展休闲观光农业、生态循环农业、旅游观光农业，实施生态农业工程，进一步延长农业产业链条，拓展农业多种功能。进一步发挥田园生态优势，引导农业与旅游、物流、环保等产业相融互动，创立生态型秦岭特色农业发展新模式，形成特色农业带动农民增收和区域经济发展的新格局。

（3）农产品加工体系。推进农、林、牧、渔业及其延伸的绿色农产品加工业，形成产业共生体系。支持农业产业化龙头企业尽快做大做强，切实发挥其带动作用，实现农（副）产品加工业更快发展。支持发展农村合作经济组织，加强土地整治，促进土地有序流转，发展设施农业和现代农业园区，推动专业化生产和集约化经营。重点抓好秦岭北麓现代农业示范区等一批重点现代农业园区建设，鼓励园区推行生产、加工、流通全产业链开发，实现农产品加工、流通增值。具体而言，走"以林兴工、以工促林、林工一体"的产业化路子，扶持龙头企业引进和采用先进技术、设备、工艺，着力解决产品深加工、细分拣、精包装问题，延伸产业链条，增加产品附加值。切实抓好山珍肉蔬、干鲜果品分拣包装和精深加工；积极发展复合板材、木竹制品工业；加大富硒矿泉水、茶饮料、鲜果汁等保健饮品开发力度；加快绞股蓝、黄姜深加工等生物制药产业发展；积极培育以木本油料为原料的生物质能源产业；鼓励农民组建林产品加工专业合作社，大力发展木雕、藤编、篾编、刺绣等家庭手工业，带动全民创业。

（4）农产品生产经营与流通体系。拓展农业生产、生活、生态功能，促进一、二、三产融合，培育一批网络化、智能化、精细化的现代生态农业新模式，形成示范带动效应。加快完善现代农业生产经营体系，支持农民专业合作社、龙头企业发展新农村现代网络物流，重点抓好农产品物流配送系统、质量安全可追溯系统、信息发布与交易结算系统、交易仓储设施等项目建设。深入推进信息进村入户试点，鼓励通过移动互联网为农民提供政策、市场、科技、保险等生产生活信息服务。开发农产品期货交易新品种，发展农产品期货交易。加快大型农产品集散中心和农产品交易市场建设。支持发展各类营销主体，积极发展电子商务、连锁加盟、物流配送、中介服务等现代物流业。鼓励加工、营销企业在城市和农村社区、山区建立直销门店，推行"农超对接""农校对接"，支持大型超市在优势农产品产区建设采购基地。畅通鲜活农产品运输"绿色通道"，促进鲜活农产品流通。用顺畅的流通渠道、强势的品牌营销，抢占、扩大市场，拉动山林经济快速健康发展。

（5）农产品质量监测体系。建立健全省、市、县区、镇（办）多级农产品质量安全监测网络，提高检验检测手段和能力。大力推进标准化生产，加强农产品质量监督，完善农产品"源头可追溯、过程可监控、流向可追踪、信息可查询、责任可追究"制度，实行农产品质量全程监管。加强综合执法，提高装备水平，改善执法手段，加强农资市场监管，确保农民用上放心农资。积极开展"无公害、绿色、有机"农产品认证。

3.2.2 绿色旅游休闲业

（1）生态旅游业及相关现代服务业。依托秀美的自然生态优势，以山水为基础、文化为灵魂、项目为支撑，以国际化眼光和标准为视角，以建设休闲度假和旅游观光胜地为目标，突出"千里秦岭、千里汉江"和"两汉三国文化"，加强旅游基础设施、标志性精品景区建设，开发跨省旅游线路、区域旅游精品环线及旅游信息服务系统，建设旅游服务体系，打造一批特色鲜明的旅游名城、旅游小镇、旅游乡村，发展文化旅游、生态旅游、惠民特色旅游，建设集历史文化、休闲度假、生态旅游为一体，特色鲜明、布局合理、功能完善、协调发展的秦岭旅游产业体系，同时积极拓展金融、文化、创意、会展、科技、信息咨询等现代服务业，进而增强秦岭旅游的国内国际吸引力和对区域经济社会发展的带动力。围绕全域旅游创建精品旅游景区和线路，推动生态文化旅游和现代服务业加快发展。实施历史文化旅游和自然山水旅游两轮驱动战略，推动旅游产品向文化观光与休闲度假并重转变。挖掘潜力、拓展空间、讲好故事，引导旅游方式向深游细品转变。加快旅游度假区、生态旅游示范区、特色旅游、研学旅游和乡村旅游等新型旅游目的地建设。积极推动旅游景区提档升级。积极开展与丝绸之路沿线城市的旅游合作，继续开行"长安号"丝路旅游专列，不断扩大丝路旅游产品的影响力。

专栏7-1-2　浙江桐庐依托民宿、旅游推动"两山"转化的探索与实践

科学规划——把全县183个行政村作为一个大景区来规划、建设，营造"山水观光、乡村旅游、休闲度假、商务会议、康体养生"等五位一体的立体旅游业态格局。引领民宿的发展布局，建设成全县20余个民宿群，实现了民宿的规模特色发展。相比过去单纯跑景点，如今，桐庐全域旅游形成"处处是景、处处可游"。

深化改革——创新提出了创、新、控、保、稳，应拆尽拆，应保尽保，把有乡土特色的老房子尤其是五十年以上的老房子都保存下来。展开了农村住房确权登记颁证工作。建立民宿发展专项资金，提供资金3000万元，创新金融产品，帮助农民解决创业资金难的问题。

> 强化治理——成立公安局环境犯罪的侦查大队，坚持五水共治，治污先行，实施污染行业的整治和落后产能的淘汰。
>
> 多元参与——提升民宿发展的等级。一是引进第三方的中介公司管理，从而实现了公司主导运行、村委协助管理、村民自主经营的模式。二是农户出房间，村里统一经营，实现利润的分成。聚焦精品杰作，加强精品民宿的项目招引，引来外来资本和创意人才发展中高端的特色民宿，已涌现出悦延居、石舍香樟、秘境·山乡生活等精品民宿20余个。
>
> 共建共享——桐庐确立每年5月6日为"百姓日"，当天向城乡居民发放免费旅游体验券5万张，形成"全民共建+全民共享"的全域旅游发展新格局。
>
> 最终桐庐形成了"山水观光、乡村旅游、休闲度假、商务会议、康体养生"五位一体的立体旅游业态格局。2016年第1季度，全社会接待游客146.3万人次，同比增长27.3%；全社会旅游业总收入21.46亿元，同比增长29.4%；乡村游接待106万人次，增长58.8%，经营收入4600万元，增长37%，成为全县经济发展中的一大亮点。

（2）现代户外体育产业。坚持保护先行和合理开发相结合原则，在空间布局上，合理规划，突出差异性，发挥板块效应，以项目发展区域进行整合和连线，依托核心资源，以期取得较大连锁效应和价值；品牌塑造上，充分发挥区域联动，突出"山水秦岭"的品牌效应，主要支撑国家级登山步道、漂流、攀岩、山地体育公园、冰雪、航空等项目。具体而言，一要紧抓"一带一路"建设的历史契机，各级政府统筹规划，努力培育休闲、健身体育品牌，向丝绸之路沿线城市推介秦岭山水。二要加强秦岭山地体育品牌塑造，注重历史文化内涵、历史遗迹挖掘和民族特色传承，形成具有地方特色的山地户外品牌赛事。三要以健身步道和自行车道建设为基础，点线相连，制定和实施秦岭国家级登山步道建设。四要注重公共体育服务体系建设，以专业化、国际化、以人为本的服务理念，研发秦岭山地体育资讯网，开发APP信息平台、建立山地体育志愿者服务队伍。五要加快各地市形成联动发展机制，形成体育活动一体化、体育赛事一体化、体育宣传一体化，相互配合、互相促进、共同发展的多赢局面。六要规范山地户外运动，制定组织管理办法和行业服务标准，建立健全山地户外运动从业人员培养机制。制定户外运动突发事件的应急预案，健全应急救援机制和救援体系。

（3）养老养生产业。依托秦岭优良的自然生态资源条件、良好的交通区位优势和配套的产业支持，按照"突出产业属性、培育市场主体、促进融合发展、提升为老服务"的思路，以招商引资和项目建设为支撑，着力发展多主体运行、多功能服务的养老服务综合体和产业链，加强与三次产业的融合，加快构建养老服务体系，着眼面向周边地区养生养老消费市场，打响秦岭养生养老品牌，把秦岭建设成为陕西以及关天经济区乃至全国知名的养生养老基地。

3.2.3 生物医药业

（1）规范中药材种植。医药产业已经成为陕西省经济发展的重要产业之一。秦岭这样一座天然巨大的生物基因库，为发展生命科学提供了较强的智力资源和丰富独特的研究样本。特别是商洛、安康等秦岭以南地区气候条件非常适合中药材的种植，是中国重要的中药材生产基地，中药材加工企业也已经具备一定规模。研究秦岭南部独特的气候条件，发掘中药材品种最适宜的生长区，提高中药生产的原材料质量。加快天麻、杜仲、黄姜、绞股蓝、葛根、丹参、黄芩、五味子等优势中药材药源基地建设，加强濒危稀缺药用动植物人工繁育技术开发，推广应用中药材规范化种植、养殖先进技术，改良品种，扩大规模，满足生产需要，保护丰富多样的生物资源，保护野生中药材的原生状态。

推进丹参、绞股蓝、山茱萸、黄姜、天麻、党参、西洋参、附子、猪苓、秦艽等秦岭道地中药材规范化种植，构建黄姜、绞股蓝、葛根三大产业链，形成杜仲、天麻、西洋参、山茱萸、盘龙七等五大中成药系列产品，把秦岭南部建成国家中药材规范化种植和中药中间体、原料药、中药饮片生产示范基地。之前丹参、山茱萸、天麻、绞股蓝等四个品种已通过中药材生产质量管理规范（GAP）认证，并实现了规范化种植，为产业发展提供了优质的自然资源；国家取消GAP后，将由中药生产企业（包括饮片、中成药生产企业）对产品生产全过程的质量保证负责，确保供应临床、医药市场的所有药品质量信息可溯源。取消认证，是简政放权的举措之一。但作为相关生产企业，要保证药品质量稳定可控，药材质量稳定是关键，这是必须进行规范化种植的意义所在。

（2）加强药材开发。完善现有中药材相关实验室和研究中心基础设施建设。依托生物医药企业和高校的科教力量，重点在现代中药等领域突破一批关键技术，取得一批重大科研成果，充分发挥秦岭地区的资源优势，将优势生物医药资源转变为优势生物医药产业。制订和完善中间体、原料药和中药饮片标准体系，充分利用现代分离纯化技术，重点推进中药提取物、中药饮片、原料药等中间体的研发和生产；开展中药剂型的改造和二次创新，加快治疗疑难疾病的中成药开发，依托秦岭优势原材料资源加大保健品开发力度，扩大市场规模，集中打造几个著名品牌和一批知名企业。加快现有中药产品二次开发和升级，不断提升产品品质和疗效，巩固、提升和扩大已有市场。加快中药创新药物的产业化和规模化，开展新药的临床研究和产业化。

（3）加强中药资源保护。加强陕西省生物资源调查与保护研究，建立生物资源保护体系。重点开展秦巴山区和黄土高原生物物种多样性调查，加强对珍稀濒危物种的保护性研究，建立生物物种种质资源库和菌种库，结合不同物种的特异性，建设6~10个生物物种种质资源保护区和植物种质资源圃。建立生物资源的评价、鉴定、保护与利用技术体系，实现生物资源由数量型收集向质量型保护与利用转变。加强秦巴山区自然保护区特别是珍稀动植物保护区建设，把秦巴山区建成动植物资源丰富、自然环境优美、生态系统良性循环的生物资源富集区。充分利用组培、基因和生物分离等现代生物技术以及驯养繁殖的科学试验，对优势特色生物资源进行保护和修复，促进生物资源可持续利用。

（4）推动自主创新基础能力建设。进一步加强国家级和省级创新平台建设，引导和鼓励龙头企业联合高校和科研院所组建生物医药研究机构，提供系统、高效、开放、共享、符合国际规范的药物研发服务，研究开发疗效独特、使用安全、具有自主知识产权、国内外市场前景良好的创新药物。依托现有龙头医药企业实施中药资源基础工程、中药农业工程、中药加工工程、健康产业工程等，打造一批具有自主知识产权的知名品牌，做大做强一批生物企业，使生物医药产业成为秦岭地区增长速度快、质量效益好、带动效应强的具有国际竞争力的战略性高技术产业。重点方向包括开发生物医学材料、人造皮肤、人工骨、心脏起搏器等器件及制备技术，发展低成本、高性能、多功能、易操作的社区和家用医疗器械，加大重大疾病的急救、诊疗、康复技术和设备的研发等，力争在关键技术、关键元器件产业化方面取得突破性进展，扩大医疗器械的销售市场和出口创汇能力。

（5）优化生物医药布局。秦岭北部重点发展生物医药研究开发，加快建设生物医药创新研发平台和公共技术服务平台等，鼓励开发国家一、二类新药和临床新药，辐射带动周边生物医药产业整体水平的提升。积极打造全球生物医药研发服务外包基地，承接全球创新药物研发，组织实施国家和全省重大创新药物专项，培养新药开发高端人才，孵化创新型生物医药企业等。秦岭西部重点发展生物医药制造，加快建设生物医药生产基地，积极开展现代中药和保健产品的生产，加快推进一批生物医药产业化项目，扶持壮大一批医药企业，辐射带动周边生物医药产业规模化发展。秦岭南部重点开展生物资源的保护和开发，加快建设生物资源种植和中间体、原料药加工生产基地，带动区域产业结构调整。

3.2.4　绿色工业与制造业

（1）生态工业。按照"减量化、资源化、再利用"的要求，以技术创新为支撑，以循环工业园区为载体，引进大资本、大企业和新技术、新机制，对现有工业兼并重组、优化组合、嫁接改造，对优势资源统筹规划、规模开发、综合利用，围绕有色、钢铁、装备、能源、非金属材料、油气化工等产业，通过产业聚集和链条延伸，着力打造循环经济主导产业链，努力走出一条集群化发展、园区化承载、品牌化带动的新型绿色工业化之路。支持加快实施以市场为导向的优势资源转化战略，优化调整有色、钢铁、建材等材料产业，发展水电、光伏、生物质能等新能源产业，航空、数控机床、数控刀具、专用汽车等先进制造业，培育发展战略性新兴产业和配套产业，推进主导产业、骨干企业和支柱产品做大做强并不断延伸产业链。支持企业利用新技术，优化生产工艺和流程，减少能耗、物耗、水耗；鼓励、引导大型企业集团和民间资本参与绿色产业园区的基础设施和公共服务平台建设。加强统筹规划，促进产业园区企业之间、生产工艺之间纵向或横向耦合，副产物交换利用，基础设施、物流设施、信息服务设施共享，培育和构建布局合理、功能互补、废弃物循环利用的低碳、生态示范区。

（2）新型材料产业。适度依托本地矿产资源，充分利用外部原料资源，采用新技术、新工艺、新装备，发展新型材料加工产业，坚决杜绝有污染排放风险的产业在秦岭山区布局。坚持以高性能材料为重点，加大技术创新力度，大力发展复合、纳米、智能材料。积极推进航空航天、军工领域的新材料产业发展，重点发展以稀有金属、电子信息为主的特种功能材料以及以纳米吸波、碳纤维、陶瓷基等为主的高性能复合材料。以现有骨干企业为依托，加大高效光伏电池材料、电子单晶制备、钛合金丝棒材等新材料和新工艺的研发，推进新材料产业化项目，以重大项目建设带动整体产业发展。

（3）绿色装备制造。利用现有基础，重点发展中型运输机、支线客机、飞机零部件和机载设备生产，实施大型数控机床制造基地建设，开展复杂数控刀具、中低压输变电设备技术改造，建设专用汽车及关键零部件生产线，走精、专、特、新的路子，进一步做强秦岭地区装备制造业。提升高端装备制造业自主创新能力，推进装备制造业智能化、绿色化、服务化、品牌化发展。围绕数字化设计、人工智能技术、工业机器人、3D打印装备，提高自主研发能力，推动应用创新。依托龙头企业，积极推进新能源和可再生能源装备、先进储能装备发展，重点发展智能电网成套装备，以及特（超）高压交直流输变电设备及关键部件，打造输变电产业集群；重点突破车体轻量化技术、节能技术、列车网络控制技术等一系列新型高速列车的核心技术，延长配套零件发展的产业链，打造中西部轨道交通装备制造基地。

（4）绿色物流产业。统筹规划、合理布局，依托区位优势和交通枢纽条件，推进区域性、综合性物流园区建设。依托秦岭区位和交通枢纽条件，加快物流基础设施和物流配送基地建设，提升物流集散、分拣包装、电子商务等功能。围绕装备制造、有色冶金、新型建材等产品输出，建设区域性物流配送基地；围绕粮食、烟酒、茶叶、肉制品、果制品加工，建立绿色产品物流体系；依托现代中药产业基地，建立中药产品物流体系。加强城乡商业网点和农副产品交易中心、批发市场建设，培育大型流通骨干企业，发展以连锁经营形式建立的中小超市、便利店、专业店等新型零售业态，建设物流园区和生产性服务业聚集区。

（5）绿色环保产业。推进自然保护开发经营、环境工程建设、环境保护服务、节能减排服务等产业发展，带动技术升级和产业结构调整，增加就业机会。有机结合各产业生产发展模式，以实现农业经济可持续发展为目标，建设生态农业示范园区，并进一步推广至秦岭全域。依托相关科研单位，在调整生态农业生产模式的同时，建设深加工基地或合作社，形成产业化生产链条。建设一批生物质能源、生物质发电等绿色环保项目，加快推进新能源重大项目建设。鼓励和支持工业节能服务和污染集中处理企业做大做强。构建完整的节能与新能源汽车产业链，打造新能源汽车研发生产基地，重点突破整车控制系统、插电式深度混合动力系统、氢能源与燃料电池和先进动力电池等关键技术。

（6）绿色矿业。采用清洁生产新技术、新工艺、新装备，科学开发当地矿产资源。在采矿工程中使用保水开采技术，保证矿产资源的高效开采外，减少开采过程对地表环境和地下水等的破坏，减少有色矿产开采过程对环境的破坏。对于采矿过程中产生的矿矸石、矿渣等固体废弃物，在尾矿中进行合理提炼，获取有价值的资源；将固体废弃物用于建筑材料或道路工程等，降低建筑、公路行业的原材料成本外，解决采矿工程的固体废弃物导致的土地资源浪费和占用。开采矿产资源的同时收集瓦斯气体，即实行"共采"技术。利用生产过程中的副产品，发展关联产业，做好废气回收、余热发电、废水循环使用以及尾矿、废渣和共生、伴生资源综合利用。下决心关停一批污染环境、不符合安全生产条件的小型矿山，严格控制矿产资源的无序勘探和开采，严禁矿山废弃物的随意堆放和不达标排放。针对矿业洗选加工，可考虑将洗选后的精矿提供给区外企业进行加工，避免在当地建设高污染、高耗能、高耗水型的企业，保护当地生态环境，提高水源涵养能力。同时，重点开展有色矿藏采选、冶炼绿色新技术开发，新型复合材料研制以及废弃物循环利用，构建新型有色产业链；严格铁矿开发和钢铁生产基地建设，开展废气、废渣综合利用，构建钢铁绿色产业链；发展氟化工、钾长石、石材加工和综合利用建材产品生产，构建非金属新材料产业链。

3.3 典型模式

3.3.1 山林经济发展模式

山林经济是以山林为元素，以绿色为基点，以现代发展理念为引领，自觉运用自然、经济规律，生产出更多满足市场需求的产品，实现山林生态与经济社会的协调可持续发展。大力发展山林经济，是加快秦岭产业绿色转型发展的重要途径，必将为加快秦岭经济社会发展注入强大动力。

专栏7-1-3　　　　　　安康"山林经济"——走特色山林产业道路

政策优势。安康市委、市政府结合安康实际，提出《大力发展山林经济》，制定下发了《山林经济发展规划》《富硒茶产业发展规划》《林下经济发展规划》《旅游产业规划》《魔芋发展规划》等山林经济产业规划，先后出台了《加快富硒茶产业发展的实施意见》《大力发展魔芋产业的实施意见》和《加快核桃产业发展的实施意见》。

资源优势。安康多山多林，也是陕西省及西北地区最主要的茶叶、蚕茧、油桐、生漆、魔芋主产区，境内土壤富含硒元素，又被誉为"中国硒谷"。丰富的自然资源为安康山林经济发展奠定了坚实基础。

茶产业。率先发展富硒茶饮，成立安康富硒茶产业发展领导小组，出台配套政策，富硒茶产业驶入了加速发展的"快车道"。

核桃产业。安康核桃栽培历史悠久，品质优良。陕西省政府2010年出台的《关于加快推进核桃等干杂果经济林产业发展的意见》，利用退耕还林、天保造林等林业工程项目，每年以15万亩速度推进核桃基地建设。

油料产业。安康市国家级生漆和油桐基地，稳步推进生漆、油茶和油用牡丹产业发展，基地规模不断扩大，产业效益逐年提升。油桐、生漆、油茶、油用牡丹、黄连木等木本油料种植面积不断扩大，一批木本油料加工企业不断发展壮大。

林下经济。利用林下充足空间，放养或圈养土鸡、山鸡、山羊、野猪、梅花鹿等家禽和野生动物，生产无公害禽类绿色食品；在幼林抚育期，林下间作套种中药材、魔芋、蕨菜、山竹笋、山野菜等，形成立体产业发展模式。

2016年，安康市启动建设山林经济园区54个，开展林下种植66.77万亩，林下养殖786.58万只（头），已举办和组织全国富硒林产品推介活动7次。"中国硒谷、绿色安康"已成为具有地域特点的品牌，富硒产品成为安康农产品的主打品牌，安康对外宣传的形象点。安康丰富的自然资源优势转化成为经济发展的产业优势。

针对秦岭资源禀赋，需要总结以往做法，借鉴外地先进经验，按照现代林业发展方式，推动山林经济发展。重点要以提高农业生产比较效益、促进农民增收为目标，以市场为引领，以转变林业发展方式为主线，以促进农村产业结构调整为主题，以培育市场经营主体和"买方市场"为重点，按

照"现代、生态、高效、循环"的理念和"标准化、设施化、规模化、产业化"的要求，实施山林立体综合开发，促进大生态、大农业、大产业建设，全面提升农业发展能力和水平，推动农村经济持续快速发展。具体而言，要按照"市场引导、龙头带动，园区承载、项目支撑，就地转化、循环利用，科技引领、服务配套"的要求，突出抓好绿化苗木、林下种养、富硒茶饮、特色林果、蚕桑丝绸、山林休闲旅游等重点产业建设，着力构建山林经济产业体系。同时，要按照"发挥优势、突出特色"的思路，扶持发展基础好、潜力大的中药材、木本油料、速生丰产用材林、山野菜、林下特色养殖等地方优势产业，通过科学分类指导、整体统筹协调和立体综合开发，推动山林经济蓬勃发展。

3.3.2　飞地经济模式

飞地经济是指两个互相独立、经济发展存在落差的行政地区打破原有行政区划限制，通过跨空间的行政管理和经济开发，实现两地资源互补、经济协调发展的一种区域经济合作模式。如在推进工业化和招商引资过程中，甲乙双方通过打破行政管辖关系，把甲地招入的资金和项目放到行政上隶属乙地的工业园区，利用税收分配、政绩考核等一系列科学的利益机制，扩大两地合作广度，加深两地合作深度，从而实现互利共赢。"飞地经济"的良好运行可为秦岭地区发展和其他地区的产业转移提供了一个新的平台，从而有力推动区域经济协调发展。

专栏7-1-4　　安康"飞地经济"——解决山区工业发展之困

政策条件。安康市除汉滨区之外的其他9个县均被列为限制开发的重点生态功能区。且安康市10县区全部纳入南水北调中线工程水源区的影响区域。根据《陕西省主体功能区规划》，除汉滨区月河川道以外的9个县全部属于重点生态功能区。

"飞地"政策。安康市出台《关于发展"飞地经济"的指导意见》，制定《发展"飞地经济"办法》。

"飞地"原则。川道地区发展经济，远山深山保护生态。

"飞出地"和"飞入地"。"飞出地"为限制开发、空间不足的白河、紫阳、岚皋、宁陕、镇坪5个县。"飞入地"为土地资源集中、允许开发的月河川道、安康高新区、恒口示范区、五里工业园区和列入"点状开发城镇"的汉阴县涧池镇、蒲溪镇、双乳镇等《陕西省主体功能区规划》中明确的重点开发区域。

主要做法。以循环经济产业链和特色产业龙头企业为主的县域特色经济项目，优先吸纳新材料、新能源、生物医药、装备制造等战略性新兴产业和劳动密集型项目，禁止高成本、高污染、高耗能、浪费资源项目进入"飞地经济"园区。"飞地经济"园区项目建设期各种税收归"飞出地"享有，企业生产经营中产生的各种税收地方分享部分，前5年由"飞出地"全部享有，5年后"飞出地"与"飞入地"按7∶3比例分成共享。各县的"飞地"都与所在地错位发展，共同打造完整产业链。如岚皋县飞地园区就是陕西唯一以节能环保为主题的专业园区，填补了安康本地该产业的空白。

经过多年发展，安康市形成了清洁能源、新型材料、富硒食品、生物医药、安康丝绸、生态旅游六大主导产业，装备制造、电子信息、现代物流等新兴产业近年发展迅速，循环产业体系有了良好基础。

作为国家主体功能区中限制开发的重点生态区和南水北调中线工程水源涵养地，秦岭地区部分地区近年来探索"飞地经济"发展模式，通过土地集约、产业聚集，打破行政区划对资源配置的限制，在守护好绿水青山的同时赢取"生态红利"。下一步，进一步大力推进秦岭地区"飞地经济"发展，要坚持以集约集聚发展为导向，以各类园区为载体，以平等协商、明确责任为前提，加强区域统筹协调，充分发挥比较优势，突破县、市乃至省行政区划制约，引导限制开发、空间不足的县将重大项目向适合开发区域集中，不断优化发展布局，创新区域生态功能管理机制，促进生产要素集聚，培育引领发展的增长极，形成资源共享、优势互补、互利共赢的发展局面，加快秦岭地区新型工业化、城镇化进程，为建设美丽富裕秦岭奠定坚实基础。

3.3.3 循环经济园区模式

秦岭地区大力发展循环经济园区，就是要按照减量化、再利用、资源化的基本要求，以提高资源产出率、减少废弃物排放量为核心，以科技创新和制度创新为动力，以实施重点工程为突破口，加快建设循环型企业、循环型园区，形成"政府推动、市场引导、企业主体、全民参与"的循环经济发展的体制机制，全面推动循环经济发展。

专栏7-1-5　　　　　　　　　商丹循环工业经济园区模式

商丹园区是2009年4月经陕西省政府批准设立的省级工业园区，是国家关中—天水经济区的重要组成部分。园区跨商州和丹凤两个县区，位于丹江河谷"黄金"川地，呈带状"V"型布局，规划控制面积98平方公里。园区交通便捷、设施完善。沪陕高速、312国道、西合铁路贯穿其中；水、电、气、路、通信设施完备。

园区坚持以发展循环经济为主线，以打造"一体两翼"核心区为主题，按照"产业新城、城市新区、产城融合、循环发展"的思路，依托商洛"金、石、药、果"资源，按照"一区多园"模式规划布局，主要发展五大产业：新材料产业、新能源及新能源汽车产业、生物医药产业、绿色食品产业、现代城市服务业。

目前，园区累计入园企业70户，初步形成了比亚迪、河北新宇宙、陕西尧柏、陕西延长、陕西有色、陕西君威、天津天士力、西部投资、开元集团等企业集团投资建设光伏及新能源汽车、水泥建材、氟材料、锌材料、绿色食品、生物医药、现代城市服务业等产业链部分项目的产业发展格局。

2015年园区共实施重点项目45个，开工率100%；预计完成固定资产投资48.82亿元，同比增长21.5%，实现工业总产值151.11亿元，同比增长21.4%；实现科工贸总收入216.64亿元，同比增长13.8%。园区各项工作均取得显著成效，园区发展步入快车道。

发展循环型农业，要立足于农业生产力发展现状，以初步建立农业循环经济发展模式为近期任务，以种植、养殖和沼气相结合的庭院经济模式，实现农户单位能量物质的小循环；以农产品"产、加、销"一体化经营生态产业链网达成中观层面农业能量物质的循环利用方式；以自然生态保护和建设为生态经济社会复合系统的能量物质良性大循环奠定基础，初步建立农业循环经济发展模式，促进循环型农业产业链的形成。具体运作路径：一是发展生态农业；二是加强环境保护和生态建设；三是推进废弃物资源化利用；四是大力推进土地、能源、水资源的节约。

对于秦岭地区来说，发展循环经济必须走新型工业化之路，坚持抓园区建平台、抓项目搭载体、抓创新强支撑、抓生态作保障，聚集资源要素，做大产业规模，提升整体竞争力，增强循环经济对率先突破发展的支撑带动作用。一是加快构建循环经济产业体系。工业上，按照大项目支撑、大集团引领、集群化推动、园区化承载的思路。农业上，围绕规模化、标准化、绿色化，建好基地，抬起龙头，提高品质，打响品牌，加快产业化进程。服务业上，大力发展物流、会展、文化等现代产业。二是加快建设循环经济产业园区。产业园区是加快产业集聚、培育产业集群、发展循环经济的重要载体。做好园区规划，优化区域分工和产业布局，突出专业化、特色化发展方向，明确主导产业，使园区成为推动同业聚集、产品集成、产业升级的立足点，创新招商引资方式。三是加强生态建设和环境保护。良好的生态环境是秦岭地区最宝贵的财富、最大的后发优势。秦岭地区今后的发展，要更加注重环境质量的改善，绿色秦岭这块牌子要比现在更亮。要加强节能减排工作，控制高污染排放，坚决淘汰落后产能。加快推进生态建设，巩固退耕还林成果，加强农村面源污染防治，改善城乡人居环境，促进山水林、天地人相和谐。

3.3.4 现代农业园区模式

现代农业园区是指相关经济主体根据农业生产特点和农业高新技术特点，以调整农业生产结构、展示现代农业科技为主要目标，利用已有的农业科技优势、农业区域优势和自然社会资源优势，以高新技术的集体投入和有效转化为特征，以企业化管理为手段，进行研究、试验、示范、推广、生产、经营等活动的农业试验基地。模式上，以"利益共享、风险共担"为原则，以产品、技术和服务为纽带，利用自身优势、有选择地介入农业生产、加工、流通和销售环节，有效促进农产品增值，积极推进农业产业化经营，促进农民增收。突出体现农业科技的作用，形成新品种新技术引进、标准化生产、农产品加工、营销、物流等各种形式的示范园网络。

现代农业园区（高标准基本农田）是发展现代农业的重要载体，是推进"五化同步"和城乡一体化的重要抓手。近几年，秦岭地区统筹谋划、整合资源，实施现代农业园区建设，特别是陕西开展全省园区建设年以来，园区规模不断扩大，建设水平显著提高，辐射带动能力明显增强，促进了农业增效、农民增收、农村繁荣。

为进一步加快现代农业发展，深入持续推进现代农业园区建设，结合秦岭实际，下一步要继续严格按照"生产要素集聚、科技装备先进、管理体制科学、经营机制完善、带动效应明显"的总要求，坚持产出高效、产品安全、资源节约、环境友好的发展方向，以农民增收为核心，以农业转型升级为重点，高起点谋划、高科技引领、高标准建设，用现代工业、金融、流通、生态理念，深入持续建设一批规划布局科学、生产要素积聚、产业体系健全、组织经营方式先进、带动农民就业创业、综合效益显著的现代农业园区，引领现代农业发展，增强农业综合生产能力，确保粮食安全和重要农产品有效供给。

专栏7-1-6　　　　　　　　杨凌现代农业示范园区模式

2008年以来，杨凌示范区依托杨凌农业科技优势，规划建设了占地面积100平方公里的杨凌现代农业示范园区，按照"现代农业看杨凌"的定位和"高产、优质、高效、生态、安全"的要求，以集聚创新国内外农业新品种、新技术，探索现代农业新模式、新机制为重点，突出"科学化、商品化、集约化、产业化"的现代农业特征，探索在不改变土地承包责任制的前提下现代农业生产的新途径、新模式。截至目前，园区八类产业已发展到8万余亩，其中：粮油良种3270亩（其中小麦良种3000亩，油菜良种270亩）、设施蔬菜2.5万亩（其中日光温室1.3万亩，塑料大棚1.2万亩）、精品苗木1.1万亩、经济林果3万亩、生猪存栏72890头、奶肉牛21300头（其中奶牛6700头、肉牛14600头）、花卉1390亩，食用菌以工厂化模式发展，年产量14.7万吨。已经全面建成设施农业2.5万亩5000余座、小麦良种3000亩、精品苗木1.1万亩、猕猴桃等经济林果3万多亩，秦宝牧业、秦川牛业、澳源牧业、20万头生猪基地、康农菌业、金麒麟公司、今日花卉、森淼种业、竹园嘉华、新世界果业、汇承果业、巨龙公司等一批种养殖龙头企业入园发展，占地1.5万余亩，促进了产业结构的根本性调整，经济和社会效益得到大幅提升，成为杨凌农高会的新亮点。

（1）现代农业示范园区总体规划情况。立足杨凌发展定位，科学制定发展规划，理清现代农业发展思路，邀请陕西省发展改革委、农业厅、农林科大等有关专家深入调研和充分论证，高标准、高起点编制现代农业示范园区发展总体规划，并按照"一轴、一心、八园"和区域化布局、规模化经营的原则，规划布局了现代农业创新园、国际科技合作园、农业企业孵化园、种苗产业园、标准化生产示范园、科技探索园、农产品加工园和物流园等8个功能园区，大力推进农业产业结构调整，实现现代农业一、二、三产融合发展，为我国干旱、半干旱地区发展现代农业提供新品种、新技术、新模式和产业化示范。目前，园区初步形成了科研、新品种新技术引进与示范推广、农产品深加工、物流以及现代农业旅游为一体的全产业链发展模式。

（2）现代农业高新技术产业转化情况。一是大力引进新型农业经营主体，推行全产业链发展模式。积极招引涉农企业、农民专业合作社、家庭农场、职业农民等新型农业经营主体，制定《杨凌示范区鼓励企业科教人员农村经济组织等进入现代农业示范园区实施办法》，出台了园区用地、资金扶持、自主创业、公共服务等优惠政策，吸引了秦宝牧业、秦川牛业、今日景艺等30多家科技含量高、展示性强、带动能力大的涉农企业入园建设，示范引领441家农民专业合作社、40家家庭农场以及大批职业农民在园区发展现代农业产业。二是推行标准化生产，提升现代农业发展水平。按照生产规范化、产品安全化、营销品牌化、管理信息化和服务专业化的要求，构建了现代农业标准化生产体系和质量安全溯源体系，引进了30多家农业产业化种养和加工企业,支持成立了300多个农民专业合作社,形成了龙头企业、合作社带动职业农民的良好机制,有效提高了农业生产组织化水平。制定了12项蔬菜生产技术规程,完善了小麦、玉米、良种猪繁育、苗木花卉等标准综合体,设立标准化研究推广服务中心和监测检验中心,建成以现代农业标准化网站为基础的公共服务与信息化管理平台,探索形成了"三型"(基地示范型、企业带动型、种养大户带动型)"五化"(生产规范化、产品安全化、营销品牌化、管理信息化、服务专业化)的标准化推广模式;三是大力发展三产旅游业。2013年以来,杨凌把现代农业特色休闲旅游作为着力点,先后打造了杨凌现代农业示范园区创新园、农林博览园、杨凌新天地农业科技示范园等4A、3A级旅游景区,并成功举办了9届以绿色、田园、生态、民风民俗等为主题的现代农业休闲游暨采摘节系列活动。游客在体验杨凌田园之美的同时,还可带走杨凌特色的蝴蝶画、蝴蝶标本、盆栽花卉、新鲜果蔬、土织布、香樟等礼品。杨凌也因此成为国家旅游局命名的首批全国农业旅游示范点,现代农业经济和社会效益逐年提升,旅游成为杨凌对外宣传的新名片。

(3)现代农业园区管理运营模式。一是探索土地流转新模式。组建村级土地银行41家,成立了杨凌土地流转服务有限公司,积极推进土地流转规模化流转,六年来,累计流转土地5.32万亩,占全区耕地面积的61.9%,为发展现代农业提供了用地保障。二是建立健全技术服务体系。成立设施农业建设专家委员会,并聘请60多名农民技术员,常年深入基层一线,指导农民开展设施农业建设生产。成立农民职业教育培训中心,实施农民技能及创业培训工程,培养造就了一大批科技务农的"明白人"。三是建立信息服务体系。建成园区视频展示中心,使各园区之间通过信息网络互联互通,做到病虫害监测预警、视频监控、现代农业数据收集等一体化。建成杨凌蔬菜网,及时发布蔬菜价格和供求信息。四是建立市场营销体系。引进靖杨公司基本建成果蔬交易市场,扶持奥达、创利和好运来三家合作社(公司),以及龙头企业开展以外销为主的深加工、精包装业务,努力打造"农科城"蔬菜品牌。启动杨凌蔬菜进万家大型活动,与上海联华、西安华润万家等多家大型超市建立了蔬菜供销关系。五是建立农产品深加工体系。规划建设了陕西省农产品加工产业示范园区,该园区是陕西省农业基本建设重点项目,园区规划面积2万亩。主要围绕杨凌粮油物流园区,规划建设1万亩核心园区,在交界的咸阳市武功县建设7000亩武功园区,在相邻的宝鸡市扶风县建设3000亩扶风园区,从而形成农产品加工产业示范园区"一心两翼"的发展格局。其中:杨凌核心园区内已建和在建农产品加工和仓储物流类企业25家,占地面积2000余亩,初步形成了粮食加工、果品加工、畜产品加工、蔬菜加工集群,为陕西省农产品加工技术创新研发、高新成果推广转化、农产品加工产业园区建设等工作探索了经验,提炼了模式,作出了示范。

(4)资金运作及基础设施建设情况。一是创新多元化投融资模式。坚持政府引导、企业出资、农户自筹、银行贷款等多元化的投入机制,以创建全国农村金融改革创新试验示范区为契机,出台农户建棚贷款贴息、农村土地经营权抵押贷款、设施大棚抵押贷款、期货债券等一系列政策,盘活了固定资产,拓宽了融资渠道,撬动企业和农户等社会投资17亿元,占园区建设总投资的80%以上。二是集中捆绑使用项目资金加大园区基础设施建设。在不改变资金用途的前提下，将各级各类涉农项目资金整合捆绑使用，主要用于园区基础设施和重点项目建设，既保证了涉农项目的顺利实施，也满足园区建设资金急需。七年来，累计捆绑使用涉农项目资金近2亿多元，共新打和配套机井120眼，架设高压线路30余公里，埋设低压地埋线180公里，修建水泥道路100余公里，建设产地市场17处，为园区各类产业发展提供了有力保障。

（5）现代农业示范园区建设取得的成效。一是生产经营机制逐步完善。园区八类产业均采取"公司（专业合作社）+基地+农户"的模式，以企业为龙头，建基地、带农户、拓市场、促销售，基本形成了从技术、生产、加工到物流的产业链条，促进了现代农业产业化发展。二是农业科技创新能力不断提高。园区发展为积聚展示国际国内农业新品种、新技术提供了平台，陕西省果树中心、陕西省油菜研究中心、宁夏林业研究所、台湾美庭公司、台湾今日花卉集团、秦宝牧业、赛德公司、靖杨果蔬批发市场等国内外30多家科研机构和知名企业入园发展，展示智能温室、节水灌溉、气象监测、精准农业等当前最先进的农业设施和技术，推广各类作物新品种17类1200多个。三是促进农民收入持续较快增长。现代农业示范园区的快速发展，不仅加速了农业产业结构调整，还有力促进了农民持续增收，全区农民年人均纯收入从2009年的5744元增加到2014年的14046元，增幅连续六年位居全省前列。四是示范带动效应日益增强。随着建设规模的不断扩大和发展水平的逐步提升，杨凌现代农业示范园区的知名度和影响力日益增强。六年来，全国30个省、市、自治区、直辖市1000多批次、6万多人次的党政领导干部和农民群众来园区参观学习，各级各类媒体先后多次宣传报道杨凌土地流转和园区建设的经验模式，杨陵与以色列、澳大利亚等国家，山东寿光、甘肃清水、甘肃武山以及陕西省内吴起、千阳、武功、周至等市、县（区）签订了友好协议，重点在现代农业发展方面开展交流合作，杨凌现代农业发展的新机制、新模式得到各方面的积极评价。

4. 秦岭产业绿色转型发展评价考核体系设计

4.1 背景与意义

放眼世界，绿色转型发展已成势不可当的大潮流。当今世界，人口、资源、环境压力与日俱增，绿色发展逐步成为各主要经济体寻求新突破、谋求新发展的重点方向。美国提出"绿色发展新政"，欧盟制定"欧盟2020战略"，日本发布"绿色发展战略总体规划"，韩国实施"绿色增长国家战略计划"，印度出台"气候变化国家行动计划"，"绿色工业革命"正在发达国家和新兴市场国家蓬勃兴起、持续升温。随着人口的激增（据联合国经社部发布的2015年修订版世界人口展望报告显示，2030年、2050年、2100年世界总人口将分别达到85亿、97亿、112亿），绿色转型的步伐将越来越快，绿色发展的竞争将越来越激烈。

环顾国内，绿色转型发展已成深入人心的主旋律。2012年以来，以习近平同志为总书记的党中央高瞻远瞩、审时度势，对绿色发展提出了一系列战略思想，作出了一系列战略部署，推出了一系列战略行动。党的十八大提出推进绿色发展、循环发展、低碳发展；十八届三中全会提出加快建立系统完整的生态文明制度体系；十八届四中全会提出用严格的法律制度保护生态环境；十八届五中全会将绿色发展理念列为五大发展理念之一，进行了重点强调和深入阐述。《中共中央 国务院关于加快推进生态文明建设的意见》和《中华人民共和国国民经济和社会发展第十三个五年规划纲要》，对绿色发展明确了具体要求，进行了全面部署。全国各地竞相实施绿色发展战略，开展绿色发展探索，绿色发展理念日益成为全民共识，绿色发展行动正在得到全域推广。

秦岭地区率先探索和建立产业绿色转型发展评价考核体系十分重要、必要、紧要。一方面，这是落实国家战略部署的迫切需要。率先探索和建立秦岭地区产业绿色转型发展评价考核体系，是落实国家生态文明建设战略的持续行动。同时，这也是提升秦岭地区发展质量的现实需要。近年来，秦岭地区将绿色发展作为转型创新发展的重要着力点，加强政策支持、资金投入、平台建设和体制机制创新，推动经济社会保持了持续健康快速发展。但是，发展不足、发展不优仍然是秦岭地区最大的实际，尤其是资源浪费的加剧、生态环境的破坏，给未来秦岭地区发展带来了严峻挑战和潜在威胁。要解决好这些发展中的问题，消除掉这些发展中的"烦恼"，必须在实现更高质量、更有效率、更加公平、更可持续的发展上有新进展、有新突破，这就要求对发展导向、制度和措施作出进一步的优化和提升，而探索和建立绿色转型发展评价考核体系正是对此进行的积极而直接的回应。秦岭开展绿色转型发展评价考核，是在推进生态文明建设，实现绿色发展过程中积极探索出的一个绿色转型发展组织管理制度创新的"样本"。可以预见，秦岭地区开展绿色转型发展评价考核的成功实践将会在全国发挥先行示范效应。

4.2 评价考核依据

《中共中央 国务院关于加快推进生态文明建设的意见》明确提出："健全政绩考核制度。建立体现生态文明要求的目标体系、考核办法、奖惩机制。把资源消耗、环境损害、生态效益等指标纳入经济社会发展综合评价体系，大幅增加考核权重，强化指标约束，不唯经济增长论英雄。"中共中央、国务院印发的《生态文明体制改革总体方案》再次强调："研究制定可操作、可视化的绿色发展指标体系。制定生态文明建设目标评价考核办法，把资源消耗、环境损害、生态效益纳入经济社会发展评价体系。"

为全面贯彻落实中国政府关于生态文明和绿色发展重要精神，加快推进秦岭地区产业绿色转型发展，发挥秦岭地区绿色发展先行示范作用，依据《关于加快推进生态文明建设的意见》《生态文明体制改革总体方案》《党政领导干部生态环境损害责任追究办法（试行）》《生态文明建设目标评价考核办法》《陕西省十三五发展规划纲要》《陕南循环经济产业发展规划（2009～2020年）》《陕西省人民政府关于加快推进陕南循环发展的若干意见》《陕西省"十三五"现代农业发展规划（2016～2020）》《陕西省秦岭生态环境保护条例》等文件，实行秦岭地区产业绿色转型发展评价考核制度，制定产业绿色转型发展评价考核体系。

对秦岭产业绿色转型发展评价考核体系进行科学研究和设计实施，其目标是力求更加突出秦岭特色、更加契合生态文明建设要求；加快完善经济社会发展评价考核体系，切实发挥评价考核在绿色转型发展中重要的导向引领和约束激励作用；加快推进绿色发展，建立健全秦岭地区产业绿色转型发展评价考核制度，发挥秦岭地区绿色发展先行示范作用。

现阶段，干部对如何履行职责、追求何种政绩的根本认识和态度仍有待转变，不少地区的考核片面强调经济指标，导致了"数字出政绩，政绩出干部"政绩观的流行，致使因片面追求经济增长，而不考虑所付出的环境代价、能源成本、原材料消耗等因素，使本已脆弱的生态环境遭到极大破坏。国家所倡导的资源节约和环境友好的要求下，需要有效改变这种不可持续发展的政绩观，使其将保护好生态环境作为必须坚守的底线，作为衡量绿色发展重要政绩观念。

4.3 评价考核主体

鉴于绿色发展是秦岭地区实现基本现代化的重要着力点，绿色转型发展评价考核是推进绿色发展的重要抓手，建议陕西省委、省政府进一步加强绿色发展顶层设计，成立秦岭绿色转型发展领导小组，统筹推动秦岭地区绿色发展工作。秦岭地区绿色转型发展领导小组由省委书记、省长任顾问，分管省委常委任组长，分管副省长任副组长，省委组织部、省发展改革委、省环厅、省财政厅、省统计局等部门负责同志为成员。绿色转型发展领导小组办公室设在发展改革委，牵头秦岭地区产业绿色转型发展评价考核工作，省委组织部和省发改、环保、财政、统计、工信、住建、交通、国土、农业、园林等部门按职责分工协同配合，共同组织实施。在单独开展产业绿色转型发展评价工作，不涉及考核工作时，可委托第三方社会机构，如院校、科研机构等作为评价主体进行独立评价。第三方机构在省、市直相关部门的协助下收集评价数据、组织评价工作，对评价对象实行年终评价。

绿色转型发展评价考核主体介绍如下。

（1）实行多方协同评价考核。在进行评价考核方面，应建立健全政府主导、部门协调、公众考核、专家评议、过程透明的考评机制，实行多方参与的协同评价考核方式。可以明确在陕西省委省政府的领导下，由领导小组办公室具体负责，发改、环保部门监督，统计、监察、宣传及相关部门全程参与。在公众进行评价考核方面，可以建立产业绿色转型发展评价考核定期新闻通报制度，常态化开展生态环境质量公众满意度调查，切实落实人民群众在绿色转型发展评价考核中的知情权、参与权、监督权。在专家进行评价考核方面，应保障专家在不受干扰的情况下独立开展工作，确保评价考核评分的科学性、合理性和公正性。

（2）委任组织单位。评价考核工作在省委省政府的领导下，由领导小组办公室具体负责，发改、环保等部门共同领导、组织、协调和实施秦岭地区产业绿色转型发展评价考核工作，各成员单位按照职责分工协同配合。年终评价考核工作由绿色转型发展评价考核领导小组委托评审团完成。

4.4　评价考核对象

产业绿色转型发展评价考核对象为秦岭陕西段整个地区、所辖38区县（市）、园区。

①秦岭地区陕西段整个地区（注：整个地区只进行产业绿色转型发展评价工作，不进行考核）。

②所辖38区县（市）。

③园区（国家级开发区、省级工业园区以及服务业集聚区）。

对于秦岭地区产业绿色转型发展考核体系的构建，秦岭地区必须走在全国绿色发展评价考核的前列，发挥引导示范作用。本报告中的产业绿色转型发展评价考核指标体系从完整的理论体系的角度考虑，与国家要求进行对接，服务于秦岭地区的发展，可先行先试，对秦岭地区38区县（市）、园区等进行评价。其后与组织部门对接，根据评价结果，结合秦岭地区实际，增加针对秦岭地区发展短板的引导性指标，进行考核方面的补充。最终纳入绩效考核，影响单位党政领导干部的年度评价考核成绩。

4.5　评价考核内容

（1）评价考核具体内容。秦岭地区产业绿色转型发展评价内容和区县（市）评价考核内容均为：经济绿色转型、资源绿色转型、环境绿色转型、生态（空间）绿色转型、社会绿色转型、制度绿色转型。具体评价指标见附表3、附表4、附表5。

园区评价考核内容：经济绿色转型、资源绿色转型、环境绿色转型、制度绿色转型。具体评价考核指标见附表6、附表7。

（2）实行动态管理。产业绿色转型发展评价考核指标体系实行动态管理，每年根据经济社会发展情况及生态文明建设重点任务情况，及时进行调整，并将其纳入统计部门常规统计工作中进行动态监控。秦岭产业绿色转型发展领导小组办公室，在原评价考核指标的基础上，根据上年度绿色转型发展评价考核结果、评价考核对象反馈和国家、省政策要求，召开会议进行讨论，调整评价考核目标值。对于会逐年发生变化需要逐年调整的部分考核评价指标，留有一定弹性空间，供制定当年度的产业绿色转型发展评价考核指标体系参考。每年年初研究制定当年度产业绿色转型发展评价考核指标体系和评价考核细则，报秦岭产业绿色转型发展领导小组审定后并印发，向各评价考核对象公开，接受监督。

（3）分类指标应用。指标应用中，由于各评价考核对象存在差异，评价与考核之间也存在差异，采取分类形式应用，划分为3类：A表示该指标的历史数据可得，可直接用于秦岭地区绿色转型发展评价计算；B表示该指标被用于"附表7-1-4　秦岭地区各区县（市）产业绿色转型发展评价考核共性指标、差异指标"；C表示该指标被用于"附表7-1-6 秦岭地区各园区产业绿色转型发展评价考核共性指标、差异指标"。

4.6 评价考核方式

评价考核采取日常检查督办、年度预考查和年终综合考核相结合的方式进行。日常检查督办重点检查日常工作开展落实情况；年度预考查重点考查总结上半年度的工作开展落实情况，发挥督促作用；年终综合考核发挥全面考核作用。

在单独开展产业绿色转型发展评价工作，不涉及考核工作时，可委托第三方社会机构，如院校、科研机构等作为评价主体进行独立评价。评价工作在年终到次年初进行一次，不涉及日常检查督办、年度预考查和年终综合考核等考核工作事项。

（1）日常检查督办。日常检查督办重点检查日常工作开展落实情况。根据工作需要，秦岭产业绿色转型发展领导小组授权办公室组织开展现场检查和督办指导，对于落实重点任务严重滞后或者发生突出资源环境问题的评价考核对象，以发函、约谈等方式，进行预警通知，并明确限期整改要求。有关整改落实情况作为年终综合考核的重要评分依据。

（2）年度预考查。年度预考查作为日常检查督办的重要补充。考查时间为当年第三季度末期。年度预考查重点考查总结已有工作落实情况，并发挥督促作用。

（3）年终综合考核。年终综合考核跨度期为当年1月1日至12月31日。数据收集和评价考核一般于次年4月至5月完成，由秦岭产业绿色转型发展领导小组办公室负责组织。

4.7 评价考核程序

评价考核程序包括：成立考评小组并公布考评办法、召开评价考核工作部署会、现场检查和通报、考评资料数据汇总、绿色发展评价考核领导小组委托评审团审议、复查审核、审定并公布考评结果等程序。评价考核工作一般于次年5月底之前完成。

产业绿色转型发展评价考核程序具体如下。

（1）产业绿色转型发展领导小组公布相关办法。由秦岭产业绿色转型发展领导小组办公室牵头，陕西省委组织部和省发改、环保、财政、统计、工信、住建、交通、国土、农业、林业、园林等部门共同参与，组织实施产业绿色转型发展评价考核。及时公布（产业）绿色转型发展评价考核办法，一般于考核当年第1季度完成。

（2）召开评价考核工作部署会。领导小组召集陕西全省各有关单位，召开年度绿色转型发展评价考核工作部署会，部署评价考核工作。试点和实施头三年实施专项培训指导，一般于评价考核当年第1季度末召开评价考核工作部署会。

（3）现场检查和通报。日常检查在全年内按照定期检查和不定期抽查方式开展；年度预检查在第3季度进行；年终检查在年末或次年年初开展，以督促各单位的相关工作。同时，产业绿色转型发展领导小组办公室定期对各指标检查结果进行通报。

（4）评价考核资料数据汇总。

①自测自评。被评价考核对象按照实事求是原则，对当年度绿色转型发展完成情况、存在问题和上年度问题整改情况及下年度工作计划进行自测自评。一般于次年3月上旬（3月10日）前提交本年度绿色转型发展工作实绩报告及佐证材料。产业绿色转型发展领导小组办公室组织第三方机构对评价考核对象所提供的绿色转型发展工作实绩佐证材料进行审查。

②指标数据采集审定。指标数据采集以平时数据为基础。数据来源单位必要时可以对相关数据和情况进行实地核查，并于次年3月上旬（3月10日）前将指标分析、评价意见、评分依据、评分结果上报秦岭产业绿色转型发展领导小组办公室汇总。指标数据采集完成后，由领导小组办公室对指标数据作进一步的审查审核。

③公众满意率调查。绿色转型发展公众满意率调查由领导小组委托第三方机构通过电话、发放问卷、入户调查或者网络评议等方式进行。一般于次年3月上旬（3月10日）前完成。

当单独开展产业绿色转型发展评价工作，不涉及考核工作时，可委托第三方社会机构进行独立评价。为保证评价独立性和准确性，评价程序细节由第三方机构决定，一般包括挑选第三方社会评价机构、公布评价方法、评价资料数据汇总、评价与复评、公布评价结果等程序。

（5）领导小组办公室委托评审团审议。产业绿色转型发展评价考核领导小组办公室委托评审团对产业绿色转型发展考评进行审议，并开展评审团培训工作。在完成考评资料数据汇总之后，成立评审团，其成立时间为次年3月中旬（3月15日）。领导小组办公室负责委托评审团，对各评价考核对象绿色转型发展工作实绩报告进行评审和打分，一般于次年3月下旬（3月25日）完成审议工作。

评价考核评审团原则上由陕西省委、省政府（党代表、人大代表、政协委员）、省委组织部等部门，以及生态文明建设和环境保护监督员、资源环境专家、市民代表等成员组成。评审团专家对各被评价考核对象绿色转型发展工作实绩及报告内容进行评议，提出专家意见。

在人才方面，成立产业绿色转型发展评价考核人才库，主要包括考核人员和专家团队两部分人才。考核人员以日常工作人员为主，根据需要抽调部分专业技术人员。要优化配置、培养考核管理人才和专业人才。要定期邀请专家开展专业培训，建立具有专业水准的考核管理人才培养制度。要建立考核专业技术人员构成制度，合理协调、形成良好工作环境和氛围，保障考核技术人员组织的稳定性。

专家团队主要从高端智库、咨询机构中聘请，以委托形式开展评价考核工作。建立分领域、分层次的产业绿色转型发展评价考核专家库，培养考核骨干，形成良好工作团队，广泛发掘专家队伍，建立一支优秀的专家团队，保障考核决策合理性和可行性。职责方面，专家应作为评审团成员组成参加考核，专家对各被考核单位产业绿色转型发展建设工作实绩及报告内容进行评议，提出专家意见。在专家进行考核过程中，应保障专家在不受干扰的情况下独立开展工作，确保考核评分的科学性、合理性和公正性。

（6）复查审核。评价考核对象对评价考核结果有异议的，应当在评价考核结果公示日之后的7个工作日内向领导小组办公室申请复核并补充提交相应的证明材料。领导小组办公室及时组织复核，反馈最终结果。领导小组办公室在接到复核申请后7个工作日内，会同相关指标数据提供单位进行研究核实，作出答复。必要时提请领导小组审定，领导小组办公室对复核的答复为最终答复。

（7）审定并公布评价考核结果。省委、省政府对秦岭产业绿色转型发展领导小组提供的评价考核结果进行审定并通报。最终结果一般于次年第1季度中期公布。

专栏7-1-7　　　　　　　　　评价考核平台建设

在平台方面，建立秦岭地区产业绿色转型发展评价考核网，适时发布评价考核信息、解读评价考核政策、公布评价考核结果。依托现有的政府信息平台和信息系统，建立秦岭地区产业绿色转型发展大数据平台，汇集、管理各部门产生的海量信息，构建评价考核信息化数据资源共享平台，实现评价考核工作的科学化、规范化、智能化管理。充分利用大数据技术，加强生态环境监测等产业绿色转型发展数据资源的开发与应用，为绿色发展决策、管理和评价考核提供数据支撑。

建立信息管理平台，主要包括软硬件两方面：一方面依托已有信息共享平台开发考核管理专题模块；另一方面信息数据共享是平台建设的基础，信息是否完备决定了其所带来的节约成本、节约时间效果。在基础信息共享基础上，开发考核数据核算模块，将考核核算程序智能化。

4.8　评价考核分级

评价考核遵循评分组成、评价考核等次、结果评定等具体要求；评价工作不涉及考核，仅公布排名与分数。

（1）评分组成。评价考核总分由共同指标、差异指标、激励指标、惩戒指标和否决指标五部分评价考核分数组成。其中，共同指标、差异指标总分为100分，共同指标强调产业绿色转型发展的基本要求，差异指标体现产业绿色转型发展在不同区域的评价考核重点。激励指标和惩戒指标视情况加分和扣分，最高不超过10分；否决指标为"一票否决"情形。每一项按照其分值，以及评价考核对象的排名情况打分，最后对每一个评价考核对象的每一项得分汇总，得出评价考核总分。

（2）评价考核等次。评价考核结果分为优秀、合格、不合格三个等级：得分排名前三位的为优秀，得分排名位于第四至倒数第二的为合格，得分排名末位的为不合格。

（3）结果评定。评价考核结果的评定与排序，按照区县（市）、园区两个类别分别进行。评价考核结果由秦岭绿色转型发展领导小组讨论研究、综合评定、集体评议，报省委、省政府研究审定后，由省政府予以公开。

4.9　考评结果运用

在评价考核结果运用方面，应认真贯彻落实《加快推进生态文明建设的意见》，健全以领导干部任期绿色转型发展责任制为核心的激励约束机制。秦岭地区产业绿色转型发展评价考核结果，排名后经相关部门认定、通报并向社会公布，作为衡量比较秦岭地区及各区县、园区产业绿色转型发展水平的重要依据，作为督促各地区绿色转型发展的重要手段。评价考核结果可以与评价结果进行分析比较，适当增加运用评价结果；通过参考评价结果发现问题，改进薄弱环节。

在资金方面，建议设立产业绿色转型发展评价考核专项资金，由市财政局分年度统一安排。产业绿色转型发展评价考核专项资金分为运转资金和奖励资金两部分，运转资金主要用于绿色转型发展评价考核办公经费、人员经费、培训费、专家咨询费、信息管理平台建设费等，奖励资金主要用于奖励绿色转型发展评价考核中表现突出、排名靠前的优秀单位和先进个人。科学运用考评结果改进工作、追究责任，加大奖惩力度，把考核指标完成情况与干部使用紧密结合，与财政转移支付、生态补偿资金安排结合起来，实行"一票否决"，使绿色发展、生态文明建设考核真正由"软约束"变成"硬杠杠"。

（1）对优秀者进行表彰奖励。根据评价考核结果，建立绿色转型发展表彰奖励制度，对绿色转型发展成绩突出的地区给予表彰奖励。评价考核结果为优秀的，由省委、省政府予以通报表扬。

（2）逐步将评价考核结果纳入综合绩效考核范围。逐步将产业绿色转型发展评价考核结果纳入综合绩效考核范围，作为确定所在班子综合评价考核结果的重要依据。建立领导干部绿色转型发展评价考核工作档案，并将评价考核结果纳入各单位党政领导班子和领导干部的政绩考核内容，作为各单位党政领导班子调整和领导干部选拔任用、奖励惩戒的重要依据。

（3）对评价考核不合格者进行批评惩戒。评价考核结果为不合格的，由省委、省政府予以通报批评。评价考核得分在各评价考核类别中排名末位且低于70分的，由省委、省政府给予警告。评价考核得分在各评价考核类别中排名末位且低于60分的，由省委、省政府主要负责同志对单位党政正职进行诫勉谈话。

对评价考核结果为不合格、合格未达优秀、在评价考核过程中发现问题较多的单位，经省委、省政府同意，由省绿色转型发展领导小组办公室发出整改通知书，责成评价考核对象限期整改。限期整改完成后，由省绿色转型发展领导小组办公室组织验收，并将验收结果上报省委、省政府。

5. 秦岭产业绿色转型发展的保障对策

5.1 加强体制保障和监督管理

（1）强化顶层设计。推动秦岭产业绿色转型发展是一项系统工程，是秦岭相关省市区县共同的责任。要从战略高度和全局角度加强对产业绿色转型发展工作的组织领导。成立秦岭产业绿色转型发展工作领导小组，把秦岭所涉陕西6市38区县作为生态文明建设和绿色产业发展的重点。在区域内由陕西省委主要领导任组长，组织、编办、发改、国土、环保、林业、水利、农业等有关部门负责同志参加，定期举行产业绿色转型发展联席会议，研究解决秦岭绿色产业发展的重大问题。领导小组办公室可设在陕西省发展改革委，统筹推进绿色转型发展政策制定、绿色转型发展资金使用、绿色转型发展评价考核等工作。陕西省级各部门要切实履行职责，分解落实工作责任，研究制定具体实施方案和配套政策措施。建立健全省、市、县（市区）产业绿色转型发展工作领导机构和协调工作机制，做到责任、措施和投入"三到位"。各级发展改革部门要加强与有关部门合作，建立有效的工作协调机制，安排部署绿色产业发展重大事项，及时研究解决产业绿色转型发展中存在的重大问题。

（2）落实责任主体。地方各级政府是推动秦岭产业绿色转型发展工作的主体，要切实做好指导协调工作，把总体思路、主要任务及重点纳入本地区国民经济和社会发展总体规划。发展改革部门负责产业绿色发展规划、计划的编制，综合平衡资源的合理开发与利用，牵头研究制定促进产业绿色发展的政策措施；工业和信息化部门负责工业和信息化领域的产业绿色发展及工业企业节能、节电、节水、资源综合利用、清洁生产等工作；环保部门负责执行环境影响评价、实行排污许可证制度，牵头控制污染物排放总量及加强对企业废物排放和处置的监督管理；农业部门负责做好农村沼气建设、农作物秸秆综合利用等农业绿色发展工作；国土部门负责土地和矿产资源集约节约利用相关工作；统计部门负责建立健全绿色产业评价和统计系统，建立绿色产业统计指标体系；各级财政、税务、商务、质检等部门要根据各自职能范围积极做好规划、指导、监督、检查等工作。企业作为产业绿色发展的主体，明确目标责任，创新工作思路，积极主动推进产业绿色转型。

（3）强化监督考核。强化政府行政监察，依法加强对产业绿色转型发展的监督管理。充分发挥各级人大、政协、基层组织以及社会团体、公众的监督作用。加强对产业绿色转型发展主要指标的监测分析和目标考核，加强资源、材料等消耗定额管理，生产成本管理和全面质量管理，产品生命周期管理，推进企业环境成本内部化和ISO14000认证。同时，完善对秦岭地区产业绿色转型发展的考核办法，实行差异化绩效评价体系和政绩考核办法，建立和完善生态环境质量领导任期目标责任制、环境保护问责制等绿色政绩考核制度。使考核标准与现有基础相符合，考核结果与工作成效相统一，体现考核的客观性和公正性。

5.2 强化规划引领和标准规范

（1）重视规划引领作用。在密集调研和论证基础上，综合现有循环经济发展规划，在国家、省、市、县（区）层面，加快制定出台秦岭地区产业绿色转型发展规划，统筹产业布局、科技攻关、区域合作、试点示范等，重点对秦岭地区绿色农业、生态旅游、绿色工业与制造业（新型材料等）等进行谋划，切实以规划引领产业绿色转型发展。

（2）规范完善绿色产品标准和认证。由于企业生产标准不一，绿色产品良莠不齐。消费者偏爱绿色产品但又缺乏对绿色产品的有效辨别。应基于秦岭绿色产业发展实际，结合《国务院办公厅关于建立统一的绿色产品标准、认证、标识体系的意见》（国办发〔2016〕86号），协调行业力量，加快建立健全科学、规范、统一的绿色产品标准体系，包括技术标准、监测标准、质量认证标准，积极参加绿色产品认证，精心打造大秦岭优质绿色产品及服务，保障绿色产业规范化高端发展。

（3）以严格绿色标准倒逼产业转型升级。紧紧抓住国家实施南水北调工程、汉江上游水源地保护的有利机遇，积极实施陕西省政府制定的《生态保护实施意见》和《汉江丹江上游地区水污染防治总体规划》，坚持"预防为主，保护优先"和"污染总量控制"原则，完善国家有关产业政策，以严格的外部性标准尤其是绿色标准对现有工业企业进行结构调整。对进入聚集区和工业园区的企业和项目，既要符合严格的土地、环保、能源、水资源利用标准要求，还要符合废弃物综合利用、完善生态产业链的标准要求。针对农业，要按照绿色产品生产标准，大力推广有机肥和低毒、低残留农药，合理使用化肥，禁止使用高毒、高残留无机肥料和化学药品，提高农业环境质量，优化生态环境，并以物理、生物防治为主，提高植物病虫害和畜禽疫病防治能力。

5.3 完善相关法规与制度

（1）加快区域相关法规建设。认真贯彻执行《循环经济促进法》《节约能源法》《清洁生产促进法》《再生能源法》等相关法律法规，加快建立和完善区域性法规规章，助推秦岭地区产业绿色转型发展。如陕西省可考虑加快制定《陕西省清洁生产条例》《陕西省资源综合利用条例》《陕西省节约用水条例》《陕西省政府绿色采购与居民绿色消费实施办法》等法规，结合《生态文明建设目标评价考核办法》研究制定《秦岭地区绿色转型发展评价考核管理办法》及实施细则，进而形成较为完善的地方性绿色产业转型发展的配套法规体系。

（2）加快推行产业准入负面清单管理制度。加快实行秦岭重点生态功能区产业准入负面清单管理制度，因地制宜制定限制和禁止发展的产业目录，明确强化底线约束，将已经明确的限制类和禁止类产业作为底线，进一步细化从严提出需要限制、禁止的产业类型。同时，严格监督考核，实行最严格的产业准入标准，强化对各类开发活动的严格管控；建立健全负面清单实施情况监督检查和问责惩戒机制，建立与重点生态功能区动态调整、配套激励奖惩政策衔接挂钩的协调机制。

（3）建立健全资源有偿使用和生态补偿制度。按照资源有偿使用原则，严格征收各类资源有偿使用费，完善资源的开发利用、节约和保护制度。按照"污染者付费"原则，严格足额征收排污费；按照"谁开发、谁保护，谁破坏、谁恢复，谁受益、谁补偿"原则，修改完善现有的补偿办法和补偿标准，征收生态补偿基金，建立生态补偿制度，促进产业绿色转型。

（4）建立排污总量控制和排污权交易制度。合理确定秦岭地区污染排放总量控制指标，制订和实施《污染物排放许可证管理办法》，实行排污许可证制度。建立健全排污权有偿使用和交易制度，逐步建立和完善排污权交易市场，开展排污权转让交易，通过价格调控和收费手段，建立排污者交费、治污者受益的机制，使环境容量得到优化配置。积极推进碳排放权交易试点示范。

（5）建立节能节水产品审计监督管理制度。全面推行能源审计和对标活动，强化能效标识产品、节能节水认证产品、环境标志产品、绿色标志食品、有机标志食品和绿色企业管理，建立国际认可的绿色产品标识；完善监督管理制度，包括产品认证、企业认证、质量监督和诚信监督等方面制度。建立指标评价、统计核算、考核奖励制度。各地、各重点行业结合自身实际，加强绿色经济评价体系和统计核算体系研究，定期对能耗、水耗、"三废"排放、资源综合利用等方面的指标执行情况进行指标评价、统计核算和考核奖励。

（6）继续深化林权制度配套改革。坚持依法、自愿、有偿的原则，鼓励引导农户以转包、出租、互换、转让等方式流转林地、土地经营权，吸引资本、技术等要素向秦岭地区的山林经济集聚；加快推进秦岭地区林权交易中心建设，规范林权交易场所，搭建林权流转平台；落实林权抵押贷款政策，扩大财信担保、小额信贷扶持范围和扶持额度，拓宽林业投融资渠道，满足林农发展山林经济的需求。

5.4　进一步加大政策支持力度

（1）加大财政支持。国家和省级层面要统筹安排和探索建立秦岭地区产业绿色转型发展基金，以扶持绿色产业发展。引导资金重点支持绿色产业核心聚集区基础设施建设和环境提升，支持生物加工、生态旅游、新型材料三大主导产业以及装备、物流等优势产业不断做大做强，支持产业绿色转型示范试点、新能源和可再生能源开发利用、资源综合利用、新产品新技术推广、绿色产业宣传、教育、培训和表彰奖励等，支持重大招商引资、高端人才引进、特大型企业扩张提升，支持把绿色产业发展重点项目和技术研发推广、产业化示范项目纳入各级政府年度投资计划和财政预算，给予直接投资或资金补助、项目前期贷款贴息等。国家及省级财政安排的一般转移支付资金和专项资金，要向秦岭地区倾斜，并逐年加大对产业绿色转型发展的投入，重点支持绿色技术研发、重要产品开发、清洁生产、各类示范工程，绿色产业园区、重点领域、重点行业的重点项目。制定政府绿色采购政策，将节电、节油、节煤、节水、节材、资源综合利用等产品列入政府采购目录，优先予以采购。

（2）落实税收优惠。在秦岭地区，认真落实国家节能、节水、资源综合利用、产品和再生资源回收利用的税收政策，大力支持和鼓励废旧物资交易行业发展。认真落实中国和陕西省支农惠农政策，优化财政支出结构，增加财政支农预算，加大对农业生产的财政支持力度。落实中国关于资源综合利用、西部大开发、增值税转型、高新技术企业等税收优惠政策。对资源消耗小、循环利用率高、污染排放少的绿色产品、清洁产品和可再生能源等依法给予增值税、消费税、营业税和企业所得税等优惠。引导企业和社会资本投资山林经济开发，形成多元化投入机制；整合农业发展项目，加大水电路等基础设施配套。

（3）进一步完善投融资政策。一是积极发挥财政和信贷投入导向作用。根据国家产业政策及投资方向，争取更多的国债等专项资金支持；发挥财政资金引导作用，鼓励社会投资、引进外资，支持绿色产业发展重点项目和重点工程，对前期工作给予预算内资金支持；在绿色产业聚集区优先支持有市场、有效益的资源就地加工转化。二是加大财政投入向秦岭民生工程、基础设施、生态环境、社会事业等领域的倾斜力度。鼓励和引导各类投资尤其是民间资本进入秦岭基础设施、市政公用事业、保障性住房建设等领域，投资商贸流通、资源加工和战略性新兴产业，参与发展文化、教育、体育、医疗、社会福利事业。三是制定优惠的政策，吸引社会各方投资，促进产业绿色转型发展。在同等条件下对秦岭绿色产业招商引资项目优先支持、重点安排，并给予税收、土地、贴息等方面的合理优惠。对从事绿色产业开发的项目，前三年免征企业所得税；对从事绿色产业开发的项目建设用地，减让土地出让金和土地使用费；对取得绿色产品认证的费用，政府给予50%的补助；对各产业链中关键环节的企业技术改造项目给予贴息或补助；陕西省属国有企业新投资秦岭的绿色产业项目，项目取得利润后国有资本收益当年可考虑免予上缴。四是国有商业银行和财政部门要把扶持发展绿色产业龙头企业作为重点，在资金安排上给予倾斜，对重点鼓励发展的产品，财政给予贷款贴息支持。五是优化政务环境、市场环境、法制环境，积极扩大招商引资，以良好的环境吸引投资，还可通过加强生态、环保、绿色意识的宣传教育和政策诱导，调动投融资的主动性。

（4）加强和改进金融服务。对秦岭绿色产业聚集区符合条件的企业，在发行股票、企业债券、公司债等方面给予支持，积极发展短期融资券和中期票据等债务融资工具，支持一批符合条件的绿色产业企业进入资本市场。对聚集区基础设施、公共技术服务平台、公共网络信息服务平台的建设和运营，加大金融机构信贷支持力度并做好金融服务。创新融资方式，围绕特色优势产业积极发展创业投资和股权投资，扩大社会融资规模。加快中小企业信用担保体系建设，新设立的秦岭地区融资性担保公司资本金可低于全省标准的30%。规范发展小额贷款公司和村镇银行，缓解中小企业融资难问题。支持设立小额贷款公司、担保机构和典当公司，发展创业投资和股权投资，发展中小民营企业贷款业务、农户小额信贷业务。

（5）进一步完善资源政策。一要规范矿权市场管理。统筹大型矿区规划，优质资源优先配置给大型骨干企业。统筹探矿权、采矿权价款使用费支出安排，加大对秦岭地区矿产资源开发生态环境治理恢复和发展的投入。加大秦岭矿产资源勘探力度，中国国家级及陕西省级地质勘探基金向秦岭地区倾斜，鼓励矿产企业和民间资本投资秦岭地区矿产资源勘探和开发。完善矿产资源开发准入制度，鼓励矿山勘探与开采加工相分离，全面实行矿业权公开拍卖、有序流转、公开公平交易。推进矿山企业改组改制，鼓励大型加工企业兼并收购中小矿山，形成从低端到高端完整的循环绿色产业链。二要优先保证建设用地。适当增加秦岭地区建设用地年度计划指标，优先保证绿色产业核心聚集区用地和基础设施建设用地。建立秦岭绿色产业项目用地审批"绿色通道"，简化审批程序，加快审批进度。在秦岭移民搬迁县（区）开展农村土地整治和城乡建设用地增减挂钩试点。加强产业发展规划与土地利用总体规划的衔接，合理预留产业用地空间，对绿色产业园区项目优先给予用地保障。

（6）完善资源价格形成机制。贯彻落实国家促进循环经济、低碳发展、绿色发展的各项价格政策，加快资源性产品价格改革，包括制定和完善水资源、矿产资源、可再生资源、新能源价格政策，健全资源有偿使用制度，建立和完善反映市场供求关系、资源稀缺程度以及环境损害成本的生产要素和资源价格形成机制。开展电力用户和发电企业直接交易试点，强化差别电价政策，运用倒逼机制淘汰落后产能。对秦岭地区内的国家明令淘汰和限制类项目及高耗能企业实行差别电价，限制高耗能高污染企业盲目发展，引导全社会节约资源。扩大峰谷分时、丰枯电价执行范围，对光伏发电、风电、垃圾焚烧发电等可再生能源发电电价按照国家可再生发电价格和费用分摊规定执行。

鼓励实施居民用水阶梯式价格制度，合理确定再生水价格，提高水资源重复利用水平；合理调整污水和垃圾处理费、排污费等征收标准，鼓励企业实现"零排放"。推动绿色产业基础设施建设、运营的产业化、市场化和投资主体的多元化，发挥价格杠杆对促进产业绿色转型发展的作用。

（7）争取更多的国家政策支持。省级各部门在项目布局、资金安排向秦岭地区倾斜的同时，要积极向国家有关部门争取各项优惠政策，使秦岭地区在政策、资金、产业布局、重大项目建设等方面，得到国家层面更多的帮助支持。

5.5 大力实施绿色品牌战略和加快龙头企业培育

（1）培育精品名牌。发展绿色产业，必须着力构建绿色品牌增值体系，大力培育精品名牌产品。一要加快制定秦岭地区农产品品牌发展规划，加强农产品品牌建设；按照"标准化生产、规范化管理、品牌化营销、全方位推介"的要求，在地域形象品牌下，主打特色品牌；对有条件创树名优品牌的企业，在项目捆绑、贷款贴息、融资担保等方面给予扶持；对获得国家、省、市级认定的驰名商标、著名商标、知名商标和名牌产品的企业，政府按照规定的奖励办法给予表彰奖励；积极支持农产品商标注册，鼓励申报原产地保护产品和地理标志证明商标。二要选择粮、茶、果、蔬、药、肉等产业的部分精品，争取获得国家权威机构的绿色认证，并做好产品商标注册登记，建立绿色产品的专业示范区。在市场建设上，重点建立与全国各大城市联网、物流与信息相结合的蔬菜、果品、茶叶、粮油、饲料、肉类、林特产品等专业批发市场，以超市、便民、专卖为特色，以自营、加盟、特许为网络的绿色产品连锁经营集团，发挥市场的辐射功能，保证绿色产品销售通畅。三要加强"山水秦岭"品牌塑造。依托立体化的网络和媒体平台，大力宣介《大秦岭》《舞动陕西》等纪录片，提升秦岭山水的知名度，进一步推动旅游业发展；塑造体育赛事品牌，带动体育旅游快速发展。如华山论剑、中国环秦岭公路自行车赛、中国·大秦岭山地越野挑战赛、汉中龙舟赛等；利用重阳、清明、春节等传统假日举办骊山、翠华山、太白山等系列大型登高活动，促进山地体育蓬勃发展。四要从绿色产业的可持续发展及产业的规模化发展趋势出发，认真做好产品品名及品牌的深层特色挖掘、地域统筹、区域统筹及协调工作。要从经济一体化发展的长远目标出发，逐步打破区域行政经济主体利益的条条框框，努力向资源共享、市场共享、品牌共享、协调发展的目标发展，才能逐步寻求到产业发展中的市场空间最大化、经济利益最大化和资源使用效益最大化。

> **专栏7-1-8　　武夷山桐木关金骏眉品牌建设案例**
>
> 　　深挖自然潜力——桐木关在武夷山海拔1100米高的山脉断裂垭口，是武夷山自然保护区的核心地带。山上的独特土质和优良的生态气候可产出优质的茶芽。武夷山自然保护区具有良好的生态，历史上曾培育了"正山小种"这样驰名中外的红茶。金骏眉是正山小种的其中一个系列产品。
>
> 　　注重标准先行——武夷山市与武夷山自然保护区管理局联合申报了"武夷山红茶地理标志产品保护"，共同制定了武夷山红茶标准。严格按照工艺流程标准，生产具有当地特色的金骏眉。创造地域品牌效应，提高农产品的附加值，提高桐木关范围内甚至福建省范围内的组织化程度和

综合效益。

> 培育中介组织——具有福建省首家也是唯一一家正山小种红茶协会,共同提高红茶制作工艺,做好正山小种保护和营销,推动红茶产业健康持续发展。
>
> 建设增值体系——依托于武夷山自然保护区建立过程中对当地自然资源和文化的保护和开发,促使保护好区内资源的同时,加快品牌塑造和增值体系建设,提高其产生效益;同时,借助于政府各个部门对保护区建设的合力,推动金骏眉品牌建设在市场的推广,获得高的市场认可度,最终获得经济、社会、生态环境等多重效益。
>
> 目前福建武夷山桐木关地区成为现如今大家公认的金骏眉原产地产区。

(2)抓好绿色龙头企业。在激烈的市场竞争中,龙头企业对产业的拉动作用不可低估,如一些公司通过建立各类绿色基地,带动大量农户投入农产品的开发,大大增加了农民收入,促进了经济的发展。因此,建议政府制定绿色龙头企业发展的优惠政策,加大扶持力度,积极帮助扶持龙头企业进一步发展壮大,使龙头企业充分发挥龙头的作用,带动中、小绿色企业和相关产业的发展,不断促进县域经济的发展。同时,积极建立产业规模大、经济效益好、带动辐射强和具有市场竞争力的龙头企业,通过与农户订立合同等形式,与其形成稳定的购销关系,提高农户抵御市场风险的能力,促进绿色企业成长,培育绿色企业集团。一是以优质水稻、油菜基地为基础,以市县(区)粮油加工厂为龙头,发展绿色粮油集团;二是以人工栽培无公害蔬菜基地和山野菜及柑橘、梨、核桃等果品基地为依托,以脱水保鲜加工为中心,发展绿色果蔬集团;三是以瘦肉型猪养殖加工为主体,以代表性企业为龙头,发展绿色肉食品集团;四是以优质茶园为依托,以茶业公司为龙头,发展绿色茶叶集团公司;五是以"天然药库"为依托,以制药公司和制药厂为龙头,组建绿色药业集团。

(3)推动县域特色产业发展以促农民增收。每年安排资金,支持秦岭所涉38区县特色产业更快发展,大幅度提高农民收入,增强县域经济实力。对制定县域特色产业发展规划的县(区)给予规划费用补助;对规划内项目、企业,通过贷款贴息、注入资本金和投资补助等方式给予扶持;对特色产业发展达到一定规模、带动地方财政收入或农民收入增长达到一定比重的县(区),实行单项奖励;对农民人均纯收入增幅超过年度目标任务或超过全省平均水平的县区,给予一定奖励。贫困县甩掉贫困帽子后财政补贴不变。加强产业和财政政策引导,推动县域产业园区、特色产业基地和骨干企业、主导产品更快发展提升,争取更多县(区)早日跨进经济强县行列。

(4)加强绿色产品市场营销系统建设。秦岭地区绿色产业的发展首先必须在坚持"市场第一、效益第一、质量第一"原则基础上,努力把绿色产品的营销网络建设摆在重要位置,要突出营销观念,树立营销、供产"一条龙"的经营理念。要牢固树立营销环节在整套产业化过程中的龙头地位,以绿色产品的销售促进和带动绿色产业的规模化和经济效益最大化。在产品的营销与市场拓展中,应将订单合同、期货贸易、网上销售、现代配送、连锁经营等多层次、立体性的现代经营手段和方式引入绿色产业开发、建设的全过程,推进"绿色名牌产品—绿色龙头企业—绿色产业"联袂互动的经营模式。大力加强绿色产品营销队伍建设,发展一批有实力的、以绿色产品为主营业务的专营公司。坚持国内营销和国外营销相结合，专业营销和社会营销相结合，批发和零售相结合，整合各方营销力量，形成统一和健康的、有序的、有层次、有分工、结构合理的营销大军。其次，应认真做好信息反馈与售后服务工作。绿色产业的"绿色、环保、安全"等原则，以及其产品本身的特性（纯天然、无毒、无害标准要求高、大多数产品的保质期较短等），使信息反馈显得极为重要。及时的信息反馈有助于企业了解市场的瞬息变化、了解企业产品在市场的销售状况及需求动态，使企业能够根据市场行情及时调整生产，减少可能出现的库存积压，以利生产周期缩短，资本循环加快，企业效益提高。而良好的售后服务，不仅有助于企业及产品形象的塑造，有助于打造企业诚信品牌，同时还有助于企业扩大在市场的影响，获得巨大的广告效益，并由此带动产品市场占有率的提升。在这一方面，秦岭南部的中药材种植中茱萸、黄姜、乌药、天麻，水果中的柑橘、西瓜及蔬菜等绿色产品，在种植与销售中曾一度出现的脱节问题，足以引起高度重视。如果不按市场规律办事，不以销定产、抓精品开发，不进行广泛的市场信息调研、广告宣传促销，不建立多层次的销售渠道网络，想当然地"埋头"生产，其结局将是惨痛的。

（5）以竞争合作、延伸产业链等方式提升绿色产业竞争力。一是延伸产业链。首先，绿色产品开发要密切关注不断发展的消费者需求。开发挖掘系列化产品，延伸绿色产业链条，提高资源利用效率以获得更高的经济效益。秦岭地区的众多农家乐产品开发单调重复、层次不高、特色不足。绿色农业企业，不仅可以生产绿色蔬果及中药材，组织接待游客参观游览，还可使游客也能亲身体验采摘耕种的乐趣。其次，与国内外同类企业及研究单位保持积极联系，不断丰富、改良绿色产品，建立绿色食品教育研究基地，企业拓展延伸了产业链条，增值实现多种效益。此外，绿色产业内部，需要进一步深化联动发展。如有效链接相关行业，形成独具特色的绿色产业链条化经济，以实现"醉青山绿水，品秦岭山珍，宿绿色民居，观生态农业，购健康产品"。二是加强协作。鉴于大多数秦岭绿色产业企业规模较小，效益不高，政府首先应该引导鼓励，出台政策措施给予支持。同时，引入市场竞争机制，提高经营管理活力，淘汰高耗能、低产出、污染大的企业，扶助低耗能、高产出、环境污染小的企业发展，鼓励企业间合作。此外，还要积极打破行政区域壁垒，探索区域合作共赢模式。实现地域发展必须寻求与区域内外开展积极合作，一味设置地域性保护壁垒只能不断弱化自身竞争实力。为此，要积极尝试在政府合作、资源共享、经验推广等方面建立通畅高效的沟通渠道。通过借助他人优势弥补自身不足，借助自身优势开展区域内外协作，不断探索实现合作共赢的发展模式，优化提升秦岭绿色产业发展层次。

5.6 强化科技支撑和人才培养

（1）强化科技支撑。建立多元化产业绿色转型发展科技投入机制，加大技术研发资金扶持力度，完善环保技术管理制度建设。各类科技资金向秦岭倾斜，加大国家及省级科技经费向秦岭的投入。支持其他地区的科研单位、大专院校在秦岭地区转化科技成果，参与开发项目。以科研单位、高等院校为依托，研究推广经济作物新品种的栽培和养殖新技术，重点开发研究植物杀虫剂、消毒剂、腐殖酸肥料等，保障农产品的洁净生产，解决生物资源的保护与开发等问题；要增加绿色产业科研投入，年度科技计划向绿色产业科技倾斜，以促进绿色产业科技的发展。对在秦岭转化获得国家和省级技术发明奖、科技进步奖技术的产业化项目，经评审确认后按照一定比例予以投资补助或贷款贴息。对绿色产业发展方面的重大关键技术攻关给予补助。鼓励、引导企业增加研发资金投入，对获得发明专利和省级以上科技奖的企业给予奖励。对产品获得国家和省级名牌产品称号的企业，在现有政策的基础上，分别给予一次性奖励。

（2）搭建技术平台。依托科研院所、高等院校和示范企业，建立产业绿色转型发展技术孵化平台，攻克关键集成技术，促进科技成果转化和产业化；加快对资源节约、环境保护、产业链接等绿色产业发展共性和关键技术的研发和推广；鼓励和保护企业自主创新，支持有实力的企业与国内外知名科研机构和大学开展"产学研"合作；打破中小企业间单向式线性生产方式，进入符合绿色经济要求的生态工业网络，延长绿色产业链，促进企业间共享资源和互换副产品，奠定产业绿色转型发展良好的微观基础。

（3）注重科技人才培养。一方面，积极营造有利于人才发挥作用和脱颖而出的社会氛围、政策环境和用人机制，加速人才资源市场优化配置的进程，完善人才中介服务系统和人才市场管理体系，建立健全用人制度。全面推行"项目承包责任制""课题招标制"，激发科研及销售人员的积极性，采取灵活多样的形式吸引和培养各类人才。形成服务和支撑秦岭地区绿色产业发展的庞大的科技人才队伍。同时，落实吸引人才优惠政策，对秦岭地区高技术人才、高级经营管理人才和紧缺人才在职务晋升、职称评定、子女入学、医疗服务等方面给予政策倾斜。加强省级国家机关以及秦岭周边地区干部和秦岭地区干部的双向交流。另一方面，实施绿色人才工程。充分利用高等院校、中等职业技术学校的重点学科、特色专业、重点实验室、工程技术研发中心等科技资源，联合培养培训人才。重点培养一批绿色经济领域项目管理和节能、节水、节地、节材及生态环境研究等领域的专业人才。加强对党政机关领导干部、企事业干部、企事业单位负责人、相关管理人员和技术人员的绿色经济理念和知识的培训。引进一批具备绿色经济理念的高层管理人才、研究人才和高技能人才。创新人才引进机制，建立科学合理的包括工资薪酬、福利待遇、股份分配等在内的激励机制，为秦岭实施产业绿色转型发展提供强有力的人才资源保障。

（4）加快构建科技服务体系。组建专家团队，围绕重点产业，开展技术集成和配套服务。以创建"产、学、研"三结合科技示范园区为载体，推广生态化、机械化、设施化、标准化先进适用技术。完善科技特派员制度，推行"科技人员到点、良种良法进山、技术要领到人"的定点对口服务。以经营大户为主要对象，以技术示范为主要方法，加强农民技术培训。积极引进新品种、新技术，努力提高科技含量。鼓励农业科研机构通过合作共建、技术入股等形式参与发展山林经济。

5.7 加大宣传教育力度

（1）开展宣传动员活动。充分利用政府绿色产业网站及报纸、广播、电视、研讨会、招商引资洽谈会、新闻发布会等多种形式，向秦岭地区人民宣传介绍产业绿色转型发展意义、国内外绿色产业发展现状和趋势、绿色产业规范与技术标准，向国内外介绍秦岭发展绿色产业的优势及优惠政策措施，形成上下共识、内外皆知的良好舆论环境。

（2）建设教育宣传基地。加强对典型绿色产业企业和园区的宣传，建设一批技术先进、管理规范、绿色经济特征明显的产业绿色转型发展教育示范基地，搭建绿色产业发展的宣传教育平台和教育培训基地，增强对发展绿色产业的感性认识和直观感受，树立绿色经济发展理念，引导社会公众参与绿色经济发展。

（3）培养公众绿色意识。首先，要充分利用现有的媒介体系和信息网络技术等途径，如广播电视、报纸杂志、互联网等多种手段，通过出版物、公益性广告、展览会、现场会、专题讲座等多种形式，大力宣传绿色观念，逐步强化公众的绿色意识，使绿色观念深入人心。其次，倡导公众进行绿色消费，诱导公众形成健康的、对环境友好的生活方式，努力改变公众的消费观念，培养绿色消费的绿色风尚，促进绿色产业健康快速的发展。

附件7-1-1　秦岭陕西段38区县市"十二五"重点发展产业

地级市	区县	"十二五"重点发展产业		
		第一产业	第二产业	第三产业
安康	汉滨区	畜牧、水产、设施蔬菜、经济林果等主导产业	富硒食品、新型材料、清洁能源及再生资源利用、生物医药、加工制造等	商贸、住宿餐饮等传统服务业，物流、电商、养老、金融、保险等新型服务业加快发展
	汉阴县	现代农业园区建设，畜禽养殖、蔬菜、茶叶、食用菌、烤烟、核桃、苗木花卉、魔芋等特色产业	新型建材业、富硒食品产业、纺织业、矿产业	森林旅游、农业旅游、文化旅游、乡村旅游、生态文化旅游、油菜花节，医疗保健业等
	石泉县	现代农业园区建设、传统农业基本向现代农业转变	清洁能源、富硒食品、丝绸服装、装备制造等	"秦巴水乡·石泉十美"旅游品牌
	宁陕县	农业产业化，粮食、药材、蔬菜、大鲵等产业	"飞地经济"园区稳步推进，二产占比56.2%	全域旅游，绿色生态旅游，文化旅游，2015年旅游业总收入达16亿元
	紫阳县	茶叶、蔬菜、魔芋、林果、水产、木本药材	主力富硒食饮品、新型材料、清洁能源工业	文化旅游、聚力打造"汉江画廊.茶歌紫阳"旅游品牌
	旬阳县	粮油生产、生猪饲养、蔬菜、魔芋、拐枣、油用牡丹、烤烟产业	矿产业、农副产品加工业、钡盐化工、汽车制造、新型建材、硅材料产业	商贸服务、社区服务、文化教育服务和信息服务，仓储物流、家居建材、房地产服务
宝鸡	渭滨区	现代农业园、樱桃等	装备制造	景区旅游、金融生态、商贸、电商产业、食药安全
	陈仓区	创建国家现代农业科技示范园区，水果、蔬菜、畜禽、食用菌等四大主导产业基本形成，"畜、沼、菜（果）"生态循环农业	玻璃、建材、石化等传统产业	商贸物流、教育、卫生、文化产业
	金台区	现代农业园、乳业、果业、红豆杉	石油机械、机床工具、铁路装备、叉车制造、石油企业	太极文化旅游、商贸

续表

地级市	区县	"十二五"重点发展产业		
		第一产业	第二产业	第三产业
宝鸡	岐山县	现代化农业，果园、养殖、粮食	生物制药、建材、制造	周文化旅游产业，臊子面品牌化、产业化，电子商务
	眉县	猕猴桃产业标准化、品牌化，荣获"中国猕猴桃之乡"称号	砖机、纺织、矿业、通信、精密探测、食品	电商服务，太白旅游、商业街、乡村旅游
	凤县	特色农业、现代农业	铅锌、黄金、新型材料、新能源	"秦岭花谷·七彩凤县"等旅游品牌，休闲农业与乡村旅游、生态观光农业，电子商务
	太白县	粮食、油料、蔬菜、食用菌、林果、养殖等产业	有色金属矿采、有色金属冶炼、医药制造	批发零售、餐饮业、旅游业，被评为"全国十佳生态休闲旅游城市"
汉中	汉台区	现代农业，设施蔬菜、粮食，"褒河蜜橘"获得国家地理保护标志认证	数控机床、输配电、航空配套、汽车零部件为主导的装备制造产业、绿色食品工业	商贸、物流，乡村旅游、森林休闲
	城固县	粮油、蔬菜、茶叶、猕猴桃、中药材，城固柑橘荣获第16届国际果蔬·食品博览会"果王"和"2015全国互联网地标产品（果品）50强"殊荣、饲料生产	魔芋精粉及中药材提取、山花茶叶深加工、硅石产业、生物医药、航空零组件制造	休闲旅游、古镇旅游、油菜花海、柑橘旅游文化，电子商务
	洋县	有机农产业、粮油、果园、生猪、医药、酒业，"朱鹮牌"稻米及谷物类制品获得中国驰名商标	现代材料、有色冶金、有机食品、建材化工、水能利用	生态旅游、朱鹮梨园景区，连续两年被省政府表彰为全省旅游产业发展先进县
	西乡县	粮食、油料、茶叶、生猪、烤烟、食用菌、蚕桑等种养基地建设，现代农业园区建设	机床制造、粮油及茶叶精加工、矿业、饲料、新型建材	果园休闲农业、全域旅游，承办2015中国最美油菜花海汉中旅游文化活动，金融服务
	勉县	现代农业，中药材、茶园、设施蔬菜、食用菌、猕猴桃、生猪、肉蛋奶	多金属综合利用、钢铁冶金现代材料产业	环县城三国文化旅游圈，温泉疗养、油菜花旅游，电子商务，文化产业，商贸流通
	宁强县	现代农业园区，生猪、茶叶、中药材、核桃、食用菌等优势产业	钢铁压延、电子产品加工、农副产品深度开发产业	全域旅游，古镇旅游、森林休闲旅游，零售、餐饮娱乐、房产开发、现代物流、金融保险、信息服务
	略阳县	现代农业园区、龙头企业，中药材种植、乌鸡养殖等	金属、非金属矿产，电厂、钢铁冶炼技术升级	全域旅游、森林休闲旅游、民俗生态旅游
	留坝县	现代农业园区，特色农产品：蜂蜜、香菇、黑木耳、西洋参、棒棒蜜、土鸡等，农产品质量安全追溯体系建成投用	农产品加工、传统工业	"全域留坝、四季旅游"产品体系，餐饮住宿、商贸流通等二产服务业
	佛坪县	现代农业园区，板栗、香菇、大鲵、细鳞鲑、山茱萸、土蜂蜜列入《全国地域特色农产品普查备案名录》	绿色食药、现代材料、清洁能源	餐饮住宿、商贸流通、系列旅游节庆，实现旅游总收入7.7亿元

续表

地级市	区县	"十二五"重点发展产业		
		第一产业	第二产业	第三产业
商洛	商州区	现代农业产业化，特色农业，龙头企业	现代材料、生物医药、绿色食品	商贸物流、生态旅游
	洛南县	现代农业园区、核桃、烤烟、中药材等产业，秦阳复合肥、仓圣金银花茶被授予"商洛名品"称号	生物科技、大理石开采、钼铼精矿、钼材料、钾长石、核桃深加工、中药材开发等产业	文化旅游、民俗风情旅游、休闲旅游
	丹凤县	现代农业园区，无公害农产品开发、畜牧	食品加工、包装轻工、农产品深加工、材料制造	文化旅游、古镇旅游、电子商务等
	商南县	现代农业园区，茶叶、食用油、散养土鸡、食用菌等特色农产品	现代材料、绿色食品、轻工电子、清洁能源、装备制造等五大工业体系初步形成	生态旅游、乡村旅游、电子商务
	山阳县	农业观光、生态养殖、无公害核桃、中药材、魔芋、莲菜等	纳米材料、生物医药、食用菌加工	古镇旅游，荣获"中国美丽乡村建设示范县"称号；电子商务，荣获"省级电子商务示范县"称号
	镇安县	板栗、核桃、烤烟、茶叶、蚕桑、魔芋、油用牡丹等特色农业	钨钼探矿、石材加工、矿产开发、农产品加工	文化与旅游相结合、美丽乡村
	柞水县	现代农业、休闲农业	银矿、制药、绿色食品	旅游活县，古镇旅游，森林休闲旅游
渭南	临渭区	现代综合产业、精细农业，特色农业，葡萄、核桃、猕猴桃、畜禽、粮果蔬菜	食品加工、医药化工、机械加工	商贸购物、酒店餐饮、金融、物流配送、湿地旅游、森林休闲旅游、休闲农业与乡村旅游
	华州区	现代农业产业，畜禽、水果及干杂果，采摘、观光农业	装备制造、化工	农家乐、民俗文化、酒店餐饮、商贸、电商、微商
	潼关县	果畜产业，农业现代化，软籽石榴、油用牡丹等特色产业	黄金矿产、精炼、新型材料	旅游，打造"十里画廊·慢游潼关"文化旅游；商贸、物流、餐饮娱乐
	华阴市	现代农业、休闲农业、粮食、养殖	医药加工、轻工	华山旅游、油菜花游、古文化旅游、文化产业、交通运输等
西安	灞桥区	特色果业、花卉苗木，"灞桥樱桃""灞桥葡萄"被认定为国家地理标志保护产品	医药、新能源、制造、纺织	白鹿原生态旅游、商贸、现代物流、文化旅游
	临潼区	奶畜、杂果、蔬菜三大主导产业	装备制造、电力能源、医药	观光、休闲、体验等旅游业、现代物流、酒店餐饮、商贸
	长安区	现代农业示范区，粮食、养殖	电子信息、航天民用、新型建材	现代物流、商贸、生态旅游
	蓝田县	标准化种养示范	新型建材、装备制造、食品加工、家具制造等四大主导产业	文化旅游
	周至县	猕猴桃、苗木花卉和蔬菜产业，猕猴桃荣登华东地区最受欢迎十大果蔬品牌榜	农产品精深加工、生物制药、机电制造、印刷包装和电子信息	生态旅游、文化旅游、电子商务
	鄠邑区	现代农业园区，户太葡萄被确定为国家地理标志保护产品	装备制造、电子信息、生物医药等主导产业	商贸流通、电子商务

资料来源：2016年各区（县）政府工作报告摘要或"十三五"规划。

附件7-1-2　秦岭陕西段38区县市"十三五"重点规划产业

地级市	区县	"十三五"规划相关绿色产业		
		第一产业	第二产业	第三产业
安康	汉滨区	富硒食品，发展农业产业化	清洁能源、新型材料、生物医药、安康丝绸区域	文化休闲观光、绿色生态旅游业
	汉阴县	现代农业，富硒食品	新型建材	生态文化旅游
	石泉县	现代农业，富硒食品	新型建材、装备制造、清洁能源、丝绸服装、富硒食品、石墨等	文化旅游、风情旅游、生态旅游，现代物流、电子商务、健康养老等
	宁陕县	林果、药菌、冷水渔业、高山有机农产品种植业	矿产资源（铁矿、钼矿等）、新型材料产业、丝纺及服装制造业	健康体育、金融保险、电子商务、信息服务、养老服务、物流仓储，打造秦岭山地国际休闲度假目的地
	紫阳县	茶叶、魔芋、林果、水产种养及加工等富硒产业	富硒食饮品、新型材料、清洁能源、生物医药等	仓储物流、农贸交易、绿色生态旅游、特色旅游、特色民居写生、红色旅游等
	旬阳县	力争打造陕南富硒食品基地	新型材料、装备制造、生物医药、绿色食品、清洁能源、新兴环保	现代物流、电子商务、健康养老、普惠金融、太极文化旅游业
宝鸡	渭滨区	猕猴桃、樱桃、桃、苹果四大产业，蔬菜、畜牧业、粮食生产	高端装备制造、电子电器、轨道交通、稀有金属、新能源、新材料、节能环保、电子信息等	现代物流、电子商务，都市休闲、文化古迹、旅游休闲、农业观光、生态养生、养老产业等
	陈仓区	现代农业、生态有机农业、粮食、蔬菜、养殖、干鲜果等特色农业	玻璃、建材、石化，信息技术、智能装备、新材料、新能源、节能环保和生物医药	现代物流、山水养生旅游、乡村休闲游、养性健体游等
	金台区	休闲观光农业、现代农业园区建设，培育壮大红豆杉等优势产业	石油机械、机床工具、铁路装备、叉车制造、大数据产业、智能制造、微电子、光通信、装备制造等	太极文化旅游；做亮太极之源、长寿文化、养生福地三张名片，打造全国最具魅力文化休闲旅游县、中国礼仪文化之乡
	岐山县	臊子面品牌化、产业化、市场化、标准化果园、规模化养殖场、全国优质小麦标准化示范县	汽车及零部件制造业、民俗食品、建材产业、装备制造	服装商贸、文化旅游、电子商务、金融保险、商业流通等
	眉县	粮食生产、养殖、猕猴桃、特色果品和设施农业	农产品深加工、食品、纺织、建材化工、先进装备制造、新材料、新能源	电子商务、现代物流、文化娱乐、美食购物、生态旅游、休闲农业旅游
	凤县	特色优势农业，中药材规范化种植	有色金属、石材加工、机械加工、绿色有机食品制造业、植物化工新能源	物流、全域旅游、住宿餐饮等配套服务业、生产服务业
	太白县	以蔬菜、旅游为标志的主导产业，创中国蓝莓之都、太白山药谷	钨钼资源、矿山地质环境恢复治理、新能源、特色农产品加工等	全域景区化，建成高山滑雪赏雪基地，森林旅游、生态旅游等
汉中	汉台区	绿色食品、有机食品和功能食品、柑橘杂果产业、猕猴桃	医药产业、绿色食药、中高端装备制造业等	商贸流通业，"两汉三国、真美汉中"等文化旅游、商贸服务、餐饮住宿

续表

地级市	区县	"十三五"规划相关绿色产业		
		第一产业	第二产业	第三产业
汉中	城固县	现代农业、优质粮油果蔬肉生产，果、猪、菜、药、茶和林下经济、水产养殖	农产品加工业、装备制造、现代材料、生物医药、民品开发、飞机零部件加工产等	文化旅游、商贸物流、健康养生，打造秦巴腹地航空物流港
	洋县	有机食品产业、有机中药材经，高标准有机生产加工基地，农业产业化龙头企业	现代材料、绿色能源、钒、钛等矿产资源、钛合金医疗器材器械研发等新兴产业	文化生态旅游、养老养生、文化产业、全域旅游
	西乡县	现代脱贫农业，有机农业、有机食品和绿色能源聚集区，茶园、养殖、烤烟、食用菌	装备制造、电子信息、清洁能源、石材建材加工、生物医药、绿色有机食品加工等	物流园、商贸城、旅游三产等
	勉县	现代农业，粮油、油菜、生猪、茶园、蔬菜、猕猴桃、核桃、中药材，林下经济和水产养殖、食用菌	钢铁、冶金、建材等传统产业，新型材料和装备制造业	农产品交易服务、现代物流，文化旅游、油菜花旅游、乡村旅游等
	宁强县	特色绿色基地建设，现代农业园，重点打造生猪、茶叶、食用菌、中药材、核桃、苦荞等循环产业链	生物食药、清洁能源、现代材料、生物资源利用、农副产品加工、装备制造	现代物流体系、互联网+体系、金融服务，商贸城，城乡商贸流通体系、文化旅游、养生等
	略阳县	特色农业、中药材产业、特色养殖业、现代农业、休闲农业	冶金矿产、化工建材、食品医药、新兴材料；生物医药、新能源	商贸流通、电子商务、服务外包、现代物流、金融服务，生态文化旅游、民俗生态旅游、乡村休闲旅游
	留坝县	食用菌、养蜂、养鸡、中药材、休闲农业与乡村旅游	矿产资源规范开发，农产品深加工产业	旅游文化产品，电子商务、餐饮住宿、文化娱乐等
	佛坪县	生态农业、农产品基地和园区建设	农副产品和中药材深加工	养老休闲、文化娱乐，亲近国宝、森林探秘、珍稀野生动物科学考察等旅游
商洛	商州区	以"果、畜、菜、药"为龙头产品，打造有机特色农业；培养龙头企业	改造化工、建材、矿产工业，发展现代材料、装备制造、化工医药、现代中药、绿色食品、新能源等	商贸物流、生态旅游、健康养老、文化体育、电子商务等
	洛南县	重点支持核桃、烤烟、万寿菊等中药材、水产畜牧等特色产业发展	钼矿产业，燃气能源产业；非金属矿加工、中药材深加工、尾矿综合利用、光伏发电等	中药、医疗、养老产业整合，脱贫旅游产业、民俗村、地域特色文化产业
	丹凤县	核桃、中药材、茶叶、水杂果规模化种植，农特产品精深加工	现代材料、绿色食品、轻工电子等产业集群，矿产产品开发	旅游、养生、消费
	商南县	"餐桌农业、观光农业、设施农业"，做强"茶叶、香菇、土鸡"三大品牌	现代材料、绿色食品、轻工电子、清洁能源、装备制造等	文化广电、电商、科技、教体事业，物流配送、健康养老、商贸，全域旅游等服务业
	山阳县	核桃、畜禽、中药材等特色产品种植，生态农业、生态养殖、食用菌加工、生态肉鸡等	现代材料、现代中药、绿色特产、装备制造、清洁能源	文化旅游、健康养老、现代物流、电子商务等

续表

地级市	区县	"十三五"规划相关绿色产业		
		第一产业	第二产业	第三产业
商洛	镇安县	"林果、畜烟、茶桑、药芋、旅游"五类产业	矿产、水力、生物、清洁能源、农产品精加工	宗教文化、民俗文化、红色文化及传统文化旅游业、仓储保险、冷链物流等服务业
	柞水县	现代农业、休闲农业、农业旅游观光	矿产冶金、新型建材、纳米材料、装备制造、现代医药、农特产品、旅游纪念品加工等	文化体育、医疗卫生、食药安全、电子商务、现代物流、现代金融、养生养老等，旅游和工业、农业、文化、商贸、养老、电子商务等产业融合发展
渭南	临渭区	休闲观光农业及生态休闲旅游业、都市型农业及相关产业，核桃、猕猴桃等特色产业	绿色食品加工业，传统化工、传统机械加工等绿色化；高端制造业、节能环保、新能源、新材料、先进装备制造	旅游、医疗服务、文体产业、商贸、电子商务、现代物流、金融保险、科技服务、信息服务等
	华州区	农业旅游观光、采摘体验、猕猴桃、核桃、花椒、生猪养殖等	钼矿冶炼工业、生物医药、装备制造、农产品深加工等互融集群	全域景区化建设、红色旅游、现代物流、粮食物流、新型商贸业、电商、养老康复、健康产业等
	潼关县	生态农业与旅游观光相结合，发展粮食、果业、蔬菜、养殖、中药材五大产业	现代黄金工业、新型建材、新材料、能源、钼精矿、装备制造、农产品精深加工等	现代物流、仓储运输、电子商务及配送、文化旅游产业、乡村旅游及配套服务业
	华阴市	干杂果经济林，高效设施农业、规模化种养、农业旅游观光、农副产品深加工为一体的农游合一示范园区	旅游产品制造，现代医药、新型建筑材料、绿色建材、传统发电、新能源、农副产品加工业	物流、轻工业、文化产业、乡村休闲旅游、养老产业、休闲产业
西安	灞桥区	改良果蔬、发展现代都市农业，推动现代农业与休闲旅游业融合	提升优化新型工业、主导产业	高端服务、现代物流、文化旅游、运动健康、商贸服务、民俗旅游、房地产等
	临潼区	生态休闲农业，有机生态农业。现代畜牧养殖、现代都市农业、优质粮食基地、石榴产业、现代设施农业、山塬林果生态农业。打造都市型农业示范区	节能环保、智能制造先进制造业、透平装备、生物制药、机械加工、电子信息与通信设备、新材料、电子信息	大旅游、大物流、大商贸
	长安区	现代农业，集约化发展粮食、果蔬、畜牧等产业	电子信息、航天民用、新型材料、通信产业等	现代物流、商贸、电子商务、信息咨询、金融服务、健康养老、智慧产业、休闲旅游、生态旅游、文化旅游等
	蓝田县	农业现代化，都市型现代农业	家具制造、食品加工、装备制造、生物医药	旅游业、人文山水旅游，打造"大秦岭生态文明示范区"；电子商务、商贸物流等
	周至县	现代农业园，猕猴桃、苗木花卉、蔬菜、养殖等标准化种养	特色农产品精深加工、生物制药、机电制造、印刷包装和电子信息等	旅游休闲观光、多元商贸业、电子商务等
	鄠邑区	都市型农业，现代农业园区建设，集科技展示、旅游体验、民俗文化、休闲养生于一体	装备制造、电子信息、生物医药、新能源新材料等	特色旅游、现代商贸、健康养老、文化体育等

资料来源：2016年各区（县）政府工作报告及摘要。

附件7-1-3　秦岭地区产业绿色转型发展评价指标

秦岭地区产业绿色转型发展评价指标体系共有6个一级指标和70个二级指标，主要来自国家"十三五"资源环境约束性指标，国家各部委生态文明示范区指标，陕西省"十三五"资源环境约束性指标，自行设置的可反映秦岭地区地方特色的指标，以及借鉴国内外经验选择的探索性指标。

一级指标	序号	二级指标	计量单位	数据来源	指标应用
经济绿色转型	1	人均GDP增长率	%	省统计局	AB
	2	人均财政总收入	元/人	省财政厅、统计局	A
	3	居民人均可支配收入	元/人	省统计局	A
	4	第三产业增加值占GDP比重	%	省统计局	A
	5	战略性新兴产业增加值占GDP比重	%	省统计局	ABC
	6	R&D经费支出占GDP比重	%	省统计局	ABC
	7	城镇化率	%	省统计局	A
	8	环境污染治理投资占GDP比重	%	省财政、住建、环保、城管、统计等部门	A
	9	环境保护支出占财政支出比重	%	省财政厅	AB
		环保/绿色产业产值及就业人口	元、人	省统计局	BC
资源绿色转型	10	能源消费总量	万吨标准煤	省统计局、发展改革委	A
	11	单位GDP能源消耗下降率	%	省统计局、发展改革委	ABC
	12	单位GDP二氧化碳排放下降率	%	省统计局、发展改革委	ABC
	13	非化石能源占能源消费比重	%	省统计局、发展改革委	AB
	14	用水总量	万立方米	省水利厅	A
	15	单位GDP用水量下降率	%	省水利厅、统计局	ABC
	16	单位工业增加值用水量下降率	%	省水利厅、统计局	A
	17	农田灌溉水有效利用系数	—	省水利厅、农业厅	A
	18	单位工业用地工业增加值	万元/亩	省统计局、国土厅	AB
	19	新增建设用地面积	万亩	省国土厅	A
	20	单位GDP建设用地面积下降率	%	省国土厅、统计局	A
		资源产出率	元/吨	省统计局、发展改革委	BC
	21	一般工业固体废物处置利用率	%	省环保厅、工信厅	ABC
	23	农业废弃物综合利用率（秸秆、畜禽养殖粪便）	%	省农业厅	AB
环境绿色转型	24	空气质量优良天数比例	%	省环保厅	AB
	25	细颗粒物（PM2.5）年平均浓度下降率	%	省环保厅	A
	36	地表水达到或好于Ⅲ类水体比例	%	省环保厅、省水利厅	AB
	27	地表水劣V类水体比例	%	省环保厅、省水利厅	A
	28	重要江河湖泊水功能区水质达标率	%	省水利厅	A
	29	集中式饮用水水源水质达到或优于Ⅲ类比例	%	省环保厅、省水利厅	A
	30	受污染耕地安全利用率	%	省农业厅	

续表

一级指标	序号	二级指标	计量单位	数据来源	指标应用
环境绿色转型	31	单位耕地面积化肥使用量	千克/公顷	省农业厅、省统计局	A
	32	单位耕地面积农药使用量	千克/公顷	省农业厅、省统计局	A
	33	主要污染物排放总量下降率	%	省环保厅	A
	34	化学需氧量排放下降率	%	省环保厅	ABC
	35	氨氮排放量下降率	%	省环保厅	ABC
	36	二氧化硫排放量下降率	%	省环保厅	ABC
	37	氮氧化物排放量下降率	%	省环保厅	ABC
		环境引发的健康问题及相关损失	元	省环保厅、统计局	BC
生态（空间）绿色转型	38	森林覆盖率	%	省林业局	A
	39	森林保有量	万公顷	省林业局	AB
	40	森林蓄积量	万立方米	省林业局	A
	41	耕地保有量	万亩	省国土厅、省农业厅	AB
	42	湿地保护面积	万亩	省林业局	AB
	43	自然保护区面积	万公顷	省国土厅、省林业局、省环保厅	AB
	44	新增水土流失治理面积	万公顷	省水利厅	A
	45	有机、绿色及无公害种植面积比重	公顷	省农业厅	B
	46	新增矿山恢复治理面积	公顷	省国土厅	A
社会绿色转型	47	公共机构人均能耗降低率	%	省机关事务管理局	A
	48	绿色产品市场占有率（高效节能产品市场占有率）	%	省发展改革委、省工信厅、省质监局	A
	49	新能源汽车保有量增长率	%	省交通局	A
	50	每万人口公共交通客运量	万人次/万人	省交通局、省统计局	A
	51	城镇绿色建筑面积占新建建筑比重	%	省住建厅	AB
	52	城省建城区绿地率	%	省住建厅、省园林局	A
	53	县以上城镇人均公园绿地面积	平方米/人	省园林局、省住建厅、省统计局	AB
	54	农村自来水普及率	%	省水利厅	A
	55	农村卫生厕所普及率	%	省卫计委	A
	56	村镇饮用水卫生合格率	%	省水利厅	AB
	57	危险废物处置率	%	省环保厅	ABC
	58	城镇生活垃圾无害化处理率	%	省城管局	AB
	59	农村生活垃圾处理率	%	省环保厅	A
	60	城镇污水集中处理率	%	省住建厅、省水利厅、省环保厅	ABC
	61	单位GDP生产安全事故死亡人数	人/亿元	省统计局、省安监局	A
	62	基本社会保障覆盖率	%	省人社局、省统计局	A

续表

一级指标	序号	二级指标	计量单位	数据来源	指标应用
制度绿色转型	63	环境影响评价执行比例	%	省环保厅	AB
	64	秦岭地区最严格水资源管理制度执行比例	%	省水利厅	AB
	65	环境信息公开比例	%	省环保厅	BC
	66	生态保护红线执行比例	%	省环保厅、省国土厅、省规划局	AB
	67	应当实施强制性清洁生产企业通过审核的比例	%	省环保厅、省工信厅	AB
		绿色增长的R&D投入	元	省统计局	BC
		绿色增长的专利数	个	省统计局	BC
		绿色税收比重	元	省统计局	BC
		绿色市场交易金额	元	省统计局	BC
	68	建立绿色转型发展管理制度	—	省发展改革委、省工信厅	ABC
	69	公众对绿色转型发展知晓度和满意度	%	第三方机构	B
	70	党政领导干部参加绿色转型发展相关培训比例	%	省委组织部	ABC

注：指标应用中，A表示该指标的历史数据可得，可直接用于整个秦岭地区绿色转型发展评价计算（秦岭地区可根据实际情况作出动态调整）；B表示该指标被用于"附表4 秦岭地区各区县（市）产业绿色转型发展评价考核共性指标、差异指标"；C表示该指标被用于"附表6 秦岭地区各园区产业绿色转型发展评价考核共性指标、差异指标"。未标序号指标为探索性指标，具有未来导向性，是近期统计制度创新的方向。

附件7-1-4　秦岭地区各区县（市）产业绿色转型发展评价考核共性指标、差异指标

一级指标	序号	二级指标	计量单位	分值 ×县	×区	×市	…	…	…	…	…	数据来源
经济绿色转型	1	人均GDP增长率	%									市统计部门
	2	战略性新兴产业增加值占GDP比重	%									市统计、发改、经信部门
	3	环境保护支出占财政支出比重	%									市财政部门
	4	R&D经费支出占GDP比重	%									市统计部门
		环保/绿色产业产值及就业人口	元、人									市统计部门
资源绿色转型	5	△单位GDP能源消耗下降率	%									市统计、发改部门
	6	△单位GDP用水量下降率	%									市统计、水务部门
	7	△单位工业用地工业增加值	万元/亩									市统计、国土部门
	8	△非化石能源占能源消费比重	%									市统计、发改部门
	9	△单位GDP二氧化碳排放下降率	%									市统计、发改部门
	10	一般工业固体废物综合利用率	%									市环保部门
		资源产出率	元/吨									市统计部门
	11	☆农业废弃物综合利用率（秸秆、畜禽养殖粪便）	%									市农业部门

续表

一级指标	序号	二级指标	计量单位	分值 ×县	×区	×市	⋯	⋯	⋯	⋯	⋯	⋯	数据来源
环境绿色转型	12	空气质量优良天数比例	%										市环保部门
	13	△地表水达到或好于Ⅲ类水体比例	%										市环保部门
	14	化学需氧量排放降低率	%										
	15	氨氮排放量降低率	%										
	16	二氧化硫排放量降低率	%										市环保部门
	17	氮氧化物排放量降低率	%										
		环境引发的健康问题及相关损失	元										
生态（空间）绿色转型	18	☆森林保有量	万公顷										市林业部门
	19	☆耕地保有量	万亩										市农业部门
	20	☆湿地保护面积	万亩										市林业部门
	21	△自然保护区面积	万公顷										市环保、林业、国土部门
	22	△有机、绿色及无公害种植面积占比	%										市农业
社会绿色转型	23	县以上城镇人均公园绿地面积	平方米/人										市园林、统计部门
	24	△城镇生活垃圾无害化处理率	%										市城管部门
	25	△城镇污水集中处理率	%										市住建部门
	36	☆村镇饮用水卫生合格率	%										市水务部门
	27	危险废物处置率	%										市环保部门
	28	城镇绿色建筑面积占新建建筑比重	%										市住建部门
制度绿色转型	29	环境影响评价执行比例	%										市环保部门
	30	秦岭地区最严格水资源管理制度执行比例	%										市水务部门
	31	环境信息公开比例	%										市环保部门
	32	生态保护红线执行比例	%										市国土、规划局、环保部门
	33	应当实施强制性清洁生产企业通过审核的比例	%										市环保部门
	34	建立绿色转型发展管理制度	—										市发改、市经信部门
	35	△公众对绿色转型发展知晓度和满意度	%										第三方机构
	36	党政领导干部参加绿色转型发展相关培训的人数比例	%										市委组织部门

一级指标	序号	二级指标	计量单位	分值								数据来源
				×县	×区	×市	…	…	…	…	…	—
		绿色增长的R&D投入	元									市统计部门
		绿色增长的专利数	个									市统计部门
		绿色税收比重	元									市统计部门
		绿色市场交易金额	元									市统计部门
			—	100	100	100	100	100	100	100	100	

注：指标前未加任何标记的为各区要求相同的共同指标，加△为各区要求不同的共同指标，加☆为差异指标。字体加粗的指标表示该指标的历史数据可得且准确性较好，可直接用于建立各区县（市）绿色转型发展考核指标体系（可根据实际情况作出动态调整）。未标序号指标为探索性指标，具有未来导向性，是近期统计制度创新的方向。

附件7-1-5 秦岭地区各区县（市）产业绿色转型发展评价考核激励指标、惩戒指标、否决指标

类型	指标	指标内容	分值	数据来源
激励指标	符合激励指标情形的，每项视情况加分，加分最高不超过10分			
	产业绿色转型发展创新举措	绿色转型发展政策、绿色转型发展模式、绿色金融、环保志愿活动开展等方面的情况	4	各区县（市）自行提交绿色转型发展实绩报告等说明材料，由市发改、环保等部门核实并计分
	绿色转型发展专项行动成效	开展应对生态控制线内违法开发、环境风险防范、突出环境问题整改等专项行动，成效突出、社会反响好的	2	
	环境规范治理	民俗、旅游等环境示范区	2	
	落实《环境保护法》和秦岭地区产业绿色转型发展政策实际成效	落实《环境保护法》和秦岭地区产业绿色转型发展政策实际成效显著，能够发挥示范引领作用的	2	
惩戒指标	凡有下列情形之一的，视情扣分，扣分最高不超过10分；发生严重问题的，扣除本项分值			
	绿色转型发展负面舆情应对处置情况	对于经核实的负面报道未整改到位的单位，视情况给予够分惩罚；对于整改到位的单位，酌情减少扣分或不扣分	0.5	市委宣传部门
	上级通报环境问题整改情况	根据省级及以上通报的环境问题制定整改方案，未完成整改任务的每项扣0.1分，扣完为止	2.5	市环保部门
	已有绿色转型发展问题整改情况	绿色转型发展和环境保护年度重点任务落实情况，未完成一项，扣1分	3	市发改等部门
	禁养区畜禽养殖反弹防控	防止禁养区畜禽养殖回潮，根据回潮情况进行扣分，发现一例扣0.2分，扣完本项分数为止	0.8	市农业部门
	地质灾害防治	发生人为引发地质灾害，造成人员死亡0.2分 造成一次人员伤害扣0.1分，扣完此项分数为止	0.2	市国土部门
	环保目标责任书重点防治任务	未完成一项重点防治任务，扣0.2分，扣完为止	1	市环保部门
	年度生态环境保护考核目标任务	未完成一项重点防治任务，扣0.2分，扣完为止	2	市环保部门
惩戒指标	凡有下列情形之一的，当年评价考核等级不能为"优秀"			
	履行职责不力，未能完成年度绿色转型发展重点任务的			市发改、环保部门
	辖区内重大环境信访事项未按有关规定办理的			
	出现上级主管部门挂牌督办污染事件的，未如期完成			

类型	指标	指标内容	分值	数据来源
惩戒指标	出现因环境问题引发的重大群体性或群众信访事件的			市发改、环保部门
	年度被区域限批的			
	绿色转型发展满意率低于70%的			
否决指标	凡有否决指标情形之一的，发生严重问题的，直接一票否决			
	主要污染物减排年度任务	重点减排项目未完成	—	市环保部门
	发生（重特大）环境突发事件	发生Ⅲ级及以上环境突发事件，重特大环境问题责任追究	—	市环保部门
	考核指标数据真实性	考核材料弄虚作假的	—	市发改、统计等部门

附件7-1-6　秦岭地区各园区产业绿色转型发展评价考核共性指标、差异指标

评价考核对象：国家开发区、省级工业园区以及服务业集聚区

一级指标	序号	二级指标	计量单位	分值 国家级开发区	分值 省级工业园区	分值 服务业集聚区	数据来源
经济绿色转型	1	△战略性新兴产业增长率	%				省市统计、发改、经信部门
	2	△主导产业增加值占比	%				省市统计、发改、经信部门
	3	△R&D经费占比	%				省市统计、财政部门
	4	△单位面积土地投资强度	万元/亩				省市统计、经信部门
	5	∧鼓励发展绿色金融	—				省市发改、经信部门
	6	△园区内产业链上下游合作创新	—				省市发展改革委、经信委
		环保/绿色产业产值及就业人口	元、人				省市统计部门
环境绿色转型	7	△单位规模工业增加值（或重点服务业增加值）能源消耗下降率	%				省市统计、发改部门
	8	△单位规模工业增加值（或重点服务业增加值）用水量下降率	%				省市统计、水务部门
	9	△园区土地节约集约利用指数	—				省市统计、国土部门
	10	△单位GDP二氧化碳排放降低率	%				省市统计、发改部门
	11	☆一般工业固体废物综合利用率	%				省市环保部门
	12	☆再生水利用率	%				省市住建部门
环境绿色转型	13	SO_2污染物达标排放	—				省市环保部门
	14	NO_x污染物达标排放	—				
	15	COD污染物达标排放	—				
	16	氨氮污染物达标排放	—				
	17	△污水集中处理率	%				省市住建、城管部门
	18	△危险废物处置率	%				省市环保部门
	19	△绿化建设	—				省市住建部门
		环境引发的健康问题及相关损失	元				省市环保部门

续表

一级指标	序号	二级指标	计量单位	分值 国家级开发区	分值 省级工业园区	分值 服务业集聚区	数据来源
制度绿色转型	20	环境信息公开比例	%				省市环保部门
	21	△清洁生产企业认证通过比例	%				省市发改、经信部门
	22	△建立绿色转型发展管理制度					省市发改、经信部门
	23	△园区和企业领导干部参加绿色转型发展相关培训人数比例	%				省市委组织部门
		绿色增长的R&D投入	元				省市统计部门
		绿色增长的专利数	个				省市统计部门
		绿色税收比重	元				省市统计部门
		绿色省市场交易金额	元				省市统计部门
				100	100	100	—

注：指标前未加任何标记的为各区要求相同的共同指标，加△为各区要求不同的共同指标，加☆为差异指标。本表中提及的差异指标均只用于评价考核工业园区，不适用于服务业集聚区。字体加粗的指标表示该指标的历史数据可得且准确性较好，可直接用于建立各区县（市）绿色转型发展考核指标体系（可根据实际情况作出动态调整）。未标序号指标为探索性指标，具有未来导向性，是近期统计制度创新的方向。

附件7-1-7　秦岭地区各园区产业绿色转型发展评价考核激励指标、惩戒指标、否决指标

类型	指标	指标内容	分值	数据来源
激励指标	符合激励指标情形的，每项视情况加分，加分最高不超过10分			
	绿色转型发展工作实绩报告	本年度贯彻落实绿色转型发展相关政策的工作计划任务完成情况，本年度重点、亮点工作、主要问题分析	2	各园区自行提交绿色转型发展实绩报告等说明材料，由省市发改、环保、发改、经信等部门核实并计分
	绿色转型发展宣传	绿色转型发展典型经验被省级以上报纸刊物总结推广的	2	
	落实《环境保护法》和秦岭地区绿色转型发展政策实际成效	落实《环境保护法》和秦岭地区绿色转型发展政策实际成效显著，能够发挥示范引领作用的	2	
	循环经济示范区建设	循环经济示范区标准实施与认证通过情况	2	
	创新平台	园区内有孵化器等创新和成果转化平台	2	
惩戒指标	凡有下列情形之一的，视情扣分，扣分最高不超过10分；发生严重问题的，扣除本项分值			
	绿色转型发展负面舆情应对处置情况	对于经核实的负面报道未整改到位的单位，视情况给予够分惩罚；对于整改到位的单位，酌情减少扣分或不扣分	1	省市委宣传部门
	上级通报环境问题整改情况	根据省级及以上通报的环境问题制定整改方案，未完成年度任务的每项扣0.1分，扣完为止	2.5	省市环保部门
	已有绿色转型发展问题整改情况	上年度绿色转型发展和环境保护目标责任书未完成任务整改指标内容落实情况，未成一项，扣1分	3	省市发改、环保等部门
	地质灾害防治	发生人为引发地质灾害，造成人员死亡扣0.2分。造成一次人员伤害扣0.1分，扣完此项分数为止	0.5	省市国土部门

续表

类型	指标	指标内容	分值	数据来源
惩戒指标	环保目标责任书重点防治任务	未完成一项重点防治任务，扣0.2分，扣完为止	1	省市环保、发改部门
	年度生态环境保护考核目标任务	未完成一项重点防治任务，扣0.2分，扣完为止	2	省市保护部门
惩戒指标	凡有下列情形之一的，当年评价考核等级不能为"优秀"			
	履行职责不力，未能完成年度绿色转型发展重点任务的			省市发展改革委、环保等部门
	辖区内重大环境信访事项未按有关规定办理的			
	出现上级主管部门挂牌督办污染事件的，未如期完成			
	出现因环境问题引发的重大群体性或群众信访事件的			
	年度被区域限批的			
	规划环评执行不力的			
否决指标	凡有否决指标情形之一的，发生严重问题的，直接一票否决			
	主要污染物减排年度任务	国家减排重点减排项目未完成	—	省市环保部门
	（重特大）环境突发事件预防处置不当	发生Ⅲ级及以上预防处置不当	—	省市环保部门
	考核指标数据真实性	考核材料弄虚作假的	—	省市统计、环保、发改部门

专题报告7-2　秦岭生态系统生态补偿机制设计

摘　要

秦岭地区作为中国中部最重要的生态安全屏障，其生态补偿制度的存在具有合理性：从理论基础看，其与外部性理论、公共产品理论、生态资本理论相契合；而从现实基础看，国家一直以来高度重视生态补偿制度顶层设计，秦岭地区一直以来也在积极开展相关探索和实践。建立健全并实施秦岭地区生态保护补偿制度是大势所趋，对于平衡区域乃至全国生态保护者和生态受益者之间以及地方之间的利益关系，确保生态环境保护的深入落实具有重要意义。

近年来，尤其是十八大以来，伴随国家生态文明建设加速推进，生态补偿制度作为生态文明建设的重要抓手被提高到了新的高度。在此背景下，秦岭地区经过不断探索实践，在森林生态保护、退耕还林还草、流域生态保护、水土保持、矿山地质环境治理等领域已初步构建起较为完善的生态补偿制度体系。在取得积极进展的同时，秦岭地区生态补偿制度仍然存在一些问题，诸如，生态补偿标准设计欠科学、补偿力度偏低；资源确权并未完全建立，生态补偿主体尚不十分明确；政策法规体系亟待完善；资源有偿使用和生态补偿方式单一；缺乏有效的配套制度支撑和监管措施；对生态补偿认识不到位等。为此，亟待对秦岭地区生态补偿机制进行系统设计。

目前，全球生态补偿实践已遍布美洲、欧洲、非洲、亚洲以及大洋洲等许多国家和地区。这些实践的应用范围变化很大，从小流域到整个国家，融资体系和补偿方式也呈现出多样化特点。总结国外生态补偿的实践经验，对建立和完善秦岭乃至中国的生态补偿机制具有借鉴意义。本研究通过梳理、分析、归纳国内外生态补偿典型模式和经验，概括其对完善秦岭地区生态补偿制度的启示如下：一是政府多是生态补偿建设的主导力量；二是市场作用的发挥是生态补偿机制有效运转的关键；三是完善的法律是建立生态补偿机制的重要基础；四是建立区域合作机制是实现生态补偿的重要方式；五是社区参与是生态补偿机制的必要补充；六是严格有效的生态补偿约束机制不可或缺。

综上研究基础，本研究提出，秦岭地区生态补偿机制设计，应全面贯彻落实中国政府关于生态文明和绿色发展相关重要文件精神，依据《关于健全生态保护补偿机制的意见》（国办发〔2016〕31号）等文件，结合秦岭地区现状，坚持权责统一、科学补偿，政府主导、社会参与，统筹协调、转型发展，突出重点、稳步实施的原则，努力实现秦岭地区森林、水流、湿地、耕地等重点领域和禁止开发区域、重点生态功能区等重要区域生态保护补偿全覆盖，补偿水平与经济社会发展状况相适应，渭河、汉江、嘉陵江、洛河跨流域补偿试点示范取得明显进展，湿地环境、森林生态系统等生态补偿试点示范取得更大进展，多元化补偿机制初步建立，基本建立符合中国国情和秦岭地区区情的生态保护补偿制度体系，打造秦岭生态补偿全国样板和典范，促进形成绿色生产方式和生活方式。

为实现上述总体目标，本研究提出了未来秦岭地区在森林、水流、湿地、耕地、矿山等领域生态补偿的重点任务，并建议重点加强七方面体制机制创新和八大保障体系建设。其中，体制机制创新包括：明确生态补偿的主体，丰富生态补偿的方式，科学量化生态补偿标准，形成生态补偿稳定投入机制，加强跨省（市区、部门等）横向合作，结合生态保护补偿精准脱贫，以及扩展公众参与渠道。八大保障体系包括：法律法规体系、政策制度体系、价值评估体系、生态损害评估体系、产权登记体系、流转市场体系、监测统计体系、信息共享体系和生态标志体系。

1. 秦岭生态补偿制度存在的合理性

生态补偿（Eco-compensation）是指"通过对损害（或保护）资源环境的行为进行收费（或补偿），提高该行为的成本（或收益），从而激励损害（或保护）行为的主体减少（或增加）因其行为带来的外部不经济性（或外部经济性），达到保护资源的目的"。其实质就是通过一定的政策手段实行生态保护外部性的内部化，让生态保护成果的"受益者"支付相应的费用，使生态建设者和保护者得到相应的补偿，通过制度创新解决好生态投资者的合理回报，激励人们从事生态保护投资并使生态资本增值。更详细地说，生态补偿机制是以保护生态环境，促进人与自然和谐发展为目的，根据生态系统服务价值、生态保护成本、发展机会成本，运用政府和市场手段，调节生态保护利益相关者之间利益关系的公共制度（见图7-2-1）。

秦岭地区作为中国中部最重要的生态安全屏障，建立健全并实施秦岭地区生态保护补偿制度是大势所趋，对于平衡区域乃至全国生态保护者和生态受益者之间以及地方之间的利益关系，确保生态环境保护的深入落实具有重要意义。

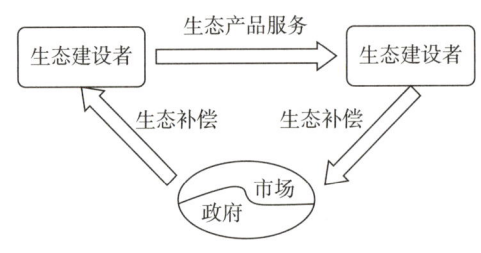

图7-2-1 生态补偿机制示意图

1.1 秦岭地区生态补偿制度的理论基础

1.1.1 与外部性理论相契合

外部性是指那些生产或消费对其他利益主体强征了不可补偿的成本或给予了无须补偿的收益的情形。按照外部影响结果的不同，可划分为正的外部性（外部经济）和负的外部性（外部不经济）。外部性理论是现代经济学界中认为市场失灵的主要原因之一，也是主张政府干预市场行为的理论基础之一，正的外部性我们可以理解为，一个经济主体的经济活动或某个人、企业所带来的私人利益导致其他经济主体获得的额外经济利益或小于该活动所带来的社会利益，这种性质的外部影响被称为"外部经济"。负的外部性是指一个经济主体的经济活动或某个人、某个企业进行活动所花费的私人成本导致其他经济主体蒙受的额外经济损失或小于该活动所造成的社会成本，或者理解为，这种性质的影响被称为"外部不经济"。新制度经济学的创始人科斯提出了著名的"科斯定理"，他指出，如果交易费用为零，无论权利如何界定，都可以通过市场交易和自愿协商达到资源的最优配置；如果交易费用不为零，制度安排与选择是重要的。这就是说，解决外部性问题可能可以用市场交易形式即自愿协商替代"庇古税"手段。科斯定理是完全依靠市场调节来解决外部性问题的一种理论。福利经济学的创始人庇古，继马歇尔之后指出，一种经济活动给个人带来的利益，与社会从这项活动中获得的利益有时可能是不一样的，即"边际私人纯产值"和"边际社会纯产值"不一致。对产生负外部性的生产者征收相当于外部成本的税收，而对产生正外部性作用的生产和消费方式进行补贴，以弥补其边际收益，鼓励产出量扩大到社会最大效率的水平。后人通过"庇古税"概念的延伸，提出了"谁受益，谁投资"和"谁污染，谁治理"的理念。庇古税是完全依靠政府干预力量，即通过直接或间接的政策调节和经济控制来使外部效应内部化的一种方法。这种制度安排是需要政府强制执行的，是具有政府干预的理论。

不难发现，外部性理论作为环境经济学和生态经济学的基础理论，已成为制定生态环境经济政策的重要理论依据。秦岭地区开展生态环境问题管理，必然会涉及外部性问题。主要反映在两个方面：一是秦岭地区资源开发造成生态环境变化所形成的利益相关者成本，二是秦岭地区生态环境保护所产生的外部效益。这些成本或效益在市场机制下，没有在生产或经营活动中得到体现，从而导致了破坏生态环境没有得到应有的惩罚；破坏生态环境没有计入活动成本，保护生态环境产生的生态效益被无偿享用，使得生态环境的资源配置难以实现帕累托最优。庇古认为，当社会边际成本收益与私人边际成本收益相背离时，不能靠在合约中规定补偿的办法予以解决。这时市场机制无法发挥作用，即出现市场失灵，而必须依靠外部力量，即政府干预加以解决。当它们不相等时，政府可以通过税收与补贴等经济干预手段使边际补贴等于边际外部收益，使外部性"内部化"。因此秦岭地区需要构建以外部性理论为基础的生态补偿制度。

1.1.2 与公共产品理论相契合

公共产品理论，是新政治经济学的一项基本理论，也是正确处理政府与市场关系、政府职能转变、构建公共财政收支、公共服务市场化的基础理论。根据公共经济学理论，社会产品分为公共产品和私人产品。按照萨缪尔森在《公共支出的纯理论》一书中的定义，纯粹的公共产品或劳务是每个人消费这种物品或劳务不会导致别人对该种产品或劳务消费的减少。而且公共产品或劳务具有与私人产品或劳务显著不同的三个特征：效用的不可分割性、消费的非竞争性和受益的非排他性。而凡是可以由个别消费者所占有和享用，具有敌对性、排他性和可分性的产品就是私人产品。介于二者之间的产品称为准公共产品。人们普遍认为，自然生态系统及其所提供的生态服务具有公共物品属性。纯粹的公共物品具有非排他性和消费上的非竞争性两个本质特征。这两个特性意味着公共物品如果由市场提供，每个消费者都不会自愿掏钱去购买，而是等着他人去购买而自己顺便享用它所带来的利益，这就是"搭便车"问题。如果所有社会成员都意图免费搭车，那么最终结果是没人能够享受到公共物品，因为"搭便车"会导致公共物品供给不足。

秦岭地区自然生态系统及其所提供的生态服务具有公共物品属性，因此具有非排他性和消费上的非竞争性两个本质特征。但是公共物品并不等同于公共所有的资源，共有资源是有竞争性但无排他性的物品。在消费上具有竞争性，但是却无法有效地排他，如公共渔场、牧场等，则容易产生"公地悲剧"问题。即如果一种资源无法有效地排他，那么就会导致这种资源的过度使用，最终导致全体成员的利益受损。生态环境具有的整体性、区域性和外部性等特征，很难改变公共物品的基本属性，因此需要从公共服务的角度，以公共物品来开展有效的管理，重要的是强调公共物品的主体责任、公平的管理原则和公共支出的支持。在生态环境保护上，从公平性原则出发，强调区域之间、人与人之间享有平等的生态环境福利，享有平等的公共服务，因此秦岭地区生态补偿政策的制定还必须考虑其公共物品属性。

1.1.3 与生态资本理论相契合

生态资本是生态的资本化，它是有别于传统的物质资本、人力资本以及社会资本的一种资本形式。从古典经济学到新古典经济学，从哈罗德—多马的经济增长理论，再到索洛的经济增长理论和新增长理论，生态资本都不是经济增长的决定性因素，而且总是可以被完全替代和相互替代。事实上，"自然资本已成为经济发展的限制因素"的呼声在20世纪70年代以后越来越大。尤其80年代以来在世界上兴起的生态（绿色）经济学理论被认为是对主流经济学有变革意义的经济思想。生态（绿色）经济学理论的核心观点是：当前人类正面临着一个历史性的关头——限制人类继续繁荣的不再是人造资本的缺乏，而是自然资本的缺乏。与传统的经济增长理论不同，生态资本（经济）理论将自然资本作为重要组成部分纳入生产函数，使其成为与人力资本、人造资本并驾齐驱的第三大生产要素。这是因为，"绿色增长意味着促进经济增长和发展的同时确保自然资产能持续地提供人类生存发展所需的资源和生态服务"（OECD，2011）。因此，当自然资本成为经济发展的内生变量时，持续的经济增长就开始受到自然资本的约束（包括数量有限的不可再生资源、再生能力有限的可再生资源，以及有限的生态服务功能等）。一些机构也已经开始从资源效率着手研究经济增长问题。实际上，英国著名的能源问题专家Anderson.D（2001）曾把自然资源纳入生产函数，并由此对生产函数进行重构，分析其对经济增长的影响。随后，经合组织OECD（2008，2015）出版了关于物质流及资源生产率的框架性报告，并据此对各国资源生产率进行测算，进而提出了提升资源生产率、应对未来全球资源危机的对策建议。联合国环境规划署和同济大学（2015）初步构建了一套基于资源生产率的绿色经济理论分析框架，重点探讨如何针对地球边界制约，通过总供给和总需求的改变来创建并积累新一代资本，变制约为契机，拉动新型经济增长、就业和社会发展。全球咨询公司麦肯锡研究报告《资源革命》（2011，2015）指出前两次工业革命是劳动力革命、资本革命，这一次是资源革命；未来信息技术、纳米材料科学、生物学和工业技术的结合能够带来资源生产力的实质性提升。发展中国家实现高生产力的经济增长所面临的资源枯竭将是一个世纪以来最大的财富创造机会。

鉴于自然生态环境系统具有物质转换、能量流动和信息传递等功能，因此，在生态循环过程中，秦岭地区生态系统能够为当地人民提供自然资源和生态服务，其服务功能对人类具有复杂而多样化的价值，能够带来经济和社会效益的生态资源和生态环境，主要包括自然资源总量、环境质量与自净能力、生态系统的使用价值以及能为未来产出使用价值的潜力等。因此，根据生态资本理论，将秦岭地区生态环境作为自然资源资本，从自然生态环境资本的价值尺度开展生态补偿，具有重要的理论与实践意义。

1.2 秦岭地区生态补偿制度的现实基础

国家一直以来高度重视生态补偿制度顶层设计。2005年，中国政府《关于制定国民经济和社会发展第十一个五年规划的建议》首次提出，按照谁开发谁保护、谁受益谁补偿的原则，加快建立生态补偿机制。十一届全国人大四次会议审议通过的"十二五"规划纲要就建立生态补偿机制问题作了专门阐述。中国政府明确要求建立反映市场供求和资源稀缺程度、体现生态价值和代际补偿的资源有偿使用制度和生态补偿制度。环保部等部委也就生态补偿出台了相关文件，如原环保总局《关于开展生态补偿试点工作的指导意见》（环发〔2007〕130号）等。

近年来，尤其是2012年以来，生态文明建设加速推进，生态补偿制度作为生态文明建设的重要抓手被提高到了新的高度。中国政府《关于全面深化改革若干重大问题的决定》（2013）、《生态文明体制改革总体方案》（2015）、《国民经济和社会发展第十三个五年规划纲要》（2016）都将健全资源有偿使用和生态补偿制度列为重点改革工作任务，还将生态保护补偿作为建立国家公园体制试点的重要内容。2015年国家主席习近平还提出实现精准扶贫的"五个一批工程"，其中包括"生态补偿脱贫一批"工程。2016年，中国政府更是发布《关于健全生态保护补偿机制的意见》（国办发〔2016〕31号），正式提出"谁受益，谁补偿"的原则以及森林、草原、湿地、荒漠、海洋、水流、耕地等未来生态补偿的七大重点领域，同时明确了以地方补偿为主、中央财政给予支持的横向生态保护补偿机制的重要性。

秦岭地区已初步构建起资源有偿使用及生态补偿制度体系。秦岭地区近些年来已初步构建起了有关环境保护和资源有偿使用、生态补偿方面的制度体系。2004年陕西省人民政府常务会议审议通过了《陕西省生态功能区划》。这标志着陕西省按照生态功能特征指导区域开发建设活动和生态环境保护有了理论依据。此后相关的法规条例不断推出：如《关于排污费征收使用管理有关问题的通知》《陕西省汉江丹江流域水污染防治条例》《陕西省矿山地质环境治理恢复保证金管理办法》等。这些制度几乎都包含有资源有偿使用和生态补偿的相关规定，使得秦岭地区的生态保护做到了有法可依，为实现秦岭地区经济发展与环境保护的双赢目标搭建了一个非常好的平台。

"十三五"期间，秦岭地区将进一步建立健全生态补偿制度，让这些地区群众从"绿色银行"中获得更多收益。如陕西省将在未来5年间，将25度以上的坡耕地和基本农田纳入退耕还林范围，对文化旅游名镇等实施美丽乡村建设和农村环境治理的同时，大力发展生态旅游和观光农业；对陕南等重点生态功能区，加大生态补偿和转移支付力度，提高补偿标准，扩大覆盖面；利用生态效益补偿资金和天然林管护专项资金，让有劳力的贫困人口就地转成生态管护人员，以确保贫困群众从生态建设和修复中得到更多实惠。

2. 秦岭地区生态补偿机制现状及问题

2.1 历程回顾

秦岭生态保护从新中国成立就已经开始，1965年秦岭就建立了第一个自然保护区——太白山国家级自然保护区。原国家环保总局2001年批准将陕西秦岭列为全国首批10个国家级生态功能保护区试点之一。2002年陕西省环境保护局编制完成《陕西秦岭国家级生态功能保护区规划》，规划以秦岭水源涵养、生物多样性、水土保持三大生态功能保护为主导，对秦岭生态区生态保护和建设做出了安排和部署。2007年1月省政府印发了《陕西秦岭生态环境保护纲要》，2007年省人大会议又通过了《陕西秦岭生态保护条例》。2008年《全国生态功能规划》中将秦巴山地水源涵养重要区确立为中国50个重要生态服务功能区域之一。与此同时，相关的法规条例不断推出：如《关于排污费征收使用管理有关问题的通知》《陕西省汉江丹江流域水污染防治条例》《陕西省矿山地质环境治理恢复保证金管理办法》等。这些文件中几乎都包含有资源有偿使用和生态补偿的相关规定，为秦岭地区在防治大气水源污染、节能减排、保护森林及矿产资源、促进循环经济发展等方面提供了法律保障。目前，秦岭地区对生态补偿主要集中在森林、水流、耕地和矿山地质环境治理等几个方面。

2.1.1 森林生态保护

（1）国家方面。1992年国务院批转国家体改委《关于一九九二年经济体制改革要点的通知》（国发〔1992〕12号），明确提出"要建立林价制度和森林生态效益补偿制度，实行森林资源有偿使用"；1993年国务院《关于进一步加强造林绿化工作的通知》（国发〔1993〕15号），指出"要改革造林绿化资金投入机制，逐步实行征收生态效益林补偿费制度"；1993年国家环保局发布的《关于确定国家环保局生态环境补偿费试点的通知》（2002年废止）。1998年7月1日修改的《森林法》规定："国家建立森林生态效益补偿基金，用于提供生态效益的防护林和特种用途林的森林资源、林木的营造、抚育、保护和管理。"2000年，国家又发布《森林法实施条例》，规定"防护林、特种用途林的经营者有获得森林生态效益补偿的权利"，这项生态效益补偿基金由国家财政预算直接拨款的方式建立。2001～2004年为森林生态效益补助资金试点阶段；2004年正式建立《中央森林生态效益补偿基金管理办法》，旨在保护重点公益林资源，促进生态安全，而且在一些县和24个国家级自然保护区进行试点。中央森林生态效益补偿基金的建立，标志着中国森林生态效益补偿基金制度从实质上建立起来了。补偿标准是每年每亩5元，并鼓励地方政府配套。

2013年，中央财政进一步将属集体和个人所有的国家级公益林补偿标准由2010年每年每亩10元提高到每年每亩15元。2014年，确定了补偿对象的管护责任。2015年《中共中央关于制定国民经济和社会发展第十三个五年规划建议》中指出，要开展大规模国土绿化行动，完善天然林保护制度。加大对重点生态功能区的转移支付力度，强化激励性补偿，建立横向和流域生态补偿机制。此外，各地还按照国家森林生态效益补偿基金制度的规定，具体制定和实施了适合本地情况的森林生态效益补偿基金制度，积极筹集配套资金。

通过从国家林业局收集的材料显示，自2001～2014年，中央财政共安排森林生态效益补偿801亿元，其中2014年安排149亿元，纳入补偿的国家级公益林面积为13.9亿亩；到2016年，拨付资金已经达到165亿元。我国森林生态补偿制度的建立对于生态保护起到了重要的作用。通过开展森林生态补偿工作，促进森林的恢复和生长，生态环境质量得到了明显的改善，为保障我国经济社会可持续发展做出了重要的贡献。通过实施森林生态补偿制度，提高了人们森林生态保护意识。

（2）秦岭地区层面。在天然林保护方面，近年来，秦岭地区进一步健全国有林"局、场、管护站"三级管护体系和集体林"县、乡、村、组"四级管护体系，形成了"点、线、面"相结合的管护网。落实管护人员，签订管护责任书，全面完成各项天保工程建设任务。未来，秦岭地区将全面实施天然林保护二期工程，稳妥做好公益林生态效益补偿工作，继续实行公益林建设投资补助政策，补助标准为：人工造林每亩补助300元，封山育林每亩补助70元，飞播造林每亩补助120元。

在森林生态效益补偿基金方面，自2009年始，陕西省纳入国家公益林生态效益补偿范围后，公益林生态效益补偿面积不断扩大，补偿标准不断提高。2014年，陕西省财政厅、林业厅联合制定出台了《陕西省森林生态效益补偿基金管理办法》，规定：中央财政补偿基金依据国家级公益林权属实行不同的补偿标准。其中，补偿基金的补偿对象为公益林的所有者或经营者。公益林所有者或经营者为个人的，补偿基金支付给个人，由个人按照合同规定承担森林防火、林业有害生物防治、补植、抚育等管护责任。公益林所有者或经营者为林场、苗圃、自然保护区等国有单位或村集体、集体林场的，补偿基金的支出范围为：对公益林管护人员购买劳务、建立森林资源档案、森林防火、林业有害生物防治、补植、抚育以及其他相关支出。已经发包的集体国家级公益林和地方公益林由个人经营管护的，森林生态效益补偿金原则上支付给承包者个人。由县级林业主管部门统一组织管护的，县级财政部门和林业主管部门每年每亩可统筹1.75元，集中用于森林防火、林业有害生物防治、公益林监测、档案建设、管护管理培训等项目支出。补偿基金按照国库管理制度有关规定拨付。各级财政部门应对中央财政补偿基金实行专项管理，分账核算。已实行国库集中支付的，资金支付按照国库集中支付有关规定办理；未实行国库集中支付的，资金由财政部门采取报账制等方式拨付，确保补偿基金及时足额拨付，专款专用。各级财政部门和林业主管部门要分别建立健全中央补偿基金和省级补偿基金拨付、使用和管理档案。涉及林农个人的补偿实行"一折（卡）通"管理，不得层层转拨、代签代领。

表7-2-1　　　　　　　　　秦岭地区森林生态效益补偿基金类型及标准

类别	主要用途	补偿标准
中央财政补偿基金依据国家级公益林权属实行不同的补偿标准	国家级公益林营造、抚育、保护和管理补助	国有的国家级公益林平均补偿标准为每年每亩5元，其中管护补助支出4.75元，公共管护支出[①]0.25元。
		集体和个人所有的国家级公益林补偿标准为每年每亩15元，其中管护补助支出14.75元，公共管护支出0.25元。
省级财政森林生态效益补偿基金	地方公益林营造、抚育、保护和管理补助	平均标准为每年每亩5元，其中管护补助支出4.75元，公共管护支出0.25元

注：①公共管护支出由省级财政列支，用于省、设区市林业主管部门开展国家级公益林监测、检查验收、森林防火、有害生物防治等工作。

2.1.2　退耕还林还草

（1）国家层面。退耕还林还草项目是我国涉及地区范围最广、公众参与度最高的生态建设项目。2000年开始首先在四川、陕西和甘肃等地试点。2003年开始在全国展开。项目一般补偿期限是5~8年。每亩退耕地每年补助粮食（原粮）的标准，长江上游地区300斤，黄河上中游地区200斤，每斤粮食按0.7元折算，由中央财政承担，以省为单位统一算账。国家向退耕户无偿提供种苗。退耕还林（草）和宜林荒山荒地人工造林种草，由林业部门统一组织采种、育苗单位向农民无偿供应所需的种子和苗木。种苗费按建设生态林标准每亩补助50元，由中央基建投资安排，提供给种苗生产单位。考虑到农民退耕后近几年内需要维持医疗、教育等必要的开支，中央财政在一定时期内给农民适当的现金补助。现金补助标准按每亩退耕地每年补助20元安排，现金补助的期限，根据试点情况确定，需要几年就补几年。对采取退耕还林项目的地方政府，补偿方式是财政转移支付。

2007年8月，国务院又颁布通知，继续对退耕农户直接补助。补助标准为：长江流域及南方地区每亩退耕地每年补助现金105元；黄河流域及北方地区每亩退耕地每年补助现金70元。原每亩退耕地每年20元生活补助费,继续直接补助给退耕农户,并与管护任务挂钩。补助期为:还生态林补助8年,还经济林补助5年,还草补助2年。各地可结合本地实际,在国家规定的补助标准基础上,再适当提高补助标准。

2014年8月,由国家发展改革委、财政部、国家林业局、农业部、国土资源部联合出台《新一轮退耕还林还草总体方案》,下达新一轮退耕还林任务。新标准不再区分南方和北方地区,实行统一的补助标准。补助资金按以下标准测算:退耕还林每亩补助1500元,其中,财政部通过专项资金安排现金补助1200元,国家发展改革委通过中央预算内投资安排种苗造林费300元;退耕还草每亩补助800元,其中,财政部通过专项资金安排现金补助680元,国家发展改革委通过中央预算内投资安排种苗种草费120元。随后,2015年,《关于扩大新一轮退耕还林还草规模的通知》(财农〔2015〕258号)出台,明确要求及时拨付新一轮退耕还林还草补助资金。其中,退耕还草每亩补助增加至1000元(其中中央财政专项资金安排现金补助850元,国家发展改革委安排种苗种草费150元)。总体来看,退耕还林还草工程自实施以来,的确在改善长江和黄河上游地区生态环境方面提供了有效的帮助。目前,对退耕还林政策的评价及补偿标准的探讨是国内学者研究的热点。

(2)秦岭地区层面。生态退耕是秦岭地区最有效的补偿形式之一。2000年11月15日,陕西省政府迅速推出《陕西省退耕还林(草)试点粮食供应暂行办法》。秦岭地区的粮食、现金补偿标准执行国家补助标准。并在此基础上,对粮食和现金补助期限做了规定:先按经济林补助5年、生态林补助8年计算,到期后可根据农民实际入情况,需要补多少年再继续补多少年。2008年,陕西省推出后续的退耕还林政策,决定继续对退耕农户直接补助。现行退耕还林粮食和生活费补助到期后,继续对退耕农户给予适当的现金补助。补助标准参考国家标准执行。有了细致的制度规定,以秦岭地区为主的陕西退耕还林还草工作取得了显著成就。

表7-2-2　　　　　　　　秦岭地区退耕还林还草补助标准及下达方式

类型	补助标准	下达方式
退耕还林	国家按每亩补助1500元(其中中央财政专项资金安排现金补助1200元,国家发展改革委安排种苗造林费300元)	中央分三次下达给省级人民政府,每亩第一年800元(其中种苗造林费300元)、第三年300元、第五年400元
退耕还草	每亩补助1000元(其中中央财政专项资金安排现金补助850元,国家发展改革委安排种苗种草费150元)	分两次下达,每亩第一年600元(其中种苗种草费150元)、第三年400元

从2007年开始,根据国家退耕还林政策调整,秦岭地区退耕还林工程重点由扩大规模转到成果巩固上来,着力开展基本口粮田建设、农村能源建设、生态移民、后续产业发展与技能培训、补植补造等方面建设。退耕还林工程已经产生了明显的生态效益和良好的经济效益、社会效益,得到广大群众的积极拥护和各级政府的高度重视。受国家一期退耕还林计划任务量的限制,目前,秦岭地区尚有不少坡耕地需要实施退耕还林。黄土高原水土流失区、南水北调水源涵养区、三峡库区等生态区位十分重要的区域实施退耕还林的比例较小,生态环境仍十分脆弱,亟须开展治理。2014年陕西启动了新一轮退耕还林工程从2014年到2020年,每年4万公顷任务。

2.1.3 水生态保护

（1）国家层面。我国在流域生态补偿的实践虽然开始较晚，但也取得了初步的成绩，比如新安江流域、闽江流域，包括西部地区三江源流域的生态补偿都进行了结合当年具体情况的尝试和实践，在补偿模式上我国主要以政府为主导，生态补偿的区域主要以饮用水源地和同一行政区内的上下游间的生态补偿为主。

（2）秦岭地区层面。秦岭是丹江口水库的上游水源地，涵养的水源是流入丹江口水库的主力。丹江口水库作为南水北调中线的控制性工程，多年平均入库水量为388亿立方米，其中270多亿立方米来源于陕西省南部汉丹江流域，约占入库水量的70%。充足的水量和良好的水质，是陕西省一项巨大的生态产品，是秦岭地区在保护水源地、治理水土流失，改善生态环境方面做出巨大贡献的结果。秦岭地区为保护南水北调水源做出了艰苦的努力，并牺牲了现代工业和农业的发展，社会经济发展受到很大限制，付出了极大的经济代价。2006年国务院批复实施《丹江口库区及上游水土保持及水污染防治规划》，中线水源地污水处理、垃圾处理和垃圾清运设施建设中央补助投资比例高达84%，水土流失防治与工业点源治理项目投资也以中央财政为主。2008年开始，中央财政通过一般性转移支付对列为重点生态功能区的中线水源40个县实施生态补偿，2009年扩大到43个县，至2014年年底，陕南三市生态补偿资金累计达93.61亿元。同时，受水区积极与水源区开展对口协作工作。北京市财政每年拿出2.5亿元用于水源地对口协作项目；天津市2014~2015年共拿出4.2亿元、"十三五"期间每年拿出3亿元用于与水源地的对口协作项目。

表7-2-3　　　　　　　　　　2014~2015年度南水北调中线受水区水费收取情况

省市	基本水费（万元）	计量水费（万元）	应收水费（万元）	实收水费	
				金额（万元）	所占比重（%）
北京	104067.95	85963.97	190031.92	190031.92	100.00
天津	79148.27	35064.11	114212.38	51000.00	44.65
河北	126423.62	3212.342	129635.962	3212.342	2.48
河南	53217.91	6960.945	60178.855	20000.00	33.23
合计	362857.75	131201.367	494059.117	264244.262	53.48

资料来源：根据南水北调办环境司的相关数据整理而得。

在省际的生态补偿制度实践上，陕西省也做出了大胆的尝试，已经制定了针对流域生态开发状况的生态补偿办法和规章，如《陕西省渭河流域水污染补偿实施方案》等。为实现"三年变清"的目标，陕甘两省六市一区人民政府（甘肃省天水市、定西市和陕西省西安市、宝鸡市、咸阳市、渭南市、杨凌示范区）成立渭河流域环境保护城市联盟，并建立渭河流域生态补偿机制。渭河流域水污染综合防治、渭河干流市界断面水环境质量目标考核工作也相继展开。2011年12月，陕西省人民政府为渭河上游甘肃省的天水市政府、定西市政府送去600万元渭河上游水质保护生态补偿资金，这一举措开启了全国省际生态补偿机制的先例。

2.1.4 水土保持

新中国成立以来，秦岭地区为治理水土流失付出了艰辛的努力，特别是近年来，抓住国家实施西部大开发战略和优先开展生态建设的机遇，从秦岭水土保持生态建设实际出发，积极实施项目带动战略，突出抓了"黄河水土保持生态工程""长江流域中上游水土保持综合防治工程""中央财政预算内专项资金（国债）淤地坝试点工程""泾河流域水土保持世行贷款项目""生态修复项目"等综合治理工程。

在水土保持综合治理工程实施过程中，秦岭地区采取征收水土流失费的补偿办法，是保障生态补偿的有效措施。2008年11月，陕西省人民政府制定出台了《陕西省煤炭石油天然气资源开采水土流失补偿费征收使用管理办法》，率先在全国建立了能源开发水土保持补偿机制。办法规定凡在陕西省行政区域内从事煤炭、石油、天然气资源开采的企业，应缴纳水土流失补偿费，计征标准为：原煤陕北每吨5元、关中每吨3元、陕南每吨1元，原油每吨30元，天然气每立方米0.008元。补偿机制的建立，既使企业增强了水土保持意识，也为防治水土流失拓宽了资金来源。

2014年5月，国家层面水土保持补偿费管理办法和征收标准陆续出台。为规范水土保持补偿费征收使用管理，促进水土流失防治工作，改善生态环境，根据《中华人民共和国水土保持法》《陕西省水土保持条例》《财政部、国家发展改革委、水利部、中国人民银行关于印发〈水土保持补偿费征收使用管理办法〉的通知》（财综〔2014〕8号）和《国家发展改革委、财政部、水利部关于水土保持补偿费收费标准（试行）的通知》（发改价格〔2014〕886号）规定，陕西出台《陕西省水土保持补偿费征收使用管理实施办法》。规定凡在本省行政区域内开办生产建设项目或者从事其他生产建设活动，占用、扰动、损坏原地貌、植被或者水土保持设施的单位和个人，应当缴纳水土保持补偿费。

表7-2-4　秦岭地区水土保持补偿费计征方式和标准规定

类别	计征部门	计征方式与标准
一般性生产建设项目和矿产资源开采项目	建设期间，由审批该项目水土保持方案的水行政主管部门负责征收。水利部审批的，由省级水行政主管部门征收	一般性生产建设项目和矿产资源开采项目建设期间，按占用、扰动、损坏原地貌、植被或水土保持设施面积2.5元/平方米计征
矿产资源开采项目	生产期间，由项目所在地地税部门征收	矿产资源开采项目生产期间，煤炭按照原煤陕北每吨5元、关中每吨3元、陕南每吨1元的标准计征；石油、天然气按照油气生产井（不包括水井、勘探井）占地面积按年征收，每口油、气生产井占地面积按不超过2000平方米计算，对丛式井每增加一口井，增加计征面积按不超过400平方米计算，征收标准为2元/平方米·年
其他生产建设活动	由县级水行政主管部门负责征收	取土、挖砂、采石以及烧制砖、瓦、瓷、石灰的，按照取土、挖砂、采石量1元/立方米计征；排放废弃土、石、渣的，按照排放量1元/立方米计征

2.1.5 矿山地质环境治理

（1）国家方面。十一届三中全会之后，中国结束了矿产资源无偿开采时代，逐渐建立了矿产资源有偿使用制度，起到了节约资源、保护环境的作用。现行的矿产资源有偿使用制度的内容主要包括资源税，矿产资源补偿费，探矿权、采矿权使用费和探矿权、采矿权价款等内容。尽管现有的税费都具有一定生态补偿功能，国家和地方也有将补偿费用于治理和恢复矿产资源开发过程中的生态环境破坏的情况，但由于性质设置、理论依据、分配体制等原因，使得它们重补偿矿产资源的经济价值，在生态价值补偿过程中作用微弱。

1997年实施的《中华人民共和国矿产资源法实施细则》对矿山开发中的水土保持、土地复垦和环境保护做出了具体规定，要求不能履行水土保持、土地复垦和环境保护责任的采矿人，应向有关部门交纳履行上述责任所需的费用，即矿山开发的押金制度。这一政策理念，符合矿产资源开发生态补偿机制的内涵。采用征收保证金的方法，激励企业治理和恢复生态环境，若企业不采取措施，政府将用保证金雇佣专业化公司完成治理和恢复任务。矿山地质环境恢复治理保证金在性质上来说属于履约保证金，是为防止造成新的地质环境问题，督促矿山企业履行矿区生态环境恢复与治理义务，进而保护生态环境。从1999年开始，浙江、江苏和安徽等地开始积极探索此项制度，2005年以来国家逐渐开始大力推崇，2009年国土资源部颁布施行的《矿山地质环境保护规定》规定了矿山地质环境恢复治理保证金的缴纳原则及办法，并将其与采矿许可证挂钩，极大地保障了保证金的征收。根据有关资料显示，截至2014年，全国矿山地质环境治理恢复保证金已缴存867.7亿元，占应缴存款的54.3%；全国已缴存矿山8.59万个，占应缴存矿山的86.8%；采矿权人完成治理义务返还保证金307.4亿元；闭坑矿山未履行治理义务，留存保证金25.2亿元。到2015年，全国共投入治理资金超过900亿元，治理矿山地质环境的面积超过80万公顷，一批资源枯竭型城市的矿山地质环境得到有效恢复。2016年，《关于加强矿山地质环境恢复和综合治理的指导意见》（国土资发〔2016〕63号）出台，预计到2025年矿山地质环境恢复和综合治理的责任全面落实，新建和生产矿山地质环境得到有效保护和及时治理，历史遗留问题综合治理取得显著成效。可见，这一制度是矿产资源开发生态补偿制度的重要内容，能激励矿山企业对因其开发利用活动造成的生态损害进行补偿。

（2）秦岭地区层面。秦岭地区征收矿产资源补偿费的矿种和费率，按照国务院制定的《矿产资源补偿费费率表》执行，费率浮动范围在0.5%~4%。随后，《关于全面清理涉及煤炭、原油、天然气的收费基金有关问题的通知》（财税〔2014〕74号）文件出台，明确"2014年12月1日起，在全国范围内统一将煤炭、原油、天然气矿产资源补偿费降为零"。

2013年，陕西省出台《陕西省矿山地质环境治理恢复保证金管理办法》，并于同年6月1日起施行。保证金按照"企业所有、政府监管、专户储存、专款专用"的原则管理。保证金存储数额依据核定的矿山设计开采矿种、开采规模、年限和矿山开采对地质环境影响等因素确定，按照年存储额=存储标准×开采响应系数×矿山设计开采规模，存储总额=年存储额×采矿许可证有效期计算。陕西省政府还对保证金缴存标准和影响系数做了非常详细的界定。

通过征矿产资源补偿费、缴存保证金以及矿业权市场化配置等措施，秦岭地区为矿产资源保护、矿山地质环境治理和地质勘探等工作筹措了资金，为生态的良性发展提供了充足的资金保障。

表7-2-5　　　　　　　陕西矿山地质环境治理恢复保证金缴存标准和影响系数

矿种		缴存标准单位（元/吨，元/立方米）	影响系数			
			露天开采		地下开采	
			采矿方法	影响系数	采矿方法	影响系数
能源矿产	煤	4	自上而下水平分层采矿法	1.5	充填采矿法	0.3
	石油、天然气、煤层气	0.1			空场采矿法 不允许地表塌落	0.8
	地热	0.2				
	石煤、油页岩	1			空场采矿法 允许地表塌落	1
金属矿产		3	其他采矿法	1.8	崩落采矿法	1.2
非金属矿产		1.5（其中建筑用砂、砖瓦黏土0.5，地下卤水0.2）				
水气矿产		0.01			其他采矿法	1

年缴存额＝缴存标准×开采影响系数×矿山设计开采规模
缴存总额＝年缴存额×采矿许可证有效期

2.2　存在问题

2.2.1　生态补偿标准设计欠科学，补偿力度偏低

生态补偿作为一种经济上的补偿，本质上说是将生态价值货币化。目前，秦岭地区生态补偿机制中一个最大的技术障碍就是补偿标准的确定和补偿费用的核算。由于生态补偿制度在中国实施的时间较短，量化方面更是处于初始研究阶段，加之环境经济学定价等相关科学基础不够扎实，理论依据不足，评估机构缺失，加大了测算生态环境外部效应的难度，造成在补偿方和受偿方之间，无法达成补偿标准的统一。目前学术界广泛研究的几种计算方法，如机会成本法、收入损失法、费用分析法以及水资源价值法等，都鲜见用于秦岭地区的量化考核中。秦岭地区资源有偿使用和生态补偿制度建设要取得实质性进展，就必须加强量化方法研究及应用，只有用科学的方法量化出具体标准，才能在以后的资源有偿使用和生态补偿制度实施中取得较好的效果。

再从补偿力度来看，秦岭地区目前执行的资源税、森林生态效益补偿、退耕还林还草补助、水生态保护补偿等标准明显偏低。以煤炭为例，按照目前陕西省的资源税征收标准来看，资源税额占市场价格的比例仅为1%，远远低于国际水平。发达国家的权利金制度是矿产资源财产权制度的核心，美国针对煤炭的权利金征收标准是：露采12.5%，坑采8%。巴西则为3%。与此同时，森林生态补偿资金的标准偏低，虽然生态补偿的标准从2001年的5元/亩，提高到现在的15元/亩，但是依然存在着一些不合理的地方，生态补偿力度有待进一步加强。除国家生态公益林外，一些集体所有的公益林补偿不足等。同时现行的森林生态补偿没有根据实际情况确定合理的补偿标准体系和价值核算体系，往往采用"一刀切"的方式，但是不同区域、不同的树种、不同的林区所耗费的抚育成本也不同，不同地区的群众的发展机会损失也不同，对于不同权属的森林管护补偿差距大，容易影响公

众对于森林管护的热情和积极性。此外，目前中线水源地生态补偿资金仅包括保护投入成本，且金额偏低，机会成本并未考虑；退耕还林还草生态补偿标准尽管近年来有所提高，但由于没有考虑农户机会成本和损益状况的动态变化和不确定性，导致补偿标准也偏低。对生态保护者补偿不到位，势必导致生态保护者的责任不到位，生态受益者履行补偿义务的意识不强，开发者生态保护义务履行不到位，进而影响各方保护生态的积极性，影响全覆盖生态补偿制度的形成。

2.2.2 资源确权未到位，生态补偿的主体不完全明确

目前很多地区关于自然资源的数据匮乏，如各地自然资源的种类、面积、确权登记、保护范围等数据库尚未建立，甚至很多自然资源没有进行确权登记和保护。各地方无法确切地了解本地区的自然资源数量、面积、产权等现实状况，导致后期的生态补偿工作推进难度较大，无法落实明确的保护范围和责任主体。明确生态补偿主体、对象及其服务价值必须以界定产权为前提，产权不够明晰制约生态补偿机制的建立。由于自然资源产权制度没有建立，导致生态补偿有关规定中对各利益相关者的权利、义务、责任界定及对补偿内容、方式和标准规定不明确。补偿是多个利益主体（利益相关者）之间的一种权利、义务、责任的重新平衡过程。实施补偿首先要明确各利益主体之间的身份和角色，并明确其相应的权利、义务和责任内容。目前自然资源资产产权体系尚未对自然资源利益相关者的权利、责任、义务做出实质性的规定，强制性补偿要求少而自愿补偿要求多，导致各利益相关者无法根据法律界定自己在生态环境保护方面的责、权、利关系，使得生态环境保护陷入"公共悲剧"的陷阱。自然产权权利体系不健全。权利主体和权利、责任不明确，造成秦岭地区甚至陕西省和中国目前生态补偿的市场模式缺失。同时，环境管理法制、体制和机制不完善，管理体系条块分割，生态保护和补偿难以形成明确的责任机制。

以森林生态补偿为例，森林生态效益补偿基金由财政部设立，且由中央统一安排预算。不难发现，国家和政府是森林生态补偿最主要的补偿者，对森林生态补偿起着十分重要的作用。政府主导基金的建设、发放，并制定标准的方式可以使森林生态补偿得到很好的推动，但是，仅仅将政府作为森林生态补偿者显然过于单一，影响了森林生态补偿的资金来源，对于享受森林生态价值的人们而言，"警示"作用有限。单纯依赖财政划拨不仅会增加国家和地方财政的支出，而且有限的资金也难以满足经济和生态可持续发展要求，易导致补偿标准偏低或补偿不能及时兑现，影响森林资源保护的效果。秦岭地区大多是一些贫困地区，本来就缺少资金。补偿基金的责任如果完全由国家和地方财政承担，地方财政就会很吃紧且目前已很明显，从而无法完成地方的相关配套。同时，政府政策的实施，通常效果滞后于市场，完全依赖政府必将影响到当地居民生活水平的提高。

2.2.3 政策法规体系亟待完善

生态补偿机制作为一项庞大冗杂的工程，需要建立完善的法律法规作为前提和基础。尽管近年来各级政府对秦岭地区的生态补偿问题日益重视，各领域的生态补偿政策也日渐规范，如在"谁污染谁治理""谁受益谁补偿""谁破坏谁恢复"的补偿原则等方面都保持高度一致等。然而，要构建起完备的生态补偿制度法律体系还任重道远。从法律结构来看，目前秦岭地区乃至我国还没

有一部统一完整的，能涵盖森林、矿产、水土等多领域的生态补偿基本法，没有对生态补偿主体、对象、补偿标准、原则、依据等作出统一的规定，关于生态补偿的规定也是零星的分立在不同层级的单行法律法规中，如《森林法》《水法》等，而且大部分只是笼统的概念，非真正意义上的补偿法律制度的规范，其中对于生态补偿的范围过窄，标准过低，缺乏关于利益相关方明确的责、权、利的规定，对利益方主体的调解就很难实施，在实践中遇到如何收费、收费的标准等技术性问题，往往无法直接援引其法条；同时，立法的分散导致在生态补偿的法律领域缺乏系统性和一致性，如陕西省林业厅、水利厅、国土资源厅等各部门的相关政策相互独立，有关资源有偿使用和生态补偿的政策不集中，导致生态系统性和完整性难以得到综合考虑。常常出现不同区域之间或者不同生态领域之间法律适用和政策的相互矛盾和冲突，甚至出现上位法和下位法衔接不足，存在不一致的现象，导致实际执行中部门分割、空间分散，利益相关方群众无所适从，难免使补偿规定流于形式，不利于生态补偿法律机制的完善和进一步开展。此外，相关法律还需要进一步强化政府在生态补偿中的主导作用，需要建立生态补偿政策的绩效评估制度。

以秦岭地区作为南水北调水源地为例，其良性生态环境事关长江中上游流域以及全国的生态安全、防洪安全、供水安全、粮食安全、经济安全和国家安全。秦岭汉江、丹江流域是南水北调中线工程的主要水源地，"两江"流域人民为实现"一江清水送北京"做出了巨大贡献。但是，现行生态补偿机制大多处于政策层面，不多的立法也落后于生态环境保护、改善和建设的发展需要。由于尚未形成以法律为基础的生态补偿长效机制，严重制约了"两江"流域生态环境保护和改善，影响了水源地人民的主动性、积极性和创造性。因此，将生态补偿机制从宏观政策层面转化为具有可操作性的具体法律和政策层面，可以有效平衡水源地区同供水受益地区之间、资源开发利用同生态环境保护和改善之间、生态环境保护和改善者同良性生态环境受益者之间、眼前利益同长远利益之间的利益冲突，推动水源地人民实现可持续发展及国家不同区域之间的和谐发展。

再以跨境流域生态补偿为例，目前秦岭地区一些地方政府已经制定了针对流域生态开发状况的生态补偿办法和规章，如《陕西省渭河流域水污染补偿实施方案》等，但跨流域或跨区域间的流域生态补偿专项立法还很缺失，使得上下游省份之间在流域资源共享和环保责任的分担上很难达成利益均衡，省际立法规定无法一致，利益方就补偿结果难以达到协调，这就需要我国在国家层面上出台相关单项的直接调整的流域生态补偿专项立法，通过上位法指导下位法。

2.2.4 资源生态补偿手段和方式单一

如前所述，自然资源产权体系的不完善，涉及生态补偿的自然资源由于没有进行确权登记，受害权利人的合法权利得不到法律保护，导致涉及生态补偿的权利纠纷较多，导致生态补偿的市场行为难以展开，因此国内的生态补偿多以中央、地方政府为主导实施，但是由于生态补偿是一个大型项目，涉及的自然资源种类较多，面积较广，资金渠道以中央财政转移支付为主，以重大生态保护和建设工程及其配套措施为主要形式，导致国家或地方的财政压力较大，变相地阻碍了中国生态补偿的市场发育。秦岭地区亦是如此。目前秦岭地区常见的资源有偿使用和生态补偿方式基本是以政府行政主导为主，市场发挥作用的范围狭窄。政府行政主导多以财政拨款、补贴、罚款、征税等为主，市场方式仅见于采矿权、探矿权交易，排污权交易等较小的领域内。用以体现资源稀缺性的价格机制等市场手段用得不多，利用使用权交易、流域银行、湿地银行等多种市场机制开展生态补偿还非常薄弱。目前生态税单一，现有税种征收范围过窄，很多项目没有纳入征收范围内，流域地方性或专门性补偿基金缺失等。由于没有建立良性投融资机制，其他融资途径，如保险、股票、发行国债、生态环境建设彩票、利用外国政府和国际金融组织贷款，以及采取财政贴息、低息、投资补贴、减免税收等政策，诱导民间资本参与等手段的利用很不充分。同时，通过支援项目、物资供应、智力支持等非资金手段的生态补偿相对不足，激励性生态补偿机制缺乏，多层次、多类型、多途径的立体补偿体系还没有构建起来。

以森林生态补偿为例，目前秦岭地区森林生态补偿的实施和效果的显现还主要依靠政府的财政能力和支持，实现形式过于单一，但生态补偿所需的资金数额较大，单纯依赖财政划拨不仅会增加国家和地方的财政支出，而且有限的资金也难以满足经济和生态可持续发展的要求，容易导致补偿标准偏低或补偿不能及时兑现，影响森林资源保护的效果。因此需要引入市场机制[①]，完善森林生态补偿模式，实现财政补偿与市场化手段相结合，为森林生态补偿提供更多的后续资金。

再以水流生态保护为例，区域间补偿方式过于单一，缺少跨区域（部门）合作。秦岭地区甚至陕西境内跨市、跨部门的合作较少，常见的大多是纵向方式，即通过罚款征税然后再由省政府以补贴拨款等财政转移支付的方式下拨。仍以渭河治理中的城市联盟为例，省内的西安市、宝鸡市、咸阳市、渭南市和杨凌示范区之间也没有具体的长期横向合作，这会导致在相邻地区出现外部性时很难及时将之内部化，影响生态补偿效果。

2.2.5 缺乏有效的配套制度支撑和监管措施

生态补偿机制的建设涉及公共管理的各个层面和各个领域，需要相关制度的支撑，如生态服务功能价值评估技术制度、生态环境税费制度、生态环境保护的公共财政体制、生态保护的产业化政策、重要生态功能区保护制度、自然资源核算和绿色GDP核算制度等。与此同时，生态环境监测是生态环境保护的基础，进一步完善秦岭地区生态环境监测体系能够为秦岭生态服务价值测算提供基础支撑，进而为基于生态服务价值设计生态补偿标准提供决策参考。然而，秦岭地区生态环境检测网络存在范围和要素覆盖不全，建设规划、标准规范与信息发布不统一，信息化水平和共享程度不高，监测与监管结合不紧密，监测数据质量有待提高等突出问题。这些方面的基础薄弱，都会导致补偿形式单一、补偿标准不科学及补偿不足等问题，客观上制约了生态补偿机制的建立和实施。

与此同时，缺乏有效的生态补偿监管措施。在以政府财政为主的自上而下生态补偿方式的管理机构的运作中，由于缺乏有效的监督措施，存在不透明以及交易费用过高等问题。个别地方甚至弄虚作假、挪用补偿资金，有的还用于挥霍浪费、贪污腐败，而且转移支付补偿是否到位的信息收集成本越来越高。之前，秦岭"两江"流域存在过退耕还林款项被冒领、截留的恶劣情形。有些村干部利用协助人民政府从事行政管理工作之便，采取签订假承包合同、虚报冒领的手段，骗取国家退

---

① 市场化机制是基于森林生态服务价值供给者和潜在使用者之间进行磋商，以协调相关各方参与达成交易。

耕还林粮食补助款并据为己有。一些地方林业局退耕还林时并没有按照规定向群众发放"政策兑现证"，竟然存在未植一棵树就通过林业部门的检查验收的现象。这样，应该享受到生态补偿益处的老百姓并没有享受到益处，导致生态补偿的目的难以实现。

2.2.6 对生态补偿认识尚不到位

传统的、局限的环境观认为环境资源是一种"公共资源"，是取之不尽用之不竭的，任何人都可以随心所欲的支配环境资源而不付出任何代价。从经济状况和受教育程度的经验来反观我国秦岭地区的公共理念和生态受偿意愿来说，经济状况较发达地区，环境观念的转变较迅速，部分人已经意识到"环境公共财产论"等，认识到无偿得到环境资源而不付出任何代价是与生态的资源价值观、资源枯竭性理论是相悖的，而生态补偿作为一项社会性的工作，不仅需要政府的政策和相关法律的调整，也需要群众广泛的参与和支持，而这些认知对于经济贫困落后的秦岭地区来说，具有生态补偿的基本背景和条件，但意识和参与度上的局限性，还是使生态补偿的进程之路任重而道远。

目前，秦岭地区资源有偿使用和生态补偿制度建设还处于初始阶段，各部门根据各自领域内的问题提出相应的补偿方式，制度还较为简单粗糙；从上到下，以全局意识强调完善生态补偿制度的声音还较微弱，令人担忧。或者将生态补偿等同于政府财政补助，或者将生态补偿理解为欠发达地区的单向需求，或者认为生态补偿就是以政府为主体实施的各类工程和项目，类似的认识较为普遍。普通群众和百姓对于生态补偿的概念更为陌生，很难将之与自己日常行为联系起来，公众对生态补偿的参与程度不够，生态补偿难以真正体现群众的利益。而事实是，资源有偿使用和生态补偿与社会每一个个体高度相关。公众的社会共识没有构建起来，相关管理者的认识又不到位，这会在很大程度上影响秦岭地区的生态文明建设。特别是，随着秦岭地区进一步发展，深化生态意识、充分认识到完善资源有偿使用和生态补偿制度的重要性显得尤为必要。

3. 国内外生态补偿典型模式与经验

3.1 国外典型生态补偿模式

20世纪后半叶，随着工业化的推进和人口的迅速增加，人类对生态系统服务的需求显著增长。但在索取生态服务的同时并没有及时对生态系统做出相应的修复，生态环境被严重破坏，生态系统服务功能逐步受损。根据千年生态系统评估（MA），1960~2000年间，全球三分之二的生态系统服务正在退化，直接威胁到人类的可持续发展。各国纷纷寻找解决办法，生态补偿逐渐引起社会各界的重视。目前，全球生态补偿实践已遍布美洲、欧洲、非洲、亚洲以及大洋洲等许多国家和地区。

这些实践的应用范围变化很大，从小流域到整个国家，融资体系和补偿方式也呈现出多样化特点。总结国外生态补偿的实践经验，对建立和完善秦岭乃至中国的生态补偿机制具有借鉴意义。

目前国外典型生态补偿模式可以基于补偿主体划分为如下三种[①]。

表7-2-6　　　　　　　　　　　　　　国外生态补偿典型模式

补偿类型	运作模式	国家/地区	具体做法
政府为唯一主体	政府财政直接补偿	美国	设立废矿恢复治理基金用于生态环境恢复治理
		德国	专门成立矿山复垦公司，所需资金按联邦政府占75%、州政府占25%的比例分担
政府主导	政府实施直接补偿	美国	实施"土地休耕计划"等农业耕地保护计划，对按照计划退耕的农场主给予农产品价格补贴
		欧洲	制定法律，减少农业中氮的使用，如果遵守氮管理计划，将得到一定的补偿
		芬兰	国家采用购买的方式对生物多样性价值给予经济补偿
	生态补偿基金制度	德国	新开发矿区业主预留企业年利润3%的复垦专项资金，对因开矿占用的森林、草地实行等面积异地恢复
		墨西哥	建立一定资金规模的补偿基金，按照每年、每公顷一定金额的标准补偿森林提供的生态服务
		哥斯达黎加	建立全国性的环境服务付费制度，通过植树提供森林生态服务的土地拥有者可以得到按一定标准的补偿
		厄瓜多尔	首都基多成立流域水土保持基金，用于保护上游水土以及生态保护区
	征收生态补偿税	瑞典、比利时、芬兰	通过与环境有关的税收（绿色税），限制污染物排放，对生态环境进行补偿
	区域转移支付制度	德国	德国建立州际横向转移支付制度，通过改变地区间生态利益格局实现公共服务水平均衡。最大特点是资金到位，核算公平
	流域（区域）合作	德国	易北河上游捷克与下游德国达成共同整治易北河协议，并成立双边合作组织治理易北河污染，效果显著
市场运作	绿色偿付	美国	下游生态受益区对上游控制土壤侵蚀、预防洪水及保护水资源的社会团体或个人给予经济补偿
		法国	瓶装水公司对水源区周围采取环保耕作方式的农民给予补偿
	配额交易	美国	通过法律、法规、规划或者许可证为环境容量和自然资源用户规定了使用的限量标准和义务配额，超额或者无法完成配额，就要通过市场购买相应的信用额度
	生态标签体系	欧盟	对产品的设计、生产和销售进行绿色认证，保证产品寿命周期各个环节能够节约资源、减少污染物排放
		美国	在保护生态和自然的前提下生产的农副产品贴上认定标签，通过消费者的选择为这些产品支付较高的价格，间接偿付保护自然的代价
	排放许可证交易	澳大利亚	通过排放许可证交易，使生态服务商品化，并在市场交易中使生态服务提供者获得收益
	国际碳汇交易	哥斯达黎加	统计国内林业碳汇总量，并将额外的碳汇作为国家碳汇储备，适时出售给外国企业，所得收入大部分补偿给林主

---

① 何沙，邓璨："国外生态补偿机制对我国的启发"，《西南石油大学学报》（社会科学版），2010年第4期。

3.1.1 政府作为唯一补偿主体模式

政府作为唯一补偿主体模式，主要是指对于自然原因或人为原因造成的损失由政府财政作为唯一的补偿。其中德国就是一个非常典型的例子，作为欧洲开展生态补偿比较早的国家之一，德国的补偿机制根据其具体的地理以及历史发展环境，具有鲜明的特点，而最重要的是资金到位、核算公平，资金运转的方式以横向转移为主。所谓"横向转移"，就是根据一定标准对转移资金量进行复杂的运算，由富裕地区向贫困地区转移支付。意思就是说通过横向转移改变不同区域间既得利益格局，实现区域间公共服务水平的平衡。横向转移支付中的资金主要由两部分组成：一部分是扣除了划归各州的销售税的25%后，余下的根据各州居民人数分配；另一部分是财政比较富裕的州，按照一定标准计算后，拨给穷州的补助金。此类横向支付属于区域转移支付制度。

德国政府是整治原东德老矿区的责任和投资主体。原东德露天煤矿的长期开采对自然环境造成了严重破坏，不整治就会导致国土浪费、水源污染，对全体居民的福利和地区发展影响很大。东、西德统一后，原东德露天煤矿成为政府资产，德国政府认为，无论是从所有者的角度，还是从社会管理者的角度，在已经无法追究原矿山企业责任的情况下，政府应承担老矿区治理的全部责任。到2004年，德国政府共投入近130亿欧元，组织力量对原东德的老矿区进行了整治。整治基本是无偿投入，主要目的是恢复生态，提供适合生活居住和经济发展的环境。为了缓解当地失业压力，促进地区经济发展，政府也开发出一些区域，有偿出让，吸纳新的投资项目。

3.1.2 政府主导模式

政府主导模式，即政府作为增益性和损益性生态补偿主要支付者的一种补偿模式。最有代表性的就是1986年美国政府实施的"土地休耕保护计划"（Conservation Reserve Program，CRP）。该计划是根据美国1985年通过的食品安全法案设立，从1986年开始实施的一项全国性农业环保项目。以农民自愿参与为原则，由政府补贴，农民在10～15年内进行休耕还草、还林等植被恢复保护活动。土地休耕保护计划的主要目标是对那些极易被生长环境中的化学成分侵蚀的和适应能力比较差的农作物用地进行政府补贴，扶持农作物种植者积极实施退耕还林、还草等保护植被的措施，最终达到改善水质、控制土壤侵蚀、改善野生动植物栖息地环境的目的。在美国，对公民在土地和自然资源产权方面的权限划分十分清晰和明确。在这样的一个前提下，美国的生态补偿工程，必然要体现这一原则的精髓，在生态保护行政征用过程中，充分考虑公民的实际利益，以保护公民利益为原则，将生态补偿的额度与实际情况相联系，以求把由于对公民产权的限制而引起的损失减到最少。通过明确产权制度，一方面促进了自然生态资源价值良好运转，另一方面激发公民投入生态保护活动中的积极性。

美国CRP工程的补偿主要由植被保护的实施成本和土地租金补贴两部分组成。由于不同耕地类型所需要的生产条件不同，农业部门根据当地土地的租金价格和相对生产率来确定每一类耕地单位年最高的补偿金额。这样一来，补偿金额标准便呈现多样化的趋势。例如，2001年全美国CRP工程土地租金补偿标准最高为每英亩103美元，最低为每英亩27美元，平均为44美元。与此同时，CRP工程还向农民提供成本补偿，用于植树、植被和种草的管理与护理，但补偿额度不超过农民总成本的50%。农民获准参加CRP工程后，按规定，根据自己的意愿与农业部门签订10～15年的休耕合同，并且按照批准的面积和合同协商的补偿标准享受成本和土地租金补贴。在这样的条件下，从1996年起，就陆续有到期的CRP合同，合同到期的农民可自动延期一年，继续享受补偿（或申请提前结束合同）。对于申请提前结束合同的，一年后，仍然可申请继续参与。根据2001年底的数据显示，续签的项目土地达到55%。到2002年为止，实施CRP的农地面积有1360万公顷（3400万英亩）。对那些CRP合同期满的土地，有研究表明，49%的土地会一年内重新转成农地，但各地区的比例不尽相同。

美国CRP的补偿机制充分利用市场机制，并且在动态中不断完善与发展。其成功的关键是把市场机制和政策结合起来。农业部门根据地区间不同类型耕地具体的情况，先在各地制定最高补偿标准，农民则根据耕地的条件和市场情况，提出愿意接受的最低补偿标准。可见，虽然美国CRP工程的目的是改善生态环境和保护以及提高土地生产力，但在计划实施过程中仍然一直注重政府的宏观调控与市场自我调节的有效结合。美国CRP的工程一直在进行自我完善，以符合随着社会经济的不断变化所产生的、日益增长的环保需求。在CRP实施的初期，只要农民所申请的补偿标准等于或低于农业部门所确定的最高标准，即被批准。但此政策实施了一段时间后，政府便发现，有许多处在生态环境薄弱区域的耕地并没有纳入CRP工程，是因为受地形以及气候等因素的影响，本地区耕地的产量普遍较高，于是便产生了农民期望的补偿标准往往高于农业部门确定的最高标准的现象。针对这种情况，农业部门从1990年开始使用环境效益指数，重新确定补偿标准，把环境虽然脆弱但产量相对较高的耕地纳入了CRP工程。在1996年后，又调整了环境效益指数，使得对野生动物栖息地的保护也同时纳入CRP工程。农业部门还对采取抗盐碱植被带保持、湿地保护和防护林建设等措施的农民，放宽了申请加入CRP工程的条件，他们可以在任何时候加入CRP工程，并获得最高的土地租金补偿和优惠的成本补偿。

越南政府在开展的"人民林业"行动中，开始通过发放土地使用证明和签订保护合约将荒芜的林地分配给家庭，由"国家发起与促进流域保护和森林特殊利用计划"向家庭森林保护提供财政支持，此计划有每年6000万美元的预算，基金被用于国家森工企业、社团和地方，使其能够与家庭和个人签订合约以便实施保护和重建行动，每年每公顷土地支付的报酬高达50000越南盾（每年每公顷3.34美元），费用通过对计划实施进行监督的"森林保护机构"支付给居民。

流域生态补偿比较成功的例子是德国政府主导下的易北河流域的生态补偿政策。易北河贯穿两个国家，经捷克流向德国。1980年之前，由于未开展过流域整治，水质下降速度极快。1990年后，捷克和德国达成了共同整治易北河流域的协议，成立合作组织。整治的最主要目的是改良农用水灌溉的质量，保持流域生物的多样性，减少两岸向流域排放的污染物。根据双方的协议，德国在两岸流域建成了7个国家公园，总共占地1500平方千米；两岸流域共有200个自然保护区，并且禁止在保护区内办厂、修房或从事其他影响生态环境的活动。经过这一系列整治活动，到目前为止，易北河上游的水质已基本达到饮用水标准，收到较为显著的经济和社会效益。

德国在整治过程中，多方筹集资金，其中一项便是排污费（企业和居民的排污费收取后，统一交给污水处理厂，污水处理厂按一定比例保留一部分后，剩下的上交国家环保部门）。2000年，德国的环保部门拿了900万马克给捷克，用于建设捷克与德国交界的城市污水处理厂，充分体现了对环保的重视，不但满足了自身发展的需求，更实现了双赢。

3.1.3　市场化运作模式

市场化运作模式，就是指对生态补偿的产品进行创新，对产权关系相对较为明确的生态补偿类型进行补偿。例如美国就通过法律法规或许可证为自然资源用户限定了义务和标准配额。无法完成或超标的，就要通过市场购买相应的信用额度。而欧盟则对产品的设计、生产和销售进行绿色认证，以保证产品寿命周期各个环节能够节约资源、减少污染物排放。澳大利亚通过排污许可证交易，使生态服务商品化，并在市场交易中使生态服务提供者获得收益。哥斯达黎加则对国内林业碳汇的总量进行统计，将额外的碳汇划归为国家的碳汇储备，适时地卖给一些外国企业，所得收入的大部分都用来补偿给林主。

美国在实施退耕项目中，不仅充分发挥政府的主导作用，更注重利用竞争机制和市场机制。在实施退耕项目的过程中，美国政府除严格遵循农户自愿的原则并与农户签订合同外，还制定了法定蓄积量的可交易权计划，在行政调节下由私人组织开展森林采伐权的交易。在确定补偿标准时也引入了竞标机制来确定与当地自然经济条件相适应的租金率（即补偿标准），而不是由政府统一规定一个补偿标准。另外，美国在退耕项目实施中，采取一系列的倾斜政策。例如在国家环境基金项目的资源分配中优先考虑自然遗产保护区，对参加保护区项目的农村地区减免税收，并在农村信用评级中给予倾斜，为土地所有人或经营人提供了激励机制。

法国公司是世界上规模最大的天然矿泉水生产企业，以其生产的天然含气矿泉水闻名世界。该公司的水源地上游地区农业比较发达，因上游环境污染比较严重，使其水质受到严重影响，公司可以采取建立过滤厂或搬迁厂址寻找新水源的办法，也可以出资帮助水源地的农民采用先进环保的生产设备，激励他们采用有机农业的生产方式以降低污染、保护水源。通过比较后公司认为后一种办法会节约成本，因此公司通过购买水源区的农业用地，并将土地免费提供给那些愿意采用有机农业生产方式的农户耕种，此外还对将土地用于乳品业和种植业的农场给予相应补偿。该项目实施后成功减少了污染，水质得到极大提高。

考卡河流域是哥伦比亚最大的流域之一，由于农业与城市的快速发展导致严重缺水。根据当地法律规定，家庭用水处于首要地位，因而农业生产受到很大影响。对于该流域的管理，哥伦比亚设立了考卡河流域公司，该公司负责流域内不同用户间的水分配，并负责上游流域的坡地管理。由于该公司没有足够财力解决缺水问题，因此农民自发组成了12个水资源使用者协会来支持流域管理项目。根据不同的支付意愿，使用者自愿在原水费基础上提高一定费用作补偿，补偿费为每升1.5~2美元，另加0.5美元水获得许可费。补偿费被列入一项独立基金，该项目促使哥伦比亚水使用者联盟形成，并促进了全国类似协会的成立。

巴西也是充分利用激励机制来提高土地利用率和生态效益的国家之一。巴西的法律规定，在亚马孙河流域内任何土地所有人必须保证在其所拥有的土地上使森林覆盖率保持在80%以上。同时，为了有效地利用土地资源，政府允许那些从农业生产中获得较高收益但又违反了国家法律规定的农户，向那些把森林覆盖率保持在高于80%以上的农户购买森林采伐权，从而使整个地区的森林覆盖率能够保持在国家所规定的80%的标准。这种机制有利于提高土地的利用效率和生态效益，而且交易成本相对较低。

哥斯达黎加近年来也大量采用市场手段来补贴私人生产者所提供的生态效益或为政府保护生态效益提供财政支持，并立法规定把从化石燃料中征收的销售税作为生态效益补偿资金的来源之一。另外，哥斯达黎加还利用在国际市场上转让或销售温室气体补偿权的财政手段寻求生态保护所需的财政支持。哥斯达黎加统计国内公共财政建设林业碳汇总量，并将额外的碳汇作为国家碳汇储备，适时出售给他国企业，所得收入大部分补偿给林主。哥斯达黎加在碳汇量认证及碳汇贸易等方面对世界各国影响很大。

通过对国外生态补偿机制的分析，为秦岭地区乃至中国建立生态补偿机制提供以下经验：①将市场机制引入生态补偿，是一种手段的创新，也是建设和保护生态环境的有效途径；②生态补偿机制权属结构较为明确，补偿主体和客体权责清晰；③国家间横向转移支付制度作为一种特殊的生态补偿手段，为中国在处理不同地区间横向转移支付及研究相关配套技术提供参照。

3.2 国内典型生态补偿模式

过去的20多年里，中国开展了多种形式的生态补偿实践。已有的生态补偿主要从两方面入手：一是直接通过财政手段实施生态补偿和生态建设工程；二是通过调整生态税费政策，改变市场信号，提高生态破坏所占用的成本。浙江、安徽、福建等地也根据各地生态环境保护的特点，探索建立起一系列的生态补偿模式。现有的生态补偿主要在区域或流域尺度开展，所涉及的生态补偿包括：东中西部区域补偿、自然保护区补偿、矿产资源开发补偿、跨流域水权交易等。

3.2.1 政府引导生态补偿的"德清模式"

浙江省湖州市德清县西部地区是生态林的集中分布区，也是重要的水源涵养区，为确保水源安全，保障区域经济协调发展，德清县政府积极探索建立西部乡镇生态补偿机制，污染源得到了整治，顺利实现了水源的保护和生态县的建设，被原国家环保总局命名为国家级生态示范区。实践证明，德清县的河流整治和涵养工作收获了良好的效用，也被称为"德清模式"。

德清县生态补偿的主要做法包括：

（1）制定相关政策措施。德清西部地区是全县主要河流的源头和重要的水源涵养区，也是生态林的集中分布区。县政府于2005年2月正式实施《关于建立西部乡镇生态补偿机制的实施意见》（以下简称《实施意见》），对生态补偿机制的原则、生态补偿的范围、生态补偿资金的筹措、生态补偿资金的使用等做了明确规定；德清县生态建设领导小组办公室还下发了《关于印发德清县西部乡镇生态补偿资金缴纳和使用管理办法的通知》。上述两项政策性文件的出台，为德清县建立和实施生态补偿机制奠定了坚实的基础，增强了生态补偿政策的可操作性。

（2）明确资金渠道和使用方向。按照《实施意见》的要求，德清县从六个渠道筹措，进行专户管理。生态补偿资金主要包括县财政每年在预算内资金安排100万元，从全县水资源费中提取10%，在对河口水库原水资源费中新增0.1元/吨，从每年土地出让金县得部分中提取1%，从每年排污费中提取10%，从每年农业发展基金中提取5%。2005年，共筹措生态补偿资金1000万元。生态补偿资金的使用范围主要包括：生态公益林的补偿和管护，以日常生活垃圾处理为主的环境保护投入，西部地区环境保护基础设施建设，对河口水源的保护，因保护西部环境而关闭或外迁企业的补偿，其他经县政府批准的用于西部生态环境保护的。

（3）建立乡镇财政保障制度。德清县建立的西部乡镇财政基本保障制度。首先，针对由于中央税收改革带来西部乡镇财政收入减少的现状，县财政通过转移支付补足。其次，针对西部乡镇在保护生态环境方面所做的牺牲，县财政增加生态保护补偿预算资金，列入每年度财政预算，使西部乡镇工作人员的工资达到全县乡镇平均水平。

3.2.2 政府主导的纵向补偿"大鹏区模式"

深圳大鹏半岛生态环境得到有效保护，与当地居民对生态环境保护做出的贡献密不可分，但由于区位偏远、交通不畅、政策控制等因素，大鹏半岛原农村集体土地和山林限制开发，集体经济难以发展，农村集体土地、山林等资源性资产在增值方面做出了牺牲，导致农村集体经济欠发达，原村民无法享受到深圳经济社会建设成果中应有的福利，部分原村民生活还比较困难。针对上述情况，深圳市自2007年开始已经对大鹏新区实施了两轮生态补偿，并且取得了一些成效。

（1）补偿标准。深圳市政府于2007年2月2日印发了《关于大鹏半岛保护与开发综合补偿办法》（深府〔2007〕35号），明确通过转移支付方式，自2007年1月起至2010年12月止，给予大鹏半岛原村民每人每月发放生态补助费500元；2010年4月15日，《深圳市2010年改革计划》中提出，加快建立完善生态补偿机制，以财政转移支付等形式对生态控制线和生态功能重点保护区内受影响的主体实施补偿；2010年10月，深圳加快建立完善生态补偿机制，制定了《深圳市生态补偿系统工程研究和实施工作方案》，并选择基本生态控制线和水源保护区内具有一定代表性的地区作为全市实施生态补偿系统工程的试点区域，科学划分生态补偿的相应等级和标准。2012年12月7日，深圳市大鹏新区管理委员会颁布了《大鹏半岛生态保护专项补助考核和实施细则（试行）》，其中明确提出补偿措施及标准，自2011年起按照每人每月1000元的标准给予大鹏半岛原村民生态保护专项补助，发放期限为3年。大鹏新区从2007年1月1日起至2010年12月31日止，共补助资金4亿元（16652人×6000元/年/人×4年＝4亿元）；从2011年1月1日起至2015年12月31日止，共补助资金5.9亿元（16295人×12000元/年/人×3年＝5.9亿元），累计补偿超过10亿元。

（2）补偿政策。大鹏新区生态补偿主要基于《深圳市大鹏半岛自然保护区总体规划（2010~2020）》《大鹏半岛保护与发展规划实施策略》实施的生态保护资金补偿以及基于财政转移支付的间接生态补偿，主要为居民生产生活补偿。2015年底起，深圳大鹏新区开始实施了新型的生态补偿方案。区政府向社会公布了《大鹏半岛社区生态补偿实施方案》。在此之后，先后有关于重大项目、土地整备、查违、环境污染、毁林、非法种养、配合政府重大项目等部分的详细考核标准。

（3）取得成绩。目前，大鹏新区森林覆盖率达76%，是深圳市森林平均覆盖率的1.83倍，空气质量指数（AQI）达到48.75，PM2.5年平均浓度保持在20~30微克/立方米之间，近海水质超过国家二类海水水质标准，是深圳市环境质量最好的区域。生态补助政策实施后，辖区原村民人均年收入增加了1.2万元，生活水平得到大幅改善，特别是对于众多生活困难家庭而言，生态补助不但解决了他们个人每月近700元社保缴费问题，还解决了家庭子女上学费用和重大病患者治疗费用紧缺等一系列民生问题，进一步密切了党群政群和干群关系。

3.2.3 生态补偿市场手段——浙江全流域生态补偿机制

浙江省在建立生态补偿机制方面在全国率先迈出创新的一步。从2008年开始，除了宁波市（计划单列）以外，处于浙江省八大水系源头地区的45个市、县（市）每年将获得不同额度的省级生态环保财力转移支付资金。为从体制层面建立激励和约束机制，这一制度对水体和大气环境质量设立警戒指标标准，例如水环境的警戒指标为水环境功能区标准，大气环境的警戒指标为空气污染指数（API值）低于100的天数占全年天数的比例不低于85%。质量高于警戒指标的，每提高一个级别给予一定的补助奖励，低于警戒指标的，每降低一个级别给予一定的处罚。无论是奖是罚，上下游都"有福同享，有难同当"。凡市、县（市）主要流域各交界断面出境水质全部达到警戒指标以上，将得到100万元的奖励资金补助，而水质年度考核较上年每提高1个百分点，就增加10万元的奖励补助；反之，每降低1个百分点，则扣罚10万元补助。大气质量考核较上年每提高1个百分点，奖励1万元；反之，每降低1个百分点，扣罚1万元，以此类推。生态环保财力转移支付制度充分利用浙江省目前已经全面建立的环境监测装置，围绕水体、大气、森林等基本要素，设置生态功能保护、环境（水、气）质量改善两大类因素相关指标，包括省级以上公益林面积、大中型水库面积、主要流域水环境质量和大气环境质量等4项具体指标，结合污染减排工作有关措施，运用因素法和系数法，计算和分配各地的转移支付金额。

2009年07月20日，《浙江省人民政府关于开展排污权有偿使用和交易试点工作的指导意见》（浙政发〔2009〕47号）发布，化学需氧量（COD）排污权有偿使用和交易先在太湖流域和钱塘江流域试行，二氧化硫（SO_2）排污权有偿使用和交易在全省范围试行。2010年10月25日，《浙江省人民政府办公厅关于印发浙江省排污权有偿使用和交易试点工作暂行办法的通知》（浙政办发〔2010〕132号）发布，积极有序推进排污权有偿使用和交易试点工作，规范排污权有偿使用和交易行为。截至2011年6月底，浙江全省共有11个设区市、35个县（市、区）开展排污权有偿使用和交易试点工作，累计实行排污权有偿使用企业4642家，缴纳有偿使用费8.31亿元；排污权交易1274笔，交易额2.92亿元。排污权有偿使用和交易金额总数达到11.23亿元。同时，浙江省还积极推进排污权抵押贷款，累计贷款129笔，涉及金额6.20亿元。

浙江全流域生态补偿机制的探索实践取得了积极成效。2015年1~9月，浙江全省145个跨行政区域河流交界断面中，Ⅰ~Ⅲ类水质断面102个，占70.3%；Ⅳ类33个，占22.8%；Ⅴ类3个，占2.1%；劣Ⅴ类7个，占4.8%。满足功能要求的断面103个，达标率为71.0%。与上年同比，Ⅰ~Ⅲ类水质断面比例上升5.5个百分点，劣Ⅴ类水质断面比例下降6.9个百分点；达标断面比例上升6.9个百分点。全省221个省控断面中，劣Ⅴ类断面16个，占7.2%。分布在平原河网（13个）、椒江（1个）、鳌江（1

个）和浙闽交界水系（1个）。与2014年同比，劣Ⅴ类断面个数减少13个（2014年1～9月为29个）。2014年相比，劣Ⅴ类断面个数减少7个（2014年为23个），其中劣Ⅴ类转为非劣Ⅴ类的断面7个。

3.2.4 环境协议模式——福建重点流域生态补偿

闽江是福建省最大的河流，年径流量621亿立方米，流域约占福建省总面积的一半，主要涉及福州、南平、三明等市，是福建省的母亲河。2005年6月，福建省财政厅、省环保局联合印发了《闽江流域税环境保护专项资金管理办法》的通知（闽财建〔2005〕111号），确定了闽江流域生态补偿的基本形式和内容。

2005～2010年，福州市政府每年增加1000万元闽江流域整治资金，用于支持上游的三明和南平市整治闽江流域各500万元；三明、南平在原来闽江流域整治资金的基础上，每年各增加500万与福州资金配套用于闽江流域治理。每年合计2000万元，由省财政设立专户管理，专款用于流域三明段、南平段的治理。省环保局"切块"安排1500万元资金，参照"专项资金"的拨付办法使用。专项资金主要用于三明、南平市辖区内列入省政府批准的《闽江流域水环境保护规划》和年度整治计划内的项目，重点安排畜禽养殖业污染治理、农村垃圾处理、水源保护、农村面源污染整治示范工程；工业污染防治及污染源在线监测监控设施建设项目。

在这些强有力制度的支撑下，"十一五"期间，流域水质总体得到改善，水环境功能达标率和Ⅰ～Ⅲ类水质比例均不断上升。2010年，10个国控断面均达到或高于Ⅲ类水质标准。水环境功能达标率为99.4%，比2005年提高了6.5%，Ⅰ～Ⅲ类水质比例为99.1%，比2005年提高7.1%，实现了"十一五"规划95%以上的国控和省控断面达到功能分区环境质量标准的规划目标。

2015年1月28日福建省人民政府印发《福建省重点流域生态补偿办法》，提出对跨设区市的闽江、九龙江、敖江三个流域实行生态补偿办法，资金筹措和分配上向流域上游地区和欠发达地区倾斜，对水质状况较好、水环境和生态保护贡献大、节约用水多的市、县加大补偿。按照《福建省重点流域生态补偿办法》规定的资金筹集和分配办法，福建省发展改革委利用上年度数据进行了模拟测算。从测算结果来看，三个流域共可筹集生态补偿金不少于10亿元，约70%的资金将分配到流域上游的南平、三明、龙岩地区，三个流域之间所获补偿总体均衡，各市、县获得生态补偿情况也体现了"对水质状况较好、水环境和生态保护贡献大、节约用水多的市、县加大补偿，反之则少予或不予补偿"的制度设计原则，必将进一步调动各市、县保护生态环境的积极性。

10亿河流生态补偿资金主要来源：一是省级财政性资金支持。自2015年起，省财政厅每年安排重点流域水环境综合整治专项预算支出两亿多元用作流域生态补偿金。二是流域下游市县缴纳的生态补偿金，但下游市县和省级扶贫开发工作重点县按低于上一年度地方财政收入的不同比例上缴流域补偿金。具体测算依据为重点流域范围内的市县政府上一年度工业用水、居民生活用水和城镇公共用水总量，具体筹资标准是下游区域按0.03元/立方米，其他市县均按0.015元/立方米上缴流域生态补偿金。

全省三个重点流域范围内的43个市县共同作为流域水环境治理和生态保护的责任主体和权利主体，都要无一例外地按照省内测算标准缴纳生态补偿金。同时，考虑到经济发展水平和地方财力的差异，在资金来源和分配上主要倾斜保护受影响流域上游地区和经济欠发达地区。另外对水质较好、对生态环境和水资源保护贡献大的市县加大补偿力度，反之则减少或不予补偿。福建省重点流域生态补偿机制的整体制度体现了责任共担、公平对待的总体思路。

3.2.5 市场机制的"东阳—义乌"水权交易模式

浙江省是我国流域生态补偿进行实践和探索较早也较成功的省份，其中2001年由东阳和义乌两市首次签订了城市间水权交易协议，这种通过市场机制交易对生态资源进行共享和区域合作，也为其他行政区域提供了生态补偿的新思路和新经验。

义乌城市供水严重不足，存在很强的水需求。义乌市人均水资源仅1132立方米，加之自有水库蓄水不足和水污染，水源不足成为经济社会发展的瓶颈。在义乌各种备选的水源规划方案中，区内挖潜的办法如新建水库等大都投资成本高、建设周期长、水质得不到保障。而从毗邻的东阳横锦水库引水因投资省、周期短、水质好，为满足用水需求的最优方案。东阳市水资源则相对丰富，有能力将一部分横锦水库的水供给义乌市使用，将丰余的水资源转化为经济效益。一方有需求，一方能供给，于是最朴素的市场法则促成了这笔首例跨城市水权交易。2000年11月24日，浙江省金华地区的东阳市和义乌市签订了有偿转让用水权的协议，主要内容是义乌市拿出2亿元向毗邻的东阳市购买横锦水库5000万立方米水资源的永久使用权。

"东阳—义乌"水权交易模式打破了行政手段垄断水权分配的传统。长期以来，中国的水权分配被行政垄断，主要表现为"指令用水，行政划拨"。在流域管理中，流域各地区用水通常是由上级行政分配，干旱季节用水或水事纠纷也主要由行政手段协调。在跨区域或跨流域调水中，调水工程一般由中央或上级行政部门主导实施，对区域之间的水资源实行行政划拨，调水工程由国家包办或有很高的投资补贴。在市场经济条件下，无论是流域内上下游水事管理，还是跨流域调水，运用行政手段难度越来越大，协调利益冲突的有效性越来越差。在"东阳—义乌"水权交易中，由于利用行政协调速度慢、不可靠，加之自身经济实力很强，义乌选择了直接向东阳买水，运用市场机制购买获得用水权，这不同于以往所有的跨区域调水，突破了行政手段进行水权分配的传统。

"东阳—义乌"水权交易模式标志着中国水权市场的正式诞生。水资源的所有权属于国家，因此水权的初始分配必须通过政府机构。但是水权的再分配并不必然通过行政手段，如果通过市场进行，就会形成水权交易市场，简称水权市场。同样，水商品的分配如果通过市场来进行，就会形成水商品市场。实际生活中，我们把水权市场和水商品市场笼统地称为水市场。缺水给企业带来巨大的商机，并因此推动水商品市场迅速发展壮大。而与此同时，水资源使用权的流转却完全通过行政划拨，水权市场还是一片空白，同水商品市场形成巨大反差。东阳—义乌水权交易打破了水权市场的空白，率先以平等、自愿的协商方式达成交易，第一次形成一个跨城市的水权流转市场。

"东阳—义乌"水权交易模式证明了市场机制是水资源配置的有效手段。东阳和义乌运用市场机制交易水权，双方的利益都有所增加。东阳通过节水工程和新的开源工程得到的丰余水，其每立方米的成本尚不足1元钱，转让给义乌后却得到每立方米4元钱的收益，而义乌购买1立方米水权虽然付出4元钱的代价，但如果自己建水库至少要花6元。东阳和义乌通过水交易，将促使双方都更加节约用水和保护水资源，市场起到了优化资源配置的作用。

3.2.6 横向生态补偿的异地开发模式

浙江省磐安县位于金华市的上游，是金华重要的水源涵养区。由于担心磐安县只顾自身利益大力发展可能对金华市造成污染的工业，因此金华市与磐安县通过协商达成共识，在金华市建立了扶贫经济开发区，当作是磐安县的生产用地，并在基础设施建设以及投融资很多方面给予大力支持。这样做的好处是：一方面避免了对下游地区造成污染，另一方面对上游地区牺牲本区域经济利益的行为也给予了一定补偿。

由于上游水源区磐安县与中下游的东阳市、义乌市均属于金华市所辖范围，它们之间在财政和经济上易于协调与合作，尤其上游磐安县与金华市属于上下级的关系。磐安县位置相对偏远、经济落后，同时又是生态屏障的重要功能地区，1996年金华市为了解决磐安县经济贫困问题，并保护水源区环境，在金华市工业园区，建立一块属于磐安县的"飞地"——金磐扶贫经济技术开发区，一期占地660亩，容纳130家企业。2004年开始二期开发，增加1平方千米土地。相应地要求磐安县拒绝审批污染企业，并保护上游水源区环境，使上游水质保持在Ⅲ类饮用水标准以上。开发区所得税收全部返还给磐安，作为下游地区对水源区的保护和发展权限制的补偿。2002年开发区实现财政收入4033万元，占磐安全县税收的近四分之一。2004年达到了5300万元。因此，以政府推动为主，市场参与企业经营与生产过程，通过企业市场竞争获得的税收作为对上游水域生态服务的补偿。另外，对上游磐安县流域保护补偿的资金来源还包括浙江省通过财政转移支付对磐安县生态保护专项基金、国家和浙江省公益林补助基金和退耕还林补助基金。

综上，尽管在全国层面出现了一些典型做法和好的模式，但总体来看，中国的生态补偿机制还没有根本确立，谁开发谁保护、谁受益谁补偿的利益调节格局还没有真正形成，在促进生态环境保护方面的作用还没有充分发挥，需要付出长期艰苦的努力。

3.3 重要启示

3.3.1 政府多是生态补偿建设的主导力量

在过去30多年时间里，秦岭地区乃至中国开展了多种形式的生态补偿实践，政府在建立和推动实施生态补偿方面发挥了主导性的作用，通过财政手段实施生态补偿和生态建设工程，或是通过调整生态税费政策，提高生态破坏和占用的成本。但与此同时，政府责任不明确、补偿手段单一、横向管理体制不健全等问题阻碍了生态补偿机制作用的发挥。因此，要进一步发挥政府的主导性作用，切实强化生态管理部门的责任，加强政府部门之间的协调统一，结合实际采取多样化的补偿手段，严格监督生态补偿，承担协调和仲裁的责任，采用综合生态管理的方法指导生态保护与建设活动。

3.3.2 市场作用的发挥是生态补偿机制有效运转的关键

尽管政府是生态效益的主要购买者，市场竞争机制仍然可以在生态补偿中发挥重要的作用，政府完全可以利用市场手段和经济激励政策来提高生态效益。当前秦岭地区生态补偿实践还没有充分地发挥市场机制的作用，存在市场缺失的问题，主要表现在三个方面：一是政策环境的缺失。中国长期以来的计划经济体制使得政策制定过程中计划、规划的意识根深蒂固，即使制定了市场规则，也抹不掉计划的影子。同时，中国市场机制起步较晚，市场还不健全，与其他领域中的市场机制一样，生态补偿的实施同样缺乏完善市场机制的政策环境。二是手段缺失。由于中国实施生态补偿的市场机制不健全，基于市场交易的生态补偿的实施手段较为单一，实施效果并不理想。三是交易平台缺失。生态补偿实践中缺乏受益者和受损者谈判交易的平台，受益者和受损者难以进入市场并顺利通过谈判实现利益的均衡。因此，必须根据秦岭地区现状，适当引入美国等国家在生态补偿中的市场机制和竞争机制，来提高当地公民保护生态环境的积极性，从而进一步完善秦岭生态补偿机制，逐步建立政府引导、市场推进和社会参与的生态补偿机制。

3.3.3 完善的法律是建立生态补偿机制的重要基础

这在许多国家的农业、林业、矿山、流域自然保护区、生物多样性保护补偿等政策法规中得到了体现。比如，英国矿产资源开发的生态环境恢复与英国完善的法律政策体系密不可分。自1909年以来，英国先后颁布了40余部关于规划的法律法规，其中1947年和1968年的规划法对英国规划体系的影响最大。根据1947年的规划法，几乎所有的开发活动都要向政府申请规划许可，制订发展规划是政府的法定义务，中央政府承担着地方规划之间协调的职能。1990年的《城乡规划法》、1991年的《规划和补偿法》和1995年的《环境法》3部法律规定了矿产资源规划的法律制度。根据这些法律，矿产规划管理部门应编制矿产开发规划，通过规划制定矿产开发政策和部署矿产开发活动，并据此审批矿产开发的规划申请。矿产资源规划要根据政府制定的《规划政策导则》和《矿产规划导则》来编制。又如，美国的生态环保补偿机制是渗透在各行业单行法里，他们认为农业是影响生态环保的最重要的因素之一，其农业法案大部分内容都是就生态环保问题对农业的资金补偿。

政策法律框架下的项目运作是实现补偿的主要方式。从国外案例可以看出，不论是哪种生态服务的支付类型，都不是对某一项政策或某一项法律条款的简单执行。法律政策只是传达国家或地方政府要实现生态保护目标的决心，对包括补偿在内的保护措施做一些原则性和结论性的规定。而不论采取何种方式来实现政策目标，大多都通过具体项目的实施方式落到实处，并且该项目具备一定延续性。如美国的农业环境政策除了依靠环境法规以强制性形式执行外，还通过大量的环境项目建设，如水质改善项目、自然保护区计划、农业资源保护项目、环境质量激励计划等，将环境措施具体化，推动农民对环境的保护。

尽管中国已经建立了初步的生态补偿法律体系，但当前的法律法规体系还很不完善，如对各利益相关者权利义务责任界定及对补偿内容、方式和标准规定不明确；立法落后于生态保护和建设的发展，对新的生态问题和生态保护方式缺乏有效的法律支持；一些重要法规对生态保护和补偿的规范不到位；法规的刚性规定需要一些因地制宜的柔性政策进行补充，等等。因此要借鉴国外成功的制度，系统梳理有关法律法规，重新修订有关法律法规。突出生态环境利益和生态公共价值，将生态补偿的范围、对象、方式、标准等确定下来，明确国家、地方、资源开发利用者和生态环境保护者的权利和责任，通过完善法律法规，建立生态补偿的长效机制。

3.3.4 建立区域合作机制是实现生态补偿的重要方式

生态系统是一个整体，许多国家的经验已经说明，大范围生态补偿机制不可能由一个地区或一个部门建立起来，只有建立部门联系、上下联动的综合机制，生态补偿政策才能奏效。生态补偿的问题要打破部门、地区、行业界限，建立有效的协调与合作机制。

德国易北河的生态补偿机制比较典型。易北河上游在捷克，中下游在德国。1980年前从未开展流域整治，水质日益下降。1990年后德国和捷克达成采取措施共同整治易北河的双边协议，成立双边合作组织，由双边国专业人士组成，目的是长期改良农用水灌溉质量，保持两河流域生物多样，减少流域两岸排放污染物。双边组织由8个专业小组组成（行动计划、监测、研究、沿海保护、灾害、水文、公众和法律政策等）。双边合作小组还制定了短中长期分步实施目标。经整治，目前易北河上游水质已基本达到饮用水标准。易北河流域边建起了7个国家公园，占地1500平方千米。两岸流域有200个自然保护区，禁止在保护区内建房、办厂或从事集约农业等影响生态保护的活动。易北河流域整治的经费来源：一是排污费，居民和企业的排污费统一交给污水处理厂，污水厂按一定的比例保留一部分资金后上交国家环保部门；二是财政贷款；三是研究津贴；四是下游对上游经济补偿，如2000年德国环保部拿出900万马克给捷克，用于建设捷克与德国交界的城市污水处理厂。

在国家间推行生态补偿机制，推动大范围的区域性合作，以达到利益共享、成本分担的目的，值得中国借鉴。秦岭地区地域辽阔，水流域跨度大，牵涉到的行政区域和管理部门众多，在对其进行生态保护、补偿的过程中，各地区和部门之间缺乏合作，各自的工作目标不明确，补偿资金的分配不合理，补偿标准偏低等问题突出。深入研究和分析德国易北河流域生态补偿机制，为秦岭地区水源生态补偿制度的建立和完善提供理论依据和实践经验。

3.3.5 社区参与是生态补偿机制的必要补充

生态系统服务可能局限在某一特定范围，由社区内部成员共享，如公共池塘、水库、草地、森林等。这些提供服务的生态资源由于对每一个社区成员重要而没有私有化，成为共有产权资源。

社区参与的生态补偿要求具备以下条件。

第一，生态系统服务为共有产权资源。生态系统服务局限在特定的范围内，由社区内部成员共享，从而这些提供服务的生态资源成为共有产权资源，使用者的资格由社区身份确定。

第二，竞争性共有资源使用中的双向外部性。对于竞争性共有资源，一个成员的使用将减少其他成员的使用量，从而导致资源利用上的外部性。然而，由于共有产权中所有成员资格平等，其资源使用上的外部性是双向的，即每个成员受益者与损失者于一身。

第三，社区成员通过内部交易实现竞争性共有资源使用的外部效应的内部化。不同成员在偏好、生产条件、技术水平、收入结构方面存在差异，对共有资源的需求不一致。于是，成员内部可就资源使用权进行交易，以提高生态系统服务的利用效率。在流动性弱、成员资格相对稳定的社区，与生态系统服务交易的可能是其他方面的物质利益或共有资源跨年度的使用权。

由于社区参与的生态补偿实践条件要求过于严格，现实中具备上述条件的案例比较少。国外介绍比较多的是德国鲁尔区煤矿、钢铁企业，地方政府和当地居民共同参与社区的管理；多瑙河、塞纳河等流域社区共管等案例。对中国而言，世界自然基金会在湖南省西洞庭湖自然保护区青山垸对鱼类洄游和鸟类栖息地的保护的案例大体符合上述条件，但由于有社区外部因素的干预（世界自然基金会的介入），可看作"准"社区参与的生态补偿实践。

青山垸坐落在湖南省西洞庭湖自然保护区，曾饱受旱涝灾害。1999年退田还湖政策实施后，垸内有5800多人失去了土地，生计成为问题，非法及过度捕捞、猎鸟等严重干扰了鱼类洄游和鸟类栖息，不仅大大增加了西洞庭湖自然保护区的工作压力，还加剧了农民与政府的冲突、农民与保护区的矛盾。

在此案例中，湖南省西洞庭湖自然保护区青山垸可看作局限在特定范围内的一个社区，对鱼类和鸟类的保护可看作是对生态系统服务的维护和改善。鱼类和鸟类可看作竞争性共有产权资源，因为一个成员的捕捞和猎鸟行为将减少其他成员对鱼类和鸟类的使用量，从而导致资源利用上的外部性。同时，由于社区内所有成员资格平等，其资源使用上的外部性是双向的，即每个成员集受益者与损失者于一身。

为了使保护区内的农民都可以成为湿地保护的受益者，进而成为维护者，从而实现湿地保护的可持续发展。世界自然基金会推动成立了由县林业局、水产局、旅游局、公安局、环保局和水利局参加的共管领导小组，下设由西洞庭湖自然保护区、蒋家嘴镇政府、洋淘湖镇政府、社区代表参加的共管委员会。共管委员会下设水产资源组、野生动物保护组、生态旅游组和环境检测组。以水产资源组的工作为例，共管委员会组织社区人员入股进行集体养殖捕捞，统一销售，按股分红，共同受益，相当于社区成员通过内部交易实现竞争性共有资源使用的外部效应的内部化。

社区参与的生态补偿为社区带来的直接经济效益是农、渔民的收入增加，最初入股1万元的农户每年都可以得到1万～2万元的收入。意识到生计改善与自然保护密不可分，激发了当地农、渔民自觉保护自然资源和景观的积极性，他们不仅自觉按章作业，还积极制止、举报违反保护区规章的行为。对保护区来讲，保护资金有所保障，巡护压力下降，巡护能力增强，从而使保护区的综合管理水平有所提高。保护区内的生态状况得到了不断改善，社区参与生态补偿实践的当年就有3万只水鸟返回垸区，其中有些是30年未见的鸟类。湖南省西洞庭湖自然保护区青山垸的这种社区参与模式值得在中国相似的自然保护区推广。

另外，由于巴西、墨西哥、哥斯达黎加、澳大利亚和美国纽约等国家或地区在提高生态效益的过程中尽可能地把当地社区的生存和经济利益考虑在内，从而取得了预期的效果。中国有92%的贫困人口生活在山区和林区，生活在林区的一些社区组织在保留有利于提高生态效益的实践模式（如混农林业）中发挥着十分重要的作用。政府应该加强社区组织的建设和社区之间的联系，确保当地社区能够在改善森林生态效益的过程中获益，为当地社区参加可持续林业的发展提供激励。

此外，独立于当地社区的外来机构不应该把预先设计好的方案强加给当地社区，而应该充分尊重当地社区的喜好和乡土知识，鼓励当地社区参与项目和建立机制的设计。如果外来机构一方面因为忽略上述因素而不能切实地给当地社区带来符合其愿望的帮助，另一方面反而使当地社区从政府部门得到的拨款减少，因为政府机构可能考虑到外来机构正在对某一社区提供帮助从而把资助资金拨付给那些外来机构帮助的社区，这样反而给当地社区带来消极的影响。由于生态补偿和扶贫之间存在资金相互利用的问题，今后秦岭地区应该综合利用这两种资源，进一步探索如何提高这两种资源的利用效率。

3.3.6 严格有效的生态补偿约束机制不可或缺

严格的约束机制是生态补偿机制的重要组成部分，约束机制的功能体现在两个方面，一是对造成生态破坏的行为进行限制，二是通过经济利益的驱动，达到生态补偿的目的。生态税制度和生态补偿保证金制度是主要的生态补偿约束机制。

（1）充分发挥生态税的作用。生态环境税在经济合作发展组织内的国家已经比较成熟，瑞典、丹麦、荷兰和德国等国都已经成功地将收入税向危害环境税转移。目前，西方国家普遍开征的环境税有以下几种：空气污染税、水污染税、固体废弃物税、噪声税、注册税等。1991年瑞典为森林生态效益补偿提供资金颁布了世界第一个生态税调整法案，根据产生二氧化碳的来源，对油、煤炭、天然气、液化石油气、汽油和国内航空燃料等征收碳税，排放1吨二氧化碳征税120美元，并对其他生态环境破坏行为征税。法国为加强对温室效应的控制，从2001年1月1日起对每吨碳征收150~200法郎的税，以后逐年增加，10年期末即2010年要达到每吨碳征收500法郎的标准，所得收入主要用于补贴政府社会支出。欧盟已建议在其成员国内部推广二氧化碳税，并制定了具体的征收措施。巴西在森林生态效益补偿中遵循"谁保护、谁受益"的原则，国内已有6个州实施生态增值税，对那些建立保护区并实行可持续发展政策的州政府，政府规定把向那些州所征收的销售税的25%返还给他们，并允许每个州可以自己制定分配标准。一些国家如美国、瑞典、荷兰、德国、日本等还开征二氧化硫税、水污染税、噪音税等生态税，把这些收入专项用于生态环境保护，使税收在生态环境保护中发挥了巨大的作用。例如，美国税法规定二氧化硫浓度达到一级和二级标准的地区，每排放一磅分别征收15美分和10美分；瑞典对每吨二氧化硫排放征税3050美元。

（2）实施生态补偿保证金制度。美国、法国、英国、德国、菲律宾等国都建立了矿区的生态补偿保证金制度。澳大利亚的保证金制度很灵活，目的很明确，主要是基于鼓励和推广的目的。它对所有采矿企业进行区别对待。矿区生态环境复垦工作做得最好的几家矿业公司只缴纳25%的复垦保证金，而其他的公司则必须100%地缴纳。对恢复结果良好的企业，返还保证金；对恢复不好的企业，则由政府组织力量替代恢复。超过保证金的部分，由矿山企业承担。当然，类似矿山开发环境恢复治理这种形式的生态保证金制度亦可尝试在其他行业和部门逐步推广。

（3）重视生态标志制度。生态标志制度虽然不是直接意义上的生态系统服务购买或生态补偿，但是公众通过对以环境友好方式生产的产品进行消费，实际上购买了附加在这些产品上的生态系统服务的价值，是以超出一般产品的价格对生产这类产品所付出的保护生态的额外成本进行间接补偿。

前面论述的欧盟实施的生态标志制度就已经取得了很好的效果。在中国现行的税制中，与自然环境、资源有关的税种主要有资源税、消费税、城建税、车船使用税、固定资产投资方向税等。但是，中国对煤、石油、天然气、盐等征收的资源税，主要是针对使用这些自然资源所获得的收益而征收的，其目的是调节从事资源开发的企业因资源本身优劣条件和地理位置差异而形成的级差收入，不是为了促进资源合理有效的开发和利用，因而并非真正意义上的资源税。从资源保护的角度来看，中国现行税制有缺陷，大部分税种覆盖面小，尤其是消费品税收的作用还未发挥出来。今后秦岭乃至全国地区要逐步扩大排污收费的范围，提高排污收费标准，加大收缴力度。积极探索生态补偿收费的实践，制定严格的征收标准，实行收支两条线管理，征收的生态补偿费应该专款专用，用于生态恢复和补偿。积极探索建立生态破坏保证金制度（或抵押金制度），实施费改税的政策改革，建立基于市场经济背景下的激励与约束机制。

4. 秦岭生态补偿机制的系统设计

4.1 总体要求

4.1.1 指导思想

全面贯彻落实中国政府关于生态文明和绿色发展相关重要文件精神，进一步健全秦岭地区生态保护补偿机制，依据《关于健全生态保护补偿机制的意见》（国办发〔2016〕31号）、《生态文明体制改革总体方案》《陕西省国民经济和社会发展第十三个五年规划纲要》《陕西省人民政府关于加强生态保护工作的通知》（陕政发〔2000〕22号）、《陕西省人民政府关于开展秦岭北麓生态环境保护专项整治工作的通知》（陕政发〔2003〕17号）、《陕西省秦岭生态环境保护条例》，结合秦岭地区现状，按照适用于整个陕西省的各领域共同遵循的指导思想，不断完善财政转移支付制度，探索建立多元化生态保护补偿机制，逐步扩大补偿范围，合理提高补偿标准，有效调动秦岭地区人民参与生态环境保护的积极性，促进生态文明建设迈上新台阶；科学界定保护者与受益者的权利义务，加快形成受益者付费、保护者得到合理补偿的运行机制。发挥秦岭地区当地人民政府对生态环境保护的主导作用，加强秦岭地区生态补偿制度建设、引导社会公众积极参与；在生态补偿系统设计中应包含诸如事前评估申报制度、事中监测制度、事后考核制度等在内的全程管理理念；应有诸如政府信息公示制度、百姓反馈信息及时回复制度等在内的公开透明的制度等；将试点先行与逐步推广、分类补偿与综合补偿有机结合，稳步推进不同领域、区域生态保护补偿机制建设，不断提升生态保护成效。

4.1.2 基本原则

（1）坚持权责统一、科学补偿的原则。谁受益，谁补偿。科学界定保护者与受益者的权利、义务，生态环境是公共资源，环境保护者有权利得到投资回报，使生态效益与经济效益、社会效益相统一；环境开发者要为其开发、利用资源环境的行为支付代价；环境损害者要对所造成的生态破坏和环境污染损失作出赔偿；环境受益者有责任和义务向提供优良生态环境的地区和人们进行适当的补偿。生态补偿机制必须在公平公开的层面上运行，基于生态服务功能价值测算，科学核算生态补偿的标准体系，建立阳光运作的补偿程序和监督机制，同时又要建立责、权、利相统一的行政激励机制和责任追究制度，形成"应补则补，该补则补，公众监督，奖惩分明"的有效运转体系。推进生态保护补偿标准体系和沟通协调平台建设，加快形成受益者付费、保护者得到合理补偿的运行机制。

（2）坚持政府主导、社会参与的原则。要充分发挥各级政府在生态补偿机制建立过程中的主导作用，努力增加公共财政投入，完善政策调控措施，创新体制机制，拓宽补偿渠道，通过经济、法律等手段，加大政府购买服务力度；同时又要积极引导社会各方参与，逐步建立多元化的筹资渠道和市场化的运作方式。

（3）坚持统筹协调、转型发展的原则。坚持科学的发展观和保护观，使生态环境的保护与经济社会的发展协调统一起来。要坚持与时俱进的生态保护观，以经济发展为支撑，有效地保护和利用现有生态资源的存量。各地要多方支持欠发达地区和重要生态功能区的经济社会发展，促进保护地区与受益地区共同发展。将生态保护补偿与实施主体功能区规划、西部大开发战略和集中连片特困地区脱贫攻坚等有机结合，逐步提高重点生态功能区等区域基本公共服务水平，促进其转型绿色发展。

（4）坚持突出重点、稳步实施的原则。在秦岭地区部分区域先行试点与逐步推广、分类补偿与综合补偿有机结合。立足当前，按照突出重点的原则，在充分总结现有生态补偿实践经验的基础上，确定生态补偿机制建立的核心内容和实施生态补偿的重点领域，使生态补偿机制发挥出最佳的整体效益；着眼将来，按照循序渐进、先易后难的原则逐步解决理论支撑和制度设计的问题，深入探索和研究生态补偿的内在发展规律。稳步推进不同领域、区域生态保护补偿机制建设，不断提升生态保护成效。

4.1.3 目标任务

实现秦岭地区森林、水流、湿地、耕地等重点领域和禁止开发区域、重点生态功能区等重要区域生态保护补偿全覆盖，补偿水平与经济社会发展状况相适应，渭河、汉江、嘉陵江、洛河跨流域补偿试点示范取得明显进展，湿地环境、森林生态系统等生态补偿试点示范取得更大进展，多元化补偿机制初步建立，基本建立符合中国国情和秦岭地区区情的生态保护补偿制度体系，打造秦岭生态补偿全国样板和典范，促进形成绿色生产方式和生活方式。

4.2 分领域重点任务

4.2.1 森林

健全秦岭地区地方公益林补偿动态调整机制,未来可考虑重点完善以政府购买服务为主的公益林管护机制,优化由政府提供的森林生态补偿补贴方式,包括向森林所有者提供补贴、税收减免、贴息贷款以鼓励其保护森林和维持森林生态服务功能。加大重点生态功能区生态补偿和转移支付力度,提高补偿标准,扩大覆盖面。可参照在各个发达国家和个别发展中国家中采取的"固定补偿标准自愿协议"途径,提供各类补贴政策支持森林生态保护相关活动,并且通过细化不同类别的补贴基金对各类相关的活动进行补贴。如可将林地补贴计划分为六个方面:林地规划补贴、林地评价补贴、林地更新补贴、林地改造补贴、林地管理补贴和造林补贴,通过这六种补贴方式分别对林地的规划、管理决策信息获取、采伐后更新、增进林地公益价值、增强林地公益性管理和造林等活动提供资金支持。对于以保护原始和次生的森林植被为目的的,可签订如5年为合同期的协议,政府补偿150元/亩·年,协议期满后政府根据资金状况决定是否延续协议。合理安排停止天然林商业性采伐补助奖励资金。对于可持续森林体系,可采用5年总共补偿150元/亩·年,且土地所有者除了必须开展可持续森林管理外,承诺15年内维持现有森林林地。对于在退化土地或废弃耕地上造林的土地所有者,可采用250元/亩·年,土地所有者承诺15~20年内维持所营造的森林。同时,要不断健全秦岭地区地方公益林补偿动态调整机制,随社会平均工资水平的提高和物价变化,及时调整有关补助标准,增长幅度可设立为与当地GDP增长幅度一致。

4.2.2 水流

在秦岭地区南水北调中线水源地,秦岭集中式饮用水水源保护区,重要河流如渭河、汉江、嘉陵江、洛河等的敏感河段和水生态修复治理区,水产种植资源保护区,水土流失重点预防区,重要蓄滞洪区以及具有重要饮用水源或重要生态功能的湖泊,全面开展生态保护补偿,适当提高补偿标准。加大水土保持生态效益补偿资金筹集力度。加强以断面监测水质情况确定流域上下游补偿责任主体,建立行政辖区出入境水质自动监测系统;有序推进现有水环境生态保护补偿,实施新一轮秦岭地区流域横向生态补偿试点,进一步完善秦岭地区水环境生态补偿工作,在渭河、汉江、嘉陵江、洛河干流以及重要支流启动开展地表水跨界断面生态补偿。对跨地市范围的江河流域实施生态补偿机制,主要做法是确定流域水源涵养的重要区域,并结合水质功能区划确定一个行政辖区的水质标准。生态补偿机制的主要标准和依据是流域内不同断面的水质标准,以断面监测水质情况确定流域上下游补偿责任主体,若断面监测水质达到标准,下游地区补偿资金拨付上游地区;若断面监测水质达不到标准,上游地区补偿资金拨付下游地区。同时,在全流域范围内建立行政辖区出入境水质自动监测系统,监测数据直接报省环保部门。建立一套环境绩效考核指标体系,对各级政府进行检查和考核,以环境监测数据为依据,以群众满意为目标,并将考核结果作为流域内各区域生态补偿的重要依据。生态补偿的专项资金来源包括两部分:一是原有与生态建设和环境保护相关的专项资金的统一调配使用,使用中强调生态补偿的原则;二是政府财政新增的资金,生态补偿专项资金主要用于环境综合整治和生态建设项目,由政府主导实施。此外,国家自2016年7月起,率先在河北省开展水资源费改税试点,在试点取得经验基础上逐步向全国其他地区推开。秦岭地区作为河北省水源地之一,在接受水资源税按一定比例返还的同时,应争取成为国家第二批水资源费改税的试点区域,以稳定地方财力,帮助当地恢复生态、改善民生。

4.2.3 湿地

湿地系统生态补偿主要用于湿地保护奖励、退耕还湿、湿地生态效益补偿和湿地保护与恢复等。湿地生态补偿资金来源可以积极争取秦岭国家级湿地公园和自然保护区退耕还湿试点,以中央政府为主,地方政府和社会为辅,共同维护湿地生态系统和功能的稳定。探索建立湿地生态效益补偿制度,积极争取秦岭重要湿地及周边纳入生态效益补偿试点单位。如率先在汉中朱鹮栖息地自然保护区、红碱淖湖泊湿地两个中国重要湿地及周边纳入生态效益补偿试点单位。同时,加强秦岭区域湿地资源费征收工作:一是按照"谁受益,谁补偿"的原则,省政府应制定统一的收费政策,对所有受益于湿地生态效益的单位和个人征收生态补偿费,如保护区内及周边的生态旅游企业、水电企业、煤炭企业、排污企业等;二是对消耗湿地水资源工矿企业收取水资源费;三是参照征占用林地的管理办法对保护区内建设项目征收征占用湿地资源补偿费。补偿标准可参考:对保护区内群众的补偿参照当地正常生产情况下的收入标准进行补偿。对管理机构的补偿以用于湿地防火、资源监测等的支出作为参考。对于其他方面的补偿根据实际情况而定。秦岭地区湿地对维护生态系统的稳定性、应对全球气候变化以及减少碳排放起着举足轻重的作用。如果建立国家湿地补偿长效投入机制,秦岭地区湿地保护区的退化湿地可以得到有效恢复,生物多样性得到保护,生态系统也可以长期保持稳定。比如可考虑下一步将秦岭地区的商洛丹凤丹江国家湿地公园、陇县秦岭细鳞鲑国家级自然保护区、丹凤武关河珍稀水生动物国家级自然保护区、黑河珍稀水生野生动物国家级自然保护区等4处国家级湿地公园和自然保护区纳入退耕还湿试点单位,按标准每亩补偿1000元/年。各试点单位通过土地置换、一次性买断、收缴国有土地等多种方式安排退耕还湿。稳步推进退耕还湿试点,适时扩大试点范围。

专栏7-2-1　《湿地保护修复制度方案》目标任务
（国办发〔2016〕89号）

主要目标:实行湿地面积总量管控。到2020年,全国湿地面积不低于8亿亩,其中,自然湿地面积不低于7亿亩,新增湿地面积300万亩,湿地保护率提高到50%以上。严格湿地用途监管,确保湿地面积不减少,增强湿地生态功能,维护湿地生物多样性,全面提升湿地保护与修复水平。

重点任务:一是完善湿地分级管理体系,二是实行湿地保护目标责任制,三是健全湿地用途监管机制,四是建立退化湿地修复制度,五是健全湿地监测评价体系,六是完善湿地保护修复保障机制。

4.2.4 耕地

探索建立以绿色生态为导向的农业生态治理补贴制度，对在地下水漏斗区、重金属污染区、生态严重退化地区实施耕地轮作休耕的农民给予资金补助，轮作休耕期补偿标准按当地低保标准补偿。扩大新一轮退耕还林还草规模，逐步将25度以上陡坡地退出基本农田，纳入退耕还林还草补助范围。研究制定鼓励引导农民施用有机肥料和低毒生物农药的补助政策。探索从土地利用角度实施耕地生态补偿，主要考虑两个方面：一方面，农田具有生产粮食等产品的功能，特别是质量好的、纯净的、没有被污染的农田具有生产健康的、绿色的，甚至是有益于人体健康的多功能产品。从这一层意义上看，保护了农田就是保护了绿色环境，而由此造成的责任与权益不对等需要给予补偿。另一方面，工业化、城市化的迅速推进，农田受到工业排放的污染侵蚀，通过点源污染的方式直接损害农田，导致其质量下降。城市化的加快、人口的剧增及其不合理的土地利用行为也直接破坏农田土壤的内部组成，导致其质量的下降，对这种损害行为应当给予惩罚。从这两个层面上，对耕地进行生态补偿的实质是让农田生态破坏者行为约束和对保护者给予激励的一种手段。

针对退耕还林，重点是：一要调整退耕还林补助政策。对退耕还林补助政策进行调整，将过去的过程式补助转变为成效式补助，将过去的年年检查、年年兑现转变为"三年、五年、八年"检查兑现，减少各级林业部门资源浪费，调动广大退耕户保护退耕地的积极性。二要提高退耕还林补贴标准。一期退耕还林补助标准明显偏低。建议国家启动新一轮退耕还林补贴标准，将苗木补助标准提高至500元/亩，粮食补贴标准调至300元/亩。三要落实退耕还林配套工作经费。退耕还林的作业设计、规划编制、技术指导、检查验收、合同和工程实施方案等资料的印制需要投入大量的工作经费。由于秦岭地区大部分县为贫困县，地方财政十分困难，退耕还林工作经费严重不足，很多县级林业主管部门负债维持，严重影响了退耕还林工程的正常开展。建议中央进一步加大对中西部实施退耕还林地区的财政转移支付力度，将退耕还林工作经费和管护经费纳入中央财政转移支付范围。

4.2.5 矿山

严格贯彻落实《关于加强矿山地质环境恢复和综合治理的指导意见》和《陕西省矿山地质环境治理恢复保证金管理办法》，探索建立动态监测体系，全面掌握和监控秦岭矿山地质环境动态变化情况。探索建立矿业权人履行保护和治理恢复矿山地质环境法定义务的约束机制。加快全面矿山地质环境恢复和综合治理的责任，实现新建和生产矿山地质环境得到有效保护和及时治理，历史遗留问题综合治理取得显著成效。建立健全制度完善、责任明确、措施得当、管理到位的矿山地质环境恢复和综合治理工作体系，努力形成"不再欠新账，加快还旧账"的矿山地质环境恢复和综合治理的新局面。针对新矿山的生态破坏问题，按照"谁开发、谁保护""谁破坏、谁治理"的原则解决，做到不欠新账。对于废弃矿山，采用两种办法治理和恢复：若受益者明确的废弃矿山，按照"谁受益、谁治理"的机制实施；若废弃矿山已没有或无法确定受益人的，则由政府出资并组织实施。

4.3 体制机制创新

4.3.1 明确生态补偿主体

实现生态补偿的前提是明确权属主体。清晰的自然资源资产产权既可以充分地保护各产权主体的利益，也可以合理的确定补偿主体和补偿对象。根据"谁受益、谁补偿""谁破坏、谁恢复""谁污染、谁治理"原则，生态补偿的主体和对象其实是相对的，补偿主体在理论上应是生态环境保护的受益者，补偿对象理论上应是对保护生态环境而提供某种生态服务的牺牲者。

（1）国家和集体。作为自然资源的所有权主体，是生态补偿的主体之一，主要是因为国家和集体的职能决定的。根据自然资源管理权主体的界定，不同资源类型的管理机构应在其管理范围内作为生态补偿主体。中央政府作为补偿主体的范围主要包括全国性保护意义的自然资源、跨省域范围的自然资源，如全国性自然保护区、风景名胜区、自然遗产、森林公园等，跨省域范围江河、湖泊水体、湿地、山脉、沙漠等自然资源；省级政府作为补偿主体的范围主要包括省内批准的自然保护区、风景名胜区、自然遗产、森林公园等，跨市域范围江河、湖泊水体、湿地、山脉、沙漠等自然资源；市级政府作为补偿主体的范围主要包括市批准的自然保护区、风景名胜区、自然遗产、森林公园等，跨县域范围江河、湖泊水体、湿地、山脉、沙漠等自然资源；县级政府作为补偿主体的范围主要包括各县批准的自然保护区、风景名胜区、自然遗产、森林公园等，不跨县域范围江河、湖泊水体、湿地、山脉、沙漠等自然资源。同时，若跨市的江河湖泊水体、湿地、山脉、沙漠等自然资源，一方市级政府需要自然资源相邻的另一方市级政府提供相应的生态服务时，那么另一方市级政府就可转换成为补偿对象。

（2）企业组织。企业作为生态补偿的主体，是因为企业从事生产经营活动几乎都要涉及自然资源的利用和实施影响生态环境的行为，而且企业往往是导致生态环境问题的主要"肇事者"。根据"谁受益、谁补偿""谁破坏、谁恢复""谁污染、谁治理"原则，企业应当是主要责任的承担者。由企业向自然资源的所有者或者生态环境服务的提供者支付相应的费用。这样，一方面可以减少企业的污染行为，另一方面，补偿费用也是国家生态补偿资金的主要来源。在现代社会，企业是越来越重要的生态补偿主体。在国家生态补偿体系中，要充分发挥企业作为生态补偿主体的作用。

（3）公民。公民作为生态补偿主体，主要是公民作为生态环境的占用者和自然资源的享用者，其个人生活、家庭生活和从事个体经营活动产生外部不经济性行为。如：个体或家庭生活产生的生活垃圾，开饭馆的个体工商户排出的大量废弃等，他们也应当交纳相应的垃圾处理费和排污费，承担相应的生态补偿责任。除了对自己的直接环境污染行为承担补偿责任外，公民作为最终的消费者，还必须为间接的环境污染行为承担补偿责任。比如，合理的天然气价格应该包括环境治理成本，作为最终用户的居民，在购买天然气的同时，也履行了补偿责任。

（4）社会组织。作为生态补偿主体的社会组织，主要是指非营利性组织，他们是一些社会成员出于自身的政治目的、宗教信仰、个人伦理道德修养或对于公益事业的关心和热爱而自发组织起来的社会团体。作为生态补偿主体的社会组织又分为两类：一类社会组织的活动有可能对生态环境产生负面影响，因此也应当承担相当的补偿责任；另一类是纯粹的环境公益组织，是义务性的补偿。社会组织的经费来源主要来自对生态保护有觉悟的非利益相关者通过某种形式的捐助和资金募集，包括国际、国内各种组织和个人通过物质性的捐赠和捐助。社会组织一般不是生态补偿的经常主体。

4.3.2 丰富生态补偿方式

秦岭地区应该改变过去政府既为主导又为主体的补偿方式。以政府为主导的同时，尽可能多地引入市场主体，利用经济学方法来解决经济发展过程中的外部性问题。可借鉴西方发达国家的可交易许可与限额交易、受益方与受损方的直接市场交易、生态标记等手段丰富生态补偿方式。在融资方面，秦岭地区也完全可以采用类似福利彩票、生态基金、信托基金、国际资助、国民募捐、慈善主题行动、银行保险等方式来筹集资金。同时，探索生态资源配额交易，对耕地、林地、湿地等自然生态资源要进行总额控制，根据占用的需要相互购买配额；推行排污许可交易、鼓励国际碳汇交易等市场手段，所得资金供秦岭保护使用。此外，在政府主导的税收领域，秦岭地区可探索征收生态补偿税（碳排放、氮排放、硫排放、垃圾填埋、能源税等）；也可采用类似信贷优惠、差别税收、环境保护专项资金支持等措施给予从事绿色环保产业或符合国家绿色环保相关要求的企业以一定的优惠政策，这也会起到良好的激励作用。

还可通过借鉴美国清洁水州周转基金（CWSRF）等设立与运行经验以及国内其他大型水利工程的做法，从受水区的水费中提取一定额度作为生态补偿基金，专项用于秦岭水源地环境保护、移民遗留问题解决、移民安置区基础设施建设和经济发展等方面。也可利用企业购买生态服务实现生态补偿。对以生态资源为生产要素的企业而言，主动投资购买生态服务，是保证企业生存或实现利润最大化经营目标的重要保证。如可引导秦岭水源地的矿泉水公司、水电公司等，学习和借鉴国内外水资源利用和开发企业购买生态服务的做法，实现生态补偿。

4.3.3 科学量化生态补偿标准

科学量化资源有偿使用制度和生态补偿标准应坚持"谁污染、谁治理""谁受益、谁补偿"的原则。秦岭地区应借鉴诸如支付意愿法、机会成本法、收入损失法、费用分析法以及水资源价值法等科学量化方法，组织各领域的专家，进行跨学科、跨领域的合作，强化秦岭地区资源有偿使用和生态补偿标准的测度、修订和论证工作，出台较详细、可操作性较强的量化细则。由于各个地区的实际情况差异较大，在实际中影响量化的因素又非常复杂多变，因此，这项工作可根据各地实际情况按区域、分类型推进，亦可采用机制研究和试点工作并举、理论与实践相结合的方式展开，注重渐进性，这样就可减少制度建设的成本。一旦科学量化出秦岭地区资源有偿使用和生态补偿的各项标准，那就可以最大程度避免在落实生态补偿政策时的人为主观判断、模糊性、互相推诿扯皮及其他低效率问题。

专栏7-2-2　　　　重点领域生态系统生态补偿标准确定依据

（1）森林、草地生态补偿标准确定依据。草地与森林生态系统的补偿依据相似。以森林生态系统为例，森林生态补偿标准的核算方法包括：一是以植树造林的直接成本作为标准，直接成本包括造林的直接投入和管理成本。这种方式补偿力度不足，起不到激励的作用，人们很容易受到其直接经济利益的诱惑，又一次对森林进行破坏。二是机会成本核算法。计算当地人为保护森林而放弃的经济发展的成本。这种方式在研究森林生态补偿时应用较多。三是直接核算森林生态系统的生态服务价值。这种方法在计算和实施的过程中都存在难度。但有研究认为可将生态系统服务功能的效益估约为其直接效益（木材价值）的10倍。此外，森林生态系统补偿标准还应考虑地域因素、经济水平等多方面影响。

（2）流域补偿标准确定依据。当下，大多流域的生态补偿标准都是以投入和效益这两个方面为依据进行测算的。在投入方面，主要是对流域水资源和生态保护的各项投入进行核算，既包括上游对于环境污染综合治理、农业污染治理以及涵养水源等项目的投资，也包括为了优化水资源环境的质量和数量而新建的生态保护和建设项目、新建水利设施以及环境污染综合整治项目等的投资。在效益方面，则主要是对投入在经济、社会、生态等产生的外部效益以及因水源地保护而限制发展所带来的一系列损失进行估算，包括下游地区因未得到上游达标水质带来的损失、产业的发展、公众生活水平的提升以及旅游业发展等方面的损失，也包括生态服务价值增加量，即上游环境保护促使生态服务价值有所增加，例如水质优化、水土流失面积缩减以及水量丰盛等创造的效益。近年来，随着利益相关者充分参与到生态补偿行为的研究中，有学者在充分思索的基础上提出，对于流域生态补偿标准的核算还应将支付能力及支付意愿考虑其中。支付能力主要包含地方财政能力以及居民的收入水平，是流域生态服务经济补偿中不得不考虑的现实性因素。倘若支付标准与下游地区的支付能力差距深远，不仅会影响和牵制下游地区的经济发展、社会进步，也会使得下游地区被迫放弃污染控制、浪费水资源等方式以谋求更大的经济利益，对流域保护造成消极影响。而支付意愿则是下游地区愿意为流域生态服务改善可能支付的经济补偿数额，它既牵涉到下游利益相关者的利益性质、密切程度，还与利益相关者对于流域保护的认知水平、预期改善程度以及个人经济状况有着重要联系。

（3）矿产资源开发补偿标准确定依据。矿产资源的开发是融合了自然再生产与经济再生产相统一的过程，它不仅需要对经济进行补偿，更为重要的是对生态予以关注。在我国，有关矿产资源开发补偿的税费包括矿产资源税、矿产资源补偿费、矿探权使用费以及采矿权使用费。其中，矿探权使用费和采矿权使用费都是经济补偿，并非生态补偿。当前涉及的生态补偿资金主要通过矿山环境恢复治理保证金的形式收取，以矿产资源开发造成的环境经济损失为金额高低的具体计算依据。在理论上，矿产资源开发的生态补偿主要以矿区生态环境资源破坏损失的价值为依据，包括了土地、水、大气以及景观功能等直接抑或是间接受损价值与发展机会损失的成本价值总和。由于从不同角度对生态环境及其损失进行测算的标准不尽相同，损失的具体价值往往很难确定，或是偏向大值，给实际操作带来很大难度。因而，有学者倡导以国外的成熟经验为借鉴，从达到生态损失治理为目标的角度出发，认为对生态环境保护和重建的直接投入成本可等同为将受到破坏的生态环境恢复到正常或预期的状况所需支付的费用，所以依据治理成本（重置成本）确定的矿山环境恢复治理保证金征收标准就显得比较实际，且便于实际操作和具体执行。

4.3.4 形成生态补偿稳定投入机制

在丰富生态补偿方式基础上，加快构建并完善秦岭地区资源有偿使用和生态补偿制度，建立稳定的投入机制，通过多渠道筹措充裕的生态保护补偿资金，以加大生态保护补偿力度。建议通过提高均衡性转移支付系数等方式，秦岭地区各县、地区所属市以及省财政逐步增加对重点生态功能区的转移支付。明确建立国家财政生态转移支付稳定增长机制，稳步提高秦岭地区生态保护政府投入，对重点生态功能区内的基础设施和基本公共服务设施建设予以倾斜，完善转移支付制度，加大对重点生态功能区域的支持力度。进一步完善森林、湿地、水流、耕地等资源收费基金和各类资源有偿使用收入的征收管理办法，逐步扩大资源税征收范围，允许相关收入用于开展相关领域生态保护补偿。完善生态保护成效与资金分配挂钩的激励约束机制，加强对生态保护补偿资金使用的监督管理。当然，政府财政融资在一段时间内还是会作为生态补偿资金的主要来源渠道。随着居民生活水平和环保意识的逐渐提高，可以探讨债券、生态彩票、基金等其他融资形式作为补偿资金来源的辅助渠道。

4.3.5 加强跨省（市区、部门等）横向合作

构建地区间横向财政支付体系，秦岭地区可充分利用借鉴国内外先进的管理经验，对市区间、部门间的力量进行整合，进行跨市区、跨部门的横向合作。合作方式除了构建地区间横向财政支付体系还可采用多途径、多维度的市场方式解决。政府可为受益方和受损方提供相关建议和指导，让双方直接交易。如鼓励南水北调中线工程受益区如北京、天津等地参与秦岭生态保护区、秦岭地区各流域下游与上游通过资金补偿、对口协作、产业转移、人才培训、共建园区等方式建立横向补偿关系。这种横向合作可有效整合各方资源，提高沟通协商效率，进一步推动秦岭地区资源有偿使用和生态补偿制度的建设。继续推进南水北调中线工程水源区对口支援生态补偿试点，推动在京津冀水源涵养区开展跨地区生态保护补偿试点。

4.3.6 结合生态保护补偿精准脱贫

在秦岭地区生存条件差、生态系统重要、需要保护修复的地区，结合生态环境保护和治理，探索生态脱贫新路子。生态保护补偿资金、国家重大生态工程项目和资金按照精准扶贫、精准脱贫的要求向贫困地区倾斜，向建档立卡贫困人口倾斜。重点生态功能区转移支付要考虑贫困地区实际状况，加大投入力度，扩大实施范围。开展贫困地区生态综合补偿试点，创新资金使用方式，利用生

态保护补偿和生态保护工程资金使当地有劳动能力的部分贫困人口转为生态保护人员。对在贫困地区开发水电占用集体土地的，试行给原住居民集体股权方式进行补偿。此外，还可争取申请水电矿产资源开发资产收益扶贫改革试点，逐步建立贫困地区水电、矿产等资源开发资产收益扶贫制度。

> **专栏7-2-3　《贫困地区水电矿产资源开发资产收益扶贫改革试点方案》摘要**
> **国办发〔2016〕73号**
>
> 试点目标。在贫困地区选择一批水电、矿产资源开发项目，用3年左右时间组织开展改革试点，探索建立农村集体经济组织成员特别是建档立卡贫困户精准受益的资产收益扶贫长效机制，形成可复制、可推广的操作模式和制度。
>
> 试点范围。在集中连片特困地区县和国家扶贫开发工作重点县（以下统称贫困县）开展试点，优先选择革命老区和民族地区贫困县。
>
> 试点内容。重点围绕界定入股资产范围、明确股权受益主体、合理设置股权、完善收益分配制度、加强股权管理和风险防控等方面开展试点。
>
> 项目选择。以精准扶贫、精准脱贫为导向，在全国范围内选择不超过20个占用农村集体土地的水电或矿产资源开发项目开展试点。试点项目不限企业所有制性质，但应符合相关规划和产业政策及环境保护要求，并满足以下条件：
>
> （1）水电开发应选择建设周期较短、经济性较好、征地面积和移民人数适量的项目；矿产资源开发应选择以露天开采方式为主、预期盈利能力较强的项目。
>
> （2）2017年内完成审批核准程序并开工建设。
>
> （3）征地范围不跨省（区、市）。
>
> （4）征地及影响范围内的原住居民，应包括一定比例建档立卡贫困户。
>
> （5）出具项目影响区域内原住居民同意参与试点、农村集体经济组织承诺优先分配给建档立卡贫困户集体股权收益等证明材料。

4.3.7　扩展公众的参与渠道

公众参与是环境保护中使用非常广泛的制度，它为公众参与实施森林生态补偿工作提供了一条重要的途径，也提供了参与的渠道。要扩展社会公众参与森林生态补偿的渠道，建立秦岭地区生态补偿综合决策机制，从而引导公众参与生态补偿。要发展民间环保组织。要通过发展民间环保组织扩宽公众参与的渠道，畅通公众表达诉求的渠道，通过环保投诉热线、环保接待日的设立，加强社会监督，鼓励公众参与到生态补偿建设中来。要建立听证制度，鼓励公众针对生态补偿方面的实施提出合理化的意见建议，促进利益相关者参与生态补偿建设。

此外，要进一步加强生态补偿宣传教育力度，使各级领导干部确立提供生态公共产品也是发展的理念，使生态保护者和生态受益者以履行义务为荣、以逃避责任为耻，自觉抵制不良行为；面向普通大众宣传生态保护的必要性，对秦岭地区人民加强生态保护补偿政策解读，及时回应社会关切；要充分发挥新闻媒体作用，依托现代信息技术，通过典型示范、展览展示、经验交流等形式，引导当地人树立生态产品有价、保护生态人人有责的意识，自觉抵制不良行为，营造珍惜环境、保护生态的良好氛围。

4.4 保障体系建设

4.4.1 法律法规体系建设

国家层面尽快研究出台《生态补偿条例》，并进一步形成《生态补偿法》，明确生态补偿的基本原则、主要领域、补偿范围、补偿对象、资金来源、补偿标准、相关利益主体的权利义务、考核评估办法、责任追究等。引导企业、社会团体、非政府组织等各类受益主体履行生态补偿义务。同时，在国家层面上完善我国现有的各类生态保护和管理方面的法律法规，在生态保护和环境污染的基础上加入生态补偿的内容。如在《森林法》中，进一步完善森林生态系统生态补偿的范围与补偿主体的补偿方式的规定；在《防沙治沙法》中，对沙漠治理主体的补偿方式和补偿标准等内容应该进一步明确规定；在《草原法》中，完善草原综合利用方式和生态补偿方式的相关规定；还可考虑制定统一的《流域管理法》，为流域生态恢复和重建以及经济和社会发展提供法律保障，形成《流域管理法》和《生态补偿法》相互协调的法律体系。从而保障生态建设有法可依，促使生态环境保护的顺利进行。

秦岭地区层面，针对目前有关生态补偿制度较为笼统且各自为政的缺陷，建议完善相关的法律法规体系，研究制定并出台《秦岭生态保护补偿条例》或《秦岭地区健全生态补偿机制的意见》，不断推进生态保护补偿制度化和法制化。出台能够囊括森林、湿地、水流、耕地等各领域的补偿政策，分门别类一一将政策和细则明确化，使秦岭地区生态补偿有据可依。秦岭所涉各地各级人民政府要把健全生态保护补偿机制作为推进生态文明建设的重要抓手，列入重要议事日程，明确目标任务，制定科学合理的考核评价体系，实行补偿资金与考核结果挂钩的奖惩制度。及时总结试点情况，提炼可复制可推广的试点经验。建立专门用来收集各种建议及监督反馈信息的平台，并设立专门机构和人员负责核实、调查与及时反馈。这是落实公开透明的执法环境与吸引广泛的公众参与的一种有效方式，可用较低的成本收到良好的效益。这些制度应随着实践中所碰到的问题进行适时的动态调整，以使秦岭地区生态补偿制度的建设处于不断优化之中。

4.4.2 政策制度体系建设

根据秦岭区域不同主体功能区定位要求，健全差别化的财政、产业、投资、人口流动、土地、资源开发、环境保护等政策，实行分类考核的绩效评价办法。在开展资源环境承载能力评价的基础上，探索编制重点生态功能区产业准入负面清单，因地制宜制定限制和禁止发展的产业目录，完善相关配套政策，强化生态环境监管，确保严格按照主体功能定位谋划发展。加大对农产品主产区和重点生态功能区的转移支付力度，建立健全区域流域横向生态补偿机制。根据森林、湿地、水流、耕地等领域和不同类型地区特点，以生态产品产出能力为基础，完善测算方法，分别制定补偿标准。划定并严守生态保护红线。健全秦岭地区国家级自然保护区、国家级风景名胜区、国家森林公园和国家湿地公园等各类禁止开发区域的生态保护补偿政策。将生态保护补偿作为建立国家公园体制试点的重要内容。建立生态补偿相关制度，根据生态系统服务价值、生态保护成本、发展机会成本等，以经济手段调节相关利益之间的关系。主要包括：以森林生态系统服务为核心的生态服务补偿，农业相关的生态补偿，流域生态服务环境生态服务以及资源开发有关的生态补偿等。

秦岭地区具有丰富的生态产品资源，要研究建立生态环境损害赔偿、生态产品市场交易与生态保护补偿协同推进生态环境保护的新机制，"谁损害、谁赔偿""谁受益、谁赔偿"。稳妥有序开展生态环境损害赔偿制度改革试点，加快形成损害生态者赔偿的运行机制。健全生态保护市场体系，完善生态产品价格形成机制，使保护者通过生态产品的交易获得收益，发挥市场机制促进生态保护的积极作用。建立秦岭地区限制开发区用水权、排污权、碳排放权初始分配制度，完善有偿使用、预算管理、投融资机制，培育和发展交易平台。探索秦岭地区地区间、流域间、流域上下游等水权交易方式。推进重点流域、重点区域排污权交易，扩大排污权有偿使用和交易试点。逐步建立碳排放权交易制度。完善落实对绿色产品研发生产、运输配送、购买使用的财税金融支持和政府采购等政策。

4.4.3 价值评估体系建设

自然资源资产价值的正确评估，能够为建立生态服务市场交易制度、生态转移支付制度、生态补偿制度、环境污染责任保险等制度机制提供科学依据。从资源有偿使用和生态补偿的量化标准的计算方法的研究方向考量，将机会成本法、收入损失法、费用分析法以及资源价值法等用于自然资源的价值评估量化考核和实践中，完善资源环境生态产品的价格形成机制，使生态补偿机制的经济性得到显现。建立生态环境损害评估机制，制定相关法律和技术规范，保障生态环境损害评估能够依法进行，如探索制定《秦岭地区自然资源统一调查技术标准》，建立以第二次全国土地调查为基础，全面整合各类资源调查数据，形成统一、全面、真实、准确的自然资源调查基础数据。在秦岭地区探索改变目前自然资源评价侧重分布、数量、质量评价的现状，增加自然资源的经济评价和生态评价，建立自然资源承载力评价制度，对未来自然资源需求进行分析，并评价自然资源的最大保障程度。积极培育生态价值评估中介机构，基于评价的资源经济价值，科学设定合理的补偿标准及比例等，充分地保障受破坏资源权利人的合法权利，激发权利人保护资源的动力。

4.4.4 产权登记体系建设

健全自然资源资产产权制度，加快建立区域统一的确权登记系统和权责明确的产权体系。加快秦岭地区以试点探索自然生态空间登记中界址划定和权属纠纷调处办法，探索自然保护区等自然生态空间中国有、集体土地"分宗归户"的登记模式，探索自然生态空间国家所有权造册的途径和方式，探索自然生态空间环境权、发展权、管理权登记的形式，以试点探索来解决自然生态空间环境确权登记中存在的难点和问题，以点带面，全面推进秦岭地区自然环境生态空间确权登记。

4.4.5 流转市场体系建设

严格落实《国务院关于全民所有自然资源资产有偿使用制度改革的指导意见》，应尽快培育并建立统一的自然资源资产使用权流转市场，建立并健全评估机构、价格机制、交易市场等流转要素，建立完善的自然资源产权准入规则、竞争规则、交易规则以及退出机制。鼓励通过依法规范设立的自然资源资产使用权交易平台进行产权交易，充分发挥市场在自然资源资产配置中的决定性作用。如针对南水北调水资源，可鼓励水权二次分配。鉴于京津冀豫四个受水区实际用水量和规划分配用水量、应收水费与上交水费等存在显著差异，南水北调中线水资源未能得到优化配置的现状，可借鉴东阳—义乌水权交易、墨累—达令河流域水权交易等经验，鼓励供水区与受水区之间、受水区与受水区之间开展水权交易，通过水资源二次分配达到资源配置效率最优。此外，要进一步明确并扩大可流转对象，如目前中国只对取水权流转有明确的规定，对其他水权的流转没有明确规定。

4.4.6 监测统计体系建设

加快推进并进一步完善秦岭地区生态环境监测体系建设，要以提高监测数据质量、促进监测信息共享为目标，坚持山水林地湖为一个生命共同体、坚持同一个生态环境要素尽量由同一个部门监测、坚持生态环境监测与监管联动，逐步分离生态环境质量监测与生态环境专门监测，分类推进生态环境监测体制改革，加快构建统一、独立、高效的生态环境监测网络体系。

要在对现有的生态环境质量监测体系进行科学论证的基础上，通过查遗补缺和优化整合，统一规划各领域监测点位，建设涵盖空气、水体、土壤、生态系统及生物、辐射、噪声等环境要素且布局合理、功能完善、重点突出的全区生态环境质量监测网络，按照统一的标准规范开展监测与评价，客观、准确反映环境质量状况和生态系统状况。

在重要生态功能区域以及具有典型意义的森林生态系统、湿地生态系统、生物多样性丰富区域、生态退化及重建重点区域布设地面生态监测站，并利用卫星、无人机遥感等技术手段，建立天地一体化的生态遥感监测系统，开展林地保有量、森林覆盖率、森林蓄积量、湿地保有量、水土流失面积、生物多样性以及反映生态系统结构和服务功能变化相关指标的监测与评估，实现对重点生态保护红线管控区、生态敏感区和脆弱区等大范围、全天候监测。

加强森林、湿地、水流、耕地等生态监测能力建设，完善重点生态功能区、重要水功能区、跨地区流域断面水量水质重点监控点位布局和自动监测网络，制定和完善监测评估指标体系。在秦岭地区主要河流区内主要江河、南水北调中线工程引水水源地、重要湖泊水库、集中式饮用水源地、内河、地下水资源保护区等布设监测点位，开展水环境质量以及与水环境相关的生态、水文指标等监测与评价。在耕地、园地、林地、饮用水水源地大型交通干线两侧等区域布设土壤监测点位，开展土壤环境质量及农产品质量等监测与评价。还需加大对尾矿库和农业面源污染源的监测与应急管理，并实现信息共享。

开展一年一次调查数据变更调查工作，对秦岭国家自然资源的分布、数量、质量和开发利用状况等进行全面、动态的资料分析与评估和实地调查与核实，每年发布《秦岭地区自然资源白皮书》。

4.4.7　信息共享体系建设

当前自然资源信息不对称给自然资源监管造成很大不便，因此要建立自然资源统一登记信息管理平台，实现自然资源登记信息与审批，交易信息实时互通共享，向各相关部门及时推送自然资源动态变化信息，可以有效提高各专业管理部门对自然资源监督管理的效能。为此，可借鉴奥地利和加拿大经验，统一资源的分类标准、数据交换标准，建立逻辑上统一、物理上分布的自然资源和地理空间基础信息库，开发支持电子政务主要应用的综合信息库，建立统一的自然资源和地理空间信息资源共享分类目录体系和交换系统，支持自然资源和地理空间信息资源多层次网络共享。当然，鉴于当前通过自然资源资产产权登记多是为便于行政管理而非物权登记，影响了社会功能的发挥，为此还要推进依法对自然资源登记信息进行公开查询，实现信息公开，一方面为社会公众提供方便快捷服务，另一方面可以作为公众监督的重要手段。

4.4.8　生态标志体系建设

随着人们对生态环境及健康关注程度的提高，绿色贸易已成为一种为生态环境服务支付的方式。生态标志制度不是直接意义上的生态补偿，但是公众以超出一般产品的价格购买和消费以环境友好方式生产的产品，实际上购买了附加在这些产品上的生态服务功能的价值，是对生产这类产品所付出的保护生态环境的额外成本进行间接补偿。因此，秦岭地区应重视生态标志制度的生态补偿意义，有意识地将其作为实现生态补偿的政策手段加以广泛深入地应用。鼓励企业调整产业结构，发展环境友好型产品，将保护后的生态优势转化为产业优势，走清洁型产业发展道路。积极推进"三品一标"认证工作，并充分利用对口协作关系，将认证产品直销京津冀豫等地，通过消费者对环境友好生产者支付生态补偿。积极建立绿色消费体系，特别是鼓励政府绿色采购，促进生态标志产品的发展，以形成新的补偿途径。

专题报告八
秦岭生态系统综合管理政策工具及其预期效应研究

专题负责人：高世楫、黄文清

摘　要

秦岭是中国南北地质、气候、生物、水系、土壤、生物多样性等自然地理要素的天然分界线，是世界生物多样性最为丰富的地区之一，是中国南水北调的重要水源涵养地。秦岭在中国生态系统及其管理中具有重要地位和作用。然而，秦岭生态系统及其管理仍存在生物物种减少、环境污染依然严重、水土流失较为严重、生态系统服务弱化、生态本底情况不清等诸多问题，迫切需要加强秦岭生态系统综合管理，以实现秦岭地区以资源节约、环境友好和生态保育为主要特征的可持续发展，为中国其他地区、其他国家提供生态系统综合管理成功经验与模式。为了提升秦岭生态系统综合管理能力，国家、陕西省和秦岭各县市出台了一系列政策和措施，尤其是党的十八大以来，中央在生态文明建设方面开展了一系列重大决策部署，秦岭生态系统综合管理面临着难得的历史机遇。因此，我们有必要站在全国生态安全的高度，对国家及地方层面的相关政策进行系统梳理，对秦岭生态系统综合管理的现状及存在的问题进行重新审视，以便基于秦岭现实情况，面向未来，抓住机遇，提出生态系统综合管理政策工具箱，为加强秦岭生态管理，尤其是实施生态文明建设提供科学支撑。基于此目的，按照项目整体安排，本专题通过文献查阅、实地调研、部门数据资料收集和专家咨询等多种方法，分析了秦岭生态系统综合管理的性质、地位与作用，剖析了秦岭生态系统综合管理的现状、问题及未来方向与目标，梳理和评估了秦岭生态系统综合管理政策工具的应用现状和预期效应，确定了秦岭生态系统综合管理体制改革路线图与时间表，提出了推进秦岭生态系统综合管理的政策建议。主要研究结论如下。

（1）秦岭生态系统综合管理不等于秦岭地区的可持续发展。在回顾和重新界定生态系统、综合管理、生态系统综合管理等相关概念以及总结秦岭生态系统12个特征的基础上，将秦岭生态系统综合管理界定为：为了保持秦岭生态系统的健康和恢复力，获得生态系统产品（食物、纤维、能源）与环境服务功能产出（资源更新、生态环境）的最佳组合和长期可持续性，融技术管理、经济管理、社会管理、立法管理于一体，运用生态学的相互关系、复杂的社会经济和政策结构、价值方面的知识，以一种社会、经济、环境价值平衡的方式对秦岭地区社会—经济—自然（生态）复合生态系统进行管理的过程。其核心内涵包括：一是对秦岭地区的自然资源即水土能矿生进行治理；二是对秦岭地区的生态系统包括农林草水湿城进行管理；三是对秦岭地区的环境包括大气、水、土壤等进行综合治理；四是促进秦岭地区的经济实现转型发展，即发展绿色经济（循环、低碳、绿色、生态等经济形态）。

（2）秦岭生态系统综合管理的地位极高。其主要表现在：它是西部大开发战略的基础和重要保障，也是我国生态文明建设、国家生态治理体系和生态治理能力现代化的重要组成部分，还是全球生态系统综合管理的重要组成部分。

（3）秦岭生态系统综合管理的作用多样。主要体现在：一是有利于推动我国生物多样性保护目标的实现；二是有利于提高我国应对全球气候变化的能力；三是有利于保障我国生态安全目标的实现；四是有利于保障南水北调中线工程的水安全；五是有利于实现反贫困与生态保护"双赢"；六是有利于促进文化历史传承和养成依法办事的习惯，提高社会参与公共管理的能力。

（4）秦岭生态系统综合管理取得明显成效。一是颁布和实施了专门的法规；二是初步有了专门的规划；三是成立了管理协调机构；四是设立了秦岭生态环境保护专项资金；五是开展了专项整治活动；六是推进了生态功能区建设和升级；七是提升了监管能力；八是宣传了秦岭；九是扩大了国际影响；十是取得了一些标志性成就。

（5）秦岭生态系统综合管理存在的问题不少。主要表现为：自然资源资产有待进一步确权和核实，生态系统综合管理理念有待进一步培育，生态系统综合管理体制有待进一步理顺，生态系统综合管理法制有待进一步完善，生态系统综合管理的执法主体有待进一步明确，生态系统综合管理的激励约束机制有待进一步健全，生态系统综合管理的能力有待进一步增强，生态系统综合管理的效果有待进一步提升等。

（6）秦岭生态系统综合管理的方向明确。即推进秦岭地区山水林田湖城生态系统统一立法、统一机构、统一执法、统一规划、统一监测、统一考核、统一基金，提高资源资产总量和生态系统管理成效，并推进"三个陕西"建设进程。

（7）秦岭生态系统综合管理的目标体系健全。主要包括资源目标、生态目标、经济目标、社会目标、政治目标。

（8）秦岭生态系统综合管理多种政策工具共同使用。其中，命令—控制型政策工具主要包括生态环境规划、"红线"总量控制制度、生态环境保护目标与生态责任追究制度、环境影响评价制度与"三同时"制度、限期治理与"关停并转"制度、直接供给等；市场型政策工具主要包括财政补贴、资源税费、排污收费、排污权交易、环境污染第三方治理、生态补偿、"绿色化"押金返还、绿色信贷、自然资源资产确权与产权改革、CDM等；公众参与型政策工具主要包括生态环境信息公开、社区参与生态创建活动、"三品一标"产品认证、自愿协议（南水北调对口协作协议和"飞地经济"战略合作协议）。

（9）秦岭生态系统综合管理政策工具实施低效。低效的主要表现：生物多样性与环境质量有待完善、经济社会综合发展水平不高且不均、保护与发展的良性关系尚未形成。究其原因，主要是：生态系统综合管理政策工具存在缺陷，政策工具箱缺失；生态系统综合管理相关主体存在利益博弈，导致政策工具执行力度偏软；生态系统综合管理政策工具实施缺乏良好的外部环境。需要从提供丰富且互惠互补的工具箱、加强政府企业公众三方的互动、培育良好的外部环境等3个方面对秦岭生态系统综合管理政策工具进行优化选择。

（10）优化后的秦岭生态系统综合管理政策工具正预期效应明显。通过构建秦岭自然保护区群综合效益评价指标体系，对秦岭自然保护区群生态、经济和社会效益进行测算，发现，从整体上而言，采取多种政策工具对秦岭生态系统开展综合管理，不仅不会降低秦岭生态系统的质量，有利于"美丽秦岭""美丽陕西"等建设目标的实现，而且还能产生可观的经济效益和社会效益，为"富裕秦岭""和谐秦岭""富裕陕西""和谐陕西"等建设目标的实现创造条件。

（11）秦岭生态系统综合管理体制存在的问题较多，有待深化改革。这些问题主要表现在：管理主体不到位，权责难以落实；组织架构不协调，管理效率较低；权力分配不合理，央地关系、省地关系未理顺；政府与市场关系尚未理清；监督与问责机制不够完善。

（12）深化秦岭生态系统综合管理体制改革的目标明确。即到2020年，构建起具有秦岭特色的，既能与社会主义市场经济体制和国家治理能力、治理体系现代化建设相匹配，又能满足央省生态文明建设需要，确保生态安全的生态系统综合管理体制，以实现秦岭地区山水林田湖城生态系统统一立法、统一机构、统一执法、统一规划、统一监测、统一考核、统一基金，提高资源资产总量和生态系统管理成效，并推进"富裕秦岭、和谐秦岭、美丽秦岭"和"富裕陕西、和谐陕西、美丽陕西"建设进程。

（13）深化秦岭生态系统综合管理体制改革的重点措施有8项，改革路线与时间表明确。包括：树立生态系统综合管理理念、夯实生态系统综合管理依据、健全生态系统综合管理组织架构、明确生态系统综合管理部门的职能定位、合理分配生态系统综合管理机构间的权力、健全生态系统综合管理问责机制、增强秦岭生态系统综合管理能力、完善生态系统综合管理的配套制度（秦岭国土空间规划和用途管制制度、自然资源资产产权制度、环境治理和生态环境保护市场体系、生态保护补偿机制、环境治理体系、绿色发展绩效评价考核）。

（14）推进秦岭生态系统综合管理的政策建议多层级。其中，中央政府主要是给予高度关注，以及在资金、产业、项目、人才、考核方面给予大力支持；陕西省政府主要是科学设计秦岭生态系统综合管理推进路径；秦岭38个市县主要是积极参与秦岭生态系统综合管理，并开展创新性工作，同时及时总结经验加以推广。

1. 秦岭生态系统综合管理的性质、地位与作用

秦岭是我国南北地质、气候、生物、水系、土壤、生物多样性等自然地理要素的天然分界线，是世界生物多样性最为丰富的地区之一，是南水北调中线工程最重要的水源涵养地，被誉为"中国人的中央国家公园"。秦岭生态系统综合管理具有自身的特殊性，并在陕西省、西部地区、中国乃至世界生态系统及其管理中具有重要的地位和作用。

1.1 秦岭生态系统综合管理的性质

1.1.1 秦岭生态系统的特性

生态系统一词最早于1935年由英国生态学家坦斯利（A.G. Tansley）使用。他认为生态系统是一个植被单位，不仅包括组成植被的植物，而且包括栖息其中的动物以及相关环境或生境中所有的物理和化学因子。

秦岭山脉东西横贯于我国中部，东起河南鲁山，西至甘肃临洮，南临巴山汉水，北俯关中平原，东西长约1600千米，南北宽100～300千米。陕西省境内的秦岭段是秦岭山系的主体部分，位于陕西省的中南部，渭河盆地南缘，横亘于关中平原与汉江谷地之间，东连豫鄂（与河南灵宝、卢氏、西峡、湖北郧西、郧县等接壤），西接甘陇（与甘肃两党、徽县、成县、康县相接），南望巴蜀，北瞰关中，地理坐标为105°30′E～110°05′E和32°40′N～34°35′N之间，东西长400～500千米，南北宽120～180千米，平均海拔2000m左右。在行政区域上，秦岭地区涉及陕西省6个地市、38个县区（见图8-1）。

陕西省秦岭段作为我国乃至世界一个非常重要的复合生态系统，从类型上来理解，主要指农林草水湿城；从区域上来理解，主要包括分布有森林、灌丛、草地和溪流的山地地区和包含着农田、人工林、草地、河流、池塘和村落与城镇的平原地区；从关系上来理解，是一个复合体，既包括生物多样性，又体现生态系统与气候变化的交互作用，还反映人与自然之间的关系。与其他生态系统相比，秦岭生态系统具有明显的独特性。

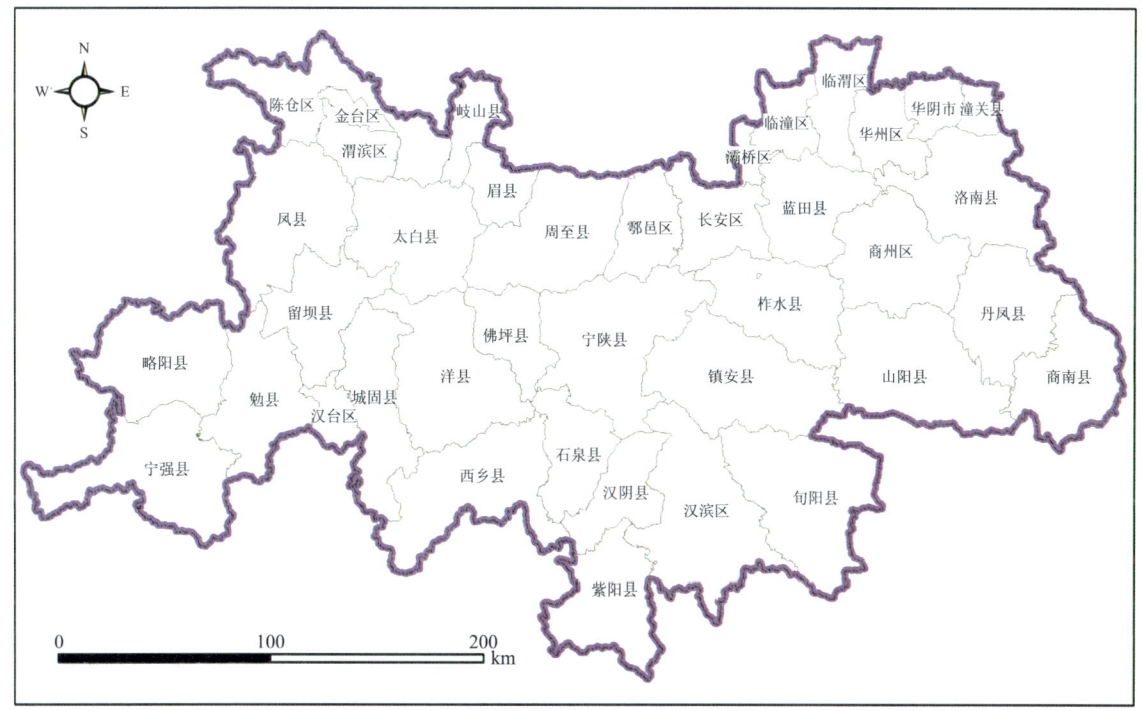

图8-1 陕西秦岭边界划分

（1）生态区位优势独一无二。秦岭山势西高东低，北坡陡峻，南坡较缓，地貌从山脚到山脊分为低山、中山和高山，但主要以石质中山地貌为主，流水侵蚀剥蚀作用强烈。从地形来看，秦岭成为我国南北之间的屏障，是南北两大水系即长江流域和黄河流域的分水岭。从气候来看，秦岭是我国亚热带和暖温带的分界线。其中，秦岭以南属亚热带气候，是常绿落叶阔叶林区域、北亚热带落叶、常绿阔叶混交林地带，有较多常绿阔叶树种分布；秦岭以北属暖温带气候，是落叶阔叶林区域、暖温带阔叶林地带。从动物区系来看，秦岭处于东洋界和古北界的分界线，两类截然不同的动物在此交会、融合。从植物区系来看，处于中国—日本森林植物区系与中国——喜马拉雅森林植物区系的过渡区。其中，秦岭北坡以华北植物区系成分为主，南坡多含华中植物区系成分，许多植物特别是第三纪古老的孑遗植物与横断山脉植物区系有着广泛的联系。从地质来看，秦岭是世界上最具生态特点和生物多样性的代表地区，被世界自然基金会确定为第83份献给世界的礼物，同时被国内外地质学家和生物学家公认为世界著名的三大山脉之一，与欧洲的阿尔卑斯山、美洲的落基山并称为地球"三姐妹"。因此，无论从地理、气候和植被等方面看，秦岭都堪称"国之地理中央"，是名副其实的"中国地理标识"。

（2）生态价值无可替代。秦岭山地沟谷纵横、峰峦叠嶂、植被繁茂、地形复杂，为多种生物物种生存繁衍提供了得天独厚的自然条件，素有"生物多样性宝库""生物基因库""天然博物馆"之称。与国内其他山脉相比，秦岭地区拥有我国特有植物的比例高达50.6%，是东亚植物区系起源的关键地区。目前，拥有种子植物3436余种197科1006属；拥有我国特有种约1428种，秦岭特有种192个；拥有国家保护植物44种22科29属；拥有秦岭特有属植物44属；拥有温带成分种子植物共560属、热带成分283属，东亚及北美间断分布等其他成分约占10%；拥有野生植物资源近2000余种；拥有苔藓植物70科182属440种4亚种21变种1变型；拥有微生物337种；昆虫资源3368种29目299科1858属。拥有脊椎动物722种，其中国家Ⅰ级重点保护动物9种，国家Ⅱ级重点保护动物32种。

（3）南水北调中线工程最重要的水源涵养区。南水北调中线工程是解决我国北方水资源严重短缺问题的特大型基础设施项目之一，其供水目标主要是京、津、冀、豫沿线的城市生活和工业用水。丹江口库区及上游地区是南水北调中线工程的水源区，流域面积9.52万平方千米，跨豫、鄂、陕3省8市43县区[①]。其中，陕西省3市28县区绝大部分处于秦岭以南的汉丹江流域，年均入库水量283.1×10^8立方米，占丹江口水库多年平均入库水量的70%，是南水北调中线工程最重要的水源涵养区。

（4）矿产资源富集。据统计，秦岭地区现有各类矿藏82种，其中以金、银、铜、铁、铅锌、汞、锑等有色金属为主，主要金属矿产的储量均占到陕西省总储量的50%以上；拥有矿点

---

① 根据《丹江口库区及上游水污染防治和水土保持"十二五"规划》，中线水源区3省8市43县区包括：陕西省汉中市的汉台、南郑、城固、洋县、西乡、勉县、略阳、宁强、镇巴、留坝、佛坪等11个县区；陕西省安康市的汉滨、汉阴、石泉、宁陕、紫阳、岚皋、镇坪、平利、旬阳、白河等10个县区；陕西省商洛市的商州、洛南、丹凤、商南、山阳、镇安、柞水等7个县区；河南省三门峡市的卢氏县；河南省洛阳市的栾川县；河南省南阳市的西峡、淅川、内乡、邓州等4个县区；湖北省十堰市的丹江口（含武当山特区）、郧县、郧西、竹山、竹溪、房县、张湾、茅箭等8个县区；湖北省神农架林区。

1080处，东部矿点数量多于西部。由于矿产资源丰富，秦岭地区在人类文明早期已出现矿业开发活动，现今，矿业开发规模大、开采矿种繁多、开采矿山密集大，势必对生态环境造成巨大的破坏与威胁。

（5）生态环境脆弱。秦岭地区是国家级生态功能保护区、生物多样性重要生态功能区。拥有自然保护区36个、森林公园51个、国家湿地公园11处、水功能区共59个，矿产资源丰富。同时，秦岭是中国的"父亲山"，养育了世世代代三秦儿女，现涉及38个县区，约1570万常住人口。秦岭地区的社会经济发展状况和区域生态环境特点决定了该区域的生态环境脆弱。据有关评价结果表明，秦岭山区以中度生态脆弱性为主，且南部高于北部、东部高于中西部，而且受人们盲目追求经济利益行为的影响，生态脆弱性有加大的趋势[①]。

（6）地质灾害多发。秦岭地区的地质灾害类型主要有滑坡、崩塌、泥石流和地面塌陷。2000～2015年，秦岭地区各类地质灾害隐患点由4383处增至7362处，地质灾害密度达10.53处/100平方千米。其中，仅陕南三市近10年发生的地质灾害就达2000起，造成590多人死亡或失踪，直接经济损失460亿元，其中2010年的7·18洪涝灾害就死亡失踪300人。根据《陕西省"十二五"地质灾害防治规划》，秦岭地区有8个片区被列为崩塌、滑坡、泥石流灾害重点防治区（见表8-1）。长期的地质洪涝灾害侵扰不仅影响生态，而且造成大量群众因灾致贫。

表8-1 "十二五"期间秦岭地区地质灾害重点防治区

地质灾害重点防治区	地区
以泥石流为主的防治区	洛南县北部
以堆积层滑坡为主的防治区	商州—洛南县南部
以堆积层滑坡和泥石流为主的防治区	留坝
以堆积层滑坡及泥石流为主的防治区	佛坪—宁陕
	镇安—柞水—山阳—丹凤—商南
以膨胀土、堆积层滑坡为主的防治区	城固—洋县
以滑坡、崩塌、泥石流为主的防治区	旬阳—汉滨
以滑坡、崩塌、泥石流及采空区地面塌陷为主的防治区	略阳—勉县—宁强

（7）可开发空间受限。受多次构造运动的影响，秦岭地区山体地质构造和岩层结构复杂，地貌多样，高山绵延，丘陵遍布，沟谷盆地错落，滑坡、泥石流广泛发育，导致秦岭地区地域空间及其容量受到限制[②]。目前，秦岭38个区县中，有16个属于国家重点生态功能县区（见图8-2），将近占到总县数的一半。

---

① 潘景璐：《基于生境压力的发展对秦岭生物多样性保护影响研究》，北京林业大学博士学位论文，2013。
② 宴航飞：《基于市场经济的秦岭生态旅游政策选择》，西北大学硕士学位论文，2009。

图8-2　秦岭地区重点生态功能区区县分布

（8）经济发展滞后。

①GDP人均量小。21世纪以来，秦岭地区人均GDP虽增长较快，但一直低于陕西省平均水平，且随着经济社会的不断发展，两者的差距越拉越大（见图8-3）。2014年，陕西省人均GDP为46929元，秦岭地区人均GDP为33557元，仅是陕西省平均水平的71.51%。

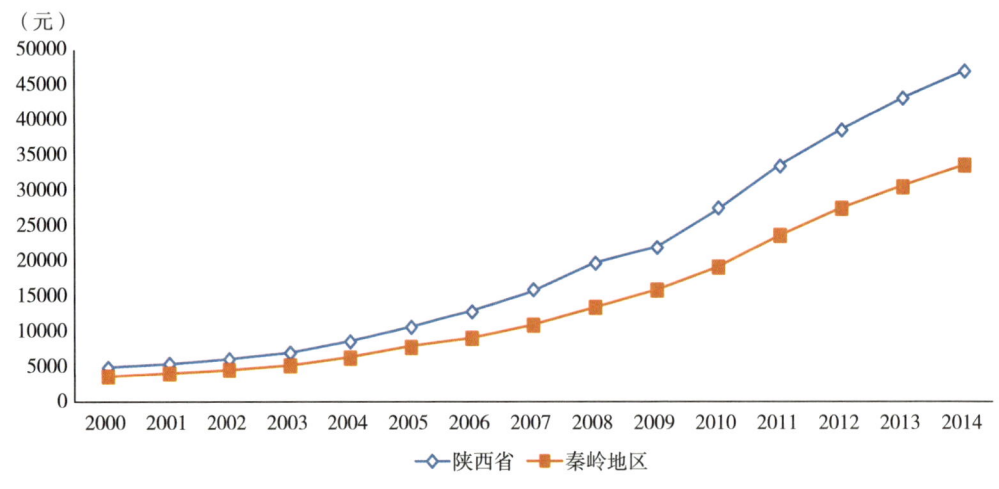

图8-3　秦岭地区人均GDP变化情况

②自身财政有限。2014年，秦岭地区的财政收入为1921573万元，是2000年的9倍以上。但伴随着地方财政收入的增加，秦岭地区的财政支出上升很快，2014年地方财政支出高达7703398万元，是

2000年的20倍，超出2014年地方财政收入5781825万元。2000~2014年，秦岭地区财政连续十几年入不敷出，且财政赤字日益加剧（见图8-4）。

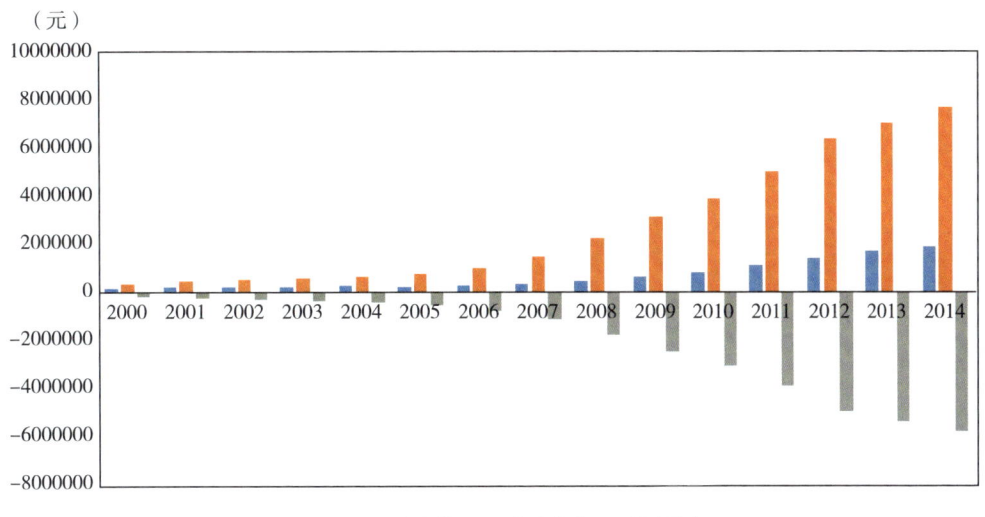

图8-4　2000~2014年秦岭地区财政收支情况

③产业结构单一。近年来，随着社会经济的快速发展及资源的勘探开发，秦岭地区矿产资源优势得到发挥，第二产业发展迅速并成为主导产业（见图8-5）。然而，在中国经济处于新常态和供给侧改革，尤其是以生态休闲旅游为主的第三产业成为经济增长极的时代背景下，秦岭现有的产业结构难以发挥原有的增长优势，亟须优化产业结构，寻找新的经济增长动能。

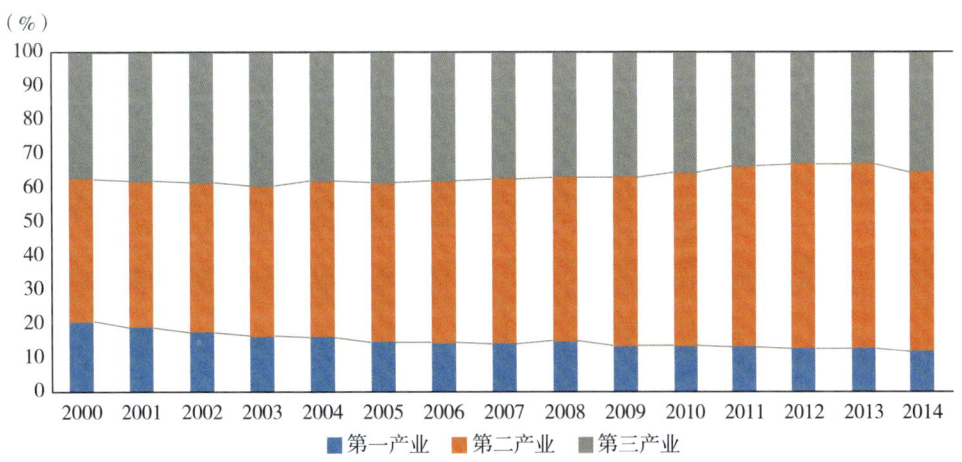

图8-5　2000~2014年秦岭地区产业结构情况

（9）人口净流出。从人口分布来看，2014年秦岭地区的户籍人口和常住人口均有所增加，分别达到1562.61万人和1505.97万人，但人口一直处于净流出状况（见图8-6），这在一定程度上缓解了秦岭地区生态环境的生存压力。

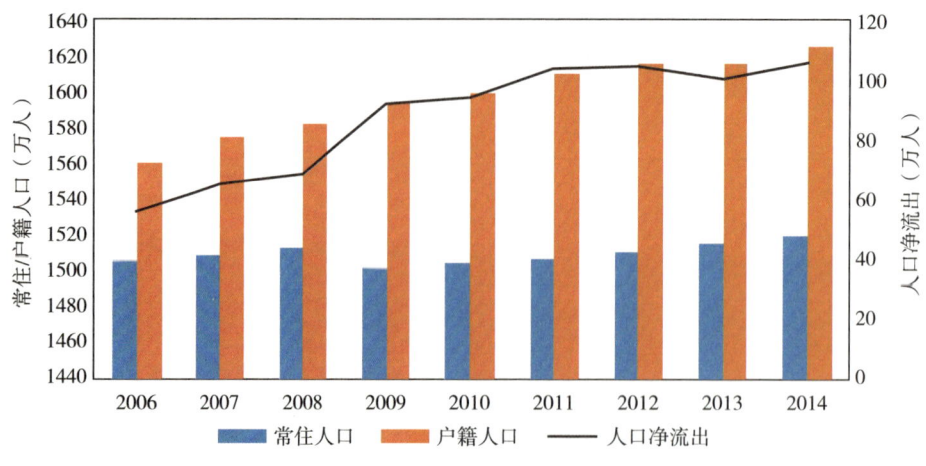

图8-6　2006~2014年秦岭地区人口变化情况

（10）贫困区域聚集。秦岭38个县区中，有21个国家级贫困县，其中，商洛和安康两市位于秦岭地区的所有县区均为国家级贫困县，汉中市位于秦岭地区的绝大部分县区也是国家级贫困县（见图8-7）。

图8-7　秦岭地区国家级贫困县分布情况

（11）土地利用合理性较差。秦岭地区的林地主要分布于秦岭西部，草地主要分布在秦岭东部，湿地主要分布在渭河支流及汉丹江干支流，耕地、居民点及工矿用地分布在秦岭全境内但主要集中于秦岭东北角，未利用地则主要分布在秦岭北部的太白县、华州区、华阴市等地。随着人类活动的增多，土地利用类型变化中仍有一些林地和草地变为耕地，居民点和工矿用地增多，从而挤占了水源涵养区，部分涉重工矿用地对区域水源存在重金属污染风险，秦岭区域的水土流失仍然严重（见表8-2）。

表8-2　　秦岭地区土地利用结构变化（%）

类型 年度	林地	草地	湿地	耕地	居民点及工矿用地	未利用地
2009	60.61	19.44	0.75	18.42	0.59	0.19
2010	61.01	19.19	0.77	18.23	0.63	0.17
2011	62.38	18.91	0.73	17.13	0.68	0.17
2012	62.38	18.90	0.73	17.12	0.70	0.17
2013	62.28	18.77	0.73	17.35	0.71	0.16

（12）历史文化遗存富集厚重。秦岭是中国传统文化的聚集地。秦岭北麓的关中地区是中国传统文化的儒、释、道三家源远流长之地；长安是汉代儒家传播政治思想的主要地区；终南山是道教重要的孕育地和传布地；秦岭还是中国佛教各宗派创立发展的源头，汉传佛教8大宗派中，秦岭及关中就聚集了三论宗、净土宗、律宗、法相唯识宗、华严宗、密宗6大宗派祖庭。同时，秦岭拥有丰富的人文景观和历史遗迹。其中，秦岭山地中南北向的深切河谷自古就是南北交通要道，秦岭北坡及关中平原南缘拥有秦始皇陵以及许多帝王陵墓群、周代沣镐遗址、秦阿房宫遗址、楼观台、张良墓、蔡伦墓等文物古迹。拥有众多自然与文化相结合的景区，如华山、少华山、翠华山、南五台、骊山等，山中分布有明清以来建造的太乙宫、老君庵等大小庙宇400余处。秦岭的地理区位和历史地位，决定了它不仅仅是一座山脉，而且蕴含着深厚的人文基因，被誉为中华民族的"父亲山"、华夏文明的"龙脉"，是中华民族精神的立体具象。

1.1.2　秦岭生态系统综合管理的内涵

生态系统管理起源于传统的林业资源管理和利用过程[①]。其概念最早可追溯到1949年，Aldo Leopold认为自然资源管理中应包括生态学、社会经济和人类利益等相关学科的基本原则[②]。到20世纪六七十年代，随着传统的自然资源管理途径缺陷的日益暴露以及基本生态系统科学的发展，生态系统管理得到迅速发展[③]。1988年，Agee &Johnson的《公园和野生地的生态系统管理》一书出版，标志着生态系统管理学诞生[④]。从20世纪90年代以来，生态系统和自然资源管理的概念越来越受到科学界和社会公众的关注，并已成为研究不同空间尺度的生态、环境和资源问题的基础理论之一，但尚未获得一个公认的学科定义和理论框架[⑤]。目前，生态系统综合管理这一术语在不同场合被分别使用为综合生态系统管理、综合生态系统管理方法（IEM Approach，又被译为综合生态管理方式、综合生

---

① Christensen N，L，Bartuska A.M，Brown J H. The report of the ecological society of American committee on the scientific basis for ecosystem management[J]. Ecological Application，1996（3）.
② [英]E·马尔特比等著，康乐等译：《生态系统管理——科学与社会问题》，科学出版社2003年版。
③ Szaro R C，Sexton W T，Malone C R. The emergence of ecosystem management as a tool for meeting people's needs and sustaining ecosystem[J]. Landscape and Urban Planning，1998（40）.
④ 于贵瑞："略论生态系统管理的科学问题与发展方向"，《资源科学》，2001年第6期。
⑤ 于贵瑞："生态系统管理学的概念框架及其生态学基础"，《应用生态学报》，2001年第5期。

态管理途径)、综合生态系统管理理念,有时简称综合生态管理、生态系统管理、生态系统方法。不过,纵观前人对生态系统管理的定义,多数认为生态系统管理是一种新的、综合的自然资源管理途径,具有跨学科性和综合性(见表8-3)。其管理的对象是一个弹性空间单元;管理的核心是生态系统与社会经济系统之间的协调发展;管理的目的是维持自然资源与社会经济系统之间的平衡,确保生态服务和生物资源不会因为人类活动而不可逆转地逐渐被消耗,从而实现生态系统所在区域的长期可持续性[①]。

表8-3　　　　　　　　　　生态系统管理和传统的自然资源管理的区别

	生态系统管理	传统的自然资源管理
目标	所在区域的长期可持续发展	短期的产量和经济效益
重点	强调生物多样性保护	强调单个物种的保护
尺度	区域——全球范围,尺度较大	限于地方——区域层次,一般尺度较小
人类活动	把人类作为系统的一个组分,在一定阈值范围内,允许和鼓励人类活动	人与自然是分离的两个组分,人类活动受限制并在必要时被禁止
价值取向	考虑政治、经济和社会价值,提出的所有措施必须能被各方面接受	主要考虑经济价值
敏感性	对公众的特性和需要更敏感,这些都包括在区域保护、恢复和发展的总体规划中	典型的商品导向型,对公众的特性和需求不太敏感
区域协调性	从景观和生态系统尺度考虑,具有等级特征,它有一个自上而下的程序,它的行动和建议的措施与整个区域规划一致	注重解决局部的问题,可能干扰或影响更大范围的生态系统
科学基础	使用诸如模型和GIS等现代工具,有利于增强整体特征,并可能在一个更加广泛的空间框架中使用	基于传统的生物学、地学、经济学以及资源利用的技术科学(如农学、森林学、土壤学、矿物学等)
信息资源	以多重因素,在多重尺度上使用多重边界区采集、组织信息资源	通常过分简化信息收集,依靠有限的分类和信息基础进行分析

资料来源:赵云龙,唐海萍,陈海等,"生态系统管理的内涵与应用",《地理与地理信息科学》,2004年第6期。

不过,经前文秦岭生态系统特性分析,秦岭生态系统综合管理不能简单地等于秦岭地区的可持续发展,而是指为了保持秦岭生态系统的健康和恢复力,获得生态系统产品(食物、纤维、能源)与环境服务功能产出(资源更新、生态环境)的最佳组合和长期可持续性,融技术管理、经济管理、社会管理、立法管理于一体,运用生态学的相互关系、复杂的社会经济和政策结构、价值方面的知识,以一种社会、经济、环境价值平衡的方式对秦岭地区社会—经济—自然(生态)复合生态系统进行管理的过程。其核心内涵包括:①对秦岭地区的自然资源即水土能矿生进行治理;②对秦岭地区的生态系统包括农林草水湿城进行管理;③对秦岭地区的环境包括大气、水、土壤等进行综合治理;④促进秦岭地区的经济实现转型发展,即发展绿色经济(循环、低碳、绿色、生态等经济形态)。

1.2　秦岭生态系统综合管理的地位

(1)秦岭生态系统综合管理是西部大开发战略的基础和重要保障。为实现全面建设小康社会

---

① 赵云龙,唐海萍,陈海等,"生态系统管理的内涵与应用",《地理与地理信息科学》,2004年第6期。

目标,党的十六大提出"积极推进西部大开发,促进区域经济协调发展"。秦岭虽位于我国中部,但其生态资源维系的主要是西部地区。例如,关中地区的农业生产、关中和陕南重要城镇居民的生活和工业用水等主要依赖秦岭;建设以自然保护区为主体的物种保护体系依赖于秦岭地区生物多样性;构建以天然林为核心的绿色安全屏障与加强水源地建设依赖于秦岭植被的保护;全面落实陕西省生态环境保护工作和环境保护的基本国策,同样依赖于秦岭地区生物多样性的保护。因此,开展秦岭生态系统综合管理,处理好秦岭地区生态保护与经济发展的关系,不仅关系到陕西省的可持续发展,也关系到整个秦岭山脉区域及周边地区人与自然和谐相处和经济社会发展,是事关西部大开发战略的一件大事。

(2)秦岭生态系统综合管理是我国生态文明建设的重要组成部分。生态文明建设是经济持续健康发展的关键保障,是关系人民福祉、关乎民族未来的大计,是实现中华民族伟大复兴和中国梦的重要内容。党的十八大首次把"美丽中国"作为生态文明建设的宏伟目标,把生态文明建设放在突出地位,将其融入经济建设、政治建设、文明建设、社会建设各方面和全过程。党的十八大以来,习近平总书记强调建设生态文明、维护生态安全的有关重要讲话、论述、批示超过60次。

秦岭是国家级重要生态功能保护区,是我国中部最重要的生态屏障,被誉为我国的龙脉、中华民族的"父亲山"。"秦岭无闲草""秦岭无闲林""秦岭无闲水""秦岭无闲山",秦岭的一草一木、一山一水,都有其重要的生态价值,且生态价值远远大于经济价值①,并受到国家最高领导人的高度关注。2010年1月胡锦涛总书记在陕西考察工作时,对秦岭生态保护工作作出重要指示:"秦岭是我国南北之间至关重要的生态安全屏障,要继续抓好秦岭生态系统保护工作,增强水源涵养能力,保持生态多样性,使这个资源宝库持久焕发生机活力。"2014年4月,秦岭北麓西安段违法建筑问题被媒体曝光后,习近平总书记先后两次作出重要批示,要求以坚决的态度予以整治,以实际行动遏制此类破坏生态文明的问题蔓延扩散。2015年2月,习近平总书记在陕西视察时强调,"秦岭是我国南北气候的分界线和重要的生态安全屏障,这样的自然生态美景,谁都不能破坏。"在秦岭生态环境保护上,要算大账、长远账、整体账、综合账,不能因小失大、寅吃卯粮,急功近利,要按照"山青、水净、坡绿"的目标,不断推进生态环境保护。因此,开展秦岭生态系统综合管理,谋求人与自然和谐发展,符合我国生态文明建设的要求,是我国生态文明建设的重要组成部分,是贯彻落实习近平总书记关于生态文明建设重要性论述的具体实践。

(3)秦岭生态系统综合管理是国家生态治理体系和生态治理能力现代化的重要组成部分。党的十八届三中全会提出,要完善和发展中国特色社会主义制度、推进国家治理体系和治理能力现代化。生态环境保护是国家治理体系和治理能力现代化的重要组成部分。国家生态治理能力不仅显示政府的生态建设、开发和管理能力,而且显示全社会,包括企业、团体和居民的素质和能力,特别是居民的生态自觉。

秦岭生态系统在我国乃至世界上具有独特的生态系统多样性和生态系统问题的复杂性,开展秦岭生态系统综合管理,动态解析该区域自然资源和环境质量的时空演化、生态系统对全球气候变化

---

① 王亚娟:"关中周边山地森林生态环境综合价值评估",《山地学报》,2004年第5期。

和经济开发的响应特征及其环境质量预警,综合评价该生态系统对社会经济发展的承载能力,探讨不同类型生态系统的可持续管理模式,恢复和重建退化和受污染的生态系统,以及研究以水土资源为中心的自然资源再生(更新)和持续利用政策和技术等,都属于与国民经济和国家安全密切相关的重大战略命题,也是将生态系统管理学研究成果直接服务于国家决策和区域社会经济发展的重要环节[①],属于国家生态治理体系和生态治理能力现代化的重要组成部分。

(4)秦岭生态系统综合管理是全球生态系统综合管理的重要组成部分。人口、资源与环境可持续发展是当今世界的主题。而实施生态系统综合管理是可持续自然资源管理的重要途径。目前,全球环境基金组织(GEF)一个重要工作就是帮助各国综合生态管理系统,对生态环境实施综合管理,提高生态管理水平,促进生态环境保护[②]。

秦岭素有"生物多样性宝库""生物基因库""天然博物馆"之称。其生态系统以森林生态系统为主体,植物区系成分和动物种属成分过渡性、混杂性和复杂多样性明显,南、北坡植被垂直分布差异明显,带谱性质完全不同,在我国和欧亚大陆具有明显的独特性[③]。此外,秦岭拥有第三纪甚至更加古老的孑遗单型、少型科、属植物,例如最早生存于中侏罗纪、作为松柏类中最古老的类群——红豆杉,对研究第四纪冰川时代气候变化交替和地质运动等有重要历史价值的落叶松属植物——太白红杉,对研究被子植物的进化和该科的系统发育有极大科学意义的中国特有单种属植物——独叶草,起始于新生代第三纪初期、经过第四纪冰川保存下来的孑遗种、中国特有的单种属植物——山白树等。这些植物对全球而言,是非常珍贵、稀少的物种种质资源。2016年,亚行(ADB)贷款以及全球环境基金(GEF)赠款共同资助陕西省开展秦岭生态系统综合管理。该项目的成果将提高生物多样性管理水平,为项目区的人口提供可持续的生计,同时也将在秦岭以外的地区进行分享和示范,对全球重要物种可持续生物多样性保护和经济增长产生影响。

1.3 秦岭生态系统综合管理的作用

(1)有利于推动我国生物多样性保护目标的实现。秦岭位于我国中部,是东阳界和古北界交汇处,孕育了丰富的动植物资源,是我国生物多样性最丰富的地区之一。目前,秦岭已发现登记的脊椎动物有722种122科35个目,分别占全国相应类别的70.00%、53.04%和22.06%。拥有国家重点保护动物I级10余种、II级39种,其中朱鹮、大熊猫、金丝猴、羚牛并誉为秦岭四宝,是世界上唯一的野生朱鹮分布区。拥有种子植物196科1006属3436种,分别占全国同类别总数的65.23%、33.76%、14%;拥有蕨类植物资源33科83属323种,分别占全国同类别总数的63.46%、40.69%、12.00%。拥有《国家重点保护野生植物名录》种子植物30种;国家II类保护植物11种,国家III类保护植物共19种,其中独叶草、星叶草、西麦草、冷杉、太白红杉等植物是秦岭独有的。同时,秦岭还拥有富集的矿产资源和特殊的文化价值,尤其是秦岭的金矿和秦腔(老腔)被视为秦岭两宝。此外,秦岭还拥有

---

① 于贵瑞:"略论生态系统管理的科学问题与发展方向",《资源科学》,2001年第6期。
② 洪云:"生态建设和生态恢复重在综合管理",《环境保护》,2002年第12期。
③ 应俊生:"秦岭植物区系的性质、特点和起源",《植物分类学报》,1994年第5期。

在当今环境污染严重的时代背景下难以获得的特殊资源如绿水、蓝天、青山、宁静和黑暗。开展秦岭生态系统综合管理，不仅有利于中国生态环境改善和生物多样性保护，还将对中国履行《濒危动植物国际贸易公约》《湿地和水禽栖息地公约》《世界文化与自然遗产保护公约》《生物多样性公约》等国际条约，提高全球生态效益具有重大意义。

（2）有利于提高我国应对全球气候变化的能力。健康的生态系统所提供的土壤肥力、清洁的水、安全的食物等服务，是人类社会可持续发展的基础[1]。然而，在过去的50年里，全球60%的生态系统发生退化，生态系统提供服务的能力与人类需求之间的差距越来越大[2]。究其原因之一是气候变化[3]。而要减少气候变化带来的负面影响，其主要途径是减少生态脆弱性，保证生态系统的健康，增强其适应能力[4]。

位于亚热带与暖温带之间的秦岭山脉不但是南北气候环境的分界线，同时又是气候变化响应三级敏感区中的一条，其气候变化对全球气候变化有着不可忽视的影响。因此，加强秦岭生态系统综合管理，通过管理和恢复秦岭生态系统及其服务，提高秦岭地区的适应能力，缓解气候变化对秦岭生态系统的压力，有利于提高秦岭、陕西、中国乃至全球应对全球气候变化的能力。

（3）有利于保障我国生态安全目标的实现。2000年底，我国发布《全国生态环境保护纲要》，正式提出国家生态安全的概念。生态安全是"一个国家赖以生存的环境处于不受或少受破坏与威胁的状态"，它通常包含两层含义[5]：一是指生态系统自身是否安全，即其自身结构是否受到破坏，功能是否健全；二是指生态系统对于人类是否安全，即生态系统所提供的服务是否能满足人类生存发展的需要。生态安全是国家安全的重要组成部分，是政治安全、军事安全和经济安全的载体和基础。

秦岭地处我国腹地，是我国地理上的中部大山，"中央之山"。秦岭南坡为亚热带湿润季风气候，属长江流域水系，秦岭北坡为暖温带半湿润、半干旱气候，属黄河流域水系，广泛分布着暖温带落叶阔叶林和古北界动物，具有涵养水源、维护生物多样性及水土保持等重要生态服务功能。秦岭生态系统服务功能不仅影响当地，更远及长江、黄河下游各省，生态服务范围达20万平方千米，涉及5000万人口和3000亿元GDP。特殊的地理位置和地形特征，使其成为关中经济带、长江经济带、南水北调区以及我国中部乃至全国最重要的生态安全屏障，对于我国的生态安全有着特殊的意义和重要的战略地位。开展秦岭生态系统综合管理，是协调人类与自然关系、保障区域生态安全、促进区域社会经济发展、提高居民生活水平的重要举措，是实行"十三五"宏伟蓝图的基石，是推进美丽陕西建设、美丽中国建设、保障我国乃至全球生态安全的重要举措。

（4）有利于保障南水北调中线工程的水安全。根据《陕西省水功能区划》，秦岭地区的水功能区共59个，其中汉丹江流域21个，汉丹江流域年均入库水量283.1×10^8立方米，占丹江口水库多年平

---

[1] Chen Y Y, Jessel B, Fu B J, et al. 2014. Ecosystem services and management strategy in China在[J]. Heidelberg, Germany: Springer.

[2] Millennium Ecosystem Assessment. 2005. Ecosystems and human well-being: synthesis[M]. Washington, WA: Island Press.

[3] 2005年联合国《千年生态系统评估报告》（MA）。

[4] G.O.P Obasi. Reducing vulnerability to weather and climate extremes. Information and Public affairs Office, WM0, 2002.

[5] 高吉喜："生态安全是国家安全的重要组成部分"，《求是》，2015年12月18日。

均入库水量的70%，而丹江口水库正是我国南水北调中线工程的水源区。因此，开展秦岭生态系统综合管理，有助于增强秦岭水源涵养功能，确保南水北调中线工程水量充足、水质达标，实现"一江清水永续北上"，逐步改善和修复北京、天津、河北、河南等沿线城市因挤占农业用水、生态用水和地下水超采造成的河流断流、湿地减少、水环境恶化以及地面下沉等生态环境问题，为受水区经济社会可持续发展提供水资源保障。

（5）有利于实现反贫困与生态保护"双赢"。秦岭38个县区中，生态功能区县与经济贫困县高度重叠（见图8-8），亟须在保护环境、限制开发的同时，采取恰当措施增加当地居民收入，实现生态和经济协调发展。从当今国际社会缓解贫困的做法与经验来看，开发和利用自然遗产资源、促进当地经济社会发展成为重要措施之一。

秦岭作为我国地理上最重要的南北分界线，被尊称华夏文明的龙脉，环境优美、生物多样、文化深厚，具有得天独厚的休闲、健身、观光、养老的区域优势。目前，从东向西，打造了若干4A、5A级风景名胜区，并向秦岭纵深及南麓的佛坪、金丝峡、牛背梁、长青等自然保护区、绿色产业区和陕南名镇扩展，秦岭将成为陕西重要的生态经济板块。因此，开展秦岭生态系统综合管理，有助于引导各级政府和广大干部群众紧密结合当前面临的新形势、新要求，用长远的眼光和法律的视角来审视和把握好开发与保护的关系，进一步明确思路，达成共识，使各级政府、企业和市民自觉地依法保护秦岭生态环境，下决心转变经济增长方式、调整产业结构、发展绿色经济，在保护资源与环境的同时，促进区域经济发展，促进当地经济社会发展，实现经济发展与生态保护"双赢"。

图8-8　秦岭地区生态功能区县与国家级贫困县分布情况

（6）有利于促进文化历史传承和养成依法办事的习惯，提高社会参与公共管理的能力。秦岭处于我国南北分界线上，是南北方和东西方不同文化的交流融合之地，诞生了许多文学作品和历史典故，如"明修栈道、暗度陈仓""蜀道难，难于上青天""一骑红尘妃子笑，无人知是荔枝来"等等，同时，也是中华文明重要的发源地，是中华民族的"父亲山"。举世公认的中华民族的始祖炎帝、黄帝的族居地和陵寝在秦岭；从公元前11世纪开始，先后有西周、秦、西汉、新莽、东汉（末年）、西晋（末年）、前赵、前秦、后秦、大夏、北周、隋、唐等11个王朝和国家在此建都。此外，秦岭还是中国近代革命历史上重要的根据地。开展秦岭生态系统综合管理，将山水秦岭与文化秦岭相结合，是走向生态文明新时代的重要窗口，是建设"三个陕西"和美丽中国的重要承载，有助于更好地管理与保护人文景观，宣传中国传统文化，促进物质文化与非物质文化的继承与发展，提高社会参与公共管理的能力。

2. 秦岭生态系统综合管理的方向与目标体系设计

2.1 秦岭生态系统综合管理的现状与问题

2.1.1 秦岭生态系统综合管理取得的成效

（1）颁布和实施了专门的法规。为持续长效地保护秦岭地区对于区域发展承担的生态功能，陕西省政府先后印发实施了《陕西秦岭生态环境保护纲要》《陕西秦岭北麓生态保护规划》等，明确了秦岭生态环境保护的指导思想、基本原则、目标任务等。2007年，陕西省人民代表大会审议通过了《陕西省秦岭生态环境保护条例》（详见附录1），是我国首部为一座山脉所立的地方法律，也是秦岭地区发展经济、文化、社会等各项事业的法律遵循。2008年，陕西省政府印发了《关于贯彻落实〈陕西省秦岭生态环境保护条例〉的通知》，明确了各相关部门秦岭生态环境保护工作职责。2013年，西安市人大颁布实施了《西安市秦岭生态环境保护条例》，并成为我国城市中首部为一座山脉所立的地方法律。

（2）初步有了专门的规划。早在2000年，陕西省环保厅即着手编制了《陕西秦岭生态功能保护区规划》，并于2002年通过原国家环保总局论证，报国务院。"十一五"以来，秦岭的保护与生态恢复被列入了陕西省社会和国民经济发展规划纲要；2005年，陕西省委明确提出了百年保护行动计划。2008年《陕西省秦岭生态环境保护条例》正式实施后，省发展改革委秦岭生态环境保护委员会办公室会同环保、林业、水利、国土、旅游等部门，开展了秦岭地区总体规划和专项规划编制工作。目前，涉及秦岭生态系统管理的相关规划有：《陕西省主体功能区规划》《陕西生态建设"十二五"专项规划》《陕西省旅游业"十三五"发展规划》《陕西省矿产资源总体规划（2016~2020）》《陕西秦岭生态功能保护区规划》《陕西省秦岭生物多样性保护规划》《陕西省大秦岭旅游发展规划》《陕西秦岭北麓生态环境保护规划》《西安市秦岭生态环境保护总体规划》《西安市秦岭环山西安区域保护与利用总体规划》《陕南循环经济产业发展规划（2009~2020）》《陕南地区移民搬迁按质总体规划（2011~2020）》《丹江口库区及上游水污染防治和水土保持"十二五"规划》《秦巴山片区区域发展和扶贫攻坚规划》等。2016年起，陕西省正在研究推进《秦岭地区国土空间综合规划》编制，以明确建设用地规模控制线、城镇开发边界、产业开发边界、采矿开发边界、生态保护红线、基本农田保护红线等控制线。

（3）成立了管理协调机构。2008年4月，陕西省政府依据《陕西省秦岭生态环境保护条例》，及时成立了秦岭生态环境保护委员会，作为秦岭生态环境保护的议事协调机构，主任由省长担任；设立了秦岭生态环境保护委员会办公室，作为秦岭生态环境保护的办事机构，挂靠在省发展改革委。秦岭生态环境保护委员会的主要职责是：①组织编制秦岭生态环境保护总体规划；②审查涉及秦岭生态环境保护的有关专项规划；③调研秦岭生态环境状况，提出秦岭生态环境保护政策的建议；④协调秦岭生态环境保护工作；⑤督促检查秦岭生态环境保护工作；⑥省人民政府规定的其他职责。秦岭所在的地市也相应成立了的市秦岭生态环境保护委员会，主任由市长担任。特别是西安市及其所处秦岭几个区县成立的秦岭生态环境保护管理办公室，独立成编，专门负责秦岭生态环境保护工作，并设有执法监察机构。

（4）设立了秦岭生态环境保护专项资金。依据《秦岭生态环境保护条例》，陕西省财政设立了省级秦岭生态环境保护专项资金，2008年从省财政预算列出1000万元，并规定以后视省级财政收入的增长逐步增加，并主要用于秦岭地区重大问题研究、重大项目的策划和前期准备、山区县（区）垃圾和污水处理等基础设施建设。截至2015年，陕西省财政已累计安排秦岭生态保护专项资金8710万元，资助了106个生物多样性保护、重要水源地保护、城镇堤岸治理与美化等方面的项目。2012年底，省委、省政府印发的《关于省市共建大西安，加快推进创新型区域建设的若干意见》，明确要求省财政自2013年起连续五年每年新增4000万元专项资金用于秦岭北麓西安段生态环境保护和城市绿化。同时，为了全面实施秦岭生态的保护和修复，2013~2015年三年间，省财政还专项支持秦岭植物园和自然保护区建设6000余万元，安排陕南突破发展专项资金32亿元，投资陕南移民搬迁507亿余元[①]。

（5）开展了专项整治活动。陕西省人大环资委、省政府法制办、省环保厅每年对秦岭所在的6个地市进行定期和不定期的大型执法检查。其中，针对秦岭北麓生态环境保护开展的专项整治活动最典型、最频繁，先后印发了《关于开展秦岭北麓生态环境保护专项整治工作的通知》《关于开展秦岭北麓生态环境保护专项整治工作的通告》等，并得到中央领导的高度关注。例如，2014年秦岭北麓违建别墅问题受到习近平总书记重要批示。同时，秦岭各市县也先后对各类开发建设项目进行了集中清理，取消和停止审批了不符合产业发展规划和环评要求的项目，对保留项目也从严提出了

---

① 赵蕾："秦岭保护条例实施8年投数百亿 乱占和采石仍存在"，《三秦网》，2015年11月18日。

环评和水保要求。2015年初，陕西省政府印发《关于深入开展开山采石专项整治切实加强采石场管理的通知》，严格控制新建矿山最低生产规模。2016年1月和4月，陕西省政府、省国土资源厅又分别下发了《陕西省矿产资源开发"三保三治"行动计划（2016～2020年）》《关于保护秦岭生态环境进一步加强矿业权管理的意见》，明确到2020年，秦岭北麓原则上不再新立矿业权。

（6）推进了生态功能区建设和升级。秦岭生态保护早在新中国成立初期就已经开始了。1965年秦岭就建立了第一个自然保护区——太白山国家级自然保护区。从2001年起，秦岭生态保护与建设进入一个新的发展阶段。2001年，秦岭山地被国家环保总局列为首批10个国家级生态功能保护区建设试点之一。2007年，秦岭地区的生物多样性保护被中国科学院列入社会和科技发展的重大战略计划。2010年，陕西秦岭作为全国25个重点生态功能保护区之一予以保护，并实施财政转移支付。2012年，环保部又将陕西秦巴生物多样性重要生态功能区作为试点，探索限制开发区域的各项政策制定及实施。截至2013年，秦岭地区共有自然保护区34处，全部为省级以上级别，其中国家级15处，省级19处。其中，牛背梁国家级自然保护区正式加入了"世界生物圈保护区"网络，长青国家级自然保护区入选首批世界自然保护联盟绿色名录。2015年，陕西省摩天岭、丹江武关河、黑河湿地珍稀水生野生动物自然保护区晋升为国家级，并报国务院批准。2016年，陕西省林业厅成立了秦岭国家公园筹建办，启动了秦岭国家公园、秦岭大熊猫公园和桥山国家公园3个国家公园建设工作。

（7）提升了监管能力。自2006以来，陕西省通过实施秦岭大熊猫及其栖息地巡护监测网络化建设、秦岭地区生态环境监测试点等项目，开发研制秦岭生态环境遥感监测系统，建立农业资源环境保护监督员等制度，初步建成了秦岭地区生态环境监测体系，完善了技术规程，提高了监测人员技术水平。2014年，商洛市下发了《关于各县区要进一步加大环保资金投入的通知》，要求各县区用于基层环境监测能力的资金不低于重点生态功能区转移支付资金的5%。目前，商洛市基本建成了空气治理、雾霾、酸雨、风能、太阳能、秸秆焚烧及河流生态气象观测网络。空气质量自动监测站全部覆盖秦岭地区38个县区，水环境质量的19个国控点位和21个省控点位全部达标。

（8）宣传了秦岭。陕西省秦岭生态环境保护委员会办公室先后组织有关单位开发了"秦岭生态环境保护三维空间辅助决策支持系统"和"中国·秦岭"网站，连续三年资助省团委开展环保志愿者走进秦岭72峪清洁活动。每年一度的植树节、"爱鸟节"、生物多样性保护纪念日都将秦岭作为全民参与生态保护的重中之重。2013年，秦岭环保宣传实践活动组织全省50支环保团队展开了以环保考察、环保宣教、绿化为主要内容的秦岭环保宣传实践活动。活动范围扩大到秦岭南北两麓，将陕南三个市纳入活动范围，同时加强与甘肃、河南两省团组织的联系，实现大秦岭青年环保的区域联动。

（9）扩大了国际影响。秦岭生态系统是全球生态系统的重要组成部分，其独特的生态环境与极其重要的生态地位受到世界其他国家的关注，秦岭地区生物多样性保护的国际合作正在逐步展开。例如，全球环境基金（GEF）自1995年起同国家林业局在秦岭地区实施一些保护项目；2005年，与陕西省环境保护局实施了中国秦岭生态保护区示范项目，项目备用金共计35万元；2010年捐赠500万美金用于秦岭国家植物园建设，该项目同时得到亚洲开发银行4000万美金的贷款支持。世界自然基金会（WWF）自2001年开始，在西安成立了项目办公室，与陕西省林业厅合作开展以保护秦岭大熊猫为主的共建项目。截至2009年底，已开展实施三期，共投资3654.96万元。2004年3月，和陕西省林业厅共同签署《陕西秦岭大熊猫栖息地保护和通道建设项目合作谅解备忘录》。通过这些国际项目合作，不仅扩大了秦岭在国际上的影响，而且便于将国外先进的保护理念和模式引入秦岭，有助于更好地管理秦岭生态系统，保护其生态和生物多样性。

（10）取得了一些标志性变化。

①秦岭生态环境质量稳定。2010年以来，经过对生态环境质量指数变化值ΔEI的核算，每年陕西省被考核县域有近1/8的生态环境质量趋好，3/4的生态环境质量保持稳定。2014年，秦岭地区所在的31个县区，90%的县保持稳定，其他10%略微变好。

②秦岭珍稀动植物物种增多。朱鹮数量已由1981年在陕西洋县发现时的世界仅存的7只发展到2016年全球3000余只，其中陕西省朱鹮种群数量已达2200余只，人工种群约500只，野化种群约200只，野生种群约1500只，且主要分布在陕西省汉中、宝鸡和安康3市15县，濒危状况得到有效缓解。野生金丝猴数量由1998年禁伐前的3000只左右，增长到目前的5000只左右。

③河流水质高水平稳定。秦岭以南的汉江、丹江、嘉陵江等河流水质均在Ⅰ～Ⅲ类之间，并且Ⅰ、Ⅱ类水质河长占评估河长的90%以上。秦岭以北的石头河、黑河、伊洛河水质在Ⅲ类以上，沣河、浐灞河等河流水质逐年提升，水质在Ⅳ以上。

④森林覆被率稳定提高。秦岭地区林地面积占比从2009年的60.61%增加到2013年的62.28%，高山、中山区的植被覆盖率达到80%以上，低山丘陵区和河谷平山区的森林覆盖率也得到较大提高，达到30%以上。

⑤农田生态系统功能彰显。最典型的是洋县朱鹮稻田栖息地建设模式。为了给朱鹮提供良好的生境条件，洋县早在1981年就在朱鹮保护区内全面禁止使用农药、化肥。1990年，禁令推广到全县，3000多平方千米，现已成为西北地区知名的有机产品聚集区。洋县的有机大米亩产虽只有普通大米的一半，但市价却是后者的6倍以上，仅有机大米这一项，就让签约农户每家增收4000多元。截至目前，洋县累计认证有机产品13大类72种，有机生产基地0.82万公顷。2015年，洋县旅游接待人数达到创纪录的900万人次；实现旅游综合收入45亿元，是5年前的20倍。

2.1.2 秦岭生态系统综合管理存在的问题

近年来，尽管秦岭生态系统综合管理取得显著成效，并发生了一些标志性事件的变化，但生态保护力度远远不够，秦岭生态系统综合管理仍然存在诸多问题，集中表现在以下几个方面。

（1）自然资源资产有待进一步确权和核实。自然资源是人类生存和发展的基础。自然资源资产则是自然状态（以及伴有人工状态）存在的资产，包括以自然状态存在的水流、森林、山岭、草原、荒地、滩涂等，它是开展生态系统管理的客体或对象。然而，受历史、技术以及观念等限制，秦岭地区尚未建立自然资源资产核算体系，自然资源家底不清、不明、不准、不实，从而在很大程度上制约了秦岭地区自然资源的可持续利用和生态环境保护。

（2）生态系统综合管理理念有待进一步培育。秦岭山大沟深，人烟稀少，"靠山吃山，靠水吃水""秦岭山水为我所用"等已成为当地人们的传统生活习惯。十八大以后，生态文明建设虽已上升到前所未有的战略高度，但仍有不少人的思维还停留在把保护与发展对立起来的老阶段，往往考虑发展多、保护少，考虑眼前利益多、法律规定少，要么干脆一禁了之，对于"保护生态环境就是保护生产力，改善生态环境就是发展生产力"，"保护并非'不吃饭'，而是不能寅吃卯粮"的新理念尚未读懂、吃透。

（3）生态系统综合管理体制有待进一步理顺。综合管理是一种非集中的分权决策，需要将政府和地方资源使用者之间的权利和义务进行分配。2008年《秦岭生态环境保护条例》颁布后，陕西省政府和秦岭各市县政府先后成立了秦岭生态环境保护委员会及办公室，但绝大多数没有独立的编制人员和执法资格，导致该机构形同虚设，尤其是2013年因机构改革撤销陕西省秦岭生态环境保护委员会后，除西安市外，其他地市也随之撤销了相应的机构，秦岭保护工作由各部门按职责分工各司其职。然而，秦岭分属6个地市38个县区，在接受林业、农业、水利、国土、环保、文物、旅游等不同部门管理的同时，还要按属地管理原则接受地方人民政府的管辖。这种属地化、条块化的管理体制导致秦岭地区生态系统管理政出多门、"九龙治水"问题突出，职能重叠与监管盲区并存，缺乏有效协调机制，难以适应秦岭地区综合治理的需要。

（4）生态系统综合管理法制有待进一步完善。目前，秦岭各地都不同程度地重视依法依规管理本地区的生态环境，相关办法众多但缺乏"落地"机制，且多为事后性、补救性办法（见表8-4）。加上受传统管理理论和方法的制约，这些法律和规定主要考虑的是秦岭生态系统内水、土、矿及植被等单一组分，缺少对包括气候变化、其他生物等组分的综合考虑。这种只处理系统中某一特定的被确认为退化的部分或者某个特定的失效的生态系统功能，而不考虑去维护整个生态系统的长期效应的做法，在很多情况下以管理危机而告终。

表8-4　　　　　　　　　　涉及秦岭生态环境保护的法规规章

法规规章名称	颁布机构
陕西省矿产资源管理条例	省人大常委会
陕西省汉江丹江流域水污染防治条例	省人大常委会
陕西省主体功能区规划	省人民政府
陕西省矿产资源总体规划（2008～2015）	省人民政府
陕西省矿产资源总体规划（2016～2020）	省人民政府
陕西省矿产资源开发：保发展治粗放保安全治隐患保生态治污染行动计划（2016～2020）	省人民政府
陕南地区移民搬迁按质总体规划（2011～2020）（陕政发〔2011〕49号）	省人民政府
陕西省汉江丹江流域水质保护行动方案（2014～2017年）（陕政发〔2014〕15号）	省人民政府
陕西省开山采石削山建房管理办法（陕西省人民政府令 第168号）	省人民政府
陕西省矿山地质环境治理恢复保证金管理办法以省政府令第170号	省人民政府
关于深入开展开山采石专项整治切实加强采石场管理的通知	省人民政府办公厅
关于进一步深入开展开山采石专项整治切实加强采石场管理的通知	省人民政府办公厅
关于进一步加强和规范陕南地区移民搬迁工作的意见	省人民政府办公厅
关于陕南突破发展的若干意见	省人民政府办公厅
陕南循环经济产业发展规划（2009～2020）	省发展改革委
陕西省森林生态效益补偿基金管理办法	省财政厅、林业厅

续表

法规规章名称	颁布机构
陕西省天然林保护工程财政资金管理实施细则	省财政厅、林业厅
陕西省林业精准脱贫实施方案	省林业厅、扶贫办
陕西省矿山复绿行动实施方案	省国土厅
西安市秦岭北麓矿山专项整治工作方案	西安市人民政府
关于加快特色农业发展的决定	商洛市人民政府
商洛市生态农业发展规划（2015~2020）	商洛市人民政府
商洛市丹江等流域污染防治工作三年行动计划	商洛市市委、政府
宁陕县国家主体功能区建设试点示范实施方案	宁陕县人民政府
安康市江河湖泊采砂（矿）管理暂行办法	安康市人民政府
安康市矿产资源勘查开发秩序专项整治行动实施方案	安康市人民政府办公室
安康市城镇体系规划大纲	安康市人民政府
大敷峪石材综合整治办法	渭南市人民政府
华阴市地质环境综合治理实施方案	华阴市人民政府
华阴市大夫峪石材专项整治实施方案	华阴市人民政府
商洛市丹江等流域污染防治专项资金使用管理暂行办法	商洛市财政局
关于按因素法调整排污费分配方式的通知	商洛市财政局
关于各县区要进一步加大环保资金投入的通知（商财办建〔2014〕49号）	商洛市财政局、环保局
商洛市生态农业生产技术规范	商洛市农业局、水务局、林业局
森林资源流转管理试行办法	宁陕县林业局
林权抵押贷款管理（试行）办法	宁陕县林业局、农村信用联社
林权抵押操作流程	宁陕县林业局、农村信用联社
林权抵押贷款资产评估价值参考标准	宁陕县林业局、农村信用联社
洋县城乡一体化建设规划	洋县人民政府
洋县城市总体规划（2013~2030）	洋县人民政府

资料来源：根据相关资料整理而得。

出台的专门法规《陕西省秦岭生态环境保护条例》，因现有的条款内容缺乏严密性，从而为违法和权力寻租行为提供了漏洞。例如该条例仅设置旅游设施建设生态环境保护专章，尚未涉及农村环境保护存在的污水、垃圾处置问题，导致农村污水垃圾处理"无规可依、无人可管、无钱可用"。再如该条例规定海拔1500米以下的秦岭低山丘陵水源涵养与水土保持功能区为适度开发区，1500米以上为限制和禁止开发区，但秦岭大部分区域都在1500米以下，导致保护优先的原则不能很好落实。而且，该条例实施细则和配套办法尚未出台，完善的法规体系未能形成，目前对该条例实施的监督、检查、考核、惩处力度不够，责任不明，执法主体缺乏，地方政府在生态环境保护方面的作用难以得到更大程度上的发挥。

（5）生态系统综合管理的执法主体有待进一步明确。《秦岭生态环境保护条例》明确设立秦岭生态保护委员会，办公室设在省发展改革委，具体执法由各有关部门按照各自的职权执法。但发改部门的工作重点不是现场执法，也没有执法队伍，有执法权的部门在本条例中没有被规定为执法组织主体，从而造成秦岭生态环境保护的执法主体不明确。虽也有组织环保、国土、林业、水利、农业、建设、交通、旅游、公安等多个行政管理部门联合进行环境行政执法，但这种多部门、多层次的环境行政执法管理体制，在一定程度上存在相关部门之间职能交叉、权限不清和责任不明的问题，难以形成合力，加上缺乏合理的生态保护评估和绩效考核评估机制，导致条例所规定的各项制度、措施得不到有效落实，矿产乱采乱开、房地产无序开发难以得到有效控制，秦岭生态环境保护治理的整体效果受到影响。

（6）生态系统综合管理的激励约束机制有待进一步健全。秦岭地区拥有丰富的矿产资源、生物资源以及人文资源，并对这些资源进行了不同程度的开发与利用。然而，由于市场机制的运用不够，涉及这些资源开发与利用的价格、税收、规费、基金、补偿等相关机制如绿色产品与绿色服务的价格机制、矿产资源开发生态环境综合治理补偿金制度、污染企业政策性退出经济损失补偿制度、南水北调中线水源区生态保护补偿机制等尚未构建或很不健全，从而导致目前涉及秦岭生态系统管理的相关文件或法律规定大多是义务性规定，对违反规定的行为大多采取罚款等行政手段，市场手段的作用未得到有效发挥。由于激励约束机制不够健全，相关部门的工作人员以及当地居民开展农林水湿城等生态系统管理的动力不足。

（7）生态系统综合管理的能力有待进一步增强。据研究表明，地理信息系统、遥感数据等是实现环境管理目标的重要工具和方法。然而，由于秦岭地区地域宽大，涉及38个县区，大多属于省级和国家级的禁止开发区和限制开发区，其中16个县区为国家级生态功能区县，21个县区为国家级贫困县，经济基础薄弱，地方财政困难。即使省级设立了秦岭生态环境保护专项基金，但每年仅有1000万元，平均到6个市，每市也就100余万元，且自2013年起，这笔资金被整合用于支持大西安建设；秦岭各市，除西安市设立了秦岭生态环境保护专项资金外，其他市、县均因财力不足而未设立市、县级专项资金。由于资金缺乏，对生态系统实时监测、信息沟通和披露所需的专业人员、专业技能、专业设施设备等配置很少，管理能力薄弱，难以很好地支持生态系统综合管理决策。

（8）生态系统综合管理的效果有待进一步提升。由于存在上述7个方面的问题，秦岭生态系统综合管理的效果不尽如人意，最突出的表现就是在不同地区、不同时间、不同程度地存在"六乱"问题：①乱砍滥伐，天然林大面积减少，生物资源遭受严重破坏；②乱采乱挖，矿产资源无序开发，山地水土流失和洪涝灾害不断加剧；③乱占乱建，生态旅游设施无序建设既影响了自然景观，又造成了环境污染；④乱排乱倒，一些产业如农业、旅游等造成的新污染不断增加；⑤管理乱，管理关系模糊、管理权责不清、管理秩序混乱；⑥情况乱，秦岭生态系统面积、数量、模式、生物多样性、自然资源资产等家底不清、不明、不准、不实。

2.2 秦岭生态系统综合管理的基本方向

秦岭生态系统综合管理作为一项集自然、经济、社会等生态系统于一体的综合管理行为，是在退化的生态环境和落后的社会经济基础上对自然与社会经济秩序进行的优化与重建。其综合管理的基本方向是：认真贯彻落实党的十八大和十八届三中、四中、五中全会精神及习近平总书记系列重要讲话精神，围绕"五位一体""五化同步"和五大理念，坚持规划先行、改革先行、法治先行、生态先行，以维护生态安全、改善生态环境质量为基本着力点，顺应群众提高生态环境质量的强烈期待，从生态系统整体性、关联性、协同性出发，推动生态保护从单要素、单环节保护向"优化结构、调控过程、提升功能、确保质量"的综合生态系统管理方式转变，破解生态系统管理"破碎化"弊端，推进秦岭地区山水林田湖城生态系统统一立法、统一机构、统一执法、统一规划、统一监测、统一考核、统一基金，提高资源资产总量和生态系统管理成效，并推进"三个陕西"建设进程。

2.3 秦岭生态系统综合管理的目标体系设计

要开展生态系统综合管理，其首要问题，一是改革传统的管理体制和权属体系，二是确立全面的、明确的目标体系。然而，前者是一个长期而复杂的过程，不能一蹴而就。相反，后者不仅可以在短期内得以构建，而且还能提高管理行为的针对性，为管理行为评估提供参考标准，因此，拥有一个全面、明确的目标体系成为推动秦岭生态系统综合管理实践与发展的关键。Slocombe在1998年对生态系统管理的目标体系进行了系统的梳理和归纳，并形成了一套由实际目标和管理过程目标组成的生态系统管理目标体系。其中，实际目标是指管理者通过管理生态系统希望获得的状态或生态系统特征；管理过程目标解决的是如何达到或者实施实际目标[①]。然而，由于人类对不同生态系统干预能力和利用目的存在差异，各种生态系统的管理目标以及管理强度也不同，但一个超越各种生态系统类型的生态系统管理目标主要是维持和加强生物多样性[②]。而鲜骏仁（2007）认为，生态系统的管理目标是：在不引起生态风险、保持生态系统持续性的前提下，经营者尽可能地增强生态系统服务以获得最大的经济效益[③]。

秦岭地区的经济水平较低、生产力不够发达、人民素质相对较低、环境敏感性和脆弱性明显。在这种情况下，让经济水平本来就低的人民在经营生态系统时放弃经济效益而仅考虑生态效益，显然是不切合实际的。但所有的经营活动又不可能只关注经济效益，因此，秦岭生态系统综合管理的总体目标应定位：在不引起生态风险、符合社会伦理、保持生态系统的健康和恢复力的前提下，获得生态系统产品（食物、纤维、能源）与环境服务功能产出（资源更新、生态环境）的最佳组合和长期可持续性，实现对秦岭生态系统的保护及合理开发利用，以保护促发展，以发展来增强保护。到2020年，同步够格全面建成小康社会，"三个秦岭"（富裕秦岭、和谐秦岭、绿色秦岭）以及"三个陕西"（富裕陕西、和谐陕西、美丽陕西）建设迈上更高水平。具体而言，秦岭生态系统综合管理总体目标可分解为5个子目标，即资源目标、生态目标、经济目标、社会目标及政治目标。

（1）资源目标。自然资源资产确权登记基本完成，自然资源资产负债表得以编制，主体结构合

---

① Slocombe, D.S. Defining goals and criteria for ecosystem-based management[J]. Environmental management, 1998, 22（4）。
② 于贵瑞："略论生态系统管理的科学问题与发展方向"，《资源科学》，2001年第6期。
③ 鲜骏仁：《川西亚高山森林生态系统管理研究——以王朗国家自然保护区为例》，四川农业大学博士学位论文，2007。

理、产权边界清晰、产权权能健全、产权流转顺畅、利益格局合理的资源资产产权制度基本建立。到2020年，森林蓄积量、湿地保有量、水资源量、动植物数量等自然资源数量稳定甚至有所增加，自然资源利用效率明显提高。

（2）生态目标。生态文明制度基本建立，绿色低碳循环发展成为主基调，单位生产总值能耗、主要污染物排放总量、单位二氧化碳排放量明显下降，森林覆盖率超过65%；治污降霾取得显著成效，秦岭以北和秦岭以南优质天数分别达到290天和295天以上，污染天数分别下降30%和20%；渭河水质稳中有升，汉丹江水质持续保持优良，人居环境持续改善。因地制宜地采取相应的生物措施和工程措施，恢复受损、退化的栖息地，并做好护林防火、病虫害防治等资源管护工作，保护秦岭地区生物物种赖以生存的环境，进而长久保护好该区域的景观、生物系统和物种的多样性，保障区域生态安全。

（3）经济目标。通过发展循环经济、生态农业、生态旅游等带动秦岭地区相关产业经济发展，提高居民收入水平，促进当地社区生活质量的提高和当地经济的可持续发展。到2020年，人均GDP超过1万美元，居民人均可支配收入赶超全国平均水平。现行标准下农村贫困人口实现脱贫，贫困县全部摘帽，富裕秦岭和富裕陕西建设提高到新阶段。

（4）社会目标。向公众展示独一无二的生态系统和提供观赏珍稀动植物、开展探险和科研活动的目的地，增进公众对资源的资产价值、秦岭自然资源与地域文化、人与自然关系等相关知识的了解，培养其保护野生动植物、保护自然环境意识，促进秦岭地区人与自然的和谐发展；推动建设一批高质量的森林养生示范基地，满足现代社会不断增长的对回归自然、康体养生的需求，在大幅度提高人民的健康指数的同时，实现拉动生态服务价值增值，让当地群众多一条增收的途径，努力实现绿水青山变为金山银山。

（5）政治目标。生态治理体系和治理能力进一步现代化，民主法制更加健全，法治秦岭扎实推进，法治政府基本建成，公民法治意识不断增强。生态环境保护方面的利益表达、利益协调和利益保护机制不断健全，生态系统管理方面的制度更加成熟、更加定型。

3. 秦岭生态系统综合管理政策工具的应用现状与优化选择

3.1 生态系统综合管理的政策工具

3.1.1 生态系统综合管理政策工具的内涵

政策工具又被称为治理工具或政府工具。对于政策工具的定义，不同学者从不同角度进行了解释和界定。不过，关于政策工具的实质，大体上有三种理解[①]：①认为政策工具就是政府将其实质目标转化为具体行动的路径和机制；②认为政策工具是政府推行政策的手段；③认为政策工具是实现政策目标的活动。基于此，本项目认为生态系统综合管理的政策工具是指党和政府在不引起生态风险、符合社会伦理、保持生态系统的健康和恢复力的前提下，为获得生态系统产品（食物、纤维、能源）与环境服务功能产出（资源更新、生态环境）的最佳组合和长期可持续性，实现对生态系统的保护及合理开发利用，以保护促发展，以发展来增强保护，达到保护与利用的合理平衡和相互促进的目的，实现保护与开发的良性循环而选择并确定的手段、技术、路径和机制。

3.1.2 生态系统综合管理政策工具的类型

关于政策工具的类型，国内外尚未形成统一的划分标准。不过，思德纳教授在综合众多经济学家和政治学者的划分标准后，将环境与自然资源管理政策工具概括为"2345"分类法[②]：①按"二分法"，可划分为市场化工具和命令—控制式工具；②按"三分法"，可划分为市场或经济工具、命令控制工具以及劝说型工具，即俗称的"胡萝卜、大棒、说教"；③按"四分法"，可划分为利用市场、创建市场、环境管制和公众参与工具；④按"五分法"，可划分为物质工具、组织工具、法律工具、经济工具、信息工具。思德纳教授通过收集和比较这些政策工具应用经验后，认为"四分法"更适合用于划分以资源管理和污染控制为目的的政策工具（见表8-5）。

表8-5　　　　　　　　　　　　　环境与自然资源管理政策工具

利用市场	创建市场	环境管制	公众参与
补贴消减	产权与地方分权	标准	信息公开
针对排污、投入和产出的环境税费	排污许可证	禁令	加贴标签
使用者收费（税和费）	开采许可证	不可交易的许可证与限额	社区参与
执行债券	国际补偿机制	分区规划	自愿协议
押金—退款制度		执照	环境听证
有指标的补贴		责任规则	
退还的排污费		立法和政策执行	
信贷津贴		直接供给	

资料来源：[瑞典]托马斯·思德纳著，张蔚文，黄祖辉译：《环境与自然资源管理的政策工具》，上海人民出版社2005年版。

我国自1992年党的十四大以来，社会主义市场经济体制建设取得显著成绩，但还有待完善，利用市场、创建市场等政策工具以及沟通式、规劝式和志愿性的政策工具虽已在环境和自然资源管理中得到应用，但应用水平尚未达到发达国家水平。同时，当前国内学者在研究我国自然资源与环境管理政策工具分类时，大多参照"三分法"进行划分。基于此，本项目在分析秦岭生态系统综合管理的政策工具类型时，采取"三分法"将其划分为命令—控制型、市场型和公众参与型三类。其中，命令—控制型政策工具主要基于制定环境标准的理论，即通过颁布有关环境法规和标准来管理

[①] 严强：《公共政策学》，社会科学文献出版社2008年版。
[②] 郑磊："设计最优的环境与资源规制工具组合——评《环境与自然资源管理的政策工具》"，《绿叶》，2011年第10期。

自然资源与环境，因此又称为环境管制；市场型政策工具是利用市场政策工具和创建市场政策工具的合并，主要基于庇古税和科斯定理的思想，利用市场和价格信号区以及界定产权等途径，制定合适的资源配置政策，以较低的管理成本来解决资源和环境问题，因此又称为经济激励型政策工具。公众参与型政策工具主要是通过宣传、公告等形式，引导公众或组织自觉参与自然资源与环境管理，又被称为自愿型政策工具。

3.2 秦岭生态环境综合管理政策工具的变迁

秦岭生态保护早在新中国成立初期就已经开始了。1965年秦岭就建立了第一个自然保护区——太白山国家级自然保护区。然而由于新中国成立初期我国的生态环境问题还不够突出，国家政治生活也未完全走上正轨，针对生态系统管理的政策工具并不多见。不过，十年动乱结束后，尤其是1978年国家颁布新宪法，规定"国家保护环境和自然资源，防治污染和其他公害"后，涉及环境和自然资源管理的政策工具不断增多，而且其作用方式正由政府直接管制向间接管制转变。这种转变在秦岭地区大体上可以分为四个阶段。

1984年之前：命令—控制型政策工具。1984年以前，秦岭生态系统综合管理政策工具中基于市场和公众参与的方式几乎没有，基本上全属于命令—控制型，企业和公民只能遵守、服从，否则将受到惩罚。例如我国于20世纪70年代就开始使用的污染物排放标准控制，就是一种典型的政府直接管制环境污染问题的手段。

1984~1991年：命令—控制型为主，市场化政策工具为辅。1984年，家庭联产承包责任制在全国范围内实行。秦岭地区的土地产权也被分为所有权和经营权，其中所有权仍归集体所有，经营权则由集体经济组织按户均分包给农户自主经营。家庭联产承包责任制的推行，纠正了长期存在的管理高度集中和经营方式过分单调的弊端，使农民在集体经济中由单纯的劳动者变成既是生产者又是经营者，从而大大调动农民的生产积极性，较好地发挥了劳动和土地的潜力。随后，基于市场的政策工具如排污许可证交易制度等不断涌现。不过，该阶段秦岭生态系统综合管理的政策工具依然以直接管制为主。

1992~2011年：命令—控制型为主，市场化与公众参与为辅。1992年，我国引入清洁生产理念；1993年，实施环境标志工作；1996年，正式颁布ISO14001环境管理体系标准。随着这些典型的自愿型环境政策工具的出现，公众参与环境质量改善或提高自然资源有效利用的途径日益扩大。在此阶段，秦岭地区生态系统综合管理的政策工具在命令—控制型和市场化工具的基础上，增加了公众参与工具。

2012年至今：多种政策工具共同使用。2012年，党的十八大召开后，生态文明建设被放在突出地位，并融入经济建设、政治建设、文明建设、社会建设各方面和全过程，并出台了众多生态文明建设的制度和政策，涉及的领域包括自然资产产权确定、用途管理、资源有偿使用、生态环境补偿、环境承载力监测预警、污染物排放总量控制、排污权交易、领导生态责任追究、环境损害赔偿等。秦岭地区在开展生态系统综合管理过程中，开始进入了环境管制、创建市场、利用市场和公众参与等多种政策工具同步使用的阶段。

3.3 秦岭生态系统综合管理政策工具的应用现状

自新中国成立以来,秦岭地区在开展农业、林业、渔业、水、矿产和生物多样性等自然资源管理,以及大气污染、水污染、固体废弃物、有害废弃物等污染控制实践过程中,已逐渐形成了包括命令—控制型、市场化和公众参与等多样化的政策工具箱。但当前占主导地位的仍是传统的命令—控制式管理方式。从层级来看,这些政策工具主要分为国家层面和地方层面。

3.3.1 命令—控制型生态系统综合管理政策工具及其应用

命令—控制型生态系统综合管理政策工具主要是基于制定环境标准的理论即通过颁布有关环境法规和标准来对自然资源和环境进行管理。具体来看,国家层面主要侧重红线总量控制和生态文明建设目标与生态责任追究方面的立法和制定详细规章,地方层面主要侧重在直接供给、限期治理与"关停并转"方面。

(1)生态环境规划。生态环境规划是政府或组织根据环境保护法律、法规和原则所做的,今后一定时期内保护自然资源与环境、提高自然资源与环境质量的行动计划。

从国家层面来看,2011年6月8日,国务院印发了《全国主体功能区规划》,明确秦岭地区处于秦巴生物多样性生态功能区,为国家层面限制开发的生物多样性维护型重点生态功能区。2015年11月23日,环保部办公厅印发《全国生态功能区划(修编版)》,明确秦岭地区处于秦岭—大巴山生物多样性保护与水源涵养重要分布区,承担着保护生态环境、保障国家生态安全、保护自然生态系统与重要物种栖息地的功能。2016年10月11日,中央全面深化改革领导小组第二十八次会议审议通过了《省级空间规划试点方案》,号召各省开展省级空间规划试点,实现全省域"一本规划、一张蓝图"。

> **专栏8-1　中央深改组第二十八次会议审议《省级空间规划试点方案》**
>
> 中共中央总书记、国家主席、中央军委主席、中央全面深化改革领导小组组长习近平2016年10月11日下午主持召开中央全面深化改革领导小组第二十八次会议并发表重要讲话。会议审议通过了《省级空间规划试点方案》。
>
> 会议强调,开展省级空间规划试点,要以主体功能区规划为基础,科学划定城镇、农业、生态空间及生态保护红线、永久基本农田、城镇开发边界,注重开发强度管控和主要控制线落地,统筹各类空间性规划,编制统一的省级空间规划,为实现"多规合一"、建立健全国土空间开发保护制度积累经验、提供示范。

从地方层面来看,秦岭地区在《陕西省主体功能区划》中,被定位为重点生态功能区,属于限制开发区域。在《陕西省生态功能区划》中处于重要生态服务功能区,即秦岭山地水源涵养与生物多样性保育生态功能区。在《陕西省秦岭国家级生态功能保护区规划》中属于秦岭山地常绿阔叶—落叶林水源涵养和生物多样性保护生态功能区。在《陕西省矿产资源总体规划（2016~2020）》中，自2016年起，秦岭北麓原则上不再设立新矿权；秦岭其他地区除整装勘查区和"优、急、稀、特"矿种外，不再新批探矿权。在《陕西省秦岭生态环境保护条例》中，海拔2600米以上的秦岭中高山针叶林灌丛草甸生物多样性生态功能区为禁止开发区，海拔1500米以上至2600米之间的秦岭中山针阔叶混交林水源涵养与生物多样性生态功能区为限制开发区，海拔1500米以下的秦岭低山丘陵水源涵养与水土保持功能区为适度开发区。

（2）红线总量控制制度。红线作为新时期由党中央国务院提出的，用来引导我国形成合理的空间开发格局，科学控制城镇规模，促进节约集约用地、用水，促进生态环境建设，最终实现经济建设与生态建设协调发展、人与自然和谐发展的总量控制制度。

目前，从国家层面来看，红线总量控制制度主要包括以下六种：一是用水总量控制红线，到2030年，全国用水总量控制在7000亿立方米以内；二是水功能区纳污控制红线，到2030年，全国水功能区水质达标率提高到95%以上；三是大气污染红线，到2017年，全国地级市以上城市可吸入颗粒物浓度比2012年下降10%以上；四是碳排放红线，到2020年，单位国内生产总值二氧化碳排放比2005年下降40%~45%；五是森林红线，森林覆盖率26%，对应森林面积不少于37.44亿亩；六是湿地保护红线，到2020年，湿地面积不少于8亿亩。为了划定并严守资源消耗上限、环境质量底线、生态保护红线，强化资源环境生态红线指标约束，将各类经济社会活动限定在红线管控范围以内进，2016年，国家先后发布和审议通过了《关于加强资源环境生态红线管控的指导意见》《关于划定并严守生态保护红线的若干意见》等相关文件。

> **专栏8-2　会议审议通过了《关于划定并严守生态保护红线的若干意见》**
>
> 中共中央总书记、国家主席、中央军委主席、中央全面深化改革领导小组组长习近平2016年11月1日上午主持召开中央全面深化改革领导小组第二十九次会议并发表重要讲话。会议审议通过了《关于划定并严守生态保护红线的若干意见》。
>
> 会议强调，划定并严守生态保护红线，要按照山水林田湖系统保护的思路，实现一条红线管控重要生态空间，形成生态保护红线全国"一张图"。要统筹考虑自然生态整体性和系统性，开展科学评估，按生态功能重要性、生态环境敏感性脆弱性划定生态保护红线，并将生态保护红线作为编制空间规划的基础，明确管理责任，强化用途管制，加强生态保护和修复，加强监测监管，确保生态功能不弱化、面积不减少、性质不改变。

从地方层面来看，陕西省以国家相关文件为蓝本，先后出台了《陕西省人民政府关于实行最严格水资源管理制度的实施意见》《实行最严格水资源管理制度考核办法》《陕西省大气污染防治条例》《陕西省水污染防治工作方案》《陕西省城市开发边界划定工作办法（试行）》等文件（见表8-6），对陕西省治理水污染、大气污染、土壤污染等环境问题的措施与目标进行了明确规定，并取得了明显成效。例如，陕西省自落实最严格水资源管理以来，近1/3的项目取水方案进行了合理调整，火力发电采用空冷后节水3/4，区域内各市县用水总量均未超控制目标；工、农业用水效率不断提高，万元工业增加值用水量较2010年下降了22%～50%，农田灌溉水有效利用系数达到0.523～0.705；略阳县被授予第一批"陕西省节水型社会建设示范区"称号，西安思源学院、汉江机床厂、安康汉滨区健民农业生态科技示范基地被推选为全省十大节水示范单位，略阳钢铁厂和汉中钢铁厂在全省率先开展高耗水行业节水型企业创建；西安、宝鸡建成国家级节水型社会示范区；汉江、丹江、嘉陵江监测河长水质基本在Ⅱ类以上，陕西出境水质常年保持Ⅱ类以上的优质水质，确保了生产、生活和下游丹江口水库水质安全。

表8-6　　陕西省红线总量控制相关文件及其核心内容

文件名称	核心内容
陕西省人民政府关于实行最严格水资源管理制度的实施意见（2013年5月）	"三条红线"目标主要包括：确立水资源开发利用控制红线，到2030年全省用水总量控制在125.51亿立方米以内；确立用水效率控制红线，到2030年用水效率保持国内领先水平；确立水功能区限制纳污红线，到2030年水功能区水质达标率提高到95%以上
陕西省实行最严格水资源管理制度考核办法（2013年9月）	考核内容为最严格水资源管理制度目标完成、制度建设和措施落实情况，即用水总量、用水效率、重要水功能区水质达标率、饮用水水源地水质达标、重点区域地下水水位等控制目标完成情况，水资源管理责任和考核制度建设及相应措施落实情况
陕西省大气污染防治条例（2013年12月）	该条例针对陕西省以煤为主的能源结构，首设燃煤总量控制制度，制定本省清洁能源发展规划和燃煤总量控制计划；首次在地方性法规中引入环境公益诉讼、环境污染责任保险等机制；首次对拒不改正违法排污者实施按日连续处罚；首次对环境监测等技术服务单位弄虚作假给予处罚
陕西省水污染防治工作方案（2016年1月）	到2020年，全省水环境质量得到阶段性改善，污染严重水体大幅减少，饮用水安全保障水平持续提升，地下水超采收到严格控制。到2030年，全省水环境质量总体改善，渭河水生态系统功能全面恢复
陕西省城市开发边界划定工作办法（试行）（2016年6月）	划定城市开发边界应与城市区域资源环境承载力和城市发展阶段相适应，明确各类需要重点保护和限制开发建设的要素，通过城市用地限制性评价，明确不能开发建设的空间和比重；通过城市用地适宜性评价，明确适宜开发建设区域的优先次序

（3）生态文明建设目标与生态责任追究制度。生态文明建设目标与生态责任追究制度是一种具体落实地方各级人民政府对自然资源存量与环境质量负责的行政管理制度，是运用目标化、定量化、制度化的管理方法，通过签订责任书的形式，使自然资源可持续利用和改善环境质量的任务能够得到层层分解落实，达到既定的资源与环境目标。

为了督促领导干部在生态环境领域正确履职用权，加强党政领导干部损害生态环境行为责任追究，促进各级领导干部牢固树立尊重自然、顺应自然、保护自然的生态文明理念，增强各级领导干部保护生态环境、发展生态环境的责任意识和担当意识，推动生态环境领域的依法治理，不断推进社会主义生态文明建设，全国人大常委会修订了《环境保护法》和《大气污染防治法》，进一步强化了地方政府对本辖区环境质量负责的主体责任。同时，国家还先后审议通过和发布了一系列重大改革措施（见表8-7），构筑了生态环境保护"党政同责""一岗双责"和"失职追究"的完整责任链条[①]。

---

① 张庆义："严格的责任制度保护生态环境"，《湖南日报》，2015年11月11日。

表8-7　　　　　　　　　　　生态文明建设目标与生态责任追究相关文件及核心内容

文件名称	核心内容
关于加强环境监管执法的通知（2014年11月12日，国务院办公厅）	提出严格依法保护环境，推动监管执法全覆盖、对各类环境违法行为"零容忍"，加大惩治力度、积极推行"阳光执法"，严格规范和约束执法行为、明确各方职责任务、营造良好执法环境、增强基层监管力量、提升环境监管执法能力等5个方面的政策措施
中共中央国务院关于加快推进生态文明建设的意见（2015年5月5日，国务院）	共9个部分35条，包括总体要求；强化主体功能定位，优化国土空间开发格局；推动技术创新和结构调整，提高发展质量和效益；全面促进资源节约循环高效使用，推动利用方式根本转变；加大自然生态系统和环境保护力度，切实改善生态环境质量；健全生态文明制度体系；加强生态文明建设统计监测和执法监督；加快形成推进生态文明建设的良好社会风尚；切实加强组织领导。主要目标：到2020年，资源节约型和环境友好型社会建设取得重大进展，主体功能区布局基本形成，经济发展质量和效益显著提高，生态文明主流价值观在全社会得到推行，生态文明建设水平与全面建成小康社会目标相适应
生态环境监测网络建设方案（2015年7月26日，国务院办公厅）	分为6个部分共20条，包括总体要求；全面设点，完善生态环境监测网络；全国联网，实现生态环境监测信息集成共享；自动预警，科学引导环境管理与风险防范；依法追责，建立生态环境监测与监管联动机制；健全生态环境监测制度与保障体系。主要目标：到2020年，全国生态环境监测网络基本实现环境质量、重点污染源、生态状况监测全覆盖，各级各类监测数据系统互联共享，监测预报预警、信息化能力和保障水平明显提升，监测与监管协同联动，初步建成陆海统筹、天地一体、上下协同、信息共享的生态环境监测网络，使生态环境监测能力与生态文明建设要求相适应
党政领导干部生态环境损害责任追究办法（试行）（2015年8月17日，中办、国办）	依据党委和政府及其相关部门在决策、执行、监管中的责任，共规定了25种追责情形。旨在促进各级领导干部牢固树立尊重自然、顺应自然、保护自然的生态文明理念，增强各级领导干部保护生态环境、发展生态环境的责任意识和担当意识，推动生态环境领域的依法治理，不断推进社会主义生态文明建设
生态文明体制改革总体方案（2015年9月21日，国务院）	分为10个部分共56条，阐明了我国生态文明体制改革的指导思想、理念、原则、目标、实施保障等重要内容。主要目标：到2020年，构建起由自然资源资产产权制度、国土空间开发保护制度、空间规划体系、资源总量管理和全面节约制度、资源有偿使用和生态补偿制度、环境治理体系、环境治理和生态保护市场体系、生态文明绩效评价考核和责任追究制度等八项制度构成的产权清晰、多元参与、激励约束并重、系统完整的生态文明制度体系，推进生态文明领域国家治理体系和治理能力现代化，努力走向社会主义生态文明新时代
开展领导干部自然资源资产离任审计试点方案（2015年11月9日，中办、国办）	主要目标：探索并逐步完善领导干部自然资源资产离任审计制度，形成一套比较成熟、符合实际的审计规范，保障领导干部自然资源资产离任审计工作深入开展，推动领导干部守法、守纪、守规、尽责，切实履行自然资源资产管理和生态环境保护责任，促进自然资源资产节约集约利用和生态环境安全。试点2015年至2017年分阶段分步骤实施，2017年制定出台领导干部自然资源资产离任审计暂行规定，自2018年开始建立经常性的审计制度
关于省以下环保机构监测监察执法垂直管理制度改革试点工作的指导意见（2016年7月22日，中央深改组）	包括总体要求、强化地方党委和政府及其相关部门的环境保护责任、调整地方环境保护管理体制、规范和加强地方环保机构和队伍建设、建立健全高效协调的运行机制、落实改革相关政策措施、加强组织实施等七个方面22条。其目的是建立健全条块结合、各司其职、权责明确、保障有力、权威高效的地方环保管理体制，确保环境监测监察执法的独立性、权威性、有效性
关于设立统一规范的国家生态文明试验区的意见（2016年8月22日，中办、国办）	包括总体要求、试验重点、试验区设立、统一规范各类试点示范、组织实施五个方面16条。其主要目标是：设立若干试验区，形成生态文明体制改革的国家级综合试验平台。通过试验探索，到2017年，推动生态文明体制改革总体方案中的重点改革任务取得重要进展，形成若干可操作、有效管用的生态文明制度成果；到2020年，试验区率先建成较为完善的生态文明制度体系，形成一批可在全国复制推广的重大制度成果，资源利用水平大幅提高，生态环境质量持续改善，发展质量和效益明显提升，实现经济社会发展和生态环境保护双赢，形成人与自然和谐发展的现代化建设新格局，为加快生态文明建设、实现绿色发展、建设美丽中国提供有力制度保障

续表

文件名称	核心内容
重点生态功能区产业准入负面清单编制实施办法（2016年10月21日，国家发展改革委）	包括总体考虑和基本原则、编制实施程序、编制规范要求、技术审核要求、加强实施管控等5个部分18条。旨在进一步指导各地方、各有关部门扎实有序做好负面清单编制实施各项工作，推动各地区按照主体功能定位可持续发展，强化重点生态功能区的生态产品服务功能
关于全面推行河长制的意见（2016年12月11日，中办、国办）	包括总体要求、主要任务和保障措施等3个部分共14条。8个亮点：党政一把手管河湖；坚持问题导向、因河施策；社会参与、共同保护；部门联防、区域共治；岸线有界，不得围湖；综合防治，管住排污口；抓住重点生态保护区；定好时间表，两年之内全面建立河长制
生态文明建设目标评价考核办法（2016年12月22日，中办、国办）	对生态文明建设目标评价考核的方式、主体、对象、内容、时间及结果应用、组织协调、能力保障等加以制度规范，作出6个方面共21条具体规定。其目的是发挥评价考核"指挥棒"作用，落实地方党委和政府领导班子成员生态文明建设责任，加快绿色发展，推进生态文明建设

从地方层面来看，为了严守红线，陕西省委书记赵正永、省长娄勤俭在不同场合多次强调不能再唯GDP论英雄。2014年，陕西省对领导干部政绩考核指标体系做了重要调整。其中，美丽陕西即生态环保指标，分值由原来的12分增加到25分，雾霾治理指标由原来的3分调整为8分；各市GDP达到全省平均值视为完成任务，超额完成任务不再加分；相反，超额完成治霾任务能加分。目前，秦岭地区已建立了从省级到村组多级生态环境保护目标责任体系。例如，为了全面完成各项天保工程建设任务，陕西省林业厅修订了《天然林资源保护工程森林资源管护实施办法》《陕西省天然林保护工程核查验收办法》等，并落实管护人员，签订管护责任书，进一步健全了国有林"局、场、管护站"三级管护体系和集体林"县、乡、村、组"四级管护体系，形成了"点、线、面"相结合的管护网。位于秦岭地区的商洛市，则建立了市、县区、镇办政府森林资源目标管理责任制和护林站、护林员管护机制，落实了政府主要负责人是第一责任人、分管负责同志是主要责任人、林业部门主要负责人是直接责任人的责任，并实行年度目标责任考核管理，严格责任追究落实。

（4）环境影响评价制度与"三同时"制度。环境影响评价是指对规划和建设项目实施后可能造成的环境影响进行分析、预测和评估，提出预防或者减轻不良环境影响的对策和措施，进行跟踪监测的方法与制度[①]。"三同时"制度是我国独创的一项环保政策和环境管理制度，它是指建设项目中防治污染的措施必须与主体工程同时设计、同时施工、同时投产使用，防止污染的设施必须经原审批环境影响报告书的环保部门验收合格后，该建设项目方可投入生产或者使用[②]。陕西省在社会经济发展中，根据本省实际，积极实施环境影响评价制度与"三同时"制度。2004年，陕西省成立了环评审查委员会和评估中心，对建设项目环境影响评价工作实行政事分离。2007年4月1日起，实施了《陕西省实施〈中华人民共和国环境影响评价法〉办法》。2008年正式实施的《陕西省秦岭生态环境保护条例》规定："秦岭开发建设应当遵循先规划、后建设的原则。涉及秦岭开发建设的各类专项规划须经环境影响评价。""在秦岭进行矿产资源开发的单位应当按照《中华人民共和国环境影响评价法》进行环境影响评价。""在秦岭进行房地产开发和建设其他商业性项目，应当按照规

---

① 摘自《中华人民共和国环境影响评价法》。
② 摘自《中华人民共和国环境保护法》。

定程序报批，并进行环境影响评价，不符合环境影响评价要求的，不得建设。"当前，陕西省及秦岭地区正严格按照划定的功能区划，严把环评源头关，禁止在秦岭地区的禁止开发区域内开展任何的建设项目，并要求在秦岭地区落实严格的产业政策，优化产业布局，做到"六个不批"：国家明令淘汰、禁止建设、不符合产业政策的一律不批；环境污染重、产品质量低，特别是污染物排放难以达标的项目一律不批；环境质量不能满足环境功能要求的一律不批；建设项目位于自然保护区核心区、缓冲区项目一律不批；化工项目不进园区，或位于饮用水源地附近、江河两岸以及人口密集地区、群众搬迁量大的项目一律不批；流域区域内开发规划未进行规划环评的单个项目环评一律不批。据统计，秦岭地区的建设项目约400多个，类型主要为矿产资源开发、采石、水电，及少部分旅游、农林和风电类，这些项目主要分布在秦岭适度开发区和限制开发区。

（5）限期治理与"关停并转"制度。限期治理与"关停并转"制度是指政府对严重污染环境的污染源或区域发出命令，要求污染者在一定期限内完成治理任务、达到治理目标，对于无法治理的或者拒不治理的企业，予以关闭、停办、合并或转产。陕西省政府于2012年和2013年连续两年组织省法制办、省秦岭办、省环保厅、省国土厅、省水保局等10部门联合开展"秦岭生态环境保护行政执法检查"和"秦岭开山采石生态环境保护行政执法工作专项检查"，对发现的未批先建、乱采滥挖和行政乱作为等违法违纪问题，向当地市县政府提出了明确的整改要求。2014年，陕西省环保厅在秦岭地区抽查采矿（石）企业28家、自然保护区11个、地表饮用水源地6个，梳理了检查中发现的问题，通报给各市政府予以整改；2015年，抽查企业22家，重点检查秦岭生态环境保护范围内非煤矿山、沿山采石、石料加工企业环境影响评价及"三同时"制度执行、试生产（运行）、竣工验收、污染防治设施运行、生态环境保护与恢复治理等环保措施落实情况。针对秦岭地区采石场"多、小、散、乱"现象，陕西省国土厅起草了《关于进一步深入开展开山采石专项整治切实加强采石场管理的通知》，将所有露天开采的非金属矿山全部纳入整治范围，并确定了"三年减一半、五年大变样"的总体目标。即到2017年底，全省采石企业数量减少50%；到2020年底，关中地区每个县保留1~3家，陕南每个县保留5~7家。

（6）直接供给。直接供给是由政府机构及其工作人员直接提供公共物品或服务，这是一种容易为人们所忽略的也是被广泛运用的政策工具。目前，在秦岭地区，直接供给主要包括退耕还林工程、天保工程、陕南避灾移民搬迁工程、陕南绿色循环发展战略、自然保护区建设、国家公园建设、污水垃圾处理厂建设、小流域综合治理、农业面源污染防治、地质灾害防治等。其中，最典型的就是无偿为当地居民提供技术指导，这些技术指导包括：①开展测土配方施肥，推广缓释肥、化肥深耕、诊断施肥和水肥一体化技术，倡导使用有机肥。②开展农药减量控害增效工程，规范发展病虫害专业化统防统治服务组织，推广了杀虫剂、防虫网、黏虫板、昆虫性诱剂等绿色防控技术，积极应用生物源、植物源、矿物源及高效、低毒、低残留、环境友好型的农药，充分发挥天敌控害作用。③推广秸秆综合利用技术，在汉丹江流域主要推广秸秆生物肥技术、秸秆食用菌新技术、秸秆饲草产业化技术和秸秆田间处理新机具的引进试验示范，建立秸秆机械化综合利用示范田。④开展废旧农膜和包装物回收工作，鼓励农户使用0.01毫米以上农膜，积极试验、示范、推广可降解生物膜。⑤推广畜禽养殖废弃物综合加工利用技术，通过依托大中型沼气工程、有机肥建设工程和标准化场（区）建设项目等，重点推广养殖场（区）粪便有机肥加工、沼气发酵等养殖废弃物综合利用技术，做好畜禽养殖废弃物综合利用的技术指导和服务。

3.3.2 市场型生态系统综合管理政策工具及其应用

市场型生态系统综合管理政策工具是指政府部门利用价格信号或通过界定产权、建立可交易的许可证和排污权、建立国际补偿机制、环境补贴、排污收费、押金退还等途径来解决资源和环境问题。目前，从国家层面来看，主要侧重在制定详细规章和宏观政策对市场主体加以引导，地方层面主要是依据国家的宏观政策制定相关标准并开展实施。

（1）财政补贴。补贴是指为了激励企业和个人控制污染排放量或提高自然资产增量，政府通过拨款、减免税金、低息贷款等财物补偿方式对有利于自然资源和环境保护的行为给予财政上的支持。目前，秦岭地区的财政补贴主要有中央财政转移支付、省级财政转移支付，且以中央财政转移支付为主。2008年，仅陕南三市共收到国家重点生态功能区转移支付资金总额达10.965亿元，2014年增加到18.555亿元，平均每年增幅达11%。2011~2014年，陕南三市共收到南水北调中线水源地生态转移支付资金55.17亿元。同时，为支持陕南三市汉丹江流域水污染治理，2011~2014年，中央投入基建资金24.03亿元，"污水管网"以奖代补资金6.76亿元，安排安康瀛湖湖泊生态保护资金8974万元。

（2）资源税费。资源税费是指为了体现国有资源有偿使用而对开发和利用自然资源的单位或个人征收一定税收或者费用的制度安排。我国于1984年开始征收资源税，资源税税目包括煤炭、石油和天然气三种，后扩大到铁矿石。1987年和1988年，相继建立了耕地占用税制度和城镇土地使用税制度。2016出台的《关于全面推进资源税改革的通知》宣布，自2016年7月1日起，中国全面推进资源税改革，并率先在河北开展水资源税改革试点工作。2017年12月25日，十二届全国人大常委会第二十五次会议上表决通过了《中华人民共和国环境保护税法》，并将于2018年1月1日起施行。《环境保护税法》是党的十八届三中全会提出"落实税收法定原则"要求后，全国人大常委会审议通过的第一部单行税法，也是中国第一部专门体现"绿色税制"、推进生态文明建设的单行税法。

> **专栏8-3　　　　　我国首部环境保护税法将于2018年施行**
>
> 走过6年立法之路、历经两次审议，《中华人民共和国环境保护税法》2017年12月25日在十二届全国人大常委会第二十五次会议上表决通过，并将于2018年1月1日起施行。
>
> 据了解，《环境保护税法》是党的十八届三中全会提出"落实税收法定原则"要求后，全国人大常委会审议通过的第一部单行税法，也是我国第一部专门体现"绿色税制"、推进生态文明建设的单行税法。
>
> 《环境保护税法》全文5章28条，分别为总则、计税依据和应纳税额、税收减免、征收管理、附则。
>
> 《环境保护税法》的总体思路是由"费"改"税"，即按照"税负平移"原则，实现排污费制度向环保税制度的平稳转移。法案将"保护和改善环境，减少污染物排放，推进生态文明建

设"写入立法宗旨,明确"直接向环境排放应税污染物的企业事业单位和其他生产经营者"为纳税人,确定大气污染物、水污染物、固体废物和噪声为应税污染物。

财政部税政司司长王建凡说,实行环境保护费改税是落实党中央、国务院决策部署的重要举措,有利于解决排污费制度存在的执法刚性不足、地方政府干预等问题;有利于提高纳税人环保意识和遵从度,强化企业治污减排的责任;有利于构建促进经济结构调整、发展方式转变的绿色税制体系;有利于规范政府分配秩序,优化财政收入结构,强化预算约束。

——摘自中国网,2016年12月27日。

从地方层面来看,陕西省自2016年7月起全面实施资源税改革,涉及铁矿石、金矿、铜矿、铅锌矿等38个矿产资源品目实行从价计征。同时,为了实行最严格水资源管理制度,促进水资源节约、保护和合理开发,陕西省包括秦岭地区在内的多部门联合开展了水资源费征管专项检查,严格按取水量和标准足额征费。2014年起,关中、陕北,非居民供水水资源费标准在每吨0.3元的基础上再提高0.42元。2015年底前,城市居民全部实施阶梯水价。2016年,陕西省水利厅制定了《陕西省取水许可和水资源费征收管理办法(草案送审稿)》,现正面向社会征求意见。此外,秦岭地区的水资源除供本地使用外,还惠及南水北调中线工程沿线10余个大中城市3800多万人。为了保证工程运行稳定,水质稳定达标,2014年出台了《南水北调工程供用水管理条例》,规定:南水北调工程供水实行由基本水价和计量水价构成的两部制水价,具体供水价格由国务院价格主管部门会同国务院有关部门制定;水费应当及时、足额缴纳,专项用于南水北调工程运行维护和偿还贷款。2014年12月,国家发展改革委发布了《关于南水北调中线一期主体工程运行初期供水价格政策的通知》,规定:中线工程运行初期供水价格实行成本水价,并按规定计征营业税及其附加;分区段制定中线工程各口门价格,共划分为6个区段,同一区段内各口门执行同一价格(见表8-8)。2014~2015年,京、津、冀、豫4个受水区实缴水费264244.262万元。

表8-8 南水北调中线一期主体工程运行初期各口门供水价格

区段划分		区段内各口门供水价格(元/立方米)		
		综合水价	基本水价	计量水价
水源工程		0.13	0.08	0.05
干线工程	河南省南阳段(望城岗—十里庙)	0.18	0.09	0.09
	河南省黄河南段(辛庄—上街)	0.34	0.16	0.18
	河南省黄河北段(北冷—南流寺)	0.58	0.28	0.30
	河北省(于家店—三岔沟)(郎五庄南—得胜口)	0.97	0.47	0.50
	天津市(王庆坨连接井—曹庄泵站)	2.16	1.04	1.12
	北京市(房山城关—团城湖)	2.33	1.12	1.21

(3)排污收费制度。排污收费制度是指为了刺激排污者减少或消除污染物排放,国家机关按照法令规定对排污者的排污行为征收一定费用的制度。我国的排污收费制度于1978年12月首次提出,

1982年度正式确立并开始全面推行。

陕西省自1982年11月12日推行排污收费制度以来，直到2015年，才依据国家发展改革委、财政部、环境保护部印发的《关于调整排污费征收标准等有关问题的通知》要求，对全省排污费征收标准进行调整，新的征收标准于2015年7月1日起执行（见表8-9）。同时，新的征收标准规定，将实行差别收费政策。企业污染物排放浓度值高于国家或陕西省规定的污染物排放限值，或者企业污染物排放量高于规定的排放总量指标的，按照规定的征收标准加一倍征收排污费；同时存在上述两种情况的，加两倍征收排污费。企业生产工艺装备或产品属于规定的淘汰类的，也要按照规定的征收标准加一倍征收排污费。企业污染物排放浓度值低于国家或陕西省规定的污染物排放限值50%以上的，减半征收排污费。2015年，秦岭6市排污费征收入库共计25705.8934万元。

表8-9　　　　　　　　　　　陕西省排污费征收标准（2015年版）

排污种类	征收标准
二氧化硫和氮氧化物	1.20元/污染当量
污水中化学需氧量、氨氮和5项主要重金属（铅、汞、铬、镉、类金属砷）污染物	1.40元/污染当量。在每一处污水排放口，对5项主要重金属污染物均须征收排污费；其他污染物按照污染当量数从多到少排序，对最多不超过3项污染物征收排污费

数据来源：根据调查资料整理而得。

（4）排污权交易制度。排污权交易是指为了达到减少排放量、保护环境的目的，在污染物排放总量控制指标确定的条件下，利用市场机制，建立合法的污染物排放权利即排污权，并允许这种权利像商品那样被买入和卖出。我国的排污权交易制度可追溯到1998年开始的排污许可证制度试点。

陕西省是我国重要的能源化工基地，能源产业是其主导支柱产业，污染物排放强度和减排消化新增量压力较大。2009年，陕西省开始着手研究制定排污权交易办法。2010年6月5日，陕西环境权交易所成立，并于当日正式启动排污权交易，自此，陕西省排污权交易程序不断完善，并逐步得到社会认可。2011年7月，陕西省被财政部、环保部列为全国主要污染物排污权有偿使用及交易试点省份，并从政策上给予支持；同年，陕西省政府印发了《主要污染物排污权有偿使用和交易试点实施方案》，并于12月在全国率先开展了氮氧化物排污权交易。2012年8月，开展了化学需氧量和氨氮排污权交易，成为全国首个4项主要污染物全交易的省份。2013年11月，排污权被写入陕西省"大气十条"，陕西省排污权交易实现立法，12月，在省级排污权交易的基础上将排污权交易试点向市级扩大下移。2016年6月17日，陕西省人民政府办公厅印发了《陕西省主要污染物排污权有偿使用和交易管理办法（试行）》，进一步推动主要污染物排污权有偿使用和交易管理。

专栏8-4　　　　　　　　　　　企业想排污 得先买排污权

记者（魏鑫 实习生李圆）日前从省政府获悉，陕西将推动主要污染物排污权有偿使用和交易管理。根据日前公布的《陕西省主要污染物排污权有偿使用和交易管理办法（试行）》，全省所有新（改、扩）建项目均应通过排污权交易有偿取得排污权。

排污权须购买 用不完可出让

《陕西省主要污染物排污权有偿使用和交易管理办法（试行）》（以下简称《办法》）日前正式公布，将于2017年1月1日起实施。

《办法》对主要污染物、排污权、排污权有偿使用、排污权交易等作出明确规定。主要污染物是指二氧化硫、氮氧化物、化学需氧量、氨氮等四项污染物及其他污染物；排污权是指排污单位经环境保护部门核定、经有偿使用和交易获得的、向环境直接或间接排放主要污染物的权利。

按照排污权有偿使用的要求，排污单位应依法取得主要污染物排污权指标，并按政府基准价缴纳排污权有偿使用费。对于用不完或不够用的排污权，相关单位可以通过全省统一的交易平台，以市场价格获取或出让主要污染物排污权。

据悉，全省排污权有偿使用和交易工作将由省环境保护厅统一管理，在统一交易平台上开展。在污染物总量减排任务完成的条件下，富余的排污权将优先保障重点建设项目排污权需求。

排污权指标转让不得"跨界"

虽然排污权实现了转让，但这并不意味着污染物可以随便排，不够了再买。《办法》为各领域排污权指标转让明确"划界"，规定大气主要污染物排污权交易仅限于在本省行政区域内进行。涉水主要污染物排污权交易仅限于在同一流域内进行（全省划分为黄河中上游陕北段、渭河、汉（丹）江三大流域）。实行主要污染物行业内总量控制的项目，排污权指标应来源于本行业且不得用于其他行业。

按照新老衔接、统筹协调的原则，陕西将对现有排污单位和新（改、扩）建项目，实行差别化政策；对已实施排污权交易的主要污染物指标实行统筹协调管理。环境保护、财政、物价、发展改革等部门将共同推进主要污染物排污权有偿使用和交易工作。

"收入"用于我省污染防治

据悉，2017年1月1日起，全省火电行业（含其他行业自备电厂）将率先开展排污权有偿使用管理；2018年1月1日起，全省所有排污单位将全面开展排污权有偿使用管理。

新建、改建、扩建项目新增主要污染物排放量，要在排放污染物前缴纳排污权有偿使用费，获得向环境直接或间接排放主要污染物的权利。全省的排污权储备量将优先保障重大环境基础设施项目、民生工程，省级以上重点工程以及其他政府需要优先保障的重点项目。

排污权有偿使用和交易资金由环保部门代为征收。如需交易排污权，可通过定额出让、电子竞价、协议转让等方式进行。主要污染物排污权有偿使用和储备排污权指标出让收入属于政府非税收入，应全额上缴国库，纳入一般公共预算，统筹用于全省环境保护工作中各类污染防治。

——摘自《西安晚报》，2016年7月12日。

（5）环境污染第三方治理。环境污染第三方治理是指污染排放者通过缴纳或按合同约定支付费用的方式，将产生的污染有偿委托给环境服务公司按照环境标准进行治理，并与环保监管部门共同监督治理结果的环境污染治理模式，是我国提高污染减排的灵活性和效率水平、激发社会资本进入环境污染治理市场、建立多元化的投融资渠道、促进环境服务业发展的重要突破。

对于推进环境污染第三方治理，党和政府给予高度重视，并在相关文件中给予明确规定（见表8-10）。

表8-10　中央关于推进环境污染第三方治理的相关文件及主要内容

文件名	主要内容
中共中央关于全面深化改革若干重大问题的决定（2013年11月）	要发展环保市场，推行节能量、碳排放权、排污权、水权交易制度，建立吸引社会资本投入生态环境保护的市场化机制，推行环境污染第三方治理
国务院批转发展改革委关于2014年深化经济体制改革重点任务意见的通知（2014年4月30日）	要推行环境污染第三方治理
国务院关于创新重点领域投融资机制鼓励社会投资的指导意见（2014年11月26日）	要推动环境污染治理市场化
国务院办公厅关于推行环境污染第三方治理的意见（2014年12月27日）	要健全统一规范、竞争有序、监管有力的第三方治理市场，吸引和扩大社会资本投入，推动建立排污者付费、第三方治理的治污新机制
2015年国务院政府工作报告（2015年3月15日）	要推行环境污染第三方治理
水污染防治行动计划（2015年4月16日）	要以污水、垃圾处理和工业园区为重点，推行环境污染第三方治理
关于开展环境污染第三方治理试点示范工作的通知（2015年8月22日）	要在全国环境公用基础设施、工业园区和重点企业污染治理两大领域启动第三方治理试点示范工作
关于培育环境治理和生态保护市场主体的意见（2016年9月22日）	以改善生态环境质量为核心，以壮大绿色环保产业为目标，以激发市场主体活力为重点，以培育规范市场为手段，推动体制机制改革创新，塑造政府、企业、社会三元共治新格局

陕西省于2015年7月公布了《关于印发加快推进环境污染第三方治理实施方案的通知》，并指出要对可经营性好的城市污水、生活垃圾处理设施，采取特许经营、委托经营、PPP等方式引入社会资本；对以政府为责任主体的区域性环境整治、生态环境修复、城镇污染场地治理，以及电力、钢铁等行业和中小企业，则鼓励以环境绩效合同服务等方式引入。目前，在秦岭地区，环境污染第三方治理尚处于起步阶段。以商洛市污水垃圾处理设施为例，其运行方式主要以政府托管为主，BOT、公司化运营等方式较少。由于中央财政投资有限，地方配套资金难以落实，企事业单位投入、优惠贷款、社会捐赠等多元化投融资机制缺失，2015年全市污水、垃圾设施运行资金缺口分别达524.54万元和838.00万元。

（6）生态补偿。生态补偿机制是以保护生态环境、促进人与自然和谐发展为目的，在综合考虑生态系统服务价值、生态保护成本、发展机会成本的基础上，采取财政转移支付和市场交易等方式，对生态保护者给予合理补偿的公共制度安排，它是我国建设生态文明的重要制度保障。

党中央、全国人大、国务院高度重视生态补偿机制建设。自2005年党的十六届五中全会首次提出"要按照谁开发谁保护、谁受益谁补偿的原则，加快建立生态补偿机制"后，国务院每年都将生态补偿机制建设列为年度工作要点，并于2010年将研究制定生态补偿条例列入立法计划，并于2014年形成生态补偿条例草稿。2016年5月13日，国务院办公厅印发了《关于健全生态保护补偿机制的意见》，明确指出，要研究制定以地方补偿为主、中央财政给予支持的横向生态保护补偿机制办法；鼓励在具有重要生态功能、水资源供需矛盾突出、受各种污染危害或威胁严重的典型流域开展横向生态保护补偿试点。同时，还提出了目标任务，即到2020年，实现森林、草原、湿地、荒漠、海洋、水流、耕地等重点领域和禁止开发区域、重点生态功能区等重要区域生态保护补偿全覆盖，基本建立符合我国国情的生态保护补偿制度体系。

从地方层面来看，目前陕西省也初步构建起生态补偿制度体系：①"一退两还"生态补偿制度。对退耕农户具体补助标准为：生活费补助为20元/亩·年，现金补助长江流域地区为105元/亩·年，黄河流域地区为70元/亩·年。②森林生态效益补偿制度。2014年，《陕西省森林生态效益补偿基金管理办法》规定森林生态效益补偿基金包括中央财政森林生态效益补偿基金和省级财政森林生态效益补偿基金。其中，中央财政补偿基金依据国家级公益林权属对其营造、抚育、保护和管理实行不同的补偿标准，国有的国家级公益林平均标准为5元/亩·年（管护补助支出4.75元，公共管护支出0.25元），集体和个人所有的国家级公益林平均标准为15元/亩·年（管护补助支出14.75元，公共管护支出0.25元）；省级财政补偿基金主要用于地方公益林营造、抚育、保护和管理补助，平均标准为5元/亩·年（管护补助支出4.75元，公共管护支出0.25元）。③天然林管护补偿制度。其补偿标准为[1]：封山育林70元/亩，飞播造林50元/亩，人工造林300元/亩，国有林管护标准为12000元/人·年（中央投资8000元，地方配套4000元），其余国有林管护标准为10000元/人·年（中央投资8000元，地方配套2000元）。④水污染防治和水土保持补偿制度。2011年，陕西省政府出台《渭河流域水污染防治三年行动方案（2011～2014年）》和《陕西省渭河流域水污染补偿实施方案》，全年共收缴补偿金8990万元，2012年全年共收缴补偿金11 137万元。同时，建立了渭河上游水质保护生态补偿机制，2011年，陕西西安、宝鸡、咸阳、渭南、杨凌5市1区共支付甘肃天水、定西2市生态补偿资金600万元。⑤矿山地质环境治理补偿制度。2009年1月1日，《陕西省煤炭石油天然气资源开采水土流失补偿费征收使用管理办法》正式实施，依据该办法，煤炭、石油、天然气资源开采企业水土流失补偿费计征标准为：原煤陕北5元/吨，关中3元/吨，陕南1元/吨，原油30元/吨，天然气0.008元/立方米。2015年，5月1日，陕西省财政厅、物价局、水利部、地税局等5部门研究制定了《陕西省水土保持补偿费征收使用管理实施办法》，规定水土流失补偿费征收标准为：侵占或损坏水土保持设施的，应按当年恢复同等数量和质量的水土保持设施所需的实际费用征收；损坏地貌、植被的，应依据破坏面积，按每平方米0.2～0.5元的标准征收。据初步统计，2010～2015年，沿秦岭的西安、宝鸡、渭南、汉中、安康、商洛等6市审批生产建设单位编制水土保持方案1141个，征收水土流失"两费"（防治费和补偿费）2109.75万元，生产建设单位自行防治投资92208.35万元。

（7）"绿色化"押金返还制度。押金返还制度起源于挪威，是指在具有潜在污染的产品销售过程中，附加一项除产品本身价值之外的额外费用，当该产品或包装品被回收时将押金完整的或以高于押金的金额返还给消费者。传统的押金返还制度大多适用于固体废弃物的回收，如电池、铜、锌、钢铁、节能灯管、建筑废料等工业废品，易拉罐、啤酒瓶、饮料瓶等生活日常用品，手机、电

---

[1] 赵麦茹："陕西省资源有偿使用及生态补偿制度建设"，《西安财经学院学报》，2016年第1期。

脑、汽车等报废品及其零部件等。"绿色化"押金返还制度是在中国新常态背景下提出的、与中国实际相结合的、具有中国特色的押金制度，是对传统理念上的押金返还制度的丰富和扩展。它涵盖两个方面[①]：一是开发利用自然资源方面的押金返还制度，即政府要求自然资源开发者在开发利用自然资源前交纳一定数额的押金，当开发者按照一定要求对自然资源进行保护恢复或补偿后，如合理开采矿产资源、植树造林、复垦等，再将押金返还，否则予以没收，作为恢复补偿费用的制度；二是关于生态保护方面的押金制度，即项目开发商与政府签订土地使用合同时交付一定环境保护押金，如果在建设项目中造成生态环境破坏，就将没收押金用于生态恢复治理，否则，将押金返还的制度。

目前，陕西省先后实施了《陕西省矿山环境保护与治理规划》《陕西省矿山复绿行动实施方案》，将地质环境保护与治理恢复方案的编制审查作为办理采矿申请登记手续、采矿许可证年检的前置条件和主要内容，督促采矿权人依法履行矿山地质环境保护与治污恢复义务。2013年，《陕西省矿山地质环境治理恢复保证金管理办法》《关于实施〈陕西省矿山地质环境治理恢复保证金管理办法〉的通知》先后实施，推动落实了"谁开发、谁保护、谁破坏、谁治理"的矿山地质环境保护政策。截至2016年6月，全省已缴存矿山地质环境恢复治理保证金近10亿元。其中，仅商洛市，市县两级已缴存保证金的矿山企业221个，缴存覆盖率达70%，自2013年起累计缴存1679.86万元。其中，市级已缴存保证金的矿山企业90个，缴存覆盖率达75%，累计缴存1062.76万元；县级已缴存保证金的矿山企业131个，缴存覆盖率达65%，累计缴存617.1万元。在安康市宁陕县，全县矿山企业41个，缴纳矿山地质环境保护和治理恢复保证金286.725万元，财政专户储存，矿山企业完成地质环境保护与治理恢复工作后，经相关部门验收合格后返还企业。

（8）绿色信贷。绿色信贷是指利用信贷手段促进节能减排的一系列政策、制度安排及实践。我国的绿色信贷与被国际社会广泛认同的"绿色金融""可持续金融""银行业社会环境责任"等在本质上具有一致性[②]。2007年7月，环保总局、人民银行、银监会联合发布的《关于落实环保政策法规防范信贷风险的意见》，标志着绿色信贷这一经济手段全面进入我国污染减排的主战场。政策发布后，中国银监会先后颁布了《节能减排授信工作指导意见》《绿色信贷指引》等相关文件，对银行业金融机构有效开展绿色信贷、大力促进节能减排和环境保护提出了明确要求。2016年8月31日，人民银行继联合其他七部委发布《关于金融支持工业稳增长调结构增效益的若干意见》之后，又联合财政部等其他六部委发布了《关于构建绿色金融体系的指导意见》。根据该意见，绿色金融体系包括7个基本领域：一是大力发展绿色信贷；二是推动证券市场支持绿色投资；三是设立绿色发展基金，通过政府和社会资本合作（PPP）模式动员社会资本；四是发展绿色保险；五是完善环境权益交易市场、丰富融资工具；六是支持地方发展绿色金融；七是推动开展绿色金融国际合作。

从地方层面来看，目前，绿色信贷政策在陕西省及秦岭地区已逐渐成为一项活跃的环境经济政策和促进节能减排的重要市场手段。例如，在排污权交易方面，以省排污权交易中心为平台，以排

---

① 王丰娟："基于绿色化理念的押金返还制度"，《绿色科技》，2015年第12期。
② 肖瑞彦："让商业银行更好履行社会环境责任 以绿色信贷支持绿色发展"，人民网，2015年12月22日。

污权抵押融资为核心，由兴业银行提供300亿元专项信贷资金，支持排污权市场建设，开展重点行业和重点项目的排污权抵押融资业务；在水利建设方面，国开行陕西分行累计向渭河流域综合治理、渭河沿线城市污水处理、咸阳石头河水库、西安市皂河治理等项目投放贷款102亿元；在支持新能源生产方面，国开行陕西分行累计向草山梁风电、繁食沟风电、咸阳市垃圾发电等新能源项目提供贷款13.05亿元；在支持企业节能减排方面，国开行陕西分行累计支持企业16户，项目29个，贷款余额75.9亿元；在支持农业循环产业发展方面，国开行陕西分行以股权质押融资的方式向国家级农业产业化重点龙头企业杨凌本香集团共发放1000万元流动资金贷款①。2014年3月，省林业厅还会同省银监局，加快推进林权抵押贷款工作，采取切实措施解决林权抵押贷款手续繁琐等问题。2016年，全省累计林权抵押贷款达16.01亿元。在安康市宁陕县，还出台了《宁陕县森林资源流转管理试行办法》《宁陕县林权抵押贷款管理办法》《宁陕县林权抵押操作流程》和《宁陕县林权抵押贷款资产评估价值参考标准》，为林权流转和抵押贷款提供了政策指导。截至2016年6月，宁陕县共流转林地5.4公顷，交易额9600万元，林权抵押贷款累计额6300万元，有效地支持了当地林业、林农和农村经济发展，林业收入占到农民实际收入的2/3以上。

（9）自然资源资产确权与产权改革。产权是资源稀缺条件下人们使用或配置资源的权利或人们在此过程中的适当规则。完善的自然资源资产产权制度有助于刺激行为主体在自然资源开发、利用和保护中的积极性，推动自然资源定价趋于合理，优化资源配置，提高资源的使用效率。2013年11月12日，《中共中央关于全面深化改革若干重大问题的决定》中明确提出，对水流、森林、山林、草原等自然生态空间进行统一确权登记，形成归属清晰、权责明确、监管有效的自然资源资产产权制度。此后，国家先后审议通过和印发《关于引导农村土地经营权有序流转发展农业适度规模经营的意见》《国有林场改革方案》《深化农村改革综合性实施方案》《编制自然资源资产负债表试点方案》《贫困地区水电矿产资源开发资产收益扶贫改革试点方案》《自然资源统一确权登记办法（试行）》等（见表8-11）。

表8-11　　中央出台的涉及自然资源资产确权与产权改革的文件及主要内容

文件名	主要内容
关于引导农村土地经营权有序流转发展农业适度规模经营的意见（2014年11月，中办、国办）	坚持农村土地集体所有，实现所有权、承包权、经营权三权分置，引导土地经营权有序流转
国有林场改革方案（2015年3月17日，国务院）	明确界定国有林场生态责任和保护方式；推进国有林场政事分开；推进国有林场事企分开；完善以购买服务为主的公益林管护机制；健全责任明确、分级管理的森林资源监管体制；健全职工转移就业机制和社会保障体制
深化农村改革综合性实施方案（2015年11月2日，中办、国办）	深化农村土地制度改革的基本方向，即落实集体所有权、稳定农户承包权、放活土地经营权
编制自然资源资产负债表试点方案（2015年11月8日，国务院办公厅）	探索编制土地资源、林木资源、水资源实物量资产账户，有条件的试点地区还可以探索编制矿产资源实物量资产账户

---

① 支拴奇，杜磊："国开行陕西分行以绿色金融助力'美丽陕西'建设"，人民网，2014年7月8日。

续表

文件名	主要内容
贫困地区水电矿产资源开发资产收益扶贫改革试点方案（2016年9月30日，国务院办公厅）	试点目标：在贫困地区选择一批水电、矿产资源开发项目，用3年左右时间组织开展改革试点，探索建立农村集体经济组织成员特别是建档立卡贫困户精准受益的资产收益扶贫长效机制，形成可复制、可推广的操作模式和制度
自然资源统一确权登记办法（试行）（2016年12月20日，国土部、中编办、财政部、环护部、水利部、农业部、国家林业局）	要坚持资源公有、物权法定和统一确权登记的原则，对水流、森林、山岭、草原、荒地、滩涂以及探明储量的矿产资源等自然资源的所有权统一进行确权登记，形成归属清晰、权责明确、监管有效的自然资源资产产权制度。要坚持试点先行，以不动产登记为基础，依照规范内容和程序进行统一登记

陕西省于2006年就积极谋划集体林权改革。2007年，在安康市宁陕县等10个县开展试点；2009年，林权改革在全省范围内全面铺开；2010年，在西北地区率先完成集体林权制度改革，全省1.48亿亩集体林全部完成勘界确权。随后，全省全面展开集体林权制度深化改革，采取发展林下经济、推进林权抵押贷款、规范林地流转、落实生态效益补偿、发展农民林业专业合作社等方式，较好地解决了国家要"被子"、农民要"票子"的矛盾，使农民在青山绿水中实现致富梦想，"绿水青山就是金山银山"的生态文明理念深入人心。安康市宁陕县现已建立"县有中心（林权管理服务中心）、镇有站（林权管理服务站）、村有联络员"的"三位一体"林权服务体系，为林权流转等活动提供了高效便捷的服务。宁陕县先后被国家确定为集体林权制度改革试点县和全国集体林业综合改革试验示范区，被授予国家首批农民林业专业合作社典型示范县和林下经济示范基地。2016年，陕西省将编制全省自然资源资产负债表，实行能源、水资源、建设用地总量和强度双控制度。

（10）CDM。CDM，又称为清洁发展机制，是《京都议定书》中引入的灵活履约机制之一，其核心内容是允许附件Ⅰ缔约方（即发达国家）与非附件Ⅰ（即发展中国家）进行项目级的减排量抵消额的转让与获得，在发展中国家实施温室气体减排项目。CDM是现存的唯一的可以得到国际公认的碳交易机制，基本适用于世界各地的减排计划。2014年12月10日，国家发展改革委印发了《碳排放权交易管理暂行办法》，明确了全国碳市场建立的主要思路和管理体系。

从地方层面来看，2011年，陕西省9个CDM项目一次性全部通过国家发展改革委审核批准，预计年温室气体减排量达130万吨CO_2当量，在联合国CDM执行理事会成功注册后，每年可获得近1000万欧元减排收益。2016年，截至5月底，先后有29个项目获得国家批准，全省获批CDM项目累计达到113个。其中，秦岭地区CDM项目共计13个，年均CO_2减排量达197.0423万吨（见表8-12）。这些项目的获批，将加快陕西省温室气体减排目标的实现，对于推动国家低碳试点省建设具有重要作用。

表8-12　2016年秦岭地区的CDM项目情况

序号	项目名称	业主	年均减排量（tCO_2）	地点
1	西乡县曲江洞水电项目	西乡县丽阳水电开发有限公司	21894	汉中西乡
2	陕西马家沟25MW水电项目	汉中市恒发水电开发有限公司	68374	汉中城固
3	陕西汉中狮坝14MW水电项目	汉中市恒发水电开发有限公司	39283	汉中城固
4	陕西汉中白果树13MW水电项目	汉中市恒发水电开发有限公司	39030	

续表

序号	项目名称	业主	年均减排量（tCO₂）	地点
5	陕西省洋县卡房12MW小水电项目	洋县卡房水电开发有限公司	44139	汉中洋县
6	陕西八仙园27MW水电项目	洋县隆盛水电有限公司	81756	
7	陕西省汉江蜀河水电站	陕西汉江投资开发有限公司	764103	安康旬阳
8	陕西省旬阳桂花小规模水电项目	陕西省旬阳桂花水能有限公司	37837	
9	陕西紫阳红椿11.4MW水电打捆项目	紫阳县闽泉水电开发有限公司	31175	
10	陕西省宁陕县小规模水电项目	陕西省宁陕县万达水电责任有限公司	41016	安康宁陕
11	陕西万家宝庙梁浪河小水电打捆项目	陕西省石泉县万家宝水电有限公司	34029	安康石泉
12	陕西西安国维淀粉污水处理沼气发电项目	西安国维淀粉有限责任公司	53685	西安
13	陕西太白县观音峡水电站	太白县胥水河流域水电开发有限公司	72625	宝鸡太白

资料来源：根据调查资料整理而得。

3.3.3 公众参与型生态系统综合管理政策工具及其应用

公众参与型生态系统综合管理政策工具是指政府部门主要通过宣传、公告等形式，将资源可持续利用和保护环境的观念渗透到企业等组织的经营理念和居民个人的价值观中，从而促使组织和公众自觉参与环境保护。目前，在秦岭生态系统综合管理中，最常见的公众参与型政策工具主要包括生态环境信息公开、生态环境宣传教育、社区参与生态创建活动、"三品一标"产品认证、自愿协议、考核与表彰等。本部分重点分析生态环境信息公开、社区参与生态创建活动、"三品一标"产品认证以及自愿协议。

（1）生态环境信息公开。生态环境信息公开是指为了改进环境行为、改善环境质量，有关部门与组织通过收集和整理与生态环境保护有关的各种显性和隐形的信息，并采取适当形式在一定范围内予以公开。目前，秦岭地区的生态环境信息公开主要有定期发布的水质状况通报、重要饮用水水源地名录、环境统计公报、水资源公报、水情简报、供用水量统计年报、重点断面水质周报、空气质量日报等环境质量信息公开，以及环境政务信息公开，例如陕西省国土厅于2015年在其门户网站上发布政务信息4495条，规范性文件20条，并借助新媒体如政务微博、微信等发布信息2000多条。

（2）社区参与生态创建活动。社区是社会的细胞，社区和谐是社会和谐的基础。世界性的环保潮流呈现出向社区层面深入的趋势，各国都纷纷致力于建立各自的社区环境保护模式。目前，秦岭区域38个县区积极开展节水型社会、水生态文明试点、生态农业示范区、美丽乡村、循环经济示范区等各类生态创建活动，推动县、乡、村的环境整治和生态建设与保护。截至2016年，秦岭地区共建成10个国家级生态镇、25个省级生态镇、80多个市级以上生态村。宝鸡市眉县已建成省级绿色学校8所、绿色村庄11个、市级绿色学校36个；商洛市柞水县成功创建全国休闲农业与乡村旅游示范县，建成省级"一村一品"示范村25个，朱家湾村荣获2015年中国最美休闲乡村；汉中市略阳县被授予第一批"陕西省节水型社会建设示范区"称号，西安思源学院、汉江机床厂、安康汉滨区健民农业生态科技示范基地被推选为全省十大节水示范单位，西安、宝鸡建成国家级节水型社会示范区。

（3）"三品一标"产品认证。产品认证是由可以充分信任的第三方证实某一产品或服务符合特定标准或其他技术规范的活动。近年来，随着我国经济的发展和人民生活水平的逐步提高，公众的环境支付意愿不断加强，对环境友好型产品的需求不断增加，促使企业生产更多的绿色产品来满足顾客需求。"三品一标"（即无公害农产品、绿色食品、有机农产品和农产品地理标志）是我国政府主导的安全优质农产品公共品牌，是我国农业发展进入新阶段的战略选择，是我国传统农业向现代农业转变的重要标志，也是当前和今后一个时期农产品生产消费的主导产品。截至2014年6月，我国"三品一标"认证登记总量已达9.5万多个，认证产品的年产量已占同类农产品商品量的40%以上，认定的种植业产地占全国耕地45%以上。

从地方层面来看，截至2016年6月，陕西省建立绿色食品基地面积15.33万公顷，实物总产量210万吨；建立有机食品基地面积0.15万公顷，实物总产量2500多吨。秦岭地区的商洛市，拥有无公害农产品开发面积20.8万公顷，建设绿色食品基地7.16万公顷，累计认定无公害农产品产地268个，认证无公害农产品316个、绿色食品11个、有机食品13个，登记农产品地理保护产品10个；全市实施质量安全追溯企业19家，推广加贴无公害农产品标识300万枚，商南县沁园春茶叶公司白茶基地率先在全省通过GAP认证。宝鸡市眉县于2015年被命名为"中国猕猴桃之乡""国家级农产品地理标志示范样板区"，"眉县猕猴桃"荣获"2015年最具投资价值的中国农产品区域公用品牌""2015年中国果品区域公用品牌50强"等荣誉。西安市周至县的"周至山茱萸"获得国家地理标志产品保护认证。汉中市洋县的"洋县黑米"被命名为农产品地理标志产品。

（4）自愿协议。自愿协议也称自愿途径，是为了改善环境质量和提高自然资源利用效率，政府、企业、非营利组织之间签订一种非法定的协议。目前，在秦岭生态系统综合管理过程中，自愿协议主要有南水北调对口协作协议和"飞地经济"战略合作协议。

①南水北调对口协作协议。陕南三市是南水北调中线工程重要的水源涵养区。2013年，国务院批复《丹江口库区及上游地区对口协作工作方案》，确定了受水区天津市与陕西省陕南三市的对口协作结对关系。随后，天津市制定了《天津市对口协作丹江口库区上游地区（陕西省汉中市、安康市、商洛市）规划》《天津市对口协作丹江口库区上游地区工作实施方案》，并确定了2014~2015年天津市每年2.1亿元、"十三五"期间每年3亿元的对口协作资金规模。截至2015年底，已落实并拨付对口协作资金4.2亿元，支持了陕南三市104个项目建设。此外，随着对口协作关系的不断推进，陕南三市和京津冀地区在生态建设、产业对接、经贸合作、科技支持、人才交流等方面开展了多形式的交流合作，对口协作领域不断拓展。

②"飞地经济"战略合作协议。"飞地经济"是指两个相互独立、经济发展存在落差的行政地区打破原有行政区划限制，通过跨空间的行政管理和经济开发，实现两地资源互补、经济协调发展的一种区域经济合作模式。

宁陕县位于安康市西北部，秦岭中段南麓，地处秦巴生物多样性生态功能区，在《全国主体功能区规划》中被列为限制开发的重点生态功能区。恒口示范区位于安康市月河川道中部，是月河川道城镇带三大支点和"一体两翼"核心产业聚集区之一，是省委、省政府批准设立的统筹城乡一体化发展综合配套改革实验区，也是国家级发展改革试点城镇。为了充分发挥两地优势条件、实现限制开发区域和重点发展区的合作共赢，2013年10月20日，结合宁陕县自然资源充足、发展条件受限及恒口示范区被列为安康市重点发展区且处于成长发展阶段的实际，宁陕县政府即与恒口示范区管委会签订了《安康恒口宁陕工业园区建设战略合作框架协议》。根据协议，园区位于安康市恒口示范区大同镇内，规划控制用地66.67公顷，隶属于宁陕县人民政府。根据宁陕县人民政府编制的《宁陕恒口飞地产业园区产业发展规划》，该园区拟建设成为安康市"飞地经济"示范基地、陕西省生物产业示范引领基地、富硒特色食品生产及供应基地以及安康市循环经济计划重点园区。目前，宁陕恒口飞地产业园区正处于规划建设阶段，累计到位资金6200万元，完成投资5754万元。

3.3.4 秦岭生态系统综合管理政策工具实施的问题及原因分析

（1）秦岭生态系统综合管理政策工具实施的问题分析。自新中国成立以来，秦岭地区在开展自然资源和环境管理的实践过程中，已逐渐形成了包括命令—控制型、市场型和公众参与型等多样化的政策工具箱，并随着秦岭规划、纲要、条例等的贯彻落实，秦岭区域生态环境有所改善，生态功能有所恢复，社会经济有所发展，但生态系统综合管理政策工具的实施效果还不尽如人意，主要表现为：生物多样性与环境质量有待完善，经济社会综合发展水平不高且不均，保护与发展的良性关系尚未形成。

①生物多样性与环境质量有待完善。秦岭区域具有水源涵养、生物多样性保育、水土保持、完整天然森林植被景观保育等生态功能，在陕西乃至全国的生态战略地位都非常重要。然而，随着人类活动的增多，秦岭地区一些林地和草地变为耕地，居民点和工矿用地增多，导致水土流失严重，水源涵养区被挤占，部分涉重工矿用地对区域水源存在重金属污染风险，水土保持与水源涵养功能尚需增强。同时，受人类活动的干预，在秦岭地区存在很多自然保护区之外的生态保育空隙区，生物种群的自然交流和生物多样性保育受到影响。此外，秦岭南麓和北麓生态环境特征和社会经济发展状况不同，其污染防治水平和环境质量状况也有所不同。总体上，秦岭南麓的环境质量格局优于北麓，北麓关中地区环境质量较差，环境质量改善需求大。

②经济社会综合发展水平不高且不均。秦岭地区涉及陕西省6个地市，涵盖了38个县区510个乡镇，约500多万人口。受地形地势的影响以及交通条件的限制，秦岭地区经济发展水平落后，且经济发展很不均衡，经济社会综合发展水平不均。秦岭南、北麓经济社会综合发展水平差异大，北麓好于南麓；城乡经济社会综合发展水平差异较大，每个市均是区好于县。

③保护与发展的良性关系尚未形成。秦岭38个县区中，有21个国家级贫困县，16个国家重点生态功能区县，经济贫困县与生态功能区县高度重叠，肩负着加强生态环境保护与实现经济发展和人民富裕的双重任务，保护与发展矛盾突出，二者之间尚未形成良性关系。最突出的表现就是在不同地区、不同时间、不同程度地存在乱砍滥伐、乱采乱挖、乱占乱建、乱排乱倒等现象，尤其是秦岭地区非法开山采石屡禁不止，休闲农庄、农家乐等旅游开发产生的污水垃圾随意排放，严重破坏了秦岭生态系统，生态恢复工作进展缓慢。据有关研究表明，截至2015年，秦岭北麓有1500多家农家乐，日均排放生活污水量为30吨，每月所产生的生活污水有4.5万吨；在主要河流中，有机污染指标COD（Cr）和BOD 5超标河段占比近66%和35%，铅（Pb）超标河段有6个，其占比近15%，汞

（Hg）超标河段有5个，其占比12%左右[①]。

（2）秦岭生态系统综合管理政策工具实施低效的原因分析。

①生态系统综合管理政策工具存在缺陷，政策工具箱缺失。一是政策工具在设计上缺乏合理性，标准偏低且未能与时俱进。例如，丹治工程项目批复的小流域实施方案中，人工单价为：林业24元/公顷、水面1.8～1.9元/平方千米，折算成日工价为16元/天，远低于实际日均工价100元/天的标准，由于劳动报酬严重偏低，小流域治理劳动力投入严重不足，治理计划难以按期完成。二是政策工具缺乏相应的技术支撑。例如，要落实最严格的水资源管理"三条红线"，需要科学和准确地测算出一个控制区域的最大污染物排放量，且要分析主要污染来源及其发展趋势。但秦岭地区对这些技术的掌握尚不成熟，很多市县尚未制定"三条红线"标准，更未将水污染物排放总量分为点源和面源，农业面源污染总量控制目标完全遭到忽视，水质控制目标难以实现。三是政策工具过于偏重于命令—控制型。2012年以后，秦岭地区在生态系统综合管理中，综合采用了命令—控制型、市场型和公众参与型等多种政策工具，但整体上仍以政府直接行政干预和控制为主要手段，市场化和公众参与型政策工具为辅。这种过于倚重命令—控制型政策工具、较少采用市场型和公众参与型政策工具的局面，难以发挥市场和公众在生态环境综合管理中的作用，容易出现治标不治本的现象。

②生态系统综合管理相关主体存在利益博弈，导致政策工具执行力度偏软。一项政策工具的出台是多方利益主体互动、反复博弈和平衡的结果。政策工具要取得有效的成果关键在于政策的执行者。美国学者艾利森曾说过："在实现政策目标的实际过程当中，90%的功能取决于有效的执行，只有10%的功能取决于方案。"秦岭生态系统综合管理政策工具在执行过程中，涉及的利益相关者包括政府、企业和公众均受到自我利益最大化的驱动。

政府是公共利益的代言人，也是公共权力的执行者，是政策工具的实施主体，在生态系统综合管理中起着主导作用。然而受不科学的发展观和政绩观、不合理的中省与地方事权财权分配等影响，地方政府片面追求经济高增长率，扩大GDP，把经济增长置于社会进步、资源保护和环境改善之上。同时，政府也是"经济人"，有着与个体相同的无法割舍的自身利益诉求，这就导致政府及政府官员在理性经济人的支配下，容易出现权力设租或寻租现象，使公共产品的供给违背初始目标。此外，政府是由每个理性有限的个体组成的，由于每位政府官员对生态系统综合管理的内涵、自然资源和环境问题的属性、政策工具的类型与特征、政策工具选择的原则等认识水平和理解水平存在差异，导致政策工具在实施过程中出现技术上的偏差，执行力度偏软，最终影响政策工具的实施效果。

企业是经济利益的实体，其本质是追求利益的最大化。正如经济学家米尔顿·费里德曼曾说过："企业有一个并且只有一个社会责任——使用它的资源，按照游戏的规则，从事增加利润的活动，只要它存在一天它就如此。"因此，受逐利天性的驱使，企业有不履行环保责任并转嫁外部成本的倾向。同时，根据实际调查，大部分企业不愿积极主动承担环境保护的责任，甚至将其视为负

---

① 陈帅：《基于生态旅游的秦岭北麓环境保护与农民增收兼容互动研究——以陕西省鄠邑区南部山区为例》，陕西师范大学硕士学位论文，2015。

担，认为会增加经营成本、减少利润空间，在政策执行过程中常常能避就避、能虚就虚、能拖就拖，甚至通过各种策略手段如行贿来抵制某项生态系统管理政策工具，政策工具的执行效果受到严重削弱。

公众是监督政策工具实施的主要群体。然而，在秦岭地区甚至全国，公众参与生态系统管理的意识比较单薄，公众参与带有明显的政府推动性，政府的主导地位尚未发生改变。据《全国生态文明意识调查研究报告》显示，我国公众对生态文明建设的认同度、知晓度和践行度分别为74.8%、48.2%和60.1%，生态文明意识呈现认同度高、知晓度低、践行度不够的状态，且具有较强的"政府依赖"特征，被调查者普遍认为生态建设的责任主体是政府和环保部门。同时，公众参与生态系统管理的途径与形式缺乏制度保障，已有的涉及公众参与的部门规章在内容上过于笼统，缺乏操作性。在实践中，即使有许多具有开创性的社区参与节水型社会、水生态文明试点、生态农业示范区、美丽乡村、循环经济示范区等生态创建活动，但公众参与大多属于强制性的，且属于末端参与，对于前期工作如该方案的制定、环境影响评估等环节基本没有参与，政策执行的持续性缺乏。此外，秦岭地区的自然资源与环境保护的NGO组织力量过于薄弱，截至2015年6月，陕西省全省的环保NGO才有73家，其中有59家属于高校社团，社会组织只有14家，且只有陕西省环保志愿者联合会等3家发展较为成熟[①]。由于自身力量薄弱、发展资金有限、缺乏长期规划等原因，NGO在引导公众积极参与环保事业、促进政府规制企业以及企业履行环保责任等方面有待加强和提升。

③生态系统综合管理政策工具实施缺乏良好的外部环境。

一是生态系统综合管理的法规制度不完善，相关法律规定缺失，存在管理上的空白，污染企业有序退出制度、水权交易制度、南水北调中线工程横向生态补偿制度等亟待建立；相关法律立法滞后，立法的目的和指导思想过时，法律规定的操作性不强，且过分依赖行政手段，从而削弱了生态系统政策工具的实施效果。例如我国现行的《矿产资源法》于1986年出台后，仅于1996年修订过一次，矿产开发准入门槛较低，导致秦岭地区一些弱小散矿山企业大量存在，在不具备环境保护和治理能力的条件下开采，严重破坏了生态环境。

二是生态系统综合管理体制不顺。水、土、森林、湿地等既是一种资源，可直接用于生产和生活；又是一种环境容量，可以承载一定排放水平的污染物；同时，在某些地方，这些资源还是一种特殊的子生态系统，肩负着维持生态系统平衡的重任，三者是一个有机联系的整体，需要对其开展综合管理。然而，在实际中，秦岭生态系统却同时接受水利、环保、住建、农业、林业、交通和旅游等多部门管理，且这些行政机构大部分实行的是上级部门业务指导和同级政府行政指导的双重管理体制[②]。由于行政双重领导和部门职能交叉与重叠，资源、环境、生态的整体性以及生态系统管理的综合性遭到破坏，政策工具的实施目标无法有效实现。

三是市场环境不够成熟。有效的产权制度以及完备和充分成熟的市场经济条件是市场型政策工具有效实施的基础。目前，秦岭地区的市场机制不够健全，受历史、技术以及观念等限制，主体结

---

① 王青："陕西环保志愿服务坚定前行"，《中国环境报》，2015年6月16日。
② 施雪，普利锋，张力小等："流域管理与区域管理矛盾研究——以丹江口水库流域为例"，《环境科学与技术》，2009年第3期。

构合理、产权边界清晰、产权权能健全、产权流转顺畅、利益格局合理的资源资产产权制度尚未建立，作为市场主体的企业大多缺乏成本意识，对价格的反应不敏感，加上政府对市场干预过多，从而导致市场化政策工具对企业难以形成有效的约束和激励。尤其近年来，在宏观经济处于低速增长的新常态下，矿业经济低迷，矿产品市场不景气，绝大部分企业处于停产状态，保证金缴存困难，"绿色化"押金退还制度难以执行。

3.4 秦岭生态系统综合管理政策工具的优化选择

3.4.1 为政策工具选择提供丰富且互惠互补的工具箱

任何政策工具都有其优缺点。如果各类政策工具组合不合适，不仅难以实现工具之间的互动和互补，而且还会出现"制度挤出"现象，比如命令—控制性工具可能会和市场型工具中某些具体手段之间出现相互排斥的情况。为此，需要准备一个政策工具箱，这个工具箱应包括三大类即命令—控制型、市场型以及公众参与型政策工具、10小类即规划工具、法律工具、社会工具（包括人口工具）、生态工具、环保工具、市场工具、经济工具、信息工具、文化工具和宗教工具（见表8-13）。同时，还应保证各工具之间的异质性能得到互惠互补，这是政府选择政策工具并进行优化组合的前提和基础。其中，从秦岭生态系统的独特性来看，尤其应高度重视和充分发挥宗教工具——道教的作用。

表8-13　　秦岭生态系统综合管理政策工具箱

命令—控制型政策工具	市场型政策工具	公众参与型政策工具
生态工具：天保工程、退耕还林工程、自然保护区建设、国家公园建设、地质灾害防治、小流域综合治理、农业面源污染防治、农村环境连片治理等	市场工具：排污权交易、水权交易、碳汇交易、环境污染第三方治理、生态补偿、绿色信贷、CDM、"三权分置"、林权改革、自然资源资产确权等	信息工具：监测、信息平台、政府政务公开、智慧秦岭管理信息系统等
环保工具：环境影响评价制度、"三同时"制度、"三条红线"等总量控制制度、排污和取水许可证制度、限期治理与"关停并转"制度等	经济工具：财政补贴、环境税、资源税、排污收费、"绿色化"押金返还、产业园区或聚集区（包括循环经济园区等）	文化工具：生态文化的普及、发扬、传播
规划工具：综合规划；专项规划		宗教工具：道教等
法律工具："水十条""大气十条""土十条"等		自愿协议：南水北调对口协作协议、"飞地经济"战略合作协议等
社会工具（包括人口工具）：陕南避灾移民搬迁		加贴标签："三品一标"产品认证等
直接供给：污水垃圾处理厂建设；无偿为当地居民提供测土配方施肥、绿色防控、秸秆综合利用、废旧农膜和包装物回收、畜禽养殖废弃物综合加工利用等技术指导		社区参与：社区参与节水型社会、水生态文明试点、生态农业示范区、美丽乡村、循环经济示范区等各类生态创建活动
责任规则工具：领导环境保护目标与生态责任追究制度等		

道教是根植于中华大地上固有的宗教，是中国传统的宗教，秦岭北麓的关中地区是儒、释、道三家源远流长之地，华山和终南山是道教重要的孕育地和传布地。道教坚持"道法自然、天人一体"的原则，从保护自然环境、维护自然生态和谐的思想出发，积极倡导人与自然的和谐发展，形成诸多环保理念和生态智慧，如道法自然、天人合一、众生贵德、和合共生等。这些生态智慧是秦岭生态文明建设宝贵的文化资源，是积极推进秦岭社会环境保护工作，建设美丽秦岭、美丽陕西和美丽中国重要的手段。道教在审视人与自然环境的关系时表现出来的生态智慧，受到世界的广泛关注①。美国环境伦理学家霍尔姆斯·罗尔斯顿认为："西方人也许应该到东方去寻求人与自然协调发展的模式"；美国科学家卡普拉则认为："在伟大的宗教传统中，道教提供了最深刻和最美妙的生态智慧的表达之一"；法国著名道教学者索安也指出："今天的生态学家知道，作为东方传统之一的道教，可以帮助我们找到一种生存方式，使我们被毁坏的星球更加和谐。"

3.4.2 加强政府、企业、公众三方的互动

通过上文分析，政府、企业、公众是生态系统综合管理政策工具实施中的利益相关者，作为参与者，三者既有着共同的利益要求，也存在不同的利益诉求，需要寻找一个恰当的利益切合点，建立互利合作的关系，形成生态系统综合管理的合力。为此，一是要建立政府间的合作伙伴关系，实现政府各部门和各级政府之间的通力合作，例如现行的地方官员绿色发展考评体系就是环保部门配合组织部门推出的。二是要建立政府与企业的合作伙伴关系，共同建立奖励、灵活而又弹性的环境保护标准和政策，激励企业主动承担社会责任，革新技术减少排污，达到改善环境和节约资源的目的；三是要通过宣传、立法、支持环保NGO发展等多种手段，提升公众的生态文明建设意识，引导其积极参与自然资源管理和生态环境保护中。

3.4.3 为政策工具选择培育良好的外部环境

如上文所述，外部环境是否良好直接影响到政策工具的选择和实施效果。为此，一是要优化法律环境，尽快收集、整理涉及秦岭生态系统管理的现行法律法规、部门规章以及地方法规规章，并对相关条款进行研判，对于其中过时的或错误的规定，应加以废止或重新制定；对于相互矛盾与冲突的、属于残缺或有问题的规定，相关部门应共同商议，对其进行重新修订；对于至今属于立法空白点的，应以立法的形式加以补充、完善。在立法中，应将生态系统综合管理作为立法的唯一目标，树立并坚持生态系统的整体性、综合管理、可持续发展等"源头治理"的立法理念。二是要优化行政服务，从理念认识、组织架构、权责分配、监督问责、配套制度等方面加快秦岭地区资源和环境管理体制改革，提升政府自然资源管理和环境治理的能力。三是要优化市场环境，在我国经济增长的主动力已由过去的要素驱动和投资驱动转为创新驱动的新常态下，尽快健全自然资源资产产权制度和用途管制制度，探索编制自然资源资产负债表，并充分利用秦岭所拥有的特殊资源优势，例如传统的水土能矿生资源，非传统的自然资源如绿色、幽静、慢速、黑暗、独处等，优势人文资

---

① 丁常云："道教生态智慧与当代社会环境保护"，《中国民族报》，2015年3月24日。

源即人类非物质文化遗产如陕西老腔等，大力发展绿色产品、绿色服务，在保护生态环境的同时，通过盘活既有资产，实现生态资产价值的最大化，促进区域经济发展和居民收入增加。

3.5 秦岭生态系统综合管理政策工具的预期效应

采取多种政策工具对秦岭生态系统开展综合管理，势必会影响生态系统的质量。不过，随着"五位一体""五化同步"和五大理念不断深入人心，政府、企业和公众对生态系统综合管理及其政策工具的认知和了解程度将得到提高，政策工具组合方式将更加合理，工具之间的差异性日益得到互惠互补。基于此，本项目假定这些政策工具在未来实施过程中，不会产生严重的"制度挤出"现象，也就是说这些政策工具的实施将不会降低秦岭生态系统的质量。

森林生态系统是秦岭生态系统的主体。而秦岭自然保护区群土地覆盖以森林为主，群内森林覆盖率达83.3%。所谓自然保护群主要是指在某种或多种特定生物及其栖息地保护中，由于其栖息地生境的破碎，在地理分布上不连续，通过在特定地理区域内建立若干个有联系的保护区，从而形成的自然保护区网。秦岭自然保护区群位于秦岭山脉中部地区，东西长约180千米，南北宽约73千米，总面积3075.6平方千米，地跨太白县、眉县、周至县、宁陕县、佛坪县、洋县、柞水县和长安区，是秦岭山脉的精华所在。秦岭自然保护区群的森林生态系统质量和所产生生态、经济和社会效益是秦岭生态系统质量和所产生生态、经济和社会效益的集中反映。为此，本项目以秦岭自然保护区群为代表，对其未来生态系统的生态、经济、社会等效益进行分析，以反映秦岭生态系统综合管理政策工具的预期效应。

3.5.1 预期效应评价指标体系构建

（1）构建原则。森林生态效益是指森林所产生的生态功能被人类社会实际利用后产生的效果和收益。森林所提供的生态产品效用程度越高，消费者支付意愿就越强，其价值量就越大，反之越小。因此，森林实际产生多大的生态效益，不仅取决于生态功能的大小，还取决于社会对它的利用方式和利用程度。森林经济效益主要是指森林生态系统及其影响范围内，被人们开发利用已变成经济形态的部分效益。它是相关利益者了解并认识到生态系统综合管理的重要性，提高自身生态保护意识以及生态保护参与度的重要途径。森林社会效益是指以森林生态系统为活动基础，游客、区域居民、员工等相关主体在消费生态物质、文化、产品或劳务时所产生的体质、社会关系、精神状态的个人效果和社会公共福利效果。通常包括对社会文明进步的效益、对人类健康的效益以及对社会生产生活改善的效益。

为了准确系统地反映秦岭保护区群的生态特点，找出合理的计量指标，以比较全面地反映秦岭自然保护区群所产生的生态、经济、社会效益，在指标设置上应遵循科学性与实用性兼顾、全面性与代表性相协调、系统性与层次性相适应、定性与定量相结合等原则，以确保指标体系能比较客观、真实地反映秦岭自然保护区群的生态、社会和经济效益的内涵，并能较好地对其进行度量。

（2）指标选取。秦岭自然保护区群预期效应评价指标的选取需要考虑多方面的因素。本专题主要在参考大量文献的基础上,通过对秦岭自然保护区群生态特征的分析、政策工具应用情况的调查了解以及专家咨询的方式,选取了文献中使用频率较高、吻合秦岭地区实际并得到专家认可的相关指标,最终构建了秦岭自然保护区群综合效应评价指标体系(见表8-14),用来系统分析生态系统综合管理政策工具的预期效应。

表8-14　　　　　秦岭生态系统综合管理政策工具预期效应评价指标体系

一级指标	二级指标	三级
生态效益	涵养水源效益	蓄水效益
		防洪效益
		净化水质效益
	水土保持效益	固土效益
		保肥效益
	固碳制氧效益	固定CO_2中C效益
		释放O_2效益
	净化环境质量效益	吸收SO_2效益
		阻滞降尘效益
	调节区域气候效益	调节区域气候效益
	生物多样性保护效益	物种多样性保育效益
经济效益	实物价值	林木保护价值
		珍稀物种保护价值
	非实物价值	选择价值
		存在价值
		遗产价值
	直接经济效益	非木质林产品产出收益
		木材产出收益
		旅游收益
		农牧业等产出收益
	间接经济效益	区域产业结构优化收益
社会效益	社会文明进步效益	科研、教育效益
		人口素质效益
		人口文化脱贫效益
		社会安定效益
	人类健康效益	人口寿命延长效益
		疗养防病效益
		居民陶冶情操效益
	社会生产生活改善效益	劳动力就业效益
		劳动生产率效益
		生活质量提高效益
		科技推广效益

3.5.2 预期效应的估算

（1）未来生态效益的情景分析。通过运用等效益替代等计量方法以及相关学者的研究成果，测算出自然保护区群生态效益达87.48亿元人民币，此结果可以作为衡量秦岭自然保护区群现阶段保护事业可持续发展的一个重要指标，也可以作为秦岭生态系统综合管理预期效应良好的一个重要指标。

表8-15 秦岭生态系统的生态效益计量指标体系与计量结果

一级指标	二级指标	生态效益（亿元）
涵养水源效益	蓄水效益	14.33
	防洪效益	11.27
	净化水质效益	4.62
	小计	26.22
水土保持效益	固土效益	8.80
	保肥效益	9.91
	小计	18.71
固碳制氧效益	固定CO_2中C效益	0.70
	释放O_2效益	2.71
	小计	3.41
净化环境质量效益	吸收SO_2效益	0.20
	阻滞降尘效益	7.37
	小计	7.57
调节区域气候效益	调节区域气候效益	5.32
生物多样性保护效益	物种多样性保育效益	22.25
总计		87.48

资料来源：陕西省环境保护厅等，《秦岭国家公园建设研究成果报告》，2015。

（2）未来经济效益的情景分析。通过测算，秦岭自然保护区群的经济效益约866.78亿元人民币，内部经济效益与外部经济效益之比约为4.2∶1。由此可以看出，采取多种政策工具对秦岭生态系统进行综合管理，不仅可以保护生物多样性，而且可以带动区域内产生相当可观的经济收益。

表8-16 秦岭生态系统的经济效益计量指标体系及计量结果

大类	次类	小类	经济效益（亿元）
内部收益	实物价值	林木保护价值	4.23
		珍稀物种保护价值	2.48
	非实物价值	选择价值	86.44
		存在价值	64.63
		遗产价值	53.93
	小计		211.71

续表

大类	次类	小类	经济效益（亿元）
外部收益	直接经济效益	非木质林产品产出收益	1.06
		木材产出收益	0.28
		旅游收益	2.80
		农牧业等产出收益	4.50
	间接经济效益	区域产业结构优化收益	646.43
	小计		655.07
总计			866.78

资料来源：陕西省环境保护厅等，《秦岭国家公园建设研究成果报告》，2015。

（3）未来社会效益的情景分析。通过测算，秦岭自然保护区群的社会效益约387.69亿元人民币。其中，社会文明进步效益约为3.67亿元，人类健康效益约为74.92亿元，社会生产生活改善效益为309.10亿元，其中社会生产生活效益改善最为显著。因此，从整体上说，秦岭生态系统综合管理可产生可观的社会效益，将为当地社会发展带来一定的契机。

表8-17　　　　　　　　　　秦岭生态系统的社会效益计量结果

一级指标	二级指标	社会效益（万元）
社会文明进步效益	科研、教育效益	23909.35
	人口素质效益	168.79
	人口文化脱贫效益	12590.9
	社会安定效益	2.75
	小计	36671.79
人类健康效益	人口寿命延长效益	6685.25
	疗养防病效益	5070.91
	居民陶冶情操效益	737503.2
	小计	749259.4
社会生产生活改善效益	劳动力就业效益	21410.99
	劳动生产率效益	619248
	生活质量提高效益	2441850
	科技推广效益	8498.6
	小计	3091008
总计		3876939

资料来源：陕西省环境保护厅等，《秦岭国家公园建设研究成果报告》，2015。

3.5.3　预期效应的评价

通过构建秦岭自然保护区群预期效应评价指标体系，对秦岭自然保护区群生态、经济和社会效益进行测算，得出秦岭自然保护区群的生态效益、经济效益、社会效益分别为87.48亿元、866.78

亿元和387.69亿元人民币。其中，经济效益改善最为明显，其次是社会效益。因此，从整体上说，采取多种政策工具对秦岭生态系统开展综合管理，不仅不会降低秦岭生态系统的质量，有利于"美丽秦岭""美丽陕西"等建设目标的实现，而且还能产生可观的经济效益和社会效益，为"富裕秦岭""和谐秦岭""富裕陕西""和谐陕西"等建设目标的实现创造条件。

4. 秦岭生态系统综合管理体制及其改革

4.1 秦岭生态系统管理体制架构

秦岭生态系统管理体制架构可从横向和纵向两个方面进行分析。横向是以资源与环境管理机构为出发点，分析目前负责秦岭地区生态系统的平级管理单位，清晰掌握各类自然和环境所属的管理部门；纵向是以行政系统管理流程为出发点，从上到下分析秦岭生态系统管理部门之间的责任协调问题。

4.1.1 秦岭生态系统管理体制横向分析

目前，秦岭生态系统管理体制中的相关实施主体由秦岭生态环境保护委员会（办事机构为秦岭生态环境保护办公室，简称秦岭办）、发展改革委、规划、财政、环保、国土、林业、水利、农业、建设、交通、旅游、文物、公安等行政管理部门组成。根据《秦岭生态环境保护条例》和《西安市秦岭生态环境保护条例》的规定，各部门在各自职责范围内，共同做好秦岭生态环境保护工作，各部门的具体职责详见表8-18。为了贯彻落实《秦岭生态环境保护条例》，全面提升秦岭生态系统综合管理工作，还相应地成立了省、级、县等相关工作领导小组。例如，为了统一协调并管理好农业面源污染防治工作，省、市、县农业行政主管部门分别成立了农业资源环境保护工作领导小组，由各级主管领导任组长，种植、果业、农机、畜牧四大部门行政和技术机构负责人任组员；为了完成渭河流域水污染防治三年行动目标，陕西省农业厅成立了以分管厅长为组长、各相关事业单位主管领导为组员的渭河流域农业面源防治领导小组；为了贯彻落实《秦岭生态环境保护条例》，商洛市商州区成立了由主管副区长任组长、主要责任单位主要负责人任副组长、区直各相关部门为成员的秦岭生态保护条例落实工作领导小组，还建立了生态环境保护工作联席会议制度；为协调推进现代农业园区建设，眉县成立了由县长任组长，县委副书记和主管副县长任副组长，县直各相关单位主要负责人为成员的现代农业园区建设领导小组，等等。

表8-18　　　　　　　　　涉及秦岭生态系统的平级管理单位及其职能

管理部门	管理职责
秦岭生态环境保护委员会	组织编制秦岭生态环境保护总体规划；审查涉及秦岭生态环境保护的有关专项规划；调研秦岭生态系统状况、提出秦岭生态环境保护政策的建议；协调秦岭生态环境保护工作；督促检查秦岭生态环境保护工作；省人民政府规定的其他职责
发展改革委	做好循环经济和资源综合利用等工作，指导秦岭生态环境保护管理机构制定区域产业布局规划
规划部门	配合做好秦岭生态系统各项规划的编制工作，并指导规划的实施
财政部门	负责本级财政涉及秦岭生态环境保护方面的支出和有关政策性补贴、专项资金的监督管理
环保部门	负责环境质量监测和环境污染治理的监督管理
国土部门	负责国土资源的保护和利用以及地质环境保护的监督管理
林业部门	组织开展植树造林活动，加强森林资源、陆生野生动植物资源及湿地资源的保护
水利部门	负责水资源保护管理、水生野生动物保护、水利基础设施建设、水域及岸线防汛安全管理、河道管理和水土保持工作
农业部门	负责农业面源污染控制、农业结构调整、农业动植物资源保护工作
建设部门	负责建设活动的监督管理，监督指导村镇建设、风景名胜区建设工作
交通部门	负责交通设施的建设、养护和管理
旅游部门	负责普查、规划旅游资源，监督指导旅游规划实施，规范旅游市场秩序
文物部门	负责文物保护的监督管理，组织制定文物保护措施，监督文物修缮保养，加强文物保护宣传教育
文化部门	在各自职责范围内，做好秦岭生态环境保护工作
宗教部门	
气象部门	
民政部门	
公安部门	
城管执法部门	
开发区管委会	

4.1.2　秦岭生态系统管理体制纵向分析

由于我国行政管理部门的设置基本是采用行政直线式，按照行政系统从上而下划分为一定层次，层层设置管理机构，各层行政管理机构是同层次政府的职能部门，同时又受上一层次同类管理机构的业务指导。因此，纵向的秦岭生态系统管理体制也如全国其他地区一样，分为中央、省、市、县、乡五个层次，各层级管理部门同时是同级政府的组成部分（见图8-9）。

不过，秦岭生态环境保护委员会因2013年机构改革撤销省级相关机构后，目前只有西安市及沿山6区县尚保留相应的机构。西安市秦岭生态环境保护管理委员会，于2008年按照《陕西省秦岭生态环境保护条例》和省政府的通知要求，以及西安市政府下发的《关于贯彻落实〈陕西省秦岭生态环境保护条例〉的通知》成立，委员会主任由市长担任，两名副市长任副主任，成员单位包括19个市级部门，办公室设在市发展改革委，办公室主任由市发展改革委主任兼任，实际工作由市发展改革委环资处具体负责。2011年3月，市委市政府决定独立设置市秦岭办，暂核定行政编制18名。设主任

1名，副主任2名；兼职副主任9名，分别由市发展改革委、规划局、国土局1名副局级领导及沿山6区县各1名领导兼任。下设4个处室：综合处、生态保护处、规划发展处、执法监督处。同年，成立了市秦岭生态环境保护监察支队，为秦岭办所属事业单位，编制30名，经费形式为财政全额补款；成立了市秦岭生态保护有限公司。同时，在沿山6区县分别成立了秦岭办和执法监察大队。2015年，西安市秦岭办调整了内部机构，现设5个处室（见图8-10），各处室的主要职责见表8-9。

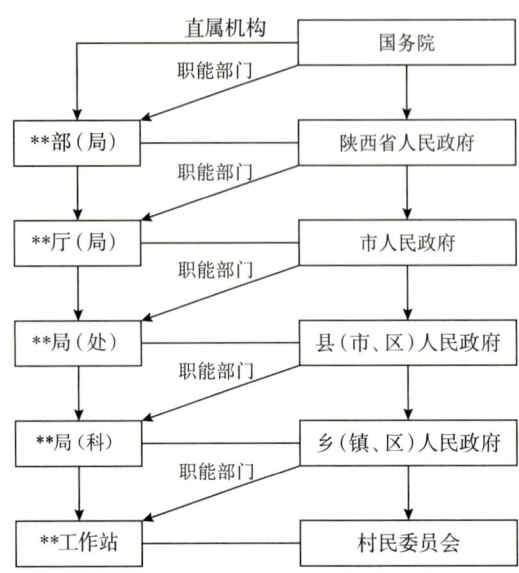

图8-9　秦岭生态系统管理体制的纵向架构

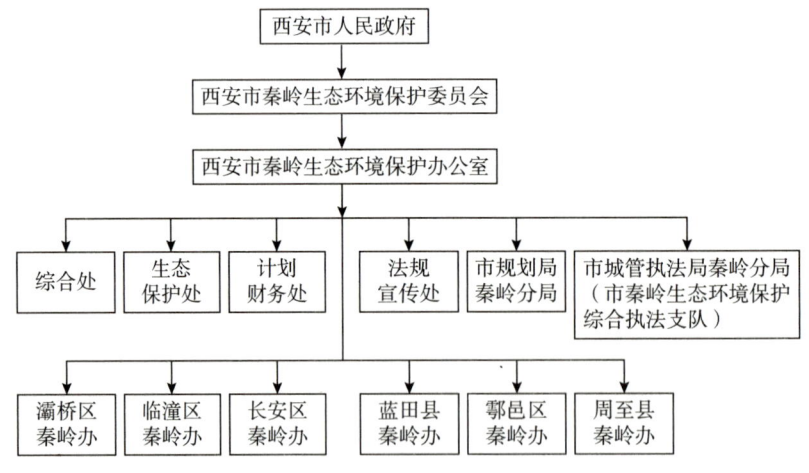

图8-10　西安市秦岭生态环境保护委员会组织架构

表8-19　　　　　　　　　　　西安市秦岭办内设机构的主要职能

机构名称	管理职责
综合处	负责机关政务工作，督促检查工作制度的落实；负责机关会议的组织和会议决定事项的督办；负责文电、机要、档案、保密、机关财务、资产管理和后勤保障等工作；负责机关机构编制、干部人事、劳动工资、出国政审等工作

续表

机构名称	管理职责
生态保护处	负责组织编制秦岭生态环境保护中长期发展规划和生态保护专项规划，拟订生态环境保护与科学利用的政策措施；负责办理秦岭生态环境保护区内开发建设项目准入手续；负责设置秦岭保护区域标志、标识和保护设施；指导监督植被保护、水资源保护、生物多样性保护等秦岭生态保护工作
计划财务处	组织拟订秦岭生态环境保护中长期投资规划和年度投资计划，并组织实施；负责秦岭生态环境保护资金的使用管理；负责秦岭生态环境保护项目的立项申报，以及专项资金的协调、划拨工作；组织有关部门对秦岭生态环境保护项目进行检查验收，项目预决算审核工作
法规宣传处	组织起草有关秦岭生态环境保护的地方性法规和规章草案；负责机关规范性文件的合法性审核工作；承办行政复议和应诉工作；负责制定秦岭生态环境保护宣传教育计划，策划宣传推广活动，普及生态环境保护科学知识
市规划局秦岭分局	贯彻执行有关城乡规划管理工作的法律、法规和方针政策；组织编制保护区控制性详细规划、生态保护专项规划，按程序报批；负责保护区重点地段、重要区域建项目规划审批；负责保护区村镇建设总体规划审核；负责保护区经规划批准但未按照规划规定修建的违法建筑认定查处工作；完成市秦岭办、市规划局交办的其他工作
市城管执法局秦岭分局（市秦岭生态环境保护综合执法支队）	贯彻执行秦岭生态环境保护、综合执法工作的法律法规和方针政策；负责保护区生态环境保护日常巡查；负责保护区重点地段、重要区域乱搭乱建和未经规划部门审批的违章建筑查处工作；负责保护区重点地段、重要区域户外广告、门头牌匾的审核管理及行政执法工作；组织协调相关区县对秦岭生态环境保护重大案件、跨地区跨区域案件联合执法；指导区县秦岭生态环境保护执法工作；完成市秦岭办、市综合执法局交办的其他工作

资料来源：根据调查资料整理而得。

4.2 目前秦岭生态系统管理体制存在的问题

（1）管理主体不到位，权责难以落实。我国《宪法》第九条规定："矿藏、水流、森林、山岭、草原、荒地、滩涂等自然资源，都属于国家所有，即全民所有；由法律规定属于集体所有的森林和山岭、草原、荒地、滩涂除外。"然而，对于所有权由谁来行使界定不清，行业主管部门集裁判员、运动员于一身，缺位与越位并存，从而导致所有权与管理权不分、公益性资源与经营性资源不分，资产流失现象常常发生。例如国有土地所有权由国务院行使，实际工作中由地方政府资源管理部门代为行使；部分重点国有林区为国家所有，实际工作中却沦为地方和企业自管自用等。秦岭地区现有自然保护区、森林公园、国有林场、风景名胜区、水利风景区等多种类型的保护地，分数不同级别、不同的管理部门管理。单就秦岭自然保护区来说，有的属于国家林业局直管，有的属于陕西省林业厅管理，有的属于市林业局管理，还有的属于县政府管理。由于分属于不同地区、不同部门进行规划、管理和经营，缺乏统一性和协调性，带来的结果是布局不合理、资源浪费、管理下降。

（2）组织架构不协调，管理效率较低。当前，秦岭地区虽然成立了专门的管理协调机构，但秦岭生态环境保护委员会的职能定位与工作要求不符。目前尚在运行的西安市秦岭办作为市政府议事协调机构的常设办事机构，按照《西安市秦岭生态环境保护条例》，主要职责共有7项，归结起来主要是组织、协调、督促、检查有关部门、区县秦岭保护工作，具体负责事项则只有两项，即负责区域内建设项目审查及报批工作，以及秦岭西安段生态环境保护资金的使用管理工作。但由于目前还未设立专项资金，实际就是负责项目的准入审查。其他工作仍然分别由区县和市级有关部门负责。多元的行政管理主体和行业管理主体使秦岭生态系统管理呈现"九龙治水"局面，难以作为一个整体进行管理，综合协调效果差，从而导致资源开发各行其是、空间利用相互冲突，山水林田湖同一生命体被割裂、重复建设、资源浪费、利用低效、管理效能不高等问题突出。虽然在某些领域也成立了相应的领导小组，但各成员单位之间配合协作不够。

（3）权力分配不合理，央地关系、省地关系未理顺。中央、省及市县地方政府均是秦岭生态系统管理中的利益相关者，其管理目标与绩效存在较大的差异性。加上目前我国的财权事权尤其是资源收益分配在各级政府并不合理，资源所在地政府往往承担更多的事权，从而导致地方政府缺乏提高生态系统管理绩效的动力，容易出现委托代理机制失灵现象。尚在运行的西安市秦岭办虽然成立了秦岭保护监察支队，但没有相对独立的执法权，只能对辖区的生态破坏行为和环境污染事件进行巡查和发现，然后通知有关部门和区县处理，至于处理是否及时、到位，没有约束力。此外，秦岭北麓区域面积广阔，管理内容纷繁复杂，协调监管难度很大，但现有的领导力量和人员编制不足，专职人员少，兼职人员多，这种专兼职体制导致秦岭生态系统综合管理力量薄弱，秦岭办的作用发挥有限。

（4）政府与市场关系尚未理清。随着社会经济的发展，水土能矿生等自然资源的稀缺性日益突出，自然资源增值空间不断扩大。然而在实践中，资产管理（确保保值增值）等同于资源监管（规制市场失灵），自然资源资产尚未完全确权，健全的资产价值评估制度和资源市场化定价机制尚未形成，统一的资源交易体系和交易信息平台也未建立，资源有偿使用范围有待进一步扩大，出让方式有待进一步创新，市场化出让程度有待进一步提高。

（5）监督与问责机制不够完善。随着国家出台《生态文明体制改革总体方案》及其配套的6项政策《环境保护督查方案》《生态环境监测网络建设方案》《领导干部自然资源资产离任审计试点方案》《党政领导干部生态环境损害责任追究办法》《生态环境损害赔偿制度改革试点方案》和《编制自然资源资产负债表试点方案》后，陕西省及秦岭地区各市县结合本地实情，构建了相应的监督和问责机制。然而，在实际工作中，主要以内部监督为主，多元监督体系尚未形成，责任追究制度在执行过程中，处置不力、违法成本低，且重资产处置、收益管理，轻后期监督管理等。

4.3 改革秦岭生态系统综合管理体制的基本设想

4.3.1 改革目标

通过深化改革，到2020年，构建起具有秦岭特色的，既能与社会主义市场经济体制和国家治理能力、治理体系现代化建设相匹配，又能满足央省生态文明建设需要，确保生态安全的生态系统综合管理体制，以实现秦岭地区山水林田湖城生态系统统一立法、统一机构、统一执法、统一规划、统一监测、统一考核、统一基金，提高资源资产总量和生态系统管理成效，并推进"富裕秦岭、和谐秦岭、美丽秦岭"和"富裕陕西、和谐陕西、美丽陕西"建设进程。

4.3.2 改革的指导思想

全面贯彻党的十八大和十八届二中、三中、四中、五中全会精神，以邓小平理论、"三个代表"重要思想、科学发展观为指导，深入学习贯彻习近平总书记系列重要讲话精神，紧紧围绕统筹推进"五位一体"总体布局和协调推进"四个全面"战略布局，牢固树立创新、协调、绿色、开放、共享的发展理念，认真落实党中央、国务院决策部署，坚持节约优先、保护优先、自然恢复为主方针，充分发挥秦岭地区生态优势，突出创新，坚持解放思想、先行先试，以率先推进生态治理体系和治理能力现代化为目标，以进一步改善生态环境质量，提高资源利用效率，增强人民群众获得感为导向，集中开展生态系统综合管理体制改革，着力构建山水林田湖城生态系统统一立法、统一机构、统一执法、统一规划、统一监测、统一考核、统一基金的管理体制，提高秦岭地区资源资产总量和生态系统管理成效，为推进"富裕秦岭、和谐秦岭、美丽秦岭"以及"富裕陕西、和谐陕西、美丽陕西"建设进程、为其他地区探索改革路径、为美丽中国建设作出应有贡献。

4.3.3 改革原则

一是坚持问题导向原则。要解决管理主体不到位、组织架构不协调、政府市场关系不清楚、权力分配不合理、监督与问责机制不完善等五大问题，尤其是重点解决管理主体不到位、组织架构不协调问题。

二是坚持效能至上原则。要通过理念创新、组织优化、职责划分、制度保障等，确保管理体制高效运转，推动治理体系和治理能力现代化目标的实现。

三是坚持精简统一的原则。在理清政府与市场关系的前提下，按照生态文明体制改革的总体要求，顺应大部制改革和简政放权大趋势，充分体现"山水林田湖、生命共同体"理念，实现一件事情一个部门管理。

四是坚持循序渐进的原则。秦岭生态系统管理涉及多地区、多部门，在深化改革管理体制的过程中，应坚持试点先行、重点突破，稳步推进改革进程。

五是坚持开放包容的原则。实现生态系统综合管理，不仅对秦岭地区而言是一件新事物，而且对陕西省、西部地区乃至全国都是一项创新。因此，在深化改革过程中，应从当地实情出发，充分借鉴国内外先进经验，并顺应国内外生态系统管理体制发展趋势，动态调整。

4.4.4 重点改革措施

（1）树立生态系统综合管理理念。在管理理念方面，应对政府与市场、中央与地方、分类管理与综合管理、资产管理与资源管理等多对关系重新审视，并妥善处理。明确自然资源资产可分为以生产要素为主体功能和特征的经营性自然资源资产和以社会服务为主体功能与非商品特征的非经营性自然资源资产；明确生态系统是一个复合的生态系统，既包括山水林田湖等自然生态系统，又包括村落和城镇等人工生态系统；明确综合管理是技术管理、经济管理、社会管理、立法管理等的集成。

（2）夯实生态系统综合管理依据。在管理依据方面，应加快制定或修订《陕西省〈土地管理法〉实施办法》《陕西省〈矿产资源法〉实施办法》《陕西省〈水法〉实施办法》《陕西省〈森林法〉实施办法》《陕西省〈环境保护法〉实施办法》《秦岭生态环境保护条例》等资源和环境法律法规，加强自然资源、生态环境等综合立法。

（3）健全生态系统综合管理组织架构。在省级层面，恢复原设于发展改革委下的秦岭生态环境保护委员会，加强部门综合协调，或由省人民政府独立设置秦岭生态环境保护委员会办公室，并增加处室编制和人员编制，加大秦岭保护力量。或成立大的资源环境厅，内设秦岭资源环境局，承担秦岭地区资源环境所有者职能和管理者职责。地方政府，可参照省级政府设置相应管理机构。

（4）明确生态系统综合管理部门的职能定位。在职能定位上，赋予秦岭生态系统综合管理机构辖区统一的规划权、项目审批权（准入权）、广告设置及审批权和相对独立的执法权，可直接授权或行政委托。加大秦岭生态保护的统一性和完整性，而且要明确管理部门与监管部门的职能，其中，前者主要负责自然资源资产管理，提高资源利用效率，确保其保值增值；后者主要负责规制市场失灵，保证生态环境质量。

（5）合理分配生态系统综合管理机构间的权力。在权力分配上，要明晰中央与秦岭生态系统综合管理机构、陕西省与秦岭生态系统综合管理机构之间在管理体系中的责任与权利关系、事权与财权关系。对于国有自然资源资产应由中央授权秦岭生态系统综合管理机构进行管理，陕西省及各地市政府授权省级各市县生态系统综合管理机构做好辖区内的管理工作。在增加秦岭生态系统综合管理机构处室编制和人员编制的同时，应实行领导高配专配。

（6）健全生态系统综合管理问责机制。在问责机制上，应加强行政执法监督，建立健全对生态综合管理机构的多元化监督机制；应进一步公开政府政务信息，完善规范公众参与生态系统综合管理问题的形式，确立公众参与制定有关政策法规的程序，加强立法监督，完善司法监督；应高度重视秦岭生态系统综合管理机构内部监督，创新监督管理工作手段，加强检查评估、合同/协议备案、信息披露、联席会议、约谈约访等手段的综合运用，落实管理问责制，与监察、审计等部门建立生态系统监督管理联动机制；建立绩效管理考评评价制度，制定生态系统管理工作绩效评价方法，健全生态系统综合管理机构内部考核体系和建成制度，探索建立生态系统监督管理第三方评估和听证制度。

（7）增强秦岭生态系统综合管理能力。在能力建设上，要建立稳定的投入机制，设立秦岭生态系统综合管理专项资金，纳入各级财政预算；要加大支持资源和环境监测、登记与核算技术和设备研发，合理配备资源资产管理和生态环境管理方面的专业人才，加大人才培养、培训和引进力度，加强秦岭生态系统综合管理信息化和大数据平台建设，建设智慧秦岭。

（8）完善生态系统综合管理的配套制度。在配套制度上：①要建立健全秦岭国土空间规划和用途管制制度，在加快《秦岭地区国土空间综合规划》编制进度的同时，研究出台秦岭市县空间规划编制办法、秦岭建筑用地总量控制和减量化管理方案、禁止开发区和限制开发区产业准入负面清单等，落实土地用途管制和"三条红线"，并积极推进秦岭地区国家公园体制建设进度。②建立健全自然资源资产产权制度，加快推进各类自然资源生态空间的权属、位置、面积等信息收集整理工作，加强自然资源资产数量、质量、价值量、持有或占用、流转、利用、收益等方面的调查与评价，建立主体结构合理、产权边界清晰、产权权能健全、产权流转顺畅、利益格局合理的资源资产产权制度，实现资源有偿使用，并提高利用效率。③要健全环境治理和生态环境保护市场体系，研究出台秦岭培育环境治理和生态保护市场主体的实施意见和建立绿色金融制度体系方案，完善排污权交易和碳排放权交易制度，吸引社会资本投入秦岭生态系统管理，并积极探索林业碳汇交易模式和排污权抵押贷款等融资模式。④建立多元化的生态保护补偿机制，在统筹整合财政生态转移支付资金的同时，完善森林生态补偿机制和流域生态保护补偿机制，探索南水北调中线工程受水区与陕南地区开展横向生态保护补偿，构建跨区域流域生态保护长效机制。⑤健全环境治理体系，全面落实河湖管护主体，完善流域治理机制，落实水资源"三条红线"，推进农村环境综合整治，实行省以下环保机构监管监察执法垂直管理，并加大对严重违反环境保护、自然资源利用等方面法律法规的行为依法进行处置。⑥开展绿色发展绩效评价考核，按照既反映自然资源规模变化也反映自然资源质量状况的原则，先在陕南地区开展自然资源资产负债表编制试点和生态系统价值核算试点，探索建立实物量核算账户、功能量账户和资产账户。建立突出经济发展质量、生态建设、环境保护、生态文明培育和绿色制度等指标的绿色发展绩效评价考核指标体系，并根据主体功能区区划，对党政领导干部政绩实行差别化考核，并建立和逐步完善领导干部自然资产离任审计制度。

4.4.5 路线图与时间表

为了实现秦岭生态系统综合管理体制改革目标，本项目建议如下。

（1）恢复省级秦岭生态环境保护委员会，并由省政府独立设置秦岭生态环境保护委员会办公室，对秦岭生态系统实行统一立法、统一机构、统一执法、统一规划、统一监测、统一考核、统一基金。为此，要赋予秦岭办辖区统一的立法权、规划权、项目审批权（准入权）、基金管理权、广告设置及审批权和相对独立的执法权，可直接授权或行政委托。加大秦岭生态环境保护的统一性和完整性。在现有的处室基础上，增设资源管理处、生态移民处、基础设施处、督察考评处、总工办等；建立稳定的秦岭生态保护投入机制，设立秦岭生态环境保护专项资金，纳入市级财政预算；增加人员编制，尤其亟须调整领导班子专兼职体制，增加专职副主任职数，加大秦岭生态保护领导力量的集中和统一；加强对区县秦岭办的领导，县秦岭办主任在现有任职基础上提为副处，区县秦岭办主任由市秦岭生态保护管理局党委（党组）任命，加大对沿山区县秦岭生态保护指导力度的有效性和持续性。

（2）设置秦岭国家公园管理局。由中央授权，委托陕西省政府设立陕西省国家公园管理委员会，下设秦岭国家公园管理局，赋予其统一的土地资源规划编制权以及执行权和行政执法权，对国家公园全面实施保护、利用、建设、管理、研究等职能，同时协调社区发展。规划区内国家公园具体事务的执行如国家公园规划建设、资源管理、运营管理等均由秦岭国家公园管理局具体负责。公园管理局下设7个部门：综合管理部为国家公园的综合管理部门；规划建设部是国家公园的基础职能部门，保障国家公园独立的资源管理权和公益性；资源管理部、科研监测部、环境教育部和旅游服务部四部门是国家公园的核心职能部门，分别行使国家公园资源保护、科学研究、环境教育和户外游憩的功能；合作发展部是国家公园的核心部门和对国家公园发展起支撑作用的职能部门，行使国家公园社区发展功能的同时，也负责国家公园其他利益主体的协同参与和合作工作。另外，国家公园理事会，是公益性的咨询机构，国家公园各利益相关者针对国家公园的相关事宜进行协商、讨论问题、征求意见。

（3）撤销农业局、水利局，组建农水局。目前，安康市宁陕县已率先完成了撤并。宁陕县自2015年12月，依据县委县政府印发的《宁陕县政府职能转变和机构改革实施方案》，撤销县农业局（科技局）、县水利局，组建县农水科技局，班子成员于2016年4月全部调整到位。目前，内设党政办、农业股、水利股、科技股和法规股等5个股室，行政编制20名。下属农业技术推广中心、畜牧兽医中心、农业机械推广与管理中心、农产品质量监管综合执法大队、农村经济经营管理站、陕西省农业广播电视学校宁陕分校、药材和食用菌产业发展办公室、地震管理办公室、良种繁殖场、防汛抗旱指挥部办公室、水土保持工作站、水利建设管理中心、水资水产站、水政执法大队等14个事业单位。全局各项工作全面铺开，党建、党风廉政工作有序开展。

（4）建设秦岭国家生态文明试验区。秦岭是我国南北气候的分界线和重要的生态安全屏障，关系全国生态发展大局。同时，秦岭区域也是我国最大的集中连片贫困区域，这些地区的群众生存环境相对恶劣，自我发展能力不足。建议向国家提出秦岭国家生态文明试验区建设方案，从建设生态文明的战略高度，以体制机制创新为动力，破解资源环境瓶颈制约，大力推行绿色、循环、低碳发展，探索生态移民、退耕还林、发展特色优势产业相结合的"五化同步"新路子，将区域发展和生态保护统一起来，将实现可持续发展和人民生活富裕结合起来，实现生态文明理念、目标指导下的发展转型。

（5）开展资源环境生态大部制改革实验。《中共中央关于全面深化改革若干重大问题的决定》明确提出"山水林田湖是一个生命共同体……，由一个部门负责领土范围内所有国土空间用途管制职责，对山水林田湖进行统一保护、统一修复是十分必要的"。这就意味着我国即将开展环境保护大格局规划和生态大部制改革。但鉴于我国疆域辽阔，涉及山水林田湖管理的行政部门众多，改革难以一步到位，需要由下到上、由局部到整体逐步推进。为此，建议在秦岭地区设立生态大部制改革实验区，开展生态大部制试点与探索。近年来，为实施综合的水资源管理战略，新加坡整合了所有与水有关的行政部门，成立了环境和水资源部[①]；我国台湾地区为了整合环境保护、污染管制、水、土、林及空气等管理及保育等事务，解决事权无法统一的问题，设立了"环境资源部"[②]。这些地区机构改革和组织改造实践提供了诸多有益的借鉴和经验。

具体的路线图与时间表见图8-11。

---

① 谢剑，王满船，王学军："水资源管理体制国际经验概述"，《世界环境》，2009年第2期。
② 秦天宝，王金鹏："生态大部制的范例——我国台湾地区'环境资源部'改革述评"，《环境保护》，2014年第7期。

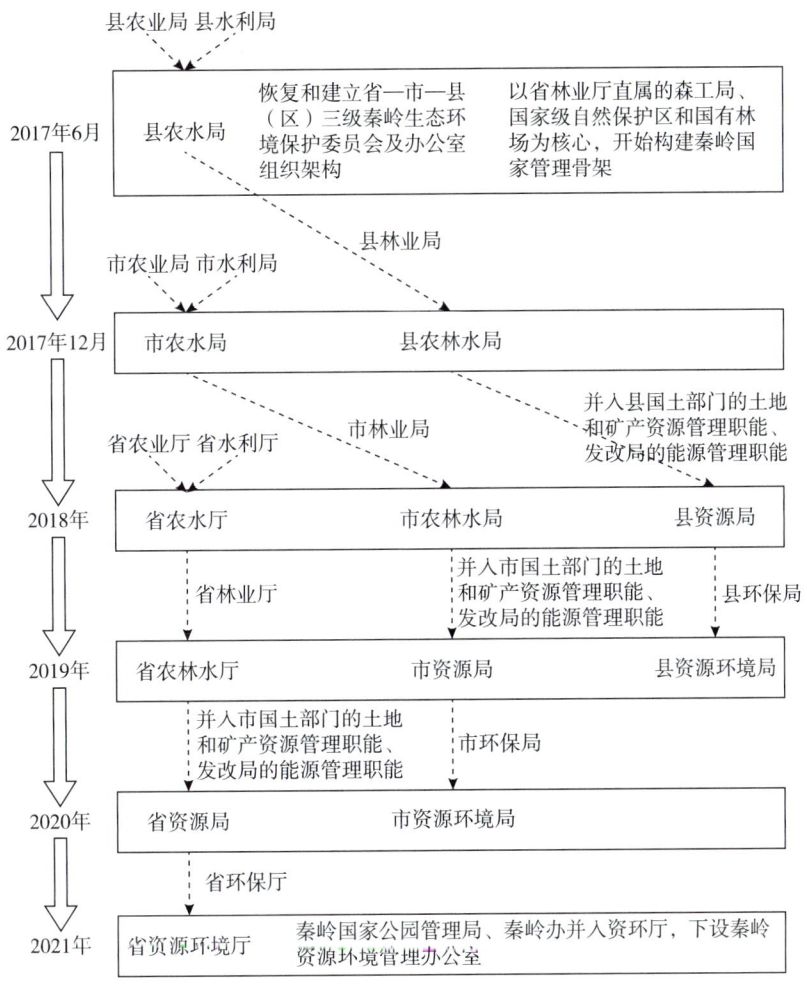

图8-11　秦岭生态系统综合管理体制改革的路线图与时间表

5. 完善秦岭生态系统综合管理的对策建议

5.1 秦岭生态系统综合管理问题的政策需求清单

根据前文分析，近年来秦岭生态系统综合管理取得显著成效，但还存在自然资源资产有待进一步确权和核实、生态系统综合管理理念有待进一步培育、生态系统综合管理体制有待进一步理顺、生态系统综合管理法制有待进一步完善、生态系统综合管理的执法主体有待进一步明确、生态系统综合管理的激励约束机制有待进一步健全、生态系统综合管理的能力有待进一步增强、生态系统综合管理的效果有待进一步提升等诸多问题，需要相应的政策予以解决。这些政策需求清单集中起来主要有以下几点。

（1）开展自然资源资产确权登记，并编制自然资源资产负债表。

（2）加强生态系统综合管理相关知识的宣传和教育，尽快树立生态系统综合管理理念。

（3）深化生态系统综合管理体制改革，积极推进河长制、环境保护督察、省以下环保机构监测监察执法垂直管理、生态大部制等改革。

（4）尽快修订《秦岭生态环境保护条例》《关于陕南突破发展的若干意见》等现有法律规章，并制定《秦岭地区国土空间综合规划》《秦岭地区旅游规划》《秦岭地区游客行为规范》《秦岭地区农家乐行业规范和准入政策》《秦岭地区森林体验和森林养生基地建设实施方案》《秦岭重点生态功能区产业准入负面清单》《秦岭地区湿地保护修复制度实施方案》《秦岭地区耕地轮作休耕制度实施方案》《秦岭地区矿山地质环境恢复和综合治理实施方案》《秦岭国家公园建设实施方案》《秦岭地区划定并严守生态保护红线的实施办法》《秦岭地区加强资源环境生态红线管控的实施办法》等，以推进生态系统综合管理法制体系建设。

（5）恢复秦岭生态环境保护委员会，并在具体的法律规章中明确执法主体及权责，同时加强生态文明建设目标评价考核、领导干部自然资源资产离任审计和党政领导干部生态环境损害责任追究。

（6）健全生态保护补偿机制，建立以绿色生态为导向的财政补贴制度，大力培育环境治理和生态保护市场主体，积极开展水权、排污权、碳排放权等交易，并积极推进绿色金融体系、国有林场、自然资源开发资产收益扶贫等改革，以进一步完善生态系统综合管理的激励约束机制。

（7）着手建立天地一体化的生态环境监测网络，建设秦岭生态系统管理信息系统，打造智慧秦岭，进一步增强生态系统综合管理能力。

5.2 推进秦岭生态系统综合管理的政策建议

5.2.1 国家层面

（1）应高度关注秦岭生态系统及其管理。秦岭是我国南北两大水系即长江流域和黄河流域的分水岭、亚热带和暖温带的分界线、南水北调中线工程最重要的水源涵养区，也是世界上最具生态特点和生物多样性的代表地区，素有"生物多样性宝库""生物基因库""天然博物馆"之称，被世界自然基金会确定为第83份献给世界的礼物，同时被国内外地质学家和生物学家公认为世界著名的三大山脉之一，与欧洲的阿尔卑斯山、美洲的落基山并称为地球"三姐妹"。因此，对于秦岭生态系统及其管理，中央政府应给予高度关注，并建议将其作为我国生态文明建设、生态治理体系和生态治理能力现代化的一个重要的改革试点基地，支持其率先开展相关试点工作，在提升秦岭生态系统保护与管理的能力和水平，改善秦岭生态系统的结构、功能与效率等状况的同时，为其他地区或国家提供生态系统保护、修复与管理的秦岭经验与模式。

（2）应大力支持秦岭生态系统综合管理。秦岭地区的生态区位优势独一无二，生态价值无可替代，但同时又是我国经济发展滞后、贫困人口聚集区，要实现"绿水青山就是金山银山"，提高当地群众参与生态系统综合管理的积极性，还需要中央政府在资金、产业、项目、人才、考核等方面给予大力支持和区别对待。例如，对于秦岭重点生态功能区可进一步加大财政转移支付和生态补偿力度；尽快制定出台《生态补偿条例》，明确补偿原则、补偿领域、补偿范围、补偿对象、补偿标准、权利义务、考核评估、责任追究等，为健全生态补偿机制提供法制保障；尽快出台《南水北调中线工程水源保护生态补偿实施方案》，明确国家财政生态转移支付稳定增长机制和受水区横向生态补偿机制；大力支持"山水秦岭"品牌塑造，并鼓励政府绿色采购；出台支持大学生村官到自然保护区任职的政策，强化专业人才队伍和增强科技支撑，等等。

5.2.2 陕西省政府层面

（1）准确把握新常态基本特征，尽快树立生态系统综合管理理念，科学设计秦岭生态系统综合管理推进路径。"十三五"及以后，我国经济进入新常态，经济增长的主动力已由过去的要素驱动和投资驱动，转换为创新驱动。随着我国产业结构优化和平衡力度加大，创新驱动要求全面渗入经济社会各个环节。同时，随着经济社会的快速发展，人民群众对干净的水、新鲜的空气、洁净的食品、优美宜居的环境等方面要求越来越高，生态红利开始释放活力，"绿水青山就是金山银山"[①]。因此，在经济增长动能和发展"红利"均发生转换的新常态下，生态系统管理也应顺应新常态趋势，更加强调结构与布局、创新与改革、法律与制度、质量与效益，要以维护生态安全、改善生态环境质量、提高资源利用效率、增强人民群众获得感为导向，从生态系统的整体性、关联性、协同性出发，科学设计秦岭生态系统综合管理推进路径，将资源环境承载作为秦岭地区社会经济发展的基础和前提条件，强化生态系统的协同增效作用，构建秦岭地区、陕西省乃至全国的生态安全屏障。

（2）建立秦岭国土空间生态管控制度，加快提升秦岭生态系统结构调控能力。

①梳理与修订《陕西省主体功能区划》《陕西省生态功能区划》《陕西省秦岭国家级生态功能保护区规划》《陕西省秦岭生态环境保护条例》《陕西省秦岭生物多样性保护规划》《陕西省大秦岭旅游发展规划》《陕西秦岭北麓生态环境保护规划》《西安市秦岭生态环境保护总体规划》《西安市秦岭环山西安区域保护与利用总体规划》等功能区划和规划，化解同一区域在不同规划中功能不同等问题。

②积极推进省级国土空间规划，尽快完成《陕西省秦岭地区国土空间综合规划》的编制，明确建设用地规模控制线、城镇开发边界、产业开发边界、采矿开发边界、生态保护红线、基本农田保护红线等控制线，确立"生态天花板"，实现全省域"一张规划、一张蓝图"。

③研究制定《秦岭重点生态功能区产业准入负面清单》《秦岭地区划定并严守生态保护红线的实施办法》《秦岭地区加强资源环境生态红线管控的实施办法》等生态保护红线管理办法，按照"应保尽保"和责任追究原则，在"生态天花板"内，对秦岭地区的城镇化和工业化活动、旅游资

---

① 《习近平总书记系列重要讲话读本》，学习出版社、人民出版社2014年版。

源开发、矿产资源开发、休闲农庄和农家乐建设等采取最严格的管控措施，严守生态安全底线，实现结构性源头保护。

（3）推进管理、工程和政策创新，加快提升秦岭生态系统过程调控能力。

①理顺秦岭生态系统综合管理体制，以管理创新提高秦岭地区的资源资产总量和生态系统管理成效。

一是要尽快恢复秦岭生态环境保护委员会及其管理机构，并赋予管理机构辖区统一的立法权、规划权、项目审批权（准入权）、基金管理权、广告设置及审批权和相对独立的执法权，以实现统一立法、统一机构、统一执法、统一规划、统一监测、统一考核、统一基金等职能，并增加人员编制。

二是要落实党的十八届三中全会提出的"建立国家公园体制"要求，积极制定《秦岭国家公园建设实施方案》，以省林业厅直属的森工局、国家级自然保护区和国有林场为核心初步构建秦岭国家管理骨架。在此基础上，依照国家公园建设要求按实际情况联合和吸纳其他自然保护区、森林公园、风景名胜区、地质公园和水利风景区等管理单元，将面积重叠、行政管理交叉的管理单元进行合并，最终建立规范和完善的秦岭国家公园管理体制。

三是要积极抓住全面推进河长制、环境保护督察、省以下环保机构监测监察执法垂直管理、生态大部制改革等契机，逐步突破原有部门的职能分割，综合统筹管理秦岭地区河流水系、森林、地质和人文资源，并积极申报成为推行河长制试点省份、省以下环保机构监测监察执法垂直管理制度改革试点省份、生态大部制改革试点省份。

②整合生态保护和治理工程，提高工程的综合效益，以工程创新提高秦岭地区的资源资产总量和生态系统管理成效。

陕西省及秦岭各市县要从生态、经济和社会效益统筹考虑、统筹决策，将秦岭地区现有的、分散在不同部门的生态保护和治理工程整合在一起，依据秦岭地区的生态功能和现状，分类实施重大工程建设如天保工程、"一退两还"工程、湿地保护修复工程、生态移民搬迁工程、水土气污染防治工程等，并坚持生态保护与生态建设并重、自然恢复与人工干预相结合的原则，切实提升生态保护与治理工程调控的"正效应"。

③加强生态系统管理过程的宏观政策调控，以政策创新提高秦岭地区的资源资产总量和生态系统管理成效。

一是要制定《陕西省自然资源生态空间统一确权登记工作实施方案》，开展自然资源生态空间专项调查，清查秦岭地区的自然资源资产数量与分布，建立自然资源产权登记信息系统，编制自然资源资产负债表，解决资源资产家底不清、不明、不准、不实等问题，为积极开展水权、排污权、碳排放权等交易创造条件。

二是建立自然资源资产评估制度，对秦岭地区的森林、草地、湿地等陆地生态系统服务价值进行系统评估，并建立自然资源资产账户，纳入政府政绩考核体系。

三是尽快修订《秦岭生态环境保护条例》，明确执法主体，并增设农村环境保护内容，为秦岭生态环境保护提供立法依据。

四是修订《关于陕南突破发展的若干意见》，扩大陕南突破扶持范围，将太白、凤县等地纳入扶持范围，支持其加快经济发展，为秦岭生态环境保护奠定坚实基础。

五是制定《秦岭旅游规划》，同时出台《秦岭地区游客行为规范》《秦岭地区农家乐行业规范和准入政策》，规范秦岭旅游开发管理秩序。

六是制定《秦岭森林体验和森林养生基地建设实施方案》，推进健康服务业的发展，在创造就业机会、促进经济发展的同时，激励当地群众积极参与生态系统综合管理。

七是制定《秦岭地区矿山地质环境恢复和综合治理实施方案》，对秦岭等地区矿山地质环境恢复治理的总体要求、目标任务和保障措施做出规定，尽快构建政府、企业、社会共同参与的矿山恢复和综合治理的新机制和矿业权有序退出机制。

八是制定引导"飞地经济"发展的政策，规范相关主体行为，实现限制开发区域和重点发展区域的合作共赢。

九是要完善生态补偿政策，理清生态保护相关利益者的权责关系，推动南水北调中线水源保护生态补偿、矿山恢复与治理生态补偿、污染性企业政策性退出补偿等制度的制定和落实。

十是建立以绿色生态为导向的财政补贴制度，并整合财政专项基金，将其统一设为秦岭生态环境保护基金，近期重点支持污水垃圾两场建设、合法矿业权政策性退出、矿山恢复和综合治理、坡改梯等项目。

十一是制定培育环境治理和生态保护市场主体的实施方案和构建绿色金融体系实施方案，鼓励多元投资，拓宽融资渠道，调动社会资本参与环境治理和生态保护领域项目建设的积极性。

（4）开发秦岭生态系统综合管理信息系统，打造智慧秦岭，加快提升生态系统质量全过程调控能力。

一是要围绕秦岭生态系统结构、过程、功能和质量，在整合现有的监测资源的基础上，加大投入，建立天地一体化的生态系统监测体系，实现山水林田湖城生态系统的统一监控，为打造智慧秦岭、开展生态系统质量评估提供数据基础。

二要完善生态评估的制度和技术体系，全面建立以生态系统质量评估为基础，以生态风险评估为依托，生态资产评估、生态风险评估、生态安全评估相结合的生态评估体系，并开展评估示范。

三是要出台禁止开发区和限制开发区产业准入负面清单，并充分借助天地一体化的生态系统监测体系，对秦岭地区的水土能矿生等资源开发活动及其生态影响实施严格的监督管理，对整个生态系统的自然生境变化开展全面监控，并建立秦岭生态安全预警体系。

5.2.3 市县政府层面

（1）党政领导干部要加强分类管理与综合管理、资产管理与资源管理、经营性自然资源资产和非经营性自然资源资产等相关知识学习与宣传，尽快树立生态系统综合管理理念。

（2）积极参与央省提出的涉及生态文明建设各项改革，并结合本区域的实际情况开展创新性工作，同时要及时总结本区域的成功经验，并争取成为省级甚至国家级改革试验区。

6. 结论与讨论

6.1 主要结论

（1）秦岭生态系统综合管理不等于秦岭地区的可持续发展。在回顾和重新界定生态系统、综合管理、生态系统综合管理等相关概念以及总结秦岭生态系统12个特征的基础上，将秦岭生态系统综合管理界定为：为了保持秦岭生态系统的健康和恢复力，获得生态系统产品（食物、纤维、能源）与环境服务功能产出（资源更新、生态环境）的最佳组合和长期可持续性，融技术管理、经济管理、社会管理、立法管理于一体，运用生态学的相互关系、复杂的社会经济和政策结构、价值方面的知识，以一种社会、经济、环境价值平衡的方式对秦岭地区社会—经济—自然（生态）复合生态系统进行管理的过程。其核心内涵包括：一是对秦岭地区的自然资源即水土能矿生进行治理；二是对秦岭地区的生态系统包括农林草水湿城进行管理；三是对秦岭地区的环境包括大气、水、土壤等进行综合治理；四是促进秦岭地区的经济实现转型发展，即发展绿色经济（循环、低碳、绿色、生态等经济形态）。

（2）秦岭生态系统综合管理的地位极高。其主要表现在：它是西部大开发战略的基础和重要保障，也是我国生态文明建设、国家生态治理体系和生态治理能力现代化的重要组成部分，还是全球生态系统综合管理的重要组成部分。

（3）秦岭生态系统综合管理的作用多样。主要体现在：一是有利于推动我国生物多样性保护目标的实现；二是有利于提高我国应对全球气候变化的能力；三是有利于保障我国生态安全目标的实现；四是有利于保障南水北调中线工程的水安全；五是有利于实现脱贫与生态保护"双赢"；六是有利于促进文化历史传承和养成依法办事的习惯，提高社会参与公共管理的能力。

（4）秦岭生态系统综合管理取得明显成效。一是颁布和实施了专门的法规；二是初步有了专门的规划；三是成立了管理协调机构；四是设立了秦岭生态环境保护专项资金；五是开展了专项整治活动；六是推进了生态功能区建设和升级；七是提升了监管能力；八是宣传了秦岭；九是扩大了国际影响；十是取得了一些标志性变化。

（5）秦岭生态系统综合管理存在的问题不少。主要表现为：自然资源资产有待进一步确权和核实，生态系统综合管理理念有待进一步培育，生态系统综合管理体制有待进一步理顺，生态系统综合管理法制有待进一步完善，生态系统综合管理的执法主体有待进一步明确，生态系统综合管理的激励约束机制有待进一步健全，生态系统综合管理的能力有待进一步增强，生态系统综合管理的效果有待进一步提升等。

（6）秦岭生态系统综合管理的方向明确。推进秦岭地区山水林田湖城生态系统统一立法、统一机构、统一执法、统一规划、统一监测、统一考核、统一基金，提高资源资产总量和生态系统管理成效，并推进"三个陕西"建设进程。

（7）秦岭生态系统综合管理的目标体系健全。主要包括资源目标、生态目标、经济目标、社会目标、政治目标。

（8）秦岭生态系统综合管理多种政策工具共同使用。其中，命令—控制型政策工具主要包括生态环境规划、"红线"总量控制制度、生态环境保护目标与生态责任追究制度、环境影响评价制度与"三同时"制度、限期治理与"关停并转"制度、直接供给等；市场型政策工具主要包括财政补贴、资源税费、排污收费、排污权交易、环境污染第三方治理、生态补偿、"绿色化"押金返还、绿色信贷、自然资源资产确权与产权改革、CDM等；公众参与型政策工具主要包括生态环境信息公开、社区参与生态创建活动、"三品一标"产品认证、自愿协议（南水北调对口协作协议和"飞地经济"战略合作协议）。

（9）秦岭生态系统综合管理政策工具实施低效。低效的主要表现：生物多样性与环境质量有待完善，经济社会综合发展水平不高且不均，保护与发展的良性关系尚未形成。究其原因，主要是：生态系统综合管理政策工具存在缺陷，政策工具箱缺失；生态系统综合管理相关主体存在利益博弈，导致政策工具执行力度偏软；生态系统综合管理政策工具实施缺乏良好的外部环境。需要从为政策工具选择提供丰富且互惠互补的工具箱、加强政府企业公众三方的互动、为政策工具选择培育良好的外部环境等三个方面对秦岭生态系统综合管理政策工具进行优化选择。

（10）优化后的秦岭生态系统综合管理政策工具正预期效应明显。通过构建秦岭自然保护区群综合效益评价指标体系，对秦岭自然保护区群生态、经济和社会效益进行测算，发现，从整体上而言，采取多种政策工具对秦岭生态系统开展综合管理，不仅不会降低秦岭生态系统的质量，有利于"美丽秦岭""美丽陕西"等建设目标的实现，而且还能产生可观的经济效益和社会效益，为"富裕秦岭""和谐秦岭""富裕陕西""和谐陕西"等建设目标的实现创造条件。

（11）秦岭生态系统综合管理体制存在的问题较多，有待深化改革。这些问题主要表现在：管理主体不到位，权责难以落实；组织架构不协调，管理效率较低；权力分配不合理，央地关系、省地关系未理顺；政府与市场关系尚未理清；监督与问责机制不够完善。

（12）深化秦岭生态系统综合管理体制改革的目标明确。即到2020年，构建起具有秦岭特色的，既能与社会主义市场经济体制和国家治理能力、治理体系现代化建设相匹配，又能满足央省生态文明建设需要，确保生态安全的生态系统综合管理体制，以实现秦岭地区山水林田湖城生态系统统一立法、统一机构、统一执法、统一规划、统一监测、统一考核、统一基金，提高资源资产总量和生态系统管理成效，并推进"富裕秦岭、和谐秦岭、美丽秦岭"和"富裕陕西、和谐陕西、美丽陕西"建设进程。

（13）深化秦岭生态系统综合管理体制改革的重点措施有8项，改革路线与时间表明确。包括：树立生态系统综合管理理念，夯实生态系统综合管理依据，健全生态系统综合管理组织架构，明确生态系统综合管理部门的职能定位，合理分配生态系统综合管理机构间的权力，健全生态系统综合管理问责机制，增强秦岭生态系统综合管理能力，完善生态系统综合管理的配套制度（秦岭国土空间规划和用途管制制度、自然资源资产产权制度、环境治理和生态环境保护市场体系、生态保护补偿机制、环境治理体系、绿色发展绩效评价考核）。

（14）推进秦岭生态系统综合管理的政策建议多层级。其中，中央政府主要是给予高度关注，以及在资金、产业、项目、人才、考核方面给予大力支持；陕西省政府主要是科学设计秦岭生态系统综合管理推进路径；秦岭38个市县主要是积极参与秦岭生态系统综合管理，并开展创新性工作，同时及时总结经验加以推广。

6.2　主要讨论

（1）由于国内外对生态系统综合管理、政策工具等相关概念及其内涵尚未形成统一的认识，因此，在分析秦岭生态系统综合管理政策工具及其应用现状时，选取的具体政策工具可能不太全面。

（2）由于秦岭地区涉及38个县市，数据统计工作量巨大，且诸多重要数据存在缺失，因此，在分析秦岭生态系统综合管理政策的预期效应时，主要选取秦岭自然保护区群作为典型代表展开探讨，测算出的生态、经济和社会效应虽具有代表性，但不能完全替代秦岭生态系统综合管理政策工具的预期效应。

参考文献

[1] Chen Y Y, Jessel B, Fu B J, et al. 2014. Ecosystem services and management strategy in China [J]. Heidelberg, Germany：Springer.

[2] Christensen N, L Bartuska A. M, Brown J H. The report of the ecological society of American committee on the scientific basis for ecosystem management[J]. Ecological Application, 1996（3）.

[3] G. O. P Obasi. Reducing vulnerability to weather and climate extremes. Information and Public affairs Office, WMO, 2002.

[4] Millennium Ecosystem Assessment. 2005. Ecosystems and human well-being: synthesis[M]. Washington, WA：Island Press.

[5] Slocombe D. S. Defining goals and criteria for ecosystem-based management[J]. Environmental management, 1998, 22（4）.

[6] Szaro R C, Sexton W T, Malone C R. The emergence of ecosystem management as a tool for meeting people's needs and sustaining ecosystem[J]. Landscape and Urban Planning, 1998（40）.

[7] [英]E·马尔特比等著，康乐等译. 生态系统管理——科学与社会问题. 北京：科学出版社，2003

[8] 陈帅. 基于生态旅游的秦岭北麓环境保护与农民增收兼容互动研究——以陕西省鄠邑区南部山区为例. 陕西师范大学硕士学位论文，2015

[9] 丁常云. 道教生态智慧与当代社会环境保护. 中国民族报，2015-03-24

[10] 高吉喜. 生态安全是国家安全的重要组成部分. 求是，2015-12-18
[11] 洪云. 生态建设和生态恢复重在综合管理. 环境保护，2002(12)
[12] 潘景璐. 基于生境压力的发展对秦岭生物多样性保护影响研究. 北京林业大学博士学位论文，2013
[13] 秦天宝，王金鹏. 生态大部制的范例——我国台湾地区"环境资源部"改革述评. 环境保护，2014（7）
[14] 施雪，普利锋，张力小等. 流域管理与区域管理矛盾研究——以丹江口水库流域为例. 环境科学与技术，2009（3）
[15] 王丰娟. 基于绿色化理念的押金返还制度. 绿色科技，2015（12）
[16] 王青. 陕西环保志愿服务坚定前行. 中国环境报，2015-06-16
[17] 王亚娟. 关中周边山地森林生态环境综合价值评估. 山地学报，2004(5)
[18] 习近平总书记系列重要讲话读本. 北京：学习出版社、人民出版社，2014
[19] 鲜骏仁. 川西亚高山森林生态系统管理研究——以王朗国家自然保护区为例. 四川农业大学博士学位论文，2007
[20] 肖瑞彦. 让商业银行更好履行社会环境责任 以绿色信贷支持绿色发展. 人民网，2015-12-22
[21] 谢剑，王满船，王学军. 水资源管理体制国际经验概述. 世界环境，2009（2）
[22] 严强. 公共政策学. 北京：社会科学文献出版社，2008
[23] 宴航飞. 基于市场经济的秦岭生态旅游政策选择. 西北大学硕士学位论文，2009
[24] 应俊生. 秦岭植物区系的性质、特点和起源. 植物分类学报，1994(5)
[25] 于贵瑞. 略论生态系统管理的科学问题与发展方向. 资源科学，2001（6）
[26] 于贵瑞. 生态系统管理学的概念框架及其生态学基础. 应用生态学报，2001（5）
[27] 张庆义. 用严格的责任制度保护生态环境. 湖南日报，2015-11-11
[28] 赵蕾. 秦岭保护条例实施8年投数百亿 乱占和采石仍存在. 三秦网，2015-11-18
[29] 赵麦茹. 陕西省资源有偿使用及生态补偿制度建设. 西安财经学院学报，2016（1）
[30] 赵云龙，唐海萍，陈海等. 生态系统管理的内涵与应用. 地理与地理信息科学，2004（6）
[31] 郑磊. 设计最优的环境与资源规制工具组合——评《环境与自然资源管理的政策工具》. 绿叶，2011(10)
[32] 支拴奇，杜磊. 国开行陕西分行以绿色金融助力"美丽陕西"建设. 人民网，2014-7-8

附件8-1 陕西省秦岭生态环境保护条例

（2007年11月24日陕西省第十届人民代表大会常务委员会第三十四次会议通过）
（2017年1月5日陕西省第十二届人民代表大会常务委员会第三十二次会议修订通过）

第一章 总 则

第一条 为了保护秦岭生态环境，维护水源涵养、水土保持功能，保护生物多样性，促进人与自然和谐相处，推进生态文明建设，实现经济与社会可持续发展，根据国家有关法律、行政法规，结合本省实际，制定本条例。

第二条 在秦岭生态环境保护范围内进行自然资源保护、利用及开发和其他各类建设等活动适用本条例。

本条例所称秦岭生态环境保护范围，是指本省行政区域内东西以省界为界，南北以秦岭山体坡底为界的区域。具体范围由省秦岭生态环境保护总体规划确定。

第三条 秦岭生态环境保护坚持保护优先、科学利用、统筹规划、严格管理的原则。

第四条 省人民政府对秦岭生态环境保护工作负总责。

秦岭范围内设区的市、县（市、区）人民政府负责本行政区域内的秦岭生态环境保护工作。

乡（镇）人民政府、街道办事处做好辖区内与秦岭生态环境保护相关的工作。

第五条 省人民政府设立省秦岭生态环境保护委员会，负责秦岭生态环境保护的统筹规划、综合协调和监督检查工作，组织实施本条例。其主要工作职责是：

（一）组织编制省秦岭生态环境保护总体规划，指导设区的市秦岭生态环境保护规划编制；

（二）审查涉及秦岭生态环境保护的有关省级专项规划；

（三）调研秦岭生态环境状况，提出秦岭生态环境保护政策的建议；

（四）协调秦岭生态环境保护工作，建立秦岭生态环境保护政务信息平台系统，发布秦岭生态环境保护公告和相关信息；

（五）研究确定和申报秦岭生态环境保护项目；

（六）组织开展秦岭生态环境保护的监督检查和专项整治；

（七）省人民政府规定的其他职责。

省秦岭生态环境保护委员会主任由省长担任，其机构设置及具体工作职责由省人民政府规定。

秦岭范围内设区的市、县（市、区）人民政府根据秦岭生态环境保护工作的需要，可以设立秦岭生态环境保护管理机构。

第六条 秦岭范围内县级以上人民政府发展改革、科技、财政、国土资源、环境保护、住房城乡建设、交通运输、水利、农业、林业、旅游、文物、公安等相关部门，在各自职责范围内，共同做好秦岭生态环境保护监督管理工作。

秦岭的自然保护区、风景名胜区、种质资源保护区、森林公园、地质公园、湿地公园、植物园、国有林场、自然文化遗存等管理机构，做好其管理范围内的生态环境保护工作。

第七条 秦岭范围内的县级以上人民政府应当将秦岭生态环境保护工作纳入对所属部门和下一级人民政府年度目标责任考核的内容，实行自然资源离任审计和生态环境损害责任终身追究制度。

第八条 秦岭范围内设区的市、县（市、区）人民政府在省秦岭生态环境保护委员会的协调和指导下，建立区域协作、信息共享、预警应急、联合执法、交叉执法等机制，共同做好秦岭生态环境保护工作。

根据秦岭生态环境保护的需要，县（市、区）人民政府可以建立综合执法机构，也可以由县级行政执法部门在乡（镇）派驻执法人员组成联合执法机构，或者依法委托有关保护管理机构进行执法。

第九条 省人民政府以及秦岭范围内设区的市、县（市、区）人民政府应当将秦岭生态环境保护纳入国民经济和社会发展规划，设立秦岭生态环境保护专项资金，纳入年度财政预算予以保障。

秦岭生态保护专项资金，用于水源涵养、水土保持、生物多样性保护、植被恢复、矿山环境治理等有关秦岭生态恢复和环境保护工作。

省人民政府和秦岭范围内的县级以上人民政府应当整合统筹各类资金，用于秦岭生态环境保护的基础设施建设，支持绿色生态产业发展，改善当地居民的生产生活条件。

第十条　省人民政府应当根据国家有关规定建立健全生态环境补偿机制，依法对秦岭生态环境保护地区给予经济补偿；建立生态损害赔偿机制，依法追究损害秦岭生态环境行为人的赔偿责任。

推进生态环境直接受益区与秦岭生态产品供给区建立区域间横向补偿机制；支持法律规定的机关和符合条件的社会组织对破坏、污染秦岭生态环境的行为，依法提起环境公益诉讼。

第十一条　建立多元化环境保护投融资机制，吸引国内外资金用于秦岭生态环境保护。

鼓励社会组织和个人捐助、资助秦岭生态环境保护工作。

第十二条　县级以上人民政府及其科技、林业、农业、水利、环境保护、国土资源、气象等有关部门应当鼓励和支持秦岭生态环境保护的科学研究和技术推广，促进水源涵养、水土保持、生物多样性保护和生态恢复等科技成果的应用。

第十三条　报刊、广播电视、新闻出版、网络以及文化、教育等有关单位应当结合每年世界各类环境保护日，开展秦岭生态环境保护的宣传教育工作，提高公民对秦岭生态环境保护的意识。

新闻媒体应当加强对秦岭生态环境保护的舆论监督。

第十四条　鼓励村（居）民委员会、企业事业单位、社会组织和个人参与秦岭生态环境保护工作，对实施秦岭生态环境保护规划和相关建设活动进行监督。

任何单位和个人都有权对破坏秦岭生态环境的行为进行检举和控告。县级以上人民政府或者秦岭生态环境保护机构应当公布投诉、举报方式，方便公众监督。

县级以上人民政府或者秦岭生态环境保护机构受理投诉、举报后，应当及时依法查处，并将查处结果向投诉人、举报人反馈。

第十五条　县级以上人民政府及其有关部门对秦岭生态环境保护作出突出贡献的单位和个人应当给予表彰奖励。

第二章　生态环境保护规划

第十六条　省秦岭生态环境保护委员会应当组织发展改革、科技、财政、国土资源、环境保护、住房城乡建设、交通运输、水利、农业、林业、旅游、文物、公安等有关行政主管部门，结合国家和本省生态保护红线划定方案，依法编制省秦岭生态环境保护总体规划，报省人民政府批准后公布实施。

省秦岭生态环境保护总体规划应当包括生态环境保护的长期目标和近期目标、保护的重点区域、主要任务、治理措施等内容，划定禁止开发区、限制开发区和适度开发区的范围，按照技术规范要求绘制秦岭生态环境保护分区规划图，并向社会公布。总体规划可以根据秦岭生态环境保护需要，按照规定程序予以修订或者对分区规划范围作出调整。

秦岭范围内设区的市根据省秦岭生态环境保护总体规划的要求，结合实际，组织编制本行政区域秦岭生态环境保护规划，经本级人民政府批准后公布实施。设区的市根据本行政区域的秦岭生态环境保护需要，可以严于本条例有关区域划分标准具体划定保护范围，报省秦岭生态环境保护委员会审查，依法纳入省秦岭生态环境保护总体规划。县（市、区）依据省、设区的市规划要求，结合实际，制定秦岭生态环境保护实施方案，经本级人民政府批准后公布实施。设区的市、县（市、区）生态环境保护规划、实施方案，应当报上一级人民政府备案审查。

编制、修订或者调整秦岭生态环境保护规划、实施方案，应当组织专家论证，并征求社会公众意见。

设区的市人民政府负责按照省秦岭生态环境保护总体规划确定的分区规划，设置禁止开发区、限制开发区和适度开发区的保护标志、标牌、界桩。

第十七条　秦岭的开发建设活动应当遵循先规划、后建设的原则。

涉及秦岭的各类区域规划、专项规划应当符合省秦岭生态环境保护总体规划的要求，并依法进行规划环境影响评价，各类专项规划之间应当相互衔接，逐步实行多规合一。

编制各类专项规划以及按照专项规划进行的资源开发等建设项目，涉及公民、法人和其他组织利益的，应当通过听证会等形式听取利害关系人的意见。

须报省人民政府批准的涉及秦岭开发建设的专项规划，应当经省秦岭生态环境保护委员会审查后，报省人民政府批准。上级人民政府认为下级人民政府批准的专项规划不符合法律、法规规定和省秦岭生态环境保护总体规划要求的，可以责成其改正或者依法予以撤销。

县级以上人民政府及其有关部门对不符合规划要求的建设项目不得办理相关手续。

第十八条　下列区域应当划为禁止开发区，不得进行与保护、科学研究无关的活动，严格依法予以保护：

（一）自然保护区核心区和缓冲区；

（二）饮用水水源地的一级和二级保护区；

（三）秦岭山系主梁两侧各1000米以内、主要支脉两侧各500米以内或者海拔2600米以上区域；

（四）自然保护区实验区中珍稀濒危野生动物栖息地与其他重要生态功能区集中连片，需要整体性、系统性保护的区域。

第十九条　下列区域，除城乡规划区外，应当划为限制开发区，在保障生态功能不降低的前提下，可以进行生态恢复、适度生态旅游、实施国家确定的能源、交通、水利、国防战略建设项目：

（一）自然保护区的实验区、种质资源保护区、重要湿地、饮用水水源保护地准保护区；

（二）风景名胜区、森林公园、地质公园、植物园、国有天然林分布区以及重要水库、湖泊；

（三）重点文物保护单位、自然文化遗存；

（四）禁止开发区以外，山体海拔1500米以上至2600米之间的区域。

第二十条　秦岭范围内除禁止开发区、限制开发区以外的区域，为适度开发区。

在适度开发区内进行开发建设活动，应当符合省秦岭生态环境保护总体规划的要求。

第二十一条　省发展改革行政主管部门根据省秦岭生态环境保护总体规划的要求，提出秦岭产业发展政策，制定限制开发区、适度开发区产业准入负面清单。

各级人民政府应当根据产业准入负面清单的要求，落实生态环境保护责任。

第二十二条　因秦岭生态环境保护或者防灾避险、抢险救灾需要，确需对秦岭相关区域采取封闭措施的，设区的市、县（市、区）人民政府可以采取临时封闭措施，除紧急情况外，应当提前向社会公布。

第三章　植被保护

第二十三条　秦岭范围内的各级人民政府应当按照自然恢复为主，与人工修复相结合的原则，采取封育保护、退耕禁牧、还林还草和植树造林、水土保持等措施，提高植被覆盖率，改善秦岭的生态环境。

第二十四条　按照保护优先的原则实施秦岭植被保护。当地人民政府应当制定、落实天然林、天然草甸保护的优惠政策和措施，做好保护工作。

国家划定的秦岭天然林保护范围，不得擅自变更。

第二十五条　县级以上林业、农业（畜牧）行政主管部门应当根据生态保护的要求，制定封山育林、禁牧长期规划和年度计划，报本级人民政府批准后组织实施，并报上一级人民政府林业行政主管部门备案。

县级以上人民政府应当明确封山育林、禁牧区域的四至范围、封育期限，并设置界桩、标牌，向社会公布。

第二十六条　封山育林、禁牧区域内禁止下列行为：

（一）开垦、采石、采砂、取土；

（二）采脂、割漆、剥皮、挖根及其他毁林行为；

（三）放养牛、羊等食草动物；

（四）损坏、擅自移动界桩、标牌；

（五）法律、法规禁止的其他行为。

第二十七条　秦岭二十五度以上的坡耕地应当逐步退耕还林还草。

鼓励在二十五度以下的坡耕地进行退耕还林还草；没有退耕的，应当修建梯田或者采取其他水土保持措施，防止水土流失。

第二十八条　秦岭范围内的各级人民政府应当采取多种措施植树造林，将植树造林成活率纳入考核目标。秦岭范围内的单位应当根据当地人民政府的要求，组织完成义务植树的任务。

秦岭飞播造林所需经费，纳入省级林业专项资金统筹安排。

第二十九条　防护林和特种用途林禁止经营性采伐。

列入国家天然林保护工程范围内的天然林和坡度在四十六度以上的森林以及秦岭山系主梁两侧各1000米及其主要支脉两侧各500米以内的森林，严禁采伐。

第三十条　省林业、农业、水行政主管部门应当依照各自职责编制秦岭湿地、天然草场保护的长期规划，制定外来物种入侵对秦岭生态环境影响的风险预案，报省人民政府备案，并组织实施。

第三十一条 秦岭范围内的县级以上水行政主管部门应当合理规划，采取工程措施、植物措施和保护性耕作等措施，控制区域水土流失面积，减少水土流失。

在秦岭进行建设活动的单位应当依法制定水土保持方案，报县级以上水行政主管部门批准后实施。

第三十二条 秦岭范围内的各级人民政府应当建立林区防火责任制，制定森林防火应急方案，落实防火责任，做好森林防火工作。

县级以上林业、农业行政主管部门和口岸动植物检疫机关应当加强对病虫害和有害生物的监测和检疫，及时通报病虫害和有害生物发生信息，采取措施做好病虫害的防治工作，防止有害生物的侵入。

第四章 水资源保护

第三十三条 秦岭范围内的县级以上水行政主管部门依法编制涉及秦岭的水资源开发利用和保护流域规划、区域规划，应当符合省秦岭生态环境保护总体规划的要求。

第三十四条 在秦岭调度水资源，建设水电站、水库等，应当符合省秦岭生态环境保护总体规划、水资源开发利用和保护规划，保障江河的合理流量和湖泊、地下水的合理水位，维护生态平衡。

涉河蓄水、拦水工程设施，应当保证生态基流量，修建水生动物洄游通道。

第三十五条 秦岭范围内的各级人民政府应当采取措施，保护植被，涵养水源，防治水质污染，防止水资源枯竭，保证饮用水水源安全。

第三十六条 建立秦岭饮用水水源保护区。饮用水水源保护区分为一级保护区、二级保护区。必要时，可以在饮用水水源保护区外围划定一定的区域作为准保护区。水源保护区的划定可以与其他功能区重叠。

秦岭饮用水水源保护区的划定，由秦岭范围内设区的市人民政府提出方案，报省人民政府批准并公布；跨设区的市饮用水水源保护区的划定，由有关的市人民政府协商提出方案，报省人民政府批准并公布。

秦岭饮用水水源保护区由所在地县级人民政府设置标牌、界桩。

秦岭饮用水地表水、地下水的水源一级保护区、二级保护区、准保护区的管理，按照国家和本省饮用水水源保护的有关规定从严执行。

第三十七条 禁止使用不符合国家规定防污条件的运载工具，运载油类、粪便及其他有毒有害物品通过地表水水源保护区。禁止运输危险化学品的车辆通过饮用水地表水水源保护区；确需通过的，应当采取有效安全防护措施，报公安部门依法办理有关手续，并通知水源保护区管理机构。

第三十八条 环境保护行政主管部门应当严格控制秦岭范围内重点水污染物排放总量，制定的重点水污染物排放总量应当与水体功能容量相适应。设区的市、县（市、区）环境保护行政主管部门应当根据上级行政主管部门下达的重点水污染物排放总量控制计划，拟定本行政区域重点水污染物排放总量控制实施方案，并报上一级环境保护行政主管部门备案。

第三十九条 环境保护和水行政主管部门应当加强秦岭水质状况的监测，发现重点水污染物排放总量超过控制指标或者超过水体功能容量的，应当及时报告当地县级以上人民政府，县级以上人民政府应当采取措施组织治理。

第五章 生物多样性保护

第四十条 省林业行政主管部门会同农业、水行政主管部门根据野生动植物种类、分布情况，依法编制秦岭生物多样性保护专项规划，并符合省秦岭生态环境保护总体规划。

秦岭生物多样性保护专项规划应当包括对秦岭生态系统多样性、物种多样性、遗传基因多样性保护的具体措施。

秦岭生物多样性保护规划经省秦岭生态环境保护委员会审查，报省人民政府批准实施。

第四十一条 秦岭范围内的县级以上野生动植物行政主管部门应当定期组织或者委托有关科研机构对秦岭野生动物及其栖息地、野生植物及其生长环境状况进行调查、监测和评估，建立秦岭野生动植物及栖息地、保护地档案。

县级以上野生动植物行政主管部门应当监视、监测环境对秦岭野生动植物的影响，对列入国家和省重点保护野生动植物名录的野生动植物，应当采取保护措施，必要时建立繁育基地、种质资源库或者采取迁地保护措施。

第四十二条 秦岭范围内的县级以上人民政府依照有关法律法规的规定，应当在国家和省重点保护野生动物主要生息繁衍的地区和水域，国家和省重点保护野生植物物种的天然集中分布区，具有特殊保护、科学研究价值或者代表性的湿地以及集中连片、面积较大的天然林区，重要的自然遗迹，建立自然保护区或者种质资源保护区，设置保护设施和保护标志。

第四十三条 在秦岭范围内，禁止以下危害野生动植物的行为：

（一）非法猎捕、杀害或者非法采集国家和省重点保护的野生动植物，破坏国家和省重点保护野生动植物栖息地、保护地及其环境；

（二）在国家和省重点保护的野生动物栖息地使用污染其生息环境的农药；

（三）使用非法工具或者非法方法猎捕其他野生动物；

（四）损坏保护设施和保护标志；

（五）擅自引入或者放归外来物种；

（六）法律法规禁止的其他危害野生动植物的行为。

第六章 开发建设生态环境保护

第一节 矿产资源开发生态环境保护

第四十四条 省国土资源行政主管部门根据秦岭矿产资源的分布、储量等情况，编制秦岭矿产资源开发专项规划，并纳入省秦岭生态环境保护总体规划。

在秦岭新建、扩建、改建矿产资源开采项目应当符合省秦岭生态环境保护总体规划、矿产资源开发专项规划的要求。

秦岭范围内设区的市、县（市、区）人民政府应当对本行政区域内的矿产资源开发企业进行资源整合，提高矿山环境污染治理能力。

第四十五条　禁止在本条例第十八条规定的禁止开发区、第十九条（一）（二）（三）项规定的限制开发区范围内勘探、开发矿产资源。已取得矿业权的企业，由县级以上人民政府依法组织退出。

严格控制在第十九条第（四）项规定的限制开发区勘探、开发矿产资源；严格控制和规范在适度开发区进行开山采石等露天采矿活动。

第四十六条　依法取得采矿许可证的矿产资源开发企业应当采用先进工艺技术和措施，提高资源综合利用率，集中贮存、处置尾矿渣等废弃物、污染物，并达标排放，减少对生态环境的损害。

矿产资源开发企业不得采用国家明令淘汰的落后的工艺、技术和设备。已建成项目采用落后工艺、技术和设备的，由县级以上人民政府依照管理权限责令限期改造、停产或者关闭。

第四十七条　因矿产资源开发造成生态环境破坏和地质灾害的，矿产资源开发企业应当依法承担治理和赔偿责任。

矿产资源开发企业不履行治理责任或者治理不符合要求的，由有关行政主管部门组织代为治理，所需费用由矿产资源开发企业承担，无法确定责任人的，由县级以上人民政府负责矿山环境污染治理和生态恢复。

第四十八条　在秦岭进行矿产资源开发的企业应当依法进行环境影响评价，编制矿山地质环境保护与恢复治理、生态环境恢复治理和场地修复评估方案，依法经设区的市或者省级行政主管部门审批后实施。

矿产资源开发企业应当依法及时足额存储矿山地质环境治理恢复保证金，按照企业所有、政府监管、专户储存、专款专用的原则管理，用于本单位履行矿山地质环境保护与治理恢复义务的费用支出。

第二节　交通设施建设生态环境保护

第四十九条　在秦岭进行道路交通设施建设应当符合省秦岭生态环境保护总体规划的要求，统筹规划、科学选线，坚持边建设边整治边恢复，避免或者减少对秦岭生态环境的破坏。

在秦岭新建、改建、扩建的国省干线公路，应当经省级有关行政主管部门审批。

第五十条　在秦岭进行交通设施建设应当落实环境影响评价文件提出的各项生态环境保护措施，不占或者少占林地，对建设周期长、生态环境影响大的建设工程实行工程环境监理。

施工单位应当对取料场、废弃物堆放场进行有效治理，做好道路两侧绿化，不得向河道、湖泊、水库等水体倾倒废弃物，不得修建妨碍行洪的建筑物、构筑物和进行其他影响河道行洪的活动。

第五十一条　在秦岭进行交通设施建设时应当采取措施，保护秦岭生物多样性和水源涵养功能。

封闭式道路建设应当采取修建野生动物通道、过鱼设施等措施，消除或者减少对野生动物的不利影响。

第五十二条　自然保护区、风景名胜区、森林公园、植物园等区内的道路设计及施工方案应当经其批准设立的行政主管部门审核。

第三节　城镇乡村建设生态环境保护

第五十三条　秦岭范围内设区的市、县（市、区）人民政府制定和实施城乡规划，应当符合省秦岭生态环境保护总体规划的要求。

第五十四条　严格控制在秦岭进行房地产开发。

在禁止开发区、限制开发区不得进行房地产开发。

在适度开发区进行房地产等各类建设活动，应当遵守国家法律法规的规定，符合城乡规划和控制性详细规划的要求，经设区的市人民政府同意，依法办理审批手续。

第五十五条　秦岭城镇乡村建筑物及环境设施的设计和建设，应当体现地域文化特色，并与当地生态环境相协调。

对秦岭范围内的传统村落民居和历史文化名村名镇应当依法严格予以保护，保持其传统格局和历史风貌。

第五十六条　在秦岭进行各类建设项目，应当依法进行建设项目环境影响评价。建设项目环境影响评价文件未依法经审批部门审查或者审查后未予批准的，建设单位不得开工建设。

第五十七条　秦岭范围内的县级以上人民政府应当根据经济社会发展状况和秦岭生态环境保护的需要，制定并组织实施移民搬迁计划，科学合理安排、确定移民安置点，做好移民搬迁安置工作。

已经实施移民搬迁的，原有建筑物、构筑物应当限期拆除，恢复生态。

第五十八条　秦岭范围内的城镇应当建设、完善生活污水处理、生活垃圾无害化处理、供排水等公共设施。乡（镇）人民政府在人口相对集中的村庄，应当组织推广使用沼气、太阳能、风能等清洁能源，统一规划建设生活垃圾处理、污水排放等设施。

第五十九条　在秦岭禁止开发区、限制开发区不得新建、扩建宗教活动场所，在适度开发区扩建、改建宗教活动场所应当符合秦岭生态环境保护和城乡规划的要求。

第四节　旅游开发建设生态环境保护

第六十条　秦岭范围内的县级以上人民政府编制的秦岭旅游专项规划、乡村旅游发展规划，应当符合秦岭生态环境保护规划的要求。

第六十一条　在秦岭限制开发区、适度开发区进行旅游开发和旅游设施建设，应当符合省秦岭生态环境保护总体规划的要求，由其管理机构提出生态环境保护方案，经省秦岭生态环境保护委员会审查后，依照法律法规规定报批。

在限制开发区、适度开发区规划建设索道、滑道、滑雪（草）场等旅游基础设施的，应当依法进行环境影响评价，并报省人民政府批准。

第六十二条　秦岭的旅游景区、景点应当科学设计，与当地生态环境相协调，合理利用生态资源和旅游资源。

对自然生态环境和自然景观有损害的旅游景点和设施，由县级以上人民政府责令限期整改、关闭或者拆除。

第六十三条　秦岭范围内的县（市、区）应当对乡村旅游统一规划，合理布局。

乡村旅游经营集中的地方，县（市、区）、乡（镇）人民政府和村（居）民委员会应当加强乡村旅游公共厕所、垃圾生活容器、垃圾集中处理场所等环境卫生基础设施建设和改造，对生活垃圾和污水统一处置。

第六十四条　秦岭旅游景区、景点应当加强公共卫生管理，对产生的生活垃圾实行分类收集、统一清运、集中处置；对产生的生活污水进行无害化处理，保证污水达标排放。禁止随意弃置和排放生活垃圾、污水。

在秦岭旅游景区游览线路以外或者没有道路通行的区域，组织开展穿越、登山等旅游活动，应当事先依法向县级以上体育部门备案。

进入秦岭旅游的人员，应当遵守有关森林草原法律法规和景区管理的规定，不得乱砍滥挖、非法捕鱼狩猎、非法野外使用明火、随意丢弃废弃物以及其他破坏秦岭生态环境的行为。

第六十五条　秦岭旅游景区、景点应当优先使用太阳能、风能、水能、天然气、液化气、沼气等清洁能源；旅游观光车及其他服务设施应当符合环境保护要求。

第七章　法律责任

第六十六条　违反本条例第十八条规定，在秦岭禁止开发区进行与生态功能保护无关的生产和开发活动的，由县级以上人民政府予以取缔，对单位处五十万元以上二百万元以下罚款，对个人处五万元以上二十万元以下罚款；造成植被破坏的，应当承担治理费用。

第六十七条　违反本条例第二十六条第（一）项、第（二）项规定，致使森林、林木受到毁坏的，依法赔偿损失；由县级以上林业行政主管部门责令停止违法行为，补种毁坏株数三倍的树木，可处毁坏林木价值三倍以上五倍以下罚款。

第六十八条　违反本条例第三十七条规定，使用不符合国家规定防污条件的运载工具，运载油类、粪便及其他有毒有害物品通过地表水水源保护区的，由县级以上环境保护行政主管部门处一千元以上一万元以下罚款；通过饮用水地表水水源保护区运输危险化学品，未经公安部门批准的，由县级以上公安部门责令改正，处五万元以上十万元以下罚款；违反治安管理处罚法的，依法给予治安管理处罚。

第六十九条　违反本条例第四十五条规定，勘探矿产资源的，由县级以上国土资源行政主管部门责令停止违法行为，予以警告，可并处一万元以上十万元以下罚款；开发矿产资源的，由县级以上国土资源行政主管部门责令停止开采、赔偿损失，没收采出的矿产品和违法所得，可并处五万元以上十万元以下罚款。

第七十条　违反本条例第五十条第二款规定，向河道、湖泊、水库等水体倾倒废弃物或者有其他影响河道行洪行为的，由县级以上水行政主管部门责令停止违法行为，排除阻碍或者采取其他补救措施，可以处一万元以上五万元以下的罚款。

第七十一条　违反本条例第五十四条规定，在秦岭禁止开发区、限制开发区以及未经批准在适度开发区进行房地产等各类建设活动的，由县级以上建设行政主管部门责令拆除，恢复原状，处五十万元以上二百万元以下罚款。

第七十二条 违反本条例规定的行为，法律、法规已有处罚规定的，从其规定；构成犯罪的，依法追究刑事责任。

行为人因同一生态环境损害行为违反法律、法规规定，需要承担行政责任或者刑事责任的，不影响其依法承担生态损害赔偿责任。

第七十三条 依照本条例第六十六条和第七十一条规定对单位作出一百万元以上、对个人作出十万元以上罚款处罚决定的，应当告知当事人有要求举行听证的权利。

依照本条例其他规定对单位作出五万元以上罚款、对个人作出三万元以上罚款处罚决定的，应当告知当事人有要求举行听证的权利。

第七十四条 国家工作人员在秦岭生态环境保护工作中违反本条例规定，有下列情形之一的，对直接负责的主管人员和其他直接责任人员给予记过、记大过或者降级处分；造成秦岭生态环境和资源破坏等严重后果的给予撤职或者开除处分，其主要负责人应当引咎辞职；构成犯罪的，依法追究刑事责任：

（一）应当编制规划、实施方案而不编制或者弄虚作假的；

（二）指使、授意或者放任分管部门，对不符合秦岭生态环境保护规划和法律法规规定的建设项目，违反规定审批的；

（三）不履行法定监督管理职责或者监管查处不力的；

（四）其他滥用职权、玩忽职守、徇私舞弊的行为。

第八章 附 则

第七十五条 本条例自2017年3月1日起施行。

Postscript ▷ [后 记]

《秦岭生态系统综合管理研究》得到了亚洲开发银行的高度关注和悉心帮助，并得到了国家发展改革委、财政部、国家林业局、陕西省政府及有关部门的高度重视和大力支持。时任亚洲开发银行驻华代表处首席代表（现任亚洲基础设施投资银行合规、效力和诚信局局长）哈米德·谢里夫先生亲自出席项目启动暨研讨会并致词，亚行项目经理牛志明博士亲临现场指导。时任国家林业局野生动物和自然保护管理司副司长褚卫东专程来陕出席项目启动暨研讨会并全程参加讨论，时任陕西省发展改革委主任方玮峰出席项目启动暨研讨会并致词。项目研讨会得到了亚洲开发银行、国际自然保护联盟、世界自然基金会、北京林业大学自然保护管理学院、清华大学建筑学院、北京大学城市与环境学院、国务院发展研究中心及我省有关院校和研究机构的国内外专家的支持，他们分别就秦岭生态与生物资源保护、利用、管理等方面发表了各自的观点和看法，对课题研究提出了很好的意见和建议。

在项目实施过程中，西安、宝鸡、渭南、汉中、安康、商洛等市县政府及相关部门给予了积极的支持和配合，并得到陕西省林业厅、环保厅、国土厅、农业厅、水利厅、测绘局等多个省级部门的支持和帮助，为课题研究提供了大量详实的数据资料。

为确保课题研究成果质量，陕西省外贷办作为项目执行机构，按照课题研究管理需要，聘请中国工程院院士、长安大学教授、水与发展研究院院长李佩成为组长，陕西省相关领域专家为评审组成员，组成课题评审组，从研究大纲确定到研究报告完成全过程进行了分阶段评审。

在项目准备及实施阶段，还得到了李忙全、王拴仓、李振平、李三原、李敬喜、党双忍等领导和专家的关心和支持。

在此，对亚洲开发银行官员和国内各级领导的关心和支持，对参与课题研究各位专家和相关工作人员的辛勤付出，对所有为课题研究工作给予的帮助，表示诚挚的谢意。

由于时间仓促，加之课题研究专业性强，书中难免有所疏漏，不足之处，敬请批评指正。

编者
2018年8月